全国优秀教材二等奖

"十二五"普通高等教育本科国家级规划教材

高等学校计算机教育规划教材

人工智能

（第3版）

贲可荣　张彦铎　编著

清华大学出版社
北京

内容简介

人工智能是研究理解和模拟人类智能、智能行为及其规律的一门学科,其主要任务是建立智能信息处理理论,进而设计可以展现某些近似于人类智能行为的计算系统。本书介绍人工智能的理论、方法和技术及其应用,除了讨论那些仍然有用的和有效的基本原理和方法之外,着重阐述一些新的和正在研究的人工智能方法与技术,特别是近期发展起来的方法和技术。此外,用比较多的篇幅论述人工智能的应用,包括新的应用研究。

本书包括下列内容:①简述人工智能的起源与发展,讨论人工智能的定义、人工智能与计算机的关系以及人工智能的研究和应用领域;②论述知识表示、推理和不确定推理的主要方法,包括谓词逻辑、产生式系统、语义网络、框架、知识图谱、归结推理、非单调推理、主观Bayes方法、确定性理论、证据理论、模糊逻辑和模糊推理等;③讨论常用搜索原理,如盲目搜索、启发式搜索、min-max 搜索、α-β 剪枝和约束满足等,并研究一些比较高级的搜索技术,如贪婪局部搜索、局部剪枝搜索、模拟退火算法、遗传算法等;④介绍分布式人工智能与Agent、计算智能、反向传播神经网络、深度学习、竞争网络支持向量化等已成为当前研究热点的人工智能技术和方法;⑤比较详细地分析人工智能的主要应用领域,涉及自动规划系统、自然语言处理、信息检索、语言翻译、语音识别、计算机视觉、群体智能机器人等。

本书适合作为高等学校计算机及相关专业大学高年级和非计算机专业研究生人工智能的教材,也可作为希望深入学习人工智能的科技人员的参考书。

本书封面贴有清华大学出版社防伪标签,无标签者不得销售。
版权所有,侵权必究。举报:010-62782989,beiqinquan@tup.tsinghua.edu.cn。

图书在版编目(CIP)数据

人工智能/贲可荣,张彦铎编著. —3版. —北京: 清华大学出版社,2018 (2025.1重印)
(高等学校计算机教育规划教材)
ISBN 978-7-302-51198-4

Ⅰ. ①人… Ⅱ. ①贲… ②张… Ⅲ. ①人工智能－高等学校－教材 Ⅳ. ①TP18

中国版本图书馆 CIP 数据核字(2018)第 209918 号

责任编辑:张瑞庆　常建丽
封面设计:常雪影
责任校对:梁　毅
责任印制:曹婉颖

出版发行:清华大学出版社
　　网　　址:https://www.tup.com.cn, https://www.wqxuetang.com
　　地　　址:北京清华大学学研大厦A座　　邮　　编:100084
　　社 总 机:010-83470000　　邮　　购:010-62786544
　　投稿与读者服务:010-62776969,c-service@tup.tsinghua.edu.cn
　　质量反馈:010-62772015,zhiliang@tup.tsinghua.edu.cn
　　课件下载:https://www.tup.com.cn,010-83470236
印 装 者:三河市铭诚印务有限公司
经　　销:全国新华书店
开　　本:185mm×260mm　　印　张:39.5　　字　数:937千字
版　　次:2006年2月第1版　2018年12月第3版　　印　次:2025年1月第9次印刷
定　　价:89.90元

产品编号:076525-02

第3版序

在当今社会，尤其是融合了社交内容的移动互联网的普及，如何更好地连接人与信息，已成为人类社会的一个重要基础命题。个性化的信息流已经成为一种新的连接方式，人与信息、万物互联。那么，在信息流产品平台与服务这个领域，如何高效地处理、分析、挖掘、理解和组织海量文字、图片（视频），更好地连接人与信息呢？如何根据对用户的深度理解，进行信息的智能推送呢？无疑，人工智能扮演着重要角色。

从内容创作、过滤、分发、消费以及互动的每个环节，都可以使用大规模机器学习，包括文本分析、自然语言理解、计算机视觉和数据挖掘等技术，向用户进行智能推送。同时，还可以基于信息流丰富多样的应用场景和用户，持续累积大量的训练样本和数据，让机器学习系统形成闭环，不断地改善和进化，在机器人辅助内容创作、自动视频分析与理解、个性化推荐和问答等方面发展人工智能核心技术。

移动互联网时代，很多信息都藏在应用里面，虽然不能利用搜索引擎将每个App里的信息轻松找出，但是在这股潮流中涌现出一些新的应用，让我们能够重新定义信息的源头。我们可以与很多信息供应商、内容提供商、媒体创作者一起构建新的内容平台和生态系统。

当前，有更多的公司开始大规模使用人工智能做个性化推荐。因为人们使用智能手机有了很多碎片化时间，产生了学习、娱乐等需求。这些需求也产生了各式各样的应用场景。在推荐引擎领域有了一个将人与信息相连接的新机会。搜索引擎里所有的排序算法、内容分析等技术，都可用于进一步的个性化精准推荐，从而变成信息流。"信息流"是一种新的、更智能的方式，让人能够随时随地在需要时得到所需要的信息。人工智能可以做个性化推荐，使人们不受地域限制享受服务——用无所不在的超级机器智能帮助人类创作、发现、使用、分发信息，并进行社交场景的互动。

当你使用在线系统搜索网页、编辑文档、存储图片、听音乐、看视频、玩游戏，并享受着行云流水般的顺畅服务时，正有几十万到上百万台服务器坚守在大后方，为你提供着7×24小时的可靠服务。超大的规模和超高的复杂度给服务的可靠性、可用性和性能都带来了极大的挑战。可靠服务的背后是人们利用人工智能前沿技术解决大规模在线系统服务的运维问题，即利用大规模数据挖掘、机器学习等人工智能技术对纷繁复杂的运维大数据进行实时分析，为系统维护提供有效的决策方案。

随着技术的进一步发展，人工智能与人可以互相帮助，从而让彼此变得更聪明。人工智能需要很多标注数据和训练样本，在信息流的场景，人们有更多机会拿到更多标注数据以及更细颗粒度的标注，帮助人们做自然语言理解、自然语言生成、图像视频理解和图像视频生成。人将与人工智能进一步共同进化。

软件正在改变全世界，而软件产业本身正在被人工智能的发展所颠覆。越来越多的软件开发不再只是依靠软件工程师的想法、逻辑和认知，而这些软件的核心已变成非常大的模型，有上千亿的参数，有各式各样的大数据。通过训练各种各样的模型，包含统计模型、符号、逻辑、知识表达，软件产业已被人工智能化。

今天，视频、图像、文字都已经被数字化，下一个阶段就是语义化，如图像理解。在数字原始表达空间，计算机很难做语义理解，我们需要用深度学习模型来学习非线性的转化。今天人工智能的本质其实是软件产业的革命，借由大数据、大计算和机器学习训练大模型，"编写"越来越智能的软件。

人工智能主要分三层。最底层是基础架构（infrastructure），包括云计算、芯片以及TensorFlow这样的框架。中间层主要是使能技术（enabling technology），如图像识别、语音识别、语义理解、机器翻译等。基础层和中间层是互联网巨头的必争之地，如芯片领域，英特尔、英伟达、高通公司都投入巨资，竞争极其激烈。同样，云计算、框架也都不是小公司能够涉足的领地。

创业公司的机会在最上层，就是拿着下两层的成果服务垂直行业，也就是所谓的"AI+"。这样的趋势在2017年展现了不少案例。数据+AI算法正在带来更多的想象。例如，英国正在用AI酿造啤酒，瑞典通过深度学习分析马匹行为，纽约通过AI定制千人千面的素食健康食品。随着AI算法和机器学习更加民主化，每一个行业都可能进一步得到"AI+"式的改变。

深入垂直行业的"AI+"又可细分为两类情况："AI+行业"和"行业+AI"，它们之间有明显的区别。

"AI+行业"在AI技术成熟之前，这个行业、产品从未存在过。例如，自动驾驶、亚马逊的Echo智能音箱、苹果的Siri语音助手。在人工智能技术未突破前，不存在这样的产品。因为AI创造出了一条全新的产业链。

"行业+AI"就是行业本身，一直存在，产业链条成熟，只是以前完全靠人工，效率比较低，现在加入AI元素后，使得行业效率有了明显提高，如安防、医疗等领域。

"AI+行业""行业+AI"通常因为大家起跑线一样，行业纵深会比较浅，而后者则有巨大的行业壁垒。未来行业壁垒才是人工智能创业最大的护城河，因为每个行业都有垂直纵深。以医疗+AI举例，什么最重要？大量准确的被医生标注过的数据最重要。没有数据，再天才的科学家也无用武之地。

根据行业和应用场景不同，人工智能的创新应用可分为"关键性应用"和"非关键性应用"。"关键性应用"如手术机器人、无人车，要追求99.9%后的多个9，做不到就没法商业化。这类项目研发周期都很长。人工智能领域的创业，95%都是"非关键性应用"，如人脸识别门禁系统。"非关键性应用"不追求高大上，简单、实用、性价比高更重要，这样的项目通常是比拼综合实力，包括对行业的洞察理解、产品和工程化能力、成本控制、供应链能力、营销能力。

人工智能的"智能"可以扩充为以下4个含义：第一部分是"聚合智能"，即不同类型智能的聚合。例如，语音和图形属于两个不同领域。然而，人类的智能往往是将各种感官获得的信息（如语音和图形）聚合，共同形成认知。微软小冰和微软学术搜索都是聚合智能的典型案例。第二部分是"自适应智能"，人工智能必须能够不断学习、与时俱进。我们在图像识别和智商测试方面的研究都很好地体现了自适应智能的特性。第三部分是"隐形智能"，目前的人工智能还只是在人需要的时候才被动开启，未来，我们更期待人工智能可以实现主动学习、主动服务。微软小娜的跨平台应用和视频分析技术未来能提供的诸多服务，也都让我们直观地感受到自动、无缝实现的隐形智能。最后是"增强智能"，就是用人工智能这个了不起的"左脑"，与人类的右脑相配合，充分利用人类才有的创造力延伸出无限可能。

为抢抓人工智能发展的重大战略机遇，构筑我国人工智能发展的先发优势，加快建设创新型国家和世界科技强国，2017年7月，国务院颁发了《新一代人工智能发展规划》。

经过60多年的演进，特别是在移动互联网、大数据、超级计算、传感网、脑科学等新理论、新技术以及经济社会发展强烈需求的共同驱动下，人工智能加速发展，呈现出深度学习、跨界融合、人机协同、群智开放、自主操控等新特征。大数据驱动知识学习、跨媒体协同处理、人机协同增强智能、群体集成智能、自主智能系统成为人工智能的发展重点，受脑科学研究成果启发的类脑智能蓄势待发，芯片化、硬件化、平台化趋势更加明显，人工智能发展进入新阶段。当前，新一代人工智能相关学科发展、理论建模、技术创新、软硬件升级等整体推进，正在引发链式突破，推动经济社会各领域从数字化、网络化向智能化加速跃升。

《新一代人工智能发展规划》提出以下三步走策略。

到2020年，人工智能总体技术和应用与世界先进水平同步，新一代人工智能理论和技术取得重要进展。大数据智能、跨媒体智能、群体智能、混合增强智能、自主智能系统等基础理论和核心技术实现重要进展，人工智能模型方法、核心器件、高端设备和基础软件等方面取得标志性成果。

到2025年，人工智能基础理论实现重大突破，部分技术与应用达到世界领先水平，人工智能成为带动我国产业升级和经济转型的主要动力，智能社会建设取得积极进展。

到2030年，人工智能理论、技术与应用总体达到世界领先水平，智能经济、智能社会取得明显成效。在类脑智能、自主智能、混合智能和群体智能等领域取得重大突破。

本书力图体现如下3方面特点。

一是"基础性"。包括智能感知、智能推理、智能学习和智能行动所涉及的基本概念、基础理论、基本方法，并通过简单实例加深读者对概念的理解。内容涵盖中国计算机学会（CCF）术语百科平台人工智能分支的各个方面：人工智能逻辑、自动推理、多智能体系统、机器学习、神经网络、智能机器人、模式识别、计算语言学、知识工程，参见CCFpedia（http://term.ccf.org.cn/）和手机版（http://term.ccf.org.cn/mobile）。

二是"实践性"。案例具有实践性、情境性，知识、概念、理论在教材中详略得当地建构起体系后，就要通过"湿漉漉"的案例让读者有找到感觉、投身其中的可能。本书案例包括饭店脚本、在互联网金融行业中的应用、知识图谱应用、九宫图、传教士-野人问题、五子棋、洞穴探宝、八皇后、旅行商问题、帆船分类专家系统、抵押申请评估决策支持系统、火星探矿机器人、通过 EBG 学习概念 cup、基于反向传播网络拟合曲线、深度学习在计算机视觉中的应用、学习向量量化解决分类问题、XOR 问题、音节划分、深度学习在语音识别中的应用、规划问题的建模与规划系统的求解过程、Shakey 世界、仿真机器人运动控制算法、反恐作战数据挖掘、微博博主特征行为数据挖掘、智能网联汽车、城市计算等。每一章后的思考题都为学生课后实践提供了拓展空间。

三是"前瞻性"。近几年，人工智能蓬勃发展，基础性、应用性成果很多。在介绍智能感知、智能推理、智能学习和智能行动应用进展时，体现了最新研究成果。此外，1.5 节"人工智能发展展望"中包括新一轮人工智能发展特征、未来 40 年的人工智能问题、人工智能鲁棒性和伦理、新一代人工智能发展规划。11.5 节"集体智能"中包括社群智能、集体智能系统、全球脑、云脑、智联网等前瞻理论和应用场景。

第 2 版附录 A "人工智能程序设计语言 Prolog"在本版调整为附录 A "人工智能编程语言 Python"和附录 B "手写体识别案例"。在教学中，如果需要继续使用 Prolog 相关资料，可取阅清华大学出版社提供的相应电子版资源。

第 2 版附录 B "人工智能大作业"，在本书中做了如下处理：部分问题在正文中以案例的方式给出了解答，如九宫图（第 2 章）、传教士-野人问题（第 2 章）、五子棋（第 3 章）、洞穴探宝（第 3 章）、八皇后（第 3 章）、音节划分（第 8 章）。部分问题以思考题的形式放到各章习题中，如 NIM 问题（第 1 章）、人工智能军事应用跟踪（第 1 章）、计算机游戏如何产生娱乐效果（第 1 章）；水壶问题（第 2 章）、魔方（第 2 章）、奥木（第 2 章）、合一算法（第 2 章）、归类测试算法（第 2 章）；中国象棋（第 3 章）、围棋（第 3 章）；小型动物分类专家系统（第 5 章）；火星探测者 Agent（第 6 章）、用于电力管理的多 Agent 系统（第 6 章）；用神经网络对大写字母分类（第 7 章）；美国地理（第 8 章）；Elsevier 的横向信息产品（第 11 章）、奥迪的数据整合（第 11 章）、人寿保险公司的技能寻获（第 11 章）、在线学习（第 11 章）、警察局的多媒体收藏索引（第 11 章）、康富的在线采购（第 11 章）、数码设备的可共用性（第 11 章）。

本书第 3、4、9、10 章由张彦铎撰写，毛新军参与第 6 章撰写，其余各章由贲可荣撰写。全书由贲可荣统稿。蔡敦波参与了第 3、4、9、10 章的修订，何智勇撰写了"附录 A 人工智能编程语言 Python"和"附录 B 手写体识别案例"，张毅伟参与了绘图工作，张献参与了审校，陈志刚教授对全书进行了审校，清华大学出版社张瑞庆编审推动和指导了本书撰写，在此一并致谢。

感谢所有参考文献的作者，感谢"中国计算机学会通讯""中国人工智能学会通讯"、中国计算机学会"技术动态"相关论文作者。

贲可荣
2018 年 6 月

第2版序

智能与意识、思维和记忆以及问题求解、直觉、创造性、语言和学习有关，而且还与理解和感觉，如运动技能、预测环境能力、处理复杂世界的能力、在学校和 IQ 测试的表现等有关。

智能与人工智能

1. 智能的定义

智能的定义有多种，如"智能是进行抽象思维的能力""智能是学习或者从经验中获益的能力""智能是学习到的或者学习以调整自己适应环境的能力""智能是充分调整自己去适应生命中的相对较新的情况""智能是接受知识的能力以及所拥有的知识"等，但要理解这些定义，最好的方法是通过问题体会。

通过寻找感兴趣的问题推进研究（例如，狗如何会跑并且抓住飞盘；为什么老鼠很快学会在迷宫中寻找方向；蚂蚁在寻找食物的长途旅行之后如何寻找到回到巢穴的路；人如何走路；人如何在一堆人中认出一张面孔），然后尝试了解这种特定的行为如何产生。是否愿意把这些行为称作智能，依赖于个人偏好。

我们在直觉上认为的智能，总是包括两个特殊性质：顺应性和多样性。简言之，主体（Agent）总是遵从其所处环境的自然和社会规则，利用这些规则去产生多样行为。例如，所有动物、人类以及机器人必须遵从存在重力和摩擦以及移动需要能量的事实，绝不可能完全摆脱这些。但是，适应并以一定方式利用这些限制条件使我们能够走路、奔跑、从杯子中喝水、将盘子放到桌子上、踢足球或骑自行车。多样性意味着主体能够进行多种行为，这样他/它能够对给定的情况做出适当反应。一个仅走路，或仅下棋，或仅奔跑的主体在直觉上比起能用积木搭出玩具汽车、把啤酒倒进杯子和在一群挑剔的听众面前讲课的主体缺少智能。在智能的许多定义中被提到的学习是一种随时间而增加行为多样性的有效手段。

直觉上，我们认为一些行为比另外一些需要更多的思考，一些动物比另外一些更聪明。在一般用法中，思考经常与有意识的思想相联系；认知则更一般化,用于同感觉-运动过程非直接相关的行为中;智能则更加一般化,包含各种对主体有益的认知和思考等抽象行为。智能是先天的还是后天的,即智能在多大程度上来自遗传或是在一生中所获取的? 可以用智能区分开人类和其他物种吗?

2. 人工智能的研究内容

人工智能研究的是智能行为中的机制,它是通过构造和评估那些试图采用这些机制的人工制品进行研究的。在这个定义中,人工智能不像是关于智能机制的理论,更像是一种经验主义的方法学,它的主要任务是构造和测试支持这种理论的可能模型。它是一种对实验进行设计、运行和评估的科学方法,其目的是精练模型和进行更深入的实验。

人工智能的经验主义的方法学是一个重要的工具,也许它对于探索智能的本质来说是最好的工具。

人工智能属于交叉学科研究领域,本质上具有3个目标:①了解生物系统(也就是引起人类或动物智能行为的机制);②智能行为一般原则的抽象提取;③应用这些原则设计有用的人造物。这里的机制不仅是指神经机制或者大脑过程,也指主体的身体及其同真实世界的交互。如肌肉具有弹性,当一条腿抬起时,另一条腿承受的重量增加的事实,和与步行紧密相关的反射和大脑中枢一样是步行机制的有机组成。

如果人工智能想达到科学的水平并成为智能系统科学的关键组成部分,就必须在它制造的人工制品的设计、执行和分析中包含分析和经验式的方法。从这种观点看,每个人工智能程序都可以看作是一个实验:它向现实世界提出问题,而答案就是现实世界对此做出的响应。现实世界对我们的设计做出的响应和程序式的承诺构成了我们对于智能的形式方法、机理以及智能本质的理解。

3. 智能的计算特性

智能的计算特性开始于对计算设备的抽象规范说明。20世纪30年代到50年代的研究开启了这一探索,Turing(图灵)、Post(波斯特)、Markov(马尔可夫)、Church(丘奇)等人在对计算的形式化描述方面做出了极大贡献。这些研究的目的不是仅指出计算的含义,还指出关于可计算的界限。通用图灵机是大家熟知的规约,波斯特重写规则可作为产生式系统计算基础。基于部分递归函数的丘奇模型,支持诸如Scheme、Ocaml和Standard ML等现代高级函数式语言。

所有这些形式化方法都具有等价的计算能力。可以说,通用图灵机等价于现代的任意计算设备。没有哪个计算模型能够定义得比这些已知模型更强(丘奇-图灵命题)。一旦建立了计算规约的等价性,我们就从这些规约的机械化工具中解放出来:我们可以用电子管、硅芯片、细胞质或者普通玩具实现我们的算法。在一种媒介上的自动设计机制等价于在另外一种媒介上设计的机制。因此,当我们在一种媒介上测试在另一种媒介上实现的机制时,就使得经验式探索的方法变得更加重要。

有一种可能就是,图灵和波斯特的通用机器也许太泛化、太通用了。这里矛盾的是,智能可能并不需要很强的带集中控制的计算机制。Levesque等人建议人的智能可能需要更多的计算性的有效表示(如用于推理的Horn子句)、对基文字的实际知识的约束以及可计算跟踪的真值维护系统的使用。智能的基于主体的模型和涌现模型似乎也支持这种观点。

由我们的机制模型的形式化等价性引出的另一个论点是，二元性问题和心身（mind-body）问题。笛卡儿时代以后，哲学家们就提出了智能、意识和身体之间的交互和整合问题。他们给出了每种可能的反映，从完全的唯物主义到对物质存在的否定，甚至到支持上帝的介入！人工智能和认知科学的研究否认了笛卡儿的二元论，而支持基于物理实现或者符号实例的智能的物质模型，支持管理这些符号的计算机制的形式化规约，支持表示范例的等价性，支持在具体模型中知识和技能的机械化。这种研究的成功表明了这种模型的有效性。

关于物理系统中智能的认识论基础

1. 表示问题

Allen Newell 和 Herbert Simon 假定物理符号系统和搜索对于智能的特性是充分必要的。神经模型或子符号模型的成功、智能的遗传和涌现方法的成功是否是对物理符号假设的一种驳斥，或者它们是这种假设的简单实例吗？

连这种假设的弱解释——物理符号系统是智能的一个充分模型——在现代认知科学领域中也产生了许多强大的、有用的结果。这种观点认为，我们可以实现那些能说明智能行为的物理符号系统。充分性使得我们能够为人所具有的许多方面的性能创建和测试基于符号的模型。但是，这个假设的强解释——物理符号系统和搜索对于智能活动是必要的——仍然是一个有待研究和解决的问题。

2. 认知中具体化的作用

物理符号系统假设的主要假定之一就是，物理符号系统的特定实例化是与其性能无关的；其主要内容是其形式化结构。许多研究者都对这一点提出了挑战，他们指出智能行为的需求要求一种允许主体整合到世界中的物理具体化。现代计算机的结构并不允许这种程度的情形，而是要求一个人工智能通过极端有限的窗口（同时代的输入输出设备）同世界进行交互。如果这种挑战是正确的，则尽管出现机器智能，它仍需要同时代的计算机提供一个非常相同的接口。

3. 文化与智能

传统上，人工智能侧重于把个体智能作为智能的来源；我们的行动好像在说，对于大脑编码和怎样管理知识的方法的解释可能是原始智能的一种完整解释。然而，我们也会认为知识最好被看作是基于社会的，而不是一个个体所构造的。在基于记忆的智能理论中，社会本身也带有智能的本质组件。对于智能理论来说，对知识的社会环境和人类行为的理解，同对个体智能/大脑的理解是同等重要的。

4. 刻画解释的本质

在表示传统研究中，大多数模型一般工作在已经解释好的领域中，即对于解释的上下文，系统设计者通常都会给出一些隐含的、先验约定，在这种约定下，很难随着问题求解过程的进展而将上下文、目标或表示进行转换。目前还很少有成果能够阐明人类构造解释的过程。

Tarskian 的观点 "将语义作为符号和对象之间的映射" 还是太弱并不能解释一些事实，如一个领域在不同实践目标的指引下可能会有不同的解释。语言学家试图通过语用理论弥补 Tarskian 语义的局限性。论述分析基本依赖于上下文中符号的使用，已经在近几年中广泛地讨论了这些问题，但是，这个问题涉及的内容事实上还要更加广泛，因为它通常还要处理参考工具的失败。

C. S. Peirce 最先倡导符号语言学的传统，后续的研究者还有 Eco、Seboek 以及其他学者，他们对于语言采用了更激进的方法。这种符号语言学的传统把符号表达式放在广泛的记号和记号解释中，它表明，符号的含义只有在它用作解释的上下文中才能够被理解，即在解释的上下文中或在与环境的交互中才被理解。

5．表示的不确定性

Anderson 的表示不确定性猜想指出，在熟练性能的特定动作这种环境下，确定哪种表示模式最接近于人的问题求解器在理论上是不可能的。这种猜想是基于这样的事实，即每个表示模式不可避免地被连接到一个大型的计算结构，就像搜索策略一样。在对人类技能的详细分析中，我们不可能充分控制这个过程，使得我们能决定这个表示；也不可能为过程被唯一确定的那些点建立一个表示。由物理的不确定原理，现象可以通过检验这个现象的过程加以改变，因此，构造智能模型是需要重点关注的，但没有必要限制它们的利用。

6．设计可以反证的计算模型的必要性

Popper 等人指出科学理论必定是可以反证的，这就是说，必定存在一种环境，使得在此环境下的这个理论模型并不是对这种现象的成功的近似。任何数目的确定性实验实例都不能充分地确定一个模型。许多研究是在已有理论的失败的基础上进行的。

物理符号系统假设的一般本质正如智能的情景模型和涌现模型一样，作为一种模型在使用上受到限制。同样，可以对关于现象学传统的假设进行批评。一些人工智能数据结构（如语义网）还是很普通的，使得它们可以建模几乎所有能够描述出的东西，或者正像通用图灵机一样，使得它们可以建模任意的可计算函数。因此，一个人工智能研究者或者认知科学家被问到在什么条件下他们的智能模型不能用时，给出答案经常是很难的。

7．科学方法的局限性

许多研究者们宣称智能的最重要方面就是没有被模型化，并且原则上不可能被模型化，且特别是不能使用任意的符号表示来模型化。这些领域包括学习、自然语言理解、说话动作的产生等。这些问题已经深深地植根于我们的哲学理念中。

现代人工智能的大部分假设追其根源，可以回溯到 Carnap、Frege 和 Leibniz，再远回溯到 Hobbes、Locke 和 Hume，直至回溯到亚里士多德。这种传统观点认为，智能的处理过程符合通用法则，并且在原则上是可以被理解的。

Heideggei 和他的追随者们描述了一种可选择的方法理解智能。对于 Heidegger 来说，思考的意识源于具体经验的世界（一种生命世界）。Winograd、Flores 和 Dreyfus 等人认为一个人对事物的理解是扎根于在每天的世界中"使用"这些理解的实际活动中。这种世界在本质上是一种环境，其中包括按社会方式组织的各种作用和目的。而这种环境以及其中的人的功能不是通过命题解释的，也不是能够被定理所理解的。它更像是一种不断形成的流程。在基本意义上，人类专家并不知道"是什么"，而只是知道在进化的社会标准和隐含的目的不断发展的世界中，它是怎么样的。我们不能自然地就把我们的知识和大多数智能行为放入语言中，不管是形式的，还是自然的。

现在让我们来考虑上述这种观点。首先，作为对纯理性主义传统的批判，这种观点是正确的。理性主义者断言，所有的人类活动、智能和责任，至少原则上能够被表示、形式化和理解。大多数喜欢思考的人们并不相信这种情形，他们认为情感、自我主张和有责任的承诺等（至少）也是很重要的。在科学方法的领域之外，还有很多人类活动在可靠的人类交互中起着本质的作用。这些不可能被机器再生或者取消。

然而，检查数据、构造模型、运行实验以及为了进一步实验而使用模型精练检查结果等这些科学传统已经进入理解、解释和预言人类社会能力这样一个重要的层次。科学方法是提高人类理解能力的一个有力工具。尽管如此，对于这种方法，这里仍然有许多的告诫是研究人员必须理解的。

首先，研究人员不要把这个模型与被建模的现象相混淆。模型能允许我们不断地逼近这种现象；通常，这里必然有一些不能使用经验解释的"残留物"。在这种意义上，表示不确定性并不是一个问题。一个模型是用来探索、解释和预言的；如果它允许研究人员完成这些任务，则它就是成功的。对于一种简单的现象，不同的模型可以用来解释这种现象的不同方面。

此外，当研究者们主张智能现象的各个方面已经在科学传统的范围和方法之外时，这种说法本身也只能用那些科学传统验证。科学方法只是一种工具，它可用来解释在什么意义上问题仍然是在我们当前的理解之外。每种观点，甚至是来自于现象学传统的观点，如果它是有一定含义的，那么它一定跟我们当前某些解释的概念相关，甚至它是与那些不能解释的现象相关联的。

人工智能研究中最让人振奋的方面是对我们必须解决的这些问题做出不懈的努力和贡献。为了理解问题求解、学习和语言，必须领会表示和知识的哲学层面含义。我们被要求用一种谦卑的方式解决亚里士多德的理论和实践之间的关系问题，以形成理解和实践的统一、理论和实践的统一，在科学与艺术中生活。

人工智能工作者是工具的制造者。我们的表示、算法和语言都是一些工具，用来设计和建立那些展现智能行为的机制。通过实验，我们同时检验了它们解决问题的计算适合性，也检验了我们自己对智能现象的理解。

智能系统

人工智能研究的一个最重要的动力是建立智能系统，以求解困难问题。20世纪80年代以来，知识工程成为人工智能应用最显著的特点，专家系统、知识库系统、智能决策系统等智能系统得到广泛应用。知识库系统是把知识以一定的结构存入计算机，进行知识的管理和问题求解，实现知识的共享。

建造智能系统可以模仿、延伸和扩展人的智能，实现某些"机器思维"，具有极大的理论意义和实用价值。根据智能系统具有的知识和处理范型的情况，可以分成4类：①单领域知识单处理范型智能系统；②多领域知识单处理范型智能系统；③单领域知识多处理范型智能系统；④多领域知识多处理范型智能系统。

1. 单领域知识单处理范型智能系统

系统具有单一领域的知识,并且只有一种处理范型。例如,第一代、第二代专家系统和智能控制系统都属于这种类型。

专家系统是运用特定领域的专门知识,通过推理模拟通常由人类专家才能解决的各种复杂的、具体的问题,达到与专家具有同等解决问题能力的计算机智能程序系统。它能对决策的过程作出解释,并有学习功能,即能自动增长解决所需的知识。第一代专家系统(如 DENDRAL、MACSYMA 等)以高度专业化、求解专门问题的能力强为特点,但在体系结构的完整性、可移植性等方面存在缺陷,求解问题的能力弱。第二代专家系统(如 MYCIN、CASNET、PROSPECTOR、HEAR-SAY 等)属单学科专业型、应用型系统,其体系结构较完整,移植性方面也有所改善,而且在系统的人机接口、解释机制、知识获取技术、不确定推理技术、增强专家系统的知识表示和推理方法的启发性、通用性等方面都有所改进。

2. 多领域知识单处理范型智能系统

多领域知识单处理范型智能系统具有多种领域的知识,而处理范型只有一种。大多数分布式问题求解系统、多专家系统都属于这种类型。一般采用专家系统开发工具和环境研制这种大型综合智能系统。

由于智能系统在工程技术、社会经济、国防建设、生态环境等各个领域的广泛应用,对智能系统的功能提出多方面的要求。许多实际问题的求解,例如,医学诊治、经济计划、军事指挥、金融工程、作物栽培、环境保护等,往往需要应用多学科、多专业的专家知识和经验。现有的许多专家系统大多数是单学科、专门性的小型专家系统,不能满足用户的实际需求。建立多领域知识单处理范型智能系统在一定程度上可以达到用户的要求。

这类智能系统的特点是:面向用户实际的复杂问题求解;应用多学科、多专业、多专家的知识和经验,进行并行协同求解;基于分布式、开放性软硬件和网络环境;利用专家系统开发工具和环境;实现知识共享与知识重用。

3. 单领域知识多处理范型智能系统

单领域知识多处理范型智能系统具有单一领域的知识,而处理范型有多种。例如,混合智能系统属于这种类型。一般可以用神经网络通过训练获得知识,然后转换成产生式规则提供给推理机在求解问题时使用。

在进行问题求解时,也可以采用多种机制处理同一个问题。例如,疾病诊断系统既可采用符号推理的方法,也可通过人工神经网络让它们同时处理相同的问题,然后比较它们的结果,这样容易取得正确的结果,避免片面性。

4. 多领域知识多处理范型智能系统

这种系统具有多种领域的知识,而且处理范型也有多种。这种系统包含一集体智能模块,其含义是,在多种处理范型的环境下,各种处理机制各行其是,各司其职,协调工作,表现为集体的智能行为。

综合决策系统、综合知识系统属于多领域知识多处理范型智能系统。在这种系统中,基于推理的抽象思维采用符号处理的方法;而基于模式识别、图像处理之类的形象思维采用神经计算。

在总结和分析已有智能系统的设计方法和实现技术的基础上，采用智能主体（Agent）技术，实现具有多种知识表示、综合知识库、自组织协同工作、自动知识获取等功能的大型综合智能系统。这类系统是当前实现多领域知识多处理范型智能系统的主要途径。

现实世界的问题多数具有病态结构，研究的对象也在不断变化，很难找到一种精确的算法进行求解。构造人机统一，与环境进行交互、反馈的开放系统是解决这类智能问题的途径。所谓开放系统，是指系统在操作过程中永远有难以预料的后果，并能在任何时候从外部接收新的信息。

互联网已经成为各类信息资源的聚集地。在这些海量的、异构的 Web 信息资源中，蕴涵着具有巨大潜在价值的知识。通过 Web 内容发现、结构发现、使用发现等，能够从 Web 上快速、有效地发现资源和知识，提高在 Web 上检索信息、利用信息的效率。互联网上的维基百科反映了集体智能的特点和优势，受到社会人士的欢迎和好评。

展望智能科学与技术

智能科学与技术本身的发展正在向理论创新的深入和大规模实际应用发展。在 2009 年中国科学技术协会公布的"10 项引领未来的科学技术"评选结果中，作为智能科学与技术核心的"人工智能技术"排在第 4 位，作为智能科学与技术重要应用的"未来家庭服务机器人"排在第 2 位，这充分显示了智能科学与技术的巨大潜力和极其广泛的社会影响。

在过去 50 多年的人工智能研究中，人们一直沿着"模拟脑"的方向做出努力，分别从智能系统的结构、功能、行为 3 个基本侧面展开对智能的研究，这样便先后形成了模拟大脑抽象思维功能的符号智能学说、模拟大脑结构的神经网络学说以及模拟智能系统行为的感知-动作系统学说。由于社会的迫切需要，呼唤着智能科学与技术在理论上取得突破，在应用上广泛普及。展望智能科学与技术的发展，可以开展以下 3 方面的研究。

（1）智能科学。智能科学是脑科学、认知科学、人工智能等的交叉学科，研究智能的理论和技术。智能科学不仅要进行智能的功能仿真，而且要研究智能的机理。脑科学从分子层次、细胞层次、行为层次研究自然智能机理，建立脑模型，揭示人脑的本质。认知科学是研究人类感知、学习、记忆、思维、意识等人脑心智活动过程的科学。人工智能研究用人工的方法和技术模仿、延伸和扩展人的智能，实现机器智能。

（2）互联网智能。互联网为智能科学与技术提供了重要的研究、普及和应用平台。作为知识处理和智能行为交互的基本环境，今天的互联网络最丰富的就是信息，最缺乏的就是智能。如何为在海量信息面前无所适从的用户提供有效的检索手段，如何剔除有害的、无用的垃圾邮件，如何使远方的机器人成为你放心的智能代理，都对网络信息的智能化提出迫切的需求，也是智能科学与技术发展的巨大动力。基于互联网的集体智能，通过大规模协作、综合集成，将为科学决策提供有效的途径。

（3）智能机器人。智能机器人是将体力劳动和智力劳动高度结合的产物。智能机器人是一种具有智能的、高度灵活性的、自动化的机器，具备感知、规划、动作、协同等能力,是多种高新技术的集成体。

欧盟委员会2011年5月评出了对未来影响最大的6项前沿技术。这6大技术目前还处于研究阶段,前3项分别是:未来信息分析模拟技术、石墨烯科技和纳米级传感器技术。后3项与人工智能有关,分别是:

"人脑工程技术"。这一技术可用于对人脑的低能耗、高效率进行研究。人脑的学习功能、联想功能、创新功能都是目前计算机不具备的。另外,具有如此巨大功能的人脑又是节能减排的典范,它的功耗只有20~30W,相当于一盏白炽灯。人脑的这些神奇之处一旦被破解,将为信息技术研发提供借鉴。

"医学信息技术"。有关研究旨在推动信息技术在医药领域的大规模应用。此类技术还将对海量传输健康信息、利用人工智能技术处理这些信息并做出个性化治疗方案提出新要求。

"伴侣型机器人"开发。这一项目旨在研制具有一定感知、交流和情感表达能力的仿真机器人,为人类(特别是小孩和老人)提供无微不至的服务。这一项目将有两大亮点:一是依靠先进的人工智能技术,使机器人初步具有像人一样的感知、交流和情感表达能力;二是开发出制造机器人的新材料,可以让机器人看起来、摸起来像真人一样。

中国计算机学会《技术动态》评出"2011年度十大新闻",其中3条与人工智能有关:"脑神经元连接同步定位首获成功""IBM成功构建模拟人脑功能的认知计算机芯片"和"美研发光子神经元系统引计算机速度革命"。

本书是在《人工智能》(2006版)的基础上,吸取了国内外人工智能教材的优点,增补了国际上最新的研究成果修订而成。参考史忠植教授的教材,新增一章"互联网智能",包括语义网与本体、Web技术、Web挖掘和集体智能等内容。结合教学实际,以附录形式增加了"人工智能大作业",包括28个问题(选题),并明确了大作业组织形式及要求。

本书第3、4、9、10章由张彦铎撰写,其余各章由贲可荣撰写。全书由贲可荣统稿。蔡敦波对第3章进行了修订,郑笛参与了第4、10章的修订,陈志刚教授对全书进行了认真审校,特此致谢。

感谢所有参考文献的作者,感谢"中国计算机学会通讯"、中国计算机学会"技术动态"部分论文的作者。

贲可荣

2012年8月

第1版序

智能（intelligence）是人类所特有的区别于一般生物的主要特征。智能解释为"感知、学习、理解、知道的能力，思维的能力"。智能通常被理解为"人认识客观事物并运用知识解决实际问题的能力……往往通过观察、记忆、想象、思维、判断等表现出来"。

人工智能就是用计算机模拟人的智能，因此又叫作机器智能。研究人工智能的目的，一方面是要造出具有智能的机器，另一方面是要弄清人类智能的本质。通过研究和开发人工智能，可以辅助、部分代替，甚至拓宽人的智能，使计算机更好地造福于人类。

信息经抽象结晶为知识，知识构成智能的基础。因此，信息化到知识化再到智能化，必将成为人类社会发展的趋势。人工智能已经并正在广泛而深入地结合到科学技术的各门学科和社会的各个领域中，它的概念、方法和技术正在各行各业广泛渗透。智能已成为当今各种新产品、新装备的发展方向。

随着人工智能学科的发展，课程的内容也要不断更新。在美国，由 IEEE Computer Society 和 ACM 计算教程联合工作组共同制订了《计算教程 2001》（*Computing Curricula 2001*，CC2001），它主要修订了 CC1991，以反映计算机领域十余年来的发展。从 CC2001 可以看出，人工智能课程除包括人工智能概论、问题状态与搜索、知识表示、机器人学等传统部分外，还增加了机器学习、智能体、自然语言处理、语音处理、知识库系统、神经网络、遗传算法等内容。这充分反映了 CC2001 对人工智能课程的重视。在我国，从 20 世纪 70 年代末开始，随着改革开放政策的实施，人工智能的教学和科研逐步展开。

本书介绍人工智能的理论、方法和技术及其应用，除了讨论那些仍然有用的和有效的基本原理和方法外，着重阐述一些新的和正在研究的人工智能方法与技术，特别是近期发展起来的方法和技术。此外，用比较多的篇幅论述人工智能的应用，包括人工智能新的应用研究。具体包括下列内容。

（1）简述人工智能的起源与发展，讨论人工智能的定义、人工智能与计算机的关系以及人工智能的研究和应用领域。

（2）论述知识表示、推理和不确定推理的主要方法，包括谓词逻辑、产生式系统、语义网络、框架、面向对象、归结推理、非单调推理、主观 Bayes 方法、确定性理论、证据理论、模糊逻辑和模糊推理等。

（3）讨论常用搜索原理，如盲目搜索、启发式搜索、minimax 搜索、α-β 剪枝和约束满足等，并研究一些比较高级的搜索技术，如贪婪局部搜索、局部剪枝搜索、模拟退火算法、遗传算法等。

（4）介绍近期发展起来的已成为当前研究热点的人工智能技术和方法，即分布式人工智能与 Agent、计算智能、机器学习、反向传播神经网络、Hopfield 神经网络、知识发现等。

（5）比较详细地分析人工智能的主要应用领域，涉及自动规划系统、自然语言处理、信息检索、语言翻译、语音识别、机器人等。

本书第 3、4、9、10 章由张彦铎撰写，其余各章由费可荣撰写。全书由费可荣统稿。吴荣华撰写了附录初稿。陈志刚教授对全书进行了认真审校，特此致谢。

在本书编写过程中，参考和引用了许多专家、学者的著作和论文，正文中未一一注明。在此，作者谨向相关参考文献的作者表示衷心的感谢。

不当之处，恳请读者批评指正。

作　者

2006 年 1 月

目录

第1章 绪论 … 1

1.1 人工智能的定义与概况 … 1
1.2 人类智能与人工智能 … 5
    1.2.1 智能信息处理系统的假设 … 6
    1.2.2 人类智能的计算机模拟 … 7
    1.2.3 弱人工智能和强人工智能 … 10
1.3 人工智能各学派的认知观 … 10
1.4 人工智能的研究与应用领域 … 12
    1.4.1 智能感知 … 13
    1.4.2 智能推理 … 15
    1.4.3 智能学习 … 19
    1.4.4 智能行动 … 24
1.5 人工智能发展展望 … 29
    1.5.1 新一轮人工智能的发展特征 … 29
    1.5.2 未来40年的人工智能问题 … 31
    1.5.3 人工智能鲁棒性和伦理 … 34
    1.5.4 新一代人工智能发展规划 … 35
习题 … 37

第2章 知识表示和推理 … 39

2.1 概述 … 39
    2.1.1 知识和知识表示 … 39
    2.1.2 知识-策略-智能 … 41
    2.1.3 人工智能对知识表示方法的要求 … 42
    2.1.4 知识的分类 … 42
    2.1.5 知识表示语言问题 … 43
    2.1.6 现代逻辑学的基本研究方法 … 44

2.2 命题逻辑 46
　2.2.1 语法 47
　2.2.2 语义 47
　2.2.3 命题演算形式系统 PC 49
2.3 谓词逻辑 50
　2.3.1 语法 51
　2.3.2 语义 52
　2.3.3 谓词逻辑形式系统 FC 55
　2.3.4 一阶谓词逻辑的应用 57
2.4 归结推理 58
　2.4.1 命题演算中的归结推理 58
　2.4.2 谓词演算中的归结推理 61
　2.4.3 谓词演算归结反演的合理性和完备性 70
　2.4.4 案例：一个基于逻辑的财务顾问 74
2.5 产生式系统 76
　2.5.1 产生式系统的表示 77
　2.5.2 案例：九宫图游戏 78
　2.5.3 案例：传教士和野人问题 79
　2.5.4 产生式系统的控制策略 82
2.6 语义网络 84
　2.6.1 基本命题的语义网络表示 84
　2.6.2 连接词在语义网络中的表示 86
　2.6.3 语义网络的推理 88
　2.6.4 语义网络表示的特点 90
2.7 框架 90
　2.7.1 框架的构成 90
　2.7.2 框架系统的推理 92
　2.7.3 框架表示的特点 93
2.8 脚本 93
　2.8.1 脚本概念 94
　2.8.2 案例：饭店脚本 94
2.9 知识图谱 96
　2.9.1 知识图谱及其表示 97
　2.9.2 百度知识图谱技术方案 98
　2.9.3 案例：知识图谱在互联网金融行业中的应用 101
2.10 基于知识的系统 103
　2.10.1 知识获取 103
　2.10.2 知识组织 105
　2.10.3 知识应用 106

2.10.4　常识知识和大规模知识处理 …………………………………………… 108
　　　2.10.5　常识推理 …………………………………………………………………… 108
　　　2.10.6　案例：知识图谱应用 ……………………………………………………… 110
　2.11　小结 …………………………………………………………………………………… 112
　习题 ………………………………………………………………………………………… 112

第 3 章　搜索技术 ………………………………………………………………………… 123

　3.1　概述 …………………………………………………………………………………… 123
　3.2　盲目搜索方法 ………………………………………………………………………… 128
　3.3　启发式搜索 …………………………………………………………………………… 129
　　　3.3.1　启发性信息和评估函数 ………………………………………………………… 130
　　　3.3.2　最好优先搜索算法 ……………………………………………………………… 131
　　　3.3.3　贪婪最好优先搜索算法 ………………………………………………………… 132
　　　3.3.4　A 算法和 A* 算法 ……………………………………………………………… 132
　　　3.3.5　迭代加深 A* 算法 ……………………………………………………………… 136
　3.4　问题归约和 AND-OR 图启发式搜索 ………………………………………………… 136
　　　3.4.1　问题归约的描述 ………………………………………………………………… 137
　　　3.4.2　问题的 AND-OR 图表示 ……………………………………………………… 138
　　　3.4.3　AO* 算法 ……………………………………………………………………… 139
　3.5　博弈 …………………………………………………………………………………… 143
　　　3.5.1　极大极小过程 …………………………………………………………………… 144
　　　3.5.2　α－β 过程 ……………………………………………………………………… 146
　　　3.5.3　效用值估计方法 ………………………………………………………………… 149
　3.6　案例分析 ……………………………………………………………………………… 149
　　　3.6.1　八皇后问题 ……………………………………………………………………… 149
　　　3.6.2　洞穴探宝 ………………………………………………………………………… 151
　　　3.6.3　五子棋 …………………………………………………………………………… 153
　习题 ………………………………………………………………………………………… 158

第 4 章　高级搜索 ………………………………………………………………………… 161

　4.1　爬山法搜索 …………………………………………………………………………… 161
　4.2　模拟退火搜索 ………………………………………………………………………… 164
　　　4.2.1　模拟退火搜索的基本思想 ……………………………………………………… 164
　　　4.2.2　模拟退火算法 …………………………………………………………………… 165
　　　4.2.3　模拟退火算法关键参数和操作的设计 ………………………………………… 167
　4.3　遗传算法 ……………………………………………………………………………… 168
　　　4.3.1　遗传算法的基本思想 …………………………………………………………… 169
　　　4.3.2　遗传算法的基本操作 …………………………………………………………… 170
　4.4　案例分析 ……………………………………………………………………………… 175

    4.4.1 爬山算法求解旅行商问题 175
    4.4.2 模拟退火算法求解旅行商问题 176
    4.4.3 遗传算法求解旅行商问题 177
习题 178

第 5 章 不确定知识表示和推理 180

 5.1 概述 180
    5.1.1 什么是不确定推理 181
    5.1.2 不确定推理要解决的基本问题 181
    5.1.3 不确定性推理方法分类 183
 5.2 非单调逻辑 184
    5.2.1 非单调逻辑的产生 185
    5.2.2 缺省推理逻辑 186
    5.2.3 非单调逻辑系统 188
    5.2.4 非单调规则 190
    5.2.5 案例：有经纪人的交易 191
 5.3 主观 Bayes 方法 194
    5.3.1 全概率公式和 Bayes 公式 194
    5.3.2 主观 Bayes 方法 196
 5.4 确定性理论 201
    5.4.1 建造医学专家系统时的问题 201
    5.4.2 C-F 模型 202
    5.4.3 案例：帆船分类专家系统 207
 5.5 证据理论 212
    5.5.1 假设的不确定性 212
    5.5.2 证据的不确定性与证据组合 215
    5.5.3 规则的不确定性 216
    5.5.4 不确定性的传递与组合 216
    5.5.5 证据理论案例 217
 5.6 模糊逻辑和模糊推理 219
    5.6.1 模糊集合及其运算 219
    5.6.2 模糊关系 220
    5.6.3 语言变量 221
    5.6.4 模糊逻辑和模糊推理 222
    5.6.5 案例：抵押申请评估决策支持系统 226
 5.7 小结 232
习题 233

第 6 章　Agent ……238

- 6.1　概述 ……238
- 6.2　Agent 及其结构 ……240
  - 6.2.1　Agent 的定义 ……240
  - 6.2.2　Agent 要素及特性 ……241
  - 6.2.3　Agent 的结构特点 ……243
  - 6.2.4　Agent 的结构分类 ……244
- 6.3　Agent 应用案例 ……246
- 6.4　Agent 通信 ……250
  - 6.4.1　通信方式 ……250
  - 6.4.2　Agent 通信语言 ACL ……251
- 6.5　协调与协作 ……256
  - 6.5.1　引言 ……256
  - 6.5.2　合同网 ……258
  - 6.5.3　协作规划 ……260
- 6.6　移动 Agent ……263
  - 6.6.1　移动 Agent 产生的背景 ……264
  - 6.6.2　定义和系统组成 ……266
  - 6.6.3　实现技术 ……267
  - 6.6.4　移动 Agent 系统 ……275
  - 6.6.5　移动 Agent 技术的应用场景 ……276
- 6.7　多 Agent 系统开发框架 JADE ……278
  - 6.7.1　程序模型 ……280
  - 6.7.2　可重用开发包 ……281
  - 6.7.3　开发和运行的支持工具 ……283
- 6.8　案例：火星探矿机器人 ……284
  - 6.8.1　需求分析 ……284
  - 6.8.2　设计与实现 ……286
- 6.9　小结 ……291
- 习题 ……292

第 7 章　机器学习 ……299

- 7.1　机器学习概述 ……299
  - 7.1.1　学习中的元素 ……300
  - 7.1.2　目标函数的表示 ……301
  - 7.1.3　学习任务的类型 ……303
  - 7.1.4　机器学习的定义和发展史 ……304
  - 7.1.5　机器学习的主要策略 ……306

7.1.6 机器学习系统的基本结构……307
7.2 基于符号的机器学习……308
7.2.1 归纳学习……308
7.2.2 决策树学习……312
7.2.3 基于范例的学习……318
7.2.4 解释学习……323
7.2.5 案例：通过 EBG 学习概念 cup……324
7.2.6 强化学习……325
7.3 基于神经网络的机器学习……327
7.3.1 神经网络概述……327
7.3.2 基于反向传播网络的学习……332
7.3.3 案例：基于反向传播网络拟合曲线……341
7.3.4 深度学习……348
7.3.5 案例：深度学习在计算机视觉中的应用……353
7.3.6 竞争网络……358
7.3.7 案例：学习向量量化解决分类问题……368
7.4 基于统计的机器学习……369
7.4.1 支持向量机……369
7.4.2 案例：XOR 问题……378
7.4.3 统计关系学习……380
7.5 小结……382
习题……384

第 8 章 自然语言处理技术……393

8.1 自然语言理解的一般问题……393
8.1.1 自然语言理解的概念及意义……393
8.1.2 自然语言理解研究的发展……395
8.1.3 自然语言理解的层次……396
8.2 词法分析……399
8.3 句法分析……402
8.3.1 短语结构文法和 Chomsky 文法体系……402
8.3.2 句法分析树……404
8.3.3 转移网络……405
8.4 语义分析……406
8.4.1 语义文法……406
8.4.2 格文法……407
8.5 大规模真实文本的处理……408
8.5.1 语料库语言学及其特点……408
8.5.2 统计学方法的应用及所面临的问题……410

    8.5.3 汉语语料库加工的基本方法 …………………………………………………… 411
    8.5.4 语义资源建设 ………………………………………………………………… 414
  8.6 信息搜索 ……………………………………………………………………………… 416
    8.6.1 信息搜索概述 ………………………………………………………………… 416
    8.6.2 搜索引擎 ……………………………………………………………………… 418
    8.6.3 智能搜索引擎 ………………………………………………………………… 423
    8.6.4 搜索引擎的发展趋势 ………………………………………………………… 429
  8.7 机器翻译 ……………………………………………………………………………… 433
    8.7.1 机器翻译系统概述 …………………………………………………………… 433
    8.7.2 机器翻译的基本模式和方法 ………………………………………………… 436
    8.7.3 统计机器翻译 ………………………………………………………………… 439
    8.7.4 利用深度学习改进统计机器翻译 …………………………………………… 441
    8.7.5 端到端神经机器翻译 ………………………………………………………… 442
    8.7.6 未来展望 ……………………………………………………………………… 443
  8.8 语音识别 ……………………………………………………………………………… 444
    8.8.1 智能语音技术概述 …………………………………………………………… 444
    8.8.2 组成单词读音的基本单元 …………………………………………………… 445
    8.8.3 信号处理 ……………………………………………………………………… 446
    8.8.4 单个单词的识别 ……………………………………………………………… 449
    8.8.5 隐马尔可夫模型 ……………………………………………………………… 450
    8.8.6 深度学习在语音识别中的应用 ……………………………………………… 451
  8.9 机器阅读理解 ………………………………………………………………………… 453
    8.9.1 机器阅读理解评测数据集 …………………………………………………… 453
    8.9.2 机器阅读理解的一般方法 …………………………………………………… 453
    8.9.3 机器阅读理解研究展望 ……………………………………………………… 455
  8.10 机器写作 …………………………………………………………………………… 456
    8.10.1 机器原创稿件 ……………………………………………………………… 457
    8.10.2 机器二次创作 ……………………………………………………………… 457
    8.10.3 机器写作展望 ……………………………………………………………… 459
  8.11 聊天机器人 ………………………………………………………………………… 459
    8.11.1 聊天机器人应用场景 ……………………………………………………… 460
    8.11.2 聊天机器人系统的组成结构及关键技术 ………………………………… 461
    8.11.3 聊天机器人研究存在的挑战 ……………………………………………… 465
  8.12 小结 ………………………………………………………………………………… 465
  习题 ……………………………………………………………………………………… 467

第9章 智能规划 ……………………………………………………………………………… 470
  9.1 规划问题 ……………………………………………………………………………… 470
  9.2 状态空间搜索规划 …………………………………………………………………… 474

9.3 偏序规划 … 477
9.4 命题逻辑规划 … 481
9.5 分层任务网络规划 … 484
9.6 非确定性规划 … 486
9.7 时态规划 … 488
9.8 多 Agent 规划 … 491
9.9 案例分析 … 495
    9.9.1 规划问题的建模与规划系统的求解过程 … 495
    9.9.2 Shakey 世界 … 497
9.10 小结 … 499
习题 … 499

第 10 章 机器人学 … 502

10.1 概述 … 502
    10.1.1 机器人的分类 … 503
    10.1.2 机器人的特性 … 504
    10.1.3 机器人学的研究领域 … 504
10.2 机器人系统 … 505
    10.2.1 机器人系统的组成 … 505
    10.2.2 机器人的工作空间 … 507
    10.2.3 机器人的性能指标 … 509
10.3 机器人的编程模式与语言 … 510
10.4 机器人的应用与展望 … 511
    10.4.1 机器人应用 … 512
    10.4.2 机器人发展展望 … 515
10.5 案例分析：仿真机器人运动控制算法 … 519
    10.5.1 仿真平台使用介绍 … 519
    10.5.2 仿真平台与策略程序的关系 … 522
    10.5.3 策略程序的结构 … 522
    10.5.4 动作函数及说明 … 526
    10.5.5 策略 … 527
    10.5.6 各种定位球状态的判断方法 … 530
    10.5.7 比赛规则 … 531
10.6 小结 … 533
习题 … 533

第 11 章 互联网智能 … 535

11.1 概述 … 535
11.2 语义网与本体 … 538

- 11.2.1 语义网的层次模型 ... 538
- 11.2.2 本体的基本概念 ... 540
- 11.2.3 本体描述语言 ... 542
- 11.2.4 本体知识管理框架 ... 542
- 11.2.5 本体知识管理系统 Protégé ... 543
- 11.2.6 本体知识管理系统 KAON ... 544
- 11.3 Web 技术的演化 ... 545
  - 11.3.1 Web 1.0 ... 546
  - 11.3.2 Web 2.0 ... 547
  - 11.3.3 Web 3.0 ... 549
  - 11.3.4 互联的社会 ... 550
- 11.4 Web 挖掘 ... 551
  - 11.4.1 Web 内容挖掘 ... 553
  - 11.4.2 Web 结构挖掘 ... 554
  - 11.4.3 Web 使用挖掘 ... 555
  - 11.4.4 互联网信息可信度问题 ... 556
  - 11.4.5 案例：反恐作战数据挖掘 ... 556
  - 11.4.6 案例：微博博主特征行为数据挖掘 ... 557
- 11.5 集体智能 ... 559
  - 11.5.1 社群智能 ... 560
  - 11.5.2 集体智能系统 ... 561
  - 11.5.3 全球脑 ... 562
  - 11.5.4 互联网大脑（云脑） ... 563
  - 11.5.5 智联网 ... 566
  - 11.5.6 案例：智能网联汽车 ... 568
  - 11.5.7 案例：城市计算 ... 569
- 11.6 小结 ... 571
- 习题 ... 572

附录 A 人工智能编程语言 Python ... 577

- A.1 人工智能编程语言概述 ... 577
- A.2 Python 语言优势 ... 580
- A.3 Python 人工智能相关库 ... 580
- A.4 Python 语法简介 ... 582

附录 B 手写体识别案例 ... 585

- B.1 MNIST 数据集 ... 586
- B.2 Softmax 回归模型 ... 587

B.3　Softmax 回归的程序实现 ……………………………………………… 589
B.4　模型的训练 …………………………………………………………… 590
B.5　模型的评价 …………………………………………………………… 591
B.6　完整代码及运行结果 ………………………………………………… 592

参考文献 ………………………………………………………………………… 594

第 1 章 绪论

人工智能自诞生之日起就引起人们无限美好的想象和憧憬,已经成为学科交叉发展中的一盏明灯,光芒四射,但其理论起伏跌宕,也存在争议和误解。

本章首先介绍人工智能的定义、发展概况及相关学派及其认知观,接着讨论人工智能的研究和应用领域,介绍了人工智能鲁棒性和伦理问题,综述了人工智能发展特征、待解问题以及国家人工智能发展规划。

1.1 人工智能的定义与概况

60 多年来,人工智能取得了很大进展,引起众多学科和不同专业背景学者们的日益重视,成为一门广泛的交叉和前沿科学。计算机技术的发展已能够存储极其大量的信息,进行快速信息处理,软件功能和硬件实现均取得长足进步,使人工智能获得进一步的应用。

人类智能伴随着人类活动时时处处存在。人类的许多活动,如下棋、竞技、解题、游戏、规划和编程,甚至驾车和骑车都需要"智能"。如果机器能够执行这种任务,就可以认为机器已具有某种性质的"人工智能"。不同科学或学科背景的学者对人工智能有不同的理解,先后出现了 3 个主流学派: 逻辑学派(符号主义方法)、仿生学派(联结主义方法)和控制论学派(行为主义方法)。

1. 人工智能的定义

人工智能(Artificial Intelligence,AI)是研究理解和模拟人类智能、智能行为及其规律的一门学科。其主要任务是建立智能信息处理理论,进而设计可以展现某些近似于人类智能行为的计算系统。

下面是部分学者对人工智能概念的描述,可以看作他们各自对人工智能所下的定义。

(1) 人工智能是那些与人的思维相关的活动,诸如决策、问题求解和学习等的自动化(Bellman,1978 年)。

(2) 人工智能是一种计算机能够思维,使机器具有智力的激动人心的新尝试(Haugeland,1985 年)。

(3) 人工智能是研究如何让计算机做现阶段只有人才能做得好的事情(Rich Knight，1991年)。

(4) 人工智能是那些使知觉、推理和行为成为可能的计算的研究(Winston，1992年)。

(5) 广义地讲，人工智能是关于人造物的智能行为，而智能行为包括知觉、推理、学习、交流和在复杂环境中的行为(Nilsson，1998年)。

(6) Stuart Russell和Peter Norvig则把已有的一些人工智能定义分为4类：像人一样思考的系统、像人一样行动的系统、理性地思考的系统、理性地行动的系统(2003年)。

智能机器(intelligent machine)是能够在各类环境中自主地或交互地执行各种拟人任务的机器。

人工智能能力是智能机器所执行的通常与人类智能有关的智能行为，如判断、推理、证明、识别、感知、理解、通信、设计、思考、规划、学习和问题求解等思维活动。

2．图灵测试

关于如何界定机器智能，早在人工智能学科还未正式诞生之前的1950年，计算机科学创始人之一的英国数学家阿兰·图灵（Alan Turing）就提出了现称为"图灵测试（Turing Test）"的方法。简单地讲，图灵测试的做法是：让一位测试者分别与一台计算机和一个人进行交谈(当时是用电传打字机)，而测试者事先并不知道哪一个被测者是人，哪一个是计算机。如果交谈后测试者分不出哪一个被测者是人，哪一个是计算机，则可以认为这台被测的计算机具有智能。

3．人工智能的起源

人类对智能问题的关注和探索，至少可以追溯到2000多年前的时代。那时，希腊人和中国先人都把"心"看作"思维的器官"。从严格的科学意义上说，智能科学技术研究的标志性进展，是20世纪初自然智能方面的Golgi染色法和Cajal神经元学说以及20世纪中叶人工智能方面的人工神经网络和符号逻辑系统理论。

20世纪30年代，数理逻辑学家Frege、Whitehead、Russell和Tarski等人研究表明，推理的某些方面可以用比较简单的结构加以形式化。Church、Turing等人给出了计算的本质刻画。

1956年，Dartmouth会议标志人工智能学科的诞生，它从一开始就是交叉学科的产物。与会者有数学家、逻辑学家、认知学家、心理学家、神经生理学家和计算机科学家。Dartmouth会议上，Marvin Minsky的神经网络模拟器、John McCarthy的搜索法，以及Herbert Simon和Allen Newell的定理证明器是会议的3个亮点，分别讨论如何穿过迷宫，如何搜索推理，如何证明数学定理。会上首次使用了"人工智能"这一术语。这些学者(还包括Lochester、Shannon、More、Samuel)后来绝大多数都成为著名的人工智能专家。

1969年召开了第一届国际人工智能联合会议(International Joint Conference on AI，IJCAI)，此后每两年召开一次；1970年，杂志 *International Journal of AI* 创刊。这些对开展人工智能国际学术活动和交流、促进人工智能的研究与发展起到积极的作用。IJCAI2013于2013年8月3日至9日首次在中国举办。

控制论思想对人工智能早期研究有重要影响。Wiener、McCulloch等人提出的控制论和自组织系统的概念集中讨论了"局部简单"系统的宏观特性。1948年，Wiener发表的《动物与机器中的控制与通信》论文不但开创了近代控制论，而且为人工智能的控制论学派(即行为主义学派)树立了新的里程碑。控制论影响了许多领域,因为控制论的概念跨接了许多领域,把神经系统的工作原理与信息理论、控制理论、逻辑以及计算联系起来。

最终把这些不同思想连接起来的是由 Babbage、Turing、von Neumann 和其他一些人研制的计算机本身。在机器的应用成为可行之后不久,人们就开始试图编写程序,以解决智力测验难题、下棋以及把文本从一种语言翻译成另一种语言。这是第一批人工智能程序。

4. 人工智能的发展

60 多年来,人工智能的应用研究取得了重大进展。首先,专家系统(expert system)显示出强大的生命力。被誉为"专家系统和知识工程之父"的 Feigenbaum 所领导的研究小组于 1968 年研究成功第一个专家系统 DENDRAL,用于质谱仪分析有机化合物的分子结构。1972—1976 年,Feigenbaum 小组又开发成功 MYCIN 医疗专家系统,用于抗生素药物治疗。此后,许多著名的专家系统,如 PROSPECTOR 地质勘探专家系统、CASNET 青光眼诊断治疗专家系统、RI 计算机结构设计专家系统、MACSYMA 符号积分与定理证明专家系统等被相继开发,为工矿数据分析处理、医疗诊断、计算机设计、符号运算和定理证明等提供了强有力的工具。1977 年,Feigenbaum 进一步提出了知识工程(knowledge engineering)的概念。整个 20 世纪 80 年代,专家系统和知识工程在全世界得到迅速发展。在开发专家系统的过程中,许多研究者获得共识,即人工智能系统是一个知识处理系统,而知识表示、知识利用和知识获取则成为人工智能系统的 3 个基本问题。

互联网为智能科学与技术提供了重要的研究、普及和应用平台。作为知识处理和智能行为交互的基本环境,今天的互联网络最丰富的就是信息,最缺乏的就是智能。如何为在海量信息面前无所适从的用户提供有效的检索手段,如何剔除有害的、无用的垃圾邮件,如何使远方的机器人成为你放心的智能代理,都对网络信息的智能化提出迫切的需求,也是智能科学与技术发展的巨大动力。基于互联网的集体智能,通过大规模协作、综合集成,将为科学决策提供有效的途径。

近几年,机器学习、计算智能、人工神经网络等行为主义的研究深入开展,形成高潮,这些都推动了人工智能研究的深入发展。

图灵奖(计算机科学最高荣誉)获得者中有 9 位人工智能学者,分别是 Marvin Minsky(1969 年获奖)、John McCarthy(1971 年获奖)、Herbert Simon 和 Allen Newell(1975 年获奖)、Edward Albert Feigenbaum 和 Raj Reddy(1994 年获奖)、Leslie Valiant(2010 年获奖)、Judea Pearl(2011 年获奖)、Tim Berners-Lee(2016 年获奖)。

出生于英国的理论计算机科学家、哈佛大学教授 Leslie Valiant 因为"对众多计算理论(包括 PAC 学习、枚举复杂性、代数计算和并行与分布式计算)所做的变革性的贡献"而获得 2010 年图灵奖。Leslie Valiant 最大的贡献是 1984 年的论文 *A Theory of the Learnable*,使诞生于 20 世纪 50 年代的机器学习领域第一次有了坚实的数学基础,这对人工智能诸多领域(包括加强学习、机器视觉、自然语言处理和手写识别等)都产生了巨大影响。没有他的贡献,IBM 也不可能造出 Watson 这样神奇的机器。2011 年,图灵奖颁发给了加州大学洛杉矶分校(UCLA)的 Judea Pearl 教授,奖励他在人工智能领域的基础性贡献,他提出概率和因果性推理演算法,彻底改变了人工智能最初基于规则和逻辑的方向。

Tim Berners-Lee作为万维网(World Wide Web,WWW)的发明人获得2016年的图灵奖。但他的贡献并不止于Web。在过去近30年的工作里,他的贡献大体可分为3个阶段:第一阶段为1989—1999年,他的主要精力在Web本身的发明和推广上,贡献是互联的文档;第二阶段为1999—2009年,他主要推广语义网,贡献是互联的知识;第三阶段是2009年至今,他主要致力于数据的开放、安全和隐私,贡献是互联的社会。Tim是美国科学院院士、英国皇家学会院士。本书第11章"互联网智能"详细介绍了Web技术。

人工智能有3次大跃进。第一次是智能系统代替人完成部分逻辑推理工作,如机器定理证明和专家系统。第二次是智能系统能够和环境交互,从运行的环境中获取信息,代替人完成包括不确定性在内的部分思维工作,通过自身的动作,对环境施加影响,并适应环境的变化,如智能机器人。第三次是智能系统具有人类的认知和思维能力,能够发现新的知识,完成面临的任务,如基于数据挖掘的系统。

中国的人工智能研究起步较晚。纳入国家计划的研究("智能模拟")开始于1978年;1984年召开了智能计算机及其系统的全国学术讨论会;1986年起把智能计算机系统、智能机器人和智能信息处理(含模式识别)等重大项目列入国家高技术研究计划;1993年起,又把智能控制和智能自动化等项目列入国家科技攀登计划。进入21世纪后,已有更多的人工智能与智能系统研究获得各种基金计划支持。1981年起,相继成立了中国人工智能学会(CAAI)、全国高校人工智能研究会、中国计算机学会人工智能与模式识别专业委员会、中国自动化学会模式识别与机器智能专业委员会、中国软件行业协会人工智能协会、中国智能机器人专业委员会、中国计算机视觉与智能控制专业委员会以及中国智能自动化专业委员会等学术团体。1989年首次召开了中国人工智能联合会议(CJCAI)。1987年,杂志《模式识别与人工智能》创刊。中国科学家在人工智能领域取得一些在国际上有影响的创造性成果,如吴文俊院士关于几何定理证明的"吴氏方法"。

2006年在北京召开了"2006人工智能国际会议",系统总结了50年来人工智能发展的成就和问题,探讨了未来研究的方向。会议期间,中国人工智能学会提出了以高等智能为标志的研究理念和纲领。高等智能的理念认为:①结构、功能、行为是研究智能的重要侧面,但更具本质意义的研究途径是"智能生成的共性核心机制"(探索智能生成机制的研究方法称为人工智能的"机制主义"方法);②机制主义方法的技术实现是信息—知识—智能转换;③通过机制主义方法,应当可以把人工智能的结构主义、功能主义、行为主义方法有机和谐统一起来;④通过机制主义研究方法可以发现和沟通意识、情感、智能的内在联系,从而可以打通人工智能与自然智能之间的壁垒。近年来,智能科技工作者开始把研究目光投向国民经济(如节能减排、气候变化)、社会文明(如绿色与安全网络)和国防安全(如智能战争)领域的重大应用上,正在努力把智能科学技术的研究从机器博弈一类的"游戏世界"转变到解决"现实世界"重大问题的轨道上。

2017年7月,国务院颁发了《新一代人工智能发展规划》,重点任务包括:构建开放协同的人工智能科技创新体系;培育高端高效的智能经济;建设安全便捷的智能社会;加强人工智能领域军民融合;构建泛在安全高效的智能化基础设施体系;前瞻布局新一代人工智能重大科技项目。

5. AI解放人力最终服务于人

最近几年AI技术的突破,其应用普遍聚焦在3个方面:人机交互的变革,即让AI看得懂、听得懂；场景应对与决策的自动化，如自动驾驶和医疗图像的智能诊断等；解决系统优化问题的大数据，如电网调度、物流和仓储等资源与效率的优化。

人机交互的变革可以说是人工智能这几年突破的一个重要领域。计算机技术的发展，每隔20年左右就会出现一次人机交互的重大变革，我们现在已经到了第三次人机交互改革的时代。在PC时代，人们与机器通过键盘和鼠标交流；在移动互联网时代，人们与智能手机通过手指操控屏幕交流；在智能时代，人们与机器之间是通过机器视觉和语音技术进行交互的。

在场景应对与决策方面，自动驾驶是一个很好的例子。自动驾驶系统通过车上摄像头进行路况识别，控制方向盘的操作与行车速度，能比一般人更可靠地应对路上的突发事件。又如，在医疗场景，不同经验的医生有时候意见会不一致，如果通过人工智能的训练，诊断可以变得更可靠、更准确，让医疗水平上升到一个更高的水平。

大数据应用在很多工业领域（如电网调度、物流和仓储优化等方面）都是利用大数据在最优化问题中找到最理想的解决方案。我们平时在智能手机上用到的软件产品（如机器视觉应用、语音音频应用、个性化内容推荐、游戏AI）都应用了不同类型的、先进的人工智能技术。

1.2 人类智能与人工智能

在自然智能（人类智能）研究方面，人们主要沿着"认识脑—保护脑—修复脑—开发脑"方向展开研究；但是，基础的工作集中在"认识脑"方面，包括认识脑的结构和理解脑的功能。最初，人们主要通过医学解剖观察脑的生理组织构造。后来发明了显微镜，可以对脑的解剖结构进行更细致的观察。进一步的发展又发现了染色法、造影术、示踪术、脑电技术，可以更具体地观察和显示脑内神经系统的组织结构；分子生物学的发展使人们对脑的研究可以从器官组织深入到分子层级。特别是近几十年迅速发展起来的正电子发射断层扫描技术（PET）和功能核磁共振成像技术（f-MRI），使人们可以在无创伤的条件下了解脑的组织结构和相应组织结构的基本功能，观察在一定思维状态下究竟哪些脑组织参与活动。同时，研究还发现了脑的工作既有分区的特点，又有并行工作的特点，以此保障了脑的工作的高度灵活性与高度生存力。具有特别重大意义的是，人们发现了脑内"古皮层—旧皮层—新皮层"结构和功能的进化规律，这对人们认识脑和模拟脑具有巨大的启发作用。

但是，鉴于脑的高度复杂性和研究手段的相对不完善性，目前人们对脑的认识还处在相对初步的阶段。迄今，对脑与认知科学研究的基本问题——"脑结构的认知机理"仍然无法给出明确的回答。这是自然智能研究面临的一个巨大挑战，也是一个今后研究的巨大创新空间。

在人工智能研究方面，人们一直沿着模拟脑方向做出努力。由于智能问题高度复杂，人们一时难以总揽智能系统的全局；于是便按照传统的科学理念，分别从智能系统的结构、功能、行为3个基本侧面展开对智能的研究。这样，便先后形成了模拟大脑结构的结构主义方法、模拟大脑逻辑思维功能的功能主义方法以及模拟智能系统行为的行为主义方法，相应地建立了人工智能的3种重要学说：人工神经网络学说、符号逻辑人工智能学说以及感知—动作系统学说。

人类的认知过程是一个非常复杂的行为，人们从不同的角度对它进行研究，从而形成诸如认知生理学、认知心理学和认知工程学等相关学科。这里仅讨论几个与人工智能有密切关系的问题。

1.2.1　智能信息处理系统的假设

人的心理活动具有不同的层次，它可与计算机的层次相比较。心理活动的最高层是思维策略，中间一层是初级信息处理，最低层为生理过程，即中枢神经系统、神经元和大脑的活动。与此相应的是计算机的程序、语言和硬件。

研究认知过程的主要任务是探求高层次思维决策与初级信息处理的关系，并用计算机程序模拟人的思维策略水平，而用计算机语言模拟人的初级信息处理过程。

计算机也以类似的原理进行工作。在规定时间内，计算机存储的记忆相当于机体的状态；计算机的输入相当于机体施加的某种刺激。在得到输入之后，计算机便进行操作，使得其内部状态随时间发生变化。可以从不同的层次研究这种计算机系统。这种系统以人的思维方式为模型进行智能信息处理。显然，这是一种智能计算机系统。设计适用于特定领域的这种高水平智能信息处理系统，是研究认知过程的一个具体而又重要的目标。例如，一个具有智能信息处理能力的自动控制系统就是一个智能控制系统，它可以是专家控制系统，或者是智能决策系统等。

可以把人看作一个智能信息处理系统。

信息处理系统也称符号操作系统(symbol operation system)或物理符号系统(physical symbol system)。符号就是模式(pattern)。任一模式，只要它能与其他模式相区别，就是一个符号。例如，不同的汉语拼音字母或英文字母就是不同的符号。对符号进行操作就是对符号进行比较，从中找出相同的和不同的符号。物理符号系统的基本任务和功能就是辨认相同的符号和区别不同的符号。为此，这种系统就必须能够辨别出不同符号之间的实质差别。符号既可以是物理符号，也可以是头脑中的抽象符号，或者是电子计算机中的电子运动模式，还可以是头脑中神经元的某些运动方式。一个完善的符号系统应具有下列 6 种功能。

(1) 输入(input)符号。

(2) 输出(output)符号。

(3) 存储(store)符号。

(4) 复制(copy)符号。

(5) 建立符号结构：通过找出各符号间的关系，在符号系统中形成符号结构。

(6) 条件性迁移(conditional transfer)：根据已有符号，继续完成活动过程。

如果一个物理符号系统具有上述 6 种功能，能够完成这个全过程，那么它就是一个完整的物理符号系统。人能够输入信号，如用眼睛看、用耳朵听、用手触摸等。计算机也能通过磁盘或键盘等方式输入符号。人具有上述 6 种功能，现代计算机也具备物理符号系统的这 6 种功能。

假设　任何一个系统，如果它能够表现出智能，那么它就必定能够执行上述 6 种功能。反之，任何系统如果具有这 6 种功能，那么它就能够表现出智能；这种智能指的是人类所具有的那种智能。通常把这个假设称为物理符号系统的假设。

物理符号系统的假设伴随3个推论，或称为附带条件。

推论1.1 既然人具有智能，那么他就一定是一个物理符号系统。人之所以能够表现出智能，就是基于他的信息处理过程。

推论1.2 既然计算机是一个物理符号系统，它就一定能够表现出智能。这是人工智能的基本条件。

推论1.3 既然人是一个物理符号系统，计算机也是一个物理符号系统，那么就能够用计算机模拟人的活动。

值得指出的是，推论1.3并不一定是从推论1.1和推论1.2推导出来的必然结果。因为人是一个物理符号系统，具有智能；计算机也是一个物理符号系统，也具有智能，但它们可以用不同的原理和方式进行活动。所以，计算机并不总是模拟人的活动，它可以编制出一些复杂的程序求解方程，进行复杂的计算。不过，计算机的这种运算过程未必就是人类的思维过程。

可以按照人类的思维过程编制计算机程序，这项工作就是人工智能的研究内容。如果做到了这一点，就可以用计算机在形式上描述人的思维活动过程，或者建立一个理论说明人的智力活动过程。

人的认知活动具有不同的层次，对认知行为的研究也应具有不同的层次，以便不同学科之间的分工协作，联合攻关，早日解开人类认知本质之谜。可以从下列4个层次开展对认知本质的研究。

(1) 认知生理学：研究认知行为的生理过程，主要研究人的神经系统（神经元、中枢神经系统和大脑）的活动，是认知科学研究的底层。它与心理学、神经学、脑科学有着密切的关系，且与基因学、遗传学等有交叉联系。

(2) 认知心理学：研究认知行为的心理活动，主要研究人的思维策略，是认知科学研究的顶层。它与心理学有着密切的关系，且与人类学、语言学交叉。

(3) 认知信息学：研究人的认知行为在人体内的初级信息处理，主要研究人的认知行为如何通过初级信息自然处理，由生理活动变为心理活动及其逆过程，即由心理活动变为生理行为。这是认知活动的中间层，承上启下。它与神经学、信息学、计算机科学有着密切的关系，并与心理学、生理学有交叉关系。

(4) 认知工程学：研究认知行为的信息加工处理，主要研究如何通过以计算机为中心的人工信息处理系统，对人的各种认知行为（如知觉、思维、记忆、语言、学习、理解、推理、识别等）进行信息处理。这是研究认知科学和认知行为的工具，应成为现代认知心理学和现代认知生理学的重要研究手段。它与人工智能、信息学、计算机科学有着密切的关系，并与控制论、系统学等交叉。

只有开展大跨度的多层次、多学科交叉研究，应用现代智能信息处理的最新手段，认知科学才可能较快地取得突破性成果。

1.2.2 人类智能的计算机模拟

Pamela McCorduck 在《机器思维》(*Machines Who Think*, 1979)中指出：在复杂的机

械装置与智能之间存在着长期的联系。从几个世纪前出现的神话般的复杂巨钟和机械自动机开始，人们已对机器操作的复杂性与自身的智能活动进行直接联系。今天，新技术已使所建造的机器的复杂性大为提高。现代电子计算机要比以往的任何机器都复杂。

  计算机的早期工作主要集中在数值计算方面。然而，人类最主要的智力活动并不是数值计算，而是在逻辑推理方面。物理符号系统假设的推论1.1也告诉人们，人有智能，所以是一个物理符号系统；推论1.3指出，可以编写计算机程序模拟人类的思维活动。这就是说，人和计算机这两个物理符号系统所使用的物理符号是相同的，因而计算机可以模拟人类的智能活动过程。计算机的确能够很好地执行许多智能功能，如下棋、证明定理、翻译语言文字和解决难题等。这些任务是通过编写与执行模拟人类智能的计算机程序完成的。当然，这些程序只能接近于人的行为，而不可能与人的行为完全相同。此外，这些程序所能模拟的智能问题，其水平还是很有限的。

  下面考虑下棋的计算机程序。计算机程序对每个可能的走步空间进行搜索，它能够同时搜索几千种走步。进行有效搜索的技术是人工智能的核心思想之一。不过，以前的计算机不能战胜最好的人类棋手，其原因在于：向前看并不是下棋所必须具有的一切，需要彻底搜索的走步又太多；在寻找和估计替换走步时并不能确信能够导致博弈的胜利。当象棋大师们盯着一个棋位时，在他们的脑子里出现了很多盘重要的棋局，帮助他们决定最好的走步。

  近年来，自学习、并行处理、启发式搜索、机器学习、智能决策等人工智能技术已用于博弈程序设计，使"计算机棋手"的水平大为提高。1997年5月，IBM公司研制的深蓝（Deep Blue）智能计算机在6局比赛中以2胜1负3平的结果战胜国际象棋冠军卡斯帕罗夫（Kasparov），"深蓝"计算速度为200万棋步/秒，采用启发式搜索方法。2003年1月26日至2月7日，国际象棋人机大战在纽约举行。Kasparov与比"深蓝"更强大的"小深"（Deep Junior）先后进行了6局比赛，以1胜1负4平的结果握手言和。

  "深蓝"共有30个处理器，每个处理器的速度是120MHz，可以进行平行运算。它还有480个专门的下棋芯片。它的下棋程序是用C语言写的，每秒可以评估2亿个可能的双方布局——比1996年的版本快了一倍。"深蓝"可以预先计算出未来6~8步，最多可以计算出未来的20步。

  "深蓝"出神入化的棋艺的基础是"评估功能"，也就是评估每一种可能走法的利弊。另外，还有一个"残局"数据库，里面有很多六子残局和五子残局。而且，"深蓝"的背后还有一个人类棋手参谋团队，由国际象棋大师乔约尔·本杰明等人组成的团队帮助完善了程序。

  《科技日报》在"IBM人机大战：超级电脑让人类智慧处于危险边缘？"一文中报道，2011年2月17日，鏖战三回合的人机大战硝烟散尽，IBM超级电脑沃森（Watson）完胜鸣金。

  2011年2月14—16日，IBM沃森参加了美国智力竞赛"危险边缘（Jeopardy）"的电视节目。这个节目在1964年创立，竞赛问题涉及地理、政治、历史、体育、娱乐等。参加这个节目首先要通过难度相当大的考试后才能获得参赛资格。比赛中，计算机沃森未连接到互联网，而是借由高速多重运算和对自己算出答案的"信心"判断作答。两名对手肯·詹宁斯和布拉德·鲁特尔，前者是曾连赢74场的答题王，创下连赢场数最多的纪录；后者是获得奖金总额最高选手，总数达325万美元之多。在比赛的三天里，计算机沃森保持着优势,直到最末一轮。

IBM 沃森系统是 2006 年开始设计的。机器是由 90 台 IBM 750 服务器组成的群集系统,每台服务器都采用 Power 7 处理器。它是 8 核芯片,每核有 4 个线程,相当于有 2880 个核在运行。内存是 16TB 的 RAM。采用的软件有 SUSE Linux Enterprise Server 11 操作系统、IBM DeepQA 软件、Apache UIMA(非结构化信息管理体系结构)框架等。该系统使用上百种技术分析自然语言、识别资源、寻找并产生假设、寻找证据并评分、对假设进行聚集和分级,因此它是专门设计的、具有学习能力的机器。

这个以 IBM 创始人托马斯·J.沃森的名字命名的系统能储存大量信息,相当于"100 万本书籍和 2 亿页资料",还可以从经验中学习如何提高性能,并且使用自然语言回答问题。世界各地的研究人员历时四年共同完成了这个系统,其中也有中国的科学家为此做出了贡献。该系统应用前景广泛,可以高速分析大量数据,用来帮助政府部门解答公众疑问,帮助医生评估药物疗效。

2016 年 3 月,人工智能围棋 AlphaGo 与韩国棋手李世石进行较量,最终人机大战总比分为 1∶4,李世石不敌 AlphaGo。2017 年 5 月,中国棋手柯洁九段(世界围棋等级分第一)与人工智能围棋 AlphaGo 进行了三番围棋大战,最终柯洁以 0∶3 惨败于 AlphaGo。2017 年 10 月 19 日,谷歌旗下人工智能公司 DeepMind 在《自然》(*Nature*)上发表论文称,最新版本的 AlphaGo Zero 完全抛弃了人类棋谱,实现了从零开始学习。

AlphaGo Zero 与 AlphaGo(在此表示以前的版本)的主要差别是:

(1) 在训练中不再依靠人类棋谱。AlphaGo 先用人类棋谱进行训练,然后再通过自我互搏的方法自我提高。AlphaGo Zero 直接采用自我互搏的方式进行学习,在蒙特卡洛树搜索的框架下,一点点提高自己的水平。

(2) 不再使用人工设计的特征作为输入。在 AlphaGo 中,输入的是经过人工设计的特征,根据该点及其周围的棋的类型(黑棋、白棋、空白等)组成不同的输入模式,确定每个落子位置。AlphaGo Zero 则直接把棋盘上的黑白棋作为输入。这一点得益于其神经网络结构的变化,神经网络层数越深,提取特征的能力越强。

(3) 将策略网络和价值网络合二为一。在 AlphaGo 中,使用的策略网络和价值网络是分开训练的,但是两个网络的大部分结构是一样的,只是输出不同。AlphaGo Zero 将这两个网络合并为一个,从输入层到中间几层是共用的,只是后边几层到输出层是分开的,并在损失函数中同时考虑了策略和价值两个部分。这样训练起来速度会更快。

(4) 网络结构采用残差网络,网络深度更深。AlphaGo Zero 在特征提取层采用了多个残差模块,每个模块包含 2 个卷积层,比之前用 12 个卷积层的 AlphaGo 深度明显增加,从而可以实现更好的特征提取。

(5) 不再使用随机模拟。在 AlphaGo 中,蒙特卡洛树搜索的过程中,要采用随机模拟的方法计算棋局的胜率,而在 AlphaGo Zero 中,不再使用随机模拟的方法,完全依靠神经网络的结果代替随机模拟。这完全得益于价值网络估值的准确性,也有效提高了搜索速度。

(6) 只用了 4 块张量处理单元(Tensor Processing Unit,TPU),训练 72 小时就可以战胜与李世石交手的 AlphaGo Lee,训练 40 天后可以战胜与柯洁交手的 AlphaGo Master。

1.2.3　弱人工智能和强人工智能

关于人工智能,长期存在两种不同的目标或者理念。一种是希望借鉴人类的智能行为,研制出更好的工具,以减轻人类智力劳动,一般称为"弱人工智能",类似于"高级仿生学"。另一种是希望研制出达到甚至超越人类智慧水平的人造物,具有心智和意识、能根据自己的意图开展行动,一般称为"强人工智能",实则可谓"人造智能"。

人工智能技术现在取得的进展和成功,是缘于"弱人工智能",而不是"强人工智能"的研究。人工智能技术所取得的如下成功,均属于"弱人工智能":在图像识别、语音识别方面,机器已经达到甚至超过普通人类的水平;在机器翻译方面,便携的实时翻译器已成为现实;在自动推理方面,机器很早就能进行定理自动证明;在棋类游戏方面,机器已经打败了人类最顶尖的棋手。

正如国际人工智能联合会前主席、牛津大学计算机系主任 Michael Wooldrige 教授在 2016 年 CCF-GAIR 大会报告中所说:强人工智能"几乎没有进展",甚至"几乎没有严肃的活动"("little progress, little serious activity")。事实上,人工智能国际主流学界所持的目标是弱人工智能,也少有人致力于强人工智能。本书作者赞同周志华在"关于强人工智能"一文中的 3 个观点:

(1) 从技术上来说,主流人工智能学界的努力从来就不是朝向强人工智能,现有技术的发展也不会自动地使强人工智能成为可能。

(2) 即便想研究强人工智能,也不知道路在何方。即便能精确地观察和仿制出神经细胞的行为,也无法还原产生出智能行为。

(3) 即便强人工智能是可能的,也不应该去研究它。强人工智能的造物将具有自主心智、独立意识,那么,它凭什么能"甘心"为人类服务、被人类"奴役"?对严肃的人工智能研究者来说,如果真相信自己的努力会产生结果,那就不该去触碰强人工智能。

1.3　人工智能各学派的认知观

目前,人工智能的主要学派有下列三家。

(1) 符号主义(symbolicism),又称为逻辑主义(logicism)、心理学派(psychologism)或计算机学派(computerism),其原理主要为物理符号系统(即符号操作系统)假设和有限合理性原理。

(2) 连接主义(connectionism),又称为仿生学派(bionicsism)或生理学派(physiologism),其原理主要为神经网络及神经网络间的连接机制与学习算法。

(3) 行为主义(actionism),又称为进化主义(evolutionism)或控制论学派(cyberneticsism),其原理为控制论及感知-动作型控制系统。

他们对人工智能发展历史具有不同的看法。

1. 符号主义学派

认知基元是符号,智能行为通过符号操作实现,以 Robinson 提出的归结原理为基础,以 LISP 和 Prolog 语言为代表;着重问题求解中启发式搜索和推理过程,在逻辑思维的模拟方面取得成功,如自动定理证明和专家系统。人工智能源于数理逻辑。数理逻辑和计算机科学具有完全相同的宗旨:扩展人类大脑的功能,帮助人脑正确、高效地思维。它们分别关注基础理论和实用技术。数理逻辑试图找出构成人类思维或计算的最基础的机制,如推理中的"代换""匹配""分离",计算中的"运算""迭代""递归"。而计算机程序设计则是要把问题的求解归结于程序设计语言的几条基本语句,甚至归结于一些极其简单的机器操作指令。

数理逻辑的形式化方法又和计算机科学不谋而合。计算机系统本身,它的硬件、软件都是一种形式系统,它们的结构都可以形式地描述;程序设计语言更是不折不扣的形式语言系统。要研究计算机、开发种种程序设计语言,没有形式化知识和形式化能力是难以取得出色成果的。另外,应用计算机求解实际问题,首要任务便是形式化。离开对问题正确的形式化描述,没有理性的机器何以理解、解答这些问题?人们必须用计算机懂得的形式语言告诉它"怎么做"或者"做什么",而计算机理解这些语言的过程又正是按照人赋予它的形式化规程(编译程序,compiler),将它们归约为自己的基本操作。

计算机科学技术人员常常会发现,一个问题的逻辑表达式几乎就是某个程序设计语言(如逻辑程序设计语言 Prolog)的一个子程序;而用有些语言书写的程序(如关系数据库查询语言 SQL 程序)简直就是逻辑表达式。事实上,正是数理逻辑对"计算"的追根寻源,导致第一个计算的数学模型——图灵机(Turing machines)诞生,它被公认为现代数字计算机的祖先;λ-演算系统为第一个人工智能语言 LISP 奠定了基础;一阶谓词演算系统为计算机的知识表示及定理证明铺平了道路,以其为根本的逻辑程序设计语言 Prolog 曾被不少计算机科学技术专家誉为新一代计算机的核心语言。

目前,从基本逻辑电路的设计到巨型机、智能机系统结构的研究,从程序设计过程到程序设计语言的研究发展,从知识工程到新一代计算机的研制,无一不需要数理逻辑的知识、成果,无一可离开数理逻辑家的智慧与贡献。

2. 连接主义学派

人的思维基元是神经元,它把智能理解为相互联结的神经元竞争与协作的结果,以人工神经网络为代表,其中,反向传播(BP)网络模型和 Hopfield 网络模型更为突出;着重结构模拟,研究神经元特征、神经元网络拓扑、学习规则、网络的非线性动力学性质和自适应的协同行为。

连接主义学派认为人工智能源于仿生学,特别是对人脑模型的研究。它的代表性成果是 1943 年由生理学家 McCulloch 和数理逻辑学家 Pitts 创立的脑模型,即 MP 模型,开创了用电子装置模仿人脑结构和功能的新途径。它从神经元开始,进而研究神经网络模型和脑模型,开辟了人工智能的又一发展道路。20 世纪 60—70 年代,连接主义,尤其是对以感知器(perceptron)为代表的脑模型的研究曾出现过热潮,由于受到当时的理论模型、生物原型和技术条件的限制,脑模型研究在 20 世纪 70 年代后期至 80 年代初期落入低潮。直到 Hopfield 在 1982 年和 1984 年发表两篇重要论文,提出用硬件模拟神经网络以后,连接主义才重新抬头。1986 年,Rumelhart 等人提出多层网络中的反向传播算法。20 世纪 90 年代,Vladimir Vapnik 提出了 SVM,虽然其本质上是一特殊的两层神经网络,但因其具有高效的学习算法,且没有局部最优的问题,使得很多神经网络的研究者转向 SVM。多层前馈神经网络的研究逐渐变得冷清。

直到2006年深度网络(deep network)和深度学习(deep learning)概念的提出，神经网络又开始焕发一轮新的生命。深度网络，从字面上理解就是深层次的神经网络。这个名词由多伦多大学的Geoff Hinton研究组于2006年创造。事实上，Geoff Hinton研究组提出的这个深度网络从结构上讲与传统的多层感知机没有什么不同，并且在做有监督学习时，算法也是一样的。唯一的不同是，这个网络在做有监督学习前要先做非监督学习，然后将非监督学习学到的权值当作有监督学习的初值进行训练。

3. 行为主义学派

行为主义学派认为人工智能源于控制论。控制论思想早在20世纪40—50年代就成为时代思潮的重要部分，影响了早期的人工智能工作者。控制论把神经系统的工作原理与信息理论、控制理论、逻辑以及计算机联系起来。早期的研究工作重点是模拟人在控制过程中的智能行为和作用，如对自寻优、自适应、自校正、自镇定、自组织和自学习等控制论系统的研究，并进行"控制论动物"的研制。到20世纪60—70年代，上述这些控制论系统的研究取得一定进展，播下智能控制和智能机器人的种子，并在20世纪80年代诞生了智能控制和智能机器人系统。行为主义是20世纪末才以人工智能新学派的面孔出现的，引起许多人的兴趣。这一学派的代表作首推Brooks的六足行走机器人，它被看作是新一代的"控制论动物"，是一个基于感知-动作模式的模拟昆虫行为的控制系统。

反馈是控制论的基石，没有反馈就没有智能。通过目标与实际行为之间的误差消除此误差的控制策略。PID控制是控制论对付不确定性的基本手段。控制论导致机器人研究，机器人是"感知-行为"模式，是没有知识的智能；强调系统与环境的交互，从运行环境中获取信息，通过自己的动作对环境施加影响。

以上3个人工智能学派将长期共存与合作，取长补短，并走向融合和集成，共同为人工智能的发展做出贡献。

1.4 人工智能的研究与应用领域

国际人工智能联合会议(IJCAI)程序委员会将人工智能领域划分为：约束满足问题、知识表示与推理、学习、多Agent、自然语言处理、规划与调度、机器人学、搜索、不确定性问题、网络与数据挖掘等。大会建议的小型研讨会(Workshop)主题包括环境智能、非单调推理、用于合作性知识获取的语义网、音乐人工智能、认知系统的注意问题、面向人类计算的人工智能、多机器人系统、ICT(信息、通信、技术)应用中的人工智能、神经-符号的学习与推理以及多模态的信息检索等。

在过去的60多年中，已经建立了一些具有人工智能的计算机系统。例如，能够求解微分方程的、下棋的、设计分析集成电路的、合成人类自然语言的、检索情报的、诊断疾病以及控制太空飞行器、地面移动机器人和水下机器人的具有不同程度人工智能的计算机系统。

下面是对人工智能研究和应用的讨论，试图把有关各个子领域直接联结起来，辨别某些方面的智能行为，并指出有关人工智能研究和应用的状况。

这里要讨论的各种智能特性之间也是相互关联的，把它们分开介绍只是为了便于指出现有的人工智能程序能够做些什么和还不能做什么。大多数人工智能研究课题都涉及许多智能领域。下面从智能感知、智能推理、智能学习和智能行动4个方面进行概述。

1.4.1 智能感知

1. 模式识别

模式识别是对表征事物或现象的各种形式的(数值的、文字的和逻辑关系的)信息进行处理和分析,以对事物或现象进行描述、辨认、分类和解释的过程。

人们在观察事物或现象的时候,常常要寻找它与其他事物或现象的异同之处,根据一定的目的把并不完全相同的事物或现象组成为一类。字符识别就是一个典型的例子。人脑的这种思维能力就构成了"模式"的概念。

模式识别研究主要集中在两方面,即研究生物体是如何感知对象的,以及在给定的任务下,如何用计算机实现模式识别的理论和方法。模式识别的方法有感知机、统计决策方法、基于基元关系的句法识别方法和人工神经元网络方法。一个计算机模式识别系统基本上由3部分组成,即数据采集、数据处理和分类决策或模型匹配。

任何一种模式识别方法都首先要通过各种传感器把被研究对象的各种物理变量转换为计算机可以接受的数值或符号集合。为了从这些数值或符号中抽取出对识别有效的信息,必须对它进行处理,其中包括消除噪声,排除不相干的信号以及与对象的性质和采用的识别方法密切相关的特征的计算和必要的变换等。然后通过特征选择和提取或基元选择形成模式的特征空间,以后的模式分类或模型匹配就在特征空间的基础上进行。系统的输出或者是对象所属的类型,或者是模型数据库中与对象最相似的模型的编号。

实验表明,人类接受外界信息的80%以上来自视觉,10%左右来自听觉。所以,早期的模式识别研究工作集中在对文字和二维图像的识别方面,并取得了不少成果。自20世纪60年代中期起,机器视觉方面的研究工作开始转向解释和描述复杂的三维景物这一更困难的课题。Robest于1965年发表的论文奠定了分析由棱柱体组成的景物的方向,迈出了用计算机把三维图像解释成三维景物的一个单眼视图的第一步,即所谓的积木世界。

接着,机器识别由积木世界进入识别更复杂的景物和在复杂环境中寻找目标以及室外景物分析等方面的研究。目前研究的热点是活动目标的识别和分析,它是景物分析走向实用化研究的一个标志。

语音识别技术的研究始于20世纪50年代初期。1952年,美国贝尔实验室的Davis等人成功地进行了0~9数字的语音识别实验,其后由于当时技术上的困难,研究进展缓慢,直到1962年才由日本研制成功第一个连续多位数字语音识别装置。1969年,日本的板仓斋藤提出了线性预测方法,对语音识别和合成技术的发展起到了推动作用。20世纪70年代以来,各种语音识别装置相继出现,性能良好的能够识别单词的声音识别系统已进入实用阶段。神经网络用于语音识别也已取得成功。

在模式识别领域,神经网络方法已经成功地应用于手写字符的识别、汽车牌照的识别、指纹识别、语音识别等方面。模式识别已经在天气预报、卫星航空图片解释、工业产品检测、字符识别、语音识别、指纹识别、医学图像分析等许多方面得到了成功的应用。

2. 计算机视觉

计算机视觉旨在对描述景物的一幅或多幅图像的数据经计算机处理,以实现类似于人的视觉感知功能。

有些学者把为实现视觉感知所要进行的图像获取、表示、处理和分析等也包含在计算机视觉中,使整个计算机视觉系统成为一个能够看的机器,从而可以对周围的景物提取各种有关信息,包括物体的形状、类别、位置以及物理特性等,以实现对物体的识别理解和定位,并在此基础上做出相应的决策。

景物在成像过程中经透视投影而成光学图像,再经过取样和量化,得到由各像元的灰度值组成的二维阵列,即数字图像,这是计算机视觉研究中最常用的一类图像。此外,还用到由激光或超声测距装置获取的距离图像,它直接表示物体表面一组离散点的深度信息。用多种传感器实现数据融合则是近年来获取视觉信息的重要方法。

计算机视觉的基本方法是:①获取灰度图像;②从图像中提取边缘、周长、惯性矩等特征;③从描述已知物体的特征库中选择特征匹配最好的相应结果。

整个感知问题的要点是形成一个精炼的表示,以取代难以处理的、极其庞大的、未经加工的输入数据。最终表示的性质和质量取决于感知系统的目标。不同系统有不同的目标,但所有系统都必须把来自输入的多得惊人的感知数据简化为一种易于处理的和有意义的描述。

对不同层次的描述做出假设,然后测试这些假设,这一策略为视觉问题提供了一种方法。已经建立的某些系统能够处理一幅景物的某些适当部分,以此扩展一种描述若干成分的假设。然后这些假设通过特定的场景描述检测器进行测试。这些测试结果又用来发展更好的假设等。

计算机视觉通常可分为低层视觉与高层视觉两类。低层视觉主要执行预处理功能,如边缘检测、动目标检测、纹理分析,通过阴影获得形状、立体造型、曲面色彩等,其目的是使被观察的对象突现出来。高层视觉则主要是理解所观察的形象。

计算机视觉的前沿研究领域包括实时并行处理、主动式定性视觉、动态和时变视觉、三维景物的建模与识别、实时图像压缩传输和复原、多光谱和彩色图像的处理与解释等。

计算机视觉的应用范围很广,例如,条形码识别系统、指纹自动鉴定系统、文字识别系统、生物医学图像分析和遥感图片自动解释系统、无损探伤系统等。计算机视觉还曾用于在海湾战争中使用过的战斧式巡航导弹的制导。该视觉系统具有近红外和可见光的传感器及数字场景面积匹配器,在距目标 15 千米的范围内发挥作用。机器人也是计算机视觉应用的一个重要领域,对于无人驾驶自主车的自动导航,以及在工业装配、太空、深海或危险环境(如核辐射)中代替人工作的自主式机器人,计算机三维视觉是不可缺少的一项关键技术。

3. 自然语言处理

自然语言处理是用计算机对人类的书面和口头形式的自然语言信息进行处理加工的技术,它涉及语言学、数学和计算机科学等多学科知识领域。

自然语言处理的主要任务在于建立各种自然语言处理系统,如文字自动识别系统、语音自动识别系统、语音自动合成系统、电子词典、机器翻译系统、自然语言人机接口系统、自然语言辅助教学系统、自然语言信息检索系统、自动文摘系统、自动索引系统、自动校对系统等。

自然语言在以下 4 个方面与人工语言有很大差异:①自然语言中充满歧义;②自然

语言的结构复杂多样;③自然语言的语义表达千变万化,至今还没有一种简单而通用的途径描述它;④自然语言的结构和语义之间有着千丝万缕的、错综复杂的联系。

自然语言处理的研究有两大主流:一个是面向机器翻译的自然语言处理;另一个是面向人机接口的自然语言处理。

20 世纪 90 年代,在自然语言处理中,开始把大规模真实文本的处理作为今后的战略目标,重组词汇处理,引入了语料库方法,包括统计方法、基于实例的方法以及通过语料加工,使语料库转变为语言知识库的方法等。

判断计算机系统是否真正"理解"了自然语言的标准有问答、释义、文摘生成和翻译。

自然语言理解的研究大体上经历了 3 个时期:开始是以关键词匹配技术为主流的早期,随后是以句法-语义分析方法为主流的中期,最后是走向实用化和工程开发的近期。在这个过程中发展和完善了词法分析、句法分析、语义分析和语境分析技术,先后提出了短语结构语法、格语法以及基于合一的语法理论,丰富和发展了计算语言学、语料库语言学和计量语言学。

目前可以将任意输入的源语言的句子作为处理对象的机器翻译系统的实现方式大致可分为 3 类:直接方式、转换方式与中间语言方式。这 3 种方式的共同特点是机器翻译系统必须配备庞大的规则库与词典,可以统一称为基于规则的方法。

1984 年,京都大学的长尾真提出了一种新想法:直接用已经准备好的短语,不用重复翻译。这种方法称为基于实例的方法。这种方法的基础是大规模的双语对译语料库,同时需要开发最佳匹配检索技术和适当的调整机制。随着语料库语言学的发展,基于实例的机器翻译方法显示出它的优势。

2006 年,基于短语的统计机器翻译(SMT)开始实用化。Google 翻译、Yandex、微软必应等在线翻译工具都用上了基于短语的 SMT,一直用到 2016 年。在这个时期,"统计机器翻译"通常指的就是基于短语的 SMT,直到 2016 年,它都被视为最先进的机器翻译方法。

2014 年,一篇关于在机器翻译中使用神经网络的论文对外发布。作者包括蒙特利尔大学的 Kyunghyun Cho、Yoshua Bengio 等人。2016 年 9 月,Google 宣布了一个颠覆性的进展。这就是神经机器翻译。两年来,神经网络超过了翻译界过去几十年的一切。神经翻译的单词错误减少 50%,词汇错误减少 17%,语法错误减少 19%。

机器翻译系统既可采用人助机译,又可采用机助人译。现实的系统还需要译前编辑或译后编辑。电子词典是机器翻译系统的低级形式。机器翻译系统性能及其译文质量的评价问题也是机器翻译领域的一个重要研究课题。

1.4.2 智能推理

1. 概述

对推理的研究往往涉及对逻辑的研究。逻辑是人脑思维的规律,从而也是推理的理论基础。机器推理或人工智能用到的逻辑主要包括经典逻辑中的谓词逻辑和由它经某种扩充、发展而来的各种逻辑,后者通常称为非经典或非标准逻辑。经典逻辑中的谓词逻辑实际是一种表达能力很强的形式语言。用这种语言不仅可供人用符号演算的方法进行推理,而且也可供计算机用符号推演的方法进行推理。特别是利用一阶谓词逻辑不仅可在机器上进行像人一样的"自然演绎"推理,而且还可以实现不同于人的"归结反演"推理。后一种方法是机器推理或自动推理的主要方法。它是一种完全机械化的推理方法。基于一阶谓词逻辑,人们还开发了一种人工智能程序设计语言 Prolog。

非标准逻辑泛指除经典逻辑以外的逻辑,如多值逻辑、多类逻辑、模糊逻辑、模态逻辑、时态逻辑、动态逻辑、非单调逻辑。各种非标准逻辑是在为弥补经典逻辑的不足而发展起来的。例如,为了克服经典逻辑"二值性"限制,人们发展了多值逻辑及模糊逻辑。实际上,这些非标准逻辑都是由对经典逻辑作某种扩充和发展而来的。在非标准逻辑中,又可分为两种情况。一种是对经典逻辑的语义进行扩充而产生的,如多值逻辑、模糊逻辑等。这些逻辑也可看作是与经典逻辑平行的逻辑。因为它们使用的语言与经典逻辑基本相同,区别在于经典逻辑中的一些定理在这种非标准逻辑中不再成立,而且增加了一些新的概念和定理。另一种是对经典逻辑的语构进行扩充而得到的,如模态逻辑、时态逻辑等。这些逻辑一般都承认经典逻辑的定理,但在两个方面进行了补充,一是扩充了经典逻辑的语言,二是补充了经典逻辑的定理。例如,模态逻辑增加了两个新算子 L(……是必然的)和 M(……是可能的),从而扩大了经典逻辑的词汇表。

上述逻辑为推理(特别是机器推理)提供了理论基础,同时也开辟了新的推理技术和方法。随着推理的需要,还会出现一些新的逻辑;同时,这些新逻辑也会提供一些新的推理方法。事实上,推理与逻辑是相辅相成的。一方面,推理为逻辑提出课题;另一方面,逻辑为推理奠定基础。

2. 搜索技术

所谓搜索,就是为了达到某一"目标",而连续进行推理的过程。搜索技术就是对推理进行引导和控制的技术。智能活动的过程可看作或抽象为一个"问题求解"过程。而所谓"问题求解"过程,实质上就是在显式的或隐式的问题空间中进行搜索的过程,即在某一状态图,或者与或图,或者一般说,在某种逻辑网络上进行搜索的过程。例如,难题求解(如旅行商问题)是明显的搜索过程,而定理证明实际上也是搜索过程,它是在定理集合(或空间)上搜索的过程。

搜索技术也是一种规划技术。因为对于有些问题,其解就是由搜索而得到的"路径"。在人工智能研究的初期,"启发式"搜索算法曾一度是人工智能的核心课题。传统的搜索技术都是基于符号推演方式进行的。近年来,人们又将神经网络技术用于问题求解,开辟了问题求解与搜索技术研究的新途径。例如,用 Hopfield 网解决 31 个城市的旅行商问题,已取得很好的效果。

3. 问题求解

人工智能的成就之一是开发了高水平的下棋程序。在下棋程序中应用的某些技术,如向前看几步,并把困难的问题分成一些比较容易的子问题,发展成为搜索和问题归约这样的人工智能基本技术。今天的计算机程序能够下锦标赛水平的各种方盘棋、十五子棋、国际象棋和围棋,并取得计算机棋手战胜国际象棋冠军和围棋冠军的成果。另一种问题求解程序能够进行各种数学公式运算,其性能达到很高的水平,并正在为许多科学家和工程师所应用。有些程序甚至还能够用经验改善其性能。有些软件能够进行比较复杂的数学公式符号运算。

未解决的问题包括人类棋手具有的但尚不能明确表达的能力,如国际象棋大师们洞察棋局的能力。另一个未解决的问题涉及问题的原概念,在人工智能中叫作问题表示的选择。人们常常能够找到某种思考问题的方法,从而使求解变得容易而最终解决该问题。到目前为止,人工智能程序已经知道如何考虑要解决的问题,即搜索解空间,寻找较优的解答。

4. 定理证明

早期的逻辑演绎研究工作与问题和难题的求解相当密切。已经开发出的程序能够借助对事实数据库的操作"证明"断定;其中每个事实由分立的数据结构表示,就像数理逻辑中由分立公式表示一样。与人工智能其他技术的不同之处是,这些方法能够完整地、一致地加以表示。也就是说,只要本原事实是正确的,那么程序就能够证明这些从事实得出的定理,而且也仅仅是证明这些定理。

对数学中臆测的定理寻找一个证明或反证,确实称得上是一项智能任务。为此,不仅需要有根据假设进行演绎的能力,而且需要某些直觉技巧。例如,为了求证主要定理而猜测应当首先证明哪一个引理。一个熟练的数学家运用他的判断力能够精确地推测出某个科目范围内哪些已证明的定理在当前的证明中是有用的,并把他的主问题归结为若干子问题,以便独立地处理它们。有几个定理证明程序已在有限的程度上具有某些这样的技巧。1976年7月,美国的K. Appel等人合作解决了长达124年之久的难题——四色定理。他们用3台大型计算机,花去1200小时CPU时间,并对中间结果进行人为反复修改达500多处。吴文俊院士提出并实现的几何定理机器证明的方法——"吴氏方法",是定理证明领域的一项标志性成果。

5. 专家系统和知识库

专家系统是一个基于专门的领域知识求解特定问题的计算机程序系统,主要用来模仿人类专家的思维活动,通过推理与判断求解问题。

一个专家系统主要由以下两部分组成:一是称为知识库的知识集合,它包括要处理问题的领域知识;二是称为推理机的程序模块,它包含一般问题求解过程所用的推理方法与控制策略的知识。

推理是指从已有事实推出新事实(或结论)的过程。人类专家能够高效率求解复杂问题,除了因为他们拥有大量的专门知识外,还体现在他们选择知识和运用知识的能力方面。知识的运用方式称为推理方法,知识的选择过程称为控制策略。

好的专家系统应能为用户解释它是如何求解问题的,或者推理过程中结论获得的理由,或者为什么所期望的结论没有达到。

专家系统中的知识往往具有不确定性或不精确性,它必须能够使用这些模糊的知识进行推理,以得出结论。专家系统可用于解释、预测、诊断、设计、规划、监督、排错、控制和教学等。专家系统构造过程一般有以下5个相互依赖、相互重叠的阶段:识别、概念化、形式化、实现与验证。

专家系统的实现一般是采用专家系统开发工具进行的。在美国,绝大多数专家系统使用外壳这类开发工具实现,也可使用程序设计语言实现。LISP语言是一种表处理语言,它是许多专家系统编程语言的基础。欧洲和日本常用逻辑编程实现专家系统,广泛使用的语言是Prolog,它基于一阶谓词演算。

专家系统的运行与维护都需要一个良好的支持环境,这个支持环境不但要包括易学、易用的人机界面,而且还要有能方便地排除知识表示中语法错误、语义错误的知识库编辑工具。

从20世纪70年代后期以来,美国、欧洲、日本以及中国出现了一大批应用于各领域的专家系统,涉及医学、化学、生物、工程、法律、农业、商业、教育、军事等领域,产生了很好的社会与经济效益。

近年来,在专家系统广泛应用于各领域的基础上,诞生了分布式专家系统和与其他信息系统相结合的新型综合的专家系统或智能信息系统。

知识库类似于数据库。知识库技术包括知识的组织、管理、维护、优化等技术。对知识库的操作要靠知识库管理系统的支持。知识库与知识表示密切相关,知识表示是指知识在计算机中的表示方法和表示形式,它涉及知识的逻辑结构和物理结构。知识表示实际也隐含着知识的运用,知识表示和知识库是知识运用的基础,同时也与知识的获取密切相关。

知识表示与知识库的研究内容包括知识的分类、知识的一般表示模式、不确定性知识的表示、知识分布表示、知识库的模型、知识库与数据库的关系、知识库管理系统等。

"知识就是智能",因为所谓智能,就是发现规律、运用规律的能力,而规律就是知识。发现知识和运用知识本身还需要知识。因此,知识是智能的基础和源泉。

6. 大数据知识工程

2015年9月,吴信东与郑南宁院士、陆汝钤院士等提出了大数据知识工程的顶层设计与研究纲要。大数据知识工程的基本目标是研究如何利用海量、低质、无序的碎片化知识进行问题求解与知识服务。不同于依靠领域专家的传统知识工程,大数据知识工程除权威知识源以外,知识主要来源于用户生成内容(User-Generated Contents,UGC),知识库具备自完善与增殖能力,问题求解过程能够根据用户交互进行学习。大数据知识工程有望突破以专家知识为核心的传统知识工程中的"知识获取"和"知识再工程"两个瓶颈问题。

大数据知识工程的研究将以我国经济社会发展对大数据知识工程的战略需求为牵引,以多源海量碎片化数据到知识的"在线学习-拓扑融合-知识导航"转换为主线,针对知识碎片化引发的知识表示、质量、适配等问题,围绕"探索碎片化知识发现、表示与演化规律""揭示碎片化知识拓扑融合机理""构建个性化知识导航的交互模型"3个科学问题开展基础理论和关键技术研究,建立一套大数据知识工程的理论体系,突破碎片化知识发现、融合、服务的核心技术,研制出碎片化知识融合与导航服务原型系统,开发出具有高附加值的面向碎片化知识的处理工具。

该项目将以领域开放知识源为对象,通过碎片化知识挖掘与融合,建立具有增殖、适配、群智特点的PB级数据与知识中心,并研制出具有碎片化采集、挖掘、分析、融合、导航等功能的系列化工具软件,为研究成果的应用提供技术支撑。项目示范领域包括普适医疗、远程教育、"互联网+旅游"3个知识密集型应用领域。在普适医疗领域,将选择糖尿病、痛风、高血压等疾病,开展面向辅助诊断的示范应用,建立基于大数据知识工程的认知医疗新模式。该模式不再仅依赖医护专家的知识,也依赖患者病历、医学文献等相关数据中的碎片化知识;另外,该模式强调患者本身对医学过程的反馈,能寻找到针对个体的个性化诊断结果,实现精准医疗。在远程教育领域,该项目将建立基于大数据知识工程的网络化认知模式,该模式能够将多源分布的低质碎片化知识进行融合,形成符合人类认知特点的结构化组织形式,降低学习者认知负荷。另外,该模式能够基于知识关联实现知识导航,有望克服碎片化知识离散、无序性导致的认知迷航问题。在"互联网+旅游"领域,将利用大数据知识工程,对用户生成内容中与旅游有关的海量碎片化知识进行融合与重构,结合游客属性、行为、旅游景区或目的地的偏好度进行分析,将海量碎片化知识形成可行动的智慧,实现传统的旅游服务向具有"智慧推送、精准服务"特点的个性化服务模式转变。

1.4.3 智能学习

1. 概述

学习是人类智能的主要标志和获得知识的基本手段。机器学习(自动获取新的事实及新的推理算法)是使计算机具有智能的根本途径。学习是一个有特定目的的知识获取过程,其内部表现为新知识结构的不断建立和修改,而外部表现为性能的改善。一个学习过程本质上是学习系统把导师(或专家)提供的信息转换成能被系统理解并应用的形式的过程。

机器学习研究计算机怎样模拟或实现人类的学习行为,以获取新的知识或技能,重新组织已有的知识结构,使之不断改善自身的性能。

一般来说,环境为学习单元提供外界信息源,学习单元利用该信息对知识库做出改进,执行单元利用知识库中的知识执行任务,任务执行后的信息又反馈给学习单元作为进一步学习的输入。

学习方法通常包括:归纳学习、类比学习、分析学习、连接学习和遗传学习。

归纳学习从具体实例出发,通过归纳推理,得到新的概念或知识。归纳学习的基本操作是泛化和特化,泛化是使规则能匹配应用于更多的情形或实例。特化操作则相反,减少规则适用的范围或事例。

类比学习以类比推理为基础,通过识别两种情况的相似性,使用一种情况中的知识分析或理解另一种情况。

分析学习是利用背景或领域知识,分析很少的典型实例,然后通过演绎推导,形成新的知识,使得对领域知识的应用更有效。分析学习方法的目的在于改进系统的效率与性能,而同时不牺牲其准确性和通用性。

连接学习是在人工神经网络中,通过样本训练,修改神经元间的连接强度,甚至修改神经网络本身结构的一种学习方法,主要基于样本数据进行学习。

遗传学习源于模拟生物繁殖中的遗传变异原则(如交换、突变等)以及达尔文的自然选择原则(生态圈中适者生存)。一个概念描述的各种变体或版本对应于一个物种的各个个体,这些概念描述的变体在发生突变和重组后,经过某种目标函数(与自然选择准则对应)的衡量,决定谁被淘汰,谁继续生存下去。

2. 记忆与联想

记忆是智能的基本条件,不管是脑智能,还是群智能,都以记忆为基础。记忆也是人脑的基本功能之一。在人脑中,伴随着记忆的就是联想,联想是人脑的奥秘之一。

计算机要模拟人脑的思维,就必须具有联想功能。要实现联想,无非就是建立事物之间的联系。在机器世界里面,就是有关数据、信息或知识之间的联系。当然,建立这种联系的办法很多,如用指针、函数、链表等。我们通常的信息查询就是这样做的,但传统方法实现的联想只能对于那些完整的、确定的(输入)信息,联想起(输出)有关的信息。这种"联想"与人脑的联想功能相差甚远。人脑对那些残缺的、失真的、变形的输入信息,仍然可以快速准确地输出联想响应。

从机器内部的实现方法看,传统的信息查询是基于传统计算机的按地址存取方式进行的。而研究表明,人脑的联想功能是基于神经网络的按内容记忆方式进行的。也就是说,只要是内容相关的事情,不管在哪里(与存储地址无关),都可由其相关的内容被想起。例如,苹果这一概念,一般有形状、大小、颜色等特征,我们要介绍的内容记忆方式就是由形状(如苹果是圆形的)想起颜色、大小等特征,而不需要关心其内部地址。

当前,在机器联想功能的研究中,人们就是利用这种按内容记忆原理,采用一种称为"联想存储"的技术实现联想功能。联想存储的特点是:可以存储许多相关(激励,响应)模式对;通过自组织过程可以完成这种存储;以分布、稳健的方式(可能会有很高的冗余度)存储信息;可以根据接收到的相关激励模式产生并输出适当的响应模式;即使输入激励模式失真或不完全时,仍然可以产生正确的响应模式;可在原存储中加入新的存储模式。

3. 神经网络

人工神经网络(也称神经网络计算或神经计算)实际上指的是一类计算模型,其工作原理模仿了人类大脑的某些工作机制。这种计算模型与传统的计算机的计算模型完全不同。传统的计算模型是这样的,它利用一个(或几个)计算单元(即CPU)担负所有的计算任务,整个计算过程是按时间序列一步步地在该计算单元中完成的,本质上是串行计算。神经计算则是利用大量简单计算单元组成一个大网络,通过大规模并行计算完成。由于其思想的新颖性,所以一开始就受到广泛重视。

从计算模型看,它是由大量简单的计算单元组成网络进行计算。这种计算模型具有鲁棒性、适应性和并行性。这是传统计算没有的。

从方法论的角度看,传统的计算依靠自顶向下的分析,先利用先验知识建立数学的、物理的或推理的模型。在此基础上建立相应的计算模型进行计算,但神经网络计算是自底向上的,它很少利用先验知识,直接从数据通过学习与训练,自动建立计算模型。可见,神经网络计算表现出很强的灵活性、适应性和学习能力,这是传统计算方法所缺乏的。

神经计算存在一些本质困难:首先是效率问题,学习的复杂性始终是困扰神经网络研究的一大难题。因此,寻找有效的学习算法是其中的一大关键。其次,正由于先验知识少,神经网络的结构很难预先确定,只能通过反复学习,以寻找一个合适的结构,因此由此确定的结构也就很难被人理解。

对神经网络的研究始于20世纪40年代初期,经历了一条十分曲折的道路,几起几落,20世纪80年代初以来,对神经网络的研究再次出现高潮。Hopfield提出用硬件实现神经网络,Rumelhart 等人提出多层网络中的反向传播(BP)算法就是两个重要标志。

对神经网络模型、算法、理论分析和硬件实现的大量研究,为神经网络计算机走向应用提供了物质基础。现在,神经网络已在模式识别、图像处理、组合优化、自动控制、信息处理、机器人学和人工智能的其他领域获得日益广泛的应用。

神经计算的可扩展性(scalability)和可理解性(understandability)是采用神经网络技术解决现实问题必须面对的困难。任何神经网络方法都要经受问题规模和海量数据的考验。

4. 深度学习、迁移学习

2006 年,多伦多大学的杰夫·辛顿研究组在《科学》上发表了关于深度学习的文章;2012 年,他们参加计算机视觉领域著名的 ImageNet 竞赛,使用深度学习模型以超过第二名 10 个百分点的成绩夺冠,引起大家的关注。2015 年,微软研究院在 ImageNet 竞赛夺冠的模型中使用了 152 层网络。深度学习的成功有 3 个重要条件:大数据、强力计算设备、大量工程研究人员进行尝试。目前,深度学习在图像、语音、视频等应用领域都取得了很大成功。

深度学习会继续发展。这里的发展不仅包括层次的增加,还包括深度学习的可解释性以及对深度学习所获得的结论的自我因果表达。例如,如何把非结构化数据作为原始数据,训练出一个统计模型,再把这个模型变成某种知识的表达——这是一种表示学习。这种技术对于非结构化数据,尤其对于自然语言里面的知识学习,是很有帮助的。另外,深度学习模型的结构设计是深度学习的一个难点。这些结构都是需要由人设计的。如何让逻辑推理和深度学习一起工作,增加深度学习的可解释性也是需要研究的问题。例如,建立一个贝叶斯模型需要设计者具有丰富的经验,到现在为止,基本上都是由人设计的。如果能从深度学习的学习过程中衍生出一个贝叶斯模型,那么,学习、解释和推理就可以统一起来了。

给定一个深度学习网络,如一个 encoder 网络和一个 decoder 网络,观察它学习和迁移的过程,作为新的数据训练另一个可解释的模型,也可以作为一个新的迁移学习算法的输出。这就好比一个学生 A 在观察另外一个学生 B 学习,A 的目的是学习 B 的学习方法,B 不断地学习新的领域,每换一个领域就为 A 提供一个新的数据样本,A 利用这些新的样本就能学会在领域之间做迁移。这种过程叫作观察网络。有了这种一边学习、一边学习学习方法的算法,就可以在机器学习的过程中学会迁移的方法。

未来,我们把深度学习、强化学习和迁移学习相结合,可以实现几个突破——反馈可以延迟,通用的模型可以个性化,可以解决冷启动的问题等。这样的一个复合模型称为深度、强化迁移学习模型。

5. 计算智能与进化计算

计算智能(computing intelligence)涉及神经计算、模糊计算、进化计算等研究领域。在此仅对进化计算加以介绍。

进化计算(evolutionary computation)是指一类以达尔文进化论为依据设计、控制和优化人工系统的技术和方法的总称,它包括遗传算法(genetic algorithm)、进化策略(evolutionary strategy)和进化规划(evolutionary programming)。它们遵循相同的指导思想,但彼此存在一定差别。同时,进化计算的研究关注学科的交叉和广泛的应用背景,因而引入了许多新的方法和特征,彼此间难于分类,这些都统称为进化计算方法。目前,进化计算被广泛运用于许多复杂系统的自适应控制和复杂优化问题等研究领域,如并行计算、机器学习、电路设计、神经网络、基于 Agent 的仿真、元胞自动机等。

达尔文进化论是一种鲁棒的搜索和优化机制,对计算机科学,特别是对人工智能的发展产生了很大的影响。大多数生物体通过自然选择和有性生殖进行进化。自然选择决定了群体中哪些个体能够生存和繁殖,有性生殖保证了后代基因中的混合和重组。自然选择的原则是适者生存,即物竞天择,优胜劣汰。

自然进化的这些特征早在 20 世纪 60 年代就引起了美国 Holland 的极大兴趣。在此期间,他和他的学生们从事如何建立机器学习的研究。Holland 注意到,学习不仅可以通过单个生物体的适应实现,而且可以通过一个种群的多代进化适应实现。受达尔文进化论思想的影响,他逐渐认识到在机器学习中,为获得一个好的学习算法,仅靠单个策略的建立和改进是不够的,还要依赖一个包含许多候选策略的群体的繁殖。他还认识到,生物的自然遗传现象与人工自适应系统行为的相似性,因此提出在研究和设计人工自主系统时可以模仿生物自然遗传的基本方法。20 世纪 70 年代初,Holland 提出了"模式理论",并于 1975 年出版了《自然系统与人工系统的自适应》专著,系统地阐述了遗传算法的基本原理,奠定了遗传算法研究的理论基础。De Jong 的论文《一类遗传适应系统的行为分析》把 Holland 的模式理论与自己的实验结合起来,对遗传算法的发展和应用产生了很大影响。Koza 把遗传算法用于最优计算机程序设计(即最优控制策略),创立了遗传编程。

进化规划是由 Fogel 等人于 20 世纪 60 年代提出来的。该方法认为智能行为必须具有预测环境的能力和在一定目标指导下对环境做出合理响应的能力。进化规划采用有限字符集的符号序列表示所模拟的环境,用有限状态机表示智能系统。它不像遗传算法那样注重父代与子代的遗传细节上的联系,而是把重点放在父代与子代表现行为的联系上。

进化策略差不多与进化规划同时由德国人 Rechenburg 和 Schwefel 提出。他们在进行风洞实验时,随机调整气流中物体的最优外形参数并测试其效果,产生了进化策略的思想。

遗传算法、进化规划、进化策略这 3 个领域的研究相互交流,并发现它们的共同理论基础是生物进化论。因此,把这 3 种方法统称为进化计算,而把相应的算法称为进化算法。

在新型最优化算法中,有一类算法的基础是群体智能(Swarm Intelligence,SI)。SI 的设计思想是:群体(蚂蚁和蜜蜂等)中的有机个体根据区域信息、行为主体(agent)之间的交流及其自身环境做出的决定,是群体智慧(collective intelligence)或社会智慧(social intelligence)的起源。算法类型包括:蚁群优化算法(Ant colony optimization)、蜂群优化算法(Bee colony optimization)、蝙蝠算法(Bat algorithm)、布谷鸟搜索算法(cuckoo search)、粒子群优化算法(Particle swarm optimization)、萤火虫算法(Firefly algorithm)、花朵授粉算法(Flower pollination algorithm)。其他这类算法还有很多,如引力(gravitational)、和声(harmony)、狼群(wolf)搜索算法,以及以生物地理学和免疫系统为基础的最优化算法。

6. 遗传算法

遗传算法是模拟自然界中按"优胜劣汰"法则进行进化过程而设计的算法。

1967年，Bagley和Rosengerg在他们的博士论文中提出遗传算法的概念。1975年，Holland出版专著奠定了遗传算法的理论基础。

20世纪80年代初，Bethke利用WALSH函数和模式变换方法设计了一个确定模式的均值的有效方法，大大推进了对遗传算法的理论研究工作。

1987年，Holland推广了Bethke的方法。如今，遗传算法不但给出了清晰的算法的描述，而且也建立了一些定量分析的结果，并在各方面得到应用。

遗传算法在众多领域得到广泛的应用，如用于控制（煤气管道的控制）、规划（生产任务规划）、设计（通信网络设计）、组合优化（TSP问题、背包问题）以及图像处理和信号处理等，引起人们极大的兴趣。

遗传算法的优点是：适应性强，除需知其适应性函数外，它几乎不需要其他的先验知识，故能在不同的广泛领域中得到应用。但反过来看，正因为它利用先验知识少，不能做到"具体问题具体分析"，故一般（如用在优化中）能较快地求得一个比较好的解，但要求得一个精确的解，就非常难。它长于全局搜索，短于局部搜索。一般必须与其他方法相结合，取长补短，方能得到比较满意的结果。

7. 数据挖掘与知识发现

知识获取是知识信息处理的关键问题之一。20世纪80年代，人们在知识发现方面取得了一定的进展。利用样本，通过归纳学习，或者与神经计算结合起来进行知识获取已有一些试验系统。数据挖掘和知识发现是20世纪90年代初期新崛起的一个活跃的研究领域。在数据库基础上实现的知识发现系统，通过综合运用统计学、粗糙集、模糊数学、机器学习和专家系统等多种学习手段和方法，从大量的数据中提炼出抽象的知识，从而揭示出蕴涵在这些数据背后的客观世界的内在联系和本质规律，实现知识的自动获取。这是一个富有挑战性的，并具有广阔应用前景的研究课题。

从数据库获取知识，即从数据中挖掘并发现知识，首先要解决被发现知识的表达问题。最好的表达方式是自然语言，因为它是人类的思维和交流语言。知识表示的最根本问题就是如何形成用自然语言表达的概念。概念比数据更确切、更直接、更易于理解。自然语言的功能就是用最基本的概念描述复杂的概念，用各种方法对概念进行组合，以表示所认知的事件，即知识。

机器知识发现始于1974年。到20世纪80年代末，数据挖掘取得突破。美国总统信息技术顾问委员会的报告指出，信息技术领域中创造10亿美元以上产值的主要是关系数据库和并行数据库的数据挖掘技术。

大规模数据库和互联网的迅速增长，使人们对数据库的应用提出新的要求。仅用查询检索已不能提取数据中有利于用户实现其目标的结论性信息。数据库中包含的大量知识无法得到充分的发掘与利用，会造成信息的浪费，并产生大量的数据垃圾。另一方面，知识获取仍是专家系统研究的瓶颈问题。从领域专家获取知识是非常复杂的个人到个人之间的交互过程，具有很强的个性和随机性，没有统一的办法。因此，人们开始考虑以数据库作为新的知识源。数据挖掘和知识发现能够自动处理数据库中大量的原始数据，抽取出具有必然性的、富有意义的模式，帮助人们找到问题的解答。数据库中的知识发现具有4个特征，即发现的知识用高级语言表示；发现的内容是对数据内容的精确描述；发现的结果（即知识）是用户感兴趣的；发现的过程应是高效的。

比较成功的、典型的知识发现系统有用于超级市场商品数据分析、解释和报告的 CoverStory 系统;用于概念性数据分析和查询感兴趣关系的集成化系统 EXPLORA;交互式大型数据库分析工具 KDW;用于自动分析大规模天空观测数据的 SKICAT 系统;通用的数据库知识发现系统 KDD 等。

1.4.4 智能行动

1. 智能检索

对国内外种类繁多和数量巨大的科技文献之检索远非人力和传统检索系统所能胜任。研究智能检索系统已成为科技持续快速发展的重要保证。

智能信息检索系统的设计者们将面临以下几个问题。首先,如何建立一个能够理解以自然语言陈述的询问系统。其次,如何根据存储的事实演绎出答案。最后,如何表示和应用常识问题,因为理解询问和演绎答案需要的知识都有可能超出该学科领域数据库表示的知识范围。

2. 智能调度与指挥

确定最佳调度或组合的问题是人们感兴趣的又一类问题。一个古典的问题就是推销员旅行问题。这个问题要求为推销员寻找一条最短的旅行路线。他从某个城市出发,访问每个城市一次,且只允许一次,然后回到出发的城市。这个问题的一般提法是:对由 n 个结点组成的一个图的各条边,寻找一条最小代价的路径,使得这条路径对 n 个结点的每个点只允许穿过一次。试图求解这类问题的程序产生了一种组合爆炸的可能性。这些问题多数属于 NP-hard 问题。

人工智能学家们曾经研究过若干组合问题的求解方法。他们的努力集中在使"时间-问题大小"曲线的变化尽可能缓慢地增长,即使是必须按指数方式增长。有关问题域的知识再次成为比较有效的求解方法的关键。为了处理组合问题而发展起来的许多方法对其他组合上不甚严重的问题也是有用的。

智能组合调度与指挥方法已被应用于汽车运输调度、列车的编组与指挥、空中交通管制以及军事指挥等系统。它已引起有关部门的重视。其中,军事指挥系统已从 C^3I(Command,Control,Communication and Intelligence)发展为 C^4ISR(Command,Control,Communication,Computer,Intelligence,Surveillance and Reconnaissance),即在 C^3I 的基础上增加了侦察、信息管理和信息战,强调战场情报的感知能力、信息综合处理能力以及系统之间的交互作用能力。

下面介绍任务规划系统 O-Plan。O-Plan 是爱丁堡大学开发的一个规划系统,它是一个基于规则的规划器。该规划器使用规划的层次表示,任务可以展开成更多的细节层次;可以用不同的方法把高层次的规划展开成低层次的规划,规划器搜索可选择规划产生方式,规划中不同部分的解可能包含检测与纠正的相互作用;结点的网络表示规划的不同层次,这种表示形式允许将关于时间与资源约束的知识用于约束对解的搜索。

O-Plan 已经被开发了许多年,是富于知识的规划器的一个很好的例子。O-Plan 已经应用于许多现实世界的问题,其中一些如下:空间站构造、卫星规划与控制、结构构造与房屋建造、软件开发、UNIX 管理员的手迹写入、物流、非战斗撤退行动、危机响应、空战规划流程。

3. 智能控制

智能控制是驱动智能机器自主地实现其目标的过程。许多复杂的系统难以建立有效的数学模型和用常规控制理论进行定量计算与分析,而必须采用定量数学解析法与基于知识的定性方法的混合控制方式。随着人工智能和计算机技术的发展,已有可能把自动控制和人工智能以及系统科学的某些分支结合起来,建立一种适用于复杂系统的控制理论和技术。

智能控制是同时具有以知识表示的非数学广义世界模型和数学公式模型表示的混合控制过程,也往往是含有复杂性、不完全性、模糊性或不确定性以及不存在已知算法的非数学过程,并以知识进行推理,以启发引导求解过程。因此,在研究和设计智能控制系统时,不把注意力放在数学公式的表达、计算和处理方面,而是放在对任务和世界模型的描述、对符号和环境的识别以及对知识库和推理机的设计开发上,即放在智能机模型上。智能控制的核心在高层控制,即组织级控制。其任务在于对实际环境或过程进行组织,即决策和规划,以实现广义问题的求解。已经提出的用以构造智能控制系统的理论和技术有分级递阶控制理论、分级控制器设计的熵方法、智能逐级增高而精度逐级降低原理、专家控制系统、学习控制系统和神经控制系统等。

智能控制有很多研究领域,它们的研究课题既具有独立性,又相互关联。目前研究得较多的是以下 6 个方面:智能机器人规划与控制、智能过程规划、智能过程控制、专家控制系统、语音控制以及智能仪器。

下面以宇宙飞船的自主控制为例,介绍智能控制。1998 年 10 月 24 日,宇宙飞船深空 1 号从 Canaveral 角发射升空。飞行的目的是测试 12 项先进的高风险技术。飞行的成功使其使命延长,深空 1 号最终在 2001 年 12 月 18 日退役。深空 1 号上的软件实验象征着向将来宇宙飞船的自主控制前进了一大步。该软件就是称为远程代理(Remote Agent,RA)的一个人工智能系统,它能够规划和控制宇宙飞船的活动。

为使宇宙飞船执行一项任务,如为自己定位,以获取小行星的照片,通常的方法是由地面上的一组人员规划出一系列控制命令并发送给宇宙飞船。RA 能够设计自己的规划,以响应一个高级目标,如"在下个星期对下列小行星拍照并延长 90% 的时间"。规划指出满足目标的一系列动作。每个动作由任务表示,任务分解成更细的任务,直到最后每个任务都是飞行软件能够执行的指令为止。为此,MA 配备有支持通常船上控制软件的知识和地面控制人员使用的知识,有飞行目标的知识、对飞船硬件的认识,以及宇宙飞船运行环境的知识。

4. 人机对话系统

在人机对话系统领域,某些相对垂直的方面已经获得了足够多的数据,如客服和汽车(车内的人车对话)方面;还有一种是特定场景的特定任务,如 Amazon Echo,你可以和它讲话,可以说"你给我放首歌吧"或者"你播放一下新闻",Amazon Echo 里面有多个麦克风形成的阵列,围成一圈,这个阵列可以探测到人是否在和它说话,如我把脸转过去和别人说话的时候,它就不会有反应,并且大规模地降低噪声。利用了硬件的优势,在家庭这个场景中,这种"唤醒功能"是非常准确的。它的另一个功能是当你的双手无法控制手机的时候,可以用语音控制,案例场景是客厅和厨房,在美国,Amazon Echo 特别受家庭主妇的欢迎。虽然它现在只有一问一答的形式,但有了准确的唤醒功能以后,给人的印象就好像它可以进行多轮问答的复杂对话。所以,当有了人工智能应用的特定场景,如果收集了足够多、足够好的数据,是可以训练出强大的对话系统的。

5. 智能机器人

智能机器人是具有人类特有的某种智能行为的机器。

一般认为,按照机器人从低级到高级的发展程度,可以把机器人分为三代。第一代机器人,即工业机器人,主要指只能以"示教-再现"方式工作的机器人。这类机器人的本体是一只类似于人的上肢功能的机械手臂,末端是手爪等操作机构。第二代机器人是指基于传感器信息工作的机器人。它依靠简单的感觉装置获取作业环境和对象的简单信息,通过对这些信息的分析、处理做出一定的判断,对动作进行反馈控制。第三代机器人,即智能机器人,这是一类具有高度适应性的有一定自主能力的机器人。它本身能感知工作环境、操作对象及其状态;能接受、理解人给予的指令,并结合自身认识外界的结果独立地决定工作规划,利用操作机构和移动机构实现任务目标;还能适应环境的变化,调整自身行为。

区别于第一代、第二代机器人,智能机器人必须具备4种机能:行动机能——施加于外部环境和对象的,相当于人的手、足的动作机能;感知机能——获取外部环境和对象的状态信息,以便进行自我行为监视的机能;思维机能——求解问题的认知、推理、记忆、判断、决策、学习等机能;人机交互机能——理解指示命令、输出内部状态、与人进行信息交换的机能。简言之,智能机器人的"智能"特征就在于它具有与外部世界——环境、对象和人相协调的工作机能。

围绕上述4种机能,智能机器人的主要研究内容有:操作与移动、传感器及其信息处理、控制、人机交互、体系结构、机器智能和应用研究。

目前,智能机器人的研究还处于初级阶段,研究目标一般围绕感知、行动、思考3个问题。实验室原型主要有:自动装配机器人、移动式机器人和水下机器人。

智能机器人的研究目前正在3个方面深入,依靠人工智能基于领域知识的成熟技术,发展面向专门任务的特种机器人;在研制各种新型传感器的同时,发展基于多传感器集成的大量信息获取和实时处理技术;改变排除人的参与,机器人完全自主的观念,发展人机一体化的智能系统。

智能机器人的研究和应用体现出广泛的学科交叉,涉及众多的课题,如机器人体系结构、机构、控制、智能、视觉、触觉、力觉、听觉、机器人装配、恶劣环境下的机器人以及机器人语言等。机器人已在各种工业、农业、商业、旅游业、空中和海洋以及国防等领域得到越来越普遍的应用。

星际探索机器人能够飞往遥远的不宜人类生存的太空,进行人类难以或无法胜任的星球和宇宙探测。1997年,美国研制的探路者(pathfinder)空间移动机器人完成了对火星表面的实地探测,取得大量有价值的火星资料,为人类研究与利用火星做出了贡献,被誉为20世纪自动化技术的最高成就之一。能够在宇宙空间作业的空间机器人,已成为空间开发的重要组成部分。

海洋(水下)机器人是海洋考察和开发的重要工具。用新技术装备起来的机器人将广泛用于海洋考察、水下工程(如海底隧道建筑、海底探矿和采矿等)、打捞救助和军事活动等方面。现在，海洋机器人的潜海深度可达 12000m 以上。

机器人外科手术系统已成功地用于脑外科、胸外科和膝关节等手术。机器人不仅参与辅助外科手术，而且能够直接为病人开刀，还将全面参与远程医疗服务。

微型机器人是 21 世纪的尖端技术之一。已经开发出手指大小的微型移动机器人，可进入小型管道进行检查作业。预计在不久之后将要生产出毫米级大小的微型机器人和直径为几百微米甚至更小的纳米级医疗机器人，让它们直接进入人体器官，进行各种疾病的诊断和治疗，而不伤害人的健康。微型机器人在精密机械加工、现代光学仪器、超大规模集成电路、现代生物工程、遗传工程、医学和医疗等工程中，大有用武之地。

智能机器人已广泛应用于体育和娱乐领域。其中，足球机器人和机器人足球比赛，集高新技术和娱乐比赛于一体，是科技理论与实际密切结合的极富生命力的成长点，已引起社会的普遍重视和各界的极大兴趣。足球机器人系统涉及计算机视觉（尤其是彩色视觉）、移动通信和网络、多智能体、机电一体化、动态协调和决策、计算机实时仿真、人工智能和智能控制以及控制硬件、软件和智能的集成等技术，能够反映出一个国家信息和自动化技术的综合实力。

人机交互的智能客服会产生很多外界公开的数据以及内部的数据、知识库等。这些数据都可以用来制造机器人，尤其是可以用过去的数据做训练。这个数据量在垂直领域逐渐增加。现在的对话系统也已逐渐成为深度学习和强化学习的焦点。在客服需求量大，而服务内容垂直的应用领域，对话系统会发挥巨大作用。

在 21 世纪，人类必须学会与机器人打交道。越来越多的机器人保姆、机器人司机、机器人秘书、机器人节目主持人以及网络机器人、虚拟机器人、人形机器人、军事机器人等将推广应用，成为机器人学新篇章的重要音符和旋律。

6. 分布式人工智能与 Agent

分布式人工智能(Distributed AI, DAI)是分布式计算与人工智能结合的结果。DAI 系统以鲁棒性作为控制系统质量的标准，并具有互操作性，即不同的异构系统在快速变化的环境中具有交换信息和协同工作的能力。

分布式人工智能的研究目标是要创建一种能够描述自然系统和社会系统的精确概念模型。DAI 中的智能并非独立存在的概念，只能在团体协作中实现，因而其主要研究问题是各 Agent 之间的合作与对话，包括分布式问题求解和多 Agent 系统(MultiAgent System, MAS)两个领域。其中，分布式问题求解把一个具体的求解问题划分为多个相互合作和知识共享的模块或结点。多 Agent 系统则研究各 Agent 之间智能行为的协调，包括规划、知识、技术和动作的协调。这两个研究领域都要研究知识、资源和控制的划分问题，但分布式问题求解往往含有一个全局的概念模型、问题和成功标准，而 MAS 则含有多个局部的概念模型、问题和成功标准。

MAS 更能体现人类的社会智能，具有更大的灵活性和适应性，更适合开放和动态的世界环境，因而备受重视，已成为人工智能，以至计算机科学和控制科学与工程的研究热点。当前，Agent 和 MAS 的研究包括 Agent 和 MAS 理论、体系结构、语言、合作与协调、通信和交互技术、MAS 学习和应用等。MAS 已在自动驾驶、机器人导航、机场管理、电力管理和信息检索等方面得到应用。

完全自主 Agents 的 4 个主要应用领域分别是：足球机器人(robot soccer)、无人驾驶车辆（autonomous vehicles）；拍卖 Agents（bidding agents）；自主计算（autonomic computing）。其中，足球机器人和无人驾驶车辆属于"物理 Agents"（physical agents），拍卖 Agents 和自主计算属于"软件 Agents"。这些应用充分展示了机器学习与多 Agents 推理的紧密结合，它涉及自适应及层次表达、分层学习、迁移学习（transfer learning）、自适应交互协议、Agent 建模等关键技术。

7. 人工生命

人工生命（Artificial Life，ALife）的概念是由美国圣达菲研究所非线性研究组的 Langton 于 1987 年提出的，旨在用计算机和精密机械等人工媒介生成或构造出能够表现自然生命系统行为特征的仿真系统或模型系统。自然生命系统行为具有自组织、自复制、自修复等特征，以及形成这些特征的混沌动力学、进化和环境适应。

人工生命所研究的人造系统能够演示具有自然生命系统特征的行为，在"生命之所能"（life as it could be）的广阔范围内深入研究"生命之所知"（life as we know it）的实质。只有从"生命之所能"的广泛内容考察生命，才能真正理解生物的本质。人工生命与生命的形式化基础有关。生物学从问题的顶层开始，考察器官、组织、细胞、细胞膜，直到分子，以探索生命的奥秘和机理。人工生命则从问题的底层开始，把器官作为简单机构的宏观群体考察，自底向上进行综合，由简单的被规则支配的对象构成更大的集合，并在交互作用中研究非线性系统的类似生命的全局动力学特性。

人工生命的理论和方法有别于传统人工智能和神经网络的理论和方法。人工生命通过计算机仿真生命现象所体现的自适应机理，对相关非线性对象进行更真实的动态描述和动态特征研究。

人工生命学科的研究内容包括生命现象的仿生系统、人工建模与仿真、进化动力学、人工生命的计算理论、进化与学习综合系统以及人工生命的应用等。比较典型的人工生命研究有计算机病毒、计算机进程、进化机器人、自催化网络、细胞自动机、人工核苷酸和人工脑等。

8. 游戏

对于游戏开发者来说，人工智能最终意味着广泛的技术范围。这些技术可用于生成对手、战场上的部队、队友、非玩家角色或游戏中一切模拟智能的行为。其中一些技术，如有限状态机和启发式 A* 搜索算法，多年以来已经在许多游戏中得到了有效验证。在最基本层，游戏中的有限状态机包括以下 3 部分：①一个角色在游戏中可能有的几种状态；②决定何时变换状态的一组条件；③实现每种状态角色行为的一组代码。

例如，"邪恶的外星人"可能有 3 种状态：搜寻、战斗和逃跑。在战斗状态下，外星人可以边朝玩家移动，边发射激光炮。不过，如果"外星复仇女神"的健康指数在战斗状态时下降到 25% 以下，则人物就会转换到逃跑状态，并且逃回母舰。有限状态机能有效地将人物整组的行为分解成独立部分，且各部分之间转换的逻辑是简单的。然而，随着角色行为复杂性的增加，其状态数可能会出现爆炸。

在这些例子中，人工智能控制的外星人会朝玩家移动进行战斗，或逃离玩家。在虚拟环境中绕过围墙和其他障碍物时，这两种行为都要求游戏的人工智能技术计算出一条从外星人当前位置到最佳攻击点的路径。路径规划是游戏智能中最常见的具有挑战性问题之一。

当人工智能控制的一队士兵必须移动到一个攻击点,或者人工智能控制的橄榄球"跑卫"跑向前场,或者当人工智能控制的队友跟随玩家穿越迷宫的房屋和门时,都要用到路径规划技术。

A*搜索算法为大多数游戏如何计算人工智能角色从A点运动到B点的路径提供了基础。A*搜索方法维护着一张部分路径的列表,并根据目前探索出的路径长度和到达目标的估计距离的最短路径组合,不断扩展已有的局部路径。

在一定条件下,A*搜索是一种理论最优搜索算法。但是,由于游戏开发者能紧密控制游戏场景,因而可以发现,若干A*搜索的有趣的变种算法尽管从理论上讲速度不会更快,但是解决具体游戏中的路径规划问题却更有效。

多年来,路径规划始终是游戏产业中人工智能专家关注的主要焦点。当今的游戏只使用可用处理能力的一小部分,就能计算出数百个单元的路径,留出大量资源用于满足其他需求。

9. 人机智能融合

人机融合智能就是充分利用人和机器的长处形成一种新的智能形式。人处理其擅长的包含"应该"(should)等价值取向的主观信息,机器则计算其拿手的涉及"是"(being)等规则概率统计的客观数据,进而变成一个可执行、可操作的程序性问题,也是把客观数据与主观信息统一起来的新机制,即需要意向性价值的时候由人处理,需要形式化(数字化)的事实时候由机器分担,从而产生了一种人+机大于人、人+机大于机的效果。

人机智能融合中的深度态势感知是一个重要隘口,深度态势感知的含义是"对态势感知的感知,是一种人机智慧,既包括了人的智慧,也融合了机器的智能(人工智能)",是能指+所指,既涉及事物的属性(能指、感觉),又关联它们之间的关系(所指、知觉),既能够理解事物的原本之意,也能够明白弦外之音。它是在以Endsley为主体的态势感知(包括信息输入、处理、输出环节)基础上,加上人、机(物)、环境(自然、社会)及其相互关系的整体系统趋势分析,具有"软/硬"两种调节反馈机制;既包括自组织、自适应,也包括他组织、互适应;既包括局部的定量计算预测,也包括全局的定性计算评估,是一种具有自主、自动弥聚效应的信息修正、补偿的期望-选择-预测-控制体系。

Being与should的狭义结合就是数据与知识、结构与功能、感知与推理、直觉与逻辑、联结与符号、属性与关系的结合,也是未来智能体系的发展趋势;其广义结合是意向性与形式化的结合。临界是一种介于有序和无序之间的状态,是工作效率最大化的一种表现形式。人机融合智能就是要寻找到这种平衡状态,让人的无序与机的有序、人的有序与机的无序相得益彰,达到安全、高效、敏捷的结果。想象力、创造力是感性与理性的界面,也许人机智能的融合可以实现一定程度上主客观、感性与理性的相互适应性融合。

1.5 人工智能发展展望

1.5.1 新一轮人工智能的发展特征

当前人工智能发展的突飞猛进和重大变化,表现出区别于过去的3个方面的阶段性特征。

1. 进入大数据驱动智能发展阶段

可以说,2000 年之后成熟起来的三大技术成就了人工智能的新一轮发展高潮,包括以深度学习为代表的新一代机器学习模型;GPU、云计算等高性能并行计算技术应用于智能计算,以及大数据的进一步成熟,以上三大技术构建起支撑新一轮人工智能高速发展的重要基础。

DARPA 认为,人工智能发展将经历 3 个波次。第一波次是人工智能发展初期的基于规则的时代,专家们会基于自己掌握的知识设计算法和软件,这些 AI 系统通常是基于明确而又符合逻辑的规则。在第二波次 AI 系统中,人们不再直接教授 AI 系统规则和知识,而是通过开发特定类型的机器学习模型,基于海量数据形成智能获取能力,深度学习是其典型代表。在这种技术路线下,获得高质量的大数据和高性能的计算能力成为算法成功的关键要素。例如,2015 年以来,IBM 通过收购大量医疗健康领域的公司,获取患者病例、医疗影像和临床记录等医疗数据,以提升 Watson 医疗诊断水平。

尽管基于现有的深度学习+大数据的方法,离最终实现强人工智能还有相当的距离,下一步可能需要借鉴人脑高级认知机理,突破深度学习方法,形成能力更强大的知识表示和学习推理模型。但业界普遍认为,最近 5~10 年,人工智能仍会基于大数据运行,并形成巨大的产业红利。

2. 进入智能技术产业化阶段

在机器学习+大数据的人工智能研究范式下,得益于硬件计算性能的快速增强,智能算法性能大幅度提升,围棋算法、语言识别、图像识别都在近年陆续达到或超过人类水平,智能搜索和推荐、语音识别、自动翻译、图像识别等技术进入产业化阶段。各类语音控制类家电产品和脸部识别应用在生活中已随处可见;无人驾驶技术难点不断突破,谷歌无人驾驶汽车已在公路上行驶了 300 多万英里(1 英里=1609.344 米),自动驾驶汽车已经得到美、英政府上路许可;德勤会计师事务所发布财务机器人,开始代替人类阅读合同和文件;IBM 的沃森智能认知系统也已经在医疗诊断领域表现出了惊人的潜力。

人工智能的快速崛起正在得到资本界的青睐。Nature 文章指出,近一两年来,人工智能领域的社会投资正在快速聚集。2015 年比 2013 年增长了 3 倍左右。人工智能技术的发展正在由学术推动的实验室阶段,转向由学术界和产业界共同推动的产业化阶段。

3. 进入认知智能探索阶段

得益于深度学习和大数据、并行计算技术的发展,感知智能领域已经取得了重大突破,目前已处于产业化阶段。同时,认知智能研究已经在多个领域启动并取得重要进展,这将是人工智能的下一个突破点。

2016 年年初,谷歌 AlphaGo 战胜韩国围棋世界冠军李世石的围棋人机大战,成为人工智能领域的又一重大里程碑性事件,人工智能系统的智能水平再次实现跃升,初步具备了直觉、大局观、棋感等认知能力。目前,人工智能的多个研究领域都在向认知智能挑战,如图像内容理解、语义理解、知识表达与推理、情感分析等,这些认知智能问题的突破将再次引发人工智能技术飞跃式发展。

除谷歌外,微软、Facebook、亚马逊等跨国科技企业,以及国内的 IT 巨头都在投入巨大研发力量,抢夺这一新的技术领地。Facebook 提出在未来 5~10 年,让人工智能完成某些需要"理性思维"的任务;"微软小冰"通过理解对话的语境与语义,建立用于情感计算的框架方法;IBM 的认知计算平台 Watson 在智力竞猜电视节目中击败了优秀的人类选手,并进一步应用于医疗诊断、法律助理等领域。

1.5.2 未来 40 年的人工智能问题

15 位著名计算机科学家在 2003 年 1 月的 ACM 杂志上发表文章各自阐述了未来计算机科学研究的问题。下面综述了未来人工智能领域有待解决的问题[8]。

文献 [1]"对计算智能的一些挑战和重大挑战",由 1994 年图灵奖得主 Feigenbaum 撰写。该文提出了未来计算机科学发展的 3 个挑战:第一,要开发这样的计算机,它们可以通过 Feigenbaum 测试,即给定主题领域中图灵测试的限制版本;第二,要开发这样的计算机,它们可以读文档,并且自动构建大规模知识库显著地减少知识工程的复杂度;第三,要开发这样的计算机,它们能理解 Web 内容,自动构建相关的知识库。

虽然后两个挑战实质上都是一个大的知识工程,但二者仍然是有差别的,因为第三个挑战牵涉一个开放的环境。开放性通常是指:①知识表述和语义理解无统一标准;②知识源的动态性(也就是出现和消失的随机性);③知识的矛盾性、二义性、噪声、不完备性和非单调性。

文献 [2]"下一步干什么? 12 个信息技术研究目标",由 1999 年图灵奖得主 Gray 撰写。12 个信息技术研究目标如下。

目标 1 可伸缩性:设计可以扩展 10^6 倍的软件和硬件体系结构。也就是说,一个应用程序的存储和处理能力可以成百万倍自动增长;无论是提高工作速度(10^6 倍速)或者在相同的时间内做更多的工作(10^6 倍),通过且仅通过增加更多的资源即可。

目标 2 图灵测试:构建一个至少能赢 30% 次的模拟游戏的计算机系统。

目标 3 言语到文本:像本地人一样听音。

目标 4 文本到言语:像本地人一样说话。

目标 5 像人一样看:识别对象和行为。

目标 6 个人麦麦克斯(memex)存储器:记录一个人看到的、听到的所有东西,并根据请求快速检索任意元素。

目标 7 世界麦麦克斯存储器:构建一个给出了文本全集的系统,可以回答有关文本的问题,并像人类的该领域专家一样尽快、尽可能准确地概述文本。对音乐、图像、艺术和电影业也能这样做。

目标 8 远程存在。在异地模拟一个观察者(远程观察者):能够像真的在实地一样听和说,也可以表示一个与会者。在异地模拟某个与会者(远程存在):就像在那里一样与其他人和环境交互。

目标 9 没有问题的系统:构建一个只有一个人在业余时间管理和维护的,每天有上百万人使用的系统。

目标 10 安全系统:确保目标 9 中的系统只能被授权用户访问,服务不能被非授权用户取消,信息不会被窃取(并证明它)。

目标 11 永远运行:确保每 100 年系统停止运转不会超过 1s——有小数点后 8 个 9

的可用性(并证明它)。

目标12　自动化程序设计程序：设计一种规范语言或用户接口,满足：ⓐ使人们易于表达设计；ⓑ计算机可编译；ⓒ能够描述所有应用(是完整的)。这个系统应该探究应用问题、询问有关异常情况和不完整规范的问题,但是不能应用起来很烦琐。

文献[3]"计算机的理解",由1992年图灵奖得主Lampson撰写。

计算机应用的3次浪潮分别是1960年开始的模拟,如核武器、工资单、游戏、虚拟现实等,1985年开始的通信(和存储),如电子邮件、航班订票、图书、电影等,2010年开始的灵境,如视觉、语音、机器人和聪明的碎片等。

本文重点阐述了两个问题：第1个问题是灵境技术,汽车不撞人(不发生道路交通事故)；第2个问题是根据规范自动写程序。

灵境技术的主要挑战是实时视觉、道路模型、车辆模型、侵入道路的外部对象模型。所有这些知识都需要一个驾驶员学习多年。驾驶员要处理传感器的输入、车辆运行中的不确定性因素,以及环境中随时可能发生的变化。满足可信性,即在面临死亡危险时,自动驾驶仪必须能正确工作。

自动化程序设计是一个新问题,人们为之奋斗了40多年,但是进展有限。①在某些领域,描述程序设计可行。Spreadsheets和SQL查询是成功的：其规范与程序接近。实例程序设计在文本编辑器中和电子数据表中是有用的。HTML在某种程度上也是成功的。可是,这些解决方案用了利刃：电子数据表宏、SQL更新和对HTML中的规划的精确控制。这些工具令人讨厌。②事务处理是很成功的：它不借助其他工作将一系列相互独立的简单顺序程序转换成并发、容错、负载平衡的程序。③大的组件导致的差异。很容易将程序构建在一个关系数据库、一个操作系统和一个Web浏览器上,而不从头写起。

文献[4]"未来49年计算机科学中的问题和预测"。本文介绍了研究人工智能的两个途径：一是生物方法；二是逻辑方法。逻辑AI面临的问题是：有关行为和变化的事实,包括框架问题在内的容错、非单调推理、三维世界(近似知识、表象和真实)之间的关系。

有关人类层次的智能问题：①人类层次AI和我们如何到达那里；②使AI达到使程序能够读书的水平；③定义可以与任何其他程序交互的程序；④给出程序满足合同的规范部分的形式化证明；⑤让用户充分控制他的计算环境,也就是说,在用户对环境仅有必需的了解的情况下,为他们设计一个为环境重新编程的方法；⑥用程序设计语言的基本元素形成语言的抽象语义；⑦证明与Shannon通道能力理论的类似性。

文献[5]"AI中3个未解决的问题",由1994年图灵奖得主Reddy撰写。本文简述的3个问题若获解决,我们离人类层次的AI就比较近了。

第1个问题：从一本书中读一章并回答该章后面的问题。为了让机器能够阅读、理解并回答问题,需要以下机制：将纸上的信息转换成机器可以处理的形式；在所有潜在的模糊性和自然语言的不准确性条件下阅读并理解文章,解释作者的意图；将这种理解转换成可执行的知识表示；将问题解释并表示成初始条件和预期的目标；应用从本章中提取出来的知识和以前已知的(获得的)知识,包括大量的常识性知识,求解当前的问题。

第2个问题：远程修理。系统能够成功地在真实世界环境中执行任务,必须理解时间和空间概念以及近似算法,此处程序的再次执行并不一定总是给出相同的结果。为了在火星上修理一个机器人,需要一个带有所有相关工具和设备的移动平台;在一个半自动化的系统中,人类管理者可以提供指导,但不是最终的远程操作(注意,10~15分钟的延迟取决于地球到火星的相对位置,这就暗含着绝大部分的导航和规避障碍物必须由本地控制);可以用来修理的系统意味着有对出现故障的平台的拆卸和装配的准确操作能力;一个能够通过观察人类操作者的动作学习的系统(需要一个有3D视觉、空间建模、能够发现人类的动作并设计出等价的操作程序的系统);一个可以与人类对话并能验证和确认对人类操作观察的理解的系统。

第3个问题:"按需百科全书"。创建一本百科全书性的文章的任务需要几种新技术,如将文档集合起来定义一组相关的文章;从所有相关文章中分析信息,形成一个单个的合并文档;概述合并的信息,形成一个方便阅读的规模;生成最后概括性的自然符合直觉的语句。

文献[6]"现代人工智能在中国"中,金芝提出:在未来的50年内,我们期望在研究诸如意识、注意力、学习能力、记忆力、语言、思考力和推理能力,甚至情感等脑活动的工程中,中国可以在智能科学研究中做出重要贡献。一些特别有前景的研究方向包括:①脑怎样整合与协作神经细胞簇活动;②神经细胞簇如何接收、表示、传送和重构可视化符号和意识;③如何使用经验方法(例如核磁共振)观察神经细胞簇活动;④怎样开发、评价建模和模拟神经细胞簇活动的数学和计算方法。

鉴于机器智能与人类智能的互补性,吴朝晖等人在多年前提出了混合智能(Cyborg Intelligence,CI)的研究思路,将智能研究扩展到生物智能和机器智能的互联互通,融合各自所长,以创造出性能更高的智能形态。混合智能是以生物智能和机器智能的深度融合为目标,通过相互连接通道建立兼具生物(人类)智能体的环境感知、记忆、推理、学习能力和机器智能体的信息整合、搜索、计算能力的新型智能系统,如图1-1所示[7]。

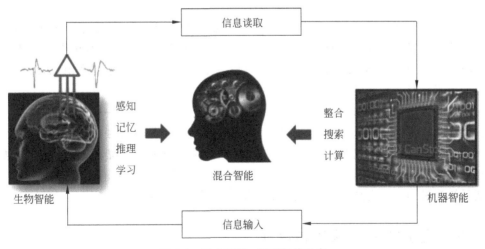

图1-1 混合智能:新型智能形态

混合智能系统是要构建一个双向闭环的,既包含生物体,又包含人工智能电子组件的有机系统。其中,生物体组织可以接受人工智能体的信息,人工智能体可以读取生物体组织的信息,两者无缝交互。同时,生物体组织实时反馈人工智能体的改变,反之亦然。混合智能系统不再仅仅是生物与机械的融合体,而是同时融合生物、机械、电子和信息等多领域因素的有机整体,使系统的行为、感知和认知等能力增强。

混合智能的形态表现在生物智能与机器智能在不同的层次、方式、功能、耦合层次的交互融合,见表1-1。

表1-1 混合智能的形态

分类方式	混合智能形态		
智能混合方式	增强型混合智能	替代型混合智能	补偿型混合智能
功能增强方式	感知增强混合智能	认知增强混合智能	行为增强混合智能
信息耦合方式	穿戴人机协同混合智能	脑机融合混合智能	脑机一体化的混合智能

文献[9]"人工智能的未来——记忆、知识、语言"中,李航认为目前人工智能系统不具有长期记忆功能。人脑的记忆模型由中央处理器、寄存器、短期记忆和长期记忆组成。视觉、听觉等传感器从外界得到输入,存放到寄存器中,在寄存器停留1~5s。如果人的注意力关注这些内容,就会将它们转移到短期记忆,在短期记忆停留30s左右。如果人有意将这些内容记住,就会将它们转移到长期记忆,半永久地留存在长期记忆里。人们需要这些内容的时候,就从长期记忆中进行检索,并将它们转移到短期记忆,进行处理。长期记忆的内容既有信息,也有知识。简单地说,信息表示的是世界的事实,知识表示的是人们对世界的理解,两者之间并不一定有明确的界线。人在长期记忆里存储信息和知识时,新的内容和已有的内容联系到一起,规模不断增大,这就是长期记忆的特点。大脑中,负责向长期记忆读写的是边缘系统中的海马体(hippocampus)。长期记忆实际上存在于大脑皮层(cerebral cortex)。在大脑皮层,记忆意味着改变脑细胞之间的链接,构建新的链路,形成新的网络模式。

现在的人工智能系统是没有长期记忆的。无论是AlphaGo,还是自动驾驶汽车,都是重复使用已经学习好的模型或者已经被人工定义好的模型,不具备不断获取信息和知识,并把新的信息与知识加入到系统中的机制。假设人工智能系统也有意识,那么其所感受到的世界就只有瞬间到瞬间的意识。

日裔美国物理学家加莱道雄(Michio Kaku)定义意识为:如果一个系统与外部环境(包括生物、非生物、空间、时间)互动过程中,其内部状态随着环境的变化而变化,那么这个系统就拥有"意识"。按照这个定义,温度计、花儿是有意识的系统,人工智能系统也是有意识的。拥有意识的当前人工智能系统缺少的是长期记忆。具有长期记忆将使人工智能系统演进到一个更高的阶段,是人工智能今后发展的方向。

1.5.3 人工智能鲁棒性和伦理

在机器学习里,以往的研究可以说主要是假设在封闭静态的环境下进行的,因为要假定很多东西是不变的,例如,数据分布不变、样本类别不变、样本属性不变,甚至评价目标不变等。但现实世界是开放动态的,一切都可能发生变化。一旦某些重要因素变了,原有模型马上就会表现很差,而且没有理论保证最差到什么程度。所以,开放环境下的机器学习是一个很困难的挑战,这里的鲁棒性很关键,就是好的时候要好,差的时候也不能太差。

2016年2月的国际人工智能大会上,AAAI(国际人工智能协会)前主席Thomas Dietterich教授做了一个纵览人工智能全局、指引未来发展的报告"通往鲁棒人工智能(Steps towards Robust AI)"。报告强调,人工智能技术取得了巨大发展,接下来就不可避免地会在一些高风险领域应用,如自动驾驶汽车、无人战机、远程自动外科手术等,这些应用有一个共同的要求,就是不仅正常情况下要做得好,而且出现意外时仍不能有坏性能,否则就会造成重大损失。要解决这个问题,他说人工智能技术必须"能应对未知情况",这就对应了我们所谓的"开放环境"。开放环境下的机器学习研究是通往"鲁棒人工智能"途径上的关键环节之一。

如今,人工智能伦理成为国际社会关注的焦点。此前,未来生命研究院(FLI)推动提出"23条人工智能原则",IEEE发起人工智能伦理标准项目并提出具体指南。联合国曾耗时两年完成机器人伦理报告,认为需要机器人和人工智能伦理的国际框架。经济合作与发展组织(OECD)也开始考虑制定国际人工智能伦理指南。

欧盟在这方面的动作也很频繁,积极推进人工智能伦理框架的确立。2017年,欧盟议会就曾通过一项立法决议,提出要制定"机器人宪章",以及推动人工智能和机器人民事立法。2017年年底,欧盟将人工智能伦理确立为2018年立法工作重点,要在人工智能和机器人领域呼吁高水平的数据保护、数字权利和道德标准,并成立了人工智能工作小组,就人工智能的发展和技术引发的道德问题制定指导方针。

2018年3月9日,欧洲科学与新技术伦理组织(European Group on Ethics in Science and New Technologies)发布《关于人工智能、机器人及"自主"系统的声明》。报告认为,人工智能、机器人技术和所谓的"自主"技术的进步已经引发了一系列复杂的、亟待解决的道德问题。该声明呼吁为人工智能、机器人和"自主"系统的设计、生产、使用和治理制定共同的、国际公认的道德和法律框架。声明还提出了一套基于欧盟条约和欧盟基本权利宪章规定的价值观的基本伦理原则,为人工智能、机器人以及"自主"系统的发展提供指导性意见。

人工智能伦理的关键问题包括:①关于安全性、保险性以及预防损害、减少风险的问题;②关于人类道德责任方面的问题;③人工智能引发了关于治理、监管、设计、开发、检查、监督、测试和认证的问题;④有关民主决策的问题,主要是关于制度、政策以及价值观的决策,这些是解决上述所有问题的基础;⑤对人工智能和"自主"系统的可解释性和透明度仍存在疑问。

1.5.4 新一代人工智能发展规划

世界各大国已经开始在国家战略层面部署人工智能的发展。2016年10月,美国政府发布了《国家人工智能研究和发展战略计划》和《为人工智能的未来做好准备》两份报告,提出美国优先发展的人工智能七大战略。2017年4月,英国工程与物理科学研究理事会(EPSRC)发布了《类人计算战略路线图》,明确了类人计算的研究动机、需求、目标与范围等。2017年7月,中国政府印发《新一代人工智能发展规划》,将AI发展上升到国家战略高度。各国已经展开全球竞争,抢抓发展机遇,占领产业制高点。

中国《规划》提出，立足国家发展全局，准确把握全球人工智能发展态势，找准突破口和主攻方向，全面增强科技创新基础能力，全面拓展重点领域应用的深度、广度，全面提升经济社会发展和国防应用智能化水平。下面简要介绍中国《规划》中的基础理论体系、关键共性技术体系和创新平台。

1. 建立新一代人工智能基础理论体系

（1）大数据智能理论。研究数据驱动与知识引导相结合的人工智能新方法、以自然语言理解和图像图形为核心的认知计算理论和方法、综合深度推理与创意人工智能理论与方法、非完全信息下智能决策基础理论与框架、数据驱动的通用人工智能数学模型与理论等。

（2）跨媒体感知计算理论。研究超越人类视觉能力的感知获取、面向真实世界的主动视觉感知及计算、自然声学场景的听知觉感知及计算、自然交互环境的言语感知及计算、面向异步序列的类人感知及计算、面向媒体智能感知的自主学习、城市全维度智能感知推理引擎。

（3）混合增强智能理论。研究"人在回路"的混合增强智能、人机智能共生的行为增强与脑机协同、机器直觉推理与因果模型、联想记忆模型与知识演化方法、复杂数据和任务的混合增强智能学习方法、云机器人协同计算方法、真实世界环境下的情境理解及人机群组协同。

（4）群体智能理论。研究群体智能结构理论与组织方法、群体智能激励机制与涌现机理、群体智能学习理论与方法、群体智能通用计算范式与模型。

（5）自主协同控制与优化决策理论。研究面向自主无人系统的协同感知与交互、面向自主无人系统的协同控制与优化决策、知识驱动的人机物三元协同与互操作等理论。

（6）高级机器学习理论。研究统计学习基础理论、不确定性推理与决策、分布式学习与交互、隐私保护学习、小样本学习、深度强化学习、无监督学习、半监督学习、主动学习等学习理论和高效模型。

（7）类脑智能计算理论。研究类脑感知、类脑学习、类脑记忆机制与计算融合、类脑复杂系统、类脑控制等理论与方法。

（8）量子智能计算理论。探索脑认知的量子模式与内在机制，研究高效的量子智能模型和算法、高性能与高比特的量子人工智能处理器、可与外界环境交互信息的实时量子人工智能系统等。

2. 建立新一代人工智能关键共性技术体系

新一代人工智能关键共性技术的研发部署以算法为核心，以数据和硬件为基础，以提升感知识别、知识计算、认知推理、运动执行、人机交互能力为重点，形成开放兼容、稳定成熟的技术体系。具体包括如下8个方面：①知识计算引擎与知识服务技术；②跨媒体分析推理技术；③群体智能关键技术；④混合增强智能新架构和新技术；⑤自主无人系统的智能技术；⑥虚拟现实智能建模技术；⑦智能计算芯片与系统；⑧自然语言处理技术。

3. 统筹布局人工智能创新平台

建设布局人工智能创新平台，强化对人工智能研发应用的基础支撑，包括：①人工智能开源软硬件基础平台；②群体智能服务平台；③混合增强智能支撑平台；④自主无人系统支撑平台；⑤人工智能基础数据与安全检测平台。

习题

1.1 什么是人工智能？试从学科和能力两方面加以说明。

1.2 在人工智能的发展过程中，有哪些思想和思潮起了重要作用？

1.3 为什么能够用机器(计算机)模仿人的智能？

1.4 现在人工智能有哪些学派？它们的认知观是什么？

1.5 你认为应从哪些层次对认知行为进行研究？

1.6 人工智能的主要研究和应用领域是什么？其中，哪些是新的研究热点？

1.7 未来人工智能的可能突破有哪些方面？

1.8 给出下列各命题成立的 5 个理由。

    (1) 狗比昆虫有智能。

    (2) 人比狗有智能。

    (3) 一个组织比一个人有智能。

    根据以上命题，给出"比……更有智能"的定义。

1.9 举例说明计算机游戏是如何产生娱乐效果的？(提示：从游戏的可玩性、美学、讲故事、风险与回报、新奇、学习、创造性、沉浸、社会化等方面进行阐述)

1.10 反射行动(如从热炉子上缩回你的手)是理性的吗？它们是智能的吗？

1.11 内省——梳理自己的内心想法——怎么可能是不精确的？我会搞错我正想什么吗？请讨论。

1.12 为什么进化会倾向于导致行为合理的系统？设计这样的系统想达到的目标是什么？

1.13 (思考题)给出 AI 应用的例子(不是应用领域，而是具体程序)。针对每一个应用，用至多一页篇幅描述。应回答如下问题：

    (1) 应用程序实际做了什么事情(如控制宇宙飞船、诊断一台影印机、为计算机用户提供智能帮助)？

    (2) 运用了哪些 AI 技术(如基于模型的诊断、信念网络、语义网、启发式搜索、约束满足)？

    (3) 运行性能如何？(依据是作者陈述，还是他人陈述？与人对比如何？作者是如何知道系统的运行情况的?)

    (4) 是实验系统，还是实用系统？(有多少用户？对这些用户的专业知识有什么要求?)

    (5) 为什么系统具有智能？什么方面使系统具有智能？

    (6) [可选]编程语言和运行环境是什么？它具有什么样的用户界面？

    (7) 参考资料：你在什么地方获得的这些信息？是书籍，论文，还是网页？

1.14 (思考题)参考相关文献，讨论目前的计算机是否可以解决下列任务：

    (1) 在国际象棋比赛中战胜国际特级大师；

    (2) 在围棋比赛中战胜九段高手；

    (3) 发现并证明新的数学定理；

(4) 自动找到程序中的 bug。

(5) 打正规的乒乓球比赛。

(6) 在埃及开罗市中心开车。

(7) 在重庆山区开车。

(8) 在市场购买可用一周的杂货。

(9) 在 Web 上购买可用一周的杂货。

(10) 参加正规的桥牌竞技比赛。

(11) 写一则有内涵的有趣故事。

(12) 在特定的法律领域提供合适的法律建议。

(13) 从英语到瑞典语的口语实时翻译。

(14) 完成复杂的外科手术。

1.15 (思考题)知道问题。主体 J 向 S 和 P 说道:我有两个不同的整数 x 和 y,它们满足 $1<x<y$ 和 $x+y\leqslant 100$。我将秘密地把和 $s=x+y$ 告诉 S,而把积 $p=xy$ 告诉 P。请确定(x 和 y)这两个数是什么?J 将和与积分别秘密告知 S 和 P 后,发生如下对话:

(1) P 说:"我不知道这两个数";

(2) S 说:"我早已知道你不知道这两个数";

(3) P 说:"我现在知道这两个数了";

(4) S 说:"我现在也知道这两个数了"。

请问 x 和 y 是什么?

【提示】答案是 4 和 13。

1.16 (思考题)NIM 问题求解。有 3 堆棋子,两人轮流取子,每人每次只能从一堆中取,至少取 1 个,最多可以取完这一堆,谁取到最后一个,谁即取胜。编一程序,进行人机游戏。

1.17 (思考题)人工智能的不同子领域举行了比赛,这些比赛定义了一个标准任务并邀请研究者发挥最高水平。研究其中 4 个比赛,并描述过去 5 年取得的进展。这些比赛将 AI 的技术发展水平提高到了什么程度?由于比赛的注意力不在新思想上,所以这对 AI 领域有何种程度的危害?

【提示】可考虑 DARPA 的机器人汽车陆地挑战赛、国际规划比赛、Robocup 机器人足球赛、TREC(文本检索会议)信息检索比赛、机器翻译比赛、语音识别比赛。

1.18 (思考题)人工智能军事应用跟踪。人工智能技术在军事上有着广阔的应用前景,针对一个或者多个领域写一篇论文,跟踪并综述人工智能的军事应用。

【提示】人工智能军事应用举例:①自主多用途作战机器人系统;②军用飞机"副驾驶员"系统;③自主多用途军用航天器控制系统;④武器装备的自动故障诊断与排除系统;⑤军用人工智能机器翻译系统;⑥舰船作战管理系统;⑦智能电子战系统;⑧自动情报与图像识别系统;⑨人工智能武器。

1.19 (思考题)如何理解库兹韦尔《奇点临近》中的"奇点"?请探讨人工智能的未来。

第 2 章

知识表示和推理

要有效地解决应用领域的问题和实现软件的智能化,就必须拥有应用领域的知识。知识表示技术起源于 20 世纪 70 年代,丰富的研究成果使得知识表示技术和方法多种多样。随着人工智能技术的不断深入研究和应用,关于知识表示的工程化问题取得了很大的进展。

信息获取(感知与表示)、信息传输(通信与存储)、信息处理(计算与认知)、信息再生(综合与决策)、信息执行(控制与显示)是构成信息科学有机体系的分支学科。知识成为由信息到智能的中介。目前关于知识的表示方法主要分为结构化方法和非结构化方法。前者主要包括逻辑方法和产生式方法,后者主要包括语义网络和框架等。

本章讨论了知识表示和知识表示语言的问题,介绍了人工智能中重要的知识表示语言——命题逻辑和谓词逻辑及其归结推理方法,产生式系统、语义网络、框架、脚本、知识图谱等其他知识表示和推理方法,概述了基于知识的应用系统。

2.1 概述

2.1.1 知识和知识表示

数据一般指单独的事实,是信息的载体,数据项本身没有什么意义,除非在一定的上下文中,否则没有什么用处。信息由符号组成(如文字和数字),并对符号赋予了一定的意义,因此有一定的用途或价值。

经验是人们在解决实际问题的过程中形成的成功操作程序。知识是由经验总结升华出来的,因此知识是经验的结晶。知识也由符号组成,但是还包括了符号之间的关系以及处理这些符号的规则或过程。知识在信息的基础上增加了上下文信息,提供了更多的意义,因此也就更加有用和有价值。知识是随着时间的变化而动态变化的,新的知识可以根据规则和已有的知识推导出来。

因此,可以认为知识是经过加工的信息,它包括事实、信念和启发式规则。

关于知识的研究称为认识论,它涉及知识的本质、结构和起源。

知识是建立在数据和信息基础之上的,那么,一个系统需要什么样的知识才可能具有智能呢?一个智能程序需要哪些方面的知识才能高水平地运行呢?一般来说,至少包括下面几个方面的知识。

(1) 事实:是关于对象和物体的知识。人工智能中的知识表示应能表示各种对象、对象类型及其性质等。事实是静态的、为人们共享的、可公开获得的、公认的知识,在知识库中属底层知识。

(2) 规则:是有关问题中与事物的行动、动作相联系的因果关系的知识,是动态的,常以"如果……那么……"形式出现。特别是启发式规则是属专家提供的专门经验知识,这种知识无严格解释,但很有用处。

(3) 元知识:是有关知识的知识,是知识库中的高层知识。例如,包括怎样使用规则、解释规则、校验规则、解释程序结构等知识。一个专家可以拥有几个不同领域的知识,元知识可以决定哪一个知识库是适用的。元知识也可用于决定某一领域中的哪些规则最合适。

(4) 常识性知识:泛指普遍存在而且被普遍认识了的客观事实类知识,即指人们共有的知识。

知识表示就是研究用机器表示上述这些知识的可行性、有效性的一般方法,可以看作是将知识符号化并输入到计算机的过程和方法。知识表示在智能 Agent 的建造中起到了关键的作用。可以说,正是以适当的方法表示了知识,才导致智能 Agent 展示出了智能行为。在某种意义上,可以将知识表示视为数据结构及其处理机制的综合。

知识表示＝数据结构＋处理机制

其中,恰当的数据结构用于存储要解决的问题、可能的中间结果、最终解答以及与问题求解有关的世界的描述。这里称存储这些描述的数据结构为符号结构(或者为知识结构),正是这种符号结构导致了知识的显式表示。然而,仅有符号结构是不够的,它无法表现出知识的"力量"。为此还需要给出处理机制去使用这些符号结构。因此,知识表示是数据结构与处理机制的统一体,既考虑知识表示语言,又考虑知识使用。知识表示语言用符号结构描述获取到的领域知识,而知识的使用则是应用这些知识实现智能行为。

目前在知识表示方面主要有两种基本的观点:一种是陈述性的知识表示观点;一种是过程性的知识表示观点。陈述性的知识表示观点将知识的表示和知识的运用分开处理,在知识表示时不涉及如何运用知识的问题。例如,一个学生统计表存放了学生的基本信息,为了处理它,必须设计另外专门的程序。显然,由于学生统计表独立存储,使其能为多个程序应用,如名单打印、学生查询等。过程性的知识表示观点将知识的表示和知识的运用结合起来,知识包含于程序中,如关于一个倒置矩阵的程序就隐含了倒置矩阵的知识,这种知识与应用它的程序紧密地融合在一起,难以分离。在人工智能程序中,采用比较多的是陈述性知识表示和处理方法,即知识的表示和运用是分离的。陈述性知识在设计人工智能系统中处于突出的地位,关于知识表示的各种研究也主要是针对陈述性知识的,原因在于人工智能系统一般易于修改、更新和改变。

当然,采用陈述性知识表示是要付出代价的,计算开销增大,并且效率会降低,因为陈述性知识一般要求应用程序对其做解释性执行,显然效率比用过程性知识要低。换言之,陈述性知识是以牺牲效率换取灵活性的。

陈述性知识表示和过程性知识表示在人工智能研究中都很重要,各有优缺点。这两种知识表示的应用具有如下倾向性。

(1) 由于高级的智能行为(如人的思维)似乎强烈地依赖于陈述性知识,因此人工智能的研究应注重陈述性的开发。

(2) 过程性知识的陈述化表示。基于知识系统的控制规则和推理机制一般都属于陈述性知识,它们从推理机分离出来由推理机解释执行,这样做可以促进推理和控制的透明化,有利于智能系统的维护和进化。

(3) 以适当方式将过程性知识和陈述性知识综合,可以提高智能系统的性能。如框架系统为这种综合提供了有效的手段,每个框架陈述性地表示了对象的属性和对象间的关系,并以附加程序等方式表示过程性知识。

2.1.2 知识-策略-智能

策略就是关于如何解决问题的政策方略,包括在什么时间、什么地点、由什么主体采取什么行动、达到什么目标、注意什么事项等一整套完整而具体的行动计划、行动步骤、工作方式和工作方法。

与策略相对应,"智能"应当理解为:在给定的问题-问题环境-主体目的的条件下,智能就是有针对性地获取问题-环境的信息,恰当地对这些信息进行处理,以提炼知识达到认知,在此基础上把已有的知识与主体的目的信息相结合,合理地产生解决问题的策略信息,并利用得到的策略信息在给定的环境下成功地解决问题达到主体的目的。

智能包含4个要素和4种能力。4个要素包括信息、知识、策略和行为;4种能力包括获取有用信息的能力、由信息生成知识(认知)的能力、由知识和目的生成策略(决策)的能力、实施策略取得效果(施效)的能力。这便是"智能"概念的四位一体。

在"智能"的4个要素和4种能力之间,并不是完全平等的关系。实际上,策略是智能的集中体现,因此称为"狭义智能"。这是因为获得信息和提炼知识的目的都是为了生成策略,而一旦生成了正确的策略,把它转变成为行动则是相对明确的过程。因此,策略处在智力能力的核心地位。

图2-1给出了广义智能中"信息-知识-策略"相互依赖、共为一体的关系。这个关系也可以表达为"信息-知识-策略-智能",它表现了由信息开始向智能层层递进的关系。

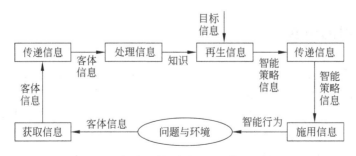

图 2-1 智能中的"信息-知识-策略"关系

图 2-1 给出了智能的整体概念：经过获取和传递环节之后，相应的客体信息(包括要解决的问题和问题所受到的环境约束)到达了处理环节，这里，客体信息被加工提炼成为相应的客体知识；然后，客体知识与主体的目标信息相结合，产生解决相应问题的智能策略信息，经过传递环节，智能策略信息被传送到施效环节，后者把智能策略信息转变成为相应的智能策略行为，在智能策略行为的干预下，使问题得到解决。

信息、知识、智能之间具有如下关系：信息是基本资源；知识是对信息进行加工所得到的抽象产物；策略是由客体信息和主体目标演绎出来的智慧化身，智能是把信息资源加工成知识，进而把知识激活成解决问题的策略并在策略信息引导下具体解决问题的全部能力。

图 2-1 所示的信息、知识、智能关系正好符合人类自身认识世界和优化世界活动过程中由信息生成知识、由知识激活智能的过程。其中，获取信息的功能由感觉器官完成，传递信息的功能由神经系统完成，处理信息和再生信息的功能由思维器官完成，施用信息的功能由效应器官完成。

简言之，信息经加工提炼而成知识，知识被目的激活而成智能。

2.1.3 人工智能对知识表示方法的要求

很多大型而复杂的基于知识的应用系统常常包含多种不同的问题求解活动，不同的活动往往需要采用不同方式表示的知识，是以统一的方式表示所有的知识，还是以不同的方式表示不同的知识，这是建造基于知识的系统时所面临的一个选择。统一的知识表示方法在知识获取和知识库维护上具有简易性，但是处理效率较低。不同的知识表示方法处理效率较高，但是知识难以获取，知识库难以维护。那么，在实际中如何选择和建立合适的知识表示方法呢？这可以从下面几个方面考虑。

(1) 表示能力，要求能够正确、有效地将问题求解所需要的各类知识都表示出来。

(2) 可理解性，所表示的知识应易懂、易读。

(3) 便于知识的获取，使得智能系统能够渐进地增加知识，逐步进化。同时，在吸收新知识的同时应便于消除可能引起的新旧知识之间的矛盾，便于维护知识的一致性。

(4) 便于搜索，表示知识的符号结构和推理机制应支持对知识库的高效搜索，使得智能系统能够迅速地感知事物之间的关系和变化；同时很快地从知识库中找到有关的知识。

(5) 便于推理，要能够从已有的知识中推出需要的答案和结论。

2.1.4 知识的分类

人类迄今所拥有的知识已经构成一个极其庞大的学科体系，随着人类科学技术活动的进一步展开，这个体系还会继续扩展，永远是一个开放的体系。

知识是认识论范畴的概念，是相对于认识主体而存在的。因此，与认识论信息的概念相通，知识具有丰富的内涵。同认识论信息的情形类似，一切知识，无论是数学、物理学、化学、天文学、地学、生物学的知识，还是工程科学的知识，它们所表达的"运动状态和状态变化的规律"必然具有一定的外部形态，与此相应的知识称为"形态性知识"；同时，知识所表达的运动状态和状态变化的规律也必然具有一定的逻辑内容,与此相应的知识可以称为"内容性知识";最后,知识所表达的运动状态和状态变化的规律必然对认识主体呈现某种效用。与此相对应的知识可以称为"效用性知识"。形态性知识、内容性知识、效用性知识三者的综合,构成了知识的完整概念,如图2-2所示。

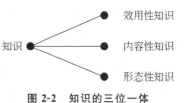

图2-2 知识的三位一体

这可以作为一个公理表述:"任何知识都由相应的形态性知识、内容性知识、效用性知识构成,这种情形称为知识的三位一体"。

容易看出,这里的形态性知识与认识论信息(全信息)的语法信息概念相联系;内容性知识与认识论信息(全信息)的语义信息概念相联系,效用性知识与认识论信息(全信息)的语用信息概念相联系。因此,知识的这种分类方法抓住了知识描述的本质,而且体现了知识与认识论信息(全信息)之间存在的内在联系。这在理论上具有重要的意义。反之,如果不能揭示知识与认识论信息(全信息)之间深刻的内在联系,那么,知识理论的建立就会遇到许多困难。

明确了知识的分类,就可以对知识进行分门别类的描述。

2.1.5 知识表示语言问题

对世界的建模方式一般有两种:基于图标的方法和基于特征的方法。基于图标的方法是用图形或类似图形的方式对世界某些方面的模拟;基于特征的方法是用文字或其他叙述的方法对世界某些特征的描述。基于图标的方法比较直接,有的时候可能更有效一些。基于特征的方法容易与别的系统进行信息交流和转换,并且易于修改和分解成不同的部分。对那些难于表达的信息可以用公式表示为对特征值的约束,这些约束可以用来推断那些无法直接感知到的特征值。

智能Agent中对自身知识和环境知识的表示一般放在知识库中,其中知识的每条表示称为一个语句,表示这些语句的语言称为知识表示语言。知识表示语言的目标是用计算机易于处理的形式表示知识,这样可使得Agent执行效率更高。

知识表示语言由语法和语义定义。语言的语法描述了组成语句的可能的搭配关系。语义定义了语句所指的世界中的事实。

通过语法和语义,可以给出使用某一语言的Agent的必要的推理机制。基于该推理机制,Agent可以从已知的语句推导出结论,或判断某条信息是不是已蕴涵在现有的知识当中。因此,智能Agent所需要的知识表示语言是一种能够表达所描述对象特征中的约束和特征值的语言,以及可以进行必要推理的推理机制。一个语言的语义确定了一个语句所指称的事实。事实是世界的一部分,而它们的表示必须要编码成某种形式,并物理地存储到Agent中。所有的推理机制都是基于事实的表示,而不是这些事实本身,即与具体事实无关,只与事实的表示结构、形式有关。

因此,一个知识表示语言应该包括:①语法规则和语义解释;②用于演绎和推导的规则。

程序设计语言(如C或Lisp)比较善于描述算法和具体的数据结构。知识表示语言应该支持知识不完全的情况,即无法确定事情到底是怎么样的,只知道是或不是的某种可能性。不能表达这种不完全性的语言是表达能力不够的语言。

一个好的知识表示语言应该结合自然语言和程序设计语言的优点：①表达能力很强,简练；②不含糊,上下文无关；③高效,可以推出新的结论。

已有许多知识表示语言试图满足这些目标。逻辑,特别是一阶逻辑就是一种这样的语言,它是人工智能中大多数知识表示模式的基础。数理逻辑是用数学方法研究形式逻辑的一个分支,它提供了必要的工具用来进行知识表示和推理。逻辑是人们思维活动规律的反映和抽象,是到目前为止能够表达人类思维和推理的最精确和最成功的方法。它能够通过计算机做精确的处理,而它的表达方式和人类自然语言又非常接近。因此,用数理逻辑作为知识表示工具自然很容易为人们所接受。

2.1.6 现代逻辑学的基本研究方法

逻辑学(logic)是研究人类思维规律的科学,而现代逻辑学则是用数学(符号化、公理化、形式化)的方法研究这些规律。

1. 思维：感知的概念化和理性化

思维实体处于一个客观世界,称为该实体的环境,通过对环境的感知形成概念。这些概念以自然语言(包括文字、图像、声音等)为载体,在思维实体中记忆、交流,从而又成为这些思维实体的环境的一部分。通过对概念外延的拓广和对概念内涵的修正,完成思维的最基础的功能——概念化。这一过程将物理对象抽象为思维对象(语言化了的概念),包括对象本身的表示、对象性质的表示、对象间关系的表示等。

在概念化的基础之上,思维进入更加高级的层次——理性化思维,即对概念的思维：判断与推理。判断包括：概念对个体的适用性判断(特称判断、全称判断及其否定),个体对多个概念同时满足或选择地满足的判断(合取判断或析取判断),概念对概念的蕴涵的判断(条件判断)等。推理可说是对概念、判断的思维,即由已知的判断根据一定的准则导出另一些判断的过程。这些准则是思维主体对自身思维属性感知并概念化的产物。它们中包括"三段论"、假言推理等。

因此,思维是感知的概念化和理性化。现代逻辑学的宗旨便是用符号化、公理化、形式化的方法研究这种概念化、理性化过程的规律与本质。

2. 现代逻辑学求助数学——符号化

符号化即用"一种只作整体认读的记号(signs)"——符号(symbols)表示量、数及数量关系。

思维的概念化过程离开语言显然是难以完成的。语言是一种符号体系,语言化是符号化的初级阶段,但若要对思维作深入的讨论和研究,这种初级的符号化是不够充分的,现代逻辑除求助数学对思维过程作符号化的探讨之外,别无他路。我们知道,数字0,1,2,3,…是由人类的基数、序数概念符号化而来,但只是在有了"字母表示数""符号表示数的运算、关系"之后才有代数理论,才有人们对数的概念的深刻认识。现代逻辑学对思维的研究,需要更加彻底的符号化过程。我们也用字母、符号表示思维的物理对象、概念对象、判断对象等。

3. 现代逻辑学追随数学——公理化

在欧氏几何中，原始概念是现实世界中空间形态基础成分的概念化，公理和逻辑推理规则是对空间形态最基本属性以及人类思维规律概念化、理性化的结果，因而系统推演所得的定理继承它们的客观性和正确性。欧氏几何公理系统中的所有概念都有鲜明的直观背景，其公理、定理也都有强烈的客观意义。像欧氏几何这样的公理系统，常被称为具体公理系统。

始于亚里士多德（Aristotle）的逻辑学被符号化、公理化，逐步演化为现代逻辑学。例如，众所周知的思维法则"一个条件命题等价于它的逆否命题""全称判断蕴涵特称判断"可以表示为如下的公理模式。

$$(A \to B) \leftrightarrow (\neg B \to \neg A)$$
$$\forall x A(x) \to A(t)$$

其中，$\leftrightarrow$ 表示"等价"，$\forall x A(x)$ 表示"一切对象皆满足性质 A"，而 $A(t)$ 表示"对象 t 满足性质 A"。

事实上，现代逻辑学的公理化也更为彻底，它将人们的推理规则也符号化和模式化，它们本质上和公理相同，但为了突出它们在形式上和应用上与公理的区别，称为推理规则模式。例如，假言推理规则可以表示为如下的规则模式。

$$\frac{A \to B, A}{B}$$

4. 现代逻辑学改造数学——形式化

19 世纪末开始了抽象公理系统的研究。在抽象公理系统中，原始概念的直觉意义被忽略，甚至没有任何预先设定的意义。不加证明而接收的断言——公理也无须以任何实际意义为背景，它们无非是一些形式约定——一些符号串，约定系统一开始便要接收为定理的是哪些语句。对原始概念和公理，人们甚至可以不知所云，唯一可识别的是它们的表示形式，这也是它们唯一有意义的东西。

抽象公理系统的提出往往是有客观背景的，常常是因为现实世界的某些对象及其性质需精确地刻画、深入地探究。但是，抽象公理系统一旦建成，它便应当是超脱客观背景的，它可刻画的对象已不限于原来考虑的那些对象，而是与它们有着（公理所规定的）共同结构的相当广泛的一类对象，因而对它们性质的讨论也必定深刻得多。因此，对一个抽象公理系统，一般会有多种解释。例如，布尔代数抽象公理系统可以解释为有关命题真值的命题代数，有关电路设计研究的开关代数也可以解释为讨论集合的集合代数。

所谓形式化，就是彻头彻尾的"符号化＋抽象公理化"。因此，现代逻辑学在形式化数学的同时，完成了自身的形式化。综上所述，现代逻辑学形式系统组成如下。

（1）用于将概念符号化的符号语言，通常为一形式语言（formal languages），包括一符号表 Σ 及语言的文法，可生成表示对象的语言成分项（terms），表示概念、判断的公式（formulas）。

（2）表示思维规律的逻辑学公理模式和推理规则模式（抽象公理系统），及其依据它们推演可得到的全部定理组成的理论体系。

基于现代逻辑学可构成形式化的数学系统或其他理论系统，它们与现代逻辑学系统不同的只是：

(1) 表示对象更为广泛的形式语言。

(2) 抽象公理系统中还包括对象理论(如数论)的公理——非逻辑学公理。

因此可以这样说：形式化是现代逻辑学的基本特性，形式系统(formal systems)是现代逻辑学的重要工具，借助于形式化过程和对形式系统的研讨完成对思维规律或其他对象理论的研究。

对形式系统的研究包括如下 3 个方面。

(1) 对系统内定理推演的研究。这类研究被看作是对形式系统的语法(syntax，也称"语构")的研究。

(2) 语义(semantic)研究。公理系统、形式系统并不一定针对某一特定的问题范畴，但可以对它做出种种解释——赋予它一定的个体域，赋予它一定的结构，即用个体域中的个体、个体上的运算、个体间的关系解释系统中的抽象符号。这一过程赋予形式系统一个语义结构。在给定语义结构中可以讨论形式系统中项对应的个体，公式所对应判断具有的真值(真,假)。对语义的规定及对形式系统在给定语义下的讨论，便是所谓对形式系统的语义的研究。

(3) 语法与语义关系的研究。由于语义结构通常是抽象出形式系统的那个问题范畴的数学描述，因此，一个好的形式系统中的定理应当都是在所有相关语义中的真命题；反之，所有这些真命题对应的形式表示应当都是形式系统的定理。

2.2 命题逻辑

所谓的命题就是具有真假意义的陈述句。如"今天下雨""大于 2 的偶数均可分拆为两个素数的和(哥德巴赫猜想)""1＋100＝101""人是会死的"等，这些句子在特殊的情况下都具有"真(True)"和"假(False)"的意义，都是命题。一个命题总是具有一个值，称为真值。真值只有"真"和"假"两种，一般分别用符号 T 和 F 表示。一切没有判断内容的句子、无所谓是非的句子，如感叹句、祈使句、疑问句都不能作为命题。如"全体立正！""明天是不是开会？""天气多好啊！""我在说谎"等，都不是命题。

命题有两种类型：第一种是不能分解成更简单的陈述语句，称为原子命题；第二种是由联结词、标点符号和原子命题等复合构成的命题，称为复合命题。所有这些命题都应具有确定的真值。

所谓命题逻辑，就是研究命题和命题之间关系的符号逻辑系统，通常用大写字母 P、Q、R、S 等表示命题，如

P：今天下雨

P 就是表示"今天下雨"这个命题的名。表示命题的符号称为命题标识符，P 就是命题标识符。如果一个命题标识符表示确定命题，就称为命题常量。如果命题标识符只表示任意命题的位置标志，就称为命题变元。因为命题变元可以表示任意命题，所以它不能确定真值，故命题变元不是命题。当命题变元 P 用一个特定的命题取代时，P 才能确定真值，这时也称为对 P 进行指派。当命题变元表示原子命题时，该变元称为原子变元。

命题逻辑是非常简单的一种逻辑系统。但是，命题逻辑除了有限的表达能力外，它和一阶谓词逻辑一样包含了很多的逻辑概念。

2.2.1 语法

通常用大写拉丁字母 P,Q,R,S 等表示原子命题,当它们表示确定的命题时称为命题常元(propositional constants),当它们表示不确定的命题时称为命题变元(propositional variables),它的取值范围是集合{真,假}。字母 T,F 表示真值分别为"真"和"假"的命题常元。

命题逻辑的符号包括以下几种。

(1) 命题常元:True(T)和 False(F);
(2) 命题符号:P、Q、R 等。
(3) 联结词:① ¬(否定,Not),¬P 称"非 P";② ∧(合取,conjunction),$P \wedge Q$ 表示"P 和 Q";③ ∨(析取,disjunction),$P \vee Q$ 表示"P 或 Q";④ →(蕴涵,implication),$P \rightarrow Q$ 表示"P 蕴涵 Q",P 常称为蕴涵的前件(antecedent),Q 常称为蕴涵的后件(consequent);⑤ ↔(等价,equivalent):$P \leftrightarrow Q$ 表示"P 当且仅当 Q"。命题逻辑主要使用这 5 个联结词,通过这些联结词,可以由简单的命题构成复杂的复合命题。

(4) 括号:()。

由命题常元、变元和联结词可组成适当的表达式,即命题公式。

定义 2.1 命题公式(propositional formula)如下定义。

(1) 命题常元和命题变元是命题公式,也称为原子公式。
(2) 如果 P,Q 是命题公式,那么(¬P)、($P \wedge Q$)、($P \vee Q$)、($P \rightarrow Q$)、($P \leftrightarrow Q$)也是命题公式。
(3) 只有有限步引用(1)、(2)条款所组成的符号串是命题公式。

在命题逻辑中,这 5 个联结词的优先级顺序(从高到低)为:¬、∧、∨、→、↔。因此,句子 ¬$P \vee Q \wedge R \rightarrow S$ 等价于句子 ((¬P) ∨ ($Q \wedge R$)) → S。

2.2.2 语义

为了说明一个句子的意义,必须提供它的解释,说明它对应于哪个事实。如命题 P 可以表示"今天晴天",也可以表示"北京是中国的首都"。逻辑常量 True 就表示真的事实,False 则表示假的事实。

复合命题的意义是命题组成成分的函数。如复合命题 $P \vee Q$ 的意义就决定于其组成成分 P 和 Q 以及联结词 ∨ 的意义,P 和 Q 的意义是析取 ∨ 的输入,一旦 P、Q、∨ 的意义确定了,该句子的意义也就确定了。

联结词的语义可以定义如下。

- ¬P 为真,当且仅当 P 为假。
- $P \wedge Q$ 为真,当且仅当 P 和 Q 都为真。
- $P \vee Q$ 为真,当且仅当 P 为真,或者 Q 为真。
- $P \rightarrow Q$ 为真,当且仅当 P 为假,或者 Q 为真。
- $P \leftrightarrow Q$ 为真,当且仅当 $P \rightarrow Q$ 为真,并且 $Q \rightarrow P$ 为真。

上述关系可用表 2-1 说明。

表 2-1 真值表

P	Q	¬P	P∧Q	P∨Q	P→Q	P↔Q
T	T	F	T	T	T	T
T	F	F	F	T	F	F
F	T	T	F	T	T	F
F	F	T	F	F	T	T

例 2.1 求公式 $G=((P\land(\neg Q))\to R)$ 的真值表,其中"="可读为"代表"。

解:公式 G 共有 $2^3=8$ 种指派。表 2-2 给出了公式 G 的 8 种指派下的真值,即公式 G 的真值表。它显示了对 G 中出现的各原子赋予的所有可能的真值与 G 的真值的对应关系。

表 2-2 公式 G 的真值表

P	Q	R	¬Q	P∧¬Q	((P∧(¬Q))→R)
T	T	T	F	F	T
T	T	F	F	F	T
T	F	T	T	T	T
T	F	F	T	T	F
F	T	T	F	F	T
F	T	F	F	F	T
F	F	T	T	F	T
F	F	F	T	F	T

定义 2.2 设 G 是公式,$A_1,A_2,\cdots,A_n$ 为 G 中出现的所有原子命题。G 的一种指派(assignments)是对 $A_1,A_2,\cdots,A_n$ 赋予的一组真值,其中每个 $A_i(i=1,2,\cdots,n)$ 或者为 T,或者为 F。

定义 2.3 公式 G 称为在一种指派 α 下为真(简称 α 弄真 G),当且仅当 G 按该指派算出的真值为 T,否则称为在该指派下为假。

若在公式中有 n 个不同的原子 $A_1,A_2,\cdots,A_n$,那么该公式就有 2^n 个不同的指派。

定义 2.4 公式 A 称为永真式或重言式(tautology),如果对任意指派 α,α 均弄真 A,即 $\alpha(A)=T$。公式 A 称为可满足的(satisfiable),如果存在指派 α 使 $\alpha(A)=T$;否则称 A 为不可满足的(unsatisfiable),或永假式。

很显然,永真式是可满足的;当 A 为永真式(永假式)时,$\neg A$ 为永假式(永真式)。

定义 2.5 称公式 A 逻辑蕴涵公式 B,记为 $A\Rightarrow B$,如果所有弄真 A 的指派也必弄真公式 B;称公式集 Γ 逻辑蕴涵公式 B,记为 $\Gamma\Rightarrow B$,如果弄真 Γ 中所有公式的指派也必弄真公式 B。

定义 2.6 称公式 A 逻辑等价公式 B，记为 $A \Leftrightarrow B$，如果 $A \Rightarrow B$ 且 $B \Rightarrow A$。

定理 2.1 设 A 为含有命题变元 P 的永真式，那么将 A 中 P 的所有出现均代换为命题公式 B，所得公式（称为 A 的代入实例）仍为永真式。

定理 2.2 设命题公式 A 含有子公式 C（C 为 A 中的符号串，且 C 为命题公式），如果 $C \Leftrightarrow D$，那么将 A 中子公式 C 的某些出现（未必全部）用 D 替换后所得公式 B 满足 $A \Leftrightarrow B$。

定理 2.3 逻辑蕴涵关系具有自反性、反对称性及传递性，即逻辑蕴涵关系为一序关系（order relations）；逻辑等价关系满足自反性、对称性和传递性，即逻辑等价关系为一等价关系（equivalent relations）。

定义 2.7 命题公式 B 称为命题公式 A 的合取（或析取）范式，如果 $B \Leftrightarrow A$，且 B 呈如下形式：

$$C_1 \wedge C_2 \wedge \cdots \wedge C_m (\text{或 } C_1 \vee C_2 \vee \cdots \vee C_m)$$

其中，$C_i (i=1,2,\cdots,m)$ 形如 $L_1 \vee L_2 \vee \cdots \vee L_n$（或 $L_1 \wedge L_2 \wedge \cdots \wedge L_n$），$L_j (j=1,2,\cdots,n)$ 为原子公式或原子公式的否定，称 L_j 为文字（literals）。

定理 2.4 任一命题公式 ϕ 都有其对应的合取（析取）范式。

定义 2.8 命题公式 B 称为公式 A 的主合取（或主析取）范式，如果

(1) B 是 A 的合取（或析取）范式。

(2) B 中每一子句均有 A 中命题变元的全部出现，且仅出现一次。

定理 2.5 n 元命题公式的全体可以划分为 2^{2^n} 个等价类，每一类中的公式彼此逻辑等价，并等价于它们共同的主合取范式（或主析取范式）。

2.2.3 命题演算形式系统 PC

命题演算（Propositional Calculus，PC）是从一给定公式集合产生所有重言推论的形式化方法。

1. 公式

符号表 $\Sigma = \{ (,), \neg, \rightarrow, p_1, p_2, p_3, \cdots \}$，其中 $(,)$ 是技术符号——括号，$p_1, p_2, p_3, \cdots$ 为命题变元。

命题逻辑的合式公式的定义如下。

(1) $p_1, p_2, p_3, \cdots$ 为命题逻辑的合式公式。

(2) 如果 A, B 是公式，那么 $(\neg A), (A \rightarrow B)$ 也是命题逻辑的合式公式。

(3) 命题逻辑的合式公式仅由(a)、(b)定义。

2. 命题逻辑的形式系统 PC

命题逻辑的形式系统 PC 包括 3 条公理模式（A1-A3）和 1 条推理规则 r_{mp}。

A1. $A \rightarrow (B \rightarrow A)$

A2. $(A \rightarrow (B \rightarrow C)) \rightarrow ((A \rightarrow B) \rightarrow (A \rightarrow C))$

A3. $(\neg A \rightarrow \neg B) \rightarrow (B \rightarrow A)$

$$r_{mp} \quad \frac{A, A \rightarrow B}{B}$$

该规则称为分离规则（modus ponens）。

定义 2.9　称下列公式序列为公式 A 在 PC 中的一个证明(proof)。
$$A_1, A_2, \cdots, A_m (= A)$$
其中 $A_i(i=1,2,\cdots,m)$ 或者是 PC 的公理，或者是 $A_j(j<i)$，或者是由 $A_j, A_k(j,k<i)$ 使用分离规则导出，而 A_m 即公式 A。

定义 2.10　称 A 为 PC 中的定理，记为 $\vdash_{PC} A$，如果公式 A 在 PC 中有一个证明。

定义 2.11　设 Γ 为一公式集，称以下公式序列为公式 A 的、以 Γ 为前提的演绎。
$$A_1, A_2, \cdots, A_m = A$$
其中 $A_i(i=1,2,\cdots,m)$ 或者是 PC 的公理，或者是 Γ 的成员，或者是 $A_j(j<i)$，或者是由 $A_j, A_k(j,k<i)$ 使用分离规则导出，而 A_m 即公式 A。

定义 2.12　称 A 为前提 Γ 的演绎结果，记为 $\Gamma \vdash_{PC} A$，如果公式 A 有以 Γ 为前提的演绎。若 $\Gamma = \{B\}$，则用 $B \vdash_{PC} A$ 表示 $\Gamma \vdash_{PC} A$。

若 $B \vdash_{PC} A, A \vdash_{PC} B$，则记为 $A \dashv\vdash B$。

例 2.2　证明 $\vdash_{PC} \neg B \rightarrow (B \rightarrow A)$。

$\neg B \rightarrow (B \rightarrow A)$ 的证明序列如下。

(1) $\neg B \rightarrow (\neg A \rightarrow \neg B)$ 　　　　　　　　　　　　　　　　　　　　　公理 A1

(2) $(\neg A \rightarrow \neg B) \rightarrow (B \rightarrow A)$ 　　　　　　　　　　　　　　　　　　公理 A3

(3) $((\neg A \rightarrow \neg B) \rightarrow (B \rightarrow A)) \rightarrow (\neg B \rightarrow ((\neg A \rightarrow \neg B) \rightarrow (B \rightarrow A)))$ 　公理 A1

(4) $\neg B \rightarrow ((\neg A \rightarrow \neg B) \rightarrow (B \rightarrow A))$ 　　　　　　　　　　　　$r_{mp}(2)(3)$

(5) $(\neg B \rightarrow ((\neg A \rightarrow \neg B) \rightarrow (B \rightarrow A))) \rightarrow ((\neg B \rightarrow (\neg A \rightarrow \neg B)) \rightarrow (\neg B \rightarrow (B \rightarrow A)))$

　　　　　　　　　　　　　　　　　　　　　　　　　　　　　　　　　　　　　公理 A2

(6) $(\neg B \rightarrow (\neg A \rightarrow \neg B)) \rightarrow (\neg B \rightarrow (B \rightarrow A))$ 　　　　　　　$r_{mp}(4)(5)$

(7) $\neg B \rightarrow (B \rightarrow A)$ 　　　　　　　　　　　　　　　　　　　　　　　　$r_{mp}(1)(6)$

定理 2.6（演绎定理）　对 PC 中任意公式集 Γ 和公式 A, B，$\Gamma \cup \{A\} \vdash_{PC} B$ 当且仅当 $\Gamma \vdash_{PC} A \rightarrow B$。

定理 2.7　PC 是可靠的(sound)，即对任意公式集 Γ 及公式 A，若 $\Gamma \vdash A$，则 $\Gamma \vDash A$。特别地，若 A 为 PC 的定理（$\vdash A$），则 A 永真（$\vDash A$）。

定理 2.8（一致性定理）　PC 是一致的(consistent)，即不存在公式 A，使得 A 与 $\neg A$ 均为 PC 之定理。

定理 2.9（完全性定理）　PC 是完全的(complete)，即对任意公式集 Γ 和公式 A，若 $\Gamma \vDash A$，则 $\Gamma \vdash A$。特别地，若 A 永真（$\vDash A$），则 A 必为 PC 之定理（$\vdash A$）。

2.3　谓词逻辑

命题逻辑的表达能力很有限。一阶谓词逻辑（简称谓词逻辑，也称一阶逻辑）根据对象和对象上的谓词（即对象的属性和对象之间的关系），通过使用联结词和量词表示世界。其主要思想是：世界是由对象组成的，可以由标识符和属性区分它们。在这些对象中，还包含着相互间的关系。

谓词逻辑在数学、哲学和人工智能等领域一直都非常重要。选择谓词逻辑研究知识表示和推理是因为它是在已有的知识表示方法中研究得最深入、理解得最全面的方法。

2.3.1 语法

命题是能够判断其真假的句子。一般而言,能够做出判断的句子是由主语和谓语两部分组成的。主语一般是个体,个体是可以独立存在的,它可以是具体的事物,也可以是抽象的概念,如小张、老师、计算机科学等。用于刻画个体的性质、状态和个体之间关系的语言成分就是谓词。例如,张婧是研究生,李婧是研究生,这两个命题可以用不同的符号 P、Q 表示,但是 P 和 Q 的谓语有共同的属性:是研究生。因此引入一个符号表示"是研究生",再引入一种方法表示个体的名称,这样就能把"某某是研究生"这个命题的本质属性刻画出来。

因此,可以用谓词表示命题。一个谓词可以分为谓词名和个体两个部分。谓词的一般形式为

$$P(x_1, x_2, \cdots, x_n)$$

P 是谓词名,$x_1, x_2, \cdots, x_n$ 是个体。对于上面的命题,可以用谓词分别表示为 Graduate(张婧)、Graduate(李婧)。其中,Graduate 是谓词名,张婧和李婧都是个体,"Graduate"刻画了"张婧"和"李婧"是研究生这一特征。

在谓词逻辑中用项表示对象。常量符号、变量符号和函数符号用于构造项,量词和谓词符号用于构造句子。

谓词逻辑的语法元素表示如下。

(1) 常量符号:A、B、张婧、李婧等,通常是对象名称。
(2) 变量符号:通常用小写字母表示,如 x、y、z 等。
(3) 函数符号:通常用小写英文字母或小写英文字母串表示,如 plus、f、g。
(4) 谓词符号:通常用大写英文字母或(首字母)大写英文字母串表示。
(5) 联结词:¬、∧、∨、→、↔。
(6) 量词:全称量词∀、存在量词∃,∀x 表示"对个体域中所有 x",∃x 表示"在个体域中存在个体 x"。∀和∃后面跟的 x 叫作量词的指导变元。

任何函数符号和谓词符号都取指定个数的变元。若函数符号 f 中包含的个体数目为 n,则称 f 为 n 元函数符号。若谓词符号 P 中包含的个体数目为 n,则称 P 为 n 元谓词符号。例如,father(x)是一元函数,Less(x,y)是二元谓词。一般一元谓词表达了个体的性质,而多元谓词表达了个体之间的关系。

在谓词中,个体可以是常量,也可以是变元和函数。例如,"$x<5$"可表示为 Less(x,5),其中 x 是变元。又如,"小王的父亲是教师"可表示为 Teacher(father(Wang)),其中 father(Wang)是一个函数。

如果谓词 P 中的所有个体都是个体常量、变元或函数,则该谓词为一阶谓词,如果某个个体本身又是一个一阶谓词,则称 P 为二阶谓词,余者类推。

个体变元的取值范围称为个体域。个体域可以是有限的,也可以是无限的。

谓词和函数是两个完全不同的概念。函数是把个体域中的个体映射到另一个个体,如 father(Wang)将称为 Wang 的这个人映射成为 Wang 的父亲的那个人。所以,father(Wang)代表一个人,尽管不知道他的名称。函数无真假可言。谓词是把常量映射成为 T

或 F,如将二元谓词 Greater(5,3)映射为 T,Greater(3,5)映射为 F。

定义 2.13 项可递归定义如下。

(1) 单独一个个体是项(包括常量和变量)。

(2) 若 f 是 n 元函数符号,而 $t_1,t_2,\cdots,t_n$ 是项,则 $f(t_1,t_2,\cdots,t_n)$ 是项。

(3) 任何项仅由规则(1)、(2)生成。

可见,项是把个体常量、个体变量和函数统一起来的概念。

由定义可以看出 plus(plus(x,1),x),father(father(John))都是项,前者表示"(x+1)+x",后者表示"John 的祖父"。

定义 2.14 若 P 为 n 元谓词符号,$t_1,t_2,\cdots,t_n$ 都是项,则称 $P(t_1,t_2,\cdots,t_n)$ 为原子公式。

在原子公式中,若 $t_1,t_2,\cdots,t_n$ 都不含变量,则 $P(t_1,t_2,\cdots,t_n)$ 是命题。

假如 $G(x,y)$ 表示谓词 x 大于 y,plus(x,y)表示函数 $x+y$,则

($\forall x$)G(plus(x,1),x)):表示命题"对任意 x,$x+1$ 都大于 x"。

($\exists x$)$G(x,3)$:表示命题"存在 x,x 大于 3"。

($\forall x$)($\exists y$)$G(y,x)$:表示命题"对任一 x 都存在 y,使得 y 大于 x"。

定义 2.15 一阶谓词逻辑的合式公式(可简称为公式)可递归定义如下。

(1) 原子谓词公式是合式公式(也称为原子公式)。

(2) 若 P,Q 是合式公式,则

($\neg P$)、($P \land Q$)、($P \lor Q$)、($P \rightarrow Q$)、($P \leftrightarrow Q$)也是合式公式。

(3) 若 P 是合式公式,x 是任一个体变元,则($\forall x$)P、($\exists x$)P 也是合式公式。

(4) 只有有限步引用(1)、(2)、(3)条款所组成的符号串是合式公式。

在谓词逻辑中引入了量词的辖域、自由变元和约束变元的概念。通常把位于量词后面的单个谓词或者是用括号括起来的合式公式称为量词的辖域,辖域内与量词中指导变元同名的变元称为约束变元,不受约束的变元称为自由变元。例如:

$$(\exists x)(P(x,y) \rightarrow Q(x,y)) \lor R(x,y)$$

其中($P(x,y) \rightarrow Q(x,y)$)是($\exists x$)的辖域,辖域内的变元 x 是受($\exists x$)约束的变元,而 $R(x,y)$ 中的 x 是自由变元,公式中的所有 y 都是自由变元。

在谓词公式中,一个约束变元所使用的名称符号是无关紧要的,如($\exists x$)$P(x)$ 和($\exists y$)$P(y)$ 具有相同的意义。为此,可以对谓词公式中的约束变元更改名称符号,即约束变元换名。其规则如下:①约束变元可以换名,其更改的变元名称范围是量词中的指导变元,以及该量词作用域中出现的该变元;②所换的名必须是作用域中没有出现过的变元名。

对于谓词公式中的自由变元,也允许更改,这种更改称为代入,其规则如下:①对于谓词公式中的自由变元,可以做代入,代入时需要在公式中出现该自由变元的每一处进行;②用以代入的变元与原公式中所有变元的名称不能相同。

2.3.2 语义

一阶谓词演算形式系统的语义,是指对一阶语言所赋予的意义,即对个体常元、函词(也称函数)、谓词的指称,对变元取值的指派,对量词、联结词意义的规定。更具体地说,

一阶谓词演算形式系统的语义是赋予它的一个数学结构,该结构包括:

(1) 非空集合 U,称为个体域(domains),确认系统关注的对象。

(2) 一个称为解释(interpretations)的映射 I,它指称 $\mathscr{L}(FC)$ 中的常元、函词、谓词:

对任一常元 a,$I(a) \in U$,$I(a)$ 常简记为 $\bar{a}$,为个体域中的一个元素。

对每一函词 $f^{(n)}$,$I(f^{(n)})$ 为 U 上的一个 n 元函数,记为 $\bar{f}^{(n)}$,即 $\bar{f}^{(n)}: U^n \to U$。

对每一 n 元谓词 $P^{(n)}$,$I(P^{(n)})$ 为 U 上的一个 n 元关系,记为 $\bar{P}^{(n)}$,即 $\bar{P}^{(n)} \subseteq U^n$。当 $n=1$ 时,$\bar{P}^{(1)}$ 为 U 的一个子集。当使用零元谓词作为命题常元时,$I(P^{(0)}) \in \{T, F\}$,即 I 对命题常元指定真值。

显然,有了确定的结构,一个 $\mathscr{L}(FC)$ 中的合法符号串便有了一定的语义(关于给定个体域的)。我们常用德文字母 $\mathcal{U}$ 表示这样的一个结构。例如,$\mathcal{U} = <U, I>$ 表示以 U 为个体域,以 I 为解释的一个结构。我们将全体结构的集合记为 T(因为这种结构集合常称为 Tarski 语义结构类)。

要讨论 $\mathscr{L}(FC)$ 中公式的真值,还需对公式中可能含有的个体变元确定取值,并对量词、联结词的意义做出规定。

在一阶谓词演算中,指派(assignments)是指映射 $s: \{v_1, v_2, v_3, \cdots\} \to U$,即对任一 $i = 1, 2, 3, \cdots$,$s(v_i) \in U$,即 s 对变元指派个体作为其取值。s 可扩展为下列从项集合到个体域的映射。对任意项 t

$$\bar{s}(t) = \begin{cases} s(v) & \text{当 } t \text{ 为变元 } v \text{ 时} \\ \bar{a} & \text{当 } t \text{ 为常元 } a \text{ 时} \\ \bar{f}^{(n)} \bar{s}(t_1) \cdots \bar{s}(t_n) & \text{当 } t \text{ 为 } f^{(n)} t_1 \cdots t_n \text{ 时} \end{cases}$$

注意,指派 s 与结构中解释 I 相对独立,但 $\bar{s}$ 却依赖于 I。

我们把"公式 A 在结构 $\mathcal{U}$ 及指派 s 下取值真"记为 $\vDash_{\mathcal{U}} A[s]$,反之则记为 $\nvDash_{\mathcal{U}} A[s]$。而 $\vDash_{\mathcal{U}} A[s]$ 表示在结构 $\mathcal{U}$ 中,对一切可能的指派 A 均为真;$\vDash_T A$ 或 $\vDash A$ 则表示公式 A 在任何结构中恒真,也称 A 有效(valid)。

下列递归定义给出了对量词、联结词的意义规定,即给出了 $\vDash_{\mathcal{U}} A[s]$ 的严格定义。

定义 2.16 公式 A 在结构 $\mathcal{U}$、指派 s 下真,即 $\vDash_{\mathcal{U}} A[s]$ 定义如下(以下省略 $\vDash_{\mathcal{U}}$ 中的符号 $\mathcal{U}$)。

(1) A 为原子公式 $P^{(n)} t_1 \cdots t_n$ 时

$$\vDash A[s] \text{ iff } <\bar{s}(t_1), \bar{s}(t_2), \cdots, \bar{s}(t_n)> \in \bar{P}^{(n)}$$

(2) A 为公式 $\neg B$ 时

$$\vDash A[s] \text{ iff } \nvDash B[s]$$

(3) A 为公式 $B \to C$ 时

$$\vDash A[s] \text{ iff } \nvDash B[s] \text{ 或} \vDash C[s]$$

(4) A 为公式 $\forall v B$ 时

$$\vDash A[s] \text{ iff } \text{ 对每一 } d \in U, \text{有} \vDash B[s(v \mid d)]$$

其中,$s(v \mid d)$ 表示一个与 s 稍有不同的指派,它对变元 v 指定元素 d,而对其他变元的指派与 s 相同,即对任何变元 u

$$s(v \mid d)(u) = \begin{cases} s(u) & \text{当 } u \neq v \\ d & \text{当 } u = v \end{cases}$$

当使用联结词 $\vee$、$\wedge$ 和量词 $\exists$，或将它们看作定义的符号时，可补充如下规定。

$\vDash B \vee C[s]$ iff $\vDash B[s]$ 或 $\vDash C[s]$

$\vDash B \wedge C[s]$ iff $\vDash B[s]$ 且 $\vDash C[s]$

$\vDash \exists v B[s]$ iff 存在 $d \in U$，使得 $\vDash B[s(v \mid d)]$

容易证明：

$$\vDash \exists v B[s] \text{ iff } \vDash \neg \forall v \neg B[s]$$

定义 2.17 对于谓词公式 A，如果至少存在结构 $\mathcal{U}$ 和指派 s，使公式 A 在此结构和指派下的真值为 T，则称公式 A 是可满足的。

例 2.3 考虑以下结构，它被赋予只含一个函词、一个谓词和一个常元的一阶谓词演算系统。

$U = \{0, 1, 2, 3, \cdots\}$，即自然数集 N。

$\overline{P_1^{(2)}}$ 为 N 上的 $\leqslant$ 关系。

$\overline{f_1^{(1)}}$ 为 N 上的后继函数 $\overline{f_1^{(1)}}(x) = x + 1$。

$\overline{a_1} = 0$。

这时有 $\vDash P_1^{(2)} a_1 f_1^{(1)} v_1$，因为不管取何种指派 s，$0 \leqslant \overline{f_1^{(1)}} s(v_1) = s(v_1) + 1$ 始终成立，但 $P_1^{(2)} f_1^{(1)} v_1 a_1$ 则对任何指派 s 均不能成立。此外，我们有 $\vDash \forall v_1 P_1^{(2)} a_1 v_1$，因为对任何指派 s 及任何 $d \in U$，$\vDash P_1^{(2)} a_1 v_1 [s(v_1 \mid d)]$ 均能成立。

谓词公式的等价性和永真蕴涵可分别用相应的等价式和永真蕴涵式表示，这些等价式和永真蕴涵式都是演绎推理的主要依据，因此也称为推理规则。

定义 2.18 设 P 与 Q 是 D 上的两个谓词公式，若对 D 上的任意指派，P 与 Q 都有相同的真值，则称 P 和 Q 在 D 上是等价的。如果 D 是任意非空个体域，则称 P 与 Q 是等价的，记作 $P \Leftrightarrow Q$。

常用的等价式如下。

(1) 双重否定律 $\neg \neg P \Leftrightarrow P$

(2) 交换律 $P \vee Q \Leftrightarrow Q \vee P, P \wedge Q \Leftrightarrow Q \wedge P$

(3) 结合律 $(P \vee Q) \vee R \Leftrightarrow P \vee (Q \vee R), (P \wedge Q) \wedge R \Leftrightarrow P \wedge (Q \wedge R)$

(4) 分配律 $P \vee (Q \wedge R) \Leftrightarrow (P \vee Q) \wedge (P \vee R), P \wedge (Q \vee R) \Leftrightarrow (P \wedge Q) \vee (P \wedge R)$

(5) 德·摩根律 $\neg (P \vee Q) \Leftrightarrow \neg P \wedge \neg Q, \neg (P \wedge Q) \Leftrightarrow \neg P \vee \neg Q$

(6) 吸收律 $P \vee (P \wedge Q) \Leftrightarrow P, P \wedge (P \vee Q) \Leftrightarrow P$

(7) 补余律 $P \vee \neg P \Leftrightarrow T, P \wedge \neg P \Leftrightarrow F$

(8) 联结词化归律 $P \rightarrow Q \Leftrightarrow \neg P \vee Q, P \leftrightarrow Q \Leftrightarrow (P \rightarrow Q) \wedge (Q \rightarrow P)$,
$P \leftrightarrow Q \Leftrightarrow (P \wedge Q) \vee (\neg P \wedge \neg Q)$

(9) 量词转化律 $\neg (\exists x) P \Leftrightarrow (\forall x)(\neg P), \neg (\forall x) P \Leftrightarrow (\exists x)(\neg P)$

(10) 量词分配律 $(\forall x)(P \wedge Q) \Leftrightarrow (\forall x) P \wedge (\forall x) Q$
$(\exists x)(P \vee Q) \Leftrightarrow (\exists x) P \vee (\exists x) Q$

定义 2.19 对谓词公式 P 和 Q，如果 $P \rightarrow Q$ 永真，则称 P 永真蕴涵 Q，且称 Q 为 P

的逻辑推论，P 为 Q 的前提，记作 $P \Rightarrow Q$。

常用的永真蕴涵式如下。

(1) 化简式
$$P \wedge Q \Rightarrow P \quad P \wedge Q \Rightarrow Q$$

(2) 附加式
$$P \Rightarrow P \vee Q \quad Q \Rightarrow P \vee Q$$

(3) 析取三段论
$$\neg P, P \vee Q \Rightarrow Q$$

(4) 假言推理
$$P, P \rightarrow Q \Rightarrow Q$$

(5) 拒取式
$$\neg Q, P \rightarrow Q \Rightarrow \neg P$$

(6) 假言三段论
$$P \rightarrow Q, Q \rightarrow R \Rightarrow P \rightarrow R$$

(7) 二难推理
$$P \vee Q, P \rightarrow R, Q \rightarrow R \Rightarrow R$$

(8) 全称特化
$$(\forall x) P(x) \Rightarrow P(y)$$

其中 y 是个体域中的任一个体。利用此永真蕴涵式可以消去公式中的全称量词。

(9) 存在特化
$$(\exists x) P(x) \Rightarrow P(y)$$

其中 y 是个体域中某一个可使 $P(y)$ 为真的个体。

2.3.3 谓词逻辑形式系统 FC

一阶谓词演算(the first-order predicate calculus，简记为 FC)系统的理论部分也称为一阶逻辑(first-order logic)，它们可用 $\mathscr{I}$ 表示。系统 FC 的理论部分记为 $\mathscr{I}$(FC)，它的组成如下。

$\mathscr{I}$(FC)的公理组由下列公理模式及其所有全称化组成。这里，A、B、C 为 FC 的任意公式，v 为任意变元，t 为任意项。

AX(1.1). $A \rightarrow (B \rightarrow A)$

AX(1.2). $(A \rightarrow (B \rightarrow C)) \rightarrow ((A \rightarrow B) \rightarrow (A \rightarrow C))$

AX(1.3). $(\neg A \rightarrow \neg B) \rightarrow (B \rightarrow A)$

AX2. $\forall v A \rightarrow A_t^v$($t$ 对 A 中变元 v 可代入)

AX3. $\forall v(A \rightarrow B) \rightarrow (\forall v A \rightarrow \forall v B)$

AX4. $A \rightarrow \forall v A$($v$ 在 A 中无自由出现)

$\mathscr{I}$(FC) 的推理规则模式仍为 r_{mp} $\dfrac{A, A \rightarrow B}{B}$

在一阶谓词演算系统中，"证明""为 $\mathscr{I}$ 中的定理""公式 A 的、以 Γ 为前提的演绎"、"A

为前提 Γ 的演绎结果"等概念与命题逻辑系统类似。

定理 2.10 对 FC 中的任一公式 A，变元 v，如果 $\vdash A$，那么 $\vdash \forall vA$（全称推广规则）。

定理 2.11 设 Γ 为 FC 的任一公式集合，A、B 为 FC 的任意公式，那么
$$\Gamma; A \vdash B \text{ 当且仅当 } \Gamma \vdash A \to B$$

定理 2.12 一阶谓词演算系统是可靠的，即 $\vdash \alpha$ 蕴涵着 $\vDash \alpha$。

定理 2.13 一阶谓词演算系统是完全的，即 $\vDash \alpha$ 蕴涵着 $\vdash \alpha$。

定义 2.20 一类问题称为是可判定的，如果存在一个算法或过程，该算法用于求解该类问题时，可在有限步内停止，并给出正确的解答。如果不存在这样的算法或过程，则称这类问题是不可判定的。

定理 2.14 任何至少含有一个二元谓词的一阶谓词演算系统都是不可判定的。

定理 2.15 一阶谓词演算是半可判定的，即对于一阶谓词演算，存在一个可机械地实现的过程，能对一阶谓词演算中的定理做出肯定的判断，但对于非定理的一阶谓词演算公式，却未必能做出否定的判断。

定义 2.21 文字是原子或原子之非。

定义 2.22 公式 G 称为合取范式，当且仅当 G 有形式 $G_1 \land G_2 \land \cdots \land G_n (n \geqslant 1)$，其中每个 G_i 都是文字的析取式。公式 G 称为析取范式，当且仅当 G 有形式 $G_1 \lor G_2 \lor \cdots \lor G_n$ $(n \geqslant 1)$，其中每个 G_i 都是文字的合取式。

定理 2.16 对任意不含量词的公式，都有与之等值的合取范式和析取范式。

可按下述程序使用 2.3.2 节中的等价式将一个公式化为合取范式或析取范式。

(1) 使用等价式中的联结词化归律消去公式中的联结词 $\to$，$\leftrightarrow$。

(2) 反复使用双重否定律和德·摩根律将 ¬ 移到原子公式之前。

(3) 反复使用分配律和其他定律得出一个标准型。

在一阶逻辑中，为了简化定理证明，程序需要引入所谓的"前束标准型"。

定义 2.23 设 F 为一谓词公式，如果其中的所有量词均不以否定形式出现在公式之中，而它们的辖域为整个公式，则称 F 为前束范式。一般地，前束范式可以写成
$$(Q_1 x_1) \cdots (Q_n x_n) M(x_1, \cdots, x_n)$$

其中，$Q_i (i=1,2,\cdots,n)$ 为前缀，$(Q_1 x_1) \cdots (Q_n x_n)$ 是一个由全称量词或存在量词组成的量词串，$M(x_1, \cdots, x_n)$ 为母式，它是一个不含任何量词的谓词公式。

为了把一个公式化为前束范式，需要对 2.3.2 节的等价式扩充，使之包含一阶逻辑特有的等价式对，如下所示。

(1) $(Qx)F(x) \lor G \Leftrightarrow (Qx)(F(x) \lor G)$

(2) $(Qx)F(x) \land G \Leftrightarrow (Qx)(F(x) \land G)$

(3) $(Q_1 x)F(x) \lor (Q_2 x)H(x) \Leftrightarrow (Q_1 x)(Q_2 z)(F(x) \lor H(z))$

(4) $(Q_1 x)F(x) \land (Q_2 x)H(x) \Leftrightarrow (Q_1 x)(Q_2 z)(F(x) \land H(z))$

在上述等价公式对中，$F(x)$ 和 $H(x)$ 都表示含未量化变量 x 的公式，G 表示不含未量化变量 x 的公式，Q_1、Q_2 或为 ∃，或为 ∀。对 (3) 和 (4)，要求 z 不出现在 $F(x)$ 中，并且符合约束变量的换名原则。

使用前面定义的等价式，总可以把一个公式化为前束标准型。变换过程如下。

(1) 使用等价式中的联结词化归律消去公式中的联结词 $\to$、$\leftrightarrow$。

(2) 反复使用双重否定律和德·摩根律将"¬"移到原子公式之前。
(3) 必要时重新命名量化的变量。
(4) 使用量词分配律和等价式把所有量词都移到整个公式的最左边，最终得出一个范式。

2.3.4 一阶谓词逻辑的应用

本节给出两个例子说明一阶逻辑在问题求解中的应用。处理问题的一般途径是首先对问题进行符号化，之后证明某个公式是另一组公式的逻辑推论。

例 2.4 "某些患者喜欢所有医生。没有患者喜欢庸医。所以没有医生是庸医。"

解： 定义谓词如下。

$P(x)$ 表示 "x 是患者"，$D(x)$ 表示 "x 是医生"，$Q(x)$ 表示 "x 是庸医"，$L(x,y)$ 表示 "x 喜欢 y"。前提和结论可以符号化如下。

$F_1: (\exists x)(P(x) \wedge (\forall y)(D(y) \rightarrow L(x,y)))$

$F_2: (\forall x)(P(x) \rightarrow (\forall y)(Q(y) \rightarrow \neg L(x,y)))$

$G: (\forall x)(D(x) \rightarrow \neg Q(x))$

目的是证明 G 是 F_1 和 F_2 的逻辑结论。

令 I 为定义域 D 上的任一解释。设 I 满足 F_1 和 F_2，因为 I 满足 F_1，那么存在 D 中的元素 e，使 I 满足：

$(P(e) \wedge (\forall y)(D(y) \rightarrow L(e,y)))$

即 I 满足 $P(e)$ 和 $(\forall y)(D(y) \rightarrow L(e,y))$。另一方面，对 D 中的所有元素 x，I 都满足

$P(x) \rightarrow (\forall y)(Q(y) \rightarrow \neg L(x,y))$

那么 I 满足：

$P(e) \rightarrow (\forall y)(Q(y) \rightarrow \neg L(e,y))$

因为 I 满足 $P(e)$，所以 I 必满足：

$(\forall y)(Q(y) \rightarrow \neg L(e,y))$

那么，对 D 中的每个元素 y，I 都满足：

$(Q(y) \rightarrow \neg L(e,y))$ 和 $(D(y) \rightarrow L(e,y))$

如果 I 使得 $D(y)$ 为假，则 I 满足 $(D(y) \rightarrow \neg Q(y))$。如果 I 满足 $D(y)$，则 I 满足 $L(e,y)$。但是，I 满足 $(Q(y) \rightarrow \neg L(e,y))$，所以 I 必使得 $Q(y)$ 为假，即 I 满足 $(D(y) \rightarrow \neg Q(y))$。所以，对 D 中的每个元素 y，I 都满足 $(D(y) \rightarrow \neg Q(y))$，即 I 满足：

$(\forall x)(D(x) \rightarrow \neg Q(x))$

这就证明了 G 是 F_1 和 F_2 的逻辑结论。

例 2.5 使用推论规则证明下列推断：每个去临潼游览的人或者参观秦始皇兵马俑，或者参观华清池，或者洗温泉澡。凡去临潼游览的人，如果爬骊山，就不能参观秦始皇兵马俑，有的游览者既不参观华清池，也不洗温泉澡。因而有的游览者不爬骊山。

解： 定义 $G(x)$ 表示 "x 去临潼游览"；

$A(x)$ 表示 "x 参观秦始皇兵马俑"；

$B(x)$ 表示 "x 参观华清池"；

$C(x)$ 表示"x 洗温泉澡";

$D(x)$ 表示"x 爬骊山"。

前提：$\forall x(G(x) \to A(x) \vee B(x) \vee C(x))$ (1)

       $\forall x(G(x) \wedge D(x) \to \neg A(x))$ (2)

       $\exists x(G(x) \wedge \neg B(x) \wedge \neg C(x))$ (3)

结论：$\exists x(G(x) \wedge \neg D(x))$

证明：(4) $G(a) \wedge \neg B(a) \wedge \neg C(a)$ 由(3)

      (5) $G(a) \to A(a) \vee B(a) \vee C(a)$ 由(1)

      (6) $G(a) \wedge D(a) \to \neg A(a)$ 由(2)

      (7) $A(a) \to \neg G(a) \vee \neg D(a)$ 由(6)

      (8) $G(a)$ 由(4)

      (9) $A(a) \vee B(a) \vee C(a)$ 由(5)、(8)

      (10) $\neg B(a), \neg C(a)$ 由(4)

      (11) $A(a)$ 由(9)、(10)

      (12) $\neg D(a)$ 由(7)、(8)、(11)

      (13) $\exists x(G(x) \wedge \neg D(x))$ 由(8)、(12)

2.4 归结推理

1930 年，Herbrand 为定理证明建立了一种重要方法，奠定了机械定理证明的基础。机械定理证明的主要突破是 1965 年由 J. A. Robinson 做出的，他建立了归结原理，使机械定理证明达到了应用阶段。本节引入归结推理规则，并在此基础上讨论归结反演求解过程。

2.4.1 命题演算中的归结推理

1. 子句与子句集

一个子句(clause)是一组文字的析取。一个文字或是一个原子(正文字)，或是一个原子的否定(负文字)，如 P、Q、$\neg R$ 都是文字，$P \vee Q \vee \neg R$ 是子句。

命题演算中的任何合式公式都可以被转换为一个等价的子句的合取式，即对任意公式 G，都有形如 $G_1 \wedge G_2 \wedge \cdots \wedge G_n (n \geqslant 1)$ 的公式与之等价，其中每个 G_i 都是文字的析取式，即一个子句。可以使用各种等价式将任意一个公式 G 转化为一个合取范式。

一个子句的合取范式(CNF 形式)常常表示为一个子句的集合，如 $S = \{(P \vee \neg R), (\neg Q \vee \neg R \vee P)\}$。$S$ 称为对应公式 $(P \vee \neg R) \wedge (\neg Q \vee \neg R \vee P)$ 的子句集，其中每个元素都是一个子句。把公式表示为子句集只是为了说明上的方便。

例 2.6 将公式 $\neg(P \to Q) \vee (R \to P)$ 化为子句集。

解：(1) 用等价的形式消除蕴涵符号，得 $\neg(\neg P \vee Q) \vee (\neg R \vee P)$

(2) 用德·摩根定律和用消除双 $\neg$ 符号的方法缩小 $\neg$ 符号的辖域：

$$(P \wedge \neg Q) \vee (\neg R \vee P)$$

(3) 用结合律和分配律把它转换为合取范式：
$$(P \vee \neg R \vee P) \wedge (\neg Q \vee \neg R \vee P)$$
(4) 消去重复的 P：$(P \vee \neg R) \wedge (\neg Q \vee \neg R \vee P)$
(5) 化为子句的集合 $\{(P \vee \neg R), (\neg Q \vee \neg R \vee P)\}$

2. 子句上的归结

命题逻辑的归结规则可以陈述如下。

设有两个子句：$C_1 = P \vee C'_1, C_2 = \neg P \vee C'_2$（其中 C'_1, C'_2 是子句，P 是文字），从中消去互补对（即 P 和 $\neg P$），所得的新子句 $R(C_1, C_2) = C'_1 \vee C'_2$ 便称作子句 C_1, C_2 的归结式，原子 P 称为被归结的原子。这个过程称为归结。没有互补对的两子句没有归结式。

因此，归结推理规则指的是对两子句做归结，即求归结式。

例 2.7 计算下述子句的归结式：

(1) $C_1: P \vee R, C_2: \neg P \vee Q$

由 C_1 和 C_2 中分别删除 P 和 $\neg P$，得出归结式为 $R \vee Q$。

这两个被归结的子句可以写成：$\neg R \rightarrow P, P \rightarrow Q$。可以看出，三段论是归结的一个特例。

(2) $C_1: \neg P \vee Q, C_2: P$

C_1 和 C_2 的归结式为 Q。因为 C_1 可以写作 $P \rightarrow Q$，所以可以知道假言推理也是归结的一个特例。

(3) $C_1: \neg P \vee Q \vee R, C_2: \neg Q \vee \neg R$

C_1 和 C_2 存在两个归结式，一个是：$\neg P \vee R \vee \neg R$，另一个是：$\neg P \vee Q \vee \neg Q$。

(4) $C_1: Q, C_2: \neg Q$

Q 和 $\neg Q$ 是互补的，归结式是空子句，用 □ 表示。空子句的出现代表出现了矛盾。

3. 归结的合理性

定理 2.17 子句 C_1 和 C_2 的归结式是 C_1 和 C_2 的逻辑推论。

证明：设
$$C_1 = P \vee C'_1, C_2 = \neg P \vee C'_2$$
有
$$R(C_1, C_2) = C'_1 \vee C'_2$$

其中 C'_1 和 C'_2 都是文字的析取式。

假定 C_1 和 C_2 根据某种解释 I 为真。若 P 按 I 解释为假，则 C_1 必不是单元子句（即单个文字），否则 C_1 按 I 解释为假。因此，C'_1 按 I 必为真，即归结式 $R(C_1, C_2) = C'_1 \vee C'_2$ 按 I 为真。

若 P 按 I 为真，则 $\neg P$ 按 I 为假，此时 C_2 必不是单元子句，并且 C'_2 必按 I 为真，所以 $R(C_1, C_2) = C'_1 \vee C'_2$ 按 I 为真。由此得出，$R(C_1, C_2)$ 是 C_1 和 C_2 的逻辑推论。证毕。

4. 归结反演

若子句集 S 是不可满足的，则可以使用归结规则由 S 产生空子句 □。

例 2.8 考虑子句集合 S：
$$\left. \begin{array}{l} C_1: \neg P \vee Q \\ C_2: \neg Q \\ C_3: P \end{array} \right\} S$$

由 C_1 和 C_2 可以得出归结子句：
$$C_4: \neg P$$
由 C_3 和 C_4 可以得出归结子句：
$$C_5: \square$$

至此得出了由 S 对 $\square$ 的演绎：$C_1,\cdots,C_5 \Rightarrow \square$。现在可以断定 S 是不可满足的，否则若 S 是可满足的，则存在解释 I 满足 C_1,C_2 和 C_3，由定理 2.17 可知，I 也满足 C_4，这是不可能的，因为 I 不可能同时满足 C_3 和 C_4（C_3 和 C_4 的归结式是 $\square$）。

归结是一种极有力的推理规则，是一种合理的推理规则。也就是说，$KB \vdash w$ 蕴涵 $KB \vDash w$。

为了从一个合式公式集合 KB 中证出某一公式 w，可以采用下述的归结反演过程。

(1) 把 KB 中的合式公式转换成子句形式，得到子句集合 S_0。

(2) 把待验证的结论 w 的否定转换为子句形式，并加入到子句集合 S_0 中得到新的子句集合 S。

(3) 反复对 S 中的子句应用归结规则，并且把归结式也加入到 S 中，直到再没有子句可以进行归结，如果产生空子句，则说明可以从 KB 推出 w，否则说明 KB 无法推出 w。

例 2.9 用归结方法证明 $P \wedge (P \rightarrow Q) \wedge (Q \rightarrow R) \Rightarrow R$

证明：先将 $P \wedge (P \rightarrow Q) \wedge (Q \rightarrow R)$ 化成子句形式，得到子句集合 S_0：
$$S_0 = \{P, \neg P \vee Q, \neg Q \vee R\}$$
再把 R 的否定化为子句形式，并加入到 S_0 中得到子句集合 S：
$$S = \{P, \neg P \vee Q, \neg Q \vee R, \neg R\}$$
对 S 作归结：

(1) P
(2) $\neg P \vee Q$
(3) $\neg Q \vee R$
(4) $\neg R$
(5) Q (1)、(2)归结
(6) R (3)、(5)归结
(7) $\square$ (4)、(6)归结

证毕。

5. 命题逻辑归结反演的合理性和完备性

合理性是指证明过程的正确性，完备性说明使用该方法可以得到所有可能的推断。

定理 2.18 归结反演是合理的。

证明：给定子句集 S 和目标 w。假设使用归结反演可以由 S 推导出 w，即 $S \vdash w$。现在需要证明的是该推导在逻辑上是合理的，即 $S \vDash w$。

现假定 $S \vDash w$ 不成立，即假设有一种满足 S 的赋值，满足 $\neg w$（即 $S \vDash \neg w$）。对这样一种赋值，S 中任意两个子句的归结式为真，这样，即便穷尽所有可以归结的子句所得到的归结式也不会为假，这与 $S \vdash w$ 矛盾。所以，假定 $S \vDash \neg w$ 是错误的，这样 $S \vDash w$ 就是正确的。

定理 2.19 归结反演是完备的(refutation complete)，即从 $S \vDash \alpha$ 可推出 $S \vdash \alpha$，其中 α

为一公式，S 为子句集。

6. 归结反演的搜索策略

对子句集进行归结时，一个关键问题是决定选取哪两个子句作归结，为此需要研究有效的归结控制策略。

1) 排序策略

假设原始子句(包括待证明合式公式的否定的子句)称为 0 层归结式。$(i+1)$ 层的归结式是一个 i 层归结式和一个 $j(j \leqslant i)$ 层归结式进行归结所得到的归结式。

宽度优先就是先生成第 1 层所有的归结式，然后是第 2 层所有的归结式，以此类推，直到产生空子句结束，或不能再进行归结为止。深度优先是产生一个第 1 层的归结式，然后用第 1 层的归结式和第 0 层的归结式进行归结，得到第 2 层的归结式，直到产生空子句结束，否则，用第 2 层及其以下各层进行归结，产生第 3 层，以此类推。

排序策略的另一个策略是单元优先(unit preference)策略，即在归结过程中优先考虑仅由一个文字构成的子句，这样的子句称为单元子句。

2) 精确策略

精确策略不涉及被归结子句的排序，它们只允许某些归结发生。这里主要介绍 3 种精确归结策略。

(1) 支持集(set of support)策略。

每次归结时，参与归结的子句中至少应有一个是由目标公式的否定得到的子句，或者是它们的后裔。

所谓后裔是说，如果①$α2$ 是 $α1$ 与另外某子句的归结式，或者②$α2$ 是 $α1$ 的后裔与其他子句的归结式，则称 $α2$ 是 $α1$ 的后裔，$α1$ 是 $α2$ 的祖先。

支持集策略是完备的，即假如对一个不可满足的子句集合运用支持集策略进行归结，那么最终会导出空子句。

(2) 线性输入(linear input)。

参与归结的两个子句中至少有一个是原始子句集中的子句(包括那些待证明的合式公式的否定)。

线性输入策略是不完备的，如子句集合 $\{P \vee Q, P \vee \neg Q, \neg P \vee Q, \neg P \vee \neg Q\}$ 不可满足，但是无法用线性输入归结推出。

(3) 祖先过滤(ancestry filtering)。

由于线性输入策略是不完备的，改进该策略得到祖先过滤策略：参与归结的两个子句中至少有一个是初始子句集中的句子，或者一个子句是另一个子句的祖先，该策略是完备的。

2.4.2 谓词演算中的归结推理

和命题演算一样，在谓词演算中也具有归结推理规则和归结反演过程。只是由于谓词演算中量词、个体变元等问题，使得谓词演算中的归结问题比命题演算中的归结问题复杂很多。

1. 子句型

在进行归结之前,需要把合式公式化为子句式。

前面已经介绍了如何把一个公式化成前束标准型$(Q_1x_1)\cdots(Q_nx_n)M$,由于M中不含量词,所以总可以把它变换成合取范式。无论是前束标准型,还是合取范式,都是与原来的合式公式等价的。

对于前束范式

$$(Q_1x_1)\cdots(Q_nx_n)M(x_1,\cdots,x_n)$$

其中$M(x_1,\cdots,x_n)$表示M中含有变量$x_1,\cdots,x_n$,并且M是合取标准型。令Q_r是$(Q_1x_1)\cdots(Q_nx_n)$中出现的存在量词$(1\leqslant r\leqslant n)$,使用下述方法可以消去前缀中存在的所有量词。

- 若在Q_r之前不出现全称量词,则选择一个与M中出现的所有常量都不相同的新常量c,用c代替M中出现的所有x_r,并且从前缀中删去(Q_rx_r)。
- 若$Q_{s1},\cdots,Q_{sm}$是在Q_r之前出现的所有全称量词,$(1\leqslant s1\leqslant s2\leqslant\cdots\leqslant sm<r)$,则选择一个与$M$中出现的任一函数符号都不相同的新$m$元函数符号$f$,用$f(x_{s1},\cdots,x_{sm})$代替$M$中的所有$x_r$,并且从前缀中删去$(Q_rx_r)$。

按上述方法删去前缀中的所有存在量词之后得到的公式称为合式公式的 Skolem 标准型。替代存在量化变量的常量c(视为 0 元函数)和函数f称为 Skolem 函数。

例 2.10 将公式

$$\exists x\forall y\forall z\exists u\forall v\exists wP(x,y,z,u,v,w)$$

转换为 Skolem 标准型。

式中,$\exists x$的前面没有全称量词,在$\exists u$的前面有全称量词$\forall y$和$\forall z$,在$\exists w$的前面有全程量词$\forall y$,$\forall z$和$\forall v$。所以,在$P(x,y,z,u,v,w)$中,用常数a代替x,用二元函数$f(y,z)$代替u,用三元函数$g(y,z,v)$代替w,去掉前缀中的所有存在量词之后得出 Skolem 标准型:

$$\forall y\forall z\forall vP(a,y,z,f(y,z),v,g(y,z,v))$$

Skolem 标准型的一个重要性质如下。

定理 2.20 令S为公式G的 Skolem 标准型,则G是不可满足的,当且仅当S是不可满足的。

证明:不妨假定G已经是前束范式,即

$$G=(Q_1x_1)\cdots(Q_nx_n)M(x_1,\cdots,x_n)$$

设Q_rx_r为前缀中的第一个存在量词。令

$$G_1=(\forall x_1)\cdots(\forall x_{r-1})(Q_{r+1}x_{r+1})\cdots$$
$$(Q_nx_n)M(x_1,\cdots,x_{r-1},f(x_1,\cdots,x_{r-1}),x_{r+1},\cdots,x_n)$$

其中,$f(x_1,\cdots,x_{r-1})$是对应x_r的 Skolem 函数。我们希望证明G是不可满足的,当且仅当G_1是不可满足的。

设G是不可满足的。若G_1是可满足的,则存在某定义域D上的解释I使G_1按I为真,即对任意$x_1\in D,\cdots,x_{r-1}\in D$

$$(Q_{r+1}x_{r+1})\cdots(Q_nx_n)M(x_1,\cdots,x_{r-1},f(x_1,\cdots,x_{r-1}),x_{r+1},\cdots,x_n)$$

按I为真,所以,对任意$x_1\in D,\cdots,x_{r-1}\in D$,都存在元素$f(x_1,\cdots,x_{r-1})=x_r\in D$,使

$$(Q_{r+1}x_{r+1})\cdots(Q_nx_n)M(x_1,\cdots,x_{r-1},x_r,x_{r+1},\cdots,x_n)$$

按 I 为真,那么 G 按 I 为真。这与 G 是不可满足的假设相矛盾。所以,G_1 必是不可满足的。

另一方面,设 G_1 是不可满足的。若 G 是可满足的,则存在某定义域 D 上的解释 I,使 G 按 I 为真,即对任意 $x_1 \in D, \cdots, x_{r-1} \in D$,都存在元素 $x_r \in D$,使

$$(Q_{r+1}x_{r+1})\cdots(Q_n x_n)M(x_1,\cdots,x_{r-1},x_r,x_{r+1},\cdots,x_n)$$

按 I 为真。扩充解释 I,使得包括对任意 $x_1 \in D, \cdots, x_{r-1} \in D$,把 $(x_1,\cdots,x_{r-1})$ 映射成 $x_r \in D$ 的函数 f,即

$$f(x_1,\cdots,x_{r-1}) = x_r$$

扩充后的解释用 I_1 表示。显然,对任意 $x_1 \in D, \cdots, x_{r-1} \in D$

$$(Q_{r+1}x_{r+1})\cdots(Q_n x_n)M(x_1,\cdots,x_{r-1},f(x_1,\cdots,x_{r-1}),x_{r+1},\cdots,x_n)$$

按 I_1 为真,即 $G_1|I_1 = T$,这与 G_1 是不可满足的假设相矛盾,所以 G 必是不可满足的。

假设 G 中有 m 个存在量词。令 $G_0 = G$,设 G_k 是在 G_{k-1} 中用 Skolem 函数代替其中第一个存在量词对应的所有变量,并且去掉第一个存在量词而得出的公式,$(k=1,\cdots,m)$。显然 $S = G_m$。与上面的证明相似,可以证明 G_{k-1} 是不可满足的,当且仅当 G_k 是不可满足的 $(k=1,\cdots,m)$。所以可以断定,G 是不可满足的,当且仅当 S 是不可满足的。证毕。

令 S 为公式 G 的 Skolem 标准型。若 G 是不可满足的,则 G 等价于 S。但是,若 G 不是不可满足的,通常 G 并不等价于 S。例如,令 $G = (\exists x)P(x)$,则 $S = P(a)$。设解释 I 为定义域 $D = \{1,2\}$,则 $G = (\exists x)P(x)$,等价于 $P(1) \vee P(2)$。给出如下解释。

对 a 赋值为 1;对谓词 P 赋值:$P(1)$ 为 F,$P(2)$ 为 T。

显然,公式 $G|_I = T$,但 $S|_I = F$,即 G 不等价于 S。

注意,一个公式可以有几种形式的 Skolem 标准型。应该使用变元数量最少的 Skolem 函数。因此,在化为前束标准型时,应该使存在量词尽量向左移。

例 2.11 将合式公式化为子句形。

$$\forall x[P(x) \to [\forall y[P(y) \to P(f(x,y))] \wedge \neg \forall y[Q(x,y) \to P(y)]]]$$

解:(1) 消去蕴涵符号:

$$\forall x[\neg P(x) \vee [\forall y[\neg P(y) \vee P(f(x,y))] \wedge \neg \forall y[\neg Q(x,y) \vee P(y)]]]$$

(2) "$\neg$"内移:

$$\forall x[\neg P(x) \vee [\forall y[\neg P(y) \vee P(f(x,y))] \wedge \exists y[Q(x,y) \wedge \neg P(y)]]]$$

(3) 变量标准化,使不同量词约束的变元有不同的名字:

$$\forall x[\neg P(x) \vee [\forall y[\neg P(y) \vee P(f(x,y))] \wedge \exists w[Q(x,w) \wedge \neg P(w)]]]$$

(4) 把所有量词都集中到公式左面,移动时不改变其相对顺序:

$$\forall x \forall y \exists w[\neg P(x) \vee [[\neg P(y) \vee P(f(x,y))] \wedge [Q(x,w) \wedge \neg P(w)]]]$$

(5) 消去存在量词:

$$\forall x \forall y[\neg P(x) \vee [[\neg P(y) \vee P(f(x,y))] \wedge [Q(x,g(x,y)) \wedge \neg P(g(x,y))]]]$$

(6) 把母式化为合取范式:

$$\forall x \forall y[[\neg P(x) \vee \neg P(y) \vee P(f(x,y))] \wedge [\neg P(x) \vee Q(x,g(x,y))]$$
$$\wedge [\neg P(x) \vee \neg P(g(x,y))]]$$

(7) 隐略去前束式

$$[[\neg P(x) \vee \neg P(y) \vee P(f(x,y))] \wedge [\neg P(x) \vee Q(x,g(x,y))]$$

$$\wedge\ [\neg P(x)\ \vee\ \neg P(g(x,y))]]$$

(8) 把母式用子句集表示

$$\{\neg P(x)\ \vee\ \neg P(y)\ \vee\ P(f(x,y)),\ \neg P(x)\ \vee\ Q(x,g(x,y)),\ \neg P(x)\ \vee\ \neg P(g(x,y))\}$$

(9) 变量分离标准化。于是有：

$$\{\neg P(x_1)\ \vee\ \neg P(y)\ \vee\ P(f(x_1,y_1)),\ \neg P(x_2)\ \vee\ Q(x_2,g(x_2,y_2)),\ \neg P(x_3)\ \vee\ \neg P(g(x_3,y_3))\}$$

必须指出，一个子句内的文字可以含有变量，但这些变量总是被理解为全称量词量化了的变量。

下面给出一些概念。不含变量的原子称为基原子；不含变量的文字称为基文字；不含变量的子句称为基子句；不含变量的子句集称为基子句集；不含变量的项称为基项。

如果一个表达式 C 中的变量被不含变量的项替代，得到不含变量的基表达式 C'，则称 C' 是 C 的基例。

另外，若 $G=G_1 \wedge G_2 \wedge \cdots \wedge G_n$，假设 G 的子句集为 S_G。用 S_i 表示公式 $G_i(1 \leqslant i \leqslant n)$ 的子句集，令 $S=S_1 \cup \cdots \cup S_n$，可以证明 G 是不可满足的，当且仅当 S 是不可满足的。这样，对 S_G 的讨论，可以用较为简单的 S 代替，为了方便，也称 S 为 G 的子句集。

2. 置换和合一

对命题逻辑应用归结原理的重要步骤是在一个子句中找出与另一子句中的某个文字互补的文字。当子句中含有变量时，要先讨论置换和合一。如研究子句

$$C_1 = P(x)\ \vee\ Q(x),\quad C_2 = \neg P(f(y))\ \vee\ R(y)$$

C_1 中没有文字与 C_2 中的任何文字互补。但是，若在 C_1 中用 $f(a)$ 置换 x，在 C_2 中用 a 置换 y，便得出

$$C'_1 = P(f(a))\ \vee\ Q(f(a)),\quad C'_2 = \neg P(f(a))\ \vee\ R(a)$$

其中，$P(f(a))$ 和 $\neg P(f(a))$ 是互补的。可以得出 C'_1 和 C'_2 的归结式：

$$C'_3 = Q(f(a))\ \vee\ R(a)$$

注意，C'_1 和 C'_2 分别是 C_1 和 C_2 的基例。从上述例子可以看到，用适当的项置换 C_1 和 C_2 的变量可以产生新子句。

定义 2.24 置换是形为

$$\{t_1/v_1, t_2/v_2, \cdots, t_n/v_n\}$$

的有限集合，其中 $v_1, \cdots, v_n$ 是互不相同的变量，t_i 是不同于 v_i 的项（可以为常量、变量、函数）($1 \leqslant i \leqslant n$)。$t_i/v_i$ 表示用 t_i 置换 v_i，不允许 t_i 与 v_i 相同，也不允许 v_i 循环地出现在另一个 t_j 中。

当 $t_1, \cdots, t_n$ 是基项时，置换称为基置换。不含任何元素的置换称为空置换，用 ε 表示。

例如：$\{a/x, g(b)/y, f(g(c))/z\}$ 就是一个置换。

定义 2.25 令 $\theta=\{t_1/v_1, t_2/v_2, \cdots, t_n/v_n\}$ 为置换，E 为表达式。设 $E\theta$ 是用项 t_i 同时代替 E 中出现的所有变量 $v_i(1 \leqslant i \leqslant n)$ 得出的表达式。通常称 $E\theta$ 为 E 的例。

例 2.12 令 $\theta=\{a/x, f(b)/y, g(c)/z\}$

$$E = P(x, y, z)$$

则有
$$E\theta = P(a, f(b), g(c))$$

定义 2.26 令 $\theta = \{t_1/x_1, \cdots, t_n/x_n\}, \lambda = \{u_1/y_1, \cdots, u_m/y_m\}$ 为两个置换。θ 和 λ 复合也是一个置换,用 $\theta \circ \lambda$ 表示,它由在集合:
$$\{t_1\lambda/x_1, \cdots, t_n\lambda/x_n, u_1/y_1, \cdots, u_m/y_m\}$$
中删除下面两类元素得出:
$$u_i/y_i, \text{当 } y_i \in \{x_1, x_2, \cdots, x_n\}$$
$$t_i\lambda/v_i, \text{当 } t_i\lambda = v_i$$

例 2.13 令 $\theta = \{f(y)/x, z/y\}, \lambda = \{a/x, b/y, y/z\}$
在构造 $\theta \circ \lambda$ 时,首先建立集合
$$\{f(y)\lambda/x, z\lambda/y, a/x, b/y, y/z\}$$
由于 $z\lambda = y$,所以要删除 $z\lambda/y$。上述集合中的第三、四元素中的变量 x, y 都出现在 $\{x, y\}$ 中,所以还应删除 $a/x, b/y$。最后得出
$$\theta \circ \lambda = \{f(b)/x, y/z\}$$

不难验证出置换有下述性质。

(1) 空置换 ε 是左幺元和右幺元,即对任意置换 θ,恒有
$$\varepsilon \circ \theta = \theta \circ \varepsilon = \theta$$

(2) 对任意表达式 E,恒有 $E(\theta \circ \lambda) = (E\theta)\lambda$。

(3) 若对任意表达式 E 恒有 $E\theta = E\lambda$,则 $\theta = \lambda$。

(4) 对任意置换 θ, λ, μ,恒有
$$(\theta \circ \lambda) \circ \mu = \theta \circ (\lambda \circ \mu)$$
即置换的合成满足结合律。

(5) 设 A 和 B 为表达式集合,则
$$(A \cup B)\theta = A\theta \cup B\theta$$

注意,置换的合成不满足交换律。

定义 2.27 若表达式集合 $\{E_1, E_2, \cdots, E_k\}$ 存在一个置换 θ 使得
$$E_1\theta = E_2\theta = \cdots = E_k\theta$$
则称集合 $\{E_1, E_2, \cdots, E_k\}$ 是可合一的,置换 θ 称为合一置换。

例 2.14 集合 $\{P(a, y), P(x, f(b))\}$ 是可合一的,因为 $\theta = \{a/x, f(b)/y\}$ 是它的合一置换。

例 2.15 集合 $\{P(x), P(f(y))\}$ 是可合一的,因为 $\theta = \{f(a)/x, a/y\}$ 是它的合一置换。另外,$\theta' = \{f(y)/x\}$ 也是一个合一置换,所以合一置换是不唯一的。但是,θ' 比 θ 更一般,因为用任意一个常量置换 y 都可以得一个置换,因而可得到无穷个基置换。

定义 2.28 表达式集合 $\{E_1, E_2, \cdots, E_k\}$ 的合一置换 δ 是最一般的合一置换(most general unifier, mgu),当且仅当对该集合的每个合一置换 θ 都存在置换 λ,使得 $\theta = \delta \circ \lambda$。

例如,在例 2.15 中,$mgu \delta = \theta' = \{f(y)/x\}$,但 $\theta = \{f(a)/x, a/y\}$ 不是 mgu。

例 2.16 求表达式集合 $\{P(x), P(y)\}$ 的 mgu。

显然,$\{y/x\}$ 与 $\{x/y\}$ 都是该集合的 mgu。这也说明 mgu 一般情况下也不是唯一的,但是它们除了相差一个换名以外,其他是相同的。

在人工智能中,合一起着非常重要的作用,它是区别专家系统和简单的判定树的特征

之一。没有合一,规则的条件元素只能匹配常数,这样就必须为每一个可能的事实写一条专门的规则。

3. 合一算法

本节将对有限非空可合一的表达式集合给出求取最一般合一置换的合一算法。当集合不可合一时,算法也能给出不可合一的结论,并且结束。

考虑集合$\{P(a),P(x)\}$。为了求出该集合的合一置换,首先找出两个表达式的不一致之处,然后再试图消除。对$P(a)$和$P(x)$,不一致之处可用集合$\{a,x\}$表示。由于x是变量,可以取$\theta=\{a/x\}$,于是有

$$P(a)\theta = P(x)\theta = P(a)$$

即θ是$\{P(a),P(x)\}$的合一置换。这就是合一算法依据的思想。在讨论合一算法之前,先讨论差异集的概念。

定义 2.29 表达式的非空集合W的差异集是按下述方法得出的子表达式的集合。
(1) 在W的所有表达式中找出对应符号不全相同的第一个符号(自左算起)。
(2) 在W的每个表达式中提取出占有该符号位置的子表达式。这些子表达式的集合便是W的差异集D。

例 2.17 求下面集合的差异集:
$$W = \{P(x,f(y,z)),P(x,a),P(x,g(h(k(x))))\}$$

解:在W的3个表达式中,前4个对应符号——"$P(x,$"是相同的,第5个符号不全相同,所以W的不一致集合为$\{f(y,z),a,g(h(k(x)))\}$。

假设D是W的差异集,则有结论:
(1) 若D中无变量符号,则W是不可合一的。
(2) 若D中只有一个元素,则W是不可合一的。
(3) 若D中有变量符号x和项t,且x出现在t中,则W是不可合一的。

下面给出合一算法。

合一算法:

第1步 置$k=0,W_k=W,\delta_k=\varepsilon$。

第2步 若W_k中只有一个元素,终止,并且δ_k为W的最一般合一,否则求出W_k的差异集D_k。

第3步 若D_k中存在元素v_k和t_k,并且v_k是不出现在t_k中的变量,则转向第4步,否则终止,并且W是不可合一的。

第4步 置$\delta_{k+1}=\delta_k \circ \{t_k/v_k\},W_{k+1}=W_k\{t_k/v_k\}$(记$W_{\delta_{k+1}}$为$W_{k+1}$)。

第5步 置$k=k+1$,转向第2步。

注意:在第3步,要求v_k不出现在t_k中,这称为occur检查,算法的正确性依赖于它。例如,假设$W=\{P(x,x),P(y,f(y))\}$,执行合一算法,结果如下。
(1) $D_0=\{x,y\}$。
(2) $\delta_1=\{y/x\},W_{\delta_1}=\{P(y,y),P(y,f(y))\}$。
(3) $D_1=\{y,f(y)\}$,因为y出现在$f(y)$中,W不可合一。但是,如果不做occur检查,则算法不能停止。

例 2.18 求出
$$W = \{P(a,x,f(g(y))), P(z,f(z),f(u))\}$$
的最一般合一。

(1) $\delta_0 = \varepsilon, W_0 = W$。
(2) W_0 未合一，差异集合为 $D_0 = \{a,z\}$。
(3) D_0 中存在变量 $v_0 = z$ 和常量 $t_0 = a$。
(4) 令 $\delta_1 = \delta_0 \circ \{a/z\} = \{a/z\}$
$$W_1 = \{P(a,x,f(g(y))), P(z,f(z),f(u))\}\{a/z\}$$
$$= \{P(a,x,f(g(y))), P(a,f(a),f(u))\}$$

(2′) W_1 未合一，差异集合为 $D_1 = \{x, f(a)\}$。
(3′) D_1 中存在元素 $v_1 = x, t_1 = f(a)$，并且变量 x 不出现在 $f(a)$ 中。
(4′) 令 $\delta_2 = \delta_1 \circ \{f(a)/x\} = \{a/z, f(a)/x\}$
$$W_2 = \{P(a,x,f(g(y))), P(a,f(a),f(u))\}\{f(a)/x\}$$
$$= \{P(a,f(a),f(g(y))), P(a,f(a),f(u))\}$$

(2″) W_2 未合一，差异集合为 $D_2 = \{g(y), u\}$。
(3″) D_2 中的变量 $v_2 = u$ 不出现在 $t_2 = g(y)$ 中。
(4″) 令 $\delta_3 = \delta_2 \circ \{g(y)/u\} = \{a/z, f(a)/x, g(y)/u\}$
$$W_3 = \{P(a,f(a),f(g(y))), P(a,f(a),f(u))\}\{g(y)/u\}$$
$$= \{P(a,f(a),f(g(y)))\}$$

(2‴) W_3 中只含一个元素，所以
$$\delta_3 = \{a/z, f(a)/x, g(y)/u\}$$
是 W 的最一般合一，终止。

注意，上述合一算法对任意有限非空的表达式集合总是能终止的，否则将会产生有限非空表达式集合的一个无穷序列 $\delta_0, W_{\delta_1}, W_{\delta_2}, \cdots$，该序列中的任一集合 $W_{\delta_{k+1}}$ 都比相应的集合 W_{δ_k} 少含一个变量（即 W_{δ_k} 含有 v_k，但 $W_{\delta_{k+1}}$ 不含 v_k）。由于 W 中只含有限个不同的变量，所以上述情况不会发生。

定理 2.21 若 W 为有限非空可合一表达式集合，则合一算法总能终止在第 2 步上，并且最后的 δ_k 便是 W 的最一般合一(mgu)。

4. 归结式

定义 2.30 若由子句 C 中的两个或多个文字构成的集合存在最一般合一置换 δ，则称 $C\delta$(记为 C_δ) 为 C 的因子。若 C_δ 是单位子句，则称它为 C 的单位因子。

例 2.19 令 $C = P(x) \vee P(f(y)) \vee \neg Q(x)$

由 C 中前两个文字构成的集合 $\{P(x), P(f(y))\}$ 存在最一般合一置换 $\delta = \{f(y)/x\}$，所以
$$C_\delta = P(f(y)) \vee \neg Q(f(y))$$
是 C 的因子。

定义 2.31 令 C_1 和 C_2 为两个无公共变量的子句，L_1 和 L_2 分别为 C_1 和 C_2 中的两个文字。若集合 $\{L_1, \neg L_2\}$ 存在最一般合一置换 δ，则子句
$$(C_{1\delta} - \{L_{1\delta}\}) \cup (C_{2\delta} - \{L_{2\delta}\})$$

称为 C_1 和 C_2 的二元归结式。文字 L_1 和 L_2 称为被归结的文字。

例 2.20 令

$$C_1 = P(x) \lor Q(x) \qquad C_2 = \neg P(a) \lor R(x)$$

因为 C_1 和 C_2 中都出现变量 x，所以重新命名 C_2 中的变量，取

$$C_2: \neg P(a) \lor R(y)$$

选择 $L_1=P(x), L_2=\neg P(a)$，则 $\{L_1, \neg L_2\} = \{P(a), P(x)\}$ 存在最一般合一置换 $\delta=\{a/x\}$，于是有

$$(C_{1\delta} - \{L_{1\delta}\}) \cup (C_{2\delta} - \{L_{2\delta}\})$$
$$= (\{P(a), Q(a)\} - \{P(a)\}) \cup (\{\neg P(a), R(y)\} - \{\neg P(a)\})$$
$$= \{Q(a)\} \cup \{R(y)\}$$
$$= \{Q(a), R(y)\}$$

$Q(a) \lor R(y)$ 便是 C_1 和 C_2 的二元归结式。$P(x)$ 和 $\neg P(a)$ 称为被归结的文字。

定义 2.32 子句 C_1 和 C_2 的归结式是下述某个二元归结式。

(1) C_1 和 C_2 的二元归结式。
(2) C_1 的因子和 C_2 的二元归结式。
(3) C_2 的因子和 C_1 的二元归结式。
(4) C_1 的因子和 C_2 的因子的二元归结式。

例 2.21 令 $C_1 = P(x) \lor P(f(y)) \lor R(g(y))$，$C_2 = \neg P(f(g(a))) \lor Q(b)$。
$C_1' = P(f(y)) \lor R(g(y))$ 是 C_1 的因子，C_1' 和 C_2 的二元归结式为 $R(g(g(a))) \lor Q(b)$，所以 C_1 和 C_2 的归结式为 $R(g(g(a))) \lor Q(b)$。

此外，若取 C_1 中的文字 $L_1=P(x)$，C_2 中的文字 $\neg P(f(g(a)))$，则 $\{L_1, \neg L_2\}$ 存在最一般合一置换：

$$\delta = \{f(g(a))/x\}$$

于是 $P(f(y)) \lor R(g(y)) \lor Q(b)$ 也是 C_1 和 C_2 的归结式。

5. 归结反演

和命题逻辑一样，谓词逻辑的归结反演也是仅有一条推理规则的问题求解方法，为证明 $\vdash A \to B$，其中 A、B 是谓词公式。使用反演过程，先建立合式公式：

$$G = A \land \neg B$$

进而得到相应的子句集 S，只需证明 S 是不可满足的即可。

例 2.22 "某些患者喜欢所有医生。没有患者喜欢庸医。所以没有医生是庸医。"

该例子的谓词在例 2.4 中已做了定义和表示，即

$$A_1: (\exists x)(P(x) \land (\forall y)(D(y) \to L(x,y)))$$
$$A_2: (\forall x)(P(x) \to (\forall y)(Q(y) \to \neg L(x,y)))$$
$$G: (\forall x)(D(x) \to \neg Q(x))$$

目的是证明 G 是 A_1 和 A_2 的逻辑结论，即证明 $A_1 \land A_2 \land \neg G$ 是不可满足的。首先求出子句集合：

$$A_1: (\exists x)(P(x) \land (\forall y)(D(y) \to L(x,y)))$$
$$\Rightarrow (\exists x)(\forall y)(P(x) \land (\neg D(y) \lor L(x,y)))$$
$$\text{Skolem 化}: (\forall y)(P(a) \land (\neg D(y) \lor L(a,y)))$$

$$A_2: (\forall x)(P(x) \to (\forall y)(Q(y) \to \neg L(x,y)))$$
$$\Rightarrow (\forall x)(\neg P(x) \lor (\forall y)(\neg Q(y) \lor \neg L(x,y)))$$
$$\Rightarrow (\forall x)(\forall y)(\neg P(x) \lor \neg Q(y) \lor \neg L(x,y))$$
$$\neg G: \neg(\forall x)(D(x) \to \neg Q(x))$$
$$\Rightarrow (\exists x)(D(x) \land Q(x))$$
$$\text{Skolem 化}: D(b) \land Q(b)$$

因此 $A_1 \land A_2 \land \neg G$ 的子句集合 S 为

$$S = \{P(a), \neg D(y) \lor L(a,y), \neg P(x) \lor \neg Q(y) \lor \neg L(x,y), D(b), Q(b)\}$$

归结证明 S 是不可满足的:

(1) $P(a)$
(2) $\neg D(y) \lor L(a,y)$
(3) $\neg P(x) \lor \neg Q(y) \lor \neg L(x,y)$ $\Big\}S$
(4) $D(b)$
(5) $Q(b)$
(6) $L(a,b)$ 由第(2)、(4)句归结得到
(7) $\neg Q(y) \lor \neg L(a,y)$ 由第(1)、(3)句归结得到
(8) $\neg L(a,b)$ 由第(5)、(7)句归结得到
(9) □   由第(6)、(8)句归结得到

6. 答案的提取

归结反演不仅可用于定理证明,而且也可用来求取问题的答案,其思想与定理证明类似。方法是在目标公式的否定形式中加上该公式否定的否定,得到重言式;或者再定义一个新的谓词 ANS,加到目标公式的否定中。把新形成的子句加到子句集中进行归结。

例 2.23 已知张(Zhang)和李(Li)是同班同学,如果 x 和 y 是同班同学,则 x 上课的教室也是 y 上课的教室。现在张在 Room11,问李在哪里上课?

解: 首先定义谓词如下。

$C(x,y)$: x 和 y 是同班同学
$At(x,u)$: x 在 u 教室上课

已知前提可表示为

$$C(Zhang, Li)$$
$$\forall x \forall y \forall u(C(x,y) \land At(x,u) \to At(y,u))$$
$$At(Zhang, Room11)$$

目标公式的否定为: $\neg \exists v At(Li,v)$
目标采用重言式的方式,得到子句集合:

$$S = \{C(Zhang,Li), \neg C(x,y) \lor \neg At(x,u) \lor At(y,u), At(Zhang, Room11),$$
$$\neg At(Li,v) \lor At(Li,v)\}$$

归结过程如下。

(1) $C(Zhang, Li)$
(2) $\neg C(x,y) \lor \neg At(x,u) \lor At(y,u)$ $\Big\}S$
(3) $At(Zhang, Room11)$
(4) $\neg At(Li,v) \lor At(Li,v)$

(5) $At(Li,v) \lor \neg C(x,Li) \lor \neg At(x,v)$　　(2)、(4) $\{Li/y, v/u\}$

(6) $At(Li,v) \lor \neg At(Zhang,v)$　　(1)、(5) $\{Zhang/x\}$

(7) $At(Li, Room11)$　　(3)、(6) $\{Room11/v\}$

最后就是得到的答案：李在 Room11。

2.4.3 谓词演算归结反演的合理性和完备性

归结原理是反演完备的，即如果一个子句集合是不可满足的，则归结将会推导出矛盾。归结不能用于产生某子句集合的所有结论，但是它可用于说明某个给定的句子是该子句集合所蕴涵的。因此，使用前面介绍的否定目标的方法，可以发现所有的答案。

1. Herbrand 域和 Herbrand 解释

在归结反演中，为了证明 A 为 G 的结论，把 A 的否定命题 $\neg A$ 加入 G 中，证明 $G \land \neg A$ 的子句集合 S 不可满足，即对于所有定义域上所有可能的解释，$G \land \neg A$ 均取假值。因为合式公式的解释有无穷多种，所以研究所有定义域上的所有解释是不可能的。如果说对于一个具体的谓词公式，能够找到一个比较简单的特殊论域，使得只要在这个论域上该公式是不可满足的，便能保证该公式在任一论域上也是不可满足的，那么这个问题就会简单很多。下面将证明，的确存在这种定义域（Herbrand 域，H 域），如果子句集合 S 是不可满足的，当且仅当对 H 上的所有解释，S 的真值都为假。Herbrand 域可定义如下。

定义 2.33 设 S 为子句集合，S 的 H 域 $H(S)$ 可定义如下。

(1) S 中的一切常量字母均出现在 $H(S)$ 中，若 S 中无任何常量字母，则命名一个常量字母 a，使得 $a \in H(S)$。

(2) 若项 $t_1, \cdots, t_n \in H(S)$，则 $f^n(t_1, \cdots, t_n) \in H(S)$，其中 f 为 S 中的任意函数。

(3) $H(S)$ 中的项仅由(1)、(2)形成。

为了讨论子句集 S 在 H 域上的真值，引入 H 域上 S 的原子集 A，它是 S 中谓词公式的实例集。

定义 2.34 设 S 是子句集，对应的 H 域上的原子集 A 为所有出现在 S 中的原子谓词公式的实例。

(1) 如果原子谓词公式为命题（不包含变量），则其实例就是其本身。

(2) 若原子公式形如 $P(t_1, \cdots, t_n)$，t_i 为变量$(i=1,2,\cdots,n)$，则其实例就是用 S 的 H 域中的元素代替 $t_1, \cdots, t_n$ 形成的。

定义 2.35 子句集合 S 中的子句 C 的基例是用 S 的 Herbrand 域中的元素代替 C 中的变量得出的子句。

由于原子集中的元素都是原子命题，给每个元素指派一个真值（T 或 F），就可以建立子句集在 H 域上的一个解释，记为 I^*。

令 $A = \{A_1, \cdots, A_n, \cdots\}$ 为 S 的原子集合。H-解释 I^* 可以很方便地用集合

$$I^* = \{m_1, \cdots, m_n, \cdots\}$$

表示，其中 m_i 或为 A_i，或为 $\neg A_i (i=1,2,\cdots)$，若 m_i 为 A_i，则 A_i 的真值为 T，否则 A_i 的真值为 F，即

$$m_i = \begin{cases} A_i & \text{当 } A_i \text{ 被 } I \text{ 指定为 } T \\ \neg A_i & \text{当 } A_i \text{ 被 } I \text{ 指定为 } F \end{cases} \quad (i=1,2,\cdots)$$

子句集合 S 的任意解释不一定是定义在 S 的 Herbrand 域上的,所以一个解释可以不是 H 解释。但是,对于子句集 S 的任一可能论域 D 的任一解释 I,总能在 S 的 H 域上构造一个对应的 H 解释 I^*,使子句集具有相同的真值。构造方法如下。

令 P 为 S 中的任一 n 元谓词符号,$h_1,\cdots,h_n$ 是 S 的 Herbrand 域中的任意元素。将每个 h_i 按 I 映射为 D 中的某元素 $d_i (1 \leqslant i \leqslant n)$。如果 $P(d_1,\cdots,d_n)$ 按 I 的真值为 T(或 F),则 $P(h_1,\cdots,h_n)$ 按 I^* 的真值为 T(或 F)。

I 和 I^* 有如下性质。

- 若某定义域 D 上的解释 I 满足子句集合 S,则与 I 相对应的任一 H 解释 I^* 也满足 S。
- 子句集合 S 是不可满足的,当且仅当 S 在 S 的所有 H 解释下都为假。

这些性质将 S 在一般论域 D 上的不可满足问题缩小成了可数集 H 上的不可满足问题。

2. 语义树

由 H 解释的定义可以看出,通常子句集合 S 的 H 解释的个数是可数的,这样可以使用"语义树"枚举出 S 的所有可能的 H 解释,形象地描述子句集在 H 域上的所有解释,以观察每个分枝对应的 S 的逻辑真值是真还是假。

当子句集包含的原子公式均为命题时,其原子集是有限集,则很容易画出完整的语义树。

例 2.24 令 $A = \{P, Q, R\}$ 是子句集合 S 的原子集合。画出其语义树。

由于每个基原子只可能有两个真值(T 和 F),所以很容易以二叉树的形式建立语义树,图 2-3 所示的就是 S 的完整的语义树。

从图 2-3 上可以看出,从树根结点 n_0 到叶结点 n 的路径就指示了一个解释,记为 $I(n)$,其表示为路径上标记的集合,每个标记是一个文字。例如,$I(n_{32}) = \{P, Q, \neg R\}$。可以对语义树指示的每个解释,判别子句集的真假性,进而判别子句集的永真、可满足,还是不可满足。

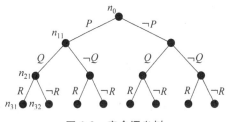

图 2-3 完全语义树

对于一般的子句集,H 是可数无穷集,从而相应的语义树也可能成为一棵无穷树。

例 2.25 研究 $S = \{P(x) \lor Q(f(x)), \neg P(a), \neg Q(y)\}$。$S$ 的原子集合为
$$A = \{P(a), Q(a), P(f(a)), Q(f(a)), P(f(f(a))), \cdots\}$$
图 2-4 所示的是 S 的一个无限语义树。

对无穷语义树,如果子句集是不可满足的,则不必无限地扩展语义树,就可以确定语义树上的所有路径都分别对应一个导致子句集不可满足的解释,这样的语义树称为封闭语义树。对于图 2-4 所示的无限语义树,其封闭语义树如图 2-5 所示。

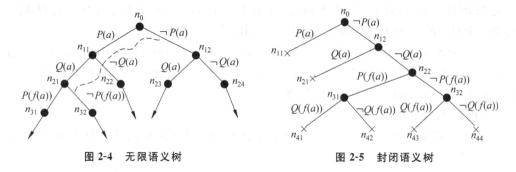

图 2-4　无限语义树　　　　　图 2-5　封闭语义树

首先看根结点 n_0,它表示没有任何解释,显然 S 中的子句无法确定其真假值(除非是永真式或永假式在不需要任何解释的时候可以确定真假值)。

接着看结点 n_{11},对 $n_0 n_{11}$ 分枝所标记的 $P(a)$ 指派真值,如果 $P(a)$ 指派为 T,子句 $\neg P(a)$ 为 F,从而使子句集 S 不满足;像这样,从根结点 n_0 到结点 n_{11} 的赋值使得子句集不满足,而根结点 n_0 无法确定子句集是否可满足,结点 n_{11} 称为失败结点,这里用×表示。如果 $P(a)$ 指派为 F(结点 n_{12}),则 S 中没有一个子句的真值是可以确定,还需要看其他原子的真值指派,所以 n_{12} 不是失败结点。

对 $Q(a)$ 指派为真值,如果 $Q(a)$ 指派为 T,则子句 $\neg Q(y)$ 为 F(注意,变量 y 受全称变量的约束),则 n_{21} 为失败结点;如果 $Q(a)$ 指派为 F,则 S 中同样也没有一个子句的真值是可以确定的,还需要看其他原子的真值指派。

接着给 $P(f(a))$ 指派真值,无论是指派 T,还是指派 F,都无法使 S 中的子句确定其真假,所以 n_{31}、n_{32} 都不是失败结点。给 $Q(f(a))$ 指派真值,看结点 n_{41},$Q(f(a))$ 指派为 T,这时 $\neg Q(y)$ 为 F(只要将 y 置换为 $f(a)$),所以 n_{41} 为失败结点。当 $Q(f(a))$ 指派为 F 时,$P(x) \lor Q(f(x))$ 为 F(只要将 x 置换为 a),所以 n_{42} 也为失败结点。同样,可以确定 n_{43}、n_{44} 都是失败结点。至此可以生成如图 2-5 所示的封闭语义树。因此,可以说封闭语义树就是每个分枝都有失败结点的语义树。

从上面可以看出,语义树中每一个导致子句集 S 不可满足的路径(对应于 H 域上的一个解释)都至少引起一个子句的基例为 F,例如:

$$I(n_{42}) = \{\neg P(a), \neg Q(a), P(f(a)), \neg Q(f(a))\}$$

使得子句 $P(x) \lor Q(f(x))$ 的基例 $P(a) \lor Q(f(a))$ 为假。当建立一棵封闭语义树时,实际上也就建立了一个由有限个不可同时满足的基例构成的集合 S'。

3. Herbrand 定理

在上述研究工作的基础上,Herbrand 提出了 Herbrand 定理,该定理是符号逻辑中的重要定理,它是机器定理证明的基础。由前面的 H 解释的性质知道,若子句集合 S 按它的任一 H 解释都为假,则可以断定 S 是不可满足的。通常 S 的 H 解释的个数是可数个,可以使用语义树组织它们。

定理 2.22(Ⅰ型 Herbrand 定理)

子句集合 S 是不可满足的,当且仅当相应 S 的每个完全语义树都存在有限封闭的语义树。

证明:设 S 是不可满足的。令 T 为 S 的任一完全语义树。

对 T 中由根结点出发的到达任一叶结点的路径 B,令 I_B 为对应 B 分枝上 S 的一个解释。因为 S 是不可满足的,I_B 必使得 S 中某子句 C 的一个基例 C' 为假。然而,由于 C' 是有限的,这样路径 B 上必存在一个失败结点 N_B。

因为 T 的每条这样的路径上都有一个失败结点,因此 S 存在封闭的语义树 T'。

反之,若相应 S 的每个完全语义树都存在一个有限封闭语义树,则其中由根结点出发的每条路径都含有失败结点。因为 S 的任一解释都对应 T 的某一分枝,这说明每个解释都使得 S 的某个子句的基例为假。所以 S 是不可满足的。证毕。

定理 2.23(Ⅱ型 Herbrand 定理) 子句集合 S 是不可满足的,当且仅当存在不可满足的 S 的有限基例集 S'。

Ⅱ型 Herbrand 定理提出了一种反驳程序,即给定一个欲证明的不可满足的子句集合 S,若存在机械程序能逐次产生 S 中子句的基例的集合 $S'_0, S'_1, \cdots$,并且能逐次检验 $S'_0, S'_1, \cdots$ 的不可满足性,则由 Herbrand 定理可知,能找出一个有限的 n,使 S'_n 是不可满足的。

这种方法效率比较低,即使对只有 10 个两文字基子句的情况也有 2^{10} 个合取式。所以,化成析取范式并不是好的方法,为此可以采用下面的规则简化计算过程。

1) 重言式规则

设从子句集合 S 中删除所有重言式得出子句集合 S',则 S' 是不可满足的,当且仅当 S 是不可满足的。

2) 单文字规则

如果在子句集 S 中存在只有一个文字的基子句 L,删除 S 中包含 L 的所有基子句得 S'。则①若 S' 是空的,则 S 是可满足的;②若 S' 非空,在 S' 中删除所有文字 $\neg L$ 得 S'',则 S 不可满足当且仅当 S'' 不可满足。

3) 纯文字规则

当文字 L 出现于 S 中,而 $\neg L$ 不出现于 S 中,便说 L 为 S 的纯文字。

如果 S 中的文字 L 是纯的,删除 S 中所有包含 L 的基子句得 S',则①若 S' 是空集,则 S 可满足;②若 S' 非空,则 S 不可满足,当且仅当 S' 不可满足。

4) 分裂规则

若子句集合 S 可以写成如下形式。

$$(A_1 \vee L) \wedge \cdots \wedge (A_m \vee L) \wedge (B_1 \vee \neg L) \wedge \cdots \wedge (B_n \vee \neg L) \wedge R$$

其中,A_i、B_i、R 与 L 和 $\neg L$ 无关,则求出集合

$$S_1 = A_1 \wedge \cdots \wedge A_m \wedge R$$
$$S_2 = B_1 \wedge \cdots \wedge B_n \wedge R$$

S 是不可满足的,当且仅当 S_1 和 S_2 都是不可满足的。

运用 Herbrand 定理并借助语义树方法,从理论上讲,可以建立计算机程序实现自动定理证明,但实际中是很难行得通的。

定理 2.24(归结原理的完备性) 子句集合 S 是不可满足的,当且仅当存在使用归结

推理规则由 S 对空子句□的演绎。

需要注意以下几点。

(1) 归结原理是半可判定的,即如果 S 不是不可满足的,则使用归结原理方法可能得不到任何结果。

(2) 归结原理是建立在 Herbrand 定理之上的。

(3) 如果在子句集 S 中允许出现等号或不等号时,归结法就不完备了。

(4) 归结方法是一种可以机械化实现的方法,它是 Prolog 语言的基础。

2.4.4 案例:一个基于逻辑的财务顾问

利用谓词演算设计一个简单的财务顾问。其功能是帮助用户决策是应该向存款账户中投资,还是向股票市场中投资。一些投资者可能想把他们的钱在这两者之间分摊。推荐给每个投资个体的投资策略依赖于他们的收入和他们已有存款的数量,需根据以下标准制定。

1) 存款数额还不充足的个体始终该把提高存款数额作为他们的首选目标,无论他们收入如何。

2) 具有充足存款和充足收入的个体应该考虑风险较高但潜在投资收益也更高的股票市场。

3) 收入较低的已经有充足存款的个体可以考虑把他们的剩余收入在存款和股票间分摊,以便既能提高存款数额,又能尝试通过股票提高收入。

存款和收入的充足性可以由个体要供养的人数决定。设定的标准是为供养的每个人至少在银行存款 5000 元。充足的收入必须是稳定的所得,每年至少补充 15 000 元,再加额外的给每个要供养的人 4000 元。

请为一个要供养 3 个人、有 22 000 元存款、25 000 元稳定收入的投资者推荐投资策略。

解:为了自动化这个咨询过程,我们把这些准则翻译成谓词演算语句。首先考虑存款和收入的充足性。用

savings_account_adequate(X)

savings_account_inadequate(X)

income_adequate(X)

income_inadequate(X)

分别表示 X 的存款充足、存款不充足、X 的收入充足及收入不充足。

结论是用二元谓词 investment 表示的,它的参数的可能值是 stocks(股票)、savings(存款)或 combination(组合)(意味应该分摊投资)。

3 条规则分别表示如下。

savings_account_inadequate(X)→investment(X,savings)

savings_account_adequate(X)∧income_adequate(X)→investment(X, stocks)

savings_account_adequate(X)∧income_inadequate(X)→investment(X, combination)

接下来,这个顾问必须判断存款和收入何时充足以及何时不充足。为了计算充足存款的最小值,定义了函数 minsavings。minsavings 具有 1 个参数,即要供养的人数,并且返回该参数的 5000 倍。

利用 minsavings,存款的充足性可以由以下规则判断。

$\forall X\,[amount\_saved(X,S) \land dependents(X,Y) \land greater(S, minsavings(Y)) \rightarrow$
$\quad savings\_account\_adequate(X)]$

$\forall X\,[amount\_saved(X,S) \land dependents(X,Y) \land \neg greater(S, minsavings(Y)) \rightarrow$
$\quad savings\_account\_inadequate(X)]$

其中,$minsavings(Y) = 5000 * Y$。

在这些定义中,$amount\_saved(X,S)$ 和 $dependents(X,Y)$ 断言投资者 X 的当前存款额度 S 和要供养的人数 Y;$greater(X,Y)$ 是标准的算术公式,判断 X 是否大于 Y。

函数 minincome(最低收入)定义为:$minincome(X) = 15\,000 + (4000 * X)$。

当给定要供养的人数后,使用 minincome 计算充足收入的最小值。投资者的当前收入被表示为一个谓词 earnings。因为充足的收入必须既是稳定的,又要超过最小值,所以 earnings 带 3 个参数,第一个参数是投资者 X,第二个参数是所得数额,第三个参数必须等于 steady(稳定)或 unsteady(不稳定)中的一个。这个顾问需要的其他规则是

$\forall X\,[earnings(X,S,steady) \land dependents(X,Y) \land greater(S, minincome(Y)) \rightarrow$
$income\_adequate(X)]$

$\forall X\,[earnings(X,S,steady) \land dependents(X,Y) \land \neg greater(S, minincome(Y)) \rightarrow$
$income\_inadequate(X)\,]$

$\forall X\,[earnings(X,S,unsteady) \rightarrow income\_inadequate(X)]$

为了进行一次咨询,要使用谓词 amount_saved、earnings 和 dependents 把一个特定投资个体的描述加入到谓词演算的语句集合中。于是,一个要供养 3 个人、有 22 000 元存款、25 000 元稳定收入的投资者(称为 wang)被描述为

$amount\_saved(wang, 22\,000)$

$earnings(wang, 25\,000, steady)$

$dependents(wang, 3)$

这样就得到由以下语句组成的一个公式集合。

(1) $savings\_account\_inadequate(X) \rightarrow investment(X, savings)$

(2) $savings\_account\_adequate(X) \land income\_adequate(X) \rightarrow investment(X, stocks)$

(3) $savings\_account\_adequate(X) \land income\_inadequate(X) \rightarrow investment(X, combination)$

(4) $\forall X\,[amount\_saved(X,S) \land dependents(X,Y) \land greater(S, minsavings(Y)) \rightarrow$
$savings\_account\_adequate(X)]$

(5) $\forall X\,[amount\_saved(X,S) \land dependents(X,Y) \land \neg greater(S, minsavings(Y)) \rightarrow$
$savings\_account\_inadequate(X)]$

(6) $\forall X\,[earnings(X,S,steady) \land dependents(X,Y) \land greater(S, minincome(Y)) \rightarrow$
$income\_adequate(X)]$

(7) $\forall X\,[earnings(X,S,steady) \land dependents(X,Y) \land \neg greater(S, minincome$

(Y))→income_inadequate(X)]

(8) $\forall X$ [earnings(X,S,unsteady) →income_ inadequate(X)]

(9) amount_saved(wang,22 000)

(10) earnings(wang,25 000, steady)

(11) dependents(wang,3)

其中，minsavings(X)＝5 000×X，minincome(X)＝15 000＋(4 000×X)。

上述公式描述了问题域。利用合一和假言推理，适合这个投资个体(wang)的投资策略可以从这些描述中推导出来。

使用替换{wang/X, 25 000/S, 3/Y}，公式(10)和公式(11)的合取与公式(7)的前提的前两个部分合一，得到：

earnings(wang, 25 000, steady) $\wedge$ dependents(wang, 3) $\wedge \neg$ greater(25 000, minincome(3))→income_inadequate(wang)

计值函数 minincome 得到如下表达式。

earnings(wang,25 000,steady) $\wedge$ dependents(wang,3) $\wedge \neg$ greater(25 000,27 000)→income_inadequate(wang)

根据公式(10)、公式(11)和 greater 的定义，前提的3个部分均为真，所以整个前提也为真，从而得到结论 income_inadequate(wang)。这作为公式(12)加入系统。

(12) income_inadequate(wang)

类似地，把 amount_saved(wang,22 000) $\wedge$ dependents(wang,3)

与公式(4)前提的前两项使用替换{22 000/S, 3/Y}合一，得到：

amount_saved(wang,22 000) $\wedge$ dependents(wang,3) $\wedge$ greater(22 000,minsavings(3))→savings_account_adequate(wang)

这里，计值函数 minsavings(3)得到表达式：

amount_saved(wang,22 000) $\wedge$ dependents(wang,3) $\wedge$ greater(22 000,15 000)→savings_account_adequate(wang)

因为该蕴涵式前提的3个部分均为真，所以整个前提为真，得到 savings_account_adequate(wang)，并把它作为公式(13)加入系统。

(13) savings_account_adequate(wang)

从公式(12)和公式(13)，看出公式(3)的前提为真，于是得到结论 investment(wang, combination)，即给投资个体 wang 的投资建议是组合投资。

思考：米磊要供养4个人，他有30 000元的稳定收入，他的存款账户中有15 000元。向上述案例中的通用投资顾问例子中加入描述他的情况的适当谓词，然后进行必要的合一和推理，以求出提供给米磊的投资建议。

2.5 产生式系统

1943年，由 Post 提出产生式系统(production system)，使用类似于文法的规则，对符号串作替换运算。用产生式系统结构求解问题的过程和人类求解问题时的思维过程很相像，因而可以用它模拟人类求解问题时的思维过程。目前大多数的专家系统都采用产生式系统的结构建造。

产生式系统是 AI(人工智能)系统最常见的一种结构,因此分析产生式系统的组成部分及其建立问题是一个很基本的问题。当给定的问题要用产生式系统求解时,要求能掌握建立产生式系统形式化描述的方法,所提出的描述体系应具有一般性,能推广应用于这一类问题更复杂的情况。一般化的产生式系统可用来描述许多重要人工智能系统的工作原理。

产生式系统的综合数据库是指对问题状态的一种描述,这种描述必须便于在计算机中实现,因此它实际上就是 AI 系统中使用的数据结构。

高效能的 AI 系统需要问题领域的知识,通常可把这些知识细分为 3 种基本类别:①陈述性知识是关于表示综合数据库的知识,如待求解问题的特定事实等;②过程性知识是关于表示规则部分的知识,如该领域中处理陈述知识所使用的规律性知识;③控制知识是关于表示控制策略方面的知识,包括协调整个问题求解过程中所使用的各种处理方法、搜索策略、控制结构有关的知识。用产生式系统求解问题时的主要任务就是如何把问题的知识组织成陈述、过程和控制这 3 种组成部分,以便在产生式系统中更充分地得到应用。

2.5.1 产生式系统的表示

产生式系统的基本要素是,一个综合数据库(globe database)、一组产生式规则(set of rules)和一个控制系统(control system)。

综合数据库是产生式系统所使用的主要数据结构,它用来表述问题状态或有关事实,即它含有所求解问题的信息,其中有些部分可以是不变的,有些部分则可能只与当前问题的解有关。

人们可以根据问题的性质,用适当的方法构造综合数据库的信息。

产生式规则的一般形式为

if…then…

其中左半部确定了该规则可应用的先决条件,右半部描述了应用这条规则所采取的行动或得出的结论。一条产生式规则满足了应用的先决条件之后,就可对综合数据库进行操作,使其发生变化。

如综合数据库代表当前状态,则应用规则后就使状态发生转换,生成新状态。

控制系统或策略是规则的解释程序。它规定了如何选择一条可应用的规则对数据库进行操作,即决定了问题求解过程的推理路线。当数据库满足结束条件时,系统就应停止运行,还要使系统在求解过程中记住应用过的规则序列,以便最终能给出解的路径。

上述产生式系统的定义具有一般性,它可用来模拟任一可计算过程。在研究人类进行问题求解过程时,完全可用一个产生式系统模拟求解过程,即可作为描述搜索的一种有效方法。

用产生式系统求解这一类问题时,其基本过程可描述如下:

过程 PRODUCTION

```
1.  DATA              ←初始数据库
2.  until DATA 满足结束条件以前, do:
3.    begin
4.      在规则集中, 选某一条可应用于 DATA 的规则 R
5.      DATA        ←R 应用到 DATA 得到的结果
6.    end
```

这个过程是不确定的,因为在第 4 步没有明确规定如何挑选一条合用的规则,但用它求解问题,循环过程实际上就是一个搜索过程。

下面通过九宫图游戏和 M-C 问题说明如何用产生式系统描述或表示求解的问题,以及用产生式系统求解问题的基本思想。

2.5.2 案例:九宫图游戏

在 3×3 组成的九宫格棋盘上摆有 8 个将牌,每一个将牌都刻有 1~8 中的某一个数码。棋盘中留有一个空格,允许其周围的某一个将牌向空格移动。这样,通过移动将牌可以不断改变将牌的布局。

这种游戏求解的问题是,给定一种初始的将牌布局(称初始状态)和一个目标布局(称目标状态),问如何移动将牌,实现从初始状态到目标状态的转变。

问题的解答其实就是给出一个合法的走步序列。

要用产生式系统求解这个问题,首先必须建立起问题的产生式系统描述,即规定出综合数据库、规则集合及其控制策略。

设给定的具体问题如图 2-6 所示。

(1) 综合数据库:这里要选择一种数据结构表示将牌的布局。通常可用来表示综合数据库的数据结构有符号串、向量、集合、数组、树、表格、文件等。对九宫图问题,选用二维数组表示将牌的布局很直观,因此该问题的综合数据库可用如下形式表示。

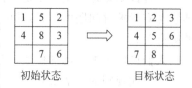

图 2-6 一个九宫图游戏实例

$$(S_{ij}),$$

其中, $1 \leqslant i, j \leqslant 3$, $S_{ij} \in \{0, 1, \cdots, 8\}$, 且 S_{ij} 互不相等, 0 表示空格。

这样,每一个具体的矩阵就可表示一个棋局状态。所有可能的状态集合就构成该问题的状态空间。

(2) 规则集合:移动一块将牌就使状态发生转变。改变状态有 4 种走法:空格左移、空格上移、空格右移、空格下移。这 4 种走法可用 4 条产生式规则模拟,应用每条规则都应满足一定的条件。于是规则集可表示如下。

设 S_{ij} 记矩阵第 i 行第 j 列的数码, i_0, j_0 记空格所在的行、列数值,即 $S_{i_0 j_0} = 0$,则

if $j_0 - 1 \geqslant 1$ then $S_{i_0 j_0} := S_{i_0(j_0-1)}, S_{i_0(j_0-1)} := 0;$

($S_{i_0 j_0}$ 向左)

if $i_0 - 1 \geqslant 1$ then $S_{i_0 j_0} := S_{(i_0-1) j_0}, S_{(i_0-1) j_0} := 0;$

($S_{i_0 j_0}$ 向上)

if $j_0+1 \leq 3$ then $S_{i_0 j_0} := S_{i_0(j_0+1)}, S_{i_0(j_0+1)} := 0$;

($S_{i_0 j_0}$向右)

if $i_0+1 \leq 3$ then $S_{i_0 j_0} := S_{(i_0+1)j_0}, S_{(i_0+1)j_0} := 0$;

($S_{i_0 j_0}$向下)

(3) 搜索策略：从规则集中选取规则并作用于状态的一种广义选取函数。确定某一种策略后，以算法的形式给出。在建立产生式系统描述时，还要给出初始状态和目标条件，具体说明所求解的问题。产生式系统中控制策略的作用是从初始状态出发，寻求一个满足一定条件的目标状态。对该问题，初始状态和目标状态可分别表示为

$$\begin{array}{|c|c|c|} \hline 1 & 5 & 2 \\ \hline 4 & 8 & 3 \\ \hline & 7 & 6 \\ \hline \end{array} \quad \begin{array}{|c|c|c|} \hline 1 & 2 & 3 \\ \hline 4 & 5 & 6 \\ \hline 7 & 8 & \\ \hline \end{array}$$

建立了产生式系统描述之后，通过控制策略可求得实现目标的一个走步序列(即规则序列)，这就是所谓的问题的解，如走步序列(右、上、上、右、下、下)就是一个解。这个解序列是根据控制系统记住搜索目标过程中用过的所有规则而构造出来的。

一般情况下，问题可能有多个解的序列，但有时会要求得到有某些附加约束条件的解，例如要求步数最少、距离最短等。这个约束条件通常用代价(cost)概括，此问题可叙述为寻找具有最小代价的解。

现在再来看一下人们是如何求解九宫图游戏的。

首先是仔细观察和分析初始的棋局状态，通过思考决定走法之后，就移动某一块将牌，从而改变布局，与此同时还能判定出这个棋局是否达到了目标。如果尚未达到目标状态，则以这个新布局作为当前状态，重复上述过程一直进行下去，直至到达目标状态为止。可以看出，用产生式系统描述和求解这个问题，也是在这个问题空间中去搜索一条从初始状态到达目标状态的路径。这完全可以模拟人们的求解过程，也就是可以把产生式系统作为求解问题思考过程的一种模拟。

关于该问题的讨论，可参见参考文献[10]。

2.5.3 案例：传教士和野人问题

有 N 个传教士(Missionary)和 N 个野人(Cannibal)来到河边准备渡河，河岸有一条船，每次至多可供 k 人乘渡。问传教士为了安全起见，应如何规划摆渡方案，使得任何时刻河两岸以及船上的野人数目总不超过传教士的数目，即求解传教士和野人从左岸全部摆渡到右岸的过程中，任何时刻满足 M(传教士数)$\geq C$(野人数)和 $M+C \leq k$ 的摆渡方案。

设 $N=3, k=2$，则给定的问题可用图2-7表示。图中 L 和 R 表示左岸和右岸，$B=1$ 或 0 分别表示有船或无船。约束条件是两岸上 $M \geq C$，船上 $M+C \leq 2$。

(1) 综合数据库，用三元组表示，即

$$(M_L, C_L, B_L),$$

其中 $0 \leq M_L, C_L \leq 3, B_L \in \{0,1\}$。

	L	R
M	3	0
C	3	0
B	1	0

	L	R
M	0	3
C	0	3
B	0	1

(a) 初始状态　　　　　　　　　(b) 目标状态

图 2-7　M-C 问题实例

此时问题描述简化为

$$(3,3,1) \rightarrow (0,0,0)$$

$N=3$ 的 $M\text{-}C$ 问题,状态空间的总状态数为 $4\times4\times2=32$,根据约束条件的要求,可以看出只有 20 个合法状态。再进一步分析后,又发现有 4 个合法状态实际上是不可能达到的。因此,实际的问题空间仅由 16 个状态构成。下面列出分析的结果:

(M_L,C_L,B_L)		(M_L,C_L,B_L)	
(0, 0, 1)	达不到	(0, 0, 0)	
(0, 1, 1)		(0, 1, 0)	
(0, 2, 1)		(0, 2, 0)	
(0, 3, 1)		(0, 3, 0)	达不到
(1, 0, 1)	不合法	(1, 0, 0)	不合法
(1, 1, 1)		(1, 1, 0)	
(1, 2, 1)	不合法	(1, 2, 0)	不合法
(1, 3, 1)	不合法	(1, 3, 0)	不合法
(2, 0, 1)	不合法	(2, 0, 0)	不合法
(2, 1, 1)	不合法	(2, 1, 0)	不合法
(2, 2, 1)		(2, 2, 0)	
(2, 3, 1)	不合法	(2, 3, 0)	不合法
(3, 0, 1)	达不到	(3, 0, 0)	
(3, 1, 1)		(3, 1, 0)	
(3, 2, 1)		(3, 2, 0)	
(3, 3, 1)		(3, 3, 0)	达不到

(2) 规则集合:由摆渡操作组成。

该问题主要有两种操作: p_{mc} 操作(规定为从左岸划向右岸)和 q_{mc} 操作(规定为从右岸划向左岸)。

每次摆渡操作,船上人数有 5 种组合,因而组成有 10 条规则的集合。

If($M_L,C_L,B_L=1$) 　then 　(M_L-1,C_L,B_L-1);　　　　(p_{10} 操作)

If($M_L,C_L,B_L=1$) 　then 　(M_L,C_L-1,B_L-1);　　　　(p_{01} 操作)

If($M_L,C_L,B_L=1$) 　then 　(M_L-1,C_L-1,B_L-1);　　(p_{11} 操作)

If($M_L,C_L,B_L=1$) 　then 　(M_L-2,C_L,B_L-1);　　　　(p_{20} 操作)

If($M_L,C_L,B_L=1$) 　then 　(M_L,C_L-2,B_L-1);　　　　(p_{02} 操作)

If($M_L,C_L,B_L=0$) 　then 　(M_L+1,C_L,B_L+1);　　　　(q_{10} 操作)

If($M_L,C_L,B_L=0$)　　then　　(M_L,C_L+1,B_L+1);　　　　（q_{01}操作）
If($M_L,C_L,B_L=0$)　　then　　(M_L+1,C_L+1,B_L+1);　　（q_{11}操作）
If($M_L,C_L,B_L=0$)　　then　　(M_L+2,C_L,B_L+1);　　　（q_{20}操作）
If($M_L,C_L,B_L=0$)　　then　　(M_L,C_L+2,B_L+1);　　　（q_{02}操作）

（3）初始和目标状态，即(3,3,1)和(0,0,0)。建立了产生式系统描述之后，就可以通过控制策略对状态空间进行搜索，求得一个摆渡操作序列，使其能够实现目标状态。

在讨论用产生式系统求解问题时，有时引入状态空间图的概念很有帮助。状态空间图是一个有向图，其结点可表示问题的各种状态（综合数据库），结点之间的弧线代表一些操作（产生式规则），它们可把一种状态导向另一种状态。

这样建立起来的状态空间图描述了问题所有可能出现的状态及状态和操作之间的关系，因而可以较直观地看出问题的解路径及其性质。实际上，只有问题空间规模较小的问题才可能做出状态空间图，例如，$N=3$ 的 M-C 问题，其状态空间图如图 2-8 所示。由于每个摆渡操作都有对应的逆操作，即 p_{mc} 对应 q_{mc}，所以该图也可表示成具有双向弧的形式。

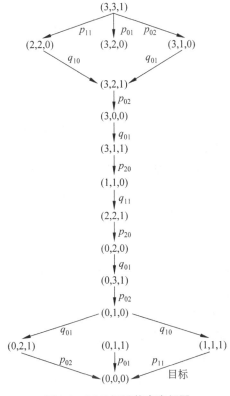

图 2-8　M-C 问题状态空间图

从状态空间图看出解序列相当多，但最短解序列只有 4 个，均由 11 次摆渡操作构成。若给定其中任意两个状态分别作为初始和目标状态，就可立即找出对应的解序列。一般情况下，求解过程就是对状态空间搜索出一条解路径的过程。

对问题表示的好坏，往往对求解过程的效率有很大影响。一种较好的表示法会简化状态空间和规则集表示,例如,九宫图问题中,如用将牌移动描述规则,则8块将牌就有32条的规则集,显然用空格走步描述就简单得多。

又如,M-C问题中,用3×2的矩阵给出左·右岸的情况表示一种状态当然可以,但显然仅用描述左岸的三元组描述就足以表示出整个情况,因此必须十分重视选择较好的问题表示法。以后的讨论还可以看到高效率的问题求解过程与控制策略有关,合适的控制策略可缩小状态空间的搜索范围,提高求解的效率。

2.5.4 产生式系统的控制策略

在2.5.1节的PRODUCTION过程中,如何选择一条可应用的规则,作用于当前的综合数据库,生成新的状态以及记住选用的规则序列是构成控制策略的主要内容。

对大多数的人工智能应用问题,所拥有的控制策略知识或信息并不足以使每次通过算法第4步时,一下子就能选出最合适的一条规则,因而人工智能产生式系统的运行就表现出一种搜索过程,在每一个循环中选一条规则试用,直至找到某一个序列能产生一个满足结束条件的数据库为止。

由此可见,高效率的控制策略需要有关被求解问题的足够知识,这样才能在搜索过程中减少盲目性,比较快地找到解路径。

控制策略可划分为不可撤回方式和试探性方式两大类,其中试探性方式又可分为回溯方式和图搜索方式。

1. 不可撤回方式

利用问题给出的局部知识决定如何选取规则,根据当前可靠的局部知识选一条可应用规则并作用于当前综合数据库。接着再根据新状态继续选取规则,搜索过程一直进行下去,不必考虑撤回用过的规则。这是由于在搜索过程中如能有效利用局部知识,即使使用了一条不理想的规则,也不妨碍下一步选得另一条更合适的规则。这样,不撤销用过的规则并不影响求到解,只是解序列中可能多了一些不必要的规则。

人们在登山过程中,目标是爬到峰顶,问题就是确定如何一步一步地朝着目标前进达到顶峰。其实这就是一个在"爬山"过程中寻求函数的极大值问题。

利用高度随位置变化的函数 $H(P)$ 引导爬山,就可实现不可撤回的控制方式。

用不可撤回的方式(爬山法)求解登山问题,只有在登单峰的山时才总是有效的(即对单极值的问题可找到解)。对于比较复杂的情况,如碰到多峰、山脊或平顶的情况时,爬山搜索法并不总是有效。多峰时如果初始点处在非主峰的区域,则只能找到局部优的点上,即得到一个虚假的实现了目标的错觉。对有山脊的情况,如果搜索方向与山脊的走向不一致,就会停留在山脊处,并以为找到极值点。当出现大片平原区把各山包孤立起来时,就会在平顶区漫无边际地搜索,总是试验不出度量函数有变化的情况,这导致随机盲目地搜索。

运用爬山过程的思想使产生式系统具有不可撤回的控制方式,首先要建立一个描述综合数据库变化的函数,如果这个函数具有单极值,且这个极值对应的状态就是目标,则不可撤回的控制策略就是选择使函数值发生最大增长变化的那条规则作用于综合数据库,如此循环下去,直到没有规则使函数值继续增长,这时函数值取最大值,满足结束条件。

以九宫图为例,用"不在位"将牌个数并取其负值作为状态描述的函数$-W(n)$("不在位"将牌个数是指当前状态与目标状态对应位置逐一比较后有差异的将牌总个数,用$W(n)$表示,其中n表示任一状态)。用这样定义的函数就能计算出任一状态的函数值。沿着状态变化路径,可能出现有函数值不增加的情况,这时就要任选一条函数值不减小的规则来应用,如果不存在这样的规则,则过程停止。

一般来说,爬山函数会有多个局部的极大值情况,这样一来就会破坏爬山法找到真正的目标。例如,初始状态和目标状态分别如下。

1	2	5
	7	4
8	6	3

1	2	3
	7	4
8	6	5

任意一条可应用于初始状态的规则都会使$-W(n)$下降,这相当于初始状态的描述函数值处于局部极大值上,搜索过程停止不前,找不到代表目标的全局极大值。

从以上讨论可看出对人工智能感兴趣的一些问题,使用不可撤回的策略虽然不可能对任何状态总能选得最优的规则,但是如果应用了一条不合适的规则之后,不去撤销它并不排除下一步应用一条合适的规则,只是解序列有些多余的规则而已,求得的解不是最优解,但控制较简单。

此外还应当看到,有时很难对给定问题构造出任何情况下都能通用的简单爬山函数(即不具多极值或"平顶"等情况的函数),因而不可撤回的方式具有一定的局限性。

1) 回溯方式

在问题求解过程中,有时会发现应用一条不合适的规则会阻挠或拖延达到目标的过程。在这种情况下,需要有这样的控制策略,先试一试某一条规则,如果以后发现这条规则不合适,则允许退回去,另选一条规则来试。

对九宫图游戏,回溯应发生在以下 3 种情况:①新生成的状态在通向初始状态的路径上已出现过;②从初始状态开始,应用的规则数目达到所规定的数目之后还未找到目标状态(这一组规则的数目实际上就是搜索深度范围所规定的);③对当前状态,再没有可应用的规则。

回溯过程是一种可试探的方法,从形式上看不论是否存在对选择规则有用的知识,都可以采用这种策略。

即如果没有有用的知识引导规则选取,那么规则可按任意方式(固定排序或随机)选取,如果有好的选择规则的知识可用,那么用这种知识引导规则选取,就会减少盲目性,降低回溯次数,甚至不回溯就能找到解,总之,一般来说有利于提高效率。此外,引入回溯机理可以避免陷入局部极大值的情况,继续寻找其他达到目标的路径。

2) 图搜索方式

如果把问题求解过程用图或树的结构描述,即图中的每一个结点代表问题的状态,结点间的弧代表应用的规则,那么问题的求解空间就可由隐含图描述。

图搜索方式就是用某种策略选择应用规则,并把状态变化过程用图结构记录下来,一直到得出解为止,也就是从隐含图中搜索出含有解路径的子图。

2. 试探性方式

这是一种穷举的方式，对每一个状态可应用的所有规则都要去试，并把结果记录下来。这样，求得一条解路径要搜索到较大的求解空间。当然，如果利用一些与问题有关的知识引导规则的选择，有可能搜索较窄的空间就能找到解。

对一个要求解的具体问题，有可能用不同的方式都能求得解，至于选用哪种方式更适宜，往往还需要根据其他一些实际要求考虑决定。

2.6 语义网络

语义网络是 J. R. Quillian 1968 年在博士论文中作为人类联想记忆的一个显式心理学模型最先提出的。他主张在处理自然语言词义理解问题时，应当把语义放在第一位，一个词的含义只有根据它所处的上下文环境才能准确地把握。基于 J. R. Quillian 的工作，Simon 于 1970 年正式提出了语义网络这个概念。自 20 世纪 70 年代中期以来，语义网络已在专家系统、自然语言理解等领域得到广泛应用。

2.6.1 基本命题的语义网络表示

语义网络形式上是一个有向图，由一个结点和若干条弧线构成，结点和弧都可以有标号。结点表示一个问题领域中的物体、概念、事件、动作或状态，弧表示结点间的语义联系。

在语义网络知识表示中，结点一般划分为实例结点和类结点（概念结点）两种类型。如"汽车"这样的结点是类结点，而"我的汽车"则是实例结点。有向弧用于刻画结点之间的语义联系，是语义网络组织知识的关键。由于语义联系非常丰富，不同应用系统所需的语义联系和种类及其解释不尽相同。比较典型的语义联系有两种。

1. 以个体为中心组织知识的语义联系

以个体为中心组织知识，其结点一般都是名词性个体或概念，通过实例、泛化、聚集、属性等联系作为有向弧描述有关结点概念之间的语义联系。

1) 实例联系

实例联系是用于表示类结点与实例结点之间的联系，通常用 ISA 标识，如图 2-9 所示。

一个实例结点可以通过 ISA 连接多个类结点，多个实例结点也可以通过 ISA 与一个类结点连接。

图 2-9 实例联系举例

通过类结点表示实例之间的相关性，并使同类实例结点的共同特征通过与此相连的类结点描述，从而实现了知识的共享。

2) 泛化联系

泛化联系是用于表示类结点（如熊猫）与抽象层次更高的类结点（如哺乳动物）之间的联系，通常用 AKO(A Kind Of)标识。通过 AKO 可以将不同抽象层次的类结点组织成一个 AKO 层次网络，如图 2-10 所示。

泛化联系允许低层类结点继承高层类结点的属性，因而一些共同的属性不必在每个低层类结点中重复。

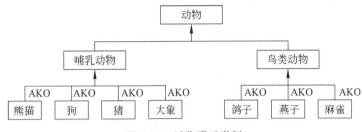

图 2-10　泛化联系举例

3）聚集联系

聚集联系是用于表示与其组成成分之间的联系,通常用 Part-of 表示,如图 2-11 所示。

4）属性联系

属性联系是用于表示个体、属性及其取值之间的联系。通常用有向弧表示属性,用弧所指向的结点表示属性的值,如图 2-12 所示。

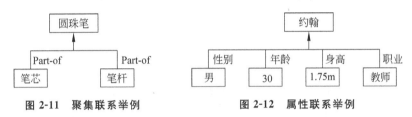

图 2-11　聚集联系举例　　　　图 2-12　属性联系举例

图 2-13 是描述桌子的语义网络,其中包含了上述实例、泛化、聚集和属性 4 种联系。由图 2-13 可见,以个体为中心组织知识,其结点一般都是各词性个体或概念,其间的语义联系通过 ISA、AKO、Part-of 以及属性标识的有向弧实现。

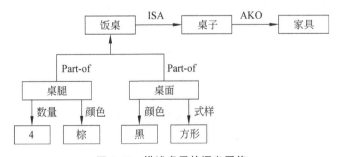

图 2-13　描述桌子的语义网络

2. 以谓词或关系为中心组织知识的语义联系

设有 n 元谓词或关系 $R(arg1, arg2, \cdots, argn)$,分别取值为 $a1, a2, \cdots, an$,其对应的语义网络可表示为图 2-14 的形式。

为了表示"有一张木头做的方桌"这一知识可用以个体为中心组织知识的语义网络表示,如图 2-15(a)所示。图

图 2-14　关系语义网络表示

中,Comp 表示材料属性,Form 表示形状属性。也可用以谓词为中心组织知识的语义网络表示,如图 2-15(b)所示。图中,Comp(桌子,木头)表示"桌子的材料是木头"这一谓词;Form(桌子,方形)表示"桌子的形状是方形的"这一谓词。

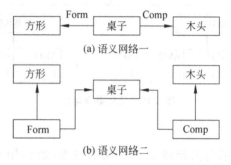

图 2-15 "有一张木头做的方桌"的语义网络

与个体结点一样,关系结点同样可以划分为类结点和实例结点两种。实例关系结点与类关系结点之间用 ISA 标识,如图 2-16 所示。图中把动作 give 看作一个三元关系,其属性分别为给予者(giver)、接收者(recipient)和被给的物体(object)。giver 为实例关系结点,give 为类关系结点。

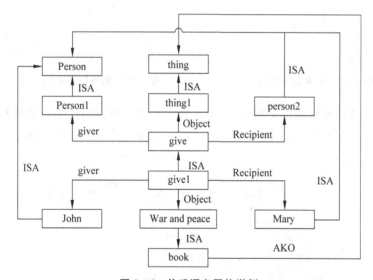

图 2-16 关系语义网络举例

2.6.2 连接词在语义网络中的表示

1. 合取

由于语义网络从本质上讲,只能表示二元关系,因此当要用它表示多元关系时,就把多元关系转化为二元关系的合取。例如,图 2-17 给出了 John gives Mary a book. 的语义网络表示。图中,结点为"与"结点,与 G 结点相连的 Giver、Recipient 及 Object 3 个连接构成合取关系。

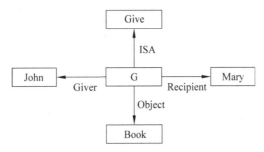

图 2-17 合取的语义网络表示

2. 析取

在语义网络中,如果不加标志,就表示连接之间的关系是合取关系,而对析取、否定和蕴涵关系,都加有标志。在连接上加注 DIS 析取界限表示析取关系。例如,要表示

$$ISA(A,B) \vee Part\text{-}of(B,C)$$

其语义网络如图 2-18 所示。如果不加注析取界限,则此网络就可能误解为

$$ISA(A,B) \wedge Part\text{-}of(B,C)$$

3. 否定

在语义网络中,否定的表示有两种。对单个关系的否定可在弧的标记前加上否定符号 $\neg$,如 $\neg(ISA(A,B))$ 可表示为图 2-19(a)。表示多个关系的合取或析取的否定时,可采用 NEG 界限标注,如图 2-19(b) 所示。

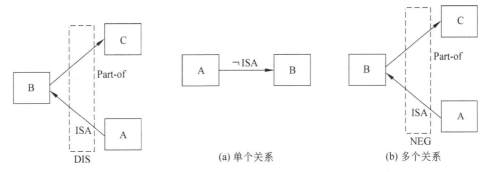

图 2-18 析取的语义网络表示　　　图 2-19 否定的语义网络表示

4. 蕴涵

在语义网络中,用标注 ANT(antectedent) 和 CONSE(consequence) 界限分别表示蕴涵前件和蕴涵后件。例如:

Every one who lives at 37 Maple Street is a programmer.

可用语义网络表示为图 2-20。图中,在前件部分用 Y 结点表示地址,X 结点是一个变量,表示与 Y 事件有关的人;在后件部分建立了一个表示职业的结点。一个特定的职业是 X 和 Y 的函数,没有必要以新的变量标识。图中的虚线框分别标注出与前、后件有关的弧,并用虚线把两个界限连接起来,以表示蕴涵关系。

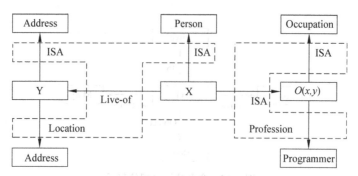

图 2-20 蕴涵的语义网络表示

2.6.3 语义网络的推理

目前,大多数语义网络采用的推理机制主要有两种,即匹配和继承。

1. 匹配

在语义网络中,事物是通过语义网络这种结构描述的,事物的匹配则为结构上的匹配,包括结点和弧的匹配。用匹配的方法进行推理时,首先构造问题的目标网络块,然后在事实网络中寻找匹配。推理从一条弧连接的两个结点的匹配开始,再匹配与这两个结点相连接的所有其他结点,直到问题得到解答。这种方法的例子如图 2-21 所示,其中图 2-21(a)为事实网络,图 2-21(b)为目标网络。

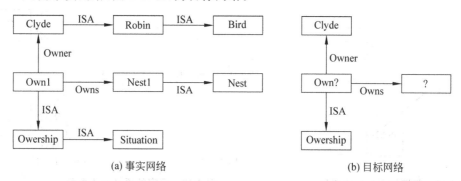

图 2-21 网络的匹配过程

图 2-21(b)表示这样一个问题:
What does Clyde own?

用图 2-21(b)这个目标网络去匹配事实网络图 2-21(a),寻找一个有一条 Owner 弧指向 Clyde 的 Own 结点。当找到这样的结点时,Owner 弧指向的结点即为上述问题的答案(Nest1),否则答案将是:

Clyde doesn't own anything.

当事实网络较大或较复杂时,在匹配算法中可加入一些含有启发式知识的选择器函数,以提供事实网络中哪些结点和弧可以优先考虑匹配和怎样匹配的建议。这种选择器函数能加速匹配的搜索过程。

2. 继承

在语义网络中,所谓继承是把对事物的描述从概念结点或类结点传送到实例结点。这种推理过程类似于人的思维过程。一旦知道了某种事物的身份,便可联想起很多关于这件事物的一般描述。语义网络的继承推理方式有3种:值继承、"默认"继承和"附加过程"继承。

1) 值继承

以图 2-22 为例,说明怎样使用值继承推理求出 Brick1 的形状。作为问题的给定结点 Brick1 和弧 Shape(形状),从 Brick1 结点出发,检查是否有以其为出发点的 Shape 弧。如果有,则 Shape 指向结点的值即为解;否则依次检查与 Brick1 相连的 ISA 弧指向的结点,如果有从这些结点出发的 Shape 弧,则找到解。图中有与 Brick 结点相连的 Shape 弧,它指向结点 Rectangular,即得到 Brick1 的形状为 Rectangular(矩形)的解。如果从所有通过 ISA 弧与 Brick1 相连的这些结点上都没有出发的 Shape 弧,则开始查找 AKO 链指向的结点,看是否有 Shape 弧从那里出发。如此搜索下去,如果直到最后都找不到 Shape 弧,则宣布搜索失败。

2) "默认"继承

某些情况下,在对事物所做的假设不是十分有把握时,最好对假设加上"可能"这样的词。例如,头痛可能是感冒,但不能肯定。把这种具有相当程度的真实性但有不能十分肯定的值称为"默认"值。表示该结点的值为"默认"值的方法,是在指向该结点的弧的标注下加上 DEFAULT 标记。图 2-23 所示网络的含义是,从整体来说,Block 的颜色可能是 Blue,而 Brick 的颜色可能是 Red。

"默认"继承的推理过程类似于值继承,不过搜索的是给定弧标注下带有 Default 标记的弧。

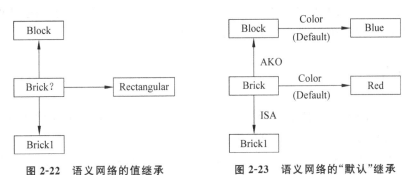

图 2-22 语义网络的值继承　　图 2-23 语义网络的"默认"继承

3) "附加过程"继承

在某些情况下,对事物的描述不能直接从概念结点或类结点继承而得,但可以利用已知的信息计算。例如,可以根据体积和密度计算积木的重量。进行上述计算的程序称为 if-needed 程序,存放在带有 IF-NEEDED 附加标记的弧指向的结点中。如图 2-24(a)所示,一个计算重量的程序存放在连接 Block 结点的 Weight 弧(下加 IF-NEEDED 标记)指向的结点中。

"附加过程"继承推理的过程类似于值继承过程。如图 2-24(b)所示,为了得到 Brick1 的重量,搜索下加 IF-NEEDED 标记的 Weight 弧,执行 if-needed 程序,然后在

Brick1 结点上添加 Weight 弧,并把 if-needed 程序的执行结果(即重量),填入 Weight 弧指向的结点。

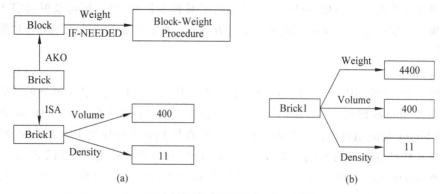

图 2-24 语义网络的"附加过程"继承

2.6.4 语义网络表示的特点

由结点和弧组成的语义网络表达直观、自然,易于理解,其继承推理方式符合人类的思维习惯。语义网络把事物的结构、属性及事物间的联系显式地表达出来,与一个事物相关的事实、特征、关系可以通过相应结点的弧推导出来。基于语义网络表达的系统便于以联想方式实现系统的解释。

但语义网络表示法试图用结点代表世界上的各种事物,用弧代表事物间的任何联系,其形式过于简单。如果结点间的联系只局限于几种典型的关系,则难以表达较复杂的关系;而增加联系又会大大增加网络的复杂度,相应的知识存储和检索过程就会变得十分复杂。事实上,语义网络的管理和维护也是很复杂的。

2.7 框架

在人类日常的思维和求解问题活动中,当分析和解释新的情况时,常常使用从过去的经验中积累起来的知识。这些知识规模巨大而且以很好的组织形式存储在人类的记忆中。由于过去的经验是由无数个具体事例、事件组成的,人们无法把所有事例、事件的细节都一一存储在大脑中,而只能以一个通用的数据结构形式存储。这样的数据结构称为框架。对一个特定的事物,只要把它的特征数据填入框架,该框架就表示了该事物。同时,可以根据以往的经验获得的概念对这些数据进行分析和解释,还可以寻找与该事物有关的统计信息。

2.7.1 框架的构成

一个框架(frame)由框架名和一组用于描述框架各方面具体属性的槽(slot)组成。每个槽设有一个槽名,它的值描述框架所表示的事物的各组成部分的属性。在较复杂的框架中，槽下面还可进一步区分为多个侧面(facet)，每个侧面又有一个或多个侧面值，每个侧面值又可以是一个值或是一个概念的陈述。

框架的结构可以抽象地表示如下。

```
<框架名>
<槽名 1>       <侧面值 11><值 111>…
               <侧面值 12><值 121>…
                    ⋮
               <侧面值 1m><值 1m1>…
                    ⋮
<槽名 n>       <侧面值 n1><值 n11>…
               <侧面值 n2><值 n21>…
                    ⋮
               <侧面值 nm><值 nm1>…
```

图 2-25 所示是一个描述椅子概念的简单框架的例子。该框架含有 4 个槽：物体的范畴(建立物体间的属性继承关系)、椅子腿的数目、靠背式样和槽值。

```
CHAIR Frame
   Specialization-of:FURNITURE
   Number-of-Legs:an integer(DEFAULT 4)
   Style-of-Back:Straight,Cushioned
   Number-of-Arms:0,1 or 2
```
(a)

```
JOHN'S-CHAIR Frame
   Specialization-of:CHAIR
   Number-of-Legs:4
   Style-of-Back:Cushioned
   Number-of-Arms:0
```
(b)

图 2-25 椅子概念的简单框架

下面的示例是关于饭店的一个框架结构。

```
Generic RESTAURANT Frame
Specialization-of:Business-Establishment
Types:
   range: (Cafeteria,Seat-Yourself,Wait-To-Be-Seated)
   default: Wait-To-Be-Seated
   if-need: IF plastic-orange-counter THEN Cafeteria
            IF wait-for-Waitress-sign OR reservations-made
               THEN wait-To-Be-Seated
            OTHERWISE Seat-Yourself
Location:
   range: an ADDRESS
   if-needed: (Look at the MENU)
Name:
   if-needed: (Look at the MENU)
Food-Style:
   Range:(Burgers,Chinese,American,Seafood,French)
   default:American
   if-needed:(Update Alternative of Restaurant)
Times-of-Operation:
```

```
    Range:a Time-of-Day
      default:open evenings except Mondays
Payment-Form:
    Range:(Cash,Credit-Card,Check)
Alternatives:
    Range:(all Restaurants with same Food-Style)
    if-needed:(Find all Restaurants with the same Food-Style)
```

由上述两个例子可见,在框架知识表示中,除了表示框架各种属性的槽或侧面,还经常使用默认(DEFAULT)值侧面和附加过程(IF-NEEDED)侧面。

一个槽的默认侧面为槽的属性值提供了一个隐含值。如椅子的腿通常为4条,如果一个实际问题的上下文没有提供相反的证据,则认为隐含值是正确的。

一个槽的附加过程侧面包含一个附加过程,在上下文和默认侧面都没有给出需要的属性值时,附加过程给出槽值的计算过程或填槽时要做的动作,通常对应于一组子程序。在关于饭店的框架中,其 Types,Location,Name,Food-Style 和 Alternatives 各槽都有附加过程侧面。正是这种附加过程,把过程性知识有机地结合到框架的表示中。

综上所述,在框架系统中,每个侧面有4种填写方式:①靠已知的情况或物体属性提供;②通过默认隐含;③通过调用框架的继承关系实现属性值继承;④对附加过程侧面通过执行附加过程实现。

在框架系统的框架之间,除有继承关系外,还可能具有嵌套关系。如程序中的Location槽是关于地址的描述,这样的"地址"概念本身有可能是另一个框架结构,从而形成了框架的嵌套。

2.7.2 框架系统的推理

对一个给定的问题,框架推理主要完成两种推理活动:一是匹配,即根据已知事实寻找合适的候选框架;二是填槽,即填写候选框架中的未知槽值,从而寻找出未被给出或尚未发现的事实。

1. 匹配

当利用由框架构成的知识库进行推理,形成概念和做出决策时,其过程往往是根据已知的信息,通过与知识库中预先存储的框架进行匹配,即逐槽比较,从中找出一个或几个与该信息提供的情况最适合的候选框架,然后再对所有候选框架进行评估,以决定最合适的预选框架。这些评估准则通常很简单,如以某个或某些重要属性是否存在,某属性值是否属于允许的误差范围等为条件判定匹配是否成立。较复杂的评估准则可以是一组产生式规则或过程,用来推导匹配是否成功。在实际构造框架系统时,可以根据特定应用领域的要求定义合适的判定原则。

如果当前候选框架匹配失败,就需要选择其他的候选框架。从失败的候选框架中有可能得到下一个应选框架的一些线索,这种线索使得控制转换到另一个更有可能的候选框架中,从而不必放弃以前的全部工作而一切从头开始。为此,有以下几种方法可以尝试。

（1）找出当前候选框架中已经匹配成功的框架片段，把这个框架片段同其他在同一层次上的可能候选框架进行片段匹配。如果匹配成功，则当前候选框架中的许多属性值可以填入新的候选框架。

（2）在框架中建立另一个专门的槽，这类槽中存放一些本框架匹配不成功时应转向哪个方向进行试探的建议，这些建议能使系统的控制转移到另外的框架上去。例如，在图2-25(a)中，可以建立一个 MOVE 槽，存入"如果没有靠背并且太宽，则建议用 BENCH（长凳）框架；如果太高并且没有靠背，则建议用 STOOL（凳子）框架"。

（3）沿着框架系统排列的层次向上回溯。如从狗框架→哺乳动物框架→动物框架，直到找到一个足够通用，且与已知信息不矛盾的框架。

2. 填槽

推理过程中填槽的方式有 4 种：查询、默认、继承和附加过程计算。其中查询方式是指使用系统先前推理中得出的，仍得留在当前数据库中的中间结果或者由系统之外的用户输入到当前数据库的数据。默认和继承方式是相对简单的填槽方式，因为它们不需要系统做过多的推理，这种特性是框架表示有效性的一个重要方面。它使得框架推理可以使用根据以往经验得到的属性值，而无须重新计算。附加过程计算的推理方式使得框架系统的问题求解通过特定领域的知识而提高了求解效率。

2.7.3 框架表示的特点

框架是一种经过组织的结构化知识表示方法。每个框架形成一个独立的知识单元，其上的操作相对独立，从而使框架表示有较好的模块性，便于扩充。框架表示对知识的描述模拟了人脑对事物的多方面、多层次的存储结构，直观自然，易于理解，且充分反映事物间内在的联系。框架表示中的附加过程侧面使框架不但能描述静态知识，而且还能反映过程性知识，把两者有机地融合在一起，形成一个整体系统。

框架表示的不足在于框架结构本身还没有形成完整的理论体系，框架、槽和侧面等各知识表示单元缺乏清晰的语义，其表达知识的能力尚待增强，支持其应用的工具尚待开发。此外，在多重继承时有可能产生多义性，如何解决继承过程中概念属性的歧义，目前尚没有统一的方法。

因而，框架系统适合于表示典型的概念、事件和行为。在一些大型的系统中，框架表示的使用总是与其他模式（如产生式系统）有机地结合在一起。

2.8 脚本

自然语言理解程序即使要理解非常简单的会话，也需要使用非常大量的背景知识。有证据表明人类是把知识组织成与各种典型情况相对应的结构。如果在阅读一篇关于饭店、篮球或者警探的故事，那么我们会以一种和饭店、篮球或警探一致的方式解决文中的二义性。如果故事的主题发生了意想不到的改变，那么有证据表明阅读会发生短暂的停顿，这被认为是在改变知识结构。一篇组织或者结构很差的故事是很难被人理解的，这可能就是因为我们不能很容易地把它和现有的任何知识结构拟合起来。当对话的主题突然改变时，也可能存在理解上的错误，这是因为我们混淆了解决对话中的代词所指或其他歧义应该使用的上下文。

2.8.1 脚本概念

脚本(script)是一种结构化的表示，用来描述特定上下文中固定不变的事件序列。脚本最先是由 Schank 和他的研究小组设计的，用来作为一种把概念依赖结构组织为典型情况描述的手段。自然语言理解系统使用脚本根据系统要理解的情况组织知识库。

大多数成年人在饭店中都不会感到任何不自在(因为，作为顾客，他们知道想要什么以及如何去做)。他们在饭店入口处被接待，或者通过标志继续向前找到桌子。如果菜单没在桌上，服务员也没有送过来，那么顾客会向服务员要菜单。也就是说，顾客理解整个流程：点菜、食用、付账，然后离开。

事实上，饭店脚本和其他的进餐脚本大不相同，如"快餐"模式或者"正规的家庭餐"。在快餐模式中，顾客进来、排队等待点单、付款(在食用之前)、等待装有所点食品的餐盘、接过餐盘并找一张干净的桌子，等等。这是两个不同的套路化的事件序列，每个都有一个潜在的脚本。

脚本由以下 5 部分组成。

(1) 进入条件(entry condition)：也就是要调用这个脚本必须满足的世界描述。在前面的示例脚本中，进入条件包括一家营业的饭店和一个有钱的饥饿顾客。

(2) 结果(result)：也就是脚本一旦终止就成立的事实。例如，顾客吃饱了的同时钱变少了，饭店老板的钱增多了。

(3) 道具(prop)：也就是支持脚本内容的各种"东西"。它可能包括桌子、服务员以及菜单。道具集合支持合理的默认假定：假定饭店拥有桌子和椅子，除非特别说明。

(4) 角色(role)任务：也就是各个参与者所执行的动作。服务员拿菜单、上菜以及拿账单。顾客点菜、食用以及付账。

(5) 场次(scene)：Schank 把脚本分解成一系列场次，每一场次呈现一段脚本。在饭店中有进入、点菜、食用等场次。

脚本的要素——语义含义的基本"片段"——是用概念依赖关系表示的。这些要素放入一种类似框架的结构，它们代表了一个含义序列，也就是一个事件序列。

2.8.2 案例：饭店脚本

图 2-26 给出了一个特定的饭店脚本。

当程序读一小段关于饭店的故事时，它可以把故事解析为内部的概念依赖表示。因为这种内部描述中的关键概念符合这段脚本的进入条件，所以这个程序就把故事中提到的人和事绑定到脚本中提到的角色和道具上。这样便得到了一种对故事内容的扩充表示，利用脚本和默认假定填补了故事中残缺的信息。然后这个程序便可以通过引用脚本回答有关这个故事的问题了。这种脚本使我们可以在适当的时候应用默认假定，这对自然语言理解来说是至关重要的。例如：

```
Script: RESTAURANT  Scene 1: Entering
Track: Coffee Shop
Props: Tables       S PTRANS S into restaurant
       Menu         S ATTEND eyes to tables
       F=Food       S MBUILD where to sit
       Check        S PTRANS S to table
       Money        S MOVE S to sitting position
Roles: S=Customer   Scene 2: Ordering
       W=Waiter     (Menu on table) (W brings menu) (S asks for menu)
       C=Cook       S PTRANS menu to S          S MTRANS signal to W
       M=Cashier                                W PTRANS W to table
       O=Owner           W PTRANS W to table    S MTRANS 'need menu' to W
                         W ATRANS menu to S     W PTRANS W to menu

              S MTRANS food list to CP (S)
             *S MBUILD choice of F
              S MTRANS signal to W
              W PTRANS W to table
              S MTRANS 'I want F' to W
                                W PTRANS W to C
                                W MTRANS(ATRANS F)to C
              C MTRANS'no F'to W
              W PTRANS W to S
              W MTRANS'no F'to S
              (go back to*) or           C DO(prepare F script)
              (go to Scene 4 at no pay path)   to Scene 3


Entry conditions: S is hungry.
          S has money.        Scene 3: Eating
Results: S has less money
         O has more money     C ATRANS F to W
         S is not hungry      W ATRANS F to S
         S is pleased(optional)  S INGEST F

                    (Option: Return to Scene 2 to order more;
                    otherwise,go to Scene 4)

                Scene 4:: Exiting    S MTRANS to W
                                         (W ATRANS Check to S)
                         W MOVE (write check)
                         W PTRANS W to S
                         W ATRANS check to S
                         S ATRANS tip to W
                         S PTRANS S to M
                         S ATRANS money to M
                         S PTRANS S to out of restaurant
                    (No pay path)
```

图 2-26　饭店脚本

场景 1

昨天晚上,熊伟去饭店吃饭,他点了一份牛排。付账时发现没有带钱,于是匆忙赶回家,当时天已经开始下雨了。

利用这一脚本,系统可以正确地回答很多问题,例如:熊伟昨晚吃晚餐了吗(故事中仅仅隐含了这一点)?熊伟使用现金或者信用卡了吗?熊伟如何拿到菜单的?熊伟买什么了?

场景 2

张宇到外面吃午饭。她坐到一张桌子旁,然后叫来女服务员,女服务员递给她菜单。她点了一份三明治。

关于这个故事,可以提出的合理问题包括:为什么服务员递给张宇菜单?张宇当时是在饭店中吗(本例并没有说张宇在饭店中)?谁付的账?点三明治的"她"是谁?最后一个问题是有难度的。文中最后一次明确提到的女性是服务员,但这是错误的代词指代。脚本的角色任务可以帮助我们解决这种指代问题以及其他模棱两可问题。

脚本还可以用来解释意外结果或者是脚本行为中的中断。因此,在图 2-26 的第 2 场中,有一个关于为顾客上了食物("food")或者是没有上食物("no food")的选择点。这样便可以理解下面的例子了。

场景 3

张靖去饭店。女服务员介绍她到一张桌子边,点了一份三明治。她坐在那里等了很久。最后,她等得太焦急便离开了。

利用饭店脚本可以回答的关于这个故事的问题包括:坐在那里等的"她"是谁?她为什么等?等得焦急了离开的"她"是谁?她为什么焦急?注意还有一些问题这个脚本没法回答,如为什么当服务员没有迅速来时人们会焦急?和任何知识库系统一样,脚本需要知识工程师正确预测所需的知识。

脚本,像框架和其他结构化表示一样,都受制于特定的问题,包括脚本匹配问题和暗示问题。考虑场景 4,它还调用了饭店或音乐会脚本。如何做出选择是很关键的,因为"bill"既可以指饭店的账单,也可以指音乐会的节目单。

场景 4

熊伟在听音乐会的路上顺便到了他最喜欢的一家饭店。他对账单/节目单(bill)很满意,因为他喜爱莫扎特。

因为选取脚本通常是基于"关键字"匹配的,所以很多时候很难判断应该使用两个或更多个可能脚本中的哪一个。目前的所有算法都不能保证做出正确的选择,从这个意义上来说,脚本匹配是一个难度很大的问题。它需要关于世界组织的启发性知识,甚至可能需要一些以往知识,脚本仅仅有助于组织这一知识。

暗示问题也是很难的,因为事先不可能知道某个可能事件会打断脚本。组织和检索知识的问题很难。即使要理解简单的童话,也需要大量的知识。利用脚本和其他语义表示的程序可以在有限的领域中理解自然语言。这项工作的一个例子是翻译电报消息的程序。利用关于自然灾害、政变或者其他惯例故事的脚本,这些程序已经在这一有限却很实际的领域中取得了很大的成功。

2.9 知识图谱

知识图谱(Knowledge Graph,KG)旨在描述客观世界的概念、实体、事件及其之间的关系。其中,概念是指人们在认识世界过程中形成对客观事物的概念化表示,如人、动物、组织机构等;实体是客观世界中的具体事物,如篮球运动员姚明、互联网公司腾讯等;事件是客观世界的活动,如地震、买卖行为等。关系描述概念、实体、事件之间客观存在的关联关系,如毕业院校描述了一个人与他学习所在学校之间的关系,运动员和篮球运动员之间的关系是概念和子概念之间的关系等。谷歌于 2012 年 5 月推出谷歌知识图谱,并在其搜索引擎中增强搜索结果,标志着大规模知识在互联网语义搜索中的成功应用。

2.9.1 知识图谱及其表示

知识图谱本质上是语义网络,是一种基于图的数据结构,由结点(point)和边(edge)组成。在知识图谱中,结点表示现实世界中存在的"实体",边表示实体与实体之间的"关系"。知识图谱是关系的最有效的表示方式。通俗地讲,知识图谱就是把所有不同种类的信息(heterogeneous information)连接在一起而得到的一个关系网络。知识图谱提供了从"关系"的角度去分析问题的能力。知识图谱这个概念最早由 Google 提出,主要用来优化现有的搜索引擎。

在知识图谱中,每个实体或概念都有一个唯一的标识符,其属性用来刻画实体的内在特性,而关系用来连接两个实体,刻画它们之间的关联(图 2-27)。

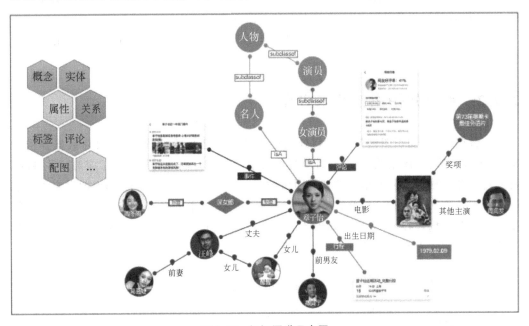

图 2-27 知识图谱示意图

不同于基于关键词搜索的传统搜索引擎,知识图谱可用来更好地查询复杂的关联信息,从语义层面理解用户意图,改进搜索质量。例如,在百度的搜索框里输入"章子怡"的时候,搜索结果页面的右侧还会出现章子怡相关的信息,如出生年月、家庭情况等。另外,对于稍微复杂的搜索语句,如"章子怡的丈夫是谁?",百度能准确返回她的丈夫是汪峰。这就说明搜索引擎通过知识图谱真正理解了用户的意图。

假设用知识图谱描述一个事实(fact)——"李荣是李卉的父亲"。这里的实体是李荣和李卉,关系是"父亲"(is_father_of)。当然,李荣和李卉也可能会跟其他人存在某种类型的关系(暂时不考虑)。当我们把电话号码也作为结点加入到知识图谱以后(电话号码也是实体),人和电话之间也可以定义一种关系叫 has_phone。也就是说,某个电话号码属于某个人。图 2-28 就展示了这两种不同的关系。

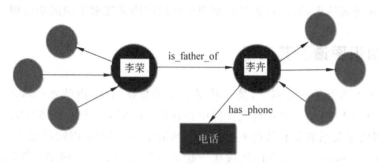

图 2-28 知识图谱示例

另外,可以把时间作为属性(property)添加到 has_phone 关系里表示开通电话号码的时间。这种属性不仅可以加到关系里,还可以加到实体中,当我们把所有这些信息作为关系或者实体的属性添加后,所得到的图谱称为属性图(property graph)。属性图和传统的 RDF 格式都可以作为知识图谱的表示和存储方式。

知识图谱是基于图的数据结构,它的存储方式主要有两种形式:RDF 存储格式和图数据库(graph database)。

2.9.2 百度知识图谱技术方案

大数据时代,知识图谱技术需要处理亿级甚至千亿级的海量数据,面临数据异构繁杂、知识表达多样、图谱关系复杂、计算性能要求高等多方面的挑战。为了应对这些挑战,百度建立并实现了面向通用域的知识图谱构建——知识图谱计算——知识图谱应用的全流程机制及方案,如图 2-29 所示。百度知识图谱整体技术方案有 5 个方面:面向海量数据的知识图谱构建技术、大规模知识图谱补全技术、智能知识图谱认知技术、超大规模高性能分布式图索引及存储计算技术和知识图谱应用技术。

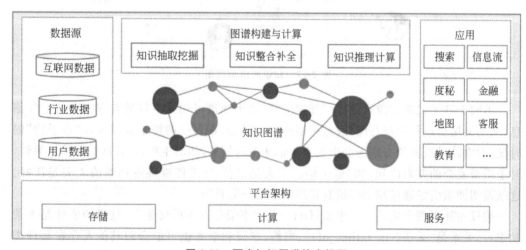

图 2-29 百度知识图谱技术视图

面向海量数据的知识图谱构建技术研究的是知识挖掘、知识图谱化相关方法与技术，包括知识图谱数据表示与表达，针对海量开放资源的知识自动化抽取、清洗、归一、融合方法，实现大规模知识图谱构建。大规模知识图谱补全技术是基于已有知识图谱开展的知识挖掘，对缺失的图谱关系进行补全，包括通用实体关系、概念上下位体系等，并建立实体与外延数据的关联。智能知识图谱认知技术主要研究基于给定知识图谱的深度语义解析技术，实现对复杂开放文本语义的深度理解，包括实体标注、概念标注、谓词标注、子图关联、知识推理、知识计算等。超大规模高性能分布式图索引及存储计算技术研究面向海量知识数据的图存储、图索引、图计算和应用框架技术，以实现知识图谱的规模化生产和应用。知识图谱应用技术实现知识图谱在搜索、问答、对话、自动内容生产等产品中的规模化应用。

1. 知识表示与知识整合

在开放领域大规模知识图谱构建过程中，需要面临海量知识图谱数据自动化抽取、清洗、归一、融合的问题。为了解决这些问题，百度以全网数据为输入，研究知识表示与表达、知识归一的相关方法与技术。知识图谱 schema 是知识图谱的元数据，它定义了知识图谱的核心数据模型以及用以描述物理世界的词汇体系。词汇体系既要符合大众认知、满足常见应用场景所需，又要满足特殊场景或专业领域词汇定义的需求。另外，为了提升大规模知识图谱构建任务并行化效率，需要对不同领域或行业的图谱 schema 并行进行定义和扩展。

百度知识图谱 schema 对 W3C RDF/RDFS 进行了扩展，定义了"属性约束"的类，与"类""属性"一起，构成了知识图谱的核心数据模型，并提供属性的重载机制支持属性多态。同时，在保证知识图谱 schema 的统一性、标准性、严谨性前提下，引入了 schema 可分支定义的扩展机制，提高了构建效率。

实体归一是指对多源异构数据源上具有不同 ID 但却代表真实世界中同一对象的实体间进行辨识，归并成一个具有全局唯一标识的实体，进而添加至知识图谱。面对开放领域上数十亿规模实体间归一的挑战，百度提出了基于语义空间变换的实体归一技术，采用低成本方式自动生成训练数据，以及支持超大规模数据的实体分区技术，攻克了全网多源实体归一融合数据规模大、准确率要求高的难题。

2. 开放知识挖掘

在知识图谱构建过程中，另一个重要的挑战是从海量资源中获取一切可信知识，构建实体，并为实体挖掘精准、连贯、吸引力强的短摘要。例如，通过网页抽取有价值的信息，如图 2-30 所示。

为了应对大规模知识获取的挑战，百度提出了开放知识挖掘技术，如图 2-31 所示。该技术首次将属性体系的自动发现技术与开放知识挖掘结合，突破了依赖人工建设属性体系的瓶颈，将知识图谱属性体系规模量增加 10 倍。该技术融合了前人工作中开放知识挖掘与属性发现两类工作的优势，并进一步将发现的新属性与已有属性体系进行归一整合，有效地提升了给定属性体系下知识挖掘工作的可扩展性。

3. 知识图谱认知技术

人类智能的特点之一是可以轻松地联想到文本背后隐含的知识，直接理解文本的深层含义，而机器却很难做到。例如，当人们看到"桃园结义"时就会联想到三国，联想到刘

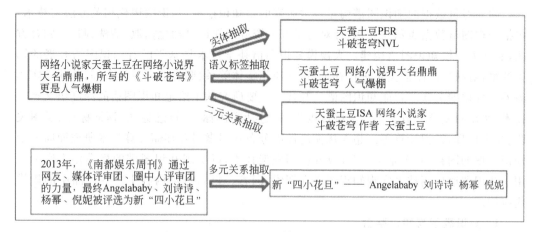

图 2-30　知识抽取示例

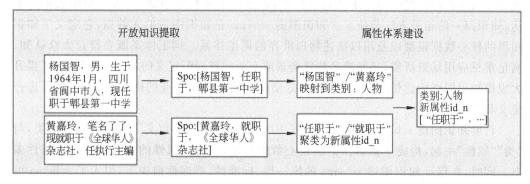

图 2-31　融合属性体系自动扩展的开放知识挖掘技术

备、关羽和张飞,而目前的搜索引擎却只能"看到"这个词本身。如何让搜索引擎也像人一样思考,从而帮助用户更好地获取所需,是文本理解领域的一个难题。知识图谱为文本理解提供了丰富的背景知识,为实现认知智能提供了必需的知识支撑。百度知识图谱通过基于知识的概念意图标注算法,构建了基于海量用户行为挖掘、深度语义相似、函数式语义树的语义形式化技术,解决了开放空间下面向复杂中文语义的知识图谱理解认知问题;研发了知识计算语言(KCL)和多层知识计算算子群,实现了智能多层级知识推理计算引擎。基于知识图谱的认知技术在应用中可以做到意图理解、用户理解以及资源理解。

对文本等资源进行深入理解,需要庞大的知识数据支撑。目前,针对文本资源的理解,业界主要利用传统自然语言处理(Natural Language Processing,NLP)及基于深度神经网络(Deep Neural Networks,DNN)嵌入的语义理解。但针对一些具体的应用场景,如搜索和问答等,其技术效果、可计算及推理性、可解释性等方面均无法满足需求。为此,百度提出了一些新的方法:基于知识图谱进行语义理解的子图关联技术,利用实体嵌入(entity embedding)技术隐式表征实体,以及基于 DNN 的 Type 语境搭配预测,解决弱语境下歧义消解问题;利用二步关联技术降低计算代价的同时提升整体关联效果;基于知识库构建了四大特征网络,即 ISA 网络、共现网络、词汇搭配网络和语义网络;基于自启动随机游走技术计算并控制概念泛化相关性。子图关联技术从实体、概念泛化、意图等不同维度对其进行表示,协助提供上层认知所需的语义理解,并支撑基于知识的计算与推理。

4. 超大规模高性能分布图索引及存储计算技术

知识图谱的规模化存储、检索和计算能力,是影响知识图谱实用化的3个关键能力。百度知识图谱在生产和服务过程中面临大量的挑战。为了应对这些挑战,百度实现了一套完整的知识图谱生产架构,包括分布式图数据库、实时流式处理框架、分布式批量处理框架等,能够达到全网类型的百亿级知识图谱数据的存储和随机访问,秒级实时处理的系统能力。同时研发了一套完整的图索引、图检索和应用框架技术,实现了大规模知识库实时高并发的图语法查询计算服务,支持表达丰富、可灵活扩展的图查询逻辑,突破了图结构数据查询和应用的功能及性能瓶颈。

2.9.3 案例:知识图谱在互联网金融行业中的应用

知识图谱将互联网的信息表达成更接近人类认知世界的形式,提供了一种更好地组织、管理和理解互联网海量信息的能力。知识图谱给互联网语义搜索带来了活力,同时也在智能问答、大数据分析与决策中显示出强大威力,已经成为互联网基于知识的智能服务的基础设施。知识图谱与大数据和深度学习一起,成为推动人工智能发展的核心驱动力之一。

知识图谱技术是指在建立知识图谱中使用的技术,是融合认知计算、知识表示与推理、信息检索与抽取、自然语言处理与语义Web、数据挖掘与机器学习等的交叉研究。知识图谱研究,一方面探索从互联网语言资源中获取知识的理论和方法;另一方面促进知识驱动的语言理解研究。随着大数据时代的到来,研究从大数据中挖掘隐含的知识理论与方法,将大数据转化为知识,增强对互联网资源的内容理解,将促进当代信息处理技术从信息服务向知识服务转变。

下面以知识图谱在互联网金融行业中的应用为例进行说明。

1. 反欺诈

反欺诈是风控中非常重要的一道环节。基于大数据的反欺诈的难点在于如何把不同来源的数据(结构化,非结构)整合在一起,并构建反欺诈引擎,从而有效地识别出欺诈案件(如身份造假、团体欺诈、代办包装等)。而且不少欺诈案件会涉及复杂的关系网络,这也给欺诈审核带来了新的挑战。知识图谱作为关系的直接表示方式,可以很好地解决这两个问题。首先,知识图谱提供非常便捷的方式添加新的数据源。其次,知识图谱本身就是用来表示关系的,这种直观的表示方法可以帮助我们更有效地分析复杂关系中存在的特定的潜在风险。

反欺诈的核心是人,首先需要把与借款人相关的所有的数据源打通,并构建包含多数据源的知识图谱,从而整合成为一台机器可以理解的结构化的知识。这里,我们不仅可以整合借款人的基本信息(如申请时填写的信息),还可以把借款人的消费记录、行为记录、网上的浏览记录等整合到整个知识图谱里,从而进行分析和预测。这里的一个难点是很多的数据都是从网络上获取的非结构化数据,需要利用机器学习、自然语言处理技术把这些数据变成结构化的数据。

2. 不一致性验证

不一致性验证涉及知识的推理。可以将知识的推理理解成"链接预测",也就是从已有的关系图谱里推导出新的关系或链接。

不一致性验证可用来判断一个借款人的欺诈风险,这与交叉验证类似。例如,借款人张三和借款人李四填写的是同一个公司电话,但张三填写的公司和李四填写的公司完全不一样,这就成了一个风险点,需要审核人员格外注意。

3. 组团欺诈

相比虚假身份的识别,组团欺诈的挖掘难度更大。这种组织在非常复杂的关系网络里隐藏着,不容易被发现。只有把其中隐含的关系网络梳理清楚,才有可能分析并发现其中潜在的风险。知识图谱作为天然的关系网络的分析工具,可以帮助我们更容易地识别这种潜在的风险。例如,有些组团欺诈的成员会用虚假的身份申请贷款,但部分信息是共享的。图2-32大概说明了这种情形。从图中可以看出张三、李四和王五之间没有直接的关系,但通过关系网络我们很容易看出这三者之间都共享着某一部分信息,这就让我们马上联想到欺诈风险。

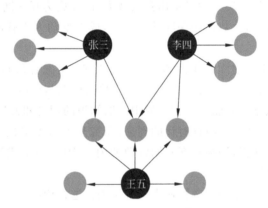

图 2-32 组团欺诈知识图谱示例

4. 失联客户管理

除了贷前的风险控制以外,知识图谱也可以在贷后发挥其强大的作用。例如,在贷后失联客户管理的问题上,知识图谱可以帮助我们挖掘出更多潜在的新的联系人,从而提高催收的成功率。

现实中,不少借款人在借款成功后出现不还款现象,而且玩"捉迷藏",联系不上本人。即便试图联系借款人曾经提供过的其他联系人,但还是没有办法联系到本人。这就进入了所谓的"失联"状态,使得催收人员也无从下手。那接下来的问题是,在失联的情况下,我们有没有办法去挖掘与借款人有关系的新的联系人?而且这部分人群并没有以关联联系人的身份出现在我们的知识图谱里。如果我们能够挖掘出更多潜在的新的联系人,就会大大地提高催收成功率。例如,在下面的关系图(图2-33)中,借款人跟李四有直接的关系,但我们却联系不上李四。那有没有可能通过二度关系的分析,预测并判断哪些李四的联系人可能会认识借款人。这就涉及图谱结构的分析。

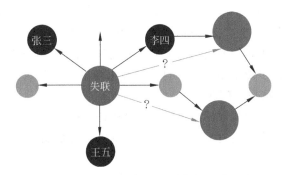

图 2-33 失联客户知识图谱示例

2.10 基于知识的系统

如果说自动推理主要侧重在物理系统的运行过程(即符号机器)上,基于知识的智能则强调符号的结构和符号的含义。基于知识的智能在物理符号系统假设的基础上增加了另一个基本假设,这就是 Brian Smith 于 1985 年提出的知识表示假说,这个假设指任何机械地展现智能的过程都将由一组结构化的成分组成,这些成分一是作为外部观察者的人会自然地采用的,以表示整个过程所展示的知识的命题式解释,二是独立于这样的外部语义归属,并在使展示该知识的行为发生的过程中起重要作用。这个假说隐含了两个重要假定,第一,知识将按命题表示,也就是说,按照被外部观察者看作是对该知识而言的"自然"描述的形式,显式地表示知识;第二,系统的行为能够被看成是被知识库中的命题形式地引发的,并且这个行为应该与我们领悟的这些命题的含义一致。

2.10.1 知识获取

知识的获取是人们所关注的问题,在互联网环境下,知识的获取又有其新的特点。互联网是人类有史以来面对的最巨大的信息海洋,其中的信息具有海量、形式多样、动态变化、矛盾知识普遍存在等特点。要从中获取知识,就必须建立起从数据搜集、整理到知识抽取的完整的知识获取理论和技术。

互联网上的信息源形式多样,既有结构化的数据库中的数据,又有半结构化的 HTML 页面,还有无结构的文本和图片等数据。根据不同的数据形式,必须运用相应的知识获取技术,才能有效地获得需要的知识。

对于存储在传统数据库系统中的结构化数据,从中发现知识的技术称为数据挖掘。数据挖掘技术在数据库领域已经有了广泛的研究,取得了很多成果。而针对互联网上的半结构化数据和文本数据,数据挖掘、Web 挖掘以及文本挖掘等技术则发挥了较大的作用。

1. 数据挖掘

狭义地讲,数据挖掘是从大量数据中提取或"挖掘"知识,只是数据库中知识发现过程的一个基本步骤;从广义的角度看,数据挖掘是从存放在数据库、数据仓库或其他信息库中的大量数据中挖掘有趣知识的过程,可以看作是另一个常用的术语"数据库中知识发现"或 KDD 的同义词。这个广义的知识发现过程由以下步骤组成。

(1) 数据清理:该步骤主要包括对丢失值的处理,消除噪声或不一致数据等。

(2) 数据集成:该步骤主要处理来自不同数据源的数据的模式集成,冗余数据的消除,数据冲突的发现和解决等问题。

(3) 数据选择:该步骤从数据库中提取与分析任务相关的数据。

(4) 数据变换:该步骤通过汇总或聚集操作等方式将数据转换或统一成适合挖掘的形式。

(5) 数据挖掘:这是最基本的步骤,使用智能方法抽取数据模式。

(6) 模式评估:该步骤根据某种兴趣度度量,识别提供知识的真正有趣的模式。

(7) 知识表示:该步骤使用可视化和知识表示技术向用户描述挖掘出来的知识。

根据上面对广义数据挖掘的定义,一个典型的数据挖掘系统应当包括从基础数据存储到用户界面的各个部分,其主要成分如下。

(1) 数据库、数据仓库或其他信息库:一个或一组数据库、数据仓库或其他类型的信息库,是数据清理和集成步骤处理的数据对象。

(2) 数据库或数据仓库服务器:负责根据用户的数据挖掘请求提取相关数据。

(3) 知识库:用于指导搜索,或评估结果模式兴趣度的领域知识。它可能包括概念分层、用户知识、兴趣度约束或阈值以及元数据等。

(4) 数据挖掘引擎:数据挖掘系统基本的部分,由一组功能模块组成,用于特征、关联、分类、聚类分析、演变和偏差分析。

(5) 模式评估模块:该模块通常使用兴趣度度量,并与挖掘模块交互,以便将搜索聚焦在有趣的模式上。它可能使用兴趣度阈值过滤所发现的模式。模式评估模块也可以与挖掘模块集成在一起,这依赖于数据挖掘方法的具体实现。

(6) 图形用户界面:该模块负责用户与系统之间的交互,允许用户指定数据挖掘查询或任务,提供信息帮助搜索聚焦,以及根据数据挖掘的中间结果进行探索式数据挖掘等。此外,该模块还允许用户浏览数据库和数据仓库模式,评估挖掘的模式,和以不同的形式对模式进行可视化。

数据挖掘任务可以在多种类型的数据存储和数据库系统上进行,它一般可以分为两类:描述和预测。描述性挖掘任务试图刻画数据库中数据的一般特性。预测性挖掘任务根据当前数据进行推导,以进行预测。

2. Web 挖掘

互联网的出现提供了丰富的资源,它包含涉及多个领域的海量数据和大量的超链接信息,为知识的挖掘和获取提供了新的数据来源。

然而,Web 本身的特点对有效的资源和知识发现提出了许多新的挑战:①对有效的数据仓库和数据挖掘而言,Web 过于庞大;②Web 上的数据形式多样,可能结构复杂;③Web 是一个动态性极强的信息源;④Web 面对的是一个广泛的形形色色的用户群体;⑤Web 上的信息可能只有部分是相关的或有用的。

Web 挖掘可以定义为:从与 WWW 相关的资源和行为中抽取感兴趣的、有用的模式和隐含信息。Web 挖掘可分为如下 3 类:①Web 内容挖掘;②Web 结构挖掘;③Web

使用记录的挖掘。第 11 章将具体阐述。

3. 文本挖掘

在 Web 环境下,大量存在的是各种文档,如电子邮件、新闻、电子出版物等。这些文档中除了少量的结构内容外,还包含大量的无结构的文本信息。如何分析和处理这些文本信息一直是人们关注的问题。信息检索领域已经在这方面进行了多年的研究工作,提出了很多处理技术。

将数据挖掘的技术应用到文本处理的领域进行文本挖掘是一个重要的研究课题,目前受到关注的问题如下。

1) 基于关键字的关联分析

基于关键字的关联分析的目标是找出经常一起出现的关键字或词汇之间的关联或相互关系。一组经常连续出现或紧密相关的关键字可形成一个词或词组,关联挖掘可以找出复合关联,即领域相关的词或词组。利用这种词和词组的识别,可以进行更高层次的关联分析,找出词或关键字间的关联。

2) 文档分类分析

自动文档分类是一种重要的文本挖掘工作,由于现在存在大量的联机文档,自动对其分类组织,以便于对文档进行检索和分析。文本文档的分类与关系数据的分类存在本质的区别:关系数据是结构化的,每个元组定义为一组属性值,而文档不是结构化的,它没有属性值的结构,与一组文档相关的关键字并不能用一组属性刻画。

对文档分类的有效方法是基于关联的分类,它基于一组关联的、经常出现的文本模式对文档加以分类。基于关联的分类方法处理过程如下:首先,通过简单的信息检索技术和关联分析技术提出关键字和词汇。其次,使用已有的词类,如 WordNet,或基于专家知识,或使用某些关键字分类系统,可以生成关键字和词的概念层次。训练集中的文档也可以分类为类层次结构。然后,词关联挖掘方法可用于发现一组关联词,它可以最大化地区分文档类别。这导致对每一类文档,都相关有一组关联规则。这些分类规则可以基于其出现频率和识别能力加以排序,并用于对新的文档进行分类。此种基于关联的文档分类方法已经被证明是有效的。对 Web 文档分类,可以利用 Web 页面的链接信息,帮助识别文档类。

2.10.2 知识组织

互联网环境下知识的组织——Web 信息仓库:不同的用户有不同的知识需求,而知识的组织结构也应与之相适应,即面向主题的、随时间变化的、多重粒度的、比较稳定的。虽然互联网中的信息日新月异,千变万化,但 Web 信息仓库中的知识却是按主题进行结构化组织的、相对稳定的。Web 信息仓库与大百科知识基础设施相比是一种动态的、面向某一范畴的、比较具体的知识,也是一种知识基础设施。

互联网环境下知识的形式化表示:对于互联网中海量的非结构化信息,我们需要一种形式化的、多层次的、适应性强的知识表达体系。在建立这样的知识表达体系时,我们不仅要考虑它在数学上的严格语义,而且要考虑它在操作上的有效性(如易于知识推理、知识查询,以及与其他知识系统间的通信)。

传统的知识表达有如下缺点：孤立、脆弱、解决的是小问题，研究者提出 Semantic Web（语义 Web）解决以上问题（图 2-34）。Semantic Web 的语言标准是 XML、XML Schema、RDF 和 RDF Schema，本体基础是 DAML 和 OIL。XML 实际上是一种元语言，只是提供了数据格式的约定，它的主要标注实体是元素，包括属性和值。XML（eXtensible Markup Language）并不负责解释数据，只是形成了有序标签树。XML Schema 定义了词汇（元素和属性）和用法。RDF（Resource Description Framework）描述的是一个三元组（对象，属性，值），可用有向标签图表示，它提供了描述领域无关元数据的机制，比 XML 提供了更多语义上的信息。

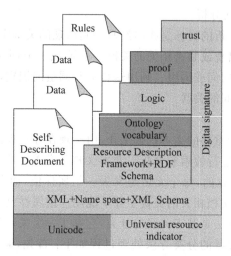

图 2-34 Semantic Web 的分层体系图

在人工智能中，一般将本体定义为概念化的精细描述，也可以把本体视为知识术语的集合，包括词汇表、语义关系和一些简单的推理与逻辑规则。本体是可共享概念化的、规范的、显式的精确描述。概念化是现象的抽象模型，标志了现象的相关概念。

Semantic Web 的构造过程如下。

（1）XML 定义了树结构的串性语法，使应用程序可以直接访问语义数据。

（2）RDF 定义了句法约定及简单数据模型，用于表达机读数据语义。

（3）RDFS 引入更丰富的表达形式和基本的本体建模原语（类、子类、自属性、域、区间）。

（4）以 RDF 为起点，构造完善的基于 Web 的本体语言 OIL。

2.10.3 知识应用

从互联网获取知识并保存到知识仓库以后，这些知识可应用在智能信息检索、计算机科学的研究热点的抽出、新闻事件追踪等方面。

搜索引擎一般仍停留在基于关键词匹配的内容检索阶段，无法很好地为用户提供准确有效的信息服务。要提供有效的个性化信息服务，就必须利用从互联网中获取的相关知识以及建立有效的用户兴趣模型。

以自然语言理解作为从正文信息中获取知识的基础。半结构化数据处理技术仍然不能解决大量存在的从正文信息中获取知识的问题,还需要在正文数据层面上研究知识的获取问题。在建立了严格的知识本体之后,我们将采用自然语言理解技术从互联网中具体地获取领域知识,对知识本体进行具体化。

将智能信息检索划分为 3 个层面:输入层、处理层和输出层。输入层是用户表述信息需求的过程,涉及文本分类、查询扩展和用户兴趣建模;处理层是系统检索出相关文档的过程,涉及访问模式分析、链接分析;输出层是最终的检索结果呈现,涉及文本聚类、自动摘要。

输入层是用户表述信息需求的过程,涉及文本分类、查询扩展和用户兴趣建模。信息检索系统的用户按其信息需求的明确程度可以粗略划分为两类:浏览型用户和查找型用户。前者没有明确的检索意图,需要在系统的导航下触发,因此需要了解系统内在信息的结构模式,如分类体系;后者一般可以提供比较具体的查询语句或关键词,但由于自然语言描述的随意性,需要系统进一步明确其查询目标,进行语义排歧或查询扩展。

如何感知用户情景,探索知识适配机理,优化知识适配模型是大数据知识工程的一个关键科学问题。为此,可通过"在线学习-拓扑融合-知识导航" 3 个阶段实现碎片化知识的"量-质-序"转化与应用问题求解。吴信东等人提出,需要重点解决如下 8 方面的问题。

(1) 碎片化知识表示/知识簇表示。碎片化知识表示是知识挖掘、融合的前提。针对碎片化知识的高维、稀疏、低质、分面等特性,可采用深度学习方法对碎片化知识与语义联系进行建模,实现分布式环境下可溯源的碎片化知识和知识簇表示。

(2) 碎片化知识在线挖掘和协同学习。可构建基于稀疏表示的概念漂移和演化模型,解决概念漂移学习时间窗的时空代价问题;通过概率图模型稀疏分布的共享优化,实现碎片化知识的多维度协同学习。

(3) 基于时序特性分析的知识演化模型。针对碎片化知识的更新和动态变化特点,采用融合时序特征的演化模型变结构学习。为提升模型精准性,采用知识演化下的噪声清洗方法。

(4) 碎片化知识语义关联挖掘与涌现特性分析。碎片化知识融合的依据是知识之间的语义关联,可设计关联拓扑与深层语义特征相结合的关联挖掘算法,生成知识簇;在此基础上,分析关联拓扑特性的涌现规律,为知识融合提供理论支撑。

(5) 基于可靠子图发现的知识动态融合。旨在融合碎片化知识,实现量质转换与增殖。可将融合过程看作从知识簇对应的不确定图中发现可靠子图的过程,采用知识簇中可靠子图发现与变粒度语义推理方法,并基于量子概率对融合结果进行置信度评估。

(6) 交互式情景感知。知识导航的前提是感知用户情景。可综合多数据源、多维度的统计特征,构建融合交互行为、情感和偏好等属性的情景感知模型。

(7) 需求驱动的知识寻径。用户情景具有多方面、个性化特点,导致从知识库中规划出匹配用户情景的知识导航路径是一个多元约束满足问题。可提出基于群体智能的知识导航路径规划算法,并设计基于上下文和焦点的导航路径可视化方法,引导用户知识寻径。

(8) 交互情景下知识适配的优化。依据交互式情景的"人人参与"和"逐步求精"的特点,探讨知识适配的作用机理,利用空间变换理论和元学习理论寻求优化知识适配的模型。

2.10.4 常识知识和大规模知识处理

基于知识的智能的基本出发点是,强调知识的大量积累可以使计算机的智能发生质变。20 世纪 80 年代盛行的专家系统是基于知识的智能的典型代表,当时它们在各自的特定应用领域发挥着作用。但由于应用的不断深入和拓展,这些专家系统的局限性表现得越来越明显。看到限定领域专业知识所表现出的局限性之后,人们开始追求拥有海量知识和常识知识的知识系统。Lenat 在 1995 年开始的 CYC 计划就是要建一个常识知识库,其理论基础是 Edward Feigenbaum 等人提出的所谓"知识原则"三阶段计划:第一阶段,花 10 年时间构建一个海量知识库,能够回答大部分人与人之间的问题;第二阶段,再花 10 年时间改进这个知识库,使得它能够回答其知识内容之外的问题;第三阶段,再花 10 年时间改进这个知识库,使得它能够自己创建新的知识,从而使计算机具备人的智能。这是一个野心勃勃的计划,许多人认为这个计划难以实现,但是 Lenat 的 CYC 计划仍在坚持进行中。

中国科学院计算所的曹存根主持了"中国国家知识基础设施(CNKI)"计划。CNKI 计划涉及大规模知识获取、分析和利用的问题,其目标是构建一个庞大的、可共享的知识群体,它不仅要集成各个学科的公共知识,还要融入各学科专家的个人知识,并为科研、教学、科普和知识服务提供有效的基础。CNKI 计划包含如下研究工作。

(1) 建立不同学科的本体,包括地理本体、化工本体、生物本体、中西医本体、与人相关的知识的本体等,主要是抽取各学科的概念、概念之间的关联、概念和关联的约束和满足的公理等,构建概念层次和概念表示框架。

(2) 研究知识分析的方法,即为了保证本体知识库中不存在语义问题,需要根据特定领域的公理体系,对概念的属性和关系进行一致性和完整性分析。

(3) 搭建知识服务平台。目前,该平台由 3 个部分组成:①一个内部平台,提供核心、有用服务和软件库;②一组外部应用,由合作组织在各种各样的应用领域开发;③一个与外部世界(如语义 Web)接口的模块。

CNKI 的本体知识库超过 300 万条知识记录,知识记录超过 10 亿条。期望 CNKI 能在任何时候、任何地点,给任何需要它的人提供知识,并且支持团体知识、沟通和协作的需要。

2.10.5 常识推理

"Tom 和他的三岁宝贝儿子谁身高更高?""针扎入胡萝卜,它会留下小孔,请问它指的是什么"……这些问题看似很傻,但机器要完成许多智能型任务(如文本理解、计算机视觉、路径规划、科学推理等),却需要理解这些常识和相应的推理。

常识推理在文本理解、计算机视觉、机器人操作和规划等许多 AI 任务中有着举足轻重的地位。例如,在自然语言处理(NLP)领域,歧义的处理通常需要常识推理:The electrician is working 和 The telephone is working 中的两个 working,看似都是"工作",但第一个 working 的内涵为"劳动",第二个 working 的内涵则为"正常运作"。若机器要理解到这一层次,就需要对人类常识有一定的积累。再如,在计算机视觉(CV)领域,机器需要能对"桌布底下有桌子""柜子可以通过'把手'打开"这些隐含的常识进行理解和推理。

典型的常识推理有类别推理、时间推理、行动和变化推理、定性推理。

类别推理(taxonomic reasoning):类别推理的两种形式为传递和继承,如 Bikaqiu 是狗的一个实例(instance),狗是哺乳动物的一个子集(subset),那么 Bikaqiu 是哺乳动物的一个实例,这就是传递。再如,狗是哺乳动物的子集,哺乳动物有"多毛"的属性,那么狗也有这一属性,这就是继承性。

时间推理(temporal reasoning):时间推理主要研究关于时间(times)、持续时间(durations)和时间间隔(time intervals)的表示和推理。例如,已知莫扎特早于贝多芬出生,并且他死时比贝多芬死时年轻,那么可以推出莫扎特早于贝多芬去世。

行动和变化推理(action and change):行动和变化推理在满足某些约束(如 Events are atomic、Every change in the world is the result of an event、Events are deterministic、Single actor 和 Perfect knowledge)的研究领域已经取得了很大的进展,其主要成功应用于高层次规划和机器人规划。

定性推理(qualitative reasoning):定性推理主要分析和推理具有内在关联的数量之间的变化。例如,如果密闭容器内温度升高,那么压力就会增大。定性推理已经在物理学、工程学、生物学等许多领域得到成功的应用。

常识推理面临许多挑战。许多涉及常识及推理的领域仍处于对常识理解的初级阶段,甚至还尚未开始研究。对于绝大多数涉及常识推理的领域,都还远远没有达到深入理解的程度。许多看似简单的情景很可能具有相当大的逻辑复杂性。

常识推理经常涉及合情推理(plausible reasoning)。合情推理是指人们根据已有的信息进行看似合乎逻辑的推理,但这样的推理结果未必是正确的。尽管合情推理已经被广泛研究了数年,但仍是常识推理中极具挑战性的问题之一。

许多领域不可避免地会出现长尾(long tail)现象。长尾现象指的是高频样本或对象仅占整体的一小部分,更多的是一些低频样本或对象。

在知识的形式化表示时,机器往往很难分辨出合适的抽象层次。比如说那个"针头扎入胡萝卜"的例子,机器在推理时并不知道"针头扎进胡萝卜,则胡萝卜上会有一个孔"这一特定事实,但它可能知道更一般的规则:"尖锐物体扎在其他物体上,该物体会有孔洞"。但问题是如何更广泛地、更通用地制定这样的规则呢?"钉子钉入木头""订书钉钉入纸中""钉子掉入水中?"……是否应该为每一个这样的小领域分别制定规则呢?这些领域又是如何划分的?……每一个问题都值得人们深入思考。

常识推理的主要技术包括:①基于知识的方法。由专家分析常识推理所需要的特征,进而手工建立知识表示的方法和常识推理引擎。此外,还包括基于数学的方法、基于机器学习和大规模数据库的方法。②Web 挖掘的方法。人们尝试利用 Web 挖掘技术从 Web 文档中提取常识。③基于众包的方法。该方法可以避免 Web 挖掘方法中存在的问题(如常识结果的不一致性),但不能得到对于基本领域(fundamental domains)的分析以及支持可靠推理所需的不同含义和类别的精细区分。

2.10.6 案例:知识图谱应用

知识图谱目前已经应用在智能搜索、实体推荐、自动问答、对话式系统等产品中,实现了对传统搜索等应用的智能化升级,为用户带来更智能的应用体验。

百度知识图谱2014年正式上线至今,服务规模增长了160倍。百度知识图谱依托海量互联网数据,综合运用语义理解、知识挖掘、知识整合与补全等技术,提炼出高精度知识,并组织成图谱,进而基于知识图谱进行理解、推理和计算。目前,百度知识图谱已经拥有数亿实体、数千亿事实,并已广泛应用于百度众多产品线。同时,通过构建包括业务逻辑和行业知识库在内的行业知识图谱,助力行业升级。

1. 智能问答

在智能问答领域,借助知识图谱问答技术,图谱问答搜索产品能够直接回答搜索查询(query)中有客观答案的问题,如刘德华的年龄、上善若水的拼音、薰衣草的花期等。答案是一个有共同特征的集合问题,如一部电视剧的演员表、形容春天的成语、清朝皇帝列表、李白的诗等。

知识推理计算能力是根据中心实体的属性,在不同实体的同类属性以及同一实体的不同属性之间通过推理计算等方式获得比较或关联的答案。例如,对知识图谱而言,"今天离圣诞节还有几天"这个问题,不是一个静态的知识,无法把这个问题的答案直接存在图谱里,而是需要根据今天的日期和圣诞节的日期推理计算得到一个正确的答案。如果用户的问题是"Zippo(打火机)能不能带上飞机",通过知识图谱推理可以直接给出坐飞机是禁止携带zippo的,如图2-35所示。

图 2-35 知识推理的示例

2. 实体推荐

用户在发起一次搜索时,满足当前的需求后,仍有可能存在尚未满足的潜在需求。利用知识图谱中实体之间的丰富联系,可以给出优质的推荐,激发用户潜在的需求。根据查询的相关性、用户点击推荐内容的可能性等多方面,对推荐内容综合动态排序,向用户展示。例如,当用户搜索"杨幂"的时候,除了直接给出和杨幂有关的各个维度的人物信息外,还能够给出可解释的推荐理由。知识图谱还有生成富摘要功能,即借助知识图谱技术提炼页面内容,在搜索结果中展示最关键的内容与服务,优化搜索体验。

3. 对话系统

对话系统能与用户进行多轮交互。首先,用户的输入经过自然语言理解模块进入对话管理系统,对话管理系统识别出当前的对话状态,并确定下一步的对话行为。对话策略模块包含通用模型和领域模型。前者负责处理通用的交互逻辑,后者处理特定领域的交互逻辑。之后,该系统会为用户生成交互回复,其中后台的答案库通过知识图谱构建。对话系统还可以利用知识图谱丰富的内容以及实体的不同侧面,通过多轮交互澄清用户的真实意图。

4. 汉语语言知识图谱

汉语语言博大精深,百度有专门针对汉语语言的知识图谱。例如,搜索"凹的笔顺",知识图谱可以直接把笔顺反馈给用户。针对现在大多数用户使用拼音或语音输入时,一些字不会念,无法输入拼音,百度会把汉字拆解,用语言描述它。例如,如果不知道"怼"字怎么念,就可以这样提问:"上面是'对'下面是'心'怎么念"。搜索结果页除了满足用户的主需求外,还有很多与这个汉字有关的扩展内容,如拼音、释义、组词、近反义词、成语、成语故事等。例如,查询"好"字的多音字词组,知识图谱列出的内容如图 2-36 所示。

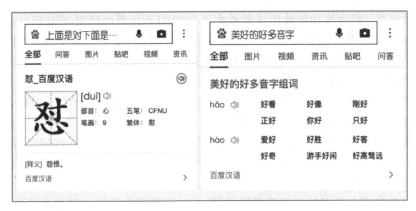

图 2-36　汉语语言知识图谱用于拆字和组词使用示例

5. 智能客服

在人工智能技术应用的场景中,服务机器人的市场潜力及成熟度是最高的。据高德纳(Gartner)公司预测,2020 年智能客服将取代 40% 的传统座席。以电信运营商为例,传统客服每天要处理大量简单重复的用户需求,耗费大量的人力成本。智能客服的出现能够帮助运营商解决这个问题。而智能客服依靠的就是行业知识图谱的构建。例如,电信运营商的流量套餐关联的是日流量、月流量、流量包等信息。这些行业知识就构建了电信运营商的知识图谱。对于一个行业来说,除了静态的实体、属性和关系外,还有业务逻辑。例如,拨打运营商的客服电话办理流量包,客服会询问流量包的类型。用户选择了其中一个以后还可以继续查询办理相关的业务,这是一个完整的流程。这个流程就组成了行业知识图谱的一部分。

2.11 小结

逻辑知识表示的主要特点是建立在某种形式逻辑的基础上,并利用了逻辑方法研究推理的规律,即条件和结论之间的蕴涵关系。逻辑表示方法的主要优点如下。

(1) 严格性:一阶谓词逻辑具有完备的逻辑推理算法,可以保证其推理过程和结果的正确性,可以比较精确地表达知识。

(2) 通用性:命题逻辑和谓词逻辑是通用的形式逻辑系统,具有通用的知识表示方法和推理规则,有很广泛的应用领域。

(3) 自然性:命题逻辑和谓词逻辑是采用一种接近自然语言的形式语言表达知识并进行推理的,易于被人接收。

(4) 明确性:逻辑表示法对如何由简单陈述句构造复杂的陈述句有明确的规定,各个语法单元(如连接词、量词等)和合式公式定义严格。对于用逻辑方法表示的知识,可以按照一种标准的方法进行指派,因此这种知识表示方法明确、易于理解。

(5) 模块性:在逻辑表示法中,各条知识都是相互独立的,它们之间不直接发生关系,便于知识的模块化表示,具有易于计算机实现的推理算法。

但是,逻辑表示方法也有下述不足的地方。

(1) 效率低:形式推理能够使计算机在不知道句子指派的情况下得到有效的结论,它把推理演算和知识的含义截然分开,抛弃了表达内容中所包含的语义信息,往往使推理的过程太冗长,效率低。在推理过程中可能会出现"组合爆炸"。

(2) 灵活性差:不便于表达启发式知识和不精确的知识。

为了能够表达更多的信息,在谓词逻辑中已经引入了全称量词和存在量词,但仍然有一些类型的语句无法表达,如"大多数同学得了 A"。在这个语句中,量词"大多数"无法用存在量词和全称量词表达。为了表达"大多数",一种逻辑必须提供一些用于计算这些概念的谓词,如第 5 章将要介绍的模糊逻辑。另外,谓词逻辑难于表达一些有时真但并非总真的事情,这个问题也可以通过模糊逻辑解决。

经典逻辑推理是通过运用经典逻辑规则,从已知事实中演绎出逻辑上所蕴涵结论的过程。按演绎方法的不同,可以分为两大类:归结演绎推理和非归结演绎推理。本章主要介绍了归结演绎推理。通过引入新的推理规则——归结推理规则,介绍了基于该规则的归结演绎推理过程。

本章还介绍了知识表示的其他方法——产生式系统、框架、语义网络、脚本和知识图谱表示,前 3 种知识表示都是以一阶逻辑表示为基础的,它们都可以转变为等价的一阶逻辑表示。所以,逻辑是知识表示的基本手段,构成了人工智能研究的基础。语义网络、框架、脚本和知识图谱表示方法是有代表性的结构化知识表示方法。本章最后对基于知识的系统所涉及的问题——知识获取、知识组织和知识应用进行了论述。

习题

2.1 验证下列公式为永真式,其中 A,B,C 为语法变元,表示任意公式。

T1. $A \vee \neg A$

T2. $A \rightarrow (B \rightarrow A)$

T3. $A \rightarrow (A \vee B), B \rightarrow (A \vee B)$

T4. $(A \wedge B) \rightarrow A, (A \wedge B) \rightarrow B$

T5. $(A \wedge (A \wedge B)) \rightarrow B$

T6. $(A \rightarrow B) \wedge (B \rightarrow C) \rightarrow (A \rightarrow C)$

T7. $(A \rightarrow (B \rightarrow C)) \rightarrow ((A \rightarrow B) \rightarrow (A \rightarrow C))$

T8. $\neg(\neg A) \leftrightarrow A$

T9. $A \vee A \leftrightarrow A, A \wedge A \leftrightarrow A$

T10. $A \vee B \leftrightarrow B \vee A$
$A \wedge B \leftrightarrow B \wedge A$

T11. $A \wedge (B \vee C) \leftrightarrow (A \wedge B) \vee (A \wedge C)$
$(B \vee C) \wedge A \leftrightarrow (B \wedge A) \vee (C \wedge A)$

T12. $A \vee (B \wedge C) \leftrightarrow (A \vee B) \wedge (A \vee C)$
$(B \wedge C) \vee A \leftrightarrow (B \vee A) \wedge (C \vee A)$

T13. $\neg(A \vee B) \leftrightarrow \neg A \wedge \neg B$

T14. $A \vee (A \wedge B) \leftrightarrow A, A \wedge (A \vee B) \leftrightarrow A$

T15. $(A \rightarrow B) \leftrightarrow (\neg A \vee B)$

T16. $(A \rightarrow (B \rightarrow C)) \leftrightarrow ((A \wedge B) \rightarrow C)$

T17. $(A \rightarrow B) \leftrightarrow (\neg B \rightarrow \neg A)$

T18. $(A \leftrightarrow B) \leftrightarrow (A \rightarrow B) \wedge (B \rightarrow A)$

T19. $(A \leftrightarrow B) \leftrightarrow (A \wedge B) \vee (\neg A \wedge \neg B)$

T20. $A \vee T \leftrightarrow T, A \wedge T \leftrightarrow A, A \vee F \leftrightarrow A, A \wedge F \leftrightarrow F$

2.2 证明：对任一命题公式 φ 可导出它的合取(析取)范式。

2.3 证明：$A \rightarrow A$ 是 PC 的定理。

2.4 证明 A 是 $\{\neg \neg A\}$ 的演绎结果，即证明 $\neg \neg A \vdash_{PC} A$。

2.5 谓词逻辑和命题逻辑有什么异同？

2.6 什么是谓词的项？什么是谓词的阶？

2.7 我们已经知道真值表可以验证复杂句子的正确性，请说明怎样根据真值表确定一个句子是有效的、可满足的和不可满足的。

2.8 怎样用真值表的方法验证假言推理是正确的？即 $P, P \rightarrow Q \Rightarrow Q$。

2.9 我们已经定义了 4 个不同的二元逻辑联结词，还有其他的二元联结词吗？有多少个？

2.10 考虑一个世界中只有 4 个命题：A、B、C 和 D。对于下面的 3 个句子，各有多少个模型(解释)使之为真？

    (a) $A \vee B$ (b) $A \wedge B$ (c) $A \wedge B \wedge C$

2.11 用谓词逻辑公式表示如下自然数公理。

(1) 每个数都存在一个且仅存在一个直接后继数。

(2) 每个数都不以 0 为直接后继数。

(3) 每个不同于 0 的数都存在一个且仅存在一个直接前驱数。

2.12 用一阶谓词逻辑表示下面的句子(自己定义合适的谓词)。
(1) 人人为我,我为人人。
(2) 鱼我所欲也,熊掌亦我所欲也。
(3) 不存在一个最大的素数。
(4) 任意一个实数都有比它大的整数。
(5) 并不是所有的学生都选修了历史和生物。
(6) 历史考试中只有一个学生不及格。
(7) 只有一个学生历史和生物考试都不及格。
(8) 历史考试的最高分比生物考试的最高分要高。
(9) 我们都生活在一个黄色的房子里。
(10) 星期六,所有的学生或者去参加舞会了,或者工作去了,但是没有两者都去的。
(11) 只有两个学生去参加了舞会。
(12) 每个力都存在一个大小相等、方向相反的反作用力。

2.13 写出一个谓词演算子句,在该子句为真的世界中,仅包含一个对象。

2.14 Hanoi 问题表示:已知 3 个柱子 1、2、3,3 个盘子 A、B、C(A 比 B 大,B 比 C 大)。初始状态时,A、B、C 依次放在柱子 1 上。目标状态是 A、B、C 依次放在柱子 3 上。条件是每次可移动一个盘子,盘子上方为空才可以移动,而且任何时候都不允许大盘子在小盘子的上面。请使用一阶谓词逻辑对这一问题进行描述。

2.15 请求出公式 $P \leftrightarrow (P \wedge Q)$ 的析取范式和合取范式。

2.16 将下列公式化为前束范式。
(1) $\forall x P(x) \wedge \exists y Q(y)$
(2) $\forall x \forall y (\exists z (P(x,z) \wedge R(y,z)) \rightarrow \exists u Q(x,y,u))$

2.17 设个体域为 $D=\{1,2\}$,给出下述公式在 D 上的一种或多种指派,并指出每一种指派下各公式的真值。
(1) $(\exists x)(P(f(x)) \wedge Q(x, f(a)))$
(2) $(\exists x)(P(x) \wedge Q(x,a))$
(3) $(\forall x)(\exists y)(P(x) \wedge Q(x,y))$

2.18 命题逻辑和谓词逻辑的归结过程有什么不同?证明命题逻辑的归结推理规则,并论述归结推理规则是否完备?

2.19 什么是完备的归结策略?哪些规则策略是完备的?

2.20 考虑下面不可满足的子句集合
$P \vee Q, P \vee \neg Q, \neg P \vee Q, \neg P \vee \neg Q$
(1) 对下面每一种策略求其归结反驳。
  (a) 支持集策略(其中支持集是上述子句列表的最后一个子句)。
  (b) 祖先过滤策略。
  (c) 一种既违反支持集,也违反祖先过滤的策略。
(2) 说明不存在上述不可满足的子句集合的线性输入归结反驳。

2.21 假设 G 是一阶谓词公式,举例说明:G 和 G 的 Skolem 标准型并不等价,并解释为什么在不可满足的意义下是等价的。

2.22 为什么要将合式公式化为子句集？在合式公式化为子句集的过程中，为什么需要通过换名使所有的量词的约束变量不同名？

2.23 谓词公式和它的子句集等价吗？在什么情况下它们才等价？

2.24 把下面的表达式转换成子句形式：
(1) $((\exists x)P(x) \vee (\exists x)Q(x)) \rightarrow (\exists x)[P(x) \vee Q(x)]$
(2) $(\forall x)P(x) \rightarrow (\exists x)[(\forall z)Q(x,z) \vee (\forall z)R(x,y,z)]$
(3) $(\forall x)[P(x) \rightarrow (\forall y)[(\forall z)Q(x,y) \rightarrow \neg(\forall z)R(x,y,z)]]$

2.25 判断下列表达式对是否可以合一，如果可以合一，请给出 mgu。
(1) $P(x,b,b), P(a,y,z)$
(2) $P(x,f(x)), P(y,y)$
(3) $2+3=x, x=3+3$

2.26 在谓词逻辑的归结推理过程中，为什么要做变量置换和合一处理？在合一过程中，为什么要求出差异集？在怎样的情况下，可以从差异集知道两个子句不可合一？

2.27 对下述公式集合执行合一算法，判断是否可合一，如果可以合一，请给出最一般合一。
(1) $S=\{P(a,x,f(g(y))), P(z,h(z,u),f(u))\}$
(2) $S=\{P(f(a),g(s)), P(y,y)\}$
(3) $S=\{P(a,x,h(g(z))), P(z,h(y),h(y))\}$

2.28 什么样的子句可以做归结？为什么归结式是母式(用于归结的子句)的逻辑推论？为什么说归结出空子句就可以判定子句集不可满足？

2.29 子句 $P \vee Q \vee R, \neg P \vee \neg Q \vee S$ 是否可以归结？如果不能归结，为什么？如果可以归结，为什么 $S \vee R$ 不是其归结式？

2.30 求证 G 是 F_1 和 F_2 的逻辑推论。
$F_1: (\forall x)(P(x) \rightarrow (\forall y)(Q(y) \rightarrow \neg L(x,y)))$
$F_2: (\exists x)(P(x) \wedge (\forall y)(R(y) \rightarrow L(x,y)))$
$G: (\forall x)(R(x) \rightarrow \neg Q(x))$

2.31 已知：
规则1：任何人的兄弟不是女性
规则2：任何人的姐妹必是女性
事实：Mary 是 Bill 的姐妹
求证：用归结推理方法证明 Mary 不是 Tom 的兄弟。

2.32 考虑下面的句子
- 每个程序都存在 bug
- 含有 bug 的程序无法工作
- P 是一个程序

(1) 用一阶谓词逻辑表示上述句子。
(2) 使用归结原理证明 P 不能工作。

2.33 用归结法证明 $A_1 \wedge A_2 \wedge A_3 \rightarrow B$。

其中，$A_1 = \forall x((P(x) \land \neg Q(x)) \to \exists y(W(x,y) \land V(y)))$
$A_2 = \exists x\{P(x) \land U(x) \land \forall y(W(x,y) \to U(y))\}$
$A_3 = \neg \exists x(Q(x) \land U(x))$
$B = \exists x(V(x) \land U(x))$

2.34 函数 $\mathrm{cons}(x,y)$ 表示把元素 x 插在列表 y 的头部形成的列表。我们用 Nil 表示空列表，列表(2)由 $\mathrm{cons}(2,\mathrm{Nil})$ 表示；列表(1,2)由 $\mathrm{cons}(1,\mathrm{cons}(2,\mathrm{Nil}))$ 表示；等等。公式 $\mathrm{Last}(L,e)$ 指 e 是列表 L 的最后一个元素。有下面的公理：
- $(\forall u)[\mathrm{Last}(\mathrm{cons}(u,\mathrm{Nil}),u)]$
- $(\forall x \forall y \forall z)[\mathrm{Last}(y,z) \to \mathrm{Last}(\mathrm{cons}(x,y),z)]$

(1) 根据这些公理用归结反驳证明：
$(\exists v)[\mathrm{Last}(\mathrm{cons}(2,\mathrm{cons}(1,\mathrm{Nil})),v)]$

(2) 用答案提取方法找到 v，它是列表(2,1)的最后一个元素。

2.35 用谓词逻辑的子句集表示下述刑侦知识，并用反演归结的支持集策略证明结论。
(1) 用子句集表示下述知识。
① John 是贼；
② Paul 喜欢酒(wine)；
③ Paul(也)喜欢奶酪(cheese)；
④ 如果 Paul 喜欢某物，则 John 也喜欢；
⑤ 如果某人是贼，而且喜欢某物，则他就可能会偷窃该物。

(2) 求：John 可能会偷窃什么？

2.36 理解 H 域、谓词公式 H 域上的原子集以及 H 域上的解释。如何构造 H 域？如何构造 H 域上解释的语义树？为什么封闭语义树意味着相应的子句集不可满足？

2.37 什么是子句集在 D 域上的解释？什么是子句集在 H 域上的解释？它们之间有什么关系？

2.38 给定下面一段话：
Tony、Mike 和 John 都是 Alpine Club 的会员。每个会员或者是一个滑雪爱好者，或者是一个登山爱好者，或者都是。没有一个登山爱好者喜欢下雨，所有的滑雪爱好者都喜欢雪。Tony 喜欢的所有东西 Mike 都不喜欢，Tony 不喜欢的所有东西 Mike 都喜欢。Tony 喜欢雨和雪。
用谓词演算表达上述信息。把问题"谁是该俱乐部的会员，他是一个登山爱好者，但不是滑雪爱好者"表达为一个谓词表达式，用归结反驳提取答案。

2.39 任何通过了历史考试并中了彩票的人都是快乐的。任何肯学习或幸运的人都可以通过所有考试，小张不学习，但很幸运，任何人只要是幸运的，就能中彩。
求证：小张是快乐的。

2.40 已知有些人喜欢所有的花，没有任何人喜欢任意的杂草，证明花不是杂草。

2.41 已知：海关职员检查每一个入境的不重要人物，某些贩毒者入境，并且仅受到贩毒者的检查，没有一个贩毒者是重要人物。
证明：海关职员中有贩毒者。

2.42 $N=3$，$k \leq 3$ 时，对传教士-野人问题的产生式系统各组成部分进行描述(给出综合数据库、规则集合的形式化描述,给出初始状态和目标条件的描述),并画出状态空间图。

2.43 对量水问题给出产生式系统描述,并画出状态空间图。
有两个无刻度标志的水壶,分别可装 5L 和 2L 的水。设另有一水缸,可用来向水壶灌水或倒出水,两个水壶之间,水也可以相互倾灌。已知 5L 壶为满壶,2L 壶为空壶,问如何通过倒水或灌水操作,使能在 2L 的壶中量出 1L 的水。

2.44 对汉诺塔问题给出产生式系统描述,并讨论 N 为任意时状态空间的规模。
相传古代一庙宇中有 3 根立柱,柱子上可套放直径不等的 N 个圆盘,开始时所有圆盘都放在第一根柱子上,且小盘处在大盘之上,即从下向上直径是递减的。和尚们的任务是把所有圆盘一次一个地搬到另一个柱子上去(不许暂搁地上等),且只许小盘在大盘之上。问和尚们如何搬最后能将所有的盘子都摞到第三根柱子上(可以使用任一根柱子作过渡)。
$N=2$ 时,求解该问题的产生式系统描述,给出其状态空间图。讨论 N 为任意值时,状态空间的规模。

2.45 对猴子摘香蕉问题,给出产生式系统描述。
一个房间里,天花板上挂有一串香蕉,有一只猴子可在房间里任意活动(到处走动,推移箱子,攀登箱子等)。设房间里还有一只可被猴子移动的箱子,且猴子登上箱子时才能摘到香蕉,问猴子在某一状态下(设猴子位置为 a,箱子位置为 b,香蕉位置为 c)如何行动可摘取到香蕉。

2.46 对 3 枚钱币问题给出产生式系统描述及状态空间图。
设有 3 枚钱币,其排列处在"正、正、反"状态,现允许每次可翻动其中任意一个钱币,问只许操作 3 次的情况下,如何翻动钱币使其变成"正、正、正"或"反、反、反"状态。

2.47 说明怎样才能用一个产生式系统把十进制数转换为二进制数,并通过转换 141.125 这个数为二进制数,阐明其运行过程。

2.48 设可交换产生式系统的一条规则 R 可应用于综合数据库 D 生成出 D',试证明若 R 存在逆,则可应用于 D' 的规则集等同于可应用于 D 的规则集。

2.49 用语义网络表示下列知识。
(1) 我是一个人。
(2) 我拥有我的计算机。
(3) 我的计算机的拥有者是我。
(4) 我的计算机是英特尔奔腾 5。
(5) 英特尔奔腾 5 是微机。
(6) 微机是计算机。
(7) 英特尔奔腾 5 包括硬盘、显示器、微处理器、内存。
(8) 硬盘、显示器、微处理器、内存是英特尔奔腾 5 的组成部分。

2.50 用语义网络表示下列命题。
(1) 树和草都是植物。
(2) 树和草都有根、有叶。

(3) 水草是草,且长在水中。

(4) 果树是树,且会结果。

(5) 苹果树是果树中的一种,它结苹果。

2.51 用语义网络分别表示下列命题。

(1) 如果车库起火,那么用二氧化碳或沙扑灭。

(2) 所有的学生都用计算机算题。

2.52 用框架表示下述报道的风灾事件。

【虚拟新华社9月16日电】国家气象局命名的"2017梅花"台风于昨日下午4时在浙江舟山地区登陆。据专家经验,认为风力大于等于8级。但风力中心的准确值,有待数据处理,目前尚未发布。此次台风造成的损失,若需要详细的损失数字,可电询自然灾害统计中心。另据国家气象局介绍说,事前曾得到国际气象组织的预报:昨日上午于太平洋赤道地区生成高压气旋,将向北移动,于浙江登陆。依据国际惯例将其命名为"Carla"飓风,我国也予以承认。至于"Carla"是否就是登陆的"2017梅花",尚需另外加以核查。

(提示:分析、概括用下画线标出的要点,经过概念化形成槽(slot)、侧面(facet)值。特别要注意,"值"(value)、"默认值"(default)、"如果需要值"(if-needed)、"如果附加值"(if-added)的区别与应用,建议采用如下格式,不用的侧面值可删去。)

Frame 台风:

Slot1:	Slot2:	Slot3:
Value:	Value:	Value:
Default:	Default:	Default:
If-needed:	If-needed:	If-needed:
If-added:	If-added:	If-added:

2.53 用框架系统描述旅馆房间的概念,包括房间结构和基本设施两方面。房间结构包括墙壁、门的数量、地面的材料和颜色;基本设施包括椅子、电话、与床有关的内容,对于床,还需特别说明关于垫子的有关内容。

2.54 语义网络、框架系统和知识图谱的知识表示的要点是什么?它们有何联系和区别?

2.55 阐述知识获取、知识组织和知识应用的过程。

2.56 (思考题)证明八数码问题的所有状态可划分为两个不相交的子集,处在同一个子集中的状态之间可以相互到达,处在不同子集中的两个状态之间必不可达。设计一个算法判断一个给定的状态属于哪个子集,并解释为什么这对于生成随机状态是有用的。

2.57 (思考题)写出描述谓词 GrandChild、GreatGrandparent、Ancestor、Brother、Sister、Daughter、Son、FirstCousin、BrotherInLaw、SisterInLaw、Aunt 和 Uncle 的公理。找出隔了 n 代的第 m 代姑表亲的合适定义,并用一阶逻辑写出该定义。现在写出图2-37所示的家族树的基本事实。采用适当的逻辑推理系统,把你已经写出的所有语句告诉系统,并问系统:谁是 Elizabeth 的孙辈,谁是 Diana 的姐夫/妹夫,谁是 Zara 的曾祖父母和谁是 Eugenie 的祖先?

2.58 (思考题)查找资料,撰写关于知识图谱的建立技术的小论文。

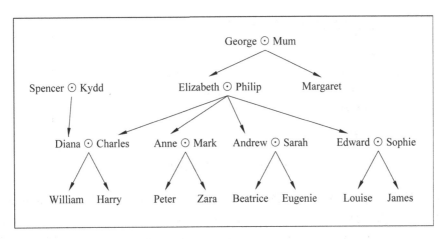

图 2-37　典型家族树

（符号⊙连接配偶，箭头指向孩子）

在机器中存储了上亿条实体知识，这对于机器来说不是难事，困难在于存储实体的关系上。一个实体对应多个属性，如一张桌子对应了品牌、颜色、木材等属性，这些属性就有上百亿级别，这些关系错综复杂地整合起来，要存储的数据就会指数级增加，这注定是一张超级的海量级图谱。

下面以"奢侈品牌路易威登1854年成立法国巴黎"为例，说明如何建立图谱。下面先说明机器如何存储知识。

(1) 奢侈品与路易威登（识别出路易威登是个品牌并且是奢侈品，存储该知识）。

(2) 路易威登与1854年成立（识别出路易威登的成立时间，存储该知识）。

(3) 路易威登成立于法国巴黎（识别出路易威登成立于法国，存储该知识）。

(4) 法国巴黎（识别出法国与巴黎有关系，存储该知识）。

(5) ……

以上只是一种粗略的理想化的情景。实际上，这种知识图谱是动态的，有不断增加、删减的过程，每个语句中的知识都是按照时间线出现的大数据关键词内容根据统计后才建立起来的知识图谱，与人脑一样，这些关系知识图谱可能出现之后又消失，最后那些确凿无疑的关系被留了下来，但是这些依然是动态的，如果哪天法国的首都不再是巴黎，整个关系知识图谱数据库就会将所有数据全部更新。

2.59　（思考题）写出一系列逻辑谓词，这些谓词将完成简单的汽车故障诊断（例如，如果发动机熄火，车灯不亮，那么电池就有问题）。不必过于烦琐，只需要包括以下几种情况：电池问题、油用完了、火花塞坏了、发动机启动器坏了。

2.60　（思考题）编程求解水壶问题。给定4L和3L的水壶各一个，水壶上没有刻度，可以向水壶中加水。如何在4L的壶中准确地得到2L水？

2.61　（思考题）编程求解合一算法。文字 L1 和 L2 如果经过执行某个置换 s，满足 $L1s = L2s$，则称 L1 与 L2 可合一，s 称为其合一元。本程序可判断任意两个文字能否合一，若能合一，则给出其合一元。合一算法程序运行界面示例如图 2-38 所示。

2.62　（思考题）对以下问题给出完整的形式化。选择的形式化方法要足够精确，以便于实现。

图 2-38　合一算法程序运行界面示例

(1) 只用 4 种颜色对平面地图着色，要求每两个相邻的地区不能具有相同的颜色。

(2) 屋子里有只 3 英尺(1 英尺＝0.3048 米)高的猴子，离地 8 英尺的屋顶上挂着一串香蕉。猴子想吃香蕉。屋子里有两个可叠放、可移动、可攀爬的 3 英尺高的箱子。

2.63　(思考题)编程求解九宫图。在 3×3 组成的九宫格棋盘上摆有 8 个将牌，每一个将牌都刻有 1～8 中的某一个数码。棋盘中留有一个空格，允许其周围的某一个将牌向空格移动，这样，通过移动将牌，就可以不断改变将牌的布局。

给定一种初始的将牌布局(称初始状态)和一个目标布局(称目标状态)，如何移动将牌，实现从初始状态到目标状态的转变。问题的解答也就是给出一个合法的走步序列。九宫图程序运行界面示例如图 2-39 所示。

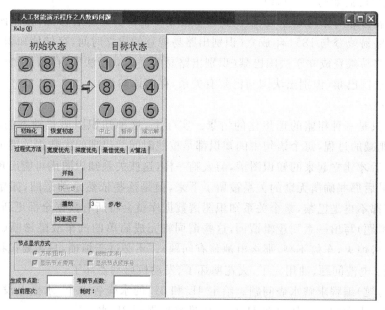

图 2-39　九宫图程序运行界面示例

2.64　(思考题)归类测试算法。归类：对子句 L 和 M，若存在一个代换 s，使得 Ls 为 M 的一个子集，则 L 将 M 归类。

归类测试的目的是判断两个子句间是否有归类关系，如果有，在推理过程中应该将被归类的子句删除，以提高推理效率。

要求:(1)待测试的子句必须是规范化的;(2)谓词项中首字母大写的为常量,小写的为变量,函数名首字母应该为小写;(3)最好不要在两个子句中出现同一个变元,虽然出现相同的变元不会影响最终的结果,但得到的代换却有可能不正确;(4)单击"∨"符号可在子句中加入析取符;(5)得到的实现归类的代换并非为最一般一元,这是因为根据归类的定义,只需存在一个代换 s,使得 Ls 成为 M 的一个子集即可。

2.65 (思考题)编程求解传教士-野人问题。有 N 个传教士和 N 个野人要过河,现在有一条船只能承载 K 个人(包括野人),$K<N$,在任何时刻,如果有野人和传教士在一起,必须要求传教士的人数多于或等于野人的人数。传教士-野人问题程序运行界面示例如图 2-40 所示。

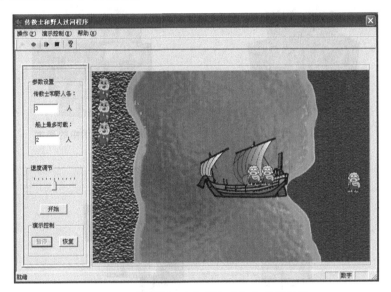

图 2-40　传教士-野人问题程序运行界面示例

2.66 (思考题)魔方是由一些小方块联结在一起的一个大立方体。大立方体 6 个面,每个面由 9 个小方格组成。小立方块分为 3 种类型:"角块"露出 3 个面,"边块"露出方格的两个面,"中心块"露出方格的一个面。一个魔方共有 8 个角块,12 个边块,6 个中心块。

要求:(1)开发一程序,通过键盘和鼠标打乱魔方(图 2-41、图 2-42)及恢复魔方(图 2-43);(2)按一定步骤自动还原魔方。【提示参见参考文献[11,12]】

2.67 (思考题)奥木是中国一种传统的立体拼装玩具,民间也称为"六合连""太极架"(如图 2-44 和图 2-45 所示),相传是我国工匠大师鲁班为教徒弟所制,其组合方法是由六根形状各异的类长方体木条拼装成一个立体交叉的正十字形,而该形状表面却看不出是由多根木条组合而成,中国古建筑中采用的六合结构甚至可以不用钉子等工具进行固定,所采用的便是奥木结构。奥木设计巧妙,拼装有着较强的技巧性。

通过先搜索目标状态,后进行拆解的途径进行求解,求解所有的奥木组合方式,并进行计算机程序图形演示(图 2-46)。【提示参见参考文献[13,14]】

 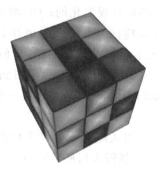 

图 2-41　通过鼠标打乱魔方　　图 2-42　打乱后的魔方　　图 2-43　恢复魔方

图 2-44　奥木　　　　　　　　图 2-45　演示中的奥木

图 2-46　奥木的构件及组装场景

第 3 章

搜 索 技 术

搜索技术是一种通用的问题求解技术,一直是人工智能的核心研究领域。它通常是先将待解问题转化为某种可搜索的"问题空间"(problem spaces),然后在该空间中寻找解。问题空间通常由于规模巨大不适于采用显式的枚举表示,而采用隐式的形式化问题模型。不同类型的问题可表示为状态空间(state spaces)、方案空间(solution spaces)等不同类型的空间,因而需要不同的方法予以形式化。不同类型的问题空间因结点(nodes)和弧(arcs)的含义不同也需要相适应的搜索算法。

本章将主要介绍基于状态空间的搜索技术。此类技术的共同特点是:使机器人(Agent、智能代理)在采取行动之前,以达成某目标状态为目的,在状态空间上搜索得出从初始状态可达到目标状态的"动作序列"。注意,搜索技术是机器人在思考阶段的一种技术。当然,这种思考在实际问题上的适用性也取决于两个方面:问题模型的适用性、搜索算法的适用性。对于较复杂的实际问题,采用过于简单、抽象的问题模型或许导致搜索得出的方案不可用。对于新的问题模型,以往的搜索算法也很可能无法得出最优方案。

本章介绍 3 种重要的状态空间上的通用型搜索技术。第一种状态空间常用于建模单方面行动问题,第二种状态空间(AND-OR 图)常用于建模复杂问题的分解,第三种状态空间常用于建模双方博弈问题。

3.1 概述

搜索技术是人工智能的基本求解技术之一,在人工智能各领域中被广泛应用。早期的人工智能程序与搜索技术联系就相当紧密,几乎所有的早期的人工智能程序都以搜索为基础。例如,A. Newell 和 H. A. Simon 等人编写的 LT(Logic Theorist)程序,J. Slagle 写的符号积分程序 SAINT,A. Newell 和 H. A. Simon 写的 GPS(General Problem Solver)程序,H. Gelernter 写的 Geometry Theorem-Proving Machine 程序,R. Fikes 和 N. Nilsson 写的 STRIPS(Stanford Research Institute Problem Solver)程序以及 A. Samuel 写的 Chechers 程序等,都使用了搜索技术。

现在,搜索技术已渗透在人工智能各领域中,例如,专家系统、自然语言理解、自动程序设计、模式识别、机器人学、信息检索和博弈等领域都广泛使用搜索技术。搜索技术具有如此丰富应用领域的原因在于:广义地讲,人工智能的大多数问题都可以转化为搜索问题。

人工智能需处理的问题大部分是结构不良或非结构化问题,对这样的问题一般不存在显而易见的求解算法。对于给定的问题,智能系统的行为首先应是找到能够达到所希望目标的动作序列,并使其付出的代价最小、性能最好。基于给定的问题,问题求解的第一步是问题的建模。搜索就是为智能系统找到动作序列的过程。搜索算法的输入是问题的实例,输出是表示为动作序列的方案。一旦有了方案,系统就可以执行该方案给出的动作了。通常,解决一类问题主要包括 3 个阶段:问题建模、搜索和执行,而且多数实际问题都需要这 3 个阶段的多次迭代,才能予以解决。本章主要讨论搜索阶段,其他两个阶段会在其他章节予以讨论。能进行搜索的前提是问题具有良好的结构,为此,下面介绍形式化问题模型(formalized problem model)。

适于进行搜索的问题由以下 4 部分组成。

(1) 初始状态(initial state):描述了 Agent 在问题中的初始状态。

(2) 动作集合(actions):每个动作把一个状态转换为另一状态。

(3) 目标检测(goal test)函数:用于判断一个状态是否为目标。

(4) 路径费用(path cost)函数:指明路径费用的函数。此函数用于支持搜索算法,寻找费用最优的路径。

其中,初始状态和动作集合(隐式)定义了问题空间。我们首先解释"定义"的含义,然后解释"隐式"的用意。问题空间是有向图,由结点和弧组成。根据(1)和(2),能判断给定的一个结点是否属于该问题空间,同样,能判断一条弧是否属于该空间。因此说,(1)和(2)定义了该问题空间。所谓"隐式",是相对"显式"而言。显式地定义一个问题空间的方式是将其中所有的结点和所有的弧罗列出来并存储在内存中。然而,对于人工智能中的非平凡问题,其结点数目和弧的数目都是巨大的,若罗列出来,则计算机的存储空间或许不能完全存储(试想,若问题空间包含 10^{20} 个结点,需要多大的内存空间)。当内存不能支持问题的完全存储时,搜索程序则无法开始。因此,"隐式"的问题模型是搜索技术成为可行的关键。下面分别以旅行售货商问题(Traveling Salesperson Problem,TSP)和九宫图问题(Eight Puzzle Problem)为例,说明建立形式化模型的基本方法。

TSP 问题为:已知一些城市和这些城市之间的距离,为售货商找到一条从初始城市出发经历其他城市仅一次且最终回到初始城市的最短路径。当然,其中的"城市"可以为任意距离的地点,或者是同城内的地点。TSP 问题与我们当前熟悉的快递配送业务极其相关,也适用于其他类型的路径搜索业务。图 3-1 是一个 TSP 问题实例,其中含 4 个城市:A、B、C、D,城市之间的距离在边上标出。TSP 问题虽然在生活中常见,但在计算上却是困难的。理论上,TSP 问题的计算复杂度是 NP 完全的,因而成为人工智能领域的典型问题。针对 TSP 问题,怎样用"初始状态""动作集合""目标检测函数"和"路径费用函数"这 4 个要素建模它呢?以图 3-1 为例,首先需要建模旅行商的状态。我们所关心的状态是"旅行商处于哪个城市"。

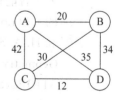

图 3-1　TSP 问题实例

可用谓词(at A)表示旅行商在 A,用(at B)表示旅行商在 B,类似地可表示旅行商在某个城市的状态。因此,假设旅行商初始城市为 A,则其初始状态为(at A)。在某个状态上,旅行商可以做旅行的动作,旅行的始点是当前城市、终点是下一个相邻城市。可用 move(A,B)表示旅行商从城市 A 旅行到城市 B 的动作。一般地,只要两个城市 x 和 y 存在边,且旅行商当前在城市 x,则旅行商都可以做 move(x,y)的动作,该动作的结果是将旅行商在城市 x 的状态变换为在城市 y 的状态,如对于动作 move(A,B),它对应的状态映射见表 3-1。其中,move(A,B)在某状态上不适用时,我们假定它对该状态不发生改变。注意,在表 3-1 中,动作 move(A,B)只在一个状态上执行,但在其他类型的问题中,一个动作可在多个状态上执行。

表 3-1 动作 move(A,B)定义的状态映射

当前状态	下一状态	当前状态	下一状态
(at A)	(at B)	(at C)	(at C)
(at B)	(at B)	(at D)	(at D)

在明确旅行商的状态和动作后,对于图 3-1 的问题,你能较轻松地找出一个费用最优的动作序列使他从初始位置 A 经历{B, C, D}仅一次并返回 A 吗?我们可使用如图 3-2 所示的图尝试所有的动作序列,该图是以宽度优先的方式对初始状态尝试的前 3 个动作。当一个动作序列使旅行商返回位置 A 时,我们应检查它是否是一个有效解。例如,动作序列 π_1:⟨move(A, B), move(B, D), move(D, C), move(C, A)⟩为有效解,而动作序列 π_2:⟨move(A, B), move(B, D), move(D, C), move(C, B), move(B, A)⟩不是有效解,因为它访问了城市 B 两次,而不是一次。我

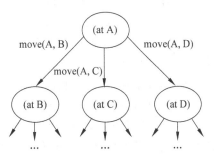

图 3-2 在状态上应用动作而构成的状态空间

们还可能遇到另一个有效解 π_3:⟨move(A, B), move(B, C), move(C, D), move(D, A)⟩。现在考虑费用因素,解 π_1 的费用为 20+34+12+42=108;解 π_3 的费用为 20+30+12+35=97,所以 π_3 优于 π_1。至于 π_3 是否为最优解,需在尝试所有的有效解之后断定。

基于以上分析,将 TSP 问题的形式化模型概括如下。

- 初始状态:若旅行商的初始位置为 a,则将(at a)作为初始状态。
- 动作集合:若两个位置 x 和 y 之间有一条边,则动作 move(x,y)在该集合中。
- 目标检测函数:对于一个状态 s,若从初始状态到 s 的动作序列 π 经过了其余所有位置仅 1 次,且在 s 中旅行商回到了初始位置,则 s 是目标状态,且 π 是一个有效解。
- 路径费用函数:动作序列 π 的费用等同于它经过的路径的距离。

下面介绍对九宫图问题的一种形式化。九宫图问题是:要求 Agent 改变一个 3 行 3 列棋盘上的 8 个数码的位置,使这些数码的排列符合预期的格局。在图 3-3 中,改变其中数码的方式是将"空白格"(未被数码占据的方格)向左移、向上移、向右移。进一步讲,若

“空白格”位于当前的数码 6 的位置,则它还可向下移。

2	8	3
1	6	4
7		5

(a) 一个棋盘格局和可执行的动作方向

1	2	3
8		4
7	6	5

(b) 期望的目标格局

图 3-3 九宫图问题

九宫图问题的形式化模型为

- 初始状态:棋盘的初始格局,包含每个格子中存放的数码、空白格的位置。
- 动作集合:{空白格左移,空白格上移,空白格右移,空白格下移}。其中的动作不是在每个状态上都可执行。例如,当空白格位于最左侧的列时,“空白格左移”动作不可执行。
- 目标检测函数:若一个状态 s 中的棋盘格局与图 3-3(b)相同,则它是目标状态,并且从初始状态到 s 的动作序列是该问题的一个解。
- 路径费用函数:此问题中每个动作的代价假设为 1,因此,路径费用与该路径上的动作数目在数值上相同。

对于九宫图问题的求解,也可以尝试画出如图 3-2 所示的有向图——状态空间,然后进行搜索。此状态空间中的状态数目是巨大的,普通计算机的内存不能完全存储。为了说明,我们假设需要 40 步动作解决一个九宫图问题,相应地,目标状态结点所在的深度为 40。那么,在最坏情况下,我们需要尝试多少个状态才能达到这个目标呢?这需要我们分析该状态空间的平均分枝因子。因为,若它为 b,则最坏情况下我们需要尝试 $1+b+b^2+b^3+\cdots+b^{40}$ 个状态。九宫图问题的分枝因子分布如图 3-4 所示。对于第一行,若空白格位于最左侧的方格,则可执行 2 个动作(向右移、向下移),若它位于中间的方格,则可执行 3 个动作(向左移、向右移、向下移),若它位于最右侧的方格,则可执行 2 个动作(向左移、向下移)。类似地,可得出空白格在其他位置时的可执行动作数。注意,在每个状态中,空白格只处于其中一个位置。因此,平均情况下,一个状态上可执行的动作数为 $b=(2\times4+3\times4+4)/9\approx2.667$。现在可知,最坏情况下需要尝试的状态数目至少是 2.667^{40}。因为存储一个状态至少需要 9 个二进制位,所以这些状态需要的存储空间为 $2.667^{40}\times9$ 位 $>2^{40}$ B $=2^{10}$ GB $=2$ TB。这个数量显然超出了当前流行的个人计算机的内存存储量。

2个	3个	2个
3个	4个	3个
2个	3个	2个

图 3-4 九宫图问题的分枝因子分布

为了在部分程度上缓解对存储量的要求,人工智能中的搜索可以分成两个不断交替的阶段:问题空间的生成和在该空间上对目标状态的搜索,即状态空间一般是逐渐扩展的,“目标”状态是在每次扩展的时候进行判断的。不过,多数搜索算法也存储访问过的状态,这使得所需的存储空间快速增加。解决的一个途径是引导搜索算法专注于探索有希望发现目标的方向,用于完成引导的信息成为启发信息,此技术将在 3.3.3 节开始介绍。

一般地,搜索方法可以根据是否使用启发式信息分为盲目搜索方法和启发式搜索方法。也可以根据搜索空间的表示方式分为状态空间搜索方法和与或图搜索方法。状态空间搜索是用状态空间法求解问题所进行的搜索。与或图搜索是指用问题规约方法求解问题时所进行的搜索。状态空间法和问题规约法是人工智能中最基本的两种问题表示方法。

盲目搜索方法一般是指从当前的状态到目标状态需要走多少步或者每条路径的花费并不知道，所能做的只是可以区分出哪个是目标状态。因此，它一般是按预定的搜索策略进行搜索。由于这种搜索总是按预定的、机械的顺序进行，没有考虑到问题本身含有的信息，所以这种搜索具有很大的盲目性，效率不高，不适用于复杂问题的求解。启发式搜索方法是在搜索过程中通过分析与问题有关的信息调整搜索顺序，用于指导搜索朝着最有希望发现目标状态的方向前进，加速问题的求解并找到最优解。显然，盲目搜索不如启发式搜索效率高，但是由于启发式搜索需要和问题本身特性有关的信息，而对于很多问题这些信息很少，或者根本就没有，或者很难抽取，所以盲目搜索仍然是很重要的一类搜索方法。

在搜索问题中，主要的工作是找到正确的搜索算法。搜索算法一般可以通过下面 4 个标准评价。

(1) 完备性：如果存在一个解，该策略是否保证能够找到？
(2) 时间复杂性：需要多长时间可以找到解？
(3) 空间复杂性：执行搜索需要多少存储空间？
(4) 最优性：如果存在不同的几个解，该算法是否可以发现最优代价的解？

搜索算法指定了状态空间或问题空间扩展的方法，也决定了状态或问题的访问顺序。不同的搜索算法在人工智能领域的命名也不同。例如，在状态空间为一棵树的问题上有两种基本的搜索算法。如果首先扩展根结点，然后扩展根结点生成的所有结点，最后再扩展这些结点的后继，如此反复下去，这种算法称为宽度优先搜索。另一种方法是，在树的最深一层的结点中扩展一个结点，只有当搜索遇到一个死亡结点(非目标结点并且是无法扩展的结点)的时候，才返回上一层选择其他的结点搜索，这种算法称为深度优先搜索。然而，无论是宽度优先搜索，还是深度优先搜索，结点的遍历顺序都是固定的，即一旦搜索空间给定，结点遍历的顺序就固定了，这种类型的遍历称为"确定性"的，也就是盲目搜索。而对于启发式的搜索，在计算每个结点的参数之前无法确定先选择哪个结点扩展，这种搜索一般称为非确定的。

在介绍搜索方法前，我们再对问题模型做一些重要的说明。首先，人工智能问题的分类可依据多个角度，但从一个问题所涉及的角色数目看，有涉及单个 Agent 的问题(如旅行售货商问题)，涉及两个对抗 Agent 的问题(如双人博弈问题)，涉及多个 Agent 协作的问题(如团队协作问题)，涉及两组 Agent 的问题(如两队机器人足球竞赛问题)，涉及多组 Agent 的问题(各组之间或者对抗或者协作)。注意，本章介绍的算法是以单方面解决问题而设计的搜索技术。"单方面"的含义为：即使待解决的问题涉及多方，正在思考的本方也是将本方的动作和其他各方的动作一起考虑的。其次，本章的问题模型假设本方"完全知道"自己和其他各方的状态和他们能采取的行动。然而，在实际问题中，或许本方不可获取其他方的信息，或许本方可获取其他方的部分信息，甚至本方对自己的一些状态的具体数据也不可知。此类情况下的问题通常称为具有不完全信息的问题，对应的算法研究成果也相当丰富，但是限于篇幅，我们仅在 3.5 节介绍其中的一项研究。最后，多数研究认为：Agent 若要表现理性，则在它的脑中必然要有一个关于所处世界的状态模型，而这个状态模型是人类赋予 Agent 的，因此，合理的世界模型的建立工作是思考（搜索）能实用的前提。

3.2 盲目搜索方法

最简单的盲目搜索方法是"生成再测试"方法（generate and test）。该方法如下。

```
Procedure Generate & Test
    Begin
        Repeat
            生成一个新的状态，称为当前状态；
        Until  当前状态=目标；
    End.
```

上述算法在每次 Repeat-Until 循环中都生成一个新的状态，并且只有当新的状态等于目标状态的时候才退出。在该算法中，最重要的部分是新状态的生成。如果生成的新状态不可扩展，则该算法应该停止，为了简单起见，在上述算法中省略了这一部分。

宽度优先搜索和深度优先搜索算法可以看作是生成再测试方法的两个具体版本。它们的区别是生成新状态的顺序不同。假设问题空间是一棵树，则深度优先搜索总是优先生成并测试深度增加的结点，而宽度优先搜索则总是优先考察同一深度的结点。

下面介绍的"迭代加深搜索"方法结合宽度优先搜索保证最优性的优势与深度优先搜索在存储上的优势。

对于深度 d 比较大的情况，深度优先搜索可能沿着一个不含目标结点的分枝探寻很长时间，在找不到解的同时浪费资源。一种较好的方法是对搜索的深度进行控制，这就是"有界深度优先搜索"方法的主要思想。有界深度优先搜索过程总体上按深度优先算法方法进行，但对搜索深度给出一个深度限制 d_m，当深度达到 d_m 的时候，如果还没有找到解答，就停止对该分枝的搜索，换到另外一个分枝进行搜索。

对于有界深度搜索策略，有以下几点需要说明。

(1) 在有界深度搜索算法中，深度限制 d_m 是一个很重要的参数。当问题有解，且解的路径长度小于或等于 d_m 时，则该算法一定能够找到解。但是，和深度优先搜索一样，这并不能保证最先找到的是最优解，此情况下的有界深度搜索是完备的，但不是最优的。但是，当 d_m 取得太小，解的路径长度大于 d_m 时，则搜索过程中就找不到解，此情况下的搜索过程甚至是不完备的。

(2) 深度限制 d_m 不能太大。当 d_m 太大时，搜索过程会产生过多的无用结点，既浪费了计算机资源，又降低了搜索效率。

(3) 有界深度搜索的主要问题是深度限制值 d_m 的选取。该值也被称为状态空间的直径，如果该值设置得比较合适，则会得到比较有效的有界深度搜索。但是对很多问题，我们预先无法知道该值到底为多少，只有在该问题求解完成后才能确定出深度限制 d_m，而那时确定的 d_m 对搜索算法没有意义。为了解决上述问题，可采用如下改进方法：先任意设定一个较小的数作为 d_m，然后按有界深度算法搜索，若在此深度限制内找到了解，则算法结束;如在此限制内没有找到问题的解,则增大深度限制 d_m,继续搜索。此方法被命名为"迭代加深搜索"(iterative deepening search)。

迭代加深搜索是一种回避选择最优深度限制问题的策略,它是试图尝试所有可能的深度限制:首先深度为0,然后深度为1,最后为2,等等,一直进行下去。如果初始深度为0,则该算法只生成根结点,并检测它。如果根结点不是目标,则深度加1,通过典型的深度优先算法,生成深度为1的树。同样,当深度限制为 m 时,它将生成深度为 m 的树。

迭代加深搜索过程描述如下。

```
Procedure Iterative-deeping
Begin
    For d=1 to ∞ Do
    Begin
        从初始结点执行深度限制为 d 的有界深度优先搜索;
        如果找到解,则搜索结束并返回"成功";
        如果本次迭代中访问的所有结点的深度都小于 d,则搜索结束并返回"失败";
    End
End
```

通过分析可以发现,迭代加深搜索看起来很浪费资源,因为它在深度限制为 $d+1$ 的迭代过程中将重复搜索深度限制为 d 的迭代访问过的结点。然而,对于很多问题,这种多次的扩展负担实际上很小,直觉上可以想象,如果一棵树的分枝系数很大,几乎所有的结点都在最底层上,则对于上面各层结点,扩展多次对整个系统的影响不是很大。

宽度优先搜索、深度优先搜索和迭代加深搜索都是"生成再测试"算法的具体版本。迭代加深搜索对结合了宽度优先和深度优先搜索的优点。表3-2总结了宽度优先搜索、深度优先搜索、有界深度搜索和迭代加深搜索的主要特点。

表3-2 几个盲目搜索算法的特点对比

标准	宽度优先	深度优先	有界深度	迭代加深
时间	$O(b^d)$	$O(b^m)$	$O(b^l)$	$O(b^d)$
空间	$O(b^d)$	$O(bm)$	$O(bl)$	$O(bd)$
最优	是	否	否	是
完备	是	否	如果 $l > d$,是	是

注:b 为分枝系数,d 为解的深度,m 是搜索树的最大深度,l 是深度限制。

3.3 启发式搜索

前面讨论的搜索方法都是按事先规定的、根据结点的深度制定的路线进行搜索,搜索过程机械化、具有较大的盲目性,生成的无用结点较多,搜索空间较大,效率因而不高。除了结点的深度信息之外,如果能够利用结点暗含的与问题相关的一些特征信息预测目标结点的存在方向,并沿着该方向搜索,则有希望缩小搜索范围,提高搜索效率。利用结点的特征信息引导搜索过程的一类方法称为启发式搜索。

任何一种启发式搜索算法在生成一个结点的全部子结点之前，都将使用算法设计者提供的评估函数判断这个"生成"过程是否值得进行。评估函数通常为每个结点计算一个整数值，称为该结点的评估函数值。通常，评估函数值小的结点被认为是值得进行"生成"过程。按照惯例，我们将"生成结点 n 的全部子结点"称为"扩展结点 n"。启发式搜索可以用于两种不同方向的搜索：前向搜索和反向搜索。前向搜索一般用于状态空间的搜索，从初始状态出发向目标状态方向进行；反向搜索一般用于问题规约中，从给定的目标状态向初始状态进行。为这两种搜索方法设计评估函数时应采用不同的思路，将在 3.3.1 节和 3.4.3 节分别解释这个特点。

3.3.1 启发性信息和评估函数

在搜索过程中，关键是在下一步选择哪个结点进行扩展，选择的方法不同，就形成了不同的搜索策略。如果在选择结点时能充分利用它与问题有关的特征信息估计出它对尽快找到目标结点的重要性，就能在搜索时选择重要性较高的结点，以便快速找到解或者最优解，我们称这样的过程为启发式搜索。"启发式"实际上是一种"大拇指准则（Thumb Rules）"：在大多数情况下是成功的，但不能保证一定成功的准则。

用来评估结点重要性的函数称为评估函数。评估函数 $f(n)$ 对从初始结点 S_0 出发，经过结点 n 到达目标结点 S_g 的路径代价进行估计。其一般形式为

$$f(n) = g(n) + h(n)$$

其中，$g(n)$ 表示从初始结点 S_0 到结点 n 的已获知的最小代价；$h(n)$ 表示从 n 到目标结点 S_g 的最优路径代价的估计值，它体现了问题的启发式信息。所以，$h(n)$ 被称为启发式函数。$g(n)$ 和 $h(n)$ 的定义都要根据当前处理的问题的特性而定，$h(n)$ 的定义更需要算法设计者的创造力。下面介绍在九宫图问题上 $g(n)$ 和 $h(n)$ 的定义方法。

在九宫图问题中，有一个 3×3 的棋盘，其中 8 个格子上放着带数字的卡片，1 个格子空白，每张卡片可以被移动到与它相邻的空白格子，我们的目标是将棋盘上卡片的初始格局通过一系列移动卡片的动作变换到目标格局。图 3-5 是九宫图问题的一个实例，其中 S_0 表示初始格局，S_g 表示目标格局。评估函数可以表示为

$$f(n) = g(n) + h(n)$$

其中，$g(n)=d(n)$ 定义为结点在 n 搜索树中的深度；$h(n)=w(n)$ 定义为"结点 n 中不在目标状态中相应位置的数码个数"，$h(n)$ 包含了问题的启发式信息。可以看出，一般说某结点 n 的 $h(n)$ 越大，即"不在目标位"的数码个数越多，说明目标结点离 n 越远，进而可以认为"扩展" n 就相对不重要。在图 3-5 中，对于初始结点 S_0，由于 $g(S_0)=0$，$h(S_0)=5$，因此 $f(S_0)=5$。

$S_0=$
2	8	3
1	6	4
7		5

$S_g=$
1	2	3
8		4
7	6	5

图 3-5 九宫图问题的一个实例

$f(n)$ 由 $g(n)$ 和 $h(n)$ 两部分组成，启发式搜索算法可以使用 $f(n)$ 的不同组合，进而表现出不同的特性。例如，有的算法使用 $f(n)=g(n)$，有的算法使用 $f(n)=h(n)$，有的算法使用 $f(n)=g(n)+h(n)$。下面将介绍最好优先搜索（Best-first Search）算法使用不同形式的 f 所表现出的特点。

3.3.2 最好优先搜索算法

宽度优先搜索和深度优先搜索不适用于状态空间存在"环"的情况,下面介绍一种称为"最好优先搜索算法"(best-first search)的算法框架,该方法能处理图。为了处理"环","最好优先搜索算法"用 OPEN 表和 CLOSED 表记录状态空间中那些被访问过的所有状态。这两个表中的结点及它们关联的边构成了状态空间的一个子图,被称为搜索图。OPEN 表存储一些结点,其中每个结点 n 的启发式函数值已经计算出来,但是 n 还没有被"扩展"。CLOSED 表存储一些结点,其中每个结点已经被扩展。该类算法每次迭代从 OPEN 表中取出一个较优的结点 n 进行扩展,将 n 的每个子结点根据情况放入 OPEN 表。算法循环,直到发现目标结点或者 OPEN 表为空。算法中的每个结点都带有一个父指针,该指针用于合成解路径。

最好优先搜索算法的具体描述如下。

```
Procedure Graph-Search
Begin
    建立只含初始结点 S₀ 的搜索图 G,计算 f(S₀);将 S₀ 放入 OPEN 表;将 CLOSED 表初始化为空
    While OPEN 表不空 Do
    Begin
        从 OPEN 表中取出 f(n) 值最小的结点 n,将 n 从 OPEN 表中删除并放入 CLOSED 表
        If n 是目标结点 Then 根据 n 的父指针指出从 S₀ 到 n 的路径,算法停止
        Else
        Begin
            扩展结点 n
            If 结点 n 有子结点
             Then
            Begin
                (1) 生成 n 的子结点集合 {mᵢ} 把 mᵢ 作为 n 的子结点加入到 G 中,并计算 f(mᵢ)
                (2) If mᵢ 未曾在 OPEN 和 CLOSED 表中出现,Then 将它们配上刚计算过的 f
                    值,将 mᵢ 的父指针指向 n,并把它们放入 OPEN 表
                (3) If mᵢ 已经在 OPEN 表中,Then 该结点一定有多个父结点,在这种情况下,
                    比较 mᵢ 相对于 n 的 f 值和 mᵢ 相对于其原父指针指向的结点的 f 值,若前
                    者不小于后者,则不做任何更改,否则将 mᵢ 的 f 值更改为 mᵢ 相对于 n 的 f
                    值,mᵢ 的父指针更改为 n
                (4) If mᵢ 已经在 CLOSE 表中,Then 该结点同样也有多个父结点。在这种情况
                    下,比较 mᵢ 相对于 n 的 f 值和 mᵢ 相对于其原父指针指向的结点的 f 值。
                    如果前者不小于后者,则不作任何更改,否则将 mᵢ 从 CLOSED 表移到 OPEN
                    表,置 mᵢ 的父指针指向 n
                (5) 按 f 值从小到大的次序对 OPEN 表中的结点重新排序
            End
        End
    End
End
```

上述搜索算法生成一个明确的图 G（称为搜索图）和一个 G 的子集 T（称为搜索树），图 G 中的每一个结点也在树 T 上。搜索树是由结点的父指针确定的。G 中的每一个结点（除了初始结点 S_0）都有一个指向 G 中一个父辈结点的指针。该父辈结点就是那个结点在 T 中的唯一父辈结点。算法中的(3)、(4)步保证对每一个扩展的新结点，其父指针的指向是已经产生的路径中代价最小的。

3.3.3 贪婪最好优先搜索算法

最好优先搜索算法是一个通用的算法框架。如果将该框架中的 $f(n)$ 实例化为 $f(n)=h(n)$，则得到一个具体的算法，称为贪婪最好优先搜索（Greedy Best-first Search，GBFS）算法。可以看出，GBFS 算法在判断是否优先扩展一个结点 n 时仅以 n 的启发值 $h(n)$ 为依据。$h(n)$ 值越小表明从 n 到目标结点的代价越小，因而 GBFS 算法沿着 n 所在的分枝搜索就越可能发现目标结点。因此，GBFS 算法一般可以较快地计算出问题的解。

但是，GBFS 算法得出的解是否是最优的？考虑如下情况，OPEN 表中有两个结点 n 和 n'，其中 $g(n)=5$，$h(n)=0$，$g(n')=3$，$h(n')=1$，而且 n 和 n' 的 h 值分别是它们与目标结点的真实距离，在此情况下，GBFS 将扩展 n，而不是 n'。显然，经过 n 发现的解的代价高于经过 n' 发现的解的代价，所以 GBFS 返回的不是最优解。仔细分析最好优先算法的流程可以发现，当 $f(n)=h(n)$ 时，其中的步骤(3)和(4)将不会改变 n 的信息。3.3.4 节内容将说明，步骤(3)和(4)是为了保证算法的最优性而设置的。与 GBFS 算法相对，假如最好优先搜索算法中的 $f(n)$ 被实例化为 $f(n)=g(n)$，则得到"宽度优先搜索"算法。读者可以在图的最短路径问题上将 $g(n)$ 定义为源结点到 n 的路径长度，分析此命题的正确性。

可以看出，$h(n)$ 影响算法发现解的速度，$g(n)$ 影响得到解的最优性。下面介绍的 A 算法和 A^* 是使用 $f(n)=g(n)+h(n)$ 的最好优先搜索算法，它们综合考虑了时间效率和解的质量。其中，A^* 算法使用的 $h(n)$ 具有更严格的性质。

3.3.4 A 算法和 A^* 算法

如果最好优先搜索算法中的 $f(n)$ 被实例化为 $f(n)=g(n)+h(n)$，则称为 A 算法。进一步细化，如果启发函数 h 满足对于任一结点 n，$h(n)$ 的值都不大于 n 到目标结点的最优代价，则称此类 A 算法为 A^* 算法。A^* 算法在一些条件下能够保证找到最优解，即 A^* 算法具有最优性。下面首先以九宫图（图 3-6）为例介绍 A 算法的运行过程，之后介绍参考文献[34]对 A^* 算法最优性的分析。

A 算法采用 3.3.1 节定义的评估函数判断每个结点的重要性。在该算法运行的初始时刻，OPEN 表中只有初始结点，因此我们扩展它，得到图 3-6 中的第二层结点，将这些结点全部放入 OPEN 表。在第二次迭代过程中，A 算法选择 OPEN 表中具有最小 f 值为 $1+3=4$ 的结点扩展，得到第三层的三个结点，并将它们放入 OPEN 表。在第三次迭代中，A 算法选择 OPEN 表中 f 值为 $2+3=5$ 的结点进行扩展。在第四次迭代中，A 算法选择 OPEN 表中 f 值为 $2+3=5$ 的另一个结点进行扩展。在第五次迭代中，A 算法选择

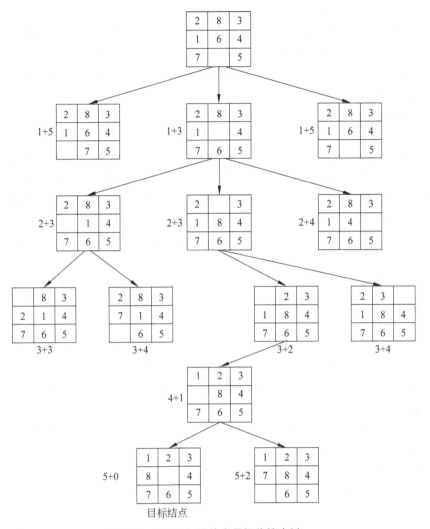

图 3-6 九宫图问题的全局择优搜索树

OPEN 表中 f 值为 $3+2=5$ 的结点进行扩展。在第六次迭代中，A 算法选择 OPEN 表中 f 值为 $4+1=5$ 的结点进行扩展。在第七次迭代中，A 算法选择 OPEN 表中 f 值为 $5+0=5$ 的结点进行扩展。通过此例可以发现，A 算法相对于宽度优先搜索和深度优先搜索都具有优势。

但是，由于对启发函数 h 没有任何限制，A 算法不能保证找到最优解。经研究发现，A 算法在如下三个条件均成立时，能够保证得到最优解。

(1) 启发函数 h 对任一结点 n 都满足 $h(n)$ 不大于 n 到目标的最优代价。

(2) 搜索空间中的每个结点都具有有限个后继。

(3) 搜索空间中的每个有向边的代价均为正值。

为了表明此类 A 算法的重要性，将此类 A 算法称为 A* 算法；我们称上述三个条件为 A* 算法的运行条件。

对 h 的限制可以更正式地表述如下。令 h^* 是能计算出任意结点 n 到目标的最优代价的函数,称之为"完美启发函数"。如果$\forall n(h(n) \leqslant h^*(n))$,则称 h 为可采纳的启发函数(admissible heuristic function),或者称 h 是可采纳的,简称为可纳的。此外,我们也引入函数 g^*,它能计算从开始结点到任意结点的最优代价。定义评估函数 f^*:$f^*(n)=g^*(n)+h^*(n)$。这样,$f^*(n)$ 就是从起始结点出发经过结点 n 到达目标结点的最佳路径的总代价。

把估价函数 $f(n)$ 和 $f^*(n)$ 相比较,$g(n)$ 是对 $g^*(n)$ 的估价,$h(n)$ 是对 $h^*(n)$ 的估价。在这两个估价中,尽管 $g(n)$ 容易计算,但它不一定就是从起始结点 S_0 到结点 n 的真正的最短路径的代价,很可能从初始结点 S_0 到结点 n 的真正最短路径还没有找到,所以一般都有 $g(n) \geqslant g^*(n)$。但应注意,A*算法的步骤(3)和(4)保证了如果发现 n 的更好的 $g(n)$ 值,则以此值作为 n 的最新的 $g(n)$,并相应地修改 n 的父指针,步骤(4)还在 n 已被扩展的情况下将 n 移回 OPEN 表,使得 n 会被再次扩展。

在图 3-6 所示的九宫图问题中,尽管并不知道 $h^*(n)$ 具体为多少,但我们在定义 $h(n)=w(n)$ 时,保证了 h 的可采纳性。这是因为 $w(n)$ 统计的是"不在目标状态中相应位置的数码个数",这相当于假定把不在目标位置的一个数码移到它的目标位置仅需要一步,而实际情况下把一个数码移到目标位置应该需要一步以上。所以,$w(n)$ 必然不大于 $h^*(n)$。应当指出,同一问题启发函数 $h(n)$ 可以有多种设计方法。在九宫图问题中,还可以定义启发函数 $h(n)=p(n)$,其中 $p(n)$ 为结点 n 的每一数码与其目标位置之间的欧几里得距离总和。显然有 $p(n) \leqslant h^*(n)$,相应的搜索过程也是 A* 算法。然而,$p(n)$ 比 $w(n)$ 有更强的启发性信息,因为由 $h(n)=p(n)$ 构造的启发式搜索树,比由 $h(n)=w(n)$ 构造的启发式搜索树结点数要少。这一结论在后面关于 A* 算法特性的讨论中说明。

现在给出一些关于算法性质的定义,为了叙述方便,我们将一个算法记作 M。

完备性:如果存在解,则 M 一定能找到该解并停止,则称 M 是完备的。

可纳性:如果存在解,则 M 一定能找到最优的解,则称 M 是可纳的。

优越性(dominance):一个算法 M_1 称为优越于另一个算法 M_2,指的是如果一个结点由 M_1 扩展,则它也会被 M_2 扩展,即 M_1 扩展的结点集是 M_2 扩展的结点集的子集。

最优性:在一组算法中,一个算法 M 称为最优的,如果 M 比其他算法都优越。

下面的定理 3.1 说明了 A* 算法的完备性和可纳性。为了证明该定理,首先介绍引理 3.1。

引理 3.1 在 A* 算法停止之前的每次结点扩展前,在 OPEN 表上总是存在具有如下性质的结点 n'。

(a) n' 位于一条解路径上。

(b) A* 算法已得出从初始结点 S_0 到 n' 的最优路径。

(c) $f(n') \leqslant f^*(S_0)$。

证明:为证明此引理在 A* 算法的每次结点扩展前都成立,只需证明(1)和(2)。

(1) 本引理在 A* 算法初始执行时成立。

(2) 若本引理在一个结点被扩展之前成立,则在该结点被扩展之后本引理同样成立。

按照此思路,将采用归纳法进行证明。为叙述方便,以下简称 A* 算法为 A*。

归纳基础:A* 算法在第 1 次结点扩展前(即 S_0 被选择进行扩展之前),S_0 在 OPEN 表中,S_0 位于一条最优解路径上(因为所有的解路径都以为 S_0 起点),并且 A* 已得知从

S_0 到 S_0 的最优路径。此外,根据 f 的定义,

$$f(S_0) = g(S_0) + h(S_0)$$
$$= h(S_0)$$
$$\leqslant h^*(S_0)$$
$$= g^*(S_0) + h^*(S_0)$$
$$= f^*(S_0)$$

因此,在第 1 次结点扩展前,S_0 就是满足引理结论的 n^*。

归纳步骤:假设引理在第 m 次($m \geqslant 0$)结点扩展后成立,证明本引理在第 $m+1$ 次结点扩展后仍成立。

假定 A* 算法在扩展 m 个结点后,OPEN 表中存在一个结点 n^*,A* 算法已知从 S_0 到 n^* 的最优路径。那么,若 n^* 在第 $m+1$ 次扩展中未被选择,则它在第 $m+1$ 次扩展后是满足引理要求的结点 n^*,在此情况下引理得证。另一方面,若 n^* 在第 $m+1$ 次扩展时被选择,则 n^* 的每一个未在 OPEN 表和 CLOSED 表中出现的子结点都将被放入 OPEN 表,而且,这些新的子结点中必然存在一个结点(记为 n_p)位于最优解路径上(因为经过 n^* 的最优解路径必然在经过 n^* 后再经过 n^* 的某个子结点,所以 n_p 必然存在)。n_p 也满足条件(b),即 A* 已得出从 S_0 到 n_p 的最优路径,该路径记为 P_1:由到达 n^* 的最优路径再连接上 n^* 到 n_p 的有向边而组成。如果从 S_0 到达 n_p 的最优路径不同于 P_1,则 P_1 不构成最优解路径,从而与 n^* 在最优解路径上的假设相矛盾。因此,n_p 满足(a)和(b)。下面还需证明性质(c)在所有归纳步骤中成立。

我们将证明性质(c)在 A* 停止前的 $0 \sim m$ 次扩展时都成立。

对于任一结点 n^*(n^* 在最优解路径上,且 A* 算法已得出从 S_0 到 n^* 的最优路径,即 $g(n^*) = g^*(n^*)$),它满足如下不等式。

$$f(n^*) = g(n^*) + h(n^*)$$
$$\leqslant g^*(n^*) + h^*(n^*)$$
$$\leqslant f^*(n^*)$$
$$\leqslant f^*(S_0)$$

因此,性质(c)成立。至此,本引理得证。

定理 3.1 若 A* 算法的运行条件成立,并且搜索空间中存在从初始结点 S_0 到目标结点的代价有穷的路径,则 A* 算法保证停止并得出 S_0 到目标结点的最优代价路径。

从以上分析可见,启发函数 h 的性质影响 A* 算法的可纳性。实际上,h 还影响 A* 算法的结点扩展数目和实现细节。对于两个可纳的启发函数 h_1 和 h_2,如果任一结点 n 都满足 $h_1(n) \leqslant h_2(n)$,则称 h_2 的信息量大于 h_1。当 A* 算法使用信息量大的启发函数时,其扩展的结点数目要少,表现出"优越性"。另一方面,如果启发函数具有"单调性",则 A* 算法不必在重复访问一个结点时修改该结点的父指针。相应的讨论可见参考文献[34]。

在 A* 算法中计算时间不是主要的限制。由于 A* 算法把所有生成的结点保存在内存中,所以 A* 算法在耗尽计算时间之前一般早已经把存储空间耗尽了。因此,目前开发了一些新的算法,它们的目的是为了克服空间问题,但一般不满足最优性或完备性,如迭代加深 A* 算法(IDA*)、简化内存受限 A* 算法(SMA*)等。下面简单介绍 IDA* 算法。

3.3.5 迭代加深 A* 算法

前面已经讨论了迭代加深搜索算法,它以深度优先的方式在有限制的深度内搜索目标结点。该算法在每个深度上都检查目标结点是否出现,如果出现,则停止,否则深度加 1 继续搜索。而 A* 算法是选择具有最小估价函数值的结点扩展。下面给出的迭代加深 A* 搜索算法(IDA*)是上述两种算法的结合。这里启发式函数用作深度的限制,而不是选择扩展结点的排序。IDA* 算法如下。

```
Procedure IDA*
Begin
    初始化当前的深度限制 c=1;
    把初始结点压入栈;并假定 c'=∞;
    While 栈不空 Do
    Begin
        弹出栈顶元素 n
        If  n=goal, Then 结束,返回 n 以及从初始结点到 n 的路径
        Else
        Begin
            For n 的每个子结点 n' Do
            Begin
                If f(n')≤c, Then 把 n'压入栈
                Else c'=min(c', f(n'))
            End
        End
    End
    If 栈为空并且 c'=∞, Then 停止并退出;
    If 栈为空并且 c'≠∞, Then c=c',并返回 2
End
```

上述算法涉及了两个深度限制。如果栈中所含结点的所有子结点的 f 值都小于限制值 c,则把这些子结点压入栈中,以满足迭代加深算法的深度优先准则。然而,如果不是这样,即结点 n 的一个或多个子结点 n' 的 f 值大于限制值 c,则结点 n 的 c' 值设置为 = $\min(c', f(n'))$。该算法停止的条件为:①找到目标结点(成功结束);②栈为空并且限制值 $c'=\infty$。

IDA* 算法和 A* 算法相比,主要优点是对于内存的需求。A* 算法需要指数级数量的存储空间,因为没有限制搜索深度。而 IDA* 算法只有当结点 n 的所有子结点 n' 的 $f(n')$ 小于限制值 c 时才扩展它,这样就可以节省大量的内存。另一个问题是,当启发式函数是最优的时候,IDA* 算法和 A* 算法扩展相同的结点,并且可以找到最优路径。

3.4 问题归约和 AND-OR 图启发式搜索

启发式搜索可以应用的第二个问题是 AND-OR 图的反向推理问题。AND-OR 图的反向推理过程可以表示一个问题归约过程。问题规约的基本思想是:在问题求解过程

中,将一个大的问题变换成若干个子问题,再将这些子问题分解成更小的子问题,这样继续分解,直到所有的子问题都能被直接求解为止。问题归约方法之所以可行,是因为我们根据全部子问题的解就能构造出原问题的解。一般地,待求解的问题称为初始问题,能直接求解的问题称为本原问题。

3.4.1 问题归约的描述

首先以一个自动推理的例子介绍基于问题归约思想求解问题的过程。

例 3.1 给定如下一组命题公式,给出证明命题 r 成立的证明序列。

$\{p, t, p \wedge t \rightarrow q, p \rightarrow m, s \rightarrow q, q \rightarrow r\}$。

解:该问题的解是这样一个证明序列:$p, t, p \wedge t \rightarrow q, q \rightarrow r$。那么,如何得到这个解?可以采用正向的思考,也可以采用反向的思考。

正向思考过程通常如下:根据 p 和 $p \rightarrow m$ 得出 m 成立,根据 p, t 和 $p \wedge t \rightarrow q$ 得出 q 成立,根据 q 成立和 $q \rightarrow r$ 得出 r 成立。基于此过程,构造出证明序列。

反向思考过程通常如下:若要证明 r 成立,就必须利用能推导出 r 的蕴涵式 $q \rightarrow r$;进而要证明 q 成立,可以利用蕴涵式 $s \rightarrow q$ 或者 $p \wedge t \rightarrow q$;如果利用蕴涵式 $s \rightarrow q$,则要证明 s 成立,但给出的公式集合中不含 s,而且也不含后件为 s 的蕴涵式,所以此条路径不通;如果利用 $p \wedge t \rightarrow q$ 证明 q 成立,则要求 p 和 t 都成立,由于 p 和 t 都在给定的公式集中存在,所以无须继续证明。至此,能够构造出证明序列。

在此例中,反向思考的过程就是问题归约的思想。例如,将"证明 r 成立"的问题通过蕴涵式 $q \rightarrow r$ 转化为"证明 q 成立"的问题;将"证明 q 成立"的问题通过 $p \wedge t \rightarrow q$ 转化为"证明 p 成立"与"证明 t 成立"两个问题;"证明 p 成立"的问题由于 p 在命题集合中存在而能被立即解决;同理,"证明 t 成立"的问题也能被立即解决。当然,我们在思考过程中也曾尝试过将"证明 q 成立"的问题通过 $s \rightarrow q$ 转化为"证明 s 成立"的问题,在发现"证明 s 成立"的问题无法解决后而终止这个方向的尝试。

正向思考和反向思考在效率上存在差别,但取决于具体的问题,没有绝对的优劣之分。例如,对于给定 $\{p, p \rightarrow q, p \rightarrow r, p \rightarrow s\}$,要证明 s 成立,则应用反向思考的效率高;对于给定 $\{p, t \rightarrow s, r \rightarrow s, p \rightarrow s\}$,要证明 s 成立,则应用正向思考的效率高。

下面介绍基于问题归约思想求解问题的基本概念和方法。从问题归约的角度,一个问题表示为三元组:(S_0, O, P),其中

S_0 是初始问题,即要求解的问题。

P 是本原问题集,其中的每一个问题是不用证明的,自然成立的,如公理、已知事实等,或已证明过的问题。

O 是操作算子集,它是一组变换规则,通过一个操作算子把一个问题转换成若干个子问题。

这样,基于问题归约的求解方法就是由初始问题出发,运用操作算子生成一些子问题,对子问题再运用操作算子生成子问题的子问题,如此进行到产生的问题均为本原问题为止,则初始问题得解。

3.4.2 问题的 AND-OR 图表示

我们用一种图表示问题归约为子问题的所有可能过程。例如,例 3.1 的问题被表示为图 3-7,其中,方块结点表示问题,结点之间的有向边表示源结点对应的问题可分解为目标结点对应的问题。例如,有向弧<r,q>表示 r 对应的问题可以分解为 q 对应的问题。在图 3-7 中,特殊的是结点 q,另一个特殊的是从 q 指向 p 和 t 的有向边。q 指向 p 和 t 的两条有向边被一个圆弧连接,用于表示 q 被分解(归约)为 p 与 t:只有当 p 和 t 对应的问题都被解决时,q 才能被解决。把圆弧连接的有向边看作一个整体,把有向边<q,m>看作另一个整体,这两个整体表示可以将 q 按照前一个整体进行分解,或者,将 q 按照后一个整体进行分解。

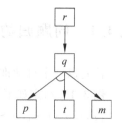

图 3-7 问题归约的图形化表示

我们将图 3-7 抽象为一种称为**超图**(hypergrah)的结构,用二元组 (N,H) 表示:其中 N 为结点的有穷集合;H 为"超边"(Hyperarce)的集合;一个超边表示为 $<s,D>$,其中 $s \in N$,称 s 为该超边的源结点,$D \subseteq N$,称 D 为该超边的目的结点集。超边也称为"k 连接符"(k-connector),其中 $k=|D|$。

例如,图 3-7 的超图表示为:(N_1, H_1),$N_1=\{r,q,p,t,m\}$,$H_1=\{<r,\{q\}>,<q,\{p,t\}>,<q,\{m\}>\}$,其中:超边<r,{q}>称作"1 连接符",超边<q,{p,t}>称作"2 连接符"。可以看出,普通的图可以用超图的数学形式表示,因此,普通图是超图的特例。

从问题归约的角度看,一个问题可以用超图表示其中所有的问题、问题的分解方法。此外,为了表示本原问题集合、初始问题,需要再增加两个元组。我们称此类图为**与或图**(**AND-OR 图**),它的四元组表示为 (N, n_0, H, T),其中,

N 是结点集合,其中每个结点都对应一个唯一的问题。

$n_0 \in N$,对应于初始问题。

H 是超边的集合,其中每个超边<s,D>都表示结点 s 对应的问题的一个可行的分解方法。若 $|D|=1$,则该超边称为"或弧",同时称 D 中的结点为 s 的"或子结点"(OR-node),也称它为 s 的"或后继"(OR-descendents);若 $|D|>1$,则该超边称为"与弧",同时称 D 中的结点为 s 的"与子结点"(AND-node),也称它们为 s 的"与后继"(AND-descendents)。

T 是 N 的子集,其中每个结点对应的问题都为本原问题,T 中的结点也称为叶结点。

与或图 (N, n_0, H, T) 的每个以 n_0 为根结点的子图都可以表示一种对原始问题逐步分解的过程。例如,图 3-8(a)和图 3-8(b)分别是图 3-7 的两个不同的子图,其中子图 3-8(a)表示的分解过程能够解决原始问题,我们称这样的图为与或图(图 3-7)的解图,而子图 3-8(b)表示的分解过程不能解决原始问题。如果能设计一种算法,它能从一个与或图中找出性质如 3-8(a)的解图,则该算法就为我们找到了解决原始问题的一个分解过程。下面首先提供一些概念,用于区分这两种子图,然后讨论用于搜索解图的算法。

下面首先给出"可解结点"(solved nodes)和"不可解结点"(unsolvable nodes)的概念,然后定义解图。假定 AND-OR 图的子图中的每个结点至多有一个"k 连接符",其中

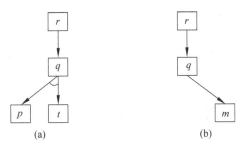

图 3-8 与或图的子图

的一个"可解结点"递归地定义如下。

(1) 叶结点是可解结点。

(2) 一个结点是可解的,当且仅当以它为源结点的某一条"k 连接符"可解。

(3) 一个 k 连接符可解,当且仅当该连接符的每个目的结点都可解。

我们将不是叶结点的结点简称为"非叶结点",并递归定义不可解结点如下。

(1) 无后继的非叶结点是不可解的。

(2) 一个结点是不可解的,当且仅当以它为源结点的所有"k 连接符"都不可解。

(3) 一个 k 连接符是不可解的,当且仅当该连接符存在一个不可解的目的结点。

能导致初始结点可解的那些可解结点及相关的超边组成的子图称为该 AND-OR 图的解图。

对应于一个归约问题的 AND-OR 图可能有多个解图,那么,其中哪个解图更优?为了评价解图的优劣,我们根据归约问题为每个本原问题赋予相应的权重,为每个操作算子赋予相应的权重,由这些权重表示相应的费用。操作算子的权重一般用于表达根据子结点的解构造出父结点的解的费用。父结点的费用定义为相应的操作算子的费用与子结点费用之和。一个解图的费用定义为该图中初始结点的费用。基于以上概念,计算一个归约问题的最优解的问题对应于计算该问题的 AND-OR 图的一个费用最小的解图的问题。通常称具有最小费用的解图为最优解图。由于 AND-OR 图的规模巨大,所以我们仍然采用一边扩展 AND-OR 图,一边进行搜索的方法。为了将搜索过程引向能发现最优解图的超边,一般使用可纳的启发函数估算每个结点的真实费用,搜索方向总是偏向于启发函数值较低的结点。

假设任一结点 n 到目标集 S_g 的费用估计为 $h(n)$。结点 n 的费用按下面的方法计算。

(1) 如果 $n \in S_g$,则 $h(n)=0$,否则 $h(n)$ 为以 n 为源结点的 k 连接符的费用的最小值。

(2) 一个 k 连接符 $<n,\{n_1,n_2,\cdots,n_m\}>$ 的费用为 $h(n)=m+h(n_1)+h(n_2)+\cdots h(n_m)$。

3.4.3 AO* 算法

为了在 AND-OR 图中找到最优解图,需要一个类似于 A* 的算法,Nilsson 因而提出了称为 AO* 的算法,它和 A* 算法是不同的,其主要区别如下。

区别1：AO*算法能考虑"与弧"的费用，而A*算法不能。

为弄清为什么A*算法不足以搜索AND-OR图，可以考察如图3-9(a)所示的AND-OR图。扩展顶点A产生两个子结点集合，一个为结点B，另一个由结点C、D组成。在每个结点旁边的数表示该结点f值。为简单起见，假定对应于k连接符的操作算子的费用为k。若采用A*算法考察结点并从中挑选一个带最低f值的结点扩展，则要挑选C。但根据现有信息，最好搜索穿过B的那条路径，因扩展C也得扩展D，其总耗费为9，即($D+C+2$)；而穿过B的耗费为6。问题在于下一步要扩展结点的选择不仅依赖于该结点的f值，而且取决于该结点是否属于从初始结点出发的当前最短路径的一部分。对此，如图3-9(b)所示的AND-OR图更加清楚。按A*算法，最有希望的结点是G，其f值为3。G结点是C的后继，C也是B、C、D中最有希望的结点，其总耗费为9。但C不是当前最优路径的一部分，因用C需用D，而D的耗费为27。因此不应扩展G，而应考虑E和F。

由此可见，为了保证搜索到一个最优解图，在搜索AND-OR图时，每步需做三件事：

(1) 遍历图，从初始结点开始，顺沿当前最优路径，记录在此路径上未扩展的结点集。

(2) 从这些未扩展结点中选择一个进行扩展。将其后继结点加入图中，计算每一后继结点的f值（只需计算h，不计算g）。

(3) 改变最新扩展结点的f估值，以反映由其后继结点提供的新信息。将这种改变往上回传至整个图。在往后回传时，每到一个结点就判断其后继路径中哪一条最有希望，并将它标记为目前最优路径的一部分，这样可能引起目前最短路径的变动。这种图的往上回传以修正费用估计的工作在A*算法中是不必要的，因为A*只需考察未扩展结点，但现在必须考察已扩展结点，以便挑选目前的最优路径。

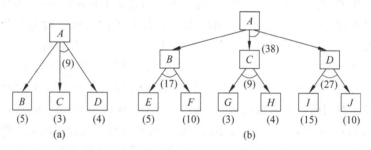

图3-9　AND-OR图

下面通过图3-10所示的搜索过程说明AO*算法的基本思想。

第一步：A是唯一结点，因此它在目前最优路径的末端。

第二步：扩展A后得结点B、C和D，因为B和C的费用为9，得出A的费用为6，所以把到D的路径标记为出自A的最有希望的路径（被标记的路径在图中用箭头指出）。

第三步：沿着最有希望的路径扩展D，得到E和F的与弧，得出D的费用估计为10，故将D的f值修改为10。往上退一层发现，A到与结点集$\{B,C\}$的耗费为9，所以，从A到$\{B,C\}$是当前最有希望的路径，因此，撤销对$<A,\{D\}>$的标记，而是对$<A,\{B,C\}>$进行标记。

第四步：扩展结点B，得结点G、H，且它们的费用分别为5、7。往上传其f值后，B的f值改为6（因为G的弧最佳）。往上一层继续回传，A到与结点集$\{B,C\}$的费用更新为 12,即(6+4+2)。因此,D 的路径再次成为更好的路径,所以取消<A,{B,C}>的标记,再次标记<A,{D}>。

最后求得 A 的费用为:$f(A)=\min\{12,4+4+2+1\}=11$。

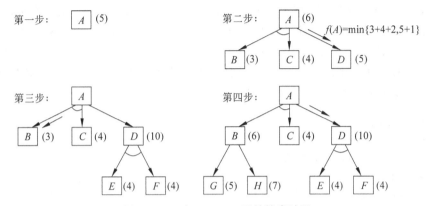

图 3-10　一个 AND-OR 图的搜索过程

从以上分析可以看出,AND-OR 图的搜索算法由两个过程组成。
(1) 自顶向下,沿着最优路径产生后继结点,判断结点是否可解。
(2) 自底向上,传播结点是否可解,做估值修正,重新选择最优路径。

区别 2:如果有些路径通往的结点是其他路径上的"与"结点扩展出来的结点,那么不能像"或"结点那样只考虑从结点到结点的个别路径,有时候路径长一些可能会更好。

考虑如图 3-11(a)所示的例子,图中结点已按生成它们的顺序给了序号。现假定下一步要扩展结点 10,其后继结点之一为结点 5,扩展后的结果如图 3-11(b)所示。到结点 5 的新路径比通过 3 到 5 的先前路径长。但因为若要经由结点 3 而通向结点 5,还必须解决结点 4,而结点 4 是不可解结点,所以经由结点 10 而通向结点 5 的路径更好。

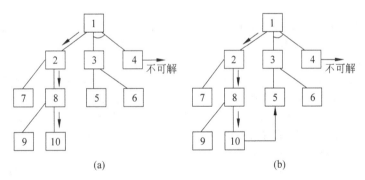

图 3-11　长路径和短路径

AO* 算法仅能求解不含回路的与或图。做这种限制是因为可解的归约问题不应存在回路。回路代表了一条循环推理链。例如,在证明数学定理时会出现如图 3-12 所示的问题,即能证 Y 就能证 X;同时,能证 X 就能证 Y。而基于这样的回路无法构造出 X 或者 Y 的证明。因此,AO* 算法检测并忽略回路,具体的做法为:当生成结点 A 的一个后继结点 B 并发现 B 已在图中时,就检查 B 是不是 A 的祖先;仅当 B 不是 A 的祖先时,才把最近

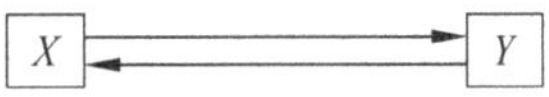

图 3-12　循环推理

发现的到 B 的路径加到图中。

首先介绍 AO* 算法的主要思想。在 A* 算法中用了两张表：OPEN 表和 CLOSED 表。AO* 算法只用一个结构 G，它表达了至今已明显生成的部分搜索图。图中，每一结点向下指向其直接后继结点，向上指向其直接前趋结点。同图中每一结点有关的还有 h 值，它估计了从该结点至一组可解结点那条路径的费用。AO* 算法还使用一个称为 FUTILITY 的值。若一解的估计费用大于 FUTILITY 的解，则放弃搜索该路径。FUTILITY 相当于一个阈值，它的选择应使得大于费用 FUTILITY 的任一解即使存在，也因为代价大而无法使用。下面介绍具体的 AO* 算法。

Procedure AO*
Begin
  设 G 仅由代表初始问题的结点 n_0 构成，计算 $h(n_0)$。
  Repeat
    (a) 沿着从 n_0 开始的带标记的 k 连接符，如果存在，挑选在此路径上但未扩展的一个结点进行扩展，记该结点为 n。
  (b) 生成 n 的后继结点。
  If n 没有后继结点，**Then** 令 $h(n)$ = FUTILITY，标记 n 为不可解结点；
  Else
  Begin
    记 n 的后继结点集为 Suc，
    For 每个不是结点 n 祖先的后继结点 s∈Suc，**Do**
    Begin
      (i) 把 s 加到图 G 中。
      (ii) 如果 s 是一个叶结点，则将标记 s 为 SOLVED，并令 $h(s)=0$。
      (iii) 若 s 是非叶结点，则计算它的 h 值。
    End
  End
  (c) 将最新发现的信息向上回传，具体做法为：设 C 为一结点集，C 包括已经做了 SLOVED 标记或者 h 值已经发生了改变的结点。将 C 初始化为 {n}。
  (d) **Repeat**
    (i) 从 C 中挑选一个结点，该结点在 G 中的子孙均不在 C 中出现(换句话说，保证对于每一正在处理的结点，是在处理其任一祖先之前处理该结点)，称此结点为 c，并令 C = C - {c}。
    (ii) 计算以 c 为源结点的每条 k 连接符的费用，其费用等于其目的结点的 h 值之和加上该连接符自身的费用。从刚刚计算过的始于 c 的所有连接符的费用中选出极小费用作为 c 的新 h 值。
    (iii) 把在 (ii) 中计算出来的带极小费用的 k 连接符标记为始于 c 的最佳路径。
    (iv)   **If** c 的带标记的连接符是 SOLVED，
        Then 把 c 标记为 SOLVED。
    (v)   **If** c 已标记为 SOLVED，或 c 的费用刚才已经改变，
        Then 应把其新状态往回传。因此，把 c 的所有祖先结点加到 C 中。
  Until C 为空；
 Until n_0 标为 SOLVED(求解成功)，或 n_0 的 h 值大于 FUTILITY(无解)；
End

由此可以看出，AO* 算法主要由两个循环组成。外循环包括(a)和(b)，自顶向下进

行图的扩展。它根据标记得到最佳的局部解图,挑选一个非叶结点进行扩展,对它的后继结点计算 h 值并进行标记更新。内循环是自底向上的操作(c)和(d),主要进行修改费用值、标记连接符、标记 SOLVED 操作。它修改被扩展结点的费用值,对以该结点为源结点的连接符进行标记,并修改该结点祖先结点的费用值。(d)中的(i)考察的结点 c 在 G 中的子孙都不在 C 中,以保证修改过程是自底向上的。

下面根据图 3-13 说明 AO* 算法。开始的情况下,在算法的步骤(c)处可知:$C=\{A\}$,在步骤(d)的(i)步可知:$c=A$。由于有 A 到 $\{B,C\}$ 的 k 连接符,根据该连接符知 c 的费用为:$2+h(B)+h(C)=9$;另外有 A 到 $\{D\}$ 的 k 连接符,根据该连接符知 c 的费用为:$1+h(D)=6$,所以 A 的较好费用为 6,我们将 $<A,\{D\}>$ 作上标记。这样,在下一次循环的步骤(a)处,可得 $n=D$,扩展 D 后得:$Suc=\{E,F\}$,执行之后的步骤得到 D 的新费用为 10,向上回传,由于连接符 $<A,\{D\}>$ 的新费用大于连接符 $<A,\{B,C\}>$ 的费用,所以 A 的费用更新为连接符 $<A,\{B,C\}>$ 的费用(即 9),此外,我们撤销对 $<A,\{D\}>$ 的标记,同时对 $<A,\{B,C\}>$ 进行标记。

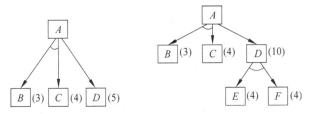

图 3-13 AO* 算法耗散值估计的向上传递

3.5 博弈

博弈一向被认为是富有挑战性的智力活动,如下棋、打牌、作战、游戏等。这里讲的博弈是二人博弈、二人零和、全信息、非偶然博弈,博弈双方的利益是完全对立的。

(1) 对垒的双方 MAX 和 MIN 轮流采取行动,博弈的结果只能有 3 种情况:MAX 胜,MIN 败;MAX 败,MIN 胜;和局。如果记"胜利"为 +1 分,"失败"为 -1 分,"平局"为 0 分,则双方在博弈结束时的总分总是为"零",称此类博弈为"零和"。

(2) "全信息"是指:对弈过程中,任何一方都了解当前的格局和过去的历史。

(3) "非偶然"是指:任何一方都根据当前的实际情况采取行动,选择对自己最有利而对对方最不利的对策,不存在"碰运气"(如掷骰子)的偶然因素。

具有以上特点的博弈游戏有:一字棋、象棋、围棋等。

先来看一个例子,假设有 7 枚钱币,任一选手只能将已分好的一堆钱币分成两堆个数不等的钱币,两位选手轮流进行,直到每一堆都只有一个或两个钱币不能再分为止,哪个选手遇到不能再分的情况则为输。

用数字序列加上一个说明表示一个状态,其中数字表示不同堆中钱币的个数,说明表示下一步由谁分,如(7,MIN) 表示只有一个由 7 枚钱币组成的堆,由 MIN 分,MIN 有 3 种可供选择的分法,即(6,1,MAX),(5,2,MAX),(4,3,MAX),其中 MAX 表示另一选手,不论哪一种方法,MAX 在它的基础上再做符合要求的划分,整个过程如图 3-14 所示。

图中已将双方可能的方案完全表示出来了，而且从中可以看出，无论 MIN 开始时怎么走，MAX 总可以获胜，取胜的策略用粗箭头表示。

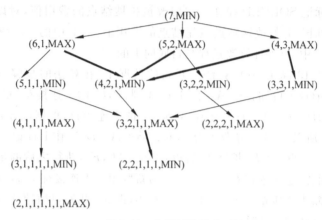

图 3-14 分钱币的博弈

实际的情况没有这么简单，对任何一种棋，我们都不可能枚举出所有情况，因此，只能模拟人"向前看几步"，然后做决策，决定自己走哪一步最有利。也就是说，只能分析出几层的走法，然后按照一定的估算方法决定走哪一步棋。

在博弈过程中，任何一方都希望本方取得胜利。因此，当某一方当前有多个行动方案可选择时，他总是挑选对自己最有利而对对方最不利的行动方案。此时，如果我们站在 MAX 方的立场上，则可供 MAX 方选择的若干行动方案间是"或"关系，因为主动权在 MAX 方手里，他或选择这个行动方案，或选择另一个行动方案，完全由 MAX 方自己决定。当 MAX 方选取任一方案走了一步后，MIN 方也有若干个可供选择的行动方案，此时这些行动方案对 MAX 方来说它们之间是"与"关系，因为这时主动权在 MIN 方手里，这些可供选择的行动方案中的任何一个都可能被 MIN 方选中，MAX 方必须应付所有可能发生的情况。

这样，如果站在某一方（如 MAX 方，即 MAX 要取胜），把上述博弈过程用图表示出来，则得到的是一棵"与或树"。描述博弈过程的与或树称为博弈树，它有如下特点。

（1）博弈的初始格局是初始结点。

（2）在博弈树中，"或"结点和"与"结点是逐层交替出现的。自己一方扩展的结点之间是"或"关系，对方扩展的结点之间是"与"关系。双方轮流扩展结点。

（3）所有自己一方获胜的终局都是本原问题，相应的结点是可解结点；所有使对方获胜的终局都被认为是不可解结点。

在人工智能中可以采用搜索方法求解博弈问题。下面讨论博弈中两种最基本的搜索方法。

3.5.1 极大极小过程

在二人博弈问题中，为了从众多可供选择的行动方案中选出一个对自己最有利的行动方案，需要对当前的情况以及将要发生的情况进行分析，通过某搜索算法从中选出最优的走步。在博弈问题中,每一个格局可供选择的行动方案都有很多,因此会生成十分庞大的博弈树,如果试图通过直到终局的与或树搜索而得到最好的一步棋是不可能的,如曾有人估计,西洋跳棋完整的博弈树约有 10^{40} 个结点。

最常使用的分析方法是极小极大分析法。其基本思想或算法是:

(1) 设博弈的双方中一方为 MAX,另一方为 MIN。然后设计算法为其中的一方(如 MAX)寻找一个最优行动方案。

(2) 为了找到当前的最优行动方案,需要对各个可能的方案所产生的后果进行比较,具体地说,就是要考虑每一方案实施后对方可能采取的所有行动,并计算可能的得分。

(3) 为计算得分,需要根据问题的特性信息定义一个估价函数,用来估算当前博弈树端结点的得分,此时估算出的得分称为静态估值。

(4) 当末端结点的估值计算出来后,再推算出父结点的得分,推算的方法是:对"或"结点,选其子结点中一个最大的得分作为父结点的得分,这是为了使自己在可供选择的方案中选一个对自己最有利的方案;对"与"结点,选其子结点中一个最小的得分作为父结点的得分,这是为了立足于最坏的情况。这样计算出的父结点的得分称为倒推值。

(5) 如果一个行动方案能获得较大的倒推值,则它就是当前最好的行动方案。

在博弈问题中,每一个格局可供选择的行动方案都有很多,因此会生成十分庞大的博弈树。试图利用完整的博弈树进行极小极大分析是困难的。可行的办法是只生成一定深度的博弈树,然后进行极小极大分析,找出当前最好的行动方案。在此之后,再在已选定的分枝上扩展一定深度,再选最好的行动方案。如此进行下去,直到取得胜败的结果为止,至于每次生成博弈树的深度,当然是越大越好,但由于受到计算机存储空间的限制,只好根据实际情况而定。

图 3-15 所示是向前看两步,共四层的博弈树,用 □ 表示 MAX,用 ○ 表示 MIN,端结点上的数字表示它对应的估价函数的值。在 MIN 处用圆弧连接,用 0 表示其子结点取估值最小的格局。

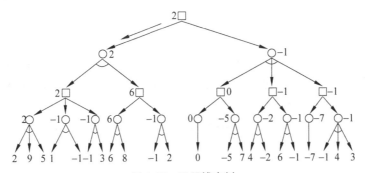

图 3-15 四层博弈树

图 3-15 中,结点处的数字在端结点是估价函数的值,通常称它为静态值,在 MIN 处取最小值,在 MAX 处取最大值,最后 MAX 选择箭头方向的走步。

下面利用一字棋具体说明一下极大极小过程,不失一般,设只进行两层,即每方只走一步(实际上,多看一步将增加大量的计算和存储),如图 3-16 所示。

估价函数 $e(p)$ 规定如下。

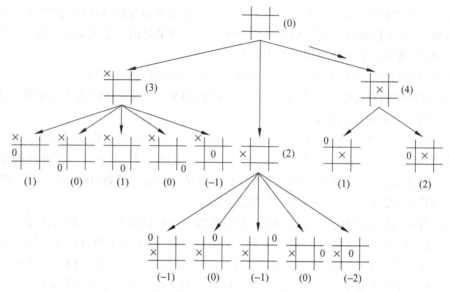

图 3-16　一字棋博弈的极大极小过程

(1) 若格局 p 对任何一方都不是获胜的,则

$e(p)$＝(所有空格都放上 MAX 的棋子之后三子成一线的总数)－
(所有空格都放上 MIN 的棋子后三子成一线的总数)

(2) 若 p 是 MAX 获胜,则 $e(p)=+\infty$。

(3) 若 p 是 MIN 获胜,则 $e(p)=-\infty$。

因此,若 p 为

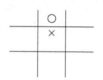

就有 $e(p)=6-4=2$,其中×表示 MAX 方,○表示 MIN 方。

在生成后继结点时,可以利用棋盘的对称性,省略了从对称上看是相同的格局。

图 3-16 给出了 MAX 最初一步走法的搜索树,由于×放在中间位置有最大的倒推值,故 MAX 第一步就选择它。

MAX 走了箭头指向的一步,如 MIN 将棋子走在×的上方,得到

下面 MAX 就从这个格局出发选择一步,做法与图 3-11 类似,直到某方取胜为止。

3.5.2　α-β 过程

上面讨论的极大极小过程先生成一棵博弈搜索树,而且会生成规定深度内的所有结

点,然后再进行估值的倒推计算,这样使得生成博弈树和估计值的倒推计算两个过程完全分离,因此搜索效率较低。如果能边生成博弈树,边进行估值的计算,则可不必生成规定深度内的所有结点,以减少搜索的次数,这就是下面要讨论的 α—β 过程。

α—β 过程就是把生成后继和倒推值估计结合起来,及时剪掉一些无用分枝(即避免生成无用分枝),以此提高算法的效率。下面仍然用一字棋进行说明。现将图 3-16 左边所示的一部分重画在图 3-17 中。

前面的过程实际上类似于宽度优先搜索,将每层格局均生成,现在用深度优先搜索处理,如在结点 A 处,若已生成 5 个子结点,并且 A 处的倒推值等于 −1,我们将此下界叫作 MAX 结点的 α 值,即 α≥−1。现在轮到结点 B,产生它的第一后继结点 C,C 的静态值为 −1,可知 B 处的倒推值≤−1,此为 MIN 结点 β 值的上界,即 B 处 β≤−1,这样 B 结点最终的倒推值可能小于 −1,但绝不可能大于 −1,因此,B 结点的其他后继结点的静态值不必计算,自然不必再生成,反正 B 绝不会比 A 好,所以通过倒推值的比较,就可以减少搜索的工作量,在图 3-17 中作为 MIN 结点 B 的 β 值小于等于 B 的前辈 MAX 结点 S 的 α 值,从而 B 的其他后继结点可以不必再生成。

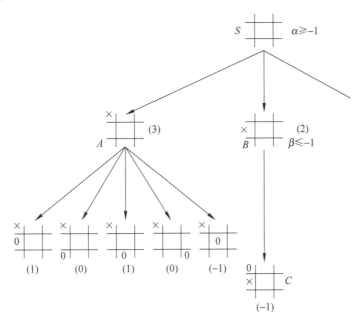

图 3-17 一字棋博弈的 α—β 过程

图 3-17 展示了 β 值小于等于父结点的 α 值时的情况。实际上,当某个 MIN 结点的 β 值不大于它的先辈的 MAX 结点(不一定是父结点)的 α 值时,MIN 结点就可以停止向下搜索。

同样,当某个结点的 α 值大于等于它的先辈 MIN 结点的 β 值时,该 MAX 结点就可以停止向下搜索。

通过上面的讨论可以看出,α—β 过程首先使搜索树的某一部分达到最大深度,这时计算出某些 MAX 结点的 α 值,或者是某些 MIN 结点的 β 值。随着搜索的继续,不断修改祖先结点的 α 或 β 值。对任一结点,当其某一后继结点的最终值给定时,就可以确定该

结点的 α 或 β 值。当该结点的其他后继结点的最终值给定时,就可以对该结点的 α 或 β 值进行修正。

注意 α、β 值修改有如下规律:①MAX 结点的 α 值永不下降;②MIN 结点的 β 值永不增加。

因此,可以利用上述规律进行剪枝,一般可以停止对某个结点搜索,即剪枝的规则表述如下。

(1) 若任何 MIN 结点的 β 值小于或等于任何它的先辈 MAX 结点的 α 值,则可停止该 MIN 结点之下的搜索,这个 MIN 结点的最终倒推值即为它已得到的 β 值。该值与真正的极大极小值的搜索结果的倒推值可能不相同,但是对开始结点而言,倒推值是相同的,使用它选择的走步也是相同的。

(2) 若任何 MAX 结点的 α 值大于或等于它的 MIN 先辈结点的 β 值,则可以停止该 MAX 结点之下的搜索,这个 MAX 结点处的倒推值即为它已得到的 α 值。

当满足规则(1)而减少了搜索时,我们说进行了 α 剪枝;当满足规则(2)而减少了搜索时,我们说进行了 β 剪枝。保存 α 和 β 值,并且一旦可能,就进行剪枝的整个过程通常称为 $\alpha-\beta$ 过程,当初始结点的全体后继结点的最终倒推值全部给出时,上述过程便结束。在搜索深度相同的条件下,采用这个过程获得的走步总与简单的极大极小过程的结果是相同的,区别只在于 $\alpha-\beta$ 过程通常只用少得多的搜索便可以找到一个理想的走步。

图 3-18 展示了 $\alpha-\beta$ 过程的一个应用。$\alpha-\beta$ 过程为图中结点 A、B、C、D 进行了剪枝(剪枝处用双横杠标出)。实际上,凡是被减去的部分,在搜索时是不生成的。

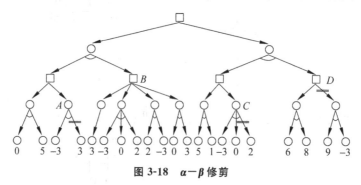

图 3-18　$\alpha-\beta$ 修剪

$\alpha-\beta$ 过程的搜索效率与最先生成的结点的 α、β 值和最终倒推值之间的近似程度有关。初始结点最终倒推值将等于某个叶结点的静态估值。如果在深度优先的搜索过程中,第一次就碰到了这个结点,则剪枝数量大,搜索效率最高。

假设一棵树的深度为 d,且每个非叶结点的分枝系数为 b。对于最佳情况,即 MIN 结点先扩展出最小估值的后继结点,MAX 结点先扩展出最大估值的后继结点。这种情况可使得修剪的枝数最大。设叶结点的最少个数为 N_d,则有:

$$N_d = \begin{cases} 2b^{d/2} - 1 & d\text{ 为偶数} \\ b^{(d+1)/2} + b^{(d-1)/2} - 1 & d\text{ 为奇数} \end{cases}$$

这说明,在最佳情况下,$\alpha-\beta$ 搜索生成深度为 d 的叶结点数目大约相当于极大极小过程所生成的深度为 $d/2$ 的博弈树的结点数。也就是说,为了得到最佳的走步,$\alpha-\beta$ 过

程只需要检测 $O(b^{d/2})$ 结点，而不是极大极小过程的 $O(b^d)$。这样有效的分枝系数是 $\sqrt{b}$，而不是 b。假设国际象棋可以有 35 种走步的选择，则现在可以有 6 种。从另一个角度看，在相同的代价下，$\alpha-\beta$ 过程向前看的走步数是极大极小过程向前看的走步数的两倍。

3.5.3 效用值估计方法

在博弈树上，能进行极大极小过程或者 $\alpha-\beta$ 过程的前提是我们的搜索探寻到了树的叶结点，从而拥有信息评估内部的非叶结点的效用，即每个结点的效用对博弈算法是至关重要的。对于规模较小的博弈树，搜索算法或许能在时间和存储空间的允许内到达叶结点。然而，对于规模较大的博弈树，或者受限于反应时间，或者受限于存储空间，搜索算法无法探寻到叶结点。那么，如何在这些限制下计算（评估）非叶结点的效用值则成为关键技术问题。

当然，采用一组规则对非叶结点的效用值做出评估也可实现一定程度的智能，然而，其智能程度通常弱于经验丰富的棋手。较有效的方法是通过不断观察棋手的博弈过程改进评估。如胡裕靖等采用增强学习模型（enforcement learning）建模扑克游戏中对手的博弈策略[163]，能根据对手博弈案例增多而动态对本方的评估进行调整。因为增强学习的模型随着对世界观察的增多而趋近于最优的决策，该方法也具有根据对手案例增多而渐进全面地了解对手的能力。最近较成功的一种状态估值技术是 AlphaGo 系列系统[167]针对国际象棋的方法，结合增强学习和深度神经网络（deep neural networks）模型对对手和棋局进行建模与评估，实现了更有效的评估。

然而，博弈问题的种类繁多，针对一种博弈问题的技术不一定具有通用性，因而对博弈状态的评估方法仍是广阔的研究领域。

3.6 案例分析

3.6.1 八皇后问题

在皇后问题中，要把 N 个皇后放入一个 $N\times N$ 的方格棋盘中，并保证任意两个皇后都不在同一行，同一列或同一对角线上。

解：

为求解该问题，我们将棋盘上的行和列定数为 $1\sim N$ 的整数。为给对角线定数，把对角线分为两类，使得根据其行数（row）和列数（column）计算出的一个类型和一个数能唯一地确定一条对角线。

Diagonal＝N＋column－row（类型 1）

Diagonal＝row＋column－1（类型 2）

如果把顶部作为第一行，左部作第一列看待棋盘，那么类型为 1 的对角线形状像"\"，类型为 2 的对角线形状像"/"。例如，在一个 4×4 的棋盘上，类型为 1 和类型为 2 的对角线定数分别如下图中的左图和右图。

	1	2	3	4
1	4	5	6	7
2	3	4	5	6
3	2	3	4	5
4	1	2	3	4

	1	2	3	4
1	1	2	3	4
2	2	3	4	5
3	3	4	5	6
4	4	5	6	7

```
/*下面是求解N皇后问题的程序,其中求解5皇后问题的调用格式为:nqueens(5).*/
DOMAINS
    queen=q(integer,integer)    /*放了皇后的位置用一个行数和一个列数表示*/
    queens=queen*               /*多个放皇后的位置用一张表表示*/
    freelist=integer*           /*某行某列或某对角线未放皇后的位置用自由表表示*/
    board=board(queens,freelist,freelist,freelist,freelist)
    /*棋盘用单个对象表示,其中第一参量为盘上已经放有皇后的位置,后4个自由表参量分别
    指出类型1的自由行、自由列、自由对角线和类型2的自由对角线。例如,
    board([],[1,2,3,4],[1,2,3,4],[1,2,3,4,5,6,7],[1,2,3,4,5,6,7]).
    是一个没有摆放皇后的4×4棋盘,而下面是放了一个皇后的棋盘:
    board([q(1,1)],[2,3,4],[2,3,4],[1,2,3,5,6,7],[2,3,4,5,6,7]).       */
PREDICATES
    placeN(integer,board,board)
    place_a_queen(integer,board,board)
    nqueens(integer)
    makelist(integer,freelist)
    findandremove(integer,freelist,freelist)
CLAUSES
    nqueens(N):-
        makelist(N,L),Diagonal=N*2-1,
        makelist(Diagonal,LL),
        placeN(N,board([],L,L,LL,LL),Final),
        write(Final).

/*本谓词一次摆放一个皇后,摆到无自由行、自由列存在时终止。*/
    placeN(_,board(D,[],[],D1,D2),board(D,[],[],D1,D2)):-!
    placeN(N,Board1,Result):-
        place_a_queen(N,Board1,Board2),placeN(N,Board2,Result).

/*本谓词一次摆放一个新皇后q(R,C)加到已经摆好的皇后表Queens中。为此,需要将之从自
由行、自由列中删掉。*/
    place_a_queen(N,board(Queens,Row,Columns,Diag1,Diag2),
        board([q(R,C)|Queens],NewR,NewC,NewD1,NewD2)):-
            findandremove(R,Rows,NewR),
            findandremove(C,Columns,NewC),
            D1=N+C-R,findandremove(D1,Diag1,NewD1),
            D2=R+C-1,findandremove(D2,Diag2,NewD2).
```

```
/* 谓词findandremove从第二参量中删除第一参量的第一次出现。 */
    findandremove(X,[X|Rest],Rest).
    findandremove(X,[X|Rest],[Y|Tail]):-
        findandremove(X,Rest,Tail).

/* 对于任一整数N,谓词makelist造一张含N个数的数表。例如,makelist(4,X)的结果为
X=[4,3,2,1]。 */
    makelist(1,[1]).
    makelist(N,[N|Rest]):-
        N>0,N1=N-1,makelist(N1,Rest).
```

3.6.2 洞穴探宝

传说有一位探险家听人说在一个洞穴中藏着大量金银财宝,以前曾有许多人试图找出这些财宝,可劳而无功。该洞穴是一个地下长廊的迷宫(图3-19),连接着各种不同的洞穴,其中有些洞穴住有鬼怪和山盗。幸好财宝都在同一洞穴中。现问:哪条路既能使那位探险家不受到伤害,又能找到财宝? 采用图搜索技术,编程完成这个任务。

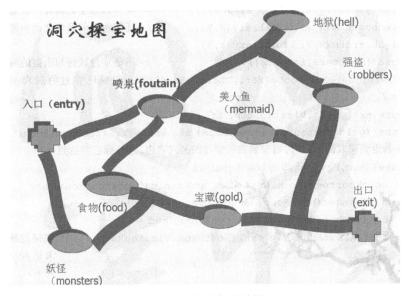

图3-19 洞穴探宝地图

解:

可用TurboPROLOG表达上面这张地图,以帮助找出一条安全通路,每条通路描述一个事实,规则由谓词go和route给出。给定目标如下。

```
Goal:go(entry,exit)
```

下面的程序将回答一张洞穴表,穿过它们能找到财宝并安全返回。

```
DOMAINS
    room=symbol
```

```
    roomlist=room*
PREDICATES
    gallery(room,room)
    neighborroom(room,room)
    avoid(roomlist)
    go(room,room)
    route(room,room,roomlist)
    member(room,roomlist)
CLAUSES
    gallery(entry,monsters).              /*入口和妖怪之间有一条通道*/
    gallery(entry,fountain).              /*入口和喷泉之间有一条通道*/
    gallery(fountain,hell).               /*喷泉和地狱之间有一条通道*/
    gallery(fountain,food).               /*喷泉和食品之间有一条通道*/
    gallery(exit,gold_treasure).          /*出口和财宝之间有一条通道*/
    gallery(fountain,mermaid).            /*喷泉和美人鱼之间有一条通道*/
    gallery(robbers,gold_treasure).       /*山盗和财宝之间有一条通道*/
    gallery(fountain,robbers).            /*喷泉和山盗之间有一条通道*/
    gallery(food,gold_treasure).          /*食品和财宝之间有一条通道*/
    gallery(mermaid,exit).                /*在美人鱼和出口之间有一条通道*/
    gallery(monsters,gold_treasure).      /*妖怪和财宝之间有一条通道*/
    neighborroom(X,Y) if gallery(X,Y).    /*通道两端的洞穴彼此相邻*/
    neighborroom(X,Y) if gallery(Y,X).
    avoid([monsters,robbers]).            /*不能穿过妖怪和山盗的洞穴*/
    go(Here,There) if route(Here,There,[Here])./*记录已穿过的洞穴,以后不能回
头*/
    route(exit,exit,VisitedRoom) if
        member(gold_treasure,VisitedRoom) and write(VisitedRoom) and nl.
    /*若走到洞穴的出口时,财宝装在一穿过的洞穴表内,这目标已经达到*/
    route(Room,Way_out,VisitedRoom) if
        neighborroom(Room,Nextroom) and avoid(DangerousRoom) and
        not(member(NextRoom,DangerousRoom)) and
        not(member(NextRoom,VisitedRoom)) and
        route(NextRoom,Way_out,[NextRoom|VisitedRoom]). /*试穿过既不危险,又
                                                          未访问过的下一洞
                                                          穴*/
    member(X,[X|_]).
    member(X,[_|H])if member(X,H).
```

在证实上述程序确能找出目标 go(entry,exit)的解后,可新加一些通道(如 gallery(mermaid,gold_treasure))以及(或者)其他应该避开的危险物。此外,上述程序只能给出一个解,若想获得全部解,则需通过在 route 的第一条规则中加 fail 的方法使 PROLOG 在找到一个解后立即回溯。

```
    route(Room,Room,VisitedRooms) if
        member(gold_treasure,VisitedRooms) and write(VisitedRooms)and nl and fail.
```

可用表打印谓词 write_a_list 显示名字表,且不显示方括号和逗号。此外,因为搜集

在 VisitedRooms 表中的已穿过洞穴是以逆序形式排列的,即出口在前,入口在后,所以 write_a_list 要做转换,即先打印表尾,后打印表头。

3.6.3 五子棋

五子棋一方执黑子,一方执白子,轮流行棋,哪方无论横线、竖线,还是斜线方向,先连成五者为胜。这里规定:采用国际上标准的 15×15 路线的正方形棋盘(图 3-20);两人(机)分别执黑白两色棋子,轮流在棋盘上选择一个无子的交叉点走子,无子的交叉点又称为空点;由黑方先行走棋。给出五子棋算法设计及主要实现技术。

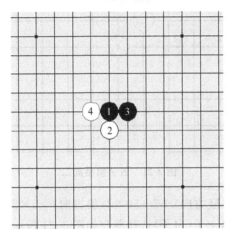

图 3-20 五子棋棋盘及格局一

解:

1. 静态估计与贪心算法

五子棋估价函数用于评估落点的优劣。估价函数没有一套固定的设计方法,它的设计与算法设计者的主观经验有很大关系。不同的人会设计出不同的估价函数,下面给出一种实现方案。

对于棋盘中的每个位置,考虑将下一步棋子放到该位置后,它与周围的棋子连成什么样的棋形。这样只考虑相连的五个位置就可以了,这里称五元组。估价函数要做的就是为每种五元组定一个分数。可规定:

(1) 五元组中有任意个对方棋子,得分为 0。
(2) 五元组中有 1 个已方棋子,得分为 5。
(3) 五元组中有 2 个连续已方棋子,得分为 50。
(4) 五元组中有 3 个连续已方棋子,得分 300。
(5) 五元组中有 4 个连续已方棋子,得分 1000。
(6) 五元组中有 5 个连续已方棋子,得分 10000。

对于棋盘中的一个位置 (x,y),考虑横、竖、斜和反斜 4 个方向,(x,y) 最多属于 20 个五元组,令 $h(x,y)$ 为这个位置的估价分数,则 $h(x,y)$ 为 (x,y) 所属五元组的分数之和。这样,求出棋盘中所有位置的 $h(x,y)$,选出一个分值最大的位置作为落子点即可。

在前 3 子落子后,计算白子落在哪个位置最好。如图 3-21 所示,第 4 子位置的估价分数计算如下：5(横方向)+5×5(竖方向)+5+50×4(斜方向)+5×5(反斜方向)=260
如图 3-21 所示,第 4 子的位置的估价分数计算如下。

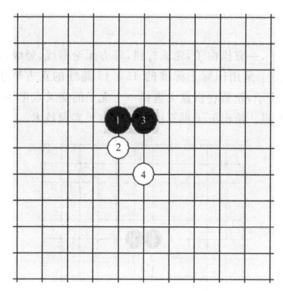

图 3-21　五子棋格局二

5×5(横方向)+5×2(竖方向)+5+50×4(斜方向)+5×5(反斜方向)=265

根据以上估价过程,第 4 子(白子)选择落在如图 3-21 所示的位置较好。

这种行棋方法称为贪心算法。由于是将人类思考总结的规律直接转成程序,使得贪心算法拥有不错的棋力。但是,只考虑了一步的情况是不够的。人类在博弈的时候往往会向后联想几步再做决定。还有,这里评判优劣的标准比较主观,有些人认为有冲四(冲四：形成某方 4 子相连的情形)就先冲四,有人则认为冲四要留在后面。

这里,我们用了如下方法排序。

(1) 由于五子棋以五子相连为胜,因此一个已有子周围的点是较有威胁的点,而且最后下的一子的周围点威胁性更大。可将它们排在搜索队列前面,优先搜索。本程序中在存储棋子的栈中从栈顶到栈底,依次取其中有棋子位置周围 24 个点作为搜索结点。如图 3-22 所示,黑子周围的 24 个空点就是优先搜索的点。

(2) 对一些特殊棋型周围的点,如图 3-23 中的①和②空点,它们很可能就是当前局势的极小极大值,优先搜索它们,可以减少极小极大算法的搜索量。

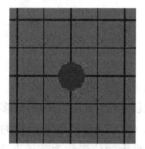

图 3-22　已有棋子周围优先搜索的 24 个点

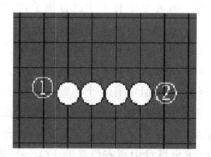

图 3-23　特殊棋型周围的点

2. 进攻与防守的选择

计算机程序的进攻与防守策略：看计算机最大的值与玩家最大的值哪个大，如果计算机最大的值大，那就进攻，否则就防守。

主要的规则评分如下。

(1) "○○○○○"→50000　　(2) "+○○○○+"→4320
(3) "+○○○++"→720　　(4) "++○○○+"→720
(5) "+○○+○+"→720　　(6) "+○+○○+"→720
(7) "○○○○+"→720　　(8) "+○○○○"→720
(9) "○○+○○"→720　　(10) "○+○○○"→720
(11) "○○○+○"→720　　(12) "++○○++"→120
(13) "++○+○+"→120　　(14) "+○+○++"→120
(15) "+++○++"→20　　(16) "++○+++"→20

上面的评分是计算机方棋子有这些特征，给正分。如果是对手有这些特征，则得分取反，得负分。例如，对手如果有"○○○○○"特征，将得−50000分。

为了求局势总分 f，我们先求第 i 路得分 $h(i)$：$h(i)=hc(i)+hm(i)$
其中，$hc(i)$ 为第 i 路计算机方总得分，$hm(i)$ 为第 i 路对手总得分。

如图3-24所示，在横的路上，白方出现特征(3)，(我们只匹配一个规则，因此特征(4)不再统计)，黑方出现特征(12)，因此有

$hc(i) = 720; hm(i) = -120$

$h(i) = hc(i) + hm(i) = 720 - 120 = 600$

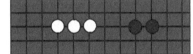

图 3-24　局势特征示例

棋盘上总共有72路(采用15×15的棋盘，棋盘的每一条线称为一路，包括行、列和斜线，4个方向，其中行列有30路，两条对角线共58路，整个棋盘的路数为88路。考虑到五子棋必须要五子相连才可以获胜，这样对于斜线，可以减少4×4=16路，即有效的棋盘路数为72路)，所以局势 n 的总得分为

$$f(n) = \sum_{i=1}^{72} h(i)$$

3. 改进的搜索技术

初版程序中主要采用极小极大搜索加静态估值技术，实践中达到了比初学者强的水平，一些比较熟练的业余人员时常也会输于此程序。

由于初版程序中采用固定的估值法，为设计这个估值函数，要求设计人员对下棋的方法有较多的了解，能充分判断棋局局面中的某一特征在形势判断中起的重要程度(即相应的分值)，并给整个局面比较准确的评分。但是，面对成千上万的局面，即使是大师，也不可能——做出精确的形势判断，特别是在对局的开始阶段，棋局的优劣更难以判断。而且，如果对大量的棋局状态进行存储，就要求有大的存储空间及快速的搜索算法。因此，静态的估值函数不可能有很大的准确性。估值的不准确使其"智力"较低，而且固定的赋值方式使其估值准确度不能通过学习改善，"智力"也就不能提高。通过对搜索算法的优化与修正，特别是针对五子棋本身对弈的特点和规律，采用置换表搜索与威胁空间搜索相结合的搜索技术(参考：Alus, L V, and M P H Huntjens. "GO-MOKU SOLVED BY

NEW SEARCH TECHNIQUES." Computational Intelligence 12.1 (1996): 7-23),可显著提高五子棋程序对弈的水平和能力。

4. 五子棋实现

为了体现模块化思想,定义了五子棋游戏类 CGame,封装了用于处理五子棋游戏中各类操作的函数。在对话框类中定义 CGame 类的一个对象调用类中的成员函数。五子棋类的私有成员定义了一些重要的行棋信息,公有成员定义了各种操作和实现某一特定功能的函数。

```
class CGame
{
public:
    CGame();                                        //构造函数
    virtual ~ CGame();                              //析构函数
    void DrawChessBoard(CDC * pDC);                 //画棋盘
    void SetWhoFirst(bool);                         //设置先走方
    bool GetWhoFirst();                             //获得先走方
    void BeginGame();                               //开始游戏 bool IsPlaying();
                                                    //判断游戏是否正在进行中
    void SetWhoTurn(bool);                          //交换走棋方
    bool GetWhoTurn();                              //获得走棋方
    bool DownChess(CDC * pDC,CPoint point);         //落子
    bool DrawChess(CDC * pDC,CPoint point);         //画棋子
    bool InsideBoard(int x,int y);                  //判断是否在棋盘范围内
    void CheckBoardStyle();                         //判断棋形
    int GetScore(int c);                            //评分
    double DFS(int who,int color,int depth,int nowVal); //极大极小搜索
    void ComputerThink(POINT&point);                //计算机思考
    int CheckWin();                                 //判断输赢
    void GameOver();                                //游戏结束
    bool HuiQi();                                   //悔棋
    bool GetLastPoint(POINT&point);                 //获得最后下棋点位置
    bool isZero(int i,int j);                       //判断该点是否是 0
    void SetGrade(int depth,int width);             //设置难度
private:
    bool m_Who_First;                               //谁先走棋:0 手机,1 人
    bool m_Who_Turn;                                //轮到哪方走棋
    bool m_Playing;                                 //游戏中
    int Board[15][15],BV[15][15];                   //棋盘,0 空,1 黑,2 白
    int BStyle[2][15][15][8][2];                    //0 黑 1 白;x;y;方向;0 空,1 棋
    int Score[15][15],SC[2][15][15];                //分值表
    struct Point{
        int x, y, val;
    }Stack[256];                                    //保存一下棋位置的栈
    struct CP{
        bool operator()(Point p1,Point p2)
        {
```

```
            return p1.val>p2.val;
        }
    };int m_top;                                //栈顶
    int m_depth,m_width;                        //搜索深度和宽度
};
```

五子棋对弈界面，如图 3-25 和图 3-26 所示。

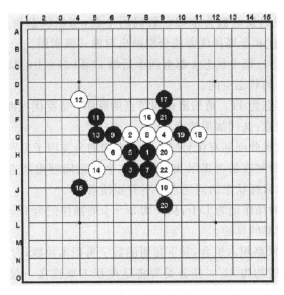

图 3-25　人与计算机对弈——游戏进行中

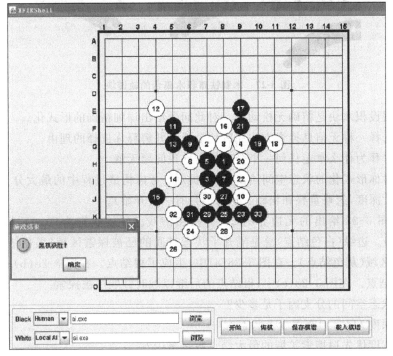

图 3-26　人与计算机对弈——黑棋获胜

习题

3.1 农夫和狼、羊、菜问题。一个农夫带着一只狼、一只羊和一筐菜,欲从河的左岸坐船到右岸,由于船太小,农夫每次只能带一样东西过河,并且没有农夫看管,狼会吃羊,羊会吃菜。设计一个方案,使农夫可以无损失地渡过河。

3.2 九宫图问题。设启发函数为未归位数码的个数,初始状态和目标状态如图 3-3 所示,试用局部择优和全局择优方法分别画出启发式搜索图。

3.3 考虑起始状态为 1、每个状态 k 都有两个后继 $2k$ 和 $2k+1$ 的状态空间。
(1) 画出 1~15 的状态空间。
(2) 假设目标状态为 11。请列出访问结点的顺序:宽度优先搜索、深度界限为 3 的深度受限搜索、迭代加深搜索。
(3) 双向搜索求解此问题有优势吗?两种方向的分支因子分别是多少?
(4) 对提问(3)的解答是否提示我们可对这个搜索问题重新进行形式化,以使从状态 1 到任意目标状态的问题求解不需要搜索?
(5) 从 k 到 $2k$ 的操作记为 Left,从 k 到 $2k+1$ 的操作记为 Right。试给出不需搜索就能完成求解的算法。

3.4 图 3-27 所示是铁路积木组合,其下标明的数字为积木块数,弯曲块和开叉块可以双向调转,弯曲角度均为 45°。任务是要将这些积木块连在一起组成铁路,要求不能有重叠的轨道,不能有松动,否则火车会开出。

图 3-27 木制铁路积木集合的轨道块

(1) 假设积木块是精确无松动的。对此问题给出详细精确的形式化。
(2) 选择一种无信息搜索方法完成这个任务并解释你选择的理由。
(3) 解释为什么拿走任何一个分叉块会导致问题无解。
(4) 对你形式化的状态空间给出上界(提示:考虑构造过程中的最大分支因子和最大深度,忽略重叠和松动。从每类只有一块开始)。

3.5 考虑图 3-28 给出的无边界的 2D 方格图游戏。开始状态为 (0,0),目标状态为 (x,y)。边缘(白色结点)总是隔开了状态空间的已被探索区域(黑色结点)和未被探索区域(灰色结点)。在图 3-28(a)中,生成了根结点。在图 3-28(b)中扩展了一个叶结点。在图 3-28(c)中,根结点的后继以顺时针顺序被探索。
(1) 状态空间的分支因子是多少?
(2) 深度 $k(k>0)$ 有多少个状态?
(3) 宽度优先树搜索扩展的最大结点数是多少?
(4) 宽度优先图搜索扩展的最大结点数是多少?

(5) $h=|u-x|+|v-y|$ 对状态 (u,v) 是可纳的启发式吗？请解释。

(6) 使用 h 的 A^* 图搜索扩展的结点数。

(7) 如果删除一些连线，h 还会是可采纳的吗？

(8) 如果在一些非邻近状态间增加一些连线，h 还会是可采纳的吗？

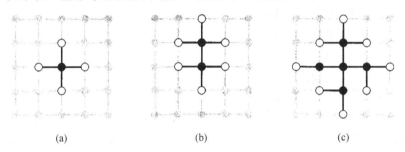

图 3-28 用矩形网格问题看 GRAPH-SEARCH 算法的分离特点

3.6 n 辆车放置在 $n\times n$ 网格的方格 $(1,1)$ 至方格 $(n,1)$ 中。这些车要以相反序移至另一端；从 $(i,1)$ 开始的第 i 辆车，目标位置是 $(n-i+1,n)$。每一轮，每辆车可以选择上、下、左、右各移动一格或静止不动；如果某辆车选择静止不动，与它邻近的车（最多只能有一辆）可以跳过它。两辆车不能在同一格中。

(1) 计算状态空间的大小，记为 n 的函数。

(2) 计算分支因子的大小，记为 n 的函数。

(3) 假设小车 i 的坐标为 (x_i,y_i)，并且网格中没有其他车辆，它的目标为 $(n-i+1,n)$，请给出可采纳的启发式。

(4) 对于整个问题而言，下列哪个启发式函数是可采纳的？请解释。

i) $\sum_{i=1}^{n} h_i$

ii) $\max(h_1,\cdots,h_n)$

iii) $\min(h_1,\cdots,h_n)$

3.7 考虑图 3-29 中描述的两人游戏。游戏规则：选手 A 先走。两个选手轮流走棋，每个人只能把自己的棋子移动到任一方向上的相邻空位中。如果对方的棋子占据着相邻的位置，你可以跳过对方的棋子到下一个空位。（例如，A 在位置 3，B 在位置 2，那么 A 可以移回位置 1。）当一方的棋子移动到对方的端点时，游戏结束。如果 A 先到位置 4，A 的值为 $+1$；如果 B 先到位置 1，A 的值为 -1。

图 3-29 四横格游戏（four-square game）的初始格局

(1) 根据如下约定画出完整博弈树。

① 每个状态用 (s_A, s_B) 表示，其中 s_A 和 s_B 表示棋子的位置。

② 每个终止状态用方框画出，用圆圈写出它的博弈值。

③ 把循环状态(在到根结点的路径上已经出现过的状态)画上双层方框。由于不清楚它们的值,所以在圆圈里标记一个"?"。

(2) 给出每个结点倒推的极小极大值(也标记在圆圈里)。解释怎样处理"?"值和为什么这么处理。

(3) 解释标准的极小极大算法为什么在这棵博弈树中会失败,简要说明你将如何修正它,在(2)的图上画出你的答案。你修正后的算法对于所有包含循环的游戏都能给出最优决策吗?

思考:这个 4-方格游戏可以推广到 n 个方格,其中 $n>2$。证明:如果 n 是偶数 A,则一定能赢;如果 n 是奇数,则 A 一定会输。

3.8 (思考题) 编写程序,输入为两个网页的 URL,找出从一个网页到另一个网页的链接路径。用哪种搜索策略最适合?双向搜索适用吗?能用搜索引擎实现一个前驱函数吗?

3.9 (思考题) 中国象棋(图 3-30)。查阅资料,并与中国象棋计算机程序对弈,阐述程序实现的主要技术。

象棋的棋盘由 9 条横线和 10 条直线相交而成。棋子在线的相交点上行走。棋子的颜色分红和黑,红子先走。中间的一行是"楚河汉界",双方各有"九宫格"。象棋行棋分为:开局、中局、残棋。双方各有 16 只棋子。黑方有帅、车×2、马×2、炮×2、士×2、象×2、兵×5;红方有将、车×2、马×2、砲×2、仕×2、相×2、卒×5。

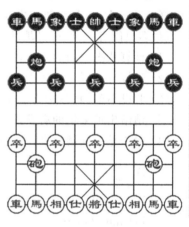

图 3-30 中国象棋

对局时,由执红棋的一方先走,双方轮流各走一着,直至分出胜、负、和,对局即终了。轮到走棋的一方,将某个棋子从一个交叉点走到另一个交叉点,或者吃掉对方的棋子而占领其交叉点,都算走一着。双方各走一着,称为一个回合。如果有一方的主帅被对方吃了,就算那一方输。

3.10 (思考题) 国际象棋。扩展阅读,阐述国际象棋中的关键技术。

3.11 (思考题) 围棋。扩展阅读,阐述围棋中的关键技术。

【提示】关键技术要点包括:①蒙特卡洛算法;②基于知识的规则,为给定模式提供特殊的行棋建议;③使用特殊的组合博弈技术分析残局。

3.12 (思考题) 桥牌。扩展阅读,阐述桥牌中的关键技术。

【提示】关键技术要点包括:①为了处理不完整信息,使用蒙特卡洛采样方法对未知的对手持牌情况进行模拟和分析;②使用分层次的规划系统;③使用机器学习方法对棋局进行一般化,形成通用规则,并存储。

第 4 章

高级搜索

我们已经讲过的搜索算法都是设计用来系统化地探索搜索空间的。它们在内存中保留一条或多条路径并且记录哪些是已经探索过的,哪些是尚未探索过的。当找到目标时,到达目标的路径同时也构成了这个问题的一个解。然而,在许多问题中,问题的解与到达目标的路径顺序是无关的。例如,在八皇后问题中,重要的是最终皇后的布局,而不是加入皇后的次序。这一类问题包括了许多重要的应用,如集成电路设计、工厂场地布局、作业车间调度、自动程序设计、电信网络优化、车辆寻径以及文件夹管理等。

如果到目标的路径与问题的解并不相关,将考虑各种根本不关心路径的算法。局部搜索算法从单独的一个当前状态(而不是多条路径)出发,通常只移动到与之相邻的状态。典型情况下,搜索的路径是不保留的。虽然局部搜索算法不是系统化的,但是它们有两个关键的优点:①它们只用很少的内存——通常需要的存储量是一个常数;②它们通常能在不适合系统化算法的很大或无限的(连续的)状态空间中找到合理的解。

除了找到目标外,局部搜索算法对于解决纯粹的最优化问题是很有用的,其目标是根据一个目标函数找到最佳状态。许多最优化问题不适合于"标准的"搜索模型。例如,自然界提供了一个目标函数——繁殖适应性——达尔文的进化论可以被视为优化的尝试,但是这个问题没有"目标测试"和"路径耗费"。为了更好地理解局部搜索,类比地考虑一个地形图。地形图既有"位置"(用状态定义),又有"高度"(由启发式耗散函数或目标函数的值定义)。如果高度对应于耗散,那么目标是找到最低谷——即一个全局最小值;如果高度对应于目标函数,那么目标是找到最高峰——即一个全局最大值(当然,可以通过插入一个负号使两者相互转换)。局部搜索算法就像对地形图的探索,如果存在解,那么完备的局部搜索算法总能找到解;最优的局部搜索算法总能找到全局最小值/最大值。

4.1 爬山法搜索

爬山法(hill-climbing)搜索是一种最基本的局部搜索。它像在地形图上进行登高一样,一直向值增加的方向持续移动,将会在到达一个"峰顶"时终止,并且在相邻状态中没有比它更高的值。爬山法是深度优先搜索的改进算法。在这种方法中,使用某种贪心算法决定在搜索空间中向哪个方向搜索。由于爬山法总是选择往局部最优的方向搜索,所以可能会有"无解"的风险,而且找到的解不一定是最优解。但是,它比深度优先搜索的效率高很多。

这个算法不维护搜索树,因此当前结点的数据结构只需要记录当前状态和它的目标函数值。爬山法不会预测与当前状态不直接相邻的那些状态的值。这就像健忘的人在大雾中试图登珠穆朗玛峰一样。爬山法的具体算法如下。

```
Function HILL-CLIMBING(problem) returns a state that is a local maximum
  Inputs:   a problem
  Local variables:    current, a node
              neighbor, a node
  Current ← MAKE-NODE(INITIAL-STATE[problem])
  Loop do
    neighbor ← a highest-valued successor of current
    if VALUE[neighbor]≤VALUE[current] then return STATE[current]
    current ←neighbor
End Loop
```

下面利用八皇后问题举例说明爬山法算法。局部搜索算法通常使用完全状态形式化,即每个状态都表示为在棋盘上放八个皇后,每列一个。后继函数返回的是移动一个皇后到和它同一列的另一个方格中的所有可能的状态(因此,每个状态有 $8 \times 7 = 56$ 个后继)。启发式耗费函数 h 是可以彼此攻击的皇后对的数量,不管中间是否有障碍。该函数的全局最小值是 0,仅在找到完美解时才能得到这个值。图 4.1(a)显示了一个 $h=17$ 的状态。图中还显示了它的所有后继的值,最好的后继是 $h=12$。爬山法算法通常在最佳后继的集合中随机选择一个进行扩展,如果这样的后继多于一个。

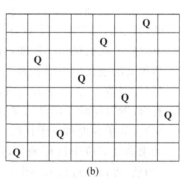

图 4-1　八皇后问题的爬山搜索示意图

爬山法有时称为贪婪局部搜索,因为它只是选择邻居状态中最好的一个,而事先不考虑之后下一步。尽管贪婪算法是盲目的,但贪婪算法往往是有效的。爬山法能很快朝着解的方向进展,因为它通常很容易改变一个坏的状态。例如,从图 4-1(a)中的状态,只需要五步就能到达图 4-1(b)中的状态,它的 $h=1$,这基本上很接近于解了。可是,爬山法经常会遇到下面问题。

(1) 局部极大值：局部极大值是一个比它的每个邻居状态都高的峰顶，但是比全局最大值要低。爬山法算法到达局部极大值附近就会被拉向峰顶，然后卡在局部极大值处无处可走。更具体地，图 4-1(b)中的状态事实上是一个局部极大值（即耗散 h 的局部极小值）；不管移动哪个皇后，得到的情况都会比原来差。

(2) 山脊：山脊造成的是一系列的局部极大值，贪婪算法处理这种情况是很难的。

(3) 平顶区：平顶区是在状态空间地形图上评估函数值平坦的一块区域。它可能是一块平的局部极大值，不存在上山的出路，或者是一个山肩，从山肩还有可能取得进展。爬山法搜索可能无法找到离开高原的道路。

在各种情况下，爬山法算法都会达到无法取得进展的状态。从一个随机生成的八皇后问题的状态开始，最陡上升的爬山法 86% 的情况下会被卡住，只有 14% 的问题实例能求解。这个算法速度很快，成功找到最优解的平均步数是 4 步，被卡住的平均步数是 3 步——对于包含 8^8 个状态的状态空间，这已经是不错的结果了。

前面描述的算法中，如果到达一个平顶区，最佳后继的状态值和当前状态值相等时将会停止。如果平顶区其实是山肩，继续前进——即侧向移动通常是一种好方法。需要注意的是，如果在没有上山移动的情况下总是允许侧向移动，那么当到达一个平坦的局部极大值而不是山肩的时候，算法会陷入无限循环。一种常规的解决办法是设置允许连续侧向移动的次数限制。例如，我们在八皇后问题中允许最多连续侧向移动 100 次。这使问题实例的解决率从 14% 提高到 94%。成功的代价是：算法对于每个成功搜索实例的平均步数为大约 21 步，每个失败搜索实例的平均步数为大约 64 步。

针对爬山法的不足，有许多变化的形式。例如，随机爬山法，它在上山移动中随机地选择下一步；选择的概率随上山移动的陡峭程度而变化。这种算法通常比最陡上升算法的收敛速度慢很多，但是在某些状态空间地形图上能找到更好的解。再如，首选爬山法，它在实现随机爬山法的基础上，采用方式是随机地生成后继结点，直到生成一个优于当前结点的后继。这个算法在有很多后继结点的情况下有很好的效果。

到现在为止，我们描述的爬山法算法还是不完备的——它们经常会在目标存在的情况下因为被局部极大值卡住而找不到该目标。还有一种值得提出的方法——随机重新开始的爬山法，它通过随机生成的初始状态进行一系列的爬山法搜索，找到目标时停止搜索。这个算法是完备的概率接近于 1，原因是它最终会生成一个目标状态作为初始状态。如果每次爬山法搜索成功的概率为 p，那么需要重新开始搜索的期望次数为 $1/p$。对于不允许侧向移动的八皇后问题实例，$p \approx 0.14$，因此大概需要 7 次迭代（6 次失败，1 次成功）就能找到目标。所需步数的期望值为一次成功迭代的搜索步数加上失败的搜索步数与 $(1-p)/p$ 的乘积，大约是 22 步。如果允许侧向移动，则平均需要迭代约 $1/0.94 \approx 1.06$ 次，平均步数为 $(1 \times 21) + (0.06/0.94) \times 64 \approx 25$ 步。那么，对于八皇后问题，随机重新开始的爬山法实际上是非常有效的，甚至对于 300 万个皇后，这种方法用不了一分钟就可以找到解。

爬山法算法成功与否在很大程度上取决于状态空间地形图的形状：如果在图中几乎没有局部极大值和高原，随机重新开始的爬山法将会很快地找到好的解。另一方面，许多实际问题的地形图存在着大量的局部极值。NP 难题通常有指数级数量的局部极大值。尽管如此，经过少数随机重新开始的搜索之后还是能找到一个合理的、较好的局部极大值的。

4.2 模拟退火搜索

模拟退火算法(Simulated Annealing,SA)的思想最早是由 Metropolis 等(1953)提出的。1983 年,Kirkpatrick 等将其用于组合优化。模拟退火算法是基于 Mente Carlo 迭代求解策略的一种随机寻优算法,其出发点是基于物理中固体物质的退火过程与一般组合优化问题之间的相似性。物质在加热的时候,粒子间的布朗运动增强,到达一定强度后,固体物质转化为液态,这个时候再进行退火,粒子热运动减弱,并逐渐趋于有序,最后达到稳定。

模拟退火的解不像局部搜索那样最后的结果依赖初始点。它引入了一个接受概率 p。如果新的点目标函数更好,则 $p=1$,表示选取新点;否则,接受概率 p 是当前点,新点的目标函数以及另一个控制参数"温度"T 的函数。也就是说,模拟退火没有像局部搜索那样每次都贪婪地寻找比现在好的点,目标函数差一些的点也有可能接受进来。随着算法的执行,系统温度 T 逐渐降低,最后终止于不再有可接受变化的低温。模拟退火算法是一种通用的搜索、优化算法,目前已在工程中得到广泛应用,如 VLSI(超大规模集成电路)、生产调度、控制工程、机器学习、神经网络、图像处理等领域。

4.2.1 模拟退火搜索的基本思想

模拟退火算法最早是针对组合优化提出的,其目的在于:①为具有 NP 复杂性的问题提供有效的近似求解算法;②克服优化过程陷入局部极小;③克服初值依赖性。模拟退火算法的基本思想出于物理退火过程,因此我们首先简单介绍物理退火过程。简单而言,物理退火过程由以下 3 部分组成。

(1) 加温过程。其目的是增强粒子的热运动,使其偏离平衡位置。当温度足够高时,固体将熔解为液体,从而消除系统原先可能存在的非均匀态,使随后进行的冷却过程以某一平衡态为起点。熔解过程与系统的熵增过程相联系,系统能量也随温度的升高而增大。

(2) 等温过程。物理学的知识告诉我们,对于与周围环境交换热量而温度不变的封闭系统,系统状态的自发变化总是朝自由能减少的方向进行。当自由能达到最小时,系统达到平衡态。

(3) 冷却过程。其目的是使粒子的热运动减弱并渐趋有序,系统能量逐渐下降,从而得到低能的晶体结构。

固体在恒定温度下达到热平衡的过程可以用 Monte Carlo 方法模拟,虽然该方法简单,但必须大量采样,才能得到比较精确的结果,因而计算量很大。鉴于物理系统倾向于能量较低的状态,而热运动又妨碍它准确落到最低态的原因,采样时着重取有重要贡献的状态则可较快达到较好的结果。因此,Metropolis 等在 1953 年提出了重要性采样法,即以概率接受新状态。具体而言,在温度 t,由当前状态 i 产生新状态,两者的能量分别为 E_i 和 E_j,若 $E_j < E_i$,则接受新状态 j 为当前状态;否则,若概率 $p_r = \exp[-(E_j - E_i)/kt]$ 大于 $[0,1]$ 区间内的随机数,则仍旧接受新状态 j 为当前状态,若不成立,则保留状态 i 为当

前状态,其中 k 为 Boltzmann 常数。当这种过程多次重复,即经过大量迁移后,系统将趋于能量较低的平衡态,各状态的概率分布将趋于某种正则分布,如 Gibbs 正则分布。同时,我们也可以看到这种重要性采样过程在高温下可接受与当前状态能量差较大的新状态,而在低温下基本只接受与当前能量差较小的新状态,这与不同温度下热运动的影响完全一致,而且当温度趋于零时,就不能接受比当前状态能量高的新状态。这种接受准则通常称为 Metropolis 准则,它的计算量相对 Monte Carlo 方法要显著减少。

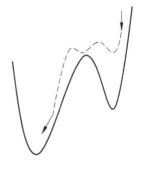

图 4-2　Metropolic 接受准则示意

许多局部搜索,类似于组合优化,即寻找最优解 s^*,使得 $\forall s_i \in \Omega, C(s^*) = \min C(s_i)$,其中 $\Omega = \{s_1, s_2, \cdots, s_n\}$ 为所有状态构成的解空间,$C(s_i)$ 为状态 s_i 对应的目标函数值。基于 Metropolis 接受准则的优化过程,可避免搜索过程陷入局部极小,并最终趋于问题的全局最优解,如图 4-2 所示。传统的爬山搜索方法显然做不到这一点,从而也对初值具有依赖性。因此,基于 Metropolis 接受准则的最优化过程与物理退火过程存在一定的相似性,可以用表 4-1 归纳。

表 4-1　最优化过程与物理退火过程对比

局部搜索	物理退火	局部搜索	物理退火
解	粒子状态	Metropolis 抽样过程	等温过程
最优解	能量最低态	控制参数的下降	冷却
设定初温	熔解过程	目标函数	能量

4.2.2　模拟退火算法

1983 年,Kirkpatrick 等意识到组合优化与物理退火的相似性,并受到 Metropolis 准则的启迪,提出了模拟退火(SA)算法。SA 算法是基于 Monte Carlo 迭代求解策略的一种随机寻优算法,其出发点是基于物理退火过程与组合优化之间的相似性。SA 由某一较高初温开始,利用具有概率突跳特性的 Metropolis 抽样策略在解空间中进行随机搜索,伴随温度的不断下降重复抽样过程,最终得到问题的全局最优解。

标准模拟退火算法的一般步骤可描述如下。

(1) 给定初温 $t = t_0$,随机产生初始状态 $s = s_0$,令 $k = 0$。
(2) Repeat:
  (2.1) Repeat:
    (2.1.1) 产生新状态 s_j = Generate(s);
    (2.1.2) if min{1, exp[-(C(s_j)-C(s))/t_k]}≥random[0.1]　$s = s_j$;
    (2.1.3) Until 抽样稳定准则满足;
  (2.2) 退温 t_{k+1} = update(t_k),并令 $k = k+1$;
(3) Until 算法终止准则满足。
(4) 输出算法搜索结果。

上述模拟退火算法可用流程框图(图 4-3)直观描述。

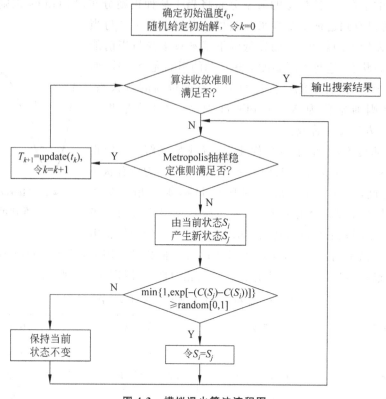

图 4-3 模拟退火算法流程图

从算法结构可知,新状态产生函数、新状态接受函数、退温函数、抽样稳定准则和退火结束准则(简称三函数两准则)以及初始温度是直接影响算法优化结果的主要环节。模拟退火算法的实验性能具有质量高、初值鲁棒性强、通用易实现的优点。但是,为寻到最优解,算法通常要求较高的初温、较慢的降温速率、较低的终止温度以及各温度下足够多次的抽样,因而模拟退火算法往往优化过程较长,这也是 SA 算法最大的缺点。

在确保一定要求的优化质量基础上,提高模拟退火算法的搜索效率(时间性能)是对 SA 算法进行改进的主要内容。可行的方案包括:①设计合适的状态产生函数,使其根据搜索进程的需要表现出状态的全空间分散性或局部区域性;②设计高效的退火历程;③避免状态的迂回搜索;④采用并行搜索结构;⑤为避免陷入局部极小,改进对温度的控制方式;⑥选择合适的初始状态;⑦设计合适的算法终止准则。

此外,对模拟退火算法的改进,也可通过增加某些环节而实现。主要的改进方式包括:①增加升温或重升温过程;②增加记忆功能;③增加补充搜索过程;④对每一当前状态,采用多次搜索策略,以概率接受区域内的最优状态,而非标准 SA 的单次比较方式;⑤结合其他搜索机制的算法,如遗传算法、混沌搜索等;⑥上述各方法的综合应用。

基于并行计算和分布式计算技术的发展,并行算法的设计已成为算法研究的重要内容。目前,并行算法的设计主要采用如下两种策略:一种是修改现有串行算法的结构;另一种是针对并行计算机的结构特点,直接设计并行程序。通常,并行算法的设计需要考虑到存储区分配、同步处理、数据集成与通信等环节。

就模拟退火算法而言,由于算法初始和结束阶段与整个算法进程具有一定的独立性,抽样过程与退火过程也具有一定的独立性,因此,模拟退火算法比较容易实现其并行化方式。可行的方案包括操作并行性、进程并行性、空间并行性。

4.2.3 模拟退火算法关键参数和操作的设计

从算法流程上看,模拟退火算法包括三函数两准则,即状态产生函数、状态接受函数、温度更新函数、内循环终止准则和外循环终止准则,这些环节的设计将决定 SA 算法的优化性能。此外,初温的选择对 SA 算法性能也有很大影响。

理论上,SA 算法的参数只有满足算法的收敛条件,才能保证实现的算法依概率 1 收敛到全局最优解。然而,SA 算法的某些收敛条件无法严格实现,即使某些收敛条件可以实现,但也常常会因为实际应用的效果不理想而不被采用。因此,至今 SA 算法的参数选择依然是一个难题,通常只能依据一定的启发式准则或大量的实验加以选取。

1. 状态产生函数

设计状态产生函数(邻域函数)的出发点应该是尽可能保证产生的候选解遍布全部解空间。通常,状态产生函数由两部分组成,即产生候选解的方式和候选解产生的概率分布。前者决定由当前解产生候选解的方式,后者决定在当前解产生的候选解中选择不同状态的概率。候选解的产生方式由问题的性质决定,通常在当前状态的邻域结构内以一定概率方式产生,而邻域函数和概率方式可以多样化设计,其中概率分布可以是均匀分布、正态分布、指数分布、柯西分布等。

2. 状态接受函数

状态接受函数一般以概率的方式给出,不同接受函数的差别主要在于接受概率的形式不同。设计状态接受概率应该遵循以下原则:①在固定温度下,接受使目标函数值下降的候选解的概率要大于使目标函数值上升的候选解的概率;②随温度的下降,接受使目标函数值上升的解的概率要逐渐减小;③当温度趋于零时,只能接受目标函数值下降的解。

状态接受函数的引入是 SA 算法实现全局搜索的最关键的因素,但实验表明,状态接受函数的具体形式对算法性能的影响不显著。因此,SA 算法中通常采用 $\min[1, \exp(-\Delta C/t)]$ 作为状态接受函数。

3. 初温

初始温度 t、温度更新函数、内循环终止准则和外循环终止准则通常被称为退火历程(annealing schedule)。

实验表明,初温越大,获得高质量解的概率越大,但花费的计算时间将增加。因此,初温的确定应折中考虑优化质量和优化效率,常用的方法包括:①均匀抽样一组状态,以各状态目标值的方差为初温。②随机产生一组状态,确定两两状态间的最大目标值差 $|\Delta\max|$,然后依据差值利用一定的函数确定初温。例如 $t_0 = -\Delta\max/\ln Pr$,其中 Pr 为初始接受概率。若取 Pr 接近 1,且初始随机产生的状态能够一定程度上表征整个状态空间时,算法将以几乎等同的概率接受任意状态,完全不受极小解的限制。③利用经验公式

给出。

4. 温度更新函数

温度更新函数,即温度的下降方式,用于在外循环中修改温度值。

在非时齐 SA 算法收敛性理论中,更新函数可采用函数 $t_k = \alpha/\log(k+k_0)$。由于温度与退温时间的对数函数成反比,所以温度下降的速度很慢。当 α 取值较大时,温度下降到比较小的值需要很长的计算时间。快速 SA 算法采用更新函数 $t_k = \beta/(1+k)$,与前式相比,温度下降速度加快了。但需要强调的是,单纯温度下降速度加快并不能保证算法以较快的速度收敛到全局最优,温度下降的速率必须与状态产生函数相匹配。

在时齐 SA 算法收敛性理论中,要求温度最终趋于零,但对温度的下降速度没有任何限制,这并不意味着可以使温度下降得很快,因为在收敛条件中要求各温度下产生的候选解数目无穷大,显然这在实际应用时是无法实现的。通常,各温度下产生的候选解越多,温度下降的速度越快。

目前,常用的温度更新函数为指数退温,即 $t_{k+1} = \lambda^{dk}$。其中,$0 < \lambda < 1$ 且大小可以不断变化。

5. 内循环终止准则

内循环终止准则或称 Metropolis 抽样稳定准则,用于决定在各温度下产生候选解的数目。在非时齐 SA 算法理论中,由于在每个温度下只产生一个或少量候选解,所以不存在选择内循环终止准则的问题。而在时齐 SA 算法理论中,收敛性条件要求在每个温度下产生候选解数目趋于无穷大,以使相应的马氏链达到平稳概率分布,显然在实际应用算法时这是无法实现的。常用的抽样稳定准则包括:①检验目标函数的均值是否稳定;②连续若干步的目标值变化较小;③按一定的步数抽样。

6. 外循环终止准则

外循环终止准则,即算法终止准则,用于决定算法何时结束。设置温度终值 t_e 是一种简单的方法。SA 算法的收敛性理论中要求 t_e 趋于零,这显然是不实际的。通常的做法包括:①设置终止温度的阈值;②设置外循环迭代次数;③算法搜索到的最优值连续若干步保持不变;④检验系统熵是否稳定。

由于算法的一些环节无法在实际设计算法时实现,因此 SA 算法往往得不到全局最优解,或算法结果存在波动性。许多学者试图给出选择"最佳"SA 算法参数的理论依据,但所得结论与实际应用还有一定距离,特别是对连续变量函数的优化问题。目前,SA 算法参数的选择仍依赖于一些启发式准则和待求问题的性质。SA 算法的通用性很强,算法易于实现,但要真正取得质量和可靠性高、初值鲁棒性好的效果,克服计算时间较长、效率较低的缺点,并适用于规模较大的问题,尚需进行大量的研究工作。

4.3 遗传算法

遗传算法(Genetic Algorithms,GA)是随机剪枝搜索的一个变化形式,20 世纪 60 年代末期到 70 年代初期,由美国 Michigan 大学的 John Holland 等人研究形成了一个较完整的理论和方法,从试图解释自然系统中生物的复杂适应过程入手,模拟生物进化的机制构造人工系统的模型。

遗传算法以一种群体中的所有个体为对象，并利用随机化技术指导对一个被编码的参数空间进行高效搜索。其中，选择、交叉和变异构成了遗传算法的遗传操作；参数编码、初始群体的设定、适应度函数的设计、遗传操作设计、控制参数设定5个要素组成了遗传算法的核心内容。作为一种新的全局优化搜索算法，遗传算法以其简单通用、健壮性强、适于并行处理以及高效、实用等显著特点，在各个领域得到广泛应用，取得了良好效果，并逐渐成为重要的智能算法之一。

4.3.1 遗传算法的基本思想

遗传算法是从代表问题可能潜在解集的一个种群（population）开始的，而一个种群由经过基因（gene）编码（coding）的一定数目的个体（individual）组成。每个个体实际上是染色体（chromosome）带有特征的实体。染色体作为遗传物质的主要载体，即多个基因的集合，其内部表现（即基因型）是某种基因组合，它决定了个体形状的外部表现，如黑头发的特征是由染色体中控制这一特征的某种基因组合决定的。因此，在一开始需要实现从表现型到基因型的映射，即编码工作。由于仿照基因编码的工作很复杂，我们往往进行简化，如二进制编码。初代种群产生之后，按照适者生存和优胜劣汰的规律，逐代（generation）演化产生出越来越好的近似解。在每一代，根据问题域中个体的适应度（fitness）大小挑选（selection）个体，并借助自然遗传学的遗传算子（genetic operators）进行组合交叉（crossover）和变异（mutation），产生出代表新的解集的种群。这个过程将导致种群像自然进化一样的后代种群比前代更加适应环境，末代种群中的最优个体经过解码（decoding），可以作为问题近似最优解。

遗传算法采纳了自然进化模型，如选择、交叉、变异、迁移、局域与邻域等。图4-4表示了基本遗传算法的过程。计算开始时，一定数目N个个体（父个体1、父个体2、父个体3、父个体4……）即种群随机地初始化，并计算每个个体的适应度函数，第一代即初始代就产生了。如果不满足优化准则，开始产生新一代的计算。为了产生下一代，按照适应度选择个体，父代进行基因重组（交叉）而产生子代。所有的子代按一定概率变异。然后子代的适应度又被重新计算，子代被插入到种群中将父代取而代之，构成新的一代（子个体1、子个体2、子个体3、子个体4……）。这一过程循环执行，直到满足优化准则为止。

尽管这样单一种群的遗传算法很强大，可以很好地解决相当广泛的问题，但采用多种群（即有子种群）的算法往往会获得更好的结果。每个子种群像单种群遗传算法一样独立地演算若干代后，在子种群之间进行个体交换。这种多种群遗传算法更贴近于自然种族的进化，称为并行遗传算法（Paralleling Genetic Algorithm，PGA）。

随着问题种类的不同以及问题规模的扩大，要寻求一种能以有限的代价解决搜索和优化的通用方法，遗传算法正是为我们提供的一个有效的途径，它不同于传统的搜索和优化方法。主要区别如下：①自组织、自适应和自学习性（智能性）。②遗传算法的本质并行性。③遗传算法不需要求导或其他辅助知识，只需要影响搜索方向的目标函数和相应的适应度函数。④遗传算法强调概率转换规则，而不是确定的转换规则。⑤遗传算法可以更加直接地被应用。⑥遗传算法对给定问题，可以产生许多潜在解，最终的选择由使用者确定。

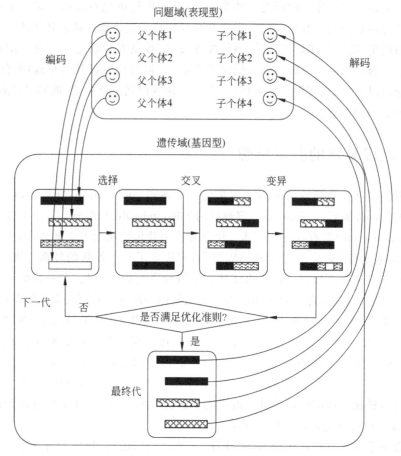

图 4-4 基本遗传算法的过程

4.3.2 遗传算法的基本操作

遗传算法包括3个基本操作：选择、交叉或基因重组和变异。这些基本操作又有许多不同的方法，下面逐一进行介绍。

1. 选择

选择是用来确定重组或交叉个体，以及被选个体将产生多少个子代个体。首先计算适应度：①按比例的适应度计算；②基于排序的适应度计算。

适应度计算之后是实际的选择，按照适应度进行父代个体的选择。可以挑选以下算法：轮盘赌选择；随机遍历抽样；局部选择；截断选择；锦标赛选择。

2. 交叉或基因重组(crossover/recombination)

基因重组是结合来自父代交配种群中的信息产生新的个体。依据个体编码表示方法的不同，有如下算法：①实值重组，包括离散重组、中间重组、线性重组、扩展线性重组；②二进制交叉，包括单点交叉、多点交叉、均匀交叉、洗牌交叉、缩小代理交叉。

3. 变异(mutation)

交叉之后子代经历的变异，实际上是子代基因按小概率扰动产生的变化。依据个体编码表示方法的不同,可以有实值变异、二进制变异两种算法。

这里我们结合一个简单的实例考察一下二进制编码的轮盘赌选择、单点交叉和变异操作。

图4-5所示的是一组二进制基因码构成的个体组成的初始种群。个体的适应度评价值经计算由括号内的数值表示,适应度越大,代表这个个体越好。初始种群及其选择计算见表4-2。

```
0001100000    0101111001    0000000101    1001110100    1010101010
   (8)           (5)           (2)           (10)          (7)

1110010110    1001011011    1100000001    1001110100    0001010011
   (12)          (5)           (19)          (10)          (14)
```

图4-5 初始种群的分布

表4-2 初始种群及其选择计算

个体	染色体	适应度	选择概率	累积概率
1	0001100000	8	0.086 957	0.086 957
2	0101111001	5	0.054 348	0.141 304
3	0000000101	2	0.021 739	0.163 043
4	1001110100	10	0.108 696	0.271 739
5	1010101010	7	0.076 087	0.347 826
6	1110010110	12	0.130 435	0.478 261
7	1001011011	5	0.054 348	0.532 609
8	1100000001	19	0.206 522	0.739 130
9	1001110100	10	0.108 696	0.847 826
10	0001010011	14	0.152 174	1.000 000

轮盘赌选择方法类似于博彩游戏中的轮盘赌。如图4-6所示,个体适应度按比例转化为选中概率,将轮盘分成10个扇区,因为要进行10次选择,所以产生10个[0,1]之间的随机数,相当于转动10次轮盘,获得10次转盘停止时的指针位置,指针停止在某一扇区,该扇区代表的个体即被选中。

假设产生随机数序列为0.070 221,0.545 929,0.784 567,0.446 93,0.507 893,0.291 198,0.716 34,0.272 901,0.371 435,0.854 641,将该随机序列与计算获得的累积概率比较,则序号依次为1,8,9,6,7,5,8,4,6,10的个体被选中。

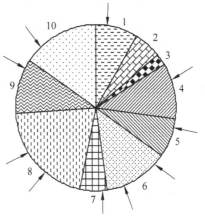

图4-6 轮盘赌选择

显然,适应度高的个体被选中的概率大,而且可能被选中;而适应度低的个体则很有可能被淘汰。在第一次生存竞争考验中,序号为 2 的个体(0101111001)和序号为 3 的个体(0000000101)被淘汰,取而代之的是适应度较高的个体 8 和 6,这个过程被称为再生(reproduction)。再生之后重要的遗传操作是交叉,在生物学上称为杂交,可以视为生物进化之所在。以单点交叉(one-point crossover)为例,任意挑选经过选择操作后种群中两个个体作为交叉对象,即两个父个体经过染色体交换重组产生两个子个体,如图 4-7 所示。随机产生一个交叉点位置,父个体 1 和父个体 2 在交叉点位置之右的部分基因码互换,形成子个体 1 和子个体 2。类似地,完成其他个体的交叉操作。

图 4-7 单点交叉

如果只考虑交叉操作实现进化机制,多数情况下是不行的,这与生物界近亲繁殖影响进化历程类似。因为种群的个体数是有限的,经过若干代交叉操作,因为源于一个较好祖先的子个体逐渐充斥整个种群的现象,问题会过早收敛(premature convergence)。当然,最后获得的个体不能代表问题的最优解。为避免过早收敛,有必要在进化过程中加入具有新遗传基因的个体。解决办法之一是效法自然界生物变异。生物性状的变异实际上是控制该性状的基因码发生了突变,这对于保持生物多样性是非常重要的。模仿生物变异的遗传操作,对于二进制的基因码组成的个体种群,实现基因码的小概率翻转,即达到变异的目的。如图 4-8 所示,对于个体 1001110100 产生变异,以小概率决定第 4 个遗传因子翻转,即将 1 换为 0。

一般而言,一个世代的简单进化过程就包括了基于适应度的选择和再生、交叉和变异操作。将上面的所有种群的遗传操作综合起来,初始种群的第

图 4-8 变异

一代进化过程如图 4-9 所示。初始种群经过选择操作适应度较高的 8 号和 6 号个体分别复制出 2 个,适应度较低的 2 号和 3 号个体遭到淘汰,接下来按一定概率选择了 4 对父个体分别完成交叉操作,在随机确定的"|"位置实行单点交叉生成 4 对子个体。最后按小概率选中某个个体的基因码位置,产生变异。这样,经过上述过程便形成了第一代群体。以后一代一代的进化过程如此循环下去,每一代结束都产生新的种群。演化的代数主要取决于代表问题解的收敛状态,末代种群中的最佳个体作为问题的最优近似解。

遗传算法进化模式示意图如图 4-10 所示,搜索空间中个体演变为最优个体,其在高适应度上的增殖概率是按世代递增的,图中表现个体的色彩浓淡表示个体增殖的概率分布。

遗传算法的一般流程如图 4-11 所示。

第 1 步:随机产生初始种群,个体数目一定,每个个体表示为染色体的基因编码。

第 2 步:计算个体的适应度,并判断是否符合优化准则,若符合,则输出最佳个体及其代表的最优解,并结束计算;否则转向第 3 步。

第 3 步:依据适应度选择再生个体,适应度高的个体被选中的概率高,适应度低的个

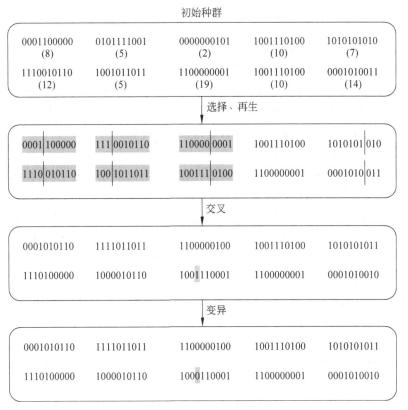

图 4-9 初始种群的第一代进化过程

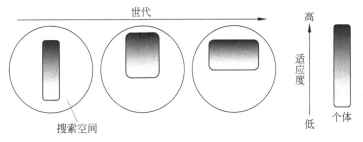

图 4-10 遗传算法进化模式示意图

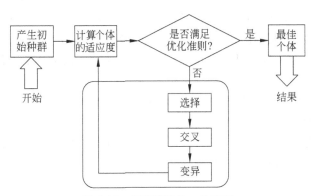

图 4-11 遗传算法的一般流程

体可能被淘汰。

第 4 步：按照一定的交叉概率和交叉方法，生成新的个体。

第 5 步：按照一定的变异概率和变异方法，生成新的个体。

第 6 步：由交叉和变异产生新一代的种群，返回到第 2 步。

遗传算法中的优化准则，一般依据问题的不同有不同的确定方式。例如，可以采用以下准则之一作为判断条件：①种群中个体的最大适应度超过预先设定值；②种群中个体的平均适应度超过预先设定值；③世代数超过预先设定值。

遗传算法需要把握的重点如下。

(1) 编码和初始群体的生成。遗传算法在进行搜索之前先将解空间的解数据表示成遗传空间的基因型串结构数据，这些串结构数据的不同组合便构成了不同的点。然后随机产生 N 个初始串结构数据，每个串结构数据称为一个个体，N 个个体构成了一个群体。遗传算法以这 N 个串结构数据作为初始点开始迭代。编码方式依赖于问题怎样描述比较好解决。初始群体也应该选取适当，如果选取得过小，则杂交优势不明显，算法性能很差；如果选取得太大，则计算量太大。

(2) 检查是否满足算法收敛准则，控制算法是否结束。可以采用判断与最优解的适配度或者定一个迭代次数达到。

(3) 适应性值评估检测和选择。适应性函数表明个体或解的优劣性，在程序的开始也应该评价适应性，以便与以后的适应性作比较。不同的问题，适应性函数的定义方式也不同。根据适应性的好坏进行选择。选择的目的是为了从当前群体中选出优良的个体，使它们有机会作为父代为下一代繁殖子孙。遗传算法通过选择过程体现这一思想，进行选择的原则是适应性强的个体为下一代贡献一个或多个后代的概率大。选择实现了达尔文的适者生存原则。

(4) 交叉（也称杂交）。按照交叉概率进行杂交。交叉操作是遗传算法中最主要的遗传操作。通过交叉操作可以得到新一代个体，新个体组合了其父辈个体的特性。交叉体现了信息交换的思想。可以选定一个点对染色体串进行互换、插入、逆序等交叉，也可以随机选取几个点交叉。交叉概率如果太大，种群更新快，但是高适应性的个体很容易被淹没，概率小了，搜索会停滞。

(5) 变异。按照变异概率进行变异。变异首先在群体中随机选择一个个体，对于选中的个体，以一定的概率随机地改变串结构数据中某个串的值。同生物界一样，GA 中变异发生的概率很低。变异为新个体的产生提供了机会。

变异可以防止有效基因的缺损造成的进化停滞。比较低的变异概率已经可以让基因不断更变，太大了会陷入随机搜索。设想一下，生物界每一代都和上一代差距很大，会是怎样的可怕情形？

遗传算法提供了一种求解复杂系统优化问题的通用框架，它不依赖问题的具体领域，对问题的种类有很强的鲁棒性，所以广泛应用于很多学科。遗传算法的主要应用领域包括：函数优化、组合优化、生产调度问题、自动控制、机器人智能控制、图像处理和模式识别、人工生命、遗传程序设计、机器学习。

4.4 案例分析

旅行商问题描述如下：有一个旅行商，需要到 k 个城市去售货，每个城市只去一次，且知道任意两个城市之间的距离。计算一条从旅行商的驻地出发，经过每个城市，最后返回驻地的最短旅行路径。

下面分别采用爬山算法、模拟退火算法和遗传算法求解旅行商问题。

4.4.1 爬山算法求解旅行商问题

设计一个解决旅行商问题的爬山算法。

解：假定有 k 个城市，候选解的形式为这 k 个城市构成的向量（其中不含重复的元素），记为 $s=<c_{s1},c_{s2},c_{s3},\cdots,c_{sk}>$。距离矩阵 Dist 记录城市之间的距离。

定义搜索结点为 Node，包含两个属性：属性 sol 记录该结点对应的候选解，属性 value 记录该候选解对应的距离代价，假定每个候选解的第 1 个城市都为旅行商的驻地城市。

定义一个评估函数 evaluate()，其输入为一个 Node 型参数 n，计算 n 的 value 值。

定义一个邻居结点生成函数 neighbor_builder()，其输入为一个 Node 型参数 n，返回 n 的所有邻居结点。

```
旅行商问题爬山算法
cur_node, best_neighbor: Node
1) 随机生成 cur_node 的 sol 并 evaluate(cur_node)
2) repeat
3)     neighbors ← neighbor_builder(cur_node)
4)     best_neighbor ← cur_node
5)     for each n in neighbors do
6)         evaluate(n)
7)         if n.value < best_neighbor.value
8)             best_neighbor←n
9)     if best_neighbor = cur_node
10)        return cur_node
11)    else cur_node ← best_neighbor

function evaluate()
Input: n: Node
Output: n 对应的路径代价
int distance ← 0;
1) for i = 2 to k do
2)     distance ← distance + Dist(n.sol[i-1], n.sol[i])
3)     distance ← distance + Dist(n.sol[k], n.sol[1])
4) return distance;
```

```
function neighbor_builder
Input: n: Node
Output: a set of Node that is the neighbor of n.
neighbors = { }
neighbor: Node
1) for i = 2 to k-1 do
2)     for j = 3 to k do
3)         neighbor ← n
4)         交换 neighbor.sol 中的第 i 个城市和第 j 个城市的位置
5)         neighbors ← neighbors ∪ { neighbor }
6) return neighbors
```

说明，neighbor_builder()函数负责生成一个结点的所有邻居结点，这个函数应该满足一个关键的性质：任一个结点 n，通过连续应用这个函数，可以访问到问题空间中的所有结点。在此处的参考解答中，我们设计的 neighbor_builder() 函数是交换两个城市的位置，从而得到一个新的问题空间结点。

【思考】读者可以分析这样的设计是否满足上述提及的性质，同时请读者自己尝试设计新型的 neighbor_builder() 函数。

4.4.2 模拟退火算法求解旅行商问题

设计一个解决旅行商问题的模拟退火算法。

解：

```
旅行商问题模拟退火算法
cur_node, best_neighbor: Node;
1) 随机生成 cur_node 的 sol 并 evaluate(cur_node)
2) for t = 1 to ∞ do
3)     T = update(t)
4)     if T = 0 then return cur_node
5)     successors ← neighbor_builder()
6)     从 successors 中随机选择一个结点，记为 next_node
7)     ΔE ← next_node.value - cur_node.value
8)     if ΔE < 0 then cur_node ← next_node
9)     else 以概率 $e^{-\Delta E/T}$ 执行 cur_node ← next_node

function evaluate()
Input: n: Node
Output: n 对应的路径代价
int distance ← 0;
1) for i = 2 to k do
2)     distance ← distance + Dist(n.sol[i-1], n.sol[i])
```

```
3)        distance ← distance + Dist(n.sol[k], n.sol[1])
4) return distance;

function neighbor_builder
Input: n: Node
Output: a set of Node that is the neighbor of n.
neighbors = { }
neighbor: Node
1) for i = 2 to k-1 do
2)     for j = 3 to k do
3)         neighbor ← n
4)         交换 neighbor.sol 中的第 i 个城市和第 j 个城市的位置
5)         neighbors ( neighbors ∪ { neighbor }
6) return neighbors

function update()
Input: t, an integer that represents time
Output: T, an integer that represents temperature
if t = 0 then
     T ← t₀
else T ← λᵀ
```

【思考】请设计 update() 函数的其他版本,特别是设计温度值 T 随时间变量 t 变化的版本。

4.4.3 遗传算法求解旅行商问题

设计一个解决旅行商问题的遗传算法。

解:

```
旅行商问题的遗传算法
# 设待解决的 TSP 问题有 k 个城市
1) population ← { }
# 生成含有 10 个不相同个体的初始种群
2) i ← 0
3) do
4)     随机生成一个长度为 k 的字符串,字符取自{0, …, k-1}且不重复,记此字符串
为 individual
5)     if population 不含有 individual then
6)         population ← population ∪ { individual }
7)         i ← i +1
8) while (i > = 9)
9) num_iteration = 0;
```

```
10) repeat
11)     new_population ← { }
12)     for i =1 to SIZE(population) do
13)         parent1 ← random_select(population, evaluate())
14)         parent2 ← random_select(population, evaluate())
15)         child ← reproduce(parent1, parent2)
16)         在[0, 1]内生成一个随机数 r
17)         if r ≤ β then
18)             mutate(child)
19)         new_population ← new_population ∪ { child }
20)     population ← new_population
21) num_iteration++
22) until num_iteration ≥ 100000


function random_select
Input:
population, 种群集
evaluate, 评估个体的适应度函数,见 4.3.1 节的解答
Output: individual, 被选择的个体
sum ← 0
for i =1 to SIZE(population) do
    evaluate(population[i])
    sum ← sum +population[i].value
for i =1 to SIZE(population) do
    生成一个[0,1]内的随机数 r
    if (r < (population[i].value / sum)) then
        individual ← population[i]
        return individual

function reproduce
Input: x, y, 两个个体
Output: x 和 y 交叉得到的下一代个体 z
n ← LENGTH(x); c ← random number from 1 to n
return APPEND(SUBSTRING(x,1,c),SUBSTRING(y, c+1, n))
```

说明：SIZE 函数返回一个集合的基数；LENGTH 函数返回字符串的长度；APPEND 函数将两个字符串按照顺序合并；SUBSTRING(x, start, end)函数返回字符串 x 从位置 start 到位置 end 的字符串。

习题

4.1　对 4.4 节 4.4.1,4.4.2,4.4.3 题的算法和结果进行比较分析。

4.2　(1)图 4-1(a)中第 7 列皇后下移到 $h=12$ 的位置,重新计算 h；(2)对图 4-1(a)移动

2 步(按 h 最小值移动),并给出后续值。

4.3 (思考题)如何在搜索过程中避免重蹈覆辙。本章介绍的搜索算法的主要特点是不记录已访问的结点,相对于第 3 章中那些记录已访问结点的算法,本章算法降低了对存储空间的要求。然而,不记录已访问结点所引发的副作用不容忽视,其中的一个副作用就是搜索过程可能会在访问一个结点之后的不久又再次访问该结点,这种现象被称为"循环搜索"。禁忌搜索策略(tabu search strategy)是一种用于减少"循环搜索"的策略,该策略可用于求解大规模的优化问题,如车间调度、图论中的最大团搜索问题。请阐述禁忌搜索策略的主要技术与应用。

4.4 (思考题)如何改进爬山算法?爬山算法在求解开始时所生成的结点如果处于问题空间中的一个局部最优区域,则该算法仅能找到一个次优解,而不能找到全局最优解。例如,在图 4-12 中,爬山算法的初始结点如果是 a 指向的结点,则它仅能得到次优解。同理,它分别以 b,c 为初始结点也仅能得到次优解。但是,如果爬山算法从 d 指向的结点开始,它就能找到全局最优解。怎样改进爬山算法,以使它能找到全局最优解呢? 模拟退火算法是对爬山算法的一种改进,但是模拟退火算法存在耗时较长的可能。设想,如果从 a 指向的结点开始搜索,模拟退火算法或许需要经过很长的时间才能进入 d 指向的区域。针对模拟退火算法耗时较长的问题,研究者提出了一种称为"随机重启搜索"(random restart)的策略,主要思想是在爬山算法得到一个解后,重新启动它,新的搜索过程从一个随机初始的结点开始。随机重启的次数依据待求解的问题和试验经验而定。请阐述"随机重启搜索"策略的理论与实验依据。

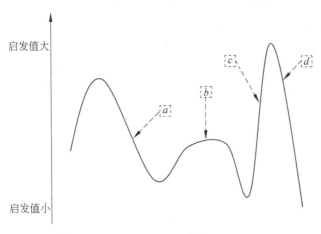

图 4-12 爬山算法

第5章

不确定知识表示和推理

现有的知识表示和推理技术往往把研究和处理对象限定在特定的专业知识领域；对不具有规范表示的知识领域，现有技术的适用性就大为降低。近年来，由于实际应用的推动，知识处理研究发生了许多重大变化，已经从注重研究知识的形式转向研究知识的内容，从注重研究良构知识（well-structured knowledge）转向研究病构知识（ill-structured knowledge），从注重研究封闭性知识转向研究开放性知识，从研究内涵完整、协调和精确的知识转向研究内涵不完整、不协调和不精确的知识，这些趋势可以用"非规范知识处理"的概念概括。所谓知识的非规范性，是指知识内涵的难处理性，包括知识的不确定性（模糊知识、不确定、随机和不精确知识），或知识的不完整性（内容不完整的知识和结构不完整的知识），或知识的不协调性（含矛盾的知识、带噪声的知识和含冗余的知识），或知识非恒常性（时变知识和启发式知识）。

本章讨论处理数据的不精确（inexactness）和知识的不确定（uncertainty）所需要的一些工具和方法，主要包括在经验基础上抽象得到的确定性因子方法、基于 Bayes 理论的概率推理、基于信任测度函数的证据理论、基于模糊集合论的模糊推理等技术。

5.1 概述

诸如"鸟是会飞的"及"常在河边走，哪能不湿鞋"这样的常识（common sense）和常识推理（common sense reasoning），我们如何形式化？

这里说的常识、常识推理与通常的逻辑推理不同。首先，常识具有不确定性。一个常识可能有众多的例外。一个常识可能是一种尚无理论依据或者缺乏充分验证的经验。其次，常识往往对环境有极强的依存性。由于常识的这种不确定性，决定了常识推理的所谓非单调性，即依据常识进行通常的逻辑推理，但保留对常识的不确定性及环境的变迁造成的推理失误的修正权。非单调推理技术试图解决不确定性推理问题。

既然人的信念常常是不确定的，就存在关于信念强度的问题，即确定性程度到底为多少。最常见的方法是把指示确定性程度的数据附加到推理规则,并由此研究不确定强度的表示和计算问题。

陆汝钤院士曾主持一项国家自然科学基金重大项目"非规范知识处理的基本理论和核心技术"。所谓知识的非规范性,是指知识内涵的难处理性,它包括知识的不确定性、知识的不完整性、知识的不协调性和知识的非恒常性。该项目的主要研究目标和研究内容是,从理论、技术和示范应用3个层面对非规范知识处理进行深入研究。在理论上,要研究非规范知识的数学理论、逻辑理论和认知理论;在技术上,要研究非规范知识的表示和建模、非规范知识的获取和融合,以及非规范知识的通信和传播;在示范应用上,要研究几个特定领域的非规范知识,开发海量非规范知识库、示范性语义网上知识获取和知识编辑器,以及通用网上的知识获取和知识编辑器。

5.1.1 什么是不确定推理

不确定性是智能问题的本质特征,无论是人类智能,还是人工智能,都离不开不确定性的处理。可以说,智能主要反映在求解不确定性问题的能力上。

推理是人类的思维过程,它是从已知事实出发,通过运用相关的知识逐步推出某个结论的过程。其中,已知事实和知识是构成推理的两个基本要素。已知事实又称为证据,用以指出推理的出发点及推理时应使用的知识;而知识是推理得以向前推进,并逐步达到最终目标的依据。第2章介绍的演绎推理是一种精确的推理,因为它处理的是精确事实和知识,并运用确定的推理方法得出精确的结论。

在客观世界中,由于事物发展的随机性和复杂性,人类认识的不完全、不可靠、不精确和不一致性,自然语言中存在的模糊性和歧义性,使得现实世界中的事物以及事物之间的关系极其复杂,带来了大量的不确定性。如果采用确定性的经典逻辑处理不确定性,就需要把知识或思维行为中原本具有的不确定性划归为确定性处理,这无疑会舍去事物的某些重要属性,造成信息流失,妨碍人们做出最好的决定,甚至可能做出错误的决定。大多数要求智能行为的任务都具有某种程度的不确定。不确定性可以理解为在缺少足够信息的情况下做出判断。

确定性推理是建立在经典逻辑基础上的,经典逻辑的基础之一就是集合论,集合论中的隶属概念是一个非常精确和确定的概念,一个元素是否属于某个集合是非常明确的。这在很多实际情况中是很难做到的,如高、矮、胖、瘦就很难精确地区分。因此,经典逻辑不适合用来处理不确定性。针对不同的不确定性起因,人们提出了不同的理论和方法,以建立适合描述不确定和不精确的新的逻辑模型。因此,可以说不确定推理是建立在非经典逻辑基础上的一种推理,它是对不确定性知识的运用与处理。严格地说,不确定性推理就是从不确定性初始证据出发,通过运用不确定性的知识,最终推出具有一定程度的不确定性,但却是合理或者近乎合理的结论的思维过程。

5.1.2 不确定推理要解决的基本问题

证据和规则的不确定性,导致所产生的结论的不确定性。不确定性推理反映了知识不确定性的动态积累和传播过程,推理的每一步都需要综合证据和规则的不确定因素,通过某种不确定性测度,寻找尽可能符合客观实际的计算模式,通过不确定测度的传递计算,最终得到结果的不确定测度。

因此,在基于规则的专家系统中,不确定性表现在证据、规则和推理3个方面,需要对专家系统中的事实与规则给出不确定性描述,并在此基础上建立不确定性的传递计算方法。因此,要实现对不确定性知识的处理,必须解决不确定知识的表示问题、不确定信息的计算问题,以及不确定性表示和计算的语义解释问题。

1. 表示问题

表示问题指的是采用什么方法描述不确定性。通常有数值表示和非数值的语义表示两种方法。数值表示便于计算、比较;非数值表示是一种定性的描述。

专家系统中的"不确定性"一般分为两类:一是规则的不确定性;二是证据的不确定性。

(1) 规则的不确定性$(E \rightarrow H, f(H,E))$,表示相应知识的不确定性程度,称为知识或规则强度。

(2) 证据的不确定性$(E, C(E))$,表示证据E为真的程度。它有两种来源:初始证据(由用户给出);前面推出的结论作为当前证据(通过计算得到)。

一般来说,证据不确定性的表示方法应与知识不确定性的表示方法保持一致,证据的不确定性通常也是一个数值表示,它代表相应证据的不确定性程度,称为动态强度。

2. 计算问题

计算问题主要指不确定性的传播与更新,即获得新信息的过程。它是在领域专家给出的规则强度和用户给出的原始证据的不确定性的基础上,定义一组函数,求出结论的不确定性度量。它主要包括如下3个方面。

1) 不确定性的传递算法

在每一步推理中,如何把证据及规则的不确定性传递给结论。在多步推理中,如何把初始证据的不确定性传给结论。

也就是说,已知规则的前提E的不确定性$C(E)$和规则强度$f(H,E)$,求假设H的不确定性$C(H)$,即定义函数f_1,使得:

$$C(H) = f_1(C(E), f(H,E))$$

2) 结论不确定性合成

推理中有时会出现这样一种情况:用不同的知识进行推理,得到相同结论,但不确定性的程度却不相同。

即已知由两个独立的证据E_1和E_2求得的假设H的不确定性度量$C_1(H)$和$C_2(H)$,求证据E_1和E_2的组合导致的假设H的不确定性$C(H)$,即定义函数f_2,使得:

$$C(H) = f_2(C_1(E), C_2(H))$$

3) 组合证据的不确定性算法

即已知证据E_1和E_2的不确定性度量$C(E_1)$和$C(E_2)$,求证据E_1和E_2的析取和合取的不确定性,即定义函数f_3和f_4,使得:

$$C(E_1 \wedge E_2) = f_3(C(E_1), C(E_2))$$
$$C(E_1 \vee E_2) = f_4(C(E_1), C(E_2))$$

目前关于组合证据的不确定性的计算已经提出了多种方法,用得最多的是如下 3 种。

(a) 最大最小法
$$C(E_1 \wedge E_2) = \min(C(E_1), C(E_2))$$
$$C(E_1 \vee E_2) = \max(C(E_1), C(E_2))$$

(b) 概率方法
$$C(E_1 \wedge E_2) = C(E_1) \times C(E_2)$$
$$C(E_1 \vee E_2) = C(E_1) + C(E_2) - C(E_1) \times C(E_2)$$

(c) 有界方法
$$C(E_1 \wedge E_2) = \max\{0, C(E_1) + C(E_2) - 1\}$$
$$C(E_1 \vee E_2) = \min\{1, C(E_1) + C(E_2)\}$$

3. 语义问题

语义问题指上述表示和计算的含义是什么,如 $C(H,E)$ 可理解为当前提 E 为真时,对结论 H 为真的一种影响程度,$C(E)$ 可理解为 E 为真的程度。

目前,在人工智能领域,处理不确定性问题的主要数学工具有概率论和模糊数学。概率论与模糊数学研究和处理的是两种不同的不确定性。概率论研究和处理随机现象,事件本身有明确的含义,只是由于条件不充分,使得在条件和事件之间不能出现决定性的因果关系(随机性)。模糊数学研究和处理模糊现象,概念本身就没有明确的外延,一个对象是否符合这个概念是难以确定的(属于模糊的)。无论采用什么数学工具和模型,都需要对规则和证据的不确定性给出度量。

规则的不确定性度量 $f(H,E)$ 需要定义在下述 3 个典型情况下的取值。

(1) 若 E 为真,则 H 为真,这时 $f(H,E)$ 的值。
(2) 若 E 为真,则 H 为假,这时 $f(H,E)$ 的值。
(3) E 对 H 没有影响,这时 $f(H,E)$ 的值。

对于证据的不确定性度量 $C(E)$,需要定义在下述 3 个典型情况下的取值。

(1) E 为真,$C(E)$ 的值。
(2) E 为假,$C(E)$ 的值。
(3) 对 E 一无所知,$C(E)$ 的值。

对于一个专家系统,一旦给定了上述不确定性的表示、计算及其相关的解释,就可以从最初的观察证据出发,得出相应结论的不确定性程度。专家系统的不确定性推理模型指的就是证据和规则的不确定性的测度方法以及不确定性的组合计算模式。

5.1.3 不确定性推理方法分类

关于不确定性推理方法的研究,主要沿两条不同的路线发展。

(1) 在推理级扩展不确定性推理的方法:其特点是把不确定证据和不确定的知识分别与某种量度标准对应起来,并且给出更新结论不确定性算法,从而建立不确定性推理模型式。通常把这一类方法统称为模型方法。

(2) 在控制策略级处理不确定性的方法:其特点是通过识别领域中引起不确定性的某些特征及相应的控制策略限制或减少不确定性对系统产生的影响,这类方法没有处理不确定性的统一模型,其效果极大地依赖于控制策略,把这类方法统称为控制方法。

模型方法又分为数值方法及非数值方法两类。数值方法是对不确定性的一种定量表示和处理方法。非数值方法是指除数值方法外的其他各种处理不确定性的方法,如古典逻辑方法和非单调推理方法等。

在数值方法中,概率方法是重要的方法之一。概率论有着完善的理论和方法,而且具有现成的公式实现不确定性的合成和传递,因此可以用作度量不确定性的重要手段。

纯概率方法虽然有严格的理论依据,但通常要求给出事件的先验概率和条件概率,而这些数据又不易获得,因此使其应用受到限制。为了解决这个问题,人们在概率论的基础上发展起一些新的方法和理论,主要有主观概率论(又称主观 Bayes 方法)、可信度方法、证据理论等。

(1) 主观 Bayes 方法:它是 PROSPECTOR 专家系统中使用的不确定推理模型,是对 Bayes 公式修正后形成的一种不确定推理方法,为概率论在不确定推理中的应用提供了一条途径。

(2) 可信度方法:它是 MYCIN 专家系统中使用的不确定推理模型,它以确定性理论为基础,方法简单、易用。

(3) 证据理论:它通过定义信任函数、似然函数,把知道和不知道区别开。这些函数满足比概率函数的公理弱的公理,因此,概率函数是信任函数的一个子集。

基于概率的方法虽然可以表示和处理现实世界中存在的某些不确定性,在人工智能的不确定性推理方面占有重要地位,但它们没有把事物自身具有的模糊性反映出来,也不能对其客观存在的模糊性进行有效推理。Zadeh 等人提出的模糊集理论及其在此基础上发展的可能性理论弥补了这一缺憾。概率论处理的是由随机性引起的不确定性,可能性理论处理的是由模糊性引起的不确定性。可能性理论对由模糊性引起的不确定性的表示及处理开辟了一种新的解决途径,并得到广泛的应用。

5.2 非单调逻辑

为了形式地表述常识,并在常识间进行有效的形式推理,20 世纪 70 年代末,人们提出了非单调逻辑(non-monotonic logic)。

传统逻辑系统都是单调的,因为由已知事实推出的逻辑结论绝不会在已知事实增加时反而丧失。更形式地,可定义逻辑系统的单调性如下。

定义 5.1 设 FS 为一逻辑系统,称 FS 是单调的(monotonic),如果对于 FS 的任意公式集合 $\Gamma_1, \Gamma_2, \Gamma_1 \subseteq \Gamma_2$ 蕴涵 $Th(\Gamma_1) \subseteq Th(\Gamma_2)$。这里,$Th(\Gamma)$ 表示公式集合 $\{A | \Gamma \vdash_{FS} A\}$,即 Γ 的演绎结果的集合。

已讨论的所有逻辑系统都是单调的。可是,常识推理却并不具有这种单调性。当你告诉我"a 是一只鸟"时,我立即会据常识"鸟是会飞的"进行推理,做出结论"a 是会飞的"。可当你又告诉我"a 是一只鸵鸟",我自然会立即撤回上述结论,相反会据常识"鸵鸟不会飞"而做出结论"a 是不会飞的"。如果我足够机敏,还应对常识"鸟是会飞的"做出修正,例如,改为"鸟是会飞的,除非它是鸵鸟"。在上述推理过程中,第一个结论在已知事实增加时会自行撤销(而不是仍然接受它),并修改推理的依据(而不是让互相矛盾的依据共存,因而被迫接受一切断言)。

常识推理的这种特性称为非单调性,具有非单调性的推理称为非单调推理,而使用非单调推理的逻辑系统称为非单调逻辑。和定义 5.1 相对,可形式地定义非单调性。

定义 5.2　逻辑系统 FS 称为非单调的,如果存在公式集合 Γ_1 和 Γ_2,$\Gamma_1 \subseteq \Gamma_2$,但 $Th(\Gamma_1) \nsubseteq Th(\Gamma_2)$。

要使机器具有智能,就应当使它具有进行常识推理的能力,具有依据"不完全的信息"和"不可靠的经验"进行推理及预测的能力,因此使机器具有这种非单调的逻辑推理机制是非常必要的。

5.2.1　非单调逻辑的产生

非单调逻辑这个名词的第一次出现,大致是在 20 世纪 70 年代中期,但在人工智能对推理机制的模拟的研究中,非单调推理的运用则更早些。

最早的 Prolog 版本中就已经有了"封闭系统假设",即当系统推不出 A 时,便认为 $\neg A$ 成立。当系统的知识库扩充时,可能推出 A,那时 $\neg A$ 便不再为系统所接受。

PLANNER 系统则更进一步,其中设有运算 THNOT,THNOT(A) 表示"试图证明 A,若不成功,则 THNOT(A) 为真"。不仅如此,为了便于在运行中更新系统,PLANNER 还设有前提表和删除表,可随时删除那些系统已经导出而又在系统更改后不再成立的事实。

采用"封闭系统假设"或算符 THNOT 的方式都有一个明显的缺点,即必须保证"A 是否可证"是可判定的,而这并不总是可以办到的。大家知道,一阶逻辑是不可判定的。此外,系统还可能遇到"循环论证"的情况。例如,系统已知

$$A(f(x)) \to B(x)$$
$$B(f(x)) \to C(x)$$
$$C(f(x)) \to A(x)$$

要证 $A(a)$。这时系统既无法确定"$A(a)$ 可证",也无法确定"$A(a)$ 不可证",因为要证 $A(a)$,须证 $C(f(a))$,$B(f(f(a)))$,$A(f(f(f(a))))$,$\cdots$。

在用逻辑演算刻画状态转换、动作规划时,非单调性显得尤为重要,因为状态、动作都不是一成不变的。

在规划生成系统 STRIPS 中,用状态变换的规则模拟机器人的动作。这些规则均由 3 部分组成。

(1) 前提,规则执行的前提。

(2) 删除表,规则执行后状态描述中应当删除的事实表。

(3) 添加表,规则执行后状态描述中应当添加的事实表。

例 5.1　表示机器人拾起一块积木的动作可用规则 Pickup(x),它由以下 3 部分组成。

前提:ontable(x)　　　　(x 在桌子上)
　　　clear(x)　　　　　(x 上无他物)
　　　handempty　　　　　(机械手闲置)

删除表：ontable(x), clear(x), handempty
添加表：holding(x) （机械手持有 x）
如果图 5-1(a)的状态描述是
  {ontable(A), ontable(B), handempty, clear(A), clear(B)}
那么，经过动作 Pickup(A)后，其状态描述应为
  {ontable(B), clear(B), holding(A)}
如图 5-1(b)所示。

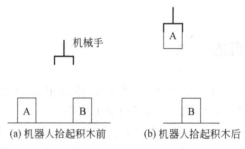

图 5-1 机器人拾起一块积木的动作前后

在实际应用中出现的这些处理非单调性的方法是很有启发意义的，它们为非单调逻辑的出现奠定了基础。到了 20 世纪 70 年代后期和 80 年代初，人们开始研究非单调推理，并提出多种非单调逻辑系统，较令人注目的是 Reiter 的缺省推理逻辑，McDermott 和 Doyle 的非单调逻辑系统。

5.2.2 缺省推理逻辑

1977 年，Reiter 开始研究信息不完全时的推理形式——缺省推理（default reasoning）。1980 年，他正式提出了缺省推理逻辑。

下面先用一个例子说明什么是缺省推理。

例 5.2 如果我们仅知道鸟类中只有鸵鸟不会飞，那么当听说企鹅是鸟类的一种时，我们会得出"企鹅会飞"的结论。像这样的推理方式就是一种缺省推理。

分析例 5.2 中的推理可知，缺省推理是非单调的，因为当我们有了"企鹅也不会飞"的知识时，就不再会推出"企鹅会飞"的结论了。另外，例 5.2 中的推理之所以称为缺省推理，是因为它是依据如下形式的规则进行的。

$$\frac{\text{Bird}(x) : \text{Mfly}(x)}{\text{fly}(x)} \left(\frac{x \text{ 是鸟}：\text{"} x \text{ 会飞"与系统不矛盾}}{x \text{ 会飞}} \right)$$

这就是说：如果 x 是鸟，并且"x 会飞"与现有知识不冲突（例如，系统只知道"鸵鸟不会飞"，而 x 不是鸵鸟），那么可以认为 x 是会飞的。当系统不知道企鹅不会飞时，据此规则，便可得出企鹅会飞的结论（因为企鹅是鸟，企鹅会飞与现有知识不矛盾）。但是，当系统知道企鹅不会飞时，Mfly(企鹅)就不再成立，从而"企鹅会飞"的结论就不再能推出。

上述形式的推理规则称为缺省推理规则，它的一般形式是

$$\frac{\alpha(\vec{x}) : M\beta_1(\vec{x}), \cdots, M\beta_m(\vec{x})}{w(\vec{x})} \tag{5-1}$$

这里，$\alpha(\vec{x}), \beta_1(\vec{x}), \cdots, \beta_m(\vec{x}), w(\vec{x})$ 均为一阶逻辑中的公式，它们所含的自由变元均在 $\vec{x}=<x_1,\cdots,x_n>$ 中。$\alpha(\vec{x})$ 称为规则的先决条件，$\beta_i(\vec{x})$ 称为规则的缺省条件，$w(\vec{x})$ 称为规则的结论。这种推理规则可以说是传统逻辑中规则

$$\frac{\alpha(\vec{x})}{w(\vec{x})} \tag{5-2}$$

的"非单调化"，因为规则式(5-2)可能有许多例外$\left(\text{就像} \frac{\text{Bird}(x)}{\text{fly}(x)} \text{那样}\right)$，引入 $M\beta_i(\vec{x})$ 就是为了指出这些例外，使它们随着知识的增长而改变对某些客体特性的判断，从而改变推理的结果。$M\beta_i(\vec{x})$ 中的 M 常读作"可能"，$M\beta_i(\vec{x})$ 表示就现有知识而言 $\beta_i(\vec{x})$ 可能成立，即 $\neg\beta_i(\vec{x})$ 尚未出现(缺省)。

如果缺省推理规则中不含自由变元，即 $\alpha, M\beta_i (i=1,2,\cdots,m), w$ 都为命题，那么称该规则为闭规则。

定义 5.3 一个缺省推理逻辑理论(简称缺省理论或理论)由两部分组成：
(1) 缺省推理规则集 D。
(2) 公式集 W，它是已知的或约定的事实集合。

缺省理论常用二元矢 $<D,W>$ 表示。当 D 中的所有规则是闭规则时，称理论 $<D,W>$ 为闭理论。

缺省理论是非单调的。考虑理论 $T=<D,W>$，其中 $D=\left\{\frac{:MA}{B}\right\}, W=\phi$，那么 B 在 T 中可推出，而当将 $\neg A$ 添入 W，使 W 成为 $W'=\{\neg A\}$，使 T 成为 $T'=<D,W'>$。这时尽管 T' 是 T 的扩充(已知事实集 $W'\supseteq W$)，但 B 却不再能从 T' 中推出。

当然，在缺省理论中"推出"的概念与传统逻辑中的"推出"概念是有区别的，前者是非单调推理，而后者是单调推理。为了定义缺省理论中的"推出"概念，我们需要下列定义。

定义 5.4 设 $\triangle=<D,W>$ 为一闭的缺省理论，Γ 为关于 D 的一个算子，Γ 作用于任意的命题集合 S，而其值为满足下列 3 条性质的最小命题集合 $\Gamma(S)$。

(1) $W \subseteq \Gamma(S)$。
(2) $Th(\Gamma(S))=\Gamma(S)$，这里 $Th(\Gamma(S))$ 为命题集 $\{A \mid \Gamma(S) \vdash_{FC} A\}$。
(3) 如果 D 中有规则 $\frac{\alpha:M\beta_1,\cdots,M\beta_m}{W}$，且 $\alpha\in\Gamma(S), \neg\beta_1,\cdots,\neg\beta_m\notin S$，那么 $W\in\Gamma(S)$。

定义 5.5 命题集合 E 称为关于 D 的算子 Γ 的固定点(fixed points)，如果 $\Gamma(E)=E$。此时又称 E 为 $\triangle=<D,W>$ 的一个扩充。

有了扩充的概念，便可定义非单调的"推出"概念。

定义 5.6 如果命题 A 包含在缺省理论 $\triangle$ 的一个扩充中，那么称 A 在 $\triangle$ 中可非单调地推出(以下简称"推出")，记为 $\mathrel{\mathop{\vdash}\limits^{\sim}} A$ (使用符号 $\mathrel{\mathop{\vdash}\limits^{\sim}}$ 是为了区别于 $\vdash$，$\vdash$ 表示非单调的"推出")。

例 5.3 当 $D=\left\{\frac{:MA}{\neg A}\right\}, W=\phi$ 时，$\triangle=<D,W>$ 无扩充，因为可证关于 $\triangle$ 的算子 Γ 无固定点。若不然，设 E 为 Γ 固定点。考虑 $\neg A\in E$ 否？如果 $\neg A\notin E$，那么据定义 5.4 之(3)，$\neg A\in E$。如果 $\neg A\in E$，则 $\neg A$ 必由缺省规则 $\frac{:MA}{\neg A}$ 导入 E (因 $W=\phi$)，故 $\neg A\notin E$ (否则 MA 为假，上述规则不适用)。这是一个悖论。

例 5.4 设 $D = \left\{\dfrac{:MA}{\neg B}, \dfrac{:MB}{\neg C}, \dfrac{:MC}{\neg F}\right\}$, $W = \phi$, 那么 $\triangle = <D, W>$ 有唯一的扩充 $E = Th(\{\neg B, \neg F\})$。容易验证 E 为关于 $\triangle$ 的 Γ 的固定点, 当命题集 $S \subseteq \{\neg B, \neg C, \neg F\}$ 而 $S \neq \{\neg B, \neg F\}$ 时, $Th(S)$ 均非 Γ 的关于 $\triangle$ 的固定点。

例 5.5 设

$$D = \left\{\dfrac{:MA}{A}, \dfrac{B:MC}{C}, \dfrac{F \wedge A:ME}{E}, \dfrac{C \wedge E:M\neg A, M(F \vee A)}{G}\right\}$$

$$W = \{B, C \to F \vee A, A \wedge C \to \neg E\},$$

那么 $<D, W>$ 有 3 个扩充: $E_1 = Th(W \cup \{A, C\})$, $E_2 = Th(W \cup \{A, E\})$, $E_3 = Th(W \cup \{C, E, G\})$。以下仅对 E_1 进行说明。由于 $Th(W \cup \{A, C\})$ 有 $\neg E$, 从而 $Th(W \cup \{A, C\})$ 中没有 E 和 G (因为 ME 和 $C \wedge E$ 不能成立)。这就是说, D 中缺省规则在算子 Γ 的计算过程中无一有用, 因此 $\Gamma(Th(W \cup \{A, C\})) = Th(W \cup \{A, C\})$。

上述例子说明, 并非所有缺省理论都有扩充, 并非有扩充的缺省理论只有唯一的扩充。由此看来, 缺省理论的扩充变幻莫测, 但是, 有了下述定理, 它便清晰多了。这一定理还使我们有了一个验证扩充的工具。

定理 5.1 设 E 为一阶命题集, $\triangle = <D, W>$ 为一闭的缺省理论。递归定义 $E_i (i = 1, 2, 3, \cdots)$ 如下:

$$E_0 = W$$

$$E_{i+1} = Th(E_i) \cup \left\{w \,\bigg|\, \dfrac{\alpha:M\beta_1, \cdots, M\beta_m}{w} \in D, \alpha \in E_i, \neg\beta_1, \cdots, \neg\beta_m \notin E\right\}$$

那么, E 为 $\triangle$ 的一个扩充当且仅当 $E = \bigcup\limits_{i=0}^{\infty} E_i$。

在缺省理论的语构研究方面已取得了许多成果, 但它的语义研究困难重重, 至今未见令人满意的语义结构被赋予这一十分有趣的推理理论。

5.2.3 非单调逻辑系统

1978—1982 年, McDermott 和 Doyle 就非单调推理发表了好几篇很有影响的文章。他们把自己的系统称为非单调逻辑系统, 这一系统建立基于一阶逻辑之上, 并引进模态词 M, 用 MA 表示 A 与当前已推得的定理相容 (注意, 在这一点上与缺省推理理论相似)。

例 5.6 设理论 T 有以下 3 条公理:

(1) 正值中午 $\wedge M$(出太阳) → 出太阳。

(2) 正值中午。

(3) 日食 → ¬(出太阳)。

那么, 在 T 中可证:

(4) 出太阳。

但是, 如果把

(5) 日食

添作公理, 那么由 (3) 和 (5) 推得 ¬(出太阳), 这使得 M(出太阳) 不能成立, 于是 (4) 不再可证。这与传统逻辑不同。如果把 (1) 改为

(1) ′正值中午→出太阳

那么在添入公理(5)时系统便不一致,从而一切公式全为系统的定理。

下文将介绍,由于在非单调逻辑中允许 MA 与一般命题一样使用(缺省推理中,MA 只在缺省推理规则中出现),使它与缺省推理理论有许多根本的不同。

从上例看出,非单调逻辑系统的关键是 M 意义的规定。从语法角度规定,似乎可引入下列规则(从 M 的直观意义出发):

$$\text{如果} \not\vdash \neg A, \text{则} \vdash MA \qquad (5\text{-}3)$$

但这是不适当的,因为这样做等于把一切非定理的否定接受为定理,没有什么非单调可言。McDermott 和 Doyle 的做法是,修改式(5-3)为

$$\text{如果} \not\vdash \neg A, \text{则} \vdash\!\!\!\sim MA \qquad (5\text{-}4)$$

这里的 $\vdash\!\!\!\sim$ 表示与 $\vdash$ 不同的"推出"——非单调地推出,并如下规定 $\vdash\!\!\!\sim$ 的意义。

以下将加入模态词 M 的一阶谓词演算系统记为 FC,将允许使用 M 的一阶公式全体记为 L_{FC},对任何公式集 $\Gamma \subseteq L_{FC}$,$Th(\Gamma)$ 的意义是

$$Th(\Gamma) = \{A \mid \Gamma \vdash_{FC} A\}$$

定义 5.7 对任何公式集 $\Gamma \subseteq L_{FC}$ 定义**算子** NM_Γ,对任意公式集 $S \subseteq L_{FC}$

$$NM_\Gamma(S) = Th(\Gamma \cup A_{S\Gamma}(S)) \qquad (5\text{-}5)$$

其中称 $A_{S\Gamma}$ 为 S 的**假设集**

$$A_{S\Gamma}(S) = \{MQ \mid Q \in L_{FC} \wedge \neg Q \notin S\} \qquad (5\text{-}6)$$

令

$$TH(\Gamma) = \bigcap (\{L_{FC}\} \cup \{S \mid NM_\Gamma(S) = S\}) \qquad (5\text{-}7)$$

这里 $\bigcap C = \{x \mid \forall S(S \in C \rightarrow x \in S)\}$。如果 $P \in TH(\Gamma)$,那么称 P 可由 Γ 非单调地推出(可证),并记为 $\Gamma \vdash\!\!\!\sim P$。

我们对 $TH(\Gamma)$ 的定义式(5-7)解释如下。$TH(\Gamma)$ 可以说是 NM_Γ 算子的所有固定点的交,当 NM_Γ 无固定点时,$TH(\Gamma) = \bigcap(\{L_{FC}\}) = L_{FC}$,即约定 NM_Γ 无固定点时,$TH(\Gamma)$ 为全体 FC 公式的集合。

应当指出,算子 NM_Γ 有固定点时,$\Gamma \vdash\!\!\!\sim P$ 是指 P 在算子 NM_Γ 的每一个固定点中。这与缺省推理理论不同,P 在缺省理论 $\triangle$ 中"可证",是指 P 属于 $\triangle$ 的某一扩充,即在算子的某一个固定点中。

例 5.7 设 $\Gamma = FC \cup \{MC \rightarrow \neg C\}$($FC$ 指一阶逻辑的公理、规则,其中允许使用 M。以下同),那么,NM_Γ 无固定点。设 $NM_\Gamma(S) = S'$,若 $\neg C \notin S$,那么 $MC \in A_{S\Gamma}(S)$,从而 $\neg C \in S'$;反之,若 $\neg C \in S$,那么 $MC \notin A_{S\Gamma}(S)$,故 $\neg C \notin S'$。这就是说,S' 不可能等于 S,NM_Γ 无固定点。

例 5.8 设 $\Gamma = FC \cup \{A \wedge MB \rightarrow B, C \wedge MD \rightarrow D, A \vee C\}$,那么 NM_Γ 有唯一的固定点,该固定点含有 $B \vee D$,因此有 $\Gamma \vdash\!\!\!\sim B \vee D$。值得注意的是,当缺省理论 $\triangle$ 中 $D = \left\{\dfrac{A:MB}{B}, \dfrac{C:MD}{D}\right\}$,$W = \{A \vee C\}$ 时,$\triangle$ 也有唯一扩充($Th(A \vee C)$),它不含 $B \vee D$。这一差别便是由非单调逻辑中把 MB, MD 与 A, C 等看作平等的命题造成的,这使它们能代入 $(A_1 \rightarrow A_3) \wedge (A_2 \rightarrow A_3) \leftrightarrow (A_1 \vee A_2 \rightarrow A_3)$ 之类的重言式。相反,缺省推理就没有这种"便利"。

例 5.9 设 $\Gamma = FC \cup \{MC \to \neg D, MD \to \neg C\}$，那么 NM_Γ 有两个固定点 F_1 和 F_2，F_1 不含 $\neg C$，从而含有 $\neg D$；F_2 不含 $\neg D$，从而含 $\neg C$。可以验证 $F_1 \cup F_2$，$F_1 \cap F_2$ 均非 NM_Γ 的固定点。

从以上例子可以看出，NM_Γ 的固定点情况依赖于 Γ，它未必有固定点，并且在有固定点时，固定点的数目也未必唯一。事实上，NM_Γ 还可能有无穷多个固定点。例如，对一元谓词 $P(x)$，令

$$\Gamma = FC \cup \{\forall x(MP(x) \to (P(x) \land \forall y(x \neq y \to \neg P(y))))\}$$

那么，当系统中有无穷多常元时，NM_Γ 就有无穷多个固定点。设这些常元是 $a_1, a_2, a_3, \cdots$，那么这无穷多个固定点 $F_1, F_2, F_3, \cdots$ 满足

$$P(a_i) \in F_i \land P(a_j) \in F_i (i = 1, 2, 3, \cdots, j \neq i)$$

因此它们互不相同。

讨论命题时，非单调逻辑也有一个证明 $\Gamma \vdash A$ 的算法，它类似于命题演算的真值表方法，仅适用于 Γ 为有穷命题集时。

研究表明，非单调命题逻辑的可证性是可判定的，但一般地，非单调逻辑的可证性是不可判定的。

McDermott 还对非单调逻辑的语义进行了研究，他把 M 看作通常的"可能"模态词（先前用 ◇ 表示），这样 MA 表示"在某一可能世界中 A 真"，与 MA 在非单调逻辑中的原意"假定 A 真与系统（可看作现实世界）不矛盾"相去较远。因此，McDermott 对非单调逻辑的语义规定不能令人满意。

Doyle 还给出了一个真值维护系统（Truth Maintenance System, TMS），它可以在机器上实现，以进行非单调的推理。

5.2.4 非单调规则

在非单调规则系统中，即使所有前提已知，规则也可能不会被应用，因为还必须考虑是否同时存在与之相矛盾的推理。一般来说，下面考虑的规则都称为可废止的（defeasible），因为其他规则可以废止它们。为了允许规则间的冲突，否定的原子公式可以出现在规则的头或体中。例如，可以有下面的规则：

$$p(X) \to q(X)$$
$$r(X) \to \neg q(X)$$

下面使用不同的箭头区别可废止规则和标准的单调规则。

$$p(X) => q(X)$$
$$r(X) =>> q(X)$$

在这个例子中，如果同时还给出事实 $p(a)$、$r(a)$，则根据非单调规则，既推不出 $q(a)$，也推不出 $\neg q(a)$。这是一个两条规则彼此阻塞的典型例子。这种冲突可以通过使用规则间优先序（priorities among rules）解决。假设我们知道由于某些原因，第一条规则比第二条规则可靠，那么我们可以确定地推出 $q(a)$。

在实践中，优先序的出现是很自然的，可以基于各种不同的原则，例如：

（1）一条规则的来源可能比另一条规则的来源更可靠或更权威。例如，在法律领域，

联邦法就优先于州立法。同样,在商业经营中,高层管理部门比中层管理部门更权威。

(2) 一条规则可能比另一条规则更优先,因为它在时间上更近。

(3) 一条规则可能比另一条规则更优先,因为它更特殊。典型的例子是一条普遍的规则带有一些对例外情况的特殊规定;在出现这些例外情况时,特殊规定比一般规则本身更应当被遵守。

对于给定的一组规则,特殊性通常可以根据这些规则计算出来,但第一条和第二条原则无法由逻辑推理定义。所以,我们对具体的优先原则加以抽象,假定存在规则集上的一种外在优先关系(external priority relation),用它统一地刻画各种具体的优先原则。为了从语法上表达这种关系,拓展规则语法以包含一个唯一的标号,例如:

$$r_1:p(X) => q(X)$$
$$r_2:r(X) => \neg q(X)$$

于是可以用 $r_1 > r_2$ 表示 r_1 比 r_2 更优先。

这里不对 $>$ 施加很多条件,甚至不要求它是规则间的全序关系。我们仅要求优先关系是无环的,也就是不能有如下形式的环。

$$r_1 > r_2 > \cdots > r_n > r_1$$

注意,优先关系是为了解决竞争规则(competing rules)间的冲突而引进的。在简单情况下,仅当一条规则的头是另一条规则的头的否定时,这两条规则才出现竞争。但实际应用中未必总是如此,常见的情况是,当某个谓词 p 被推出时,不再允许另一些谓词成立。例如,一个投资顾问可能将他的建议建立在投资者可以接受的 3 种风险级别上:低、中等和高。显然,每个投资者在任何给定时刻只能选择一种风险级别。技术上,可以通过给每个文字 L 维护一个冲突集(conflict set) $C(L)$ 刻画这种情形。$C(L)$ 总是含有 L 的否定,也可以包含更多文字。

定义 5.8 **可废止规则**(defeasible rule)有如下形式:

$$r:L_1,\cdots,L_n => L$$

其中 r 是标号(label),$\{L_1,\cdots,L_n\}$ 是体(或前提),L 是规则的头。$L,L_1,\cdots,L_n$ 是正或负文字(一个文字是一个原子公式 $p(t_1,\cdots,t_m)$ 或它的否定 $\neg p(t_1,\cdots,t_m)$)。在规则中没有函数词出现。有时我们用 head(r) 表示规则的头,body(r) 表示体。有时用标号 r 指代整个规则,虽然这有些不严格。

可废止逻辑程序(defeasible logic program)是一个三元组 $(F,R,>)$,包括事实集 F,可废止规则的有限集 R,以及 R 上的无环二元关系 $>$(严格地说,是 $r>r'$ 的集合,其中 r、r' 是 R 中规则的标号)。

5.2.5 案例:有经纪人的交易

例子说明在电子商务领域怎样使用规则。有经纪人的交易(brokered trade)通过独立的第三方——经纪人实现。经纪人匹配买家的需求和卖家的能力,当双方都满意时,提议进行交易。

作为一个具体应用,下面讨论公寓租赁这种常见但通常乏味耗时的活动。适当的网络服务可以相当大地减少工作量。首先给出一个潜在租赁者的需求。

颜炯正在找一个至少45平方米且至少有两个卧室的公寓。如果是在三楼或三楼以上，楼必须有电梯。而且可以养宠物。

颜炯愿意为市中心的45平方米大小的公寓付900元，为在市郊的类似公寓付750元。并且，他愿意为公寓超出45平方米的部分每平方米支付15元，为花园每平方米付6元。

他的付款总额不会超过1200元。在给定的可选项中，他将选择最便宜的，第二优先的是有花园的，最后才是有额外空间的。

1. 颜炯需求的形式化描述

我们用下面的谓词描述公寓的属性：

size(x,y)　　　　　　y是公寓x的大小（单位为平方米）

bedrooms(x,y)　　　　x有y个卧室

price(x,y)　　　　　　y是x的价格

floor(x,y)　　　　　　x是在第y层楼

garden(x,y)　　　　　x有大小为y的花园

lift(x)　　　　　　　　在x所在的大楼里有电梯

pets(x)　　　　　　　在x里允许养宠物

central(x)　　　　　　x位于市中心

我们还使用下面的谓词：

acceptable(x)　　　　公寓x满足颜炯的要求

offer(x,y)　　　　　　颜炯愿意为x付y元

现在我们来表达颜炯的需求。不考虑具体需求，任何公寓都是可接受的，表示为

r_1：=> acceptable(X)

但是，如果颜炯的某条要求没有被满足，则X就是不可接受的。

r_2：bedrooms(X,Y), Y<2 => ¬acceptable(X)

r_3：size(X,Y), Y<45 => ¬acceptable(X)

r_4：¬pets(X) => ¬acceptable(X)

r_5：floor(X,Y), Y>2, ¬lift(X) => ¬acceptable(X)

r_6：price(X,Y), Y>1200 => ¬acceptable(X)

规则$r_2 \sim r_6$是对规则r_1的例外情况的特殊规定，所以这些规则都比r_1优先。

$r_2 > r_1, r_3 > r_1, r_4 > r_1, r_5 > r_1, r_6 > r_1$

然后，给出计算颜炯愿意为一个公寓支付的价钱的规则。

r_7：size(X,Y), Y≥45, garden(X, Z), central(X) => offer(X, 900+6Z+15(Y-45))

r_8：size(X,Y), Y≥45, garden(X, Z), ¬central(X) => offer(X, 750+6Z+15(Y-45))

仅当颜炯愿意付出的价钱少于房东提出的价钱时，此公寓才是可接受的（假设没有议价发生），这用规则和优先序表示为

r_9：offer(X,Y), price(X,Z), Y<Z => > acceptable(X)

$r_9 > r_1$

2. 可选公寓的表达

每个可供选择的公寓都有唯一的名字，它的属性以事实形式表达。例如，公寓a_1可

以描述如下。

bedrooms(a_1,1)

size(a_1,50)

central(a_1)

floor(a_1,1)

¬lift(a_1)

pets(a_1)

garden(a_1,0)

price(a_1,900)

表 5-1 罗列出所有可选公寓的描述。实际应用中，待租公寓的报价信息可以存储在关系数据库中。

如果将颜炯的需求和可选公寓的描述相匹配，我们将发现

(1) 公寓 a_1 不可接受，因为它只有一个卧室（规则 r_2）。

(2) 公寓 a_4 和 a_6 不可接受，因为不许养宠物（规则 r_4）。

(3) 对于 a_2，颜炯愿意付 900 元，但实际价格更高（规则 r_7 和 r_9）。

(4) 公寓 a_3、a_5 和 a_7 是可接受的（规则 r_1）。

表 5-1 可选公寓

flat	bedrooms	size	central	floor	lift	pets	garden	price
a_1	1	50	是	1	不	是	0	900
a_2	2	45	是	0	不	是	0	1005
a_3	2	65	不	2	不	是	0	1050
a_4	2	55	不	1	是	不	15	990
a_5	2	55	是	0	不	是	15	1050
a_6	2	60	是	3	不	不	0	1110
a_7	3	65	是	1	不	是	12	1125

3. 选择一间公寓

至此已经识别出颜炯可以接受的公寓。这个筛选是有价值的，因为它减少了值得关注的公寓数目，选出来的可以实地考察。不过，通过进一步考虑颜炯的偏好（preferences），有可能进一步减少公寓数目，直至减少到一个。颜炯的偏好是基于价格、花园大小和房子大小的，而且这 3 个因素按顺序排列，这可以用规则和优先序表示如下。

r_{10}: cheapest(X) => rent(X)

r_{11}: cheapest(X), largestGarden(X) => rent(X)

r_{12}: cheapest(X), largestGarden(X), largest(X) => rent(X)

$r_{12} > r_{10}$

$r_{12} > r_{11}$

$r_{11} > r_{10}$

此外，我们需要规定最多只有一个公寓会被租用。利用其他规则，从可接受公寓的集合可以推出这些规则的前提。为了简单起见，这里只列出该例子中用到的事实。

$cheapest(a_3)$

$cheapest(a_5)$

$largest(a_3)$

$largest(a_7)$

$largestGarden(a_5)$

于是，经过下列推理，可以得出租用 a_5 的决定。

(1) 规则 r_{11} 的前提被 a_5 满足，所以由 r_{11} 推出 $rent(a_5)$。

(2) 规则 r_{10} 的前提被 a_3 满足，所以由 r_{10} 推出 $rent(a_3)$。这就构成一个冲突。但由于 r_{11} 优先于 r_{10}，所以这个冲突被化解，$rent(a_3)$ 被 $rent(a_5)$ "击败"。换句话说，r_{10} 在当前情况下"失效"。

(3) 这是唯一的冲突，因为其他公寓都不满足 r_{11} 和 r_{12} 的前提。

这样就做出了一个选择"租用 a_5"，颜炯马上就能搬进去。

5.3 主观 Bayes 方法

概率论被广泛用于处理随机性以及人类知识的不可靠性，如随机事件 A 的概率 $P(A)$ 可表示 A 发生的可能性大小，因而可用概率方法表示和处理事件 A 的确定性程度。主观 Bayes 方法是由 R. O. Duda 等人于 1976 年在概率论的基础上，通过对 Bayes 公式的修正而形成的一种不确定性推理模型，并成功地应用在他们自己开发的地矿勘探专家系统 PROSPECTOR 中。

5.3.1 全概率公式和 Bayes 公式

在概率论中，一个事件或命题的概率是在大量统计数据的基础上计算出来的，并且要处理条件概率中复杂的证据之间的内在关系。在使用概率进行不确定推理中，需要收集大量的样本事件进行统计，以便获得事件发生的概率用来表示命题的确定性程度。然而，在许多情况下，同类事件发生的频率不高，甚至很低，无法做概率统计，这时一般是根据观测到的数据，凭领域专家的经验给出一些主观上的判断，称为主观概率。因此，概率一般可以解释为对证据和规则的主观信任度。概率推理中起关键作用的就是所谓的 Bayes 公式，它也是主观 Bayes 方法的基础。

1. Bayes 公式

定义 5.9(全概率公式)　设有事件 $A_1, A_2, \cdots, A_n$ 满足：

(1) 任意两个事件互不相容；

(2) $P(A_i) > 0 (i=1,2,\cdots,n)$；

(3) 样本空间 D 是所有 $A_i (i=1,2,\cdots,n)$ 构成的集合。

则对任何事件 B 来说，有下式成立：

$$P(B) = P(A_1) \cdot P(B|A_1) + P(A_2) \cdot P(B|A_2) + \cdots + P(A_n) \cdot P(B|A_n)$$

全概率公式提供了计算 $P(B)$ 的方法。

定义 5.10(Bayes 公式) 设有事件 $A_1, A_2, \cdots, A_n$ 满足：

(1) 任意两个事件互不相容；

(2) $P(A) > 0 (i = 1, 2, \cdots, n)$；

(3) 样本空间 D 是所有 $A_i (i = 1, 2, \cdots, n)$ 构成的集合。

则对任何事件 B 来说，有下式成立：

$$P(B) \cdot P(A_i \mid B) = P(A_i) \cdot P(B \mid A_i) \quad (i = 1, 2, \cdots, n)$$

$$P(A_i \mid B) = \frac{P(A_i) \times P(B \mid A_i)}{P(B)} \quad (i = 1, 2, \cdots, n)$$

由全概率公式得到

$$P(A_i \mid B) = \frac{P(A_i) \times P(B \mid A_i)}{\sum_{j=1}^{n} P(A_j) \times P(B \mid A_j)} \quad i = 1, \cdots, n$$

其中，$P(A_i)$ 是事件 A_i 的先验概率；$P(B \mid A_i)$ 是在事件 A_i 发生条件下事件 B 的条件概率；$P(A_i \mid B)$ 是在事件 B 发生条件下事件 A_i 的条件概率，称为后验概率。

2. 利用 Bayes 公式进行推理

在专家系统中，假设有如下规则：

$$\text{If } E \text{ Then } H$$

其中，E 为前提条件，H 为结论。那么条件概率 $P(H \mid E)$ 就表示在 E 发生时，H 的概率，可以用它作为证据 E 出现时结论 H 的确定性程度。

同样，对于复合条件 $E = E_1 \wedge E_2 \wedge \cdots \wedge E_n$，也可以用条件概率 $P(H \mid E_1 \cdots E_n)$ 作为证据 $E_1, \cdots, E_n$ 出现时，结论 H 的确定性程度。

对于产生式规则 If E Then H_i，用条件概率 $P(H_i \mid E)$ 作为证据 E 出现时，结论 H_i 的确定性程度。根据 Bayes 公式，可以得到

$$P(H_i \mid E) = \frac{P(H_i) \times P(E \mid H_i)}{\sum_{j=1}^{n} P(H_j) \times P(E \mid H_j)} \quad (i = 1, \cdots, n)$$

这就是说，当已知结论 H_i 的先验概率 $P(H_i)$，并且已知结论 H_i $(i = 1, 2, \cdots, n)$ 成立时，前提条件 E 对应的证据出现的条件概率 $P(E \mid H_i)$ 就可以用上式求出相应证据出现时结论 H_i 的条件概率 $P(H_i \mid E)$。

当有多个证据 $E_1, \cdots, E_m$ 和多个结论 $H_1, \cdots, H_n$，并且每个证据都以一定程度支持每个结论时，根据独立事件的概率公式和全概率公式，Bayes 公式可变为

$$P(H_i \mid E_1 \cdots E_m) = \frac{P(E_1 \mid H_i) \times P(E_2 \mid H_i) \times \cdots \times P(E_m \mid H_i) \times P(H_i)}{\sum_{j=1}^{n} P(E_1 \mid H_j) \times P(E_2 \mid H_j) \times \cdots \times P(E_m \mid H_j) \times P(H_j)}$$

$$(i = 1, 2, \cdots, n)$$

此时，只要已知 H_i 的先验概率 $P(H_i)$ 以及 H_i 成立时证据 $E_1, \cdots, E_m$ 出现的条件概率 $P(E_1 \mid H_i), \cdots, P(E_m \mid H_i)$，就可利用上式计算出在 $E_1, \cdots, E_m$ 出现情况下 H_i 的条件概率 $P(H_i \mid E_1, \cdots, E_m)$。

在实际应用中，有时这种方法是很有用的。例如，如果把 $H_i (i = 1, 2, \cdots, n)$ 当作一组

可能发生的疾病,把 $E_j(j=1,\cdots,m)$ 当作相应的症状, $P(H_i)$ 是从大量实践中经统计得到的疾病 H_i 发生的先验概率, $P(E_j|H_i)$ 是疾病 H_i 发生时观察到症状 E_j 的条件概率,则当观察到病人有症状 $E_1,\cdots,E_m$ 时,应用上述 Bayes 公式就可计算出 $P(H_i|E_1,\cdots,E_m)$,从而得知病人患疾病 H_i 的可能性。

Bayes 推理的优点是它有较强的理论背景和良好的数学特性,当证据和结论都彼此独立时,计算的复杂度比较低,但是它也有其局限性。

(1) 因为需要 $\sum_{j=1}^{n}P(H_j)=1$,如果又增加一个新的假设,则对所有的 $1\leqslant j\leqslant n+1$, $P(H_j)$ 都需要重新定义。

(2) Bayes 公式的应用条件是很严格的,它要求各事件互相独立,如证据间存在依赖关系,就不能直接使用此方法。

(3) 在概率论中,一个事件或命题的概率是在大量统计数据的基础上计算出来的,因此尽管有时 $P(E_j|H_i)$ 比 $P(H_i|E_j)$ 相对容易得到,但总的来说,要想得到这些数据,仍然是一项相当困难的工作。

5.3.2 主观 Bayes 方法

主观 Bayes 方法是在对 Bayes 公式修正的基础上形成的一种不确定性推理模型。

1. 知识不确定性的表示

1) 信任机率

我们知道,概率论考虑的是可重复性的事件,但是对于许多不可重复事件的概率,如医疗上的诊断和矿产的探测,每个病人或矿产的位置是不同的,这时必须扩大事件的范围,以便能够处理类似的命题。例如,一个可能的事件是:

"一个病人浑身长满了红斑点"

命题是:

"病人出麻疹"

设 A 是一个命题,条件概率为 $P(A|B)$。

如果事件或命题不可重复或没有数学依据,通常概率 $P(A|B)$ 是没有必要的。这时可以把 $P(A|B)$ 解释为在 B 成立时 A 为真的可信度(degree of belief)。

如果 $P(A|B)=1$,则可以相信 A 为真;如果 $P(A|B)=0$,则可以相信 A 为假。而对于其他值 $0<P(A|B)<1$,则表示不能完全确定 A 是真还是假。在统计学上,一般认为假设就是依据某些证据还不能确定其真假的命题,这样可以使用条件概率表示似然性(likelihood),如 $P(A|B)$ 表示在证据 B 的基础上,假设 A 的似然性。

概率适用于重复事件,而似然性适用于表示非重复事件中信任的程度。一般在专家系统中, $P(H|E)$ 表示在有证据 E 的情况下,专家对某种假设 H 为真的信任度。但是,如果事件是可重复的,则 $P(H|E)$ 就表示概率。表达这种似然性的方法可以采用赌博中的机率(ODDS)方法。

定义 5.11 机率定义如下。

在某事件 C 的前提下, A 相对于 B 的机率可以表示为

$$\text{odds} = P(A \mid C)/P(B \mid C)$$

如果 $B = \neg A$,则有

$$\text{odds} = \frac{P(A \mid C)}{P(\neg A \mid C)} = \frac{P(A \mid C)}{1 - P(A \mid C)}$$

用 P 表示 $P(A|C)$,则有

$$\text{odds} = \frac{P}{1-P} \quad \text{并且} \quad P = \frac{\text{odds}}{1+\text{odds}}$$

即已知机率可以计算似然性,反之亦然。如果把 P 解释为证据 X 出现的可能性,而 $1-P$ 表示证据 X 不出现的可能性,可见,X 的机率等于 X 出现的可能性与 X 不出现的可能性之比。用 $P(X)$ 表示 X 出现的可能性,$O(X)$ 表示 X 的机率。显然,随着 $P(X)$ 的增大,$O(X)$ 也在增大,并且

$$P(X) = 0 \text{ 时有 } O(X) = 0$$
$$P(X) = 1 \text{ 时有 } O(X) = \infty$$

这样,就可以把取值为 $[0,1]$ 的 $P(X)$ 放大到取值为 $[0,+\infty)$ 的 $O(X)$。

概率通常和演绎问题一起使用,即处理在相同的假设下,一系列不同事件 E_i 均可能发生的问题。概率本质上是正向链或演绎的,而似然性则是反向链或归纳的。虽然对概率和似然性使用同样的符号,但应用却不同,通常我们说:一种假设下的似然性,或一个事件的概率。

2) 充分性和必然性

由 Bayes 公式可知:

$$P(H \mid E) = \frac{P(E \mid H) \times P(H)}{P(E)}$$

$$P(\neg H \mid E) = \frac{P(E \mid \neg H) \times P(\neg H)}{P(E)}$$

将两式相除,得

$$\frac{P(H \mid E)}{P(\neg H \mid E)} = \frac{P(E \mid H)}{P(E \mid \neg H)} \times \frac{P(H)}{P(\neg H)} \tag{5-8}$$

根据机率定义:

$$O(X) = \frac{P(X)}{1-P(X)} \quad \text{或} \quad O(X) = \frac{P(X)}{P(\neg X)} \tag{5-9}$$

将式(5-9)代入式(5-8),有

$$O(H \mid E) = \frac{P(E \mid H)}{P(E \mid \neg H)} \times O(H) \tag{5-10}$$

其中,$O(H)$ 和 $O(H|E)$ 分别表示 H 的先验机率和后验机率。

定义似然率(likelihood ratio)LS 如下。

$$LS = \frac{P(E \mid H)}{P(E \mid \neg H)} \tag{5-11}$$

将式(5-11)代入式(5-10),可得

$$O(H \mid E) = LS \times O(H) \tag{5-12}$$

即 $LS = O(H|E)/O(H)$ \hfill (5-13)

式(5-12)称为 Bayes 定理的机率似然性形式。因子 LS 称为充分似然性,因为如果

$LS=\infty$，则证据 E 对于推出 H 为真是逻辑充分的。LS 为规则的充分性量度，它反映 E 的出现对 H 的支持程度。当 $LS=1$ 时，E 对 H 没影响；当 $LS>1$ 时，E 支持 H，且 LS 越大，E 对 H 的支持越充分，若 LS 为 ∞，则 E 为真时 H 就为真；当 $LS<1$ 时，E 排斥 H，若 LS 为 0，则 E 为真时 H 就为假。

同理，可得到关于 LN 的公式

$$LN = P(\neg E \mid H)/P(\neg E \mid \neg H) \tag{5-14}$$

$$O(H \mid \neg E) = LN \times O(H) \tag{5-15}$$

式(5-15)称为 Bayes 定理的必然似然性形式。如果 $LN=0$，则有 $O(H \mid \neg E)=0$。这说明当 $\neg E$ 为真时，H 必假。也就是说，如果 E 不存在，则 H 为假，即 E 对 H 来说是必然的。LN 为规则的必要性量度，它反映 $\neg E$ 对 H 的支持程度，即 E 的出现对 H 的必要性。当 $LN=1$ 时，$\neg E$ 对 H 没影响；当 $LN>1$ 时，$\neg E$ 支持 H，且 LN 越大，$\neg E$ 对 H 的支持越充分，若 LN 为 ∞，则 $\neg E$ 为真时 H 就为真；当 $LN<1$ 时，$\neg E$ 排斥 H，若 LN 为 0，则 $\neg E$ 为真时 H 就为假。

式(5-12)和式(5-15)就是修改的 Bayes 公式。从这两个公式可以看出：当 E 为真时，可以利用 LS 将 H 的先验机率 $O(H)$ 更新为其后验机率 $O(H \mid E)$；当 E 为假时，可以利用 LN 将 H 的先验机率 $O(H)$ 更新为其后验机率 $O(H \mid \neg E)$。

3) 规则表示方式

在主观 Bayes 方法中，规则是用产生式表示的，其形式为

$$\text{IF} \quad E \quad \text{THEN} \quad (LS, LN) \quad H$$

其中，(LS, LN) 用来表示该规则的强度。

在实际系统中，LS 和 LN 的值均是由领域专家根据经验给出的，而不是计算出来的；当证据 E 愈是支持 H 为真时，则 LS 的值应该愈大；当证据 E 对 H 愈是必要时，则相应的 LN 的值应该愈小。因此，公式 LS 和 LN 除了在推理过程中使用以外，还可以作为领域专家为 LS 和 LN 赋值的依据。

2. 证据不确定性的表示

证据通常可以分为全证据和部分证据。全证据就是所有的证据，即所有可能的证据和假设，它们组成证据 E。部分证据 S 就是我们所知道的 E 的一部分，这一部分证据也可以称为观察。一般地，全证据的可信度依赖于部分证据，表示为 $P(E \mid S)$。如果知道所有的证据，则 $E=S$，且有 $P(E \mid S)=P(E)$。其中，$P(E)$ 就是证据 E 的先验似然性，$P(E \mid S)$ 是已知全证据 E 中部分知识 S 后对 E 的信任，为 E 的后验似然性。

在主观 Bayes 方法中，证据 E 的不确定性可以用证据的似然性或机率表示。似然率与机率之间的关系为

$$O(E) = \frac{P(E)}{1-P(E)} = \begin{cases} 0 & \text{当 } E \text{ 为假时} \\ \infty & \text{当 } E \text{ 为真时} \\ (0, +\infty) & \text{当 } E \text{ 非真也非假时} \end{cases}$$

原始证据的不确定性通常由用户给定，作为中间结果的证据，可以由下面的不确定性传递算法确定。

3. 组合证据不确定性的计算

当组合证据是多个单一证据的合取时，即

$$E = E_1 \text{ AND } E_2 \text{ AND } \cdots \text{ AND } E_n$$

如果已知在当前观察 S 下,每个单一证据 E_i 都有概率 $P(E_1|S), P(E_2|S), \cdots, P(E_n|S)$,则

$$P(E|S) = \min\{P(E_1|S), P(E_2|S), \cdots, P(E_n|S)\}$$

当组合证据是多个单一证据的析取时,即

$$E = E_1 \text{ OR } E_2 \text{ OR } \cdots \text{ OR } E_n$$

如果已知在当前观察 S 下,每个单一证据 E_i 都有概率 $P(E_1|S), P(E_2|S), \cdots, P(E_n|S)$,则

$$P(E|S) = \max\{P(E_1|S), P(E_2|S), \cdots, P(E_n|S)\}$$

对于"非"运算,用下式计算:

$$P(\neg E|S) = 1 - P(E|S)$$

4. 不确定性的传递算法

主观 Bayes 方法推理的任务就是根据 E 的概率 $P(E)$ 及 LS、LN 的值,把 H 的先验概率(或似然性)$P(H)$ 或先验机率 $O(H)$ 更新为后验概率(或似然性)或后验机率。由于一条规则对应的证据可能肯定为真,也可能肯定为假,还可能既非真又非假,因此,在把 H 的先验概率或先验机率更新为后验概率或后验机率时,需要根据证据的不同情况计算其后验概率或后验机率。下面分别讨论这些不同情况。

1) 证据肯定为真

当证据 E 肯定为真,即全证据一定出现时,$P(E) = P(E|S) = 1$。将 H 的先验机率更新为后验机率的公式为

$$O(H|E) = LS \times O(H)$$

如果是把 H 的先验概率更新为其后验概率,则根据机率和概率的对应关系有

$$P(H|E) = \frac{LS \times P(H)}{(LS - 1) \times P(H) + 1}$$

这是把先验概率 $P(H)$ 更新为后验概率 $P(H|E)$ 的计算公式。

2) 证据肯定为假

当证据 E 肯定为假,即证据不出现时,$P(E) = P(E|S) = 0, P(\neg E) = 1$。将 H 的先验机率更新为后验机率的公式为

$$O(H|\neg E) = LN \times O(H)$$

如果是把 H 的先验概率更新为其后验概率,则有

$$P(H|\neg E) = LN \times P(H) / ((LN - 1) \times P(H) + 1)$$

这是把先验概率 $P(H)$ 更新为后验概率 $P(H|\neg E)$ 的计算公式。

3) 证据既非真又非假

当证据既非真又非假时,不能再用上面的方法计算 H 的后验概率。这时因为 H 依赖于证据 E,而 E 基于部分证据 S,则 $P(H|S)$ 是 H 依赖于 S 的似然性。根据条件概率:

$$P(H|S) = P(H,S)/P(S)$$

可以推出

$$P(H|S) = P(H|E) \times P(E|S) + P(H|\neg E) \times P(\neg E|S)$$

可以利用上面的公式计算在证据不确定的情况下,不确定性的传递问题。

下面分 4 种情况讨论这个公式。

① $P(E|S)=1$。

当 $P(E|S)=1$ 时，$P(\neg E|S)=0$，则有

$$P(H|S)=P(H|E)=\frac{LS\times P(H)}{(LS-1)\times P(H)+1}$$

这实际上就是证据肯定存在的情况。

② $P(E|S)=0$。

当 $P(E|S)=0$ 时，$P(\neg E|S)=1$，则有

$$P(H|S)=P(H|\neg E)=\frac{LN\times P(H)}{(LN-1)\times P(H)+1}$$

这实际上是证据肯定不存在的情况。

③ $P(E|S)=P(E)$。

当 $P(E|S)=P(E)$ 时，表示 E 与 S 无关。由全概率公式可得：

$$\begin{aligned}P(H|S)&=P(H|E)\times P(E|S)+P(H|\neg E)\times P(\neg E|S)\\&=P(H|E)\times P(E)+P(H|\neg E)\times P(\neg E)=P(H)\end{aligned}$$

通过上述分析，已经得到 $P(E|S)$ 上的 3 个特殊值 $0,P(E)$ 及 1，并分别取得了对应值 $P(H|\neg E),P(H)$ 及 $P(H|E)$。这样就构成了 3 个特殊点。

④ $P(E|S)$ 为其他值。

当 $P(E|S)$ 为其他值时，$P(E|S)$ 的值可通过上述 3 个特殊点的分段线性插值函数求得。该分段线性插值函数 $P(H|S)$ 如图 5-2 所示，函数的解析表达式为

$$P(H|S)=\begin{cases}P(H|\neg E)+\dfrac{P(H)-P(H|\neg E)}{P(E)}\times P(E|S), & \text{若 } 0\leqslant P(E|S)<P(E)\\[2mm] P(H)+\dfrac{P(H|E)-P(H)}{1-P(E)}\times[P(E|S)-P(E)], & \text{若 } P(E)\leqslant P(E|S)\leqslant 1\end{cases}$$

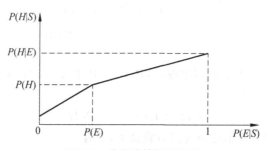

图 5-2　分段线性插值函数

5. 结论不确定性的合成

假设有 n 条知识都支持同一结论 H，并且这些知识的前提条件分别是 n 个相互独立的证据 $E_1,E_2,\cdots,E_n$，而每个证据对应的观察又分别是 $S_1,S_2,\cdots,S_n$。在这些观察下，求 H 的后验概率的方法是：首先对每条知识分别求出 H 的后验机率是 $O(H|S_i)$，然后利用这些后验机率并按下述公式求出所有观察下 H 的后验机率。

$$O(H|S_1S_2\cdots S_n)=\frac{O(H|S_1)}{O(H)}\times\frac{O(H|S_2)}{O(H)}\times\cdots\times\frac{O(H|S_n)}{O(H)}\times O(H)$$

例 5.10 设有规则

r_1: If E_1 Then (20,1) H
r_2: If E_2 Then (300,1) H

已知证据 E_1 和 E_2 必然发生，并且 $P(H)=0.03$，求 H 的后验概率。

解：因为 $P(H)=0.03$，则

$$O(H)=0.03/(1-0.03)=0.030927$$

根据 r_1 有：

$$O(H|E_1)=LS_1 \times O(H)=20 \times 0.030927=0.6185$$

根据 r_2 有：

$$O(H|E_2)=LS_2 \times O(H)=300 \times 0.030927=9.2781$$

那么

$$O(H|E_1E_2)=\frac{O(H|E_1)}{O(H)} \times \frac{O(H|E_2)}{O(H)} \times O(H)$$

$$=0.6185 \times 9.2781/0.030927=185.55$$

$$P(H|E_1E_2)=185.55/(1+185.55)=0.99464$$

主观 Bayes 方法具有下述优点：①该方法基于概率理论，具有坚实的理论基础，是目前不确定推理中最成熟的方法之一；②计算量适中。

但是，该方法也有不足之处：①要求有大量的概率数据构造知识库，并且难于对这些数据进行解释；②在原始证据具有相互独立性，并能提供精确且一致的主观概率数据的情况下，该方法可以令人满意地处理不确定推理。但在实际中，这些概率值很难保证一致性。

5.4 确定性理论

确定性理论(confirmation theory)是由美国斯坦福大学 E. H. Shortliffe 等人在考察了非概率的和非形式化的推理过程后于 1975 年提出的一种不确定性推理模型，并于 1976 年首次在血液病诊断专家系统 MYCIN 中得到了成功应用。在确定性理论中，不确定性是用可信度表示的，因此人们也称其为可信度方法。它是不确定性推理中非常简单且又十分有效的一种推理方法。尽管该方法未建立在严格的理论推导基础上，但对于许多应用领域，仍可以得到比较合理和令人满意的结果。目前，有许多成功的专家系统都是基于这一方法建立起来的。

5.4.1 建造医学专家系统时的问题

1. Bayes 方法的问题

医疗诊断问题和地质问题一样都具有不确定性，主要的不同是由于自然界中总共才有 92 种天然元素，所以关于矿物的地质假设数目就是有限的。但是，由于微生物的数量巨大，因此可能的疾病假设也更多。

虽然 Bayes 定理在医学上很有用，但是它的准确性和事先知道有多少种可能性有关。

例如，给定一些症状，使用 Bayes 定理确定某种疾病的概率：

$$P(D_i \mid E) = \frac{P(E \mid D_i)P(D_i)}{P(E)} = \frac{P(E \mid D_i)P(D_i)}{\sum_j P(E \mid D_j)P(D_j)}$$

其中，D_i 是第 i 种疾病；E 是证据；$P(D_i)$ 是在已知任何证据之前病人得这种病的先验概率；$P(E|D_i)$ 是在已知患有 D_i 疾病的情况下，病人出现症状 E 的条件概率；$\sum_j$ 是对所有疾病求和。

一般来说，要给出所有这些概率一致的、完整的值往往是不可能的。实际上，这些概率或统计是在数据或信息不断积累的基础上得到的，并且随着证据一点一点的积累，又会增加新的概率需要计算或统计，以确定证据积累时病人患某种疾病的可能性。

2. 信任与不信任问题

信任与不信任问题是设计医学诊断专家系统时面临的又一个问题。可信度是对信任的一种度量，是指人们根据以往经验对某个事物或现象为真的程度的一个判断，或者说是人们对某个事物或现象为真的相信程度。根据概率论，我们知道：

$$P(H) + P(\neg H) = 1$$

于是有 $P(H) = 1 - P(\neg H)$

对于基于证据 E 的后验假设，有

$$P(H|E) = 1 - P(\neg H|E)$$

把上式用于医学专家系统中，如对于 MYCIN 中的规则

规则 1：If ① 生物体的染色呈革兰氏阳性，并且

② 生物体的形态为球形，并且

③ 生物体生长构造是链状

Then 有证据表明(0.7)这种生物是链球菌

也就是说，如果 3 个前提条件都满足，就有 70% 的可能确定它是一种链球菌：

$$P(H|E_1 E_2 E_3) = 0.7$$

医学专家认为上式是可以接受的，但是医生认为下式是不正确的。

$$P(\neg H|E_1 E_2 E_3) = 1 - 0.7 = 0.3$$

这说明 0.7 和 0.3 反映的不是信任的概率，而只是一种似然性。

出现这个问题的根本原因在于，尽管 $P(H)$ 表明 E 和 H 存在一种因果关系，但 $\neg H$ 和 E 之间可能没有因果关系。但是，$P(H|E) = 1 - P(\neg H|E)$ 却暗示如果 E 和 H 之间有因果关系，则 E 和 $\neg H$ 之间也有因果关系。

正是由于概率论上的这些问题使得 MYCIN 专家系统的开发者需要建立新的模型处理不确定性问题。这种模型和基于重复事件出现频率有关的普通概率不同，它基于利用某些证据去证实假设的方法，称为基于认知概率或确认度的确定性理论。

5.4.2 C-F 模型

C-F 模型是 Shortliffe 等人在开发细菌感染疾病诊断专家系统 MYCIN 中提出的一种不确定性推理模型，它是基于确定性理论，结合概率论和模糊集合论等方法提出的一种推理方法。该方法采用确定性因子(Certainty Factor, CF)作为不确定性的测度，通过对

$CF(H,E)$ 的计算,探讨证据 E 对假设 H 的定量支持程度,因此,该方法也称为 C-F 模型。

下面首先讨论在 C-F 模型中,关于信任与不信任的处理方法。

1. 可信度的定义

在 C-F 模型中,确定性因子最初定义为信任与不信任的差,即 $CF(H,E)$ 定义为

$$CF(H,E) = MB(H,E) - MD(H,E)$$

其中,CF 是由证据 E 得到假设 H 的确定性因子;MB 称为信任增长度,表示因为与前提条件 E 匹配的证据的出现,使结论 H 为真的信任的增长程度。$MB(H,E)$ 定义为

$$MB(H,E) = \begin{cases} 1, & P(H)=1 \\ \dfrac{\max\{P(H|E), P(H)\} - P(H)}{1 - P(H)}, & P(H) \neq 1 \end{cases}$$

MD 称为不信任增长度,表示因为与前提条件 E 匹配的证据的出现,对结论 H 的不信任的增长程度。$MD(H,E)$ 定义为

$$MD(H,E) = \begin{cases} 1, & P(H)=0 \\ \dfrac{\min\{P(H|E), P(H)\} - P(H)}{-P(H)}, & P(H) \neq 0 \end{cases}$$

在以上两个式子中,$P(H)$ 表示 H 的先验概率;$P(H|E)$ 表示在前提条件 E 所对应的证据出现的情况下,结论 H 的条件概率。由 MB 与 MD 的定义可以得出如下结论。

当 $MB(H,E)>0$ 时,有 $P(H,E)>P(H)$,这说明由于 E 对应的证据的出现增加了 H 的信任程度,但不信任程度没有变化。

当 $MD(H,E)>0$ 时,有 $P(H,E)<P(H)$,这说明由于 E 对应的证据的出现增加了 H 的不信任程度,而不改变对其信任的程度。

根据前面对 $CF(H,E)$、$MB(H,E)$、$MD(H,E)$ 的定义,可得到 $CF(H,E)$ 的计算公式

$$CF(H,E) = \begin{cases} MB(H,E) - 0 = \dfrac{P(H|E) - P(H)}{1 - P(H)}, & \text{若 } P(H|E) > P(H) \\ 0 & \text{若 } P(H|E) = P(H) \\ 0 - MD(H,E) = -\dfrac{P(H) - P(H|E)}{P(H)}, & \text{若 } P(H|E) < P(H) \end{cases}$$

从上面的公式可以得出以下结论。

若 $CF(H,E)>0$,则 $P(H|E)>P(H)$。说明由于前提条件 E 所对应证据的出现增加了 H 为真的概率,即增加了 H 的可信度,$CF(H,E)$ 的值越大,增加 H 为真的可信度就越大。

若 $CF(H,E)<0$,则 $P(H|E)<P(H)$。这说明由于前提条件 E 所对应证据的出现减少了 H 为真的概率,即增加了 H 为假的可信度,$CF(H,E)$ 的值越小,增加 H 为假的可信度就越大。

根据以上对 CF、MB、MD 的定义,可得到它们的如下性质。

1) 互斥性

对同一证据,它不可能既增加对 H 的信任程度,又同时增加对 H 的不信任程度,这说明 MB 与 MD 是互斥的,即有如下互斥性:

当 $MB(H,E)>0$ 时,$MD(H,E)=0$

当 $MD(H,E)>0$ 时,$MB(H,E)=0$

2)值域

$0 \leqslant MB(H,E) \leqslant 1$

$0 \leqslant MD(H,E) \leqslant 1$

$-1 \leqslant CF(H,E) \leqslant 1$

3)典型值

① 当 $CF(H,E)=1$ 时,有 $P(H|E)=1$,说明由于 E 所对应证据的出现使 H 为真。此时,$MB(H,E)=1,MD(H,E)=0$。

② 当 $CF(H,E)=-1$ 时,有 $P(H|E)=0$,说明由于 E 所对应证据的出现使 H 为假。此时,$MB(H,E)=0,MD(H,E)=1$。

③ 当 $CF(H,E)=0$ 时,则 $P(H|E)=P(H)$,表示 H 与 E 独立,即 E 所对应证据的出现对 H 没有影响。

4)对 H 的信任增长度等于对非 H 的信任增长度

根据 MB、MD 的定义及概率的性质

$$MD(\neg H,E) = \frac{P(\neg H|E)-P(\neg H)}{\neg P(\neg H)} = \frac{(1-P(H|E))-(1-P(H))}{-(1-P(H))}$$

$$= \frac{-P(H|E)+P(H)}{-(1-P(H))} = MB(H,E)$$

再根据 CF 的定义及 MB、MD 的互斥性,有

$$CF(H,E)+CF(\neg H,E) = (MB(H,E)-MD(H,E))+(MB(\neg H,E)-MD(\neg H,E))$$

$$= (MB(H,E)-0)+(0-MD(\neg H,E))$$

$$= MB(H,E)-MD(\neg H,E) = 0$$

该公式说明了以下 3 个问题。

① 对 H 的信任增长度等于对非 H 的不信任增长度。

② 对 H 的可信度与对非 H 的可信度之和等于 0。

③ 可信度不是概率。对概率有

$$P(H)+P(\neg H)=1 \quad 且 \quad 0 \leqslant P(H),P(\neg H) \leqslant 1$$

而可信度不满足此条件。

5)对同一前提 E,若支持多个不同的结论 $H_i(i=1,2,\cdots,n)$,则

$$\sum_{i=1}^{n} CF(H_i,E) \leqslant 1$$

因此,如果发现专家给出的知识有如下情况:

$$CF(H_1,E)=0.7, CF(H_2,E)=0.4$$

则因 $0.7+0.4=1.1>1$ 为非法,应进行调整或规范化。

最后需要指出,在实际应用中,$P(H)$ 和 $P(H|E)$ 的值是很难获得的,因此 $CF(H,E)$ 的值应由领域专家直接给出。其原则是:若相应证据的出现会增加 H 为真的可信度,则 $CF(H,E)>0$,证据的出现对 H 为真的支持程度越高,则 $CF(H,E)$ 的值越大;反之,证据的出现减少 H 为真的可信度,则 $CF(H,E)<0$,证据的出现对 H 为假的支持程度越高,

就使 $CF(H,E)$ 的值越小；若相应证据的出现与 H 无关,则使 $CF(H,E)=0$。

2. 确定性因子的计算

1) 规则不确定性的表示

在 C-F 模型中,规则是用产生式规则表示的,其一般形式为

$$\text{If } E \text{ Then } H \quad (CF(H,E))$$

其中,E 是规则的前提条件；H 是规则的结论；$CF(H,E)$ 是规则的可信度,也称为规则强度或知识强度,它描述的是知识的静态强度。这里,前提和结论都可以由复合命题组成。

2) 证据不确定性的表示

在 CF 模型中,证据 E 的不确定性也是用可信度因子 $CF(E)$ 表示的,其取值范围同样是 $[-1,1]$,其典型值为

当证据 E 肯定为真时：$CF(E)=1$；

当证据 E 肯定为假时：$CF(E)=-1$；

当证据 E 一无所知时：$CF(E)=0$。

证据可信度的来源有以下两种情况：如果是初始证据,其可信度是由提供证据的用户给出的；如果是先前推出的中间结论又作为当前推理的证据,则其可信度是原来在推出该结论时由不确定性的更新算法计算得到的。

$CF(E)$ 描述的是证据的动态强度。尽管它和知识的静态强度在表示方法上类似,但二者的含义却完全不同。知识的静态强度 $CF(H,E)$ 表示的是规则的强度,即当 E 对应的证据为真时对 H 的影响程度,而动态强度 $CF(E)$ 表示的是证据 E 当前的不确定性程度。

3) 组合证据不确定性的计算

对证据的组合形式可分为"合取"与"析取"两种基本情况。当组合证据是多个单一证据的合取时,即

$$E = E_1 \text{ AND } E_2 \text{ AND } \cdots \text{ AND } E_n$$

时,若已知 $CF(E_1),CF(E_2),\cdots,CF(E_n)$,则

$$CF(E) = \min\{CF(E_1),CF(E_2),\cdots,CF(E_n)\}$$

当组合证据是多个单一证据的析取时,即

$$E = E_1 \text{ OR } E_2 \text{ OR } \cdots \text{ OR } E_n$$

时,若已知 $CF(E_1),CF(E_2),\cdots,CF(E_n)$,则

$$CF(E) = \max\{CF(E_1),CF(E_2),\cdots,CF(E_n)\}$$

另外,规定 $CF(\neg E) = -CF(E)$。

4) 不确定性的推理算法

C-F 模型中的不确定性推理实际上是从不确定性的初始证据出发,不断运用相关的不确定性知识(规则),逐步推出最终结论和该结论的可信度的过程。每一次运用不确定性知识,都需要由证据的不确定性和规则的不确定性计算结论的不确定性。

① 证据肯定存在($CF(E)=1$)时,有

$$CF(H) = CF(H,E)$$

这说明,规则强度 $CF(H,E)$ 实际上就是在前提条件对应的证据为真时结论 H 的可信度。

② 证据不是肯定存在($CF(E) \neq 1$)时，其计算公式如下。
$$CF(H) = CF(H,E) \times \max\{0, CF(E)\}$$

由上式可以看出，若 $CF(E) < 0$，即相应证据以某种程度为假，则 $CF(H) = 0$。这说明在该模型中没有考虑证据为假时对结论 H 所产生的影响。

③ 证据是多个条件组合的情况。

即如果有两条规则推出一个相同结论，并且这两条规则的前提相互独立，结论的可信度又不相同，则可用不确定性的合成算法求出该结论的综合可信度。

设有如下规则：
$$\text{If } E_1 \text{ Then } H \quad (CF(H, E_1))$$
$$\text{If } E_2 \text{ Then } H \quad (CF(H, E_2))$$

则结论 H 的综合可信度可分以下两步计算。

第一步：分别对每条规则求出其 $CF(H)$，即
$$CF_1(H) = CF(H, E_1) \times \max(0, CF(E_1))$$
$$CF_2(H) = CF(H, E_2) \times \max(0, CF(E_2))$$

第二步：用如下公式求 E_1 与 E_2 对 H 的综合可信度。

$$CF(H) = \begin{cases} CF_1(H) + CF_2(H) - CF_1(H) \times CF_2(H) & \text{若 } CF_1(H) \geq 0 \text{ 且 } CF_2(H) \geq 0 \\ CF_1(H) + CF_2(H) + CF_1(H) \times CF_2(H) & \text{若 } CF_1(H) < 0 \text{ 且 } CF_2(H) < 0 \\ CF_1(H) + CF_2(H) & \text{若 } CF_1(H) \text{ 与 } CF_2(H) \text{ 异号} \end{cases}$$

在后来基于 MYCIN 基础上形成的 EMYCIN 中，对上式做了如下修改：

如果 $CF_1(H)$ 和 $CF_2(H)$ 异号，则

$$CF(H) = \frac{CF_1(H) + CF_2(H)}{1 - \min\{|CF_1(H)|, |CF_2(H)|\}}$$

其他情况不变。

如果可由多条知识推出同一个结论，并且这些规则的前提相互独立，结论的可信度又不相同，则可以将上述合成过程推广应用到多条规则支持同一条结论，且规则前提可以包含多个证据的情况。这时合成过程是先把第一条与第二条合成，然后再用该合成后的结论与第三条合成，依次进行下去，直到全部合成完为止。

例 5.11 设有如下一组规则：

r_1: If E_1 Then H (0.9)
r_2: If E_2 Then H (0.6)
r_3: If E_3 Then H (-0.5)
r_4: If E_4 AND (E_5 OR E_6) Then E_1 (0.8)

已知：$CF(E_2) = 0.8, CF(E_3) = 0.6, CF(E_4) = 0.5, CF(E_5) = 0.6, CF(E_6) = 0.8$，求 $CF(H)$。

解：应用 r_4 得：
$$CF(E_1) = 0.8 \times \max\{0, CF(E_4 \text{ AND } (E_5 \text{ OR } E_6))\}$$
$$= 0.8 \times \max\{0, \min\{CF(E_4), CF(E_5 \text{ OR } E_6)\}\}$$
$$= 0.8 \times \max\{0, \min\{CF(E_4), \max\{CF(E_5), CF(E_6)\}\}\}$$
$$= 0.8 \times \max\{0, \min\{0.5, 0.8\}\}$$

$$= 0.8 \times \max\{0, 0.5\}$$
$$= 0.4$$

应用 r_1 得：
$$CF_1(H) = CF(H, E_1) \times \max\{0, CF(E_1)\}$$
$$= 0.9 \times \max\{0, 0.4\} = 0.36$$

应用 r_2 得：
$$CF_2(H) = CF(H, E_2) \times \max\{0, CF(E_2)\}$$
$$= 0.6 \times \max\{0, 0.8\} = 0.48$$

应用 r_3 得：
$$CF_3(H) = CF(H, E_3) \times \max\{0, CF(E_3)\}$$
$$= -0.5 \times \max\{0, 0.6\} = -0.3$$

根据结论不确定性的合成算法，得：
$$CF_{1,2}(H) = CF_1(H) + CF_2(H) - CF_1(H) \times CF_2(H)$$
$$= 0.36 + 0.48 - 0.36 \times 0.48$$
$$= 0.84 - 0.17 = 0.67$$
$$CF_{1,2,3}(H) = \frac{CF_{1,2}(H) + CF_3(H)}{1 - \min\{|CF_{1,2}(H)|, |CF_3(H)|\}}$$
$$= \frac{0.67 - 0.3}{1 - \min\{0.67, 0.3\}} = \frac{0.37}{0.7}$$
$$= 0.53$$

这就是求出的综合可信度，即 $CF(H) = 0.53$。

5.4.3 案例：帆船分类专家系统

开发一个帆船分类智能专家系统。收集关于桅杆结构和不同类型帆船的设计图的信息，每种类型的帆船可以由其设计图唯一标识。图 5-3 所示给出了 8 种类型的帆船信息。

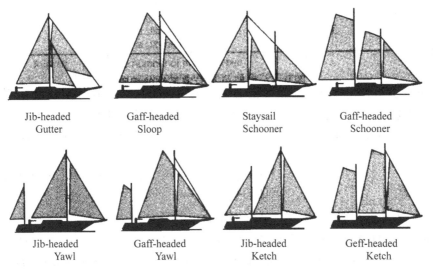

图 5-3 8 种类型的帆船信息

图 5-4 显示了用于将帆船分类的一系列规则（leonardo 码）。系统在与用户对话阶段获取帆船的桅杆数量、桅杆位置和主帆结构等信息，然后将帆船确定为图 5-3 中的一类。

```
帆船分类专家系统：标记 1
Rule1   if   'the number of masts' is one
        and 'the shape of the mainsail' is triangular
        then boat is 'Jib-headed Gutter'
Rule2   if   'the number of masts' is one
        and  'the shape of the mainsail' is quadrilateral
        then boat is 'Gaff-headed Sloop'
Rule3   if  'the number of masts' is two
        and 'the main mast position' is 'forward of the short mast'
        and 'the short mast position' is 'forward of the helm'
        and 'the shape of the mainsail' is triangular
        then boat is 'Jib-headed Ketch'
Rule4   if  'the number of masts' is two
        and 'the main mast position' is  'forward of the short mast'
        and 'the short mast position' is 'forward of the helm'
        and 'the shape of the mainsail' is quadrilateral
        then boat is'Gaff-headed Ketch'
Rule5   if 'the number of masts' is two
        and 'the main mast position' is 'forward of the short mast'
        and 'the short mast position' is 'aft the helm'
        and 'the shape of the mainsail' is triangular
        then boat is 'Jib-headed Yawl'
Rule6   if 'the number of masts' is two
        and 'the main mast position' is 'forward of the short mast'
        and 'the short mast position' is 'aft the helm'
        and 'the shape of the mainsail' is quadrilateral
        then boat is 'Gaff-headed Yawl'
Rule7   if   'the number of masts' is two
        and 'the main mast position' is 'aft the short mast'
        and 'the shape of the mainsail' is quadrilateral
        then boat is 'Gaff-headed Schooner'
Rule 8  if 'the number of masts' is two
        and 'the main mast position' is 'aft the short mast'
        and 'the shape of the mainsail' is 'triangular with two foresails'
        then boat is 'Staysail Schooner'
        /***********************************************************
        /* SEEK 指令创建目标，区分船只
```

图 5-4 帆船分类专家系统的规则

毫无疑问，在天空湛蓝和海面平静的情况下，系统可以帮助我们识别帆船。但是实际情况却往往不是如此，在大风或者大雾的海面，看清楚主帆和桅杆位置会变得困难，甚至不可能。尽管在解决真实世界的分类问题时会经常包含这样不确定和不完整的数据，我们还是可以使用专家系统的方法，前提是需要处理不确定性。可以应用确信因子理论解决我们的问题。确信因子理论可以管理增量获取的论据和不同信任度的信息。

图 5-5 显示了解决帆船分类问题带有确信因子的完整规则集。专家系统需要将帆船分类，即

为多值对象帆船建立确信因子。要应用确定性理论，专家系统会提示用户不仅要输入对象的值，而且要输入对象值的确定性值。例如，使用取值范围为 0～1 的 Leonardo 码，可能遇到如下对话（用户的回答用箭头表示，注意确信因子在不同规则中的传递）。

帆船分类专家系统：标记2
控制 cf

```
Rule:1   if    'the number of masts' is one
         then  boat is 'Jib-headed Cutter '       {cf 0.4};
               boat is 'Gaff-headed Sloop'        {cf 0.4}
Rule:2   if    'the number of masts' is one
         and   'the shape of the mainsail' is triangular
         then  boat is 'Jib-headed Cutter'        {cf 1.0}
Rule:3   if    'the number of masts' is one
         and   'the shape of the mainsail' is quadrilateral
         then  boat is 'Gaff-headed Sloop'        {cf 1.0}
Rule:4   if    'the number of masts' is two
         then  boat is 'Jib-headed Ketch'         {cf 0.1 };
               boat is 'Gaff-headed Ketch'        {cf 0.1 };
               boat is 'Jib-headed Yawl'          {cf 0.1} ;
               boat is 'Gaff-headed Yawl'         {cf 0.1} ;
               boat is 'Gaff-headed Schooner'     {cf 0.1} ;
               boat is ' Staysail Schooner'       {cf 0.1}
Rule:5   if    'the number of masts' is two
         and   'the main mast position' is 'forward of the short mast'
         then  boat is 'Jib-headed Ketch'         {cf 0.2};
               boat is 'Gaff-headed Ketch'        {cf 0.2};
               boat is 'Jib-headed Yawl'          {cf 0.2} ;
               boat is 'Gaff-headed Yawl'         {cf 0.2}
Rule:6   if    'the number of masts' is two
         and   'the main mast position' is 'aft the short mast'
         then  boat is 'Gaff-headed Schooner'     {cf 0.4} ;
               boat is 'Staysail Schooner'        {cf 0.4}
Rule:7   if    'the number of masts' is two
         and   'the short mast position' is 'forward of the helm'
         then  boat is 'Jib-headed Ketch'         {cf 0.4};
               boat is 'Gaff-headed Ketch'        {cf 0.4}
Rule:8   if    'the number of masts' is two
         and   'the short mast position' is 'aft the helm'
         then  boat is 'Jib-headed Yawl'          {cf 0.2} ;
               boat is 'Gaff-headed Yawl'         {cf 0.2};
               boat is 'Gaff-headed Schooner'     {cf 0.2};
               boat is 'Staysail Schooner'        {cf 0.2}
Rule:9   if    'the number of masts' is two
         and   'the shape of the mainsail' is triangular
         then  boat is 'Jib-headed Ketch'         {cf 0.4};
               boat is 'Jib-headed Yawl'          {cf 0.4}
Rule:10  if    'the number of masts' is two
         and   'the shape of the mainsail' is quadrilateral
         then  boat is 'Gaff-headed Ketch'        {cf 0.3} ;
               boat is 'Gaff-headed Yawl'         {cf 0.3};
               boat is 'Gaff-headed Schooner'     {cf 0.3}
Rule: 11 if    'the number of masts' is two
         and   'the shape of the mainsail' is 'triangular with two foresails'
         then  boat is 'Staysail Schooner'        {cf 1.0}
/*区分船只
```

图 5-5　帆船分类专家系统中的不确定性管理

```
What is the number of masts?
⇨ two
To what degree do you believe that the number of masts is two? Enter a numeric
certainty between 0 and 1.0 inclusive.
⇨  0.9
Rule:4
if      'the number of masts' is two
then    boat is 'Jib-headed Ketch'          {cf 0.1};
        boat is 'Gaff-headed Ketch'         {cf 0.1};
        boat is 'Jib-headed Yawl'           {cf 0.1};
        boat is 'Gaff-headed Yawl'          {cf 0.1};
        boat is 'Gaff-headed Schooner'      {cf 0.1};
        boat is 'Staysail Schooner'         {cf 0.1}
```
cf (boat is 'Jib-headed Ketch')=cf ('number of masts' is two) * 0.1=0.9 * 0.1= 0.09

cf (boat is 'Gaff-headed Ketch')=0.9 * 0.1=0.09

cf (boat is 'Jib-headed Yawl')=0.9 * 0.1=0.09

cf (boat is 'Gaff-headed Yawl')=0.9 * 0.1=0.09

cf (boat is 'Gaff-headed Schooner')=0.9 * 0.1=0.09

cf (boat is 'Staysail Schooner')=0.9 * 0.1=0.09

```
boat is Jib-headed Ketch              {cf 0.09}
        Gaff-headed Ketch             {cf 0.09}
        Jib-headed Yawl               {cf 0.09}
        Gaff-headed Yawl              {cf 0.09}
        Gaff-headed Schooner          {cf 0.09}
        Staysail Schooner             {cf 0.09}
```
What is the position of the main mast?
⇨ aft the short mast
To what degree do you believe that the main mast position is aft the short mast?

Enter a numeric certainty between 0 and 1.0 inclusive.
=>0.7
Rule:6
```
if      'the number of masts' is two
and     'the main mast position' is 'aft the short mast'
then    boat is 'Gaff-headed Schooner'      {cf 0.4};
        boat is 'Staysail Schooner'         {cf 0.4}
```

$cf_{Rule:6}$ (boat is 'Gaff-headed Schooner') =min [cf ('the number of masts' is two),
        cf ('the main mast position' is 'aft the short mast')) * 0.4
  =min [0.9, 0.7] * 0.4=0.28

$cf_{Rule:6}$ (boat is 'Staysail Schooner')=min [0.9, 0.7] * 0.4=0.28

cf (boat is 'Gaff-headed Schooner')=$cf_{Rule:4}$+$cf_{Rule:6}$ * (1-$cf_{Rule:4}$)
  =0.09+0.28 * (1-0.09)=0.34

cf (boat is 'Staysail Schooner')=0.09+0.28 * (1-0.09) =0.34

```
boat is Gaff-headed Schooner          {cf 0.34}
        Staysail Schooner             {cf 0.34}
        Jib-headed Ketch              {cf 0.09}
        Gaff-headed Ketch             {cf 0.09}
        Jib-headed Yawl               {cf 0.09}
        Gaff-headed Yawl              {cf 0.09}
```
What is the position of the short mast?
=>forward of the helm
To what degree do you believe that the short mast position is forward of the helm?
Enter a numeric certainty between 0 and 1.0 inclusive.
=>0.6
Rule:7
```
if      'the number of masts' is two
and     'the short mast position' is 'forward of the helm'
then    boat is 'Jib-headed Ketch'       {cf 0.4};
        boat is 'Gaff-headed Ketch'      {cf 0.4}
```
$cf_{Rule:7}$ (boat is ' Jib-headed Ketch ') =min [cf('the number of masts' is two),
    cf('the short mast position' is 'forward of the helm')] * 0.4
  =min[0.9,0.6] * 0.4=0.24

$cf_{Rule:7}$ (boat is 'Gaff-headed Ketch')=min [0.9, 0.6] * 0.4=0.24

cf (boat is ' Jib-headed Ketch ')=$cf_{Rule:6}$+$cf_{Rule:7}$ * (1-$cf_{Rule:6}$)
  =0.09+0.24 * (1-0.09)=0.30

cf (boat is 'Gaff-headed Ketch') =0.09+0.24 * (1-0.09)=0.30

```
boat is Gaff-headed Schooner          {cf 0.34}
        Staysail Schooner             {cf 0.34}
        Jib-headed Ketch              {cf 0.30}
        Gaff-headed Ketch             {cf 0.30}
        Jib-headed Yawl               {cf 0.09}
        Gaff-headed Yawl              {cf 0.09}
```
What is the shape of the mainsail?
=>triangular
To what degree do you believe that the shape of the mainsail is triangular?
numeric certainty between 0 and 1.0 inclusive.
=>0.8
Rule:9
```
if      'the number of masts' is two
and     'the shape of the mainsail' is triangular
then    boat is 'Jib-headed Ketch'       {cf 0.4};
        boat is 'Jib-headed Yawl'        {cf 0.4}
```
$cf_{Rule:9}$ (boat is ' Jib-headed Ketch ')
  =min [cf ('the number of masts' is two), cf ('the shape of the mainsail' is triangular)] * 0.4
  =min [0.9, 0.8] * 0.4=0.32

$cf_{Rule:9}$ (boat is 'Jib-headed Yawl')=min [0.9, 0.8] * 0.4=0.32

cf (boat is 'Jib-headed Ketch')=cf$_{Rule:7}$+cf$_{Rule:9}$ * (1-cf$_{Rule:7}$)
  =0.30+0.32 * (1-0.30)=0.52
cf("boat is 'Jib-headed Yawl')==0.09+0.32 * (1-0.09)=0.38

```
boat is Jib-headed Ketch               {cf 0.52}
        Jib-headed Yawl                {cf 0.38}
        Gaff-headed Schooner           {cf 0.34}
        Staysail Schooner              {cf 0.34}
        Gaff-headed Ketch              {cf 0.30}
        Gaff-headed Yawl               {cf 0.09}
```

现在可以得出结论，帆船应该属于 Jib-headed Ketch 类型，几乎不太可能是 Gaff-headed Ketch 类型或者 Gaff-headed Yawl 类型。

5.5 证据理论

证据理论(theory of evidence)也称为 D-S(Dempster-Shafer)理论。证据理论最早是基于 A. P. Dempster 所做的工作，他试图用一个概率范围，而不是单个的概率值去模拟不确定性，G. Shafer 进一步拓展了 Dempster 的工作，这一拓展称为证据推理(evidential reasoning)，用于处理不确定性、不精确以及间或不准确的信息。证据理论将概率论中的单点赋值扩展为集合赋值，弱化了相应的公理系统，满足了比概率更弱的要求，因此可被看作一种广义概率论。

在证据理论中引入了信任函数度量不确定性，并引用似然函数处理由于"不知道"引起的不确定性，并且不必事先给出知识的先验概率，与主观 Bayes 方法相比，具有较大的灵活性。因此，证据理论得到了广泛的应用。同时，确定性因子可以看作是证据理论的一个特例，证据理论给了确定性因子一个理论性的基础。

5.5.1 假设的不确定性

在 D-S 理论中，可以分别用信任函数、似然函数及类概率函数描述知识的精确信任度、不可驳斥信任度及估计信任度，即可从各个不同角度刻画命题的不确定性。

D-S 理论采用集合表示命题，为此，首先应该建立命题与集合之间的一一对应关系，把命题的不确定性问题转化为集合的不确定性问题。

设 Ω 为变量 x 的所有可能取值的有限集合(也称为样本空间)，且 Ω 中的每个元素都相互独立，则由 Ω 的所有子集构成的幂集记为 2^Ω。当 Ω 中的元素个数为 N 时，则其幂集 2^Ω 的元素个数为 2^N，且其中的每一个元素 A 都对应一个关于 x 的命题，称该命题为"x 的值在 A 中"。例如，用 x 代表看到的颜色，$\Omega=\{红,黄,蓝\}$，则 $A=\{红\}$ 表示"x 是红色"；若 $A=\{红,蓝\}$，则表示"x 或者是红色，或者是蓝色"。

1. 概率分配函数

定义 5.12 设函数 $m: 2^\Omega \to [0,1]$，且满足
$$m(\phi)=0$$

$$\sum_{A \subseteq \Omega} m(A) = 1$$

则称 m 是 2^Ω 上的概率分配函数，$m(A)$ 称为 A 的基本概率数。它表示依据当前的环境对假设集 A 的信任程度。

对于上面给出的有限集 $\Omega = \{红, 黄, 蓝\}$，若定义 2^Ω 上的一个基本函数 m：

$$m(\phi, \{红\}, \{黄\}, \{蓝\}, \{红, 黄\}, \{红, 蓝\}, \{黄, 蓝\}, \{红, 黄, 蓝\})$$
$$= \{0, 0.3, 0, 0.1, 0.2, 0.2, 0.1, 0.1\}$$

其中，$\{0, 0.3, 0, 0.1, 0.2, 0.2, 0.1, 0.1\}$ 分别是幂集 2^Ω 中各个子集的基本概率数。显然，m 满足概率分配函数的定义。

对概率分配函数须说明以下两点。

(1) 概率分配函数的作用是把 Ω 的任意一个子集都映射为 $[0,1]$ 上的一个数 $m(A)$。当 $A \subset \Omega$ 且 A 由单个元素组成时，$m(A)$ 表示对 A 的精确信任度；当 $A \subset \Omega$，$A \neq \Omega$，且 A 由多个元素组成时，$m(A)$ 也表示对 A 的精确信任度，但却不知道这部分信任度该分给 A 中的哪些元素；当 $A = \Omega$ 时，则 $m(A)$ 是对 Ω 的各个子集进行信任分配后剩下的部分，它表示不知道该如何对它进行分配。

例如：当 $A = \{红\}$ 时，由于 $m(A) = 0.3$，它表示对命题"x 是红色"的精确信任度为 0.3。

$A = \{红, 黄\}$ 时，由于 $m(A) = 0.2$，它表示对命题"x 或者是红色，或者是黄色"的精确信任度为 0.2，却不知道该把这 0.2 分给 $\{红\}$，还是分给 $\{黄\}$。

$A = \Omega = \{红, 黄, 蓝\}$ 时，由于 $m(A) = 0.2$，表示不知道该对这 0.2 如何分配，但它不属于 $\{红\}$，就一定属于 $\{黄\}$ 或 $\{蓝\}$，只是基于现有的知识，还不知道该如何分配而已。

(2) m 是 2^Ω 上而非 Ω 上的概率分布，所以基本概率分配函数不是概率，它们不必相等，而且 $m(A) \neq 1 - m(\neg A)$。事实上，$m(\{红\}) + m(\{黄\}) + m(\{蓝\}) = 0.3 + 0 + 0.1 = 0.4 \neq 1$。

2. 信任函数

定义 5.13 信任函数（Belief Function）

$$\text{Bel}: 2^\Omega \to [0,1]$$

对任意的 $A \subseteq \Omega$，有 $\text{Bel}(A) = \sum_{B \subseteq A} m(B)$

$\text{Bel}(A)$ 表示当前环境下，对假设集 A 的信任程度，其值为 A 的所有子集的基本概率之和，表示对 A 的总的信任度。

例如，$\text{Bel}(\{红, 黄\}) = m(\{红\}) + m(\{黄\}) + m(\{红, 黄\}) = 0.3 + 0 + 0.2 = 0.5$。

当 A 为单一元素组成的集合时，$\text{Bel}(A) = m(A)$。如果命题"x 在 B 中"成立，必带有命题"x 在 A 中"成立。$\text{Bel}(A)$ 函数又称为下限函数。

3. 似然函数

定义 5.14 似然函数（Plausibility Function）

$$Pl: 2^\Omega \to [0,1]$$

对任意的 $A \subseteq \Omega$，有 $Pl(A) = 1 - \text{Bel}(\neg A)$

其中，$\neg A = \Omega - A$。

似然函数又称为不可驳斥函数或上限函数。由于 $\text{Bel}(A)$ 表示对 A 为真的信任度，$\text{Bel}(\neg A)$ 表示对 $\neg A$ 的信任度，即 A 为假的信任度，因此，$Pl(A)$ 表示对 A 为非假的信任度。下面仍以 $\Omega=\{红,黄,蓝\}$ 为例说明这个问题。

$$Pl(\{红\}) = 1 - \text{Bel}(\neg\{红\}) = 1 - \text{Bel}(\{黄,蓝\})$$
$$= 1 - (m(\{黄\}) + m(\{蓝\}) + m(\{黄,蓝\}))$$
$$= 1 - (0 + 0.1 + 0.1) = 0.8$$

这里,0.8 是"红"为非假的信任度。由于"红"为真的精确信任度为 0.3,而剩下的 $0.8 - 0.3 = 0.5$ 则是知道非假,但却不能肯定为真的那部分。

另外,由于

$$\sum_{\{红\}\cap B\neq\phi} m(B)$$
$$= m(\{红\}) + m(\{红,黄\}) + m(\{红,蓝\}) + m(\{红,黄,蓝\})$$
$$= 0.3 + 0.2 + 0.2 + 0.1 = 0.8$$

可见, $Pl(\{红\}) = \sum_{\{红\}\cap B\neq\phi} m(B)$

该式可推广为

$$Pl(A) = \sum_{A\cap B\neq\phi} m(B)$$

因此,命题"x 在 A 中"的似然性,由与命题"x 在 B 中"有关的 m 值确定,其中命题"x 在 B 中"并不会使得命题"x 不在 A 中"成立。所以,一个事件的似然性是建立在对其相反事件不信任的基础上的。

信任函数和似然函数有如下性质。

(1) $\text{Bel}(\phi) = 0, \text{Bel}(\Omega) = 1, Pl(\phi) = 0, Pl(\Omega) = 1$。
(2) 如果 $A\subseteq B, \text{Bel}(A)\leqslant \text{Bel}(B), Pl(A)\leqslant Pl(B)$。
(3) $\forall A\subseteq \Omega, Pl(A)\geqslant \text{Bel}(A)$。
(4) $\forall A\subseteq \Omega, \text{Bel}(A) + \text{Bel}(\neg A)\leqslant 1, Pl(A) + Pl(\neg A)\geqslant 1$。

由于 $\text{Bel}(A)$ 和 $Pl(A)$ 分别表示 A 为真的信任度和 A 为非假的信任度,因此,可分别称 $\text{Bel}(A)$ 和 $Pl(A)$ 为对 A 信任程度的下限和上限,记为 $A(\text{Bel}(A), Pl(A))$。

$Pl(A) - \text{Bel}(A)$ 表示既不信任 A,也不信任 $\neg A$ 的程度,即对于 A 是真是假不知道的程度。

例如,在前面的例子中曾求过 $\text{Bel}(\{红\}) = 0.3, Pl(\{红\}) = 0.8$,因此有 $\{红\}(0.3, 0.8)$。它表示对 $\{红\}$ 的精确信任度为 0.3,不可驳斥部分为 0.8,肯定不是 $\{红\}$ 的为 0.2。

举一个更现实的例子。假定我对朋友赵波的可信赖程度有一个主观的概率。他是可信赖的可能性为 0.9,不可信赖的可能性为 0.1。假设赵波告诉我,我的计算机被别人侵入了。如果赵波是可信赖的,则这是真的,但如果他是不可信赖的,这句话则不一定为假。所以,赵波一个人的陈述证实我的计算机被侵入的可信度为 0.9,没有被侵入的可信度为 0.0。0.0 的可信度与 0.0 的概率不同,它并不意味着我确信计算机没有被侵入,而只是表明赵波的陈述没有给我理由相信计算机没被侵入。在这种情况下,似真性 Pl 为

$$Pl(\text{computer\_broken\_into}) = 1 - \text{Bel}(\text{not}(\text{computer\_broken\_into})) = 1 - 0.0$$

我对赵波的可信度为 $[0.9, 1.0]$。需要指出的是,仍然没有证据表明我的计算机没被侵入。

4. 假设集 A 的类概率函数 $f(A)$

$$f(A) = \text{Bel}(A) + \frac{|A|}{|\Omega|}(Pl(A) - \text{Bel}(A))$$

其中，$|A|$、$|\Omega|$ 分别表示 A 和 Ω 中包含元素的个数。类概率函数 $f(A)$ 也可用来度量证据 A 的不确定性。

5.5.2 证据的不确定性与证据组合

证据 E 的不确定性可以用类概率函数 $f(E)$ 表示，原始证据的 $f(E)$ 应由用户给定，作为中间结果的证据可以由下面的不确定性传递算法确定。

在实际问题中，对于相同的证据，由于来源不同，可能会得到不同的概率分配函数。例如，考虑 $\Omega = \{红, 黄\}$，假设从不同知识源得到的概率分配函数分别为

$m_1(\phi, \{红\}, \{黄\}, \{红, 黄\}) = (0, 0.4, 0.5, 0.1)$
$m_2(\phi, \{红\}, \{黄\}, \{红, 黄\}) = (0, 0.6, 0.2, 0.2)$

在这种情况下，需要对它们进行组合。

定义 5.15 设 m_1 和 m_2 是两个不同的概率分配函数，则其正交和 $m = m_1 \oplus m_2$ 满足

$$m(\phi) = 0$$

$$m(A) = K^{-1} \times \sum_{x \cap y = A} m_1(x) \times m_2(y)$$

其中，$K = 1 - \sum_{x \cap y = \phi} m_1(x) \times m_2(y) = \sum_{x \cap y \neq \phi} m_1(x) \times m_2(y)$

如果 $K \neq 0$，则正交和 m 也是一个概率分配函数；如果 $K = 0$，则不存在正交和 m，称 m_1 与 m_2 矛盾。

例 5.12 设 $\Omega = \{a, b\}$，且从不同知识源得到的概率分配函数分别为

$m_1(\phi, \{a\}, \{b\}, \{a, b\}) = (0, 0.3, 0.5, 0.2)$
$m_2(\phi, \{a\}, \{b\}, \{a, b\}) = (0, 0.6, 0.3, 0.1)$

求正交和 $m = m_1 \oplus m_2$。

解：先求 K

$$K = 1 - \sum_{x \cap y = \phi} m_1(x) \times m_2(y)$$
$$= 1 - (m_1(\{a\}) \times m_2(\{b\})) + m_1(\{b\}) \times m_2(\{a\})$$
$$= 1 - (0.3 \times 0.3 + 0.5 \times 0.6) = 0.61$$

再求 $m(\phi, \{a\}, \{b\}, \{a, b\})$，由于

$$m(\{a\}) = \frac{1}{0.61} \times \sum_{x \cap y = \{a\}} m_1(x) \times m_2(y)$$
$$= \frac{1}{0.61} \times (m_1(\{a\}) \times m_2(\{a\}) + m_1(\{a\}) \times m_2(\{a, b\})) +$$
$$\quad m_1(\{a, b\}) \times m_2(\{a\})$$
$$= \frac{1}{0.61}(0.3 \times 0.6 + 0.3 \times 0.1 + 0.2 \times 0.6) = 0.54$$

同理可得：

$$m(\{b\}) = 0.43, \quad m(\{a,b\}) = 0.03$$

故有
$$m(\phi, \{a\}, \{b\}, \{a,b\}) = (0, 0.54, 0.43, 0.03)。$$

对于多个概率分配函数,如果它们是可以组合的,则也可以通过正交和运算将它们组合成一个概率分配函数,其组合方法可定义如下。

定义 5.16 设 $m_1, m_2, \cdots, m_n$ 是 n 个概率分配函数,则其正交和 $m = m_1 \oplus m_2 \oplus \cdots \oplus m_n$ 为

$$m(\phi) = 0$$
$$m(A) = K^{-1} \times \sum_{\cap A_i = A} \prod_{1 \leqslant i \leqslant n} m_i(A_i)$$

其中,$K = \sum_{\cap A_i \neq \phi} \prod_{1 \leqslant i \leqslant n} m_i(A_i)$

5.5.3 规则的不确定性

具有不确定性的推理规则可表示为

If E Then H, CF

其中,H 为假设,E 为支持 H 成立的假设集,它们是命题的逻辑组合。CF 为可信度因子。

H 可表示为:$H = \{a_1, a_2, \cdots, a_m\}$, $a_i \in \Omega (i = 1, 2, \cdots, m)$,$H$ 为假设集合 Ω 的子集。$CF = \{c_1, c_2, \cdots, c_m\}$,$c_i$ 用来描述前提 E 成立时 a_i 的可信度。CF 应满足如下条件:

(1) $c_i \geqslant 0, 1 \leqslant i \leqslant m$。

(2) $\sum_{i=1}^{m} c_i \leqslant 1$。

5.5.4 不确定性的传递与组合

1. 不确定性的传递

对于不确定性规则:

If E Then H, CF

定义:
$$m(\{a_i\}) = f(E) \cdot c_i \quad (i = 1, 2, \cdots, m)$$

或表示为
$$m(\{a_1\}, \{a_2\}, \cdots, \{a_m\}) = (f(E) \cdot c_1, f(E) \cdot c_2, \cdots, f(E) \cdot c_m)$$

规定:
$$m(\Omega) = 1 - \sum_{i=1}^{m} m(\{a_i\})$$

而对于 Ω 的所有其他子集 H,均有 $m(H) = 0$。

当 H 为 Ω 的真子集时,有

$$\mathrm{Bel}(H) = \sum_{B \subseteq H} m(B) = \sum_{i=1}^{m} m(\{a_i\})$$

进一步可以计算 $Pl(H)$ 和 $f(H)$。

2．不确定性的组合

当规则的前提（证据）E 是多个命题的合取或析取时，定义：

$$f(E_1 \wedge E_2 \wedge \cdots \wedge E_n) = \min(f(E_1), f(E_2), \cdots, f(E_n))$$

$$f(E_1 \vee E_2 \vee \cdots \vee E_n) = \max(f(E_1), f(E_2), \cdots, f(E_n))$$

当有多条规则支持同一结论时，如果 $A=\{a_1, a_2, \cdots, a_n\}$，则

If E_1 Then H, CF_1 ($CF_1 = \{c_{11}, c_{12}, \cdots, c_{1n}\}$)

If E_2 Then H, CF_2 ($CF_2 = \{c_{21}, c_{22}, \cdots, c_{2n}\}$)

$$\vdots$$

If E_m Then H, CF_m ($CF_m = \{c_{m1}, c_{m2}, \cdots, c_{mn}\}$)

如果这些规则相互独立地支持结论 H 的成立，可以先计算

$$m_i(\{a_1\}, \{a_2\}, \cdots, \{a_n\}) = (f(E_i) \cdot c_{i1}, f(E_i) \cdot c_{i2}, \cdots, f(E_i) \cdot c_{im})(i=1,2,\cdots,m)$$

然后根据前面介绍的求正交和的方法，对这些 m_i 求正交和，以组合所有规则对结论 H 的支持。一旦累加的正交和 $m(H)$ 计算出来，就可以计算 $\mathrm{Bel}(H)$、$Pl(H)$、$f(H)$。

5.5.5 证据理论案例

有如下推理规则：

r_1: If $E_1 \vee (E_2 \wedge E_3)$ Then $A_1 = \{a_{11}, a_{12}, a_{13}\}$ $CF_1 = \{0.2, 0.3, 0.4\}$

r_2: If $E_4 \wedge (E_5 \vee E_6)$ Then $A_2 = \{a_{21}\}$ $CF_2 = \{0.7\}$

r_3: If A_1 Then $A = \{a_1, a_2\}$ $CF_3 = \{0.4, 0.5\}$

r_4: If A_2 Then $A = \{a_1, a_2\}$ $CF_4 = \{0.4, 0.4\}$

这些规则形成如图 5-6 所示的推理网络。原始数据的概率在系统中已经给出：

$f(E_1)=0.5$，$f(E_2)=0.7$，$f(E_3)=0.9$，$f(E_4)=0.9$，$f(E_5)=0.8$，$f(E_6)=0.7$

假设 $|\Omega|=10$，现在需要求出 A 的确定性。

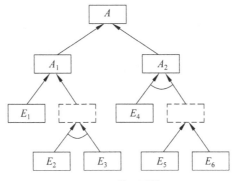

图 5-6 推理网络

解：第一步，求 A_1 的确定性。

$$f(E_1 \vee (E_2 \wedge E_3)) = \max\{0.5, \min\{0.7, 0.9\}\} = 0.7$$
$$m_1(\{a_{11}\}, \{a_{12}\}, \{a_{13}\}) = (0.7 \times 0.2, 0.7 \times 0.3, 0.7 \times 0.4) = (0.14, 0.21, 0.28)$$
$$\text{Bel}(A_1) = m_1(\{a_{11}\}) + m_1(\{a_{12}\}) + m_1(\{a_{13}\}) = 0.14 + 0.21 + 0.28 = 0.63$$
$$Pl(A_1) = 1 - \text{Bel}(\neg A_1) = 1 - 0 = 1$$
$$f(A_1) = \text{Bel}(A_1) + (|A_1|/|\Omega|) \times (Pl(A_1) - \text{Bel}(A_1))$$
$$= 0.63 + 3/10 \times (1 - 0.63) = 0.74$$

第二步,求 A_2 的确定性。
$$f(E_4 \wedge (E_5 \vee E_6)) = \min\{0.9, \max\{0.8, 0.7\}\} = 0.8$$
$$m_2(\{a_2\}) = 0.8 \times 0.7 = 0.56$$
$$\text{Bel}(A_2) = m_2(\{a_{21}\}) = 0.56$$
$$Pl(A_2) = 1 - \text{Bel}(\neg A_2) = 1 - 0 = 1$$
$$f(A_2) = \text{Bel}(A_2) + (|A_2|/|\Omega|) \times (Pl(A_2) - \text{Bel}(A_2))$$
$$= 0.56 + 1/10 \times (1 - 0.56) = 0.60$$

第三步,求 A 的确定性。

根据 r_3 和 r_4,有:
$$m_3(\{a_1\}, \{a_2\}) = (0.74 \times 0.4, 0.74 \times 0.5) = (0.30, 0.37)$$
$$m_4(\{a_1\}, \{a_2\}) = (0.6 \times 0.4, 0.6 \times 0.4) = (0.24, 0.24)$$
$$m_3(\Omega) = 1 - (m_3(\{a_1\}) + m_3(\{a_2\})) = 1 - (0.30 + 0.37) = 0.33$$
$$m_4(\Omega) = 1 - (m_4(\{a_1\}) + m_4(\{a_2\})) = 1 - (0.24 + 0.24) = 0.52$$

由正交和公式得到:
$$K = \sum_{x \cap y \neq \phi} m_3(x) \times m_4(y)$$
$$= m_3(\Omega) \cdot m_4(\Omega) + m_3(\Omega) \cdot m_4(\{a_1\}) + m_3(\Omega) \cdot m_4(\{a_2\}) + m_3(\{a_1\}) \cdot m_4(\Omega)$$
$$+ m_3(\{a_1\}) \cdot m_4(\{a_1\}) + m_3(\{a_2\}) \cdot m_4(\Omega) + m_3(\{a_2\}) \cdot m_4(\{a_2\})$$
$$= 0.33 \times 0.52 + 0.33 \times 0.24 + 0.33 \times 0.24 + 0.3 \times 0.52 + 0.3 \times 0.24$$
$$+ 0.37 \times 0.52 + 0.37 \times 0.24$$
$$= 0.84$$

则有:
$$m(\{a_1\}) = K^{-1} \cdot (m_3(\Omega) \cdot m_4(\{a_1\}) + m_3(\{a_1\}) \cdot m_4(\Omega) + m_3(\{a_1\}) \cdot m_4(\{a_1\}))$$
$$= 1/0.84 \times (0.33 \times 0.24 + 0.30 \times 0.52 + 0.30 \times 0.24) = 0.37$$
$$m(\{a_2\}) = K^{-1} \cdot (m_3(\Omega) \cdot m_4(\{a_2\}) + m_3(\{a_2\}) \cdot m_4(\Omega) + m_3(\{a_2\}) \cdot m_4(\{a_2\}))$$
$$= 1/0.84 \times (0.33 \times 0.24 + 0.37 \times 0.52 + 0.37 \times 0.24) = 0.41$$

于是:
$$\text{Bel}(A) = m(\{a_1\}) + m(\{a_2\}) = 0.37 + 0.41 = 0.78$$
$$Pl(A) = 1 - \text{Bel}(\neg A) = 1 - 0 = 1$$
$$f(A) = \text{Bel}(A) + (|A|/|\Omega|) \times (Pl(A) - \text{Bel}(A))$$
$$= 0.78 + 2/10 \times (1 - 0.78) = 0.82$$

证据理论的优点在于能够满足比概率论更弱的公理系统,可以区分不知道和不确定的情况,可以依赖证据的积累,不断缩小假设的集合。

但是,在证据理论中,证据的独立性不易得到保证;基本概率分配函数要求给的值太多,计算传递关系复杂,随着诊断问题可能答案的增加,证据理论的计算呈指数增长,传递关系复杂,比较难以实现。

5.6 模糊逻辑和模糊推理

不确定性的产生有多种原因,如随机性、模糊性等。处理随机性的理论基础是概率论,处理模糊性的基础是模糊集合论。模糊集合论是 1965 年由 Zadeh 提出的,随后,他又将模糊集合论应用于近似推理方面,形成了可能性理论。近似推理的基础是模糊逻辑(fuzzy logic),它建立在模糊理论的基础上,是一种处理不精确描述的软计算,它的应用背景是自然语言理解。模糊逻辑和可能性理论已经广泛应用于专家系统和智能控制中。

5.6.1 模糊集合及其运算

在经典集合论中,一个元素 x 是否属于某一个集合 A 是明确的,要么 x 属于 A,要么 x 不属于 A。它的逻辑基础是二值逻辑,即通过一个特征函数 $C(x)$ 描述元素与集合的隶属关系:

$$C(x) = \begin{cases} 1 & x \in A \\ 0 & x \notin A \end{cases}$$

在现实世界中,事物通常不是非此即彼的。例如,年龄可以分为"老年""中年""青年",但并找不到一个年龄数值作为青年和中年的分界线。

为表示类似这样的一些模糊概念,Zadeh 于 1965 年提出模糊集合理论,其基本思想就是把传统集合论中由特征函数决定的绝对隶属关系模糊化,把集合{0,1}扩散到区间[0,1],使元素 x 对子集 A 的隶属程度不再局限于取 0 或 1,而是可以取集合[0,1]上的任何值,以表示元素 x 隶属于子集 A 的模糊程度。

定义 5.17 设 x 为论域 U 中的元素,A 为 U 上的逻辑子集。定义

$$\mu_A : U \rightarrow [0,1]$$
$$A = \{\mu_A(x)/x, x \in U\}$$

则称 $\mu_A(x)$ 为 A 的隶属函数,$\mu_A(x) \in [0,1]$,$\mu_A(x_i)$ 称为 x_i 对 A 的隶属度。

当 U 为有穷集合 $\{x_1, x_2, \cdots, x_n\}$ 时,有

$$U = \sum_{i=1}^{n} \mu_A(x_i)/x_i$$

当 U 为可数无穷集合 $\{x_1, x_2, \cdots\}$ 时,有

$$U = \sum_{i=1}^{\infty} \mu_A(x_i)/x_i$$

当 U 为不可数集合时,有

$$U = \int_U \mu_A(x_i)/x_i$$

一个由单个成员构成的模糊集合称为单点集(singleton)。单点集所处的点称为支撑点(support point)，或单点集的支撑值(support value)。一个单点集的隶属函数，在支撑点以外的变量空间中的任何地方均取值为0，在支撑点，隶属度为1。

显然，经典集合是模糊集合的特例，模糊集合是经典集合的扩展。一个模糊集A是以隶属函数$\mu_A(x)$描述的，当$\mu_A(x)=1$时，x确定性隶属于A；而$\mu_A(x)=0$时，x确定性不隶属于A；$\mu_A(x)$取其他值时，隶属程度模糊。隶属程度的概念构成模糊集理论的基石。

下面以人的年龄作为论域考察模糊集。假定对于"年龄"，可以有3个值。

$$年龄＝\{青, 中, 老\}$$

我们可以为"年龄"的3个定性值分别建立隶属函数μ_Y、μ_M和μ_O。如图5-7所示，它们各以梯形或三角形表示。从图中可见，这3个隶属函数是相互重叠的，即年龄在30～65岁的人不能确定性地划归某一个子集。上述用梯形或三角形表示的μ_Y、μ_M和μ_O的隶属函数虽然简单，但是因其数学表达和运算简便，所占内存空间小，并且在许多场合下与采用其他复杂形状或复杂数学公式表示的隶属函数相比，在实现模糊推理和控制方面并无大的差别，所以已被广泛采用。当然，也可以根据应用领域的特点和要求，设计各种更为精确的隶属函数。

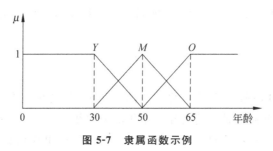

图 5-7 隶属函数示例

与普通集合一样，对模糊集可以进行各种逻辑运算，主要的运算有并、交、补等。设A和B均为论域U上的模糊集，则对于元素x，A与B的并、交、补运算定义如下。

$$\mu_{A \cup B}(x) = \max[\mu_A(x), \mu_B(x)]$$
$$\mu_{A \cap B}(x) = \min[\mu_A(x), \mu_B(x)]$$
$$\mu_{\bar{A}}(x) = 1 - \mu_A(x)$$

可见，模糊集合的逻辑运算实质上就是隶属函数的组合运算过程。

5.6.2 模糊关系

定义 5.18 设$U_1, U_2, \cdots, U_n$是n个论域，A_i是$U_i(i=1,2,\cdots,n)$上的模糊集，则称：

$$A_1 \times A_2 \times \cdots \times A_n = \int (\mu_{A1}(x) \wedge \mu_{A2}(x) \wedge \cdots \wedge \mu_{An}(x)/(x_1, x_2, \cdots, x_n))$$

为$A_1, A_2, \cdots, A_n$的笛卡儿乘积，它是$U_1 \times U_2 \times \cdots \times U_n$上的一个模糊集。

定义 5.19 $U_1 \times U_2 \times \cdots \times U_n$上$n$元模糊关系$R$是以$U_1 \times U_2 \times \cdots \times U_n$为论域的模糊集合，$R$可以记为

$$R = \int_{U_1 \times U_2 \times \cdots \times U_n} \mu_R(x_1, \cdots, x_n)/(x_1, \cdots, x_n)$$

在上述定义中，$\mu_{Ai}(x_i)(i=1,2,\cdots,n)$ 是模糊集 A 的隶属函数；$\mu_R(x_1, x_2, \cdots, x_n)$ 是模糊关系 R 的隶属函数，它把 $U_1 \times U_2 \times \cdots \times U_n$ 上的每一个元素 $(x_1, x_2, \cdots, x_n)$ 映射为 $[0,1]$ 上的一个实数，该实数反映出 $x_1, x_2, \cdots, x_n$ 具有关系 R 的程度，特别是对于二元关系，有

$$R = \int_{U \times V} \mu_R(x, y)/(x, y)$$

$\mu_R(x, y)$ 反映了 x 和 y 具有关系 R 的程度。

模糊关系是经典集合论中关系的推广。一个有限论域上的二元模糊关系可以表示成隶属度矩阵的形式。假设

$$U = \{x_1, x_2, \cdots, x_m\}$$
$$V = \{y_1, y_2, \cdots, y_n\}$$

则 $U \times V$ 上的二元模糊关系为

$$R = \begin{bmatrix} \mu_R(x_1, y_1) & \mu_R(x_1, y_2) & \cdots & \mu_R(x_1, y_n) \\ \mu_R(x_2, y_1) & \mu_R(x_2, y_2) & \cdots & \mu_R(x_2, y_n) \\ \vdots & \vdots & & \vdots \\ \mu_R(x_m, y_1) & \mu_R(x_m, y_2) & \cdots & \mu_R(x_m, y_n) \end{bmatrix}$$

对于模糊关系，同样可以像经典集合论那样定义它的包含、相等、交、并、补等关系和操作，这些概念与一般模糊集的概念相同。下面定义模糊关系的合成操作。

定义 5.20 设 R_1 和 R_2 分别为 $U \times V$ 与 $V \times W$ 上的两个模糊关系，则 R_1 和 R_2 的合成是指从 U 到 W 的一个模糊关系，记为

$$R_1 \circ R_2 = \int_{U \times W, y \in V} \max \min(\mu_{R_1}(x, y), \mu_{R_2}(y, z))/(x, z)$$

例如，设 $A = \begin{bmatrix} 0.1 & 0.2 \\ 0.3 & 0.1 \end{bmatrix}$，$B = \begin{bmatrix} 0.3 & 0.2 \\ 0.1 & 0.7 \end{bmatrix}$，则有

$$\overline{A} = \begin{bmatrix} 0.9 & 0.8 \\ 0.7 & 0.9 \end{bmatrix}, \overline{B} = \begin{bmatrix} 0.7 & 0.8 \\ 0.9 & 0.3 \end{bmatrix}$$

$$A \cup B = \begin{bmatrix} 0.3 & 0.2 \\ 0.3 & 0.7 \end{bmatrix}, A \cap B = \begin{bmatrix} 0.1 & 0.2 \\ 0.1 & 0.1 \end{bmatrix}$$

$$A \circ B = \begin{bmatrix} 0.1 & 0.2 \\ 0.3 & 0.2 \end{bmatrix}$$

5.6.3 语言变量

模糊集合的一种应用是计算语言学（computational linguistic），目的是对自然语言的语句进行计算，就像对逻辑语句进行运算一样。为了对自然语言语句进行描述和研究，和谓词逻辑一样，人们引进了语言变量的概念。语言变量可以看作是用某种自然语言和人工语言的词语或句子表示变量的值和描述变量间的内在联系的一种系统化的方法，它为

近似推理中变量值的表示和模糊命题的真值、概率值和可能值的表示提供了一个基本的方法。

模糊集合和语言变量可用于量化自然语言的含义，因而可用来处理具有指定值的语言变量。语言变量取值范围是一个项目集，该集合中的元素一般可以分为基本语言项和含修饰词的语言项。例如，语言变量"年龄"，其中"年轻""年老"等是基本语言项，"非常""不很""不"等是修饰词。

语言变量常常可用于启发式规则中，如，

如果电视太暗，则可以调亮一些。

如果太热，那么可以把空调打开。

这些语言变量可能是隐含在规则中的。另外，某些语言变量可以是二阶模糊集合。例如，对于图像质量，其取值可以包括：

颜色、色度、亮度、噪声、浓度

这里每一个值都可以是一个语言变量，且其值又是一个模糊集合。因此，可以为语言变量安排一个层次，它对应于模糊集合的阶，最终直到一阶模糊集合。

5.6.4 模糊逻辑和模糊推理

模糊逻辑是模糊专家系统的基础，可用来处理不确定性，以及模拟常识推理。为了克服二值逻辑的不足，人们提出了许多不同的多值逻辑系统，如基于 true、false、unknown 的三值逻辑系统。

模糊逻辑可以看作是多值逻辑的扩展。但是，模糊逻辑的目的和应用不同，模糊逻辑是面向事物特性和能力的不精确描述，它是一种近似推理，而不是精确推理。本质上，近似或模糊推理是在一组可能不精确的前提下推出一个可能不精确的结论。

模糊逻辑的基本思想是将常规数值变量模糊化，使变量成为以定性术语（也称语言值）为值域的语言变量。模糊逻辑的核心概念是语言变量，当用语言变量描述对象时，这些定性术语就构成模糊命题。如果省略被描述的对象，则模糊命题可表示为"（语言变量）（定性值）"形式。例如，"张三年轻"就是一个模糊命题，其模糊程度用定性术语"年轻"的隶属函数表示。

可以对模糊命题作合取、析取、取反等逻辑操作。每个模糊命题均由相应的一个模糊集做细化描述，所以模糊逻辑运算与模糊集运算是一致的。模糊逻辑运算符可以定义如下。

$$x(\neg A) = x(NOT\ A) = 1 - \mu_A(x)$$
$$x(A) \vee x(B) = x(A\ OR\ B) = \max(\mu_A(x), \mu_B(x))$$
$$x(A) \wedge x(B) = x(A\ AND\ B) = \min(\mu_A(x), \mu_B(x))$$
$$x(A) \to x(B) = x(A \to B) = x((\neg A) \vee B) = \max(1 - \mu_A(x), \mu_B(x))$$

例如，设模糊集合 TRUE 可以定义为

$$TRUE = 0.1/0.1 + 0.3/0.5 + 1/0.8$$

根据上面关于模糊运算符的定义，有

$$FALSE = 1 - TRUE$$

$$= (1-0.1)/0.1 + (1-0.3)/0.5 + (1-1)/0.8$$
$$= 0.9/0.1 + 0.7/0.5$$

人脑善于根据不精确和不完整的信息进行决策。人们在处理日常生活中许多实际问题时采用简单、直观、自然的描述方法，这些描述可能看起来是含糊的。例如，下面是一个空气调节器的控制策略。

If the temperature is hot, turn the AC fan on high.

If the temperature is warm, turn the AC fan on medium.

If the temperature is comfortable, turn the AC fan off.

然而，这种方法不容易在计算机的严格逻辑的范畴中实现。利用模糊逻辑，就能够用计算机可以理解的术语解释语义的不精确。模糊逻辑为模糊规则提供了一个系统的解释。

模糊推理有多种模式，其中最重要的且广泛应用的是基于模糊规则的推理。模糊规则的前提是模糊命题的逻辑组合（经由合取、析取和取反操作）作为推理的条件；结论是表示推理结果的模糊命题。所有模糊命题成立的精确程度（或模糊程度）均以相应语言变量定性值的隶属函数表示。

一个模糊推理规则是一条表示变量间依赖关系的语句，具有如下格式。

If <condition> Then <consequence>

这些语言控制规则由模糊关系解释，并且每个规则说明了不确定输入值和不确定输出值之间的关系。

一个规则可以进一步分解。<condition>可由若干个前件（antecedent）组成。当考虑两个输入变量、一个输出变量的控制器时，规则的形式可如下表示。

If X is positive large and Y is positive small, then C is positive medium.

术语"positive large""positive medium"和"positive small"被表示为模糊集合，并且是输入变量 X 和 Y、输出变量 C 的确定值的不精确描述。

类似地，<consequence>实际上也可由若干个后件组成。

一个基于模糊规则的系统被认为是一种变换机制，这种机制在它的输出点生成信号，以相应于它的输入结点获得的信号。这样一个系统称为模糊推理单元，或简称推理单元。更精确地，一个推理单元由一组输入变量、一组输出变量和一个执行一组推理规则的机制组成。

假设我们正在试图建立一个基于前述空调控制策略的空调风扇控制器，将需要一个温度传感器和一个设置期望温度的机制。除此之外，还需要一个设备计算实际的温度与期望的温度的差值（代数的）。这个差称为 temperature_error，它可作为控制器的输入。控制器的输出变量是风扇的速度，由 fan_speed 表示。

下面通过一个模糊系统开发环境介绍模糊推理过程。这是一个模糊智能开发环境，该系统实现了多级模糊推理及模糊控制与经典 PID 混合控制机制，是一个支持复杂控制系统设计、仿真、实时控制调试的一体化环境。

模糊推理过程是由给定的输入值根据模糊规则产生清晰的（非模糊的）输出值的内部过程。在设计模糊控制器时，必须找出主要的控制参数，并给出一个术语的集合，该集合可以满足对每个语言变量的描述。

在此模糊智能开发环境中,定义了不同类型的模糊隶属函数。如图5-8所示,它们分别是三角形、梯形、高斯形和Sin形。

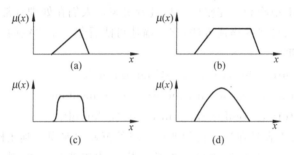

图5-8　FuzAid中的隶属函数类型

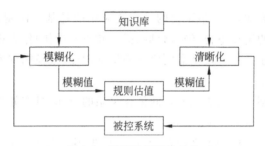

图5-9　模糊控制器的结构

图5-9给出了一个模糊控制器的内部结构。模糊控制器能够对外部系统进行监控,其输入包括外部系统状态信息,对这些信息进行预处理,转换成模糊隶属函数的形式;而模糊输入再经过规则估值,得到模糊输出,即规则强度,最后规则强度和隶属函数通过精确化过程给出精确的输出。因此,模糊控制器的推理过程主要包括如下4个步骤。

(1) 模糊化:接受输入变量的当前值,并最终把它们变换到合适的范围中(如[-1,1])。另外,它可以把所测得的值变换为语言项或模糊集。准确值 x_0 通常变换为模糊集合 $\mu(x_0)$。如果测量到的值本身就是不精确的,就需要其他的模糊集合。

(2) 知识库:包含有关变量域的信息、各种归一化方法、与语言变量相关的模糊集合。语言控制规则形式的规则库也存储在知识库中。

(3) 规则估值:根据得到的输入值和知识库确定有关控制变量的信息。

(4) 清晰化:通过使用合适的变换,从决策逻辑控制变量的信息中得到精确的控制值。

1. 模糊化(fuzzification)

模糊化借助输入模糊集合的隶属函数转变输入值为隶属度,即模糊化是根据模糊集合转变输入值为隶属度值的过程。它把从输入传感器处读到的数据进行编码,根据模糊规则前提条件中的语言变量把输入值进行转变。每个隶属度值均与特定的模糊集合相关,这个隶属度值由该模糊集合导出。因此,该隶属度值称为那个模糊集合的隶属度。

例如,假设输入值是-13℉,如图5-10所示。为了确定每个模糊集合的隶属度,需要找到模糊集合与该输入值的交。

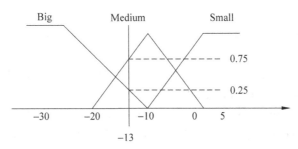

图 5-10　temperature_error 的模糊集合在 -13°F 的隶属度

每个模糊集合的隶属度值如下所示。

Input temperature_error = -13

Label	Grade
Big	0.25
Medium	0.75
Small	0.00

2. 控制知识库的建立

在设计控制知识库时有两个主要任务。

(1) 选择一组语言变量,它们描述了被控制过程的主要控制参数的值。在这一阶段,主要的输入参数和主要的输出参数都需要使用适当的术语集合通过语言进行定义,输入变量或输出变量的术语集合的粒度层次的选择在控制的平滑性方面具有重要的作用。

(2) 控制知识库使用上面主要参数的语言描述进行开发。开发控制知识库的方法包括:①专家的经验与知识;②对操作者的控制动作进行建模;③对过程进行建模;④自组织。

上述方法中,第一种方法的应用最广。在描述人类专家操作者的知识时,模糊控制的规则形式为

If Error is small and Change-in-error is small, then Force is small.

当专家在控制被控过程中使用上述规则表达启发性知识时,这种方法非常有效。这种方法已被用于过程控制。除了由 Mamdani 等人使用的传统模糊控制规则外,规则也可表示为"其结论是输入参数的函数"。例如:

If X is A1 and Y is B1, then Z = f1(X, Y)

这里,输出 Z 是 X 和 Y 所取值的函数。

第二种方法直接描述了操作者的控制动作。这种方法对操作者的控制动作进行建模而不直接由操作者操作。Takagi、Sugeno 等人已将这种方法应用于描述驾驶员在停车场停车时的控制动作。

第三种方法涉及被控过程的模糊模型,根据描述被控系统可能状态的蕴涵式生成被控对象的近似模型。在这种方法中,开发一个模型并且构造一个控制该模糊模型的控制器,使得这种方法与控制理论中使用的传统方法有些相似。因此,需要结构标识过程和参数标识过程。例如,规则的形式如下。

If x_1 is A_1^i, x_2 is $A_2^i \cdots$ Then $y = p_0^i + p_1^i x_1 + \cdots + p_m^i x_m$

对所有的 $i=1,2,\cdots,n$，其中 n 是这些蕴涵式的个数，并且结果是 m 个输入变量的线性函数。

最后，第四种方法开发可以随时间进行调整的规则，以改进控制器的性能。

3. 规则估值(rule evaluation)算法

由于模糊控制规则的部分匹配特性和规则的前提条件相重叠的事实，通常在一个时刻可能有多于一条的模糊规则被激活，用来决定执行哪个控制规则的方法称为冲突消解过程。

规则估值过程确定了每个规则被满足的程度。在某些状况下，某些规则的条件比其他规则的条件更容易被满足，从而使得某些规则比其他规则更适用。

为确定一个条件被满足的程度，每个规则的输入集合都要模糊化，每个规则将有一个与之相伴的等级值。这个等级值决定了每个规则的相对"砝码"。

这个等级值然后被用于加权规则的结论。这是通过根据输入模糊集合的等级截取每个输出模糊集合进行的。

在此模糊智能开发环境中，系统通常采用如下 3 种规则估值算法：MinMax、Product 和 BoundedSum。

4. 清晰化(defuzzification)算法

通过规则估值得到规则强度后，仍然需要进一步处理，其处理结果就是输出的清晰化。这一过程生成非模糊化的控制动作。为了从截取后的输出模糊集中确定出一个清晰的值，必须首先合并这些输出模糊集。这是通过把所有的输出模糊集连接起来，并且在所有的点上取极大值进行的。

这样就得到了表示全体模糊规则的输出的一个综合的模糊集。有多种策略用来完成对模糊控制动作的清晰化处理。在模糊开发环境中通常实现 3 种清晰化算法：重心法、插值法和真值流法。

(1) 重心法(center of gravity)。重心法是常用的一种清晰化方法，它包括以下步骤：①取每个输出的隶属函数的 x 轴上的中点；②在每个输出的隶属函数 y 轴上标记规则强度，作为新的上限；③计算出新的隶属函数的区域面积；④清晰化的输出是 x 轴上的中点和新的输出隶属函数的区域面积的加权平均。

(2) 插值法(interpolation)。插值法是比较全面地考虑模糊量各部分信息作用的一种方法。该方法就是把隶属函数与横坐标所围成的区域分成两部分，在两部分相等的情况下，两部分分界点对应的横坐标值即为清晰化后的精确值。

(3) 真值流法(truth value flow)。真值流法是由汪培庄提出的一种描述模糊推理的方法。真值流法认为，推理是真值在命题之间流动的过程。一个推理句等于一条看不见的渠道，把首尾两个命题联结起来，渠道本身不产生真值，它的功能仅仅是传递真值。输入的事实若与前件吻合，等于在渠首输入了真值 1。渠道立即将它传至渠尾，故得出结论：Q 真。确定性的推理理论的最大局限在于：事实与前件必须完全匹配，模糊推理的最大好处就是突破了这一局限。

真值流法在推理过程中需要的计算较少。这种方法使用单点集，而不是模糊集描述输出。该方法比传统的 Mamdani 在计算上更有效，其清晰化步骤被化简了。

5.6.5 案例：抵押申请评估决策支持系统

抵押申请评估是决策支持模糊系统能够成功应用的典型问题（Von Altrock，1997年）。要开发解决这个问题的决策支持模糊系统，首先使用模糊术语表达抵押申请评估中的基本概念，然后用合适的模糊工具在原型系统中实现这个概念，最后用选定的测试用例测试和优化系统。

抵押申请的评估通常基于评估市场价和房产的位置、申请人的资产和收入，以及还款计划，而这些都取决于申请人的收入和银行的利率。

要定义隶属函数并构建模糊规则，需要有经验的抵押顾问和银行经理的帮助，他们能够列出抵押认可的方针。图 5-11～图 5-18 是本问题中使用的语言变量的模糊集。三角形和梯形的隶属函数可以充分表示抵押专家的知识。

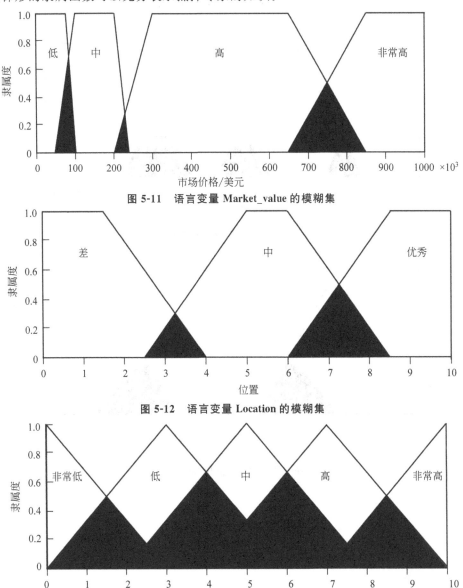

图 5-11 语言变量 Market_value 的模糊集

图 5-12 语言变量 Location 的模糊集

图 5-13 语言变量 House 的模糊集

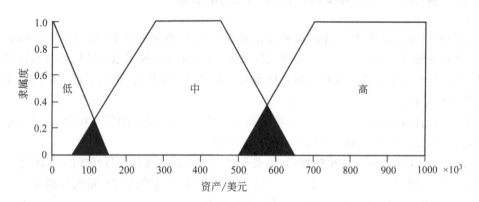

图 5-14　语言变量 Asset 的模糊集

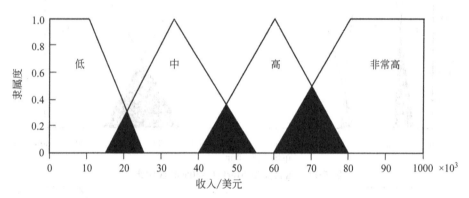

图 5-15　语言变量 Income 的模糊集

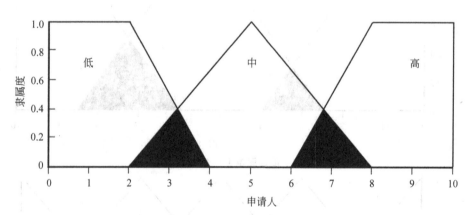

图 5-16　语言变量 Applicant 的模糊集

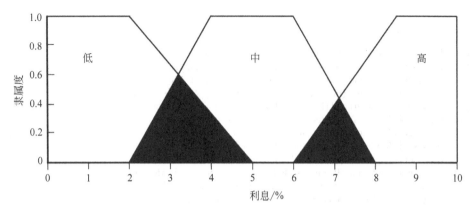

图 5-17　语言变量 Interest 的模糊集

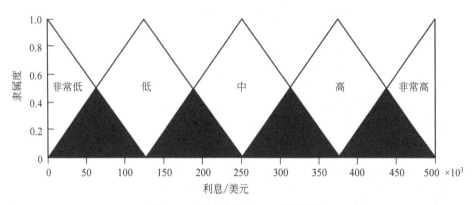

图 5-18　语言变量 Credit 的模糊集

接下来需要获取模糊规则。本例中，我们只是借用了 Von Altrock 在其抵押贷款评估模糊模型中使用的基本规则。这些规则如图 5-19 所示。

规则库 1：住房评估
1. If (Location is Bad) and (Market_value is Low) then（House is Very_low）
2. If (Location is Bad) then (House is Low)
3. If (Market_value is Low) then (House is Low)
4. If (Location is Bad) and (Market_value is Medium）then（House is Low)
5. If (Location is Bad) and (Market_ value is High) then (House is Medium)
6. If (Location is Bad) and (Market_ value is Very_high) then (House is High)
7. If (Location is Fair) and (Market _value is Low) then（House is Low)
8. If (Location is Fair) and (Market_ value is Medium）then（House is Medium)
9. If (Location is Fair) and (Market_ value is High) then (House is High)
10. If (Location is Fair) and (Market _value is Very_high) then (House is Very_high)
11.If (Location is Excellent) and (Market _value is Low) then（House is Medium)
12. If (Location is Excellent) and (Market_ value is Medium）then（House is High)
13. If (Location is Excellent) and (Market_ value is High) then (House is Very_high)
14. If (Location is Excellent) and (Market_ value is Very_high) then (House is Very_high)

图 5-19　抵押贷款评估的规则

规则库 2：申请评估
1. If (Asset is Low) and (Income is Low) then (Applicant is Low)
2. If (Asset is Low) and (Income is Medium) then (Applicant is Low)
3. If (Asset is Low) and (Income is High) then (Applicant is Medium)
4. If (Asset is Low) and (Income is Very_high) then (Applicant is High)
5. If (Asset is Medium) and (Income is Low) then (Applicant is Low)
6. If (Asset is Medium) and (Income is Medium) then (Applicant is Medium)
7. If (Asset is Medium) and (Income is High) then (Applicant is High)
8. If (Asset is Medium) and (Income is Very_high) then (Applicant is High)
9. If (Asset is High) and (Income is Low) then (Applicant is Medium)
10. If (Asset is High) and (Income is Medium) then (Applicant is Medium)
11. If (Asset is High) and (Income is High) then (Applicant is High)
12. If (Asset is High) and (Income is Very_high) then (Applicant is High)

规则库 3：信用评估
1. If (Income is Low) and (Interest is Medium) then (Credit is Very_low)
2. If (Income is Low) and (Interest is High) then (Credit is Very_low)
3. If (Income is Medium) and (Interest is High) then (Credit is Low)
4. If (Applicant is Low) then (Credit is Very_low)
5. If (House is Very_low) then (Credit is Very_low)
6. If (Applicant is Medium) and （House is Very_low) then (Credit is Low)
7. If (Applicant is Medium) and （House is Low) then (Credit is Low)
8. If (Applicant is Medium) and （House is Medium) then (Credit is Medium)
9. If (Applicant is Medium) and （House is High) then (Credit is High)
10. If (Applicant is Medium) and （House is Very_high) then (Credit is High)
11. If (Applicant is High) and （House is Very_low) then (Credit is Low)
12. If (Applicant is High) and （House is Low) then (Credit is Medium)
13. If (Applicant is High) and （House is Medium) then (Credit is High)
14. If (Applicant is High) and （House is High) then (Credit is High)
15. If (Applicant is High) and （House is Very_high) then (Credit is Very_high)

图 5-19（续）

模糊系统中使用的所有变量的复杂关系可用层次结构表示，如图 5-20 所示。

我们使用 MATLAB 的模糊逻辑工具箱构建系统，它是市场上最常用的模糊工具之一。

开发原型系统的最后两个阶段是评价和测试。

要评价和分析模糊系统的性能，可以使用模糊逻辑工具箱中提供的输出表面查看器。图 5-21 和图 5-22 为抵押贷款评估系统的三维图。最后，抵押专家使用一些测试用例测试系统。

决策支持模糊系统可能包含几十甚至上百条规则。例如，BMW 银行和 Inform Software 开发的信用风险评估模糊系统中使用了 413 条规则。大型的知识库通常采用类似图 5-20 所示的方式将其分割成几个模块。尽管通常有大量的规则，但决策支持模糊系统可以相对快速地开发、测试和运行。

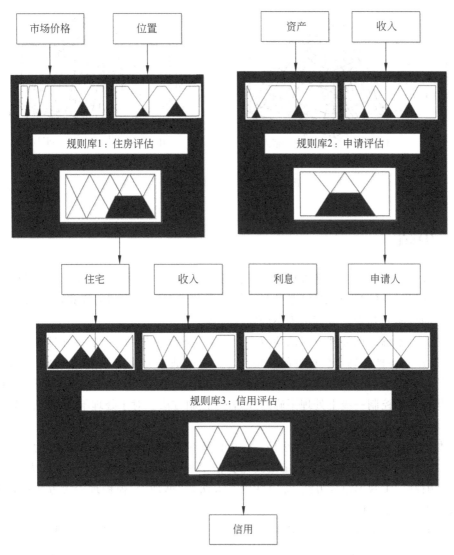

图 5-20 抵押贷款评估的层次模型

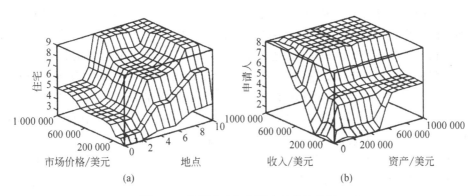

图 5-21 规则库 1 和规则库 2 的三维图

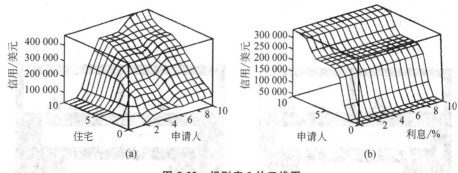

图 5-22　规则库 3 的三维图

5.7　小结

本章首先讨论了不确定性推理的基本概念，以及不确定性研究的主要问题和主要研究方法。这里讨论的"不确定性"是针对已知事实和推理中所用到的知识而言的，应用这种不确定的事实和知识的推理称为不确定性推理。

目前关于不确定性处理方法的研究，主要沿两条路线发展：一是在推理一级扩展确定性推理，建立各种不确定性推理的模型。它又分为数值方法和非数值方法。本章主要讨论的是数值方法，如概率方法、主观 Bayes 方法、可信度方法、证据理论、模糊方法等。另一条路线是在控制一级上处理不确定性，称为控制方法。对于处理不确定的最优方法，现在还没有一个统一的意见。

在本章讨论的方法中，概率方法是一个以概率论中有关理论为基础建立的纯概率方法，由于在使用过程中需要事先确定给出先验概率和条件概率，并且计算量较大，因此应用受到了限制。主观 Bayes 方法、确定性因子方法、证据理论、模糊理论等方法都是处理专家系统中不确定性的方法。

主观 Bayes 方法通过使用专家的主观概率，避免了所需的大量统计计算工作。在主观 Bayes 方法中，讨论了信任与概率的关系，以及似然性问题，介绍了主观 Bayes 方法知识表示和推理方法。

确定性因子方法比较简单、直观，易于掌握和使用，并且已成功应用于如 MYCIN 这样的推理链较短、概率计算精度要求不高的专家系统中。但是，当推理长度较长时，由可信度的不精确估计而产生的积累误差会很大，所以它不适合长推理链的情况。

证据理论是用集合表示命题的一种处理不确定性的理论，它引入信任函数而非概率度量不确定性，并引入似然函数处理不知道所引起的不确定性问题，它只需要满足比概率论更弱的公理系统。证据理论基础严密，专门针对专家系统，是一种很有吸引力的不确定性推理模型。但如何把它普遍应用于专家系统，目前还没有一个统一的意见。

与不确定推理处理随机事件发生的可能性对照，模糊逻辑面向事物特征和能力的不精确描述。模糊理论是在模糊集合理论基础上发展起来的、已经系统化的关于不确定性的最一般理论，由于扩张原理等方法，使得模糊推理得以广泛应用，目前已经应用到许多领域。本章介绍了模糊理论和模糊推理的主要方法，并以一个智能模糊推理系统中模糊推理的方法作为示例。

谷歌建全球最大知识库 Knowledge Vault,该知识库通过算法自动搜集网上信息,通过机器学习把数据变成可用知识。2014 年,Knowledge Vault 已经收集了 16 亿件事实,其中,2.71 亿件是"可信的事实"。这里的可信是说,Google 把新事实与已掌握知识对照后,认为其准确的可能性是 90%。未来,Knowledge Vault 可以驱动一个现实增强系统,让我们从头戴显示屏上了解现实世界中的地标、建筑、商业网点等信息。

李德毅院士在统一主观认知和客观现象中的随机性和模糊性方面提出了不确定性人工智能的研究问题。不确定性人工智能认为,随机性和模糊性常常是联系在一起的,在人类思维和智能行为中难以区分并独立存在,研究不确定性需要研究随机性和模糊性之间的关联性。李德毅院士提出了一种称为云模型的表示统一刻画人类语言中大量存在的随机性、模糊性以及两者之间的关联性,把云模型作为用语言值描述的某个定性概念与其数值表示之间的不确定性转换模型。

尽管这些技术大多数是从实践中总结出来的工程性方法,对不确定性的处理往往不够严格,使用上也有很多局限性,但是它们却能解决一些问题,其结果能够给出令人满意的解释,符合人类认识世界的直觉。用阿尔伯特·爱因斯坦的话说"适用于现实世界的数学定律都不具有确定性,具有确定性的数学定律则不适用于现实世界。"

习题

5.1 传统逻辑的局限性是什么?什么是非单调推理?非单调推理主要应用于哪些场合?

5.2 在缺省理论中,缺省规则是如何表示的?有哪几种表示形式?

5.3 用缺省理论表示下面的句子,并给出 D 和 W 集合。

(a) 有些软体动物(molluscs)是有壳动物(shell-bearers)。

(b) 头足类动物(cephalopods)是软体动物。

(c) 头足类动物不是有壳动物。

5.4 用缺省逻辑表示下面的句子。

(a) John 是高校毕业生。

(b) 通常,高校毕业生都是成年人。

(c) 通常,成年人都有工作。

确定该缺省逻辑的扩充。该扩充在逻辑上合理吗?

5.5 已知 $\Delta = <D, W>$,其中

$$D = \left\{ \frac{:MA}{B}, \frac{:MB}{C}, \frac{:MC}{F} \right\},$$

(1) $W = \phi$,求 Δ 的扩充 E。

(2) $W = \{\neg B \vee (\neg A \wedge \neg C)\}$,求 A 的扩充 E。

5.6 什么是不确定推理?不确定性推理的基本问题是什么?

5.7 何谓随机性?试举出几个随机现象的实例?

5.8 在主观 Bayes 方法中,如何引入规则的强度的似然率计算条件概率?这种方法的优点是什么?主观 Bayes 方法有什么问题?试说明 LS 和 LN 的意义。

5.9 设有如下规则：

$r_1: E_1 \rightarrow H$　　　$LS=10$,　　　$LN=1$

$r_2: E_2 \rightarrow H$　　　$LS=20$,　　　$LN=1$

$r_3: E_3 \rightarrow H_1$　　　$LS=1$,　　　$LN=0.002$

已知 H、H_1 的先验概率 $P(H)=0.03$、$P(H_1)=0.3$。

(1) 若证据 E_1、E_2 依次出现，按主观 Bayes 推理，求 H 在此条件下的概率 $P(H|E_1,E_2)$。

(2) 对 r_3 求 $P(H_1|E_3), P(H_1|\neg E_3)$ 的值各是多少？

5.10 设有如下规则：

$r_1: E_1 \rightarrow H$　　　$LS=20$,　　　$LN=1$

$r_2: E_2 \rightarrow H$　　　$LS=300$,　　　$LN=1$

已知 H 的先验概率 $P(H)=0.03$，若证据 E_1、E_2 依次出现，按主观 Bayes 推理，求 H 在此条件下的概率 $P(H|E_1、E_2)$。

5.11 为什么要在 MYCIN 中提出确定性因子方法？MYCIN 的确定性方法有什么问题？

5.12 何谓可信度？说明规则强度 $CF(H, E)$ 的含义。

5.13 假设有如下一组推理规则：

$r_1: E_1 \rightarrow E_2$　　　(0.6)

$r_2: E_2 \land E_3 \rightarrow E_4$　　　(0.8)

$r_3: E_4 \rightarrow H$　　　(0.7)

$r_4: E_5 \rightarrow H$　　　(0.9)

且已知 $CF(E_1)=0.5, CF(E_3)=0.6, CF(E_5)=0.4$，求 $CF(H)$ 的值。

5.14 设有下述规则：

$r_1: A_1 \rightarrow B_1$　　　$CF(B_1, A_1)=0.8$

$r_2: A_2 \rightarrow B_1$　　　$CF(B_1, A_2)=0.5$

$r_3: B_1 \land A_3 \rightarrow B_2$　　　$CF(B_2, B_1 \land A_3)=0.8$

初始证据 A_1, A_2, A_3 的 CF 值均设为 1，而初始未知证据 B_1, B_2 的 CF 值为 0，即对 B_1, B_2 是一无所知的。

求：$CF(B_1), CF(B_2)$ 的更新值。

5.15 设有下述规则：

$r_1: A_1 \rightarrow B_1$　　　$CF(B_1, A_1)=0.8$

$r_2: A_2 \rightarrow B_1$　　　$CF(B_1, A_2)=0.6$

$r_3: B_1 \lor A_3 \rightarrow B_2$　　　$CF(B_2, B_1 \lor A_3)=0.8$

初始证据 A_1、A_2、A_3 的 CF 值均设为 0.5，而 B_1、B_2 的初始 CF 值分别为 0.1 和 0.2。

求：$CF(B_1)$、$CF(B_2)$ 的更新值。

5.16 如何用证据理论描述假设、规则和证据的不确定性，并实现不确定性的传递和组合？

5.17 已知 $f_1(E_1)=0.8, f_1(E_2)=0.6, |U|=20, E_1 \land E_2 \rightarrow H=\{h_1, h_2\}(c1, c2)=(0.3, 0.5)$，计算 $f_1(H)$。

5.18 考生考试成绩的论域为(A,B,C,D,E),小王成绩为A、为B、为A或B的基本概率分别分配为0.2、0.1、0.3。$Bel(\{C,D,E\})=0.2$。请给出$Bel(\{A,B\})$、$Pl(\{A,B\})$和$f(\{A,B\})$。

5.19 何谓模糊性?它与随机性有什么区别?试举出几个日常生活中的模糊概念。

5.20 模糊逻辑的基本思想是什么?说明模糊控制器的结构以及各主要模块的功能。

5.21 设有论域$U=\{x_1,x_2,x_3,x_4,x_5\}$,$A$、$B$是$U$上的两个模糊集,且有
$$A = 0.85/x_1 + 0.7/x_2 + 0.9/x_3 + 0.9/x_4 + 0.7/x_5$$
$$B = 0.5/x_1 + 0.65/x_2 + 0.8/x_3 + 0.98/x_4 + 0.77/x_5$$
求$A \cap B$、$A \cup B$和$\neg A$的值。

5.22 (思考题)考虑图5-23中的汽车诊断网络,其中每个变量都是布尔型的,并且其取值为true时表示汽车相应的部件工作正常或者状态正常。

(1) 扩展网络,使其含有变量IcyWeather和StarterMotor。
(2) 为所有变量给出合理的CPT(条件概率表)。
(3) 这8个布尔变量结点的联合概率分布中包含多少个独立的值,假设它们之间没有已知的条件独立关系?
(4) 你的网络的表中包含多少个独立的概率值?
(5) Starts的条件分布可以描述为噪声与(noisy-AND)分布。定义这个家族的一般形式,并分析其与噪声或(noisy-OR)的联系。

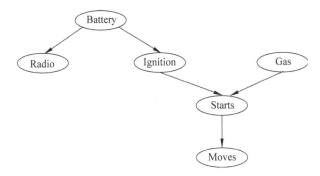

图5-23 一个描述汽车电气系统与引擎的某些特征的贝叶斯网络

5.23 (思考题)在你本地的核电站里有一个报警器,当温度测量仪的温度超过给定警戒阈值时就会报警。这个温度测量仪测量的是核反应堆核心的温度。考虑布尔变量A(报警器响)、F_A(报警器出故障)、F_G(测温仪出故障)、多值变量G(测温仪读数)与T(核反应堆核心的实际温度)。

(1) 画出这个问题域的贝叶斯网络,假设当核心温度太高时测量仪更容易出故障。
(2) 你得到的贝叶斯网络是多形树结构吗?为什么?
(3) 假设温度测量值G和真实值T只有两种情况:正常或偏高;当测温仪正常工作时它给出正确读数的概率为x,出现故障时给出正确读数的概率为y。给出与G相关的条件概率表。
(4) 假设报警器能够正常工作——除非它坏了,这种情况它不会发出报警声。给出与A相关联的条件概率表。

(5) 假设报警器和测温仪都正常工作,并且报警器发出了警报声。根据网络中的各种条件概率,计算核反应堆核心温度过高的概率的表达式。

5.24 （思考题）考虑图 5-24 中的贝叶斯网络,其中布尔变量 $B=\text{BrokeElectionLaw}$, $I=\text{Indicted}$, $M=\text{PoliticallyMotivatedProsecutor}$, $G=\text{FoundGuilty}$, $J=\text{Jailed}$。

(1) 网络结构能够断言下列哪些语句?

(i) $\mathbf{P}(B,I,M) = \mathbf{P}(B)\mathbf{P}(I)\mathbf{P}(M)$

(ii) $\mathbf{P}(J|G) = \mathbf{P}(J|G,I)$

(iii) $\mathbf{P}(M|G,B,I) = \mathbf{P}(M \mid G,B,I,J)$

(2) 计算 $P(B,I,\neg M,G,J)$ 的值。

(3) 计算某个人如果触犯了法律、被起诉,而且面临一个有政治动机的检举人,他会进监狱的概率。

(4) 特定上下文独立性允许一个变量在给定其他变量某些值时独立于它的某些父结点。除了图结构给定的通常的条件独立性以外,图 5-24 的贝叶斯网络中还存在什么样的特定上下文独立性。

(5) 假设想在网络中加入变量 $P=\text{Presidential Pardon}$; 请画出新网络,并简要解释你所加入的边。

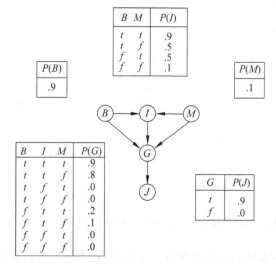

图 5-24 一个具有布尔变量 B,I,M,G,J 的简单贝叶斯网络

5.25 （思考题）小型动物分类专家系统。采用问答方式辨别出用户意中的动物。使用动态数据库修改技术,即在运行时插入新信息,删除旧信息。采用分级归结的方式,即动物从最基本的特征开始确定,一级一级地往上归结,每一级作为一个小的归结结果。

例如,利用 PROLOG 建造了一个小型动物分类专家系统,采用问答方式辨别出用户意中的 7 种动物之一。下面是一段同专家系统的会话。

```
Goal: run.
has it hair          /*你意中的动物有毛发吗? */
yes                  /* 有.*/
```

```
does it eat meat        /* 该动物是食肉动物吗？*/
yes                     /* 是 */
has it a towny-color    /* 该动物是淡黄褐色的吗？*/
yes                     /* 是 */
has it black spots      /* 该动物有黑色斑点吗？*/
yes                     /* 有 */
your animal may be a(n)cheetah!
/* 你意中的动物可能是豹 */
```

第 6 章 Agent

随着计算机技术、人工智能技术、互联网和万维网的发展，Agent 和多 Agent 系统的研究成为人工智能研究的一个热点，为分布式系统的综合、分析、实现和应用开辟了一条新的途径，促进人工智能和软件工程的发展。本章内容包括 Agent 的基本概念、Agent 间的通信与合作、移动 Agent、多 Agent 系统开发框架 JADE 以及火星探矿机器人案例。

6.1 概述

分布式人工智能（Distributed Artificial Intelligence，DAI）系统能够克服单个智能系统在资源、时空分布和功能上的局限性，具备并行、分布、开放和容错等优点，因而获得很快的发展，得到越来越广泛的应用。

DAI 的研究源于 20 世纪 70 年代末期，当时主要研究分布式问题求解（Distributed Problem Solving，DPS），其目标是要建立一个由多个子系统构成的协作系统，各子系统之间协同工作对特定问题进行求解。在 DPS 系统中，把待解决的问题分解为一些子任务，并为每个子任务设计一个问题求解的任务执行子系统。通过交互作用策略，把系统设计集成为一个统一的整体，并采用自顶向下的设计方法，保证问题处理系统能够满足顶部给定的要求。

分布式人工智能系统具有如下特点。

（1）分布性。整个系统的信息，包括数据、知识和控制等，逻辑上和物理上都是分布的，不存在全局控制和全局数据存储。系统中的各路径和结点都能够并行地求解问题，从而提高了子系统的求解效率。

（2）连接性。在问题求解过程中，各个子系统和求解机构通过计算机网络相互连接，降低了求解问题的通信代价和求解代价。

（3）协作性。各子系统协调工作，能够求解单个机构难以解决或者无法解决的困难问题。例如，多领域专家系统可以协作求解单个专家系统无法解决的问题，提高求解能力，扩大应用领域。

（4）开放性。通过网络互联和系统的分布，便于扩充系统规模，使系统的开放性和灵活性比单个系统更好。

（5）容错性。系统具有较多的冗余处理结点、通信路径和知识，能够使系统在出现故障时仅通过降低响应速度或求解精度，就可以保持系统正常工作，提高工作可靠性。

（6）独立性。系统把求解任务归约为几个相对独立的子任务，从而降低了各个处理结点和子系统问题求解的复杂性，也降低了软件设计开发的复杂性。

分布式人工智能一般分为分布式问题求解（DPS）和多 Agent 系统（Multi-Agent System，MAS）两种类型。DPS 研究如何在多个合作和共享知识的模块、结点或子系统之间划分任务，并求解问题。MAS 则研究如何在一群自主的 Agent 之间进行智能行为的协调。两者的共同点在于研究如何对资源、知识、控制等进行划分。两者的不同点在于，DPS 往往需要有全局的问题、概念模型和成功标准，而 MAS 则包含多个局部的问题、概念模型和成功标准。DPS 的研究目标在于建立大粒度的协作群体，通过各群体的协作实现问题求解，并采用自顶向下的设计方法。MAS 却采用自底向上的设计方法，首先定义各自分散自主的 Agent，然后研究怎样完成实际任务的求解问题。各个 Agent 之间的关系并不一定是协作的，也可能是竞争，甚至是对抗的关系。

有人认为 MAS 基本上就是分布式人工智能，DPS 仅是 MAS 研究的一个子集，他们提出，当满足下列 3 个假设时，MAS 就成为 DPS 系统：①Agent 友好；②目标共同；③集中设计。正是由于 MAS 具有更大的灵活性，更能体现人类社会的智能，更适应开放和动态的世界环境，因而引起许多学科及其研究者的强烈兴趣和高度重视。目前研究的问题包括 Agent 的概念、理论、分类、模型、结构、语言、推理和通信等。

Agent 技术，特别是多 Agent 技术，为分布开放系统的分析、设计和实现提供了一种崭新的方法，被誉为"软件开发的又一重大突破"。Agent 技术已被广泛应用到各个领域。Agent 及其相关概念和技术最早源于分布式人工智能（DAI），但从 20 世纪 80 年代末开始，Agent 技术从 DAI 领域中拓展开来，并与许多其他领域相互借鉴和融合，在许多不同于最初 DAI 应用的领域得到更为广泛的应用。面向 Agent 技术（AOT）作为一种设计和开发软件系统的新方法已经得到学术界和企业界的广泛关注。

目前，对 Agent 的研究大致分为如下 3 个相互关联的方面：①智能 Agent；②多 Agent 系统（MAS）；③面向 Agent 的程序设计（AOP）。智能 Agent 是多 Agent 系统研究的基础，我们也可以将智能 Agent 的研究统一在 MAS 的研究框架下，这样，智能 Agent 被看成 MAS 研究中的微观层次，主要研究 Agent 的理论和结构，包括 Agent 的概念、特性、分类，Agent 的形式化表示和推理等；而有关 Agent 间的关系的研究则构成了 MAS 研究的宏观层次，它主要研究由多个 Agent 组成的系统中 Agent 的组织以及 Agent 间的通信、规划、协同、协作、协商与冲突消解、自组织和自学习等问题。智能 Agent 和 MAS 的成功应用要借助 Agent 的应用方法（即 AOP）以及 AOP 开发工具或平台。

随着网络技术和分布式技术，尤其是 Internet/WWW 技术的日益发展和其应用的不断深入，Agent 技术在 Internet 上的应用及相关研究变得愈加活跃。White，Chess 等人认为移动 Agent 是具有移动性的智能 Agent。Gilbert 等人把移动 Agent 作为软件 Agent 的一个重要分支，他们给出了软件 Agent 的分类，其中把移动性作为分类的一个标准。图 6-1 描述了他们给出的软件 Agent 的分类空间。

软件 Agent 被描述为由智能性、代理和移动性组成的一个三维空间。智能性用偏

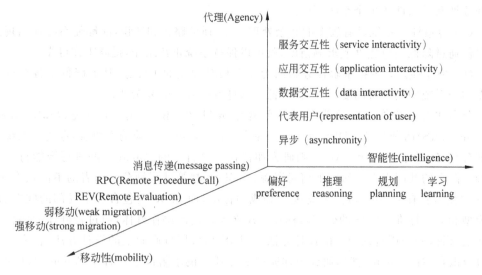

图 6-1　软件 Agent 的分类空间

好、推理、规划、学习刻画 Agent 表达信念、情感的能力和完成任务的能力。代理刻画了 Agent 的自主程度和享有权限的大小,可以用 Agent 与其他实体的交互能力度量。按照他们的观点,Agent 至少能够异步地执行,代理能力强的 Agent 可以在一定程度上代表用户的利益,甚至能代表用户与其他 Agent 或用户交互。按照代理能力的强弱,Agent 被称为自主的(autonomous)、合作的(collaborative)、协作的(cooperative)或协商的(negotiating)。移动性刻画 Agent 的移动能力,移动 Agent 可以采用传统的通信机制(如消息传递、RPC 和 REV 等)进行远程通信,也可以采用弱移动或强移动方式移动到远程主机进行本地通信。

经过近 30 年的发展,多 Agent 系统已经成为国际人工智能领域的前沿和研究热点。在近年来的 AAAI 人工智能会议和国际人工智能联合会议(International Joint Conference on Artificial Intelligence,IJCAI)上录用的关于多 Agent 系统的文章数量一直名列前两位。多 Agent 系统领域的创始人 Victor Lesser 教授于 2009 年获得了 IJCAI 杰出研究奖。

6.2　Agent 及其结构

6.2.1　Agent 的定义

所谓 Agent,是指驻留在某一环境下能够自主(autonomous)、灵活(flexible)地执行动作,以满足设计目标的行为实体。

上述定义具有如下两个特点。

(1) 定义方式。Agent 的概念定义是基于 Agent 的外部可观察行为特征,而不是基于其内部的结构。Agent 的概念定义仅描述了作为 Agent 的行为实体应具有的外在行为特点,没有描述作为行为实体的 Agent 应具有什么样的内部结构以及如何通过其内部结构实现其自主、灵活的行为。Agent 概念的这种定义方式抛开了 Agent 的内部结构和实现细节,刻画了作为 Agent 的外在公共和基本的性质和特征,有助于脱离具体的技术实现细节在一个较高的技术层次上分析和讨论应用系统和软件系统中的行为实体,缓解了不同研究领域和应用领域的专家和学者就有关 Agent 概念的争论。

(2) 抽象层次。Agent 概念更加贴近人们对现实世界(而不是计算机世界)中行为实体的理解。我们不仅可以用 Agent 概念表示现实世界中的行为实体,而且还可以用它表示计算机世界中的软件实体,因而有助于缩小现实世界中的应用系统到其模型以及最终的软件系统之间的概念差距。与过程、对象等概念相比,Agent 是一个更抽象的概念,因而可以在一个更高的抽象层次上对应用系统和软件系统中的行为实体进行自然分析和建模,减少系统开发的复杂性,并有助于实现从需求模型到设计模型的自然过渡。

6.2.2 Agent 要素及特性

Agent 在英语中是一个多义词,主要含义有主动者、代理人、作用力(因素)或媒介物(体)等。在人工智能和计算机领域,可把 Agent 看作是能够通过传感器感知其环境,并借助执行器作用于该环境的任何事物。把人视为 Agent,其传感器为眼睛、耳朵和其他感官,其执行器为手、腿、嘴和其他身体部分。对于机器人 Agent,其传感器为摄像机和红外测距器等,而各种马达为其执行器。对于软件 Agent,通过编码位的字符串进行感知和作用。Agent 通过传感器和执行器与环境的交互作用如图 6-2 所示。

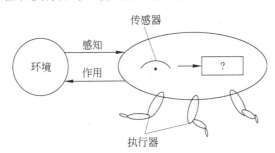

图 6-2 Agent 通过传感器和执行器与环境的交互作用

目前国内对 Agent 尚无公认的统一译法。译文包括智能体、主体、智能主体、智体、代理、艾真体、真体、媒体、个体、实体等。本书沿用英文原文。

1. Agent 的要素

Agent 必须利用知识修改其内部状态(心理状态),以适应环境变化和协作求解的需要。Agent 的行动受其心理状态驱动。人类心理状态的要素有认知(信念、知识、学习等)、情感(愿望、兴趣、爱好等)和意向(意图、目标、规划和承诺等)3 种。着重研究信念(belief)、愿望(desire)和意图(intention)的关系及其形式化描述,力图建立 Agent 的 BDI (信念、愿望和意图)模型,已成为 Agent 理论模型研究的主要方向。

信念、愿望、意图与行为具有某种因果关系,如图 6-3 所示。其中,信念描述 Agent 对环境的认识,表示可能发生的状态;愿望从信念直接得到,描述 Agent 对可能发生情景的判断;意图来自愿望,制约 Agent,是目标的组成部分。

图 6-3 BDI 关系图

Bratman 的哲学思想对心理状态研究产生了深刻影响。1987年,他从哲学的角度研究行为意图,认为只有保持信念、愿望和意图的理性平衡,才能有效地实现问题求解。他还认为,在某个开放的世界(环境)中,理性 Agent 的行为不能由信念、愿望及两者组成的规划直接驱动,在愿望和规划之间还存在一个基于信念的意图。在这样的环境中,这个意图制约了理性 Agent 的行为。理性平衡是使理性 Agent 的行为与环境特性相适应。环境特性不仅包括环境客观条件,而且涉及环境的社会团体因素。对于每种可能的感知序列,在感知序列提供证据和 Agent 内部知识的基础上,一个理想的理性 Agent 的期望动作应使其性能测度达到最大。

在 Agent 和 MAS 的建模方面,几乎所有研究工作都以实现 Bratman 的哲学思想为目标。不过,这些研究都未能完全实现 Bratman 的哲学模型,仍然存在一些尚待进一步研究和解决的问题,如 Agent 模型与结构的映射关系、建造 Agent 系统的计算复杂性以及 Agent 问题求解与心理状态关系的表示等问题。

2. Agent 的特性

Agent 与分布式人工智能系统一样具有协作性、适应性等特性。此外,Agent 还具有自主性、交互性以及持续性等重要性质。

(1) 行为自主性。Agent 能够控制它的自身行为,其行为是主动的、自发的、有目标和意图的,并能根据目标和环境要求对短期行为做出规划。

(2) 作用交互性(也称反应性)。Agent 能够与环境交互作用,能够感知其所处环境,并借助自己的行为结果对环境做出适当反应。

(3) 环境协调性。Agent 存在于一定的环境中,感知环境的状态、事件和特征,并通过其动作和行为影响环境,与环境保持协调。环境和 Agent 是对立统一体的两个方面,互相依存,互相作用。

(4) 面向目标性。Agent 不是对环境中的事件做出简单的反应,它能够表现出某种目标指导下的行为,为实现其内在目标而采取主动行为。这一特性为面向 Agent 的程序设计提供了重要基础。

(5) 存在社会性。Agent 存在于由多个 Agent 构成的社会环境中,与其他 Agent 交换信息、交互作用和通信。各 Agent 通过社会承诺进行社会推理,实现社会意向和目标。Agent 的存在及其每一行为都不是孤立的,而是社会性的,甚至表现出人类社会的某些特性。

(6) 工作协作性。各 Agent 合作和协调工作,求解单个 Agent 无法处理的问题,提高处理问题的能力。在协作过程中可以引入各种新的机制和算法。

(7) 运行持续性。Agent 的程序启动后,能够在相当长的一段时间内维持运行状态,不随运算的停止而立即结束运行。

(8) 系统适应性。Agent 不仅能够感知环境,对环境做出反应,而且能够把新建立的 Agent 集成到系统中,而无须对原有的多 Agent 系统进行重新设计,因而具有很强的适应性和可扩展性。也可把这一特点称为开放性。

（9）结构分布性。在物理上或逻辑上分布和异构的实体，如主动数据库、知识库、控制器、决策体、感知器和执行器等，在多 Agent 系统中具有分布式结构，便于技术集成、资源共享、性能优化和系统整合。

（10）功能智能性。Agent 强调理性作用，可作为描述机器智能、动物智能和人类智能的统一模型。Agent 的功能具有较高智能，而且这种智能往往是构成社会智能的一部分。

6.2.3 Agent 的结构特点

Agent 系统是一个高度开放的智能系统，其结构如何将直接影响到系统的智能和性能。例如，一个在未知环境中自主移动的机器人需要对它面对的各种复杂地形、地貌、通道状况及环境信息做出实时感知和决策，控制执行机构完成各种运动操作，实现导航、跟踪、越野等功能，并保证移动机器人处于最佳的运动状态。这就要求构成该移动机器人系统的各个 Agent 有一个合理和先进的体系结构，保证各 Agent 自主地完成局部问题求解任务，显示出较高的求解能力，并通过各 Agent 间的协作完成全局任务。

人工智能的任务就是设计 Agent 程序，即实现 Agent 从感知到动作的映射函数。这种 Agent 程序需要在某种称为结构的计算设备上运行。这种结构可以是一台普通的计算机，或者可能包含执行某种任务的特定硬件，还可能包括在计算机和 Agent 程序间提供某种程度隔离的软件，以便在更高层次上进行编程。一般意义上，体系结构使得传感器的感知对程序可用，运行程序并把该程序的作用选择反馈给执行器。可见，Agent、体系结构和程序之间具有如下关系。

$$Agent = 体系结构 + 程序$$

计算机系统为 Agent 的开发和运行提供软件和硬件环境支持，使各个 Agent 依据全局状态协调地完成各项任务。具体地说：

（1）在计算机系统中，Agent 相当于一个独立的功能模块、独立的计算机应用系统，它含有独立的外部设备、输入输出驱动装备、各种功能操作处理程序、数据结构和相应的输出。

（2）Agent 程序的核心部分叫做决策生成器或问题求解器，起主控作用，它接收全局状态、任务和时序等信息，指挥相应的功能操作程序模块工作，并把内部工作状态和所执行的重要结果送至全局数据库。Agent 的全局数据库设有存放 Agent 状态、参数和重要结果的数据库，供总体协调使用。

（3）Agent 的运行是一个或多个进程，并接受总体调度。特别是当系统的工作状态随工作环境经常变化以及各 Agent 的具体任务时常变更时，更需搞好总体协调。

（4）各个 Agent 在多个计算机 CPU 上并行运行，其运行环境由体系结构支持。体系结构还提供共享资源（黑板系统）、Agent 间的通信工具和 Agent 间的总体协调，以使各 Agent 在统一目标下并行、协调地工作。

6.2.4 Agent 的结构分类

根据上述讨论,可把 Agent 看作是从感知序列到实体动作的映射。根据人类思维的不同层次,可把 Agent 分为下列几类。

(1) 反应式 Agent。反应式(reflex 或 reactive)Agent 只简单地对外部刺激产生响应,没有任何内部状态。每个 Agent 既是客户,又是服务器,根据程序提出请求或做出回答。图 6-4 表示反应式 Agent 的结构示意图。图中,Agent 的条件—作用规则使感知和动作连接起来。我们把这种连接称为条件—作用规则。

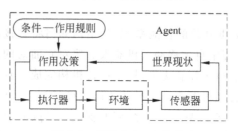

图 6-4 反应式 Agent 结构

(2) 慎思式 Agent。慎思式(deliberative)Agent 又称为认知式(cognitive)Agent,是一个具有显式符号模型的基于知识的系统。其环境模型一般是预先知道的,因而对动态环境存在一定的局限性,不适用于未知环境。由于缺乏必要的知识资源,在 Agent 执行时需要向模型提供有关环境的新信息,而这往往是难以实现的。

慎思式 Agent 的结构如图 6-5 所示。Agent 接收的外部环境信息依据内部状态进行信息融合,以产生修改当前状态的描述。然后,在知识库支持下制订规划,再在目标指引下形成动作序列,对环境产生影响。

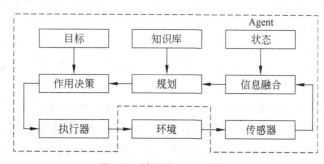

图 6-5 慎思式 Agent 结构

(3) 跟踪式 Agent。简单的反应式 Agent 只有在现有感知的基础上,才能做出正确的决策。随时更新内部状态信息要求把两种知识编入 Agent 的程序,即关于世界如何独立地发展 Agent 的信息以及 Agent 自身作用如何影响世界的信息。图 6-6 给出一种具有内部状态的反应式 Agent 的结构图,表示现有的感知信息如何与原有的内部状态相结合,以产生现有状态的更新描述。与解释状态的现有知识的新感知一样,也采用了有关世界如何跟踪其未知部分的信息,还必须知道 Agent 对世界状态有哪些作用。具有内部状态的反应式 Agent 通过找到一个条件与现有环境匹配的规则进行工作,然后执行与规则相关的作用。这种结构叫作跟踪世界 Agent 或跟踪式 Agent。

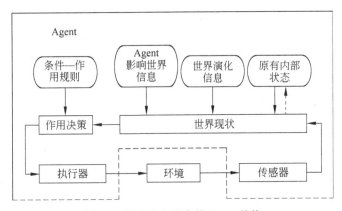

图 6-6 具有内部状态的 Agent 结构

(4) 基于目标的 Agent。仅了解现有状态对决策来说往往是不够的,Agent 还需要某种描述环境情况的目标信息。Agent 的程序能够与可能的作用结果信息结合起来,以便选择达到目标的行为。这类 Agent 的决策基本上与前面所述的条件—作用规则不同。反应式 Agent 中有的信息没有明确使用,而设计者已预先计算好各种正确作用。对于反应式 Agent,还必须重写大量的条件—作用规则。基于目标的 Agent 在实现目标方面更灵活,只要指定新的目标,就能够产生新的作用。图 6-7 表示基于目标的 Agent 结构。

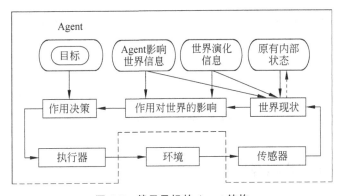

图 6-7 基于目标的 Agent 结构

(5) 基于效果的 Agent。只有目标实际上还不足以产生高质量的作用。如果一个世界状态优于另一个世界状态,那么它对 Agent 就有更好的效果(utility)。因此,效果是一种把状态映射到实数的函数,该函数描述了相关的满意程度。一个完整规范的效果函数允许对两类情况做出理性的决策。第一,当 Agent 只有一些目标可以实现时,效果函数指定合适的交替。第二,当 Agent 存在多个瞄准目标而不知哪一个一定能够实现时,效果函数提供了一种根据目标的重要性估计成功可能性的方法。因此,一个具有显式效果函数的 Agent 能够做出理性的决策。不过,必须比较由不同作用获得的效果。图 6-8 给出一个完整的基于效果的 Agent 结构。

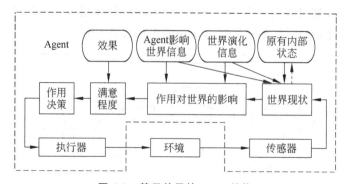

图 6-8 基于效果的 Agent 结构

(6) 复合式 Agent。复合式 Agent 即在一个 Agent 内组合多种相对独立和并行执行的智能形态,其结构包括感知器、反射、建模、规划、通信、决策生成和执行器等模块,如图 6-9 所示。Agent 通过感知模块反映现实世界,并对环境信息做出一个抽象,再送到不同的处理模块。若感知到简单或紧急情况,信息就被送入反射模块,做出决定,并把动作命令送到行动模块,产生相应的动作。

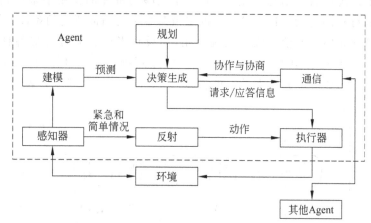

图 6-9 复合式 Agent 结构

6.3 Agent 应用案例

下面给出一些 Agent 例子,以加强对 Agent 概念的理解,分析其性质和特征。在面向 Agent 的软件开发过程中,软件开发人员应该将现实世界应用系统和计算机世界软件系统中的哪些实体视为 Agent 呢?从软件工程的角度,系统中的任何行为实体都可抽象地将它视为 Agent,只要这种抽象有助于分析、规约、设计和实现软件系统。

例 6.1 物理 Agent。

现实世界中的任何控制系统都可视为 Agent。例如,房间恒温调控系统中的恒温调节器就是一个 Agent,如图 6-10 所示。

恒温调节器 Agent 的设计目标是要将房间的温度维持在用户设定的范围。它驻留于物理环境(房间)中,具有温度感应器以感知环境输入(房间中的温度),并能对感知到的房间温度做出适时反应,通过与空调设施(实际上,我们也可将它视为一个 Agent)进行交互,从而影响所处的环境(调高或者降低房间的温度)。

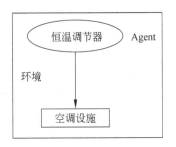

图 6-10　恒温调节器是 Agent

当恒温调节器 Agent 感知到房间的温度低于用户设定值,就向空调设施发出信号要求加大热空气的流量,空调设施一旦接收到该信号,将加大输出的热空气流量,从而使得房间的温度升高;如果房间的温度高于用户设定值,则向空调设施发出信号要求加大冷空气的流量,空调设施一旦接收到该信号,将加大冷空气流量,从而使得房间的温度降低。因此,向空调设施发送各种信号一方面体现了恒温调节器 Agent 与环境中其他 Agent(空调设施)之间的交互,另一方面也展示了恒温调节器 Agent 具有的能力。正是通过该能力,恒温调节器 Agent 在感知到环境温度后,自主地决定和执行不同的动作,从而保证房间的温度维持在用户设定的范围。

在该例子中,恒温调节器 Agent 的行为灵活性主要体现在对感知输入的适时反应,根据其设计目标,恒温调节器 Agent 无须自发性的行为。

现实世界中的 Agent 是一个个的物理部件,Agent 展示的能力主要体现为物理 Agent 所拥有的物理动作,其驻留的环境是物理环境。

例 6.2　软件 Agent。

可将大多数软件 Demon 视为 Agent,它们作为后台进程持续地运行于计算机系统中,不断监控计算机系统中的信息,并通过执行动作影响系统环境。

例如,杀毒软件中的文件实时防护子系统可视为软件 Agent。文件实时防护软件 Agent 的设计目标是要保护计算机系统中的文件系统,防止系统中的文件被病毒感染以及由此而导致的进一步传播。因此,文件实时防护 Agent 需持续不断地运行于用户的计算机中,通过与软件环境(如操作系统、文件系统、图形用户界面等)的交互,感知用户计算机文件系统的变化,如增加一个新的文件、从其他媒介中复制一个文件、已有文件中的数据被修改等。根据感知到的信息,文件实时防护 Agent 将自主地对可疑的文件进行处理,如病毒扫描和分析、病毒清除、文件隔离、文件删除、文件备份等,并通过图形用户界面及时地将相关信息通告给用户。在该例子中,文件实时防护软件 Agent 的行为灵活性不仅体现在反应性方面,而且还体现出一定的自发性(如主动对受病毒感染的文件进行备份)。

杀毒软件中的病毒数据维护子系统也可视为软件 Agent。病毒数据维护软件 Agent 的设计目标是要确保用户计算机中的病毒数据得到及时的更新和维护。当用户的计算机开启时,病毒数据维护软件 Agent 就被加载,并在用户计算机中持续不断地运行。病毒数据维护软件 Agent 拥有用户本地计算机系统中的病毒数据。如果用户的计算机与 Internet 连接,病毒数据维护软件 Agent 能通过与远端病毒数据服务器的交互,感知环境输入(体现为远端服务器中病毒数据的变化),判断用户计算机中的病毒数据是否需要更新。如果需要,病毒数据维护 Agent 将通过与远端数据服务器的交互,自发地从远端数据服务器中下载最新的病毒数据。

不同于例6.1，例6.2中给出的软件Agent对应的是一个个软件逻辑部件，Agent展现的能力主要表现为由语句序列构成的一系列计算机操作指令，而不是物理动作，软件Agent所驻留的环境一般是逻辑(软件)环境。

例6.3 个人数字助手。

代表用户利益，负责为用户提供各种通信、信息、购物、日程安排等服务的个人数字助手可视为Agent。

个人数字助手Agent驻留在Internet环境中，通过与用户的多次交互以及对用户日常访问网站及其信息类型的分析和学习，个人数字助手Agent逐渐了解用户的习性和爱好。例如，喜欢访问哪些网站、喜欢哪些类型的信息。于是，每天个人数字助手Agent都会通过Internet自发地帮助用户搜索和收集大量的、用户关心的信息，并对收集到的信息进行过滤和整理，供用户阅读和浏览。

如果某天个人数字助手Agent帮助用户接收到一个来自某个国际会议程序委员会的邮件，通知他所投的论文已经录用，并邀请其参加某个时间在某地举行的国际学术会议。个人数字助手Agent将根据这些信息自发地为用户制定一个参加会议的日程时刻表，并为用户的旅行路线和航班安排提供一个详细的计划，供用户参考。一旦用户认可个人数字助手Agent制订的旅行计划，那么它将通过Internet与远端多家航空公司的机票定购软件Agent进行交互，就机票的价格进行协商，以帮助用户争取到价格实惠但同时又不影响其旅程的机票，并通过与航空公司机票定购软件Agent的合作，帮助用户预订机票。一旦机票定购成功，个人数字助手Agent将根据航空公司机票定购软件Agent提供的信息提醒用户必须在某个时候进行机票确认。

例6.4 机器人。

可以将开放环境下为人类提供各种服务(如家庭服务、人道主义救援、排除炸弹等)的机器人视为Agent。在开放环境下的机器人通常被赋予各种各样的任务和目标，以为人类服务，它们需要通过各种传感设施(如视觉、雷达、红外等)感知所在环境的信息，并通过相应的处理形成感知输入，建立起环境模型。例如，机器人通过雷达或者红外探测其运行前方是否有障碍物。基于其任务，机器人需要展示目标制导的行为，即机器人根据其被赋予的目标自主地选择和执行动作，从而达成任务的实现。开放环境下的机器人通常需要具备不同程度的灵活性。例如，它必须具备反应性，以对感知到的环境信息(如前方的障碍物)进行及时处理；在某些情况下，它还需具备一定程度的主动性，自发地产生目标，从而更好地为人类服务。此外，在多机器人的场景下，不同机器人之间还必须进行交互和协同，从而展示其社会性。现实世界中的Agent是一个个的物理部件，Agent展示的能力主要体现为物理Agent所拥有的物理动作，其所驻留的环境是物理环境。

目前，多Agent系统技术已经广泛应用于诸多领域，并取得了一些成功的应用。

(1) 航空航天。该领域的应用大多需要解决开放、不可知和不确定的环境(如外太空)以及由此给计算机软件带来的自主性、反应性、适应性等方面的问题。例如，开发太空机器人开展星球(如月球、火星)表面的探索，或者开发具有自主行为的无人飞行器等。

(2) 国防军事。当前军事技术越来越多地朝无人化、自主化、智能化等方向发展，需要大量的信息系统和智能系统快速应对战场环境的变化，并提供指挥、决策、情报、安全、监视等方面的功能。Agent和多Agent系统在军事领域的应用小到嵌入物理武器装备中的Agent或者军用笔记本、单兵系统中的个人数字助手,大到复杂的作战仿真系统、一体化指挥平台等。

(3) 电子商务。电子商务系统通常部署在开放的互联网环境中,需要处理动态的商业事务,适应持续变化的环境和商业需求,帮助用户查询各种信息,满足不同用户的个性化需要。电子商务的应用包括信息查询和过滤、个人数字助手、网上商店、交易处理、拍卖和协商、业务集成等。

(4) 能源与电力。能源网络建立在大量的能源生产者(如家庭太阳能)、消费者(如路灯、家庭,甚至某个智能家居等)基础之上,它们需要采用发散的方式进行管理,并需要通过不同形式的协同达成能源的综合利用。能源系统需要具备很强的灵活性、适应性,能够快速应对能源需求和供应的变化。其应用包括电力资源的发散式管理、能源拍卖和购置、能源检索等。

(5) 健康服务。健康服务(health care)是一个用户要求日趋增长的巨大市场。尤其是随着人口老龄化的不断增长、各种疾病的出现以及政府、社会、组织和公民对健康护理的日益重视,如何提供友好、个性化、快速、便捷和安全的服务成为这一领域面临的一项重大挑战。健康服务涉及大量、扮演不同角色和承担不同职责、需要相互交互和协同的个体(如病人、护士、医生、家属、护理人员等),同时跨越多个不同的部门和信息系统,需要与大量的物理系统(如医疗设备、穿戴式设备等)进行交互,满足不同个体的个性化要求。其应用包括健康状况监控、个性化护理服务、主动服务、信息共享和交换等。

(6) 机器人。机器人不但可以应用于工业生产、无人系统等领域,而且可以帮助人们做家庭事务、健康护理等工作。单个机器人就是一个典型的Agent,它能感知环境变化,并能自主地实施行为完成设计目标。机器人将需要更多地开展协同工作,并与物理系统(如医疗传感设备)和信息系统(如病人救护系统)紧密地结合在一起开展工作。

(7) 生产制造与物流。现代化的工业生产和制造需要解决高度自动化问题,包括规划、生产、监视、协调等。生产出来的产品期望能够尽快、高效、低成本地进入流通环节,因而需要对物流的产品及其状况进行有效的分析、优化、监控等,尤其需要跨机构和部门的自主协调能力以及对各种异常情况进行自主管理的能力。

(8) 安全与监视。在互联网和移动互联网时代,大量非法的访问、侵入、植入、盗取等行为极大地损害了用户的个人隐私,甚至给用户造成损失,因此该领域应用需要Agent和多Agent系统技术以感知和监控环境及自身的状况,并根据监控到的信息自主地实施诸如隔离、拒绝、保护等措施。其应用包括防木马程序、病毒检测和清除等。

(9) 电信。电信应用涉及大量的用户和事务,需要处理大量的动态信息以及进行各种形式的优化,同时为用户提供友好和个性化的服务。

(10) 交通运输。交通运输领域涉及大量的自主个体(如车辆、驾驶人员、管理和管制人员等),需要与大量的设施(如信号灯)进行交互,这类系统对全局优化、高效运行、自主管理等提出了很高的要求。其应用包括空中交通管制、信号灯管理和优化、运输车辆的调度和自组织、自主驾驶车辆等。

6.4 Agent 通信

6.4.1 通信方式

用多 Agent 系统进行分布式问题求解,集成在一个系统中的 Agent 必须彼此能通信和协作。通信是协作的基础。通信方法可以分成黑板系统、消息传送、邮箱 3 种方式。

1. 黑板系统

黑板系统是传统的人工智能系统和专家系统的议事日程的扩充,通过使用合适的结构支持分布式问题求解。在多 Agent 系统中,黑板提供公共工作区,Agent 可以交换信息、数据和知识。开始一个 Agent 在黑板写入信息项,然后可为系统中的其他 Agent 使用。Agent 可以在任何时候访问黑板,看看有没有新的信息到来。它并不需要阅读所有信息,可以采用过滤器抽取当前工作所需的信息。Agent 必须在访问授权中心站点登录。在黑板系统中,Agent 间不发生直接通信。每个 Agent 独立地完成它们答应求解的子问题。

黑板可以用在任务共享和结果共享系统中。基于事件的问题求解策略也是可能的。如果系统中 Agent 很多,那么黑板中的数据会呈指数增加。与此类似,各个 Agent 在访问黑板时要从大量信息中搜索,决定感兴趣的信息。为了优化处理,更先进的黑板概念是在黑板上为各个 Agent 提供不同的区域。

2. 消息传送

采用消息通信是实现灵活复杂的协调策略的基础。使用规定的协议,Agent 彼此交换的消息可以用来建立通信和协作机制。自由消息内容格式提供非常灵活的通信能力,不受简单命令和响应结构的限制。图 6-11 说明了面向消息的 Agent 系统的原理。

图 6-11 面向消息的 Agent 系统的原理

图 6-11 中,一个 Agent 叫发送者,传送特定的消息到另一个 Agent,即接收者。与黑板系统不同,两个 Agent 间的消息是直接交换。执行中没有缓冲,如果不是发送给它的话,它是不能读消息的。所谓广播,是一种特例,消息是发给每个 Agent 或一个组。一般情况下,发送者要指定唯一的地址给消息,然后只有那个地址的 Agent 才能读这条消息。为了支持协作策略,通信协议必须明确规定通信过程、消息格式和选择通信语言。另一点特别重要的是交换知识,全部有关的 Agent 必须知道通信语言的语义。消息的语义内容知识是分布式问题求解的核心部分。

3. 邮箱

在邮箱通信方式中,参与通信的 Agent 都有自己的邮箱并且它们之间需要建立起邮件通道。一般情况下,这些邮件通道可以为多个 Agent 之间的消息传输所共有,而不是由某些 Agent 独占。一个 Agent 欲向另一个 Agent 发送消息时,它可以将消息打包成邮件,并通过邮件通道发送到目标方 Agent 的邮箱中。目标方 Agent 可以定期或者不定期地访问它的邮箱,如果邮箱中有邮件,它将可以取出邮件并对其进行处理。这种交互方式与人类社会中的基于信件交互以及在互联网空间的电子邮件交互很类似。由于邮件通道是非独占性的,多个 Agent 的邮件可以共享利用,因而相对于消息传递通信方式而言,邮箱通信方式的保密性并不是很好。此外,邮箱通信一般采用异步方式,邮件所走的通道及其所需的时间不确定,因而该通信方式的实时性较差。

Agent 通信语言的理论基础是基于言语行为(speech act)理论。这种理论由英国哲学家和语言学家 Austin 提出,并由 Searle,Cohen 等学者加以发展。言语行为理论的主要原理认为:通信语言也是一种动作,它们和物理上的动作一样。发言人说话是为了使世界的状态发生改变,通常是改变听众的某种心智状态。通信语言并不一定可以达到它的预期目的。这是因为每个 Agent 都有对它自身的控制权,它不一定按说话人要求的那样做出响应。

有关言语行为理论的研究主要集中在如何划分不同类型的言语行为。在 Agent 通信语言的研究中,言语行为理论也主要用来考虑 Agent 之间可以交互的信息类型。一种最通用的分类方式是将言语行为分为表示型(representative)(如通知、致谢、宣告等)和指示型(directive)(如请求、询问等)。如果更进一步区分,还可以分成如下类型。

类　　型	例　　子
断言型(assertive)	电视机是关着的
指示型(directive)	把电视机关掉
承诺型(commisive)	我会关掉电视机的
允许型(permisive)	你可以把电视机关掉
禁止型(prohibitive)	你不能把电视机关掉
声明型(declarative)	我宣布这个电视机归我所有

这种划分依然很粗糙。例如,指示型中还可以再划分成命令、协议、请求、建议等。

6.4.2　Agent 通信语言 ACL

在多 Agent 系统中,为了实现 Agent 之间的交互和协同,参与交互的 Agent 需要某种特定的语言准确地表达其交互的意图和内容,并且接收方 Agent 能够根据该语言表达的信息正确地理解相关方 Agent 的协同目的,从而实施相应的行为。Agent 通信语言是一种用于表达 Agent 间交互消息的描述性语言。它定义了交互消息的格式(即语法)和内涵(即语义),支持参与交互的 Agent 对这些消息进行理解和分析。一般地,Agent 通信语言至少应具备以下两方面的表达能力。

1. 交互和协同的意图

在多 Agent 系统中,协同是 Agent 间的一个复杂过程。这一过程涉及诸多 Agent 以及发生在它们之间的一系列交互,每一次交互都展示了参与交互 Agent 的不同协同意图,从而引发相关的 Agent 实施相应的行为。因此,Agent 通信语言应提供表达 Agent 交互意图的语言设施和结构。例如,在协同过程中,Agent 的某次交互是要请求对方

Agent 提供某项服务，还是向对方提出一项建议，是要做出一项服务承诺，还是要向目标 Agent 提供某种信息。显然，这些交互意图的表述对于参与交互的 Agent 正确地表达和理解交互的意图、提供理性的行为有序地开展协同活动是极为重要的。

2. 交互和协同的内容

除了交互意图之外，Agent 间的交互还涉及协同内容问题。也就是说，要针对哪些方面开展协同。例如，一个 Agent 请求另一个 Agent 为它提供某种服务，那么它希望获得什么样的服务；如果一个 Agent 告知另一个 Agent 某项信息，该信息到底是什么；如果某个 Agent 向另一个 Agent 做出某项承诺，该承诺是什么。显然，Agent 通信语言需要提供某种手段准确地表达交互的内容，以便接收方 Agent 能够正确地理解交互的内容。

概括地讲，Agent 通信语言是一种用于表达 Agent 交互意图的语言。不同于程序设计语言（如 Java、C++、Python、PROLOG 等），Agent 通信语言具有以下 4 个特点。

（1）Agent 通信语言的使用对象是 Agent。多 Agent 系统中的各个 Agent 使用 Agent 通信语言表达交互和协同的意图和内容，因此 Agent 通信语言的使用者是 Agent。在运行阶段，Agent 根据协同需要组装和形成交互消息，接收方 Agent 对接收到的消息进行分析和处理。

（2）Agent 通信语言是一种用于表示交互意图和内容的描述性语言。Agent 通信语言专门用于刻画 Agent 间交互的意图和内容，并使得参与交互的其他 Agent 能够理解这些信息，进而支持 Agent 之间的协同。

（3）Agent 通信语言具有严格的语法、语义和语用。语法是指 Agent 通信语言的构成和结构，如符号如何构成，有哪些保留符号，这些符号如何形成一个合法的消息等。语义是指交互的内容，用于解释交互消息中各种符号的指称，如消息中的符号 Book 指称问题域中的什么对象。语用是指交互的意图，如一个 Agent 向另一个 Agent 发送消息要求获得某项服务，因而该消息表达的语用是一种服务请求，它将影响消息接收方 Agent 的任务和意图，如果消息接收方 Agent 同意提供相应的服务，那么它将会生成一个新的任务，产生一项新的意图。在多 Agent 系统的构造和运行过程中，Agent 需要根据 Agent 通信语言的语法、语义和语用组装、形成、理解交互行为。

（4）Agent 通信语言独立于具体的实现技术和运行平台。由于 Agent 通信语言用于表达交互的意图和内容，它通常与多 Agent 系统的具体实现技术和运行平台没有太多的相关性。例如，Agent 通信语言不考虑 Agent 的实现体系结构，也不考虑 Agent 在什么样的平台上运行。

为了支持多 Agent 系统的开发，目前人们已经提出了多种 Agent 通信语言，比较有代表性和有影响力的主要有以下两种：一种是由美国国防部的高级计划署主持研发的知识查询与操纵语言（Knowledge Query and Manipulation Language，KQML）；另一种是由智能物理 Agent 基金（Foundation for Intelligent Physical Agents，FIPA）提出的 Agent 通信语言（Agent Communication Language，ACL）。

FIPA 是一家专门致力于推动 Agent 技术标准化及其应用的非营利组织，其目标是要通过制定国际上公认的一组 Agent 技术规范最大限度地确保多个 Agent 系统之间的互操作。至今，FIPA 已经提出了多个 Agent 技术规范，其中 Agent 通信语言是 FIPA 着重关注和重视的标准化内容之一。FIPA 提出的 ACLAgent 通信语言定义了 Agent 之间交互的一组消息类型，对这些交互消息的语法、语义和语用做出了严格、形式化的描述和定义。在此基础上，FIPA ACL 还提出了一组高层的交互协议，以支持 Agent 之间的复杂协同。

FIPA ACL 的语法定义如图 6-12 所示。一个 FIPA ACL 消息由通信行为、通信内容以及一组消息参数等几个部分组成。

```
ACLCommunicativeAct = Message
Message = "(" MessageType MessageParameter* ")"
MessageType = "accept-proposal" | "agree" | "cancel"
      | "cfp" | "confirm" | "disconfirm" | "failure"
      | "inform" | "inform-if" | "inform-ref"
      | "not-understood" | "propose"
      | "query-if" | "query-ref" | "refuse" | "reject-proposal"
      | "request" | "request-when" | "request-whenever"
      | "subscribe".
MessageParameter = ":sender" AgentName
      | ":receiver" RecipientExpr
      | ":content" ( Expression
      | MIMEEnhancedExpression )
      | ":reply-with" Expression
      | ":reply-by" DateTimeToken
      | ":in-reply-to" Expression
      | ":envelope" KeyValuePairList
      | ":language" Expression | ":ontology" Expression
      | ":protocol" Word
      | ":conversation-id" Expression.
Expression = Word | String | Number | "(" Expression * ")".
KeyValuePairList = "(" KeyValuePair * ")".
KeyValuePair = "(" Word Expression ")".
RecipientExpr = AgentName | "(" AgentName + ")".
AgentName = Word | Word "@" URL.
URL = Word.
```

图 6-12　FIPA ACL 的语法定义

FIPA ACL 预定义了一组通信行为。FIPA ACL 预定义的通信行为见表 6-1，大致可分为以下几个类别：信息传递、信息请求、协商、动作执行和错误处理。

根据 FIPA ACL 的语法定义，一个合法的 ACL 消息一般具有如图 6-13 所示的结构和表示方式。首先，FIPA ACL 消息必须描述消息的通信行为和通信内容，然后提供消息对应的一组参数，包括发送者、接收者、内容描述语言、本体等。

下面列举一些 FIPA ACL 消息的例子，进一步分析 FIPA ACL 消息的语法结构以及不同消息表述的语义内容。

表 6-1　FIPA ACL 预定义的通信行为

通信行为	直观含义	类型				
		信息传递	信息请求	协商	动作执行	错误处理
accept-proposal	接受以前提交的建议，以执行一个动作			√		
agree	同意执行某一动作				√	
cancel	取消以前请求执行的动作				√	
cfp	请求一个建议，以执行某个动作			√		
confirm	告诉接收者某个命题成立	√				
disconfirm	告诉接收者某个命题不成立	√				
failure	告诉接收者试图执行某个动作，但是执行失败					√
inform	通知接收者某个命题成立	√				
inform-if（macro act）	通知接收者某个命题是否为真	√				
inform-ref（macro act）	通知接收者某个描述对应的对象	√				
not-understood	不能理解消息					√
propose	提交一个建议，以执行某个动作			√		
query-if	询问某个命题是否成立		√			
query-ref	询问某个表达式所指的对象		√			
refuse	拒绝执行一个动作				√	
reject-proposal	在协商中拒绝接受一个动作执行的建议			√		
request	请求执行一个动作				√	
request-when	请求当某个命题成立时执行某个动作				√	
request-whenever	请求当某个命题成立时就执行某个动作				√	
subscribe	请求一个引用的值		√			

- FIPA ACL Request 消息

（request

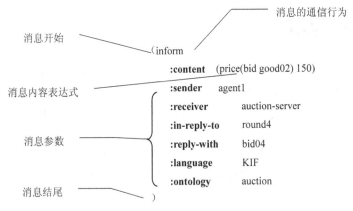

图 6-13 FIPA ACL 消息的结构和表示方式

```
:sender         i
:receiver       j
:content        (action j (deliver box017 (location 12 19)))
:protocol       fipa-request
:reply-with     order567
)
```

该消息的通信行为是"request",Agent*i* 是消息的发送方,Agent*j* 是消息的接收方,该消息采用的交互协议为"fipa-request",消息内容是"(action j (deliver box017 (location 12 19)))",它表示 Agent*j* 执行动作已将"box017"送到位置"(12,19)"处,该消息的标识为"order567"。根据"request"通信行为的含义(表 6-1),该消息表达的语义是:消息发送方 Agent*i* 要求消息接收方 Agent*j* 执行由消息内容描述的动作,Agent*j* 和 Agent*i* 之间采用"fipa-request"交互协议进行协同。

- FIPA ACL Agree 消息

```
( agree
    :sender         j
    :receiver       i
    :content        ((deliver j box017 (location 12 19)))
    :in-reply-to    order567
    :protocol       fipa-request
)
```

这是一个"agree"类型的消息,Agent*j* 是消息的发送方,Agent*i* 是消息的接收方,该消息采用的交互协议为"fipa-request",消息内容为"((deliver j box017 (location 12 19)))",该消息是对标识为"order567"消息的响应。根据"agree"通信行为的含义(表 6-1),该消息表达的语义是:对标识为"order567"的消息做出响应,Agent*j* 同意执行动作"(deliver j box017 (location 12 19))",以将物体"box017"送到位置"(12,19)"处,Agent*j* 和 Agent*i* 之间采用"fipa-request"交互协议进行协同。

6.5 协调与协作

在计算机科学领域,具有挑战性的目标之一就是如何建立能够在一起工作的计算机系统。随着计算机系统越来越复杂,将智能 Agent 集成起来则更具挑战性。而 Agent 间的协作是保证系统能在一起共同工作的关键。另外,Agent 间的协作也是多 Agent 系统与其他相关研究领域(如分布式计算、面向对象的系统、专家系统等)区别开来的关键性概念之一。协调与协作是多 Agent 研究的核心问题之一,因为以自主的智能 Agent 为中心,使多 Agent 的知识、愿望、意图、规划、行动协调,以至达到协作,是多 Agent 的主要目标。

6.5.1 引言

协调是指一组智能 Agent 完成一些集体活动时相互作用的性质。协调是对环境的适应。在这个环境中存在多个 Agent 并且都在执行某个动作。协调一般是改变 Agent 的意图,协调的原因是由于其他 Agent 的意图存在。协作是非对抗的 Agent 之间保持行为协调的一个特例。多 Agent 是以人类社会为范例进行研究的。在人类社会中,人与人的交互无处不在。人类交互一般在纯冲突和无冲突之间。同样,在开放、动态的多 Agent 环境下,具有不同目标的多个 Agent 必须对其目标、资源的使用进行协调。例如,在出现资源冲突时,若没有很好地协调,就有可能出现死锁。而在另一种情况下,即单个 Agent 无法独立完成目标,需要其他 Agent 的帮助,这时就需要协作。

在多 Agent 系统中,协作不仅能提高单个 Agent 以及由多个 Agent 形成的系统的整体行为的性能,增强 Agent 及 Agent 系统解决问题的能力,还能使系统具有更好的灵活性。通过协作使多 Agent 系统能解决更多的实际问题,拓宽应用。尽管对单个 Agent 来说,它只关注自身的需求和目标,因而其设计和实现可以独立于其他 Agent。但在多 Agent 系统中,Agent 不是孤立存在的。即使由遵循某些社会规则的 Agent 构成的多 Agent 系统中,Agent 的行为必须满足某些预定的社会规范,而不能为所欲为。Agent 间的这种相互依赖关系使得 Agent 间的交互以及协作方式对 Agent 的设计和实现具有相当大的制约性,基于不同的交互及协作机制,多 Agent 系统中的 Agent 的实现方式各不相同。因此可以说,研究 Agent 间的协作是研究和开发基于 Agent 的智能系统的必然要求。

在现阶段,针对 Agent 协作的研究大体上分为两类:一类将其他领域(如博弈论、经典力学理论等)研究多 Agent 行为的方法和技术用于 Agent 协作的研究;而另一类则从 Agent 的目标、意图、规划等心智态度出发研究多 Agent 间的协作,如 FA/C 模型、联合意图框架、共享规划等。前一类方法的适用范围远不如后一类广,运用的各种理论只适用于特定的协作环境下,一旦环境发生变化,如 Agent 的个数、类型及 Agent 间的交互关系与该理论所适用的情形不一致时,基于该理论的协作机制就失去了其存在的优势。后一类方法则较偏重于问题的规划与求解,并且它们假定的协作过程差异显著。有的是先找协作伙伴再规划求解;有的是先对问题进行规划,然后由 Agent 按照该规划采取协作性的行动；有的则在 Agent 自主行动的过程中，进行部分全局规划调整自己的行为，以达到协作的目标。后两种方式的协作显得较松散，缺乏必要的意外处理机制及手段，并且在 Agent 间还必须存在共享的协作规划；前一种方式的协作的不确定性较大，其协作规划会受协作团体的影响和制约。

在多 Agent 系统中，Agent 是自主的，多个 Agent 的知识、愿望、意图和行为等往往各不相同，对多个 Agent 的共同工作进行协调，是多 Agent 系统的问题求解能力和效率得以保障的必要条件，包括组织理论、政治学、社会学、社会心理学、人类学、法律学以及经济学等在内的多个学科领域都对协调进行了研究，许多研究成果已经应用到多 Agent 系统中。多 Agent 系统中的协调是指多个 Agent 为了以一致、和谐方式工作而进行交互的过程。进行协调是希望避免 Agent 之间的死锁和活锁。死锁指多个 Agent 无法进行各自的下一步动作；活锁是指多个 Agent 不断工作却无任何进展的状态。多 Agent 之间的协调已经有很多方法，大致归纳如下。

(1) 组织结构化(organizational structuring)。
(2) 合同(contracting)。
(3) 多 Agent 规划(multi-agent planning)。
(4) 协商(negotiation)。

从社会心理学的角度看，多 Agent 之间的协作情形大致可分为
(1) 协作型：同时将自己的利益放在第二位。
(2) 自私型：同时将协作放在第二位。
(3) 完全自私型：不考虑任何协作。
(4) 完全协作型：不考虑自身利益。
(5) 协作与自私混合型。

Agent 的交互有两种关系：负关系和正关系。负关系导致冲突，对于冲突的消解构成协调。正关系表示 Agent 的规划有重叠部分，或某个 Agent 具有其他 Agent 不具备的能力，各 Agent 可以通过协作获得帮助。

20 世纪 80 年代中期以前，分布式人工智能对协调与协作的研究主要在无目标冲突的情况下互相帮助，实现目标。这种研究适用于分布式问题求解。20 世纪 80 年代中期，Rosenschein 针对 Agent 目标有冲突情况下的交互，运用对策论建立了"理性 Agent(rational Agent)"交互的静态模型，成为多 Agent 协调与协作问题的形式化理论基础。此后，许多学者运用对策论对多 Agent 的协商、规划、协调进行了形式化研究。这些研究都是在 Agent 目标矛盾的前提下，如何通过建立对方模型或通过协商协调各自行为，或通过协作实现共同目标。有的研究考虑时间偏好，有的研究面向开放环境。

马萨诸塞大学在强化 FA/C 与 PGP(部分全局规划)方法的基础上，采用元级通信的方法协调 Agent 的计算。MacIntosh 运用启发式方法将协作引入机器定理证明。Sycara 以劳资谈判为背景研究协商问题。该方法使用启发式与约束满足技术解决分布式搜索问题，使用异步回溯恢复不一致的搜索决策。其缺点是需要一个仲裁器解决冲突。Conry 研究了多目标、多资源条件下的多步协商。Hewitt 提出开放分布式人工智能系统的思想，对 Rosenschein 的静态交互模型提出挑战，现实世界是开放的、动态的，协调与协作也

应是开放的、动态的。计算生态学认为,Agent 在开放的、动态的环境中不一定具备很强的推理能力,而可以通过不断的交互,逐步协调与环境以及各自之间的关系,使整个系统体现一种进化能力,类似于生态系统。在 BDI 模型中则强调交互作用中 Agent 信念、愿望和意图的理性平衡。

Shohan 等提出为人工 Agent 社会规定一套法规,要求每个 Agent 必须遵守,并且相信别的 Agent 也会遵守。这些法规一方面会限制每个 Agent 所能采取的行动,另一方面也可以确保其他 Agent 会有什么样的行为方式,从而保证本 Agent 行为的可实现性。Decker 等人提出一种用于分布式传感器网络的动态协调算法,各 Agent 按照统一标准动态修改本 Agent 负责的传感器区域,可以自动达成各区域边界的协调。这种动态重构处理区域可以在整个系统内实现负载均衡,性能优于静态分区算法,尤其是可以降低性能的波动性,更适合于动态实时情形。

在多 Agent 规划系统中,可以通过规定各种行为与目标的相关性而达成行为序列的自发协调。德国慕尼黑技术大学的 Weiβ 通过分布式学习,形成对某个问题的一组行为与目标的相关值。自发协调的另一种方法是 Kosoresow 提出的 Markov 过程。在 Agent 目标和偏好相容的情况下,Markov 过程是一种快速的概率性的协调方法。将 Markov 过程作为 Agent 的推理机制,可以分析 Agent 交互过程的收敛性和平均收敛时间。当 Agent 目标和偏好不相容时,可以在某个时间限制点检测出不相容,并提交给更高层的协调协议。为了描述协同工作的一群 Agent 行为,需要用共同意图将群体成员的行为联结起来。Jennings 等采用共同责任概念,强调意图作为行为控制器的作用,规定各 Agent 在协作问题求解中应该如何行动。这种共同责任可以为系统结构设计提供功能指导,为监控问题求解提供标准,为异常处理提供准则。

6.5.2 合同网

1980 年,Smith 在分布式问题求解中提出了一种合同网协议(contract net protocol)。后来这种协议广泛用在多 Agent 系统的协调中。Agent 之间通信经常建立在约定的消息格式上。实际的合同网系统基于合同网协议提供一种合同协议,规定任务指派和有关 Agent 的角色。图 6-14 给出了合同网系统中结点的结构。

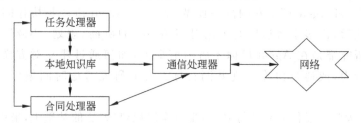

图 6-14 合同网系统中结点的结构

本地知识库包括与结点有关的知识库、协作协商当前状态和问题求解过程的信息。另外 3 个部件利用本地知识库执行它们的任务。通信处理器与其他结点进行通信,结点仅通过该部件直接与网络相接,特别是通信处理器应该理解消息的发送和接收。

合同处理器判断投标提供的任务、发送应用和完成合同。它也分析和解释到达的消息。最后,合同处理器执行全部结点的协调。任务处理器的任务是处理任务赋予它的处理和求解。它从合同处理器接收所要求解的任务,利用本地知识库进行求解,并将结果送到合同处理器。

合同网工作时,将任务分成一系列子问题。有一个特定的结点称作管理器,它了解子问题的任务(图 6-15)。

管理器提供投标,即要解而尚未求解的子问题合同。它使用合同协议定义的消息结构,例:

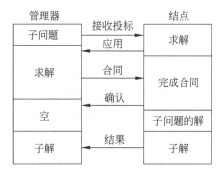

图 6-15　合同网系统中的合同协商过程

```
TO:                         All nodes
FROM:                       Manager
TYPE:                       Task bid announcement
ContractID:                 xx-yy-zz
Task Abstraction:           <description of the problem>
Eligibility Specification:  <list of the minimum requirements>
Bid Specification:          <description of the requires application information>
Expiration time             <latest possible application time>
```

标书对所有 Agent 都是开放的,通过合同处理器进行求解。使用本地知识库求解当前可用的资源和 Agent 知识。合同处理器决定该公布的任务申请是不是要做。如果要做,它将按下面结构通知管理器。

```
TO:                Manager
FROM:              Node X
TYPE:              Application
ContractID:        xx-yy-zz
Node Abstraction:  <description of the node's capabilities>
```

管理器必须选择应用中最适合所给合同的结点。管理器访问具体的求解知识和方法,选择最好成绩,将合同有关的子问题求解任务交给该结点。根据合同消息管理器指派合同如下。

```
TO:                 Node X
FROM:               Manager
TYPE:               Contract
ContractID:         xx-yy-zz
Task Specification  <description of the subproblem>
```

通信结点发送确认消息到管理器,以规定的形式确认接收合同。当问题求解阶段完成,已解的问题传给管理器。承诺的结点完全负责子问题的求解,即完成合同。合同网系统纯粹是任务分布。结点不接收其他结点当前状态的任何信息。如果结点随后认为所安排的任务超过了它的能力和资源,那么可以进一步划分子问题,分配子合同到其他结点。这时,它用作管理器角色,提交子问题标书。形成分层任务结构,每个结点可以同时是管理器、投标申请者和合同成员。

原来，合同网系统做了一些扩充，影响协商的过程。其中之一是公布标书。所有结点都可以参加投标，这要求通信频繁和丰富的资源。管理器必须评价大量的投标书，使用大量的资源。管理器很重的负载可能是公共的投标请求造成的。首先，它要有能力只通知投标中的一小部分。可以想象，管理器具有各个结点能力的具体知识，那么它就能粗略估计处理子问题的可能的候选结点。其次，公共投标请求完全可以取消。如果未解的子问题可以采用以前求解问题的方法构建，那么，管理器可以直接与过去求解问题的结点联系，如果资源可以利用，就签订合同。另外，结点自己也可以投标。这种情况下，管理器许多开放的投标只是调查新的任务。投标请求只是在没有找到合适的投标者时需要。

合同网系统扩充的第二方面是影响实际合同的指派。原协议中，管理器在指派合同后要等待接收有关结点的信息。当确认信息到来之前，管理器不知道结点是否接收合同。结点投标后并未形成合同，没有建立合同约束。建议的扩充是将合同约束建立移到协商的早期。例如，当一个结点投标时，可以提供后面接受承诺可能的条款。与此相关，接受可能性不是简单的接受或拒绝，可以带有一些参数或条件。合同确认的最大期限是进一步的扩充。如果在规定期限内结点没有确认合同，那么管理器将中断合同。合同处理器也可以发送信息，避免管理器等待太长的时间，在最长时间间隔之前，管理器就可以重新指派合同。

6.5.3 协作规划

一般来说，当某个Agent相信通过协作能带来好处（如提高效率、完成以往单独无法完成的任务）时，就会产生协作的愿望，进而寻求协作伙伴；或者当多个Agent在交流过程中发现它们能够通过协作实现更大的目标时，可能会结成同盟，并采取协作性的行动。在现实生活中，产生协作的情形与此相似。譬如，一个企业主为实现某种企业目标而招聘合适的工作人员，多个具有共同利益的企业组成一个大的集团以追求更大的收益等。尽管产生协作的背景会存在一定的差异，但我们都可以借用现实生活中的"因需设岗，竞争上岗"原则予以概括。该原则的直观含义是：根据目标及协作的需要设定恰当的岗位并配备相应的角色，而希望参与协作的竞争者则通过竞争获得能胜任的岗位并扮演相应的角色。虽然在后一种产生协作的情形中，似乎是先有协作参与者后有协作目标，但这实质上并不违背该原则。我们认为协作目标总是先于协作团体存在，只是有时隐藏在某个角落一时没被发现而已，因而后一种情形只能说明他们发现了某种他人尚未发现的但已存在的目标，并且不再需要竞争就能各自扮演自己的角色。这里我们将依照"因需设岗，竞争上岗"原则研究多Agent间的协作行为。我们将规划、竞争、约束、协调纳入一个协作框架中对多Agent间的协作过程进行研究，并将协作过程分为6个阶段：①产生需求，确定目标；②协作规划，求解协作结构；③寻求协作伙伴；④选择协作方案；⑤实现目标；⑥评估结果。

在对协作过程予以形式化的描述时，我们将不再局限于某一种特定的形式化方法，如d'Inverno等使用的Z表示法、Fisher等使用的时态逻辑、Rao等使用的基于分支时间的模态逻辑等。虽然基于逻辑的形式化方法在表示Agent的心智态度及时序方面的性质时有其独到之处，但用逻辑公式描述的Agent行为规范离具体的实现还有很大的一段距离,这是因为从规范描述到具体实现的求精过程是一个相当复杂和难解的问题。这说明纯逻辑的方法在刻画 Agent 的静态性质和规范时有其固有的优势,但它们很难刻画 Agent 的动态行为以及 Agent 间的通信及交互结构。另外,基于进程代数的进程演算(如 π 演算)不仅能刻画 Agent 的动态行为过程,还能刻画多个 Agent 间具有并发性的交互及协作结构,并提供了分析这些结构的相关性质的手段。因此,我们从两个层面上使用这两类方法,并试图将它们融合起来。在规范描述 Agent 间的协作行为时,首次将逻辑和进程代数方法巧妙地融进一个统一的形式化框架中。在定义 Agent 的协作目标时,将使用时态逻辑方法予以描述,而 Agent 间的协作结构以及交互过程则通过 π 演算进行刻画;协作目标以及协作结构则在实现协作目标的过程中联系起来。

1. 形式化框架

在刻画 Agent 间的协作过程的各阶段时,将分别采用不同的形式化框架进行描述,同时在协作过程中将它们以某种方式联系起来。

这里采用的逻辑框架主要是基于时态逻辑的,并在时态逻辑的基础上添加了若干与 Agent 行为有关的模态算子。

时态逻辑语言 TL 是在经典一阶谓词逻辑的基础上增加一组用来表示事件的时间顺序的模态连接符而构成的。在时态逻辑中存在两类时序连接符:过去时的连接符和现在及将来时的连接符。本章只考虑现在及将来时的时序连接符,如"○"(下一次)、"◇"(终将)、"□"(总是)、"U"(直到)、"W"(除非),其中{○,◇,□}为一元连接符,而{U,W}为二元连接符。另外,为了便于刻画 Agent 的心智态度,定义了一组新的模态算子,如信念算子(Bel)、能力算子(Can)等。

π 演算是一种很基本的演算,用通信结构描述和分析并发系统。在两种形式化框架中,基于时态逻辑的框架主要刻画 Agent 的属性,基于进程演算的框架主要刻画 Agent 的动态行为以及行为间的关系。这样,在用时态逻辑描述的 Agent 性质中,我们可以把 Agent 的行为及动作看成是一个或一系列进程,而进程的演化(即计算)必须受 Agent 属性(即某种时态逻辑公式)的限制。

2. 协作模型和结构

这里提出一种"因需设岗,竞争上岗"多 Agent 协作的协作模式,协作过程分为 6 个阶段。据此,可以将协作模型定义如下。

$$M = <Ag, G, P, T, S>$$

其中,

Ag——协调 Agent。在整个协作过程中,除了必须存在多个参与协作实现协作目标的协作参与者外,还存在负责多 Agent 协作的协调者。协作协调者一方面提出协作需求,并对协作目标进行规划;另一方面,协作协调者还负责根据竞争者的条件挑选恰当的协作伙伴。

G——协作目标,由协调 Agent 在特定的情况下产生。

P——协作规划,规划的关键是构造出问题的协作结构,即完成"因需设岗,竞争上岗"中的第一步,确定完成协作任务所需的角色、角色的相关性质,以及各角色之间的依赖关系。

T——协作伙伴集合,即参与协作的协作团体,Ag∈T。协作团体的形成是协调

Agent 根据各 Agent 竞争相应的协作角色的有关信息而确定的。

S——协作方案，它与协作伙伴对应，S∈P。

Agent 间的协作目标包括两部分：①任务目标，即协作应完成何种工作；②性能目标，即 Agent 应在特定的性能指标下协作完成工作，如 Agent 必须在特定的时间及资源等限制下实现任务性目标等。Agent 的任务性目标和性能指标都可以用不含模态算子的时序公式定义。

协作规划的结果是建立协作结构，即求解协作方案、确定完成协作任务所需的角色、角色的相关性质以及各角色之间的依赖关系。协作结构主要用来规定如何将协作目标逐步细化，以便将各个子任务分派给参与协作的 Agent。

在定义协作结构时，定义了一种有向图式的目标关系图。在定义该关系图时，没有增加特殊的限制（如是否允许出现有向环等）。但在 Agent 的协作过程中，若目标关系图中出现了有向环，则 Agent 间的协作会出现死锁。但考虑到在协作规划阶段还没有选中具体的协作方案，即使最初的协作结构中出现了有向环，只要最终选择的协作方案中不存在死锁，则协作仍然能顺利进行。因此，我们把死锁问题放在选择协作方案阶段考虑。

3. 协作方案

寻找协作伙伴的过程实质上就是一个选择协作方案的过程，因为一旦协作伙伴确定后，协作方案也就相应地确定了。为了减少寻找协作伙伴的盲目性，提高效率，有必要先对协作结构做一定的优化处理，排除不可能达到目标的协作方案。

考察协作结构进程中的每一个组合子进程，看与之发生联系的目标关系是否构成有向环。若出现了有向环，则说明若选择该协作方案会出现死锁，协作将不可能进行，因此它不是可选的协作方案，必须从协作结构进程中删去。

剩下的组合子进程都是可选择的协作方案。

在对协作结构进行优化的同时，实际上也在对协作目标"与/或"树进行修剪。修剪后的"与/或"树中的所有叶结点都可以作为一个可竞争的岗位和角色供各 Agent 进行竞争。

Agent 竞争及确定协作伙伴的过程可以描述如下。

(1) 协作协调者根据协作结构向外界公布可竞争的岗位和角色。

(2) 各竞争 Agent 根据自己的能力竞争相应的岗位和角色，并提交相关信息，如有能力胜任何种工作、完成任务可能需要的时间以及实现目标所需的资源等。

(3) 根据竞争 Agent 提交的信息，挑选最合适扮演某一角色的 Agent，挑选标准可根据 Agent 的竞争信息及各要素的权重计算得到。

判断并选择可实现协作目标的最佳协作方案。一种协作方案要成为可选方案，必须满足：①该协作方案中规定的全部角色都有竞争者；②准备参与协作的所有 Agent 的综合指标满足了协作目标的性能指标。其中，第一点很容易判断，而第二点在判断之前必须先计算出其综合指标到底是多少。

从前面描述的协作结构进程中可以看出，每一种协作方案都是若干个并发进程的组合。如果这些并发进程可以同时运行，即各 Agent 能完全并行地完成自己所承诺的任务，那么，协作方案的综合指标就很容易计算得到，其中，所需时间为协作 Agent 中最大的承诺时间，而资源占用或消耗量则为各 Agent 所需资源之和。但我们在定义协作结构时,同时还为并发进程定义了一系列关系(即目标关系 R)。当并发进程间存在某种关系限制时,组合进程内的并发子进程就不再是完全并行地运行,整个组合进程的执行时间和占用的资源量就会发生变化。无论在哪种情形下,每一种协作方案(即经过优化后的协作结构进程中的各组合子进程)所需的时间及资源需求总量都可以根据如下算法计算得到。

(1) 根据组合进程内的各子进程间的关系 R 构造以这些子进程为结点的有向图,即该协作方案对应的目标关系子图。

(2) 找到任一入边度数为 0 而出边度数大于 0 的结点,设为 v。

(3) 逐一考察与该结点相连的所有结点,设为 u_i。将 u_i 中的时间量用 v 和 u_i 的时间量之和代替,而资源量用 v 和 u_i 中较大的资源量替换。最后从有向图中删除结点 v。

(4) 回到第(2)步,直到找不到那样的结点为止。

(5) 剩下的结点所对应的进程可以完全并发地运行。这样,整个组合进程,即该协作方案所需的时间量为这些剩余结点时间量中的最大值,而资源需求量则为所有剩余结点资源量之和;至此,算法结束。

从协作结构的优化过程中不难看出,优化后的协作结构中不再存在有向环,所以上述算法对协作结构中的每种协作方案都能结束,即都能求出该方案所需的时间及资源指标。

协作伙伴在扮演竞争到的角色(即开始进行协作)前,首先必须相互信赖,即协作团体中的每个 Agent 都相信自己和其他 Agent 都能完成各自承诺的任务,这样协作才能进行下去。其次,参与协作的 Agent 一旦做出承诺,就必须采取行动实现目标。这样,如果协作伙伴相互信任,且会对自己的目标做出承诺,并保证目标的实现,多 Agent 间的协作就可以顺利进行。

4. 协作过程分析

以实现协作目标为出发点的多 Agent 间的协作行为必须满足特定的性质或标准,这些性质包括:①Agent 间应该相互响应;②所有 Agent 应对联合行动做出承诺;③每个 Agent 应承诺对相互之间的行动给予支持,以及协作过程中不发生死锁,能满足特定的环境约束等。在协作过程中,Agent 性质表现在如下几个方面。

(1) Agent 之间相互信赖。

(2) Agent 对协作行动予以承诺,并保证在正常情况下不影响协作的顺利进行。

(3) 无死锁的协作过程。在选择协作方案阶段,首先对规划阶段求解出的协作结构进行优化,排除死锁出现的可能性。

(4) 协作与约束。在协作目标中,不仅定义了多 Agent 应完成的任务,即任务性目标,还定义了多 Agent 在协作过程中应满足的环境限制或约束,即性能指标。

(5) 协作与协调。Agent 间的协作往往离不开协调,因此,我们在定义 Agent 的协作结构时,定义了一种目标关系图,用来限定 Agent 行为之间的相互关系。同时,我们将目标关系进程与目标结构进程组合在一起,从而保证了多 Agent 行为的协调性。

6.6 移动 Agent

移动 Agent(Mobile Agent,MA)是一类特殊的 Agent,它除了具有智能 Agent 的最基本特性——自主性、反应性、主动性和交互性外,还具有移动性,即它可以在网络上从一台主机自主地移动到另一台主机,代表用户完成指定的任务。移动 Agent 可在异构的软、硬件网络环境中移动。移动 Agent 计算模式能有效地降低分布式计算中的网络负载,提高通信效率,支持离线计算,支持异步自主交互,可动态适应网络环境,具有安全性和容错能力。移动 Agent 计算模式集中了其他传统分布式技术(如客户/服务器模式、分布式对象技术、移动代码技术)的优点,并结合分布式人工智能技术提供了一个普遍的、开放的、广义的、简便的分布式应用开发框架,较之传统的网络编程方式更适合于网络应用系统的开发。MA 的这些优点决定了其广泛的应用前景,如应用于电子商务、个人助理、安全代理、分布式信息查询、网络管理、信息监测与通告、信息与软件分发、并行处理等领域。

6.6.1 移动 Agent 产生的背景

随着 Internet/WWW 的迅速发展,用户定位、处理感兴趣的信息变得异常困难。日益庞大的网络及其异质性对网络管理和互操作提出了新的挑战。如何合理、有效地利用 Internet 上巨大的计算资源成为计算机工作者们关注的重要问题。当前流行的分布式计算技术都基于 Client/Server 模式,通过远程过程调用或消息传递等方式进行远程通信,比较适合稳定的网络环境和应用场合。随着新型网络应用(如移动计算)的出现,Client/Server 模式的缺点日益明显,远不能适应当今快速多变的网络应用发展,移动 Agent 技术集智能 Agent、分布式计算、通信技术于一体,提供了一个强大的、统一的、开放的计算模式,更适合于提供复杂的服务(如复杂的 Internet 信息搜索、Internet 智能信息管理等)。

1. 移动 Agent 是分布式技术发展的结果

移动 Agent 技术是在消息传递、远程过程调用、远程求值、客户/服务器模式、代码点用等技术基础上发展的。

消息传递(message passing)——进行通信的两个进程使用发送原语(send)和接收原语(receive)进行消息的发送和接收。

远程过程调用(Remote Procedure Call,RPC)——消息传递机制需要程序设计人员给出网络地址和同步点,通信层次太低。远程过程调用对此进行了改进,它隐蔽了网络的具体细节,使得用户使用远程服务就像进行一个本地函数调用一样,但在通信过程中需要远程与本地进行频繁的交互。

远程求值(Remote Evaluation,REV)——远程求值允许网络中的结点向远程结点发送子程序和参数信息。远程结点启动该"子程序",一些初始请求可由该子程序发出,中间结果也由该子程序处理,而不是发回源结点,子程序只是将最后的处理结果返回到源结点。

客户/服务器(Client/Server,C/S)模式——在客户/服务器通信模型中,通信的实体双方有固定、预先定义好的角色:服务器提供服务,客户使用服务。这种模式隐含了一种严格的依赖关系:客户依赖于服务器所提供的服务而工作。客户发出服务请求,然后在服务器上完成任务,最后服务器将处理结果返回到客户机。引入客户和服务器的角色,RPC 模式和 REV 模式都是客户/服务器模式的一种。

代码点用(code-on-demand)——针对C/S结构中资源过于集中的缺点，代码点用模式使用了代码移动技术，即在需要远程服务时，首先从远程获得能执行该服务的代码。代码点用模式最典型的例子是Java中的applet(应用小程序)和servlet(服务小程序)，applet从服务器下载到浏览器中在本地运行，而servlet则从本地上传到服务器(常为Web服务器)在远程运行。

移动Agent(Mobile Agent，MA)——代码点用模式的移动不是自主的，而且代码不能多次移动。MA可以(在一定范围内)随意移动到能提供服务的目标主机上，可以连续移动，而且这种移动是自主的。在MA模式中，原来C/S模式中的客户和服务器的界限消失了，取而代之的是统一的"主机"的概念；原来代码点用模式中的代码具有了自主性，而且可以进行多次移动，典型地，Java中的applet和servlet被统一成移动Agent。这样的MA有其明显的优势。

第一，MA技术能较大地减少网络上的数据流量。通过将服务请求Agent移动到目标主机，使该MA直接访问该主机上的资源，与源主机只有较少的交互，从而避免了大量数据的网络传送，降低了系统对网络带宽的依赖；同时也缩短了通信延时，提高了服务响应速度。

第二，MA能以异步的方式自主运行。我们可以将要完成的任务嵌入到MA中，并通过网络将其派出去，然后就可以断开源主机与目标主机的连接。此后，MA就独立于最初生成它的进程，可以异步自主地运行了。源主机可以在随后适当的时候再与目标主机连接并接收运行的结果信息。这对于移动设备或移动用户来说尤其有用。移动计算的真正意义也在于此。

第三，MA可以根据服务器和网络的负载动态决定移动目标，有利于负载均衡。而且，MA的智能路由减少了用户浏览或搜寻时的判断。

第四，在进行任务处理时，可通过动态创建多个Agent并行工作，提高效率，并降低对任务的响应时间。

第五，能够克服网络隐患，在不可靠的网络中也能提供稳定的服务。例如，在远程工业实时控制系统中，通过存在隐患的网络传送控制信息，远不如将控制指令通过MA直接移动到该受控系统上执行安全。

2. 移动Agent是Internet发展的趋势

移动Agent的产生是众多因素的综合结果。Internet上信息的数量以及上网用户的数量和种类在飞速增长。这些用户来自不同的民族和地域，有不同的文化和知识背景，他们对Internet上信息的需求以及希望使用Internet的方式也是不同的，这就要求对Internet进行个性化的表示和使用。这种个性化可能只是表示格式的不同，也可能是诸如信息自动搜索、邮件过滤等更高级的要求，它们体现在Internet的实现中，也就是服务的客户化。这种服务的客户化可以直接在服务器端实现，也可以通过代理服务器(proxy)实现。

尽管目前Internet的带宽不断增大，但其发展速度还是跟不上Internet上通信量的飞速增长，网络带宽仍然是制约Internet用户的一个主要因素。

目前计算机工业发展的一个热点是移动设备。这些设备多数通过Internet进行互联，这时它们也要求避免大量数据传输。设备互连可以采用proxy的方法，也可以采用客户端的移动代码技术。后者的典型代表是 Java 的 applet,通过 applet 在本地与客户进行复杂、耗时的交互,然后传输结果,这种方法更为有效。将这里的移动代码赋予自主性后就变成了移动 Agent。

但网络服务不可能完全满足不同用户的各种个性化需求,而且随着用户的增多,proxy 也会变为通信的瓶颈。一种解决方法是以移动代码的形式实现这些个性化的工具,这些移动代码可以按用户的要求移动到相应的服务器或 proxy 上,甚至可以移动到客户机上。移动代码方法还可以在通信双方连接断开的情况下继续工作。

用户在网络上搜索信息时不可能在一台服务器上就能得到全部信息,他们往往要搜索多台主机。为避免大的延迟,就要避免"星形的循环",即移动代码首先进入第一个网址进行搜索并将结果返回客户,然后同样的或不同的移动代码又从客户端出发进入第二个选定的网址……如此进行,直到用户找到所需的信息。如果让移动代码携带用户的搜索要求,在第一个网址搜索完毕后直接移动到第二个网址、第三个网址……直到找到用户所需的信息,则可以极大地减少网络拥挤,提高搜索速度。这种可以连续多次移动的代码就是移动 Agent。

6.6.2 定义和系统组成

移动 Agent 是具有移动特性(mobility)的智能 Agent,它可以自主地在网络上从一台主机移动到另一台主机,并代表用户完成指定的任务,如检索、过滤和收集信息,甚至可以代表用户进行商业活动。MA 技术是分布式技术与 Agent 技术相结合的产物,它除了具有智能 Agent 的最基本特性——反应性、自主性、主动性和交互性外,还具有移动性。

不同的移动 Agent 系统的体系结构各不相同,但几乎所有的移动 Agent 系统都包括如下两部分:Agent 和 MA 环境(MAE 或称 MA 服务器、MA 主机(MAH)、MA 服务设施、Place、Context、Location),如图 6-16 所示。

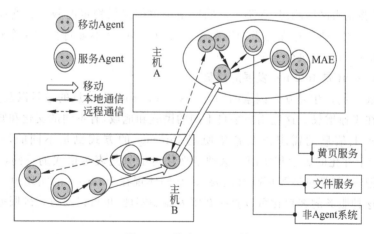

图 6-16 移动 Agent 系统

MA 环境(MAE)为 Agent 提供安全、正确的运行环境,实现 MA 的移动、MA 执行状态的建立、MA 的启动,实施 MA 的约束机制、容错策略、安全控制、通信机制,并提供基本服务模块,如事件服务(event service)、黄页服务(yellow page service)、事务处理服务(transaction service)和域名服务(DNS)等。一台主机上可以有一个或多个MAE。通常情况下,一个MAE只位于一台主机上,但当主机之间是以高速、持续、稳定可靠的网络连接时,一个MAE可以跨越多台主机而不影响整个系统的运行效率。

Agent可以分为移动Agent(也称用户Agent,User Agent)和服务Agent(也称系统Agent(System Agent)或静态Agent(Static Agent))。

移动Agent可以从一个MAE移动到另一个MAE,在MAE中执行,并通过通信机制与其他MA通信或访问MAE提供的服务。

服务Agent不具有移动的能力,其主要功能是向本地的Agent或来访的Agent提供服务。通常,一个MAE上驻有多个服务Agent,分别提供不同的服务,如文件服务、黄页服务等系统级服务,订票服务、数据库服务等应用级服务。由于系统Agent是不移动的,并且只能由它所在MAE的管理员启动和管理,因此保证服务Agent不会是"恶意的"。来访的移动Agent不能直接访问系统资源,只能通过服务Agent提供的接口访问"受控制的(controlled)""安全(secure)"的服务,这可以避免恶意的Agent对主机的攻击,是移动Agent系统经常采用的安全策略。另外,采用Java提供的C语言接口(C-Interface),服务Agent可以提供与遗留软件(legacy software)的交互接口,很容易将非Agent系统集成到Agent系统中。

6.6.3 实现技术

移动Agent技术提供了一个能同时满足如下要求的体系框架:①减轻网络负载,节省网络带宽;②支持实时远程交互;③封装网络协议;④支持异步自主执行;⑤支持离线计算;⑥支持平台无关性;⑦具有动态适应性;⑧提供个性化服务;⑨增强应用的强壮性和容错能力。

移动Agent技术涉及通信、分布式系统、操作系统、计算机网络、计算机语言以及分布式人工智能等诸多领域,为了更好地利用移动Agent技术,必须解决好以下关键技术问题。

1. 移动

移动(migration)可分为强移动和弱移动两种。移动Agent包括3种状态:程序状态(program state)、数据状态(data state)和执行状态(execution state)。程序状态指所属Agent的实现代码;数据状态包含全局变量和Agent的属性;执行状态包含局部变量值、函数参数值和线程状态等。强移动包含程序状态、数据状态和执行状态的移动,而弱移动只包含程序状态和数据状态的移动。

强移动的语义是:在移动目的地,从Agent的断点处执行。如果MA包含多个线程,则多个线程同时从断点处运行。强移动要求Agent的实现语言提供Agent执行状态的外表化(externalize)和内在化(internalize)的功能,即要求MA系统提供抽取(extraction)执行状态、恢复(re-insertion)执行状态的功能。目前只有少数语言能提供上述要求的功能,如Facile和Tycoon。由于Agent的执行状态通常很庞大(尤其对多线程Agent),所以强移动是开销很大的操作。AgentTCL、Ara和Telescript都属于强移动系统。

弱移动只携带程序状态和数据状态,根据需要只把 MA 的部分执行状态存入数据状态中随 Agent 一起移动,传输的数据量有限;弱移动操作的开销小,执行效率高,但它改变了移动后的执行语义。MA 移动到新主机后,不再接着移动前的断点处执行,而是执行主线程的某一个入口函数(如在系统 MOLE 中是主线程的 start 方法,在系统 Aglets 中是主线程的 run 方法)。在该函数中,根据数据状态决定应该如何执行。如果 Agent 包含多个线程,则移动之后,只启动包含入口函数的线程,再由它决定启动哪些线程。Aglets、Mole 和 Odyssey 都是弱移动系统。

移动 Agent 为完成用户指定的任务,通常要依次移动到多个主机上,依次与这些主机交互,并使用其提供的服务和资源,这就是所谓的 Multi-Hop 技术。如何实现和规划 MA 在多主机间的移动是移动机制和移动策略所要解决的问题。

移动机制主要研究移动的实现方式。不同的系统采用的移动机制不同,目前 MA 的移动机制可以分为两大类:一类是将 MA 的移动路线、移动条件隐含在 MA 的任务代码中,其代表系统是 IBM 的 Aglet;另一类是将 MA 的移动路线、移动条件从 MA 的任务代码中分离,用所谓的"旅行计划"表示,其代表系统是 Mitsubishi 公司的 Concordia。

MA 的移动策略是指根据 MA 的任务、当前网络负载和服务器负载等外界环境,动态地为其规划出移动路径,使 MA 在开销最小的情况下最快、最好地完成其任务。移动策略的优劣直接影响 MA 的性能,乃至其任务的完成。移动策略一般可以分为静态路由策略和动态路由策略。在静态路由中,需要访问的主机和访问的次序在 MA 执行任务之前就已经由 MA 的设计者确定了。在动态路由中,访问哪些主机及访问的次序在 MA 的任务执行之前是无法预料的,由 MA 根据任务的执行情况自主决定,一般由用户指定一个初始路由表,MA 在按照该路由表移动的过程中可以根据周围环境的变化自主修改路由表。动态路由方式体现出 MA 的自主性、反应性。

目前,MA 的移动机制的研究比较广泛和深入,相比之下,有关 MA 移动策略研究还比较少,未见有系统对 MA 移动策略给出一个较为精确和系统的说明。多数系统在规划 MA 移动路由时只考虑了软件资源(任务语义),而忽略了网络传输资源和主机处理资源等硬件资源的影响,更没有考虑 MA 以往的旅行经验,这显然是不全面的。IBM 的 Aglet 给出了移动 Agent 传输协议(ATP),但该协议只是规定了 MA 在两台主机之间如何传输,并没有考虑硬件资源对移动路由的影响,也没有给出 MA 在多个主机之间的移动策略。Acharya 等意识到不同硬件资源及其使用状况对 MA 移动的影响,但在实现 MA 系统 Sumatra 时只给出了网络延迟的监测,而没有考虑到目标主机本地资源对 Agent 移动的具体影响。D. Rus 等人在对网络负载进行监测的基础上,进一步给出了对网络连接和目标主机是否可达等监测信息,但也忽略了目标主机本地资源对 Agent 移动的具体影响。Concordia 提出了旅行计划的概念,实现了迁移信息和 Agent 任务体的分离,但其旅行计划的描述能力和灵活性都不够,不能表达多种迁移方式。另外,它只是从任务语义的角度决定 MA 下一步向哪里移动,但还不能根据网络资源、目标主机资源动态地规划 MA 的移动路径。Dartmouth 学院的 K. Moizumi 等人在 D'Agent 的基础上开发了分布式信息查询系统 Technical-Report Searcher,在该系统中他们将移动策略称之为旅行代理问题(Traveling Agent Problem,TAP)。在他们的解决方案中,综合考虑了网络负载、主机负载和主机上存在所查信息的概率等因素,力图在 MA 出发之前为其规划出一条最佳移动路径,使 MA 完成任务的时间最短。TAP 实际上是静态路由问题,在他们提出的"贪心算法(greed method)"中没有考虑负载信息过时对算法的影响。该系统采用一个"网络感知模块(network-sensing module)"获得网络负载信息和主机负载信息,存在集中环节。另外,在"最佳"的评判标准上,也只考虑了速度,而没有考虑服务价格和服务质量。

2. 通信

移动 Agent 系统可采用的通信手段很多,有消息传递、RPC、RMI、匿名通信和 Agent 通信语言等。根据通信对象的不同,移动 Agent 的通信方式可分为以下几种。

(1) 移动 Agent/服务 Agent 通信:该通信方式实质是移动 Agent 和 MAE 之间的通信。服务 Agent 提供服务,移动 Agent 请求服务,是一种典型的客户/服务器模式,如移动 Agent 向黄页服务 Agent 查询有关服务。该类通信方式可以采用类似 RPC、RMI 的通信机制。

(2) 移动 Agent/移动 Agent 通信:这是对等(peer-to-peer)通信方式,通信双方的地位是平等的。为了完成特定的任务,如协作求解,移动 Agent 系统必须提供同步和异步通信机制。

(3) 组通信:也称为匿名通信。前两种通信方式的前提是,通信双方事先相互了解。然而,在某些情况下,通信的双方并不能确认对方的身份。例如,在基于移动 Agent 技术的分布式信息查询应用中,一组 Agent 被派遣到 Internet 的各个信息源上执行搜索操作,在查询的过程中,为了提高搜索的并行度,某些 Agent 可能又派生多个子 Agent 组,当这些子 Agent 和其父 Agent 所在组中的 Agent 进行通信时,就是匿名通信。在组通信方式中,通信的一方只能确定对方所在的组,而不能确定组中具体的成员。目前支持组通信的方法有组通信协议(group communication protocols),如 ISIS;共享内存(shared memory),如 Tuple Spaces;事件管理等。在事件管理方式中,Agent 向系统注册其感兴趣的事件,当其他 Agent 产生该事件时,交由注册 Agent 处理。

(4) 移动 Agent/用户通信:属于智能人机接口领域。

根据通信发生的地点,可以把通信分为本地通信(又称结点内通信,主机内通信(inter-place communication)和远程通信(又称结点间通信,网络通信,intra-place communication)。通常,一个主机内不同 MAE 之间的通信被视为远程通信。

Agent 通信语言(ACL)是实现 MA 与 MA 执行环境,以及 MA 与 MA 之间通信的高级方式。开放式 MA 系统的 ACL 系统应当具有环境无关、简洁、语法语义一致等特点。KQML/KIF 和 XML 是两种具有发展潜力的通信语言(或协议),前者主要用于知识处理领域,后者在 Internet 环境(尤其是 WWW)中具有很好的支持能力。

在具体的移动 Agent 系统中,通信的实现方式有很大差别。Tacoma 通过一个携带数据的 briefcase 交换数据。Ara 支持 C/S 方式的服务调用,但没有提供异地 Agent 之间的通信手段。Telescript 中的 Agent 只能在相遇点(Meet Place)中使用本地方法调用的方式相互通信。D'Agent 既支持底层的消息传递方式,也支持高层通信方式,如 Agent RPC 和 KQML/KIF。Aglets,Mole,Voyage 等基于 Java 的系统通常采用 Java 对象实现分布式事件通信和消息传递机制。另外,Aglets 预留了与 CORBA/IIOP 的通信接口。

3. 程序设计语言

移动 Agent 系统对程序设计语言有多方面的要求。Knabe 等人对移动 Agent 的程序设计语言提出4条基本要求。

(1) 支持移动：该语言必须提供机制，以确定将要移动的 Agent 应携带哪些代码；必须提供发起"移动"操作的原语或函数。

(2) 支持异构性：用该语言编写的移动 Agent 应当能在一个异构的环境中任意移动，这个异构的环境可能包含不同拓扑结构的网络、不同类型的计算机硬件设备、不同的操作系统等。

(3) 高性能：移动 Agent 的移动操作会给系统带来很大的开销。在某些情况下，移动 Agent 的执行效率甚至远低于其他技术。该语言必须能快速、高效地运行。

(4) 安全性好：该语言必须具有很好的安全性，使用该语言编写的移动 Agent 不易受到恶意主机和其他恶意 Agent 的攻击。

MA 的实现语言可以采用编译型语言，也可以采用解释型语言。从支持移动、支持异构性、执行效率和安全性等多方面考虑，几乎所有的移动 Agent 系统都采用解释型语言。由于 Java 技术的快速发展和其具有良好的安全性和较高的执行效率，因而被大多数移动 Agent 系统所采用。

如果采用编译型语言，MA 被编译成本地代码(native code)，本地代码与具体的系统平台有关，当 MA 在不同系统平台之间移动时，必须重新编译源代码。另外，本地代码具有直接访问本地系统资源的权利，使得很难进行安全控制。如果采用解释型语言，MA 被编译成与本地无关的独立于机器的代码(machine-independent code)，由解释器解释执行，不同平台上的解释器保证 MA 可以在不同系统平台之间移动执行，并且解释器在解释执行时，对访问系统资源的语句加以严格控制，实现语言级安全性。

当选用解释型语言作为 Agent 的实现语言时，所面临的问题是执行效率。编译后的本地代码其执行比解释执行速度快，但目前有些解释型语言提供实时编译技术(如 Java 语言的 Just-In-Time 技术)可以显著地提高解释型语言的执行速度。

从移动语义考虑，如果提供强移动(strong migration)，需要获得 MA 的执行状态(execution state)。对于解释执行而言，要求解释器提供抽取(extraction)线程执行状态、恢复(re-insertion)线程执行状态的功能。对采用编译执行而言，线程的执行状态用堆栈表示，编译器必须提供捕捉堆栈和恢复堆栈的功能，目前的移动 Agent 系统即使采用的是同一种编译器，该过程开销也十分巨大。

解释性语言还具有延迟绑定的优点，程序可以包含本地不存在的函数和类，这很好地支持了代码的移动。

不同的移动 Agent 系统采用不同的语言，大体可以分为多语言系统和单语言系统。多语言系统的代表有 Ara、Tacoma 和 D'Agent。Ara 致力于用当前现有的编程语言实现移动 Agent，支持 C/C++、Tcl、Java；Tacoma 支持 Tcl/Tk、C、Scheme、Perl 和 Python。D'Agent 支持 Tcl、Scheme 和 Java。单语言系统多数采用 Java，如 Mole、Aglet、Concordia、Voyager 等。DEC 研究院研制的 Oblic 采用面向对象语言 Oblic。编程语言的选择对于移动 Agent 系统的发展至关重要，第一个商业化的移动 Agent 系统 Telescript 的消亡就说明了这一点，过于专用的 Telescript 语言极大地限制了 Telescript 系统应用范围，使之无法经受基于 Java 的移动 Agent 系统冲击。General Magic 公司重新开发了一个基于 Java 版本的移动 Agent 系统 Odyssey，Odyssey 继承了 Telescript 的所有思想。

4. 安全性

MA 的移动性会带来很多不确定因素,要想使 MA 被广泛地接受,成功地应用于商业(如电子商务),就必须解决好 MA 的安全性(security)问题。MA 的安全性问题是 MA 成功应用的瓶颈,是移动 Agent 系统中最重要、最复杂的问题。

通常把移动 Agent 系统的安全问题分为 4 个部分:①保护主机免受恶意 Agent 的攻击;②保护 Agent 免受恶意主机的攻击;③保护 Agent 免受其他恶意 Agent 的攻击;④保护低层传输网络的安全。

为了阻止恶意 MA 对主机的破坏,在主机上通常采用如下安全检测技术。

(1) 身份认证(authentication):它主要用于检查 MA 是否来源于可信的地方。这需要从 MA 的源主机或独立的第三方将有关身份认证的详细信息传送过来。身份认证失败的 MA 或者被驱逐出主机,或者仅允许以匿名 Agent 的身份在十分有限的资源环境下运行。数字签名就是一种常用的身份认证技术。

(2) 代码验证(verification):它主要用于检查 MA 的代码,看它是否会执行被禁止的动作。由于有些代码只有在其被执行时才能被验证,如用于函数参数的变量的内容等,所以代码验证常常按如下步骤进行:首先检查 MA 是否试图破坏其执行环境,然后检查该 MA 实际运行所在的 MA 系统是否对 MA 的管理负责。若以上验证结果成立,则进一步检查该 Agent 的操作是否超出其授权和资源限制的范围。可以采用一种称为携带证明的代码(proof-carrying code)完成对来自不安全地点的移动代码的验证,以确定对该代码的执行是否安全。该技术将安全性证明(proof)附加到每条代码上并与代码一块移动。目标主机可以迅速验证这些证明并进而判定移动代码的安全性。证明或代码两者之一被窜改均会造成整个代码验证失败,从而导致移动代码被拒绝执行。Java 语言本身提供了一定程度的代码验证机制,即完整性验证。

(3) 授权认证(authorization):主要检查 MA 对主机资源的各种访问许可,这包括资源可被访问的次数和被使用的数量以及 MA 在该资源上进行存取操作的类型。例如,被高度信任的 MA 可以读、写、修改指定的资源并可无限制地访问它;而不被信任的 MA 则仅能对该资源进行读操作,而且只能进行有限次的访问。有些 MA 可能允许访问主机的计算资源;有些 MA 则可能被完全禁止。可以通过使用访问控制表的方法实现授权认证。

(4) 付费检查(payment for services):它主要用于检查 MA 对服务的付费意愿和付费能力(除非服务是免费的),这包括检查 MA 是否确实付费了、付费过程是否正确以及付费者是否对所提供的服务满意等。MA 在运行的过程中至少会使用服务器的计算资源,也可能进行购买物品的交易。为避免不必要的资源占用和不合理的交易,需要限制 MA 的权利,这也可以通过付费的方式控制。例如,MA 可以携带一定数量的电子货币,当 MA 在某主机上运行时,它需要根据所要求的服务的数量和质量对主机付费。这样,MA 的权利受限于其所拥有的货币的多少,用尽货币的 MA 会消亡。当然,MA 会要求主机不能随意捏造收到的货币数量,而且要求主机确实提供了双方所协商的服务。

通过上面给出的 4 种方法,主机的安全性问题在一定程度上可以解决,但有关 MA 方面的安全问题还需要考虑,即要保证 MA 在传送和远程执行时的安全和完整。为保证

MA 在传送和远程执行时的安全性和完整性,通常采用加密技术、身份认证技术(如数字签名)等。采用诸如 PGP 等加密算法有助于在 MA 传送过程中保护其内容免遭窃听。使用身份认证技术可用于检查目标主机的合法性;数字签名技术还可用于验证信息,保证接收者不篡改收到的信息,并使处理结果返回到正确的发送者。

对于 MA 的安全性问题,很多学者做出了大量的工作,但多数是针对具体的系统和环境,而且只侧重于某一层面。例如,ffMAIN 利用其实现语言 SafeTCL 在安全性方面的特点重点给出了代码验证的实现方法;APRIL 重点研究代码验证和加密技术而忽略了其他因素;基于 Java 语言的系统,在代码验证方面往往直接使用 Java 的字节码校验程序而很少再对此做深入研究,但 Java 的字节码校验程序本身还存在一定的缺陷。

作为第一个商业化的 MA 系统,General Magic 的 Telescript 对安全性策略进行了细致的设计,它提供了本节提到的各种安全机制。IBM 的 Aglets 也是面向商用目的,它提供了身份验证、授权认证、代码验证以及电子货币机制。Agent TCL 对安全性有较好的支持,缺憾的是没有提供有关付费检查功能。APRIL 在代码验证方面很有特色(这与其使用专用语言 April 有关),但未阐明其传输的安全性问题。Mole 和 Sumatra 除了利用 Java 已有的安全机制(代码验证)和默认的安全管理器外,没有再提供其他的安全机制。

5. 容错

为保证移动 Agent 在异质环境中正常运行,必须考虑到服务器异常、网络故障、目标主机关机、源主机长时间无响应等异常情况的出现,并给出相应的解决方法。MA 要执行的任务越复杂,经过或所到达的站点越多,则出现故障的概率也就越大。在诸如 Internet 这样的广域网环境中,此概率是绝对不容忽略的。像安全性一样,容错性(fault-tolerance)也是移动 Agent 系统成功应用所需重点解决的问题。

在 MA 的移动和任务求解过程中,有以下几个环节可能产生系统错误。

(1) 传输过程:MA 是在网络上进行移动,网络传输介质的不稳定和高误码率常常会导致传输的错误,线路的中断还会导致 MA 的崩溃。

(2) MA 服务环境:MA 会在不同的计算机系统中运行,这些计算机系统的容错能力可能各不相同。当 MA 服务环境出现主机进行恶意破坏,或主机长时间停机,或系统死机,或系统掉电等情况时,都能造成 MA 的失效或崩溃。

(3) MA 自身代码:MA 设计和实现的缺陷也会导致 MA 系统突然崩溃。

MA 在结点间移动和执行的过程是典型的串行过程,这种串行性使得整个过程链的容错性能等于其中最差的结点的容错性能,是典型的"灾难共享",所以要在 MA 移动和执行过程的各个环节上进行故障的预测、防范和故障后的恢复。容错的基本原理是采用冗余技术,而具体的冗余方法有很多种。目前在移动 Agent 系统中,总体上来说可以采用以下几种冗余策略。

(1) 任务求解的冗余:创建多个 MA 分别求解相同的任务,最后根据所有或部分的求解结果,并结合任务的性质决定任务的最终结果。该方法的难点在于最后结果的冲突消解和综合。对于任务求解结果比较明确、唯一的情形(典型的,如计算作业),可以采用多数优先的原则选择求解结果,其依据是概率论。对于求解结果多样化的任务(典型的,如 Internet 上的信息搜索),首先对结论有冲突的结果进行取舍,然后将剩余结果的并集作为最后的结果,可以将并集中的结果根据出现的概率进行排序。这种方法在保证 MA

结果的有效性方面具有很大的优势,但会耗用大量的网络资源和计算资源。

(2) 集中式冗余:将某个主机作为冗余服务器,保存 MA 原始备份并跟踪 MA 的任务求解过程。若 MA 失效,则通过重发原始备份提供故障恢复。这种方法的缺点是中间结果难以利用,可以采用检查点技术对其进行改进。方法是:每隔一个适当的时间间隔对该 MA 做一次检查点操作,不断地把程序运行的中间状态保存在检查点文件中。在 MA 出现故障后,利用该 MA 的检查点文件把 MA 恢复到最近一个检查点时刻的状态继续运行。这样,利用检查点采用这种步步为营的策略可以保证长时间运行的 MA 最终能被正确地执行完毕。在采用检查点技术的集中式冗余方法中,检查点文件被集中存放在某个固定的主机中。集中式冗余方法的缺点是存在集中环节,使得该容错方法本身缺乏容错性。

(3) 分布式冗余:将 MA 容错的责任分布到网络中多个非固定的结点中,这些结点由冗余分配策略决定。在此也可以采用检查点技术,只是检查点文件的获取和存放位置是分布式的。这种方法能提供较理想的容错机制。

当前只有少数系统具有容错机制。Ara 提供检查点(check_point)机制,在 Agent 执行中产生一系列检查点,它是 Agent 内部状态的一个完整记录,当 Agent 由于某种原因出错时,用最近的检查点把 Agent 恢复到出错前的状态。Concordia 提供一个持久存储管理器(persistent store manager),用于备份服务环境和 Agent 的状态,其中消息排队子系统备份将要移动的 Agent,直到 Agent 被目的主机正确接受。Tacoma 则利用后台监视 Agent 完成 Agent 出错后的重新启动。

6. 管理

MA 在具有高度自主特性的同时,还应受到一定程度的管理。这种管理主要来自源主机,也可能来自目标主机,这要依具体的实现而定。首先,源主机要对 MA 的行为负责,使其对整个系统不会产生危害;其次,源主机还要随时了解 MA 的当前工作情况,以避免 MA 的迷航或过度复制,也要随时回答 MA 提出的问题或协调 MA 的工作。目标主机也要将 MA 作为外来 Agent 进行管理,避免其过度使用本地资源,或协助其进行下一次的移动,协调其与本地 Agent 的交互等。

7. 移动 Agent 的理论模型

移动 Agent 的理论模型刻画了位置、移动、通信、安全、容错、资源控制和资源配置等基本概念,有助于从形式抽象的角度认识移动 Agent 的本质特征。现有的几种理论模型是对传统并发和分布式计算形式与方法的扩充与修改,有基于代数语义的进程代数,如 CSP、π-演算等,有基于指称语义的 ACTOR 模型,有基于状态转换语义的时序逻辑,如 Unity、TLA 等。

8. 移动 Agent 的协作模型

移动 Agent 在执行任务的过程中经常要和其他实体进行协作(coordination),最常见的协作对象是 MAE 中的服务 Agent 及其他移动 Agent。Agent 之间的协作技术已被广泛、深入地研究,各国的研究者提出了许多关于协作的理论、模型和语言,这些理论和模型已被广泛应用到包括移动 Agent 系统在内的许多应用系统中。

Cabri 按照空间耦合(spatially coupled)和时态耦合(temporally coupled)的标准把当前移动 Agent 的协作模型分为 4 类:直接协作模型(direct)、基于黑板的协作模型

(blackboard-based)、面向会见的协作模型(meeting-oriented)和类 Linda 模型(Linda-like)。表 6-2 给出了它们的分类。

表 6-2 移动 Agent 协作模型分类

空间 \ 时态	耦 合	非 耦 合
耦合	**direct** Aglets、D'Agent	**blackboard-based** Ambit、ffMain
非耦合	**meeting-Oriented** Ara、Mole	**Linda-like** PageSpace、TuCSoN、MARS、Jada

空间耦合是指参与协作的 Agent 共享名字空间；时态耦合是指参与协作的 Agent 采用同步机制，要求参与协作的 Agent 在协作时必须同时存在。

(1) 直接协作模型：在此模型中，参与协作的 Agent 向其他 Agent 直接发送消息。大多数基于 Java 的移动 Agent 系统采用直接协作模式，如 Aglets，D'Agent。一些中间件(如 CORBA、DCOM)也支持直接协作模式，它们封装了 Agent 的命名和定位，使开发人员可以直接向服务对象发送消息，而不必关心消息是如何到达的。

(2) 基于黑板的协作模型：该模型使用一个被称为"黑板(blackboard)"的消息储存库(repository)存放消息。消息的发送者可以向"黑板"写入消息，接收者在需要的时候从"黑板"读取消息。由于"写入"操作和"读取"操作不需要同步执行，因此该模型是非时间耦合的。发送者在向"黑板"写入消息的时候，必须给该消息加上一个唯一的标识，接收者通过该标识从"黑板"检索相应的消息。由于协作双方事先需要知道消息的标识，因此该模型是空间耦合的。

Ambit 中的每一个结点都维护一个局部"黑板"，构成一个分布式黑板模型。Agent 可以向局部"黑板"写入信息或从中读取信息。ffMain 中，用"信息空间(information space)"存放数据信息，Agent 通过 HTTP 向其写入数据或从其读取数据。

(3) 面向会见的协作模型：在此模型中参与协作的 Agent 聚集在同一个会见地点(meeting place)进行通信、交互。由于在协作的过程中参与者不必知道其他参与者的名字，因此该模型是非空间耦合的，这使协作具有很大的灵活性。该模型要求参与协作的 Agent 都必须到达指定的会见地点进行同步交互，因此该模型是时间耦合的。

Ara 系统实现了面向会见的协作模型。管理会见的服务 Agent 负责建立一个会见地点，外来的移动 Agent 可以进入该会见地点同其中的 Agent 进行协作。Mole 采用了 OMG 提出的基于事件(event)的同步模型，该模型可以视为是一个复杂的面向会见模型。事件是用于同步的特殊对象，同步的双方都需要具有该事件对象的引用，这相当于进入同一个会见地点。

(4) 类 Linda 模型：该模型在时间和空间上都是非耦合的，是最灵活的一种协作模型。类似"黑板"协作模型，类 Linda 模型中也有一些存放消息的空间，这些空间被称为元组(tuples)空间，tuples 中的消息都以元组表示。与"黑板"协作模型不同的是，类 Linda 模型不是通过"标识"进行消息检索，而是采用所谓的"联想式(Associative Way)"检索。这种方式使用"模式匹配(pattern matching)"机制，只用部分信息就可以检索出完整的消息。通过这种方式,参与协作的 Agent 不需要共享任何信息。

基于 Java 的移动 Agent 系统 Jada 提出了"联想黑板(associative blackboard)"概念,维护多个对象空间(object space)。移动 Agent 使用对象空间存放对象,并用对象空间以联想方式检索对象的引用。系统也允许移动 Agent 创建私有的对象空间进行私有的交互。MARS 对元组空间增加了可移植性(portable)和反应性(reactive)。元组空间的接口严格遵循 JavaSpace 规范,反应(reactions)是一些与元组有关的 Java 方法(Java Method),当元组被匹配后,相关的反应被执行。

6.6.4 移动 Agent 系统

自 1994 年第一个商业化的移动 Agent 系统 Telescript 问世以来,移动 Agent 技术就受到学术界、工业界的广泛关注。移动 Agent 的研究主要分为两个方面:移动 Agent 系统及其实现技术的研究;移动 Agent 技术应用的研究。前者主要研究移动 Agent 系统的体系结构、移动 Agent 的模型、移动机制、移动策略、通信机制、程序设计语言、管理控制机制、安全技术、容错技术、建模技术和理论、协作技术等方面;后者着重研究面向应用领域的移动 Agent 技术及应用,迄今为止在电子商务、网络管理、智能搜索引擎、移动计算、工作流管理、并行处理、信息(软件)分发和个人助理等领域都开展了移动 Agent 应用研究。另外还包括移动 Agent 和其他研究领域的交叉研究,如与分布式对象技术(CORBA)的结合,与智能 Agent 的结合。

实现移动 Agent 系统的关键技术在前面已做了介绍,这里只对移动 Agent 系统的研究、开发情况进行综述。具有代表性的 MA 系统在表 6-3 中列出。

表 6-3 移动 Agent 系统列表

序号	系统名称	实现语言	系统描述
1	Telescript	Telescript	第一个商业化的 MA 系统,后继版本基于 Java,改名为 Odyssey
2	Messengers	Messenger,C	该系统中的移动 Agent 称为 Messenger,可以自主地创建逻辑网络并在该网络中移动
3	Agent Tcl	Tcl/Tk,Scheme,Java	功能最全的移动 Agent 系统,后继版本支持包括 Java 在内的多种语言,改名为 D'Agent
4	Tacoma	C,Tcl/Tk,Scheme Perl,Python,VB	支持语言种类和操作系统平台最多的 MA 系统。可以使用 Web 浏览器和电子邮件发送 Agent 并接收执行结果
5	Ara	C/C++,Tcl,Java	致力于用当前现有的编程语言实现移动 Agent
6	Mole	Java	第一个基于 Java 的移动 Agent 系统
7	Aglet	Java	最早的基于 Java 的商业化移动 Agent 系统,是 JavaApplet 模型的扩充
8	Concordia	Java	功能完备的移动 Agent 系统,首次提出旅行计划的概念,已应用于移动计算、分布式数据库等领域
9	Voyager	Java	基于 Agent 的分布式对象技术,既支持移动,又支持传统的分布式计算

续表

序号	系统名称	实现语言	系统描述
10	Oblic	Oblic	Oblic 是一种面向对象的语言，在该系统中，Oblic 对象可以自主地移动
11	Jumping bean	Java	可以开发具有移动能力的 Java 应用程序
12	Grasshopper	Java	第一个遵循 MASIF 标准的移动 Agent 系统
13	OAA	C,C-Lisp,Java,VB	开放的 Agent 体系结构
14	MOA	Java	基于 Agent 的移动对象系统
15	Kali Scheme	Scheme	目前已应用于分布式数据挖掘、负载平衡等领域
16	Tube	Scheme	一种 Agent 协调机制
17	AgentSpace	Java	基于 Java 的移动 Agent 系统
18	Plangent	Java	基于 Agent 的智能规划系统
19	JATlite	Java	支持 KQML 信息查询
20	Kafka	Java	支持多 Agent 技术
21	Gossip	Java	用于在 Internet 上进行信息交换的移动 Agent 应用系统
22	Gypsy	Java	面向 Internet 信息查询、电子商务、移动计算和网络管理领域研究的实验系统
23	Knowbot	Python	Python 是一种面向对象的语言，目前只是一个原型系统，其后续版本将支持 Java
24	Nomads	Java	包含一个经过修改的 JVM 称为 Aroma，支持 Java 线程状态的捕捉，支持强移动

目前的 MA 系统可从其实现语言上大致分为如下两类：基于 Java 语言的 MA 系统和基于非 Java 语言的 MA 系统（也可以分为多语言系统和单语言系统）。

基于非 Java 语言的 MA 系统的典型代表除了 Telescript 外，还有 Dartmouth 学院研制的 D'Agent，挪威的 Tromso 大学和美国 Cornell 大学联合研制的 Tacoma，德国 Kaiserslautern 大学研制的 Ara，DEC(Compaq)研究院研制的 Obliq 等。

基于非 Java 语言的 MA 系统常常基于专有的软硬件系统，通用性受到较大的限制。跨平台语言 Java 的出现，使得 MA 技术的研究有了较大的进展，并且已经研制出了很多实验性系统和商品化软件。例如，德国 Stuttgart 大学开发了第一个基于 Java 的移动 Agent 系统 Mole，IBM 公司的 Aglets 是第一个基于 Java 的商品化移动 Agent 系统，也是目前最流行的移动 Agent 系统，ObjectSpace 研制了 Voyager，美国加州大学 Berkeley 分校研制了 Java-to-go 等。General Magic 公司也在 Telescript 概念的基础上开发了一个基于 Java 的移动 Agent 系统——Odyssey。

6.6.5　移动 Agent 技术的应用场景

移动 Agent 作为关键技术被广泛应用在电子商务（特别是移动电子商务）、分布式信息查询(智能搜索引擎)、网络管理、移动计算、工作流管理、并行处理、信息(软件)分发、个人助理、监控与通告等领域。

1. 电子商务

移动 Agent 的移动性和自主性为网络环境(尤其是 Internet 环境下的电子商务应用)提供了很多潜在的优点,给电子商务带来了新的机遇,被誉为是电子商务的"催化剂",基于 Agent 的电子商务(Agent-Based E-Commerce,ABEC)成为一个新的研究领域。在 ABEC 中,Agent 代表其所有者的利益参与商务活动。代表消费者的 Agent 可以自主地移动到多个电子市场,寻找所需的商品,查询商品的价格,同供应商进行价格协商。代表生产商的移动 Agent 可以向电子市场发布产品信息,也可以主动上门向顾客提供服务。代表市场管理部门的 Agent 负责整个市场的管理工作。多个 Agent 之间的协作可以采用移动 Agent 的协作模型,管理技术、安全技术和容错技术可以保证 Agent 进行有序的、安全的、可靠的商务活动。

2. 分布式信息查询

目前面向 Internet 信息检索的所有搜索引擎采用的技术都是在线查询,并且搜索的覆盖面有限,提供的查询方式有限,查询精度低,返回的大量结果中往往只包含少数信息或不包含用户关心的信息。移动 Agent 技术支持离线查询,一个或多个移动 Agent 携带着查询要求自主地移动到各个相关的信息源上,相互协作,搜索与用户最相关的信息,当用户重新连线时,返回综合的查询结果。动态派生子 Agent 的能力可以大大提高搜索的并行度和搜索范围,提供个性化服务的能力可以向用户提供多种查询方式。Dartmouth 学院 Brian Brewington 等人使用 D'Agent 建立了一个分布式信息查询的应用。

3. 网络管理

大型网络(如电信网络、交通网络、计算机网络等)都需要容错管理(故障诊断与恢复)、计费管理、配置管理、性能管理、安全管理等基本管理。客户/服务器模式是当今网络管理的基本模式,其固有缺点随着网络日趋复杂、规模不断扩大、应用服务数量剧增而越来越明显,管理工作站数据处理和网络带宽成为其瓶颈,不具有动态变化的伸缩性。使用移动 Agent 技术可以对整个网络建模,利用其移动性、自主性和反应性可以建立一个灵活、统一、健壮的网络管理体系。

4. 移动计算

移动计算的 3 个基本特征是:无线通信、移动性和便携性。无线通信指移动设备之间的通信通过低速、高延迟、不可靠的无线网络;移动性指通信设备的地理位置经常发生变化,导致和位置有关的系统配置信息需要经常改变;便携性指移动设备尽可能小巧,便于携带,这限制了设备的计算能力和存储能力。使用移动 Agent 技术可以全面解决以上 3 个问题,移动 Agent 支持离线计算,可以有效地节省网络带宽,非常适合无线通信网络;移动 Agent 的平台无关性可以避免移动设备的配置随位置的变化而不断更改;移动设备可以将定制的移动 Agent 发送到服务器上执行,充分利用服务器的计算资源,从而克服了移动设备计算能力弱的缺点。

5. 工作流管理

传统的工作流管理系统无论是采用集中式管理方法,还是采用分散式管理方法,大都是基于客户/服务器模型。但是,基于客户/服务器模型的传统工作流管理系统灵活性较差,很难适应日趋复杂的企业计算环境。若把工作流项的信息和行为封装在一个移动 Agent 中,利用移动 Agent 的移动性和自主性在工作流模型中移动执行,则会极大地提高工作流管理系统的灵活性,从而克服传统工作流管理系统的不足。

6. 并行处理

移动 Agent 可以派生多个子 Agent,这些子 Agent 可以发送到网上异步、并行、自主地执行。人为地或自动地将一个大规模的问题分解成多个子任务,分别交给不同的移动 Agent 去执行,这些 Agent 自主地移动到网络中的各个结点,充分利用网络中空闲的计算资源和可用的信息资源,相互协作,共同求解。移动 Agent 这种动态派生的能力可以有效地提高任务执行的并行度。

7. 信息(软件)分发

利用移动 Agent 技术可以实现"推(PUSH)"模型,移动 Agent 携带要发布的信息或要安装的软件移动到有订购需求的客户机器,自动执行信息发布或软件安装操作。在软件安装的执行过程中,移动 Agent 自动搜集相关信息,如运行环境信息、用户信息、系统配置信息等,自动地创建安装目录、解压缩软件包、配置参数,直至软件被正确安装。软件的维护与升级工作也可以借助移动 Agent 完成。

8. 个人助理

移动 Agent 具有智能性和移动性,因此可以代表用户处理远程事务。例如,在会议召开前,代表各个与会者的移动 Agent 可以交互协商出一个与会者都可以接受的会议日程安排。

9. 监控与通告

移动 Agent 可以移动到某一个信息源,进行实时监控,当其等待的事件发生或所需的信息可用时,向用户发出通知。例如,可以派送多个 Agent 分别监视不同股票的交易情况。监控 Agent 的生命周期可以长于创建它们的进程。

另外,移动 Agent 还可用于主动网络(active network)、安全代理(secure brokering)、群件技术(groupware)等领域。

6.7 多 Agent 系统开发框架 JADE

JADE 是 Java Agent DEvelopment Framework 的缩写,它完全用 Java 实现,支持采用 Java 开发可互操作的多 Agent 系统。它提供了遵循 FIPA 技术规范的可重用软件开发包,封装并实现了多 Agent 系统的诸多基本功能,从而简化了多 Agent 系统的开发和运行。JADE 所遵循的 FIPA 规范包括 Agent 管理规范(Agent Management Specification)、Agent 通信语言规范(Agent Communication Language Specification)和 Agent 通信语言消息规范(ACL Message Specification)。

JADE 采用中间件的形式提供了以下 3 个组成部分支持多 Agent 系统的开发、部署、运行和管理。

(1) 软件开发包。JADE 提供了一组可重用软件开发包,它们封装了 Agent 以及 Agent 间通信及其协议等方面的基本功能,软件开发人员可以通过重用这些软件包开展多 Agent 系统的开发。

(2) 运行环境。JADE 提供了一个运行环境部署所开发的各个 Agent,并支持这些

Agent 的运行和管理。

（3）图形化工具集。JADE 提供了一组图形化的软件工具集支持多 Agent 系统的调试、部署、管理和维护。

JADE 包含有一个基于 Java 虚拟机的分布式环境支持多 Agent 系统的部署和运行，如图 6-17 所示。

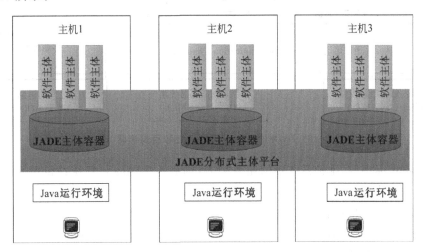

图 6-17　JADE 提供的分布式 Agent 部署和运行环境

由 JADE 开发的多个 Agent 可以部署在一个由多台计算机组成的分布式环境中执行。每一个主机上都部署一个 Agent 容器。每个 Agent 容器均运行在 Java 虚拟机之上并为部署在该容器的 Agent 提供运行支持。它实际上是 JADE 框架在计算结点上的一个运行实例。基于 JADE 开发的 Agent 必须运行在特定的容器之上，因而容器成为 Agent 运行的载体。每个 Agent 只能部署在一个容器上运行，一个容器可包含多个 Agent。不同容器之间的 Agent 通过 JADE 提供的基础设施实现相互之间的交互和通信。

在 JADE 平台的诸多 Agent 容器中，必须有一个主容器。JADE 的主容器负责管理 JADE 平台中的其他容器以及这些容器中的 Agent，因此它必须在系统运行时始终处于活跃状态。一个主容器及其所管理的其他 Agent 容器构成了 JADE 平台。JADE 的主容器有两个特殊的 Agent：Agent 管理系统（Agent Management System，AMS）和目录协调（Directory Facilitator，DF）Agent。它们负责对系统中的 Agent 分别提供白页和黄页服务，如图 6-18 所示。

• Agent 管理系统

Agent 管理系统负责管理系统中 Agent 的基本信息，如 Agent 的唯一命名、所在的容器和地址、端口号等，维护系统中 Agent 的信息列表，因而为多 Agent 系统提供命名白页服务。根据 FIPA 技术规范，每个 Agent 都有一个唯一的命名。AMS 记录了每个 Agent 的地址和状态信息（如是否处于活跃状态、是否正在迁移中），可以对系统中的 Agent 及其对平台的访问和使用进行管理，如创建一个 Agent、杀死一个 Agent。每个 Agent 运行时需要在 Agent 管理系统进行注册，并提供其基本的白页信息。

• 目录协调 Agent

目录协调 Agent 负责管理系统中各个 Agent 对外提供的服务，如服务的名称、提供

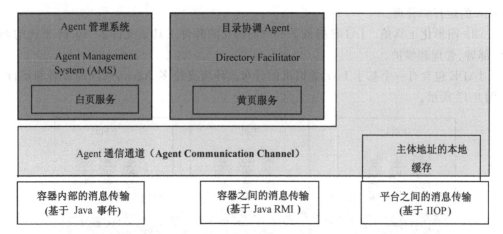

图 6-18 JADE 的 Agent 管理系统和目录协调 Agent

服务的 Agent 标识等,维护系统中的服务列表,因而为多 Agent 系统提供黄页服务。当一个 Agent 创建时,它需要向目录协调 Agent 注册其可对外提供的服务。其他 Agent 可通过查询目录协调者为系统中的服务提供信息。

JADE 由 Telecom Italia 开发,它是一个开源软件,读者可以访问网站 http://JADE.tilab.com/ 获得该软件。

6.7.1 程序模型

在 JADE 平台中,Agent 是一个封装有多个任务并且这些任务可并发执行的行为实体(图 6-19),Agent 的任务由行为(behavior)加以定义。因此,JADEAgent 的内部包含以下一组基本构件。

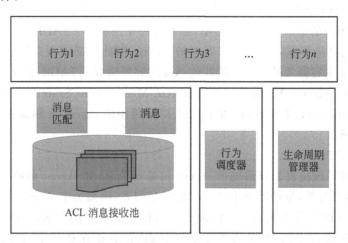

图 6-19 JADE 中 Agent 的软件体系结构

(1) 行为。在 JADE 框架中,一个 Agent 的任务对应于 Agent 可实施的行为。JADE 采用行为模型支持 Agent 的构造和运行。一个行为对应于一组动作和语句序列。多个行为可经过组合形成复合行为,并采用顺序或者并发的方式加以执行。因此,一个Agent内部包含了一个或者多个行为。

(2)行为调度器。每个Agent的内部都有行为调度器负责行为的加载、管理和执行。Agent将其欲执行的行为放在调度器的行为池中,调度器每次从行为池中取出一个行为执行。JADE的调度器采用非抢先的方式来调度行为,即一个行为被调度执行之后,该行为将一直处于执行状态,直到该行为执行完成。

(3)ACL消息接收池。JADE Agent之间基于ACL消息进行异步消息通信。每个Agent内部都有一个ACL消息池,类似于邮箱,负责管理接收到的消息。一旦Agent接收到某个消息,那么该消息将被置于其邮箱中,并同时通知该Agent。

(4)生命周期管理器。JADE中的Agent被创建后,它将具有其生命周期状态并且在其整个生命周期中Agent可能处于不同的状态。Agent内部有其生命周期管理器负责对Agent的状态进行管理。

6.7.2 可重用开发包

为了支持和简化多Agent系统的开发,JADE提供了以下一组可重用的软件开发包。程序员可以通过重用这些软件包编写多Agent系统的程序代码。

- JADE.core,实现了系统的核心功能,包括Agent类,以实现Agent,其子包"JADE.core.behaviours"中的多种Behavior类用以定义Agent的行为。
- JADE.lang.acl,实现了Agent通信语言的处理功能。
- JADE.content,实现了一组功能以支持用户自定义本体和内容描述语言,尤其是子包"JADE.content.lang.sl"实现了SL内容描述语言的分析器和编码器。
- JADE.domain,实现了FIPA标准所定义的一组管理Agent,包括AMS和DF等。
- JADE.gui,实现了一组通用的图形化界面类,用来显示和编辑Agent标识、Agent描述和ACL消息。
- JADE.mtp,提供了消息传输协议须实现的一组Java接口。
- JADE.proto,提供了一组预定义的标准交互协议,该包也支持程序员自定义的交互协议。
- JADE.wrapper,提供了JADE高级功能的包装器(wrappers),使得外部的Java程序可以加载JADE Agent和容器。

一般地,基于JADE的多Agent系统开发需要涉及以下几个方面的内容。

1. 编写Agent类

由JADE编写的软件须实现一组Agent,每个Agent的程序代码须继承JADE开发包中的Agent类。例如,下面的程序代码定义了一个BookBuyerAgent,该Agent的主要任务是要购买用户所需的书籍。该类继承了JADE开发包中的JADE.core.Agent类,其中的setup()方法将在Agent创建时被调用,通常它包含了Agent的一些初始化程序代码。在下面的程序代码中,setup()方法将输出该Agent的名字。

```
import jade.core.Agent;
public class BookBuyerAgent extends Agent {
  protected void setup() {
    //Printout a welcome message
    System.out.println("Hello! Buyer-agent "+getAID().getName()+" is ready.");
  }
}
```

JADE 中的任何 Agent 都有一个唯一的全局命名,它采用＜nickname＞@＜platform-name＞的形式。其中,nickname 是 Agent 的名字,*platform-name* 是 Agent 所在平台的名字。例如,Peter-Agent@*EC* 是某个 Agent 的全局命名,该 Agent 的名字是 Peter-Agent,它处于名为 EC 的 JADE 平台中。JADEAgent 是一个多任务的行为实体,Agent 的任务由其行为加以定义。软件开发人员可以通过继承 JADE.core.behaviours.Behaviour 类定义行为类,实现该类 action()方法以定义行为的具体动作。程序员可以在 Agent 类中通过代码 addBehaviour()增加 Agent 的行为,也可以通过 removeBehaviour()方法将行为从 Agent 的任务队列中删除。

2. Agent 的行为

JADE 软件开发包封装了以下一组预定义的行为支持 Agent 的行为编程。

1) 一般行为

这类行为 Behaviour 有两个抽象方法 action()和 done(),程序员需要实例化 action()方法,以编写行为的具体动作以及 done(),以表明什么情况下该行为被成功地完成。Behaviour 类有方法 block(),它可以阻塞行为的执行。程序员可以通过重用 JADE.core.behaviours.Behaviour 类并采用以下程序框架构造一般性行为。

2) 一次性行为 OneShotBehaviour

OneShotBehaviour 是一类简单行为,它继承了一般性行为 Behaviour。一次性行为的特点是该行为的动作部分只被执行一次。也就是说,JADE.core.behaviours.OneShotBehaviour 已经实现了 OneShotBehaviour 行为的 done()方法,使得其返回值为 true。程序员可以通过重用 OneShotBehaviour 并实例化其抽象方法 action()实现一个一次性行为。

3) 循环行为 CyclicBehaviour

CyclicBehaviour 也是一类简单行为,它继承了一般性行为 Behaviour。循环行为的特点是其动作执行部分即 action()将被多次执行。也就是说,JADE.core.behaviours.CyclicBehaviour 已经实现了 CyclicBehaviour 行为的 done()方法,使得其返回值为 false。

4) WakerBehaviour 和 TickerBehaviour 行为

JADE 在其软件开发包中预定义了两个特殊行为 WakerBehaviour 和 TickerBehaviour,使得 Agent 可以在特定的时间点执行某些行为。其中,WakerBehaviour 行为使得 Agent 在规定的时间后执行某些操作,TickerBehaviour 行为使得 Agent 在每隔规定时间重复执行某些操作。

5) 顺序行为 SequentialBehaviour

该行为是一类复合行为,表示多个行为的顺序执行。程序员可以通过 addSubBehviour()方法增加待顺序执行的各个子行为。

6) 并行行为 ParallelBehaviour

该行为是一类复合行为,表示多个行为的并发执行。程序员可以通过 addSubBehviour() 方法增加待并发执行的各个子行为。

7) 有穷状态自动机行为 FSMBehaviour

该行为是一类复合行为,表示根据程序员定义的有穷状态自动机执行其行为。

3. Agent 之间的 ACL 消息传递

在 JADE 软件开发框架中,不同 Agent 之间通过 ACL 消息进行通信和交互。因此,多 Agent 系统的编程通常需要对 Agent 之间的消息传递进行处理,包括生成和发送 ACL 消息、接收和处理 ACL 消息。

1) 生成和发送 ACL 消息

程序员可以通过创建 ACLMessage 对象,并利用该对象所提供的一组方法生成 ACL 消息。一个 Inform 类型消息的生成方法包括:(1)创建一个 ACL 消息对象;(2)通过访问其一组方法(如 addReceiver、setLanguage 等)分别设置 ACL 消息的接收方 Agent、内容描述语言、本体和消息内容;(3)通过 send()语句发出消息。

由于 ACL 消息体中已经表明了消息的接收者 Agent,因此消息的发送方 Agent 无须在 send()方法中提供接收方的相关信息。JADE 平台的 ACC 负责对每个 ACL 消息进行解析并转发到目的方 Agent。

2) 接收和处理 ACL 消息

Agent 可以通过 receive 语句从其消息队列中接收 ACL 消息,并利用 ACLMessage 类提供的一组方法(如 getContent、createReply)对消息进行分解和处理。

4. 与 DF 进行信息交换

通常情况下,Agent 需要将其对外提供的服务在 DFAgent 中进行注册,从而使得其他 Agent 可以获得该服务信息。一个 Agent 也可以通过与 DFAgent 进行交互,从而查询它所需服务的基本信息,如系统中是否存在它所需的服务、哪个 Agent 可以提供该服务、服务的提供需要满足什么条件等。

1) 发布一个服务

为了发布一个服务,Agent 首先须创建一个 DFAgentDescription 对象以及 ServiceDescription()对象,它们分别描述了待发布服务的 Agent 及其待发布服务的基本信息,然后通过调用 DFService 的静态方法 register(),从而在 DF 中注册 Agent 的服务。

2) 查询和获取服务信息

在 Agent 的运行过程中,它需要在 DFAgent 中查询所需的服务并获得这些服务的详细信息,包括谁可以提供该服务、提供服务 Agent 的名字和地址是什么等。

6.7.3 开发和运行的支持工具

为了支持多 Agent 系统的调试、部署、运行和管理,JADE 提供了一组图形化软件工具。

(1) 远程管理 Agent(Remote Management Agent,RMA)。该工具提供了一个图形化的界面(图 6-20)支持平台的管理和控制。它还可以启动其他的 JADE 工具。

(2) DummyAgent。这是一个监视和调试工具(图 6-20),程序员可以通过该工具提供的图形化界面生成 ACL 消息,并将消息发送给平台中的其他 Agent。该工具还可以显示系统中所有发送和接收的 ACL 消息列表。

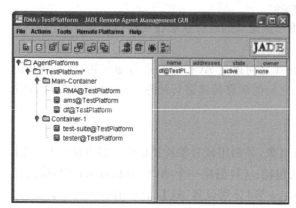 

图 6-20　RMA 和 DummyAgent 的运行界面

(3) DF 图形化界面软件。该软件提供了一个图形化的界面,帮助 DF 以及用户创建和管理平台中 Agent 的黄页,建立不同 DF 之间的联盟。

(4) Sniffer Agent。该 Agent 可以拦截发送中的 ACL 消息,并采用类似于 UML 顺序图的形式显示这些 ACL 消息。程序员可以利用该工具调试一组 Agent 之间的消息交换和对话过程。

(5) IntrospectorAgent。该 Agent 可以监视平台中 Agent 的生命周期、它们之间交换的 ACL 消息以及执行的行为。

(6) LogManagerAgent。该 Agent 帮助用户建立起针对 JADE 平台以及 Java 程序的运行时日志信息。

(7) SocketProxyAgent。该 Agent 扮演了类似于网关的角色,实现 JADE 平台和普通 TCP/IP 连接之间的消息内容转换和发送。例如,JADE 平台中发送的 ACL 消息经过该 Agent 处理后可以转换为 ASCII 表示的符号串,并通过 Socket 连接进行发送。

6.8　案例:火星探矿机器人

本节介绍多 Agent 系统应用案例——火星探矿机器人,以及系统中的典型应用场景,分析每个 Agent 的设计目的及它们之间的交互和协同。

6.8.1　需求分析

"火星探矿机器人"旨在要开发若干个自主机器人,将其送到火星上去搜寻和采集火星上的矿产资源。

火星环境对于开发者和自主机器人而言事先不可知,但是可以想象火星表面会有多样化的地形情况,如河流、巨石、凹坑等,机器人在运动过程中会遇到各种障碍;另外,火星上还可能存在一些未知的动态因素(如风暴等),会使得环境的状况发生变化。概括起来,火星环境具有开放、动态、不可知、难控等特点。

为了简化案例的开发和演示,可以将机器人探矿的区域(即机器人的运动环境)简化和抽象成 $M \times M$ 的单元格,每个单元格代表某个火星区域,火星矿产分布在这些单元格中,同时这些单元格中还存在阻碍机器人运行的障碍物。探矿机器人在这些网格中运动,根据感知到的网格环境信息自主地决定自身的行为。如果所在的单元格有矿产,则采集矿产;如果探测到附近的单元格存在矿产,则移动到该单元格;如果周围的单元格存在障碍物,则避开这些障碍物。环境网格有两个特殊的单元格:一个是矿产堆积单元格,用于存放机器人采集到的矿产,如图 6-21 中的左下角;另一个是能量补充单元格,机器人可以从该单元格获得能量。

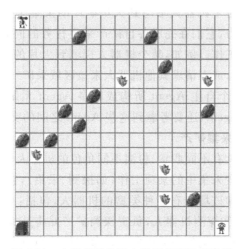

图 6-21 火星探矿机器人案例的环境示意图

"火星探矿机器人"的设计目标是要采集火星矿产,并将其带到预定的区域。为此,该机器人具有以下一组基本能力。

- 移动。它能够在火星表面移动,能够从一个单元格移动到其上、下、左、右的相邻单元格。
- 探测。它配备了多种传感器,具有一定程度的环境感知能力,具体包括探测周围一定区间(如相邻多少个单元格)的矿产分布情况以及障碍物情况。
- 采集。它能够采集所在单元格中的火星矿产。
- 卸载。它能够卸载其采集的、放置在其体内的矿产。
- 交互。它能够与其他的机器人进行交互和协同,以更高效地采集矿产。例如,一个机器人探测到大面积的矿产,它可以将该矿产信息告知其他机器人,以便他们能够来该区域采集矿产。

为了充分反应探矿机器人的实际情况,我们对机器人作了以下假设:①每个机器人存储矿产的容量都有一定的限度,即机器人内部只有有限的空间存放矿产,一旦机器人采集的矿产超出其存储容量,它必须将这些矿产卸载到特定的位置区域,以便能够再次采集矿产。②每个机器人的能量都有一定的限度,机器人在移动、探测、采集、卸载等过程中会消耗能量,为此机器人必须在其能量消耗殆尽之前补充能量(如充电)。③每个机器人的感知能力都是有限度的,它只能够感知其周围一定范围内的环境状况,如邻近两个单位的单元格。

下面通过多个场景描述机器人如何在上述火星环境下采集火星矿产,这些场景分别描述了机器人采矿的不同工作模式,反映了实现这些自主机器人的不同难易程度。

场景一:独立采集矿产。

在该场景中,有多个自主机器人参与到火星矿产的采集工作中,每个机器人都有移动、探测、采集、卸载的能力,它们在火星表面随机移动,根据其所在位置探测到的矿产信息和障碍物等环境信息自主地实施行为。但是,这些机器人都是单独工作,它们之间没有任何交互与合作。因此,可以将本场景中的每个机器人都抽象和设计为自主的 Agent。

场景二:合作采集矿产。

在该场景中,有多个自主机器人参与到火星矿产的采集工作中,每个机器人都有移动、探测、采集、卸载的能力,它们在完成各自矿产采集任务的同时,相互之间还进行交互和合作,以更高效地开展工作。例如,某个机器人探测到大片的矿产信息,那么它可以将该信息告诉给其他机器人,或者请求其他机器人来该区域采矿。因此,可以将本场景中的机器人抽象和设计为由多个自主 Agent 所构成的多 Agent 系统。该系统的设计和实现不仅要考虑到各个自主 Agent,还要考虑到这些 Agent 之间的交互和协同。

场景三:多角色合作采集矿产。

在该场景中,有多个具有不同职责、扮演不同角色的机器人参与到火星矿产的采集工作中,每类机器人承担矿产采集中的某项工作(如探测、采集),它们之间通过交互和合作共同完成矿产采集任务,即该场景有多种类型的机器人,包括:①采矿机器人,采集矿产并将其运送到指定区域;②探测机器人,负责探测矿产并将其探测到的矿产信息通知给采矿机器人。因此,可以将本场景中的机器人抽象和设计为由多个自主 Agent 所构成的多 Agent 系统。该系统的设计和实现不仅要考虑到各个自主 Agent,还要考虑到这些 Agent 之间的交互和协同。显然,该场景比前一个场景更复杂,它涉及的 Agent 类型和数量、交互和合作关系等更多。

6.8.2 设计与实现

下面介绍如何基于多 Agent 系统的开发框架 JADE 开发"火星探矿机器人"案例。

为了简化设计,聚焦于 Agent 的构造和实现,"火星探矿机器人"案例中的环境被设计为一个 $M \times M$ 的网格,每个网格单元代表了一个地理位置,不同网格单元具有不同的地形信息,可能存在影响机器人移动的障碍物,火星矿产非均匀地分布在网格单元格中。机器人驻留在网格环境中,可以在不同的网格中移动,感知网格周围的环境信息,如矿产、障碍物等,如果它发现所在的网格中存在矿产,那么它就挖掘矿产。

整个应用的界面如图 6-22 所示。界面左部显示了机器人所在的环境(用网格来表示),它提供了多样化的图符以及数字信息表示环境中的机器人、矿产、障碍物等及其在环境中的分布情况。机器人运行在网格中,因而任何时刻机器人都有其所处单元格的位置。界面的右部显示了各种图符信息的说明以及系统和环境中机器人、矿产等数量的变化。界面的下部提供整个系统运行过程中的各种动态信息,如某个机器人探测到矿产、机器人从一个位置移动到另一个位置等。

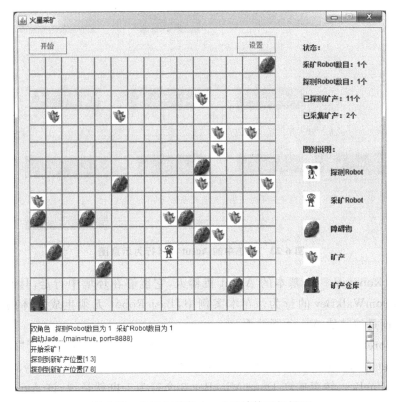

图 6-22　火星探矿多 Agent 系统的运行界面

系统在初始化时将自动生成机器人的运行环境，包括矿产、障碍物等的分布，用户可以根据需要配置系统运行时的机器人信息，包括机器人的类型、数目等，设置机器人的基本属性，如机器人的观测范围、机器人的初始能量值等。在实际开发中，我们具有以下的基本假设：Agent 从初始位置出发在地图上随机单步移动，遇到障碍能够自动避开，能自动探测到其周边是否有矿产，一次只能采集一个矿产并将其运送到指定的矿产仓库。

1. 环境的设计与实现

我们设计了一个环境类（对应于 environment.java 文件）表示和处理应用中的环境。该类封装了以下一组属性和行为。

- 环境中的矿产，定义一个一维动态数组存放矿产的位置 ArrayList<Coordinate> MinePositions，其中 Coordinate 是一个类，定义了网格的坐标。
- 环境中的障碍物，定义一个一维动态数组存放障碍物的位置 ArrayList<Coordinate> ObstaclePositions。
- 环境中的机器人，ArrayList<BasicRobot> robots，该属性定义了处于环境中的一组机器人。
- InitEnv()方法，该方法生成网格环境并随机产生环境中的矿产和障碍物。

2. 系统中的 Agent 和行为

根据应用案例描述，我们设计了如图 6-23 所示的一组 Agent 和行为，以支持场景一至场景三的实现。

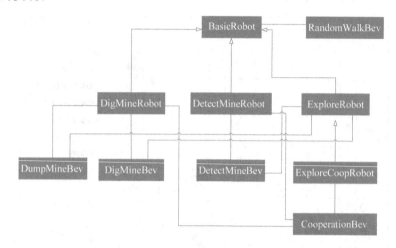

图 6-23　系统中的 Agent 及其行为示意图

- BasicRobot 是一个基本的 Agent 机器人，它能够在环境中行走，具有随机行走 RandomWalkBev 的行为。在本案例中，BasicRobot 无须生成具体的 Agent 实例，而是被其他 Agent 所继承。
- ExploreRobot 是一个专门为场景一设计的 Agent 机器人，它继承了"BasicRobot" Agent 的属性、方法和行为，具有探测矿产 DetectMineBev、采集矿产 DigMineBev、转存矿产 DumpMineBev 3 个行为。也就是说，该 Agent 可以独立完成探矿、采矿和存矿的功能。但是，ExploreRobot 不具有与其他 Agent 交互和协同的能力。在场景一，系统可能会产生一个或者多个"ExploreRobot"Agent 机器人。
- ExploreCoopRobot 是一个专门为场景二设计的 Agent 机器人，它继承了"ExploreRobot"Agent 的属性、方法和行为，同时具有交互协同 CooperationBev 行为，能够与其他 Agent 机器人进行协同，以告知所探测的矿产信息。在场景二中，系统可能会产生一个或者多个"ExploreCoopRobot"Agent 机器人。
- 场景三包含两类不同的 Agent 机器人：一类是专门探矿的机器人 DetectMineRobot，它具有探测矿产 DetectMineBev、交互协同 CooperationBev 两个行为，可以实现探矿并将所探测到的矿产信息告诉给其他的 Agent 机器人；另一类是 DigMineRobot，它具有采集矿产 DigMineBev、转存矿产 DumpMineBev、交互协同 CooperationBev 3 个行为，能够实施采矿、存矿等功能，处理其他 Agent 发送过来的消息，并将采矿信息告诉给环境中的其他 Agent 机器人。

3. Agent 类的设计与实现

Agent 类的设计与实现需要注意以下几点：①继承 Agent 类或者其子类；②在构造函数中初始化 Agent 的基本属性；③在 Setup()方法中通过 addBehaviour()语句给 Agent 增加相应的行为，以便 Agent 创建后就可执行这些行为。下面以"ExploreRobot"Agent 为例介绍如何设计和实现 Agent。

任何 Agent 类都要继承 JADE 的 Agent 类或者其子类，如 BasicRobot 继承了 Agent

类,其代码框架如下所示。

```
import jade.core.Agent;
public class BasicRobot extends Agent{
...
}
```

"ExploreRobot" Agent 则继承了 "BasicRobot" Agent,而 "BasicRobot" Agent 是 Agent 类的子类,该部分的代码框架如下所示。

```
import jade.core.Agent;
public class ExploreRobot extends BasicRobot {
...
}
```

在每个 Agent 的构造函数部分,程序员需要针对 Agent 的一些属性完成初始化工作。例如,对于每一个"ExploreRobot"Agent 而言,当其实例化之后,需要为其随机生成该 Agent 机器人在环境(即网格)中的位置,同时需要初始化该机器人所获得环境中矿产的信息。该部分的代码框架描述如下。

```
import jade.core.Agent;
public class ExploreRobot extends BasicRobot {
Coordinate position;
ArrayList<Coordinate >FoundMine;
...
    public ExploreRobot() {
        ...;
        position =env.CreateRandomPosition();
        FoundMine =new ArrayList<Coordinate >();
    }
...
}
```

其中,position 是一个类型为 Coordinate 的属性,它定义了 Agent 机器人在网格中的坐标;FoundMine 是一个类型为 Coordinate 的动态数组,定义了 Agent 机器人探测到的矿产位置信息。在上述语句中,CreateRandomPosition()是一个产生随机环境位置的方法,FoundMine= new ArrayList<Coordination >()语句则产生一个类型为 Coordinate 的动态数组。

Agent 类的设计通常需要实例化 setup()方法。针对本案例,我们需要在该方法中增加一组行为,以便让 ExploreRobot 在创建之后就可执行这些行为,其代码框架描述如下。

```
import jade.core.Agent;
public class ExploreRobot extends BasicRobot {
...
public void setup() {
    addBehaviour(new DetectMineBehaviour(this));
    addBehaviour(new DigMineBehaviour(this));
```

```
        addBehaviour(new DumpMineBev(this));
    }
    ...
}
```

其中,语句 addBehaviour(new DetectMineBehaviour(this));旨在增加一个探测矿产的行为,语句 addBehaviour(new DigMineBehaviour(this));旨在增加一个挖矿的行为,语句 addBehaviour(new DumpMineBev（this));旨在增加一个卸载矿产到矿产仓库的行为。

4. 行为类的设计与实现

行为类的设计与实现需要注意以下几点:①分析待实现行为的特点,确定该行为类应继承什么样的基类行为;②在 public void action()方法中编写具体的行为代码。下面以 DetectMineBehaviour 行为为例介绍如何设计和实现行为。

首先,DetectMineBehaviour 行为旨在探测 Agent 周边是否存在矿产,这种探测需要不断地进行,因而该行为属于一类周期性行为,需要继承 JADE 中的 CyclicBehaviour 类,其代码框架如下所示。

```
import jade.core.Agent;
import jade.core.behaviours.CyclicBehaviour;
...
public class DetectMineBev extends CyclicBehaviour {
    ...
    public DetectMineBev(BasicRobot robot) {
        ...
    }
    public void action() {
        ...
    }
}
```

其中,DetectMineBev()是构造函数,可以完成一些初始化的工作;public void action()定义了行为体。

其次,需要在 public void action()方法中定义行为的程序代码。对于 DetectMineBev 行为而言,其行为部分主要是要获得其当前所在位置的周围是否存在矿产,如果存在,则将这些矿产信息(即矿产所在的坐标)加入到 Agent 机器人的 FoundMine 动态数组中。

5. Agent 间交互的设计与实现

场景二和场景三都涉及 Agent 机器人之间的交互和协同。下面以场景三中的 DetectRobot 为例,介绍如何实现 Agent 之间基于 FIPA ACL 的交互和协同。一旦某个 DetectRobot 探测到某些矿产,它需要将它所探测到的矿产信息通知给环境中的"DigRobot"Agent 机器人。下面的程序代码描述了 Agent 机器人在 DetectMineBehaviour 行为中如何给其他的 Agent 发送所探测到的矿产信息。

首先,通过 new ACLMessage(ACLMessage.INFORM)语句产生一个"通知"类型的 ACL 消息,其次将矿产坐标作为该消息的内容,然后将其他 Agent 加入到消息的接收者列表中,最后发送该 ACL 消息。

```java
public class DetectMineBehaviour extends CyclicBehaviour {
    ...
    //行为体
    public void action() {
        Coordinate target =RandomWalkBev.RandomNextpoint(ui.myGrid);
        int RobotNum =en.getrobotArryList().size();
        ...
        //生成消息类型
        ACLMessage msg =new ACLMessage(ACLMessage.INFORM);
        //生成消息内容
        for(int i=0;i<en.getMinePositions().size();i++){
            targetposi.x =  en.getMinePositions().get(i).x;
            targetposi.y =  en.getMinePositions().get(i).y;
            try {
                msg.setContentObject((Serializable) targetposi);
            } catch (IOException e) {
                //TODO Auto-generated catch block
                e.printStackTrace();
            }
        }
        //生成消息的接收者
        for(int i=0;i<en.getrobotArryList().size();i++){
            msg.addReceiver(new AID("Dig"+i, AID.ISLOCALNAME));
        }
        thisRobot.send(msg);//发送消息
    }
    ...
}
```

6.9 小结

多 Agent 系统研究如何在一群自主的 Agent 间进行智能行为的协调,具有更大的灵活性,更能体现人类社会智能,更加适应开放和动态的世界环境。根据人类思维的不同层次,可以把 Agent 分为反应式、慎思式、跟踪式、基于目标的、基于效果的和复合式 Agent。

20 世纪 90 年代后期,研究人员开始在不断拓宽的现实领域寻求多 Agent 系统的新发展。机器人世界杯(RoboCup)应运而生。举行 RoboCup 比赛的目标是,在 50 年内,产生出一支能够战胜具有世界杯水准的人类球队的机器人足球队。其出发点是,从理论上说一支出色的球队需要一系列技能,如利用有限的带宽进行实时动态的协作,机器人球队如果能战胜人类球队,标志多 Agent 系统在技术和理论上有根本的突破。参加 RoboCup 的热度在世纪之交暴涨,定期举办的 RoboCup 锦标赛吸引了来自世界各地的数百支参赛队伍。2000 年,RoboCup 推出了一项新的活动——RoboCup 营救。这项活动以 1995 年发生的日本神户大地震为背景,目标是建立一支能够通过相互协作完成搜救任务的机器人队伍。

在世纪之交,以 Agent 为媒介的电子商务成为 Agent 技术的最大单一应用场合,为 Agent 系统在谈判和拍卖领域的发展提供了巨大推动力。2000 年以后,以促进和鼓励高质量的交易 Agent 研究为目的的交易 Agent 竞赛推出并吸引了很多研究人员参与。

自 2001 年以来,多 Agent 系统的思想对主流计算机科学产生了深远影响,拍卖和机制设计等研究领域已经跻身理论计算机科学的主要课题。这些突破性进展首先源于易趣(eBay)等在线拍卖行的巨大成功,但更普遍的是许多有趣的、重要的组合问题都可以表示为拍卖。对博弈论和计算机科学之间关联性的研究同样高涨。2008 年,国际博弈论学会特意为最佳博弈论与计算机科学交叉研究设立了一个新的奖项。在多 Agent 系统领域涌现并得到应用的思想还包括:社会科学领域复杂分布式系统建模的多 Agent 模拟技术、形式化描述分布式系统的 DEC-POMDP 以及个人协助技术。同时,下一代分布式传感器、网络化自动驾驶车辆和机器人系统、自主计算以及网络服务等未来多 Agent 技术更广阔的应用场景正展现在我们面前。

美国工程院院士、哈佛大学 Barbara Grosz 教授在报告《多 Agent 系统的"图灵挑战"》(*A Multi-Agent Systems "Turing Challenge"*)中提出"多 Agent 图灵测试"问题:一群 Agent 是否能够在动态、不确定的环境中表现得像一群人一样。此问题可以看作经典图灵测试的扩展。尽管过去几十年已经有很多关于多 Agent 协同、合作以及处理对抗性或策略性环境的研究成果,但当前的多 Agent 技术还难以应对复杂情况下的新挑战。我们需要更善于与人一起工作的 Agent,并且这样的需求越来越强烈和普遍。未来的多 Agent 系统研究将继续关注规划、学习、协调、机制设计、人机交互等众多理论问题。同时,未来的研究将面向安全、可持续发展、医疗、老龄化等现实挑战。

习题

6.1 分布式人工智能系统有何特点?试与多 Agent 系统的特性加以比较。

6.2 什么是 Agent?Agent 有哪些特性?

6.3 Agent 在结构上有何特点?Agent 在结构上又是如何分类的?每种结构的特点是什么?

6.4 什么是反应式 Agent?什么是慎思式 Agent?比较两者的区别。

6.5 简述 Agent 通信的步骤、类型和方式。

6.6 阐述移动 Agent 的主要实现技术。

6.7 多 Agent 系统有哪几种基本模型?其体系结构又有哪几种?

6.8 试说明多 Agent 系统的协作方法、协商技术和协调方式。

6.9 为什么多 Agent 系统需要学习与规划?

6.10 你认为多 Agent 系统的研究方向应是哪些?其应用前景又如何?

6.11 选择一个你熟悉的领域,编写一页程序描述 Agent 与环境的作用。说明环境是否是可访问的、确定性的、情节性的、静态的和连续的。对于该领域,采用何种 Agent 结构为好?

6.12 设计并实现几种具有内部状态的 Agent,并测试其性能。对于给定的环境,这些 Agent 如何接近理想的 Agent?

6.13 采用 Agent 思想和技术设计家庭安全智能信息系统。

6.14 (思考题)仔细阅读和理解"家庭安全智能信息系统"的需求(6.13 题),细化和完善有关"视频图像"Agent 的应用场景描述,利用 JADE 以及开源的面部图像识别软件开发"视频图像"Agent 软件。

【提示】设计"视频图像"Agent 的行为;设计"视频图像"Agent 与其他 Agent(如"通知 Agent""用户 Agent")之间的 ACL 交互协议和消息;在互联网上查找有关面部图像识别的开源软件,分析这些不同开源软件的特点,从中优选一个面部图像识别软件。

6.15 (思考题)请从所驻留环境的特点、内部结构、行为实施方式等多个方面分析 Agent 与专家系统二者之间有何区别?

6.16 (思考题)如果将 Agent 的行为决策视为一个定理证明的过程,请分析和解释 Agent 内部的状态如何表示、行为决策算法如何实现,尝试利用现有的定理证明器封装和实现一个 Agent。

6.17 (思考题)Agent 之间的交互可以基于 ACL 进行(如 JADE),也可以采用传统的事件机制或者消息传递方法(如 JACK),请分析这两种实现方法的优缺点。

6.18 (思考题)多 Agent 编程竞赛活动的目的之一是要寻求如何基于多 Agent 系统技术解决实际问题,进而推动智能主体和多主体系统在诸多领域的实际应用,其网址是 https://multiAgentcontest.org/,分析该竞赛欲解决的问题及其应用场景。

6.19 (思考题)请针对 6.8.1 节"火星探矿机器人"场景三的描述,利用 JADE 设计和实现该场景。

【提示】不同于场景一和场景二,场景三涉及多个不同类型的 Agent,因为需要实现多个 Agent 类;不同类型的 Agent 之间存在交互,因此需要设计和实现它们之间的 ACL 消息以及协同行为。

6.20 (思考题)军队需要迅速、有效地调动人员、装备和后勤物资,以便为高技术条件下的局部战争提供保障。可以将合作自主 Agent 技术应用到国防运输活动中。由近地轨道卫星提供的全球通信系统可用于跟踪运输情况,并不断更新其共享知识库。在国防运输系统中,采用 Agent 规划运输路线很有效,这些 Agent 可监控运输路线,改变运输工具。

设计两类 Agent:一类是动态智能 Agent,与运输装置相关,如集装箱、装备或人员舱室,其中的每项物资、每箱军需品及每件军火都可以认为是 Agent,其唯一目标就是在可能的最好条件下以最省时的方式到达目的地;另一类是静态 Agent,其作用是为运输物资安排运输方式,竞争有限的运输、存储和装卸资源,避免或解决与其他 Agent 的冲突。

6.21 (思考题)查阅资料,论述 Agent 技术在作战仿真中的应用。

提示:参考本书文献[15],基于多 Agent 的方法,构成了该书作战仿真模型 EINSTtein 的理论基础,赋予各个士兵(即 Agent)独特的个性,定义各 Agent 的交互规则,然后让整个多 Agent 系统自己演化。

6.22 (思考题)JADEX 是一个基于 JADE、支持 AgentBDI 体系结构的多 Agent 系统开发框架。它采用 XML、Java 相结合的方式编写具有认知结构、可实现行为推理的 Agent,学习使用 JADEX 开发多 Agent 系统。

【提示】下载并安装 JADEX 开源软件代码,阅读该软件的编程手册,尝试利用 JADEX 提供的 BDI 模型(而非 JADE 的反应式模型)实现"火星探矿机器人",并与 JADE 进行对比,分析这种开发框架的优势和不足。

6.23 (思考题)火星探测者 Agent。该问题最初是由 Luc Steels 提出的,其目标是要设计一组机器人 Agent 对火星表面进行探测,并带回火星上的一些重要的岩石样本。

探测者 Agent 首先由一艘母船将其带到火星表面,母船将其释放出来以后它们将在火星表面自主移动,以搜寻所需的岩石标本。由于火星表面地形复杂,会有坑洼和障碍物,如山川、河流、岩洞等,因而探测者 Agent 在移动过程中需要对前方的地形情况进行感知。一旦发现前方不可通过,就及时改变运动方向。此外,如果探测者 Agent 发现了岩石样本,那么它需将该岩石样本置于其体内并返回母船。母船可以发出功率强大的信号告诉各个探测者 Agent 其所在的方位,从而引导它们返回母船(图 6-24)。

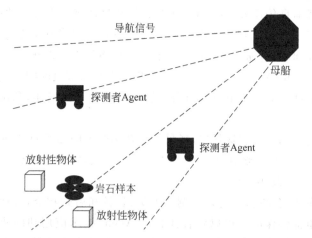

图 6-24 探测者 Agent 在火星表面自主移动以探测和获取火星岩石样本

在 Agent 到达火星之前,探测者 Agent 的设计者和探测者 Agent 本身没有任何有关火星表面地形的信息,也不知岩石样本会散布在火星表面的哪些位置。设计者在设计探测者 Agent 之时知道的仅仅是岩石样本在火星表面不是均匀分布的。因此,探测者 Agent 在火星上需要完全自主地运作(而不是预先已经设计好的),以处理各种意想不到的情况,从而实现其设计目标。

此外,为了提高火星探测的效率和质量,确保在一次飞行中能用较短的时间获得更多的火星岩石样本,母船一次性释放多个探测者 Agent。设计者要求这些探测者 Agent 在火星表面能够相互合作,以更好地完成火星探测任务。例如,当一个探测者 Agent 在某个区域发现岩石样本时,它将通过某种方式通知其他探测者 Agent,以便其他探测者 Agent 能够移动到该区域,以获取岩石样本。

问题是要为探测者 Agent 设计其控制结构,使得它在火星表面能够按照上述方式自主地运行并完成其火星探测任务。

提示:①构造具有反应式体系结构的 Agent。②设计反应式 Agent 的行为集合并对这些行为进行合理组织。通过设计探测者 Agent 的一组行为以实现单个 Agent 的任务,然后,在此基础上通过进一步调整其行为,以实现多个探测者 Agent 之间的合作。③根据其设计目标,探测者 Agent 必须具备以下的感知能力:感知前方的障碍物,感知岩石样本和感知母船位置等;同时应具有以下动作:向前移动,改变方向,将岩石样本放置于其体内,释放体内的岩石样本等。

6.24 (思考题)用于电力管理的多 Agent 系统。

(1) 企业环境。

电力制造行业正经历着一个从受管制、垄断到动态开放、自由竞争市场环境下的商业运作的转变。因而,对该行业而言,一种新的商业模式正在出现。以往的发电、配电以及按千瓦时给客户计费的业务,本质上完全是一种面向产品的交货概念,目前这种概念正在发生变化。能源企业给用电客户提供了各种增值服务(图 6-25),包括自动测量、远程收费、优化用电咨询、价格裁定、合同签订、家庭自动化和家庭电力管理等。这种模式的转变带来了新的机遇,但对大多数能源企业来说,也必须用新的思考方式想问题,这一商业模式需要供需双方的双向通信。在此环境下,能源企业对信息与知识的合理应用是在市场竞争中取胜的关键。传统的电能配送网必须辅以相应的信息网络,以允许供需双方进行广泛的双向通信,从而提供上述各种增值服务。信息与通信技术(ICT)是其中的关键。

图 6-25 能源企业商业模式的转变:从纯粹的产品供应到面向客户的双向服务

近年来,随着信息与通信技术的发展,给电网(包括 220,还有其他子站、工业负载甚至家用设备)中许多不同类型的结点进行装备,使它们自身具备关键的通信与计算能力,在技术与经济上都已成为可能。这样,电网中的各结点就有能力代表客户与企业,成为智能的有交互能力的主体(Agent)。这里,许多高端技术的综合应用起了关键作用,例如,能嵌入不同设备中的廉价的可编程芯片,高级远程通信技术,知识工程与软件工程。对象与知识技术以及多主体系统技术,正在出现的用于电力网格服务的设施和标准,可算是集成化的信息基础设施。

某大型项目信息社会电能系统(Information Society Energy System,ISES)已为提供基于上述高新技术的新型服务进行了研究与开发。可预见的新服务应用之一是,电网中的各结点自身充当智能 Agent 对电能进行管理。我们称这种智能 Agent 为 Homebots。电能管理将产生如下效果:对企业而言,由于电网峰值负载的降低,可以更有效地利用电力网格;对用电客户来说,在保证正常用电的情况下,节省了总体电能消耗。

这也给供应方提供了对配送网格中的用电需求信息进行保存和对负载进行管理的

机会。改善的需求信息保存和负载管理能够大幅减少能源企业的投资。与此同时,它们也给客户带来了利益,因为利用灵活的价格与合同手段,也可以降低客户的开销。

(2) 智能多 Agent 系统解决方案。

现有的能源负载管理形式仅限于几个大型的服务设施,原因在于手工控制管理还是起着重要作用。多 Agent 系统负载管理带来的好处是:更高程度的自动化,更大的规模,更加灵活以及分布负载更合理。

借助软件 Agent 技术实现自动、动态的负载平衡是一种新方法。通过给电网中的设备提供具有网络与通信能力的微处理器以及相应的智能软件,它们可以获得通信与信息处理能力。目前,让通信设备在软件技术的帮助下,通过低压网格或者其他介质进行相互"交谈""协商""决策"以及"协作"是可能的。这也给能源管理带来了新的思路。

按照这种理念,我们可以通过一些智能设备的相互协作实现电网的分布式负载管理。知识与通信技术是实现系统智能的关键。

任何设备(负载),如加热器、散热器和热水器等都可以由软件主体(称为 Homebots)表示,它在照顾用户喜好的同时有效地优化能源的使用。为进行负载管理,设备间的通信与交互采用了计算市场的形式,而市场中的设备可以买卖能源,这是 Homebots 的主要设计理念。各设备 Agent 间以一种类似自由市场中拍卖的方式进行通信与协商,对客户与能源企业来说既能够降低能源消耗,也可以节约开支。像拍卖这样的市场模式给自动化管理大型的分布式系统提供了新概念。这是一种减少峰值负载的方法。

给 Agent 分配任务的一般过程如下。首先,代表能源供应者的软件 Agent(如变电站一级的)向用户 Agent(该 Agent 可能代表一个智能的电子测量仪,该仪器可能是家用的、工厂里的,或者是装置于如散热器之类的设备中)宣布一个能源负载管理动作的开始。例如,假设能源供应者为了降低当前的耗电量,供方 Agent 可以提供一个新的价格(表),据此,用户 Agent 就可以决定是否参与此项负载管理活动。当然,这取决于客户的喜好,也可以由客户通过程序设定和更改。基于此,客户 Agent 也可以出售能源(也就是延迟或减少电力使用),以获得由能源企业提供的回扣。可以通过拍卖的方式实现分布式负载管理,其中代理企业与客户的软件 Agent 通过投标与协商进行电能的买卖。

同自由竞争市场中的情况一样,所有标的也会在拍卖中受到评估,而拍卖的结果就是可用能源的再分配。在该系统中,能源是一种可买卖的资源或商品。在负载管理活动中,存在一定量的能源供应。供需双方都有自身的需求,并且都愿意为此提供相应的参考价格。然而,双方盈利多寡最终以什么价格成交,则需要在拍卖中动态确定。

在计算机上实现拍卖过程时,应用了相关的微观经济理论。客户的喜好体现于用公用函数表示的框架中,用数字表示它们想出的价格,价格越高表明需求越迫切。因为该理论具有严格的数学形式,所以可用程序实现。评估市场收支平衡情况的相关算法可用数值分析与优化技术实现(因为市场机制的问题可以转化最优搜索问题)。

市场协商与计算过程一直进行,直到市场达到平衡,即直到拍卖中的供需持平为止。这样,以所获得的能源与支出的财务预算比来衡量,拍卖中的各方都获得了最佳的交易。相应地,经济市场上的平衡也可以通过可用能源在设备主体中的最优分配体现出来。达到平衡后,一切买卖过程都将结束,负载管理过程就告一段落。拍卖结束后,其结果将通知给其中的所有 Agent(也就是达到市场平衡时的能源分配)。随后,供方将为下一时段(如一小时)的负载作相应调度。调度可以通过远程通信技术远程控制相关的开/关切换完成。然后,供需双方对调度结果进行监视,并将一些拍卖中签订的合同信息存入数据库。上述整个过程都是自动进行的。

(3) Homebots 主体间的通信规划。

图 6-26 给了一个对话图,这是一个 Homebots 系统通信规划的非形式化任务描述。以下是一些负载管理中重要的通信事务和相应的输入/输出信息对象:①拍卖开始:发送触发信号给客户主体,开始一个负载管理动作;②递交标书:客户主体将标书发送给拍卖方进行进一步处理;③公布电力分配:告知客户主体拍卖结果;④公布相应的电力实时调度:将调度情况提供给客户主体;⑤接受最后的调度实现信息:发送实际的仪表数据。

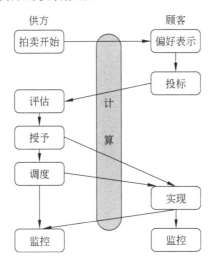

图 6-26 Homebots 系统中的对话图:电力拍卖中的任务及其通信链接

这用于营业量以及进一步负载管理操作的评估。

为了计算简单,我们给出了一个尽可能简单的任务分配和 Agent 结构的例子。例如,将供方 Agent(代表能源企业的利益)与负责拍卖的 Agent 分离开可能更好。在一个规模较大的应用中,客户 Agent 将被系统地组织起来。各任务的初始阶段也会有所不同。在直接负载管理中,拍卖的发起者是供方 Agent,而间接负载管理中的发起者则是客户 Agent。已调度的任务可以以不同的方式分配给 Agent。此时,计算市场方法也是十分灵活的。图 6-26 也试图表达计算市场方法的灵活性的一面。

在这一基本场景中,通信规划内部的控制机制是非常简单的。图 6-27 展示了用状态图表示的高层控制结构。作为扩展,Agent 的任务-事务对可用"&"符号表示("拍卖公告 & 开始拍卖""投标 & 递交(标书)""给客户配电指标 & 公布拍卖结果")。图 6-27 只表示了负载管理的拍卖部分。因为 Agent 通信语言(如 KQML 和 FIPA-ACL 的形式语义)是基于 Agent 状态的,所以一般来讲基于状态的表示较为方便。

根据上述背景,查阅资料,撰写论文,并开发解决此类问题的原型系统。

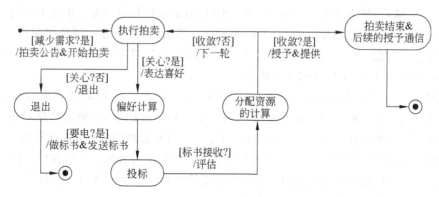

图 6-27　Homebots 系统中电力拍卖过程的通信规划控制(用 UML 状态图标记表示)

第 7 章

机 器 学 习

机器学习一直是人工智能的一个核心研究领域,随着计算机技术向智能化、个性化方向发展,尤其是随着数据收集和存储设备的飞速升级,科学技术的各个领域都积累了大量的数据,利用计算机对数据进行分析,成为几乎所有领域的共性需求。2010 年和 2011 年分别授予机器学习领域的两位杰出学者 L. Valiant、J. Pearl 图灵奖,标志着机器学习经过多年的蓬勃发展,已成为计算机科学中最重要和最活跃的研究分支之一。

本章介绍机器学习的定义、意义和简史,机器学习的主要策略和基本结构,详尽阐述各种机器学习的方法与技术,包括归纳学习、决策树学习、解释学习、基于反向传播的学习、竞争网络、深度学习、支持向量机和统计关系学习等。

7.1 机器学习概述

学习是一个过程,它允许 Agent 通过指令的接收或经验的积累对自身性能进行改进,被视为智能行为的基础。智能等级不是由技能定义的,而是由这些物种的学习能力及学习任务的复杂性定义。学习可能只是一个简单的联想过程,给定特定的输入,就会产生特定的输出。狗可以通过学习将命令"坐"同行为"坐"的身体反应联系起来。联想学习对许多任务(如目标识别)来说都是最基本的。此外,学习通过与环境的直接交互获取技能;"设法去做(try to do)"方法就像是学骑车。人类生来具有骑车的身体特征,但却没有能够将感官输入同所需动作联系起来的相关知识,通过这些动作,人们才能骑好车。Agent 通过学习获得了知识,这就是知识的自动获取。对大多数学习来说,都会存在某种层次上的先验知识。先验知识可能是隐含的,因为它影响着对学习算法的选择以及对输入的预处理。而有的时候人们又需要显式使用学习中的这些知识,如使用因果联系的先验知识建造贝叶斯网络,然后再应用学习算法从样本数据库中为每个变量生成相应的先验分布。

学习的成功是多种多样的:学习识别客户的购买模式,以便能检测出信用卡欺诈行为;对客户进行扼要描述,以便能对市场推广活动进行定位;对网上内容进行分类并按用户兴趣自动导入数据,为贷款申请人的信用打分;对燃气涡轮的故障进行诊断等。学习也已在诸多领域内得到了印证,如公路上的汽车导航、新星体类别的发现,以及学下西洋双陆棋以达到世界冠军的水平。

7.1.1 学习中的元素

无论是动物、机器部件,抑或软件,任何学习 Agent 的核心都只是一个算法,该算法定义了用于学习的过程(指令集)。算法用来将输入数据转换成为某种特定形式的有用输出,这个输出可以是光扫描手写体的识别,可以是机器人为抓住某物体需要执行的动作,可以是棋类游戏中的下一步移动,也可以是是否允许贷款申请人贷款的建议。通常称学习的结果为目标函数。如果学习正确,目标函数应能接收输入数据并产生正确(最优)的输出。例如,目标函数可能会接收一幅扫描字符图像,然后输出{A,B,…,Z,0,1,…,9}中对应的一个实例。这时会有一系列问题需要回答:目标函数如何表示?在学习的过程中对什么进行适应?如何指导或提供判断,使得 Agent 可以知道学习正沿着正确的路线进行?如何知道学习将在什么时候完成?又如何知道学习已获成功?

假定存在一个有关职业骑手的数据库,这些职业骑手从事以下运动项目之一:骑马越障碍表演、无障碍赛跑或耗时三天的综合全能马术比赛。该数据库记录了这样一些属性:年龄、身高、参加竞赛的年限及体重。该学习的任务就是从体重这一属性判断某骑手是否是一名职业赛马骑手(无障碍赛跑骑手)。数据库中的每条记录都标记有骑手的运动项目。学习的第一项任务就是从中选取一个训练数据集,这些训练数据将构成数据库的一个子集,通常采用随机选取的方法。在这个例子中,我们感兴趣的属性只有体重和运动项目。体重是一个实值属性,以千克为单位。运动项目是一个文本标签,标记了每位骑手从事的运动项目,取值为{职业赛马骑手、骑马越障碍表演骑手、综合全能马术比赛骑手}中的一个。目标函数是一个二值分类器,如果该骑手是一名职业赛马骑手,则输出 1,否则输出 0。运动项目还可替换为一个新属性,它对所有职业赛马骑手都标记为正,其他类型的骑手都标记为负。

从例子中进行学习通常被视为归纳推理。每个例子都是一个序偶$(x, f(x))$,对每一个输入 x,都有确定的输出 $f(x)$。学习过程将产生对目标函数 f 的不同逼近,f 的每一个逼近都叫作一个假设,假设需要以某种形式加以表示。在判断是否为职业赛马骑手的这个学习任务中,我们选择的假设表示是一个简单的阈值函数,定义如下:

$$f(x_i) = \begin{cases} 1, & x_i \leqslant T \\ 0, & x_i > T \end{cases}$$

其中,x_i 是例子 i 中属性体重的取值;T 是一个实数阈值。

通过调整假设表示,学习过程将产生出假设的不同变形,在表示中需要修改的通常指参数。这个例子中只存在一个参数 T。训练集中的每个例子都对应一个目标输出 t,如果例子标记为正,则 $t=1$,否则 $t=0$。每个例子的实际输出 y_i 可由公式 $y_i = f(x_i)$ 计算得到,这个实际输出可能不同于目标输出,在这种情况下,存在误差 Δ_i。

可以直接使用贝叶斯统计计算得到阈值 T。算法对每一个例子进行处理,然后在训练数据上循环迭代,直到每个例子的输出在连续两次迭代中都保持不变。

学习完成后,测试数据集用来审视学习成功的程度。设计学习算法的目的都是要它在那些训练中未遇到的数据上具有可接受的性能。在上面的例子中,通过学习得到的函数应能指出某个骑手是否为职业赛马骑手。如果骑手的运动项目未知,则该骑手的体重就可用来预测他是否为职业赛马骑手。

以上函数形式的局限性在于它的输出不是 0,就是 1。事实上,问题很少像这样具有确定性,一个二值输出并不能提供中间的灰度区域。在许多问题中,拥有确定性度量是合理的。提供这种度量的一种方法是采用某个函数,它的输出提供了在给定体重的情况下骑手 x 是职业赛马骑手的一个概率度量,即 p(职业赛马骑手|体重)。这样,概率分布函数就可用来替代上述阈值函数。最常用的分布是高斯分布。对单一属性来说,高斯函数由两个参数决定:均值和标准差。均值给出的是函数中心的位置,标准差度量的是函数的散布范围。图 7-1 给出了一个高斯函数。很多密度估计技术可用来对高斯函数的参数进行学习。

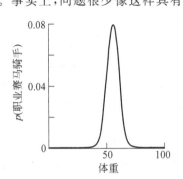

图 7-1　一维高斯分布示例

在上面的例子中,目标函数表示的选择是非常有限的。如果能利用更多的可用数据,目标函数就有可能更准确地识别出职业赛马骑手。这个例子中仅使用了其中的一个属性——体重。如果训练例子可由一个输入属性描述,这就是一维问题。如果同时还使用了另外一个属性,如身高,那么该问题就变成二维的了。很多学习类型都试图将输入同高维空间中的某个决策区域关联起来。在一个二维平面(两个输入)上,决策区域可由多条直线定义。假设表示决定了这些区域的形状。例如,在二维空间中,高斯函数就变成了钟形。许多学习问题都使用了多个属性,因此被视作高维问题。应小心选取属性的个数,这是因为增加太多属性会导致分类性能的退化,这就是维数灾难,与期望的正好相反。对于相对少量的训练例子,如果使用了太多属性,就会使高维空间变得非常稀疏,这意味着训练例子过于分散,带来的危险是本属于同一类的训练例子被分割到不同的区域。另外要注意,学到的假设可能会是目标函数的一个不好的表示,此时对新数据的分类精度将会很差。

7.1.2　目标函数的表示

学习算法可以按照不同方式进行分组:可以分为有监督和无监督两种;或者按照学习任务的类型进行分组,如概念学习或回归学习;还可按照应用领域进行分组。此外,还可按照目标函数的表示方法对学习进行分组。图 7-2 给出了 3 种不同的假设(目标函数)表示方法。第一种表示方法使用了一棵树,根结点表示属性,分支表示属性值。树可用来表示分类函数、决策函数,甚至还可用来表示程序。第二种表示方法使用了一阶逻辑。为了对一组点进行分类,第三种表示方法使用两条直线组成了一个决策区域。还有其他的假设表示方法,其中包括图和二进制串。不同的表示方法不一定相互排斥,因为一种表示方法可以从不同的角度进行观察。用来分类的树实际上也相应地定义了高维空间中的一组决策区域。因此,使用不同表示方法的算法相互之间可以进行比较,有时还能发现在给定相同任务的情况下这些算法有相似的性能。影响表示选择的因素很多,如属性类型(连续/离散),执行学到的任何函数必需的速度,学习过程是否为整个系统的一部分,以及特定学习算法将会有更好性能的信念等。某些算法指定工作于连续值属性,而其他一些算法则指定工作于离散值属性,还有一些算法能够工作在连续值和离散值属性混合的情况下。假设应如何表示?只有对特定应用领域及不同学习算法有了较好的理解之后,才能决定。

经常影响假设表示选择的另外一个因素是已学知识的可见性。许多表示形式(如分类树和一阶逻辑)都能够对知识进行显式表示。通过显式表示,就可能对如何产生这个决策进行解释。某些假设更像一个黑匣子。例如,通过神经网络学习得到的知识是由该网络的权值表示的,这样几乎不能表达什么直观上的信息,因此称之为黑匣子。尽管正在进行的很多研究都试图理解神经网络的表示,并开发出了一些技术用来将已学到的知识转换为某种更加可读的表示形式。但是,很多学习问题难以解释获得的知识,目前还不得不接受这个事实。具有争议的是,对任何学习 Agent 获得的知识进行洞察应该是更可取的,但神经网络等这类学习机器的确被证明是非常适合于现实世界问题的。

在学习过程中会产生不同的候选假设。图 7-2 给出了 3 种目标函数表示方法。在学习过程中会产生不同的树,每一棵树都表示了一个不同的分类函数(图 7-2(a))。通过增加和删除文字可以对一阶逻辑表达式进行修改(图 7-2(b))。对于显示的第三种表示方法(图 7-2(c)),可通过重画已有直线或增加额外直线对其中的直线进行修改,这样可产生

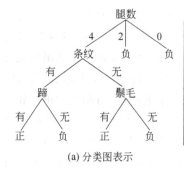

(a) 分类图表示

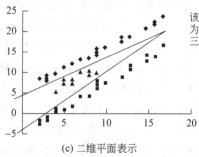

(b) 谓词表示

(c) 二维平面表示

图 7-2 目标函数表示方法的 3 个例子

不同的候选假设。学习过程可被视为在候选假设空间上的一个搜索,搜索的目的是寻找最能表示目标函数的那个假设。

7.1.3 学习任务的类型

应用机器学习的领域很多,下面仅列举了其中的某一些学习任务类型。

1. 分类学习

很多应用都可归类于分类学习的范畴,光扫描和自动识别手写字符就是这样一种应用,该应用要求机器能够扫描字符图像并输出对应的类别。若语言为英语,则机器需要学习的只是对数字 0~9 以及字符 A~Z 的分类。这个学习过程是有监督的,因为每个训练例子的类标都是已知的。当然,无监督学习也广泛地用在分类任务中,即便目标分类对任一训练例子来说都是已知的,采用无监督技术有时也非常有用,因为这样可以审视这些训练例子是如何按照不同属性进行分组的。无监督学习还广泛地用在没有可用目标分类的情况下,这时的学习任务就是在训练例子中搜寻那些较为相似的模式。这样的典型应用是对传感器获得的数据进行异常检测,传感器固定在机器(如直升机变速器)上,这样可及时检测出对应机器的故障,以免导致更大的错误。

2. 动作序列学习

对棋类游戏以及那些周游于办公室附近用来清空垃圾箱的机器人来说,都需要情景估计和动作选择。用来下棋的 Agent 必须读懂棋盘的当前状态,并决定将要采取的下一步动作:移动某个棋子,依据是它相信这个动作将会使获胜的可能性最大。同理,机器人决定采取的下一步动作将会使垃圾收集的效率最大,同时确保在到达再次充电地点之前不会搁浅。

机器学习有可能让人工智能角色积累经验,改进自己的技能并适应不同的玩家。归纳学习和增强学习是游戏环境最受关注的两种机器学习方法。狮头公司的战略游戏"黑与白"及其续集采用了将两者组合的技术。

在"黑与白"游戏中,每个玩家分到一个宠物,作为在人工智能控制下的支持者。玩家可以教导宠物,通过抚摸鼓励正确的行为,通过拍打惩罚错误的行为。归纳学习和增强学习的组合使用可使宠物对个别行动的肯定或者批评应答进行总结,形成一般性的应该和不应该采取哪些行动的指导规则。

另一个游戏中应用机器学习的例子是 Drivatar 技术。该技术是微软的赛车游戏"极限竞速"的显著特色,可以让玩家按照自己的驾驶方式训练智能控制的车手。按照一位游戏开发人员的说法,机器学习可以成为"可怕的魔法师",使游戏的智能具备了超越程序预先设定行为的潜能。

3. 最优决策学习

学习过程还包括了对贝叶斯网络和决策网络结构的自动创建,以及随着经验的积累不断对其分布进行调整。另外,决策过程还可能表达为一棵决策树。学习的这些形式当然也包括可能会串行执行甚至会并行执行的动作。学到的决策过程在期望奖励与期望惩罚之比最大化这个意义下一定是最优的。例如,对是否要发射航天器进行决策一定要在按时发射和失败风险之间进行权衡,这种风险是由外部因素(如天气条件)引起的。

4. 回归函数学习

回归学习指的是学习一个变量(因变量)与其他变量(自变量)间的某种相关性。这样的典型应用包括对正常记录的某些缺失信号进行插值,造成这种问题的原因可能是传感器故障。例如,某喷气式发动机有两个轴:一个轴连接低速压缩机;另一个轴连接高速压缩机。这两个轴在机械上是相互独立的,但它们旋转的速度却是相关的。旋转速度用来计算性能,这是飞机发动机的一个关键度量。传感器故障可导致其中一个轴的某信号缺失,这样就有可能通过其他发动机控制参数对该缺失信号进行插值,这些控制参数中就包括另外一个轴的旋转速度。回归函数学习的另一个例子是对股票指数的未来值进行预测。

5. 程序学习

所有学习形式都可视做一种自动程序设计。然而,也存在另外一些学习算法,它们的特定目的就是用来学习表示任务的解决方案,表示的语法很像一种编程语言。例如,存在某些学习算法,它们的目标函数就是一段 Prolog 程序。

7.1.4 机器学习的定义和发展史

学习是人类具有的一种重要智能行为。学习是系统在不断重复的工作中对本身能力的增强或者改进,使得系统在下一次执行同样任务或类似任务时,比现在做得更好或效率更高。

1959 年,Samuel 设计了一个下棋程序,这个程序具有学习能力,它可以在不断地对弈中改善自己的棋艺。4 年后,这个程序战胜了设计者本人。又过了 3 年,这个程序战胜了美国一个保持 8 年之久的常胜不败的冠军。这个程序向人们展示了机器学习的能力。

机器学习是一门研究机器获取新知识和新技能,并识别现有知识的人工智能分支。它的发展过程大体上可分为如下 4 个阶段。

(1) 20 世纪 50 年代中叶到 60 年代中叶,属于热烈时期。这个时期研究的是"没有知识"的学习,即"无知"学习;其研究目标是各类自组织系统和自适应系统;其主要研究方法是不断修改系统的控制参数,以改进系统的执行能力,不涉及与具体任务有关的知识。指导本阶段研究的理论基础是早在 20 世纪 40 年代就开始研究的神经网络模型。这个阶段的研究导致"模式识别"的诞生,同时形成了两种机器学习方法——判别函数法和进化学习。Samuel 的下棋程序就是使用判别函数法的典型例子。

(2) 20 世纪 60 年代中叶至 70 年代中叶被称为冷静时期。本阶段的研究目标是模拟人类的概念学习过程,并采用逻辑结构或图结构作为机器内部描述。机器能够采用符号描述概念(符号概念获取),并提出关于学习概念的各种假设。本阶段的代表性工作有 Winston 的结构学习系统和 Hayes Roth 等人的基于逻辑的归纳学习系统。虽然这类学习系统取得较大的成功,但只能学习单一概念,而且未能投入实际应用。此外,神经网络学习机因理论缺陷未能达到预期效果而转入低潮。

(3) 20 世纪 70 年代中叶至 80 年代中叶被称为复兴时期。在这个时期,人们从学习单个概念扩展到学习多个概念,探索不同的学习策略和各种学习方法。机器的学习过程一般都建立在大规模的知识库上,实现知识强化学习。本阶段开始把学习系统与各种应用结合起来,促进了机器学习的发展。在出现第一个专家学习系统之后,示例归约学习系统成为研究的主流,自动知识获取成为机器学习的应用研究目标。1980年,在美国的卡内基-梅隆大学(CMU)召开了第一届机器学习国际研讨会。1984年提出分类与回归树(CART)方法。此后,机器归纳学习进入应用阶段。1986年,杂志《机器学习》(*Machine Learning*)创刊。20世纪70年代末,中国科学院自动化研究所进行质谱分析和模式文法推断研究。

(4) 机器学习的最新阶段始于1986年。1986年提出反向传播算法,1989年提出卷积神经网络。由于神经网络研究的重新兴起,机器学习的研究出现新的高潮,实验研究和应用研究得到重视。在这一时期,符号学习由"无知"学习转向有专门领域知识的增长型学习,因而出现了有一定知识背景的分析学习。神经网络中的反向传播算法获得应用。基于生物发育进化论的进化学习系统和遗传算法因吸取了归纳学习与连接机制学习的长处而受到重视。基于行为主义(actionism)的强化学习系统因发展新算法和应用连接机制学习遗传算法的新成就而显示出新的生命力。数据挖掘研究的蓬勃发展为从计算机数据库和计算机网络(含因特网)提取有用信息和知识提供了新的方法。

(5) 20世纪90年代中期到21世纪00年代中期是机器学习发展的黄金时期,主要标志是学术界涌现出一批重要成果,例如,基于统计学习理论的支持向量机(1995)、随机森林(2001)和AdaBoost算法(1997)等集成分类方法,循环神经网络(RNN)和LSTM(1997),流形学习(2000),概率图模型,基于再生核理论的非线性数据分析与处理方法,非参数贝叶斯方法,基于正则化理论的稀疏学习模型及应用等。这些成果奠定了统计学习的理论基础和框架。在这一时期,机器学习算法真正走向了实际应用。典型的代表是车牌识别、印刷文字识别(OCR)、手写文字识别、人脸检测技术(数码相机中用于人脸对焦)、搜索引擎中的自然语言处理技术和网页排序、广告点击率预估(CTR)、推荐系统、垃圾邮件过滤等。

然而,机器学习在21世纪00年代末也经历了一个短暂的徘徊期。

(6) 现在,机器学习已经成为计算机科学和人工智能的主流学科。这主要体现在下面3个标志性的事件。

第一,2010年2月,加州大学伯克利分校教授乔丹和卡内基梅隆大学教授米歇尔同时当选美国工程院院士,同年5月份,乔丹教授又当选为美国科学院院士。随后几年,概率图模型专家科勒(Daphne Koller)当选为美国工程院院士,理论计算机学家和机器学习专家、Boosting的主要建立者之一夏皮尔(Robert Schapire)当选为美国工程院院士和科学院院士。期间,斯坦福大学的统计学家弗莱德曼和提布施瓦尼(Robert Tibshirani)、伯克利分校的华裔统计学家郁彬,以及卡内基梅隆大学统计学家沃塞曼也先后被选为美国科学院院士。这是一个非常有趣的现象,因为这些学者都在机器学习领域做出了非常重要的贡献,如弗莱德曼的工作包括分类回归树、多元自适应回归(Multivariate Adaptive Regression Splines,MARS)和梯度推进机(Gradient Boosting Machines,GBM)等经典机器学习算法,而提布施瓦尼是最小绝对收缩和选择算子(Least Absolute Shrinkage and Selection Operator,LASSO)的提出者。此外,优化算法专家鲍德(Stephen Boyd)当选美国工程院院士,他和范登贝格(Lieven Vandenberghe)的合著《凸优化》(*Convex Optimization*)可以说风靡机器学习界。今年,机器学习专家、深度学习的领袖、多伦多大学教授辛顿以及该校统计学习专家瑞德(Nancy Reid)分别被选为美国工程院和科学院的外籍院士。在美国,一个学科能否被接纳为主流学科的一个重要标志是,其代表科学家能否被选为院士。我们知道米歇尔是机器学习早期建立者之一,而乔丹是统计机器学习的主要奠基者之一。

第二,2011年的图灵奖授予了加州大学洛杉矶分校教授珀尔(Judea Pearl),他主要的研究领域是概率图模型和因果推理,这是机器学习的基础问题。图灵奖通常颁给纯理论计算机学者,或者早期建立计算机架构或框架的学者。而把图灵奖授予珀尔教授具有方向标的意义。此外,去年《科学》和《自然》杂志连续发表了4篇关于机器学习的综述论文。而且,近几年在这两个杂志上发表的计算机学科论文几乎都来自机器学习领域。

第三,机器学习切实能被用来帮助工业界解决问题。特别是当下的热点,如深度学习、AlphaGo、无人驾驶汽车、人工智能助理等对工业界的巨大影响。当今IT的发展已从传统的微软模式转变到谷歌模式。传统的微软模式可以理解为制造业,而谷歌模式则是服务业。谷歌搜索完全是免费的,服务社会,他们的搜索做得越来越极致,同时创造的财富也越来越丰厚。

以生成对抗网络(GAN)为代表的深度生成框架在数据生成方面取得了惊人的效果,可以创造出逼真的图像、流畅的文章、动听的音乐,为解决数据生成这种"创作"类问题开辟了一条新思路。

深度学习作为当今最有活力的机器学习方向,在计算机视觉、自然语言理解、语音识别、智力游戏等领域的颠覆性成就造就了一批新兴的创业公司。

7.1.5 机器学习的主要策略

学习是一项复杂的智能活动,学习过程与推理过程是紧密相连的,按照学习中使用推理的多少,机器学习采用的策略大体上可分为5种——机械学习、示教学习、类比学习、示例学习和集成学习。学习中所用的推理越多,系统的能力就越强。

机械学习就是记忆,是最简单的学习策略。这种学习策略不需要任何推理过程。外界输入知识的表示方式与系统内部的表示方式完全一致,不需要任何处理与转换。虽然机械学习在方法上看来很简单,但由于计算机的存储容量相当大,检索速度又相当快,而且记忆精确、无丝毫误差,所以也能产生人们难以预料的效果。Samuel的下棋程序就采用了这种机械记忆策略。为了评价棋局的优劣,它给每一个棋局都打了分,对自己有利的棋局分数高,对自己不利的棋局分数低,走棋时尽量选择使自己分数高的棋局。这个程序可记住53000多个棋局及其分值,并能在对弈中不断地修改这些分值,以提高自己的水平,这对于人来说是无论如何也办不到的。

比机械学习更复杂一点的学习是**示教学习**策略。对于使用示教学习策略的系统来说,外界输入知识的表达方式与内部表达方式不完全一致,系统在接受外部知识时需要一点推理、翻译和转化工作。MYCIN、DENDRAL等专家系统在获取知识上都采用这种学习策略。

类比学习系统只能得到完成类似任务的有关知识,因此,学习系统必须能够发现当前任务与已知任务的相似点,由此制定出完成当前任务的方案,因此,它比上述两种学习策略需要更多的推理。

采用**示例学习**策略的计算机系统事先完全没有完成任务的任何规律性的信息,得到的只是一些具体的工作例子及工作经验。系统需要对这些例子及经验进行分析、总结和推广,得到完成任务的一般性规律,并在进一步的工作中验证或修改这些规律,因此需要的推理是几种策略中最多的。

集成学习是指利用多个同质的学习器对同一个问题进行学习,这里的"同质"是指使用的学习器属于同一种类型,如所有的学习器都是决策树、都是神经网络,等等。广义地说,只要是使用多个学习器解决问题,就是集成学习。集成学习可以有效地提高泛化能力。

此外,还有基于解释的学习、强化学习和基于神经网络的学习等。

7.1.6 机器学习系统的基本结构

学习系统的基本结构如图 7-3 所示。环境向系统的学习部分提供某些信息,学习部分利用这些信息修改知识库,以增进系统执行部分完成任务的效能,执行部分根据知识库完成任务,同时把获得的信息反馈给学习部分。在具体的应用中,环境、知识库和执行部分决定了具体的工作内容,学习部分需要解决的问题完全由上述 3 部分确定。下面分别叙述这 3 部分对设计学习系统的影响。

图 7-3 学习系统的基本结构

影响学习系统设计的最重要的因素是环境向系统提供的信息。知识库里存放的是指导执行部分动作的一般原则,但环境向学习系统提供的信息却是各种各样的。如果信息的质量比较高,与一般原则的差别比较小,则学习部分就比较容易处理。如果向学习系统提供的是杂乱无章的指导执行具体动作的具体信息,则学习系统需要在获得足够数据之后,删除不必要的细节,进行总结推广,形成指导动作的一般原则,放入知识库。这样,学习部分的任务就比较繁重,设计起来也较为困难。

因为学习系统获得的信息往往是不完全的,所以学习系统进行的推理并不完全是可靠的,它总结出来的规则可能正确,也可能不正确,这要通过执行效果加以检验。正确的规则能使系统的效能提高,应予保留;不正确的规则应予修改或从数据库中删除。

知识库是影响学习系统设计的第二个因素。知识的表示有多种形式,如特征向量、一阶逻辑语句、产生式规则、语义网络和框架等。这些表示方式各有其特点,在选择表示方式时要兼顾以下 4 个方面。

(1) 表达能力强。例如,如果研究的是一些孤立的木块,则可选用特征向量表示方式。用(<颜色>,<形状>,<体积>)形式的向量表示木块。用一阶逻辑公式描述木块之间的相互关系,如用公式 $\exists x \exists y (RED(x) \land GREEN(y) \land ONTOP(x,y))$ 表示一个红色的木块在一个绿色的木块上面。

(2) 易于推理。例如,在推理过程中经常会遇到判别两种表示方式是否等价的问题。

在特征向量表示方式中,解决这个问题比较容易;在一阶逻辑表示方式中,解决这个问题要花费较高的计算代价。因为学习系统通常要在大量的描述中查找,很高的计算代价会严重影响查找的范围。因此,如果只研究孤立的木块而不考虑相互的位置,则应该使用特征向量表示。

(3) 容易修改知识库。学习系统的本质要求它不断地修改自己的知识库,当推广得出一般执行规则后,要加到知识库中去。当发现某些规则不适用时,要将其删除。因此,学习系统的知识表示一般都采用明确、统一的方式,如特征向量、产生式规则等,以利于知识库的修改。新增加的知识可能与知识库中原有的知识相矛盾,因此有必要对整个知识库作全面调整。删除某一知识也可能使许多其他知识失效,因此需要进一步作全面检查。

(4) 知识表示易于扩展。随着系统学习能力的提高,单一的知识表示已经不能满足需要;一个系统可能同时使用几种知识表示方式。有时还要求系统自己能够构造出新的表示方式,以适应外界信息不断变化的需要。因此,要求系统包含如何构造表示方式的元级描述。现在,人们把这种元级知识也看成是知识库的一部分。这种元级知识使学习系统的能力得到极大提高,使其能够学会更加复杂的东西,不断地扩大它的知识领域和执行能力。

学习系统不能在全然没有任何知识的情况下凭空获取知识,每一个学习系统都要求具有某些知识,以理解环境提供的信息,分析比较,做出假设,检验并修改这些假设。因此,学习系统是对现有知识的扩展和改进。

7.2 基于符号的机器学习

基于符号的学习算法可以从几个维度进行表征。①学习任务的数据和目标。我们表征学习算法的一个主要方式就是看学习器的目标和给定的数据。例如,概念学习算法,初始状态是目标类的一组正例(通常也有反例),学习的目标是得出一个通用的定义,它能够让学习器辨识该类的未来的实例。基于解释的学习试图从单一的训练实例和预先给定的特定领域的知识库中推出一个泛化的概念。概念聚类算法阐释了归纳问题的另外一种情况:这些算法的初始状态是未分类的实例集合,而不是从已经分好类的实例集合进行学习。②所学知识的表示。机器学习程序利用本书讨论的所有知识表示语言。③操作的集合。给定训练实例集,学习器必须建立满足目标的泛化、启发式规则或者计划。这就需要对表示进行操作的能力。④概念空间。表示语言和操作定义了潜在概念定义的空间。学习器必须搜索这个空间寻找所期望的概念。概念空间的复杂度是学习问题难度的主要度量。⑤启发式搜索。学习器必须给出搜索的方向和顺序,并且要利用可用的训练数据和启发式信息有效地搜索。

下面逐一讨论几种比较常用的学习方法。

7.2.1 归纳学习

归纳(induction)是一种从个别到一般、从部分到整体的推理行为。归纳推理是从足够多的具体事例中归纳出一般性知识,提取事物的一般规律,从个别到一般的推理。在进行归纳时,一般不可能考察全部相关事例,因而归纳出的结论无法保证其绝对正确,但又能以某种程度相信它为真。这是归纳推理的一个重要特征。例如,由"麻雀会飞""鸽子会飞""燕子会飞"等已知事实,可能归纳出"有翅膀的动物会飞""长羽毛的动物会飞"等结论。这些结论一般情况下都是正确的,但当发现鸵鸟有羽毛、有翅膀,可是不会飞时,就动摇了上面归纳出的结论。这说明上面归纳出的结论不是绝对为真的,只能从某种程度相信它为真。

归纳学习(induction learning)是应用归纳推理进行学习的一种方法。根据归纳学习有无教师指导,可把它分为示例学习和观察与发现学习。前者属于有师学习,后者属于无师学习。

1. 归纳学习的模式和规则

除了数学归纳外,一般的归纳推理结论只是保假的,即归纳依据的前提错误,那么结论也错误,但前提正确时结论也不一定正确。从相同的实例集合中可以提出不同的理论解释它,应按某一标准选取最好的作为学习结果。

人类知识的增长主要得益于归纳学习方法。虽然归纳得出的新知识不像演绎推理结论那样可靠,但存在很强的可证伪性,对认识的发展和完善具有重要的启发意义。

1) 归纳学习的模式

归纳学习的一般模式为

给定:①观察陈述(事实)F,用以表示有关某些对象、状态、过程等的特定知识;②假定的初始归纳断言(可能为空);③背景知识,用于定义有关观察陈述、候选归纳断言以及任何相关问题领域知识、假设和约束,其中包括能够刻画所求归纳断言的性质的优先准则。

求:归纳断言(假设)H,能重言蕴涵或弱蕴涵观察陈述,并满足背景知识。

假设 H 永真蕴涵事实 F,说明 F 是 H 的逻辑推论,则有

$H \mid > F$ (读作 H 特殊化为 F) 或 $F \mid < H$ (读作 F 一般化为 H)

这里,从 H 推导到 F 是演绎推理,因此是保真的;而从事实 F 推导出假设 H 是归纳推理,因此不是保真的,而是保假的。

归纳学习系统的模型如图 7-4 所示。实验规划过程通过对实例空间的搜索完成实例选择,并将这些选中的活跃实例提交给解释过程。解释过程对实例加以适当转换,把活跃实例变换为规则空间中的特定概念,以引导规则空间的搜索。

2) 归纳概括规则

在归纳推理过程中,需要引用一些归纳规则。这些规则分为选择性概括规则和构造性概括规则两

图 7-4 归纳学习系统的模型

类。令 D_1、D_2 分别为归纳前后的知识描述,则归纳是 $D_1 \Rightarrow D_2$。如果 D_2 中的所有描述基本单元(如谓词子句的谓词)都是 D_1 中的,只是对 D_1 中基本单元有所取舍,或改变连接关系,那么就是选择性概括。如果 D_2 中有新的描述基本单元(如反映 D_1 各单元间的某种关系的新单元),那么就称之为构造性概括。这两种概括规则的主要区别在于,后者能够构造新的描述符或属性。设 CTX, CTX_1 和 CTX_2 表示任意描述,K 表示结论,则有如下几条常用的选择性概括规则。

① 取消部分条件。
$$CTX \land S \to K \Rightarrow CTX \to K$$
其中，S 是对事例的一种限制，这种限制可能是不必要的，只是联系着具体事物的某些无关特性，因此可以去除。例如，在医疗诊断中，在检查病人身体时，病人的衣着与问题无关，因此要从对病人的描述中去掉对衣着的描述。这是常用的归纳规则。这里，把 $\Rightarrow$ 理解为"等价于"。

② 放松条件。
$$CTX_1 \to K \Rightarrow (CTX_1 \lor CTX_2) \to K$$
一个事例的原因可能不止一个，当出现新的原因时，应该把新原因包含进去。这条规则的一种特殊用法是扩展 CTX_1 的取值范围，如将一个描述单元项 $0 \leqslant t \leqslant 20$ 扩展为 $0 \leqslant t \leqslant 30$。

③ 沿概念树上溯。
$$\left.\begin{array}{l} CTX \land [L=a] \to K \\ CTX \land [L=b] \to K \\ \vdots \\ CTX \land [L=i] \to K \end{array}\right\} \Rightarrow CTX \land [L=S] \to K$$
其中，L 是一种结构性的描述项，S 代表所有条件中的 L 值在概念分层树上最近的共同祖先。这是一种从个别推论总体的方法。

例如，人很聪明，猴子比较聪明，猩猩也比较聪明，人、猴子、猩猩都属于动物分类中的灵长目。因此，利用这种归纳方法可以推出结论：灵长目的动物都很聪明。

④ 形成闭合区域。
$$\left.\begin{array}{l} CTX \land [L=a] \to K \\ CTX \land [L=b] \to K \end{array}\right\} \Rightarrow CTX \land [L=S] \to K$$
其中，L 是一个具有线性关系的描述项，a、b 是它的特殊值。这条规则实际上是一种选取极端情形，再根据极端情形下的特性进行归纳的方法。

例如，温度为 8℃ 时，水不结冰，处于液态；温度为 80℃ 时，水也不结冰，处于液态。由此可以推出：温度在 8~80℃ 时，水都不结冰，都处于液态。

⑤ 将常量转化成变量。
$$F(A,Z) \land F(B,Z) \land \cdots \land F(I,Z) \to K \Rightarrow F(a,x) \land F(b,x) \land \cdots \land F(i,x) \to K$$
式中，$Z,A,B,\cdots,I$ 是常量，$z,a,b,\cdots,i$ 是变量。

这条规则是只从事例中提取各个描述项之间的某种相互关系，而忽略其他关系信息的方法。这种关系在规则中表现为一种同一关系，即 $F(A,Z)$ 中的 Z 与 $F(B,Z)$ 中的 Z 是同一事物。

2. 归纳学习方法

1) 示例学习

示例学习(learning from examples)又称为实例学习，它是通过环境中若干与某概念有关的例子，经归纳得出一般性概念的一种学习方法。在这种学习方法中，外部环境(教师)提供的是一组例子(正例和反例)，它们是一组特殊的知识，每一个例子表达了仅适用于该例子的知识。示例学习就是要从这些特殊知识中归纳出适用于更大范围的一般性知识，以覆盖所有的正例并排除所有反例。例如，如果用一批动物作为示例，并且告诉学习系统哪一个动物是"马",哪一个动物不是。当示例足够多时,学习系统就能概括出关于"马"的概念模型,使自己能够识别马,并且能将马与其他动物区别开。

例 7.1 表 7-1 给出肺炎与肺结核两种病的部分病例。每个病例都含有 5 种症状:发烧(无、低、中、高),咳嗽(轻微、中度、剧烈),X 光所见阴影(点状、索条状、片状、空洞)、血沉(正常、快),听诊(正常、干鸣音、水泡音)。

通过示例学习,可以从病例中归纳产生如下诊断规则。

(1) 血沉=正常 ∧ (听诊=干鸣音 ∨ 水泡音) → 诊断=肺炎。

(2) 血沉=快 → 诊断=肺结核。

表 7-1 肺病实例

项目	病例号	症 状				
		发烧	咳嗽	X 光所见阴影	血沉	听诊
肺炎	1	高	剧烈	片状	正常	水泡音
	2	中度	剧烈	片状	正常	水泡音
	3	低	轻微	点状	正常	干鸣音
	4	高	中度	片状	正常	水泡音
	5	中度	轻微	片状	正常	水泡音
肺结核	1	无	轻微	索条状	快	正常
	2	高	剧烈	空洞	快	干鸣音
	3	低	轻微	索条状	快	正常
	4	无	轻微	点状	快	干鸣音
	5	低	中度	片状	快	正常

决策树学习是一种重要的归纳学习方法,内容较系统,后面用专门一节详细介绍。

2) 观察发现学习

观察发现学习(learning from observation and discovery)又称为描述性概括,其目标是确定一个定律或理论的一般性描述,刻画观察集,指定某类对象的性质。观察发现学习可分为概念聚类与机器发现两种。前者用于对事例进行聚类,形成概念描述;后者用于发现规律,产生定律或规则。

(1) 概念聚类。

概念聚类的基本思想是把事例按照一定的方式和准则分组,如划分为不同的类或不同的层次等,使不同的组代表不同的概念,并且对每一个组进行特征概括,得到一个概念的语义符号描述。例如,对如下事例:

喜鹊、麻雀、布谷鸟、乌鸦、鸡、鸭、鹅……

可根据它们是否家养分为如下两类:

鸟={喜鹊,麻雀,布谷鸟,乌鸦,……}

家禽={鸡,鸭,鹅,……}

这里,"鸟"和"家禽"就是由分类得到的新概念,而且根据相应动物的特征还可得知:

"鸟有羽毛、有翅膀、会飞、会叫、野生"

"家禽有羽毛、有翅膀、不会飞、会叫、家养"

如果把它们的共同特性抽取出来,就可进一步形成"鸟类"的概念。

(2) 机器发现。

机器发现是指从观察事例或经验数据中归纳出规律或规则的学习方法,也是最困难且最富创造性的一种学习。它又可分为经验发现与知识发现两种,前者是指从经验数据中发现规律和定律,后者是指从已观察的事例中发现新的知识。

7.2.2 决策树学习

决策树学习是离散函数的一种树形表示,表达能力强,可以表示任意的离散函数,是一种重要的归纳学习方法。决策树是能够实现分治策略的数据结构,可通过把实例从根结点排列到某个叶子结点对实例进行分类,可用于分类和回归。决策树代表了实例属性值约束的合取的析取式,从树根到树叶的每一条路径都对应一组属性约束的合取,树本身对应这些合取的析取。

1. 决策树的组成及分类

决策树由一些决策结点和终端树叶组成,每个决策结点 m 都实现一个具有离散输出的测试函数 $f_m(x)$ 标记分支。给定一个输入,在每个结点应用一个测试,并根据测试的输出确定一个分支。这一过程从根结点开始,并递归地重复,直到到达一个叶子结点。该叶子结点中的值形成输出。

每个 $f_m(x)$ 都定义了一个 d 维输入空间中的判别式,将空间划分成较小区域,在从根结点沿一条路径向下时,这些较小的区域被进一步划分。每个叶子结点都有一个输出标号,对于分类,该标号是类的代码,对于回归,则是一个数值。一个叶子结点定义了输入空间的一个局部区域,落入该区域的实例具有相同的输出。依据每个结点测试的属性的个数,决策树可分为单变量树和多变量树。

1) 单变量树

在单变量树中,每个结点的测试值都使用一个输入维,也就是只测试一个属性。如图 7-5 所示,单变量树的椭圆形结点是决策结点,矩形结点是叶子结点。决策结点沿着一个轴划分,后继的决策结点使用其他属性进一步划分它们。第一次划分之后,$\{x \mid x_1 < w_{10}\}$ 已是纯的了,因此不需要再划分。

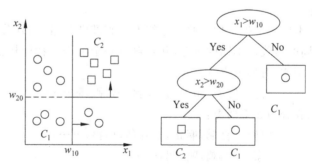

图 7-5 数据集与单变量树

2) 多变量树

传统的单变量决策树构造算法在一个结点只选择一个属性进行测试、分支,忽视了信息系统中广泛存在的属性间的关联作用,因而可能引起重复测试子树的问题,且某些属性可能被多次检验。因此,出现了多变量归纳学习系统,即在树的各结点选择多个属性的组合进行测试,一般表现为通过数学或逻辑算子将一些属性组合起来,形成新的属性作为测试属性,因而称这样的决策树为多变量决策树。这种方法可以减小决策树的规模,并且对解决属性间的交互作用和重复子树问题有良好的效果,也可能会导致搜索空间变大,计算复杂性增加。

根据属性组合的方式可以将结点分为线性多变量结点和非线性多变量结点。图 7-6 所示的是一个线性多变量决策树。

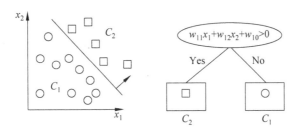

图 7-6　数据集与线性多变量树

2. 决策树的构造算法 CLS

Hunt 于 1966 年研制了一个概念学习系统(Concept Learning System,CLS),可以学习单个概念,并能够用学到的概念分类新的实例。这是一种早期的基于决策树的归纳学习系统。Quinlan 于 1983 年对此进行了扩展,提出了 ID3 算法。该算法不仅能方便地表示概念属性-值信息的结构,而且能从大量实例数据中有效地生成相应的决策树模型。在 CLS 决策树中,结点对应于待分类对象的属性,由某一结点引出的弧对应于这一属性可能取的值,叶结点对应于分类的结果。

为构造 CLS 算法,现假设如下:给定训练集 TR,TR 的元素由特征向量及其分类结果表示,分类对象的属性表 AttrList 为 $[A_1, A_2, \cdots, A_n]$,全部分类结果构成的集合为 Class,表示为 $\{C_1, C_2, \cdots, C_m\}$,一般 $n \geqslant 1$ 和 $m \geqslant 2$。对每一属性 A_i,其值域为 ValueType(A_i),值域可以是离散的,也可以是连续的。这样,决策树 TR 的元素就可表示成 $<X, C>$ 的形式,其中 $X=(a_1, a_2, \cdots, a_n)$,$a_i$ 对应于实例第 i 个属性的取值,$C \in$ Class 为实例 X 的分类结果。

记 $V(X, A_i)$ 为特征向量 X 属性 A_i 的值,则决策树的构造算法 CLS 可递归地描述如下。

算法 7-1　决策树构造算法 CLS。

(1) 如果 TR 中所有实例分类结果均为 C_i,则返回 C_i。

(2) 从属性表中选择某一属性 A_i 作为检测属性。

(3) 不妨假设 |ValueType(A_i)|$=k$,根据 A_i 取值的不同,将 TR 划分为 k 个训练集 $TR_1, TR_2, \cdots, TR_k$,其中:

$TR_j = \{<X, C> | <X, C> \in TR$ 且 $V(X, A_i)$ 为属性 A_i 的第 j 个值$\}$

(4) 从属性表中去掉已做检测的属性 A_i。

(5) 对每一个 $j(1 \leq j \leq k)$，用 TR_j 和新的属性表递归调用 CLS，以生成子分支决策树 DTR_i。

(6) 返回以属性 A_i 为根，$DTR_1, DTR_2, \cdots, DTR_k$ 为子树的决策树。

现考虑鸟是否能飞的实例，见表 7-2。

表 7-2 训练实例

Instances	No. of Wings	Broken Wings	Living Status	Area/Weight	Fly
1	2	0	alive	2.5	T
2	2	1	alive	2.5	F
3	2	2	alive	2.6	F
4	2	0	alive	3.0	T
5	2	0	dead	3.2	F
6	0	0	alive	0	F
7	1	0	alive	0	F
8	2	0	alive	3.4	T
9	2	0	alive	2.0	F

在该例中，属性表为

```
AttrList={No. of Wings,Broken Wings, Living Status,Area/Weight}
```

各属性的值域为：

```
ValueType(No. of Wings)={0,1,2}
ValueType(Broken Wings)={0,1,2}
ValueType(Status)={alive, dead}
ValueType(Area/Weight)∈实数且大于等于 0
```

系统分类结果集合为 Class={T，F}，训练集共有 9 个实例。

根据 CLS 构造算法，鸟飞的决策树如图 7-7 所示，每个叶子结点表示鸟是否能飞的描述。

从该决策树可以看出：

```
Fly=(No. of Wings=2)
    ∧(Broken Wings=0)
    ∧(Status=alive)
    ∧(Area/Weight≥2.5)
```

3. 基本的决策树算法 ID3

大多数决策树学习算法都是核心算法的变体，都采用自顶向下的贪婪搜索（greedy search）方法遍历可能的决策树空间，ID3 就是其中的代表。基本的决策树学习算法 ID3 是通过自顶向下构造决策树进行学习的，构造过程是从"哪一个属性将在树的根结点被测

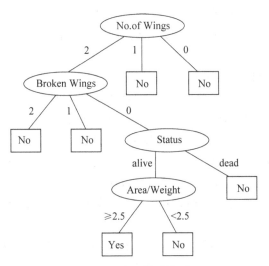

图 7-7　鸟飞的决策树

试"这个问题开始的。为了回答这个问题,使用统计测试确定每一个实例属性单独分类训练样例的能力,分类能力最好的属性被选作树的根结点进行测试,然后为根结点属性的每个可能值产生一个分支,并把训练样例排列到适当的分支之下。然后,重复整个过程。

算法 7-2　基本的决策树学习算法 ID3。

ID3(Examples,Target attribute,Attributes),其中 Examples 是训练样例集,Target attribute 是这棵树要预测的目标属性,Attributes 是除目标属性外供学习的决策树要测试的属性列表。

(1) 创建树的 Root(根)结点。

(2) 如果 Examples 都为正,就返回 label=＋的单结点树 Root。

(3) 如果 Examples 都为反,就返回 label=－的单结点树 Root。

(4) 如果 Examples 为空,就返回单结点树 Root, label＝Examples 中最普遍的 Target_attribute 值。

(5) 否则:

① A←Attributes 中分类 Examples 能力最好的属性,一般认为具有最高信息增益(Information Gain)的属性是最好的属性。

② Root 的决策属性←A。

③ 对于 A 的每个可能值 v_i:

a. 在 Root 下加一个新的分支对应测试 $A=v_i$。

b. 令 Examples(v_i)为 Examples 中满足 A 属性值为 v_i 的子集。

c. 如果 Examples(v_i)为空:在这个新分支下加一个叶子结点,结点的 label 等于 Examples 中最普遍的 Target_attribute 值;否则在这个新分支下加一个子树 ID3(Examples(v_i),Target_attribute,Attributes−{A})。

(6) 结束。

(7) 返回 Root。

ID3 算法是一种自顶向下增长树的贪婪算法,在每个结点选取能最好地分类样例的属性。继续这个过程,直到这棵树能完美分类训练样例,或所有的属性都已被使用过。

那么,在决策树生成过程中,应该以什么样的顺序选取实例的属性进行扩展呢?可以从第一个属性开始,然后依次取第二个属性作为决策树的下一层扩展属性,如此下去,直到某一层所有窗口仅含同一类实例为止。但是,一般来说,每一属性的重要性是不同的。那么,如何选择具有最高信息增益(即分类能力最好)的属性呢?

为了评价属性的重要性,Quinlan 根据检验每一属性所得到的信息量的多少,给出了下面扩展属性的选取方法,其中信息量的多少与熵有关。

(1) 自信息量 $I(a)$:设信息源 X 发出符号 a 的概率为 $p(a)$,则 $I(a)$ 定义为
$$I(a) = -\log_2 p(a) \quad (单位为 b)$$
表示收信者在收到符号 a 之前,对于 a 的不确定性,以及收到后获得的关于 a 的信息量。

(2) 信息熵 $H(X)$:设信息源 X 的概率分布为 $(x, p(x))$,则 $H(X)$ 定义为
$$H(X) = -\sum p(x) \log_2 p(x)$$
它表示信息源 X 的整体的不确定性,反映了信息源每发出一个符号所提供的平均信息量。

(3) 条件熵 $H(X|Y)$:设信息源 X、Y 的联合概率分布为 $p(x, y)$,则 $H(X|Y)$ 定义为
$$H(X|Y) = -\sum \sum p(x, y) \log_2 p(x|y)$$
它表示收信者在收到 Y 后对 X 的不确定性的估计。

设给定正负实例的集合为 S,构成训练窗口。ID3 算法视 S 为一个离散信息系统,并用信息熵表示该系统的信息量。当决策有 k 个不同的输出时,S 的熵为
$$Entropy(S) = -\sum_{i=1}^{k} P_i \log_2 P_i$$
其中,P_i 表示第 i 类输出所占训练窗口中总的输出数量的比例。(下面的 $Entropy$ 简记为 Ent)

为了检测每个属性的重要性,可以通过属性的信息增益 $Gain$ 评估其重要性。对于属性 A,假设其值域为 $(v_1, v_2, \cdots, v_n)$,则训练实例 S 中属性 A 的信息增益 $Gain$ 可以定义为
$$Gain(S, A) = Ent(S) - \sum_{i=1}^{n} \frac{|S_i|}{|S|} Ent(S_i)$$
$$= Ent(S) - Ent(S|A_i) = H(S) - H(S|A_i)$$
式中,S_i 表示 S 中属性 A 的值为 v_i 的子集;$|S_i|$ 表示集合的势。

Quinlan 建议选取获得信息量最大的属性作为扩展属性,这一启发式规则又称最小熵原理。因为获得信息量最大,即信息增益 $Gain$ 最大,等价于使其不确定性最小,即使得熵最小,即条件熵 $H(S|A_i)$ 为最小。因此也可以以条件熵 $H(S|A_i)$ 为最小作为选择属性的重要标准。$H(S|A_i)$ 越小,说明 A_i 引入的信息最多,系统熵下降得越快。ID3 算法是一种贪婪搜索(greedy search)算法,即选择信息量最大的属性进行决策树分裂,计算中表现为使训练例子集的熵下降最快。

ID3 算法的优点是分类和测试速度快,特别适合于大数据库的分类问题。缺点是:

决策树的知识表示不如规则那样易于理解;两棵决策树进行比较,以判断它们是否等价的问题是子图匹配问题,是 NP 完全的;不能处理未知属性值的情况;对噪声问题没有好的处理办法。

求信息熵和信息增益案例:以表 7-3 中的西瓜数据集为例,该数据集包含 17 个训练样例,用以学习一棵能预测没剖开的是不是好瓜的决策树。显然,$|Y|=2$。在决策树学习开始时,根结点包含 D 中的所有样例,其中正例占 $p_1=8/17$,反例占 $p_2=9/17$。于是,根据信息熵求解公式可计算出根结点的信息熵为

$$Ent(D)=-\sum_{k=1}^{2}p_k\log_2 p_k=-\left(\frac{8}{17}\log_2\frac{8}{17}+\frac{9}{17}\log_2\frac{9}{17}\right)=0.998$$

表 7-3 西瓜数据集

编号	色泽	根蒂	敲声	纹理	脐部	触感	好瓜
1	青绿	蜷缩	浊响	清晰	凹陷	硬滑	是
2	乌黑	蜷缩	沉闷	清晰	凹陷	硬滑	是
3	乌黑	蜷缩	浊响	清晰	凹陷	硬滑	是
4	青绿	蜷缩	沉闷	清晰	凹陷	硬滑	是
5	浅白	蜷缩	浊响	清晰	凹陷	硬滑	是
6	青绿	稍蜷	浊响	清晰	稍凹	软黏	是
7	乌黑	稍蜷	浊响	稍糊	稍凹	软黏	是
8	乌黑	稍蜷	浊响	清晰	稍凹	硬滑	是
9	乌黑	稍蜷	沉闷	稍糊	稍凹	硬滑	否
10	青绿	硬挺	清脆	清晰	平坦	软黏	否
11	浅白	硬挺	清脆	模糊	平坦	硬滑	否
12	浅白	蜷缩	浊响	模糊	平坦	软黏	否
13	青绿	稍蜷	浊响	稍糊	凹陷	硬滑	否
14	浅白	稍蜷	沉闷	稍糊	凹陷	硬滑	否
15	乌黑	稍蜷	浊响	清晰	稍凹	软黏	否
16	浅白	蜷缩	浊响	模糊	平坦	硬滑	否
17	青绿	蜷缩	沉闷	稍糊	稍凹	硬滑	否

然后,我们要计算出当前属性集合{色泽,根蒂,敲声,纹理,脐部,触感}中每个属性的信息增益。以属性"色泽"为例,它有 3 个可能的取值:{青绿,乌黑,浅白}。若使用该属性对 D 进行划分,则可得到 3 个子集,分别记为:D^1(色泽=青绿),D^2(色泽=乌黑),D^3(色泽=浅白)。

子集 D^1 包含编号为{1,4,6,10,13,17}的 6 个样例,其中正例占 $p_1=3/6$,反例占 $p_2=3/6$;D^2 包含编号为{2,3,7,8,9,15}的 6 个样例,其中正、反例分别占 $p_1=4/6$,$p_2=2/6$;D^3 包含编号为{5,11,12,14,16}的 5 个样例,其中正、反例分别占 $p_1=1/5$,$p_2=4/5$。

根据信息熵公式可计算出用"色泽"划分之后所获得的3个分支结点的信息熵为

$$Ent(D^1) = -\left(\frac{3}{6}\log_2\frac{3}{6} + \frac{3}{6}\log_2\frac{3}{6}\right) = 1.000$$

$$Ent(D^2) = -\left(\frac{4}{6}\log_2\frac{4}{6} + \frac{2}{6}\log_2\frac{2}{6}\right) = 0.918$$

$$Ent(D^3) = -\left(\frac{1}{5}\log_2\frac{1}{5} + \frac{4}{5}\log_2\frac{4}{5}\right) = 0.722$$

根据信息增益公式可计算出属性"色泽"的信息增益为

$$Gain(D,色泽) = Ent(D) - \sum_{v=1}^{3}\frac{|D^v|}{|D|}Ent(D^v)$$

$$= 0.998 - \left(\frac{6}{17} \times 1.000 + \frac{6}{17} \times 0.918 + \frac{5}{17} \times 0.722\right)$$

$$= 0.109$$

类似地,可计算出其他属性的信息增益。
$Gain(D,根蒂)=0.143$;$Gain(D,敲声)=0.141$;$Gain(D,纹理)=0.381$;
$Gain(D,脐部)=0.289$;$Gain(D,触感)=0.006$。

显然,属性"纹理"的信息增益最大,于是它被选为划分属性。图7-8给出了基于"纹理"属性对根结点进行划分的结果,各分支结点包含的样例子集显示在结点中。

图7-8 基于"纹理"属性对根结点进行划分的结果

7.2.3 基于范例的学习

人们为了解决一个新问题,会先进行回忆,从记忆中找到一个与新问题相似的范例,然后把该范例中的有关信息和知识复用到新问题的求解中。

在基于范例推理(Case-Based Reasoning,CBR)中,把当前面临的问题或情况称为目标范例(target case),而把记忆中的问题或情况称为源范例(base case),基于范例的推理就是由目标范例的提示而获得记忆中的源范例,并由源范例指导目标范例求解的一种策略。

基于范例的推理是人工智能领域中的一种重要的基于知识的问题求解和学习的方法。在基于范例的推理中,知识表示是以范例为基础的,范例的获取比规则的获取要容易,大大简化了知识的获取。对过去的求解结果进行复用,而不是再次从头推导,可以提高对新问题的求解效率。过去求解成功或失败的经历可以提示当前求解时该怎样走向成功或避开失败,这样可以改善求解的质量。对于那些目前没有或根本不存在的,但可以通过计算推导解决的问题,基于范例的推理能很好地发挥作用。

1. 基于范例推理的一般过程

1) 联想记忆

基于范例推理最初是由于目标范例的某些特殊性质使人们能够联想到记忆中的源范例而产生的。但它是粗糙的,不一定正确。在最初的检索结束后,需要证实它们之间的可类比性,这使得系统需要进一步检索两个类似体的更多的细节,探索它们之间的更进一步的可类比性和差异。在这一阶段,已经初步进行了一些类比映射的工作,只是映射是局部的、不完整的。这个过程结束后,获得的源范例集已经按与目标范例的可类比程度进行了优先级排序。

2) 类比映射

从源范例集中选择最优的一个源范例,建立它与目标范例之间一致的一一对应。

3) 获得求解方案

利用一一对应关系转换源范例的完整的或部分的求解方案,从而获得目标范例的完整的或部分的求解方案。若目标范例得到了部分解答,则把解答的结果加到目标范例的初始描述中,从头开始整个类比过程。若获得的目标范例的求解方案未能给目标范例以正确的解答,则需解释方案失败的原因,调用修补过程修改所获得的方案。系统应该记录失败的原因,以避免以后出现同样错误。

4) 评价

类比求解的有效性需要得到评价。

基于范例推理的一般结构如图7-9所示。

基于范例的推理有两种形式,即问题求解型和解释型。前者利用范例给出问题的答案,后者把范例用作辩护的证据。

在基于范例的学习中要解决的问题主要有以下几个。

(1) 范例表示:基于范例推理的效率和范例表示紧密相关。范例表示涉及这样几个问题:选择什么信息存放在一个范例中;如何选择合适的范例内容的描述结构;范例库如何组织和索引。对于那些数量达到成千上万而且十分复杂的范例,组织和索引问题尤其重要。

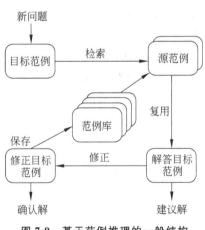

图 7-9 基于范例推理的一般结构

(2) 分析模型:分析模型用于分析目标范例,从中识别和抽取源范例库的信息。

(3) 范例检索:利用检索信息从源范例库中检索并选择潜在的、可用的源范例。基于范例推理的方法与人类解决问题的方式很相近。碰到一个新问题时,首先是从记忆或范例库中回忆出与当前问题相关的最佳范例。后面所有工作能否发挥出应有的作用,很大程度上依赖于这一阶段得到的范例的质量的高低,因此这一步非常关键。一般来讲,范例匹配不是精确的,只能是部分匹配或近似匹配。因此,它要求有一个相似度的评价标准。该标准定义得好,会使得检索出的范例十分有用,否则将会严重影响后面的过程。

(4) 类比映射:寻找目标范例同源范例之间的对应关系。

(5) 类比转换:转换源范例中同目标范例相关的信息,以便将其应用于目标范例的求解过程中,其中涉及对源范例的求解方案的修改。然后,把检索到的源范例的解答复用于新问题或新范例中,并分析源范例与目标范例间有何不同之处,源范例中的哪些部分可以用于目标范例。对于简单的分类问题,仅需要把源范例的分类结果直接用于目标范例,无须考虑它们之间的差别,因为实际上范例检索已经完成了这项工作。而对于问题求解之类的问题,则需要根据它们之间的不同对复用的解进行调整。

(6) 解释过程:对把转换过的源范例的求解方案应用到目标范例时所出现的失败做出解释,给出失败的因果分析报告。有时对成功也同样要做出解释。基于解释的索引也是一种重要的方法。

(7) 范例修补:有些类似于类比转换,区别在于修补过程的输入是解的方案和一个失败报告,也许还包含一个解释,然后修改这个解,以排除会引起失败的因素。

(8) 类比验证:验证目标范例和源范例进行类比的有效性。

(9) 范例保存:新问题得到解决,则形成了一个可能用于将来的情形与之相似的问题,这时有必要把它加入到范例库中,这是学习,也是知识获取。此过程涉及选取哪些信息保留,以及如何把新范例有机地集成到范例库中。然后,修改和精化源范例库,其中包括泛化和抽象等过程。

在决定要选取范例的哪些信息进行保留时,一般考虑以下几点:和问题有关的特征描述;问题的求解结果;解答成功或失败的原因及解释。

把新范例加入到范例库中时,需要对它建立有效的索引,这样以后才能对之做出有效的回忆。索引应使得目标范例与该范例有关时能回忆得出,与它无关时不应回忆得出。为此,可能要对范例库的索引内容,甚至结构进行调整,如改变索引的强度或特征权值。

2. 范例的表示

人们记忆的知识彼此之间并不是孤立的,而是通过某种内在的因素相互之间紧密地或松散地有机联系成的一个统一的体系,一般使用记忆网概括知识的这一特点。一个记忆网是以语义记忆单元(SMU)为结点,以语义记忆单元间的各种关系为连接而建立起来的网络。

```
SMU = { SMU_NAME slot
        Constraint slots
        Taxonomy slots
        Causality slots
        Similarity slots
        Partonomy slots
        Case slots
        Theory slots
      }
```

(1) SMU_NAME slot:简记为 SMU 槽,是语义记忆单元的概念性描述,通常是一个词汇或者一个短语。

(2) Constraint slots:简记为 CON 槽,是对语义记忆单元施加的某些约束。通常,这些约束并不是结构性的,只是对 SMU 描述本身所加的约束。

(3) Taxonomy slots：简记为 TAX 槽，定义了与该 SMU 相关的分类体系中该 SMU 的一些父类和子类。因此，它描述了网络中结点间的类别关系。

(4) Causality slots：简记为 CAU 槽，定义了与该 SMU 有因果联系的其他 SMU，它或者是另一些 SMU 的原因，或者是另外一些 SMU 的结果。因此，它描述了网络中结点间的因果联系。

(5) Similarity slots：简记为 SIM 槽，定义了与该 SMU 相似的其他 SMU，描述网络中结点间的相似关系。

(6) Partonomy slots：简记为 PAR 槽，定义了与该 SMU 具有部分整体关系的其他 SMU。

(7) Case slots：简记为 CAS 槽，定义了与该 SMU 相关的范例集。

(8) Theory slots：简记为 THY 槽，定义了关于该 SMU 的理论知识。

上述 8 类槽可以总体上分成 3 大类：第 1 类反映各 SMU 之间的关系，包括 TAX 槽、CAU 槽、SIM 槽和 PAR 槽；第 2 类反映 SMU 自身的内容和特性，包括 SMU 槽和 THY 槽；第 3 类反映与 SMU 相关的范例信息，包括 CAS 槽和 CON 槽。

3. 范例组织

范例组织由两部分组成：一是范例的内容，范例应该包含哪些有关的东西才能对问题的解决有用；二是范例的索引，它与范例的组织结构以及检索有关，反映了不同范例间的区别。

1) 范例内容

① 问题或情景的描述。对要求解的问题或要理解的情景的描述，一般包括：当范例发生时推理器的目标，完成该目标所要涉及的任务，周围世界或环境与可能的解决方案相关的所有特征。

② 解决方案的内容，描述问题如何在一特定情形下得到解决。它可能是对问题的简单解答，也可能是得出解答的推导过程。

③ 结果。记录了实施解决方案后的结果情况是失败，还是成功。有了结果内容，CBR 在给出建议解时就能给出曾经成功地工作的范例，同时也能利用失败的范例避免可能会发生的问题。当对问题还缺乏足够的了解时，通过在范例的表示上加上结果部分能取得较好的效果。

2) 范例索引

建立范例索引有如下 3 个原则。

① 索引与具体领域有关。数据库中的索引是通用的，目的仅仅是使得索引能对数据集合进行平衡的划分，从而使得检索速度最快；而范例索引则要考虑是否有利于将来的范例检索，它决定了针对某个具体的问题哪些范例会被复用。

② 索引应该有一定的抽象或泛化程度，这样才能灵活处理以后可能遇到的各种情景，太具体则不能满足更多的情况。

③ 索引应该有一定的具体性，这样才能在以后能够被容易地识别出来，太抽象则各个范例之间的差别将被消除。

4. 范例的检索

范例检索即从范例库（case base）中找到一个或多个与当前问题最相似的范例的过

程。CBR系统中的知识库不是以前专家系统中的规则库，它是由领域专家以前解决过的一些问题组成的。范例库中的每一个范例都包括以前问题的一般描述，即情景和解法。一个新范例并入范例库，同时也建立了关于这个范例的主要特征的索引。当接受了一个求解新问题的要求后，CBR利用相似度知识和特征索引从范例库中找出与当前问题相关的最佳范例，由于它所回忆的内容，即所得到的范例质量和数量直接影响着问题的解决效果，所以此项工作比较重要。它通过3个子过程，即特征辨识、初步匹配、最佳选定实现。

1) 特征辨识

特征辨识指对问题进行分析，提取有关特征的过程。特征提取方式有如下几种。

① 从问题的描述中直接获得问题的特征，如自然语言对问题进行描述并输入系统时，系统可以对句子进行关键词提取，这些关键词就是问题的某些特征。

② 对问题经过分析理解后，导出特征，如图像分析理解中涉及的特征提取。

③ 根据上下文或知识模型的需要从用户那里通过交互方式获取特征。系统向用户提问，以缩小检索范围，使检索到的范例更加准确。

2) 初步匹配

初步匹配指从范例库中找到一组与当前问题相关的候选范例。这个阶段是通过使用上述特征作为范例库的索引完成检索的。由于一般不存在完全的精确匹配，所以要对范例之间的特征关系进行相似度估计，它可以是基于上述特征的与领域知识关系不大的表面估计，也可以是通过对问题进行深入理解和分析后的深层估计，在具体做法上，则可以通过对特征赋予不同的权值体现不同的重要性。相似度评价方法有最近邻法、归纳法等。

3) 最佳选定

最佳选定指从初步匹配过程中获得的一组候选范例中选取一个或几个与当前问题最相关的范例。这一步和领域知识关系密切，可以由领域知识模型或领域知识工程师对范例进行解释，然后对这些解释进行有效测试和评估，最后依据某种度量标准对候选范例进行排序，得分最高的就成为最佳范例，如最相关的或解释最合理的范例可选定为最佳范例。

5. 范例的复用

通过对所给问题和范例库中范例的比较得到新旧范例的不同，然后确定哪些解答部分可以复用到新范例中。问题求解型的CBR系统必须修正过去的问题解答，以适应新的情况，因为过去的情况不可能与新情况完全一样。一般来说，有下列几种修正方法。

1) 替换法

替换法是对旧解中的相关值做相应替换而形成新解，有重新例化、参数调整、局部搜索、查询、特定搜索、基于范例的替换等。

2) 常识转换法

常识转换法（common-sense transformation）是使用明白易懂的常识性启发式知识从旧解中替换、删除或增加某些组成部分。模型制导修补法（model-guided repair）是另一种转换法，它是通过因果模型指导如何转换的，故障诊断中就经常使用这种方法。

3) 特定目标驱动法

特定目标驱动的修正一般通过根据启发式知识评价近似解，从而起到修正作用，并通过使用基于规则的产生式系统控制。

4) 派生重演

派生重演方法则是使用过去推导出旧解的方法推导出新解。这种方法关心的是解是如何求出来的。与前面的基于范例的替换法相比,派生重演使用的是一种基于范例的修正手段。

7.2.4 解释学习

基于解释的学习(explanation-based learning)可简称为解释学习,是20世纪80年代中期开始兴起的一种机器学习方法。解释学习根据任务所在领域知识和正在学习的概念知识,对当前实例进行分析和求解,得出一个表征求解过程的因果解释树,以获取新的知识。在获取新知识的过程中,通过对属性、表征现象和内在关系等进行解释而学习到新的知识。

解释学习一般包括下列3个步骤。

(1) 利用基于解释的方法对训练实例进行分析与解释,以说明它是目标概念的一个实例。

(2) 对实例的结构进行概括性解释,建立该训练实例的一个解释结构,以满足所学概念的定义;解释结构的各个叶子结点应符合可操作性准则,且使这种解释比最初的例子适用于更大的一类例子。

(3) 从解释结构中识别出训练实例的特性,并从中得到更大一类例子的概括性描述,获取一般控制知识。

解释学习是把现有的不能用或不实用的知识转化为可用的形式,因此必须了解目标概念的初始描述。1986年,Mitchell等人为基于解释的学习提出了基于解释的概括(Explanation-Based Generalization,EBG)算法,该算法建立了基于解释的概括过程,并运用知识的逻辑表示和演绎推理进行问题求解。EBG过程如图7-10所示,其求解问题的形式可描述如下。

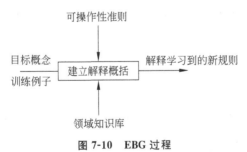

图 7-10 EBG 过程

给定:

(1) 目标概念(要学习的概念)(Target Concept,TC)描述。

(2) 训练实例(目标概念的一个实例)(Training Example,TE)。

(3) 领域知识(由一组规则和事实组成的用于解释训练实例的知识库)(Domain Theory,DT)。

(4) 可操作性准则(说明概念描述应具有的形式化谓词公式)(Operationality Criterion,OC)。

求解：
训练实例的一般化概括，使之满足：
(1) 目标概念的充分概括描述 TC。
(2) 可操作性准则 OC。

其中，领域知识(DT)是相关领域的事实和规则，在学习系统中作为背景知识，用于证明训练实例(TE)为什么可以作为目标概念的一个实例，从而形成相应的解释。TE 是为学习系统提供的一个例子，在学习过程中起着重要的作用，它应能充分地说明 TC。操作准则(OC)用于指导学习系统对目标概念进行取舍，使得通过学习产生的关于 TC 的一般性描述成为可用的一般性知识。

从上述描述中可以看出，在解释学习中，为了对某一目标概念进行学习，从而得到相应的知识，必须为学习系统提供完善的领域知识以及能够说明目标概念的一个训练实例。在系统进行学习时，首先运用 DT 找出 TE 为什么是 TC 之实例的证明(即解释)，然后根据 OC 对证明进行推广，从而得到关于 TC 的一般性描述，即可供以后使用的形式化表示的一般性知识。

可把 EBG 算法分为解释和概括两步。
(1) 解释，即根据领域知识建立一个解释，以证明训练实例如何满足目标概念定义。目标概念的初始描述通常是不可操作的。
(2) 概括，即对第(1)步的证明树进行处理，对目标概念进行回归，包括用变量代替常量以及必要的新项合成等工作，从而得到所期望的概念描述。

由上可知，解释工作是将实例的相关属性与无关属性分离开；概括工作则是分析解释结果。

7.2.5 案例：通过 EBG 学习概念 cup

下面以学习概念 cup(杯子)为例说明 EBG(基于解释的概括方法)的学习过程。
(1) 目标概念：cup。
(2) 高级描述：cup(x)。
(3) 领域知识：

stable(x) ∧ liftable(x) ∧ drinkfrom(x)→cup(x)
has(x,y) ∧ concavity(y) ∧ upward-pointing(y) →drinkfrom(x)
bottom(x,y) ∧ flat(y)→stable(x)
light-weight(x) ∧ graspable(x)→liftable(x)
small(x) ∧ madefrom(x,plastic) →light-weight(x)
has(x,y) ∧ handle(y)→graspable(x)

(部分中文解释：stable 稳定的；liftable 便于拿起；drinkfrom 可用来喝饮料；concavity 凹空；upward-pointing 向上指示；bottom 底；flat 平坦的；light-weight 轻质；graspable 可握住；plastic 塑胶。)

(4) 训练例子：

small(obj),madefrom(obj,plastic),has(obj,$part_1$),handle($part_1$), has(obj,part$_2$),concavity(part$_2$),upward-pointing(part$_2$),bottom(obj,b),flat(b)。

（5）可操作性准则：目标概念必须以系统可识别的物理特征描述。

利用以上规则和事实，以 cup(obj)为目标逆向推理，可以构造如图 7-11（a）所示的解释结构，其叶子结点满足可操作性准则。对解释进行概括，变常量为变量，便得到概括后的解释结构。将此结构中的所有叶子结点作合取，就得到目标概念应满足的一般性的充分条件，以产生式规则形式表示为

IF   small(V_3) $\wedge$ made-from(V_3,plastic) $\wedge$ has(V_3,V_{10}) $\wedge$ handle(V_{10}) $\wedge$ has(V_3,V_{25})
$\wedge$ concavity(V_{25}) $\wedge$ upward-pointing(V_{25}) $\wedge$ bottom(V_3,V_{37}) $\wedge$ flat(V_{37})
THEN cup(V_3)……（图 7-11(b)）

学到这条规则就是 EBG 的目的。

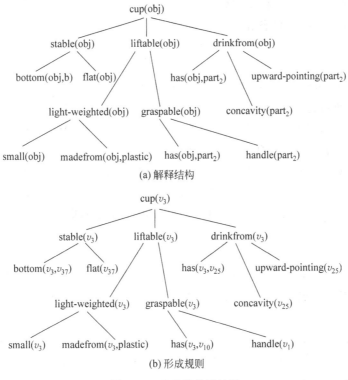

图 7-11 EBG 的学习过程

7.2.6 强化学习

强化学习（reinforcement learning）又称再励学习或评价学习，是一种重要的机器学习方法。根据机器学习方式的不同，可以把学习算法分为 3 种类型，即非监督学习（unsupervised learning）、监督学习（supervised learning）和强化学习。所谓强化学习，就是智能系统从环境到行为进行映射的学习，目的是使强化信号（回报函数值）最大。强化学习不同于监督学习，主要表现在教师信号上，强化学习中由环境提供的强化信号会对产生动作的好坏作一种评价（通常为标量信号），而不是告诉强化学习系统（Reinforcement

Learning System，RLS)如何产生正确的动作。由于外部环境提供的信息很少，RLS 必须靠自身的经历进行学习。通过这种方式，RLS 在行动-评价的环境中获得知识，并改进行动方案，以适应环境。

强化学习要解决的问题主要是主体怎样通过学习选择达到其目标的最优动作。当主体在其环境中做出每个动作时，施教者提供奖励或惩罚信息，以表示结果状态的正确与否。例如，在训练主体进行棋类对弈时，施教者可在游戏胜利时给出正回报，在游戏失败时给出负回报，其他时候给出零回报。主体的任务是从这个非直接的有延迟的回报中学习，以便后续动作能够产生最大的累积回报。

强化学习的模型如图 7-12 所示，主体通过与环境的交互进行学习。主体与环境的交互接口包括动作、回报和状态。交互过程可以表述为如下形式：每一步主体都根据策略选择一个动作执行，然后感知下一步的状态和回报，通过经验再修改自己的策略。主体的目标就是最大化地累积回报。

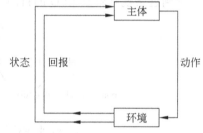

图 7-12 强化学习的模型

假设主体生存的环境被描述为某个可能的状态集 S，它可以执行任意的动作集合 A。强化学习系统接受环境状态的输入 s，根据内部的推理机制，系统输出相应的行为动作 a，环境在系统动作 a 下，变迁到新的状态 s'。系统接受环境新状态的输入，同时得到环境对于系统的立即回报 r。每次在某状态 s_t 下执行一动作 a_t，主体会收到一个立即回报 r_t，然后环境变迁到新的状态 s_t'。如此产生了一系列的状态 s_i、动作 a_i 和立即回报 r_i 的集合。

$$s_0 \xrightarrow[r_0]{a_0} s_1 \xrightarrow[r_1]{a_1} s_2 \xrightarrow[r_2]{a_2} \cdots$$

对于强化学习系统来讲，其目标是学习一个行为策略 $\pi: S \rightarrow A$，使系统选择的动作能够获得环境回报的累积值最大。换言之，系统要最大化 $r_0 + \gamma r_1 + \gamma^2 r_2 + \cdots (0 \leq \gamma < 1)$，其中 γ 为折扣因子。

强化学习技术的基本原理是：如果系统某个动作导致环境正的回报，那么系统以后产生这个动作的趋势便会加强，反之则系统产生这个动作的趋势便会减弱。这和生理学中的条件反射原理是接近的。

强化学习框架已经被广泛应用在自动控制、调度、金融、网络通信等领域，在认知、神经科学领域，强化学习也有重要的研究价值。例如，Frank 等人以及 Samejima 等人在 Science 上发表了相关论文。强化学习也被机器学习领域著名学者、国际机器学习学会创始主席 T. G. Dietterich 教授列为机器学习的四大研究方向之一。

强化学习在实际问题上的广泛使用还面临诸多挑战，主要包括特征表示、搜索空间、泛化能力等方面的问题。

经典强化学习的研究中，状态和动作空间均为有限集合，每一个状态和动作都被分别处理。许多应用问题(如机械臂控制)具有连续的状态和动作空间；即使对于有限状态空间(如棋盘格局)，状态之间也并非没有联系。因此，如何将状态赋予合适的特质表示将极大地影响强化学习的性能。深度学习技术的应用，特征可以更有效地从数据中学习，

Google DeepMind 的研究者在 *Nature* 上发表了基于深度学习和 Q-Learning 的强化学习方法 Deep Q-Network，在 Atari 2600 游戏机上的多个游戏取得"人类玩家水平"的成绩。一方面可以看到特征的改进可以提高强化学习的性能，另一方面也观察到，Deep Q-Network 在考验反应的游戏上表现良好，而对于需要逻辑知识的游戏还远不及人类玩家。

7.3 基于神经网络的机器学习

神经网络的研究提出了大量的网络模型，发现了许多学习算法，对神经网络的系统理论进行了成功的探讨和分析，在此基础上，人工神经网络还在模式分类、机器视觉、机器听觉、智能计算、机器人控制、信号处理、组合优化问题求解、联想记忆、编码理论、医学诊断、金融决策和数据挖掘等领域获得了卓有成效的应用。有很多可以应用神经网络的场合，如信用卡欺诈检测、股市市场预报、信用打分、光字符识别、机器状态监视、公路车辆自动驾驶仪等。

7.3.1 神经网络概述

本节主要介绍当前在众多科学领域中广泛应用的神经网络原理及其学习算法。它们可以分成 4 种类型，即前馈型、反馈型、随机型和自组织竞争型。在神经网络的结构确定后，关键的问题是设计一个学习速度快、收敛性好的学习算法。

1. 基本的神经网络模型

前馈型神经网络是数据挖掘中广为应用的一种网络，其原理或算法也是其他一些网络的基础。

径向基函数(RBF)神经网络也是一种前馈型神经网络，可以认为它是一种通过改变神经元非线性变换函数的参数以实现非线性映射，并由此而导致连接权值调整的线性化，从而提高学习速度的神经网络。由于 RBF 网络学习收敛速度较快，所以近年来在数据挖掘中受到重视，特别是在支持向量机理论的应用和研究逐步深入之后。

Hopfield 神经网络是反馈型网络的代表。网络的运行是一个非线性的动力学系统，所以比较复杂。Hopfield 神经网络已在联想记忆和优化计算中得到成功应用。

优化计算过程中陷入局部极小一直是长期以来困扰人们的一个问题。具有随机性值的模拟退火(SA)算法就是针对这一问题而提出来的，并已在神经网络的学习及优化计算中得到成功应用。Boltzmann 机是具有随机输出值单元的随机神经网络，串行的 Boltzmann 机可以被看作是对二次组合优化问题的模拟退火算法的具体实现，同时它还可以模拟外界的概率分布，实现概率意义上的联想记忆。

自组织竞争型神经网络的特点是能识别环境的特征，并自动聚类。它们在特征抽取和大规模数据处理中已有极成功的应用。

2. 神经网络的学习方法

神经网络的性质主要取决于以下两个因素：一个是网络的拓扑结构；另一个是网络的权值、工作规则。二者结合起来就可以构成一个网络的主要特征。

随着网络结构和功能的不同，网络权值的学习算法也不同。关于各种网络的具体算法将在以后给出,本处仅针对神经网络基本学习算法的含义及特点作简要介绍。

神经网络的学习问题就是网络的权值调整问题。神经网络的连接权值的确定一般有两种方式:一种是通过设计计算确定,即所谓死记式学习;另一种是网络按一定的规则通过学习(训练)得到的。大多数的神经网络都使用后一种方法确定其网络权值。

从学习过程的组织与管理而言,分有监督学习与无监督学习;从学习过程的推理和决策方式而言,分确定性学习、随机学习和模糊学习。下面简要介绍几种学习方法。

(1) 死记式学习:网络的连接权值是根据某种特殊的记忆模式设计而成的,其值不变。在网络输入相关信息时,这种记忆模式就会被回忆起来。Hopfield 网络作联想记忆和优化计算时就属于这种情况。

(2) 有监督学习(也称有教师学习):在这种学习中学习的结果,即网络的输出有一个评价的标准,网络将实际输出和评价标准进行比较,由其误差信号决定连接权值的调整。评价标准是由外界提示给网络的,相当于由有一位知道正确结果的教师示教给网络。在这种学习中,网络的连接权值一般根据 δ 规则进行调整。

(3) 自组织学习:是网络根据某种规则反复地调整连接权值以适应输入模式的激励,指导网络最后形成某种有序状态。也可说神经元对输入模式不断适应,从而抽取输入信号的特征(如统计特征)。一旦网络完成了对输入信号的编码,当它再现时,就能把它识别出来。在自组织学习中,常用的学习规则有 Hebb 学习规则和相近学习规则,前者产生自放大作用,后者产生竞争作用;故自组织学习是通过自放大、竞争以及协调等作用实现的。输入数据的冗余为神经网络提供知识,如根据输入数据的统计特征可以得到一些知识。如果没有这种冗余性,则自组织学习就不能发现输入数据中的任何模式或特征,故数据冗余性是自组织学习的必要条件。

(4) 无监督学习(也称无教师学习):是一种自组织学习,此时网络的学习完全是一种自我调整的过程,不存在外部环境的示教,也不存在来自外部环境的反馈指示网络期望输出什么或者当前输出是否正确。

无监督学习可以实现主分量分析(principle component analysis)、聚类(clustering)、编码(encoding)以及特征映射(feature mapping)的功能。

(5) 竞争学习:是无监督学习的一种方法。网络在学习时,以某种内部规则(与外部环境无关)确定竞争层"获胜"神经元,其输出为 1,其他神经元输出为 0,连接权值的调整仅在获胜神经元(或包括其邻域神经元)与输入神经元间进行,其他不变。此时连接权值的学习规则可按下式计算。

$$w_{ij}(t+1) = w_{ij}(t) + \alpha(t)(x_j - w_{ij}(t))$$

其中,x_j 为输入信号,$j=1,2,\cdots,n$;$\alpha(t)$ 为 t 时刻的学习系数。

(6) 有监督与无监督的混合学习:有监督学习具有分类精细、准确的优点,但学习过程复杂。无监督学习具有分类灵活、算法简练的优点,但学习过程较慢。如果将两者结合起来,发挥各自的优点,就有可能成为一种有效的学习方法。混合学习过程一般事先用无监督学习抽取输入数据的特征,然后将这种内部表示提供给有监督学习进行处理,以达到输入输出的某种映射。由于对输入数据进行了预处理,将会使有监督学习以及整个学习过程加快。

(7) Boltzmann 学习:是一种随机学习方式。

(8) 模糊学习:是一种以模糊理论为基础的学习方法,其特点是学习过程用模糊值

(隶属度)进行学习,即输入量是经过模糊化后的模糊量。

(9)强化学习(reinforcement learning):有监督学习时假定对每一个输入模式都有一个正确的目标输出。而强化学习是外界环境仅给出对当前输出的一个评价,不会给出具体的期望输出是多少。

3. 神经网络的性质和能力

神经网络有以下性质和能力。

(1)非线性。一个人工神经元可以是线性的或者是非线性的。一个由非线性神经元互联而成的神经网络自身是非线性的,并且非线性是一种分布于整个网络中的特殊性质。

(2)输入输出映射。从一个训练集中随机选取一个样本给网络,网络就调整它的突触权值(自由参数),以最小化期望响应和由输入信号以适当的统计准则产生的实际响应之间的差别。使用训练集中的很多样本重复神经网络的训练,直到网络到达没有显著的突触权值修正的稳定状态为止。先前用过的样本可能还要在训练期间以不同顺序重复使用。因此,对当前问题网络通过建立输入输出映射从样本中进行学习。

(3)适应性。神经网络嵌入了一个调整自身连接权值以适应外界变化的能力。

(4)证据响应。在模式识别的问题中,神经网络可以设计成既提供选择哪一个特定模式的信息,也提供决策的置信度的信息。

(5)背景信息。神经网络的特定结构和激发状态代表知识。网络中每一个神经元潜在地都受网络中所有其他神经元全局活动的影响。

(6)容错性。一个以硬件形式实现后的神经网络有天生容错的潜质,或者鲁棒计算的能力。

(7)VLSI实现。神经网络的大规模并行性使它具有快速处理某些任务的潜在能力。这一特性使得神经网络很适合用超大规模集成(VLSI)技术实现。

(8)分析和设计的一致性。神经网络作为信息处理器具有通用性。

(9)神经生物类比。神经网络的设计是由对大脑的类比引发的,大脑是一个容错的并行处理的活生生的例子,说明这种处理不光在物理上是可实现的,而且还是快速高效的。神经生物学家将人工神经网络看作是一个解释神经生物现象的研究工具。

4. 神经元模型

神经元是神经网络操作的基本信息处理单位。图 7-13 描述了神经元的非线性模型,它是人工神经网络的设计基础。下面给出神经元模型的 3 种基本元素。

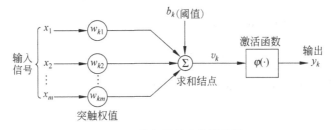

图 7-13 神经元的非线性模型

(1)突触,用其权值标识。特别是,在连到神经元 k 的突触 j 上的输入信号 x_j 被乘以 k 的权重 w_{kj}。注意,在突触权值 w_{kj} 中,第一个下标指输出神经元,第二个下标指权值所在的突触的输入端。人工神经元的突触权值有一个范围,可以取正值,也可以取负值。

(2) 加法器,用于求输入信号被神经元的相应突触权值加权的和。这个操作构成一个线性组合器。

(3) 激活函数,用来限制神经元输出振幅。由于它将输出信号压制(限制)到允许范围内的一定值,所以,激活函数也称为压制函数。通常,一个神经元输出的正常幅度范围可写成闭区间$[0,1]$或者$[-1,+1]$。

图 7-13 也包括一个外部偏置,记为 b_k。根据其为正或为负,它用来增加或降低激活函数的网络输入。

可以用如下两个等式描述一个神经元 k。

$$u_k = \sum_{j=1}^{m} w_{kj} x_j \tag{7-1}$$

和

$$y_k = \varphi(u_k + b_k) \tag{7-2}$$

其中,$x_1, x_2, \cdots, x_m$ 是输入信号;$w_{k1}, w_{k2}, \cdots, w_{km}$ 是神经元 k 的突触权值;u_k 是输入信号的线性组合器的输出,阈值为 b_k,激活函数为 $\varphi(\cdot)$;y_k 是神经元输出信号。阈值 b_k 的作用是对图 7-13 模型中的线性组合器的输出 u_k 作仿射变换(affine transformation),如下所示。

$$v_k = u_k + b_k \tag{7-3}$$

特别地,根据偏置 b_k 取正或取负,神经元 k 的诱导局部域(induced local field) v_k 和线性组合器输出 u_k 的关系如图 7-14 所示。注意,$b_k = 0$ 时,$y_k = u_k$。

偏置 b_k 是人工神经元 k 的外部参数。可以像在式(7-2)中一样考虑它。同样,可以结合式(7-1)和式(7-3)得到如下公式。

$$v_k = \sum_{j=0}^{m} w_{kj} x_j \tag{7-4}$$

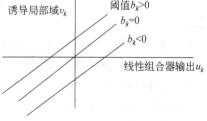

图 7-14 阈值产生的仿射变换

和

$$y_k = \varphi(v_k) \tag{7-5}$$

在式(7-4)中,我们加上一个新的突触,输入是 $x_0 = +1$,权值是 $w_{k0} = b_k$。

激活函数记为 $\varphi(v)$,利用诱导局部域 v 定义神经元输出。下面给出 3 个基本的激活函数。

① 阈值函数(threshold function)。

$$\varphi(v) = \begin{cases} 1, & v \geqslant 0 \\ 0, & v < 0 \end{cases} \tag{7-6}$$

② 分段线性函数(piecewise-linear function)。

$$\varphi(v) = \begin{cases} 1, & v \geqslant +\frac{1}{2} \\ v + \frac{1}{2}, & +\frac{1}{2} > v > -\frac{1}{2} \\ 0, & v \leqslant -\frac{1}{2} \end{cases} \tag{7-7}$$

这种形式的激活函数是对非线性放大器的近似。

③ sigmoid 函数。

此函数的图形是 S-形的,它是严格递增函数,常用下面两种形式。

a. logistic 函数。

$$\varphi(v) = \frac{1}{1 + \exp(-av)}$$

其中,a 是 sigmoid 函数的倾斜参数。改变参数 a 就可以改变倾斜程度。实际上,在原点的斜度等于 $a/4$。

b. 双曲正切函数(hyperbolic tangent function)。

$$\varphi(v) = \tanh(v)$$

值域是 $-1 \sim 1$。

5. 网络结构

神经网络的构筑是和网络学习算法紧密连接的。一般来说,可以区分 3 种基本不同的网络结构。

1) 单层前馈网络

在分层网络中,神经元以层的形式组织。在最简单的分层网络中,源结点构成输入层,直接投射到神经元输出层(计算结点)上。这种网络是严格地无圈或前馈性的。如图 7-15 所示,输出输入层各有 4 个结点。此网络称为单层网,"单层"指的是计算结点(神经元)输出层。我们不把输入层计算在内,因为在这一层没有计算。

2) 多层前馈网络

第二种前馈网络有一个或多个隐藏结点层,相应的计算结点也被称为隐藏神经元。隐藏神经元的功能是以某种有用方式介入外部输入和网络输出中。加上一个或多个隐藏层,网络可以得到高阶统计特性。即使网络为局部连接,由于额外的突触连接和额

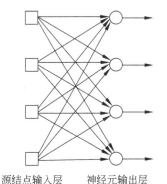

图 7-15 单层前馈或无圈神经元网络

外的神经交互作用,可以使网络在不那么严格意义下获得一个全局关系。当输入层很大的时候,隐藏层的提取高阶统计特性的能力就更有价值了。

输入层的源结点提供激活模式的元素(输入向量),组成第二层(第一隐层)神经元(计算结点)的输入信号。第二层的输出信号作为第三层输入,这样一直传递下去。通常,每一层的输入都是上一层的输出,最后的输出层给出相对于源结点的激活模式的网络输出。具有一个隐藏层和输出层的链接前馈网络如图 7-16 所示。这是一个 10-4-2 网络,即 10 个源结点,4 个隐藏结点,2 个输出结点。具有 m 个源结点的前馈网络,第一个隐藏层有 h_1 个神经元,第二个隐藏层有 h_2 个神经元,输出层有 q 个神经元,可以称为 m-h_1-h_2-q 网络。

图 7-16 的网络也可以称为完全连接(fully connected)网络。相邻层的任意一对结点都有连接。如果不是这样,我们就称为部分连接(partially connected)网络。

3) 递归网络

递归网络(recurrent networks)和前馈网络(feedforward neural networks)的区别在

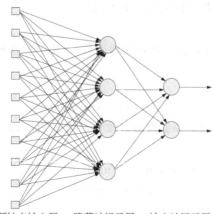

图 7-16　具有一个隐藏层和输出层的全连接前馈网络

源结点输入层　隐藏神经元层　输出神经元层

于它至少有一个反馈环。如图 7-17 所示，单层网络的每一个神经元的输出都反馈到所有其他神经元的输入中。这个图中描绘的结构没有自反馈环，自反馈环表示神经元的输出反馈到它自己的输入上。图 7-17 没有隐藏层。递归网络可以包含隐藏层。

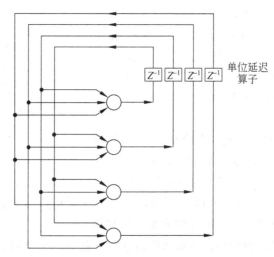

单位延迟算子

图 7-17　无自反馈环和隐藏神经元的递归网络

反馈环的存在对网络的学习能力和它的性能有深刻的影响。此外，由于反馈环涉及使用时间延迟算子(记为 Z^{-1})构成的特殊分支，假如神经网络包含非线性单元，这就会导致非线性的动态行为。

7.3.2　基于反向传播网络的学习

误差反向传播算法基于误差纠正学习规则。误差反向传播学习由两次通过网络不同层的传播组成：一次前向传播和一次反向传播。在前向传播中，一个活动模式(输入向量)作用于网络感知结点，它的影响通过网络一层接一层地传播。最后产生一个输出作为网络的实际响应。在前向传播中，网络的突触权值全被固定了。在反向传播中，突触权值全部根据突触修正规则调整。特别是网络的目标响应减去实际响应而产生误差信号。这个误差信号反向传播通过网络，与突触连接方向相反，因此叫"误差反向传播"。突触权值被调整使得网络的实际响应从统计意义上接近目标响应。误差反向传播算法通常称为反向传播算法(back-propagation algorithm)，或是简单称为反向传播(back-prop)。由算法执行的学习过程被称为反向传播学习。反向传播算法的发展是神经网络发展史上的一个里程碑，因为它为训练多层感知器提供了一个有效的计算方法。

1. 预备知识

图 7-18 给出了一个含有两个隐藏层和一个输出层的多层感知器的结构图。为了给出多层感知器一个一般形式的描述，这里说的网络是全连接的。也就是说，在任意层上的一个神经元与它之前层上的所有结点/神经元都连接起来了。信号在一层接一层的基础上逐步传播，方向是向前的，从左到右的。

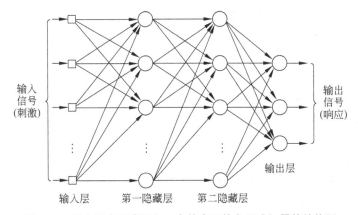

图 7-18 具有两个隐藏层和一个输出层的多层感知器的结构图

输出神经元(计算结点)构成了网络的输出层，余下的神经元(计算结点)组成了网络的隐藏层。因此，隐藏层单元并不是网络输出或输入层的一部分。第一隐藏层的信号是从由感知单元组成输入层输入的；而它的结果信号也顺序传输给下一个隐藏层；网络的其余部分以此类推。

多层感知器每一个隐藏层或输出层的神经元都被设计用来进行两种计算。

(1) 在输出端神经元的函数信号的计算，它表现为输入信号和与该神经元有关的突触权值的一个连续非线性函数。

(2) 梯度向量(即误差曲面对一个神经元输入相连接的权值的梯度)的估计计算，它需要反向通过网络。

反向传播算法的导出相当复杂，要减轻这个导出所涉及的数学负担，我们给出在推导中用到的符号。

定义 7.1

(1) 符号 i、j、k 是指网络中不同的神经元；信号在网络中从左向右传播，神经元 j 所在层在神经元 i 所在层的右边，而当神经元 j 是隐藏层单元时，神经元 k 所在层在神经元 j 所在层的左边。

(2) 在迭代(时间步)n，网络的第 n 个训练模式(例子)呈现给网络。

(3) 符号 $E(n)$ 指迭代 n 时的瞬间误差平方和或瞬间误差能量和。关于所有 n（即整个训练集）的 $E(n)$ 的平均值即为平均误差能量 E_{av}。

(4) 符号 $e_j(n)$ 指的是第 n 次迭代神经元 j 的输出误差信号。

(5) 符号 $d_j(n)$ 指的是关于 j 的期望响应。

(6) 符号 $y_j(n)$ 指的是迭代 n 时出现在神经元 j 的输出处函数信号。

(7) 符号 $w_{ji}(n)$ 指突触权值，该权值是迭代 n 时从神经元 i 输出连接到神经元 j 输入。该权值在迭代 n 时修正量为 $\Delta w_{ji}(n)$。

(8) 迭代 n 时的神经元 j 的诱导局部域（所有突触输入的加权和加上偏置）用 $v_j(n)$ 表示；它构成作用于神经元 j 的激活函数的信号。

(9) 用来描述神经元 j 的输入输出函数的非线性关系的激活函数表示为 $\varphi_j(\cdot)$。

(10) 关于神经元 j 的偏置用 b_j 表示；它的作用由一个突触的权值 $w_{j0}=b_j$ 表示，这个突触与一个等于 +1 的固定输入相连。

(11) 输入向量的第 i 个元素用 $x_i(n)$ 表示。

(12) 输出向量的第 k 个元素用 $o_k(n)$ 表示。

(13) 学习率参数记为 η。

(14) 符号 m_l 表示多层感知器的第 l 层的大小（也就是结点的数目），$l=0,1,\cdots,L$，而 L 就是网络的"深度"。因此，m_0 是输入层的大小，m_1 是第 1 隐藏层的大小，m_L 是输出层的大小。也使用 $m_L=M$。

2. 反向传播算法

在神经元 j 的迭代 n 时输出误差信号（即呈现第 n 个训练例子）由式(7-8)表示。

$$e_j(n) = d_j(n) - y_j(n) \quad （神经元 j 是输出结点） \tag{7-8}$$

我们将神经元 j 的误差能量瞬间值定义为 $(1/2)e_j^2(n)$。相应地，整个误差能量的瞬时值 $E(n)$ 即为输出层的所有神经元的误差能量瞬间值的和；这些只是那些误差信号可被直接计算的"可见"神经元。因此，$E(n)$ 的计算公式是

$$E(n) = \frac{1}{2}\sum_{j\in C}e_j^2(n) \tag{7-9}$$

其中，集合 C 包括所有网络输出层的神经元。令 N 指在训练集中样本的总数。对所有 n 求 $E(n)$ 的和，然后关于集的大小规整化即得误差能量的均方值，具体表示如下。

$$E_{av} = \frac{1}{N}\sum_{n=1}^{N}E(n) \tag{7-10}$$

误差能量的瞬时值 $E(n)$ 和误差能量的平均值 E_{av} 是网络所有自由参数（突触权值和偏置水平）的函数。对一个给定的训练集，E_{av} 表示的代价函数作为学习性能的一种度量。学习过程的目的是调整网络的自由参数使 E_{av} 最小。特别地，我们考虑一个训练的简单方法，即权值在一个模式接一个模式的基础上更新，直到一个回合（epoch）结束，也就是整个训练集均已被网络处理。权值的调整根据每次呈现给网络的模式所计算的相应误差进行。因此，这些单个权值在训练集上的更新的算术平均是基于使整个训练集的代价函数 E_{av} 最小化的真实权值调整的估计。

考虑图 7-19，它描绘了神经元 j 被它左边的一层神经元产生的一组函数信号所馈给。因此，在神经元 j 的激活函数输入处产生的诱导局部域 $v_j(n)$ 是

$$v_j(n) = \sum_{i=0}^{m} w_{ji}(n) y_i(n) \qquad (7\text{-}11)$$

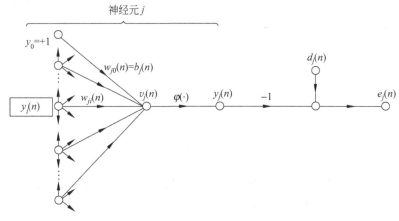

图 7-19　输出神经元 j 的详细信号流图

这里，m 是作用于神经元 j 的所有输入个数(不包括偏置)。突触权值 w_{j0}(相应的固定输入 $y_0 = +1$)等于神经元 j 的偏置 b_j。所以，在迭代 n 时出现在神经元 j 输出处的函数信号 $y_j(n)$ 是

$$y_j(n) = \varphi_j(v_j(n)) \qquad (7\text{-}12)$$

反向传播算法给出了突触权值 $w_{ji}(n)$ 的一个修正值 $\Delta w_{ji}(n)$，它正比于 $E(n)$ 对 $w_{ji}(n)$ 的偏导 $\partial E(n)/\partial w_{ji}(n)$。

根据微分的链式规则，可以将这个梯度表示为

$$\frac{\partial E(n)}{\partial w_{ji}(n)} = \frac{\partial E(n)}{\partial e_j(n)} \frac{\partial e_j(n)}{\partial y_j(n)} \frac{\partial y_j(n)}{\partial v_j(n)} \frac{\partial v_j(n)}{\partial w_{ji}(n)} \qquad (7\text{-}13)$$

偏导数 $\partial E(n)/\partial w_{ji}(n)$ 代表一个敏感因子，决定突触权值 $w_{ji}(n)$ 在权空间的搜索方向。

在式(7-9)两边对 $e_j(n)$ 取微分，得到

$$\frac{\partial E(n)}{\partial e_j(n)} = e_j(n) \qquad (7\text{-}14)$$

在式(7-8)两边对 $y_j(n)$ 取微分，得到

$$\frac{\partial e_j(n)}{\partial y_j(n)} = -1 \qquad (7\text{-}15)$$

接着，在式(7-12)两边对 $v_j(n)$ 取微分，得到

$$\frac{\partial y_j(n)}{\partial v_j(n)} = \varphi_j'(v_j(n)) \qquad (7\text{-}16)$$

最后，在式(7-11)两边对 $w_{ji}(n)$ 取微分，得到

$$\frac{\partial v_j(n)}{\partial w_{ji}(n)} = y_i(n) \qquad (7\text{-}17)$$

将式(7-14)~式(7-17)代入式(7-13)，得到

$$\frac{\partial E(n)}{\partial w_{ji}(n)} = -e_j(n) \varphi_j'(v_j(n)) y_i(n) \qquad (7\text{-}18)$$

$w_{ji}(n)$ 的修正值 $\Delta w_{ji}(n)$ 是由 delta 规则定义的。

$$\Delta w_{ji}(n) = -\eta \frac{\partial E(n)}{\partial w_{ji}(n)} \quad (7-19)$$

其中，η 是反向传播算法的学习率参数，式(7-19)中的负号是指在权空间中梯度下降(寻找一个使 $E(n)$ 值下降方向)。于是，将式(7-18)代入式(7-19)中，得到

$$\Delta w_{ji}(n) = \eta \delta_j(n) y_j(n) \quad (7-20)$$

这里，局域梯度

$$\begin{aligned}
\delta_j(n) &= -\frac{\partial E(n)}{\partial v_j(n)} \\
&= -\frac{\partial E(n)}{\partial e_j(n)} \frac{\partial e_j(n)}{\partial y_j(n)} \frac{\partial y_j(n)}{\partial v_j(n)} \\
&= e_j(n) \varphi_j'(v_j(n))
\end{aligned} \quad (7-21)$$

局域梯度是指突触权值所需要的变化量。根据式(7-21)，神经元 j 的局域梯度 $\delta_j(n)$ 等于相应误差信号 $e_j(n)$ 和相应激活函数的导数 $\varphi_j'(v_j(n))$ 的乘积。

从式(7-20)和式(7-21)我们注意到，权值修正值 $\Delta w_{ji}(n)$ 的计算涉及神经元 j 的输出端的误差信号 $e_j(n)$。在这种情况下，我们要根据神经元的不同位置，区别两种不同的情况。第一种，神经元 j 是输出结点。这种情况的处理很简单，因为网络的每一个输出结点都提供了自己的期望反应信号，使得计算误差信号成了直截了当的事。在第二种情况中，神经元 j 是隐藏层结点。虽然隐藏层神经元不能直接访问，但是它们对网络输出层的误差有影响。然而，问题是要知道对隐藏层神经元的这种共担责任如何进行惩罚或奖赏。这已经被网络的反向传播误差信号成功地解决了。

下面给出两种情况下局域梯度的计算方法。

情况 1：神经元 j 是输出结点。

当神经元 j 位于网络的输出层时，给它提供自己的一个期望响应。可以用式(7-8)计算这个神经元的误差信号 $e_j(n)$；当 $e_j(n)$ 确定后，用式(7-21)计算局域梯度 $\delta_j(n)$ 是很直接的。

情况 2：神经元 j 是隐藏层结点。

当神经元 j 位于网络的隐藏层时，就没有对该输入神经元的指定期望响应。因此，隐藏层的误差信号要根据所有与隐藏层神经元相连的神经元的误差递归决定。这就是为什么反向传播算法的发展很复杂的地方。如果神经元 j 是一个网络隐藏层结点，根据式(7-21)我们可将隐藏层神经元的局域梯度重新定义为

$$\begin{aligned}
\delta_j(n) &= -\frac{\partial E(n)}{\partial y_j(n)} \frac{\partial y_j(n)}{\partial v_j(n)} \\
&= -\frac{\partial E(n)}{\partial y_j(n)} \varphi_j'(v_j(n)), \quad \text{神经元 } j \text{ 是隐藏的}
\end{aligned} \quad (7-22)$$

在式(7-22)中用到了式(7-16)。要计算偏导

$$\partial E(n)/\partial y_j(n)$$

须进行如下处理：

$$E(n) = \frac{1}{2} \sum_{k \in C} e_k^2(n) \quad (\text{神经元 } k \text{ 是输出结点}) \quad (7-23)$$

k 就是式(7-9)中的 j，这么写是为了避免与隐藏层结点 j 相混淆。在式(7-23)两边对

$y_j(n)$ 求偏导,得到

$$\frac{\partial E(n)}{\partial y_j(n)} = \sum_k e_k \frac{\partial e_k(n)}{\partial y_j(n)} \tag{7-24}$$

接着还是使用链式规则,所以重写式(7-24)为

$$\frac{\partial E(n)}{\partial y_j(n)} = \sum_k e_k(n) \frac{\partial e_k(n)}{\partial v_k(n)} \frac{\partial v_k(n)}{\partial y_j(n)} \tag{7-25}$$

然而,

$$\begin{aligned} e_k(n) &= d_k(n) - y_k(n) \\ &= d_k(n) - \varphi_k(v_k(n)) \quad (\text{神经元 } k \text{ 是输出结点}) \end{aligned} \tag{7-26}$$

因此,

$$\frac{\partial e_k(n)}{\partial v_k(n)} = -\varphi'_k(v_k(n)) \tag{7-27}$$

对神经元 k 来说,局部诱导域是

$$v_k(n) = \sum_{j=0}^{m} w_{kj}(n) y_j(n) \tag{7-28}$$

这里,m 是神经元 k 所有输入的个数(包括偏置),而且在这里突触权值 $w_{k0}(n)$ 等于神经元 k 的偏置 $b_k(n)$,相应的输入是固定在值 +1 处的。求式(7-28)关于 $y_j(n)$ 的微分,得到

$$\frac{\partial v_k(n)}{\partial y_j(n)} = w_{kj}(n) \tag{7-29}$$

将式(7-27)和式(7-29)代入式(7-25),得到期望的偏微分

$$\begin{aligned} \frac{\partial E(n)}{\partial y_j(n)} &= -\sum_k e_k(n) \varphi'_k(v_k(n)) w_{kj}(n) \\ &= -\sum_k \delta_k(n) w_{kj}(n) \end{aligned} \tag{7-30}$$

在式(7-30)中用到了局域梯度 $\delta_k(n)$ 的定义。

最后,将式(7-30)代入式(7-22),得到关于局域梯度 $\delta_j(n)$ 的如下反向传播公式

$$\delta_j(n) = \varphi'_j(v_j(n)) \sum_k \delta_k(n) w_{kj}(n) \quad (\text{神经元 } j \text{ 为隐单元}) \tag{7-31}$$

在式(7-31)中,与局域梯度 $\delta_j(n)$ 的计算有关的因素 $\varphi'_j(v_j(n))$ 仅依赖于隐藏层神经元 j 的激活函数。这个计算涉及的其余因子也就是所有神经元 k 的加权和,依赖于两组项。第一组项 $\delta_k(n)$ 需要误差信号 $e_k(n)$ 的知识,因为所有在隐藏层神经元 j 右端的神经元都是直接与神经元 j 相连的。第二组项 $w_{kj}(n)$ 是由所有这些连接的突触权值组成的。

下面总结为反向传播算法导出的关系。

(1) 由神经元 i 指向神经元 j 的突触权值的修正值 $\Delta w_{ji}(n)$ 由 delta 规则定义如下。

$$\begin{bmatrix} \text{权值} \\ \text{修正} \\ \Delta w_{ji}(n) \end{bmatrix} = \begin{bmatrix} \text{学习率} \\ \text{参数} \\ \eta \end{bmatrix} \cdot \begin{bmatrix} \text{局部} \\ \text{梯度} \\ \delta_j(n) \end{bmatrix} \begin{bmatrix} \text{神经元 } j \\ \text{输入信号} \\ y_i(n) \end{bmatrix} \tag{7-32}$$

(2) 局域梯度 $\delta_j(n)$ 取决于神经元 j 是一个输出结点,还是一个隐藏层结点。

① 如果神经元 j 是一个输出结点,$\delta_j(n)$ 等于导数 $\varphi'_j(v_j(n))$ 和误差信号 $e_j(n)$ 的乘积,它们都与神经元 j 相关,参看式(7-21)。

② 如果神经元 j 是隐藏层结点,$\delta_j(n)$ 就是其导数 $\varphi'_j(v_j(n))$ 和 δ_j 的加权和的乘积,这

些 δ_j 是对与神经元 j 相连的下一个隐藏层或输出层中的神经元计算得到的,参看式(7-31)。

下面给出反向传播算法的实施步骤。

(1) 计算的二次传播。

在反向传播算法的应用中,有两种截然不同的传播:第一个是指前向传播;第二个是指反向传播。

在前向传播中,在通过网络时突触权值保持不变,而网络的函数信号在一个神经元接一个神经元的基础上计算。反向传播从输出层开始,误差信号向左通过网络一层一层传播,并且递归计算每一个神经元的 δ(即局部梯度)。该递归过程允许突触权值根据式(7-32)的 delta 规则变化。对于位于输出层的神经元,δ 简单地等于这个神经元的误差信号乘以它的非线性一阶导数。因此,我们使用式(7-32)计算所有馈入输出层的连接权值变化。给出输出层神经元的 δ,接着用式(7-31)计算倒数第二层的所有神经元的 δ 和所有馈入该层的连接的权值变化。通过传播这个变化给网络的所有突触权值,一层接一层地连续递归计算。

注意,由于每给出一个训练样本,其输入模式在整个往返过程中都是固定的,这个往返过程包括前向传播和随后的反向传播。

(2) 激活函数。

计算多层感知器每一个神经元的 δ 需要关于神经元的激活函数 $\varphi(\cdot)$ 的导数知识。要导数存在,则需要函数 $\varphi(\cdot)$ 连续,并满足可微性。通常用于多层感知器的连续可导非线性激活函数的一个例子是 sigmoid 非线性函数。这里有两种形式要说明。

① logistic 函数。这种 sigmoid 非线性性的一般形式由

$$\varphi_j(v_j(n)) = \frac{1}{1+\exp(-av_j(n))} \quad a>0, -\infty < v_j(n) < \infty \tag{7-33}$$

定义,这里,$v_j(n)$ 是神经元 j 的诱导局部域。根据这种非线性性,输出的范围为 $0 \leqslant y_j \leqslant 1$。对式(7-33)取 $v_j(n)$ 的微分,得到

$$\varphi'_j(v_j(n)) = \frac{a\exp(-av_j(n))}{[1+\exp(-av_j(n))]^2} \tag{7-34}$$

由于 $y_j(n) = \varphi_j(v_j(n))$,可以从式(7-34)中消去指数项 $\exp(-av_j(n))$,所以导数 $\varphi'_j(v_j(n))$ 可以表示为

$$\varphi'_j(v_j(n)) = ay_j(n)[1-y_j(n)] \tag{7-35}$$

因为神经元 j 位于输出层,所以 $y_j(n) = o_j(n)$。因此,可以将神经元 j 的局域梯度表示为

$$\delta_j(n) = e_j(n)\varphi'_j(v_j(n))$$
$$= a[d_j(n) - o_j(n)]o_j(n)[1-o_j(n)] \tag{7-36}$$

这里的 $o_j(n)$ 是神经元 j 输出端的函数信号,而 $d_j(n)$ 是它的期望响应。另外,对任意的一个隐藏层神经元 j,都可以将局域梯度表示为

$$\delta_j(n) = \varphi'_j(v_j(n))\sum_k \delta_k(n)w_{kj}(n)$$
$$= ay_j(n)[1-y_j(n)]\sum_k \delta_k(n)w_{kj}(n) \quad j \text{ 为隐藏层神经元} \tag{7-37}$$

从式(7-35)可以看出,导数 $\varphi'_j(v_j(n))$ 当 $y_j(n) = 0.5$ 时取最大值,当 $y_j(n) = 0$ 或

$y_j(n)=1$ 时取最小值 0。既然网络的一个突触权值的变化总量与导数 $\varphi_j'(v_j(n))$ 成正比,因此对于一个 sigmoid 激活函数来说,突触权值改变最多的神经元是那些函数信号在它们的中间范围内的网络的神经元。正是反向传播学习这个特点导致它作为学习算法的稳定性。

② 双曲正切函数。另外一个经常使用的 sigmoid 非线性形式是双曲正切函数,它的最通用的形式表示为

$$\varphi_j(v_j(n)) = a\tanh(bv_j(n)) \quad (a,b>0)$$

这里,a 和 b 是常数。事实上,双曲正切函数只是伸缩和平移的 logistic 函数。它对 $v_j(n)$ 的导数如下。

$$\begin{aligned}\varphi_j'(v_j(n)) &= ab\,\text{sech}^2(bv_j(n))\\ &= ab(1-\tanh^2(bv_j(n)))\\ &= \frac{b}{a}[a-y_j(n)][a+y_j(n)]\end{aligned} \tag{7-38}$$

如果隐藏层神经元 j 位于输出层,则它的局域梯度是

$$\begin{aligned}\delta_j(n) &= e_j(n)\varphi_j'(v_j(n))\\ &= \frac{b}{a}[d_j(n)-o_j(n)][a-o_j(n)][a+o_j(n)] \quad j\text{ 为隐藏层神经元}\end{aligned} \tag{7-39}$$

如果神经元 j 位于隐藏层,则

$$\begin{aligned}\delta_j(n) &= \varphi_j'(v_j(n))\sum_k \delta_k(n)w_{kj}(n)\\ &= \frac{b}{a}[a-y_j(n)][a+y_j(n)]\sum_k \delta_k(n)w_{kj}(n)\end{aligned} \tag{7-40}$$

对式(7-36)和式(7-37)用 logistic 函数以及对式(7-39)和式(7-40)用双曲正切函数,不需要激活函数的具体信息,就可以计算局域梯度 δ_j。

(3) 学习率。

反向传播算法使用最速下降法在权空间的计算中给出了轨迹的一种近似。我们使用的学习率参数 η 越小,从一次迭代到下一次迭代的网络突触权值的变化量就越小,轨迹在权空间就越光滑。然而,这种改进是以减慢学习的速度为代价的。如果让 η 的值太大,以加快学习速度,结果就有可能使网络的突触权值的变化量不稳定(即振荡)。一个既要加快学习速率,又要保持稳定的简单方法是要修改式(7-20)的 delta 规则,使它包括动量项,表示为

$$\Delta w_{ji}(n) = \alpha\Delta w_{ji}(n-1) + \eta\delta_j(n)y_i(n) \tag{7-41}$$

这里,α 是动量常数,通常是正数。它控制围绕 $\Delta w_{ji}(n)$ 反馈环路。式(7-41)被称为广义 delta 规则;它包括式(7-20)的 delta 规则作为特殊情况(即 $\alpha=0$)。

在反向传播算法中,动量的使用对更新权值来说是一个较小的变化,而它对算法的学习可能会有一些有利的影响。而且动量项对于使学习过程不停止在误差曲面上一个浅层的局部最小可能也有益处。

在导出反向传播算法时,假设学习率参数 η 是一个常数。然而,事实上它应该被定义为 η_{ji};也就是说,学习率参数应该是依赖连接的。

(4) 训练的串行和集中方式。

在反向传播算法的实际应用中,学习结果是从指定的训练例子多次呈现给多层感知

器而得到。在学习过程中,整个训练集的完全呈现称为一个回合(epoch)。学习过程是在一个回合接一个回合的基础上进行,直到网络的突触权值和误差水平稳定下来,并且整个训练集上的均方误差收敛于某个极小值。从一个回合到下一个回合时,将训练样本的呈现顺序随机化是一个很好的实践。这种随机化易于在学习循环中使得权空间搜索具有随机性,因此可以在突触权向量演化中避免极限环出现的可能性。

对于一个给定的训练集,反向传播学习可能会以下面两种基本方式之一进行。

① 串行方式。反向传播学习的串行方式也被认为是在线方式或随机方式。在这种运行方式中,权值的更新出现在每个训练样本呈现之后;这正是导出目前反向传播算法公式所引用的运行方式。具体地,考虑包含 N 个训练样本的一个回合,其顺序是 $(x(1), d(1)), \cdots, (x(N), d(N))$。第一个样本 $(x(1), d(1))$ 呈现给网络时,完成以前描述的前向和后向计算,导致网络的突触权值和偏置水平的一定调整。接着,第二个样本 $(x(2), d(2))$ 呈现时,重复前向和后向的计算,导致网络的突触权值和偏置水平的进一步调整。直到最后一个样本 $(x(N), d(N))$ 考虑完以后,这个过程才结束。

② 集中方式。在反向传播学习的集中方式中,权值更新要在组成一个回合的所有样本呈现后才进行。对于特定的一个回合,我们将代价函数定义为式(7-9)和式(7-10)均方误差,重新写成下面的组合形式:

$$E_{av} = \frac{1}{2N} \sum_{n=1}^{N} \sum_{j \in C} e_j^2(n) \tag{7-42}$$

这里,误差信号 $e_j(n)$ 表示训练样本 n 由式(7-8)中定义的输出神经元 j 有关的误差。误差 $e_j(n)$ 等于 $d_j(n)$ 和 $y_j(n)$ 的差,它们分别表示期望响应向量 $d(n)$ 的第 j 个分量和网络输出的相应的值。在式(7-42)中,关于 j 的内层求和是对网络的输出层的所有神经元进行的,而关于 n 的外层求和是对当前回合的整个训练集进行的。对于学习率参数 η,应用于从 i 连接到 j 的 w_{ji} 的修正值由 delta 规则定义。

$$\Delta w_{ji} = -\eta \frac{\partial E_{av}}{\partial w_{ji}}$$

$$= -\frac{\eta}{N} \sum_{n=1}^{N} e_j(n) \frac{\partial e_j(n)}{\partial w_{ji}} \tag{7-43}$$

要计算偏导数 $\partial e_j(n)/\partial w_{ji}$,我们用以前的方式处理。根据式(7-43),在集中方式中,权值的修正值 $\Delta w_{ji}(n)$ 是在整个训练集提交训练以后才决定的。

从在线运行的观点看,训练的串行方式比集中方式要好,因为对每一个突触权值来说,需有更少的局部存储。而且,既然以随机方式给定网络的训练例子,利用一个例子接一个例子的方法更新权值使得在权值空间的搜索自然具有随机性。这使得反向传播算法要达到局部最小可能性降低了。

(5) 停止准则。

通常,反向传播算法不能证明收敛性,并且没有公认的好准则停止其运行。本书建议的收敛准则:

当每一个回合的均方误差的变化的绝对速率足够小时,认为反向传播算法已经收敛。

均方误差的变化的绝对速率如果每个回合都为 0.1%~1%,一般认为它足够小。有时,每个回合都会用到小到 0.01%这样的值。可是,这个准则可能会导致学习过程过早终止。有另外一个有用的且有理论支持的收敛准则：在每一个学习迭代之后，都要检查网络的泛化性能，当泛化性能是适当的，或泛化性能明显达到峰值时，学习过程被终止。

7.3.3 案例：基于反向传播网络拟合曲线

使用 S 形非线性函数的反向传播学习方法获得对如下函数的拟合。

$$g(p) = 1 + \sin\left(\frac{\pi}{4}p\right), -2 \leqslant p \leqslant 2, \tag{7-44}$$

要求：①建立两个数据集，一个用于网络训练，另一个用于测试；②假设具有单个隐层，利用训练数据集计算网络的突触权重；③通过使用测试数据给网络的计算精度赋值；④使用单个隐层，但隐含神经元数目可变，研究网络性能是如何受隐层大小变化影响的。

解：下面选择一个网络并将 BP 算法用在其上解决一个特定问题。假定用此网络逼近函数。首先，采用 1-2-1 网络，如图 7-20 所示。用 1-2-1 BP 网络逼近一函数如图 7-21 所示。

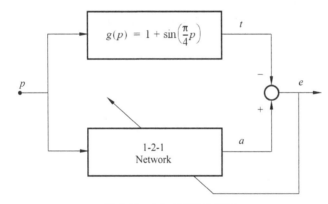

图 7-20　1-2-1 网络示意图

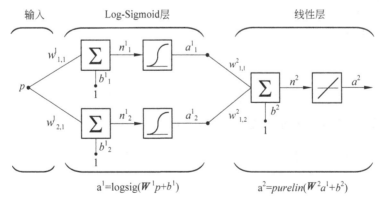

图 7-21　用 1-2-1 BP 网络逼近一函数

训练集可以通过计算函数在几个 p 值上的函数值得到。在开始 BP 算法前，需要选择网络权值和偏置值的初始值。通常选择较小的随机值。

$$\pmb{W}^1(0) = \begin{bmatrix} -0.27 \\ -0.41 \end{bmatrix} \quad \pmb{b}^1(0) = \begin{bmatrix} -0.48 \\ -0.13 \end{bmatrix}$$

$$\pmb{W}^2(0) = \begin{bmatrix} 0.09 & -0.17 \end{bmatrix} \quad \pmb{b}^2(0) = \begin{bmatrix} 0.48 \end{bmatrix} \tag{7-45}$$

网络对初始权值的响应如图 7-22 所示。

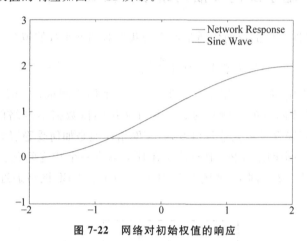

图 7-22 网络对初始权值的响应

我们选择 $p=1$

$$a^0 = p = 1$$

第一层输出：

$$\pmb{a}^1 = \pmb{f}^1(\pmb{W}^1 \pmb{a}^0 + \pmb{b}^1) = logsig\left(\begin{bmatrix} -0.27 \\ -0.41 \end{bmatrix}[1] + \begin{bmatrix} -0.48 \\ -0.13 \end{bmatrix}\right) = logsig\left(\begin{bmatrix} -0.75 \\ -0.54 \end{bmatrix}\right)$$

$$\pmb{a}^1 = \begin{bmatrix} \dfrac{1}{1+e^{0.75}} \\ \dfrac{1}{1+e^{0.54}} \end{bmatrix} = \begin{bmatrix} 0.321 \\ 0.368 \end{bmatrix}$$

第二层输出：

$$a^2 = f^2(\pmb{W}^2\pmb{a}^1 + \pmb{b}^2) = purelin\left(\begin{bmatrix}0.09 & -0.17\end{bmatrix}\begin{bmatrix}0.321 \\ 0.368\end{bmatrix} + \begin{bmatrix}0.48\end{bmatrix}\right) = \begin{bmatrix}0.446\end{bmatrix}$$

误差：

$$e = t - a = \left\{1 + \sin\left(\dfrac{\pi}{4}p\right)\right\} - a^2 = \left\{1 + \sin\left(\dfrac{\pi}{4}1\right)\right\} - 0.446 = 1.261$$

下面求反向传播敏感性值。先求传输函数的导数。对第一层：

$$\dot{f}^1(n) = \dfrac{d}{dn}\left(\dfrac{1}{1+e^{-n}}\right) = \dfrac{e^{-n}}{(1+e^{-n})^2} = \left(1 - \dfrac{1}{1+e^{-n}}\right)\left(\dfrac{1}{1+e^{-n}}\right) = (1-a^1)(a^1)$$

对第二层：

$$\dot{f}^2(n) = \dfrac{d}{dn}(n) = 1$$

执行反向传播。起始点在第二层。

$$\pmb{s}^2 = -2\dot{\pmb{F}}^2(\pmb{n}^2)(\pmb{t}-\pmb{a}) = -2[\dot{f}^2(n^2)](1.261) = -2[1](1.261) = -2.522$$

第一层敏感性由计算第二层的敏感性反向传播得到。

$$s^1 = \dot{F}^1(n^1)(W^2)^T s^2 = \begin{bmatrix} (1-a_1^1)(a_1^1) & 0 \\ 0 & (1-a_2^1)(a_2^1) \end{bmatrix} \begin{bmatrix} 0.09 \\ -0.17 \end{bmatrix} [-2.522]$$

$$= \begin{bmatrix} (1-0.321)(0.321) & 0 \\ 0 & (1-0.368)(0.368) \end{bmatrix} \begin{bmatrix} 0.09 \\ -0.17 \end{bmatrix} [-2.522]$$

$$= \begin{bmatrix} 0.218 & 0 \\ 0 & 0.233 \end{bmatrix} \begin{bmatrix} -0.227 \\ 0.429 \end{bmatrix} = \begin{bmatrix} -0.0495 \\ 0.0997 \end{bmatrix}$$

更新权值。学习速度设为 0.1，即 $\alpha=0.1$。

$$W^2(1) = W^2(0) - \alpha s^2(a^1)^T = [0.09 \quad -0.17] - 0.1[-2.522][0.321 \quad 0.368]$$
$$= [0.171 \quad -0.0772]$$

$$b^2(1) = b^2(0) - \alpha s^2 = [0.48] - 0.1[-2.522] = [0.732]$$

$$W^1(1) = W^1(0) - \alpha s^1(a^0)^T = \begin{bmatrix} -0.27 \\ -0.41 \end{bmatrix} - 0.1 \begin{bmatrix} -0.0495 \\ 0.0997 \end{bmatrix} [1] = \begin{bmatrix} -0.265 \\ -0.420 \end{bmatrix}$$

$$b^1(1) = b^1(0) - \alpha s^1 = \begin{bmatrix} -0.48 \\ -0.13 \end{bmatrix} - 0.1 \begin{bmatrix} -0.0495 \\ 0.0997 \end{bmatrix} = \begin{bmatrix} -0.475 \\ -0.140 \end{bmatrix}$$

这就完成了 BP 算法的第一次迭代。下一步可以选择另一个输入 p，执行算法的第二次迭代过程。迭代过程一直进行下去，直到网络响应和目标函数之差达到某一可接受的水平。

关于体系结构的选择，考察如下函数的拟合问题：

$$g(p) = 1 + \sin\left(\frac{i\pi}{4}p\right) \quad \text{其中} -2 \leqslant p \leqslant 2$$

如果选择 1-3-1 网络结构，即隐含神经元数目为 3，i 分别等于 1、2、4 时拟合效果较好，i 等于 8 时拟合效果较差，如图 7-23 所示。

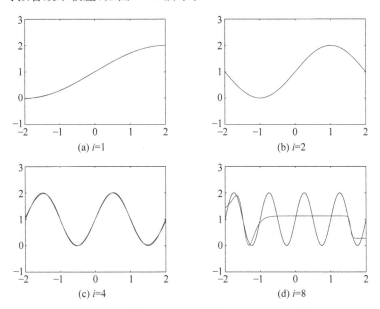

图 7-23 i 分别等于 1、2、4、8 时的 1-3-1 网络拟合效果

使用单个隐层，但隐含神经元数目可变，通过实例分析网络性能是如何受隐层大小变

化影响的。给定如下函数,1-2-1,1-3-1,1-4-1,1-5-1 网络拟合效果如图 7-24 所示,只有 1-5-1 网络体系结构的拟合效果达到要求。

$$g(p) = 1 + \sin\left(\frac{6\pi}{4}p\right) \quad 其中 -2 \leqslant p \leqslant 2$$

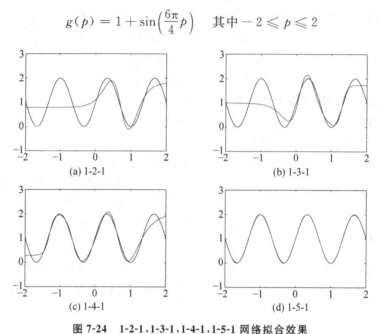

图 7-24 1-2-1,1-3-1,1-4-1,1-5-1 网络拟合效果

使用单个隐层,1-n-1 网络拟合效果均达到要求的情况下,选择隐含神经元数目较小的网络,泛化能力较好。例如,考虑如下函数及训练样本,1-2-1 网络泛化效果较好(图 7-25),1-9-1 网络泛化效果较差(图 7-26)。

$$g(p) = 1 + \sin\left(\frac{\pi}{4}p\right) \quad p = -2, -1.6, -1.2, \cdots, 1.6, 2$$

$$\{p_1, t_1\}, \{p_2, t_2\}, \cdots, \{p_Q, t_Q\}$$

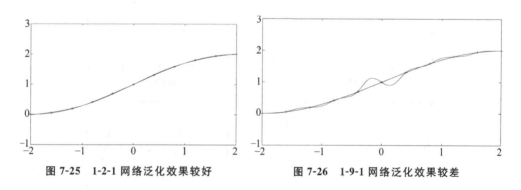

图 7-25 1-2-1 网络泛化效果较好   图 7-26 1-9-1 网络泛化效果较差

下面给出采用 BP 网络拟合样本点(图 7-27)的程序、拟合过程(图 7-28～图 7-30)及收敛曲线(图 7-31 和图 7-32)。

```
%
clf reset
figure(gcf)
```

```
%setfsize(500,200);
echo on
clc
%initff---对前向网络进行初始化
%trainbpx---用算法对前向网络进行训练
%simuff---对前向网络进行仿真
pause
clc
p=-1:.1:1;
t=[-.9602 -.5770 -.0729 .3771 .6405 .6600 .4609 .1336 -.2013 -.4344 -.5000 ...
-.3930 -.1647 .0988 .3072 .3960 .3449 .1816 -.0312 -.2189 -.3201];
pause
clc
plot(p,t,'+');
title('training vectors');
xlabel('input vector p');
ylabel('target vector t');
pause
clc
s1=5;
[w1,b1,w2,b2]=initff(p,s1,'tansig',t,'purelin');
echo off
k=pickic;
if k==2
    w1=[3.5000;3.5000;3.5000;3.5000;3.5000];
    b1=[-2.8562;1.0744;0.5880;1.4083;2.8722];
    w2=[0.2622 -.2375 -.4525 .2361 -.1718];
    b2=[.1326];
end
echo on
clc
df=10;          %学习过程显示频率
me=8000;        %最大训练步数
eg=0.02;        %误差指标
lr=0.01;        %学习率
tp=[df me eg lr]
[w1,b1,w2,b2,ep,tr]=trainbp(w1,b1,'tansig',w2,b2,'purelin',p,t,tp);
pause
clc
ploterr(tr,eg);
pause
clc
p=0.5;
a=simuff(p,w1,b1,'tansig',w2,b2,'purelin')
echo off
```

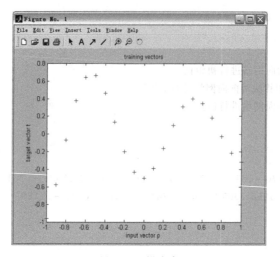

图 7-27 样本点

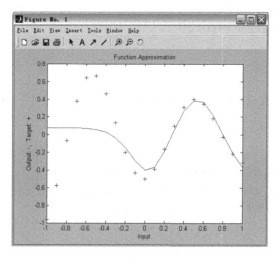

图 7-28 拟合过程(一)

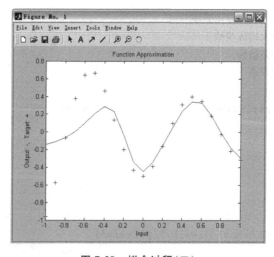

图 7-29 拟合过程(二)

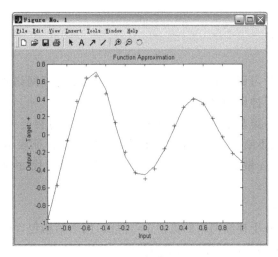

图 7-30 拟合过程(三)

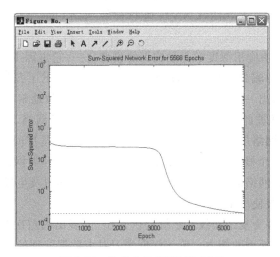

图 7-31 收敛曲线(5566 回合时)

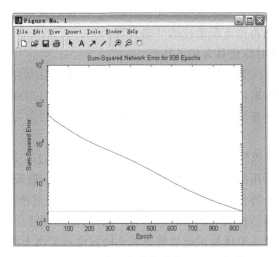

图 7-32 改进算法的收敛曲线(938 回合时)

7.3.4 深度学习

深度学习是机器学习研究的一个新方向,源于对人工神经网络的进一步研究,通常采用包含多个隐层的深层神经网络结构。

深度学习算法是一类基于生物学对人脑进一步认识,将神经-中枢-大脑的工作原理设计成一个不断迭代、不断抽象的过程,以便得到最优数据特征表示的机器学习算法;该算法从原始信号开始,先做低层抽象,然后逐渐向高层抽象迭代,由此组成深度学习算法的基本框架。

1. 深度学习概述

深度学习是一类基于神经网络的机器学习算法,网络结构包含两个以上非线性隐层。目前,一些常用的网络结构包括深度信念网络(Deep Belief Networks,DBN)、深度玻尔兹曼机(Deep Boltzmann Machine,DBM)、自编码器(AutoEncoder,AE)、卷积神经网络(Convolutional Neural Network,CNN)、递归神经网络(Recurrent Neural Networks,RNN)等。

DBN 是第一批成功应用深度学习架构训练模型之一,它也因 Hinton 在 2006 年的相关论文而成为深度学习崛起的代表。Hinton 用它向人们展示了我们可以通过逐层设定目标、逐层训练而构造出一个深层的神经网络,并且用它有效地解决一些问题。DBN 是由多个受限 RBM 相邻彼此重叠一层级联而成为一个"深度"网络。每一个 RBM 都采用无监督学习。与卷积网络层间部分连接不同,深度信念网络是层间全连接的。一个训练好的 DBN 可以作为一个概率生成网络使用,也可以用来为分类网络做参数的初始化优化设置,有效改善分类网络的学习效果。随着其他无监督学习及生成学习算法的发展,深度信念网络已经较少被使用了。

深度神经网络能够为复杂非线性系统提供建模,但多出的层次为模型提供了更高的抽象层次,因而提高了模型的能力。鉴于深度学习对大数据处理的有效性,许多著名大学都有学者在从事深度学习的理论研究,许多知名公司也投入了大量的资源研发深度学习应用技术。在数据和计算资源足够的情况下,深度学习在语音识别、视觉对象识别、自然语言处理等领域体现出占据支配地位的性能表现。

一般来说,深度学习算法具有如下特点。

(1) 使用多重非线性变换对数据进行多层抽象。该类算法采用级联模式的多层非线性处理单元组织特征提取以及特征转换。在这种级联模型中,后继层的数据输入由其前一层的输出数据充当。按学习类型,该类算法又可归为有监督学习(如分类)或无监督学习(如模式分析)。

(2) 以寻求更适合的概念表示方法为目标。这类算法通过建立更好的模型学习数据表示方法。对于学习所用的概念特征值或者说数据的表示,一般采用多层结构进行组织,这也是该类算法的一个特色。高层的特征值由低层特征值通过推演归纳得到,由此组成了一个层次分明的数据特征或者抽象概念的表示结构;在这种特征值的层次结构中,每一层的特征数据对应着相关整体知识或者概念在不同程度或层次上的抽象。

(3) 形成一类具有代表性的特征表示学习方法。在大规模无标识的数据背景下,一个观测值可以使用多种方式表示,如一幅图像、人脸识别数据、面部表情数据等,而某些特定的表示方法可以让机器学习算法学习起来更加容易。所以,深度学习算法的研究也可以看作是在概念表示基础上,对更广泛的机器学习方法的研究。深度学习一个很突出的前景便是它使用无监督的或者半监督的特征学习方法,加上层次性的特征提取策略,替代过去手工方式的特征提取。

Geoffrey Hinton 提出了两个观点:①多隐层的人工神经网络具有非常突出的特征学习能力。如果用机器学习算法得到的特征刻画数据,可以更加深层次地描述数据的本质特征,在可视化或分类应用中非常有效。②深度神经网络在训练上存在一定难度,但这些可以通过"逐层预训练"有效克服。

下面介绍卷积神经网络基本原理,7.3.5 节介绍其具体应用。

2. 卷积神经网络

卷积神经网络(CNN)本质上是一种输入到输出的映射,它可以减少图像的位置变化带来的不确定性,所以它对图像的识别能力非常强。1984 年,日本学者 Fukushima 基于感受野概念提出神经认知机,这是卷积神经网络的第一个实现网络,也是感受野概念在人工神经网络领域的首次应用。受视觉系统结构的启示,当具有相同参数的神经元应用前一层的不同位置时,就可以获取一种变换不变性特征。LeCun 等人根据这个思想,利用反向传播算法设计并训练了 CNN。CNN 是一种特殊的深层神经网络模型,其特殊性主要体现在两个方面:一是它的神经元间的连接是非全连接的;二是同一层中神经元之间的连接采用权值共享的方式。

1)卷积层

输入图像通常维数很高,例如,1000×1000 大小的彩色图像对应于 300 万维特征。因此,继续沿用多层感知机中的全连接层会导致庞大的参数量。大参数量需要繁重的计算,更重要的是,大参数量会有更高的过拟合风险。卷积是局部连接、共享参数版的全连接层。这两个特性使参数量大大降低。卷积层中的权值通常被称为滤波器(filter)或卷积核(convolution kernel),如图 7-33 所示。

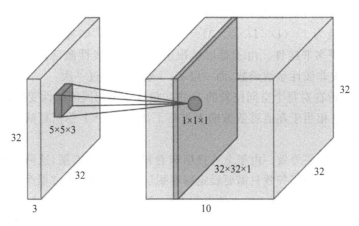

图 7-33 卷积层

卷积层设计原则及其注意事项如下。

局部连接。在全连接层中,每个输出通过权值和所有输入相连。而在视觉识别中,关键性的图像特征、边缘、角点等只占据了整张图像的一小部分,图像中相距很远的两个像素之间相互影响的可能性很小。因此,在卷积层中,每个输出神经元在通道方向保持全连接,而在空间方向上只和一小部分输入神经元相连。

共享参数。如果一组权值可以在图像中某个区域提取出有效的表示,那么它们也能在图像的另外区域中提取出有效的表示。也就是说,如果一个模式(pattern)出现在图像中的某个区域,那么它们也可以出现在图像中的其他任何区域。因此,卷积层不同空间位置的神经元共享权值,用于发现图像中不同空间位置的模式。共享参数是深度学习的一个重要思想,其在减少网络参数的同时仍然能保持很高的网络容量(capacity)。卷积层在空间方向共享参数,而递归神经网络(recurrent neural networks)在时间方向共享参数。

卷积层的作用。通过卷积,可以捕获图像的局部信息。通过多层卷积层堆叠,各层提取到的特征逐渐由边缘、纹理、方向等低层级特征过渡到文字、车轮、人脸等高层级特征。卷积层中的卷积实质是输入和权值的互相关(cross-correlation)函数。

描述卷积的 4 个量。一个卷积层的配置由如下 4 个量确定。①滤波器个数。使用一个滤波器对输入进行卷积会得到一个二维的特征图(feature map)。可以使用多个滤波器对输入进行卷积,以得到多个特征图。②感受野(receptive field) F,即滤波器空间局部连接大小。③零填补(zero-padding) P。随着卷积的进行,图像大小将缩小,图像边缘的信息将逐渐丢失。因此,在卷积前,在图像上、下、左、右填补一些 0,使得我们可以控制输出特征图的大小。④步长(stride) S。滤波器在输入每移动 S 个位置计算一个输出神经元。

卷积输入输出的大小关系。假设输入的高和宽为 H 和 W,输出的高和宽为 H' 和 W',则 $H'=(H-F+2P)/S+1$,$W'=(W-F+2P)/S+1$。当 $S=1$ 时,通过设定 $P=(F-1)/2$,可以保证输入输出空间大小相同。例如,3×3 的卷积需要填补一个像素,使得输入输出空间大小不变。

应该使用多大的滤波器。尽量使用小的滤波器,如 3×3 卷积。通过堆叠多层 3×3 卷积,可以取得与大滤波器相同的感受野。例如,三层 3×3 卷积等效于一层 7×7 卷积的感受野。但使用小滤波器有以下两点好处。①更少的参数量。假设通道数为 D,三层 3×3 卷积的参数量为 $3\times(D\times D\times3\times3)=27D^2$,而一层 7×7 卷积的参数量为 $D\times D\times7\times7=49D^2$。②更多非线性。由于每层卷积层后都有非线性激活函数,所以三层 3×3 卷积一共经过三次非线性激活函数,而一层 7×7 卷积只经过一次。

1×1 卷积。旨在对每个空间位置的 D 维向量做一个相同的线性变换,通常用于增加非线性,或降维,这相当于在通道数方向上进行了压缩。1×1 卷积是减少网络计算量和参数的重要方式。

全连接层的卷积层等效。由于全连接层和卷积层都是做点乘,这两种操作可以相互等效。全连接层的卷积层等效只需要设定好卷积层的 4 个量:滤波器个数等于原全连接层输出神经元个数,感受野等于输入的空间大小,没有零填补,步长为 1。

为什么要将全连接层等效为卷积层?全连接层只能处理固定大小的输入,而卷积层可以处理任意大小的输入。假设训练图像的大小是 224 像素×224 像素,当测试图像的大小是 256 像素×256 像素时,如果不进行全连接层的卷积层等效,我们就需要从测试图像中裁剪出多个 224×224 区域分别前馈网络。而进行卷积层等效后,我们只将 256×256 输入前馈网络一次,即可达到多次前馈 224×224 区域的效果。

卷积结果的两种视角。卷积结果是一个 $D \times H \times W$ 的三维张量。其可以被认为是有 D 个通道,每个通道是一个二维的特征图,从输入中捕获了某种特定的特征。其也可以被认为是有 $H \times W$ 个空间位置,每个空间位置是一个 D 维的描述向量,描述了对应感受野的图像局部区域的语义特征。

卷积结果的分布式表示。卷积结果的各通道之间不是独立的。卷积结果的各通道的神经元和语义概念之间是一个"多对多"的映射,即每个语义概念由多个通道神经元一起表示,而每个神经元又同时参与到多个语义概念中去。并且,神经元响应是稀疏的,即大部分的神经元输出都为 0。

卷积操作的实现。有如下几种基本思路。①快速傅里叶变换(FFT)。通过变换到频域,卷积运算将变为普通矩阵乘法。实际中,当滤波器尺寸大时效果好,而对于通常使用的 1×1 和 3×3 卷积,加速不明显。②im2col(image to column)。im2col 将与每个输出神经元相连的局部输入区域展成一个列向量,并将所有得到的向量拼接成一个矩阵。这样,卷积运算可以用矩阵乘法实现。im2col 的优点是可以利用矩阵乘法的高效实现,而弊端是会占用很大存储空间,因为输入元素会在生成的矩阵中多次出现。此外,Strassen 矩阵乘法和 Winograd 也常被使用。现有的计算库如 MKL 和 cuDNN,会根据滤波器的大小选择合适的算法。

2)池化层

根据特征图上的局部统计信息进行下采样,在保留有用信息的同时,减少特征图的大小。和卷积层不同的是,池化层不包含需要学习的参数。最大池化(max-pooling)在一个局部区域选最大值作为输出,而平均池化(average pooling)计算一个局部区域的均值作为输出。局部区域池化中最大池化使用更多,而全局平均池化(global average pooling)是更常用的全局池化方法,如图 7-34 所示。

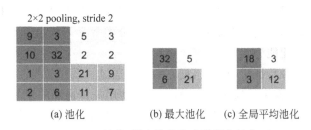

图 7-34　池化、最大池化和全局平均池化

池化层主要有以下 3 个作用:①增加特征平移不变性。池化可以提高网络对微小位移的容忍能力。②减小特征图大小。池化层对空间局部区域进行下采样,使下一层需要的参数量和计算量减少,并降低过拟合风险。③最大池化可以带来非线性。这是目前最大池化更常用的原因之一。近年来,有人使用步长为 2 的卷积层代替池化层。而在生成式模型中,有研究发现,不使用池化层会使网络更容易训练。

3)卷积神经网络结构

CNN 的基本结构包括两层,即特征提取层和特征映射层。特征提取层中,每个神经元的输入与前一层的局部接受域相连,并提取该局部的特征。一旦该局部特征被提取后,它与其他特征间的位置关系也随之确定下来；每一个特征提取层后都紧跟着一个计算层，对局部特征求加权平均值与二次提取，这种特有的两次特征提取结构使网络对平移、比例缩放、倾斜或者其他形式的变形具有高度不变性。计算层由多个特征映射组成，每个特征映射是一个平面，平面上采用权值共享技术，大大减少了网络的训练参数，使神经网络的结构变得更简单，适应性更强。另外，图像可以直接作为网络的输入，因此它需要的预处理工作非常少，避免了传统识别算法中复杂的特征提取和数据重建过程。特征映射结构采用影响函数核小的 sigmoid 函数作为卷积网络的激活函数，使得特征映射具有位移不变性。

并且，在很多情况下，有标签的数据是很稀少的，但正如前面所述，作为神经网络的一个典型，卷积神经网络也存在局部性、层次深等深度网络具有的特点。卷积神经网络的结构使得其处理过的数据中有较强的局部性和位移不变性。Ranzato 等人将卷积神经网络和逐层贪婪无监督学习算法相结合，提出了一种无监督的层次特征提取方法。此方法用于图像特征提取时效果明显。基于此 CNN 被广泛应用于人脸检测、文献识别、手写字体识别、语音检测等领域。

3. 深度学习的优点

深度学习具有如下优点。

（1）采用非线性处理单元组成的多层结构，使得概念提取可以由简单到复杂。

（2）每一层中非线性处理单元的构成方式取决于要解决的问题；同时，每一层学习模式可以按需求调整为有监督学习或无监督学习。这样的架构非常灵活，有利于根据实际需要调整学习策略，从而提高学习效率。

（3）学习无标签数据优势明显。不少深度学习算法通常采用无监督学习形式处理其他算法很难处理的无标签数据。现实生活中，无标签数据比有标签数据更普遍。因此，深度学习算法在这方面的突出表现，更凸显出其实用价值。

传统的方法是通过大量的工程技术和专业领域知识手工设计特征提取器，因此在处理未加工数据时表现出的能力有限；另外，多数的分类等学习模型都是浅层结构，制约了对复杂分类问题的泛化能力。

深度学习作为一种特征学习方法，把原始数据通过一系列非线性变换得到更高层次、更加抽象的表达，这些都不是通过人工设计，而是使用一种通用的学习过程从数据中学习获得。深度学习主要通过建立类似于人脑的分层模型结构，对输入数据逐级提取从低层到高层的特征，从而能很好地建立从低层信号到高层语义的映射关系。相比传统的方法，具有多个处理层的深度学习模型能够学习多层次抽象的数据表示，也受益于计算能力和数据量的增加，从而能够发现大数据中的复杂结构，在语音识别、图像分类等领域取得了最好结果，同样也成功应用于许多其他领域，包括预测 DNA 突变对基因表达和疾病的影响、预测药物分子活性、重建大脑回路等。其中，深度卷积神经网络在处理图像、视频、语音和音频方面表现出优异的性能，这是一种前馈式神经网络，更易于训练，并且比全连接的神经网络泛化性能更优。

自 20 世纪 90 年代以来，卷积神经网络被成功应用于检测、分割、识别、语音、图像等各个领域。例如，最早是用时延神经网络进行语音识别以及文档阅读，由一个卷积神经网络和一个关于语言约束的概率模型组成，这个系统后来被应用在美国超过百分之十的支票阅读上；再如，微软开发的基于卷积神经网络的字符识别系统以及手写体识别系统；近年来，卷积神经网络的一个重大成功应用是人脸识别。Mobileye 和 NVIDIA 公司也正试图把基于卷积神经网络的模型应用于汽车的视觉辅助驾驶系统中。如今，卷积神经网络用于几乎全部的识别和检测任务，最近一个有趣的成果就是利用卷积神经网络生成图像标题。也正是因为卷积神经网络易于在芯片上高效实现，许多公司如 NVIDIA、Mobileye、Intel、Qualcomm 以及 Samsung 积极开发卷积神经网络芯片，以便在智能手机、相机、机器人以及自动驾驶汽车中实现实时视觉系统。

深度学习已经成功应用于各种领域。例如，在计算机视觉领域，深度学习已成功用于处理包含有上千万图片的 ImageNet 数据集。在语音识别领域，微软研究人员通过与 Hinton 合作，首先将深度学习模型 RBM 和 DBN 引入到语音识别声学模型训练中，并且在大词汇量语音识别系统中获得巨大成功，使得语音识别的错误率相对降低 30%。在自然语言处理领域，采用深度学习构建的模型能够更好地表达语法信息。递归神经网络（RNN）可以模拟动态的时间序列，把过去的输出作为下一时间的输入，这样可以描述动态的信号。

7.3.5 案例：深度学习在计算机视觉中的应用

视觉是人类获取信息的最主要方式。在视觉、听觉、嗅觉、触觉和味觉中，视觉接受信息的比例约占 80%。计算机视觉（computer vision）旨在识别和理解图像/视频中的内容。其诞生于 1966 年 MIT AI Group 的 *the summer vision project*。如今，互联网上超过 70% 的数据是图像/视频，全世界的监控摄像头数目已超过人口数，每天有超过八亿小时的监控视频数据生成。如此大的数据量亟待自动化的视觉理解与分析技术。

1. 计算机视觉概述

计算机视觉的难点在于语义鸿沟。这个现象不仅出现在计算机视觉领域，Moravec 悖论发现，高级的推理只需要非常少的计算资源，而低级的对外界的感知却需要极大的计算资源。要让计算机如成人般地下棋是相对容易的，但是要让计算机有如一岁小孩般的感知和行动能力却是相当困难，甚至是不可能的。

语义鸿沟（semantic gap），是指人类可以轻松地从图像中识别出目标，而计算机看到的图像只是一组 0～255 的整数。计算机视觉任务的其他困难包括：拍摄视角变化、目标占据图像的比例变化、光照变化、背景融合、目标形变、遮挡等。

对于计算机视觉系统而言，输入设备是视觉传感器（visual sensor），包括 RGB 传感器、深度（depth）传感器和激光雷达（lidar）传感器等，输出的是"对世界的理解"。

视觉大数据主要来源于互联网、移动互联网、广电网、视联网等。例如，Facebook 的注册用户超过 8 亿，每天上传的图片超过 3 亿张，视频超过 300 万个；2009—2014 年，视频监控数据每年都以 PB 量级增长。视觉大数据的分析与理解在很多方面都有重要应用，如自动驾驶、网络信息过滤、公安刑侦、机器人、视频监控、考勤安检、休闲娱乐等。

大规模视觉计算是对大规模的视觉信息的分析与处理，它具有规模大、类别多、来源广这 3 个主要特点。挑战有三：第一，跨景跨媒。跨场景指的是视觉数据来自于不同的应用场景；跨媒体指的是图像或者视频数据的出现通常还可能伴随着语音或文本，如网络多媒体数据。第二,海量庞杂。视觉大数据不仅数据规模庞大,而且数据包含的内容广泛,例如,可能有娱乐视频、体育视频、新闻视频、监控视频等。第三,多源异质。同样的视觉数据可能来自于不同的数据源,例如,体育视频可能来自广播电视或者手机拍摄,数据可能来自 RGB 成像或者近红外成像。

在小规模的 PascalVOC 数据集(20 类目标,小于 2 万张图片)上,传统算法的分析精度很容易达到 90% 以上。但是,对于大规模的 ImageNet 数据集(1000 类目标,130 万张图片),同样的算法其分析精度通常低于 75%。这也是大规模视觉计算带来的挑战。

深度学习在计算机视觉领域四大基本任务中的应用,包括分类、定位、检测、语义分割和实例分割,如图 7-35 所示。

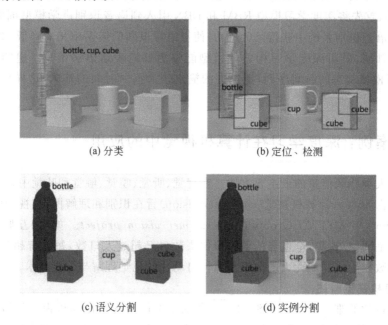

图 7-35　计算机视觉基本任务

2. 大规模视觉计算的关键问题

算法层面包含大规模特征表达、大规模模型学习、大规模知识迁移;系统层面包含大规模数据库构建、大规模数据处理平台。华人科学家李飞飞创建的大规模数据集 ImageNet 已成为视觉领域的经典数据集。下面介绍大规模视觉计算的算法层面,包括大规模的特征表达、模型学习和知识迁移等关键问题。

(1) 大规模的特征表达。大规模的特征表达就是在多源异质的视觉大数据中找到具有较好泛化性和不变性的特征。在模式识别和计算机视觉领域中,强大的特征对于实际应用效果来说非常关键。因此,要分析跨景跨媒、多源异质的视觉大数据,就必须找到鲁棒的特征表达。

(2) 大规模的模型学习。视觉大数据时代,我们需要面对海量庞杂、种类繁多的视觉大数据。人工设计的特征不一定适用于大规模的模型学习。深度学习可以直接从海量数据中进行模型学习,且数据量越多,模型效果越好,这是深度学习在大规模视觉计算中广泛应用的重要因素。

(3) 大规模的知识迁移。传统学习和迁移学习有什么区别？在传统学习中，每一数据域都有一个独立的学习系统，且不同域之间的学习过程是相互独立的。在迁移学习中，源域学习得到的知识可以用以指导目标域的学习过程。

为什么在视觉大数据背景下进行知识迁移是可行的？答案可以总结为 3V。第一，Volume。数据规模大，提供了足够的迁移数据源。第二，Variety。视觉大数据中的数据呈现多源异构多模态等性质，为知识迁移提供了必要条件。第三，Velocity。如今数据更新的速度特别快，利用迁移学习可以避免重复学习，即可以在已有模型的基础上更新模型，而不必对所有数据重新学习。

3. 图像分类卷积神经网络设计

给定一张输入图像，图像分类任务旨在判断该图像所属类别。ImageNet 包括 1.2M 训练图像、50K 验证图像、1K 个类别。2017 年及之前，每年会举行基于 ImageNet 数据集的 ILSVRC 竞赛，这相当于计算机视觉界奥林匹克。

(1) 基本架构。用 conv 代表卷积层、bn 代表批量归一层、pool 代表池化层。最常见的网络结构顺序是 conv $->$ bn $->$ relu $->$ pool，其中卷积层用于提取特征，池化层用于减少空间大小。随着网络深度的进行，图像的空间大小将越来越小，而通道数会越来越大。

(2) 如何设计网络。面对实际任务时，如果目标是完成该任务，而不是发明新算法，那么不要试图自己设计全新的网络结构，也不要试图从零复现现有的网络结构。找已经公开的实现和预训练模型进行微调。去掉最后一个全连接层和对应 softmax，加上当下任务的全连接层和 softmax，再固定住前面的层，只训练新增加的部分。如果你的训练数据比较多，那么可以多微调几层，甚至微调所有层。

(3) LeNet-5 60k 参数。网络基本架构为 conv1(6) $->$ pool1 $->$ conv2(16) $->$ pool2 $->$ fc3(120) $->$ fc4(84) $->$ fc5(10) $->$ softmax，如图 7-36 所示。括号中的数字代表通道数，网络名称中的"5"表示它有 5 个 conv/fc 层。当时，LeNet-5 被成功用于 ATM，以对支票中的手写数字进行识别。LeNet 取名源自其作者姓 LeCun。

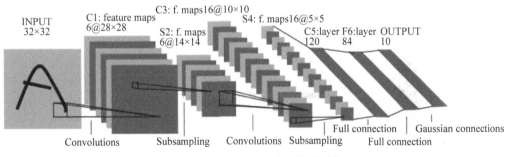

图 7-36 LeNet-5 手写数字识别网络

(4) AlexNet 60M 参数，ILSVRC 2012 的冠军网络。网络基本架构为 conv1(96) $->$ pool1 $->$ conv2(256) $->$ pool2 $->$ conv3(384) $->$ conv4(384) $->$ conv5(256) $->$ pool5 $->$ fc6(4096) $->$ fc7(4096) $->$ fc8(1000) $->$ softmax，如图 7-37 所示。AlexNet 有着和 LeNet-5 相似的网络结构，但更深，有更多参数。conv1 使用 11×11 的滤波器，步长为 4，使空间大小迅速减小（227×227 $->$ 55×55）。AlexNet 的关键点是：

①使用了 ReLU 激活函数,使之有更好的梯度特性,训练更快。②使用了随机失活(dropout)。③大量使用数据扩充技术。AlexNet 的意义在于它以高出第二名 10% 的性能取得了当年 ILSVRC 竞赛的冠军,这使人们意识到卷积神经网络的优势。此外,AlexNet 也使人们意识到可以利用 GPU 加速卷积神经网络训练。AlexNet 取名源自其作者名 Alex。

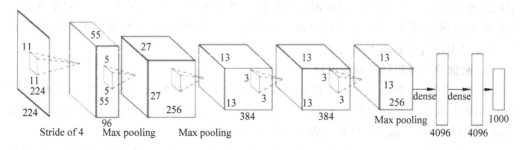

图 7-37　ILSVRC 2012 的冠军网络

(5) VGG-16/VGG-19　138M 参数,ILSVRC 2014 的亚军网络。VGG-16 的基本架构为 conv1^2(64) —> pool1 —> conv2^2(128) —> pool2 —> conv3^3(256) —> pool3 —> conv4^3(512) —> pool4 —> conv5^3(512) —> pool5 —> fc6(4096) —> fc7(4096) —> fc8(1000) —> softmax。^3 代表重复 3 次,如图 7-38 所示。VGG 网络的关键点是:①结构简单,只有 3×3 卷积和 2×2 池化两种配置,并且重复堆叠相同的模块组合。卷积层不改变空间大小,每经过一次池化层,空间大小减半。②参数量大,而且大部分的参数集中在全连接层中。网络名称中的"16"表示它有 16 个 conv/fc 层。③合适的网络初始化和使用批量归一(batch normalization)层对训练深层网络很重要。VGG-19 结构类似于 VGG-16,有略好于 VGG-16 的性能,但 VGG-19 需要消耗更大的资源,因此实际中 VGG-16 使用得更多。由于 VGG-16 网络结构十分简单,并且很适合迁移学习,因此至今 VGG-16 仍在广泛使用。VGG-16 和 VGG-19 取名源自作者所处研究组名(Visual Geometry Group)。

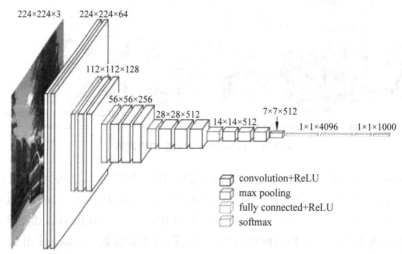

图 7-38　ILSVRC 2014 的亚军网络

4. 计算机视觉和深度学习应用展望

决定计算机视觉技术能否被大规模应用有两个因素：第一是准确率；第二是成本。只有很好地解决了这两个因素，视觉技术才会得到大规模的应用。从技术角度来讲，计算机视觉大规模应用的路径应该是一个从云到端再到芯片的渐进过程。

第一个阶段：云的方式。即运算发生在服务器端，无论是公有云，还是私有云，摄像头的数据都被传回到服务器端进行处理和运算。这个方式最大的好处是能促进算法的快速落地，产生大量数据，帮助实现快速的迭代算法，促进算法的成熟，推动应用的发展。云的优势在于快速灵活，所以早期应该采用云的方式。

第二个阶段：云+端的方式。通过端帮助云做一些运算量比较少的工作，主要优势在于这样可以减少网络带宽，如果把所有的视频数据都传回中心，网络带宽开销是非常大的；其次，基于云+端的方式可以把运算由中心分散到前端，这将是未来的一个重要趋势。

第三个阶段：采用芯片的方式。芯片能够降低成本，同时提高运算能力。但是，芯片一定是在一个大规模应用状态下的终极阶段。这个结果是有条件的，就是必须等到算法成熟，而且大众也接受这种应用。

从产业链的角度，只有深入到场景中才能够形成闭环，获得数据。只有拥有业务和数据之后，才能形成真正的护城河。例如，阿里和腾讯一定不是技术最好的公司，为他们服务的思科、华为、联通、中国电信这样的公司技术会更好，但最终却只有阿里和腾讯形成了生态，有了护城河。简单的算法提供更像思科这种设备提供商的角色，在生态里面最终能获得的价值实际上是非常少的。

深度学习在计算机视觉中的应用展望：

（1）深度图像分析。需要进一步提升算法的性能，进而转化相应的实际应用。例如，微软发布的 App，用户上传图片识别其年龄或者性别，但有时会出错。

（2）深度视频分析。视频相对于图片来说，其内容更加复杂且包含运动信息，做起来难度更大，因此，深度视频分析还处于起步阶段。但是，视频分析的应用很广。例如，人机交互的行为识别、监控视频分析、第一视角的视频分析等，因此加强深度视频分析可能是未来的方向。

（3）大规模的深度学习。随着时间的推移，为了处理更大规模的数据，需要进行多 GPU 并行的分布式计算，这是处理海量数据必须做的。

（4）无监督（半监督）学习。实际应用中，监督信息大多数都是缺失的，且标注的代价也十分高昂，因此要在充分利用标注数据的基础上进行无监督或半监督学习。

（5）大规模多模态学习。多模态数据无处不在，不同模态数据的内容具有一致性或互补性。利用互补性可以做多模态数据的融合，进而更有效地解决问题；利用一致性，还可以做跨模态的图像文本检索。

（6）类脑智能研究。深度神经网络本身是模拟大脑前馈提出的网络结构模型，但是当前大部分生物机制还没有应用到深度神经网络中。因此，类脑智能研究是有潜力且更有意义的。

计算机视觉的终极目标是"建立一个智能的系统，能够让计算机和机器人像人一样看懂世界，也可能超越人类，比人类更能看懂这个世界"。深度学习作为人工智能的一种形式，通过组合低层特征形成具有抽象表示的深层神经网络，模拟人脑的思维进行感知、识别和记忆,突破了低层特征到高层语义理解的障碍,极大地提升了机器在视觉特征的提取、语义分析和理解方面的智能处理水平。随着计算机技术和人工智能的发展,期待计算机视觉研究取得更大的突破,在社会生活中得到更加广泛的应用。

7.3.6 竞争网络

Hamming 网络是最简单的竞争网络之一,其输出层的神经元通过互相竞争从而产生一个胜者。这个胜者表明了何种标准模式最能代表输入模式。这种竞争是通过输出层神经元之间的一组负连接(即侧向抑制)实现的。

我们首先从简单的竞争网络开始,然后介绍结合网络拓扑结构的自组织特征图模型,最后讨论学习向量量化网络,它将竞争和有监督学习框架相结合。

1. Hamming 网络

由于本节讨论的竞争网络与 Hamming 网络(图 7-39)密切相关,所以有必要先介绍 Hamming 网络的一些基本概念。

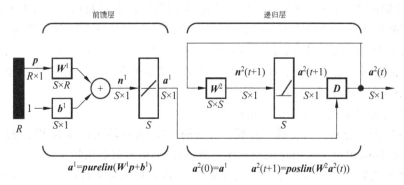

图 7-39 Hamming 网络

Hamming 网络包含两层:第一层(是一个 instar 层)将输入向量和标准向量相互关联起来;第二层采用竞争方式确定最接近输入向量的标准向量。

1) 第一层

单个 instar 只能识别一种模式。为了实现多模式分类,需要多个 instar,Hamming 网络实现了这一点。

假设要让网络识别如下的标准向量:

$$\{p_1, p_2, \cdots, p_Q\}$$

则第一层的权值矩阵 W^1 和偏置向量 b^1 为

$$W^1 = \begin{bmatrix} {}_1w^T \\ {}_2w^T \\ \vdots \\ {}_sw^T \end{bmatrix} = \begin{bmatrix} p_1^T \\ p_2^T \\ \vdots \\ p_Q^T \end{bmatrix}, b^1 = \begin{bmatrix} R \\ R \\ \vdots \\ R \end{bmatrix} \tag{7-46}$$

其中,W^1 的每一行代表了一个想要识别的标准向量,b^1 中的每一个元素都设为等于输入向量的元素个数 R。(神经元的数量 S 等于将要被识别的标准向量的个数 Q)

因此，第一层的输出为

$$a^1 = W^1 p + b^1 = \begin{bmatrix} p_1^T p + R \\ p_2^T p + R \\ \vdots \\ p_Q^T p + R \end{bmatrix} \tag{7-47}$$

注意，第一层的输出等于标准向量与输入的内积再加上 R。内积表明了标准向量与输入向量之间的接近程度。

2）第二层

在 instar 中，使用 hardlim 传输函数决定输入向量是否足够接近标准向量。Hamming 网络的第二层拥有多个 instar，因此需要确定哪个标准向量与输入最接近。我们会使用一个竞争层代替 hardlim 传输函数，以选择最接近的标准向量。

第二层是一个竞争层，这一层的神经元使用前馈层的输出进行初始化，这些输出指明了标准模式和输入向量间的相互关系。然后这一层的神经元之间相互竞争，以决出一个胜者，即竞争过后只有一个神经元具有非零输出。获胜的神经元指明了输入数据所属的类别（每一个标准向量代表一个类别）。

首先，使用第一层的输出 a^1 初始化第二层。

$$a^2(0) = a^1$$

然后，根据以下递归关系更新第二层的输出。

$$a^2(t+1) = poslin(W^2 a^2(t)) \tag{7-48}$$

第二层的权值矩阵 W^2 的对角线上的元素被设为 1，非对角线上的元素被设为一个很小的负数。

$$w_{ij}^2 = \begin{cases} 1, & i = j \\ -\varepsilon, & i \neq j \end{cases} \quad 0 < \varepsilon < \frac{1}{S-1}$$

该矩阵产生侧向抑制（lateral inhibition），即每一个神经元的输出都会对所有其他的神经元产生一个抑制作用。为了说明这种作用，用 1 和 $-\varepsilon$ 代替 W^2 中对应的元素，针对单个神经元重写式(7-48)。

$$a_i^2(t+1) = poslin\left(a_i^2(t) - \varepsilon \sum_{j \neq i} a_j^2(t)\right)$$

在每次迭代中，每一个神经元的输出将会随着其他神经元的输出之和成比例减小（最小的输出为 0）。具有最大初始条件的神经元的输出会比其他神经元的输出减小得慢些。最终该神经元成为唯一一个拥有正值输出的神经元。此时，网络将达到一个稳定的状态。第二层中拥有稳定正值输出的神经元的索引即与输入最匹配的标准向量的索引。

由于只有一个神经元拥有非 0 输出，因此我们把上述的竞争学习规则称作胜者全得（winner-take-all）竞争。

2. 竞争层

Hamming 网络第二层之所以被称为竞争（competition）层，是由于其每个神经元都激活自身并抑制其他所有神经元。我们定义一个传输函数实现递归竞争层的功能。

$$a = compet(n)$$

它找到拥有最大净输入的神经元的索引 i^*，并将该神经元的输出置为 1（平局时选索引最小的神经元），同时将其他所有神经元的输出置为 0。

$$a_i = \begin{cases} 1, i = i^* \\ 0, i \neq i^* \end{cases}, \text{对所有 } i, n_{i^*} \geqslant n_i \text{ 且对所有 } n_i = n_{i^*}, i^* \leqslant i$$

使用这个竞争传输函数作用在第一层上，替代 Hamming 网络的递归层，这样将简化陈述。图 7-40 为一个网络竞争层。

和 Hamming 网络一样，标准向量被存储在 W 矩阵的行中。网络净输入 n 计算了输入向量 p 与每一个标准向量 $_iw$ 之间的距离（假设所有的向量都被归一化，长度为 L）。每个神经元 i 的净输入 n_i 正比于 p 与标准向量 $_iw$ 之间的夹角 θ_i。

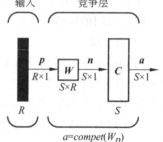

图 7-40 网络竞争层

$$n = Wp = \begin{bmatrix} _1w^T \\ _2w^T \\ \vdots \\ _sw^T \end{bmatrix} p = \begin{bmatrix} _1w^T p \\ _2w^T p \\ \vdots \\ _sw^T p \end{bmatrix} = \begin{bmatrix} L^2 \cos\theta_1 \\ L^2 \cos\theta_2 \\ \vdots \\ L^2 \cos\theta_s \end{bmatrix}$$

竞争传输函数将方向上与输入向量最接近的权值向量对应的神经元输出设置为 1。

$$a = compet(Wp)$$

1）竞争学习

通过将 W 的行设置为期望的标准向量，可设计一个竞争网络分类器。然而，我们更希望找到一个学习规则，使得在不知道标准向量的情况下也能训练竞争网络的权值。instar 规则便是这样的学习规则。

$$_iw(q) = {_iw}(q-1) + \alpha a_i(q)(p(q) - {_iw}(q-1))$$

因为竞争网络中仅有获胜神经元（$i = i^*$）对应的 a 中非 0 元素，所以使用 Kohonen 规则也能得到同样的结果。

$$_iw(q) = {_iw}(q-1) + \alpha(p(q) - {_iw}(q-1))$$
$$= (1-\alpha)_iw(q-1) + \alpha p(q)$$

及

$$_iw(q) = {_iw}(q-1) \quad i \neq i^*$$

因此，权值矩阵中最接近输入向量的行（即与输入向量的内积最大的行）向着输入向量靠近，它沿着权值矩阵原来的行向量与输入向量之间的连线移动，如图 7-41 所示。

下面使用图 7-42 中的 6 个向量演示竞争层网络是如何学会分类的。这 6 个向量为

$$p_1 = \begin{bmatrix} -0.1961 \\ 0.9806 \end{bmatrix}, p_2 = \begin{bmatrix} 0.1961 \\ 0.9806 \end{bmatrix}, p_3 = \begin{bmatrix} 0.9806 \\ 0.1961 \end{bmatrix}$$

$$p_4 = \begin{bmatrix} 0.9806 \\ -0.1961 \end{bmatrix}, p_5 = \begin{bmatrix} -0.5812 \\ -0.8137 \end{bmatrix}, p_6 = \begin{bmatrix} -0.8137 \\ -0.5812 \end{bmatrix}$$

这里使用的竞争网络将有 3 个神经元，因此它可把这些输入向量分为 3 类。下面是"随机"选择的归一化的初始权值。

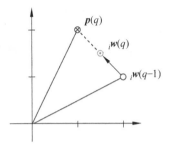

图 7-41 Kohonen 规则的图示

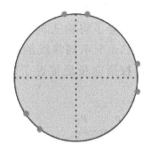

图 7-42 输入向量样本

$$_1w = \begin{bmatrix} 0.7071 \\ -0.7071 \end{bmatrix}, _2w = \begin{bmatrix} 0.7071 \\ 0.7071 \end{bmatrix}, _3w = \begin{bmatrix} -1.0000 \\ 0.0000 \end{bmatrix}, w = \begin{bmatrix} _1w^T \\ _2w^T \\ _3w^T \end{bmatrix}$$

数据向量和权值向量如图 7-43 所示,其中权值向量用箭头表示。

将向量 p_2 输入到网络后,可得

$$a = compet(Wp_2) = compet\left(\begin{bmatrix} 0.7071 & -0.7071 \\ 0.7071 & 0.7071 \\ -1.0000 & 0.0000 \end{bmatrix} \begin{bmatrix} 0.1961 \\ 0.9806 \end{bmatrix}\right)$$

$$= compet\left(\begin{bmatrix} -0.5547 \\ 0.8321 \\ -0.1961 \end{bmatrix}\right) = \begin{bmatrix} 0 \\ 1 \\ 0 \end{bmatrix}$$

从上式可见,第二个神经元的权值向量最接近 p_2,所以它竞争获胜($i^* = 2$)且输出值为 1。
现在应用 Kohonen 学习规则更新获胜神经元的权值向量,其中学习率 $\alpha = 0.5$。

$$_2w^{new} = _2w^{old} + \alpha(p_2 - _2w^{old})$$

$$= \begin{bmatrix} 0.7071 \\ 0.7071 \end{bmatrix} + 0.5\left(\begin{bmatrix} 0.1961 \\ 0.9806 \end{bmatrix} - \begin{bmatrix} 0.7071 \\ 0.7071 \end{bmatrix}\right) = \begin{bmatrix} 0.4516 \\ 0.8438 \end{bmatrix}$$

正如图 7-44 所示,Kohonen 规则移动 $_2w$,以使其接近 p_2。如果继续随机选择输入向量并把它们输入网络,那么每次迭代后,与输入向量最接近的权值向量将会向着这个输入向量移动。最终,每个权值向量将指向输入向量的不同簇,且将变成不同簇的标准向量。

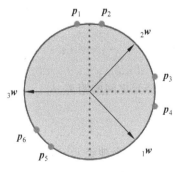

图 7-43 数据向量和权值向量

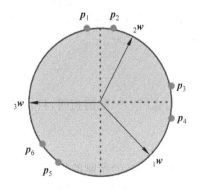

图 7-44 移动 $_2w$

这个例子可以预测哪一权值向量将指向哪一簇,最终的权值将类似图 7-45 所示。

一旦网络学会了将输入向量进行分类,那么它也会相应地对新向量进行分类。如图 7-46 所示,3 个不同深线的扇形阴影区域分别表示每个神经元将做出响应的区域。通过使得权值向量最接近于输入向量 p 的神经元的输出为 1,竞争网络将 p 归为某一类。

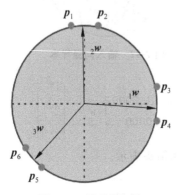
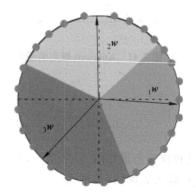

图 7-45　最终的权值　　　　　图 7-46　每个神经元对应一个响应区域

2) 竞争层存在的问题

竞争层能有效地进行自适应分类,但它也存在如下问题:①学习率的选择必须在学习度与最终权值向量的稳定性之间进行折中;②当簇彼此间很靠近时,会出现更严重的稳定性问题;③有时某个神经元的初始权值向量离所有输入向量都太远,以至于它从未在竞争中获胜,因此也就从未得到学习;④通常情况,竞争层的神经元个数等于类别数,但这在一些应用中是不适用的,尤其是在事先不知道类别数量的情况下。此外,竞争层要求每个类由输入空间的一个凸区域构成。因此,当类由非凸区域或由多个不连通区域构成时,竞争层将不能实现分类。这些问题将在后续介绍的特征图网络和 LVQ 网络中得到解决。

3. 生物学中的竞争层

前面的章节没有提及神经元在层内是如何组织的(即网络的拓扑结构)。在生物神经网络中,神经元之间通常排列为二维层次,通过侧向反馈紧密互连。图 7-47 展示了一个由 25 个神经元以二维网格形式排列在一起的层。

通常,权值是相互连接的神经元间距离的函数。例如,Hamming 网络的第二层的权值赋值如下。

$$w_{i,j} = \begin{cases} 1, & i = j \\ -\varepsilon, & i \neq j \end{cases} \tag{7-49}$$

式(7-50)与式(7-49)赋值相同,只是式(7-50)是基于神经元之间的距离 d_{ij}。

$$w_{i,j} = \begin{cases} 1, & d_{ij} = 0 \\ -\varepsilon, & d_{ij} > 0 \end{cases} \tag{7-50}$$

式(7-49)或式(7-50)所赋的权值如图 7-48 所示。图中,每一个神经元 i 上标记了连接权值 w_{ij},即从它到神经元 j 的连接。

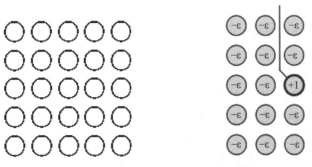

图 7-47 以二维网格形式排列神经元　　图 7-48 神经元 j 赋权

加强中心/抑制周围(on-center/off-surround)通常用来描述如下一种神经元之间的连接模式：每个神经元加强自身(中心)，同时抑制所有其他的神经元(周围)。

其实，这是生物学竞争层的一种较为粗略的近似。在生物学中，一个神经元不仅加强它自己，也加强它附近的神经元。通常，从加强到抑制的转变是随着神经元之间距离的增加而平滑出现的。

这种转变如图 7-49 左所示，它是一个将神经元之间的距离与它们之间的权值联系起来的函数。相互靠近的神经元之间会产生激励(加强)连接，且激励的强度随着距离的增大而减小。超过一定距离，神经元之间开始呈现抑制连接，且抑制的强度随着距离的增大而增大。因为这个函数的形状，它被称作墨西哥草帽函数(mexican-hat function)。图 7-49 的右图是墨西哥草帽(加强中心/抑制周围)函数的二维图示。图中，每个神经元 i 上都标以它到神经元 j 的权值 w_{ij} 的符号和相对强度。

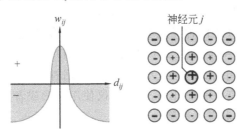

图 7-49　生物学中的加强中心/抑制周围层

生物竞争系统中，除了在加强中心/抑制周围的连接模式下激励和抑制的区域之间是渐变外，还有一种比 Hamming 网络中"胜者全得"的竞争较弱的竞争形式。生物网络通常不是单一神经元活跃(竞争获胜)，而是有一个以最为活跃的神经元为中心的活跃区。这在某种程度上是由于加强中心/抑制周围的连接模式和非线性的反馈连接引起的。

4. 自组织特征图

为了模仿生物系统的活动区，且不必实现非线性的加强中心/抑制周围的反馈连接，Kohonen 设计了如下简化形式，提出了自组织特征图(Self-Organizing Feature Maps, SOFM)。SOFM 网络首先使用与竞争层网络相同的方式得到获胜的神经元 i^*，然后采用 Kohonen 规则更新获胜神经元周围某一特定邻域内所有神经元的权值向量。

$$i^w(q) = i^w(q-1) + \alpha(\boldsymbol{p}(q) - i^w(q-1))$$
$$= (1-\alpha)i^w(q-1) + \alpha\boldsymbol{p}(q) \qquad i \in N_{i^*}(d)$$

其中,邻域 $N_{i^*}(d)$ 包括所有落在以获胜神经元 i^* 为中心、d 为半径的圆内的神经元的下标,即

$$N_i(d) = \{j, d_{i,j} \leqslant d\}$$

当一个向量 $\boldsymbol{p}$ 输入网络时,获胜神经元及其邻域内神经元的权值将会向 $\boldsymbol{p}$ 移动。结果是,在向量被多次输入网络之后,邻域内的神经元将会学习到彼此相似的向量。

例如,为了展示邻域的概念,可参考图 7-50 所示的两幅图。图 7-50 左描述了围绕神经元 13,半径 $d=1$ 的二维邻域,图 7-50 右显示的是其半径 $d=2$ 的邻域。

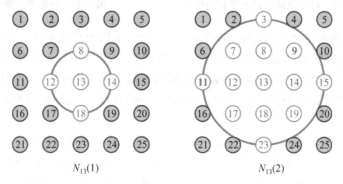

图 7-50 邻域

这两个邻域定义如下。
$N_{13}(1) = \{8, 12, 13, 14, 18\}$
$N_{13}(2) = \{3, 7, 8, 9, 11, 12, 13, 14, 15, 17, 18, 19, 23\}$

需要说明的是,SOFM 中的神经元不必排列成二维形式,它也可能以一维、三维甚至更高维的形式排列。对于一个一维 SOFM,非端点处的每个神经元半径为 1 的邻域内只有 2 个邻居神经元(位于端点处的神经元仅有 1 个邻居神经元)。当然,距离的定义可以有多种方式。例如,为了高效实现,Kohonen 提议使用矩形或者六边形邻域。事实上,网络的性能对邻域的具体形状并不敏感。

现在我们来展示一下 SOFM 网络的性能。图 7-51 是一个特征图及其神经元的二维拓扑结构。

图 7-52 展示了特征图的初值权值向量。每个三元权值向量以球体上的一个点表示(权值已经归一化,因此向量会落在球面上)。邻居神经元的点都用线连接起来,因而可以看出网络拓扑结构在输入空间中是如何组织的。

图 7-53 展示了球体表面的一个方形区域。我们将从这一区域随机选取一些向量,并将其输入特征图网络。

每当一个向量输入网络时,具有与其最近的权值向量的神经元将竞争获胜。获胜的神经元及其邻居神经元将移动它们的权值向量向输入向量靠近(因此它们也互相靠近)。本例中使用的是半径为 1 的邻域。

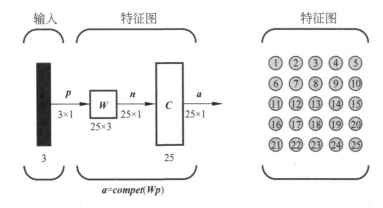

图 7-51　自组织特征图

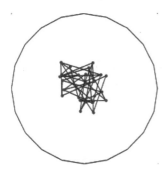

图 7-52　特征图的初值权值向量

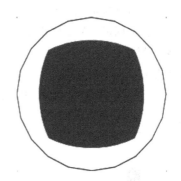

图 7-53　球体表面的一个方形区域

权值向量的变化有两个趋势：①随着更多的向量输入网络，权值向量将分布到整个输入空间；②邻域神经元的权值向量互相靠近。这两个趋势共同作用使得该层神经元将重新分布，最终使得网络能对输入空间进行划分。

图 7-54 所示的一系列图展示了 25 个神经元的权值是如何在活动的输入空间展开，并组织以匹配其拓扑结构的。

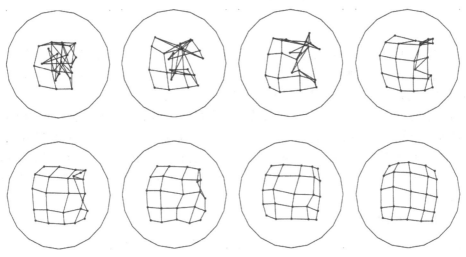

图 7-54　自组织（经过 250 次迭代后的结果）

本例中,由于输入向量是以同等概率从输入空间的任意一个点产生的,所以神经元将输入空间分为了大致相等的区域。

到目前为止,我们仅讨论了训练特征图的最基本算法。现在考虑几种能够加速自组织过程并使其更可靠的技术。

一种改进特征图性能的方法是在训练过程中改变邻域的大小。初始时,设置较大的邻域半径 d,随着训练的进行,逐渐减小 d,直到邻域只包括竞争获胜的神经元。这种方法能加速网络的自组织,而且使得网络中出现扭曲现象的可能性极小。

学习率也可以随着时间变化。初始时,值为 1 的学习率可使神经元快速学习到输入向量。在训练过程中,学习率逐渐降至 0,使得学习变得稳定。

另外一种加快自组织的方法是让获胜神经元使用比邻居神经元更大的学习率。

最后,竞争层和特征图也常常采用其他方式的净输入。除了使用内积外,它们还可直接计算输入向量与标准向量之间的距离作为网络输入。这种方式的优点是无须对输入向量进行归一化。下面的 LVQ 网络中将会介绍这种净输入。

5. 学习向量量化

下面介绍学习向量量化(Learning Vector Quantization,LVQ)网络,如图 7-55 所示。LVQ 网络是一种混合型网络,它使用无监督和有监督学习实现分类。

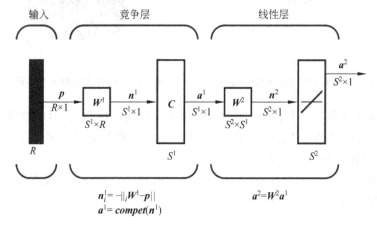

图 7-55 LVQ 网络

在 LVQ 网络中,第一层的每一个神经元都会被指定给一个类,常常会有多个神经元被指定给同一个类。每类又被指定给第二层的一个神经元。因此,第一层的神经元个数 S^1 与第二层的神经元个数 S^2 至少相同,并且通常会更大些。

和竞争网络一样,LVQ 网络第一层的每一个神经元都学习一个标准向量,从而可以区分输入空间的一个区域。然而,在 LVQ 网络中,我们通过直接计算输入和权值向量之间的距离表示两者之间的相似度,而非计算内积。直接计算距离的一个优点是无须对输入向量归一化。当向量归一化之后,无论是使用内积,还是使用直接计算距离的方法,网络的响应都是一样的。

LVQ 第一层的净输入为

$$n_i^1 = - \| {}_iw^1 - p \|$$

以向量的形式可表示为

$$n^1 = -\begin{bmatrix} \| {}_1w^1 - p \| \\ \| {}_2w^1 - p \| \\ \vdots \\ \| {}_{s^1}w^1 - p \| \end{bmatrix}$$

LVQ 网络第一层的输出为

$$a^1 = compet(n^1)$$

因此,与输入向量最接近的权值向量对应的神经元的输出为 1,其他神经元的输出为 0。

至此,LVQ 网络与竞争网络的行为几乎完全相同(至少对归一化的输入向量而言)。两个网络的差异在于解释上。竞争网络中,非 0 输出的神经元指明输入向量所属的类。而 LVQ 网络中,获胜神经元表示的是一个子类(subclass),而非一个类,可能有多个不同的神经元(子类)组成一个类。

LVQ 网络的第二层使用权值矩阵 W^2 将多个子类组合成一个类。W^2 的列代表子类,而行代表类。W^2 的每列仅有一个元素为 1,其他的元素都设为 0。1 所在的行代表对应子类所属的类。

$(w_{k,i}^2 = 1) \Rightarrow$ 子类 i 是类别 k 的一部分

这种将子类组合成一个类的过程使得 LVQ 网络可产生复杂的类边界。LVQ 网络突破了标准竞争层网络只能够形成凸决策区域的局限。

LVQ 网络的学习结合了竞争学习和有监督学习。正如所有的有监督学习算法一样,它需要一组带标记的数据样本。

$$\{p_1, t_1\}, \{p_2, t_2\}, \cdots, \{p_Q, t_Q\}$$

每一个目标向量中除一个元素为 1 外,其他必须是 0。1 出现的行指明输入向量所属的类。例如,假设需要将一个三元向量分类到四个类中的第二类,可表示为

$$\left\{ p_1 = \begin{bmatrix} \sqrt{1/2} \\ 0 \\ \sqrt{1/2} \end{bmatrix}, t_1 = \begin{bmatrix} 0 \\ 1 \\ 0 \\ 0 \end{bmatrix} \right\}$$

在学习开始前,第一层的每个神经元会被指定给一个输出神经元,这就产生了矩阵 W^2。通常,与每一个输出神经元相连接的隐层神经元的数量都相同,因此每个类都可以由相同数量的凸区域组成。除了下述情况外,矩阵 W^2 中的所有元素都置为 0。

如果隐层神经元 i 被指定给类 k,则置 $w_{ki}^2 = 1$

W^2 一旦赋值,其值将不再改变。而隐层权值 W^1 则采用 Kohonen 规则的一种变化形式进行训练。

LVQ 的学习规则如下:在每次迭代中,将向量 p 输入网络并计算 p 与标准向量之间的距离;隐层神经元进行竞争,当神经元 i^* 竞争获胜时,将 a^1 的第 i^* 个元素设为 1;a^1 与 W^2 相乘得到最终输出 a^2。a^2 仅含一个非 0 元素 k^*,表明输入 p 被归为类 k^*。

Kohonen 规则通过以下方式改进 LVQ 网络的隐层。如果 p 被正确分类,则获胜神经元的权值 ${}_{i^*}w^1$ 向 p 移动。

$${}_{i^*}w^1(q) = {}_{i^*}w^1(q-1) + \alpha(p(q) - {}_{i^*}w^1(q-1)), \text{如果 } a_{k^*}^2 = t_{k^*} = 1$$

如果 p 没有被正确分类,那么我们知道错误的隐层神经元赢得了竞争,故移动权值 $_{i*}w^1$ 远离 p。

$$_{i*}w^1(q) = {_{i*}w^1(q-1)} - \alpha(p(q) - {_{i*}w^1(q-1)}),\text{如果 } a_{k*}^2 = 1 \neq t_{k*} = 0$$

由此,每一个隐层神经元都向落入其对应子类形成的类的向量靠近,同时远离落入其他类中的向量。

7.3.7 案例:学习向量量化解决分类问题

下面看一个 LVQ 训练的例子。如图 7-56 所示,我们训练一个 LVQ 网络,解决如下分类问题。

$$\text{class 1}: \left\{p_1 = \begin{bmatrix}-1\\-1\end{bmatrix}, p_2 = \begin{bmatrix}1\\1\end{bmatrix}\right\}, \text{class 2}: \left\{p_3 = \begin{bmatrix}1\\-1\end{bmatrix}, p_4 = \begin{bmatrix}-1\\1\end{bmatrix}\right\}$$

首先给每个输入指定一个目标向量:

$$\left\{p_1 = \begin{bmatrix}-1\\-1\end{bmatrix}, t_1 = \begin{bmatrix}1\\0\end{bmatrix}\right\}, \left\{p_2 = \begin{bmatrix}1\\1\end{bmatrix}, t_2 = \begin{bmatrix}1\\0\end{bmatrix}\right\}$$

$$\left\{p_3 = \begin{bmatrix}1\\-1\end{bmatrix}, t_3 = \begin{bmatrix}0\\1\end{bmatrix}\right\}, \left\{p_4 = \begin{bmatrix}-1\\1\end{bmatrix}, t_4 = \begin{bmatrix}0\\1\end{bmatrix}\right\}$$

下一步须决定这两个类的每个类由多少个子类组成。如果让每一个类由 2 个子类组成,则隐层有 4 个神经元。输出层的权值矩阵为

$$W^2 = \begin{bmatrix}1 & 1 & 0 & 0\\0 & 0 & 1 & 1\end{bmatrix}$$

W^2 将隐层神经元 1 和 2 与输出神经元 1 相连,将隐层神经元 3 和 4 与输出神经元 2 相连。每个类将由 2 个凸区域组成。

W^1 的行向量被随机初始化。如图 7-57 所示,空心圆圈表示类 1 的 2 个神经元的权值向量,实心圆点则对应类 2。

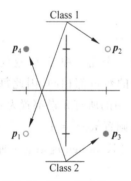

图 7-56 LVQ 训练的例子

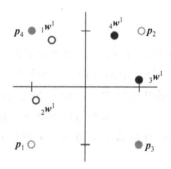

图 7-57 随机初始化行向量

权值如下。

$$_1w^1 = \begin{bmatrix}-0.543\\0.840\end{bmatrix}, {_2w^1} = \begin{bmatrix}-0.969\\-0.249\end{bmatrix}, {_3w^1} = \begin{bmatrix}0.997\\0.094\end{bmatrix}, {_4w^1} = \begin{bmatrix}0.456\\0.954\end{bmatrix}$$

训练过程中的每次迭代均会输入一个输入向量,获得其响应并调整权值。在本例中,将 p_3 作为第一个输入,得到

$$a^1 = compet(n^1) = compet\left(\begin{bmatrix} -\|_1w^1 - p_3\| \\ -\|_2w^1 - p_3\| \\ -\|_3w^1 - p_3\| \\ -\|_4w^1 - p_3\| \end{bmatrix}\right)$$

$$= compet\left(\begin{bmatrix} -\|[-0.543\ 0.840]^T - [1\ -1]^T\| \\ -\|[-0.969 -0.249]^T - [1\ -1]^T\| \\ -\|[0.997\ 0.094]^T - [1\ -1]^T\| \\ -\|[0.456\ 0.954]^T - [1\ -1]^T\| \end{bmatrix}\right) = compet\left(\begin{bmatrix} -2.40 \\ -2.11 \\ -1.09 \\ -2.03 \end{bmatrix}\right) = \begin{bmatrix} 0 \\ 0 \\ 1 \\ 0 \end{bmatrix}$$

从上式可知，隐层的第 3 个神经元的权值向量与 p_3 最接近。为了确定该神经元属于哪个类，将 a^1 与 W^2 相乘，得

$$a^2 = W^2 a^1 = \begin{bmatrix} 1 & 1 & 0 & 0 \\ 0 & 0 & 1 & 1 \end{bmatrix} \begin{bmatrix} 0 \\ 0 \\ 1 \\ 0 \end{bmatrix} = \begin{bmatrix} 0 \\ 1 \end{bmatrix}$$

该结果表明向量 p_3 属于类 2，这是正确的，于是更新 $_3w^1$ 使其向 p_3 移动。

$$_3w^1(1) = {_3w^1(0)} + \alpha(p_3 - {_3w^1(0)})$$

$$= \begin{bmatrix} 0.997 \\ 0.094 \end{bmatrix} + 0.5\left(\begin{bmatrix} 1 \\ -1 \end{bmatrix} - \begin{bmatrix} 0.997 \\ 0.094 \end{bmatrix}\right) = \begin{bmatrix} 0.998 \\ -0.453 \end{bmatrix}$$

图 7-58 中的左图显示了权值 $_3w^1$ 在第一次迭代之后的更新结果，右图则是权值在整个算法收敛之后的结果。

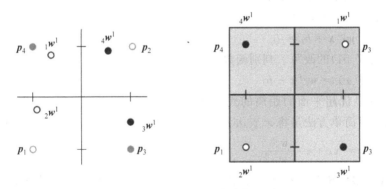

图 7-58 第一次和多次迭代之后

图 7-58 中的右图还说明了输入空间区域是如何被分类的。图中，含空心点区域代表类 1，含实心点区域对应类 2。

7.4 基于统计的机器学习

7.4.1 支持向量机

支持向量机(Support Vector Machine, SVM)建立在计算学习理论的结构风险最小

化原则之上,其主要思想是针对两类分类问题,在高维空间中寻找一个超平面作为两类的分割,以保证最小的分类错误率。SVM 的一个重要优点是可以处理线性不可分的情况。

1. 线性可分模式的最优超平面

考虑训练样本$\{(x_i, d_i)\}_{i=1}^N$,其中 x_i 是输入模式的第 i 个样本,d_i 是对应的期望响应(目标输出)。首先假设由子集 $d_i = +1$ 代表的模式(类)和 $d_i = -1$ 代表的模式(类)是"线性可分的"(linearly separable)。用于分离的超平面形式的决策面是

$$w^T x + b = 0 \tag{7-51}$$

其中,x 是输入向量,w 是可调的权值向量,b 是偏置。因此可以写成

$$\begin{aligned} w^T x_i + b \geqslant 0 & \quad 当 d_i = +1 \\ w^T x_i + b < 0 & \quad 当 d_i = -1 \end{aligned} \tag{7-52}$$

在这里做了模式线性可分的假定,以便在相当简单的环境里解释支持向量机背后的基本思想。

对于一个给定的权值向量 w 和偏置 b,由式(7-51)定义的超平面和最近的数据点之间的间隔被称为分离边缘,用 ρ 表示。支持向量机的目标是找到一个特殊的超平面,对于这个超平面分离边缘 ρ 最大。在这个条件下,决策面称为最优超平面(optimal hyperplane)。图 7-59 描绘的是用于线性可分模式的最优超平面。

设 w_0、b_0 表示权值向量和偏置的最优值。相应地,在输入空间里表示多维线性决策面的最优超平面由式(7-53)定义。

$$w_0^T x + b_0 = 0 \tag{7-53}$$

式(7-53)是式(7-51)的改写。判别函数

$$g(x) = w_0^T x + b_0 \tag{7-54}$$

给出了从 x 到最优超平面的距离的代数度量。看出这一点的最简单方法是将 x 表达为

$$x = x_p + r \frac{w_0}{\|w_0\|}$$

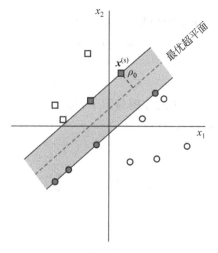

图 7-59 用于线性可分模式的最优超平面

其中,x_p 是 x 在最优超平面上的正轴投影,并且 r 是期望的代数距离;如果 x 在最优超平面的正面,r 是正值;相反,如果 x 在最优超平面的背面,r 是负值。因为由定义知 $g(x_p) = 0$,那么

$$g(x) = w_0^T x + b_0 = r \|w_0\|$$

或者

$$r = g(x) / \|w_0\| \tag{7-55}$$

如图 7-60 所示,从原点(即 $x = 0$)到最优超平面的距离由 $b_0 / \|w_0\|$ 给定。如果 $b_0 > 0$,原点在最优超平面的正面;如果 $b_0 < 0$,原点在最优超平面的背面;如果 $b_0 = 0$,最优超平面通过原点。

现在的问题是对于给定的数据集 $\Gamma = \{(x_i, d_i)\}_{i=1}^N$,找到最优超平面的参数 w_0 和 b_0。根据图 7-60 描绘的结果,可以看到一对(w_0, b_0)一定满足条件:

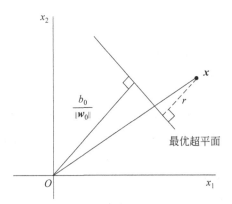

图 7-60 二维情况下点到最优超平面的代数距离的几何解释

$$\begin{aligned} w_0^T x_i + b_0 \geqslant 1, &\quad 当 d_i = +1 \\ w_0^T x_i + b_0 \leqslant -1, &\quad 当 d_i = -1 \end{aligned} \quad (7\text{-}56)$$

注意,如果式(7-52)成立,即模式是线性可分的,总可以重新调整 w_0 和 b_0 的值,使得式(7-56)成立;这种重新调整并不改变式(7-53)。

满足式(7-56)第一行或第二行等号情况的特殊数据点 (x_i, d_i) 称作支持向量,"支持向量机"因此得名。这些向量在这类学习机器的运行中起着主导作用。用概念性的术语说,支持向量是那些最靠近决策面的数据点,这样的数据点是最难分类的。因此,它们和决策面的最优位置直接相关。

假定一个支持向量 $x^{(s)}$ 对应于 $d^{(s)} = +1$。然后根据定义,得出

$$g(x^{(s)}) = w_0^T x^{(s)} + b_0 = \pm 1, \quad 当 d^{(s)} = \pm 1 \quad (7\text{-}57)$$

从式(7-55)知从支持向量 $x^{(s)}$ 到最优超平面的代数距离是

$$\begin{aligned} r &= g(x^{(s)})/\|w_0\| \\ &= \begin{cases} 1/\|w_0\| & 当 d^{(s)} = +1 \\ -1/\|w_0\| & 当 d^{(s)} = -1 \end{cases} \end{aligned} \quad (7\text{-}58)$$

其中,加号表示 $x^{(s)}$ 在最优超平面的正面,减号表示 $x^{(s)}$ 在最优超平面的背面。让 ρ 表示在两个类之间的分离边界的最优值,其中这两个类构成训练集合 Γ。因此,从式(7-58)得到

$$\rho = 2r = 2/\|w_0\| \quad (7\text{-}59)$$

式(7-59)说明:最大化类之间的分离边缘等同于最小化权值向量 w 的欧几里得范数。

总之,由式(7-53)定义的最优超平面是唯一的,最优权值向量 w_0 提供了正反例之间的最大可能的分离。这个优化的条件是通过权值向量 w 的最小欧几里得范数获得的。

寻找最优超平面的二次最优化如下。

我们的目标是设计一个有效的程序,通过使用训练样本 $\Gamma = \{(x_i, d_i)\}_{i=1}^N$,找到最优超平面,并且满足约束条件

$$d_i(w^T x_i + b) \geqslant 1 \quad 当 i = 1, 2, \cdots, N \quad (7\text{-}60)$$

这个约束把式(7-56)的两行连到一起,w_0 被 w 代替。

我们必须解决的约束最优问题现在可陈述如下。

给定训练样本$\{(\boldsymbol{x}_i,d_i)\}_{i=1}^{N}$,找到权值向量$w$和偏置$b$的最优值,使得它们满足下面的约束条件。

$$d_i(\boldsymbol{w}^\mathrm{T}\boldsymbol{x}_i+b) \geqslant 1 \quad \text{当}\ i=1,2,\cdots,N$$

并且权值向量w的最小化代价函数:

$$\Phi(\boldsymbol{w}) = (1/2) \times \boldsymbol{w}^\mathrm{T}\boldsymbol{w}$$

这里包含比例因子 1/2 是为了讲解方便。这个约束优化问题称为原问题(primal problem),其特点:①代价函数 $\Phi(w)$ 关于 w 是凸函数;②限制条件关于 w 是线性的。相应地,可以使用 Lagrange 乘子方法解决约束最优问题。

首先,建立 Lagrange 函数:

$$J(\boldsymbol{w},b,\alpha) = \frac{1}{2}\boldsymbol{w}^\mathrm{T}\boldsymbol{w} - \sum_{i=1}^{N}\alpha_i[d_i(\boldsymbol{w}^\mathrm{T}\boldsymbol{x}_i+b)-1] \tag{7-61}$$

其中附加的非负变量 α_i 称作 Lagrange 乘子。约束最优问题的解决由 Lagrange 函数 $J(w,b,\alpha)$ 的鞍点决定,此函数关于 w 和 b 求最小化,关于 α 求最大化。$J(w,b,\alpha)$ 关于 w 和 b 求微分并置结果等于零,我们得到下面两个最优化条件。

条件 1:$\partial J(w,b,\alpha)/\partial w = \boldsymbol{0}$

条件 2:$\partial J(w,b,\alpha)/\partial b = 0$

应用最优化条件 1 到式(7-61)的 Lagrange 函数得到(在重新安排项之后)

$$\boldsymbol{w} = \sum_{i=1}^{N}\alpha_i d_i \boldsymbol{x}_i \tag{7-62}$$

应用最优化条件 2 到式(7-61)的 Lagrange 函数得到

$$\sum_{i=1}^{N}\alpha_i d_i = 0 \tag{7-63}$$

解向量 w 定义为 N 个训练样本的展开。注意,尽管这个解是唯一的,这由 Lagrange 函数的凸性的本质决定,但并不能认为 Lagrange 函数的系数 α_i 也是唯一的。

在这里同样值得提到的是,在鞍点对每一个 Lagrange 乘子 α_i,与它相应的限制乘子的积为零,如下式所示。

$$\alpha_i[d_i(\boldsymbol{w}^\mathrm{T}\boldsymbol{x}_i+b)-1] = 0 \quad i=1,2,\cdots,N \tag{7-64}$$

因此,只有这些精确满足式(7-64)的乘子,才能假定非零值。这个结果是从最优化理论的 Kanush-Kuhn-Tucker 条件得出的。

就像早先提到的,原问题是处理凸代价函数和线性约束。给定这样一个约束最优化问题,它可能构造另一个问题,称为对偶问题。这个第二个问题与原问题有同样的最优值,但由 Lagrange 乘子提供最优解。特别地,可以陈述对偶定理如下。

(a) 如果原问题有最优解,对偶问题也有最优解,并且相应的最优值是相同的。

(b) 为了使得 w_0 为原问题的一个最优解和 α_0 为对偶问题的一个最优解的充分必要条件是 w_0 对原问题是可行的,并且

$$\Phi(w_0) = J(w_0,b_0,\alpha_0) = \min_w J(w,b_0,\alpha_0)$$

为了说明对偶问题是原问题的必要条件,首先逐项展开式(7-61)如下。

$$J(\boldsymbol{w},b,\alpha) = \frac{1}{2}\boldsymbol{w}^\mathrm{T}\boldsymbol{w} - \sum_{i=1}^{N}\alpha_i d_i \boldsymbol{w}^\mathrm{T}\boldsymbol{x}_i - b\sum_{i=1}^{N}\alpha_i d_i + \sum_{i=1}^{N}\alpha_i \tag{7-65}$$

按照式(7-63)最优条件的性质,式(7-65)右面的第三项是零。而且从式(7-62)有

$$\boldsymbol{w}^{\mathrm{T}}\boldsymbol{w} = \sum_{i=1}^{N}\alpha_i d_i \boldsymbol{w}^{\mathrm{T}}\boldsymbol{x}_i = \sum_{i=1}^{N}\sum_{j=1}^{N}\alpha_i\alpha_j d_i d_j \boldsymbol{x}_i^{\mathrm{T}}\boldsymbol{x}_j$$

因此,目标函数设置为 $J(\boldsymbol{w},b,\alpha)=Q(\alpha)$,可以改写式(7-66)。

$$Q(\alpha) = \sum_{i=1}^{N}\alpha_i - \frac{1}{2}\sum_{i=1}^{N}\sum_{j=1}^{N}\alpha_i\alpha_j d_i d_j \boldsymbol{x}_i^{\mathrm{T}}\boldsymbol{x}_j \tag{7-66}$$

其中,α_i 是非负的。

下面陈述对偶问题。

假定训练样本 $\{(\boldsymbol{x}_i,d_i)\}_{i=1}^{N}$,寻找最大化如下目标函数的 Lagrange 乘子 $\{\alpha_i\}_{i=1}^{N}$:

$$Q(\alpha) = \sum_{i=1}^{N}\alpha_i - \frac{1}{2}\sum_{i=1}^{N}\sum_{j=1}^{N}\alpha_i\alpha_j d_i d_j \boldsymbol{x}_i^{\mathrm{T}}\boldsymbol{x}_j$$

满足约束条件

(1) $\sum_{i=1}^{N}\alpha_i d_i = 0$。

(2) $\alpha_i \geqslant 0$ 当 $i=1,2,3,\cdots,N$ 时

注意,对偶问题完全是根据训练数据表达的,而且函数 $Q(\alpha)$ 的最大化仅依赖于输入模式点积的集合 $\{(\boldsymbol{x}_i^{\mathrm{T}}\boldsymbol{x}_j)\}_{i,j=1}^{N}$。

确定了最优的 Lagrange 乘子后,用 $\alpha_{0,i}$ 表示,可以用式(7-62)计算最优权值向量 $\boldsymbol{w}_0$,所以

$$\boldsymbol{w}_0 = \sum_{i=1}^{N_s}\alpha_{0,i}d_i\boldsymbol{x}_i \tag{7-67}$$

其中,N_s 是支持向量的个数。为了计算最优偏置 b_0,使用获得的 $\boldsymbol{w}_0$,对于一个正的支持向量,利用式(7-57),有

$$b_0 = 1 - \boldsymbol{w}_0^{\mathrm{T}}\boldsymbol{x}^{(s)}, \text{ 当 } d^{(s)} = 1 \text{ 时} \tag{7-68}$$

2. 不可分离模式的最优超平面

前面重点关注线性可分模式的情况。下面考虑更难的不可分离模式的情况。给定一组训练数据集,肯定不能建立一个不具有分类误差的分离超平面。然而,我们希望找到一个最优超平面,它对整个训练集合的分类误差的概率达到最小。

在类之间的分离边缘认为是软的,如果数据点 $(\boldsymbol{x}_i,d_i)$ 不满足下面的条件(即式(7-60)):

$$d_i(\boldsymbol{w}^{\mathrm{T}}\boldsymbol{x}_i + b) \geqslant 1, \quad i = 1,2,\cdots,N$$

会出现如下两种情况之一。

- 数据点 $(\boldsymbol{x}_i,d_i)$ 落在分离区域之内,但在决策面正确的一侧,如图 7-61(a)所示。
- 数据点 $(\boldsymbol{x}_i,d_i)$ 落在决策面错误的一侧,如图 7-61(b)所示。

注意,在情况 1 我们有正确的分类,但在情况 2 分类是错误的。

为了对不可分离数据点给出一个正式处理的表示,我们引入一组新的非负标量变量 $\{\xi_i\}_{i=1}^{N}$ 到分离超平面(即决策面)的定义中,表示为

$$d_i(\boldsymbol{w}^{\mathrm{T}}\boldsymbol{x}_i + b) \geqslant 1 - \xi_i, \quad i = 1,2,\cdots,N \tag{7-69}$$

这里,ξ_i 称为松弛变量(slack variables),它们度量一个数据点对模式可分的理想条件的

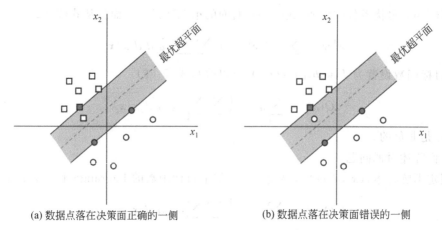

(a) 数据点落在决策面正确的一侧　　　　　(b) 数据点落在决策面错误的一侧

图 7-61　软分离边缘平面

偏离程度。对于 $0 \leqslant \xi_i \leqslant 1$,数据点落入分离区域的内部,但是在决策面的正确一侧,如图 7-61(a)所示。对于 $\xi_i > 1$,数据点落到分离超平面的错误一侧,如图 7-61(b)所示。支持向量是那些精确满足式(7-69)的特殊数据点,即使 $\xi_i > 0$。此外,满足 $\xi_i = 0$ 的点也是支持向量。注意,如果一个对应的样本 $\xi_i > 0$ 被遗弃在训练集外,决策面就要改变。支持向量的定义对线性可分和不可分的情况都是相同的。

我们的目的是找到分离超平面,训练集合上的平均错误分类的误差最小。可以通过最小化关于权值向量 w 泛函达到此目的。

$$\Phi(\xi) = \sum_{i=1}^{N} I(\xi_i - 1)$$

泛函满足式(7-69)的约束条件和对 $\|w\|^2$ 的限制。函数 $I(\xi)$ 是一个指标函数,定义为

$$I(\xi) = \begin{cases} 0, & \xi \leqslant 0 \\ 1, & \xi > 0 \end{cases}$$

不幸的是,$\Phi(\xi)$ 关于 w 的最小化是非凸的最优化问题,它是 NP-完全的。

为了使最优问题数学上易解,我们近似逼近函数为

$$\Phi(\xi) = \sum_{i=1}^{N} \xi_i$$

而且我们通过形成关于权值向量 w 如下最小化函数,以简化计算,即

$$\Phi(w, \xi) = \frac{1}{2} w^T w + C \sum_{i=1}^{N} \xi_i \tag{7-70}$$

如前,式(7-70)里最小化第 1 项与最小化支持向量机的 VC 维数有关。至于第 2 项 $\sum_i \xi_i$,它是测试错误数量的上界。

参数 C 控制机器的复杂度和不可分离点数之间的平衡;这样,它也可以被看作是一种"正则化"参数的形式。参数 C 由用户指定,也可通过使用训练(验证)集由实验决定。

无论哪种情况,泛函 $\Phi(w, \xi)$ 关于 w 和 $\{\xi_i\}_{i=1}^{N}$ 的最优化,要求满足式(7-69)的约束和 $\xi_i \geqslant 0$。这样做,w 的范数平方被认为是一个关于不可分离点的联合最小化中的一个数量项,而不是作为强加在关于不可分离点数量的最小化上的一个约束条件。

对刚刚陈述的不可分模式的最优化问题而言,线性可分模式的最优化问题可作为它

的一种特殊情况。具体地,在式(7-69)和式(7-70)中,对所有的 i 置 $\xi_i=0$,把它们化简为相应的线性可分情形。

现在对不可分离的情况的原问题正式陈述如下。

给定训练样本 $\{(x_i,d_i)\}_{i=1}^N$,找到权值向量 w 和偏置 b 的最优值,使得它们满足如下约束条件:

$$d_i(w^T x_i + b) \geq 1 - \xi_i, \quad 当 i = 1,2,\cdots,N \tag{7-71}$$

$$\xi_i \geq 0 \quad 对所有的 i \tag{7-72}$$

并且使得权值向量 w 和松弛变量 ξ_i 最小化代价函数

$$\Phi(w,\xi) = \frac{1}{2} w^T w + C \sum_{i=1}^N \xi_i \tag{7-73}$$

其中,C 是用户选定的正参数。

使用 Lagrange 乘子方法,可以得到不可分离模式的对偶问题的表示如下。

给定训练样本 $\{(x_i,d_i)\}_{i=1}^N$,寻找 Lagrange 乘子 $\{\alpha_i\}_{i=1}^N$ 最大化目标函数

$$Q(\alpha) = \sum_{i=1}^N \alpha_i - \frac{1}{2} \sum_{i=1}^N \sum_{j=1}^N \alpha_i \alpha_j d_i d_j x_i^T x_j \tag{7-74}$$

并满足约束条件

(1) $\sum_{i=1}^N \alpha_i d_i = 0$;

(2) $0 \leq \alpha_i \leq C$ 当 $i=1,2,3,\cdots,N$

其中,C 是使用者选定的正参数。

注意,松弛变量 ξ_i 和它们的 Lagrange 乘子都不出现在对偶问题里。除了一些少量但很重要的差别外,不可分离模式的对偶问题与线性可分模式的简单情况相似。在两种情况下,最大化的目标函数 $Q(\alpha)$ 是相同的。不可分离情况与可分离情况的不同在于限制条件 $\alpha_i \geq 0$ 被替换为条件更强的 $0 \leq \alpha_i \leq C$。除了这个变化,不可分离的情况的约束最优问题和权值向量 w 和偏置 b 的最优值的计算过程与线性可分离情况的一样。

3. 用于模式识别的支持向量机的潜在思想

有了关于对不可分离模式如何找到最优超平面的知识后,现在正式描述建立用于模式识别任务的支持向量机。

从根本上说,支持向量机的关键在于如图 7-62 中说明和总结的两个数学运算:

(1) 输入向量到高维特征空间的非线性映射,对输入和输出特征空间都是隐藏的。

(2) 建立一个最优超平面用于分离在第 1 步中发现的特征。

4. 使用核方法的支持向量机

令 x 表示从输入空间得到的向量,假定维数为 m_0。令 $\{\varphi_j(x)\}_{j=1}^{m_1}$ 表示一系列从输入空间到特征空间的一个非线性函数的集合,其中 m_1 是特征空间的维数。给定非线性变换的一个集合,可以定义一个充当决策面的超平面如下。

$$\sum_{j=1}^{m_1} w_j \varphi_j(x) + b = 0$$

其中,$\{w_j\}_{j=1}^{m_1}$ 表示把特征空间连接到输出空间的线性权值的集合,b 是偏置。可以将上式简化为

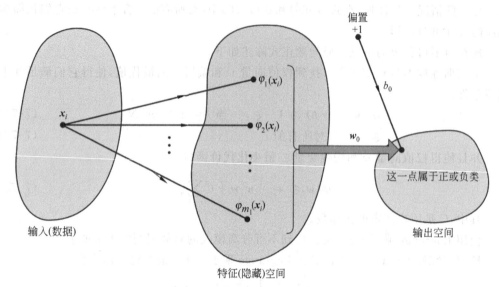

图 7-62 从输入空间到特征空间的非线性映射

$$\sum_{j=0}^{m_1} w_j \varphi_j(x) = 0 \tag{7-75}$$

其中假定对所有的 x,都有 $\varphi_0(x)=1$,所以 w_0 表示偏置 b。式(7-75)定义了一个决策面,这个决策面在特征空间根据机器的线性权值进行计算。通过特征空间,$\varphi_j(x)$ 表示提供给权值 w_j 的输入。

使用矩阵的观点,重写等式为如下紧凑形式。

$$\boldsymbol{w}^{\mathrm{T}} \boldsymbol{\varphi}(\boldsymbol{x}) = 0 \tag{7-76}$$

其中,$\boldsymbol{\varphi}(\boldsymbol{x})$ 是特征向量;$\boldsymbol{w}$ 是相应的权重向量。

我们试图寻找在特征空间中"转化后模式的线性可分性",带着这个目标,可以将式(7-67)的形式用权重向量改写成下列形式。

$$\boldsymbol{w} = \sum_{i=1}^{N_s} \alpha_i d_i \boldsymbol{\varphi}(\boldsymbol{x}_i) \tag{7-77}$$

其中,特征向量表示为

$$\boldsymbol{\varphi}(x_i) = [\varphi_0(x_i), \varphi_1(x_i), \cdots, \varphi_{m_1}(x_i)]^{\mathrm{T}} \tag{7-78}$$

N_s 是支持向量的个数。所以,把式(7-76)代入式(7-77)中,将输出空间中的决策面表示为

$$\sum_{i=1}^{N_s} \alpha_i d_i \boldsymbol{\varphi}^{\mathrm{T}}(\boldsymbol{x}_i) \boldsymbol{\varphi}(\boldsymbol{x}) = 0 \tag{7-79}$$

注意,式(7-79)中的 $\boldsymbol{\varphi}^{\mathrm{T}}(\boldsymbol{x}_i)\boldsymbol{\varphi}(\boldsymbol{x})$ 代表一个内积。这样,引入内积核(inner-product kernel),由 $k(\boldsymbol{x},\boldsymbol{x}_i)$ 表示并且定义为

$$\begin{aligned} k(\boldsymbol{x},\boldsymbol{x}_i) &= \boldsymbol{\varphi}^{\mathrm{T}}(\boldsymbol{x}_i)\boldsymbol{\varphi}(\boldsymbol{x}) \\ &= \sum_{j=0}^{m_1} \varphi_j(\boldsymbol{x})\varphi_j(\boldsymbol{x}_i) \quad i=1,2,\cdots,N_s \end{aligned} \tag{7-80}$$

由该定义可以看到内积核是一个关于自变量对称的函数。

$$k(\boldsymbol{x}, \boldsymbol{x}_i) = k(\boldsymbol{x}_i, \boldsymbol{x}) \quad \text{对所有的 } i \quad (7\text{-}81)$$

最重要的是,可以使用内积核 $k(\boldsymbol{x}, \boldsymbol{x}_i)$ 在特征空间里建立最优超平面,无须用显式的形式考虑特征空间自身。将式(7-80)代入到(7-79)中可以看到这一点,此时最优超平面定义为

$$\sum_{i=0}^{N_s} \alpha_i d_i k(\boldsymbol{x}, \boldsymbol{x}_i) = 0 \quad (7\text{-}82)$$

Mercer 定理

式(7-80)对于内积核函数 $k(\boldsymbol{x}, \boldsymbol{x}_i)$ 的扩展是 Mercer 定理在泛函分析中的一种特殊情形。这个定理可以被正式表述为如下形式。

$k(\boldsymbol{x}, \boldsymbol{x}')$ 表示一个连续的对称核函数,其中 x 与 x' 定义在闭区间 $a \leqslant x \leqslant b, a \leqslant x' \leqslant b$。核函数 $k(\boldsymbol{x}, \boldsymbol{x}')$ 可以被展开为如下形式。

$$k(\boldsymbol{x}, \boldsymbol{x}') = \sum_{i=1}^{\infty} \lambda_i \varphi_i(\boldsymbol{x}) \varphi_i(\boldsymbol{x}')$$

其中所有的 λ_i 均是正的。为了保证这个展开式是合理的,并且为绝对一致收敛,充分必要条件是:

$$\int_a^b \int_a^b k(x, x') \psi(x) \psi(x') \mathrm{d}x \mathrm{d}x' \geqslant 0$$

对于所有 $\psi(\cdot)$ 成立,这样就有

$$\int_a^b \psi^2(x) \mathrm{d}x < \infty \text{ 成立,其中 } a \text{、} b \text{ 是实数。}$$

函数 $\varphi_i(\boldsymbol{x})$ 称为展开的特征函数,λ_i 称为特征值。所有的特征值均为正数,这个事实意味着核函数 $k(\boldsymbol{x}, \boldsymbol{x}')$ 是正定的。

5. 支持向量机的设计

式(7-80)里内积核函数 $k(\boldsymbol{x}, \boldsymbol{x}_i)$ 的展开式允许我们建立一个决策面,在输入空间中是非线性的,但它在特征空间的像是线性的。有了这个展开式,可以对支持向量机的约束最优化的对偶形式陈述如下。

给定训练样本 $\{(\boldsymbol{x}_i, d_i)\}_{i=1}^N$,寻找 Lagrange 乘子 $\{\alpha_i\}_{i=1}^N$,以最大化目标函数

$$Q(\alpha) = \sum_{i=1}^N \alpha_i - \frac{1}{2} \sum_{i=1}^N \sum_{j=1}^N \alpha_i \alpha_j d_i d_j k(\boldsymbol{x}_i, \boldsymbol{x}_j) \quad (7\text{-}83)$$

满足约束条件

(1) $\sum_{i=1}^N \alpha_i d_i = 0$;

(2) $0 \leqslant \alpha_i \leqslant C$ 当 $i = 1, 2, 3, \cdots, N$

其中,C 是使用者选定的正参数。

注意,约束条件(1)由 Lagrange $Q(\alpha)$ 关于 $\varphi_0(\boldsymbol{x}) = 1$ 时偏置 $b = w_0$ 的最优化产生。这里陈述的对偶问题与上面考虑的不可分离模式情况的形式相同。事实上,除内积 $x_i^\mathrm{T} x_j$ 被内积核函数 $k(\boldsymbol{x}_i, \boldsymbol{x}_j)$ 代替外,我们可以把 $k(\boldsymbol{x}_i, \boldsymbol{x}_j)$ 看作是 $N \times N$ 的对称矩阵 $\boldsymbol{K}$ 的第 ij 项元素,如下所示。

$$\boldsymbol{K} = \{k(\boldsymbol{x}_i, \boldsymbol{x}_j)\}_{(i,j)=1}^N \quad (7\text{-}84)$$

找到由 $\alpha_{0,i}$ 表示 Lagrange 乘子的最优值之后,可以得到相应的线性权值向量最优值 w_0,

在新的情况下,它采用式(7-67)联系特征空间到输出空间。特别地,考虑到像 $\varphi(x_i)$ 在从输入到权值向量 w 的作用,我们可以定义 w_0 为

$$w_0 = \sum_{i=1}^{N} \alpha_{0,i} d_i \varphi(x_i) \tag{7-85}$$

其中,$\varphi(x_i)$ 是 x_i 在特征空间导出的像。注意,w_0 的第一个分量表示最优偏置 b_0。

以下给出支持向量机的示例。

核函数 $k(x,x_i)$ 的要求是满足 Mercer 定理。只要满足这个要求,怎样选择它是有一定自由度的。表 7-4 总结了支持向量机的 3 个常用的内积核函数:多项式学习机器、径向基函数网络和双层感知器。

表 7-4 Mercer 核总结

支持向量机种类	Mercer 核 $k(x,x_i)$	说　　明
多项式学习机器	$(x^T x + 1)^p$	使用者预先指定指数 p
径向基函数网络	$\exp\left(-\dfrac{1}{2\sigma^2}\|x-x_i\|^2\right)$	和所有核一样,由使用者指定宽度 σ^2
双层感知器	$\tanh(\beta_0 x^T x_i + \beta_1)$	只有一些特定的 β_0、β_1 值满足 Mercer 定理

图 7-63 给出了一种支持向量机的体系结构,其中,m_1 是隐藏层的大小(如特征空间)。

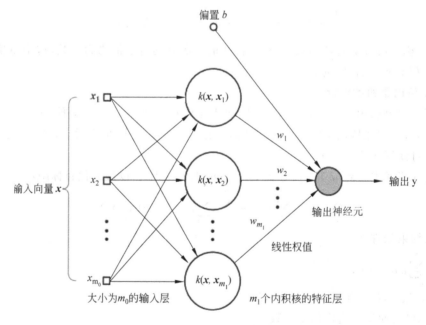

图 7-63 支持向量机结构

7.4.2 案例:XOR 问题

为了说明支持向量机设计过程,我们讨论 XOR(异或)问题。表 7-5 结出了 4 种可能

的输入向量及其期望的响应。

表 7-5　XOR 问题

输入向量 x	期望的响应 d
$(-1,-1)$	-1
$(-1,+1)$	$+1$
$(+1,-1)$	$+1$
$(+1,+1)$	-1

我们定义如下核。

$$k(\boldsymbol{x},\boldsymbol{x}_i) = (1+\boldsymbol{x}^T\boldsymbol{x}_i)^2 \tag{7-86}$$

令 $\boldsymbol{x}=[x_1,x_2]^T$ 和 $\boldsymbol{x}_i=[x_{i1},x_{i2}]^T$，因而内积核 $k(\boldsymbol{x},\boldsymbol{x}_i)$ 可用不同次数的单项式表示如下。

$$k(\boldsymbol{x}_1,\boldsymbol{x}_i) = 1 + x_1^2 x_{i1}^2 + 2x_1 x_2 x_{i1} x_{i2} + x_2^2 x_{i2}^2 + 2x_1 x_{i1} + 2x_2 x_{i2}$$

输入向量 x 在特征空间中映射的像可推断为

$$\boldsymbol{\varphi}(\boldsymbol{x}) = [1, x_1^2, \sqrt{2}x_1 x_2, x_2^2, \sqrt{2}x_1, \sqrt{2}x_2]^T$$

类似地，

$$\boldsymbol{\varphi}(\boldsymbol{x}_i) = [1, x_{i1}^2, \sqrt{2}x_{i1} x_{i2}, x_{i2}^2, \sqrt{2}x_{i1}, \sqrt{2}x_{i2}]^T, i=1,2,3,4$$

由式(7-84)，得到 Gram 矩阵

$$\boldsymbol{K} = \begin{bmatrix} 9 & 1 & 1 & 1 \\ 1 & 9 & 1 & 1 \\ 1 & 1 & 9 & 1 \\ 1 & 1 & 1 & 9 \end{bmatrix}$$

因此，目标函数的对偶形式为（参看式(7-83)）

$$Q(\alpha) = \alpha_1 + \alpha_2 + \alpha_3 + \alpha_4 - \frac{1}{2}(9\alpha_1^2 - 2\alpha_1\alpha_2 - 2\alpha_1\alpha_3 + 2\alpha_1\alpha_4 + 9\alpha_2^2 + 2\alpha_2\alpha_3 - 2\alpha_2\alpha_4 + 9\alpha_3^2 - 2\alpha_3\alpha_4 + 9\alpha_4^2)$$

关于 Lagrange 乘子优化 $Q(\alpha)$ 产生下列联立方程组。

$$9\alpha_1 - \alpha_2 - \alpha_3 + \alpha_4 = 1$$
$$-\alpha_1 + 9\alpha_2 - \alpha_3 - \alpha_4 = 1$$
$$-\alpha_1 + \alpha_2 + 9\alpha_3 + \alpha_4 = 1$$
$$\alpha_1 - \alpha_2 - \alpha_3 + 9\alpha_4 = 1$$

因此，Lagrange 乘子的最优值为

$$\alpha_{0,1} = \alpha_{0,2} = \alpha_{0,3} = \alpha_{0,4} = \frac{1}{8}$$

这个结果说明，在这个例子中所有 4 个输入向量 $\{\boldsymbol{x}_i\}_{i=1}^4$ 都是支持向量，$Q(\alpha)$ 的最优值是

$$Q_0(\alpha) = \frac{1}{4}$$

相应地，可写出

$$\frac{1}{2}\|\boldsymbol{w}_0\|^2 = \frac{1}{4}$$

或者

$$\|\boldsymbol{w}_0\| = \frac{1}{\sqrt{2}}$$

从式(7-85)可以找到最优权值向量

$$\boldsymbol{w}_0 = \frac{1}{8}[-\boldsymbol{\varphi}(\boldsymbol{x}_1) + \boldsymbol{\varphi}(\boldsymbol{x}_2) + \boldsymbol{\varphi}(\boldsymbol{x}_3) - \boldsymbol{\varphi}(\boldsymbol{x}_4)]$$

$$= \frac{1}{8}\left\{-\begin{bmatrix}1\\1\\\sqrt{2}\\1\\-\sqrt{2}\\-\sqrt{2}\end{bmatrix} + \begin{bmatrix}1\\1\\-\sqrt{2}\\1\\-\sqrt{2}\\\sqrt{2}\end{bmatrix} + \begin{bmatrix}1\\1\\-\sqrt{2}\\1\\\sqrt{2}\\-\sqrt{2}\end{bmatrix} - \begin{bmatrix}1\\1\\\sqrt{2}\\1\\\sqrt{2}\\\sqrt{2}\end{bmatrix}\right\}$$

$$= \begin{bmatrix}0\\0\\-1/\sqrt{2}\\0\\0\\0\end{bmatrix}$$

$\boldsymbol{w}_0$ 的第一个分量表示偏置 b 为 0。

最优超平面定义为

$$\boldsymbol{w}_0^{\mathrm{T}}\boldsymbol{\varphi}(\boldsymbol{x}) = 0$$

即

$$\begin{bmatrix}0 & 0 & \dfrac{-1}{\sqrt{2}} & 0 & 0 & 0\end{bmatrix}\begin{bmatrix}1\\x_1^2\\\sqrt{2}x_1x_2\\x_2^2\\\sqrt{2}x_1\\\sqrt{2}x_2\end{bmatrix} = 0$$

这归结为 $-x_1x_2 = 0$。

对于 XOR 问题的多项式形式的支持向量机,可以参见图 7-64(a)。对 $x_1 = x_2 = -1$ 和 $x_1 = x_2 = +1$,输出 $y = -1$;对 $x_1 = -1, x_2 = +1$ 以及 $x_1 = +1, x_2 = -1$,输出 $y = +1$。因此,如图 7-64(b)所示,XOR 问题被解决了。

7.4.3 统计关系学习

传统机器学习模型假设数据是独立同分布的(independent and identically distributed, iid)。然而,在很多实际应用中,尤其是像 Facebook、微信和微博这种社交网

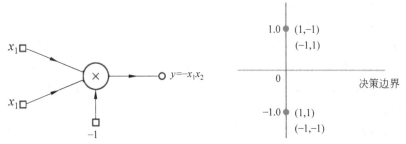

(a) 多项式核机器解决 XOR 问题　　(b) 由 XOR 问题的4个点推导出的特征空间的像

图 7-64　XOR 问题

络应用中,数据样本之间是有关系的,样本之间是不独立的。例如,互联网上网页之间存在超链接关系,学术论文之间存在引用关系,社交网络中的对象之间存在各种各样的关系,人与人之间存在着通信关系,蛋白质之间存在各种交互关系。我们把这种样本之间存在关系的数据叫作关系数据(relational data),把基于关系数据的机器学习叫作统计关系学习(Statistical Relational Learning, SRL)。由于关系数据在互联网数据挖掘、社交网络分析、生物信息学、经济学、恐怖和恶意行为预测以及市场营销等各个领域不断涌现,统计关系学习已经成为一个具有重要科学意义和应用价值的研究课题。

目前主流的统计关系学习方法可以大致分为以下 5 类:基于个体推理模型的方法(IIM)、基于启发式联合推理的方法(HCI)、基于概率关系模型的方法(PRMs)、基于概率逻辑模型的方法(PLMs),以及基于隐因子模型的方法(LFMs)。

IIM 方法从关系信息中抽取出特征,并将关系数据转化成适合传统机器学习算法的特征向量形式,然后用传统学习算法进行分类。由于 IIM 方法忽略了关系数据中样本之间的相关性,分类性能往往比较差。另外,这类模型主要用于分类任务,而不适合于链接预测等其他统计关系学习任务。因此,IIM 方法实用性不是很强。

HCI 方法利用有关系的样本之间的相关性,采用启发式的循环迭代方式对多个样本同时进行分类。由于考虑了有关系的样本之间的相关性,这类方法在实际应用中取得了比 IIM 方法更好的分类性能。但是,HCI 方法主要用于联合分类,而不适合于其他统计关系学习任务。因此,HCI 方法的实用性也比较有限。

PRMs 方法通过拓展传统的图模型对样本之间的相关性进行建模。典型的 PRMs 包括关系型贝叶斯网络(RBNs)、关系型马尔可夫网络(RMNs)和关系型依赖网络(RDNs)。PRMs 方法从概率统计角度对关系数据进行建模,能很好地处理不完整和不精确数据。但是,学习一个图模型需要进行结构学习和参数学习。结构学习是对变量之间的各种依赖关系进行确定,是一个组合优化问题,因此复杂度非常高。另外,RMNs 和 RDNs 的参数学习也没有收敛和快速的方法,实际应用中往往采用一些近似的逼近策略。因此,PRMs 方法的一个主要缺点是学习速度慢,只适合于小规模数据的处理。

概率逻辑模型 PLMs 将概率引进一阶谓词逻辑,能够很好地对关系数据进行建模。代表性的 PLMs 有概率 Horn 溯因(PHA)、贝叶斯逻辑编程(BLP)、马尔可夫逻辑网络(MLNs)。PLMs 的底层建模工具还是基于图模型,因此 PLMs 方法也具有 PRMs 方法的学习速度慢的缺点,只适合于小规模数据的处理。

LFMs方法将统计学中的隐因子模型引进统计关系学习。其中,常用的矩阵分解算法对应于某个LFM的一个最大似然估计或者最大后验估计。因此,矩阵分解方法可以看成LFMs的一种特例。大部分LFMs方法具有相对于观察到的链接数的线性复杂度,学习速度远远超过PRMs方法和PLMs方法,能很好地对较大规模数据进行建模。因此,包括矩阵分解这个特例在内的LFMs方法已经发展成为目前统计关系学习算法的主流,具有比其他方法更广阔的应用前景。

近年来,大数据应用中的关系数据呈现出下面两个特性:①动态性:数据是随着时间的推移不断变化的,例如,在一个社交网络中,随着时间的推移,可能有成员退出,也可能有新成员加入;②海量性:随着数据采集设备自动化程度的不断提高,很多应用中的数据已经从TB(TeraByte)级迅速发展到PB(PetaByte)级,甚至更高的数量级,对这些超大规模数据(大数据或海量数据)的分析和处理将给统计关系学习研究带来极大的挑战。目前已有的统计关系学习方法不能很好地对动态关系数据进行建模和分析,因此,设计在线学习模型以实现对动态关系数据的有效建模是统计关系学习的一个研究热点。另外,目前大部分统计关系学习模型都是集中式的,也就是说,都是基于单机实现的,无论在存储,还是在计算方面,都不能实现对海量数据的处理。因此,设计超大规模分布式学习算法以实现对海量关系数据的有效建模是另一个值得深入探索的研究热点。将统计关系学习理论和方法应用到知识图谱是最近发展起来的一个新的研究热点。

7.5　小结

学习的全部观点是要让学习Agent去接触数据。经过一段训练之后,学到的知识就确定了(再经过额外的训练,它也会进行更新)。要学习的是一个目标函数,目标函数的表示称为假设。学习过程涉及对一个或多个假设参数的调整,这些参数可能包括树形表示方式下的子树、高斯函数的均值和标准差、一阶逻辑表达式中的文字等。对这些假设参数进行调整可以产生出假设的不同变形,学习过程实际上就是一个搜索过程,用来搜寻能够最好表示目标函数的假设。知识一旦确定了,正确的性能度量就能够反映Agent在未知数据(没有用来训练的数据)上的执行效果。泛化能力提供了在未知数据上的一种性能度量。

在学习发生之前,通常需要考虑以下问题。

目标函数的指定	需要学习的是什么? 对目标函数来说,什么才是最合适的表示形式?
学习算法的选择	需要考虑到任务及应用领域的性质。 是否存在对目标函数形式的约束?例如,在某些涉及安全的关键领域里,黑匣子算法或许是不可取的。 是否存在对学习时间的约束? 是否需要并行实现?
数据的选择	数据可以存放在数据库中。 可以通过扫描图像或监控传感器的输出获取数据。 训练数据是否足够?

续表

数据子集的选择	需要对训练集、验证集和测试集进行选择。每个集合都应该能代表目标函数需要处理的数据。 预处理数据在进入到学习算法之前需要某种形式的预处理,这是典型的方法。维数灾难就是要进行预处理的一个原因。固有维的个数通常会少于属性的个数,这样,预处理就用来将数据转换成为更简洁的表示形式(更低维)。如二维平面上的一条直线,其固有维数是1。预处理的其他形式包括特征抽取,如图像中的边缘检测
性能度量	必须存在某种方法用来对学习进行评判。例如,Agent通常需要对其性能进行评估。对性能的评判可采取多种方式进行计算。对简单例子来说,也许只计算相应分类函数或回归函数的精度即可。而其他一些性能度量方式可能还需要一个用来计算期望奖励的效用函数
终止准则	某些学习算法执行的是连续的在线更新。这样的例子如贝叶斯网络中先验分布的更新。更多算法则倾向于离线方式,当满足了某个准则时,将会终止学习。例如,精度不再提高了,或者是训练了足够长的时间

随着机器学习研究的不断深入开展和计算机技术的进步,人们已经设计出不少具有优良性能的机器学习系统,并已投入实际应用。

这些应用领域涉及图像处理、模式识别、机器人动力学与控制、自动控制、自然语言理解、语音识别、信号处理和专家系统等。与此同时,各种改进型学习算法得以开发,显著地改善了机器学习网络和系统的性能。

如今,计算机视觉领域呈现出很多新的发展趋势,其中最显著的是应用的爆炸性增长。除了手机、个人计算机和工业检测外,在智能安防、机器人、自动驾驶、智慧医疗、无人机、增强现实(AR)等领域都出现了各种形态的计算机视觉应用。

今后机器学习将在理论概念、计算机理、综合技术和推广应用等方面开展新的研究。其中,对结构模型、计算理论、算法和混合学习的开发尤为重要。

周志华在"机器学习:发展与未来"中提出"学件"(learnware)的概念[144]。学件由两部分组成:预训练的模型和描述模型的"规约"(specification)。学件中的预训练模型需要满足3个性质:可重用(reusable)、可演进(evolvable)、可了解(comprehensible)。可重用是指学件的预训练模型仅利用少量数据进行更新或增强即可用于新任务。可演进是指学件的预训练模型应能感知环境变化,并针对变化主动自适应调整。因为不太可能有绝对精确的规约和需求说明,所以模型要能主动感知到新任务与规约描述的差异,并适应新任务环境中可能存在的变化。可了解是指学件的模型应能在一定程度上被了解,包括其目标、学习结果、资源要求、典型任务性能等,否则将难以给出模型的功能规约,且通过重用、演进后获得模型的有效性和正确性也难以保障。学件中的"规约"则需能给出模型的合适刻画,在一定程度上说明这个模型的能力和适用范围等。规约也许可以基于逻辑、统计量,甚至精简数据。"学件"的优势体现在:可重用使得仅需少量数据更新既有模型,不再需要巨量训练数据;可演进使得学件能适应环境的变化;可了解使得模型能力能被探查;模型可以从专家级模型基础上重用演进而来,使得用户较易获得专家级结果;分享出去的是模型,而不是数据,回避了数据隐私和所有权的问题。

习题

7.1 什么是学习和机器学习？为什么要研究机器学习？

7.2 简述机器学习系统的基本结构，并说明各部分的作用。

7.3 试解释决策树学习算法。举例计算表 7-3 中信息熵和信息增益。

7.4 试说明归纳学习的模式和学习方法。

7.5 什么是基于范例的学习？解释其推理和学习过程。

7.6 简述解释学习的基本原理、学习形式和功能。

7.7 假设想教火星人关于苹果的知识，再假定火星人的感觉系统仅用如下信息建立在语义网络中：

(1) 物体的颜色是红、绿、蓝、紫、白或黑。

(2) 物体的重量是一个数。

(3) 物体的形状是图 7-65 中所示树中那些形状中的任一种。

(4) 物体的特性是不可吃的、脆的或有气味的。该物体没有其他特性。

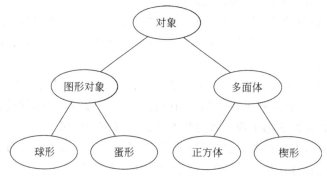

图 7-65 形状的分类树

选择如下教学次序。每一个例子都应用了什么启发式试探法，并解释从中学到了什么。

例子	结果	颜色	形状	重量	特性
1	正	红	球形	4	脆
2	正	红	球形	4	
3	反	红	球形	4	不可吃
4	正	绿	球形	4	
5	正	绿	球形	7	
6	正	红	蛋形	5	
7	反	红	正方体形	4	

7.8 假设要开一把需要有 4 个齿的老式钥匙开的锁，每一个齿从钥匙的枝干突出 0,1,

2,3 或 4mm。图 7-66 为这种钥匙的一个示例。

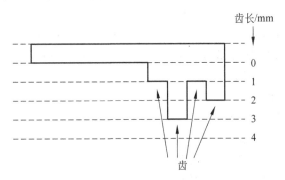

图 7-66 一把有 4 个齿的钥匙

再假设你弯卷了一个精巧的配锁工具,能以某种方式把得到的试验钥匙分成如下两组。
① 第 1 组钥匙太松,没有哪一个齿过于突出,且至少有一个齿不够突出。
② 第 2 组钥匙太紧,至少有一个齿过于突出,而其他齿可能不够突出。
有了配锁工具,把所有得到的钥匙分类,如图 7-67 所示。

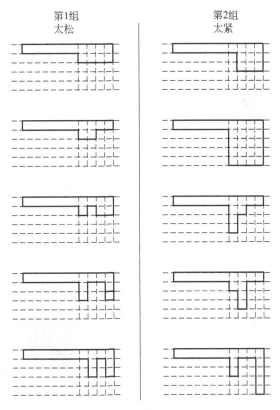

图 7-67 一些太松的钥匙和一些太紧的钥匙

(1) 用仅从第 1 组太松的钥匙的试验结果确定一枚内封钥匙,使得:
① 正确钥匙上的每一个齿或者与内封形上相应的齿一样长,或者比它更长。
② 在内封形上的每一个齿与第 1 组试验结果证明的一样长。

(2) 用你所需要的任何试验结果确定一个外封钥匙,使得:
① 正确钥匙上的每一个齿与外封形上相应的齿一样长或者比它更短。
② 在外封形上的每一个齿与第 1 组和第 2 组的试验结果证明的一样短。

7.9 在前面习题的背景中,试识别下列哪些能被看作为似是而非例。
(1) 具有小面积的钥匙。
(2) 具有大面积的钥匙。
(3) 完全在内封中的钥匙。
(4) 完全在外封中的钥匙。
(5) 至少有一个齿在内封中的钥匙。
(6) 正好有一个齿在内封外的钥匙。
(7) 太紧的钥匙,它正好仅在一个齿上与一个太松的钥匙有差别。
(8) 一个对于内封的方差之和是最小的钥匙。
(9) 一个对于外封的绝对齿差之和是最小的钥匙。

7.10 试比较说明符号系统和连接机制在机器学习中的主要思想。

7.11 考虑如图 7-68 所示的单神经元感知机网络。该网络的判定边界为 $Wp+b=0$。
试证明:若 $b=0$,那么判定边界是一个向量空间。

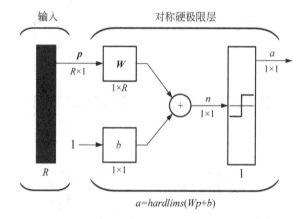

图 7-68 单神经元感知机

7.12 单层感知机只适用于一组线性可分的模式。如果两个模式是线性可分的,则它们一定是线性无关的吗?

7.13 考虑图 7-69 所示的原型模式。
(1) 这些模式是否正交?
(2) 使用 Hebb 规则,为这些模式设计一个自联想存储器。
(3) 输入图 7-69 中的原型模式 p_t,求网络响应。

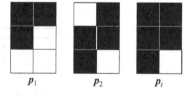

图 7-69 原型模式

7.14 求下列函数的极小点:
$$F(x) = 5x_1^2 - 6x_1x_2 + 5x_2^2 + 4x_1 + 4x_2$$
(1) 画出该函数的轮廓线图。

(2) 假设学习速度很小,起始点为 $x_0 = [-1 \ -2.5]^T$,画出(1)中轮廓线的最速下降法的轨迹。

(3) 最大的稳定学习速度是多少?

7.15 假定要设计一个 ADALINE 网络区分输入向量的不同类别。首先使用如下类别:

类别 I : $p_1 = [1 \ 1]^T$ 且 $p_2 = [-1 \ -1]^T$

类别 II : $p_3 = [2 \ 2]^T$

(1) 能否设计一个 ADALINE 网络做这种区分?如可行,请给出权值和偏置。

再考虑下面的不同类别:

类别 III : $p_1 = [1 \ 1]^T$ 且 $p_2 = [1 \ -1]^T$

类别 IV : $p_3 = [1 \ 0]^T$

(2) 能否设计一个 ADALINE 网络做这样一个区分?如可行,请给出权值和偏置。

7.16 一个飞机中的飞行员通过飞机座舱中的麦克风讲话。由于飞行员的话音信号被飞机发动机噪声所干扰,控制塔内的空中交通控制员不能接收到正确的话音。请设计一个自适应 ADALINE 滤波器,以减少控制塔内收到信号的噪声。

7.17 设计一个能将图 7-70 中的 6 个模式分类的识别系统。

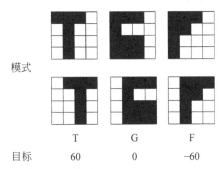

图 7-70 模式及其分类目标

这些模式表示字母 T、G 和 F,上面一排是它们的原始形式,下面一排是将它们移动后的形式。这些字母的分类目标分别为 60,0 和 -60,(使用 60,0 和 -60 的原因是为了较好地在它们使用的仪器表面显示它们的网络输出结果。)目标是训练网络,使得它将 6 个模式划分到相应的 T、G 和 F 组中。

7.18 基于反向传播的概念,求一个能更新图 7-71 所示的递归网络的权值 w_1 和 w_2 的算法。

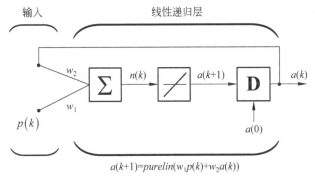

图 7-71 线性递归网络

7.19 一个 S 型函数的例子定义为

$$\varphi(v) = \frac{1}{1+\exp(-av)}$$

它的极值为 0 和 1。证明它关于 v 的导数为

$$\frac{\mathrm{d}\varphi}{\mathrm{d}v} = a\varphi(v)[1-\varphi(v)]$$

此外，这个导数在原点的值是多少？

7.20 一个奇的 S 型函数定义为

$$\varphi(v) = \frac{1-\exp(-av)}{1+\exp(-av)}$$

$$= \tanh\left(\frac{av}{2}\right)$$

其中，tanh 指双曲正切。它的极值为 -1 和 $+1$。证明它关于 v 的导数如下。

$$\frac{\mathrm{d}\varphi}{\mathrm{d}v} = \frac{a}{2}[1-\varphi^2(v)]$$

这个导数在原点的值是多少？假设倾斜参数 a 无穷大，$\varphi(v)$ 的结果是什么形式？

7.21 另外一个奇的 S 型函数是代数 S 型。

$$\varphi(v) = \frac{v}{\sqrt{1+v^2}}$$

它的极限值为 -1 和 $+1$。证明它关于 v 的导数如下。

$$\frac{\mathrm{d}\varphi}{\mathrm{d}v} = \frac{\varphi^3(a)}{v^3}$$

这个导数在原点的值是多少？

7.22 神经元 j 从其他 4 个神经元接受输入，它们的活动水平为 $10, -20, 4$ 和 -2。神经元 j 的每个突触权值为 $0.8, 0.2, -1.0$ 和 -0.9。计算下列两种情况下神经元 j 的输出。

(a) 神经元是线性的。

(b) 神经元表示为 McCulloch-Pitts 模型。

这里假设神经元的阈值为 0。

7.23 一个全连接的前向网络具有 10 个源结点，2 个隐层（一个隐层有 4 个神经元，另一个隐层有 3 个神经元），1 个输出神经元。构造这个网络的结构图。

7.24 构造一个全连接的具有 5 个神经元但没有自反馈的递归网络。

7.25 一个递归网络具有 3 个源结点、2 个隐层神经元和 4 个输出神经元。构造这个网络的结构图。

7.26 用 C 语言编写一套计算机程序，用于执行 BP 学习算法。

7.27 试应用神经网络模型优化求解推销员旅行问题。

7.28 考虑一个具有阶梯形值阈函数的神经网络，假设：

(1) 用一常数乘所有的权值和阈值；(2) 用一常数加所有权值和阈值。

试说明网络性能是否会有变化？

7.29 增大权值是否能使 BP 学习变慢？

7.30 考虑包括单个权重的网络的简单例子,它的代价函数是:
$$\zeta(w) = k_1(w-w_0)^2 + k_2$$
其中,w_0、k_1 和 k_2 是常数。用具有动量项的反向传播算法最小化 $\zeta(w)$。
探索包含的动量项常数 α 怎样影响学习过程。特别注意使用 α 收敛所需的步数。

7.31 研究使用 S 型非线性函数的反向传播学习方法获得一对一映射,描述如下。

(1) $f(x) = 1/x$, $1 \leqslant x \leqslant 100$

(2) $f(x) = \log_{10} x$, $1 \leqslant x \leqslant 10$

(3) $f(x) = \exp(-x)$ $1 \leqslant x \leqslant 10$

(4) $f(x) = \sin x$, $1 \leqslant x \leqslant \frac{\pi}{2}$

对每个映射,进行如下过程。

(a) 建立两个数据集:一个用于网络训练;另一个用于测试。

(b) 假设具有单个隐含层,利用训练数据集计算网络的突触权重。

(c) 通过使用测试数据给网络的计算精度赋值。

使用单个隐含层,但隐含神经元数目可变,分析网络性能是如何受隐含层神经元数目变化影响的。

7.32 表 7-6 的数据表示了澳大利亚野兔眼睛晶状体的重量为年龄的函数。没有简单的解析函数可以精确解释这些数据,因为我们不能得到一个单值函数。相反,利用一个负指数我们有这个数据集的一个非线性最小平方模型,具体如下表示。
$$y = 233.846(1-\exp(-0.006042x)) + \varepsilon$$
其中,ε 是误差项。
利用反向传播算法设计一个多层感知器,它能够为这个数据集提供一个非线性最小平方逼近。试与前述的最小平方模型比较你的结果。

表 7-6 澳大利亚野兔眼睛晶状体重量

年龄/天	重量/mg	年龄/天	重量/mg	年龄/天	重量/mg	年龄/天	重量/mg
15	21.66	75	94.6	218	174.18	338	203.23
15	22.75	82	92.5	218	173.03	347	187.38
15	22.3	85	105	219	173.54	354	189.7
18	31.25	91	101.7	224	177.86	357	195.31
28	44.79	91	102.9	225	177.68	375	202.63
29	40.55	97	110	227	173.73	394	224.82
37	50.25	98	104.3	232	159.98	513	203.3
37	46.88	125	134.9	232	161.29	535	209.7
44	52.03	142	130.68	237	187.07	554	233.9
50	63.47	142	140.58	246	176.13	591	234.7
50	61.13	147	155.3	258	183.4	648	244.3
60	81	147	152.2	276	186.26	660	231

续表

年龄/天	重量/mg	年龄/天	重量/mg	年龄/天	重量/mg	年龄/天	重量/mg
61	73.09	150	144.5	285	189.66	705	242.4
64	79.09	159	142.15	300	186.09	723	230.77
65	79.51	165	139.81	301	186.7	756	242.57
65	65.31	183	153.22	305	186.8	768	232.12
72	71.9	192	145.72	312	195.1	860	246.7
75	86.1	195	161.1	317	216.41		

7.33 图 7-72 给出了几簇归一化的向量。根据图 7-73 所示的竞争网络模型设计其网络权值,使得该网络能以最少的神经元区分图 7-72 中的向量。同时,画出所采用的权值以及不同类区域之间的决策边界。

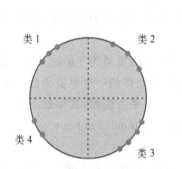

图 7-72 题 7.33 的输入向量簇

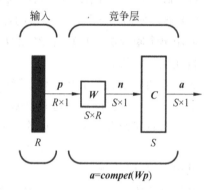

图 7-73 题 7.33 的竞争网络

由于存在 4 个类,所以竞争层需要 4 个神经元。每个神经元的权值为该神经元代表的类的标准向量,因此,我们将会为每个神经元选择距离大致处于簇中心的一个标准向量。

7.34 设计一个 LVQ 网络,求解图 7-74 所示的分类问题。根据图 7-74 中向量的不同显示效果,将其分为 3 类,并画出每个类的区域。

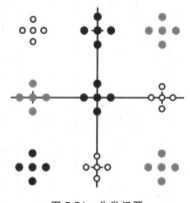

图 7-74 分类问题

7.35 (思考题)字符分类。任务是对数字 0~9 分类,有 10 类且每个目标向量应该是这 10 个向量中的一个。0 用<0,0,0,0,0,0,0,0,0>表示,1 用<1,0,0,0,0,0,0,0,0>表示,第 1 分量为 1,其余为 0。2~9 表示类推。要学习的数字显示在图 7-75 中,每个数字由 9×7 的网格表示,灰色像素代表 0,黑色像素代表 1。

图 7-75 训练数据

提示:选择一个 63-6-9 的网络结构,(9×7)个输入结点,每个像素对应一个结点、6 个隐层结点、9 个输出结点,像素到输入层的映射显示在图 7-76 中。将网格处理为 0 或 1 的长位串,并映射到输入层,位映射由左上角开始向下,直到网格的整个一列,然后重复其他列。

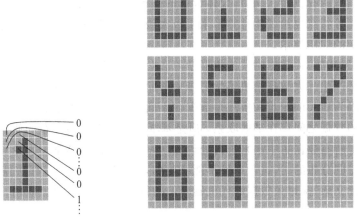

图 7-76 像素到输入层的映射　　图 7-77 带有噪声的测试数据

网络使用的学习率为 0.3,动量项为 0.7,训练 600 个周期。若输出结点的值大于 0.9,则为 ON;若输出结点的值小于 0.1,则为 OFF。当网络训练成功后,对图 7-77 中的数据进行测试。每个数字都有一个或多个丢失的位。

7.36 （思考题）用神经网络对大写字母分类。任务是对大写字母 A～Z 分类，根据阈值，将 26 个字母分为不多于 26 类。要学习的字母由 7×5 的网格表示，灰色像素代表 0，黑色像素代表 1。采用自适应谐振理论(adaptive resonance theory)或其他学习算法。自适应谐振理论程序运行界面示例如图 7-78 所示。

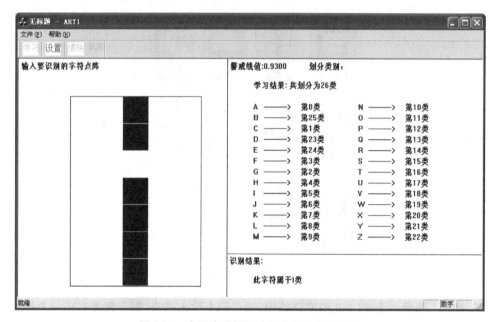

图 7-78 自适应谐振理论程序运行界面示例

7.37 （思考题）深度学习与媒体计算。互联网的发展已达到空前规模，新闻网站、微博、微信、社交网络、图像视频共享网站等各类网络平台正在极大地改变着人们获取信息的方式。消费类电子设备的普及使普通民众不仅是信息的消费者，也成为网络信息的提供者。同时，媒体数据的来源渠道广、内容多样化、需求多元化、计算复杂化等特点也给媒体计算带来了极大挑战。查阅资料，阐述深度学习在媒体计算方面的应用技术。

7.38 （思考题）大数据时代的机器学习。"大数据"代表数据多、不够精确、数据混杂、自然产生。大数据给机器学习带来的问题不仅是因为数据量大使计算产生困难，还因为更大的困难和挑战是数据在不同服务器上获取的，这些分布在不同服务器上的数据之间存在某些联系，但是基本上不能满足同分布的假设，而我们也不可能把所有数据集中起来进行处理和学习。传统的机器学习理论和算法要求数据是独立同分布的，当这个条件不能满足时，学习模型和学习算法就发挥不了作用。阅读文献，探讨大数据时代机器学习的特点，并阐述其典型应用。

第 8 章

自然语言处理技术

自然语言理解不仅需要有语言学方面的知识,而且还需要有与所理解话题相关的背景知识,必须很好地结合这两方面知识,才能建立有效的自然语言理解程序。对自然语言的理解和处理开始于机器翻译。自然语言处理是植根于计算机科学、语言学与数学等多学科的一门新兴学科,它的研究内容主要是自然语言信息处理,也就是人类语言活动中信息成分的发现、提取、存储、加工与传输。

本章首先从自然语言的词法、句法、语义分析的角度介绍了自然语言理解所涉及的主要方面,然后介绍了真实文本处理和对话分析问题,最后从应用角度阐述了信息检索、机器翻译和语音识别技术。

8.1 自然语言理解的一般问题

8.1.1 自然语言理解的概念及意义

用自然语言进行交流,不管是以文字的形式,还是以交谈的形式,都非常依赖于参与者的语言技能、感兴趣的领域知识和领域内的谈话预期。理解语言不仅仅是对文字的翻译,还需要推测说话人的目的、知识和假设,以及交谈的上下文语境。实现一个自然语言理解程序需要表示出所涉及领域中的知识和期望,并能进行有效的推理。还必须考虑一些重要的问题,如非单调、信念改变、比喻、规划、学习和人类交互的实际复杂性。然而,这些问题正是人工智能本身的核心问题。

例如,关于某计算机学院在网上招聘的广告,下面给出了一部分内容。

> 某大学计算机系……拟招聘两名教授。我们希望招聘对以下领域感兴趣的人员:
> 软件,包括分析、设计和开发工具……
> 系统,包括体系结构、编译器、网络……
> ……
> 申请者必须具有以下专业的博士学位……

我系在高性能计算、人工智能等领域具有国际公认的研究计划……并且与圣达菲研究所以及几个国家实验室开展了深入的研究合作……

理解这条招聘广告时会出现以下几个问题。

(1) 只明确表明"教授",读者如何知道这条广告是招聘大学教师?任期多长时间?

(2) 在大学环境中工作需要掌握什么软件和软件工具的知识?是 C、Prolog,还是 UML?这些都没有明确提到。一个人需要有许多关于大学授课和研究的知识,才能理解这些要求。

(3) 为什么要在大学招聘广告中提到国际公认的研究计划和与著名研究所的合作?

(4) 计算机如何概括广告的主要意思?计算机必须掌握什么知识,才能为一个正在找工作的求职博士从万维网上智能地检索到本广告?

自然语言理解中(至少)有 3 个主要问题:第一,需要具备大量的人类知识。语言动作描述的是复杂世界中的关系。关于这些关系的知识,必须是理解系统的一部分。第二,语言是基于模式的:音素构成单词,单词组成短语和句子。音素、单词和句子的顺序不是随机的。没有对这些元素的一种规范性的使用,就不可能达成交流。最后,语言动作是主体(agent)的产物,或者是人,或者是计算机。主体处在个体层面和社会层面的复杂环境中。语言动作都是有其目的性的。

语言学是以人类语言为研究对象的学科。它的探索范围包括语言的结构、语言的运用、语言的社会功能和历史发展,以及其他与语言有关的问题。

自然语言是相对于人造语言(如 C 语言、Java 语言)而言的。由于自然语言的多义性、上下文相关性、模糊性、非系统性、环境相关性、理解与所应用的目标相关(如目标是回答问题、执行命令,还是机器翻译),因此,关于自然语言理解至今尚无一致的、各方可以接受的定义。从微观上讲,自然语言理解是指从自然语言到机器内部的一个映射;宏观上看,自然语言是指机器能够执行人类所期望的某些语言功能。这些功能主要包括如下几方面。

(1) 回答问题:计算机能正确地回答用自然语言输入的有关问题。

(2) 文摘生成:机器能产生输入文本的摘要。

(3) 释义:机器能用不同的词语和句型复述输入的自然语言信息。

(4) 翻译:机器能把一种语言翻译成另外一种语言。

自然语言有口语和书面语两种基本表现形式。书面语比口语结构性要强,而且噪声也比较小。口语信息包括很多语义上不完整的子句,如果听众关于演讲主题的主观知识不是很了解,听众有时可能无法理解这些口语信息。书面语理解包括词法、文法和语义分析,而口语理解还需要加上语音分析。

如果计算机能够理解、处理自然语言,那么人-机之间的信息交流就能够以人们熟悉的本族语言进行,这将是计算机技术的一项重大突破。另一方面,由于创造和使用自然语言是人类高度智能的表现,因此对自然语言处理的研究也有助于揭开人类高度智能的奥秘,深化对语言能力和思维本质的认识。自然语言理解这个研究方向在应用和理论两个方面都具有重大的意义。

8.1.2 自然语言理解研究的发展

自然语言理解的研究可以分为 3 个时期：20 世纪 40 年代和 50 年代的萌芽时期、20 世纪 60 年代和 70 年代的发展时期和 20 世纪 80 年代以后的大规模真实文本处理时期。

1. 萌芽时期

自然语言理解的研究可以追溯到 20 世纪 40 年代末和 50 年代初期。1946 年，第一台计算机问世。几乎同时，英国的 A. Donald Booth 和美国的 W. Weaver 就开始了机器翻译方面的研究，这是由于当时国际上正处于美苏对抗时期，美、苏等国开展的俄-英和英-俄互译研究工作开启了自然语言理解研究的早期阶段。

实际上，机器翻译是很复杂的，由于单纯地利用规范的文法规则，而低估了它的困难程度，再加上当时计算机处理能力低下，因此机器翻译工作没有取得实质进展。

在这一时期，M. Chomsky 提出了形式语言和形式文法的概念，他把自然语言和程序设计语言置于相同的层面，用统一的数学方法解释和定义。M. Chomsky 建立的转换生成文法 TG 使得语言学的研究进入了定量的研究阶段，也促进了程序设计语言学的极大发展，出现了诸如 BASIC、FORTRAN 及 ADA 等语言。对于 Chomsky 转换生成文法，虽然它描述的是基于语句生成的十分严格的过程，但是对于人类自然形成的极其复杂的语言现象而言，Chomsky 的理论还不具备足够的能力处理自然语言问题。不过，Chomsky 建立的文法体系仍然是目前自然语言理解中文法分析所必须依赖的文法体系。

2. 发展时期

从 20 世纪 60 年代开始，在人机对话方面的研究取得了一定成功。这些人机对话系统可以作为专家系统、办公自动化及信息检索等系统的自然语言人机接口，具有很大的实用价值。这期间，自然语言理解系统的发展实际上可以分为两个阶段：20 世纪 60 年代以关键词匹配技术为主的阶段和 20 世纪 70 年代以句法-语义分析为主流技术的阶段。

20 世纪 60 年代开发的自然语言理解系统大都没有真正意义上的文法分析，而主要依靠关键词匹配技术识别输入句子的意义，在这些系统中，事先存放了大量包含某些关键词的模式，每个模式都与一个或多个解释（又叫响应式）相对应。系统将当前输入的句子同这些模式逐个匹配，一旦匹配成功，便立即得到这个句子的解释，而不再考虑句子中那些不属于关键词的成分对句子意义会有什么影响。匹配成功与否只取决于语句模式中包含的关键词及其排列次序，非关键词不能影响系统的理解。

这一时期的几个著名系统包括 1968 年出现的 SRI 和 ELIZA 系统等。B. Raphael 在美国麻省理工学院完成的语义信息检索（Semantic Information Retrieval，SIR）系统，能记住用户通过英语告诉它的事实，然后对这些事实进行演绎，回答用户提出的问题。J. Weizenbaum 在美国麻省理工学院设计的 ELIZA 系统，能模拟一位心理治疗医生（机器）同一位患者（用户）的谈话。

进入 20 世纪 70 年代后，自然语言理解的研究在句法-语义分析技术方面取得了重要进展，出现了若干有影响的自然语言理解系统，在语言分析的深度和难度方面比早期的系统有了长足的发展。这个时期的代表系统包括 W. Woods 设计的 LUNAR，它是第一个允许用普通英语同数据库对话的人机接口，用于协助地质学家查找、比较和评价阿波罗

11飞船带回的月球标本的化学分析数据;T. Winograd 设计的 SHEDLU 系统是一个在"积木世界"中进行英语对话的自然语言理解系统,它把句法、推理、上下文和背景知识灵活地结合于一体,模拟一个能够操纵桌子上一些积木玩具的机器人手臂,用户通过人—机对话方式命令机器人放置那些积木块,系统通过屏幕给出回答并显示现场的相应情景。

3. 大规模真实文本处理时期

20 世纪 80 年代后,自然语言理解的应用研究广泛开展,实用化和工程化的努力使得一批商品化的自然语言人机接口和机器翻译系统出现于国际市场。著名的人机接口系统有美国人工智能公司(AIC)生产的英语人—机接口系统 Intellect,美国弗雷公司生产的 Themis 人—机接口。在自然语言理解的基础上,机器翻译工作也开始走出低谷,重新兴起,并逐步走向实用。有较高水平的翻译系统,包括欧洲共同体在美国乔治敦大学开发的机译系统 SYSTRAN 的基础上,成功地实现了英、法、德、西、意及葡等多语对的机器翻译系统,以及美国的 META 等系统。

在此期间,自然语言理解研究引入知识表示与处理方法,以及领域知识与推理机制,使自然语言处理系统不再局限于单纯的语言句法和词法的研究,而与它所表示的客观世界紧密结合,因此极大地提高了系统处理的正确性。但是,仅依靠人工智能技术,要想把处理自然语言所需的知识都用现有的知识表示技术明确表达出来,是不可能的。

为了处理大规模的真实文本,研究人员新提出了语料库语言学(Corpus Linguistics)。它顺应了大规模真实文本处理的需求,以计算机语料库为基础进行语言学研究及自然语言理解的研究。它认为语言学知识的真正源泉是大规模的来自于生活的资料;计算语言学工作者的任务是使计算机能够自动或半自动地从大规模语料库中获取处理自然语言所需的各种知识,他们必须客观地,而不是主观地对库中的语言事实做出描述。

20 世纪 80 年代,英国 Leicester 大学 Leech 领导的 UCREL 研究小组利用已带有词类标记的语料库,经过统计分析得出了一个反映任意两个相邻标记出现频率的"概率转移矩阵"。他们设计的 CLAWS 系统依据这种统计信息(而不是系统内存储的知识),对 LOB 语料库的一百万词的语料进行词类的自动标注,准确率达 96%。CLAWS 系统的成功使许多研究人员相信,基于语料库的处理思想能够在工程上、在宽广的语言覆盖面上解决大规模真实文本处理这一艰巨的课题,至少也是对传统的处理方法一个强有力的补充。

自然语言处理作为语言信息处理技术的主要基础学科,其重要意义已经得到学术界和产业界越来越多的认可,在欧美已经有不少大学设立了自然语言处理系或专业,从本科起就组织自然语言处理的教学工作。

8.1.3 自然语言理解的层次

语言虽然表示成一连串文字符号或一串声音流,但其内部事实上是一个层次化的结构,从语言的构成中就可以清楚地看到这种层次性。一个文字表达的句子的层次是词素→词或词形→词组或句子,而声音表达的句子的层次则是音素→音节→音词→音句,其中每个层次都受到文法规则的制约。因此,语言的处理过程也应当是一个层次化的过程。

语言是一个复杂的现象,包括各种处理,如声音或印刷字母的识别、语法解析、高层语义推论,甚至通过节奏和音调传达的情感内容。为了管理这个复杂性,语言学家定义了自然语言分析的不同层次。

（1）韵律学（prosody）处理语言的节奏和语调。这一层次的分析很难形式化，经常被省略；然而，其重要性在诗歌和宗教圣歌的强大感染力中是很明显的，就如同节奏在儿童记单词和婴儿呀呀学语中具有的作用。

（2）音韵学（phonology）处理的是形成语言的声音。语言学的这一分支对于计算机语音识别和生成很重要。

（3）词态学（morphology）涉及组成单词的成分（词素），包括控制单词构成的规律，如前缀（un-，non-，anti-等）的作用和改变词根含义的后缀（-ing, -ly 等）。词态分析对于确定单词在句子中的作用很重要，包括时态、数量和部分语音。

（4）语法（syntax）研究将单词组合成合法的短语和句子的规律，并运用这些规律解析和生成句子。这是语言学分析中形式化最好因而自动化最成功的部分。

（5）语义学（semantics）考虑单词、短语和句子的意思以及自然语言表示中传达意思的方法。

（6）语用学（pragmatics）研究使用语言的方法和对听众造成的效果。例如，语用学能够指出为什么通常用"知道"回答"你知道几点了吗？"是不合适的。

（7）世界知识（world knowledge）包括自然世界、人类社会交互世界的知识以及交流中目标和意图的作用。这些通用的背景知识对于理解文字或对话的完整含义是必不可少的。

虽然这些分析层次看上去是自然而然的，而且符合心理学的规律，但是它们在某种程度上是强加在语言上的人工划分。它们之间广泛的交互，即使很低层的语调和节奏变化，也会对说话的意思产生影响，例如讽刺的使用。这种交互在语法和语义的关系中体现得非常明显，虽然沿着这些界线进行某些划分似乎很必要，但是确切的分界线很难定义。例如，像"They are eating apples"这样的句子有多种解析，只有注意上下文的意思才能决定。语法也会影响语义，如短语结构在理解句子含义中所起的作用。虽然我们经常讨论语法和语义之间的精确区别，但是心理学的证据和它在管理问题复杂性中的作用只有有保留地予以探讨。

虽然不同自然语言理解程序的组织采用不同的原理和应用——例如，数据库前端、自动翻译系统、故事理解程序——但它们都必须将原句子的含义翻译成一种内部表示。一般情况下，自然语言理解遵循图 8-1 所示的过程。

第一阶段是解析，分析句子的句法结构。解析的任务在于既验证句子在句法上的合理构成，又决定语言的结构。通过识别主要的语言关系，如主-谓、动-宾和名词-修饰，解析器可以为语义解释提供一个框架。我们通常用解析树表示它。解析器运用的是语言中语法、词态和部分语义知识。

第二阶段是语义解释，旨在对文本的含义生成一种表示，如图 8-1 中的概念图所示。其他的一些通用的表示方法包括概念依赖、框架和基于逻辑的表示法等。语义解释使用如名词的格或动词的及物性等关于单词含义和语言结构的知识。在图 8-1 中，程序利用的知识是：根据单词 kiss 的含义，将默认值 lips（嘴唇）添加到 kissing 的对象中。此外，语义一致性检查也在这一阶段完成。例如，动词 kiss 的定义可能包含这样的约束：当主体是人时，吻的对象是人，即正常情况下，Tarzan 吻的是 Jane，而不是印度豹。

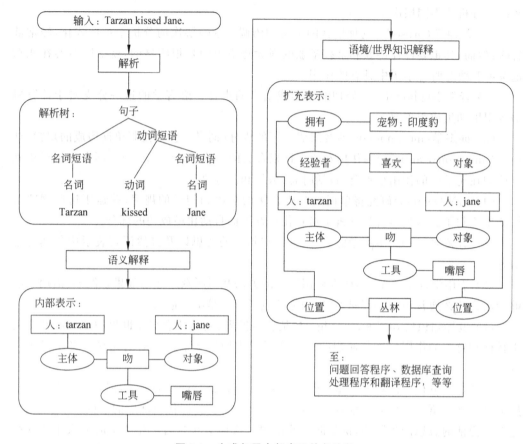

图 8-1 生成句子内部表示的各阶段

第三阶段要完成的任务是将知识库中的结构添加到句子的内部表示中,以生成句子含义的扩充表示。在这一步中,类似"Tarzan 喜欢 Jane""Tarzan 和 Jane 生活在丛林中""印度豹是 Tarzan 的宠物"这样的用以充分理解语言所必需的世界知识被添加了进来。这样产生的结构表达了自然语言文字的意思,可以被系统用来进行后续处理。

举例来说,在数据库前端,扩充结构可能结合了查询含义的表示和数据库组织的知识。这种结构能够被翻译成相应的数据库语言查询语句。而在故事理解程序中,这种扩充结构可能表示故事的意思,并能够用来回答关于故事的问题。

绝大多数(非概率的)自然语言理解系统中都存在这 3 个阶段,尽管相应的软件模块不一定被明确划分出来。例如,许多程序不生成明确的解析树,但是直接生成内部语义表示。无论怎样,解析树都隐含在对句子的解析中。增量解析是一项应用广泛的技术。在这种技术中,句子中的重要部分一旦被解析生成,内部表示的一个片段将随之生成。随着解析的进行,这些片段合并成完整的结构。我们也可以利用这些片段解决句子模糊性的问题,还可以用来指导解析过程。

有语言学家将自然语言理解分为 5 个层次:语音分析、词法分析、句法分析、语义分析和语用分析。语音分析就是根据音位规则,从语音流中区分出一个个独立的音素,再根据音位形态规则找出一个个音节及其对应的词素或词。语用就是研究语言所存在的外界环境对语言使用所产生的影响。它描述语言的环境知识,语言与语言使用者在某个给定语言环境中的关系。关注语用信息的自然语言处理系统更侧重于讲话者/听话者模型的设定,而不是处理嵌入到给定话语中的结构信息。研究者们提出了很多语言环境的计算模型,描述讲话者和他的通信目的,听话者和他对说话者信息的重组方式。构建这些模型的难点在于如何把自然语言处理的不同方面以及各种不确定的生理、心理、社会及文化等背景因素集中到一个完整的、连贯的模型中。对于词法分析、句法分析和语义分析3个层次,会在下面讨论。

词法指词位的构成和变化的规则。**句法**是指组词成句的规则。**语法**就是词的构造、变化的规则和用词造句的规则,它是语言在其长期发展过程中形成的,全体成员必须共同遵守的规则。

8.2 词法分析

词法分析是理解单词的基础,其主要目的是从句子中切分出单词,找出词汇的各个词素,从中获得单词的语言学信息并确定单词的词义,如 unchangeable 是由 un-change-able 构成的,其词义由这3个部分构成。不同的语言对词法分析有不同的要求,例如,英语和汉语就有较大的差距。

在英语等语言中,因为单词之间是以空格自然分开的,切分一个单词很容易,所以找出句子的一个个词汇就很方便。但是,由于英语单词有词性、数、时态、派生及变形等变化,要找出各个词素就复杂得多,需要对词尾或词头进行分析,如 importable,它可以是 im-port-able 或 import-able,这是因为 im、port、able 这3个都是词素。

通常,词法分析可以从词素中获得许多有用的语言学信息。如英语中构成词尾的词素"s"通常表示名词复数或动词第三人称单数,"ly"通常是副词的后缀,而"ed"通常是动词的过去分词等,这些信息对于句法分析也是非常有用的。另一方面,一个词可有许多的派生、变形,如 work 可变化出 works,worked,working,worker,workable 等。这些派生的、变形的词如果全放入词典,将是非常庞大的,而它们的词根只有一个。自然语言理解系统中的电子词典一般只放词根,并支持词素分析,这样可以大大压缩电子词典的规模。

下面是一个英语词法分析的算法,它可以对按英语文法规则变化的英语单词进行分析。

```
repeat
    look for word in dictionary
    if not found
    then modify the word
until word is found or no further modification possible
```

其中,word 是一个变量,初始值就是当前的单词。

例如,对于单词 catches、ladies,可以做如下分析。

catches	ladies,	词典中查不到
catche	ladie	修改1:去掉"-s"
catch	ladi	修改2:去掉"-e"

lady   修改 3：把 i 变成 y

这样，在修改 2 的时候，就可以找到 catch，在修改 3 的时候就可以找到 lady。

英语词法分析的难度在于词义判断，因为单词往往有多种解释，仅依靠查词典常常无法判断。例如，单词 diamond 有 3 种解释：菱形，边长均相等的四边形；棒球场；钻石。要判定单词的词义，只能依靠句子中其他相关单词和词组的分析。例如，下面的句子：

John saw Susan's diamond shining from across the room.

中的 diamond 的词义必定是钻石，因为只有钻石才能发光，而菱形和棒球场是不闪光的。作为对照，汉语中的每个字就是一个词素，所以要找出各个词素是相当容易的，但要切分出各个词就非常困难，不仅需要构词的知识，还需要解决可能遇到的切分歧义，如"不是人才学人才学"，可以是"不是人才-学人才学"，也可以是"不是人-才学人才学"。再如，"三大全国性交易市场在渝布局"（2011 年 3 月 15 日，重庆晨报文章），"从前门口有个石狮子"。

案例：单词音节划分

通过查找含在每个单词中的元辅音序列，将单词划分为音节。将单词划分为音节的算法主要是查找含在每个单词中的元辅音序列。编程实现单词音节划分。

解：这里给出两条常用的划分规则。

1) 元音(vocal)-辅音(consonant)-元音

对这种情况，单词从第一个元音处分开，例如：

```
ruler-->ru-ler
prolog-->pro-log
```

2) 元音-辅音-辅音-元音

对这种情况，单词可在两个辅音之间分开，例如：

```
number-->num-ber
anger-->an-ger
```

```
/**** 单词音节划分的 Prolog 程序 ****/
DOMAINS     /* 单词拆开为字母表 */
    letter=symbol
    word=letter*
PREDICATES
    divide(word,word,word,word)
    vocal(letter)
    consonant(letter)
    string_word(string,word)
    append(word,word,word)
GOAL
    /* 本程序先提示用户输入待分音节单词，然后用上述两条规则将之分解成音节，并显示音节划分结果。*/
    clearwindow(),
```

```
    write("Writeaword:"),
    readle(S),
    string_word(S,Word),
    append(First,Second,Word),
    divide(First,Second,Part1,Part2),
    string_word(Syllable1,Part2),
    string_word(Syllable2,Part2),
    write("Division:",Syllable,"-",Syllable2),nl,
    fail.
CLAUSES
/* divide 递归地将单词划分为音节,它带 4 个参量,前两个参量为一给定单词的第一部分和最
后一部分,后两个参量分别返回单词分解成音节之后单词的第一部分和最后一部分。 */
divide(Start,[T1,T2,T3|Rest],D1,[T2,T3|Rest]):-
    vocal(T1),consonant(T2),vocal(T3),
    append(Start,[T1],D1).
divide(Start,[T1,T2,T3,T4|Rest],D1,[T3,T4|Rest]):-
    vocal(T1),consonant(T2),
    consonant(T3),vocal(T4),
    append(Start,[T1,T2],D1).
divide(Start,[T1|Rest],D1,D2):-
    append(Start,[T1],S),
    divide(S,Rest,D1,D2).

/* 对元音 a,e,i,o,u 和半元音 y 的说明,半元音 y 用作元音的例子有:
hyphen,pity,myrrh,martyr 等。 */
vocal(a),vocal(e),vocal(i),vocal(o),vocal(u),vocal(y).

/* 不为元音的字母即为辅音。 */
consonant(B):-not(vocal(B)),B<=z,a<B.

/* 谓词 string_word 将一个串转换为一张字符表,其中谓词 bound(x) 成功的条件是:x 为已
约束变量。谓词 free(x) 成功的条件是:x 为自由变量。 */
string_word("",[]):-!.
string_word(Str,[H|T]):-
    bound(Str),frontstr(1,Str,H,S),
    string_word(S,T).
string_word(Str,[H|T]):-
    free(Str),bound(H),string_word(S,T),
    concat(H,S,Str).

/* append(L1,L2,L3) 成功的条件是:将表 L1 和表 L2 拼接起来等于表 L3。 */
append([],L,L):-!.
append([X|L1],L2,[X|L3]):-append(L1,L2,L3).
```

【思考】程序中采用的两条规则对大多数单词都可用,但遇到像 handbook 之类的单词时,这两条规则就不可用了。对这类单词,建议采用字库划分音节。

8.3 句法分析

句法分析主要有两个作用:一是对句子或短语结构进行分析,以确定构成句子的各个词、短语之间的关系以及各自在句子中的作用等,并将这些关系用层次结构加以表达;二是对句法结构进行规范化。在对一个句子分析的过程中,如果把分析句子各成分间的关系的推导过程用树形图表示出来,那么这种图称为句法分析树。句法分析是由专门设计的分析器进行的,其过程就是构造句法树的过程,将每个输入的合法语句转换为一棵句法分析树。

分析自然语言的方法主要分为两类:基于规则的方法和基于统计的方法。基于统计的方法将在后面章节中介绍,这里主要介绍基于规则的各种方法。

8.3.1 短语结构文法和 Chomsky 文法体系

短语结构文法和 Chomsky 文法是描述自然语言和程序设计语言强有力的形式化工具,可用于在计算机上对被分析句子的形式化进行描述和分析。

1. 短语结构文法

短语结构文法 G 的形式化定义如下:

$$G=(T,N,S,P)$$

其中,T 是终结符的集合,终结符是指被定义的那个语言的词(或符号);N 是非终结符号的集合,这些符号不能出现在最终生成的句子中,是专门用来描述文法的。(显然,T 和 N 不相交,T 和 N 共同组成了符号集 V,因此有 $V=T \cup N, T \cap N=\varnothing$);$S$ 是起始符,它是集合 N 中的一个成员;P 是产生式规则集。每条产生式规则都具有如下形式:

$$a \rightarrow b$$

其中,$a \in V^+, b \in V^*, a \neq b, V^*$ 表示由 V 中的符号所构成的全部符号串(包括空符号串 Φ)的集合,V^+ 表示 V^* 中除空符号串 ϕ 外的一切符号串的集合。

在一部短语结构文法中,基本运算就是把一个符号串重写为另一个符号串。如果 $a \rightarrow b$ 是一条产生式规则,那么就可以通过用 b 置换 a,重写任何一个包含子串 a 的符号串,这个过程记作"$\Rightarrow$"。所以,如果 $u,v \in V^*$,有 $uav \Rightarrow ubv$,就说 uav 直接产生 ubv 或 ubv 由 uav 直接推导得出。以不同的顺序使用产生式规则,就可以从同一符号产生许多不同的串。由一部短语结构文法定义的语言 $L(G)$ 就是可以从起始符 S 推导出符号串 W 的集合,即一个符号串要属于 $L(G)$,必须满足以下两个条件:①该符号串只包含终结符;②该符号串能根据文法 G 从起始符 S 推导出来。

由上面的定义可以看出,采用短语结构文法定义的某种语言是由一系列产生式组成的。下面给出一个简单的短语结构文法。

例 8.1 $G=(T,N,S,P)$
$T=\{the, man, killed, a, deer, likes\}$
$N=\{S, NP, VP, N, ART, V, Prep, PP\}$
$S=S$

P：

(1) S→NP+VP

(2) NP→N

(3) NP→ART+N

(4) VP→V

(5) VP→V+NP

(6) ART→the|a

(7) N→man|deer

(8) V→killed|likes

2. Chomsky 定义的 4 种形式文法

根据形式文法中使用的规则集，Chomsky 定义了下列 4 种形式的文法。

(1) 无约束短语结构文法，又称 0 型文法。

(2) 上下文有关文法，又称 1 型文法。

(3) 上下文无关文法，又称 2 型文法。

(4) 正则文法，又称 3 型文法。

型号越高，所受约束越多，生成能力就越弱，能生成的语言集就越小，也就是说，型号的描述能力就越弱。下面简要讨论这几类文法。

正则文法又称有限状态文法，只能生成非常简单的句子。

正则文法有两种形式：左线性文法和右线性文法。在一部左线性文法中，所有规则都必须采用如下形式。

$$A \to Bt \quad 或 \quad A \to t$$

其中，A、$B \in N, t \in T$，即 A、B 都是单独的非终结符，t 是单独的终结符。而在一部右线性文法中，所有规则都必须如下书写：

$$A \to tB \quad 或 \quad A \to t$$

上下文无关文法的生成能力略强于正则文法。在一部上下文无关文法中，每一条规则都采用如下形式：

$$A \to x$$

其中，$A \in N, x \in V^*$，即每条产生式规则的左侧必须是一个单独的非终结符。在这种体系中，规则被应用时不依赖于符号 A 所处的上下文，因此称为上下文无关文法。

上下文有关文法是一种满足以下约束的短语结构文法：对于每一条形式为

$$x \to y$$

的产生式，y 的长度（即符号串 y 中的符号个数）总是大于或等于 x 的长度，而且 x、$y \in V^*$。例如，AB→CDE 是上下文有关文法中一条合法的产生式，但 ABC→DE 不是。

这一约束可以保证上下文有关文法是递归的。这样，如果编写一个程序，在读入一个字符串后能最终判断出这个字符串是或不是由这种文法所定义的语言中的一个句子。

自然语言是一种与上下文有关的语言，上下文有关语言需要用 1 型文法描述。文法规则允许其左部有多个符号（至少包括一个非终结符），以指示上下文相关性，即上下文有关指的是对非终结符进行替换时需要考虑该符号所处的上下文环境，但要求规则的右部符号的个数不少于左部，以确保语言的递归性。对于产生式：

$$aAb \to ayb(A \in N, y \neq \phi, a \text{ 和 } b \text{ 不能同时为 } \phi)$$

当用 y 替换 A 时，只能在上下文为 a 和 b 时才可进行。

不过，在实际中，由于上下文无关语言的句法分析远比上下文有关语言有效，因此人们希望在增强上下文无关语言的句法分析的基础上，实现自然语言的自动理解。后面介绍的 ATN 就是基于这种思想实现的一种自然语言句法分析技术。

如果不对短语结构文法的产生式规则的两边做更多的限制，而仅要求 x 中至少含有一个非终结符，那么就成为乔姆斯基体系中生成能力最强的一种形式文法，即**无约束短语结构文法**。

$$x \to y(x \in V^+, y \in V^*)$$

0 型文法是非递归的文法，即无法在读入一个字符串后，最终判断出这个字符串是或不是由这种文法所定义的语言中的一个句子。因此，0 型文法很少用于自然语言处理。

8.3.2 句法分析树

在对一个句子进行分析的过程中，如果把分析句子各成分间关系的推导过程用树形图表示出来，那么这种图称为句法分析树。例如，对于例 8.1 的文法结构，该文法属于上下文无关文法，利用该文法对下面的句子进行分析：

The man killed a deer.

由重写规则 1 开始得到下面的分析过程：

S →NP＋VP

　→ART＋N＋VP

　→The man＋VP

　→The man＋V＋NP

　→The man killed＋NP

　→The man killed＋ART＋N

　→The man killed a deer

上述例子描述了一个自上向下的推导过程，该过程开始于初始符号 S，然后不断地选择合适的重写规则，用该规则的右部代替左部，最后得到完整的句子。另一种形式的推导称为自下向上的过程，该过程开始于所要分析的句子，然后用重写规则的左部代替右部，直到到达初始符号 S。

对应的句法分析树如图 8-2 所示。

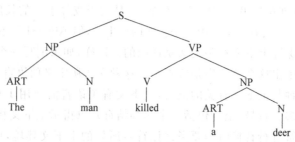

图 8-2 句法分析树

在句法分析树中,初始符号总是出现在树根上,终止符号则是出现在叶上。

8.3.3 转移网络

转移网络在自动机理论中用来表示文法。句法分析中的转移网络由结点和带有标记的弧组成,结点表示状态,弧对应于符号,基于该符号,可以实现从一个给定的状态转移到另一个状态。重写规则和相应的转移网络如图 8-3 所示。

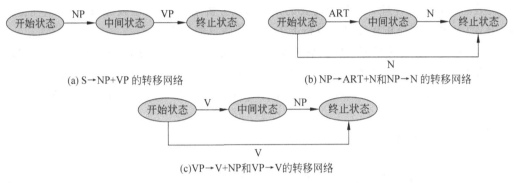

图 8-3 重写规则的相应的转移网络

用转移网络分析一个句子,首先从句子 S 开始启动转移网络。如果句子的表示形式和转移网络的部分结构(NP)匹配,那么控制会转移到和 NP 相关的网络部分。这样,转移网络进入中间状态,然后接着检查 VP 短语。在 VP 的转移网络中,假设整个 VP 匹配成功,则控制会转移到终止状态,并结束。例如,句子"the man laughed"的状态转移网络如图 8-4 所示,其中虚线上的数字表示转移的顺序。

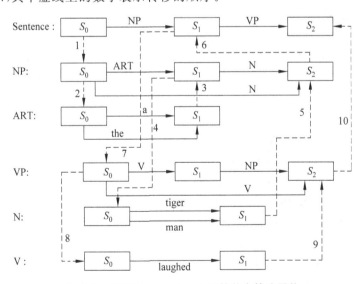

图 8-4 句子"the man laughed"的状态转移网络

图 8-4 所示的转移网络含有 10 个线段,表示了网络中状态的控制流。首先,当控制在句子的 S_0 发现 NP 时,它会通过虚线 1 移动到 NP 转移网络。现在,如果在 NP 转移网

络的 S_0 又发现了 ART,那么通过虚线 2 进入 ART 网络,从 ART 网络选择 the,然后通过虚线 3 返回 NP 转移网络的 S_1。现在,在 NP 转移网络的 S_1 找到 N,通过弧 4 移动到转移网络 N 的初始结点 S_0。该过程一直这样进行下去,直到通过弧 10 抵达句子的转移网络的 S_2。

20 世纪 70 年代,W. Woods 提出扩充转移网络(Augmented Transition Network,ATN),曾应用于他著名的 LUNAR 系统中,后来,Kaplan 对其做了一些改进。ATN 文法属于一种增强型的上下文无关文法,即用上下文无关文法描述句子文法结构,并同时提供有效的方式将各种理解语句所需要的知识加到分析系统中,以增强分析功能,从而使得应用 ATN 的句法分析程序具有分析上下文有关语言的能力。

ATN 主要是对转移网络中的弧附加了过程而得到的。当通过一个弧的时候,附加在该弧上的过程就会被执行。这些过程的主要功能有:①对文法特征进行赋值;②检查数(Number)或人称(第一、二或三人称)条件是否满足,并据此允许或不允许转移。

8.4 语义分析

句法分析通过后并不等于已经理解了所分析的句子,至少还需要进行语义分析,把分析得到的句法成分与应用领域中的目标表示相关联,才能产生正确唯一的理解。简单的做法就是依次使用独立的句法分析程序和语义解释程序。这样做的问题是,在很多情况下,句法分析和语义分析相分离,常常无法决定句子的结构。ATN 允许把语义信息加进句法分析,并充分支持语义解释。为有效地实现语义分析,并能与句法分析紧密结合,研究者们给出了多种进行语义分析的方法,这里主要介绍语义文法和格文法。

8.4.1 语义文法

语义文法是将文法知识和语义知识组合起来,以统一的方式定义为文法规则集。语义文法是上下文无关的,形态上与面向自然语言的常见文法相同,只是不采用 NP、VP 及 PP 等表示句法成分的非终止符,而是使用能表示语义类型的符号,从而可以定义包含语义信息的文法规则。

下面给出一个关于舰船信息的例子,从此例可以看出语义文法在语义分析中的作用。

S→PRESENT the ATTRIBUTE of SHIP

PRESENT→what is │ can you tell me

ATTRIBUTE→length │ class

SHIP→the SHIPNAME │ CLASSNAME class ship

SHIPNAME→Huanghe │ Changjiang

CLASSNAME→carrier │ submarine

上述重写规则从形式上看和上下文无关文法是一样的。其中,用全是大写英文字母表示的单词代表非终止符,用全是小写英文字母表示的单词代表终止符。这里可以看出,PRESENT 在构成句子的时候,后面必须紧跟单词 the,这种单词之间的约束关系显然表示语义信息。用语义文法分析句子的方法与普通的句法分析文法类似,特别是同样可以用 ATN 对句子做语义文法分析。

语义文法不仅可以排除无意义的句子，而且具有较高的效率，对语义没有影响的句法问题可以忽略。但是，该文法也有一些不足之处，实际应用时需要的文法规则数量往往很大，因此一般只适用于严格受到限制的领域。

8.4.2 格文法

格文法是由 Filimore 提出的，主要是为了找出动词和与它处在结构关系中的名词的语义关系，同时也涉及动词或动词短语与其他各种名词短语之间的关系。也就是说，格文法的特点是允许以动词为中心构造分析结果，尽管文法规则只描述句法，但分析结果产生的结构却对应于语义关系，而非严格的句法关系。例如，英语句子：

Mary hit Bill

的格文法分析结果可以表示为

(hit (Agent Mary)
    (Dative Bill))

这种表示结构称为格文法。在格表示中，一个语句包含的名词词组和介词词组均以它们与句子中动词的关系表示，称为格。上面例子中的 Agent 和 Dative 都是格，而像"(Agent Mary)"这样的基本表示称为格结构。

在传统文法中，格仅表示一个词或短语在句子中的功能，如主格、宾格等，反映的也只是词尾的变化规则，故称为表层格。在格文法中，格表示的语义方面的关系反映的是句子中包含的思想、观念等，称为深层格。和短语结构文法相比，格文法对句子的深层语义有更好的描述。无论句子的表层形式如何变化，如主动语态变为被动语态，陈述句变为疑问句，肯定句变为否定句等，其底层的语义关系，各名词成分代表的格关系都不会发生相应的变化。例如，被动句"Bill was hit by Mary"与上述主动句具有不同的句法分析树（图8-5），但格表示完全相同，这说明这两个句子的语义相同，并实现多对一的源-目映射。

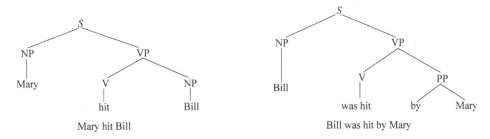

图 8-5 主动句和被动句的句法分析

格文法和类型层次相结合，可以从语义上对 ATN 进行解释。类型层次描述了层次中父子之间的子集关系。根据层次中事件或项的特化（specialized）/泛化（generalized）关系，类型层次在构造有关动词及其宾语的知识，或者确定一个名词或动词的意义时非常有用。

在类型层次中，为了解释 ATN 的意义，动词具有关键的作用，因此可以使用格文法，通过动作实施的工具或手段描述动作主体（Agent）的动作。例如，动词 laugh 可以是通过动作主体的嘴唇描述的一个动作,它可以带给自己或他人乐趣。因此,laugh 可以表示为下面的格框架(图 8-6)。

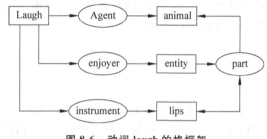

图 8-6　动词 laugh 的格框架

在图 8-6 中,矩形表示世界的描述,两个矩形之间的关系用椭圆表示。为了对 ATN 进行语义解释,需要指出:

(1) 当从 ATN 中的句子 S 开始分析时,需要确定名词短语和动词短语,以得到名词和动词的格框架表示。将名词和对应格框架中的主语(动作主体)关联在一起。

(2) 当处理名词短语时,需要确定名词,确定冠词的数特征(是单数,还是复数),并将动作的制造者和名词相关联。

(3) 当处理动词短语时,需要确定动词。如果动词是及物的,则找到其对应的名词短语,并说明它为动词的施加对象。

(4) 当处理动词时,检索它的格框架。

(5) 当处理名词时,检索它的格框架。

格文法是一种有效的语义分析方法,它有助于删除句法分析的歧义性,并且易于使用。格表示易于用语义网络表示法描述,从而多个句子的格表示相互关联形成大的语义网络,以便开发句子间的关系,理解多句构成的上下文,并用于回答问题。

8.5　大规模真实文本的处理

8.5.1　语料库语言学及其特点

传统的句法-语义分析主要是基于规则的方法。这主要是因为语言学家首先是从规则着手,而不是从统计角度认识和处理语言的。由于自然语言理解的复杂性,各种知识的"数量"浩瀚无际,而且具有高度的不确定性和模糊性,利用规则不可能完全准确地表达理解自然语言所需的各种知识,而且规则实际上是面向语言的使用者(人)的,因此若将它面向机器,则分析结果始终不尽如人意。由此,机器翻译应强调理解,单纯依靠规则方法,也曾经使机器翻译一度陷入低谷。

1990 年 8 月,在赫尔辛基召开的第 13 届国际计算机语言学大会上,大会组织者提出了处理大规模真实文本将是今后一个相当长时期内的战略目标。为实现战略目标的转移,需要在理论、方法和工具等方面实行重大的革新。这种建立在大规模真实文本基础上的研究方法将自然语言处理的研究推向一个崭新的阶段。理解自然语言所需的各种知识恰恰蕴涵在大量的真实文本中,通过相应的知识库,从而实现以知识为基础的智能型自然语言理解系统。研究语言知识所用的各种知识,就必须对语料库进行适当的处理与加工,使之由"生"语料变为有价值的"熟"语料。这样就形成了一门新的学科——语料库语言学(corpus linguistics),可用于对自然语言理解进行研究。

语料库(corpus)指存储语言材料的仓库。现代的语料库是指存放在计算机里的原始语料文本或经过加工后带有语言学信息标注的语料文本。

关于语料库的三点基本认识:①语料库中存放的是在语言的实际使用中真实出现过的语言材料;②语料库是以电子计算机为载体承载语言知识的基础资源;③真实语料需要经过加工(分析和处理),才能成为有用的资源。

下面以 WordNet 为例说明语料库中包括什么样的语义信息。WordNet 是 1990 年由 Princeton 大学的 Miller 等人设计和构造的。一部 WordNet 词典将近 95 600 个词形(51 500 单词和 44 100 搭配词)和 70 100 个词义,分为 5 类:名词、动词、形容词、副词和虚词,按语义而不是按词性组织词汇信息。在 WordNet 词典中,名词有 57 000 个,含有 48 800 个同义词集,分成 25 类文件,平均深度 12 层。最高层为根概念,不含有固有名词。

传统的词典通常是把各类不同的信息放入一个词汇单元中加以解释,包括拼音、读音、词形变化及派生词、词根、短语、时态变换的定义及说明、同义词、反义词、特殊用法注释,偶尔还有图示或插图,包含相当可观的信息存储。但是,它还有一些不足,特别是用在自然语言理解时更显得不够。

以名词"树"为例,传统的词典一般解释为:一种大型的、木制的、多年生长的、具有明显树干的植物。基本上是上位词加上辨别特征。但是,这还不够,还缺少一些信息。例如,第一,它没有谈到树有根,有植物纤维壁组成的细胞,甚至也没有提及它们是生命的组织形式。但是,在 WordNet 中,只要查一下它的上位词"植物",就可以找到这些信息。第二,树的定义没有包括对等词的信息,不能推测其他种类的植物存在的可能性。第三,对于各种树都感兴趣的读者,除了查遍词典,没有别的办法。第四,每个人对树都有自己的认识,而词典的编撰者又没有将其写在树的定义中,如树包括树皮、树枝;树由种子生长而成等。

可以看出,普通词典中遗漏的信息中大部分是关于构造性的信息,而不是事实性的信息。

WordNet 是按一定结构组织起来的语义类词典,主要特征表现如下。

1) 整个名词组成一个继承关系

WordNet 有着严格的层次关系,这样一个单词可以把它所有的前辈的一般性的上位词的信息都继承下来,可以提供全局性的语义关系,具有 IS-A 关系。

2) 动词是一个语义网

表达动词的意义对任何词汇语言学来说都是困难的。WordNet 不做成分分析,而是进行关系分析。这一点是计算语言学界热衷的课题,与以往的语义分析方法不同,这种关系讨论的是动词间的纵向关系,即词汇蕴涵关系。

为了对自然语言理解进行研究,需要优先考虑的问题主要是大规模真实语料库的建设和大规模、信息丰富的机读词典的编制方法的研究。

大规模真实文本处理的数学方法主要是统计方法,大规模的经过不同深度加工的真实文本的语料库的建设是基于统计性质的基础。如何设计语料库,如何对生语料进行不同深度的加工以及加工语料的方法等,正是语料库语言学要深入进行研究的内容。

规模为几万、十几万甚至几十万的词,含有丰富的信息(如包含词的搭配信息、文法信息等)的计算机可用词典,对自然语言的处理系统的作用是很明显的。采用什么样的词典结构,包含词的哪些信息,如何对词进行选择,如何以大规模语料为资料建立词典,即如何从大规模语料中获取词等都需要进行深入的研究。

基于大规模真实文本处理的语料库语言学与传统的基于句法-语义分析的方法比较,有以下特点:

(1) 试验规模不同。以往的自然语言处理系统多数都是利用细心选择过的少数例子进行试验,而现在要处理从多种出版物上收录的数以百万计的真实文本。这种处理在深度方面虽然可能不深,但针对特定的任务还是有实用价值的。

(2) 文法分析的范围要求不同。由于真实文本的复杂性(其中甚至有不合文法的句子),对所有的句子都要求完全的文法分析几乎是不可能的,同时,由于具体文章的数量极大,还有处理速度方面的要求。因此,目前的多数系统往往不要求完全的分析,只要求对必要的部分进行分析。

(3) 处理方法的不同。以往的系统主要依赖语言学的理论和方法,即是基于规则的方法,而新的基于大规模真实文本处理而开发的系统,同时还依赖于对大量文本的统计性质分析。统计学的方法在新研制的系统中起了很大的作用。

(4) 所处理的文本涉及的领域不同。以往的系统往往只针对某一较窄的领域,而现在的系统则适合较宽的领域,甚至是与领域无关的,即系统工作时并不需要用到与特定领域有关的领域知识。

(5) 对系统评价方式的不同。对系统的评价不再是只用少量的人为设计的例子对系统进行评价,而是根据系统的应用要求,对其性能进行评价,即用真实文本进行较大规模的、客观的和定量的评价,不仅要注意系统的质量,而且也要注意系统的处理速度。

(6) 系统面向的应用不同。以前的某些系统可能适合对"故事"性的文本进行处理,而基于大规模真实语料的自然语言理解系统要走向实用化,需要对大量的、真实的新闻语料进行处理。

(7) 文本格式的不同。以往处理的文本只是一些纯文本,而现在要面向真实的文本。真实文本大多都是经过文字处理软件处理以后含有排版信息的文本。因而,如何处理含有排版信息的文本就应该受到重视。

8.5.2 统计学方法的应用及所面临的问题

20世纪90年代,自然语言理解的研究在基于规则的技术中引入语料库的方法,其中包括统计方法、基于实例的方法和通过语料加工手段使语料库转化为语言知识库的方法等。使用统计的方法,使机器翻译的正确率达到60%,汉语切分的正确率达到70%,汉语语音输入的正确率达到80%,这是对传统语言学的严重挑战。许多研究人员相信,基于语料库的统计模型(如n-gram模型、Markov模型、向量空间模型)不仅能胜任词类的自动标注任务,而且也能够应用到句法和语义等更高层次的分析上。这种方法有希望在工程上、在宽广的语言覆盖面上解决大规模真实文本处理这一极其艰巨的课题，至少也能对基于规则的自然语言处理系统提供一种强有力的补充机制。

当前语言学处理的一个总的趋势是部分分析代替全分析，部分理解代替全理解，部分翻译代替全翻译。从大规模真实语料库中获取语言信息知识的方法一般采用数学上的统计方法，并基于此构造了大量的语料库。统计方法就是这样一种"部分分析代替全分析"趋势中的产物。统计方法初期，其主要成果比较集中在词层的处理上，如汉语分词、词性标注等。但是，在句法层次的语言分析方面，目前还正在研究。另外，统计方法在理解自然语言时主要是和分析方法相结合使用的。

随着语料库语言学的快速发展，一个值得注意的研究方法是，随机语言模型的建模工作正在由基本的线性词汇统计转向结构化的句法领域，尝试以此为基础解决句法结构的歧义性问题。结构化语言模型的基本思想是，根据语料统计信息建立一定的优先评价机制，对输入句子的分析结果进行概率计算，从而得到概率意义上的最优分析结构。

最初出现的结构化语言模型是20世纪60年代末在语音识别研究中提出的概率上下文无关文法（Probabilistic Context Free Grammar，PCFG），但是直到1979年Backer提出Inside-Outside算法解决了PCFG文法的参数自动获取问题以后，PCFG才得到进一步的研究，并出现了一些有用的成果，如更为有效的PCFG分析技术、改进的I/O算法及针对大型文法分析的概率剪枝技术等。

PCFG模型的不足在于其词汇化程度很差，模型参数仅能得到微弱的上下文信息，整个系统具有很大的熵。随着大规模带标注语料库，尤其是具有结构化标注信息的树库的建立，研究者们开始使用各种有监督的学习机制，构造更为复杂的语言模型，如基于决策树的方法、基于词汇关联信息的语言模型等。

除了随机结构化语言模型外，加大语言处理基本单元的力度也是重要的发展趋势。在这种研究中，多义的单词加大到单义的语段（chunk）这个层次，并给以中心词的标注，目的是为了简化处理的句型，化解机器翻译的歧义问题。

8.5.3 汉语语料库加工的基本方法

书面汉语不同于英语、法语、德语等印欧语言，词与词之间没有空格。在汉语自然语言处理中，凡是涉及句法、语义的研究项目，都要以词为基本单位进行。句法研究组词成句的规律。词是汉语文法和语义研究的中心问题，也是汉语自然语言处理的关键问题。

目前，对大规模汉语语料库的加工主要包括自动分词和标注（包括词性标注和词义标注）。这里仅就汉语文本自动分词及标注的方法进行简单概述。

1. 汉语自动分词

1）汉语自动分词方法

汉语自动分词方法主要以基于词典的机械匹配分词方法为主。近年来，也有人提出无词典分词法、基于专家系统和人工神经网络的分词方法。这里主要介绍常用基于词典的机械匹配分词法。

① 最大匹配法。最大匹配法（maximum matching method）有时也称作正向最大匹配法，简称MM方法。其思想是：在计算机磁盘中存放一个分词用词典，从待切分的文

本中按自左到右的顺序截取一个定长的汉字串,通常为6~8个汉字(或长度为词典中的最大词长),这个字符串的长度称作最大词长。将这个具有最大词长的字符串与词典中的词进行匹配,若匹配成功,则可确定这个字符串为词,计算机程序的指针向后移动与给定最大词长相应个数的汉字,继续进行匹配;否则,把该字符串从右边逐次减去一个汉字,再与词典中的词进行匹配,直到成功为止。

② 逆向最大匹配法。逆向最大匹配法(reverse maximum matching method)简称RMM法。这种方法的基本原理与MM法相同,不同的是分词时对待切分文本的扫描方向。MM方法从待切分文本中截取字符串的方向是从左到右,而RMM方法则是从右到左。在与词典匹配不成功时,将所截取的汉字串从左至右逐次减去一个汉字,再与词典中的词进行匹配,直到匹配成功为止。实验表明,RMM法的切词正确率要比MM法高。

③ 逐词遍历匹配法。逐词遍历匹配法是把词典中存放的词按由长到短的顺序,逐个与待切分的语料文本进行匹配,直到把文本中的所有词都切分出来为止。由于这种方法要把词典中的每一个词都匹配一遍,因此需要花费很多时间,算法的时间复杂度相应增加,切词速度较慢,切词的效率不高。

以上这3种方法是最基本的机械性切词方法。还有一些方法都是在这3种方法基础上的一些改进,这些方法包括双向扫描法、设立切分标志法及最佳匹配法等。

2) 自动分词词不达意的难点

汉语分词在汉语自然语言理解中起着举足轻重的作用。尽管经过多年的研究,汉语分词技术取得了很大的成绩,但距实际应用的要求仍还有很大的距离。主要原因是在分词时,语言学家靠的是"语感",没有什么形式的定义。普通人的语感和专家的语感不同,前者"宽",后者"严",搞古文训诂的专家更"严",把一些常作为"词"的成分进行再次分解。

因此,在汉语中,词的概念问题是分词的难点之一。在汉语语言学中,有关"词"的概念还没有完全弄清。"词是什么"(词的抽象定义)及"什么是词"(词的具体界定),这两个基本问题有点飘忽不定,一直没有定论,从而致使至今仍拿不出一个公认的、具有权威性的分词用词表。主要的困难表现在两个方面:一方面是单字词与语素之间的区别;另一方面是词与短语(词组)的区别。

汉语分词的其他难点主要有以下两方面:①分词过程中的歧义问题。②未登录词的识别问题。未登录词是指没有在词典中出现、在汉语文本中又应该当作一个词将其分开的那些字符串,包括中外人名、中外地名、机构组织名、事件名、缩略语、派生词、各种专业术语以及不断发展和约定俗成的一些新词语。

2. 汉语词性标注

1) 词性标注的意义

词性标注就是在给定句子中判定每个词的文法范畴,确定其词性并加以标注的过程。设定词性的词汇是构造语段的基础,但是词性兼类是英汉机器翻译中典型的歧义现象,如果预料的词性能自动标注,那么歧义问题就好解决了。在自然语言处理中,研究词性自动标注的目的主要是:第一,为了对文本进行文法分析或句法分析等更高层次的文本加工提供基础,以便在文摘、自动校对、OCR识别后处理等应用系统开发中提高准确率;第二,通过对标注过的语料进行统计分析等处理,可以抽取蕴涵在文本中的语言知识,为语言学的研究提供可靠的数据,同时,又可以进一步运用这些知识,改进词性标注系统,提高词性标注系统的准确率。

2）词性标注的难点

词性标注的难点主要是兼类词的自动词类歧义排除。所谓兼类词,是指那些具有两个或两个以上词性的词。由于汉语是一种没有词的形态的变化语言,词的类别不能像印欧语一样直接由词的形态判断,再加上常用词的兼类现象严重等因素,因此要确定一个词在文本中的词性有时是很困难的。

3）词性标注方法

词性标注的方法主要就是兼类词的歧义排除方法。目前的方法主要有两大类:一类是基于概率统计模型的词性标注方法;另一类是基于规则的词性标注方法。

① 基于概率统计模型词性标注的代表性系统有CLAWS系统,它采用统计模型消除兼类词歧义,使自动标注的准确率达到96%。1988年,S.J.DeRose对CLAWS系统做了一些改进,利用线性规划的方法降低系统的复杂性,提出了VOLSUNGA算法,大大提高了处理效率,使自动词性标注的正确率达到了实用的水平。基于语料库的统计方法目前不仅用于词性自动标注,而且已应用到句法和语义等更高层次的分析上了。

② 基于规则的方法的代表性系统有Greene和Robin出于语言学的目的,于1977年设计的词性标注系统TAGGIT。该系统采用基于上下文框架规则的方法,使用了具有86个标记的标记集和用于排除兼类词歧义的3300条上下文框架规则,对美国的BROWN语料库进行标记,准确率为77%。但是,规则的方法是十分繁杂的,编写和维护也是一个很大的问题。1992年,美国宾州大学Brill提出了一种基于转换的错误驱动学习机制,从带标语料库中自动获取转换规则以用于词性的自动标注,所建立的基于规则的词性标注系统的标注准确率大大提高,获得了与基于统计模型同样高的准确率。

4）汉语句法分析

句法分析能够对自然语言进行更深层的、智能化的处理。基于词汇化的概率上下文无关文法(Lexicalized Probabilistic Context-Free Grammar,LPCFG)是一种广为流行的用于句法分析的文法。这种文法是一种短语结构文法,因此LPCFG句法分析器的输出结果是句子的短语句法结构。冀铁亮和穗志方提出了词汇化句法分析与子语类框架获取的互动方法概率句法分析方法,引入了动词子类信息作为一类重要词汇化信息。该方法将谓语动词的子语类信息与概率句法分析结合起来,建立了基于汉语动词子语类框架的统计句法分析模型,并且针对动词子语类框架难以获取的问题,提出一种词汇化概率句法分析与动词子语类框架获取的互动方法。张亮和陈家骏提出了基于大规模语料库的句法模式匹配方法。通过大量记录的正确处理实例的分析过程和结果,在句法分析时,搜寻近似实例或片段,匹配相似语言结构和分析过程,其句法分析过程体现了"语言分析依赖经验"的思想。

3. 汉语词义标注

1）词义标注的意义

词义标注就是对文本中的每个词根据其所属上下文给出它的语义编码,这个编码可以是词典释义文本中的某个义项号,也可以是义类词典中相应的义类编码。自动词义标注就是利用计算机通过逻辑推理机制,利用文本的上下文环境,对词的词义进行自动判断,选择词的某一正确义项并加以标注的过程。研究词义自动标注除了对语言学研究有重要意义外,在自然语言处理的很多领域都有非常重要的作用,如语音合成、情报检索、机器翻译、自动校对及 OCR 识别后处理等。所以,词义标注是当前自然语言信息处理的一个热门课题。

2) 词义标注的难点

词义标注的难点就是对多义词的歧义排除。一词多义的现象普遍存在,要确定一个词的词义一定要依据上下文环境,如果没有上下文环境,即使是人,也很难确定一个词的词义,更何况由计算机标注。

3) 词义标注方法

目前,多义词排歧的研究尚处于初级阶段。英语的多义词排歧的方法主要有人工智能方法、基于词典的方法和基于语料库的方法。近年来,统计概率模型在词性标注方面的成功,以及网络技术的发展,使得语料库在选材入库上易于实现,越来越多的研究转向了基于语料库的概率统计方法。

4) 语义角色标注

语义角色标注也称为浅层语义分析。目前国内外语义分析研究主要集中在语义角色标注(Semantic Role Labeling, SRL)研究上。在语义角色标注中,大量应用统计机器学习方法。其中,有监督机器学习方法受限于标注语料的规模,在小规模标注样本中难以获取较高性能。陈耀东、王挺和陈火旺面向浅层语义分析任务,采用了一种新颖的半监督学习方法——直推式支持向量机,并结合其训练特点提出了基于主动学习的样本优化策略。该方法通过整合主动学习与半监督学习,在小规模标注样本环境中取得了良好的学习效果。语义角色可用于各种语义分析和语篇分析中。

庄成龙、钱龙华和周国栋对于基于树核函数的实体语义关系抽取方法进行了研究,描述了一种改进的基于树核函数的实体语义关系抽取方法,通过在原有关系实例的结构化信息中加入实体语义信息和去除冗余信息的方法提高语义关系抽取的性能。

8.5.4 语义资源建设

语料库和词汇知识库在不同层面共同构成了自然语言处理各种方法赖以实现的基础,有时甚至是建立或改进一个自然语言处理系统的关键。因此,世界各国对语料库和语言知识库开发都投入了极大的关注。自 1979 年以来,中国开始进行机读语料库建设,并先后建成汉语现代文学作品语料库(1979 年,武汉大学,527 万字)、现代汉语语料库(1983 年,北京航空航天大学,2000 万字)、中学语文教材语料库(1983 年,北京师范大学,106 万字)和现代汉语词频统计语料库(1983 年,北京语言学院,182 万字)。

北京大学计算语言学研究所从 1992 年开始现代汉语语料库的多级加工,在语料库建设方面成绩卓著,先后建成 2600 万字的 1998 年《人民日报》标注语料库、2000 万汉字和 1000 多万英语单词的篇章级英汉对照双语语料库、8000 万字篇章级信息科学与技术领域的语料库等。清华大学于 1998 年建立了 1 亿汉字的语料库,着重研究汉语分词中的歧义切分问题。

在语言知识库建设方面,《同义词词林》、"知网"(HowNet)、概念层次网络(Hierarchical Network of Concepts, HNC)等一批有影响的知识库相继建成,并在自然语言处理研究中发挥了积极的作用。在上述诸多工作中,北京大学计算语言学研究所开发的基于《人民日报》语料标注的现代汉语分词和词性标注语料库、董振东等开发的"知网"是比较典型的语言资源成果。

1. 北京大学语料库

北京大学计算语言学研究所从 1992 年起开始现代汉语语料库的多级加工,历时 10 余载,就取得了重要成果。1999 年 4 月至 2002 年 4 月,历时三年完成的 1998 年全年《人民日报》的标注语料库包含 2600 多万汉字,全部语料均已完成词语切分和词性标注等基本加工。

根据《北京大学现代汉语语料库基本加工规范》,汉语词性标注包括 26 个基本词类代码、74 个扩充代码。标记集中共有 106 个代码。其中,26 个基本词类包括:名词(n)、时间词(t)、处所词(s)、方位词(f)、数词(m)、量词(q)、区别词(b)、代词(r)、动词(v)、形容词(a)、状态词(z)、副词(d)、介词(p)、连词(c)、助词(u)、语气词(y)、叹词(e)、拟声词(o)、成语(i)、习用语(l)、简称(j)、前接成分(h)、后接成分(k)、语素(g)、非语素字(x)、标点符号(w)。全部语料除了进行词语切分、词性标注外,还对多音字(词)进行了汉语拼音标注。

北京大学俞士汶研究组长期以来将语言知识库的建设作为研究重点之一,自 1995 年年底提出建立"综合型语言知识库"的规划,研制持续了 10 余年,建立了现代汉语语法信息词典(8 万词版)、汉语短语结构知识库、中英文概念词典、现代汉语大规模基本标注语料库、汉英双语对齐语料库、基于语料库的双语词典编纂系统、信息提取系统(含汉语文本词语切分与词性标注软件),在汉语计算语言学理论、汉语语言知识形式化描述、语言知识库构建技术以及多语言知识融合技术等方面都有所创新。

2. 知网

知网(HowNet)于 1999 年正式发布,是国内外知名的语义资源。知网的创建者董振东等撰写"知网的理论发现"(中文信息学报,2007),介绍了知网的知识观、关于知识的获取和表达、事件类概念分类的双轴论、关于语义角色和知识数据描述语言(KDML)等内容。

知网已成为许多自然语言处理系统的基础设施。知网把知识看作是一个系统,是一个关于关系的系统,包含了概念与概念之间的关系以及概念的属性与属性之间的关系的系统。知网表明知识作为一种关系的系统,可以将知识结构化、可视化。

知网通过以下手段定义关系:①通过分类体系确定上下位关系;②通过事件角色与典型演员确定事件与万物之间的关系;③通过浏览器计算确定同义、同类关系;④通过对义表确定反义关系;⑤通过公理关系和角色转换描述公理推导。

知网认为,计算机对语言的理解也需要从对关系的分析入手。知网对于知识的把握从把握世界入手。知网目前具有中英文各 10 万多词汇义项,其定义被 7 大类别所覆盖。知网定义了 7 大类别:万物、时间、空间、属性、属性值、事件和部件。同时,在知识的描述方面,知网采取了意义分解的方法,即采用义原描述概念。其主张是"分类宜粗不宜细,特征描述宜细不宜粗",并且开发了知识数据描述语言(KDML),以提高意义的计算能力。知网的义原得益于汉字,选择了 2000 个核心词汇(汉字)作为义原,并且要确保每个意义是唯一的、无歧义的。

事件概念分类的双轴论是知网最重要的理论发现,也是知网架构的支点。所谓双轴论,就是把事件概念分为静态和动态两类,静态是一个轴,动态是一个轴,分别标识为纵轴和横轴。知网揭示了纵轴和横轴的严格对应关系,即纵轴上有什么样的关系和状态,就可以发现横轴上有与之对应的行为动作。事件类概念分类的双轴论保证了分类标准的一致性和体系性。知网定义了90个语义角色,这些语义角色与事件类概念相配合,具有很强的概念描述能力。

知网在2000年推出新版,又经过10年的完善,包含了10万多概念及其相互关系,并在知网基础上提供了多款实用软件,包括概念相似度计算软件、概念相关场计算软件、基于知网的词法处理器、中英文双向同义词语列表软件等。

8.6 信息搜索

网络搜索引擎是在Internet上进行信息查询的一个有力工具,是网络信息检索的关键技术。搜索引擎对网络信息进行分类、索引和摘要。早期搜索引擎的上述工作是靠信息发布者人工完成的,即向搜索引擎进行登记,选择主题分类,提供关键词和摘要,并报告自己信息站点的地址。但是,现在信息站点越来越多,相当多的站点的信息文档没有也不可能向搜索引擎登记。为了解决这个问题,人们开发了自动搜索引擎技术。

自动搜索引擎通过专门设计的网络程序自动发现网络上新出现的信息,并对其进行自动分类、自动索引和自动摘要。自动搜索引擎还能为信息检索者提供模糊检索、概念检索等功能,这些功能不是简单地匹配用户提供的检索关键词,而是能够按它们的意义进行搜索,从而提高查全率和查准率。由于自动搜索引擎的关键技术带有明显的智能特征,因此其也被称为智能搜索引擎。

8.6.1 信息搜索概述

信息检索是指从文献集合中查找出所需信息的程序和方法。所谓文献集合,是指有组织的文献整体。它可以是数据库的全部记录,也可以是某种检索工具清单,还可以是某个文献收藏单位收藏的全部文献,当然也可以是某个单位通过Internet发布的各类信息集合。网络信息检索是指利用Internet信息发布技术,对通过Internet发布的信息进行的检索,目前主要的检索手段是搜索引擎。可见,网络信息检索有异于传统的信息检索,为了区别和准确表达概念,国外越来越多的文章称传统信息检索概念为信息检索(information retrieval),称网络信息检索概念为网络信息搜索(information searching)。

目前,万维网(World Wide Web,WWW)信息检索系统已成为Internet标准检索工具。WWW采用客户机/服务器结构,以其联网简单(http)、超链接(hyperlinks)、标准格式、规模大小可伸缩、多媒体浏览界面(browser)等特点,大到美国国会图书馆,小到任何个人都可入网,从而构成当今世界上最大型、最普及的网络信息检索系统。

通常我们用到的搜索引擎是Internet上的一个网站,它的主要任务是在Internet中主动搜索其他Web站点中的信息并对其自动索引,其索引内容存储在可供查询的大型数据库中。当用户利用关键字查询时,该网站会告诉用户包含该关键字信息的所有网址,并提供通向该网站的链接。

搜索引擎是一种用于帮助 Internet 用户查询信息的搜索工具，它以一定的策略在 Internet 中搜集、发现信息，对信息进行理解、提取、组织和处理，并为用户提供检索服务，从而起到信息导航的目的。

面对网络信息组织的无序性、信息有用性评价难、网络信息日新月异、信息媒体多样化以及带宽等其他因素的制约，搜索引擎面临如下挑战。

1. 搜索引擎的用户交互方式

"关键词查询＋结果选择浏览"的交互方式适应当前的技术发展水平，但与理想中自然语言问答的交互形式相距甚远。选择关键词，以及从数量依旧浩繁的结果中获取有用信息，一定程度上还是需要依靠用户的个人使用经验与技巧，这也是诸如"谷歌检索指南"之类的书籍能够拥有大量读者的原因。解决这一问题，传统观点认为需要包括自然语言处理、多媒体处理、信息检索等多方面的技术进步才能实现，从深层次讲，这甚至涉及"人"本身是否可以被计算的问题，远非短期内可以解决。但是，搜索引擎推出的包括问答社区在内的应用产品则使用另一种方式很大程度解决了这一问题，并提升了用户交互的友好性，如百度知道、Yahoo! Answers 在内的问答社区产品收集了大量用户的自然语言提问以及相应的回答。当问答的数量达到相当规模时，大部分用户经常提出的问题就可以在社区信息资源中得到响应，对于用户而言，就仿佛搜索引擎能够通过自然语言与其进行问答式交互一样。

2. 搜索引擎解决问题的能力

搜索引擎无疑已经成为人类历史上最大规模的信息集散平台，但它仅具备最初步的将这部分信息加以索引和检索的能力，它并不具备对于人类而言哪怕是最普通的知识推理能力。这决定了搜索引擎返回给用户的只可能是现成的网页内容，而不可能是问题直接的答案，更不可能是某些问题的解决方式。针对这一问题，传统观点一般认为搜索引擎需要调动大量的人力、物力构建基于万维网的知识库，并设计用于这一知识库的推理算法，才能实现使搜索引擎"解决问题"，而不是"匹配答案"。然而，由于构建知识库耗费巨大，而相关的知识工程和人工智能技术发展也受到诸多限制，因此当前主流搜索引擎采用整合"垂直搜索"资源的方式对一部分用户需求量较大的问题类别加以解决，如百度的"阿拉丁计划"和"框计算"概念就是这方面的典型思路，针对用户问题，采用与该问题匹配的垂直搜索引擎（即满足特定信息需求的搜索引擎，如票价搜索、旅游搜索等）返回答案，而不是直接返回传统意义上匹配的网络资源作为结果。

3. 搜索引擎获取信息的能力

尽管主流搜索引擎的数据抓取能力十分强大，而搜索引擎索引量达到数百亿乃至上千亿网页，但收集万维网尚未涵盖到的信息对于搜索引擎而言也是"不可能完成的任务"。即使对于万维网信息资源而言，由于大量网站出于保护用户隐私或商业运营方面的考虑，搜索引擎获取到的信息也远达不到无所不有、无所不知的地步。针对这一问题，搜索引擎一方面利用积累到的大量财富调动各方面资源积极进行有价值信息的收集与整理，如谷歌公司的谷歌地球、谷歌街景、谷歌图书等服务就是基于独立收集而非万维网的信息提供服务的范例；另一方面，也基于海量规模的网络数据资源进行深入的挖掘分析，提供更高质量的数据服务，以提高用户黏性，如百度数据研究中心提供的行业发展报告服务、谷歌提供的"神奇罗盘""时光隧道"等服务就是这方面的代表。

8.6.2 搜索引擎

大型 Internet 搜索引擎的数据中心一般运行数千台,甚至数十万台计算机,而且每天向计算机集群里添加数十台机器,以保持与网络发展的同步。搜集机器自动搜集网页信息,平均速度为每秒数十个网页,检索机器则提供容错的、可缩放的体系架构,以应对每天数千万,甚至数亿的用户查询请求。企业搜索引擎可根据不同的应用规模,从单台计算机到计算机集群都可以进行部署。

搜索引擎是用于在万维网上查找信息的工具,为了实现协助用户在万维网上查找信息的目标,搜索引擎需要完成收集、组织、检索万维网信息并将检索结果反馈给用户的一系列操作。

2005 年,意大利 Gulli 等人指出表层万维网中包含的网页数已经达到 115 亿个以上。2008 年,谷歌公司撰文指出,他们已经获知约 1 万亿网页的存在。根据中国互联网信息中心的统计,截至 2009 年年底,中国网页数目达到 336 亿个,年增长率超过 100%。

即使从 1991 年加拿大 McGill 大学的学生 Emtage 研发第一个具有搜索引擎主要特征的软件产品 Archie 开始计算,搜索引擎的发展也只经历了 20 多年的历程。这 20 多年内,我们见证了 AltaVista、Lycos、Yahoo! 等曾经的搜索引擎巨头的沉浮,也见证了 Google、Baidu 的崛起和独占市场鳌头。Google.com 和 Baidu.com 分别成为全球和中国万维网上访问量最大的网站;Google 的市值已经悄然超过 Intel、IBM 等传统信息产业巨头。

搜索引擎凭借其强大的技术实力和赢利能力,已经成为用户访问万维网过程中最重要的入口,也已成为我们所处的这个信息化时代最重要的基础设施之一。

尽管搜索引擎无论在技术领域,还是在商业层面,都取得了巨大的成功,但在当前环境下其依旧面临着巨大的技术挑战。搜索引擎结果页面中的结果条数信息不断提醒着我们从海量规模的信息中定位所需是多么困难,但搜索引擎提供给我们的依旧不是我们提出问题的直接回答,而往往是一串冷冰冰的蓝色链接。"关键词查询+选择性浏览"的交互方式是当前技术发展水平下折中的选择,而绝不是我们努力的终点。为此,Google 公司提出了包括数据质量评估、搜索性能评价、垃圾网页识别等在内的一系列搜索引擎技术挑战,百度公司在 2009 年提出了"框计算"的技术理念,试图为今后一段时间的搜索引擎技术发展规划方向。

1. 搜索引擎的工作原理

一般来说,完成信息搜索引擎的任务需要两个过程:其一是在服务器方,也就是服务提供者对网络信息资源进行搜索分析标引的过程;其二是当用户方提出检索需求时,服务器方搜索自己的信息索引库,然后发送给用户的过程。前者可以称作信息标引过程,后者可以称作提供检索过程。

1) 信息标引过程

信息标引过程是服务方对信息资源进行整理排序的过程,目前主要采用两种方式:一种是网络自动漫游方式,由计算机程序自动去搜索资源;另一种是友情推荐方式,由信息发布方或者用户将有用信息的网络地址(URL)填入搜索清单,然后再由机器程序对指定地址进行搜索。

计算机自动程序定期在网络上漫游,对各种文档进行索引分析,将结果记录进数据库,人工也可以干预此过程,期望更为准确地表达出文档原意。有的搜索引擎在搜索过程中使用自动文摘的技术生成了文摘数据库。

2) 提供检索过程

提供检索过程就是根据用户检索需求表达式进行查找与输出结果的过程。它建立在对网络信息标引的索引库与文摘库之上。

用户通过检索表达式页面的填写反映出自己的检索意向,向系统送交请求。系统答复后,用户可以根据具体情况(包括相关度、文摘等所能反映出的状况)再决定是否访问资源所在地。信息搜索引擎在整个信息检索过程中起到了指南和向导的作用,无疑大大地方便了人们的检索。对应以上两个过程,搜索引擎一般需要以下 4 个不同的部件来完成。

1) 搜索器

搜索器的主要功能就是在互联网中漫游、发现和搜集信息。它常常是一个遵循一定协议的计算机程序,即 Robot 程序(也叫作 Spider、WebCrawler)。它日夜不停地运转,要尽可能多、尽可能快地抓取网页搜集各类信息。同时,由于互联网上的信息更新非常快,所以还要定期更新已经搜集过的旧信息,以避免死链接和无效链接,保证检索结果的质量。

2) 索引器

索引器的功能是理解搜索器所搜索的信息,从中抽取出索引项,用于表示文档以及生成文档的索引表。它是网页搜索引擎的核心技术之一。

不同的搜索引擎会采取不同方式建立索引,有的对整个 HTML 文件的所有单词都建立索引,有的只分析 HTML 文件的标题或前几段内容,还有的能处理 HTML 文件中的 META 标识或其他不可见的特殊标记。

索引项可分为客观索引项和内容索引项两种。客观项与文档的语意内容无关,如作者名、URL、更新时间、编码和长度等;内容索引项是用来反映文档内容的,如关键词及其等级值、短语和单字等。内容索引项可以分为单索引项和多索引项(或称为短语索引项)两种。单索引项对于英文来讲是英语单词,比较容易提取,因为单词之间有天然的分隔符空格;对于中文等连续书写的语言,必须进行词语的切分。

索引器在建立索引时,一般会给单索引项赋予一个等级值,表示该网页与关键词之间的符合程度。当用户查询一个关键词时,搜索软件将找出所有与关键词相符合的网页,有时这些网页可能有成千上万个。等级值的用途就是作为一种排序的依据,搜索软件将按照等级从高到低的顺序把搜索结果送回到用户的浏览器中。

3) 检索器

检索器的主要功能是根据用户输入的关键词在索引器形成的倒排表中进行查询,同时完成页面与查询之间的相关度评价,对将要输出的结果进行排序,并实现某种用户相关性反馈机制。

检索器常用的信息检索模型有布尔逻辑模型、模糊逻辑模型、向量空间模型及概率模型等。各种不同检索模型使用的方法不同,但要达到的目标是相同的,即按照用户要求,提供用户所需的信息。实际上,大多数检索系统往往将上述各种模型混合在一起,以达到最佳的检索效果。

4）用户接口

用户接口的作用是输入用户查询、显示查询结果、提供用户相关性反馈机制。

搜索引擎系统由数据抓取子系统、内容索引子系统、链接结构分析子系统和信息查询子系统 4 个部分组成,如图 8-7 所示。

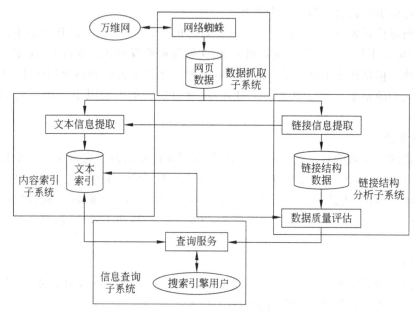

图 8-7 搜索引擎系统架构示意图

从具体运行方式上说,系统根据站点/网页的 URL 信息和网页之间的链接关系,利用网络蜘蛛在互联网上收集数据;收集的数据分别通过链接信息分析器和文本信息分析器处理,保存在链接结构信息库和文本索引信息库中,同时,网页质量评估模块依据网页的链接关系和页面结构特征对页面质量进行评估,并将评估的结果保存在索引信息库中;查询服务器负责与用户的交互,它根据用户的检索需求,从索引信息库中读取对应的索引,并综合考虑查询相关性与页面质量评估结果之间的关系,给出查询结果列表反馈给用户。

为了满足用户对各种信息形式的搜索需求,搜索引擎提供的常用服务有网页搜索、图像搜索、MP3 搜索和视频搜索等。其中,网页搜索是最基本、最常用的搜索引擎服务。由于网页/网站的内容有许多不同类型,用户对新闻、黄页、博客等类型的信息有特殊的搜索需求,搜索引擎也提供了新闻搜索、黄页搜索、本地生活搜索和博客搜索等专门服务。搜索引擎服务商不仅提供针对计算机用户的搜索服务,也推出移动搜索等专门服务,支持来自手机等多种移动设备的搜索请求。另外,针对个人计算机用户对自己计算机内所存储文档的查询需求,搜索引擎公司也推出硬盘搜索、桌面搜索这样的客户端软件产品。总之,由于信息形式内容的多样性和用户搜索需求的多样性,会衍生出各种各样的专门搜索引擎。

从用户在搜索框输入查询,到搜索引擎返回搜索结果,所需时间仅是亚秒级。看似简单,背后过程却很复杂,提供这一服务的是庞大的计算机集群。这还只是实时线上检索部分。为了完成线上的搜索服务,线下还有对检索库的抓取、处理和建索引工作。在这亚秒级时间里,为了得到搜索结果,实际上有成百上千的处理器,在上百个万亿字节(terabytes)的索引库上参与工作。由大量低价、异型 PC 组成的计算机群,依靠 MapReduce/Hadoop 这样的软件系统,可以成为高性能、高容错的海量数据存储和处理系统,圆满完成信息检索、文本挖掘、数据分析等复杂作业。

就技术层面而言,搜索引擎是一个综合性的计算机技术应用工程。一个互联网搜索引擎系统主要由网页抓取、网页内容分析和索引、相关性分析和检索服务 4 个子系统组成。搜索引擎中发展的核心技术涉及计算机科学技术的许多前沿领域,如信息检索、高性能分布式网络计算、数据挖掘、自然语言处理和人机界面。对搜索引擎技术的研究,近年来在工业界和学术界也十分活跃,热门研究课题包括网页抓取、内容索引、查询检索、超链分析、相关性评估、作弊网页识别、网页文本挖掘、用户搜索行为分析和挖掘,信息检索中的语言模型、命名实体识别和社会网络分析等。

2. 搜索模型

信息搜索模型被认为是信息搜索系统的核心,它为搜索系统的信息的有效获取提供了重要的理论支持。目前,文本信息搜索的方法有:基于关键字匹配的检索方法、基于主题的搜索引擎、启发式的智能搜索方法等。研究与开发文本信息搜索的技术重点是自动分词技术、自动摘要技术、信息的自动过滤技术、自然语言的理解识别技术。下面介绍全文搜索模型和基于内容的搜索模型。

1) 全文搜索模型

全文搜索模型是以文档全部文本信息作为搜索对象的信息搜索技术,其关键是文档的索引,即如何将原文档中所有的基本元素信息以适当形式记录到索引库中。全文搜索分为字表法和词表法两种形式。

(1) 字表法:字表法是根据每个字出现的位置进行搜索的方法,即扫描整个源文档,将每个有效字(符)在文档中出现的位置记录到索引库中,索引库对每个不同的字都保存一字表。

(2) 词表法:与字表法相似,词表法是以能表达一定意义的词为基本检索单位,并根据词的出现位置进行索引和检索的文本检索方法。建立索引时,首先需要对源文档进行词条的切分,然后对切分后的文档词条进行统计,记录每一个出现的词条及其出现的位置。

字表法和词表法各有优缺点,有各自适用的场合和处理的对象。

2) 基于内容的搜索模型

基于内容的搜索模型是根据文档的语义和上下文之间的联系进行搜索,其特点是从文档内容中提取信息特征,建立特征矢量作为索引进行搜索。该搜索模型的特点是生成的索引库小,索引库长度通常是源文档的几十分之一或几百分之一,搜索速度快,较接近人的查询习惯。其中使用较多的是布尔搜索模型、向量空间模型与概率模型。

(1) 布尔搜索模型。

布尔搜索模型又称严格匹配模型。用一个二值变量集合表示文档 D,写为 $D(d_1,\cdots,d_n)$,其中 d_i 由文档集中的词条组成,对应于文档特征项,若词条对文档内容有作用,则为

1，否则为 0。搜索时，根据用户的搜索条件 $Q(q_1,\cdots,q_n)$ 是否满足文档 $D(d_1,\cdots,d_n)$ 中的逻辑关系将搜索文档分为匹配集和非匹配集。

(2) 向量空间模型。

向量空间模型是目前应用较多、效果较好的搜索模型之一。此模型将文档看作是由相互独立的词条组 $(T_1,\cdots,T_n)$ 构成，对于每一词条 T_i，根据其在文档中的重要程度赋以一定的权值 W_i，并将 $T_1,\cdots,T_n$ 看成一个 n 维坐标系中的坐标轴，由 $(T_1,\cdots,T_n)$ 分解而得的正交词条矢量组构成了一个文档向量空间，文档则映射成为空间中的一个点。所有文档和用户搜索都可映射到此文本向量空间中，用词条矢量 $(T_1,W_1,\cdots,T_n,W_n)$ 表示，从而将文档信息的匹配问题转化为向量空间矢量匹配问题。假设用户查询为 Q，被搜索的文档为 D，两者的相似程度可用向量之间的夹角 θ 度量，夹角越小说明相似程度越高。

(3) 概率模型。

布尔模型和向量空间模型都是将词条看成是相互独立的项，忽略了词条间的关联性和相关性。概率模型则弥补了这一点，它充分利用词条间以及词条与文档间的概率相依性。二值独立搜索模型就是一种实现简单且效果较好的概率模型。模型假设文档 D 和用户搜索 Q 都可用二值词条向量表示 $(x_1,\cdots,x_n)$，如果词条 $T_i\in D$，则 $x_i=1$，否则 $x_i=0$。

以上 3 种模型中，布尔逻辑模型是最简单、基础的模型，用户以检索项在文档中的布尔逻辑关系提交查询。查询结果一般不进行相关性排序。为了避免这种不足，在查询结果处理中往往引进了模糊逻辑运算。

与布尔逻辑模型不同，向量空间模型以检索项的向量空间表示用户的查询要求和数据库文档信息。根据向量空间的相似性，排列查询结果，向量空间模型不仅可方便地产生有效的查询结果，而且能提供相关文档的文摘，并进行查询结果分类，为用户提供准确定位所需的信息。基于贝叶斯概率论原理的概率模型不同于布尔和向量空间模型，它利用相关反馈的归纳学习方法，获取匹配函数。

3. 搜索引擎的分类

1) 一般搜索引擎

这种搜索引擎也是一般网民经常在网络上用到的搜索工具，通常分为以下 3 类。

(1) 基于 Robot 的搜索引擎。这种搜索引擎的特点是利用一个称为 Robot 的程序自动访问 Web 站点，提取站点上的网页，并根据网页中的链接进一步提取其他网页，或转移到其他站点上。Robot 搜集的网页被加入到数据库中，供用户查询使用。

(2) 分类目录。分类目录（如 Yahoo）与基于 Robot 的搜索引擎不同的是，分类目录的数据库是依靠专职编辑或志愿人员建立起来的，这些编辑人员在访问了某个 Web 站点后撰写一段对该站点的描述，并根据站点的内容和性质将其归为一个预先分好的类别，把站点的 URL 和描述放在这个类别中，当用户查询某个关键词时，搜索软件只在这些描述中进行搜索。很多目录也接受用户提交的网站和描述，当目录的编辑人员认可该网站及描述后，就会将之添加到合适的类别中。人们搜索时就按相应类别的目录查询下去。

这类引擎往往还伴有网站查询功能，也称之为网站检索，即提供一个文字输入框和一个按钮。我们可以在文字框中输入要查找的字、词或短语，再单击按钮，便会在目录中查找相关的站名、网址和内容提要,将查到的内容列表送过来。

(3)两者相结合的搜索引擎。某些搜索引擎既提供基于 Robot 的搜索方法,也提供分类目录。这种包含在基于 Robot 的搜索引擎中的目录通常质量比较高,用户可以从那里找到很多有用的网站。这种搜索引擎结合了上述两种优点,使用户使用起来更加方便。目前国内的很多站点提供的就是这种搜索引擎。

2)元搜索引擎

元搜索引擎是对分布于网络的多种检索工具的全局控制机制,它通过一个统一用户界面帮助用户在多个搜索引擎中选择和利用合适的(甚至是同时利用若干个)搜索引擎实现检索操作。

可将元搜索引擎看成具有双层 C/S 结构的系统,用户向元搜索引擎发出检索请求,元搜索引擎再根据该请求向多个搜索引擎发出实际检索请求,搜索引擎执行元搜索引擎检索请求后将检查结果以应答形式传送给元搜索引擎,元搜索引擎将从多个搜索引擎获得的检索结果经过整理再以应答形式传送给实际用户。

3)专用搜索引擎

专题性搜索引擎搜索结果更精确、相关性更高,它不求包罗各个学科,但求本专业、本学科最全,其服务对象是专业人员与研究人员。

搜索引擎的其他分类方法还有:按照自动化程度分为人工与自动引擎;按照是否具有智能功能分为智能与非智能引擎;按照搜索内容分为文本搜索引擎、语音搜索引擎、图形搜索引擎、视频搜索引擎等。

经过多年的发展之后,搜索引擎已经取得了非常令人瞩目的成就。现在的搜索引擎功能越来越强大,提供的服务也越来越全面,它们的目标是把自己发展成为用户首选的 Internet 入口站点,而不仅仅是提供单纯的查询功能。但随着网上信息数量、种类的不断增加,服务需求水平的不断提高,用户对搜索引擎也提出了更高的要求,搜索引擎面临着巨大的挑战。

搜索引擎的现状是:①各种搜索引擎走向不断融合;②多样化和个性化的服务;③强大的查询功能;④本地化。

8.6.3 智能搜索引擎

为了应付搜索引擎面临的种种挑战,未来的搜索引擎发展方向就是采用基于人工智能技术的 Agent 技术,利用智能 Agent 的强大功能实现网络搜索的系统化、高效化、全面化、精确化和完整化,并实现智能分析和评估检测的能力,以满足网络用户不断发展的需求。

1. 智能搜索引擎特征

智能搜索引擎是结合人工智能技术的新一代搜索引擎。由于它将信息检索从目前基于关键词层面提高到基于知识(概念)层面,对知识有一定的理解与处理能力,能够实现分词技术、同义词技术、概念搜索、短语识别以及机器翻译技术等。智能搜索引擎具有信息服务的智能化、人性化特征,允许网民采用自然语言进行信息的检索,为他们提供更方便、更确切的搜索服务。具体地讲,可归纳为以下 3 方面特征。

1) Robot 技术向分布式、智能化方向发展

如前所述,Robot 技术大大降低了人工搜集信息的难度,但它的盲目性也给网络带来了麻烦。随着分布式处理技术的发展,Robot 技术也正在由集中式向分布式发展,即一个 Robot 只对特定区域进行信息采集,各个 Robot 之间协同工作,这样就大大提高了 Robot 进行信息采集的速度。基于 Web 的文本信息挖掘技术通过对 Robot 采集的信息的处理,如站点摘要处理、站点更新速度处理等,可以对 Robot 的路径选择、运行周期等加以控制,从而降低 Robot 的盲目性,大大提高 Robot 的智能性。

此外,智能搜索引擎具有跨平台工作和处理多种混合文档结构的能力。譬如,既能处理超文本标志语言(Hyper Text Markup Language,HTML),又能处理通用标志语言(Standard for General Markup Language,SGML)和扩展标志语言(eXtended Markup Language,XML)文档以及其他类型的文档,如 Word、WPS 等。

同时,智能搜索引擎还具有高的召回率和准确率。所谓召回率,是指一次搜索结果集中符合用户要求的数目与用户查询相关的总数之比。所谓准确率,是指一次搜索结果集中符合用户要求的数目与该次搜索结果总数之比。

最后,智能搜索引擎应该可以支持多语言搜索,允许用户可以用中文输入查询英文或其他语言的信息。

2) 人机接口的智能化

人机接口的智能化主要通过提供更好的人机交互界面技术和关联式的综合搜索两方面体现。

(1) 人机交互界面技术。

人机交互界面技术的不同往往使得搜索引擎表现出不同的特色。当前搜索引擎涉及的人机界面技术主要有四类:搜索请求提交技术、搜索结果表现技术、搜索向导技术、搜索行为分析技术。

搜索请求提交技术中有几个很有用的技术,包括多语言查询技术、编码转换技术、模糊语义查询、精确语义查询以及采用自然语言的搜索请求提交界面。搜索结果表现技术包括搜索结果的准确度及相关度、搜索结果的母语评价等。搜索向导技术则纯粹是网站设计上的界面技术。它通过具有亲和力、易用的界面,即时的帮助方便网民的搜索。搜索行为分析技术的核心是跟踪、分析用户的搜索行为,充分利用这些信息提高用户的搜索效率。搜索行为分析技术提高搜索效率的途径主要有两种:群体行为分析和个性化搜索。

(2) 关联式的综合搜索。

以往的搜索大都是在甲网站找图片,到乙网站找新闻,到丙网站找股票资讯。这种方式十分麻烦,而且浪费时间。那为何不将图片、新闻、股票等各种有关联的信息整合在同一界面呢?关联式综合搜索就是这样一种一站式的搜索服务,它使得网民搜索时只输入一次查询目标,即可在同一界面得到各种有关联的查询结果。这项服务的关键在于有一个构建在 XML 基础上的整合资讯平台。

3) 更精确的搜索

要想大幅度地提高搜索引擎的效率和搜索结果的准确度,应考虑如下几个方向。

(1) 智能化搜索。准确地搜索应建立在对收集信息和搜索请求的理解之上。也就是说,必须处理语义信息。显然,基于自然语言理解技术的搜索引擎,由于可以同用户使用

自然语言交谈,并深刻理解用户的搜索请求,因此查询的结果也更加准确。

(2) 个性化搜索。也就是将搜索建立在个性化的搜索环境下,通过对用户的不断了解、分析,使得个性化搜索更符合每个用户的需求,而不仅仅是准确。

(3) 结构化搜索。指充分利用 XML 等技术使信息结构化,同时使查询结构化,从而使搜索的准确度大大提高。

(4) 垂直化专业领域搜索。由于社会分工的加大,网民从事的职业有很大不同,不同网民对信息搜索也往往有自己的专业要求。例如,信息技术类从业人员最希望有面向信息技术的专业搜索引擎,金融证券从业人员则希望使用金融证券类的搜索引擎。

(5) 本土化的搜索。各国的文化传统、思维方式和生活习惯不同,在对网站内容的搜索要求上也就存在差异。搜索结果要符合当地用户的要求,搜索引擎就必须本土化。

2. 智能搜索引擎技术

要想真正实现如上所述的智能搜索引擎,还有大量的工作要做。一种比较实际的做法是将智能技术与传统搜索引擎结合,逐步实现智能化。下面介绍在搜索技术中应用的几种新兴技术。

1) 自然语言理解技术

自然语言理解是计算机科学中一个引人入胜、富有挑战性的课题。从计算机科学,特别是从人工智能的观点看,自然语言理解的任务是建立一种计算机模型,这种计算机模型能够给出像人那样理解、分析并回答自然语言(即人们日常使用的各种通俗语言)的结果。

目前,基于自然语言理解的智能搜索引擎的研发主要有两大方向:其一是基于机器翻译技术,它是利用计算机把一种自然语言转变成另一种自然语言的过程。这一技术的研究成果将使得用户可以使用母语搜索非母语的网页,并以母语浏览搜索结果。目前,Google 就是往这方面发展,并已经取得一些成果;其二是基于语义理解技术,语义理解通过将语言学的研究成果和搜索引擎技术结合在一起,实现了搜索引擎对搜索词在语义层次上的理解,为用户提供最确切的搜索服务。目前这一技术的拥护者有国内的尤里卡、问一问,国外的 Ask Jeeves 等。

自然语言理解包括自动分词技术、概念搜索、短语识别、同义词技术及自动文摘生成,下面就这些具体的技术展开一些讨论。"自动文摘生成技术"参见 8.10.2 节。

(1) 自动分词技术。

关键词查询的前提是将查询条件分解成若干关键词,同时一些关键词表示文档。对英文而言,一个单词就是一个词。中文词与词之间没有界定符,需要人为切分。汉语中存在大量的歧义现象,对几个字分词可能有好多种结果。

目前的分词方法很多,常用的有正向最大匹配法、逆向最大匹配法、最佳匹配法、逐词遍历法、抽取中频字串法,此外还有邻接约束法、最少分词法等。归纳起来不外乎两类:一类是理解式切词法,即利用汉语的语法知识和语义知识以及心理学知识进行分词,需要建立分词数据库、知识库和推理机;另一类是机械式分词法,一般以分词词典为依据,通过文档中的汉字串和词表中的词逐一匹配完成词的切分。相比而言,第一类分词方案的算法复杂度高,还处于研究阶段。第二类分词方法实现简单,比起第一类较具体、实用,而且也可以达到较高的准确度。为了提高系统分词的准确度,可采用正向最大匹配法和逆向最大匹配法相结合的分词方案。先根据标点对文档进行粗切分,把文档分解成若干个句子,然后再对这些句子用正向最大匹配法和逆向最大匹配法进行扫描切分。如果两种分词方法得到的匹配结果相同,则认为分词正确,否则按最小集处理。另外,当匹配出现歧义时,也可采用马尔科夫语言模型进行处理。

(2) 概念搜索。

在很多情况下,用户很难简单用关键词或关键词串真实地表达真正需要检索的内容。另外,对同一概念的检索,不同的用户可能使用不同的关键词查询。这两方面原因造成的直接后果就是返回大量的无关信息。例如,"计算机"和"电脑"是同一类概念,但应用传统搜索引擎检索的结果往往大不相同。智能搜索引擎把信息检索从目前基于关键词层面提高到基于知识(概念)层面,从概念意义层次上认识和处理检索用户的请求。

概念是关于具有共同属性的一组对象、事件或符号的知识。它可能是具体的,也可能是抽象地刻画、定义了一对象类的特征,通过描述元素表达出来。同一概念可以用多个抽象元素表达,这些描述元素在此概念的约束下构成了同义关系,它们在此意义上可以等同。概念检索就是在检索时将这些描述元素自动归并为同一概念,因而不仅能检索出包含这个具体词汇的结果,还能检索出包含与该词同属一类概念的词汇的结果。

另外,概念并不是孤立存在的,一个概念总是与其他概念之间存在着各种各样的关系,根据概念之间的相互联系,在词的概念含义层次上建立联系,为检索用户提供相关的结果分析是概念检索的另一个应用前景。基于概念的检索就是利用了词条在概念上的相关性,检索出那些并不显式地包含用户指定的词条,却包含其同义词或下位词的文档。

基于概念的智能搜索引擎需要具备符合用户实际需要的知识库,在搜索时,引擎根据已有的知识库了解检索词的意义并以此产生联想,从而找全相关文章。适当的知识表示是建立知识库系统的关键,语义网络是其中一种常用的表示方法。

概念语义网络是一个带标识的有向图,其中,结点表示概念,有向边表示概念之间的联系,指明所联结的概念结点之间的某种关系。实心点表示主题词(概念结点),空心点表示非主题词。

概念具有层次结构,不同的层次表明其抽象的程度不同,层次越高,概括性越强,包含的下位概念可能越多。上位概念由一组下位概念组成,上位概念常常是下位概念的抽象、概括或整体表示;下位概念往往是上位概念的属性、特征或说明,是对上位概念的补充和细化,它描述自己的独有属性,同时继承上位概念的属性。从这个意义上看,概念语义网络首先是一个分类树。根据计算机领域的特点和通常的分类标准,概念语义网络共分为4层。第1层是最高层,是最具概括性的概念,表明了一个独立的主题,以下各层逐步细化。例如,"计算机"可分为"软件"和"硬件"等。

除了层次关系之外,概念之间又具有各种联系。为了表示概念之间的相互关系,在树形结构的基础上添加横向关系,把各个独立的概念联系起来,如"计算机"和"电脑"为同义关系。这些横向关系联结的概念结点可以是任意层上的任意结点,从而构成一个语义网络。

(3) 短语识别。

用短语描述查询请求的情况很常见。譬如,查询条件"北京的气温""北京"和"气温"存在一定的关系,但如果不将"北京"和"气温"联合起来作为一个短语查询,那么,除了选出关于"北京的气温"的文档之外,还将查出有关"北京"和"气温"的文档。因此,短语识别也是智能化引擎关注的一种技术。

(4) 同义词技术。

处理同义词的一种方法是人工构造同义词表。对专用领域的搜索引擎,这种方法是非常有效的。另外一种方法是从语料库中自动取得同义词关系。给出一个查询的关键词,引擎能主动"联想"到与其同义或意思相近的词。

2) 对称搜索技术

"发布信息"和"检索信息"是一种对称的信息沟通需求。因此,我们可以建立发布信息和检索信息的对称数据库和对称搜索技术。

对称搜索的实现关键在于好的"对称信息摘要通用模板"的建立。任何用户在发布信息时都要在"对称信息摘要通用模板"上输入信息,其中包括发布/获取选择、数据类型、内容摘要、发布者域名、邮件地址、发布起止时间等;同样,信息搜索用户也在"对称信息摘要通用模板"上输入信息;搜索引擎根据用户要求,对"对称信息摘要数据库"进行多次匹配并排序,而后根据对称信息双方提供的地址进行匹配结果双向自动推送,让用户选择是否链接至相关站点的详细内容。

对称搜索技术使对称信息匹配的准确度空前提高;一次性搜索可多次享用不同时间的搜索结果,使用户搜索操作简便;摘要数据库与全文数据库相比,不会无限膨胀;由发布信息方自行提供摘要信息和保留时间,加上摘要数据库空间占用收费,这实际上是控制垃圾信息的最有效手段,从而使垃圾信息大幅度减少。

另外,如果能够提供"对称信息"的高质量多语种转换技术,便可实现无语言障碍的"对称信息"全球通用检索服务。而"文本语义人机交互统一编码技术""全域数码知识信息定位技术"将可能在解决多语种翻译质量问题上取得决定性突破。因此,在很短时间内,单语种"对称信息检索服务"将进入普及阶段;不久的将来,用户即可享受到可靠实用的"多语种通用对称信息检索"服务。

3) 基于 XML 的技术

XML 将使 Web 的搜索非常方便。XML(可扩展标记语言)是 Web 数据使用的通用语言,具有结构化、规范性、可扩展性及简洁的特点。XML 能让开发人员将来自各种应用程序的结构化数据传送给桌面,以在本地计算和表示。XML 允许为特定应用程序创建独特的数据格式,它还是结构化数据从服务器到服务器传输的理想格式。XML 是在超级分布式系统之间实现多数据集传输的一种手段。它同时可以使开发人员以更具价值的新型方式聚集和组合各种来源的数据。XML 将成为 Internet 上最重要的基础性语言。

XML 通过 DTD 定义了文档的词法、语法和部分语义,XML 规定了文档的表现形式,而 XLink 和 XPointer 定义了文档之间的关系,从而为基于 Web 的各种应用提供了一个描述数据和交换数据的有效手段。如果说 HTML 提供了显示全球数据的通用方法,那么 XML 进一步提供了处理全球数据的通用方法。XML 继承了 SGML 的强大功能,又充分采取了 HTML 的"易用"原则。它实现了国际性的媒体无关的电子出版,使工业界能够定义平台无关的数据交换协议,特别是电子商务中的数据交换协议。资源标注、编目和描述是信息查找的基础,结构化的资源(XML)和资源的描述框架(RDF)互相配合,将大大提高信息查找效率。XML 简化元数据的提取工作,从而协助人们寻找信息,并协助信息生产者和信息消费者的相互发现。如果说在网络的支持下，HTML 解决了在异构平台间传送数据和文档，那么，基于 XML 的 VRML 和 SMIL 解决了在异构平台间传送感受的可能性问题。使用 XML，人们可以利用设备的智能去访问不同的网站，并对信息进行集中。XML 使我们迈向将控制信息的权利交给那些需要信息的人们。由于所有文件都以 XML 格式存在，所有的用户都可以方便地查找和使用其中的信息，任何规模的文化机构都可以使用相同的工具与资源。内容供应者、合作伙伴和信息内容消费者可以高效地沟通和共享信息，这样就创造出了一种全新的协同工作模式。

4）图谱搜索

图谱搜索是基于社交图谱构建起来的搜索服务。社交图谱由互联网数据中的实体以及实体与实体之间的关系构成。其中，实体是结点，关系是边。互联网中的用户、页面、地点、照片、网帖等信息均可由结点表示，实体之间的关系（如朋友关系、雇佣关系等）则由边表示。从语言学的角度描述，实体可以类比为名词短语，而边可以类比为动词短语。根据 2013 年 1 月的统计，社交图谱包含约 10 亿个用户、1500 亿条朋友链接、2400 亿张照片（照片以每天 3.5 亿张的数量增加）以及 27 亿条推荐信息。由此可见，社交图谱的数据量巨大。

脸谱（Facebook）于 2013 年 1 月 15 日推出了图谱搜索（graph search）测试版，该功能可以看作是基于社交图谱（social graph）的语义搜索服务。登录用户在使用脸谱搜索框时，能在下拉菜单中使用好友、照片、地点和兴趣等新的搜索选项。例如，当用户输入 "Restaurants liked by my friends"（我朋友们喜欢的餐馆）时，图谱搜索将呈现用户的全部脸谱好友推荐的餐厅列表。与基于关键词匹配的传统网络搜索引擎相比，图谱搜索能够支持更自然、复杂的查询输入，并针对查询直接给出答案。与搜索引擎关键词自动补足功能类似，图谱搜索会在用户输入时同步预测用户搜索意图，并根据用户选择进行查询扩展。例如，在用户输入 "My friends who" 后，图谱搜索会询问用户是否希望继续搜索 "My friends who live in Beijing" 或 "My friends who work at Microsoft" 等。对此，脸谱的 Keith Peiris 表示："我们希望用户能忘记以往使用搜索引擎的方式，即输入若干模糊的关键词；相反，他们可以准确表达希望获得什么。"此外，图谱搜索还具备个性化的特点，即针对用户提出的查询，图谱搜索仅仅在与用户直接相关的事物中进行搜索并给出答案。这样做既能解决潜在的隐私问题，又能为用户提供与其自身社交网络密切相关的信息。

除脸谱外，信息技术领域的其他巨头也先后推出了类似的基于结构化数据的搜索产品或服务，作为其进军和探索下一代搜索引擎技术的桥头堡和试验田。

Watson 是由 IBM 公司研发的自动问答系统。在对输入问题计算答案的过程中，基于知识库的问答模块起到了显著作用。实验表明，虽然该模块能够回答的问题数目占全部问题数目的比例并不大，但回答问题的准确度却远高于其他问答模块。可以预见，随着知识库的不断更新，以及对自然语言理解技术研究的深入，基于知识库的问答模块必定会在自动问答系统中起到越来越重要的作用。目前，Watson 已应用于医疗、金融等多个领域。

谷歌提出了知识图谱的概念，并推出了基于知识图谱的新型搜索服务。知识图谱从本质上讲是一个知识库，基于知识图谱的搜索服务则可以看作是一个典型的自动问答系统。与传统网页搜索相比，基于知识图谱的搜索能够更好地理解用户的搜索意图，并对相关内容和主题进行总结。例如,当输入"Bill Gates"时,用户不仅可以获得这个关键词的全部信息,还能获取关于 Bill Gates 的介绍。知识图谱还能够提供搜索结果的详细知识体系,帮助用户从更多角度了解搜索结果的相关信息。

微软公司通过提取网页中的非结构化数据,构建了结构化的知识库 Satori,用于从语义层面提高和改进必应的搜索质量。此外,与谷歌的知识图谱搜索类似,当用户输入的查询语句能够被后台自然语言处理模块解析时,必应将触发自动问答模块,基于 Satori 知识库生成答案,并将生成的结果及其相关知识直接返回给用户。

互联网上知识的指数级增长使得人们已经不满足于传统搜索服务的模式,即仅仅返回与用户查询相关的若干文档链接,用户更渴望获得针对其提出问题的准确回答。随着结构化数据库的规模扩大、自然语言理解技术的深化,针对查询进行精确理解和回答的搜索服务必将越来越实用化。基于结构化数据(知识库)和语义理解的搜索技术在一定程度上代表了搜索引擎技术的发展趋势,所具有的特点能够更好地满足用户对搜索服务新的需求:能够对自然语言查询进行深入的理解,并从语义层面解析用户查询意图;能够利用海量的结构化知识库针对用户查询提供准确的答案。

充分利用结构化大数据,深入理解用户自然语言查询并针对查询给出准确的答案,能够更好地满足人类对知识获取的需求,同时也代表了计算和搜索的未来。

8.6.4 搜索引擎的发展趋势

随着移动计算、社会计算和云计算等技术的成熟和发展,搜索引擎向移动搜索、社区化搜索、微博搜索、云搜索和交互式搜索意图理解几个方向发展。

随着智能移动设备迅速普及,搜索行为逐渐过渡到移动端,用户期望以自然语言表达搜索需求,直接获取正确答案,语音和图像等感知技术、自然语言处理、知识图谱、用户理解等认知技术与搜索相结合,推动搜索引擎向智能化演进,进而带动了信息获取和交互方式的改变。

智能搜索融合自然语言处理、知识图谱、用户理解、深度学习等技术,实现了对用户搜索需求的理解、对内容的理解以及对知识的掌握和运用,从而为用户提供更直观、更准确高效的信息、知识和服务。

1. 移动搜索

随着智能手机的普及,手持设备搜索将成为未来搜索引擎发展的重要方向。

手持设备通常为个人所专有,这就为搜索个性化、广告定向投放、基于地理位置信息的服务等提供了天然的优势平台,有望借此达到更加准确的识别用户信息需求、更加精准的投放广告的目标。而手持设备本身由于屏幕大小、运算能力的限制又需要对传统的互联网资源进行重新整理,以便用户更便捷地加以利用,这一整理工作往往需要搜索引擎协助用户完成,这又为搜索引擎技术(尤其是用户交互技术)的发展提出了挑战。

在日常生活中,人们经常会碰到很多"Now and Here"的问题,需要查询与其正在进行的活动相关的信息:我的朋友现在位于什么位置?电影院现在正在放映什么电影?离自己位置最近的影院有无剩余的票?附近有没有比较好的餐馆?现在有一些什么优惠活动?我需要停车,现在最近的有停车位的停车场在哪里?

移动搜索与互联网搜索存在着本质区别,主要表现在搜索方式、搜索要求、搜索渠道和搜索内容等多个方面,详见表 8-1。

表 8-1 移动 Web 搜索与互联网搜索的差异

	移动 Web 搜索	互联网搜索
终端特点	功能单一、普及率高、携带方便、承载网络覆盖面大	功能丰富、普及率低、承载网络覆盖面小
搜索方式	关键字搜索、自然语句搜索	目录检索、关键字搜索
搜索要求	准确性、便捷性、个性化	准确性、海量性、快速性
搜索渠道	短信、搜索门户、搜索栏、IVR(互动式语音应答)	搜索门户、搜索栏、浏览器地址栏
搜索内容	Wap 网站内容、传统互联网内容、运营商及服务提供商内容、传统信息提供商及黄页内容	以互联网网站内容为主,信息量十分丰富
搜索目的	搜索需要的内容、定制需要的服务	搜索需要的内容和站点
搜索限制	无	存在网络接入限制
搜索费用	流量费、服务定制费等	免费

在移动环境下,根据移动用户的需求,准确地标记 Web 资源的地理位置,并将用户上下文信息(如位置、时间等)与 Web 中的数据结合起来回答提出的搜索,在此基础上进行高效的面向移动用户的查询处理,获得高度精确的满足用户需求的结果,从而为用户提供"Nearby Now"的服务,都具有非常重要的研究价值,为 3G 时代下的移动 Web 搜索提供了一条新思路,具有十分广阔的应用前景。

2. 社区化搜索

以 Facebook、人人网等为代表的社会网络服务(SNS)站点的迅速崛起无疑是 2010 年互联网应用范畴最重要的事件之一,Facebook 取代谷歌成为美国市场上用户停留时间最长的网站更是成为媒体关注的焦点。截至 2017 年 6 月,我国手机网民规模达 7.24 亿,较 2016 年年底增加 2830 万人。网民使用手机上网的比例由 2016 年年底的 95.1% 提升至 96.3%。

在 SNS 覆盖大多数网民的情况下,一种将网络交友与信息搜索行为加以融合的社区化搜索概念应运而生。针对传统搜索引擎面临的信息质量较低、难以直接提供答案等挑战性问题,社区化搜索提出在搜索的过程中融合人的因素,用户提出查询后,系统首先通过 SNS 服务中提供的好友关系寻找其好友群体中最适合回答该问题的用户,再提供必要的搜索工具协助该用户回答问题。由于在传统的搜索流程中添加了人的因素,因此可以大大提升搜索质量,并增加用户对系统的信任度和黏性。

目前,此类社区化搜索产品还停留在概念阶段,考虑到百度、谷歌等传统搜索引擎巨头对 SNS 模式的重视以及在搜索社区产品上的经验积累,社区化搜索在不久的将来有望从概念走向现实应用。

3. 微博搜索

以新浪微博搜索为例,目前新浪微博搜索提供实时和热门两种微博搜索结果排序方式,虽然没有传统搜索引擎那么精准和权威,但相比传统搜索引擎,微博搜索已经体现出一定的优势。微博搜索将以与传统搜索引擎完全不同的形态存在，甚至有可能成为 Web 2.0 时代规则的制定者。

（1）在新闻和突发事件的时效性方面，微博的效率和传播速度远超传统媒体。微博搜索将因此受益。

（2）在搜索的简便性上，微博有一个潜在的优势，那就是用♯标记的"话题"，如♯36氪开放日♯，用户只要在微博内容中单击这个话题，就会得到搜索结果，非常方便。

（3）自媒体丰富了每个热门事件的角度和深度，而拥有自媒体平台的是微博，而不是搜索引擎。换句话说，这些用户产生的内容是在微博里的，搜索引擎想检索这些内容会很有难度。对于话题类的搜索结果，用户最希望看到的就是大家七嘴八舌地发表自己的看法，对此显然微博搜索可以做得更及时、更新、更全面。

（4）在某个人的个人信息搜索上，微博搜索体现出前所未有的优势。例如，在微博上搜索"何思奇"，可以在搜索结果中看到他最近都跟谁一块玩，参加了哪些活动，他的行踪暴露无遗。且不谈个人隐私的问题，如此全方位地对一个人的行为完成全面的追踪，这对于传统搜索引擎是不可能完成的。

（5）微博搜索结果呈现的方式更直接。微博信息量很小，这些短文本可以直接呈现在搜索结果里，翻两页基本就了解了事件的全貌，而不像百度一样需要再点进某网站内进行浏览，这在某种程度与百度的框计算"所搜即所得"有些相似。

（6）碎片搜索的目的是搜索碎片，请不要觉得这句话是废话，因为必须重新审视我们的搜索目的。移动互联网带领我们进入碎片化时代，而碎片化信息的整合也必将给微博搜索带来大量机会，足够的信息给微博搜索以用武之地，也给了它足够的成长空间。

4. 云搜索

暗网数据（deep web data）指目前搜索引擎无法抓取的信息。这部分数据分为两类：一类是由于技术实现的原因无法抓取，如很多网站本身不符合协议规范，导致搜索引擎的爬虫无法识别这些网站内容并抓取；另一类是不少网站提供的存储在网络数据库中的内容，搜索引擎难以通过网页抓取的方式获取其全部信息内容。由于暗网数据在互联网资源中占有相当大的比重，因此如何获取其中有价值的内容就成为搜索引擎竞相研究的重点技术。然而，网络数据库的异构特性和网络数据的繁杂使得绝大多数的相关技术并没有取得很好的效果。在这种情况下，搜索引擎基于搜索社区和用户产生内容（UGC）提升搜索质量的尝试可能成为一个有益的借鉴。

基于这一思路，百度的"阿拉丁计划"、谷歌的"整合搜索"等项目先后推出，通过这些方式，搜索引擎希望网站作者规范化其内容形式并主动提供给搜索引擎，以便后者能够更好地利用这部分内容为用户服务。然而，这种合作方式面临着如何调动网民群体和网站主群体的积极性的问题，由于暗网数据提供商仍旧需要通过传统搜索引擎平台提供信息服务，难以很好地增加用户对本网站的关注。因此，这类合作方式往往由于缺乏合适的商业模式，难以对本身具有较大用户群体的暗网数据提供商形成吸引力。

针对暗网数据获取与整合问题，部分研究人员提出了以分布式方式整合垂直搜索与通用搜索资源，为用户提供更好的信息获取服务的云搜索服务概念。云搜索引擎不通过独立收集、存储海量规模数据的方式提供搜索服务，而是提供一个容纳互联网中垂直与通用搜索资源并加以整合、提供用户使用的服务框架。云搜索包括搜索资源发现、用户需求深度理解、搜索资源管理、信息资源整合等关键技术模块,一方面以分布式的方式实现对搜索资源的按需调度使用,不与搜索资源提供商构成用户群体上的竞争关系;另一方面,借助云搜索用户的海量用户行为信息挖掘分析,对搜索资源的服务效率、信息资源等性能因素进行评估,并以此提高用户服务质量。

尽管云搜索从原理上能够为用户提供更优质的搜索服务,但由于其特殊的服务提供形式,导致其技术与产品发展需要借助互联网桌面产品的发展经验。同时,云搜索技术面临的用户需求理解、搜索资源管理等技术挑战也是制约其能否破茧而出的重要因素。

5. 交互式搜索意图理解:超越传统搜索的信息发现

根据用户行为分析的最新研究进展,用户搜索行为中有相当比例属于"信息探索"的范畴,用户在进行这类搜索时,其信息需求往往较为复杂并且具有动态演化的特性。用户因而面临着如何构建合适的查询,以表述其信息需求,进而查找到所需信息的问题。

现代搜索引擎在协助用户完成复杂查询任务方面的能力仍极为有限,用户需要将大量认知精力耗费在寻找导航提示上,这使得阅读和选择所需信息的过程不可避免地受到影响。交互式搜索意图理解通过计算建模和可视化交互的方式协助用户进行信息探索,通过有效的交互界面使得用户有效获取信息。在进行任务级别的信息查找时,交互式搜索意图理解能够极大提高用户的信息获取效率(提升超过100%)。

交互式搜索意图理解技术能够超越传统搜索实现发现信息的功能。在交互式搜索意图理解技术的支持下,搜索引擎系统挖掘可能与用户需求相关的搜索意图,并将这些意图通过可视化的方式展现在当前需求的周围,用户可以对这些搜索意图进行选择,搜索引擎会根据用户的选择实时修正对用户搜索意图的评估。

交互式搜索意图理解系统基于如下两个原则进行设计:①可视化:系统需要能够将用户的信息需求和可能的搜索意图在二维信息空间中加以可视化展示;②动态调整:由于用户的反馈通常是有限且偏颇的,因此,系统建立的用户意图模型必须能够对不确定性加以处理,并且有效地平衡用户在信息空间中的广度探索与深度挖掘这两方面的需求。

通过对用户查询和数据元素(如关键词等)的可视化,交互式搜索意图理解系统能够展示其对用户搜索意图的理解,并将当前的查询需求和可能的搜索意图发展方向在信息空间中加以展示。在查询过程之初,搜索引擎对用户信息需求的理解往往十分有限,这要求系统需要能够在初始查询输入时即可对用户意图加以预测。将用户意图及他们之间的关系展示在信息空间之后,用户能够对该模型进行必要的反馈,系统依据反馈信息更新其对用户意图的评估,并返回相应检索信息,更新信息空间的展示。

SciNet 科技文献搜索系统是一个依照交互式搜索意图理解技术的两大原则设计实现的信息检索系统。该系统目前已经索引了超过 5000 万篇科技文献,旨在协助用户更好地理解初始查询内容,并通过反馈迭代快速定位到特定研究领域的相关文献。

为推动用户更加主动地参与到搜索系统交互反馈的机制中,以便提升其信息探索与知识获取的水平,需要搜索交互技术跳出传统的"关键词查询框+结果列表展示"的旧模式,以便用户能够更有效地与系统进行交流,并更好地掌控其信息发现的过程。在交互过程中,基于包含大量噪声的用户反馈信息实时对意图进行理解建模是非常困难的过程,需要机器学习模型具有在线学习与扩展的能力。信息检索系统的设计过程也必须最终整合包括交互可视化、意图预测、多模态反馈等方面的技术,还需要对任务和目标级别的高层上下文信息有充分的认知。2018 年 4 月,谷歌上线 Semantic Experiences(语义体验)网站,网站有两项特殊功能:一是"Talk to Books"(撩书);二是名为 Semantris 的语义联想游戏。这两个功能都基于自然语言文本理解,用户能够凭语义而非关键词实现搜索功能。

与简单的定位相关文档相比,我们需要检索系统在协助人类完成信息获取任务方面发挥更大的作用。用户因而需要一种适应其信息获取能力与行为模式的搜索引擎系统,而不是只被动地适应系统本身。

8.7 机器翻译

机器翻译的发展大致分为如下 5 个阶段:①初创期(1956 年前);②从狂热的高预期到平静的觉醒(1958—1966 年);③低谷期(1968—1976 年);④恢复期(1976—1989 年),商业性的机器翻译系统相继推出;⑤新的发展期(1990 年后)。

20 世纪 80 年代,人们开始提出多种机器翻译方法,新方法更加重视真实的翻译语料,期望从真实语料中获得对翻译有用的信息。其方法包括翻译记忆(Translation Memory,TM),基于实例的机器翻译(Example Based Machine Translation,EBMT)和统计机器翻译(Statistical Machine Translation,SMT)。其中,SMT 已经成为目前机器翻译研究的主流方法。

高质量的翻译系统不但需要对原文的内在组成、语法结构进行把握,而且需要了解各组成单位之间复杂的相互作用关系,即语法、语义和语用等知识。此外,上下文环境、相关的常识都是正确翻译的必需知识。因此,随着研究的深入和相关技术的发展,翻译系统也逐渐从词法型、语法型发展到语义型。

I bought a table with three legs.(我买了一张有三条腿的桌子。)
I bought a table with three dollars.(我花三美元买了一张桌子。)
计算机要翻译这两句话,却碰到了不易处理的歧义结构问题。

8.7.1 机器翻译系统概述

1. SYSTRAN 翻译系统

国际上使用最广泛的机器翻译系统为 SYSTRAN 系统。SYSTRAN 系统历史轨迹如下。

(1) 1949 年,Doster(资深翻译工作者,曾任艾森豪威尔将军的个人翻译)在 Gerorgetown 大学的外语服务学院创建了语言和语言学研究所,开始机器翻译研究,负责 Gerorgetown 系统建设。实现的系统被命名为 SERNA(俄语中"俄语到英语"的字头缩写),也称作 GAT(Gerorgetown Automatic Translation)系统。

(2) SERNA 的实现工作是由 Peter Toma 完成的。1963 年位于意大利 Ispra 的欧洲原子能机构(EUROTOM)、1964 年美国原子能委员会下属的 Oak Ridge 国家实验室分别安装了该系统。该系统在这两处工作长达 15 年之久,后来均被 SYSTRAN 系统取代。SERNA 系统代表着机器翻译研究早期在系统构建方面的最高成就。

(3) 1964 年，Toma 移居德国，正式开始 SYSTRAN 系统的研究。1968 年，Toma 又在美国加州创建了相关公司（Latsec 公司），为美国空军（USAF）开发俄英翻译系统。1970 年 7 月，SYSTRAN 开始为美国空军外国技术局提供翻译服务。1974—1975 年，NASA 在美苏联合太空计划（apollo-soyuz project）中也使用了 SYSTRAN 系统提供翻译服务。

（4）为了与欧洲共同体进行合作，Toma 成立了 WTC（World Translation Center）公司，欧洲共同体与 WTC 合作开始开发机器翻译系统，目标是进行欧洲共同体语言间的翻译。WTC 先后研制出英法、法英、英意机器翻译系统。1981 年 3 月，这些系统在卢森堡提供试运行服务，并不断增加了对其他语言的支持。世界各地陆续出现了许多公司推广和开发的 SYTRAN 系统。1986 年，法国 Gachot 公司最终收购了这些公司并继续 SYSTRAN 系统的开发工作。

（5）SYSTRAN 是目前应用最广泛的翻译软件。它支持俄语、英语、法语、德语、意大利语、西班牙语、葡萄牙语、荷兰语、波兰语、汉语、日语、韩国语、瑞典语、希腊语以及阿拉伯 15 种语言中 20 对语言之间的相互翻译。系统针对不同的用户和不同的应用场景分成不同的版本。它不但给 Yahoo!、AltaVista 等大型搜寻引擎（包括 Google）提供翻译技术，也继续为美国空军及欧盟委员会提供翻译服务。

2. 其他基于规则的翻译系统

除 SYSTRAN 外，另一个实用翻译系统 Météo 的成功开发在机器翻译史上也具有重要意义，该系统在 1976 年安装使用至今，不断升级，并一直稳定地提供服务。

Météo 系统是由加拿大蒙特利尔大学自动翻译组（TAUM）于 1975 年开发的，1977 年正式投入使用，成为历史上首个对公众服务的机器翻译系统。1989 年，Météo 系统又扩充了法英翻译服务。作为一个实用系统，Météo 可以高质量地提供翻译服务，Météo 在理论方面的贡献是它展示了子语言的开发策略是可以非常成功的。

其他实用系统包括德国 Saarland 大学开发的 SUSY 系统、法国 Grenoble 大学开发的 GETA 及在此基础上改进后形成的 Ariane、西门子公司开发的商品化机器翻译系统 METAL、Logos 公司开发的 Logos 智能翻译系统、富士通公司开发的 ATLAS 系统、中国中软公司的译星-Ⅰ号机器翻译系统等。

3. 辅助翻译系统及 Trados

全自动翻译技术很难被专业翻译人员所接受，以提高翻译人员翻译效率为目标的机器辅助翻译技术应运而生。

在辅助翻译系统开发方面起步较早且较成功的公司是成立于 1984 年的德国 Trados 公司，该公司在 20 世纪 90 年代初期分别发布了服务于翻译人员的术语管理工具 MutiTerm 以及以翻译记忆技术为核心的译员工作站（translator's workbench）。翻译记忆技术和术语翻译的一致化处理在本地化（localization）翻译服务中优势明显。到 20 世纪 90 年代末期，Trados 公司已经成为桌面式翻译记忆技术的主要提供商。除 Trados 公司外，英国 SDL 公司的 SDL 系统、西班牙 ATRIL 公司的 Déjà Vu 系统、瑞士 STAR 公司的 Transit 系统也都是辅助翻译技术的代表性系统。2005 年，Trados 公司被 SDL 公司收购，Trados 系统更名为 SDL-Trados。作为语言技术提供商，SDL 公司 2008 年的收入达到了 1.58 亿英镑。

4. 国内机器翻译系统

20世纪80年代,军事科学院研制的"KY-1"英汉机译系统获得了国家科技进步二等奖,后来成为世界上第一个商品化英汉机器翻译系统"译星"(1988,中软公司)。中科院计算所研制的智能型英汉机译系统于1995年获得了国家科技进步一等奖。

其他商品化机器翻译系统包括"赛迪""高立"天津通译、金山快译等。在机器辅助翻译系统构建方面的代表性系统是雅信CAT系统。

1992年,中科院计算所和香港权智公司推出了世界上第一个带整句翻译功能的电子词典"快译通EC-863A",后来以此为基础成立了"华建"机器翻译有限公司。其系统采用的主体方法是基于规则的方法,目前支持的语种包括汉语、英语、俄语、日语、德语、法语、西班牙语7种语言,基本上实现了汉语与这些语言之间的互相翻译。

1999年,看世界公司推出史晓东博士开发的世界上第一个具有网页实时翻译功能的网站www.readworld.com,引起了相当大的关注。

沈阳格微公司采用计算机辅助翻译技术建立的"格微协同翻译平台"在2亿汉字的百万专利翻译工程实践中取得显著的应用效果。国家知识产权局信息中心也推出了基于机器翻译技术的中国专利检索工具。中国科学院计算技术研究所和东方灵盾公司合作,将统计机器翻译技术应用于专利翻译技术,开发了一个专利机器翻译系统"专译家"。

5. 统计机器翻译系统

20世纪90年代起,机器翻译方法出现了多样化趋势,一个令人瞩目的变化是统计机器翻译方法重回研究人员的视野。2002年,第一个采用统计机器翻译方法的商业公司Language Weaver成立。2004年,Och进入Google公司,开始为Google公司构建实用机器翻译系统。

在Och进入Google公司前,与其他主要搜索引擎公司相同,Google在为其搜索引擎提供翻译服务时使用的也是SYSTRAN系统。但在Och进入公司后,这种局面就发生了很大的改变,2005年在美国NIST组织的阿拉伯语-英语、汉语-英语机器翻译评测工作中,Google公司取得了所有评测项目的第一名,其评测成绩甚至远远超过SYSTRAN系统。实用的机器翻译系统不再单纯是基于规则的系统,基于统计的机器翻译方法同样可以开发出实用的翻译系统。在开发速度以及译文质量方面,基于统计的机器翻译方法甚至更具优势。

2007年,Google公司在其搜索引擎中开始使用自己的翻译技术提供服务,任何用户都可以很方便地使用Google公司的机器翻译服务。2009年,Google公司甚至发布了Google Translate API。利用API,人们可以很容易地为各自的网站添加翻译服务。Google Translate代表了当时实用的统计机器翻译系统的最高水平。

根据英国著名机器翻译评论家John Hutchins的持续跟踪性统计,目前世界上已知的翻译产品已达四百余种,数百个公司和机构从事翻译产品的开发和销售,据粗略统计,涉及的语种达60余种。机器翻译系统的形式也日趋多样化,不仅有面向个人使用的翻译产品,也有面向企业用户的翻译产品;不仅有单机运行的系统,更有工作在因特网上的Client/Server结构的系统;很多产品还提供了基于互联网的在线翻译服务。翻译系统也日益出现在手机、PDA和电子词典产品中,以嵌入式系统的方式提供服务。从目前的情况看,翻译产品中使用的自动翻译技术仍以规则方法为主,但Google Translate的出现意味着这一局面已被打破,未来出现更多的实用统计翻译系统也不是不可能的事情。

如今功能较强、方便易用的在线翻译工具有谷歌翻译、必应翻译、脸谱翻译、宝贝鱼翻译、巴比伦翻译等,其中后起之秀的谷歌翻译(google translate)最具特色,同时最具代表性。

谷歌翻译目前可提供 63 种主要语言之间的实时翻译,它可以提供所支持的任意两种语言之间的互译,包括字词、句子、文本和网页翻译。另外,它还可以帮助用户阅读搜索结果、网页、电子邮件、YouTube 视频字幕以及其他信息,用户甚至还能在 Gmail 内进行实时的多语言对话。

谷歌翻译主要是采用统计翻译模型,往计算器内输入大量的文字文本,包括源语言的文本,以及对应目标语言人工翻译的文本,通过海量统计数据提高翻译精确度。

之所以采用统计翻译模型,一个重要原因是,谷歌翻译采用了云计算架构。该架构拥有谷歌研发的分布式计算系统(MapReduce)和分布式存储系统(BigTable);这两个系统很有创造性,而且有极大的扩展性,使得谷歌在系统吞吐量上有很大的竞争力。

机译更激动人心的应用在于日常对话中的实时翻译。这一领域同样是谷歌领先;它拥有较强的语音识别技术,可以通过声音实现自动检索,再将语音识别和机译结合在一起。

2011 年 11 月,谷歌最新推出了一款手机翻译软件;该软件支持包括汉语普通话在内的 14 个语种。对着谷歌 Android 智能手机讲话的用户,几乎能实时听到他们的源语言被翻译成目标语言;而通话对方的语言也会被翻译成该用户的母语。

8.7.2 机器翻译的基本模式和方法

从形式上看,机器翻译过程就是由一个符号序列变换为另一个符号序列的过程。这种变换有 3 种基本模式(图 8-8)。

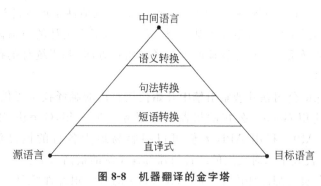

图 8-8 机器翻译的金字塔

(1) 直译式(一步式)。直接将特定的源语言翻译成目标语言,翻译过程主要表现为源语言单元(主要是词)向目标语言单元的替换,对语言的分析很少。

(2) 中间语言式(二步式)。先分析源语言,并将其变换为某种中间语言形式,然后再从中间语言出发,生成目标语言。

(3) 转换式(三步式)。先分析源语言,形成某种形式的内部表示(如句法结构形式),

然后将源语言的内部表示转换为目标语言对应的内部表示,最后从目标语言的内部表示再生成目标语言。

3种模式构成了机器翻译的金字塔。塔底对应于直译式,塔顶对应于中间语言式,为翻译的两个极端;中间不同层次统称为转换式。金字塔最下层的直译式主要是基于词的翻译。在塔中,每上升一层,其分析更深一层,向"理解"更逼近一步,理论上,翻译的质量也更进一层;但另一方面,越往上逼近,处理的难度和复杂度也越大,出错以及错误传播的机会也随之增加,这反而可能影响翻译质量。

机器翻译本质上是一项智能活动,无论是源语言的分析、目标语言的生成,还是源语言与目标语言的内部形式转换,都需要复杂的推理。这一方面需要大量的知识储备(包括语言相关和语言之外的世界知识),同时,还要有运用知识进行推理的能力。根据知识获取方式的不同,可以将机器翻译分成基于人工知识的机器翻译和基于学习的机器翻译方法;根据学习方法的不同,又可以将机器翻译分为非参数方法(或实例方法)与参数方法(或统计方法)。下面简要介绍这3种方法以及近几年兴起的神经网络方法。

1. 基于人工规则的方法

机器翻译的最典型方法就是将人类翻译的知识总结、抽象出来,以特定的形式存入计算机。在翻译过程中,计算机结合待翻译的输入,选择相应的知识进行推理或变换。最典型的知识表示形式是规则,因此,基于规则的机器翻译(Rule Based Machine Translation,RBMT)也成为这类方法的代表。翻译规则包括源语言的分析规则、源语言的内部表示向目标语言内部表示的转换规则以及目标语言的内部表示生成目标语言的规则。规则是高度抽象的,具有很强的覆盖性。但提炼规则并不是一件容易的事情,提炼出来的规则也难免发生冲突。

2. 基于实例的方法

基于实例的方法与机器学习中的基于实例的学习(Instance Based Learning,IBL)或基于案例的学习(Case Based Reasoning,CBR)的思想类似,就是从实例库中寻找与待翻译的源语言单元(通常是句子)最相似的例子,再对相应的目标语言单元进行调整。

最早提出这一思想的是Martin Kay。他在1980年提出借助于已有的翻译实例进行辅助翻译的观点,这一思想目前称为翻译记忆(TM)。Martin Kay不相信全自动的机器翻译,但认为可以借助TM进行机助人译(或人助机译),即从记忆单元中查找与源语言最相似的一个或K个例子,将相应的目标语言交给用户选择和修改,由用户确定译文。TM有很多应用,如产品升级换代后的说明书和相关文档的翻译。新的文档与先前版本的文档保持相当内容的一致,在翻译时可以直接借用。

与此类似,Nagao也于1984年提出了基于实例的翻译方法(EBMT)。但与TM不一样,EBMT服务于全自动翻译。由于待翻译的源语言并不一定有完全相同的实例,因此在全自动翻译中就必定要对检索到的实例的译文进行变换或重组。

3. 基于统计模型的方法

基于统计模型的方法(或称为统计机器翻译)是一种参数学习方法。基于实例的非参数方法总是需要保存翻译实例(或泛化后的模板)用作实际的翻译,统计翻译模型则是利用实例训练模型参数,以参数服务于机器翻译。用 $P(E|F)$ 描述将源文 F 翻译成译文 E 的概率,这些概率满足归一化条件,即 $\Sigma_E P(E|F)=1$。

统计机器翻译问题可以分解为 3 个基本问题。

(1) 建模。对 $P(E|F)$ 进行定义，给出其数学描述。这是统计机器翻译的核心问题。

(2) 训练(学习)。利用双语语料训练 $P(E|F)$ 的参数。

(3) 解码(推理)。对于给定的句子 F，在译文空间中，搜索使概率 $P(E|F)$ 最大的句子 E。

由于统计机器翻译本质上是带参数的机器学习，与语言本身没有关系，因此，模型适用于任意语言对，也方便迁移到不同应用领域。翻译知识都通过相同的训练方式对模型参数化，翻译也用相同的解码算法推理实现。

随着互联网文本数据的持续增长和计算机运算能力的不断增强，数据驱动的统计方法从 20 世纪 90 年代起开始逐渐成为机器翻译的主流技术。统计机器翻译为自然语言翻译过程建立概率模型并利用大规模平行语料库训练模型参数，具有人工成本低、开发周期短的优点，克服了传统理性主义方法面临的翻译知识获取瓶颈问题，因而成为 Google、微软、百度、有道等国内外公司在线机器翻译系统的核心技术。

尽管如此，统计机器翻译仍然在以下 6 个方面面临严峻挑战。

(1) 线性不可分：统计机器翻译主要采用线性模型，处理高维复杂语言数据时线性不可分的情况非常严重，导致训练和搜索算法难以逼近译文空间的理论上界。

(2) 缺乏合适的语义表示：统计机器翻译主要在词汇、短语和句法层面实现源语言文本到目标语言文本的转换，缺乏表达能力强、可计算性高的语义表示支持机器翻译实现语义层面的等价转换。

(3) 难以设计特征：统计机器翻译依赖人类专家通过特征表示各种翻译知识源。由于语言之间的结构转换非常复杂，人工设计特征难以保证覆盖所有的语言现象。

(4) 难以充分利用非局部上下文：统计机器翻译主要利用上下文无关的特性设计高效的动态规划搜索算法，导致难以有效将非局部上下文信息容纳在模型中。

(5) 数据稀疏：统计机器翻译中的翻译规则(双语短语或同步文法规则)结构复杂，即便是使用大规模训练数据，仍然面临着严重的数据稀疏问题。

(6) 错误传播：统计机器翻译系统通常采用流水线架构，即先进行词法分析和句法分析，再进行词语对齐，最后抽取规则。每一个环节出现的错误都会放大传播到后续环节，严重影响了翻译性能。

4. 基于神经网络的方法

由于深度学习能够较好地缓解统计机器翻译面临的上述挑战，基于深度学习的方法自 2013 年后获得迅速发展，成为当前机器翻译领域的研究热点。基于深度学习的机器翻译大致可分为两种方法。

(1) 利用深度学习改进统计机器翻译：仍以统计机器翻译为主体框架，利用深度学习改进其中的关键模块。

(2) 端到端神经机器翻译：一种全新的方法体系，直接利用神经网络实现源语言文本到目标语言文本的映射。

神经网络机器翻译最近 3 年取得了很好的进展。微软亚洲研究院常务副院长周明介绍，NMT(神经网络机器翻译)与经典的 SMT(统计机器翻译)相比，BLEU 值至少提升了 4 个点(BLEU 是衡量机器翻译结果的一个常用指标)。这是一个很大的进步。要知道统计机器翻译在过去 5 年里都没有这么大的提升。NMT 已被公认为机器翻译的主流技术,许多公司都已经大规模采用 NMT 作为上线的系统。

最近也有学者在考虑把一些知识加入到系统中。例如,在源语言编码时考虑源语言的句法树(词汇之间的句法关系),或者在解码时考虑目标语言的句法树的信息。通过句法树加强对目标语的词汇的预测能力。微软亚洲研究院用领域知识图谱强化编码和解码,得到了很好的结果。

8.7.3 统计机器翻译

1. 基于词的统计机器翻译模型

IBM 最早提出的 5 个翻译模型就是基于词的模型,其基本思想是:①对于给定的大规模句子对齐的语料库,通过词语共现关系确定双语的词语对齐;②一旦得到了大规模语料库上的词语对齐关系,就可以得到一张带概率的翻译词典;③通过词语翻译概率和一些简单的词语调序概率,计算两个句子互为翻译的概率。

这里有一个重要的概念,即双语的词语对齐。图 8-9 汉英词语对齐示意图。

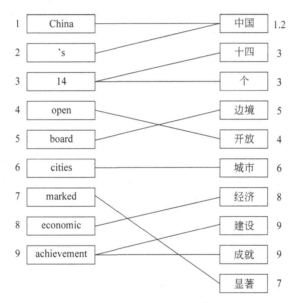

图 8-9 英汉词语对齐示意图

IBM 模型通过一种很巧妙的方法,可以利用给定的大规模语料库中的词语共现关系,自动计算出句子之间词语对齐的关系,而不需要利用任何外部知识(如词典、规则等),同时可以达到较高的准确率,这比单纯使用词典的方法正确率要高得多。其实,这种方法的原理也很简单,就是利用词语之间的共现关系。比如说,知道以下两个句子对是互为翻译的:

A B ←→ X Y

A C ←→ X Z

根据直觉,很容易猜想 A 翻译成 X,B 翻译成 Y,C 翻译成 Z。只是当有成千上万的句子对,每个句子都有几十个词的时候,依靠人的直觉就不够了。IBM 模型将人的这种直觉用数学公式定义出来,并给出了具体的实现算法,这种算法称为 EM 训练算法。

通过 IBM 模型的训练,可以利用一个大规模双语语料库得到一部带概率的翻译词典。同时,IBM 模型也对词语调序建立了模型,但这种模型是完全不考虑结构的,因此对词语调序的刻画能力很弱。例如,它可以判断出两个源语言中相邻的词语翻译后依然相邻的概率较高,如此而已。在基于词的翻译方法中,对词语调序起主要作用的还是语言模型。

在基于词的统计翻译模型下,解码的过程通常可以理解为一个搜索的过程,或者说,理解成一个不断猜测的过程。这个过程大致如下。

第一步,猜测译文的第一个词是源文的哪一个词翻译过来的;第二步,猜测译文的第二个词应该是什么;第三步,猜测译文的第二个词是源文的哪一个词翻译过来的;以此类推,直到所有源文词语都被翻译完。

在解码的过程中,要反复使用翻译模型和语言模型计算各种可能的候选译文的概率,以避免搜索的范围过大。

IBM 模型可以较好地刻画词语之间的翻译概率,但由于没有采用任何句法结构和上下文信息,它对词语调序能力的刻画是非常弱的。而且由于词语翻译的时候没有考虑上下文词语的搭配,也经常会导致词语翻译的错误。

尽管作为一种基于词的翻译模型,IBM 模型的性能已经被新型的翻译模型超越,但作为一种大规模词语对齐的工具,IBM 模型仍然在统计机器翻译研究中广泛使用,而且几乎是不可或缺的。

2. 基于短语的统计机器翻译

经过努力,基于短语的统计翻译模型目前已经趋于成熟,其性能已经远远超过基于词的统计翻译模型(即 IBM 模型)。这种模型是建立在词语对齐的语料库的基础上的,其中词语对齐的工作仍然要依靠 IBM 模型实现。但这种模型对于词语对齐是非常鲁棒的,即使词语对齐的效果不太好,依然可以取得很好的性能。

基于短语的翻译模型原理是在词语对齐的语料库上,寻找并记录所有的互为翻译的双语短语,并在整个语料库上统计这种双语短语的概率。

假设已经得到如下的两个词语对齐的片段(图 8-10)。

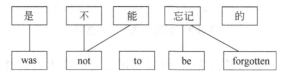

图 8-10 汉英片断对齐

解码(翻译)的时候,只将被翻译的句子与短语库中的源语言短语进行匹配,找出概率最大的短语组合,并适当调整目标短语的语序即可。

这种方法几乎就是一种机械的死记硬背式的方法。基于短语的统计翻译模型的性能远远超过已有的基于实例的机器翻译系统。

8.7.4 利用深度学习改进统计机器翻译

利用深度学习改进统计机器翻译的核心思想是以统计机器翻译为主体,使用深度学习改进其中的关键模块,如语言模型、翻译模型、调序模型、词语对齐等。

深度学习能够帮助机器翻译缓解数据稀疏问题。以语言模型为例。语言模型能够量化译文的流利度,对译文的质量产生直接的重要影响,是机器翻译中的核心模块。传统的语言模型采用 n-gram 方法,通过极大似然估计训练模型参数。由于这种方法采用离散表示(即每个词都是独立的符号),极大似然估计面临着严重的数据稀疏问题:大多数 n-gram 在语料库上只出现一次,无法准确估计模型参数。因此,传统方法不得不使用平滑和回退等策略缓解数据稀疏问题。但即使采用平滑和回退策略,统计机器翻译系统还是因为数据过于稀疏而无法捕获更多的历史信息,通常仅能使用 4-gram 或者 5-gram 语言模型。

深度学习著名学者、加拿大蒙特利尔大学 Yoshua Bengio 教授在 2003 年率先提出基于神经网络的语言模型,通过分布式表示(即每个词都是连续、稠密的实数向量)有效缓解了数据稀疏问题。美国 BBN 公司的 Jacob Devlin 等人于 2014 年进一步提出神经网络联合模型(neural network joint models)。传统的语言模型往往只考虑目标语言端的前 $n-1$ 个词。以图 8-11 为例,假设当前词是 the,一个 4-gram 语言模型只考虑之前的 3 个词:get、will 和 i。Jacob Devlin 等人认为,不仅是目标语言端的历史信息对于决定当前词十分重要,源语言端的相关部分也起着关键作用。因此,其神经网络联合模型额外考虑 5 个源语言词,即"就""取""钱""给"和"了"。由于使用分布式表示能够缓解数据稀疏问题,神经网络联合模型能够使用丰富的上下文信息(图 8-11 共使用了 8 个词作为历史信息),从而相对于传统的统计机器翻译方法获得了显著提升(BLEU 值提高约 6 个百分点)。

图 8-11 神经网络联合模型

对机器翻译而言,使用神经网络的另一个优点是能够解决特征难以设计的问题。以调序模型为例,基于反向转录文法的调序模型是基于短语的统计机器翻译的重要调序方法之一,其基本思想是将调序视作二元分类问题:将两个相邻源语言词串的译文顺序拼接或逆序拼接。传统方法通常使用最大熵分类器,但是如何设计能够捕获调序规律的特征成为难点。由于词串的长度往往非常长,如何从众多的词语集合中选出能够对调序决策起关键作用的词语是非常困难的。因此,基于反向转录文法的调序模型不得不仅基于词串的边界词设计特征,无法充分利用整个词串的信息。利用神经网络能够缓解特征设计的问题,首先利用递归自动编码器(recursive autoencoders)生成词串的分布式表示;然后基于4个词串的分布式表示建立神经网络分类器。因此,基于神经网络的调序模型不需要人工设计特征,就能够利用整个词串的信息,显著提高了调序分类准确率和翻译质量。实际上,深度学习不仅能够为机器翻译生成新的特征,还能够将现有的特征集合转化成新的特征集合,显著提升了翻译模型的表达能力。

尽管利用深度学习改进统计机器翻译取得了显著的效果,但仍然面临以下难题:①线性不可分——整体框架仍是线性模型,高维数据线性不可分的情况依然存在;②非局部特征——通过深度学习引入的新特征往往是非局部的,导致无法设计高效的动态规划算法,从而不得不采用在后处理阶段进行超图重排序等近似技术。

8.7.5 端到端神经机器翻译

端到端神经机器翻译(end-to-end neural machine translation)是从2013年兴起的一种全新机器翻译方法,其基本思想是使用神经网络直接将源语言文本映射成目标语言文本。与统计机器翻译不同,不再有人工设计的词语对齐、短语切分、句法树等隐结构,不再需要人工设计特征,端到端神经机器翻译仅使用一个非线性的神经网络便能直接实现自然语言文本的转换。

英国牛津大学的Nal Kalchbrenner和Phil Blunsom于2013年首先提出了端到端神经机器翻译。他们为机器翻译提出一个"编码-解码"的新框架:给定一个源语言句子,首先使用一个编码器将其映射为一个连续、稠密的向量,然后再使用一个解码器将该向量转化为一个目标语言句子。他们使用的编码器是卷积神经网络,解码器是递归神经网络。使用递归神经网络具有能够捕获全部历史信息和处理变长字符串的优点。

美国Google公司的Ilya Sutskever等人于2014年将长短期记忆(Long Short-Term Memory,LSTM)引入端到端神经机器翻译。LSTM通过采用设置门开关(gate)的方法解决了训练递归神经网络时的"梯度消失"和"梯度爆炸"问题,能够较好地捕获长距离依赖。

具体来讲,一个句子首先经过一个LSTM实现编码,得到N个隐状态序列。每一个隐状态代表从句首到当前词汇为止的信息的编码。句子最后的隐含状态可以看作是全句信息的编码。然后再通过一个LSTM进行解码。逐词进行解码。在某一个时刻,有3个信息起作用决定当前的隐状态,即源语言句子的信息编码、上一个时刻目标语言的隐状态,以及上一个时刻的输出词汇。然后再用得到的隐状态通过Softmax计算目标语言词表中每一个词汇的输出概率。这个解码过程要通过一个Beam Search得到一个最优的输出序列,即目标语言的句子。后来进一步发展了注意力模型,通过计算上一个隐状态和源语言句子的隐状态的相似度对源语言的隐状态加权,体现源语言句子编码的每一个隐状态的对解码的作用。

图8-12给出了Sutskever等人提出的架构。无论是编码器,还是解码器,Sutskever等人都采用了递归神经网络。给定一个源语言句子"A B C",该模型在尾部增加了一个表示句子结束的符号"<EOS>"。当编码器为整个句子生成向量表示后,解码器便开始生成目标语言句子,整个解码过程直到生成"<EOS>"时结束。需要注意的是,当生成目标语言词"X"时,解码器不但考虑整个源语言句子的信息,还考虑已经生成的部分译文

(即"W")。由于引入了LSTM,端到端神经机器翻译的性能大幅度提升,取得了与传统统计机器翻译相当甚至更好的准确率。然而,这种新的框架仍面临一个重要的挑战,即不管是较长的源语言句子,还是较短的源语言句子,编码器都需将其映射成一个维度固定的向量,这对实现准确的编码提出了极大的挑战。

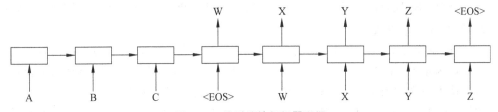

图 8-12　端到端神经机器翻译

针对编码器生成定长向量的问题,Yoshua Bengio 研究组提出了基于注意力(attention)的端到端神经网络翻译。所谓注意力,是指当解码器在生成单个目标语言词时,仅有小部分的源语言词是相关的,绝大多数源语言词都是无关的。例如,在图 8-11 中,当生成目标语言词"money"时,实际上只有"钱"是与之密切相关的,其余的源语言词都不相关。因此,Bengio 研究组主张为每个目标语言词动态生成源语言端的上下文向量,而不是采用表示整个源语言句子的定长向量。为此,他们提出了一套基于内容(content-based)的注意力计算方法。实验表明,注意力的引入能够更好地处理长距离依赖,显著提升端到端神经机器翻译的性能。

端到端神经机器翻译存在的主要问题是:可解释性差和训练复杂度高。在神经网络机器翻译中,如何把单语语料用起来?如何融入语言知识和翻译知识?目前的翻译都是句子级进行翻译的,在翻译第 N 句时,没有考虑前 $N-1$ 句的源语言和翻译的信息。例如,"中巴友谊"到底是中国—巴西,还是中国—巴基斯坦?如何利用上下文推断翻译?这些都值得研究。

8.7.6　未来展望

机器翻译研究的发展趋势是不断降低人在翻译过程中的主导作用:基于规则的方法完全靠人编纂翻译规则;基于统计的方法能够从数据中自动学习翻译知识,但仍需要人设计翻译过程的隐结构和特征;基于深度学习的方法则可以直接用神经网络描述整个翻译过程。近年来,端到端神经机器翻译成为最热门的研究领域,未来的研究方向可能集中在以下 5 个方面。

- 架构:如何设计表达能力更强的新架构?近期提出的神经网络图灵机和记忆网络可能成为下一个关键技术。
- 训练:如何降低训练复杂度?如何更有效地提高翻译质量?近期的工作表明直接优化评价指标能够显著提升翻译性能。
- 先验知识:目前的方法完全从数据中自动学习翻译知识,能否利用先验知识指导翻译过程?能否与现有的知识库相结合?近期在基于注意力的翻译模型上的研究工作已经有一些初步进展。

- 多语言：目前的方法主要处理中文和英文等资源丰富语言，能否处理更多的语言对？Bengio研究组提出的基于共享注意力机制的多语言翻译方法值得关注。
- 多模态：目前的方法主要关注文本翻译，能否利用向量表示贯通文本、语音和图像，实现多模态翻译？最近在图像标题翻译上的研究工作是很好的尝试。

基于深度学习的机器翻译方法（尤其是端到端神经机器翻译）会取得更大突破，发展成为机器翻译的主流技术。

人类的翻译追求"信、达、雅"的境界。所谓"信"，就是忠实原文，在刻画的内容和意境上、在表达风格上、在语言运用的手法上都应该与原文一致；"达"就是通顺流畅，符合句法语义，保持上下文的衔接与连贯；"雅"则是优雅，需要有艺术的色彩。

"信、达、雅"是无止境的。即使是人类翻译家，也很难说自己的翻译完全做到了"信、达、雅"，或者很难说在"信、达、雅"方面，谁比谁翻译得更好。并没有一个客观地度量"信、达、雅"的指标体系，机器翻译似乎永远没有确定的答案，但存在可逐步逼近的目标和巨大的应用需求。

8.8 语音识别

本节将简单介绍语音识别。首先从声波分析开始，抽取与构成单词的发音单元相关的特征。发音单元的清晰特性是不确定的，在最终的单词识别阶段，采用一个模型，将已提炼出的发音单元序列与单词序列进行匹配。

8.8.1 智能语音技术概述

智能语音技术经过几十年的发展和积累，经历了模板匹配、统计方法和深度学习方法阶段。在模板匹配和统计学习阶段，主要是根据发音机理和听感特性，设计语音特征提取和归一化方法，根据特征距离或分布概率计算语音的帧级匹配度，结合动态规划算法搜索最优序列。在深度学习阶段，特征提取和帧级匹配度计算统一用深度神经网络（DNN）建模，极大地提高了建模精确度。目前，智能语音技术已经形成了相对完备的技术体系，如图8-13所示，主要包含5个方面。

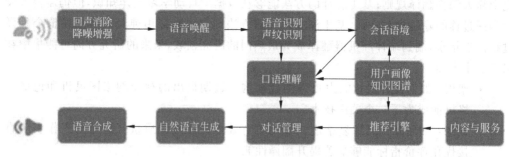

图8-13 智能语音技术框架

(1) 语音降噪与增强技术。解决复杂真实场景下的语音回声消除、语音测向、波束形成、去混响、分离、降噪和增强等，提升真实应用场景下的语音信噪比；同时与后端声学模型的适配,是实现高精度语音识别和唤醒的基础。

(2) 高性能低功耗语音唤醒技术。语音唤醒技术对解放双手和双眼,实现自由语音交互具有关键作用。其最大的挑战在于,在保证复杂真实场景噪声、复杂用户口音、较高语音唤醒率的情况下,要同时将系统的误唤醒率和资源、功耗降低到最小程度。

(3) 高精度语音识别技术。主要解决复杂真实场景噪声、用户口音、垂直领域下的把语音转化成文字的问题,需要快速定制或自适应用户,以提升用户体验。

(4) 高自然度和个性化情感语音合成技术。传统的以信息传达为目的的语音合成已经不成问题,最大的挑战在于适应用户对合成音质、音色、情感韵律,以及快速模拟特定说话人的需求,对交互系统的用户体验而言至关重要。

(5) 口语理解、对话管理和生成技术。结合说话人现场、上下文、用户画像、领域知识库等语境信息,理解用户语言的会话含义,根据对话管理策略获取外部内容或服务,生成自然语言应答,这属于认知计算的范畴。目前最大的挑战在于缺乏统一和有效的框架,需要针对特定垂直领域进行专门的定制优化。

智能语音技术是语音产业应用的基础,随着深度学习技术演进和大数据积累,性能指标会持续提升。目前,端到端深度学习算法在语音识别、语音合成、机器翻译和对话系统方面都取得了突破性进展,未来需要突破的主要技术点包括如下 4 个方面。

(1) 小数据机器学习或自适应方法。通过少量样本数据,实现既有模型对特定说话人、环境噪声、应用领域的快速自适应。

(2) 轻监督和无监督机器学习方法。从少量数据的有监督学习转向利用海量数据的半监督学习和无监督学习,将模型训练的数据规模从人工标注规模的有限数据,扩展到无须人工标注的超大规模数据;从简单分类任务判别模型转向生成模型,从而取得显著的模型覆盖度和性能指标提升。

(3) 结合多种语境信息的语用计算。在人机对话过程中,要正确理解用户话语的含义,不仅要看字面含义,还要在语用的层次上理解,即要结合多种语境信息,以理解其会话含义。这些语境信息包括一些说话现场的语境,如说话的时间、地点、场所、设备传感器获取到的信息;也包括我们常说的言语语境,也就是话语的上下文;还包括知识语境,如背景知识、领域知识、用户画像信息、设备角色设定信息等。

(4) 知识图谱和深度学习的融合。即让深度学习模型有效利用大量存在的先验知识。与一般分类器相比,神经网络内部具有一定的记忆特性,深度神经网络隐藏层还具有一定的抽象能力,因而把神经网络引入自动问答及相关领域(如阅读理解)有利于问题的优化和简化,同时使得知识图谱和阅读理解系统具有一定的推理能力和泛化能力。此外,神经网络直接访问记忆库(内存)、知识结构等外部依据大大拓展了神经网络的用途,从记忆网络(memory network)到可微神经网络计算架构(DNC)的技术变革,使得神经网络不再局限于基于最大似然概率的拟合和特征抽取,转而向全新的拟人计算机蜕变,驱动知识、数据、逻辑分析与计算能力的融合,甚至促进真正的通用智能发展。

8.8.2 组成单词读音的基本单元

局部计算存储器中的连续语音识别软件和用麦克风输入的语音信息,允许使用者将语音直接转换为文档。

由于使用者声音上的细微差别,还需要使用者训练识别器。某些现代航空器使用有限的词汇,允许飞行员使用语音发出命令。计算机上的软件包也能对语音命令产生反应。但是,对于下面这样的句子,当前应用程序的能力还远远无法要求系统进行反应。

Back up all the program files for the projects I have worked on today.

这样的命令需要自然语言理解。如果理解系统的输入是语音,而不是文本,那么复杂度就要大得多。如果用印刷文本作为输入,那么就能清楚地区分单个单词和单词串,而用语音输入则不行。一个可能的方法是在语音识别结束后,再更正识别错误。当对单个单词进行识别时,口语有很多的不确定性。很多情况下,当与朋友进行交流时,可以猜测他所说的是哪一个单词,这种猜测往往是根据上下文提供的信息得到的。此外,与朋友交谈时,说话者还可以使用音调、面部表情和手势等传达很多信息。同时,说话者会经常更正他说过的话,而且会使用不同的词重复某些信息。因为不同的词可能发音相同,这将使问题变得更复杂,如 fare 和 fair,mail 和 male 等。

语音识别系统需要几个层次的处理。词语以声波传送,声波也就是模拟信号,信号处理器传送模拟信号,并从中抽取诸如能量、频率等特征。然后,这些特征映射为称作音素的单个语音单元。单词的发音是由音素组成的,因此,最终阶段是将"可能的"音素序列转换成单词序列。之所以使用"可能的"这个词,是因为由声音传送的音素的识别是不确定的。

语音的产生要求将单词映射为音素序列,然后将之传送给语音合成器,单词的声音通过说话者从语音合成器发出。此外,还有一个语调计划器,使得合成器知道如何使用声音变化,而不是应用不自然的单调对话讲话。本章主要关注语音识别,但所讲内容与语音的产生有关。

构成单词发音的独立单元是音素。对于一种语言,如英语,必须将声音的不同单元识别出来并分成组。分组时,应该确保语言中的所有单词都能被区分,两个不同的单词最好由不同的音素组成。下面列出了几个音素。

[b]   bin
[p]   pin
[th]   thin
[l]   lip
[er]   bird
[ay]   iris

音素可能由于上下文不同而发音不同。例如,单词 three 中的音素 th 的发音不同于 then 中 th 的发音。相同音素的这些不同变异称为音素变体。有时,抽取读音的差别将其归入音位的通用分组中是很方便的。音位写在斜线中间,例如/th/是一个音位,依据上下文的不同而有不同读音。单词可以在音位层表示,若需要更多信息,可在音素变体层表示。

8.8.3 信号处理

声波在空气压力下会发生变化。声波有两个主要特征:一个是振幅,它可以衡量某一时间点的空气压力;另一个是频率,它是振幅变化的速率。当对着麦克风讲话时,空气压力的变化会导致振动膜发生振荡,振荡的强度与空气压力(振幅)成正比,振动膜振荡的速率与压力变化的速率成正比。因此,振动膜离开它的固定位置的偏移量就是振幅的度量。按照空气是压缩的或是膨胀(稀薄)的,振动膜的偏移可以被描述为正或负。偏离的幅度取决于当振动膜在正值与负值之间循环时,在哪一个时间点测量偏差值。这些度量值的获取称为采样。当声波被采样时,绘制成一个 x-y 平面图,x 轴表示时间,y 轴表示振幅,每秒钟声波重复的次数为频率。每一次重复是一个周期,所以,频率为 10 意味着 1s 内声波重复 10 次——每秒 10 个周期或更一般地表示为 10Hz。

声音的音量与功率的大小有关,与振幅的平方有关。用肉眼观察声波的波形得不到多少信息,只能看出元音与大多数辅音的差别。但是,仅简单地看一下波形就想确定一个音素是元音,还是辅音是不可能的。从麦克风捕获的数据包含了所需单词的信息,否则就不可能将语音记录下来,并将其回放为可理解的语音。然而,语音识别的要求是抽取能够帮助辨别单词的信息,这些信息应该很简洁而且易于进行计算。典型地,应该将信号分割成若干块,从块中抽取大量不连续的值,这些不连续的值通常称为特征。信号的每个块称为帧,为了保证可能落在帧边缘的重要信息不会丢失,应该使帧有重叠。

人们说话的频率在 10kHz 以下(每秒 10000 个周期)。每秒得到的样本数量应是需要记录的最高语音频率的两倍。理论上说,这样做可以使频率不会丢失(图 8-14)。当使用 20kHz 的采样频率时,标准的一帧为 10ms,包含 200 个采样值。每个采样值都是一个实数值,表示一种强度。每个实数值都将被转化为一个整数存储起来,这样做称为量化。实数值必须进行四舍五入,以便转换成离它最近的整数值,因此,某些信息将会丢失。如果使用 8 位的整数值,那么,每个采样值可以取 256 个整数中的一个。采样将连续的信号转换为一串不连续的值,换句话说,信号被数字化了。下一阶段是要获取数字化的信号并抽取特征。

图 8-14 中的实线正弦波是真实波,它在每个标虚线的波周期内完成 3 个周期。黑色圆圈表示以真实波两倍的频率获取的样本,这个采样捕获了真实的正弦波。星号表示正在被采样,以这样的采样率,可认为得到的是虚线波,它是真实波频率的 1/3。这表明,采样频率应为所需测量最高频率的两倍。

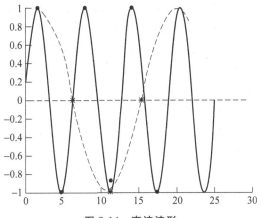

图 8-14　声波波形

从数字化信号中抽取特征的一种方法是进行傅里叶变换。一段声波可以表示为正弦波的组合,如图 8-15 所示。每个正弦波都有频率与振幅。傅里叶变换可用来识别组成声波时影响最大的频率,抽取出的频率集合称为频谱。图 8-16 中的波已被数字化采样,它是 3 个正弦波之和。

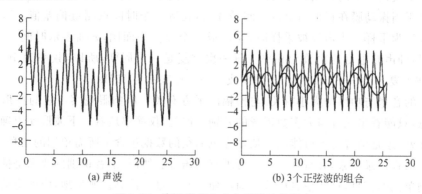

图 8-15　声波表示为 3 个正弦波的组合

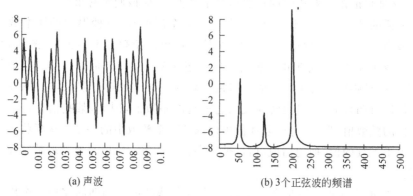

图 8-16　声波及其频谱

$$2\sin(2\pi \times 50t) + \sin(2\pi \times 120t) + 4\sin(2\pi \times 200t)$$

这里,t 是时间,这 3 个正弦波的频谱如图 8-16(b)所示。频谱中有 3 个峰值,每个峰值都在正弦波的频率中心,这段频谱是由数字化采样波经过傅里叶变换得到的。

在语音识别中,常用另一种称为线性预测编码(Linear Predictive Coding,LPC)的技术抽取特征。傅里叶变换可用来在后一阶段中提取附加信息。LPC 把信号的每个采样表示为前面采样的线性组合。预测需要对系数进行估计,系数估计可以通过使预测信号和附加真实信号之间的均方误差最小实现。

频谱代表波不同频率的组成成分,它可以利用傅里叶变换、LPC 或其他方法得到。频谱能识别出与不同音素相匹配的主控频率,这种匹配可以产生不同音素的可能性估计。

总之,语音处理包括从一段连续声波中采样,将每个采样值量化,产生一个波的压缩数字化表示。采样值位于重叠的帧中,对于每一帧,抽取出一个描述频谱内容的特征向量。然后,音素的可能性可通过每帧的向量计算。

8.8.4 单个单词的识别

一旦声源被简化为特征集合,下一个任务是识别这些特征代表的单词,本节重点关注单个单词的识别。识别系统的输入是特征序列。当然,单词对应于字母序列。如果要分析一个大的单词库,就要识别某种字母序列比其他字母序列更有可能发生的模式。例如,字母 y 与在 ph 后面出现的概率要大于与在 t 后面出现的概率。马尔可夫模型是表示序列可能出现的一种方法。图 8-12 是马尔可夫模型的一个例子。模型中有 4 个状态,分别标记为 1~4。边代表从一个状态到另一个状态的转移,每条边上有一个权值,表示状态转移的概率。下面的值是观察权值,每个状态可以发出它下面列出的符号之一,权值是概率,显示发出每个符号的相对频率。注意,一个符号可以被多个状态发出。在图 8-17 中,状态 4 不会再转向其他状态,被认为是终止状态。对于任何状态,只能顺着箭头的方向进行状态转移,而从一个状态发出的所有箭头上的概率之和为 1。状态可以代表组成单词的字母,但这里只讨论通常的状态。

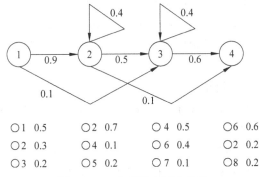

图 8-17 一个隐马尔可夫模型

图 8-17 中的模型可以看作是一个序列生成器。例如,若从状态 1 开始,在状态 4 结束,下面是可能生成的一些序列。

1 2 3 4
1 2 2 3 3 3 4
1 2 3 3 4
1 2 2 2 2 3 4

任何序列生成的概率都可以计算出来,生成某个序列的概率就是生成该序列路径上的所有概率之积。

例如,对于序列:1 2 3 3 4
路径是下列边的集合:
　　1-2,2-3,3-3,3-4
概率为
　　0.9×0.5×0.4×0.6＝0.108
某些序列比其他序列生成的可能性更高。马尔可夫模型的关键假设是下一个状态只取决于当前状态。

8.8.5　隐马尔可夫模型

在讨论有关语音识别的具体问题前,首先对隐马尔可夫模型(Hidden Markov Model,HMM)进行一般性介绍。之所以称为隐马尔可夫模型,是因为在任意时间机器所处的状态对用户都是隐藏的。这种情形在许多应用中都会出现,因为从传感器得到的数据并不是正好与隐马尔可夫模型中的状态对应。在语音识别中,输入数据是从声波中抽取出的特征。马尔可夫模型中的状态相当于声音的单元(如音素)。使用者不知道输入的特征相当于什么状态。即便特征并不准确地对应于隐马尔可夫模型中的状态,使用者也可以对可能的状态做出较好的猜测。尽管音素有一些共同的声音特征,但是不同的音素发音不同,音素间的差异可以使人们猜出某个音素到底是什么。于是,给定一个特征,可以知道哪些状态更有可能与此特征相对应。尽管不能确定到底是哪一个状态,但至少问题变得容易了,因为很多状态已经被排除在外。假设有一个特征序列,识别器获取了第一个特征,它并不清楚这个特征相当于哪一个状态,但它可以通过猜测减少可能状态的数目。然后,识别器获取了第二个特征,继续减少可能的状态数。在获取第三个特征后仍然以这种方式继续。当识别器获取更多的特征时,将能进一步减少可能出现的状态数量,因为它知道某些特征可能会更频繁地同时出现——识别器有一些有关特征序列,以及一个音素在另一个音素之后出现概率的信息。隐马尔可夫模型建立了单词特征及一个特征出现在另一个特征之后的概率模型。

图 8-17 显示了每个状态的观察符号列表。现将模型看作是一个生成器,模型发出的是一个观察符号序列,而不是状态序列。如果识别器运行 100 次,从状态 1 开始,使用者期望大约 50% 的序列以符号 ○1 开始,30% 的序列以符号 ○2 开始,20% 的序列以符号 ○3 开始。这些百分比就是这些符号从状态 1 产生的概率。从状态 1 出发,最可能转向的状态是 2,但有 10% 的可能会转向状态 3。因此,○2,○4,○5,○6,○7 可能跟在 ○1 之后。符号 ○2 最有可能出现在序列中的下一个位置,因为状态 2 跟在状态 1 后出现的可能性较大,并且在状态 2 产生的符号中 ○2 的概率远远大于其他几个符号。注意,同一个观察符号值可以被不止一个状态产生。例如,○2 可以由状态 1,2,4 产生。

给定一个观察序列,我们通常对两类计算感兴趣。第一,想找出马尔可夫模型中最可能的路径。最可能的路径确定哪个状态序列连同状态激活的次序最有可能产生观察序列。第二,对计算模型生成的序列的可能性感兴趣。在模型中,可能会有几条路径都能产生序列,序列的可能性应为这几条路径上出现的概率之和。考虑下面的序列:

○1　○2　○4　○4　○6　○6

每个符号对应一个不同的时间步骤。在时间 1 接收 ○1,在时间 2 接收 ○2,在时间 3 和时间 4 接收 ○4,在时间 5 和时间 6 接收 ○6。这里,不关心时间间隔的大小。第 1 个观察符号是 ○1,○1 只能由状态 1 生成。因此,在该例中,识别器从状态 1 开始。状态 1 只能转向状态 2 或状态 3。下一个观察符号是 ○2,它不能由状态 3 生成,所以,序列中的下一个状态应是状态 2。而从状态 2 可以转向状态 3、状态 4 或维持状态 2 不变。因为状态 4 不能生成 ○4,因此,必须转向状态 3 或保持状态 2 不变。现在,实际的状态是隐藏的,识别器并不知道 ○4 的第一次出现是在状态 2,还是在状态 3。但是,识别器可以确定产生 ○4

的最可能状态。

在识别问题中,输入的是观察序列,而观察序列是由信号处理抽取得到的特征。不同的单词有不同的转移状态和概率,识别器的任务是确定哪一个单词模型是最可能的。因此,需要一种实现抽取路径的方法。假设不了解任何起始状态与终止状态的信息。当收到一个观察值时,并不知道观察值对应哪个状态。对于观察序列中的每一个观察值,都存在一个与之对应的未知状态。将各条不同路径可视化的一种方法是构造格子。格子中包含马尔可夫模型中每一个时间步骤对应的状态备份。因此,若序列中有 6 个观察值,就会有状态的 6 个备份排列成 6 级,每一级对应序列中的一个时间步骤。当前级 j 与其相邻的下一个级 $j+1$ 之间的状态用边连接起来,连接各级的边就相当于马尔可夫模型的边。因此,只有在马尔可夫模型中有一条边连接状态 S_i 和 S_{i+1} 时,第 j 级中的状态 S_i 才会与第 $j+1$ 级中的状态 S_{i+1} 相连。

使用马尔可夫模型对语音建模有几种不同的方法。一种方法是在单词级构造马尔可夫模型,其状态对应音素。起始状态和终止状态可以明确地识别,但没有必要有明确的起始状态与终止状态。可以取而代之的是,提供一个初始分布,以确认模型中从每一个状态开始的概率。每个状态都具有自循环,以便对音素的持续时间进行建模。语句通常由单词序列组成,一个单词的读音会与下一个单词的读音相混淆,这就使得辨别单词的边界变得很困难。识别和分开单词的过程称为分割,识别和分隔单词序列的过程与将单词从观察序列中识别出来的过程本质上是相同的。识别器将接收代表单词序列的观察值序列。马尔可夫模型可以由单个单词的马尔可夫模型构造。每一对单词都用边连接,这些边表示一个单词跟随在另一个单词后出现的概率。识别出最可能产生的观察序列的路径,这条路径将识别出每个单词和它们在讲话中出现的顺序。

在隐马尔可夫模型中经常使用概率的对数,为此,计算过程将由加法组成。在语音库上通过机器学习算法获得马尔可夫模型的权值,可以采用基于期望最大化的算法,也可以采用神经网络的算法。

8.8.6 深度学习在语音识别中的应用

近年来,深度学习在语音识别、语音合成、语音增强、语音转换、语种识别等研究方向取得了积极的进展。

1. 基础 DNN-HMM 声学模型

与传统语音识别系统普遍采用高斯混合模型-隐马尔可夫模型(Gaussian Mixture Model-Hidden Markov Model,GMM-HMM)声学模型不同,深度学习采用的是深层神经网络-隐马尔可夫模型(Deep Neural Networks-Hidden Markov Model,DNN-HMM)声学模型。与传统的模型相比,DNN-HMM 的性能有了较大幅度提升。DNN 的使用方法一般有两种形式:第一种是用 DNN 直接代替 GMM-HMM 模型中的 GMM 模型,即将 DNN 充当音素分类器的角色,然后使用 HMM 模型进行解码。这种方法称为 DNN-HMM 路线,一般又称为 hybrid DNN-HMM 系统。第二种是利用 DNN 提取高层信息的特性,将其作为一种特征提取网络,提取一种称为瓶颈特征(BottleNeck feature,BN)的参数替代传统的声学特征参数,用于训练 GMM-HMM 模型。这种方法称为 GMM-

HMM-BN 路线。该方案的特点是：既可以利用 DNN 强大的非线性变换能力，又可以利用 GMM 模型训练中的各类成熟的技术。

DNN 相比于 GMM 的优势在于：①使用 DNN 估计 HMM 状态的后验概率分布不需要对语音数据分布进行假设；②DNN 的输入特征可以是多种特征的融合，包括离散或者连续特征；③DNN 可以利用相邻的语音帧包含的结构信息。已有研究表明，DNN 的性能提升主要源自第三点。

除 DNN-HMM 声学模型外，深层卷积网络（CNN）和循环神经网络（Recurrent Neural Network，RNN）近期也应用于语音识别的声学建模。研究人员将 CNN 用于语音识别的声学建模。CNN 采用局部滤波（local filtering）和最大池化（max-pooling）技术，以提取与语音谱峰频率位移无关的语音特征参数，从而提高语音识别器对不同说话人的稳健性。

RNN 直接针对整个语音段进行建模，而非采用 DNN 的对局部语音帧分类的方式，可以更好地利用历史语音做出全局决策。Graves A 尝试了将 RNN 用于语音识别的声学建模，在 TIMIT 标准任务上取得了音素错误率 17.7% 的当时最好识别性能。而 George S 等人则基于 LSTM 方法将 RNN 模型成果应用于大词汇量连续语音识别系统。

CNN 和 RNN 等网络结构在改善语音的局部畸变、序列训练等问题上对传统 DNN 结构形成了较好的补充，并有在未来替代 DNN 成为语音识别系统标配的潜力。

2. 大数据下 DNN-HMM 声学模型训练

尽管相比于传统的 GMM-HMM 系统，基于 DNN-HMM 的语音识别系统在大词汇量连续语音识别任务中取得了显著的性能提升，但是 DNN 的训练是一个相当耗时的工作。例如，即使通过 GPU 加速，训练一个普通的使用 1000 小时语音数据集的 6 隐层、隐层结点数为 2048 的 DNN，通常仍需要数周的时间。

Yu D 等人的 Sparse 方案，通过将 DNN 模型参数中 80% 的较小参数强制为 0，减小模型大小，同时几乎没有性能损失。Sainath T N 等人的低秩（low-rank）方案提出将 DNN 中权重矩阵分解为两个低秩矩阵的乘积，从而达到 30%～50% 的效率提升。分析 Sparse 方案的各种配置在 Switchboard 任务上对识别效果和模型尺寸的影响可以看出，当 Sparse 方案对参数强制置零的比例较低（即参数非零比例较高）时，对应模型的识别性能相对于基线模型甚至有所提升；当模型尺寸压缩到原始模型的 20% 左右时，对识别率的影响仍然较小。分析 Low-rank 方案在 Switchboard 任务上的效果（Low-rank 隐层数目经调优后设置为 512），在模型尺寸压缩了 1/3 的前提下获得的识别效果几乎不受影响。

DNN 训练效率的另外一种解决方法是通过使用多个 CPU 或者 GPU 并行训练 DNN。

3. RNN 语言模型

深度学习理论还可用于语言模型的建模。传统的统计语言模型使用 N-gram 模型进行建模并取得了良好的效果。

Mikolov T 等人将循环神经网络（RNN）引入到语言模型建模中。理论上，标准的 RNN 能够通过循环网络结构记忆和处理任意长度的历史信息，相比于 FFNN，它的性能可以更好。该方法在标准 WSJ 任务上进行了验证，实验表明，RNN 方法在经过优化并和传统 N-gram 模型融合后，不仅在度量语言模型的文本预测准确性指标混淆度（perplexity）上相对于 N-gram 模型获得了 45% 的大幅度性能提升，而且在实际的语音识别任务上也获得了 17.8% 的相对错误下降率。目前，RNN 语言模型方案作为传统 N-gram 模型的有效补充，逐渐成为主流语音识别系统的标配之一。

8.9 机器阅读理解

阅读理解是一种阅读一段文本对其进行分析，并能理解其中意思的能力。而机器阅读理解就是让机器具备文本阅读的能力，准确理解文本的语义，并正确回答给定的问题。

阅读理解任务中有 3 个核心部分：文档、问题和选项。其中，文档通常为给定的一篇文档或者几段文本。问题根据这个文本得来，对于每个问题，会提供 4 个选项，通常情况下只有一个选项是正确答案，系统被要求在阅读完给定文档后，根据所给问题，从 4 个选项中选择出正确答案。

8.9.1 机器阅读理解评测数据集

现阶段，和阅读理解相关的数据集主要有 MCTest、bAbi、CNN&Daily Mail、CBTest、公开评测 5 个。

MCTest 是微软研究院的研究员 Richardson 等人在 2013 年的 EMNLP 上发布的一个数据集。在这个数据集中，所有的文档都是一些叙述性的故事。它考察的推理能力被限定于一个 7 岁儿童可以接受的范围内，包含许多常识性的推理，这些推理既包含事实性的，也包含非事实性的。这个数据集包含两部分：一个是 MC160；还有一个是 MC500，分别包含 160 篇和 500 篇文档。由于这个数据集较接近我们真实的阅读理解场景，因而成为阅读理解相关研究者的首选评测数据集。

目前各公开的数据集，由于其考察系统阅读理解能力侧重点的不同，因此构造的数据集的方式、规模和形式也不尽相同。从已有研究成果看，大部分方法目前主要侧重于系统对文本深层次的语义理解能力，因此，大部分机器阅读理解方法都集中于在 MCTest 数据集进行评测。下面围绕 MCTest 数据集介绍已有的机器阅读理解方法。

8.9.2 机器阅读理解的一般方法

已有工作可以大致分为两类：一类是传统基于特征工程的方法；另一类是基于深度学习的机器阅读理解方法。

1. 传统基于特征工程的方法

传统方法通常将机器阅读理解任务看作是语义匹配或者蕴涵推理任务。其核心问题是计算给定文档、问题和答案之间的语义匹配或蕴涵关系。传统方法通常着眼于如何选取或设计好的文本、语义等特征，用于计算它们之间的语义相似度、相关度以及隐含的逻辑推理关系。

作为比较权威的 MCTest 数据集的发布者，Richardson 等人提出了两种非监督阅读理解基线方法。这两种方法主要用文档中的句子和问题＋答案组成的句子进行语义匹配。其关键核心是如何从文本中提取有效特征对其进行语义表示。Richardson 提出的第一种方法简单采用 BOW 模型，其首先将问题和某个候选答案拼接在一起；然后在文档中按照与问题＋答案相同长度的窗口进行滑动，并将窗口含有与问题＋答案中同样的词的个数累计起来，以此衡量文本与问题＋答案的语义匹配程度。第二种方法是第一种方法的扩展，主要是去掉停词和问句的影响。虽然这两种方法比较简单，但是在 MCTest160 和 MCTest500 上面取得了非常不错的效果。

Sachan 等人把阅读理解看成一种由背景文档到答案和问题组成的 statement（即陈述句）的推理任务。该方法首先将问题答案组成 statement，然后看文章中的文本片段是否蕴涵这个 statement。这是一种标准的文本蕴涵推理（Recognizing Textual Entailment，RTE）过程，即给定两句话或者两段文本，判断这两句话或者两段文本之间有没有蕴涵、对立或者不相关的关系。和以往的 RTE 任务不同，这里需要将整个文档考虑进去，不仅仅是单句子，而是多句子的蕴涵推理，其核心问题在于文档中与问题相关的句子不一定是连续的。为了将文档中各个不一定连续的句子有机组合在一起，作者使用了修辞结构理论（Rhetorical Structure Theory，RST）以及事件实体共指方法对多句子进行建模。其主要目标是将文档中各个独立的部分（不一定是句子）依靠其在文中的作用，以及和其他元素之间的关系将其结合起来形成统一的层次架构。依靠 RST，我们就可以在文档中获得相应的关联部分，并将这些关联部分组合起来，和问题＋答案组成的 statement 候选进行对齐，进而判别文档和 statement 之间是否存在蕴涵关系，其中一个对齐的例子如图 8-18 所示。

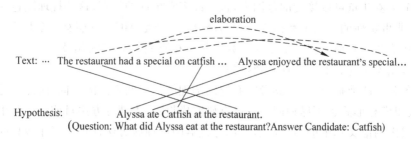

图 8-18 文档与 statement 的对齐

从这个句子中可以看到，该方法通过 RST 技术可以将文本中相关联的两句找到（图中的省略号两边代表两句话），通过 RST 可以判断这两部分之间有 elaboration，即阐述关系。然后根据这两个单元，以及上一步生成的陈述句（假设），学习一种隐含的结构化对齐（图 8-18 中实线表示）。在这篇文章中，作者使用的是一种叫作潜在结构支持向量机（Latent Structural SVM，LSSVM）的算法自动学习这种隐含联系。

传统特征工程的方法旨在用一些自然语言处理工具提取语言学特征，然后根据这些语言学特征比较答案和文档的相似度。这种方法解释性很强，每一部分的结果都能直观地展现出来。但是，这类方法需要大量精心构建的特征，而且取得的效果较非监督的词项匹配的方法提升并不是很明显。另外，阅读理解任务需要我们对文档中的深层次语义进行建模,而现有特征工程的方法往往只能或多或少地考虑其中一小部分。

2. 基于深度学习的机器阅读理解方法

随着深度神经网络在很多人工智能以及自然语言处理任务上得到有效应用,并已经取得了很好的效果,如问答系统、关系分类、目标检测、语音识别等,越来越多的研究者也已经开始关注基于深度神经网络的机器阅读理解方法。基于深度学习的机器阅读理解方法试图建立一套"端到端"的网络模型,不像传统阅读理解方法的Pipeline的处理策略,这类方法将所有的阅读理解步骤都建模在统一的学习框架中,试图基于已标注的训练语料,自动学习文本的语义表示、语义组合过程以及问答的过程。其中最具代表性的模型就是记忆网络(memory network)。

记忆网络的核心是记忆模块,可以看作是一个知识存储器。在学习的过程中,首先需要对这个存储器的内容进行插入或更新,然后在测试时依靠这个存储器中的信息对答案进行推理判断。具体地,记忆网络包含下面4个主要模块。

I:输入特征映射——将输入转换为内部特征表示。

G:泛化——得到新的输入时对过去的记忆进行更新。称这步为泛化的原因是,在整个过程中,网络能够根据未来的某些特定需要压缩、泛化本身的记忆。

O:输出特征映射——根据当前的输入和记忆状态得到输出(这一步的输出是内部特征表示的形式)。

R:响应——将上一步中的输出转换为指定的响应格式。

举例来说,对于一个特定的输入,模型会按照以下步骤执行操作:①将转换为内部特征表示的形式;②根据输入更新记忆;③根据输入和记忆计算输出特征;④最后解码得到响应结果。对于特定的任务来说,每个组件都能够设计成不同的函数。

基于深度学习的方法主要依靠神经网络对文档和问题以及答案进行表示,然后再比较语义相似度。

8.9.3 机器阅读理解研究展望

2017年,微软亚洲研究院周明在文章"深度学习在自然语言处理领域的最新进展"中介绍了该研究院的成果:"斯坦福大学做了一个阅读理解测试题并于2016年9月上线。它提供了一定规模的训练集、开发集和测试集。该任务的答案基本都在文中出现过,需要找出答案候选,然后经排序输出一个最好的答案。参赛队伍把用训练集训练的系统提交给斯坦福大学后,由它运行你的系统,然后在其网站上发表测试结果。提交的结果包含单系统和多系统融合的结果。我们的工作比较幸运,无论是单系统,还是多系统,都一直位居所有参赛队伍的第一名。我们的系统融合的结果目前能做到76分左右,而斯坦福大学雇人做题的正确率可达81%,可见针对这个阅读理解任务,计算机和人还有5分的差距。"

机器阅读理解的研究未来有3方面值得关注。

第一,首先从统计的角度分析,现有针对问答系统的深度学习技术(如记忆网络、神经图灵机、关注模型)都是需要大量数据才能很好地训练的,如果把阅读理解过程当成一个非常复杂的函数,这个函数实现从文本(函数自变量)到知识(函数因变量)的映射,由于映射过程复杂,值域定义域非常大,所以,想通过数据对这个函数进行拟合(深度神经网络的训练过程),需要大量数据才能完成。如何利用现有的含有不同语义特征的语言学资源帮助完成阅读理解任务,使现有的神经网络方法能够很好地展现其能力,是未来阅读理解研究的一个重要方向。

第二,从逻辑的角度看,对过程进行建模如果从统计的角度,则需要大数据,而通过逻辑的角度,则是一条条规则。如何依靠数据对规则进行建模是一个非常期待的研究方向。现在的马尔可夫逻辑网,概率软逻辑在这一方面展现了很好的性能,但是,由于这些工作的基本单元还是符号规则,因而应用性还是不高。如何将最基本的规则单元从符号转换到连续数值空间,使之有更强的鲁棒性和数据驱动性则是一个亟待解决的问题。

第三,现有的深度学习方法往往着重于句子整体的语义,实行端对端的训练,这种方式简单,但可解释性差,内部机制还难以理解。那么,我们是不是可以把阅读理解"推理"任务拆分开,把整个文本理解过程当作很多更细粒度的语义分析过程的集合,然后对每一个子部分进行建模。最后将这些子过程有机结合在一起,组成最后的理解过程,是不是会有更好的效果和更好的解释性。

8.10 机器写作

机器写作(又称自然语言生成)是自然语言处理领域的重要研究方向之一,也是近期的研究热点。我们希望计算机同时具有读与写的能力,除了掌握阅读和理解语言文字的本领外,还能够掌握文字创作的本领,从而像人类一样写出高质量的各类文字作品,如新闻资讯、报告、诗歌、小说、作文等。

机器写作在传媒、出版、文娱、广告等多个行业均具有广阔的应用场景。欧美等地较早就创建了多家专注于机器写作、技术应用的公司,如 ARRIA、AI、Narrative Science 等,这些公司基于行业数据生成行业报告或新闻报道,从而节省了大量的人力。同时,不少国外知名媒体单位纷纷采用机器写作技术进行新闻稿件创作,替代编辑与记者的部分工作。例如,2006 年,美国汤姆森公司开始用机器人撰写金融新闻,2014 年,美联社全面利用机器人 WordSmith(AI 公司的写作引擎)进行写作。近几年,机器写作在国内也逐渐受到业界的重视,包括今日头条、腾讯、百度、360 等各大互联网公司以及新华社、南方都市报、第一财经等传统媒体单位均开展了机器写作技术的研究与应用。他们推出了 Xiaomingbot、DreamWriter、快笔小新、小南、DT 稿王等多款写作(写稿)机器人。其中,Xiaomingbot 是北京大学计算机所与今日头条在 2016 年 7 月联合推出的写稿机器人。它能够针对各类体育赛事撰写稿件,包括短篇消息与长篇通信,目前累计撰写的新闻稿件已达万篇,获得数千万的阅读量。

上述应用表明,机器写作不再属于纸上谈兵,而是已经对人类工作和生活产生了重大影响。与人类作者相比,机器写作具有效率高、实时性好、覆盖性强、无偏见等优点,同时,据今日头条的线上测试表明,机器人撰写的新闻稿件的阅读率与人工稿件的阅读率基本相同,这说明机器稿件的质量是不错的,能够被广大用户接受。

计算机不能凭空写作,必须根据所输入的数据与素材进行创作。根据不同类型的输入,计算机一般采用不同的写作方式进行创作,如原创、二次创作和混合创作。混合创作是指计算机结合原创与二次创作两种方式进行文字创作,稿件中的一部分内容从结构化数据中直接生成,而另一部分内容则从已有文本中进行提炼或改写得到。混合创作能够生成内容更加丰富、形式更加多样的文本。

8.10.1 机器原创稿件

计算机根据输入的结构化数据(如报表、RDF 数据等)进行文字创作。该方式能够生成原创稿件,是目前机器写作的主要方式,适用于天气预报、医疗报告、赛事简讯、财经报道等文本的生成。

数据到文本的生成系统的一般框架如图 8-19 所示。该框架由英国阿伯丁大学 Ehud Reiter 在三阶段流水线模型的基础上提出。其中,信号分析模块通过利用各种数据分析方法检测输入数据的基本模式,输出离散数据模式;数据阐释模块通过对基本模式和输入事件进行分析,推断出更加复杂和抽象的消息,同时推断出它们之间的关系,之后输出高层消息以及消息之间的关系;文档规划模块分析决定哪些消息和关系需要在文本中提及,同时确定文本的结构,最后输出需要提及的消息以及文档结构;微规划与实现模块根据选中的消息及结构通过自然语言生成技术输出最终的文本,主要涉及对句子进行规划以及句子实现,最终实现的句子具有正确的语法、形态和拼写,同时采用准确的指代表达。

在实际应用中,可采用模板制作和填充的方式实现数据到文本的生成。模板制作依赖于领域专家的写作经验,或者从大量平行语料中进行模板的自动学习与归纳。一旦模板制作完成,稿件的写作过程就很简单,只将相关数据填充到模板中即可。这种方式生成的稿件准确性高、可读性强;然而,由于模板比较固定,所以生成稿件的

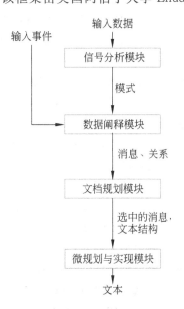

图 8-19 数据到文本的生成系统的一般框架

模式基本相同,多样性较差。当然,如果模板库足够丰富,稿件多样性少的问题也可以得到解决,但制作模板比较耗时、耗力。另一个严重的问题在于,不同领域的机器写作依赖于不同的数据和不同的模板,而模板的领域迁移性很差,这也导致目前机器写作应用难以实现跨领域迁移,面向新领域需要二次开发。

基于深度学习技术进行数据到文本的生成则不依赖于模板或规则,而是直接基于平行语料学习得到端到端的生成模型。然而,这样的写作方式虽然在研究上取得了一定的进展,但目前并不能保证所生成稿件的准确性与可读性,难以达到对稿件的高质量要求。此外,基于深度学习的生成模型需要大量(一般数万以上)的平行语料,而目前在很多领域又较难获取。

8.10.2 机器二次创作

计算机根据已有的文字素材(如已经发表的新闻)进行二次文字创作。该方式能够基

于已有稿件创作出不一样的稿件。例如，为一篇新闻生成摘要，对多篇相关新闻进行综述，对一篇新闻进行文字改写等。

二次创作主要依赖于两类自然语言处理技术：自动文摘与文本复述。自动文摘用于对单篇文本或多篇文本进行内容提炼与综合，形成摘要或综述。Xiaomingbot写稿机器人就利用了基于机器学习的自动文摘技术对平均长达5000字的赛事直播文字进行筛选与融合，形成长达千字的赛事报道。需要指出的是，多文档自动文摘比单文档自动文摘更具有挑战性，原因在于不同文档内容的冗余性、片面性与弱连贯性。因此，对多篇新闻报道进行长篇综述的生成极其困难，他们提出基于段落排序与融合的方法，取得了一定的效果。文本复述则用于对现有文字进行改写，在主题与意思基本不变的前提下产生另一种文字表述，从而避免原文照抄，也可达到文本风格化的目的。例如，可以将规范的书面用语改写为活泼的网络用语。可以将文本复述看作是一种单语言机器翻译问题，因此在平行语料充足的前提下，各种统计机器翻译方法（包括神经网络机器翻译）均可应用于此。但现实中却难以获得大规模的此类平行语料，因此，针对文本复述的研究需要另辟蹊径，最新的研究主要集中在如何有效地利用少量的平行语料和大规模的非平行语料进行复述模型的学习。

现有的自动文摘方法概括为4种：自动摘录、基于理解的自动文摘、信息抽取和基于结构的自动文摘。

1. 自动摘录

将文本视为句子的线性序列，将句子视为词的线性序列。具体分4步进行：①计算词的权值；②计算句子的权值；③对所有句子按权值高低降序排列，权值最高的若干句子被确定为文摘句；④将文摘句按照它们在原文中的出现顺序输出。计算权值的依据是文本的6种特征：词频、标题、位置、句法结构、线索词和指示性短语。

2. 基于理解的自动文摘

不仅利用语言学知识获取语言结构，还利用领域知识进行判断推理，得到文摘的意义表示并生成摘要。基本步骤包括：语法分析、语义分析、语用分析和信息提取、文本生成。篇章意义是原文分析的结果和文摘生成的依据，用脚本、概念从属结构、框架、一阶谓词逻辑等表示。

3. 信息抽取

以文摘框架为中枢，分为选择与生成两个阶段。文摘框架是一张申请单，它以空槽的形式提出应从原文中获取的各项内容。在选择阶段利用特征词从文本中抽取相关的短语或句子填充文摘框架，在生成阶段利用文摘模板将文摘框架中的内容转换为文摘输出。文摘模板是带有空白部分的现成的套话，其空白部分与文摘框架中的空槽对应。

由于文摘框架的编写完全依赖于领域知识，必须为每个领域都编写一个文摘框架，先进行主题识别，根据主题调用相应的文摘框架。

4. 基于结构的自动文摘

篇章是有机的结构体，其中的不同部分承担着不同的功能，彼此存在错综复杂的关系。通过分析篇章结构找出核心部分。但是，语言学对于篇章结构的研究还很不够，可用的形式规则更少，这使得基于结构的自动文摘还没有一套成熟的方法，不同学者用来识别篇章结构的手段也有很大差别。它更符合科技文献文摘编写的标准。

8.10.3 机器写作展望

机器写作无论是在研究上,还是在应用上,都取得了明显的进展,但也面临不少困难。除了上文提到的平行语料缺乏、领域迁移性差等问题之外,还存在难以客观评价的问题。目前,机器写作的客观评价指标一般为 BLEU 和 ROUGE,这两个指标用来计算生成文本与参照文本之间的词语重叠程度。然而,文章的写作方式可以有千万种,每个作者都可以根据同一命题写出内容不一样但质量都很高的文章。那么,目前为生成文本只提供一两个参照文本的评价方式显然不合理,但现实却又只能如此。当然,我们可以采用人工进行主观评价,然而人工评价耗时、耗力,同时会受到外在因素的干扰。因此,未来有必要设计更合理的客观评价指标,这对机器写作领域的发展会起到不可估量的推动作用。

机器写作除了用于撰写新闻、报告等应用型文本外,近几年还被用于创作古诗、现代诗、散文等文学作品,如微软小冰、清华九歌等系统,能够分别创作现代诗和古诗,在文字形式上的总体效果还是不错的,但在意境上有所欠缺。我们也尝试了基于自动文摘的方式进行散文的自动"拼凑",经中学教师评分能够取得不错的分数。

在未来几年,机器写作将在更多行业和领域得到应用,从而节省大量的人力,体现更大的价值。同时,随着数据的逐步累积和模型的逐步完善,基于深度学习的机器写作将会取得显著的进展。

8.11 聊天机器人

目前的人机对话系统大致可以分为两类:一类是面向特定任务的;另一类是开放性的,系统没有特定的任务要求,也称聊天系统。

北京邮电大学智能科学与技术中心研制的会议室预定系统(Meeting Room Booking System, MRBS)是面向特定任务的系统。在该系统中,机器通过与用户对话获取用户要预定的会议室的时间、大小、人数、价格等信息。目前,仅从对话系统获取任务相关信息的角度看,针对特定任务的对话系统可以达到较好的性能。图 8-20 是 MRBS 人机对话系统的对话片段。

User:	我想在北京找一个 300 人的会议室。
MRBS:	有 300 人在北京开的会议,对吗?
User:	嗯,对的。
MRBS:	还有其他需求吗?
User:	下周三开会。
MRBS:	日期初步定在下周三,要开多长时间呢?
User:	还是下周五吧,开两天。
MRBS:	是下周五开,开两天,您预算多少呢?

图 8-20 MRBS 人机对话系统的对话片段

聊天机器人是一种通过自然语言模拟人类进行对话的程序,通常运行在特定的软件平台上,如 PC 平台或者移动终端设备平台,而类人的硬件机械体则不是必需的承载设备。

为了将图灵测试付诸实践,美国科学家兼慈善家 Hugh G. Loebner 于 1990 年设立了人工智能年度比赛——勒布纳奖(Loebner Prize)。勒布纳奖的设立旨在奖励首个与人类回复无差别的计算机程序,即聊天机器人系统,并以此推动图灵测试及人工智能的发展。

在勒布纳奖的推动下,聊天机器人的研究迎来了一个高潮,这里较为代表性的聊天机器人系统是 ALICE(Artificial Linguistic Internet Computer Entity)。Richard S. Wallace 博士在 1995 年开发了 ALICE 系统。ALICE 曾经在 2000 年、2001 年和 2004 年 3 次问鼎勒布纳奖。尽管 ALICE 采用的是启发式模板匹配的对话策略,但是它仍然被认为是同类型聊天机器人中性能最好的系统之一。

微软公司推出了基于情感计算的聊天机器人"小冰",百度推出了用于交互式搜索的聊天机器人"小度",进而推动了聊天机器人产品化的发展。

8.11.1 聊天机器人应用场景

近年来,基于聊天机器人系统的应用层出不穷。从应用场景的角度看,可以分为在线客服、娱乐、教育、个人助理和智能问答 5 个种类。

在线客服聊天机器人系统的主要功能是同用户进行基本沟通,并自动回复用户有关产品或服务的问题,以实现降低企业客服运营成本、提升用户体验的目的。其应用场景通常为网站首页和手机终端。代表性的商用系统有小 I 机器人、京东的 JIMI 客服机器人等。用户可以通过与 JIMI 聊天了解商品的具体信息以及反馈购物中存在的问题等。值得称赞的是,JIMI 具备一定的拒识能力,即能够知道自己不能回答用户的哪些问题以及何时应该转向人工客服。

娱乐场景下聊天机器人系统的主要功能是同用户进行开放主题的对话,从而实现对用户的精神陪伴、情感慰藉和心理疏导等作用。其应用场景通常为社交媒体、儿童玩具等。代表性的系统如微软"小冰"、微信"小微""小黄鸡""爱情玩偶"等。其中,微软"小冰"和微信"小微"除了能够与用户进行开放主题的聊天之外,还能提供特定主题的服务,如天气预报和生活常识等。

应用于教育场景下的聊天机器人系统根据教育的内容不同包括构建交互式的语言使用环境,帮助用户学习某种语言;在学习某项专业技能中,指导用户逐步深入地学习并掌握该技能;在用户的特定年龄阶段,帮助用户进行某种知识的辅助学习等。其应用场景通常为具备人机交互功能的学习、培训类软件以及智能玩具等,如科大讯飞公司开发的智能玩具"熊宝"可以通过语音对话的形式辅助儿童学习唐诗、宋词以及回答简单的常识性问题等。

个人助理类应用主要通过语音或文字与聊天机器人系统进行交互,实现个人事务的查询及代办功能,如天气查询、空气质量查询、定位、短信收发、日程提醒、智能搜索等,从而更便捷地辅助用户的日常事务处理。其应用场景通常为便携式移动终端设备。代表性的商业系统有 Apple Siri、Google Now、微软 Cortana、出门问问等。其中,Apple Siri 的出现引领了移动终端个人事务助理应用的商业化发展潮流。Apple Siri 随着 iOS 5 一同发布,具备聊天和指令执行功能,可以视为移动终端应用的总入口。然而,受到语音识别能力、系统本身自然语言理解能力的不足以及用户使用语音和 UI 操作两种形式进行人机交互时的习惯差异等限制,Siri 没能真正担负起个人事务助理的重任。

智能问答类的聊天机器人的主要功能包括回答用户以自然语言形式提出的事实型问题和需要计算和逻辑推理型的问题,以达到直接满足用户的信息需求及辅助用户进行决策的目的。其应用场景通常作为问答服务整合到聊天机器人系统中。典型的智能问答系统除了 IBM Watson 之外,还有 Wolfram Alpha 和 Magi,后两者都是基于结构化知识库的问答系统,且分别仅支持英文和中文的问答。

聊天机器人的研究主要有 3 部分内容:单轮聊天、多轮聊天以及个性化聊天。单轮聊天研究的是如何针对当前输入信息给出回复。这是聊天机器人研究中最基本的问题,也是构建聊天机器人首先要解决的问题。多轮聊天是研究如何在回复过程中考虑上下文信息。这个问题不仅在聊天机器人中,在任何对话系统的研究中都是本质问题。由于对话上下文每一句都很短,而且不同上下文语境间没有明显的边界,也没有大规模的标注语料,上下文分析(特别是聊天机器人中针对开放域对话的上下文分析)一直是一个难点。个性化聊天是要让聊天机器人可以根据用户的喜好以及当前的情绪等给出不同的回复。这是聊天机器人对话中独有的问题,目的是提高用户对聊天机器人"陪伴"角色的认可度,从而增加用户黏性。

8.11.2 聊天机器人系统的组成结构及关键技术

通常,聊天机器人的系统框架如图 8-21 所示,包含 5 个主要的功能模块。语音识别模块负责接收用户的语音输入,并将其转换成文字形式交由自然语言理解模块进行处理。自然语言理解模块在理解了用户输入的语义之后,将特定的语义表达式输入到对话管理模块中。对话管理模块负责协调各个模块的调用及维护当前对话状态,选择特定的回复方式并交由自然语言生成模块进行处理。自然语言生成模块生成回复文本输入给语音合成模块,将文字转换成语音输出给用户。这里仅以文本输入形式为例介绍聊天机器人系统,语音识别和语音合成相关技术则不展开介绍。

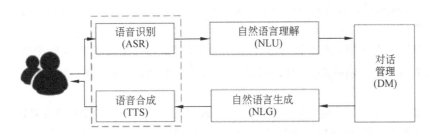

图 8-21 聊天机器人的系统框架

1. 自然语言理解

自然语言理解的目的是为聊天任务生成一种语义表示形式。通常,聊天机器人系统中的自然语言理解功能包括用户意图识别、用户情感识别、指代消解、省略恢复、回复确认及拒识判断等技术。

（1）用户意图识别：用户意图又包括显式意图和隐式意图。显示意图通常对应一个明确的需求，如用户输入"我想预定一个标准间"，明确表明了想要预订房间的意图；而隐式意图则较难判断，如用户输入"我的手机用了三年了"，有可能想要换一个手机或者显示其手机性能和质量良好。

（2）用户情感识别：用户情感同样也包含显式和隐式两种，如用户输入"我今天非常高兴"，明确表明了喜悦的情感；而"今天考试刚刚及格"则不太容易判断用户的情感。

（3）指代消解和省略恢复：在对话过程中，由于人们之间具备聊天主题背景一致性的前提，用户通常使用代词指代上文中的某个实体或事件，或者干脆省略一部分句子成分。但对于聊天机器人系统来说，只有明确了代词指代的成分以及句子中省略的成分，才能正确理解用户的输入，给出合乎上下文语义的回复。因此，需要进行代词的消解和省略的恢复。

（4）回复确认：用户意图有时会带有一定的模糊性，这时就需要系统具有主动询问的功能，进而对模糊的意图进行确认，即回复确认。

（5）拒识判断：聊天机器人系统应当具备一定的拒识能力，主动拒绝识别超出自身回复范围之外或者涉及敏感话题的用户输入。

当然，词法分析、句法分析以及语义分析等基本的自然语言处理技术，对于聊天机器人系统中的自然语言理解功能也起到了至关重要的作用。

2. 对话管理

对话管理功能主要协调聊天机器人的各个部分，并维护对话的结构和状态。对话管理功能中涉及的关键技术主要有对话行为识别、对话状态识别、对话策略学习及对话奖励等。

（1）对话行为识别：对话行为是指预先定义或者动态生成的对话意图的抽象表示形式，分为封闭式和开放式两种。所谓封闭式对话行为，即将对话意图映射到预先定义好的对话行为类别体系，常见于特定领域或特定任务的对话系统，如票务预订、酒店预订等。例如，"我想预订一个标准间"，这句话被识别为 Reservation(Standard_room) 的对话行为。相对地，开放式对话行为则没有预先定义好的对话行为类别体系，对话行为动态生成，常见于开放域对话系统，如聊天机器人。例如，"今天心情真好啊"，这句话的对话行为可以通过隐式的主题、N 元组、相似句子簇、连续向量等形式表达。

（2）对话状态识别：对话状态与对话的时序及对话行为相关联，在 t 时刻的对话行为序列即为 t 时刻的对话状态。因此，对话状态的转移就由前一时刻的对话状态与当前时刻的对话行为决定。

（3）对话策略学习：通常是通过离线的方式，从人—人对话数据中学习对话的行为、状态、流行度等信息，从而作为指导人—机对话的策略。这里，流行度通常是指特定模式在语料库中的频度。

（4）对话奖励：是对话系统的中间级评价机制，但会影响对话系统的整体评价。常见的对话奖励有槽填充效率和回复流行度等。

3. 自然语言生成

自然语言生成通常根据对话管理部分产生的非语言信息，自动生成面向用户的自然语言反馈。近年来,在聊天机器人系统上的对话生成主要涉及检索式和生成式两类技术。

(1) 检索式对话生成技术:检索式的代表性技术是在已有的人—人对话语料库中,通过排序学习技术和深度匹配技术找到适合当前输入的最佳回复。这种方法的局限是仅能以固定的语言模式进行回复,无法实现词语的多样性组合。

检索式聊天机器人需要实现线上和线下两部分。线下部分由 3 个模块组成:索引、匹配模型以及排序模型。这 3 个模块分别为线上产生回复候选、信息-回复对的特征描述,以及回复候选的排序。索引中收集了大量来自社交网络上人与人的交流数据,组织成"一问一答"结构。索引是检索式聊天机器人的基础,其目的是当线上来了一个用户的信息后,能够快速从大量"问答对"中获得可能的回复候选。匹配模型是检索式聊天机器人的关键,其作用是实现对用户信息和回复候选的语义理解,对二者语义上构成回复关系的可能性进行打分。这些打分在线上构成了每个信息-回复对的特征,而这些特征最终由一个排序模型进行整合,产生最终的候选排序。机器人最后的回复从排在前面的候选中产生。

检索式聊天机器人很大程度上借鉴并沿用了搜索引擎的架构。不同于搜索引擎的网页搜索,聊天机器人在回复时还要考虑上下文,考虑当前用户的状态(如情绪),以及聊天机器人自身的设定(如是男,是女),有什么喜好等。检索式聊天机器人的一大优势在于,上下文信息、用户情绪理解以及自身设定等都可以通过特征的方式加入到排序中。例如,在考虑上下文的时候,一般是把一定长度的上下文通过神经网络变成向量,然后计算这些向量与回复候选的相似度,并将相似度作为特征加入到排序模型中。而在个性化聊天中,回复候选和用户画像的匹配程度也可以作为排序特征,在最终的候选排序中发挥作用。由于排序学习算法和工具在搜索引擎的发展过程中已经非常成熟,检索式聊天机器人可以利用已有的技术简单有效地解决这些问题。

(2) 生成式对话生成技术:生成式的代表性技术则是从已有的人-人对话中学习语言的组合模式,是通过一种类似机器翻译中常用的"编码—解码"的过程去逐字或逐词地生成一个回复,这种回复有可能是从未在语料库中出现的、由聊天机器人自己"创造"出来的句子。

生成式聊天机器人的原理比较简单:①在编码阶段,利用一个神经网络(如循环神经网络)将输入信息编码成向量;②在解码阶段,以编码向量为条件的语言模型生成可能的回复。这个语言模型通常也通过循环神经网络实现。一般的循环神经网络无法很好地捕捉到词与词之间长距离的依赖关系,因此,在编码—解码模型的实现中一般采用长短期记忆单元或者门限循环单元作为循环神经网络的实现。生成模型由于其特有的优势,被认为是聊天机器人未来的发展方向,同时也是学术界目前关注的重点。

4. 基于神经符号处理的问答系统

近几年,基于神经符号处理的问答系统的研究有了很大突破。可以从数据出发,完全端到端地构建问答系统。不需要人工干预,只提供足够量的训练数据。问答的准确率也有了一定的提升。传统的语义分析技术被颠覆。下面介绍几个有代表性的工作。

脸书(Facebook)的 Weston 等人提出了记忆网络(memory networks)框架,可用于如下场景的问答。

John is in the playground.

Bob is in the office.
John picked up the football.
Bob went to the kitchen.
Q：where is the football?
A：playground.

记忆网络由神经网络和长期记忆组成。长期记忆是一个矩阵,矩阵的每一个行向量是一个句子的语义表示。阅读时,记忆网络可以把给定的句子转换成内部表示,存储到长期记忆中。问答时,把问句也转换成内部表示,与长期记忆中每行的句子语义表示进行匹配,找到答案,并做回答。

谷歌 DeepMind 的 Graves 等发明了可微分神经计算机(differentiable neural computer)模型。该模型由神经网络和外部记忆组成。外部记忆是一个矩阵,可以表示复杂的数据结构。神经网络负责对外部记忆进行读写,它有 3 种类型,拥有不同的注意力机制,表示 3 种不同的读写控制,对应哺乳动物中海马体的 3 种功能。神经网络在数据中进行端到端的学习,学习的目标函数是可微分的函数。可微分神经计算机模型被成功应用到包括智能问答的多个任务中。

谷歌的 Neelakantan 等开发了神经编程器(neural programmer)模型,可以从关系数据库中寻找答案,自动回答自然语言问题。模型整体是一个循环神经网络。每一步都是基于问句的表示(神经表示)以及前一步的状态表示(神经表示),还包括计算操作的概率分布和列的概率分布,以及选择对数据库表的一个列执行一个操作(符号表示)。顺序执行这些操作,并找到答案。操作表示对数据库列的逻辑或算数计算,如求和、大小比较。学习时,整体目标函数是可微分的,用梯度下降法训练循环神经网络的参数。

谷歌的 Liang 等开发了神经符号机(neural symbolic machines)模型。神经符号机可以从知识图谱三元组中找到答案,回答像"美国最大的城市是哪个?"这样的问题。模型是序列对序列(sequence-to-sequence)模型,将问题的单词序列转换成命令的序列。命令的序列是 LISP 语言的程序,执行程序就可以找到答案。神经符号机的最大特点是序列对序列模型表示和使用程序执行的变量,用附加的键-变量记忆(key-variable memory)记录变量的值,其中键是神经表示,变量是符号表示。模型的训练是基于强化学习(策略梯度法)的端到端的学习。

华为公司的吕正东等开发了神经查询器(neural enquirer)、符号查询器(symbolic enquirer)和连接查询器(coupled enquirer)3 个模型,用于自然语言的关系数据库查询。例如,可以从奥林匹克运动会的数据库中寻找答案,回答"观众人数最多的奥运会的举办城市的面积有多大?"这样的问题。问答系统包括语言处理模块、短期记忆、长期记忆和查询器,语言处理模块又包括编码器和解码器。查询器基于短期记忆的问题表示(神经表示)从长期记忆的数据库中(符号表示与神经表示)寻找答案。符号查询器是一个循环神经网络,将问句的表示(神经表示)转换为查询操作(符号表示)的序列,执行操作序列就可以找到答案。利用强化学习,具体的策略梯度法,可以端到端地学习此循环神经网络。神经查询器是一组深度神经网络,将问句的表示(神经表示)多次映射到数据库的一个元素(符号表示),也就是答案,其中一个神经网络表示一次映射的模式。利用深度学习,具体的梯度下降法,可以端到端地学习这些深度神经网络。符号查询器执行效率高,学习效率不高;神经查询器学习效率高,执行效率不高。连接查询器结合了两者的优点。学习时首先训练神经查询器,然后以其结果训练符号查询器,问答时只使用符号查询器。

8.11.3 聊天机器人研究存在的挑战

当前,聊天机器人的研究存在的挑战包括:对话上下文理解和知识理解、对话上下文建模、对话过程中的知识表示、对话策略学习、聊天机器人智能程度的评价等。

(1) 对话上下文理解和知识理解:在多轮对话时,机器人往往抓不住上下文的要点,经常给出一些与上下文无关或者是前后矛盾的回复。因此,聊天机器人首先应该是能理解。这种理解,狭义上是指对当前对话的理解,如谁说了什么,怎么说的,上下文逻辑是什么,有什么意图等;而广义上则是对整个世界的理解,如对话中各种实体的理解,概念的内涵、外延的理解,以及能够把握它们之间的联系,具有和一般人相当的对于常识的认识等。

(2) 对话上下文建模:聊天是一个有特定背景的连续交互过程,在这一过程中经常出现上下文省略和指代的情况。一句话的意义有时要结合对话上下文或者相关的背景才能确定,而现有的自然语言理解主要基于上下文无关假设,因此对话上下文的建模成为聊天机器人系统的主要挑战之一。

(3) 对话过程中的知识表示:知识表示一直就是人工智能领域的重要课题,也是聊天机器人提供信息服务的基础。聊天机器人相关的领域任务可能有复杂的组成,牵涉很多因素,只有了解这些因素的关系和相关的含义,才能与用户做到真正意义上的交流。

(4) 对话策略学习:对话策略涉及很多方面,其中最主要的是对话的主导方式。对话主导方式可以分为用户主导、系统主导和混合主导 3 种方式。在当前的对话管理研究中,系统应答的目标是自然、友好、积极,在不会发生问题的情况下,让用户尽可能自主,实现对话的混合主导。

(5) 聊天机器人智能程度的评价:目前,聊天机器人智能程度的评价也是一项挑战。虽然可以采用一些通用的客观评价标准,如回答正确率、任务完成率、对话回合数、对话时间、系统平均响应时间、错误信息率等,对聊天机器人进行评价,评价的基本单元是单轮对话。但是,由于人机对话过程是一个连续的过程,而对不同聊天机器人系统的连续对话的评价仅能保证首句输入的一致性,当对话展开后,不同系统的回复不尽相同,因此不能简单地将连续对话切分成单轮对话去评价。于是,设计合理的人工主观评价也许能够成为客观评价标准之外对聊天机器人系统智能程度评价的重要指标。今后的聊天机器人研究则更加注重"情商",即注重聊天机器人的个性化情感抚慰、心理疏导和精神陪护等能力。

8.12 小结

自然语言理解是一件困难的工作,这主要是由于不同的应用对于理解系统提出了不同的要求,因此导致目标表示的复杂程度有很大差异。另外,在理解过程中,将源句子转换为目的句子的时候存在着不确定性,它们之间不存在简单的映射关系。源句子中各成分之间、句子和句子之间在语义上都具有相关性,在句子中处于同样位置的词组会因语义相关性导致句法结构的较大差异。

刘挺在文章"语言处理的十个发展趋势"中指出自然语言处理的趋势如下：①语义表示：从符号表示到分布表示；②学习模式：从浅层学习到深度学习；③NLP平台化：从封闭走向开放；④语言知识：从人工构建到自动构建；⑤对话机器人：从通用到场景化；⑥文本理解与推理：从浅层分析向深度理解迈进；⑦文本情感分析：从事实性文本到情感文本；⑧社会媒体处理：从传统媒体到社交媒体；⑨文本生成：从规范文本到自由文本；⑩NLP+行业：与领域深度结合，为行业创造价值。

本章从语言理解的层次上对词法分析、句法分析、语义分析、大规模真实文本分析等进行了介绍。这些都是一些基本的技术或方法，要真正用来解决实际问题，达到比较好的效果，如对句子翻译、文本翻译以及语言环境的处理，还有很多问题需要突破。

长远来看，自然语言理解程序会成为大多数软件的一部分，主要的功能或需求是作为前端和用户进行通信的工具。

自然语言处理(NLP)主要技术可以分为3层。底层是自然语言的基本技术，包括词汇级、短语级、句子级和篇章级的表示，如词和句子的多维向量表示，分词、词性标记、句法分析和篇章分析。中间层是自然语言的核心技术，包括机器翻译、提问和问答、信息检索、信息抽取、聊天和对话、知识工程、自然语言生成和推荐系统等。上层是NLP+，就是NLP的应用，如搜索引擎、智能客服、商业智能、语音助手等；也包括在很多垂直领域(如银行、金融、交通、教育、医疗、军事领域)的应用。NLP技术及其应用是在相关技术或者大数据支持下进行的。用户画像、大数据、云计算平台、机器学习、深度学习，以及知识图谱等构成了NLP的支撑技术和平台。

谷歌推出了基于知识图谱的新型搜索服务。与传统网页搜索相比，基于知识图谱的搜索能够更好地理解用户的搜索意图，并对相关内容和主题进行总结。未来的搜索是智慧搜索。①精准搜索意图理解，体现精准分类、语义理解、个性化；②复杂多元对象搜索，如表格、文本、图片、视频、文案、素材、代码、专家；③多粒度搜索，体现篇章级、段落级、语句级等粒度；④跨媒体搜索，即不同媒体数据联合完成搜索任务。

自然语言的发展从基于规则方法到基于统计方法，再到基于深度学习的方法，技术越来越成熟了，而且很多领域都取得了巨大的进步。随着深度神经网络技术、大数据、云计算这3个主要因素的推动，自然语言处理越来越实用。第一，手机语音翻译实用化，拿起电话说话，从中文翻译成英文(或日文、法文等)，通常情况可达实用。第二，自然语言的会话技术(包括聊天、问答)会在单轮精度和多轮建模上进一步突破，并可应用于智能家居和语音助手等领域。第三，智能客服系统。单轮可以解决的工作，以及可明确定义对话状态的多轮交互，将被智能客服所取代。智能客服加上人工客服完美的结合，将使客服的效率大幅提高。第四，自然语言生成的各项任务(如写诗、写小说、写新闻稿件等)在未来5~10年会得到实际应用。最后，自然语言技术配合其他AI的技术(如感知智能的技术，在医疗、军事、教育、银行、法律、投融资、无人驾驶等垂直领域)会起到实实在在的应用。

在语音识别方面，基于深度学习的语音识别系统目前已经在识别准确率方面有了显著提升，未来深度学习将继续在海量语音数据的精细学习、持续提升识别系统的口音覆盖和噪声场景鲁棒性等方面发挥重要作用；在语音合成和声音转换方面，建立考虑语音时序特性的深层产生模型以及使用深层模型实现对基频等韵律特征的预测与转换将是今后的研究重点；在语音增强和分离方面，未来的研究重点之一是通过海量语音和噪声数据的覆盖以及设计合理的后处理算法,提高DNN模型在实际噪声场景下的推广性和通用性。

计算机还不能自动地对数据进行筛选和提炼,抽取信息和知识,并把它们关联起来,存储在长期记忆里,为人类服务。未来会有这样的智能信息和知识管理系统出现,它能够自动获取信息和知识,如对之进行有效的管理,能准确地回答各种问题,成为每一个人的智能助手。

习题

8.1 什么是自然语言理解?自然语言理解过程有哪些层次?各层次的功能如何?

8.2 为什么说计算机理解自然语言是一件困难的任务?原因是什么?

8.3 在理解语言上,人脑和电脑(机器)之间有没有不可逾越的鸿沟?

8.4 阐述短语文法结构和Chomsky的语言体系,说明各种语言对文法规则表示形式的限制。

8.5 给出下列句子的句法分析树。
(1) The boy smoked a cigarette.
(2) The cat ran after a rat.
(3) She used a fountain pen to write her biography.

8.6 转移网络和ATN的工作原理是什么?为什么说ATN使句法分析器具有分析上下文有关语言的能力?

8.7 用转移网络分析 The man reacted sharply。

8.8 什么是语义文法?什么是格文法?它们各有什么特点?

8.9 用格结构表示下面的句子。
(1) The plane flew above the clouds.
(2) John flew to New York.

8.10 简述搜索引擎的工作原理。

8.11 智能搜索引擎分哪几类?

8.12 机器翻译系统可以分成哪几种类型?

8.13 简述语音识别过程。

8.14 (思考题)建立一个包含10个查询的测试集,把它们提交给3个主要的万维网搜索引擎。评估每个搜索引擎分别在返回1,3,10篇文档时的准确率。你能解释它们之间的区别吗?

8.15 (思考题)编写一个正则表达式或者一个简短的程序用来抽取公司名称。请在商业新闻语料库上对其进行测试。报告你的准确率和召回率。

8.16 (思考题)知识图谱。谷歌推出的知识图谱智能化搜索功能,其目标就是对搜索结果进行系统的知识整理,使每个用户查询的关键词都能映射到知识库的概念上。阅读相关文献,阐述主要技术及应用。

8.17 (思考题)多媒体信息检索。伴随着便携式数码设备的流行以及媒体压缩、存储和通信技术的进步,多媒体数据呈现爆炸式增长并全方位渗透到人们的生活中。如何有效地对多媒体信息进行检索,一直是多媒体以及信息检索研究领域的热点问题。阅读相关文献,阐述主要技术及应用。

8.18 (思考题)语义万维网搜索。语义万维网将统一资源标识符(Uniform Resource Identifier,URI)标识的范围从网页等信息资源拓展到所有事物,特别是真实世界中的实体(如一本书)以及人们在社会实践中形成的概念(如书、作者等),并采用基于图的资源描述框架(Resource Description Framework,RDF)作为统一的数据模型描述事物与事物之间的关联;而且,不同的万维网应用在描述事物时共享由一组相关概念描述形成的万维网本体(Web Ontology,简称本体),从而使万维网上的数据交换从语法级别提升到语义级别。面对海量的基于本体的资源描述框架数据,万维网搜索面临一系列新挑战,也相继产生了许多建立在新的搜索模型和方法上的搜索引擎。这一新兴领域统称为语义万维网搜索。阅读相关文献,阐述主要技术及应用。

8.19 (思考题)交互式搜索意图理解。现代搜索引擎在协助用户完成复杂查询任务方面的能力仍极为有限,用户需要将大量认知精力耗费在寻找导航提示上,这使得阅读和选择所需信息的过程不可避免地受到影响。交互式搜索意图理解通过计算建模和可视化交互的方式协助用户进行信息探索,通过有效的交互界面使得用户获取信息。在进行任务级别的信息查找时,交互式搜索意图理解能够极大地提高用户的信息获取效率。阅读相关文献,阐述主要技术。

8.20 (思考题)考虑这样一个问题:评估返回答案排名列表(如同大部分万维网搜索引擎)的 IR(信息检索)系统质量的问题。合适的质量评估方法依赖于搜索用户的意图模型及其采取的策略。针对不同需求,提出相应的定量评测方法。

8.21 (思考题)机器翻译模型假设,在短语翻译模型中挑选出短语、扭曲模型改变顺序之后,语言模型可以整理所有的组合。本题研究这个假设是否明智。试着将下列语句按正确的词语顺序排列。

(1) have, programming, a, seen, never, I, language, better

(2) loves, john, mary

(3) is the, communication, exchange of, intentional, information brought, by, about, the production, perception of, and signs, from, drawn, a, of, system, signs, conventional, shared

(4) created, that, we hold these, to be, all men, truths, are, equal, self-evident
你能完成哪些语句的正确排列?你需要利用哪些知识?在训练语料库上训练一个二元模型,用该模型从测试语料中找到某些句子的概率最高的组合。报告该模型的准确率。

8.22 (思考题)美国地理。应用 Prolog 推理机制或其他语言开发美国地理数据库,并设计自然语言交互界面。用英语自然语言方式查询美国的州名、州府、面积、人口、城市、河流、湖泊、山脉、公路、邻州、州内制高点、制低点等地理情况。例如:
——States?
——Give me the cities in California.
——What is the biggest city in Texas?
——What is the longest river in the USA?

——Which river are more than 1 thousand miles long?
——What is the name of the state with the lowest point?
——Which states border Alabama?
——Which rivers do not run through Texas?
——Which rivers run through states that border the state whose capital is Austin?

第9章

智能规划

　　智能规划(automated planning/AI planning)是一种问题求解技术,它以某个特定的问题状态开始,寻找能实现目标的一系列动作。这一系列动作称为规划解,简称为规划(plan)。一个总规划可以含有若干个子规划。本章首先对规划问题进行描述,然后介绍一种表达能力丰富且设计精巧的用于表示规划问题(包括操作和状态)的问题建模语言,并进一步说明搜索过程也是一种规划过程,介绍前向、后向搜索算法和根据规划问题的表示结构设计启发式函数的技术,进而利用规划问题的表示,探讨不同于状态空间搜索的规划算法,如偏序规划、命题逻辑规划、分层网络规划、非确定性规划、条件规划、持续规划、多 Agent 规划等。

9.1 规划问题

　　使用标准搜索算法(如深度优先、A* 等)求解问题时,如果遇到现实世界的大规模问题,就会产生许多困难。

　　最明显的困难在于问题求解过程可能淹没在不相关的动作中。如从一个联机书商购买一本《人工智能》的任务,包含了许多不相关的动作。假设对于每一个十位数的 ISBN 码,都可以发生一个购买动作,则总共有 100 亿个动作。搜索算法必须检查全部 100 亿个动作的后续状态找出满足目标的一个动作,从而实现拥有一册 ISBN 号为 0137903952 的书。另外,一个明智的规划系统应能根据先前明确的目标描述,例如,Have(ISBN0137903952)来工作,并直接产生 Buy(ISBN0137903952)的动作。为了实现这种计算,只需要 Buy(x)的通用知识,已知这个知识和目标,规划能够通过一个简单的合一步骤判断 Buy(ISBN0137903952)是正确的动作。

　　接下来的困难是寻找一个好的启发函数。假设 Agent 的目的是在线购买 4 本不同的书,有待考查的含 4 个动作的规划会有 10^{40} 个,所以没有准确启发式的搜索是不可能的。很显然,对人来说,"未买到的书的数目"是对状态的目标距离的一个较好的启发式估计;但是,问题求解系统不能显而易见地拥有这种分析能力。因为在它看来,测试一个状态是否满足目标条件的过程只是一个返回逻辑真、假值的黑盒子，它不会计算有多少个目标条件仍未满足。因此，问题求解 Agent 缺乏自主性；它需要人对每个新问题提供一个启发函数。另外，如果一个规划系统能够明确地将目标表示成为目标条件的合取式，那么它就可以使用一个不依赖于具体领域问题特性的启发式函数：未满足的合取式的数目。例如，对于买书问题，目标条件是 $Have(A) \land Have(B) \land Have(C) \land Have(D)$，满足了 $Have(B)$ 的状态的目标距离是 3。这样，Agent 就能为这个问题以及其他很多问题自动获得合适的启发式函数。

最后，问题求解系统可能是低效的。因为它不能将问题进行分解。考虑这样一个问题，要将一组需要隔夜交付的包裹递送到它们各自的目的地，而这些目的地散布于整个国家或地区。为每个目的地找到最近的机场并且将整个问题分解成每个机场的子问题是一种有效的问题求解方式。在途经指定机场的一组包裹中，可以根据目标城市进行进一步的分解。我们前面讨论过进行这种分解的能力归功于约束满足问题求解系统的有效性。对于规划，这同样成立：在最坏情况下，它将要花费 $O(n!)$ 的时间以找到递送 n 件包裹的最佳规划，但是如果能够把问题分解成 k 个规模相当的子问题，那么只需要 $O((n/k)! \times k)$ 的时间。

实际上，规划问题仅在少数的理想情况下才能完全可分解。许多规划系统的设计（特别是后面谈到的偏序规划器）基于如下假设：现实世界的大多数问题是近似可分解的。也就是说，规划器能够独立地在子目标上工作，随后执行一些额外的工作将各个子规划解合并起来形成最终的总规划解。在某些问题上，由于一个子目标的实现过程可能撤销或阻碍另一个子目标的实现，这种子目标之间的相互作用使得规划问题无法分解（如九宫图游戏），从而导致规划问题的求解异常困难。

规划问题可以通过状态、动作和目标表示，这种表示的好处是使规划算法能利用问题的逻辑结构进行信息处理。因此，规划求解的一个关键是找到一种有足够表达能力能够描述较多类规划问题但又语法简约的语言，以使规划算法能够较高效地解析。为使读者理解规划问题的表示语言，本节首先介绍主流的经典规划问题表示语言——STRIPS（Stanford Research Institute of Problem Solver）语言。

下面从状态、目标和动作的表示方面简要介绍 STRIPS 语言。

1. 状态表示

规划器将世界分解成逻辑条件，并且把一个状态表示为正文字的合取。我们将考虑命题文字，例如，$Poor \land Unknown$ 可能表示了一个贫困而无名的不幸状态。也可以使用一阶文字，例如，$At(Plane_1, Melbourne) \land At(Plane_2, Sydney)$ 可表示包裹递送问题中的一个状态，一阶状态描述中的文字必须是基项（ground，即无变量的项）并且是无函数（function-free）的，而形如 $At(x, y)$ 或 $At(Father(Fred), Sydney)$ 的文字是不允许的。需要注意的是，在一个状态中未提及的条件被假定为假。

2. 目标表示

目标是用正的基文字的合取式表示的不完全指定状态，如 $Rich \land Famous$ 或 $At(P_2, Tahiti)$。假如一个命题状态 s 包含目标 g 的所有原子（可能还有其他原子），那么 s 满足 g。例如，状态 $Rich \land Famous \land Miserable$ 满足目标 $Rich \land Famous$。

3. 动作表示

一个动作是根据前提和效果指定的,前提(PRECOND)在该动作执行前必须成立,效果(EFFECT)则在其执行后发生。例如,一个表示飞机从一个地方到另一个地方的动作:

$Action(Fly(p, from, to))$,
  $PRECOND: At(p, from) \land Plane(p) \land Airport(from) \land Airport(to)$,
  $EFFECT: \neg At(p, from) \land At(p, to))$

更确切地称为动作模式,意思是它表示了许多不同动作,这些动作能够通过把变量 p, $from$ 和 to 初始化为不同常量得到。通常,一个动作模式由 3 部分组成。

(1) 动作名和参数表,例如,$Fly(p, from, to)$ 用来标识动作。

(2) 前提是无函数正文字的合取式,规定在动作能够被执行前,一个状态中的哪些文字必须为真。前提中的任何变量也必须出现在动作参数表中。

(3) 效果是无函数文字的合取式,描述了当动作执行时状态是如何变化的。效果中的正文字 P 在由动作产生的状态中被断言为真,而否定文字(负文字)$\neg P$ 则被断言为假。效果中的变量也必须出现在动作参数表中。

为了提高易读性,一些规划系统将效果划分为正文字的增加表和负文字的删除表。

在定义了规划问题的表示语法之后,下面定义语义。最直接的方法就是描述动作是如何影响状态的。首先,我们称一个动作在任何满足前提的状态下都是可用的;否则,动作没有结果。对于一阶的动作模式,建立可用性将包括一个对前提中变量的置换 θ。例如,假设当前状态描述为

$At(P_1, JFK) \land At(P_2, SFO) \land Plane(P_1) \land Plane(P_2)$
$\land Airport(JFK) \land Airport(SFO)$

这个状态满足前提

$At(p, from) \land Plane(p) \land Airport(from) \land Airport(to)$

用 $(p/P_1, from/JFK, to/SFO)$ 进行置换。这样,具体动作 $Fly(p, JFK, SFO)$ 是可用的。

从状态 s 出发,执行一个可用动作 a 的结果是状态 s',除了把 a 的效果中任何正文字 P 添加到 s' 中,把任何负文字 $\neg P$ 从 s' 中去除以外,s' 与 s 是一样的。这样,在 $Fly(p, JFK, SFO)$ 之后,当前状态变为

$At(P_1, SFO) \land At(P_2, SFO) \land Plane(P_1) \land Plane(P_2)$
$\land Airport(JFK) \land Airport(SFO)$

注意,如果一个正效果已经在 s 中,它不会被再次添加;如果一个负效果不在 s 中,这部分效果将被忽略。这个定义体现了 STRIPS 的"封闭世界假设",在结果中没提及的每个文字保持不变。

最后,我们可以定义规划问题的解。它的最简单形式就是一个动作序列,当在初始状态中执行时,导致满足目标的状态。

以上介绍的 STRIPS 语言,其中各种强加的变量限制是希望规划算法更加简单有效,而又不会太难而无法描述现实问题。一个最重要的限制是文字是无函数的。根据这个限制,我们能够确信对于一个给定问题的任何动作模式,都可以命题化——也就是说,转变成一个没有变量的纯命题动作表示的有限集合。例如,在一个 10 架飞机和 5 个机场的问

题的航空货物域中,可以把 $Fly(p, from, to)$ 模式转变成 $10 \times 5 \times 5 = 250$ 个纯命题动作。如果允许函数符号,那么将能构建出无限多的状态和动作。

近年来的研究已经逐渐表明,STRIPS 对于某些现实领域表达能力不足。结果是,开发了许多语言变种。表 9-1 简要描述了一种重要的语言,即动作描述语言(Action Description Language,ADL),同时与基础的 STRIPS 语言进行了比较。在 ADL 中,Fly 动作可以被写为

$Action(Fly(p: Plane, from: Airport, to: Airport);$
  $PRECOND: At(p, from) \land (from \neq to),$
  $EFFECT: \neg At(p, from) \land At(p, to))$

参数表中的符号 $p: plane$ 是前提中 $plane(p)$ 的一个缩写,这虽然没有增加表达能力,但可以更易读,同时也缩减了能够构建的可能命题动作的数目。前提 $(from \neq to)$ 表达了飞机航班不能从一个机场飞到同一个机场的事实。这在 STRIPS 语言中无法简洁地表达。

表 9-1 STRIPS 语言和 ADL 的对比

STRIPS 语言	ADL
在状态中只有正文字: $Poor \land Unknown$	在状态中,正、负文字都有 $\neg Rich \land \neg Famous$
封闭世界假设: 未被提及的文字为假	开放世界假设: 未被提及的文字是未知的
效果 $P \land \neg Q$ 意味着增加 P,删除 Q	效果 $P \land \neg Q$ 意味着增加 P 和 $\neg Q$ 及删除 $\neg P$ 和 Q
目标中只有基文字: $Rich \land Famous$	目标中有量化变量: $\exists x \, At(P1, x)$
目标是合取式: $Rich \land Famous$	目标允许合取式和析取式: $\neg Poor \land (Famous \lor Smart)$
效果是合取式	允许条件效果: When $P: E$ 表示只有当 P 被满足时,E 才是一个效果
不支持等式	内建了等式谓词 $(x = y)$
不支持类型	变量可以拥有类型,如 $(p: Plane)$

规划域定义语言(Planning Domain Definition Language,PDDL)提供了一种系统化、形式化的建模方法。这种语言允许研究者交换性能测试问题和比较结果。PDDL 包括针对 STRIPS、ADL 以及后面谈到的分层任务网络规划的子语言。

STRIPS 和 ADL 符号表示对于许多现实领域是足够的。然而,仍然存在一些重要的限制,最明显的是它们不能自然地表示动作的分支(ramification)。例如,如果飞机上有人、包裹或灰尘,那么当飞机飞行时,它们的位置也在变化。我们将在命题逻辑规划中看到更多这种状态约束的例子。经典规划系统甚至没有尝试去解决限制问题(qualification problem),未表示的界限可能引起动作失败的问题,这些将在 9.6 节条件规划中讨论。

9.2 状态空间搜索规划

使用状态空间搜索方法完成规划问题求解的技术称为状态空间搜索规划。因为规划问题中的动作描述同时说明了前提和效果,所以有可能在两个方向进行搜索:从初始状态向前搜索或从目标状态向后搜索。我们也能使用明确的动作和目标表示自动得到有效的启发式。

1. 前向状态空间搜索

前向状态空间搜索规划与第 3 章中的问题求解方法相似,有时也被称为前进(progression)规划,因为它沿向前的方向移动。我们从问题的初始状态出发,考虑动作序列,直到找到一个得到的目标状态的序列。

现在的问题是如何把规划问题形式化为状态空间搜索问题。

(1) 搜索的初始状态来自规划问题的初始状态。通常,每个状态会有一个正的基文字的集合,没有出现的文字为假。

(2) 可用于一个状态的动作是那些前提都得到满足的。动作产生的后继状态通过增加正效果文字和删除负效果文字生成(在一阶情况下,必须应用从前提到效果文字的合一)。注意,一个单一的后继函数对所有规划问题都可行,并且使用明确的动作表示的结果。

(3) 检验状态是否满足规划问题的目标。

(4) 单步耗散通常是 1。虽然允许不同的动作具有不同的耗散是很容易的,但是 STRIPS 很少使用。

回顾一下,在不出现函数符号的情况下,规划问题的状态空间是有限的。因此,任何完备的搜索算法(如 A*)都将是一个完备的规划算法。

从规划搜索的初期直到最近,人们首先认为前向状态空间搜索太低效而不能实际应用,这也不难找到原因。前向搜索不能解决无关动作问题,即所有可用动作都是从各个状态出发考虑的;其次,如果没有一个好的启发式,该方法就会迅速陷入困境。考虑一个有 10 个机场,每个机场有 5 架飞机和 20 件货件的航空货物问题,目标是将所有的货物从机场 A 运送到机场 B,这个问题有一个简单的解:将 20 件货物装载到机场 A 的一架飞机上,飞机到机场 B,卸载所有货物,但是找到解可能是困难的。因为平均分支因子是巨大的:5 架飞机中的任何一架可以飞到 9 个其他的机场,200 件包裹中的每一件也能一样被卸载(如果已经装载了)或者装载到机场的任何一架飞机上(如果没有装载)。平均而言,我们说存在大约 1000 个可能的动作,所以达到明显解的深度的搜索树大约有 1000^{41} 个结点。显然,需要一个非常精确的启发式,才能使这类搜索变得更有效率,在考察后向搜索之后,我们将讨论一些可能的启发式。

2. 后向状态空间搜索

后向状态空间搜索在第 3 章中进行过说明。我们注意到当目标状态用一个约束集描述而不是明确地列出时,后向搜索难以实现。特别地,如何生成目标状态集的可能前辈的描述并不总是显而易见的。STRIPS 表示使这个问题变得相当容易,因为状态集能够被在这些状态中一定为真的文字所描述。

后向搜索的主要优点是允许只考虑相关的动作。如果一个动作获得目标的合取子句中的一个,我们就说这个动作同目标合取式是相关的。例如,在我们的10机场航空货物问题中的目标是B机场拥有20件货物,或者用公式表示为

$$At(C_1, B) \land At(C_2, B) \land \cdots \land At(C_{20}, B)$$

现在考虑合取子句 $At(C_1, B)$。使用后向搜索,寻找以此合取子句为效果的动作。只有一个这样的动作: $Upload(C_1, p, B)$,这里飞机 p 并没有被指定。

注意,有许多不相关的动作也能够导向目标状态。例如,我们可以让一架空飞机从 JFK 飞到 SFO;这个动作从"飞机在 JFK 并且目标的所有合取子句都得到满足"的前辈状态达到一个目标状态。一个允许不相关动作的后向搜索仍然是完备的,但是它会十分低效。假如解存在,它就能够被只允许相关动作的后向搜索找到。相关动作的限制意味着后向搜索比前向搜索的分支因子少得多。例如,我们的航空货物问题有约1000个从初始状态出发的前向动作,但是从目标出发的后向动作只有20个可行。

后向搜索有时也称为回归规划。回归规划中的原则问题是这样的:对哪些状态应用动作会到达目标?计算这些状态的描述称为经过动作的目标回归。考虑航空货物例子,有目标

$$At(C_1, B) \land At(C_2, B) \land \cdots \land At(C_{20}, B)$$

和获得第一个合取子句的相关动作 $Upload(C_1, p, B)$,仅当其前提得到满足时,动作才会起作用。因此,任何前辈状态都必须包含这些前提: $In(C_1, p) \land At(p, B)$。而且,子目标 $At(C_1, B)$ 在前辈状态中应该不为真。因此,前辈的描述是

$$In(C_1, p) \land At(p, B) \land At(C_2, B) \land \cdots \land At(C_{20}, B)$$

除了要使动作达到某个期望的文字外,还必须使动作不撤销任何期望的文字。一个满足这种约束的动作被称为一致的。例如,动作 $Load(C_2, p)$ 与当前的目标不是一致的,因为它会否定文字 $At(C_2, B)$。

在给定相关性和一致性的定义之后,我们能够描述后向搜索中构造前辈的一般过程。已知一个目标描述 G,A 是一个相关而且一致的动作。对应的前辈要满足:

(1) 删除 G 中出现的 A 的任何正效果。
(2) 添加 A 的每一个前提文字,除非它已经出现了。

任何标准的搜索算法都能被用来执行这个搜索。当生成的前辈描述被规划问题的初始状态所满足时,生成终止。在一阶情况下,满足性可能需要前辈描述中的变量置换。例如,前一段落中的前辈描述,通过置换 $\{P_{12}/p\}$ 被初始状态

$$In(C_1, P_{12}) \land At(P_{12}, B) \land At(C_2, B) \land \cdots \land At(C_{20}, B)$$

所满足。当然,置换必须用于从当前状态引向目标的动作,产生解 $Upload(C_1, P_{12}, B)$。

3. 状态空间搜索的启发式

事实证明,没有一个好的启发式函数,无论前向搜索,还是后向搜索,都不是高效的。在 STRIPS 规划中,每个动作的耗散是1,所以距离是动作的数目。基本的想法是考虑动作的效果和必须到达的目标,从而猜测达到所有目标需要多少个动作,找到一个确切的数目是NP难题,但是,大部分时候,不需要太多的计算就找到一个合理的估计是可能的。我们也可能得到一个可采纳的启发式(一个没有过高估计的启发式),可以和 A* 搜索一起使用,找到最优解。

可以尝试两种方法：第一种方法是从给定问题的详细描述中得到一个松弛问题，希望能够很容易求解，松弛问题的最优解耗散为原始问题提供了一个可采纳启发式；第二个方法是假设一个纯分治算法可行。这被称为子目标独立性假设：求解子目标合取式的耗散可以近似为独立地求解每个子问题的耗散的总和。子目标独立假设可能是乐观的，也可能是悲观的。当每个子目标的子规划间存在负相互作用时，它是乐观的。例如，当一个子规划的动作删除了另一个子规划取得的一个目标时；当子规划包含冗余动作时，这是悲观的，因此也是不可采纳的。例如，在合并的规划中，两个动作可以被一个单一动作所替代。

考虑如何得到松弛规划问题，既然能够得到前提和效果的清晰表示，通过修改这些表示得到的处理过程就是可行的。（将这个方法与搜索问题相比较，搜索问题中后继函数相当于一个黑盒子）。最简单的想法是通过将动作删除所有前提使问题得到松弛，那么，每个动作都总是可用的。并且任何文字都可以一步获得（如果有可用的动作，否则目标是不可能的）。这几乎意味着求解一个目标合取式所需的步骤数就是未满足的目标数，因为①可能有两个动作，其中的每一个动作删除另一个获得的目标文字；②一些动作可能达到多个目标。假如把松弛问题和子目标独立性假设结合起来，这两个问题都随着假设而消失。产生的启发式恰好是未满足目标数。

在许多情况下，至少通过考虑达到多个目标的动作引起的正相互作用，能够得到更精确的启发式。首先，通过删除负效果进一步松弛问题；接着，计算所需动作的最小数目，而这些动作的正效果的并集能够满足目标。例如，考虑

$$Goal(A \wedge B \wedge C)$$
$$Action(x, \text{EFFECT}: A \wedge P)$$
$$Action(y, \text{EFFECT}: B \wedge C \wedge Q)$$
$$Action(z, \text{EFFECT}: B \wedge p \wedge Q)$$

覆盖目标$\{A,B,C\}$的最小集合由动作$\{X,Y\}$给出，所以覆盖集启发式返回的耗散值是2。这是子目标独立性假设上的一个改进，原来给出的启发值是3。虽然覆盖集问题是NP难题，但这是次要的。一个简单的贪婪覆盖集算法保证返回一个处于真正最小值的$\log n$倍范围内的值，其中n是目标中的文字个数，通常在实际应用中比这个要好。可是，贪婪算法不能保证启发式的可采纳性。

也可以通过只删除负效果，而不删除前提生成松弛问题。也就是说，在原始问题中，如果动作的效果是$A \wedge \neg B$，那么效果A将仍在松弛问题中。这意味着不用再担心子规划间的负相互作用，因为没有动作能够删除其他的动作得到的文字。产生的松弛问题得到的解耗散带来的启发式被称为清空删除表启发式。这个启发式是相当精确的，但是计算它涉及实际运行一个（简单的）规划算法。在实际应用中，松弛问题的搜索通常很快，这个代价是值得的。

这里定义的启发式在前进和回归方向上都能使用。编写时，使用清空删除表启发式的前向规划器保持领先。随着新的启发式和新的搜索技术的研究，这很可能会发生变化。既然规划问题是指数级难度的，没有算法会对所有问题都有效，但是许多实际问题还是可以通过启发式方法求解的。

9.3 偏序规划

1. 偏序规划的描述

前向和后向状态空间搜索是全序(完全有序)规划搜索的特殊形式,它们只搜索与起始或目标直接相关的严格线性动作序列。这意味着它们不能利用问题分解,它们必须总是决策如何从所有子问题出发对动作排序,而不是单独处理每个子问题,我们更愿意有一个方法能够独立地在一些子目标上进行,用一些子规划对它们求解,然后再合并这些子规划。

这种方法在构建规划的次序上也具有灵活性的优点。也就是说,规划系统能够先进行"显然的"和"重要的"决策,而不是被迫按历时顺序的步骤进行决策。例如,一个在伯克利的人想去蒙特卡洛,他可能先试图寻找从旧金山到巴黎的航班;得知出发和到达时间,然后它就可以继续想办法如何往返机场。

在搜索期间延迟某个选择的通用策略称为最少承诺策略。最少承诺没有形式化定义,显然某种程度的承诺是必要的,以免搜索没有任何进展。

第一个具体例子比规划一个假期要简单得多,考虑穿一双鞋的简单问题,可以把它描述为如下的形式化规划问题。

$Goal(RightShoeOn \wedge LeftShoeOn)$

$Init()$

$Action(RightShoe, \text{PRECOND}: RightSockOn, \text{EFFECT}: RightShoeOn)$

$Action(RightSock, \text{EFFECT}: RightSockOn)$

$Action(LeftShoe, \text{PRECOND}: RightSockOn, \text{EFFECT}: LeftShoeOn)$

$Action(LeftSock, \text{EFFECT}: LeftSockOn)$

一个规划系统应该能够找到 $RightSock$ 后紧跟着 $RightShoe$ 的双动作序列获得目标的第一个合取子句,找到 $LeftSock$ 后紧跟着 $LeftShoe$ 的双动作序列获得目标的第二个合取子句,然后这两个序列可以被合并而产生最后的规划。为了做到这些,规划系统会独立处理这两个子序列,而不承诺一个序列中的一个动作是另一个序列的动作之前,还是之后。任何能够将两个动作放在一个规划中而不指定哪一个在前的规划算法都称为偏序规划算法。图9-1显示了鞋子和袜子问题的解的偏序规划。注意,解是用动作图表示的,而不是序列。同时也注意称为 $Start$ 和 $Finish$ 的"空"动作,它们标记了规划的开始和结束,偏序规划的解相当于 6 个可能的全序规划,其中的每一个全序规划被称为偏序规划的线性化。

偏序规划(此后成为规划)可以作为偏序规划空间的一个搜索来实现。也就是说,从一个空规划开始。然后考虑改进规划的途径,直到找到一个能够解决问题的完整规划。这个搜索中的动作并不是现实世界中的动作,而是规划上的动作:给规划增加一步,通过将一个动作放到另一个的前面而强加顺序,等等。

下面定义偏序规划的 POP 算法,将 POP 算法写成一个独立程序是一种惯例,但是我们把偏序规划形式化表示为搜索问题的一个实例。这使我们集中于可用的规划改进步骤,而不用担心算法是如何探索空间的。事实上,一旦搜索问题被形式化表示后,范围广泛的各种无信息搜索和启发式搜索都可以被运用。

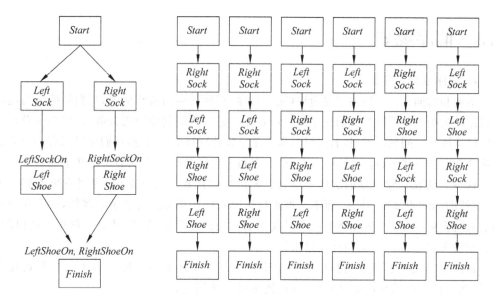

图 9-1 穿鞋袜问题的偏序规划及其 6 个线性化

注意,我们搜索问题的状态是(大多数是未完成的)规划。为了避免同现实世界中的状态相混淆,我们将讨论规划,而不是状态。每个规划都有下列 4 个部分,其中前两个定义了规划的步骤,后两个提供决定如何扩展规划的记录功能。

(1) 一组动作组成规划的步骤:这是从规划问题的动作集中选取的。"空"规划只包含 $Start$ 和 $Finish$ 动作,$Start$ 动作没有前提且将规划问题初始状态中的所有文字作为其效果,$Finish$ 动作没有效果且将规划问题的目标文字作为其前提。

(2) 一组定序约束:每个定序约束的形式是 $A<B$,读作"A 在 B 之前",它的意思是动作 A 必须在动作 B 之前某时刻执行,但是并不必要在紧邻的"之前"。定序约束必须描述一个合适的偏序,任何循环(如 $A<B$ 和 $B<A$)都表示矛盾。所以,如果会造成循环,该定序约束就不能添加到规划中。

(3) 一组因果连接。规划中动作 A 和 B 之间的因果连接写成 $A \xrightarrow{P} B$,读作"A 为 B 获得 P"。例如,因果连接

$$RightSock \xrightarrow{RightSockOn} RightShoe$$

断言 $RightSockOn$ 是动作 $RightSock$ 的效果,同时是 $RightShoe$ 的一个前提。它还断言在从执行动作 $RightSock$ 的时刻到执行动作 $RightShoe$ 的时刻的这段时期内,$RightSockOn$ 必须保持为真。换句话说,规划不能通过添加一个与新的因果连接冲突的动作 C 扩展。如果 C 产生效果 $\neg P$ 且如果 C 能够(根据定序约束)出现在 A 之后 B 之前,那么动作 C 同 $A \xrightarrow{P} B$ 相冲突。有人把因果连接称为保护区间,因为连接 $A \xrightarrow{P} B$ 在 A 到 B 的区间中保护 P 不被否定。

(4) 一组开放前提。当一个前提不能从规划的一些动作中得到时,它是开放的。在不引入矛盾的情况下,规划系统会致力于缩小开放前提集合,直到它成为空集。

例如,图 9-1 中的最终规划有下面这些组成部分(没有显示将任何其他动作都放在

Start 之后及 Finish 之前的定序约束)。

动作：{$RightSock, RightShoe, LeftSock, LeftShoe, Start, Finish$}

定序：{$RightSock < RightShoe, LeftSock < LeftShoe$}

连接：{ $RightSock \xrightarrow{RightSockOn} RightShoe$, $LeftSock \xrightarrow{LeftSockOn} LeftShoe$, $RightShoe \xrightarrow{RightShoeOn} Finish$, $LeftShoe \xrightarrow{LeftShoeOn} Finish$ }

开放前提：{}。

我们将在定序约束中没有循环而且与因果连接无冲突的规划定义为一致性规划。没有开放前提的一致性规划是一个解。不难得到，偏序解的每个线性化都是一个从初始状态执行后最终到达目标状态的全序解。这意味着可以把"执行规划"的概念从全序扩展到偏序。一个偏序替代一个偏序规划是通过反复选用任何可能的下一个动作执行的。后面会讨论到，Agent 在执行规划时可得到的灵活性在现实世界不与它协作时可能非常有用。灵活的定序也使得将小规划合并到大的规划中变得更容易，因为每个小规划能够重新对它的动作排序，以避免与其他规划冲突。

现在已经准备好形式化表示 POP 求解的搜索问题，我们将从适合命题规划问题的形式化方法出发，把一阶的复杂情况留到以后讨论，通常定义包括初始状态、动作和目标测试。

(1) 初始状态包括 Start 和 Finish，定序约束 $Start < Finish$，没有因果连接，并且将 Finish 状态的所有前提当作开放前提。

(2) 后继函数在动作 B 上任意选取一个开放前提 P，并为获得 P 的动作 A 的每个可能的一致性选择方式产生一个后继规划。一致性通过下面的方法得到加强。

① 因果连接 $A \xrightarrow{P} B$ 和定序约束 $A < B$ 被添加到规划中，动作 A 可能是规划中已经存在的动作或是新的。如果它是新的，就把它添加到规划中，同时也把 $Start < A$ 和 $A < Finish$ 添加到规划中。

② 我们解决新的因果连接与所有已经存在的动作之间的冲突以及动作 A (如果它是新的) 与所有已经存在的因果连接之间的冲突。$A \xrightarrow{P} B$ 和 C 之间冲突的解决方式是使 C 在保护区间以外的某时刻发生，通过添加 $B < C$ 或 $C < A$ 之一，如果它们导致一致性规划，我们就添加一个或全部两个后继状态。

(3) 目标测试是检验规划是不是原始规划问题的一个解。由于只生成了一致性规划，目标测试仅需要检验有没有开放前提。

这种形式化表示下的搜索算法考虑的动作是规划改进步骤，而不是来自领域自身的真实动作。因此，路径耗散是无关的，严格地说，因为唯一要紧的是路径引导出的规划实际动作的全部耗散。不过，指定反映实际路径耗散的路径耗散函数是可能的：我们把每个已添加到规划中的实际动作计为 1，所有其他改进步骤计为 0。这样，$g(n)$ 将与规划中实际动作的数目相等，其中 n 是一个规划，启发式估计 $h(n)$ 也可以使用。

有人可能认为后继函数需要包括每个开放的 P 的后继，而不只是其中之一。然而，这会是多余和低效的，因为与约束满足算法并未包含每个可能变量的后继的理由相同：我们考虑的开放前提的顺序是可交换的。因此，可以选择任意顺序，并且仍然是一个完备算法。选择一个合适的顺序可以导致更快的搜索,但是所有顺序都以同样的候选解集而告终。

2. 无约束变量的偏序规划

本节考虑当POP和包含变量的一阶动作表示一起使用时可能出现的复杂因素。假设有一个积木世界问题

$Init(On(A,Table) \land On(B,Table) \land On(C,Table)$
$\quad \land Block(A) \land Block(B) \land Block(C)$
$\quad \land Clear(A) \land Clear(B) \land Clear(C))$
$Goal(On(A,B) \land On(B,C))$
$Action(Move(b,x,y),$
$\quad PRECOND: On(b,x) \land Clear(b) \land Clear(y) \land Block(b)$
$\quad \quad \land (b \neq x) \land (b \neq y) \land (x \neq y),$
$\quad EFFECT: On(b,y) \land Clear(x) \land \neg On(b,x) \land \neg Clear(y))$
$Action(MoveToTable(b,x),$
$\quad PRECOND: On(b,x) \land Clear(b) \land Block(b) \land (b \neq x),$
$\quad EFFECT: On(b,Table) \land Clear(x) \land \neg On(b,x))$

它具有开放前提 $On(A,B)$ 和动作

$Action(Move(b,x,y),$
$\quad PRECOND: On(b,x) \land Clear(b) \land Clear(y)$
$\quad EFFECT: On(b,y) \land Clear(x) \land \neg On(b,x) \land \neg Clear(y))$

这个动作获得 $On(A,B)$,因为效果 $On(b,y)$ 在置换 $\{b/A,y/B\}$ 下与 $On(A,B)$ 合一,然后将这个置换就用到动作中,产生

$Action(Move(A,x,B),$
$\quad PRECOND: On(A,x) \land Clear(A) \land Clear(B)$
$\quad EFFECT: On(A,B) \land Clear(x) \land \neg On(A,x) \land \neg Clear(B))$

这里留下变量 x 是无约束的。也就是说,动作说从某处移动积木 A,而不说出具体从何处。下面是最少承诺原则的另一个例子:我们可以推迟进行选择,直到规划中的某个其他步骤为我们做出选择。例如,假设在初始状态中有 $On(A,D)$,那么 $Start$ 动作可用来获得 $On(A,x)$,把 x 与 D 绑定,这种在选择 x 之前等待更多信息的策略通常比尝试 x 的所有可能值并对每个失败结果进行回溯的方法更加有效。

前提和动作中变量的出现,使得发现和解决冲突的过程复杂化。例如,当 $Move(A,x,B)$ 被添加到规划中时,将需要一个因果连接。

$$Move(A,x,B) \xrightarrow{On(A,B)} Finish$$

如果存在另一个具有效果 $\neg On(A,z)$ 的动作 M_2,那么仅当 z 是 B 时,M_2 才发现冲突。为了容纳这种可能性,我们扩展规划的表示,以包含一组形如 $z \neq x$ 的不等式约束(其中 z 是变量,x 是另一个变量或一个常量符号)。在这种情况下,通过添加 $z \neq B$ 解决冲突,意味着未来对规划的扩展可以把 z 实例化为除了 B 以外的任何值,任何时候我们把一个置换用于规划时,必须检验不等式与置换不冲突。例如,包含 x/y 的置换与不等

式约束 z≠y 冲突。这样的冲突无法解决,所以必须回溯。

3. 启发式偏序规划

同全序规划相比,偏序规划的明显优点是能够将问题分解成子问题。而其不足之处是不直接表示状态,所以很难估计偏序规划距离目标有多远。目前,对于如何计算精确的启发式的研究成果,偏序规划比全序规划要少。

最明显的启发式是对独特的开放前提计数。这可以通过减去与 Start 状态中的文字相匹配的开放前提个数改进,同全序情况下一样,当有动作能获得多个目标时,将对耗散估计过高,而当规划步骤间存在负相互作用时,则可能对耗散估计不足。

启发式函数用来选择哪个规划需要进行改进。给定这个选择,算法基于对单一开放前提的选择生成后继,以使算法继续。正如约束满足算法中变量选择的情况,这种选择在效率上有很大的影响。CPS 的最大约束变量启发式适合于规划算法,并且看起来能良好运转。这个思想是选择能够被满足并且路径数最少的开放前提。这个启发式有两种特殊情况。第一,如果一个开放条件不能被任何动作获得,启发式会选中它;这是一个很好的思想。因为尽早检测到不可能性,能够节省大量的工作。第二,如果一个开放条件只能通过一条路径获得,那么它应该被选中,因为结果是不可避免的,并且在仍要进行的其他选择上提供附加约束,虽然完全计算满足每个开放条件的路径数是代价昂贵的,而且并不总是值得的,但是实验表明,处理两类特殊情况会带来实质性的速度提高。

9.4 命题逻辑规划

通过命题演算或定理证明,可以实现规划,从人工智能的初期,人们就开始了这方面的研究,但通常认为这个方法太低效。近年来,在逻辑命题的高效推理算法方面的发展已经在以逻辑推理为手段的规划领域有了复苏迹象。

本节采用的算法是基于逻辑语句可满足性的测试,而不是定理证明。采用下面这样的命题语句模型:

$$初始状态 \land 所有可能的行为描述 \land 目标$$

该语句包含与每个发生的动作相对应的命题符号。满足语句的模型将给属于正确规划的一部分的动作赋值 true,而给其他动作赋值 false。如果规划问题不可解决,那么语句将是不可满足的。

把 STRIPS 问题转换成命题逻辑的过程是知识表示领域的典型问题:从那些看似合理的公理集出发,会发现这些公理考虑到了谬误的非预期模型,然后写出更多的公理。

以航空运输问题的简化版本为例,在初始状态(时刻 0),飞机 P_1 在 SFO,而飞机 P_2 在 JFK。目标是让 P_1 在 JFK 并且 P_2 在 SFO,也就是飞机互换位置。首先,需要对时间步(或周期)进行断言的独特命题符号。我们用上标表示步数。因此,初始状态可以写成

$$At(P_1, SFO)^0 \land At(P_2, JFK)^0$$

其中,$At(P_1, SFO)^0$ 是一个原子谓词。因为命题逻辑没有封闭的假设,所以还必须指定在初始状态中不为真的命题。如果某些命题在初始状态中是未知的,那么它们可以保留不被指定。在这个例子中,我们指定:

$$\neg At(P_1, JFK)^0 \wedge \neg At(P_2, SFO)^0$$

目标自身必须同一个特定的时间步相关联,既然我们不知道获得目标要多少步骤的先验值,那么可以试着断言在初始状态,时刻 $T=0$,目标为真。也就是,可以断言 $At(P_1, JFK)^0 \wedge At(P_2, SFO)^0$。如果这个失败,再尝试 $T=1$,以此类推,直到达到最小可行规划长度,对 T 的每个值,知识库只包含覆盖时间步骤从 0 到 T 的语句,为了确保终止,强加一个任意上限 T_{max}。这个算法如下。

```
Function STAPLAN(problem, T_max) returns solution of failure
Inputs: problem, a planning problem,
        T_max, an upper limit for length
for T=0 to T_max do
    cnf, mapping ← TRANSLATE-TO-SAT(problem, T)
    assignment ← SAT-SOLBER(enf)
    if assignment is not null then
        return EXTRACT-SOLUTION(assignment, mapping)
return failure
```

下面的问题是如何把动作描述编码到命题逻辑中,最直接的方法是给每个发生的动作一个命题符号。例如,如果在时刻 0 飞机 P_1 从 SFO 飞往 JFK,那么 $Fly(P_1, SFO, JFL)^0$ 为真。例如,有

$$At(P_1, JFK)^1 \Leftrightarrow At(P_1, JFK)^0 \wedge \neg (Fly(P_1, JFK, SFO)^0 \wedge At(P_1, JFK)^0))$$
$$\vee (Fly(P_1, SFO, JFK)^0 \wedge At(P_1, SFO)^0) \tag{9-1}$$

也就是,如果飞机 P_1 在时刻 0 位于 JFK 并且没有飞走,或者它在时刻 0 位于 SFO 并且飞往 JFK,那么它在时刻 1 将在 JFK。对每个飞机、机场和时间步,我们都需要一条这样的公理。此外,每个附加的机场都会添加旅行往返给定机场的其他途径,因此更多的析取子句将被添加到每条公理的右边。

适当运用这些规则,可以运行可满足性算法找到一个规划。应该有一个规划能够在时刻 $T=1$ 时获得目标,即使两架飞机交换位置的规划。现在假设知识库是

$$初始状态 \wedge 后继状态公理 \wedge 目标^1 \tag{9-2}$$

这断言目标在时间 $T=1$ 为真。对于一个赋值,使得下列命题为真

$$Fly(P_1, SFO, JFK)^0 \text{ 和 } At(P_1, JFK, SFO)^0$$

并使所有其他动作符号为假,可以确认该赋值是知识库的一个模型。到目前为止,一切顺利,可满足性算法可能返回其他可能的模型吗?答案是否定的。考虑用下列动作符号制定的相当笨拙的规划

$$Fly(P_1, SFO, JFK)^0 \text{ 和 } Fly(P_1, JFK, SFO)^0 \text{ 和 } Fly(P_2, JFK, SFO)^0$$

这个规划是愚蠢的,因为飞机 P_1 从 SFO 出发,所以动作 $Fly(P_1, JFK, SFO)^0$ 是不可能的。然而,这个规划是式(9-2)中的语句的一个模型! 也就是,它与我们迄今为止所说关于问题的所有事物都一致,为了理解为什么,需要更仔细地看后继状态公理(式(9-1))所说的前提未满足的动作。公理正确地预言了当这样一个动作被执行时不会发生任何事情,但是它们的确没有说动作不能被执行! 为了避免用非法动作产生规划,必须添加前提公理规定发生的动作要求前提得到满足。例如,需要

$$Fly(P_1, JFK, SFO)^0 \Leftrightarrow At(P_1, JFK)^0$$

因为 $At(P_1, JFK)^0$ 在初始状态中被声明为假，这条公理确保每个模型也把 $Fly(P_1, JFK, SFO)^0$ 设为假。通过添加前提公理，当在时刻 1 获得目标时，只有一个模型满足所有的公理，即飞机 P_1 飞往 JFK、飞机 P_2 飞往 SFO 的模型，注意此解有两个并行的动作。

当增加第三个机场 LAX 时，会有更多意外出现。现在，每架飞机在每个状态都有两个合法的动作。当运行可满足性算法时，我们发现拥有 $Fly(P_1, SFO, JFK)^0$ 和 $Fly(P_2, JFK, SFO)^0$ 和 $Fly(P_2, JFK, LAX)^0$ 的模型满足所有公理。也就是说，后继状态和前提公理允许一架飞机同时飞往两个目的地。P_2 两次飞行的前提在初始状态中都得到了满足；后继状态公理表明在时刻 1，将得到如下矛盾的命题集：P_2 同时飞往 SFO 和 LAX；进而使得目标得到满足，从而形成一个虚假的规划解。很明显，需要添加更多的公理消除这类虚假的解。一种方法是添加动作排斥公理防止同时发生的动作。例如，可以通过添加形如

$$\neg(Fly(P_2, JFK, SFO)^0 \land Fly(P_2, JFK, LAX)^0)$$

的所有可能公理坚持完全排斥；这些公理确保没有两个动作能够同时发生。它们消除了所有虚假的规划，但是同时强制每个规划是完全有序的。这丧失了偏序规划的灵活性；同时，由于增加了规划中时间步的数目，计算时间也可能被延长。

可以用只要求部分排斥替代完全排斥，即只有当它们互相干扰时，才排除同时发生的动作。它们的条件与互斥动作的条件一样：如果一个动作否定了另一个动作的前提或效果，这两个动作就不能同时发生。例如，$Fly(P_2, JFK, SFO)^0$ 和 $Fly(P_2, JFK, LAX)^0$ 不能同时发生，因为每一个动作都会否定另一个动作的前提。另一方面，$Fly(P_1, SFO, JFK)^0$ 和 $Fly(P_2, JFK, SFO)^0$ 可以同时发生，因为这两架飞机不互相干扰。部分排斥不用强制进行完全排序，就排除了虚假的规划。

排斥公理有时看上去是相当生硬的方法。我们只是强调没有对象能够同时在两个地方，一架飞机不能同时飞到两个机场：

$$\forall p, x, y, t \quad x \neq y \Rightarrow \neg(At(p,x)^t \land At(p,y)^t)$$

这个事实，与后继状态公理相结合，暗示一架飞机不能同时飞往两个机场，诸如此类的事实称为状态约束。当然，在命题逻辑中，我们不得不写出每个状态约束的全部解释。对机场问题，状态约束足以消除所有虚假规划。通常，状态约束比动作排斥公理简洁得多，但是它们并不总是能从问题的原始 STRIPS 描述中容易地得到。

总之，可满足性问题的规划可转化为包含初始状态、目标、后继状态公理、前提公理及动作排斥公理或状态约束的语句集寻找模型。可以证明这个公理集是充分的，在不再有任何虚假的"解"的意义上，任何满足命题语句的模型都将是原始问题的一个有效规划，即规划的每个线性化是一个能达到目标的合法动作序列。

基于可满足性的规划器能够处理大规模规划问题，如找到拥有许多块积木的积木世界规划问题的最优 30 步解。命题编码的规模和解的耗散是高度依赖于问题的，但是在大部分情况下，存储命题公理需要的内存是瓶颈。从这个工作中的一个有趣发现是在求解规划问题上，诸如 DPLL 这样的回溯算法往往比诸如 WALKSAT 这样的局部搜索算法更好。这是因为命题公理的大部分是霍恩（Horn）子句用单元传播技术处理是十分有效的。这个观察结果导致把某些随机搜索与回顾以及单元传播结合起来的混合算法的

发展。

9.5 分层任务网络规划

处理复杂软件的一个最普遍的想法是分层分解。复杂软件从子程序或对象类的层次体系创建出来。军队作为单位的等级体系而运转,政府和企业有部门、子部门和分支办公室的分层体系。层次结构的关键好处是,在每一层上,一个计算任务、军事任务或管理功能都被还原为下一个较低层次的少量动作,所以对当前问题寻找正确的方法安排这些动作的计算消耗是小的。另外,非层次方法将一个任务还原为大量单个动作;对大规模问题,这是完全不切实际的。在最好情况下——当高层的解总有令人满意的低层实现时——分层方法能够产生线性时间,而不是指数时间的规划算法。

本节描述基于分层任务网络或缩写为 HTN 的规划方法。这个方法将来自偏序规划的思想和众所周知的"HTN 规划"领域的思想结合在一起,在 HTN 规划中,用来描述问题的初始规划被视为对需要做什么的非常高层的描述。例如,建造一幢房屋,通过应用动作分解改进规划。每个动作分解将一个高层动作还原为一个低层行为的偏序集。因此,动作分解包含了关于如何实现动作的知识。例如,建造一幢房屋可以还原为获得一张许可证、雇用一名承包人、进行建筑、付钱给承包人(图 9-2 显示了这样一个分解)。过程继续进行,直到规划中只剩下原始动作。典型地,原始动作是那些 Agent 能够自动执行的动作。对一名一般的承包人而言,"安置景观美化"可能是原始的,因为它只涉及叫来景观美化承包人,对于景观美化承包人,诸如"在这里种植杜鹃花"这样的动作可能被认为是原始的。

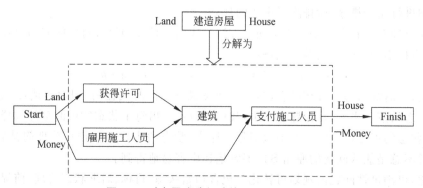

图 9-2 对房屋建造行动的一个可能的分解

在纯"HTN"规划中,规划只由相继的动作分解产生。因此,HTN 将规划视为使动作描述更具体化的过程,而不是(如同状态空间和偏序规划中的情况那样)一个从空动作开始构建动作描述的过程。这表明每个 STRIPS 动作描述都能够被转变成一个动作分解,且偏序规划可以被看成纯 HTN 规划的一种特殊情况。然而,对于特定任务——尤其是"新颖"的合取式目标——纯 HTN 规划的视点相当不自然,这样我们更喜欢用混合方法,除了建立开放条件和通过添加定序约束解决冲突的标准操作外,动作分解被用作偏序规划中的规划改进(将 HTN 规划看作偏序规划的扩展具有额外的优点,我们可以使用相同的符号约定,而不是引入一个全新的集合)。我们从更详细的描述动作分解开始。然后解释必须如何修改偏序规划算法,以处理分解。最后讨论完备性、复杂度和实用性的问题。

动作分解方法的一般描述被存储在规划库中,它们被从库中抽取出来并被实例化,以满足正在被构建的规划的需求。每个方法是一个形如 $Decompose(a, d)$ 的表达式。这表明动作 a 能够被分解为规划 d,它被表示为一个偏序规划。

建造一幢房子是一个精细而具体的例子,所以我们用它说明动作分解的概念。图 9-2 描绘了将 $BuildHouse$(制造房屋)动作分解成 4 个低层动作的可能分解。下面是显示了领域的一些动作描述,以及 $BuildHouse$ 的分解出现在替代库中的样子,规划库中也许存有其他可能的分解。

$Action(BuyLand, \text{PRECOND}: Money, \text{EFFECT}: Land \land \neg Money)$

$Action(GetLoan, \text{PRECOND}: GoodCredit, \text{EFFECT}: Money \land Mortage)$

$Action(BuildHouse, \text{PRECOND}: Land, \text{EFFECT}: House)$

$Action(GetPermit, \text{PRECOND}: Land, \text{EFFECT}: Permit)$

$Action(HireBuilder, \text{EFFECT}: Contract)$

$Action(Construction, \text{PRECOND}: Permit \land Contract, \text{EFFECT}: HouseBuild \land \neg Permit)$

$Action(PayBuilder, \text{PRECOND}: Money \land HouseBuild, \text{EFFECT}: \neg Money \land House \land \neg Contract)$

$Decompose(BuildHouse,$
  $Plan(\text{Steps}: \{S_1: GetPermit, S_2: HireBuilder, S_3: Construction, S_4: PayBuilder\},$
    $\text{ORDERINGS}: \{Start < S_1 < S_3 < S_4 < Finish, Start < S_2 < S_3\},$
    $\text{LINKS}\{Start \xrightarrow{Land} S_1, Start \xrightarrow{Money} S_4, S_1 \xrightarrow{Permit} S_3,$
    $S_2 \xrightarrow{Contract} S_3, S_3 \xrightarrow{HouseBuilt} S_4, S_4 \xrightarrow{House} Finish,$
    $S_4 \xrightarrow{\neg money} Finish\}))$

分解的 $Start$ 动作为在规划中没有其他动作提供前提的动作提供所有前提。我们称此为外部前提。在我们的例子中,分解的外部前提是 $Land$ 和 $Money$。类似地,$Finish$ 的前提的外部效果是所有在规划中未被其他动作否定的动作效果。在我们的例子中,$BuildHouse$ 的外部效果是 $House$ 和 $\neg Money$。某些 HTN 规划器也区分诸如 $House$ 的初级效果和诸如 $\neg Money$ 的次级效果。只有初级效果,才可能被用来获得目标,而两种类型的效果都可能引进与其他动作冲突,这能极大地缩小搜索空间。

分解应该是动作的一个正确实现,如果已知 a 的前提,规划 d 对于获得 a 的效果的问题是一个完备且一致的偏序规划,则规划 d 正确地实现了动作 a。显然,如果分解是运行一个可靠偏序规划器的结果,它就是正确的。

规划库可以包含对一个高层动作的多种分解方法。例如,$BuildHouse$ 可以有另一种分解方法,它描述了 Agent 是如何空手用石头和泥炭建造房子的。每个分解方法都应该描述一个顺序正确的规划,此外,它能够为高层动作描述额外需要附加的前提和效果。例如，图 9-2 的 *BuildHouse* 表明了该分解方法除了 *Land* 以外，还需要 *Money*，并将产生效果 ¬*Money*。相对而言，尝试自己建造的分解方法不以钱（*Money*）为前提，但该方法却需要已备好的 *Rocks*（石头）和 *Turf*（泥炭），而满足这两个前提或可导致建造人背伤（*Bad Back*）的效果。

给定一个高层动作，如 *BuildHouse*，存在几种可能的分解，在它的 STRIPS 动作描述中隐藏那些分解的某些前提和效果是不可避免的。高层动作的前提应该是其分解的外部前提的交集，它的效果应该是分解的外部效果的交集。换个角度说，高层前提和效果保证是每个原始实现的真值前提和效果的子集。

信息隐藏的两种其他形式应该被注意到：第一，高层描述完全忽视了分解的所有内部效果。例如，我们的 *BuildHouse* 分解包含时序的内部效果 *Permit*（许可证）和 *Contract*（合同）。第二，高层描述没有详细说明动作"内部"的时间区间，在其间高层前提是必须成立的效果，例如，*Land*（土地）前提必须只能为真（在我们非常近似的模型中），直到 *GetPermit*（得到许可证）完成。只有在 *PayBuilder*（支付施工人员）完成之后，*House* 才为真。

如果要用分层规划减小复杂度，这种类型的信息隐藏是根本的。我们需要能够对高层动作进行推理，而不需要实现的种种细节。然而，有必须负担的代价。例如，一个高层动作的内部条件和另一个的内部动作之间可能存在冲突，但是没有办法从高层描述检测它。这个问题对 HTN 规划算法有重要含义。简言之，尽管原始动作可以被规划算法视为点事件，高层动作仍然具备时序范围，在这范围内各种事情都可能发生。

9.6 非确定性规划

到目前为止，我们只考虑了经典规划领域。它们是完全可观察的、静止的和确定性的。此外，我们已经假设动作描述是正确而且完备的。在这些情况下，Agent 能够先规划，然后"闭上眼睛"执行规划。另一方面，在一个不确定的环境中，Agent 必须用它的感知发现当执行规划时发生了什么，以及当一些意外的事情发生时对规划可能进行的修改或替换。

Agent 不得不处理不完备和不正确的信息。不完备性的产生是因为世界是部分可观察的、非确定性的，或者两者都是。例如，通往办公室储备间的门可能锁着，也可能没锁；如果它被锁着，我的一把钥匙可能打得开，也可能打不开门；我可能知道，也可能不知道在我的知识里的这种不完备性。因此，我的对世界的模型是不充分的，不过是正确的。另一方面，不正确性的产生是因为世界不必匹配我的世界模型。例如，我可能相信我的钥匙能够打开储备间，但是如果门锁已经被更换，那么我就是错误的。没有处理不正确信息的能力，一个 Agent 最终将像蜣螂一样缺乏智能，这种甲虫会努力地用粪球堵住它的窝，即使在粪球已经从它的掌握中拿走以后。

获得完备或正确的知识的可能性取决于世界有多少不确定性。在有界不确定性的条件下，动作能够有不可预知的效果，但是可能效果可以在动作描述公理中列出。例如，当我们掷硬币时，说"结果会是正面（heads）或背面（tails）"是合理的。通过使规划能够在所有可能的环境中都可行，Agent 可以应付有界不确定性。另一方面，在无界不确定性的条件下,可能的前提或效用集要么是未知的,要么太大而不能完全枚举。这是在类似驾驶、经济规划和军事战略这样的非常复杂或动态领域中的状况。只有当 Agent 准备好修改它的规划和/或知识库时,它才能处理无界不确定性。无界不确定性与通过列举现实世界动作的所有前提而获得预期效果的不可能性有密切的关系。

有 4 种处理不确定性的规划方法。前两种适合有界不确定性,后两种适合无界不确定性。

(1) 无传感规划:也称为一致性规划,这种方法构造无感知地执行的标准串行规划。无传感规划算法要确保规划在各种可能环境中获得目标,不管真实的初始状态和实际的动作结果是什么。无传感规划依赖于强制——世界能够被强制进入一个给定状态的思想,即使当 Agent 只有关于当前状态的部分信息时。强制并不总是可能的,所以无传感规划常常并不实用。

(2) 条件规划:也称为偶发性规划,这种方法通过对可能出现的不同的偶发性构造具有不同分支的条件规划处理有界不确定性。正如经典规划中那样,Agent 先规划,然后执行产生的规划。Agent 通过在规划中包含感觉动作,以测试合适的条件,从而找出应该执行哪部分规划。例如,在机场运输领域,我们可以有"检查 SFO 机场是否在运转。如果是,飞往哪里;否则,飞往 Oakland"的规划。

(3) 执行监控和重新规划:在这种方法中,Agent 能够使用前述的任何一种规划技术(经典的、无传感器的或条件的)构造一个规划,但是它也用执行监控判断规划是不是当前实际情景的预定措施或者需要被修改。当出现错误时,发生重新规划。按这种方式,Agent 能够处理无界不确定性。例如,即使重新规划 Agent 没有预见到 SFO 被关闭的可能性,但是当这发生时,它能认识到这种情景并再次调用规划器寻找一条到达目标的新路径。

(4) 持续规划:迄今为止我们看到的所有规划器都被设计用于获得一个目标,然后停止。一个持续规划器被设计成终生持续的。它能处理环境中的不可预料的情况,即使这些发生在 Agent 构造规划的过程中。它通过目标形式化也能处理目标的放弃和附加目标的创建。

下面用一个例子阐明各种类型 Agent 之间的不同。问题是这样的:给定初始状态,有一把椅子、一张桌子和几罐油漆,在每件物品都不知道颜色的情况下,获得椅子和桌子有相同颜色的状态。

经典规划 Agent 不能处理这个问题,因为初始状态不是完全指定的——我们不知道家具是什么颜色的。

无传感规划 Agent 必须找到一个在执行规划期间不需要任何传感器的规划。解是能够打开任何油漆并把它用于椅子和桌子上,这样强制它们成为同一种颜色(即使 Agent 不知道是什么颜色)。当命题是代价昂贵的或不可能感知的时候,强制是最合适的。例如,医生经常开广谱抗生素,而不是使条件规划:先进行血液测试,然后等着结果出来,再开更特效的抗生素。他们之所以这么做,是因为执行血液测试涉及的延迟和开销通常太大。

条件规划 Agent 能够产生一个更好的规划:首先感觉桌子和椅子的颜色;如果它们已经是同样的,那么规划完成。如果不是,感觉油漆罐上的标签:如果有一个罐的颜色跟其中一件家具的颜色一样,那么把这罐油漆用到另一件家具上,否则用任何一种颜色漆两件家具。

重新规划 Agent 能够产生和条件规划器相同的规划,或者它能在最初产生更少的分支,在执行期间需要时再填入其他分支。它也能处理其动作描述的不正确性。例如,假设 Paint(obj,color)动作被相信有确定性的效果 Color(obj,color)。条件规划器只是假设一旦动作被执行,效果就会发生,但是重新规划 Agent 要检验效果,如果它不正确(可能是因为 Agent 粗心而错过了一点),那么它能重新规划再漆这一点。

持续规划 Agent 除了处理不可预料的事件外,能够适当地修改规划,如果把"在桌子上用餐"添加到目标中,那么油漆规划必须被推迟。

在真实世界中,Agent 使用这些方法的组合。汽车制造厂商出售备用轮胎和保险气囊,这是设计用于处理刺破或碰撞的条件规划分支的实际体现;另一方面,许多汽车驾驶员从来没有考虑过这种可能性,所以他们对刺破和碰撞的反应就如同重新规划 Agent。一般而言,Agent 只为那些具有重要后果和不可忽略出错机会的偶发事件构造条件规划。因此,一个期望横穿撒哈拉沙漠旅行的汽车驾驶员会仔细地考虑汽车抛锚的可能性,而去超市的旅行则需要较少的预先规划。

9.7 时态规划

前述的规划模型建立在一个较严格的假设上,包括忽略动作的持续时间、忽略规划过程所需的资源、忽略世界模型可能由外部因素引发的变化。然而,在多数实际环境中,动作的执行需持续一定长度的时间,动作的执行都或多或少消耗某类资源,而且可能生产其他资源,世界模型可能随着时间发生一些可预期的变化。下面介绍的时态规划模型主要面向具有上述特征的实际问题。本节首先介绍该模型的重要概念,而后简要介绍相应的规划方法,相关的技术细节请查阅附录中的参考文献。

定义 9.1 时态规划问题(Temporal Planning, TP)表示为 6 元组 $\Pi=(V,A,I,G,T_L,\delta)$,其中:

(1) V 由两个不相交的有限变量集组成:$V_L \cup V_M$,变量的取值可随时间变化。V_L 为(逻辑)命题变量集,$f \in V_L$ 的值域为 $Ran(f)=\{T,F\}$;V_M 为数值变量集,$x \in V_M$ 有值域 $Ran(x) \subseteq \mathbf{R}$。

(2) A 为动作集:动作 $a \in A$ 具有形式 $\langle dur_a, C_a, E_a \rangle$,$dur_a \in \mathbf{R}$ 为 a 的持续时间;C_a 为 a 的执行条件集合(简称为条件集),描述动作 a 在开始执行时、执行过程中、执行结束前所需的条件;E_a 为 a 的执行效果集合(简称为效果集),包含动作 a 在开始执行时、结束执行时产生的效果。对于条件 $c \in C_a$,如果它约束逻辑变量,则有形式 $<(st_c, et_c)v=d>$,$d \in Ran(v)$,如果它约束数值变量,则有形式 $<(st_c, et_c)v \text{ op } exp>$,$op \in \{>, \geqslant, <, \leqslant, ==\}$,$exp$ 为数值变量和常量组成的表达式。st_c 和 et_c 分别为条件 c 的开始时间和结束时间。对于效果 $ef \in E_a$,如果它影响逻辑变量,则具有形式 $<[t]v \leftarrow d>$,如果它影响数值变量,则有形式 $<[t]v \text{ eop } exp>$,$eop \in \{=, +=, -=, *=, /=\}$。$t$ 为效果 ef 发生的时间。

(3) I 为规划任务的初始状态,它为 $f \in V$ 赋予真值"T"或"F",为 $x \in V_M$ 赋予 $d \in$

Ran(x)。

(4) G 为目标集,其中每个目标命题具有形式 $<f=d>$,其中 $f \in V$。

(5) T_L 为"定时触发文字"的有限集,其中每个定时触发文字的形式为 $<[t]f=d>$,表示变量 $f \in V$ 在时刻 t 的取值更新为 d。

(6) $\delta: A \to \mathbf{R}$ 为动作的代价函数,表示执行 a 需付出的代价。

对动作的时间语义进一步说明如下。将动作 a 的开始执行时刻和结束时刻分别记为 st_a 和 et_a。对于动作执行条件 $c \in C_a$,如果 $\mathrm{st}_c = \mathrm{et}_c = \mathrm{st}_a$,则要求条件 c 在 a 的开始时刻成立,称此类条件为动作 a 的"开始条件";如果 $\mathrm{st}_c = \mathrm{et}_c = \mathrm{et}_a$,则要求条件 c 在 a 的结束时刻成立,称此类条件为动作 a 的"结束条件";如果 $\mathrm{st}_c = \mathrm{st}_a$,$\mathrm{et}_c = \mathrm{et}_a$,则要求条件 c 在时间区间 $(\mathrm{st}_a, \mathrm{et}_a)$ 成立,称此类条件为动作 a 的"持续条件"。动作 a 对于 $v \in V$ 的效果 $<[t]v \leftarrow d>$,如果满足 $t = \mathrm{st}_a$,则该效果在动作的开始时刻发生,称此类效果为"开始效果";如果满足 $t = \mathrm{et}_a$,则该效果在动作的结束时刻发生,称此类效果为"结束效果"。T_L 可表示逻辑命题变量随外部事件的变化。

给定一个具体的 TP 问题,它的一个状态 s 由若干变量赋值组成。用 $s(v)$ 表示 s 对变量 v 的赋值,则 $s(v) \in \mathrm{Ran}(v)$。状态可以仅对部分变量进行赋值,此类状态称为"部分状态"(partial state)。对所有变量均赋值的状态称为"完全状态"(full state)。

定义 9.2 (动作在状态上的可执行) 在状态 s 上,如果动作 a 的"开始条件"在时刻 st_a 成立、"结束条件"在时刻 et_a 成立、"持续条件"在区间 $(\mathrm{st}_a, \mathrm{et}_a)$ 上成立,则称 a 在 s 上可执行,记为 applicable(a, s)。

状态 s 上可执行的所有动作记为 app_actions$(s) = \{a | a \in A, \mathrm{applicable}(a, s)\}$。动作 a 在 s 上执行后的状态记为 exec(s, a),计算 exec(s, a) 的方法为:在 st_a 时刻,按照 a 的"开始效果"更新 s 得到新状态 s',在 et_a 时刻,按照 a 的"结束效果"更新 s' 得到 s''。使用 $\pi = (<t(a_1), a_1, \mathrm{dur}_{a_1}>, <t(a_2), a_2, \mathrm{dur}_{a_2}>, \cdots, <t(a_m), a_m, \mathrm{dur}_{a_m}>)$ 表示一个动作序列,其中 a_i 为第 i 步执行的动作,$t(a_i)$ 为 a_i 的执行时刻,dur_{a_i} 为 a_i 的持续时间。

定义 9.3 (有效动作序列) 如果 π 中的动作在状态 s 可依次执行,则称 π 为 s 上的"有效动作序列"。

定义 9.4 如果 π 为初始状态 I 上的有效动作序列,并且执行 a_m 后的状态满足目标集 G 的全部目标,则称 π 为 TP 问题 $\Pi = (V, A, I, G, T_L, E_P, \delta)$ 的规划方案(或称"规划解",也称"规划")。通常,一个 TP 问题的规划解不止一个,记这些规划解的集合为 Solutions(Π)。

π 的"时间跨度"(make span)为 $\mathrm{ms}(\pi) = t(a_m) + \mathrm{dur}_{a_m}$。

π 的代价为 $\delta(\pi) = \sum \delta(a_i)$。$\pi$ 对不可再生资源 x 的消耗量为在时刻 $\mathrm{ms}(\pi)$ 上 x 的取值与在初始状态 I 中 x 取值的差。根据"时间跨度""动作代价""资源消耗"等指标可比较两个规划解 π 和 π' 的"规划质量"(plan quality)优劣。

面向一个具体的规划指标,可要求规划算法计算出最优的规划解,或者要求计算出一个令人满意的规划解。前一类计算问题称为"最优规划问题"(optimal planning),后一类问题称为"满意规划问题"(satisficing planning)。

下面首先给出月面巡视器行为规划问题的一个简化实例,之后介绍如何采用 TP 模型建模本实例。假定月面上有两个停泊点 A 和 B,巡视器当前位于 A,其任务目标是在 B

处完成探测工作。巡视器当前能量为 80，在相对时刻 30 开始处于太阳光照区域。

任务约束为：
- 在执行探测动作之前巡视器的能量应大于 50。
- 在探测动作的执行过程中应一直处于太阳光照区域。
- 从 A 移动到 B 要求当前能量大于 40，持续时间为 10，能量消耗为 30。
- 在 B 处进行探测动作要求当前能量大于 30，持续时间为 15，能量消耗为 20。

此规划实例在时间跨度上的最优解为：在时刻 0 执行从 A 到 B 的"移动动作"，在时刻 30 执行"探测动作"。

运用定义 9.1 的 TP 模型对上述实例进行建模，具体过程如下。建立逻辑变量集 $V_L = \{at\_A, at\_B, reachable\_A\_B, in\_sun, work\_done\}$。各逻辑变量的含义如下。
- 用 T 和 F 表示逻辑"真"和逻辑"假"。
- $at\_A = T$ 表示巡视器在停泊点 A。
- $at\_B = F$ 表示巡视器不在停泊点 B。
- $reachable\_A\_B = T$ 表示停泊点 A 在空间上可达 B。
- $in\_sun = T$ 表示巡视器处于光照范围内。
- $work\_done = F$ 表示探测工作未完成。

建立设数值变量集 $V_M = \{energy\}$，变量 energy 建模巡视器的电量值。

初始状态 $I = \{at\_A = T, at\_B = F, reachable\_A\_B = T, in\_sun = F, work\_done = F, energy = 80\}$，目标集 $G = \{work\_done = T\}$。

巡视器的行为建模如下。
- 从 A 到 B 的移动动作建模为：$move_{AB} = <10, C_m, E_m>$，条件集 $C_m = \{<(st_m, st_m)\ at\_A = T>, <(st_m, st_m)\ reachable\_A\_B = T>, <(st_m, st_m)\ energy >= 40>\}$，效果集 $E_m = \{<(et_m, et_m)\ at\_B = T>, <(et_m, et_m)\ at\_A = F>, <(et_m, et_m)\ energy\ -=30>\}$。
- 在 B 点探测的动作建模为：$work_B = <dur_w, C_w, E_w>$，条件集 $C_w = \{<(st_w, st_w)\ at\_B = T>, <(st_w, st_w)\ energy >= 30>, <(st_w, st_w)\ work\_done = F>\}$，效果集 $E_w = \{<(et_w, et_w)\ energy\ -=20>, <(et_w, et_w)\ work\_done = T>\}$。

"定时触发文字"集 $TL = \{<[30]\ in\_sun = T>\}$ 表示巡视器在时间 30 上开始有光照，并且一直持续处于光照范围，在时间 30 之前无光照。

面对形如定义 9.1 的时态规划问题，如何求解呢？我们简要介绍时态规划系统 SAPA[1 Do M B, 2011] 的规划方法。SAPA 通过在状态空间上进行启发式搜索的技术实现规划。空间中的状态结点 s 的形式为 $(P; M; \Pi; Q; t)$。
- t 为状态 s 的发生时刻，称为 s 的"时间戳"(time stamp)。
- $P = \{<p_i, t_i> | t_i < t\}$ 记录命题 p_i 在 t 之前的最近一次的成立时刻，即 p_i 在 $[t_i, t]$ 上一直成立。
- M 记录数值变量和函数的取值。
- Π 为需要保持成立的命题集，其中的命题为某动作前提中的持续型前提。
- Q 是"事件"集，定义了从 s 开始将发生的事件。一个事件 e 可对 s 做如下 3 种更新：①改变 P 中某谓词的真值；②改变 M 中某数值变量的取值；③结束某个命题的持续，即使该命题在 e 发生后不再成立。

给定一个状态 s，SAPA 的搜索算法可通过两种途径扩展 s 的子结点(状态)：①应用一个在 s 上可执行的动作；②触发 s 中时间最近的一个事件。在搜索策略上，SAPA 对下一个结点的扩展选择受启发函数的引导，该函数利用"时态规划图"(temporal planning graph)[169]估计每个结点的目标距离[1 Do M B,2011]。

在类似的状态空间上，启发函数的设计对求解效率也有影响。例如，Eyerich 等在时态规划系统(Temporal Fast Downward，TFD)上设计的基于因果图(causal graph)分析的启发函数[170]，经实验表明能产生更合理的目标距离估计。

SAPA 和 TFD 两个规划系统在动作应用时就将动作的开始时刻确定化，而规划系统 POPF[171]针对动作开始时刻的确定采用了不同的策略。POPF 在动作应用时不指定该动作的开始时刻，而是通过维护一个时态约束集并检测该集合的相容性保证动作序列的有效性。POPF 对动作开始时刻的处理类似于早期规划方法中的"延迟承诺"(least commitment)思想，在处理存在动作并行要求的某些时态规划问题上具有方法优势。关于时态规划的模型扩展和求解方法研究的成果，可参阅智能规划领域学术会议(International Conference on Automated Planning and Scheduling，ICAPS)的历届论文集。

9.8 多 Agent 规划

到目前为止，我们已经处理了单 Agent 环境，在其中我们的 Agent 是独处的。当环境中有其他 Agent 时，我们的 Agent 能够简单地将它们包含在它的环境模型中，而不必改变它的基本算法。然而，在很多情况下，这将导致较差的性能，因为对付其他 Agent 与对付自然环境是不一样的。特别地，自然环境(人们假设)对 Agent 的意图不感兴趣，然而，其他 Agent 不是这样的。本节引入多 Agent 规划来处理这些情况。

多 Agent 环境可以是合作的或者竞争的。我们从一个简单的合作例子开始：网球双打的团队规划。可以构造指定团队内每个队员动作的规划；我们将描述有效地构造这类规划的技术。有效的规划构造是有用的，但是并不保证成功：Agent 不得不同意使用同样的规划。这需要某种形式的协调，可能通过通信获得。

1. 合作：联合目标和规划

参加一个网球双打团队的两个 Agent 有赢得比赛的联合目标，这带来各种子目标。假设在游戏中的某一点，它们有联合目标，将击给它们的球打回去并确保它们中至少有一个防守网前。我们可以把这个观念表示为一个多 Agent 规划问题，具体描述如下。

$Agents(A, B)$
$Init(At(A, [Left, Baseline]) \wedge At(B, [Right, net])$
$\quad \wedge Approaching(Ball, [Right, Baseline]))$
$\quad \wedge Partner(A, B) \wedge Partner(B, A)$
$Goal(Returned(Ball) \wedge At(agent, [x, Net]))$
$Action(Hit(agent, Ball)$

PRECOND：$Approaching(Ball,[x,y]) \land At(agent,[x,y]) \land$
  $Partner(agent, partner) \land \neg At(partner,[x,y])$,
EFFECT：$Returned(Ball))$
$Action(Go(agent,[x,y])$,
  PRECOND：$At(agent,[a,b])$,
  EFFECT：$At(agent,[x,y]) \land \neg At(agent,[a,b]))$

这种符号表示引入了两个新特征：第一，$Agent(A,B)$ 声明有两个 $Agent$：A 和 B，它们参与规划。（对于这个问题，对手不是被考虑的 Agent）；第二，每个动作明确地将 Agent 作为一个参数，因为我们需要记录是哪个 Agent 完成的。

多 Agent 规划问题的一个解是由每个 Agent 的动作组成的联合规划。如果当每个 Agent 都执行它分配到的动作时目标能够实现，那么这个联合规划是一个解。下面的规划是网球问题的一个解。

PLAN 1：
  A：$[Go(A,[Right, Baseline]), Hit(A, Ball)]$
  B：$[NoOp(B), NoOp(B)]$

如果两个 Agent 有相同的知识库，并且如果这是唯一的解，那么每件事都很好：Agent 能够各自决定解，然后联合执行它。对于 Agent 不幸的是（我们很快会看到为什么是不幸的），还有另一个和第一个规划同样满足目标的规划：

PLAN2：
  A：$[Go(A,[Left, Net]), NoOp(A)]$
  B：$[Go(B,[Right, Baseline]), Hit(B, Ball)]$

如果 A 选择规划 2，B 选择规划 1，那么没有人会把球打回去。相反，如果 A 选择 1，B 选择 2，那么它们可能互相碰撞，仍然没有人把球打回去，网前也会保持无保护状态。因此，存在正确的联合规划并不意味着目标会实现。Agent 需要一个协调的机制来达到相同的联合规划。此外，某个特定的联合规划将被执行，在 Agent 中这应该是常识。

2. 多 Agent 规划

本节集中在正确联合规划的构建上，我们称之为多 Agent 规划，它本质上是面对单个集中 Agent 的规划问题，它能够指示几个物理实体中每一个实体的动作。在真正的多 Agent 情况下，它使得每个 Agent 能够计算出如果联合执行将会成功的可能联合规划是什么。

我们进行多 Agent 规划的方法是基于偏序规划的，假设环境是完全可观察的，以保持事物的简单性。有一个不会在单 Agent 情况下出现的附加情况：环境不再是真正静态的，因为当任何特定的 Agent 正在深思时，其他 Agent 可能动作。因此，我们需要关注同步。为了简单起见，我们假设每个动作需要花费等量的时间，而且联合规划中每一点的动作是同时发生的。

在时间的任何一点，每个 Agent 刚好执行一个动作（可能包含 $NoOp$），同时发生的动作集被称为联合动作。例如，具有两个 Agent A 和 B 的网球域的一个联合动作是 $<NoOp(A), Hit(B, Ball)>$。一个联合规划由联合动作的偏序图组成。例如，网球问题的 PLAN2 可以表示为这个联合动作序列：

$<Go(A,(Left,Net)), Go(B,(Right,Baseline))>$
$<NoOp(A), Hit(B,Ball)>$

我们能够用常规的 POP 算法进行规划,应用于所有可能联合动作的集合。唯一的问题是这个集合的大小:有 10 个动作和 5 个 Agent,我们得到 10^5 个联合动作。正确指定每个动作的前提和效果是乏味的,而且用如此大的一个集合进行规划是无效率的。

一个替代方法是通过描述每个单独的动作如何与其他可能动作互相影响来隐含地定义联合动作。这会变得简单,因为大部分动作独立于大部分其他动作;我们只需要列出少数几个真正相互作用的动作。我们可以扩充通常的 STRIPS 或 ADL 动作描述做到,通过使用一个新特征:并发动作表。这与动作描述的前提相似,除了不再描述状态变量外,它描述的动作一定是或一定不是并发执行的。例如,Hit 动作可以被描述如下。

$Action(Hit(A,Ball),$
　　CONCURRENT: $\neg Hit(B,Ball)$
　　PRECOND: $Approaching(Ball,[x,y]) \wedge At(A,[x,y])$
　　EFFECT: $Returned(Ball)$

这里,我们得到了禁止并发性约束,在执行 Hit 动作期间不能有另一个 Agent 的其他 Hit 动作。我们也可以要求并发动作,例如,当需要两个 Agent 运送装满饮料的冷却器到网球场时,这个动作的描述说明 Agent A 不能执行一个 $Carry$(运送)动作,除非另一个 Agent B 正在同时执行对同一个冷却器的 $Carry$ 动作。

$Action(Carry(A,cooler,here,there),$
　　CONCURRENT: $Carry(B,cooler,here,there)$
　　PRECOND: $At(A,there) \wedge At(cooler,there) \wedge Cooler(cooler)$
　　EFFECT: $At(A,there) \wedge At(cooler,there) \wedge \neg At(A,here) \wedge \neg At(cooler,here)$

用这种表示创建一个非常接近 POP 偏序规划器的规划器是可能的。有 3 点不同:

(1) 除时序关系 $A<B$ 外,允许 $A=B$ 和 $A\leqslant B$,分别意味着"并发的"和"之前或并发"。

(2) 当一个新动作需要并发动作时,必须用规划中新的或已经存在的动作实例化那些并发动作。

(3) 禁止并发动作是一个约束的附加来源。每个约束必须通过对冲突动作的前后顺序加以约束来解决。

3. 协调机制

一组 Agent 能够确保在一个联合规划上取得一致的最简单方法是在参加联合动作之前采用公约。公约是在对联合规划的选择之上的任何约束,超过"如果所有 Agent 都采用,则联合规划必须运转"的基本约束。例如,公约"坚守球场上你的那一侧"会引起双打伙伴选择规划 2,而公约"一个参赛者总是待在网前"会导致它们选择规划 1。一些公约(如在道路的某一侧驾驶)是如此广泛地被采用以致它们被认为是社会法律。人类的语言也可以被视为公约。

上述公约是依赖于特定领域的,并且能通过对行为描述进行约束,以排除违反公约的情况实现。一个更加一般的方法是使用领域无关的公约。例如,如果每个 Agent 运行具有相同输入的同一个多 Agent 规划算法,它能遵循"执行第一个找到的可行联合规划"的公约,确信其他 Agent 也会做出相同的选择。一个更鲁棒但是更昂贵的策略是产生所有的联合规划,然后从中挑选一个满足预先约定策略的联合规划。

公约也会通过进化的过程出现。例如,群居昆虫群体执行非常精细的联合规划,这被群体内个体的共同基因构造所推动。一致性也能通过公约的偏差会减少进化适应性的事实而被增强,所以任何可行的联合规划都能够变成稳定的均衡。将相似的考虑应用到人类语言的发展上,其中重要的事情不是每个个体该说哪种语言,而是所有个体说同一种语言的事实。例如,如果每个鸟类 Agent(有时称为机器鸟,或写为 bird)用某种组合方法执行下面的 3 条规则,就能够得到鸟类群居行为的一个合理的模拟。

(1) 分离性:当与邻居距离太近时,飞离邻居。
(2) 凝聚性:飞向邻居的平均位置。
(3) 列队性:飞向邻居的平均方向(朝向)。

如果所有的鸟执行相同的策略,鸟群展示出飞行的涌现行为,如同一个不会随时间散开的具有大致常数密度的伪刚体。如同昆虫,不需要每个 Agent 都拥有以其他 Agent 的动作为模型的联合规划。

典型地,公约被用来覆盖个体多 Agent 规划问题的全域,而不是对每个问题重新开发。这能导致不灵活性和崩溃,如同有时在网球双打中当球在两个伙伴之间大致等距离时所看到的。在缺乏可应用的公约时,Agent 可以使用通信获得一个可行联合规划的常识。例如,一个网球双打比赛者可能喊"我的!"或"你的!",以指示一个偏好的联合规划。但我们观察到涉及口头交换的通信不是必要的。例如,一个比赛者可以简单地通过执行规划的第一部分对另一个同伴传达一个偏好联合规划。在我们的网球问题中,如果 Agent A 去网前,那么 Agent B 不得不后退到底线来击球,因为规划 2 是唯一的以 A 去网前开始的联合规划。这个协调的方法有时称为规划识别,在一个单个动作(或短的动作序列)足以无歧义地确定一个联合规划时是可行的。

确保 Agent 达到一个成功的联合规划的负担可以放在 Agent 设计者或 Agent 自身上。在前一种情况下,在 Agent 开始规划前,Agent 设计者应该证明 Agent 的策略和战略将会成功。如果 Agent 适合于它们所在的环境,并且不需要关于其他 Agent 的明确模型,则 Agent 自身可以是反应式的。在后一种情况下,Agent 是慎重的,考虑到其他 Agent 的推理,它们必须证明或者示范自己的规划是有效的。例如,在一个具有两个逻辑 Agent A 和 B 的环境中,它们两个都有如下的定义。

$$\forall p,s \quad Feasible(p,s) \Leftrightarrow CommonKnowledge([A,B], Achieves(p,s,Goal))$$

这说明在任何情景 s 中,如果"p 将获得目标"在 Agent 之中是共识,规划 p 是在那个情景中可行的联合规划。需要更进一步的公理建立联合意图的共识,以执行一个特殊联合规划。只有那时 Agent 才能开始动作。

4. 竞争

并不是所有的多 Agent 环境只涉及合作 Agent。具有相互冲突的效用函数的 Agent 是彼此竞争的。这样的一个例子是两人零和游戏,如国际象棋。一个下国际象棋的 Agent 需要考虑对手未来几步的可能移动。也就是说,一个 Agent 在竞争的环境中必须 ①认识到有其他 Agent;②计算另一个 Agent 的一些可能规划;③计算其他 Agent 的规划是如何与它自己的规划相互影响的;④从这些相互影响的角度考虑,决定最好的动作。所以,竞争如同合作,需要关于其他 Agent 的规划的模型。另外,在竞争环境中没有联合规划的承诺。

9.9 案例分析

9.9.1 规划问题的建模与规划系统的求解过程

使用 PDDL 对某个领域的规划问题进行建模,包括"操作建模"(领域建模)和"任务建模"两部分。请根据 PDDL 的语法,理解 Tyreworld 领域的领域建模结果和任务建模结果,并使用智能规划系统软件 FastForward(简称 FF)完成求解,分析比较人类手工进行规划和使用 FF 进行规划的优势与劣势。

资源说明:从麻省理工学院的教学网页(http://www.ai.mit.edu/courses/16.412J/ff.html)下载 Tyreworld("机器人换轮胎问题")的 PDDL 建模文件:领域建模文件 tyreworld_domain.pddl(链接 http://www.ai.mit.edu/courses/16.412J/tyreworld_domain.pddl),一个具体任务的建模文件 tyreworld_facts1.pddl(链接 http://www.ai.mit.edu/courses/16.412J/tyreworld_facts1,将文本内容保存为 tyreworld_facts1.pddl)。

操作说明:在 Linux 操作系统上编译智能规划系统 FF(源代码链接 https://fai.cs.uni-saarland.de/hoffmann/ff/FF-v2.3.tgz),按照网页的说明进行编译。编译成功后,使用命令行:./ff -o tyreworld_domain.pddl -f tyreworld_facts1.pddl 求解"机器人换轮胎"领域的具体任务 tyreworld_facts1,阅读并分析 FF 给出的规划解中的每个动作,并验证机器人能否按照该规划实现目标。

编译规划系统 FF 的源代码需要在 Linux 下进行,可以采用 Ubuntu 版本的 Linux。FF 源代码的编译需要 Bison 和 Lex 这两个语法分析软件和 Make 软件,请先确认系统是否安装了这些软件。编译错误主要源自 Bison 的版本升级问题,参照网页 https://fai.cs.uni-saarland.de/hoffmann/ff.html 了解详细的说明。

运行 FF 的时候需要进入 FF 所在的目录,其可行文件的名称为 ff,需要两个参数:第一个参数为领域定义文件的路径,附在-o 选项标记之后;第二个参数为问题实例文件的路径,附在-f 选项之后。

输出结果如下。

```
./ff -o tyer_world.pddl -f tyreworld_facts1.pddl
ff: parsing domain file
domain 'TYREWORLD' defined
... done.
ff: parsing problem file
problem 'TIREWORLD-1' defined
... done.
Cueing down from goal distance:    3 into depth [1]
                                   2          [1]
                                   1          [1]
                                   0
```

```
Cueing down from goal distance:    8 into depth [1]
                                   7            [1]
                                   6            [1]
                                   5            [1]
                                   4            [1]
                                   3            [1]
                                   2            [1]
                                   1            [1]
                                   0

Cueing down from goal distance:    5 into depth [1]
                                   4            [1]
                                   3            [1]
                                   2            [1]
                                   1            [1]
                                   0

Cueing down from goal distance:    1 into depth [1]
                                   0

Cueing down from goal distance:    1 into depth [1]
                                   0

Cueing down from goal distance:    1 into depth [1]
                                   0

ff: found legal plan as follows
step   0: OPEN BOOT
       1: FETCH PUMP BOOT
       2: INFLATE R1
       3: FETCH JACK BOOT
       4: FETCH WRENCH BOOT
       5: LOOSEN NUTS1 THE-HUB1
       6: FETCH R1 BOOT
       7: JACK-UP THE-HUB1
       8: UNDO NUTS1 THE-HUB1
       9: REMOVE-WHEEL W1 THE-HUB1
      10: PUT-ON-WHEEL R1 THE-HUB1
      11: PUT-AWAY W1 BOOT
      12: PUT-AWAY PUMP BOOT
      13: DO-UP NUTS1 THE-HUB1
      14: JACK-DOWN THE-HUB1
      15: TIGHTEN NUTS1 THE-HUB1
      16: PUT-AWAY JACK BOOT
      17: PUT-AWAY WRENCH BOOT
```

```
           18: CLOSE BOOT
time spent:   0.00 seconds instantiating 25 easy, 0 hard action templates
              0.00 seconds reachability analysis, yielding 25 facts and 25 actions
              0.00 seconds creating final representation with 25 relevant facts
              0.00 seconds building connectivity graph
              0.00 seconds searching, evaluating 28 states, to a max depth of 1
              0.00 seconds total time
```

其中,"ff: found legal plan as follows"下面的为规划解,这个解一共包含19个动作,编号为 0~18,根据每个动作对应的操作和参数实例,从初始状态逐个按序应用这些动作,逐个计算动作应用后的状态,判断最后得到的状态是否满足目标条件。"time spent:"之后的输出部分显示了 FF 规划器求解此实例时各功能组件所消耗的时间情况和总共的求解时间。

9.9.2 Shakey 世界

最初的 STRIPS 程序是设计用来控制机器人 Shakey 的。图 9-3 显示了一个版本的由 4 个沿走廊排列的房间组成的 Shakey 世界,其中每个房间有一扇门和一个电灯开关,房间 1 和 4 的灯开着,房间 2 和 3 的灯关了。Shakey 能够在一个房间内的地标间移动,能够穿过房间之间的门,能够爬上可爬的对象,也能够推可推的对象,并且能按电灯开关。Shakey 世界中的动作包括从一个地方移动到另一个地方,推可移动物体(如箱子),爬上或爬下刚性物体(如箱子)及打开和关上电灯开关。机器人自身不够智能而不能自主爬上箱子或切换开关,但是 STRIPS 规划器能够形成完成一定任务的机器人规划。Shakey 的 6 种动作如下。

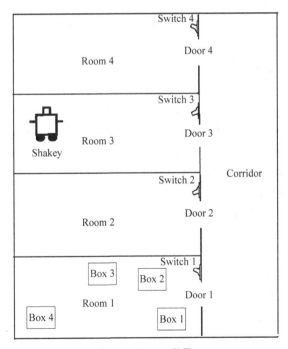

图 9-3　Shakey 世界

(1) Go(x, y, r)，这要求 Shakey 位于 x 且 x 和 y 是同一房间 r 内的位置。约定两个房间之间的门视为它们内部的。

(2) 在同一房间 r 内将箱子 b 从位置 x 推到位置 y：Push(b, x, y, r)。用到箱子常量。

(3) 从位置 x 爬上一个箱子：ClimbUp(x, b)。

(4) 从一个箱子上爬下：ClimbDown(b, x)。需要谓词 On 和常量 Floor。

(5) 开电灯开关：TurnOn(s, b)。

(6) 关电灯开关：TurnOff(s, b)。要打开或关闭电灯开关，Shakey 必须在电灯开关位置的一个箱子上。

写出 Shakey 的 6 种动作的 PDDL 语句及图 9-3 的初始状态。构建一个让 Shakey 把 Box 2 带到 Room 2 里的规划。

解：用 PDDL 描述的操作模型如下。

Action (Go(x, y, r), PRECOND：At(Shakey, x) ∧ In(x, r) ∧ In(y, r)，
  EFFECT：At(Shakey, y) ∧ ¬ At(Shakey, x))

Action (Push(b, x, y, r), PRECOND：At(Shakey, x) ∧ Pushable(b) ∧ In(x, r) ∧ In(y, r)，
  EFFECT：At(b, y) ∧ At(Shakey, y) ∧ ¬ At(b, x) ∧ ¬ At(Shakey, x))

Action (ClimbUp(b), PRECOND：At(Shakey, x) ∧ At(b, x) ∧ Climbable(b)，
  EFFECT：On(Shakey, b) ∧ ¬ On(Shakey, Floor))

Action (ClimbDown(b), PRECOND：On(Shakey, b)，
  EFFECT：On(Shakey, Floor) ∧ ¬ On(Shakey, b))

Action (TurnOn(l), PRECOND：On(Shakey, b) ∧ At(Shakey, x) ∧ At(l, x)，
  EFFECT：TurnedOn(l))

Action (TurnOff(l), PRECOND：On(Shakey, b) ∧ At(Shakey, x) ∧ At(l, x)，
  EFFECT：¬ TurnedOn(l))

图 9-3 的初始状态描述为

In(Switch1, Room1) ∧ In(Door1, Room1) ∧ In(Door1, Corridor)

In(Switch1, Room2) ∧ In(Door2, Room2) ∧ In(Door2, Corridor)

In(Switch1, Room3) ∧ In(Door3, Room3) ∧ In(Door3, Corridor)

In(Switch1, Room4) ∧ In(Door4, Room4) ∧ In(Door4, Corridor)

In(Shakey, Room3) ∧ At(Shakey, XS)

In(Box1, Room1) ∧ In(Box2, Room1) ∧ In(Box3, Room1) ∧ In(Box4, Room1)

Climbable(Box1) ∧ Climbable(Box2) ∧ Climbable(Box3) ∧ Climbable(Box4)

Pushable(Box1) ∧ Pushable(Box2) ∧ Pushable(Box3) ∧ Pushable(Box4)

At(Box1, X_1) ∧ At(Box2, X_2) ∧ At(Box3, X_3) ∧ At(Box4, X_4)

TurnedOn(Switch1) ∧ TurnedOn(Switch4)

Shakey 把 Box 2 带到 Room 2 里的规划为

Go(XS, Door3, Room3)

Go(Door3, Door1, Corridor)

Go(Door1, X_2, Room1)

Push(Box2,X_2,Door1,Room1)
Push(Box2,Door1,Door2,Corridor)
Push(Box2,Door2,Switch2,Room2)

9.10 小结

规划既是人工智能特定的研究领域,也是人工智能要实现的典型任务之一。因此,规划既有其自身的描述语言,又与其他智能技术有着充分的结合。本章从规划问题的描述语言与实例出发,将搜索、确定性推理、不确定性推理和 Agent 等技术应用到规划中,结合一些实例进行了介绍。

无人机航路规划是一种典型的军事应用场景。实施航路规划就是要综合多类相关信息,考虑无人机性能、到达时间、油耗、威胁及飞行区域等约束条件,为无人机规划出一条或多条从起始点到目标点的最优或满意的航路,保证无人机圆满完成飞行任务并安全返回基地。在防空技术日益先进、防空体系日益完善的现代战争中,航路规划是提高无人机作战效能,实施远程精确打击的有效手段。在作战环境下,要求无人机在无人控制的条件下能够避开各种威胁,顺利到达目的地并完成指定任务,这就对航路规划技术提出了很高的要求。

在大规模对抗任务中,为了使摧毁目标的概率最大,需要多个无人机之间相互配合完成打击任务,这就涉及多机协同航路规划技术。多机协同航路规划是为了确立每一个无人机的飞行路线,防止空中碰撞事故,并在尽可能少的时间内以最少整体代价函数到达目标。在无人机协同航路规划中,到达目标的时间是一个非常重要的评估指标。为了使无人机能够同时到达目标,一般采用以下两种方式:一种是通过协调无人机的飞行速度使到达目标较短路径的无人机采取小的速度,使较长路径的无人机速度加大;另一种是对航路做一些修正,通过附加一些路径使每架无人机到达目标点的距离大致相等。在多机协同航路规划问题中,求解无人机整体最优航路是一个大系统的非线性最优化问题,计算复杂,对信息快速处理要求苛刻。

习题

9.1 猴子和香蕉问题。实验室的一只猴子面对天花板上的一些够不到的香蕉。一个箱子是可用的,如果猴子爬上箱子,它就可以够到香蕉。起初,猴子位于 A,香蕉位于 B,而箱子位于 C。猴子和箱子的高度是 Low,但是如果猴子爬到箱子上面,它的高度就跟香蕉一样是 High。猴子可用的行动包括从一个位置走到另一个位置 Go,将对象从一个地方移动到另一个地方的 Push,爬上一个对象的 ClimbUp 或爬下一个对象的 ClimbDown,抓住一个对象的 Grasp 或放开一个对象的 UnGrasp。如果猴子和某对象在同一个地方的同一高度,行动"抓住"导致持有该对象。

(1) 给出初始状态描述。
(2) 给出 STRIPS 风格的 6 种操作定义。
(3) 假设猴子想在摘取香蕉后把箱子移回最初位置愚弄溜号去喝茶的科学家。这个目标能被 STRIPS 类型的系统解决吗？

(4) 对 Push 的规则可能是不正确的，因为如果对象太重，当 Push 算子应用的时候，它的位置将保持不变。这是分支问题或限制问题的一个实例吗？请修改问题的描述，解决重物的问题。

(5) 思考两只猴子共同完成任务的描述与解决方法。

9.2 阐述基于状态空间搜索的规划方法和基于分层任务网络的规划方法在问题建模过程和求解过程中的主要区别。

9.3 假设有一个机器人能够为汽车更换轮胎和为轮胎充气。更换轮胎的主要过程为：打开工具箱，取出千斤顶，用千斤顶将轮胎抬起。从工具箱中取出套筒扳手，使用套筒扳手松开汽车轮毂上需要更换的轮胎，卸下该轮胎。从工具箱中取出备胎，一般备胎的充气不足，需要在备胎安装到轮毂后再使用打气筒为它充足气。使用 STRIPS 语言对该问题进行描述。

9.4 关于目标是否可分解的问题。当目标中包含多个目标条件时，目标可分解的规划问题具有如下特点：规划系统可以为这些目标条件排序，按照该顺序依次为每个目标条件进行规划，后一个目标条件是以前一个目标条件的规划执行结果为初始状态的，并且，后一个目标条件的实现不会破坏前一个目标的实现。当目标可分解时，规划问题的求解难度会大幅下降，因此，识别出目标可分解的规划问题是很重要的。请以"积木世界"(blocks world)问题中的 Sussman 异常问题为例，分析积木世界的问题是否具有可分解性。

9.5 (思考题) PDDL(Planning Domain Definition Language)是智能规划研究者提出的一种最初用于学术研究，随后应用到金属加工机控制、Web 服务组合、打印机作业调度、自然语言处理等领域的重要语言。PDDL 以面向对象的思想、谓词逻辑的表示方法和操作建模的思路建模一个规划领域。规划领域的模型与规划领域的具体实例分为两个文本文件描述。其中，规划领域的模型文件包含建模所需要的类型定义、常量定义、函数定义、谓词定义、操作定义等。规划领域的具体实例包含具体的对象及其类型、初始状态描述和目标条件描述。PDDL 的设计思想是仅建模客观问题，不向规划求解系统提供任何的求解建议或引导。阅读文献并讨论。

9.6 (思考题)"国际智能规划系统竞赛"(International Planning Competition, IPC)通常每两年举办一次，通过大量的规划问题测试新开发的规划系统的性能。IPC 使用的 PDDL 和参加 IPC 的规划系统通常反映了智能规划研究在领域建模和理论研究上的前沿方向，从事智能规划研究与应用的人员应当及时关注这项赛事。请分析参加 2014 年 IPC 竞赛的有哪些规划系统，使用的测试问题域有哪些，这次竞赛包含了哪些分赛。

【提示】IPC(International Planning Competition)主网站：ipc.icaps-conference.org，2014 年 IPC 主办方的网站：https://helios.hud.ac.uk/scommv/IPC-14。
IPC-14 竞赛包含了 Sequential Satisficing Track、Sequential Optimal Track、Sequential Satisficing Multi-core Track、Sequential Agile Track、Temporal Satisficing Track 这 5 项分赛。参加每项分赛的规划系统列表见网页 https://helios.hud.ac.uk/scommv/IPC-14/planners_actual.html。用于比赛的测试问题

域见网页 https://helios.hud.ac.uk/scommv/IPC-14/domains.html。

9.7 (思考题)概述基于概率方法的不确定规划方法和 Probabilistic Planning Domain Definition Language (PPDDL)建模问题。

【提示】阅读姜云飞教授的译著《自动规划:理论和实践》的第 16 章理解基于马尔可夫决策过程的概率规划算法。

PPDDL 的描述见 www.tempastic.org/papers/CMU-CS-04-167.pdf,求解概率规划问题的规划系统见 ICAPS 的 IPC-14 竞赛网站:https://cs.uwaterloo.ca/~mgrzes/IPPC_2014/。

第 10 章

机器人学

10.1 概述

1950 年,阿西莫夫(Issac Asimov)在他的小说《我,机器人(I,Robot)》中提出了著名的"机器人三守则":

(1) 机器人必须不危害人类,也不允许它眼看人将受害而袖手旁观。

(2) 机器人必须绝对服从于人类,除非这种服从有害于人类。

(3) 机器人必须保护自身不受到伤害,除非为了保护人类或者是人类命令它做出牺牲。

这三条守则给机器人赋以新的伦理性,并使机器人概念通俗化,更易于人类社会所接受,同时也成为机器人学术界开发机器人的行为准则。

1954 年,美国人乔治·德沃尔(George Devol)设计开发了第一台可编程序的工业机器人(1961 年获得美国专利)。1962 年,美国万能自动化(unimation)公司的第一台机器人 Unimate 在美国通用汽车公司投入使用,这标志着第一代机器人的诞生。

国际上关于机器人的定义有许多,例如:

(1) 英国简明牛津字典:机器人是"貌似人的自动机,具有智力的顺从于人的但不具有人格的机器"。这一定义并不完全正确,因为还不存在与人类相似的机器人在运行。这是一种理想的机器人。

(2) 美国机器人协会(RIA):机器人是"一种用于移动各种材料、零件、工具或专用装置的,通过可编程序动作执行各种任务的,并具有编程能力的多功能操作机(manipulator)"。尽管这一定义较为实用,但并不全面。这里指的是工业机器人。

(3) 日本工业机器人协会(JIRA):工业机器人是"一种装备有记忆装置和末端执行器的,能够转动并通过自动完成各种移动代替人类劳动的通用机器"。或者分两种情况定义:其一,工业机器人是"一种能够执行与人的上肢(手和臂)类似动作的多功能机器";其二,智能机器人是"一种具有感觉和识别能力,并能够控制自身行为的机器"。

(4) 美国国家标准局(NBS):机器人是"一种能够进行编程并在自动控

制下执行某些操作和移动作业任务的机械装置"。这也是一种比较广义的工业机器人的定义。

(5) 国际标准化组织(ISO)："机器人是一种自动的、位置可控的、具有编程能力的多功能操作机,这种操作机具有几个轴,能够借助可编程序操作处理各种材料、零件、工具和专用装置,以执行各种任务"。显然,这一定义与 RIA 的定义相似。

随着机器人技术研究的深入和应用领域的迅速拓展,很多科学家给出了机器人的定义,例如:

(1) 森政弘与合田周平在 1967 年日本召开的第一届机器人学术会议上提出的："机器人是一种具有移动性、个体性、智能性、通用性、半机械半人性、自动性、奴隶性 7 个特征的柔性机器"。从这一定义出发,森政弘又提出了用自动性、智能性、个体性、半机械半人性、作业性、通用性、信息性、柔性、有限性、移动性 10 个特性表示机器人的形象。

(2) 加藤一郎在同一次会议上提出的:具有如下 3 个条件的机器称为机器人。第一,具有脑、手、脚三要素的个体;第二,具有非接触传感器(用眼、耳接受远方信息)和接触传感器;第三,具有平衡觉和固有觉的传感器。该定义强调了机器人应当仿人的含义,即它靠手进行作业,靠脚实现移动,由脑完成统一指挥的作用。非接触传感器和接触传感器相当于人的五官,使机器人能够识别外界环境,而平衡觉和固有觉则是机器人感知本身状态不可缺少的传感器。这里描述的不是工业机器人,而是自主机器人。

(3) 法国的埃斯皮奥在 1988 年提出："机器人学是指设计能根据传感器信息实现预先规划好的作业系统,并以此系统的使用方法作为研究对象"。

(4) 我国科学家对机器人的定义是："机器人是一种自动化的机器,所不同的是,这种机器具备一些与人或生物相似的智能能力,如感知能力、规划能力、动作能力和协同能力,是一种具有高度灵活性的自动化机器"。

10.1.1 机器人的分类

从上述的定义中可以看到,不同国家对不同类型的机器人有不同的认识,按照控制机器人输入信息的方式不同,从定义上对机器人可以进行不同的分类。

1. 日本和美国机器人学会分类

按照 JIRA 的标准,可将机器人进行如下分类。

(1) 人工操作装置——由操作员操纵的多自由度装置。

(2) 固定顺序机器人——按预定的不变方法有步骤地依次执行任务的设备,其执行顺序难以修改。

(3) 可变顺序机器人——同第 2 类,但其顺序易于修改。

(4) 示教再现(playback)机器人——操作员引导机器人手动执行任务,记录下这些动作并由机器人以后再现执行,即机器人按照记录下的信息重复执行同样的动作。

(5) 数控机器人——操作员为机器人提供运动程序,而不是手动示教执行任务。

(6) 智能机器人——机器人具有感知和理解外部环境的能力,即使其工作环境发生变化,也能够成功地完成任务。

RIA 只将以上(3)~(6)类视作机器人。手动装置(如一个多自由度的需要操作员驱动的装置)或固定顺序机器人(如有些装置由强制起停控制驱动器控制,其顺序是固定的并且很难更改)都不认为是机器人。

2. 法国机器人学会分类

法国机器人学会(AFR)将机器人进行如下分类。

类型 A:手动控制远程机器人的操纵装置,相当于 JIRA 中的第 1 类。

类型 B:具有预定周期的自动操纵装置,相当于 JIRA 中的第 2 类和第 3 类。

类型 C:具有连续轨迹或点到点轨迹的可编程伺服控制机器人,相当于 JIRA 中的第 4 类和第 5 类。

类型 D:同类型 C,但能够获取环境信息,相当于 JIRA 中的第 6 类。

此外,根据机器人的控制方式、智能程度、实际用途都可以对机器人进行不同方式的分类。例如,根据控制方式,分为非伺服机器人和伺服机器人;根据智能程度分为一般机器人和智能机器人(智能机器人又可分为传感型、交互型和自主型)。

10.1.2 机器人的特性

相对于传统机器和人,机器人具有许多明显的特点。

一方面,相对于传统机器,作为自动化技术之一,机器人在多数情况下可以提高生产率、安全性、效率、产品质量和产品的一致性,但其费用开销较大,包括原始的设备费用、安装费用,需要周边设备,同时有培训、服务、再次开发等费用。

另一方面,相对于人类,机器人可以在危险的环境下工作,而无须考虑生命保障或安全的需要;无须合适的环境,如考虑照明、空调、通风以及噪声隔离等;能不知疲倦、不知厌烦地持续工作,它们不会有心理问题,做事不拖沓,不需要医疗保险或假期。除了发生故障或磨损外,将始终如一地保持精确度。机器人和其附属设备及传感器具有某些人类不具备的能力。机器人可以同时响应多个激励或处理多项任务,而人类只能响应一个现行激励。

但是,机器人缺乏应急能力,除非该紧急情况能够预知并已在系统中设置了应对方案,否则不能很好地处理紧急情况,同时,还需要有安全措施确保机器人不会伤害操作人员以及与它一起工作的机器。这些情况包括不恰当或错误的反应、缺乏决策的能力、断电、机器人或其他设备的损伤、人员伤害等。

机器人尽管在一定情况下非常出众,但其能力在自由度、灵巧度、传感器能力、视觉系统、实时响应等方面仍具有局限性。

另外,机器人替代了工人,也由此带来经济和社会问题,如工人的失业、情绪上的不满与怨恨等。

机器人的这些特性决定了机器人技术的迅速发展及其在众多领域中的广泛应用。

10.1.3 机器人学的研究领域

机器人学有着极其广泛的研究和应用领域。这些领域体现出广泛的学科交叉,涉及众多的课题,如机器人体系结构、机构、控制、智能、传感、装配、恶劣环境下的机器人以及机器人语言等。将机器人看成是一个智能系统,这些研究课题概括地可以分为机器人的感知、机器人的思维、机器人的学习、机器人的行动。

1. 传感器与感知系统

感知是机器人必须具备的功能,也是研究的重要领域,其中包括各种新型传感器(视觉、触觉、听觉、接近感、力觉、临场感等)的开发、多传感器系统与传感器融合、主动视觉与高速运动视觉,以及传感器硬件的模块化、恶劣工况下的传感器技术、连续语言理解与处理、传感器系统软件支撑、虚拟现实技术等。

2. 规划与调度

机器人规划是在众多研究领域中的一个长期的热点问题,其中包括环境模型的描述、路径规划、任务规划、非结构环境下的规划、不确定性规划、协作规划、装配规划、基于传感信息的规划等,还包括任务调度问题。

3. 机器学习

机器人系统的学习能力始终是一个热点话题,它有赖于机器学习技术的进展与突破,尤其是针对人类未知环境的探索,更需要机器学习。

4. 机器人的驱动、建模与控制

无论是传统的工业机器人,还是智能机器人,都不仅需要进行自身的运动,而且需要执行各种各样的任务。这就给机器人研究提出了许多课题。从执行机构研制,到驱动器(超低惯性驱动马达、直流驱动与交流驱动)的开发;从系统动力学的分析,到控制技术的研究;从控制机理、控制系统结构的设计,到控制算法的改进;从机器人自身的功能实现,到智能人机接口等。

由此可见,机器人学是综合机械电子技术、信息处理技术、控制科学与工程、计算机科学与技术、智能科学与技术等多学科的交叉与综合。

10.2 机器人系统

10.2.1 机器人系统的组成

单独的机器人只有与其他装置、周边设备以及其他生产机械配合使用才能有效地发挥作用。它们通常集成一个系统,该系统作为一个整体完成任务或执行操作。

机器人作为一个系统,由如下部件构成,如图10-1所示,在不至于引起歧义的情况下,我们通常将机器人系统简称为机器人。

1. 机械手或移动车

这是机器人的主体部分,由连杆或活动关节以及其他结构部件构成。如果没有其他部件,仅机械手并不是机器人。

2. 末端执行器

末端执行器是指连接在机械手最后一个关节上的部件,一般用来抓取物体,与其他机构连接并执行需要的任务。机器人制造商一般不设计或出售末端执行器,多数情况下,他们只提供一个简单的抓持器。一般来说,机器人手部都备有能连接专用末端执行器的接

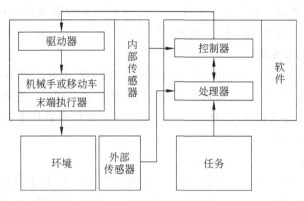

图 10-1 机器人系统示意图

口,这些末端执行器是为某种用途专门设计的,末端执行器的设计通常由公司工程师或外面的顾问完成。这些末端执行器安装在机器人上完成给定环境中的任务,如焊接、喷漆、涂胶以及零件装卸等少数几个可能需要机器人完成的任务。通常,末端执行器的工作由机器人控制器直接控制,或将机器人控制器的控制信号传至末端执行器本身的控制装置。

3. 驱动器

驱动器是机械手的"肌肉"。常见的驱动器有伺服电动机、步进电动机、气缸及液压缸等,还有一些用于某些特殊场合的新型驱动器。驱动器受控制器的控制。

4. 传感器

传感器用来收集机器人内部状态的信息或用来与外部环境进行通信。像人一样,机器人控制器也需要知道每个连杆的位置才能知道机器人的总体构型。人即使在完全黑暗中,也会知道胳膊和腿在哪里,这是因为肌腱内的中枢神经系统中的神经传感器将信息反馈给了人的大脑,大脑利用这些信息测定肌肉伸缩程度,进而确定胳膊和腿的状态。机器人同样如此,集成在机器人内的传感器将每一个关节和连杆的信息发送给控制器,于是控制器就能决定机器人的构型。机器人常配有许多外部传感器,如视觉系统、触觉传感器、语言合成器等,以使机器人能与外界进行通信。

5. 控制器

机器人控制器与人的小脑十分相似,虽然小脑的功能没有人的大脑功能强大,但它却控制着人的运动。机器人控制器从计算机获取数据,控制驱动器的动作,并与传感反馈信息一起协调机器人的运动。假如要机器人从箱柜里取出一个零件,第一关节角度必须为 $35°$,如果第一关节尚未达到这一角度,控制器就会发出一个信号到驱动器(输送电流到电动机、输送气体到气缸或发送信号到液压缸的伺服阀),使驱动器运动,然后通过关节上的反馈传感器(电位器或编码器等)测量关节角度的变化,当关节达到预定角度时,停止发送控制信号,对于更复杂的机器人,机器人的运动速度和力也由控制器控制。

6. 处理器

处理器是机器人的大脑,用来计算机器关节的运动,确定每个关节应移动多少和多远才能达到预定的速度和位置,并且监督控制器与传感器协调动作。处理器通常就是一台计算机,只不过是一种专用计算机,它也需要拥有操作系统、程序和像监视器那样的外部设备等,同时,它在许多方面也具有与 PC 处理器同样的功能和局限性。

7. 软件

用于机器人的软件大致有三块：第一块是操作系统，用来操作计算机；第二块是机器人软件，它根据机器人的运动方程计算每一个关节的必要动作，然后将这些信息传送到控制器，这种软件有多种级别，即从机器语言到机器人使用的复杂高级语言不等；第三块是例行程序集合和应用程序，它们是为了使用机器人外部设备而开发的（如视觉通用程序）或者是为了执行特定任务而开发的。

值得注意的是，在许多系统中，控制器和处理器放置在同一单元中，虽然这两部分放在同一装置盒内，甚至集成在同一电路中，但它们有各自的功能。

10.2.2 机器人的工作空间

根据机器人的构型、连杆及腕关节的大小，机器人能到达的点的集合称为工作空间。每个机器人的工作空间形状都与机器人的特性指标密切相关。工作空间可以用数学方法通过列写方程确定，这些方程规定了机器人连杆与关节的约束条件，这些约束条件可能是每个关节的动作范围。除此之外，工作空间还可以凭经验确定，可以使每一个关节在其运动范围内运动。然后将其可以到达的所有区域连接起来，再除去机器人无法到达的区域。当机器人用作特殊用途时，必须研究其工作空间，以确保机器人能到达要求的点。要准确地确定工作空间，可以参考生产商提供的数据。

下面介绍机器人工作空间涉及的两个重要概念。

1. 自由度

自由度是机器人的一个重要技术指标，是由机器人的结构决定，并直接影响机器人的机动性。

为了确定点在空间的位置，需要指定三个坐标，就像沿直角坐标轴的 x,y 和 z 三个坐标，要确定该点的位置，必须要有（也只要有）三个坐标。虽然这三个坐标可以用不同的坐标系表示，但没有坐标系是不行的。然而，不能用两个或四个坐标，因为两个坐标不能确定点在空间的位置，而三维空间不可能有四个坐标。同样，如果考虑一个三自由度的三维装置，在它的工作区内可以将任意一点放到所期望的位置，例如，台架(x,y,z)起重机可以将一个球放到它工作区内操作员指定的任一位置。

同样，要确定一个刚体（一个三维物体，而不是一个点）在空间的位置，首先需要在该刚体上选择一个点并指定该点的位置，因此需要三个数据确定该点的位置。然而，即使物体的位置已确定，仍有无数种方法确定物体关于所选点的姿态，为了完全定位空间的物体，除了确定物体上所选点的位置外，还须确定该物体的姿态（如飞机的俯仰、偏航、滚动）。这就意味着需要六个数据，才能完全确定刚体物体的位置和姿态（以下简称位姿）。基于同样的理由，需要有六个自由度才能将物体放置到空间的期望位姿。如果少于六个自由度，机器人的能力将受到很大限制。

为了说明这个问题，考虑一个三自由度机器人，它只能沿 x,y 和 z 轴运动，在这种情况下，不能指定机械手的姿态，此时，机器人只能夹持物件做平行于坐标轴的运动。姿态保持不变；再假设一个机器人有五个自由度，可以绕三个坐标轴旋转，但只能沿 x 和 y 轴移动，这时虽然可以任意指定姿态，但只能沿 x 和 y 轴，而不可能沿 z 轴给部件定位。

具有七个自由度的系统没有唯一解。这就意味着,如果一个机器人有七个自由度,那么机器人可以有无穷多种方法在期望位置为部件定位和定姿。为了使控制器知道具体怎么做,必须附加的决策程序使机器人能够从无数种方法中只选择一种。例如,可以采用最优程序选择最快或最短路径到达目的地。为此,计算机必须检验所有的解,从中找出最短或最快的响应并执行。由于这种额外的需要会耗费许多计算时间,因此这种七个自由度的机器人在工业中是不采用的。

与之类似的问题是,假如一个机械手机器人安装在一个活动的基座上,如移动平台或传送带上,则这台机器人就有冗余的自由度。基于前面的讨论,这种自由度是无法控制的。机器人能够从传送带或移动平台的无数不确定的位置上到达所要求的位姿,这时虽然有太多的自由度,但这种多余的自由度一般来说不去求解。换言之,当机器人安装在传送带上或是可移动时,机器人基座相对于传送带或其他参考坐标系的位置是已知的。由于基座的位置无需由控制器决定,自由度的个数实际上仍为六个,因而解是唯一的。只要机器人基座在传送带或移动平台上的位置已知(或已选定),就没有必要靠求解一组机器人运动方程找到机器人基座的位置,从而系统得以求解。

对于机器人系统,从来不将末端执行器考虑为一个自由度,所有的机器人都有该附加功能,它看起来类似于一个自由度,但末端执行器的动作并不计入机器人的自由度。

机器人的自由度主要由各种关节实现,主要有滑动关节、回转关节和球型关节等,大多数使用的是滑动关节和回转关节。滑动关节是线性的,它不包括旋转运动,气缸、液压缸或者线性电驱动器驱动,主要用于台架构型、圆柱构型或类似的关节构型。回转关节是旋转型,虽然液压和气动旋转关节使用十分普遍,但大部分旋转关节是电动的。它们由步进电动机驱动,或者更普遍地采用伺服电动机驱动。

有一种特殊情况,虽然关节是能够活动的,但它的运动并不完全受控制器控制。例如,假设一个线性关节由一个气缸驱动,其上的手臂可以全程伸开,也可全程收缩,但不能控制它在两个极限之间的位置。在这种情况下,通常把这个关节的自由度确定为 1/2,这表示这个关节只能在它的运动极限内定位。自由度为 1/2 的另一个含义是只能对该关节赋予一些特定值,例如,假设一个关节的角度只能为 0°、30°、60° 和 90°,那么如前所述,该关节被限定为只有几个可能的取值,从而是一个受限的自由度。

许多工业机器人的自由度都少于 6 个,实际上,自由度为 3.5 个、4 个和 5 个的机器人非常普遍。只要没有对附加自由度的需要,这些机器人都能够很好地工作。例如,假设将电子元件插入电路板,电路板放在一个给定的工作台面上,此时,电路板相对于机器人基座的高度(z 坐标)是已知的。因此,只需要沿 x 轴和 y 轴方向上的两个自由度就可以确定元件插入电路板的位置。另外,假设元件要按某个方位插入电路板,而且电路板是平的。此时则需要一个绕垂直轴(z)旋转的自由度,才能在电路板上给元件定向。由于这里还需要一个 1/2 自由度,以便能完全伸展末端执行器插入元件,或者在运动前能完全收缩将机器人抬起。因而总共需要 3.5 个自由度,其中两个自由度用于在电路板的上方做出运动,一个用来旋转元件,还有 0.5 个自由度用来插入和缩回。插装机器人广泛应用于电子工业,它们的优点是编程简单、价格适中、体积小、速度快。它们的缺点是虽然它们可以用编程实现在任意型号的电路板上以任意的方位插入元件,以完成在设计范围内的一系列工作,但是它们不能从事除此以外的其他工作。它们的工作能力受到只有 3.5 个自由度的限制,但在该限制范围内仍可以完成许多不同的事。

2. 机器人的参考坐标系

机器人可以相对于不同的坐标系运动,在每一种坐标系中的运动都不相同。通常,机器人运动在以下三种坐标系中完成。

1) 全局参考坐标系

全局参考坐标系是一种通用坐标系,由 x,y 和 z 轴定义。在此情况下,通过机器人关节的同时运动产生沿 3 个主轴方向的合成运动。在这种坐标系中,无论手臂在哪里,x 轴的正向运动总是在 x 轴的正方向。这一坐标通常用来定义机器人相对于其他物体的运动、与机器人通信的其他部件以及运动路径。

2) 关节参考坐标系

关节参考坐标系用来描述机器人每一个独立关节的运动。假设希望将机器手运动到一个特定的位置,可以每次只运动一个关节,从而把手引导到期望的位置上。在这种情况下,每一个关节单独控制,从而每次只有一个关节运动。由于所用关节的类型(滑动型、旋转型、球型)不同,机器人手的动作也各不相同。例如,如果旋转关节运动,那么机器人手将绕着关节的轴旋转。

3) 工具参考坐标系

工具参考坐标系描述机器人手相对于固连在手上的坐标系的运动。固连在手上的 x,y 和 z 轴定义了手相对于本地坐标系的运动。与通用的全局坐标系不同,工具坐标系随机器人一起运动。工具坐标系是一个活动的坐标系,当手臂运动时,它也随之不断改变,因此,随之产生的相对于它的运动也不相同。它取决于手臂的位置以及工具坐标系的姿态。机器人所有的关节必须同时运动,才能产生关于工具坐标系的协调运动。在机器人编程中,工具坐标系是一个极其有用的坐标系,使用它便于对机器人靠近、离开物体或安装零件进行编程。

10.2.3 机器人的性能指标

机器人的主要性能指标包括以下 4 项。

1. 负荷能力

负荷能力是机器人在满足其他性能要求的情况下,能够承载的负荷重量。例如,一台机器人的最大负荷能力可能远大于它的额定负荷能力。但是,达到最大负荷时,机器人的工作精度可能会降低,可能无法准确地沿着预定的轨迹运动,或者产生额外的偏差。机器人的负荷量与其自身的重量相比往往非常小。例如,Fanuc Tonorics LRMate 机器人自身重 86 磅(约 39kg),而其负荷量仅为 6.6 磅(1 磅 ≈ 0.4536kg);M-16i 机器人自身重 594 磅,而其负荷量仅为 35 磅。

2. 运动范围

运动范围是机器人在其工作区域内可以达到的最大距离。机器人可按任意姿态达到其工作区域内的许多点(这些点为灵巧点)。然而,对于其他一些接近于机器人运动范围的极限点,则不能任意指定其姿态(这些点称为非灵巧点)。运动范围是机器人关节长度和其构型的函数。

3. 精度(正确性)

精度是指机器人到达指定点的精确程度,它与驱动的分辨率以及反馈装置有关。大多数工业机器人都具有 0.001 英寸(1 英寸＝0.0254m)或者更高的精度。

4. 重复精度(变化性)

重复精度是指如果动作重复多次,机器人到达同样位置的精确程度。假设驱动机器人到达同一点 100 次,由于许多因素会影响人的位置精度,机器人不可能每次都能准确地到达同一点,但应在以该点为圆心的一个圆区范围内。该圆的半径是由一系列重复动作形成的。这个半径即重复精度。重复精度比精度更重要。如果一个机器人定位不够精确,通常会显示一个固定的误差,这个误差是可以预测的,因此可以通过编程予以校正,例如,假设一个机器人总是向右偏离 0.05 英寸,那么可以规定所有的位置点向左偏移 0.05 英寸,这样就消除了偏差。然而,如果误差是随机的,那它就无法预测,因此也就无法消除。重复精度限定了这种随机误差的范围。通常通过一定次数地重复运行机器人来测定,测试次数越多,得出的重复精度范围越大(对生产商是坏事),也越接近实际情况(对用户是好事)。生产商给出重复精度时必须同时给出测试次数、测试过程中所加负载及手臂的姿态。例如,手臂的重复精度在垂直方向与在水平方向测得的结果是不同的。大多数工业机器人的重复精度都在 0.001 英寸以内。

10.3 机器人的编程模式与语言

根据机器人及其复杂程度的不同,可用多种模式为机器人编程。以下是一些常用的编程模式。

1. 硬件逻辑结构模式

在这个模式中,操作员操纵开关和起停按钮控制机器人的运动。这种模式常与其他装置配合使用,例如可编程序逻辑控制器(PLC)。

2. 引导或示教模式

在这种模式中,机器人的各个关节随示教杆运动,当达到期望的位姿时,位姿信息送入控制器。在再现过程中,控制器控制各关节运动到相同的位姿,这种方式常用于点对点控制,而不指定或控制两点之间的运动。它只保证示教的各点到位。

3. 连续轨迹示教模式

在这种模式中,机器人的所有关节同时运动,此时机器人的运动是连续采样的,并由控制器记录运动信息。在再现过程中,按照记录的信息准确地执行动作。操作员给机器人示教通常有两种方法:一种是通过模型实际运动末端执行器;另一种是直接引导机器人手臂在它的工作空间中运动。例如,熟练的喷漆工人就是通过这种方式为喷漆机器人编程。

4. 软件模式

在这种机器人编程模式中,可以采用离线或在线的方式进行编程,然后由控制器执行这些程序,并控制机器人的运动。这种编程模式最先进和通用。它可包含传感器信息、条件语句(诸如 if…then 语句)和分支语句等。然而,在编写程序前必须掌握机器人操作系统的知识。

大部分工业机器人都具有一种以上的编程模式。

机器人编程语言的种类可能与机器人的种类一样多,每一个生产商都会设计他们自己的机器人语言,因此,为了使用某一特定机器人,必须学习相关的语言。许多机器人语言是以常用语言(如 Cobol、Basic、C 和 Fortran)为基础派生出来的,也有一些机器人语言是独特设计的,并与其他常用语言无直接联系。

机器人语言根据其设计和应用的不同有不同的复杂性级别,其级别范围从机器级到已提出的人类智能级不等。许多机器人语言是解释执行的,如 Unimarion 的 VAL 和 AML(A Manufacturing Language)都是解释程序。也有些语言(如 AL)比较灵活,它们允许用户用解释模式进行调试,而用编译模式执行。

下面对不同级别的机器人语言进行简要描述。

(1) 微型计算机机器级语言。在这一级,程序是用机器语言编写的,这一级的编程是最基本的,也是非常有效的,但是难以理解和学习,所有的语言最终都翻译或编译成机器语言。然而,用高级语言编写的程序比较容易学习和理解。

(2) 点对点级语言。在这一级语言中(如 Funky 和 Cincinnart Milacron 的 T3)依次输入每一点的坐标,机器人就按照给出的点运动。这是非常原始和简单的程序类型,它易于使用,但功能不够强大,它也缺乏程序分支、传感器信息及条件语句等基本功能。

(3) 专用操作语言。该语言是专门用于机器人领域的语言,也可能发展成为通用的计算机编程语言。用该级语言可以开发较复杂的程序,包含传感器信息、程序分支以及条件语句(如 Unimation 公司的 VAL)。这一级别多数选用解释执行的语言。

(4) 应用计算机语言的结构化程序级语言。这种编程语言是在流行的计算机语言(如 C 语言)的基础上增加一些机器人专用的子程序库。这类语言大多数是编译执行,功能强大,允许复杂编程,如美国 Cimflex 公司开发的 AR-BASIC 语言就是用 BASIC 语言开发的一个程序库。

(5) 面向任务的语言。目前尚不存在这一级别的编程语言,IBM 公司于 20 世纪 80 年代提出了 Autopass,但一直没有实现,Autopass 设想成为面向任务的编程语言,也就是说,不必为机器人完成任务的每一个必要步骤都编好程序,用户只需指出所要完成的任务,控制器就会生成必要的程序流程。假设机器人要将一批盒子按大小分为三类,在现有的语言中,程序必须准确告诉机器人要做什么,也就是每一个步骤都必须编程,如必须首先告诉机器人如何运动到最大的盒子处,如何捡起盒子,并将它放在哪里,然后再运动到下一个盒子的地方,等等。在 Autopass 语言中,用户只需给出"分类"的指令,机器人控制器便会自动建立这些动作序列。

10.4 机器人的应用与展望

2009 年年底已有 76 600 台专用服务机器人安装使用,其中军用机器人有 23 200 台,占新安装的专用服务机器人总数的 30%,农业机器人(主要是挤奶机器人)占 25%,医疗机器人和清洁机器人各占 8%,水下机器人系统占 7%,建筑爆破机器人和通用移动机器人平台各占 6%,物流系统占 5%,救援和安保机器人占 4%。安装量最小的是检测机器人和公关机器人。增长比较强劲的应用领域为救护和安保机器人、农业机器人、物流系统、检测机器人、医疗机器人和多功能移动机器人平台。

根据国际机器人联合会(IFR)的数据显示,2015年全球工业机器人销量首次突破24万台,其中亚洲销量约占全球销量的2/3,销量为14.4万台;欧洲地区为5万台,其中东欧地区销量增速达到29%,是全球增长最快的地区之一;北美地区销量达到3.4万台。中国、韩国、日本、美国和德国的总销量占全球销量的3/4。中国、美国、韩国、日本、德国、以色列等国是近年工业机器人技术、标准及市场发展较活跃的地区。2016年,全球工业机器人销量约29万台,同比增长14%,其中中国工业机器人销量9万台,同比增长31%。而2016年年底中国机器人产业联盟公布的《2016年上半年工业机器人市场统计数据》显示:2016年上半年国内机器人企业累计销售19 257台机器人,较上年增长37.7%,增速比上年同期加快10.2%,实际销量比上年增长70.8%。

10.4.1 机器人应用

进入21世纪后,我国先后研制出一大批特种机器人并得到应用,如辅助骨外科手术机器人和脑外科机器人成功用于临床手术,低空飞行机器人在南极科考中得到应用,微小型探雷扫雷机器人参加了国际维和扫雷行动,空中搜索探测机器人、废墟搜救机器人等地震搜救机器人成功问世,细胞注射微操作机器人已应用于动物克隆实验,国内首台腹腔微创外科手术机器人进行了动物试验并通过鉴定,反恐排爆机器人已经批量装备公安和武警部队;水下机器人在海底资源勘探、北极科考等领域获得成功应用。

2017世界机器人大会展示了15款机器人:画家机器人、钢琴家机器人、写字机器人、水母机器人、智能编程机器人、医疗机器人、舞蹈机器人、讲解员机器人、记者机器人、仿生机器蜻蜓、会打羽毛球的机器人、投篮机器人、变脸机器人、舞狮机器人、美女机器人。

下面从特种机器人、工业机器人和服务机器人等方面介绍机器人应用情况。

1. 特种机器人

当前,我国特种机器人市场保持较快发展,各种类型不断出现,在应对地震、洪涝和极端天气,以及矿难、火灾、安防等公共安全事件中,对特种机器人有着突出的需求。2016年,我国特种机器人市场规模达到6.3亿美元,增速达到16.7%,略高于全球特种机器人增速。军事应用机器人、极限作业机器人和应急救援机器人市场规模分别为4.8亿美元、1.1亿美元和0.4亿美元,其中极限作业机器人是增速最快的领域。

1) 地面军用机器人

地面机器人主要是指智能或遥控的轮式和履带式车辆。地面军用机器人又可分为自主车辆和半自主车辆。自主车辆依靠自身的智能自主导航,躲避障碍物,独立完成各种战斗任务;半自主车辆可在人的监视下自主行使,遇到困难时操作人员可以进行遥控干预。

2008年3月,美国官方公布了一段关于军用机器人的录像,视频中的机器人名为"大狗"(BigDog),拥有惊人的活动能力和适应性,即便是被狠狠踹上一脚,也能迅速重新保持平衡。这个"大狗"机器人吸引了众多关注的目光,它的视频也在互联网上造成轰动。

"大狗"机器人拥有非常强的平衡能力,无论是爬陡坡,跨崎岖路段,还是在冰面或者雪地上,它都能够行走自如,甚至在被人猛地踹上一脚后,"大狗"也能迅速调整恢复身体的平衡。最新款"大狗"可以攀越35°的斜坡,可承载40多千克的装备,约相当于其自重的

30%,"大狗"还可以自行沿着简单的路线行进,或是被远程控制。

"大狗"项目由美国国防部高级研究计划署(DARPA)资助,该机构希望它可以在军车难以出入的险要地段助士兵一臂之力。"大狗"有能力在战场上为士兵运送弹药、食物和其他物品。

2012年,美国国防部高级研究计划署委托波士顿动力工程公司研制的机器人"猎豹"以每小时18英里(1英里=1609.344米)的成绩打破了有腿机器人的陆地步行速度最高纪录,成为速度最快的四腿机器人。"猎豹"的目标是步行速度超过人类,成为能够逃避人类追捕的战场机器人。

2014年7月,谷歌旗下公司的步兵班组支援系统(Legged Squad Support System, LS3)机器狗在夏威夷跟随美国海军陆战队进行了第一次实地运载测试。LS3耗时5年研发,在24小时不进行补给情况下,可携带181.44kg负载行进32.18km,还能在树林、岩石地、障碍物和城区等复杂地形中跟随士兵行动。在实际测试中,LS3身扛重约180多千克的武器和军用设备,规矩地跟随士兵们沿着指定路线前进,犹如一只训练有素的警犬。

2016年9月,中国最新研制的"大狗"四足步行机器人公开曝光。这一名为"奔跑号"山地四足仿生移动平台的中国国产机器人参加了解放军陆军装备部"跨越险阻2016"地面无人系统挑战赛,一举夺得50m速度、综合越野桂冠。

2) 无人机

被称为空中机器人的无人机是军用机器人中发展最快的家族,从1913年第一台自动驾驶仪问世以来,无人机的基本类型已达到300多种,目前在世界市场上销售的无人机有40多种。美国几乎参加了世界上所有重要的战争。由于它的科学技术先进,国力较强,因而80多年来,世界无人机的发展基本上是以美国为主线向前推进的。

目前,美国已经装备或即将装备的无人机主要有"先锋""猎手""影子""掠食者""全球鹰"等。在美国发动的近几场局部战争中,"全球鹰""掠食者"等无人机都有上佳表现。以色列研制成第一代"侦察兵"(Scout)无人机、第二代"先锋"(Pioneer)无人机、第三代"搜索者"(Searcher)无人机,与美国TRW公司合作研制"猎人"(Hunter)无人机,以及中空长航时多用途"苍鹭"(Heron)无人机。2010年11月,中国在珠海国际航展上推出25款先进的无人机。

2017年,美国空军研究实验室开展了无人机模拟对抗试验,装备有"阿尔法"人工智能的无人机多次轻松击败人类飞行员。

3) 水下机器人/无人艇

水下机器人分为有人机器人和无人机器人两大类。有人潜水器机动灵活,便于处理复杂的问题,但是操作人员的生命可能会有危险,而且价格昂贵。无人潜水器就是人们说的水下机器人,近20年来,水下机器人有了很大的发展,它们既可军用,又可民用。按照无人潜水器与水面支持设备(母船或平台)间联系方式的不同,水下机器人可以分为两大类:一种是有缆水下机器人,习惯上把它称作遥控潜水器,简称ROV;另一种是无缆水下机器人,潜水器习惯上把它称作自治潜水器,简称AUV。有缆机器人都是遥控式的,按其运动方式分为拖曳式、(海底)移动式和浮游(自航)式三种。无缆水下机器人只能是自治式的,目前还只有观测型浮游式一种运动方式,但它的前景是光明的。

2012年3月26日,詹姆斯·卡梅隆驾驶"深海挑战者"号深潜器潜入世界最深处(此次下潜深度为10898m),成为目击马里亚纳海沟底部景象第一人。目前国产智能水下机器人已经服役并正在形成系列,特别是中国科学院沈阳自动化研究所与俄罗斯合作的6000m潜深的CR-01和CR-02系列预编程控制的水下机器人已经完成太平洋深海的考察工作,达到实用水平。

目前,中国智能无人艇生产和在研船型繁多、可搭载多种调查勘测设备,适应多种工作环境,可以用于测深、测流、环保等领域,特别是和大型科考船搭配使用,可适应海洋复杂环境,更好地实现科考目标。精海3号(HC650-01)由交通运输部东海航海保障中心上海海事测绘中心订购,其主要用于岛礁和近海浅水域等水下地形、地貌探测,可对测量船不能到达的水域进行数据测量、采集等工作,也可以作为一个搭载平台,搭载其他设备,完成其他使命(如海洋环境监测等)。2018年1月14日下午,装载着11.13万吨凝析油的巴拿马籍油轮"桑吉轮"因撞船事故沉没。1月15日至22日,国家海洋局东海海洋环境调查勘察中心联合上海大学无人艇工程研究院运用"精海3号"无人艇等智能手段,对"桑吉轮"沉没海域开展应急测绘调查,确认"桑吉轮"沉没的准确位置和附近海域地形等情况。

4)航空航天机器人

空间机器人是一种低价位的轻型遥控机器人,可在行星的大气环境中导航及飞行。为此,它必须克服许多困难,例如,它要能在一个不断变化的三维环境中运动并自主导航;几乎不能够停留;必须能实时确定它在空间的位置及状态;要能对它的垂直运动进行控制;要为它的飞行预测及规划路径。

太空机器人泛指在地外空间进行探索的机器人。例如,美国NASA探索火星使用的"机遇号""勇气号"机器人和较近的"好奇号"机器人。它们在火星表面进行移动探测,收集了大量关于火星土壤和大气等环境的数据,为人类了解火星做出了贡献。中国在2013年12月2日发射了探索月球的嫦娥三号探测器和玉兔号巡视器。其中,嫦娥三号探测器为着陆器,实施原地探测;玉兔号为移动探测器,能对月表进行巡视探测。这两个机器人对月球的探测为人类对月球的理解增添了更加丰富的数据。这类在外星表面实施移动探测的机器人面对外星未知的环境,需要多种感知技术形成综合的环境模型,以支持机器人的安全保障。同时,为了提高利用机器人获得科学数据的效益,考虑周全的机器人行为规划方法也是关键。相比于早期基于纯人工的规划方法,目前的技术趋势为人—机结合的半自动规划方法(mixed-initiative planning)。对于某些基本的任务,甚至采用了自动规划的方法实现机器人的自主性。

2. 工业机器人

工业机器人是指在工业中应用的一种能进行自动控制的、可重复编程的、多功能的、多自由度的、多用途的操作机,能搬运材料、工件或操持工具,用以完成各种作业,且这种操作机可以固定在一个地方,也可以在往复运动的小车上。

3. 服务机器人

服务机器人的应用范围很广,主要从事维护、保养、修理、运输、清洗、保安、救援、监护等工作。德国生产技术与自动化研究所所长施拉夫特博士给服务机器人下了这样一个定义:服务机器人是一种可自由编程的移动装置,它至少应有三个运动轴,可以部分地或全自动地完成服务工作。这里的服务工作指的不是为工业生产物品而从事的服务活动,而是指为人和单位完成的服务工作。

英国研制出一款智能聊天语言系统,可以赋予计算机类似人类的"思维"。该计算机系统能够让测试者无法辨识究竟是计算机,还是人类。

未来的"伴侣型机器人"是具有一定感知、交流和情感表达能力的仿真机器人,为人类(特别是小孩和老人)提供无微不至的服务。其特点:一是依靠先进的人工智能技术,使机器人初步具有像人一样的感知、交流和情感表达能力;二是开发出制造机器人的新材料,可以让机器人看起来、摸起来像真人一样。

娱乐机器人以供人观赏、娱乐为目的,具有机器人的外部特征,可以像人、像某种动物、像童话或科幻小说中的人物等,同时具有机器人的功能,可以行走或完成动作,可以有语言能力、会唱歌、有一定的感知能力。

医疗机器人从功能上可分为5种类型:一是辅助内窥镜操作机器人,这种机器人能够按照医生的控制指令操作内窥镜的移动和定位;二是辅助微创外科手术机器人,一般具有先进的成像设备、一个控制台和多只电子机械手,手术医生只要坐在控制台前观察高清晰度的三维图像,操纵仪器的手柄,机器人就会实时完成手术;三是远程操作外科手术机器人,由于配备了专门的通信网络传输数据收发系统,这种机器人可以完成远程手术;四是虚拟手术机器人,这种机器人将扫描的图像资料进行三维分析后,在计算机上重建为人体或人体器官,医生便可以在虚拟图像上进行手术训练,制订手术计划;五是微型机器人,主要包括智能药丸、智能影像胶囊和纳米机器人。智能药丸机器人能够按照预定程序释放药物并反馈信息;智能影像胶囊能辅助内窥镜或影像检查;正在研制开发的纳米微型机器人还可以钻入人体,甚至在肉眼看不见的微观世界里完成靶向治疗任务。

10.4.2 机器人发展展望

当前,我国机器人市场进入高速发展期,2017年市场规模约62.8亿美元,2012—2017年平均增长率达到28%。其中,工业机器人连续五年成为全球第一大应用市场,服务机器人需求潜力巨大,特种机器人应用场景显著扩展,核心零部件国产化进程不断加快,创新型企业大量涌现,部分技术已可形成规模化产品,并在某些领域具有明显优势。2017年,工业机器人是机器人市场的主要产品,所占整体比重高达67.2%,市场规模为42.2亿美元。此外,得益于互联网巨头对机器人在服务场景应用的投入,服务机器人所占比重也超过20%,市场规模达到13.2亿美元。

机器人技术与产业的发展呈现出以下几方面的趋势。

1. 工业机器人需求的持续增长,机器人密度增加

机器人密度是指在制造业中每万名雇员占有的工业机器人的数量。另一种衡量机器人密度的方法是,在汽车制造业中每万名生产工人占有机器人的数量。日本和韩国机器人密度相当高,其中日本汽车工业中的机器人密度处于世界领先地位,紧接着是美国、意大利、德国、法国、英国、西班牙和瑞典。随着工业界对精密加工和高端制造的需求,机器人的密度将进一步增加。

我国工业机器人市场发展较快,约占全球市场份额的三分之一,是全球第一大工业机器人应用市场。2016年,我国工业机器人保持高速增长,销量同比增长31.3%。按照应用类型分,目前国内市场的搬运上下料机器人占比最高,达到61%;其次是装配机器人,占比15%,高于焊接机器人占比6个百分点。当前,我国生产制造智能化改造升级的需求日益凸显,工业机器人的市场需求依然旺盛,2017年我国工业机器人销量首次超过11万台,市场规模达到42.2亿美元。预测,到2023年,国内市场规模将翻一番,进一步扩大到接近80亿美元。

2. 应用范围遍及工业、科技和国防的各个领域

在日本,工业机器人应用得最多的工业部门依次是家用电器制造、汽车制造、塑料成型、通用机械制造和金属加工等工业。其中,汽车和电器制造工业用的机器人占一半以上。在美国,制造工业中的焊接、装配、搬运、装卸、铸造和材料加工使用的机器人占多数;其次为喷漆和精整用机器人,并逐渐向纤维、食品、电子和家用产品等工业部门扩展。在俄罗斯,机器人的应用范围包括钟表和汽车零件的组装、原子能电站的维护、锻压加工、水下作业、装卸作业,以及对人体有害物质的化学处理等。在全面调查的基础上,日本工业机器人协会曾公布了233个应用机器人的新领域,其中,涉及农林水产、土木建筑、运输、矿山、通信、煤气、自来水、原子能发电、宇宙开发、医疗福利以及服务等行业。此外,还有许多军用、办公室用和家用机器人正在应用着。同时,对空间机器人、水下机器人和军用机器人的开发与应用,也令人关注。

3. 服务机器人发展方兴未艾

服务机器人是一种半自主或全自主工作的机器人,它完成的是有益于人类的各种服务(但不包括生产)工作。此类机器人包括保洁机器人(地板清洁、油罐清洁、擦窗擦墙、飞机清洗、游泳池清洁等)、家用机器人(真空吸尘、割草)、医用机器人(外科手术、辅助外科手术)、残疾人用机器人(辅助机器人、轮椅机器人)、送信机器人、监视机器人、保安机器人、导引机器人、加油机器人、消防及爆炸物清理机器人等。

各种用途的服务机器人虽然有的尚处于开发阶段,有的还处于普及的早期阶段,但已显现对人们生活质量提高的重要性,呈现强劲的发展势头。根据牛津大学的研究,以下工种最容易被服务机器人替代:电话促销员、地产审核员、摘录者和搜索者(title examiners, abstractor and searchers)、手工缝纫工、算术技师(mathematical technician)、保险业者、钟表修理工、货物和货运代理、报税人、摄影加工员和处理机器操作员、开户账务员、图书馆技术人员、数据录入员、计时设备装配工和调节员、保险索赔和保单处理职员、经纪人、订货登记员(order clerks)、信贷员、保险鉴定人(汽车受损)、仲裁人、裁判和其他的体育工作人员。

我国智能服务机器人覆盖的国内用户总数已经超过2亿,并且在诸如电信运营商、金融服务、电子政务、电子商务、各类智能终端及个人互联网信息服务等领域提供了自动客服、智能营销、内容导航、智能语音控制、娱乐聊天等多种类型的服务。

我国服务机器人的市场规模快速扩大,成为机器人市场应用中颇具亮点的领域。2016年,我国服务机器人市场规模达到10.3亿美元;2017年我国服务机器人市场规模达到13.2亿美元,同比增长约28%,高于全球服务机器人市场年均增速。其中,我国家用服务机器人、医疗服务机器人和公共服务机器人市场规模分别为5.3亿美元、4.1亿美元和3.8亿美元,家用服务机器人市场增速相对领先。

截至2017年年底,我国60岁以上人口已达2.41亿人,占总人口的17.3%。老龄化社会服务、医疗康复、救灾救援、公共安全、教育娱乐、重大科学研究等领域对服务机器人的需求也呈现出快速发展的趋势。

根据《机器人产业发展规划(2016—2020年)》,到2020年我国服务机器人年销售收入将超过300亿元,在助老助残、医疗康复等领域实现小批量生产及应用。

4. 机器人向智能化方向发展

随着工业机器人数量的快速增长和工业生产的发展,对机器人的工作能力也提出更高的要求,特别是需要各种具有不同程度智能的机器人和特种机器人。这种对智能化的需求主要体现在:

(1) 随着集成化、系统化生产需求的不断增强,人工神经网络技术、模糊控制技术以及基于PC的开放式控制系统将在对车间级机器人的控制中获得更多的应用,这种趋势在国内外举办的各类机器人展会和对抗赛中已经有了明显的体现。

(2) 为了满足极限作业、多作业对象、大作业对象以及长距离搬运作业对于机器人的需求,世界各国都在积极开展对机器人智能化移动(如自动飞行、跳跃、爬行、行走、滚动和滑动)的研究。美国宇航局位于加利福尼亚州实验室的研究人员表示,他们已经能够使机器人在火星模拟环境中完成搬运重物以及一些简单的施工。这意味着人类的火星之旅将由这些机器人迈出那"一小步"。

(3) 由于机器人的工作环境大多存在着许多不可预见的不稳定因素,因此想要实现其智能化,首先要确保机器人安全可靠,需要其具有对外界各种情况的应变能力以及对自身软件的智能升级和智能诊断、修复。

(4) 随着新的科技技术的出现,机器人智能化将存在新的实现途径。多种新技术的组合将开发出智能特性更加丰富的机器人产品。

5. 机器人向微型化方向发展

随着技术的不断进步,微型化成为机器人发展的另一个重要方向,毫米级,甚至是纳米级的机器人将会广泛应用于医学、微加工、海洋和宇宙开发等领域。微型化的机器人能够适应管道、建筑废墟等复杂环境,并在其中自由移动。如果能对其运动进行更加精确的控制,还能将其应用到化工及核工业的管道以及人体器官中进行移动和作业。例如,在2011年发生的日本福岛核泄漏中,第3号核反应堆的建筑物内的核辐射量很高,每小时的核辐射量达到50~150微西弗,工作人员无法入内进行设备抢修等工作,通过高辐射专用的Monirobo机器人,能够在每小时减少10~20微西弗的辐射量。

6. 机器人的军用化方向快速发展

随着国际政治和地缘政治的变化,各国对军事力量产生了新的需求,如利用机器人实现陆、海、空、天协同作战;利用机器人实现非对称作战、灵活多变战术,一方面要求机器人微型化,以便适合于单兵使用,另一方面则要求机器人大型化,以便能携带足够多的任务载荷,适应多种战术需要。

这些需求要求机器人出现在军事战场的各个角落,既能独立执行任务,又能协同进行作战,同时还要保证有足够的自主能力、足够的可靠性和足够的抗毁性。综合起来说,随着计算机芯片的不断更新,计算机的信息存储密度已超过人脑神经细胞的密度,军用机器人将会有较高的智能优势。此外,先进技术在机械系统、传感器、处理器、控制系统上的大量应用将使军用机器人具备在接到指令后迅速做出反应,并自主地完成作战任务的能力。

未来战场既是力的较量,更是谋的比拼。目前,机器人的军备竞赛已悄然展开。据统计,目前全球超过60个国家的军队已装备了军用机器人,种类超过150种。预计到2040年,美军可能会有一半的成员是机器人。除美国以外,俄、英、德、日、韩等已相继推出各自的机器人战士。在不久的将来,还会有更多的国家投入到这场无人化战争的研制与开发中。

2013年3月,美国发布新版《机器人技术路线图:从互联网到机器人》,阐述了包括军用机器人在内的机器人发展路线图,决定将巨额军备研究费投向军用机器人研制,使美军无人作战装备的比例增加至武器总数的30%,未来三分之一的地面作战行动将由军用机器人承担。

集群智能是未来无人化作战的突破口。美国国防部发布的《无人机系统路线图2005—2030》将无人机自主控制等级分为1~10级,确立"全自主集群"是无人机自主控制的最高等级,预计2025年后,无人机将具备全自主集群能力。

俄罗斯科研人员正在研发一种被称为"杀手机器人"的人形智能武器,可不借助人类干预,自主选择并攻击目标,并能帮助遭到袭击的受伤士兵撤离。俄军已宣布将在每个军区和舰队中组建独立的军用机器人连,到2025年,机器人装备将占整个武器和军事技术装备的30%以上。

7. 美国"国家机器人计划2.0"

美国"国家机器人计划2.0"(NRI-2.0)项目拟支持四个主要研究方向,重点研制通用协作机器人(co-robots)。NRI-2.0项目建立在原国家机器人计划(NRI)的基础之上,支持美国基础研究,它将加速开发和使用与人类一起工作或合作的协作机器人。NRI-2.0项目聚焦于在方方面面与协作机器人无缝集成,协助人类生活的各个方面。

面对机器人需求的不断增长和扩大,我国机器人的研发制造还存在较大的差距,有待在多个方向做出努力。主要的努力方向如下。

(1) 基础理论研究。包括机器人的设计与控制等方面的理论、方法、算法与技术,涉及机器人的机构设计、运动学分析、动力学控制、多传感器感知与信息融合、机器人视觉、多机器人通信与协作、运用人工智能方法的机器人控制等若干基础理论问题。

(2) 机器人新材料的研究。新型材料的成功研制可使机器人在物理上具有更好的特性,如使机器人重量更轻,使机器人更加柔韧,使机器人更加坚硬,使机器人更加微型化。

(3) 电子元器件的研究。涉及驱动器(如伺服电动机)、控制器、传动部件、传感器等器件的研究与精密加工技术。这些元器件的改进与创新将对机器人工作时的稳定性、作业精度和持续工作能力提供重要的技术支撑。

针对以上问题,我国政府、企业和研究机构已经开展了一些重要的规划,包括通过政府政策引导机器人关键部件产业的较快发展,鼓励传统机器人企业的技术创新,鼓励民企参与机器人产业发展,鼓励企业挖掘工业领域的新需求并开发新型机器人,推进服务型机器人在玩具、娱乐、家用、护理、医疗、康复、建筑、农业和食品加工等市场的推广与运用。随着这些规划的执行和市场需求的引导,我国机器人行业将迎来机器人产品技术和机器人研发人才的快速发展。

10.5 案例分析：仿真机器人运动控制算法

国际机器人足球联盟（Federation of International Robot-soccer Association，FIRA）于 1997 年成立后，在全世界每年举办一次机器人世界杯比赛（FIRA Cup），其中的一个比赛项目为 5 对 5 仿真比赛（Middle League Simurosot，MLS）。在仿真比赛中，所有的硬件设备均由计算机模拟实现，简化了比赛系统的复杂度，减少了硬件需求，可控性好、无破坏性、可重复使用，不受硬件条件和场地环境的限制。开发此类比赛的竞赛程序既能锻炼程序开发能力，又能锻炼智能控制算法设计能力。请阅读下面的材料，开发自己的竞赛程序并与其他程序进行比较。

MLS 竞赛的软件平台说明网页链接为 http://www.fira.net/contents/sub03/sub03_7.asp，下载该平台的链接为 http://www.fira.net/contents/data/Middle_League_SimuroSot_Program.exe，比赛规则的英文说明文档见 http://www.fira.net/contents/data/Middle_League_SimuroSot.pdf。

为完成本练习，首先下载并安装 Middle_League_SimuroSot_Program.exe。

下面从 7 个方面介绍在 MLS 比赛中控制机器人控制策略的设计。

10.5.1 仿真平台使用介绍

在每场比赛中，参赛双方分别选择不同颜色的比赛队伍。在本例中，乙方选择蓝队，甲方（武汉工程大学）选择黄队。

每个队伍执行自己开发的控制策略程序的过程如下。

将自己编写的策略文件编译成 dll，黄队程序复制到 C:\strategy\yellow 目录下，蓝队程序复制到 C:\strategy\blue 目录。在仿真平台中单击 Strategy 按钮，选择"C++"，然后输入策略文件名，单击 send 按钮。选择相应的比赛模式，按照规则使用鼠标选中和拖曳的方式摆放好球和球员的位置，随后单击 start 按钮开始比赛。

MLS 平台的运行界面如图 10-2 所示。

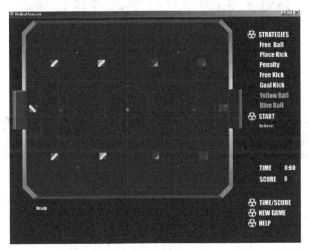

图 10-2　MLS 平台的运行界面（左侧场地为我方，右侧场地为对方）

MLS 的主菜单及其说明如图 10-3 所示。

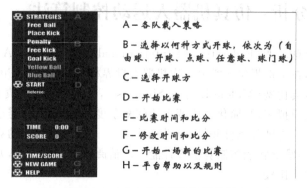

图 10-3　MLS 的主菜单及其说明

MLS 的策略载入菜单及其说明如图 10-4 所示。

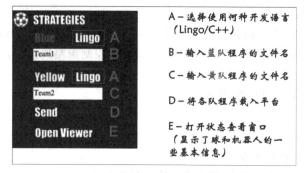

图 10-4　MLS 的策略载入菜单及其说明

MLS 的比赛控制菜单及其说明如图 10-5 所示。

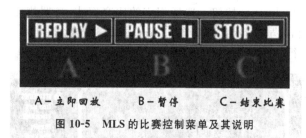

图 10-5　MLS 的比赛控制菜单及其说明

MLS 的回放控制菜单及其说明如图 10-6 所示。

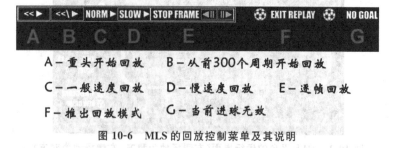

图 10-6　MLS 的回放控制菜单及其说明

MLS 中机器人的编号与说明如图 10-7 所示。

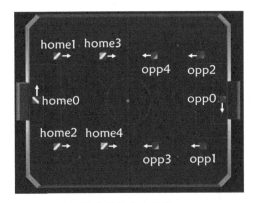

图 10-7　MLS 中机器人的编号与说明

MLS 场地顶点的坐标说明如图 10-8 所示。

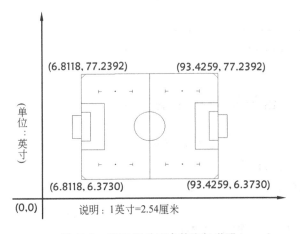

图 10-8　MLS 场地顶点的坐标说明

MLS 场地的各种标志及尺寸说明如图 10-9 所示。

关于鼠标和键盘的操作：在比赛开始前或比赛暂停时，可以用鼠标拖动球或机器人到场地的任何位置。在比赛开始前或比赛暂停时，当鼠标单击某一个机器人后，可以用键盘的->或<-键调整该机器人的角度。

MLS 平台的特点：机器人动力学特征及碰撞仿真极为真实（该平台采用商用游戏引擎公司 Havok 的物理引擎，该引擎被帝国时代、CS 等游戏采用），该平台实现了 2.5 维界面，采用 Director 设计界面，3D Max 建模。

平台对操作系统的需求。硬件需求：Pentium Ⅲ 600 MHz 或以上性能的 CPU，256MB 系统内存，具有 32MB 以上显存的 TNT2 或其以上级别的显示卡，能够支持 800 像素×600 像素以上分辨率的显示器；软件需求：Windows 98 或以上版本的操作系统，DirectX 8.0 或以上版本。竞赛程序的开发环境建议使用 Microsoft Visual C++ 6.0 或 Microsoft Visual C++ 2005/2008。

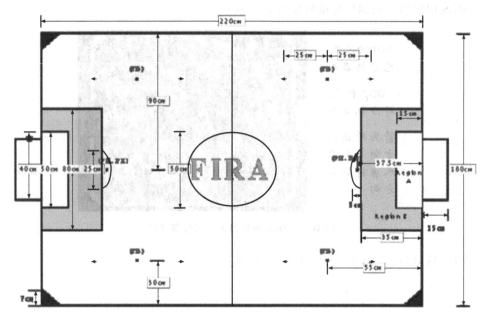

图 10-9　MLS 场地的各种标志及尺寸说明（单位：cm）

10.5.2　仿真平台与策略程序的关系

策略程序就是自己编写的能够使仿真平台中机器人按照预定方式运动的程序，通俗来说，就是能够打比赛的程序。

仿真平台与策略程序的通信方式如图 10-10 所示。

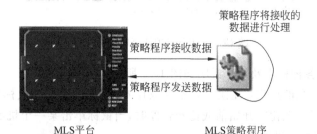

图 10-10　仿真平台与策略程序的通信方式

策略程序每个周期接收来自 MLS 的数据，该数据包括己方、对方机器人的坐标、角度（当前周期，上一周期）、球的坐标（当前周期，上一周期）。

策略程序每个周期发送的数据包括己方（home[i]）每个机器人的左轮速（pwm1）和右轮速（pwm2）。

10.5.3　策略程序的结构

下面以甲方的策略程序为例，介绍策略程序的结构。甲方比赛策略文件的组成如

图 10-11 所示。

其中,interface.h 和 interface.cpp 含有与仿真平台通信的一个结构 Environment 和 3 个函数。

图 10-11 甲方比赛策略文件的组成

```
struct Environment
{
    //点类型
    struct Vector3D
    {
        double x, y, z;
    };

    //边界类型(矩形类)
    struct Bounds
    {
        long left, right, top, bottom;
    };

    //己方机器人类型
    struct Robot
    {
        Vector3D pos;
        double rotation;

        //服务器只接受这两个变量(机器人的左、右轮速)
        double velocityLeft, velocityRight;
    };

    //对方机器人类型
    struct OpponentRobot
    {
        Vector3D pos;
        double rotation;
    };

    //球类型
    struct Ball
    {
        Vector3D pos;
    };

    Robot home[5];                                    //5 个己方机器人
    OpponentRobot opponent[5];                        //5 个对方机器人
    Ball currentBall, lastBall, predictedBall;        //当前球,上一个周期的球
    Bounds fieldBounds, goalBounds;                   //场地边界,球门边界
```

```cpp
    long gameState;                    //比赛状态
    long whosBall;                     //踢球方
};
void Create ( Environment &env );      //比赛开始时系统调用一次
void Destroy ( Environment &env );     //比赛结束时系统调用一次
void Strategy ( Environment &env );    //比赛过程中由系统按周期调用(比赛策略都放
                                       //  在其中)
```

甲方设计的 General.h 文件定义的类型和函数有：

```cpp
//球类型
class Ball
{
public:
    double x;                          //球的 x 坐标
    double y;                          //球的 y 坐标
};
//己方机器人类型
class HRobot
{
public:
    double x;                          //机器人的 x 坐标
    double y;                          //机器人的 y 坐标
    double angle;                      //机器人的角度
    double pwm1;                       //机器人的左轮速(左推进力数值)
    double pwm2;                       //机器人的右轮速(右推进力数值)
};
//对方机器人类型
class ORobot
{
public:
    double x;                          //机器人的 x 坐标
    double y;                          //机器人的 y 坐标
    double angle;                      //机器人的角度
};
//场地类型
class Field
{
public:
    //构造函数,初始化场地各点坐标
    Field():left(FLEFTX), top(FTOP), right(FRIGHTX),
        bottom(FBOT), gtop(GTOPY), gbot(GBOTY){}

    double left;                       //场地左边界
    double top;                        //场地上边界
    double right;                      //场地右边界
```

```cpp
    double bottom;                                          //场地下边界
    double gtop;                                            //球门上边界
    double gbot;                                            //球门下边界
};
```
坐标转换函数：
```cpp
//球的坐标转换
void TransformCoordinate(Ball &ball, const Field &fd)
//己方机器人的坐标转换
void TransformCoordinate(HRobot &robot, const Field &fd)
//对方机器人的坐标转换
void TransformCoordinate(ORobot &robot, const Field &fd)
```

Strategy.h 文件包含的类型定义和函数定义如下。

```cpp
//策略类
class Strategys
{
public:
    //球的信息
    Ball    ball, lastBall;
    //己方机器人的信息
    HRobot  home[5], lastHome[5];
    //对方机器人的信息
    ORobot  opponent[5],   lastOpponent[5];
    Field   fd;                                             //场地信息
    //本策略属于哪个队(黄队或者蓝队)
    bool ourside;
    int         gameCounter;                                //计数器(单位:周期)
    //策略类初始化(从平台获取信息)
    void initializtion   (const Environment& env);
    //将每个机器人的轮速发给服务器
    void sendDataToServer (Environment& env) const;
    void FreeBall();                                        //自由球策略
    void PlaceKick();                                       //开球策略
    void PenaltyKick();                                     //点球策略
    void FreeKick();                                        //任意球策略
    void GoalKick();                                        //球门球策略
    void Normal();                                          //一般比赛策略
}
```

Action.h 定义的函数如下。

```cpp
void Velocity(HRobot &robot, double pwm1, double pwm2);     //向机器人发轮速
void Rotation(HRobot &robot, double desired_angle);         //转到指定角
void Position(HRobot &robot, double x, double y);           //跑到定点
void Goalie(HRobot &robot, const Ball &ball, const Field &fd);
                                                            //守门员执行简单
```

策略

10.5.4 动作函数及说明

下面的动作函数可以给机器人自由地发轮速（在该程序中可以简单地认为轮速就是机器人的推进力）。

void Velocity(HRobot &robot, double pwm1, double pwm2)

轮速值对机器人运动的影响如图10-12所示。

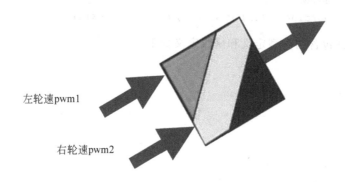

左轮速pwm1

右轮速pwm2

pwm1＞pwm2，机器人顺时针旋转
pwm1＜pwm2，机器人逆时针旋转　　　　当轮速为负时，机器人反向运动

图 10-12　轮速值对机器人运动的影响

Velocity 函数的应用示例如下。

```
void Strategys::Normal()
{
    Velocity(home[2], 20, 20);      //让 2 号机器人以 20 的轮速前进
    Velocity(home[1], -5, -5);      //让 1 号机器人左右轮子都以-5 的轮速后退
    Velocity(home[3], 50, 20);      //让 3 号机器人以左轮速 50, 右轮速 20 前进
}
```

void Rotation(HRobot &robot, double desired_angle); 该函数可以让机器人转到指定的任意角度。运用 Rotation 函数的示例如下。

```
void Strategys::Normal()
{
    Rotation1(home[1], 30);         //让 1 号机器人转到 30°
    Rotation1(home[2], 60);         //让 2 号机器人转到 60°
    Rotation1(home[3], 90);         //让 3 号机器人转到 90°
}
```

void Position(HRobot &robot, double x, double y); 该函数可以让机器人跑到场地上指定的任何地点。Position 的运用示例如下。

```
void Strategys::Normal()
```

```
    {
        Position(home[2], ball.x, ball.y);    //让2号机器人追着球跑
        double x = (fd.left +fd.right) / 2;
        double y = (fd.bottom +fd.top) / 2;
        Position1(home[4], x, y);              //让4号机器人跑到场地中心
    }
```

上述3个函数的组合使用示例如下。

```
void Strategys::Normal()
{
    Position1(home[0], fd.left +10, ball.y);   //让0号机器人在球门附近跟着球的
                                               //   y坐标跑
    Velocity(home[1], 10, 70);                 //让1号机器人逆时针转圈
    Position1(home[2], ball.x, ball.y);        //让2号机器人追着球跑
    Rotation1(home[3], -45);                   //让3号机器人转到-45°
    Velocity(home[4], 5, 5);                   //让4号机器人跑直线
}
```

在运用以上3个函数中，需要注意：①轮速度限制为－125～125km；②平台原始接口中提供了比赛状态（GameState）以及控球方（WhosBall）两个参数，但实际开发时发现它们毫无用处，故需要自己判断当前的比赛状态；③场地度量单位为英寸（1英寸＝2.54厘米）；④机器人角度的单位为角度（不是弧度）；⑤须转换左、右半场。

10.5.5 策略

甲方的策略系统结构如图 10-13 所示。

预处理层的功能设计：输入信息预处理，包括对接口参数进行英寸到厘米及坐标方向的转换，计算个体的线速度、角速度，个体间的距离、角度等。

协调层的功能设计：协调层是决策的最高层，它接受经预处理过的比赛数据，包括机器人和球的位置。根据这些数据判断场上的形势，从知识库中抽取合适的协作模式，定出合作的意图，并将意图传入下一层。协调层的关键有两点：判断场上形势和角色的分配。为了对比赛场上的形势进行分析处理，需要把从仿真平台得到的数据进行模糊化与抽象化，再根据一定规则分配角色。

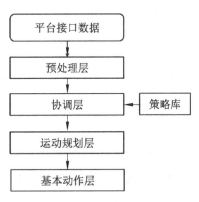

图 10-13 甲方的策略系统结构

协调层主要包含4个功能：区域划分、判断控球者、角色分配、队形确定。

区域划分的原理：①一般将球场分成3个区域：进攻区、防守区和过渡区；②进攻区在对方球门区附近；③防守区在己方球门区附近；④过渡区在前两者之间。

判断控球者的原理：判断哪方或哪名队员控制球，常用的方法有：时间区域控制法和最短距离法（在当前时刻谁离球最近便代表谁控制球，实现较为简单）等。

角色分配的主要思想：球在进攻区内，且我方控制球，则离球近的队员为主攻、另一名队员为协攻（守门员的角色通常不变）；球在防守区域内，则离球近的队员为主防、另一名队员为协防。角色分配首先取决于开发者设计的各种攻防策略（存放在策略库中），如全攻全守、区域防守、前后场法、两翼法等。

队形确定的思想：机器人的协作是通过队形实现的，通过队形将任务分解为角色集合。队形中包括与队中足球机器人个数相等的角色。球员由 5 个队员组成，所以队形可表示为：F＝{role1，role2，role3，role4，role5}（其中，F 表示队形，role1～role5 为角色）。

运动规划层的功能设计：运动规划层是将协作意图分解细化，它注重个体机器人要完成什么动作。运动规划层的设计要求——规划生成速度要快；控制周期之间规划的衔接应该连贯、平滑。在这一层的内容中，应当考虑避障处理、冲突检测与处理、故障检测与处理、边墙检测与处理、犯规预防处理。

基本动作层的功能设计：基本动作层是决策的最底层，它将运动规划层产生的阶段性目标和具体的行动指令对应起来；基本动作是不可分解的动作，这些动作可以离线设计分别调试。通过分析和实验得到一组基本动作集合，然后通过调用集合的一个或几个基本动作组合形成复杂的动作。在此层设计中的基本动作主要包括射门（ShootBall）动作函数、转角（Angle）动作函数、到定点（Position）动作函数等。

为了进行战术配合，常常需要调用多个技术动作，可以将此类动作定义为战术动作，如一传一射（PassShoot）、二过一（TwoBeatOne）、交叉掩护（CrossAndCover）等，这样便由战术动作——技术动作——基本动作构成了动作安排模块的三层结构。

下面基于以上思想介绍甲方设计的具体决策。

预处理层的具体设计见表 10-1。

表 10-1　预处理层的具体设计

函　　数	作　　用
Initialization()	对平台传来的接口 Environment 数据进行转换，将对方数据转换为厘米制，将坐标系由屏幕坐标系转换为笛卡儿坐标系
TransformCoordinate()	再次对 Environment 数据进行对称转换，包括对方、己方球员的方位和角度数据、球的方位数据，使转换后的数据能适用于我队的策略
PredicateBall()	预测球在下一时刻的位置
Count()	个体的线速度、角速度，个体间的距离、角度等中间参数，这些参数由其他函数使用

球场区域划分方案如图 10-14 所示。

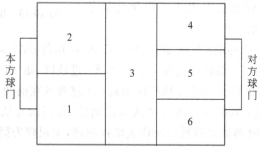

图 10-14　球场区域划分方案

角色分配方案：①role1：前锋角色，在对方球门区附近；②role2：前卫角色，在对方半场；③role3：中卫角色，在中场附近；④role4：后卫角色，靠近本方球门区；⑤role5：守门员角色。

队形确定方案：根据队形的定义及分析可知，在5VS5的比赛中可产生多种队形，常见的队形有如下3类。

(1) 进攻队形：安排更多足球机器人充当前锋角色对应的队形，如队形1：{role1，role1，role2，role4，role5}；队形2(强攻)：{role1，role1，role1，role2，role5}。

(2) 防守队形：安排更多足球机器人充当后卫角色对应的队形，如队形3：{role4，role4，role3，role1，role5}；队形4(严密防守)：{role4，role4，role4，role1，role5}。

(3) 攻防兼顾队形：平衡地安排足球机器人充当前锋角色和后卫角色对应的队形。攻防兼顾队形是一种保守的队形，如队形5：{role1，role1，role4，role4，role5}。

运动规划层的具体设计：

在比赛过程中，场上的形势错综复杂，瞬息万变，球员及球的位置不断发生变化，本系统设计出一系列函数，用来考虑冲突检测与处理、故障检测与处理、边墙检测与处理、犯规预防处理。运动规划层功能的具体设计见表10-2。

表10-2 运动规划层功能的具体设计

函 数	作 用
NearBound()	用于球员在边界和四个边角附近的动作处理
TroubleJudge()	用于判断己方球员是否陷入死角或因对方球员近身防守而造成僵局，若发生这些情况，应采取相应的补救措施
AvoidFoul()	用于犯规判断，防止出现己方球员主动犯规的情况
PathPlan()	对球的位置进行预测，并对机器人行进路线中可能出现的障碍进行预测，以达到提前准备并修改相应规划的目的。若规划的路径前面有障碍物，则考虑避障，如果目标的方向太靠近障碍物，方向的调节是通过预置的障碍物的外围圆周切线。由于运动控制算法是连续运行，所以避障分析一直不断地重新规划无障碍路径

运动层的具体功能设计：由战术安排——技术动作——基本动作构成动作安排模块的三层结构，见表10-3。

表10-3 运动层的具体功能设计

构件名	Action
基本动作	射门(ShootBall)动作函数 转角(Angle)动作函数 到顶点(Position)动作函数
技术动作	一传一射(PassShoot)配合函数 二过一(TwoBeatOne)配合函数 交叉掩护(CrossAndCover)配合函数
战术安排	进攻(Attack)战术函数 防守(Defense)战术函数 守门(GoalKeeper)战术函数

对我方设计策略的说明如下。

(1) 通过预处理层对接口参数进行英寸到厘米及坐标方向的转换,计算个体的线速度、角速度,个体间的距离、角度,调用 initializtion()、TransformCoordinate()、PredictBal()、Count()函数。

(2) 建立防止机器人犯规、陷入死角、避障的规则。

规则1:防止出现己方球员主动犯规的情况,调用 AvoidFoul()函数。

规则2:判断己方球员是否陷入死角或因对方球员近身防守而造成僵局,若发生这些情况,则调用 TroubleJudge()函数。

规则3:当规划的路径前面有障碍物时,则考虑避障调用 PathPlan()函数。

(3) 队形及角色的确定。

规则1:若对手很强,则采用队形4(严密防守)。

规则2:若对手很弱,则采用队形2(强攻队形)。

规则3:若球在1、2区域时,则采用队形1。

规则4:若球在4、5、6区域时,则采用队形3。

规则5:若球在3区域时,则采用队形5。

(4) 结合队形和角色分配的情况,根据各自的角色向相应的机器人传入动作函数,从而控制机器人动作。

10.5.6 各种定位球状态的判断方法

各种定位球坐标确定方法:载入两个空策略,单击 Open Viewer 菜单,打开RSViwer,选择 Ball,将球移动到待测试点后单击 Start 进入比赛状态,单击 RSViwer 中的 Display 可看到球的坐标。

自由球状态的判断:其位置关系如图10-15所示。

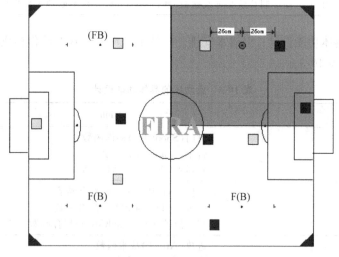

图10-15 自由球的位置关系

在自由球状态下,球与机器人的摆放原则如下:①将场地分成四个区域,每个区域都有一个自由球罚球点(FB)，在哪个区域犯规，就在该区域罚自由球；②球应该摆放在罚球点上；③每对队有一个机器人放在离球25cm的发球线上；④其他机器人应该放在这个犯规区域外；⑤防守方机器人应在靠近自己底线的一边；⑥防守方先摆机器人。

自由球状态的判断方法：①判断球场上所有机器人和球的速度非常小；②判断球的位置是否在发球点上；③判断我方和对方是否有且仅有一个机器人在球的附近(相距25cm左右)。

结合以上3个条件就可以判断是否在罚自由球。

点球状态的判断：其位置关系如图10-16所示。

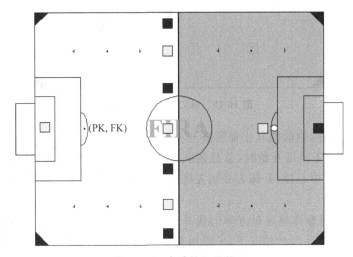

图10-16　点球的位置关系

点球状态下球与机器人的摆放规则如下：①踢球机器人必须放在球的后方；②防守的守门员必须压球门线；③除了踢球机器人和防守守门员外，其他机器人都在另外半场；④防守方先摆机器人。

点球状态的判断方法：①判断球场上所有机器人和球的速度非常小；②判断球的位置是否在发球点上；③判断我方和对方是否有且仅有一个机器人在发球的那个半场。结合以上3个条件可以判断是否在罚点球。

球门球状态的判断：其位置关系如图10-17所示。

球门球状态下的球与机器人摆放规则：①发球方只允许有一个守门员在大禁区内；②球应该放在大禁区内；③防守方机器人必须在自己半场；④防守方先摆机器人。

球门球状态的判断方法：①判断球场上所有机器人和球的速度非常小；②判断球的位置是否在大禁区内；③判断我方是否有且仅有一个机器人在大禁区内；④判断所有对方球员都不在我方半场。结合以上4个条件就可以判断是否在罚球门球。

10.5.7　比赛规则

比赛时间：每次暂停时间为3min,每场比赛最多叫两次暂停；如果一支球队在中场休息时没有准备好，就不能开始下半场比赛，休息时间可以延长5min。若在延时后球队

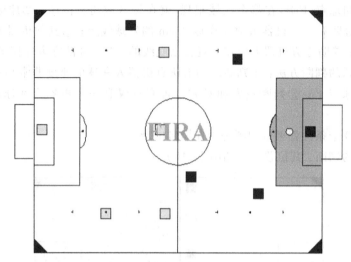

图 10-17　球门球的位置关系

仍未准备好继续比赛,则取消其比赛资格。

比赛开始:上、下半场开始时,总是蓝队先开球;上、下半场开球,以及进球后重新开球时,球放置在场地中心处,开球方必须先将球踢向自己半场;中场休息后,双方交换比赛场地。

得分方法:当球整体越过对方球门线并且没有犯规,就算一次有效进球。淘汰赛在下半场结束之后出现平局的情况下,采用加时赛突然死亡法决定胜负(金球)。在点球决胜时,出现下列情况之一,罚点球结束:守门员在门区内抓住了球;开球后球滚出球门区;开球后 10s 之后如果一方被剥夺比赛权利、技术故障或者主动弃权,则该方为比赛失利方,比分为 0∶10。

犯规的处理:如果裁判员认为被犯规方处于有利形势,则可以不判罚犯规;除极端情况外,控球队员没有犯规行为可不判罚犯规;是否处于"极端情况"由裁判员判断。

点球的判罚规则:防守方超过一个机器人在球门区内,守门员在 10s 内没有把球踢出球门区,防守方超过 3 个机器人在大禁区。

球门球的判罚规则:当进攻机器人将防守方守门员推到球门里面;进攻时超过一个机器人进入对方的球门区;当进攻方机器人在防守方球门区里干扰防守方守门员;在球门区里面发生僵持情况超过 10s。

自由球的判罚规则:在球门区外发生僵局 10s 以上。

球和机器人的位置判定规则:仅当一个机器人有超过 50% 的体积处于某个区域时,才意味着该机器人进入此区域。当球的整体越过球门线时才算进球。

补充说明:以上规则只是整个 MLS 规则的一部分,比赛的时候请完全参照 FIRA 关于 MLS 的官方规则文档;进入仿真平台,单击右下角的 HELP 按钮,即可弹出 MLS 平台的完全说明文档和 MLS 规则文档。具体的策略源代码见相关网站。

10.6 小结

本章介绍了机器人的分类和特性,机器人系统的组成,机器人的工作空间、性能指标和编程语言,机器人的应用现状,通过机器人足球案例介绍了仿真机器人运动控制算法。

2018年,美国"国家机器人计划2.0"(NRI-2.0)项目拟支持四个主要研究方向,重点研制通用协作机器人(co-robots)。该项目旨在推进通用协作机器人的目标:可伸缩性、可定制性、降低准入门槛、社会影响。解决可伸缩性的主题包括:机器人如何与多个人或其他机器人有效协作;机器人如何在不确定的真实世界环境中感知、规划、行动和学习,特别是以分布式的方式;如何在复杂环境中促进机器人的大规模化、安全性、鲁棒性和操作可靠性。可定制性包括:如何在对硬件和软件只需做最小修改的情况下,使协作机器人能够适应特定任务、环境或人;机器人如何个性化地与人进行交互;机器人如何自然地与人进行口头的和非语言的交流。降低准入门槛的主题包括:开发开源的协作机器人硬件和软件,以及广泛可访问的试验平台。社会影响的主题包括:基础研究——建立机器人学科并将其融入教育课程,通过教育途径促进机器人工作者队伍的发展;探讨通用协作机器人对我们未来的社会、经济、伦理和法律的影响。

要从体系上推动机器人的智能化,第一是交互能力,第二是群体智能。未来,工业机器人的多模态语言的交互会使机器人的编程和机器人的应用形成一种快速部署的能力,使得原来的工程师编程变成一般人员的意图表达即可直接实现。

智能机器人的测评很重要。机器人性能方面的测试包括:自主决策与功能的性能、智能感知性能、智能交互性能、智能控制与作业性能。机器人的安全包括功能安全、机械与电气安全、信息安全等。

习题

10.1 简述机器人的由来。

10.2 分析比较各国对机器人的定义。

10.3 人的手臂(不考虑手掌、手指,只考虑肩、肘、腕关节)有多少自由度,为什么?以用手去取某物为例,说明全局坐标系、关节坐标系、工具坐标系的建立。

10.4 (思考题)四个真人模拟一个机器人,考查用三块积木搭一个拱门任务。四个真人分别扮演机器人的大脑、眼睛、左手和右手。大脑的职责是提出实现目标的计划,然后指导手去执行计划。眼睛的职责是将场景的简要描述汇报给大脑。手只能执行来自大脑的简单命令。

【提示】人类对诸如拿起茶杯或堆积木这样的基本任务是如此熟练,以至于他们常常认识不到这些任务是多么复杂。

大脑。大脑从眼睛接受输入,但是不能直接看到场景。大脑是唯一知道目标是什么的。

眼睛。眼睛应该站在距离工作环境几米远的地方,并能够提供定性描述(如"在它的旁边有一个绿方块积木,在绿方块上面有一个红方块")或定量描述("绿方块在蓝色圆柱体左边大约 0.6m 的地方")。眼睛还能够回答来自大脑的问题,如"在左手与红方块之间是否有空隙?"如果你有一个视频摄像机,就让它对着场景,并允许眼睛看视频摄像机的取景镜,而不是直接看场景。

左手和右手。一个人扮演一只手。两只手站在一起;左手只使用他的左手,右手只使用他右手。手只能执行来自大脑的简单命令——例如,"左手,向前移动 5cm。"它们不能够执行除运动以外的命令;如"捡起方块"不是一只手能完成的。为了防止作弊,你或许要给手戴上手套,或者让他们操作钳子。手必须被蒙上眼。他们唯一的感官能力是能够断定何时他们的路径被一个无法移动的障碍物所阻挡,如一张桌子或另一只手。在这种情况下,他们能够发出警报声把困难通知大脑。

10.5 (思考题)设想一个现在还没有机器人应用而又需要机器人的具体领域或问题,并作简要描述,说明其必要性、可行性。

10.6 (思考题)阅读文献,阐述机器人的步态控制方法。

【提示】可参考人形机器人 DARwIn-OP,它是由 Virginia Tech 的 Dennis Hong 团队、宾夕法尼亚大学、普渡大学和韩国公司 Robotis 联合设计与制造的。它的硬件和软件都是开源的,可以支持灵活的组装方式和多种编程语言(如 C++)。关于它的步态控制,可以参考网站 http://support.robotis.com/en/techsupport_eng.htm#product/darwin-op/development/tools/walking_tuner.htm。

10.7 (思考题)分别在网上搜索几种典型的工业机器人、服务机器人、娱乐机器人、探险机器人、安防机器人,并通过分析说明机器人发展的趋势。

10.8 (思考题) 机器人是否会战胜人类,为什么?

【提示】机器人是否战胜人类这个话题需要从多个能力分析。例如,机器人的运动能力能否战胜人类,机器人的视觉能力能否战胜人类,机器人的推理能力能否战胜人类,机器人的创造能力能否战胜人类,机器人的情感能力是否会战胜人类,机器人的灵感能力是否会超过人类。

第 11 章

互联网智能

在网络智能方面长期成功的关键是发展能够以自然方式通信和进行交互学习的系统。传统计算智能课题的研究人员可通过直接专注于网络促进智能的、用户友好的互联网系统的发展。对于互动的、信息丰富的万维网的需求会给那些经验丰富的从业者带来巨大挑战。要求具有万维网特性的解决方案的问题数量巨大，这就需要我们持续不断地推进对机器学习的基础研究，并将学习的功能结合到互联网的每一种交互中。本章介绍语义网与本体、Web 技术、Web 挖掘和集体智能等内容。

11.1 概述

众多的信息资源通过互联网连接在一起，形成全球性的信息系统，并成为可以相互交流、相互沟通、相互参与的互动平台。

1962 年，美国国防部高级研究计划署的 Licklider 等提出通过网络将计算机互联起来的构想。1969 年 12 月，ARPANET 将美国西南部的加州大学洛杉矶分校、斯坦福大学研究学院、加州大学圣塔芭芭拉分校和犹他州大学的 4 台主要的计算机连接起来。到 1970 年 6 月，麻省理工学院、哈佛大学、BBN 和加州圣达莫尼卡系统发展公司加入进来。1972 年，ARPANET 对公众展示，并出现了 E-mail。1983 年，ARPANET 完全转移到 TCP/IP。1995 年，美国国家科学基金会组建的 NSFNET 与全球共 50 000 网络互联，互联网已经初具规模。

互联网从诞生到现在，可以分为 4 个阶段，即计算机互联、网页互联、用户实时交互、语义互联。

(1) 计算机互联阶段。20 世纪 60 年代第一台主机连接到 ARPANET 上，标志着互联网的诞生和网络互联发展阶段的开始。在这一阶段，伴随着第一台基于集成电路的通用电子计算机 IBM360 的问世、第一台个人电子计算机的问世、UNIX 操作系统和高级程序设计语言的诞生，计算机逐渐得到普及，形成了相对统一的计算机操作系统，有了方便的计算机软件编程语言和工具。人们尝试将分布在异地的计算机通过通信链路和协议连接起来，创造了互联网,形成了网络互联和传输协议的通用标准 TCP/IP,在网络地址分配、域名解析等方面也形成了全球通用的、统一的标准。基于互联网,人们可以在其上开发各种应用。例如,这一阶段出现了远程登录、文件传输以及电子邮件等简单、有效且影响深远的互联网应用。

(2) 网页互联阶段。1989 年 3 月,欧洲量子物理实验室 Berners-Lee 开发了主从结构分布式超媒体系统(Web)。人们只要采用简单的方法,就可以通过 Web 迅速方便地获得丰富的信息。在使用 Web 浏览器访问信息资源的过程中,用户无须关心技术细节,因此 Web 在互联网上一经推出,就受到欢迎。1993 年,Web 技术取得突破性进展,解决了远程信息服务中的文字显示、数据连接以及图像传递的问题,使得 Web 成为互联网上非常流行的信息传播方式。全球范围内的网页通过超文本传输协议连接起来,成为这一阶段互联网发展的显著特征。通过这一阶段的发展,形成了统一资源定位符(Uniform Resource Locator,URL)、超文本标记语言(HyperText Mark-up Language,HTML)以及超文本传输协议(HyperText Transfer Protocol,HTTP)等通用的资源定位方法、文档格式和传输标准。WWW 服务成为互联网上流量最多的服务,开发了各种各样的 Web 应用。

(3) 用户实时交互阶段。随着计算机、互联网的发展,连接在互联网上的计算设备、存储设备能力有了大幅提升。到 20 世纪 90 年代末,万维网已经不再是单纯的内容提供平台,而是朝着提供更加强大和更加丰富的用户交互能力的方向发展,如博客、QQ、维基、社会化书签等。这一阶段与第二阶段的网页互联不同,该阶段以各类资源的全面互联,尤其以应用程序的互联为主要特征,任何应用系统都会或多或少地依赖互联网和互联网上的各类资源,应用系统逐渐转移到互联网和万维网上进行开发和运行。

(4) 语义互联阶段。语义互联是为了解决在不同应用、企业和社区之间的互操作性问题。这种互操作性是通过语义保证的,而互操作的环境是异质、动态、开放、全球化的 Web。每一个应用都有自己的数据。例如,日历上有行程安排,Web 上有银行账号和照片。要求致力于整合的软件能够理解网页上的数据,这些软件能够检索并显示照片网页,发现这些照片的拍摄日期、时间及其描述;需要理解在线银行账单申请的交易;理解在线日历的各种视图,并且清楚网页的哪些部分表示哪些日期和时间。数据必须具有语义才能够在不同的应用和社区之间实现互操作。通过语义互联,计算机能读懂网页的内容,在理解的基础上支持用户的互操作。

语义网可使机器阅读数据。机器阅读数据更快、更准确,还可以借助机器学习,让机器理解数据含义。这样,我们就可以将寻找数据的任务交给机器,然后阅读机器寻找到的答案即可。但是,机器可以理解数据含义,并不能理解文章的含义,因为它没有思想,所以要达到理想状态,还需要走很长的路。机器可以快速地处理数据。数据在数据库中有一定的上下文环境,进而可以让数据链接起来,建立关于数据的参考信息。

XML 可用于建立语义数据(semantic data),结果描述文件为 RDF。通过语义数据,可以将关系数据与非关系数据联系在一起。这将改变我们使用数据的方式,并最终形成一个全球的数据库。

例如,在英国,一些违反社会行为规则(ASBOs)的人不会进监狱,而是被限制出入某些范围。一个手机应用就可以通过公开的政府数据显示某个区域有多少这样的人存在。

还有的手机应用可显示某些区域有多少牙医。

怎样才能让自己的数据成为语义数据呢？首先要将数据上网；然后将它作为结构化数据提供；使用开放的标准格式；使用 URL 标识事物；将你的数据链接到其他人的数据。最终数据实现全球化的链接。链接的力量是非常强大的，我们需要将能源消耗、健康、医药、人口增长等数据在全球范围内链接起来。这件事情在未来几年内将变得重要起来。

随着互联网的大规模应用，出现了各种各样基于互联网的计算模式。近年来，云计算（cloud computing）引起人们的广泛关注。云计算是分布式计算的一种范型，它强调在互联网上建立大规模数据中心等信息技术基础设施，通过面向服务的商业模式为各类用户提供基础设施能力。在用户看来，云计算提供了一种大规模的资源池，资源池管理的资源包括计算、存储、平台和服务等各种资源，资源池中的资源经过了抽象和虚拟化处理，并且是动态可扩展的。云计算具有下列特点。

（1）面向服务的商业模式。云计算系统在不同层次，可以看成"软件即服务"（Software as a Service，SaaS）、"平台即服务"（Platform as a Service，PaaS）和"基础设施即服务"（Infrastructure as a Service，IaaS）等。在 SaaS 模式下，应用软件统一部署在服务器端，用户通过网络使用应用软件，服务器端根据和用户之间可达成细粒度的服务质量保障协议提供服务。服务器端统一对多个租户的应用软件需要的计算、存储、带宽资源进行资源共享和优化，并且能够根据实际负载进行性能扩展。

（2）资源虚拟化。为了追求规模经济效应，云计算系统使用了虚拟化的方法，从而打破了数据中心、服务器、存储、网络等资源在物理设备中的划分，对物理资源进行抽象，以虚拟资源为单位进行调度和动态优化。

（3）资源集中共享。云计算系统中的资源在多个租户之间共享，通过对资源的集中管控实现成本和能耗的降低。云计算是典型的规模经济驱动的产物。

（4）动态可扩展。云计算系统的一大特点是可以支持用户对资源使用数量的动态调整，而无须用户预先安装、部署，并能运行峰值用户请求所需的资源。

互联网颠覆了人们的生活和工作方式。社交网络与移动终端的普及、大数据的产生与汇聚，催生出越来越多的新需求。这些需求必将推动更多创新应用（如微博、微信、语音助手、网络购物、手机打车、PM2.5 指数、手机钱包、互联网理财、交友、移动学习、在线课程等）的问世。由于创新依赖的基础设施日趋完善，多种云计算服务及开源平台前所未有地降低了创新的成本，使得人们可以将精力集中到创新本身。

得益于网络和云计算所支持的令人惊叹的计算能力，以及从大数据洞察到的良机，还有机器学习所带来的算法进步，人工智能获得了新生。数据智能、知识智能和社会智能是智能应用的 3 种典型模式。

数据智能是在大规模、多样化、新鲜的数据支持下，在云计算的支撑下，采用机器学习的方法进行分类、聚类和排序，进而基于各类数据驱动实现的智能应用系统。这里的数据是指存在于万维网（Web）或者企业内部的海量、无结构或者半结构的数据集合。这类数据具有重复性、冗余性和多样性等特点，对搜索系统、问答系统、推理系统和预测系统具有重要意义。为了利用数据智能，我们须经过数据获取、去噪、抽取信息、建立索引等若干步骤形成可检索的数据集合。我们也可以利用搜索引擎的返回结果进行实时信息抽取，以避免存储和索引全网而付出代价。

知识智能是指利用知识库、词典和规则进行推理的智能系统。目前很多搜索公司都建立了大型知识库。Freebase、Yago2 和 DEPEDIA 等知识库可供免费研究和使用。结构化、半结构化和无结构化的数据经过信息抽取技术可获取实体、实体的属性和实体之间的关系构成一个知识图谱。知识图谱随着数据的更新而演进,带动知识智能不断提升。

社会智能是指利用网友在互联网上直接贡献的内容(包括网页锚文本、用户标签、用户日志、用户反馈、社区问答、社会关系网络等)实现用户参与的智能应用。在社区问答中,用户提出问题,其他网友回答问题。久而久之形成的问答对库可用来回答新的问题。这些问题和答案蕴涵着丰富的社会智能。

注意,在企业里也存在着这样 3 种形态的智能信息。企业的网页、文档、电子邮箱、新闻、交易数据等可以看作是数据智能;企业的知识库、本体、产品目录、地址簿、客户关系等可以看作是知识智能;企业内部的 QQ、LINE、YAMMER、Wiki 的数据可以视作社会智能。利用这 3 种类型的智能信息,可以很好地支持商业活动,提高企业的运行效率。

11.2 语义网与本体

1999 年,Web 的创始人 Tim Berners-Lee(2016 年图灵奖得主)首次提出了"语义网"(semantic web)的概念。2001 年 2 月,W3C 正式成立"Semantic Web Activity"指导和推动语义网的研究和发展,语义网的地位得以正式确立。2001 年 5 月,Tim Berners-Lee 等在 *Scientific American* 杂志上发表文章,提出语义网的愿景。

11.2.1 语义网的层次模型

语义网提供了一个通用的框架,允许跨越不同应用程序、企业和团体的边界共享和重用数据。语义网以资源描述框架(RDF)为基础。RDF 以 XML 作为语法、URI 作为命名机制,将各种不同的应用集成在一起,对 Web 上的数据所进行的一种抽象表示。语义网所指的"语义"是"机器可处理的"语义,而不是自然语言语义和人的推理等目前计算机所不能够处理的信息。

语义网要提供足够而又合适的语义描述机制。从整个应用构想来看,语义网要实现的是信息在知识级别上的共享和语义级别上的互操作性,这需要不同系统间有一个语义上的"共同理解"才行。Berners-Lee 等给出"语义网不是另外一个 Web,它是现有 Web 的延伸,其中信息被赋予了良定义的含义,从而使计算机可以更好地和人协同工作"。本体自然地成为指导语义网发展的理论基础。2001 年,Berners-Lee 给出最初的语义网体系结构(图 2-34)。2006 年,Berners-Lee 给出了新的语义网层次模型,如图 11-1 所示。

新的 Web 层次模型共分为七层,即 Unicode 和 URI 层、XML 和命名空间层、RDF+RDFS 层、本体层、统一逻辑层、证明层、信任层。下面简单介绍每层的功能。

(1) Unicode 和 URI 层。Unicode 和 URI 是语义网的基础,其中 Unicode 处理资源的编码,保证使用的是国际通用字符集,以实现 Web 上信息的统一编码。URI 是统一资源定位符 URL 的超集,支持语义网上对象和资源的标识。

(2) XML 和命名空间层。该层包括命名空间和 XML Schema,通过 XML 将 Web 上

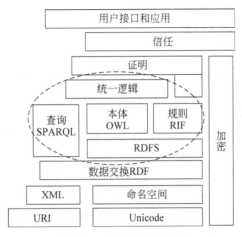

图 11-1 语义网层次模型

资源的结构、内容与数据的表现形式进行分离,支持与其他基于 XML 标准的资源进行无缝集成。

(3) RDF+RDFS 层。RDF 是语义网的基本数据模型,定义了描述资源以及陈述事实的三类对象:资源、属性和值。资源是指网络上的数据。属性是指用来描述资源的一个方面、特征、属性以及关系,陈述则用来表示一个特定的资源,它包括一个命了名的属性和它对应资源的值,因此,一个 RDF 描述实际上就是一个三元组:<object[resource], attribute[property], value[resource or literal]>。RDFS 提供了将 Web 对象组织成层次的建模原语,主要包括类、属性、子类和子属性关系、定义域和值域约束。

(4) 本体层。本体层用于描述各种资源之间的联系,采用 OWL 表示。本体揭示了资源以及资源之间复杂和丰富的语义信息,将信息的结构和内容分离,对信息做完全形式化的描述,使 Web 信息具有计算机可理解的语义。

(5) 统一逻辑层。统一逻辑层主要用来提供公理和推理规则,为智能推理提供基础。可以进一步增强本体语言的表达能力,并允许创作特定领域和应用的描述性知识。

(6) 证明层。证明层涉及实际的演绎过程以及利用 Web 语言表示证据,对证据进行验证等。证明注重于提供认证机制,证明层执行逻辑层的规则,并结合信任层的应用机制评判是否能够信任给定的证明。

(7) 信任层。信任层提供信任机制,保证用户 agent 在 Web 上提供个性化服务,以及彼此之间安全可靠地交互。基于可信 agent 和其他认证机构,通过使用数字签名和其他知识才能构建信任层。当 agent 的操作是安全的,而且用户信任 agent 的操作及其提供的服务时,语义网才能充分发挥其价值。

从语义网层次模型来看,语义网重用了已有 Web 技术,如 Unicode、URI、XML、RDF 等,所以它是已有 Web 的延伸。语义网不仅涉及 Web、逻辑、数据库等领域,层次模型中的信任和加密模块还涉及社会学、心理学、语言学、法律等学科和领域。因此,语义网的研究属于多学科交叉领域。

11.2.2 本体的基本概念

在人工智能研究中有两种研究类型：面向形式的研究（机制理论）及面向内容的研究（内容理论）。前者处理逻辑与知识表达，而后者处理知识的内容。近年来，面向内容的研究已逐渐引起人们更多的关注，因为许多现实世界的问题的解决（如知识的重用、主体通信、集成媒体、大规模的知识库等）不仅需要先进的理论或推理方法，而且还需要对知识内容进行复杂的处理。

目前，阻碍知识共享的一个关键问题是不同系统使用不同的概念和术语描述其领域知识。这种不同使得将一个系统的知识用于其他系统变得十分复杂。如果可以开发一些能够用作多个系统的基础的本体，这些系统就可以共享通用的术语，以实现知识共享和重用。开发这样的可重用本体是本体论研究的重要目标。类似地，如果可以开发一些支持本体合并以及本体间互译的工具，那么即使是基于不同本体的系统，也可以实现共享。

1. 本体的定义

本体的几个代表性定义如下。

(1) 本体论（ontology）是一个哲学术语，意义为"关于存在的理论"，特指哲学的分支学科。研究自然存在以及现实的组成结构。它试图回答"什么是存在""存在的性质是什么"等。从这个观点出发，形式本体论是指这样一个领域，它确定客观事物总体上的可能的状态，确定每个客观事物的结构必须满足的个性化的需求。形式本体论可以定义为有关存在的一切形式和模式的系统。

(2) 本体是关于概念化的明确表达。1993 年，美国斯坦福大学知识系统实验室（KSL）的 Gruber 给出了第一个在信息科学领域广泛接受的本体的正式定义。Gruber 认为，概念化是从特定目的出发对所表达的世界进行的一种抽象的、简化的观察。每一个知识库、基于知识库的信息系统以及基于知识共享的主体都内含一个概念化的世界，它们是显式的或是隐式的。本体是对某一概念化所做的一种显式的解释说明。本体中的对象以及它们之间的关系是通过知识表达语言的词汇描述的，因此可以通过定义一套知识表达的专门术语定义一个本体，以人们可以理解的术语描述领域世界的实体、对象、关系以及过程等，并通过形式化的公理限制和规范这些术语的解释和使用。因此，严格地说，本体是一个逻辑理论的陈述性描述。根据 Gruber 的解释，概念化的明确表达是指一个本体是对概念和关系的描述，而这些概念和关系可能是针对一个主体或主体群体而存在的。这个定义与本体在概念定义中的描述一致，但它更具普遍意义。在这个意义上，本体对于知识共享和重用非常重要。Borst 对 Gruber 的本体定义稍微作了一点修改，认为本体可定义为被共享的概念化的一个形式的规格说明。

(3) 本体是用于描述或表达某一领域知识的一组概念或术语。它可用来组织知识库较高层次的知识抽象，也可用来描述特定领域的知识。把本体看作是知识实体，而不是描述知识的途径。本体这一术语有时候用于指描述某个领域的知识实体。例如，Cyc 常将它对某个领域知识的表示称为本体。也就是说，表示词汇提供了一套用于描述领域内事实的术语，而使用这些词汇的知识实体是这个领域内事实的集合。但是，它们之间的这种区别并不明显。本体被定义为描述某个领域的知识，通常是一般意义上的知识领域，它使用上面提到的表示性词汇。这时,一个本体不仅仅是词汇表,而是整个上层知识库(包括用于描述这个知识库的词汇)。这种定义的典型应用是 Cyc 工程,它以本体定义其知识库,为其他知识库系统所用。Cyc 是一个巨型的、多关系型知识库和推理引擎。

(4) 本体属于人工智能领域中的内容理论,它研究特定领域知识的对象分类、对象属性和对象间的关系,为领域知识的描述提供术语。

可以看出,不同的研究者站在不同的角度对本体的定义会有不同的认识。但是,基本上来讲,本体应该包含如下含义。

(1) 本体描述的是客观事物的存在,它代表了事物的本质。

(2) 本体独立于对本体的描述。任何对本体的描述,包括人对事物在概念上的认识,人对事物用语言的描述,都是本体在某种媒介上的投影。

(3) 本体独立于个体对本体的认识。本体不会因为个人认识的不同而改变,它反映的是一种能够被群体所认同的一致的"知识"。

(4) 本体本身不存在与客观事物的误差,因为它就是客观事物的本质所在,但对本体的描述,即任何以形式或自然语言写出的本体,作为本体的一种投影,可能会与本体本身存在误差。

(5) 描述的本体代表了人们对某个领域的知识的公共观念。这种公共观念能够被共享、重用,进而消除不同人对同一事物理解的不一致性。

(6) 对本体的描述应该是形式化的、清晰的、无二义的。

2. 本体的种类

根据本体在主题上的不同层次,将本体分为顶层本体(top-level ontology)、领域本体(domain ontology)、任务本体(task ontology)和应用本体(application ontology),如图 11-2 所示。图中,顶层本体研究通用的概念,如空间、时间、事件、行为等,这些概念独立于特定的领域,可以在不同的领域中共享和重用。处于第二层的领域本体则研究特定领域(如图书、医学等)下的词汇和术语,对该领域进行建模。与其同层的任务本体则主要研究可共享的问题求解方法,其定义了通用的任务和推理活动。领域本体和任务本体都可以引用顶层本体

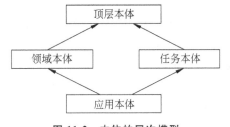

图 11-2 本体的层次模型

中定义的词汇描述自己的词汇。处于第三层的应用本体描述具体的应用,它可以同时引用特定的领域本体和任务本体中的概念。

实现 Web 数据的语义表示和自动处理是未来互联网技术发展的一个长期的目标。目前,DARPA、W3C、Standford、MIT、Harvard、TC&C 等众多研究机构都在为实现语义 Web 的远景目标而努力,从不同的角度探讨解决这一问题的方案。以 agent 技术为代表的智能处理模式被认为是在广泛分布、异构和不确定性信息环境中具有良好应用前景的模式,而多 agent 在语义 Web 上运行时需要使用本体,因此,本体技术已成为当前语义 Web 技术的研究热点。

目前,在信息系统领域本体(ontology)的应用变得越来越重要与广泛,其主要应用包括知识工程、数据库设计与集成、信息系统互操作、仿真、信息检索与抽取、语义 Web、知

识管理、智能信息处理等多个领域。

11.2.3 本体描述语言

建立了本体之后,应该按照一定的规范格式对本体进行描述和存储。用来描述本体的语言称为本体描述语言(OWL)。OWL 使得用户能够为领域模型编写清晰的、形式化的概念描述,因此它应该满足以下要求:①良好定义的语法;②良好定义的语义;③有效的推理支持;④充分的表达能力;⑤便于表达。

许多研究工作者都在致力于研究 OWL,因此产生了多种 OWL,它们各有千秋,包括 RDF 和 RDF-S、OIL、DAML、DAML+OIL、OWL、XML、KIF、SHOE、XOL、OCML、Ontolingua、CycL、Loom 等。其中,和具体系统相关的(基本上只在相关项目中使用的)有 Ontolingua、CycL、Loom 等;和 Web 相关的有 RDF 和 RDF-S、OIL、DAML、DAML+OIL、OWL、SHOE、XOL 等。其中,RDF 和 RDF-S、OIL、DAML、OWL、XOL 之间有着密切的联系,是 W3C 的本体语言标准中的不同层次,也都是基于 XML 的。而 SHOE 是基于 HTML 的,是 HTML 的一个扩展。

OWL 是一种本体的标准描述语言。OWL 建立在 RDF 基础上,以 XML 为书写工具,主要用来表达需要计算机应用程序处理的文件中的知识信息,而不是呈递给人的知识。OWL 能清晰地表达词表中各词条的含义及其之间的关系,这种表达被称为本体。OWL 相对 XML、RDF 和 RDF Schema 拥有更多的机制表达语义。

OWL 形成了 3 个子语言:OWL Full、OWL DL 和 OWL Lite。3 个子语言的限制由少到多,其表达能力依次下降,但可计算性(指结论可由计算机通过计算自动得出)依次增强。

(1) OWL Full:支持需要在没有计算保证的语法自由的 RDF 上进行最大程度表达的用户,从而任何推理软件均不能支持 OWL Full 的所有 feature。OWL 允许本体扩大预定义词汇的含义,即它允许一个本体在预定义的(RDF、OWL)词汇表上增加词汇,但 OWL Full 基本上不可能完全支持计算机自动推理。

(2) OWL DL:得名于它的逻辑基础——描述逻辑(description logics)。OWL DL 处于 OWL Full 和 OWL Lite 之间,兼顾表达能力和可计算性。OWL DL 支持所有的 OWL 语法结构,但在 OWL Full 之上加强了语义约束,使得能够提供计算完备性和可判定性。OWL DL 支持需要在推理系统上进行最大程度表达的用户,这里的推理系统能够保证计算完全性和可判定性。

(3) OWL Lite:提供最小的表达能力和最强的语义约束,适用于只需要层次式分类结构和少量约束的本体,如词典。因为其语义较简单,所以 OWL Lite 比较容易被工具支持。

11.2.4 本体知识管理框架

本体是语义网的基础,可以有效地进行知识表达、知识查询或不同领域知识的语义消解。本体还可以支持更丰富的服务发现、匹配和组合,提高自动化程度。本体知识管理

(ontology-based knowledge management)可实现语义级知识服务，提高知识利用的深度。本体知识管理还可以支持对隐性知识进行推理，方便异构知识服务之间实现互操作，方便融入领域专家知识及经验知识结构化等。

本体知识管理一般要求满足以下基本功能：①支持本体多种表示语言和存储形式，具有本体导航功能；②支持本体的基本操作，如本体学习、本体映射、本体合并等；③提供本体版本管理功能，支持本体的可扩展性和一致性。图 11-3 给出了一种本体知识管理框架，它由 3 个基本模块构成。

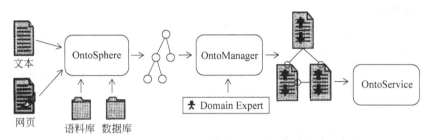

图 11-3 基于本体的知识管理框架

（1）领域本体学习环境 OntoSphere。主要功能包括 Web 语料的获取、文档分析、本体概念和关系获取，专家交互环境，最终建立满足应用需求的高质量领域本体。

（2）本体管理环境 OntoManager。OntoManager 提供对已有本体的管理和修改编辑。

（3）基于主体的知识服务 OntoService。提供面向语义的多主体知识服务。

按照本体知识管理框架，中国科学院计算技术研究所智能科学实验室的史忠植等人研制了知识管理系统 KMSphere。下面分别介绍美国和德国的本体知识管理系统 Protégé 和 KAON。

11.2.5 本体知识管理系统 Protégé

美国斯坦福大学斯坦福医学信息学实验室(stanford medical informatics)开发了 Protégé 系统，它是开源的，可以从 Protégé 网站(http://protege.stanford.edu/)免费下载使用。

1. 体系结构

Protégé 是一个基于 Java 的单机软件，它的核心是本体编辑器。Protégé 采用一种可扩展的体系结构，使得它非常容易添加和整合新的功能。这些新的功能以插件(plug-in)方式加入系统。它们一般是 Protégé 的标准版本之外的功能，如可视化、新格式的导入导出等。目前有 3 种类型的插件，即 Tab、Slot Widgets 和 Backends。Tab 插件是通过添加一个 Tab 的方式扩展 Protégé 的本体编辑器；Slot Widgets 被用于展示和编辑那些没有默认展示和编辑工具的槽值；Backends 主要用于使用不同的格式导入和导出本体。

2. 知识模型

Protégé 的知识模型是基于框架和一阶逻辑的。它的主要建模组件为类、槽、侧面和实例。其中，类以类层次结构的方式进行组织，并且允许多重继承。槽则以槽的层次结构进行组织。另外，Protégé 的知识模型允许使用 PAL（KIF 的子集）语言表示约束（constraints）和允许表示元类（metaclasses）。Protégé 也支持基于 OWL 的本体建模。

3. 本体编辑器

本体编辑器提供界面浏览和编辑本体，如类层次结构、定义槽、连接槽和类、建立类的实例等。它同时提供搜索、复制、粘贴和拖拽等功能。另外，它可以产生多种本体文档。一些其他研究机构提供的插件可以对本体进行可视化编辑，如 OntoViz。

4. 互操作性

一旦使用 Protégé 建立了一个本体，本体应用可以有多种方式访问它。所有本体中的词项都可以使用 Protégé Java API 进行访问。Protégé 的本体可以采用多种方式进行导入和导出。标准的 Protégé 版本提供了对 RDF(S)、XML、XML Schema 和 OWL 的编辑和管理。

11.2.6 本体知识管理系统 KAON

KAON 是德国 Karlsruhe 大学开发的本体知识管理系统，分别用 Karlsruhe 和 Ontology 的前两个字母组成，KAON 网站为 http//kaon.semanticweb.org/。KAON 是一个面向语义驱动的业务处理流程的开放源码的本体管理架构，它提供了一个完整的实现，可以帮助领域工程师较容易地对本体进行管理和应用。KAON 由 OI-Modeler、KAON API、RDF API 等组件构成。

1. OI-Modeler

OI-Modeler 是本体构建和维护的一种工具。该工具可用于编辑大型本体论以及合并一些已完成的有用的本体。OI-Modeler 的图形运算法则基于一个开放的 TouchGraph 数据库。使用 OI-Modeler 可以创建一个新的本体或打开一个已存在的本体，提供本体的不同浏览方式，可以检查它的组成（概念、实例、属性和词汇），位于屏幕上半部的图示窗口，显示本体的实体、本体间的关系。

OI-Modeler 的重要特点之一是支持多人在局域网上同时构建同一本体。本体的合并功能也是构建大型本体的一种方法，但合并以后需要对其中的语义含义和词间关系进行修改和校正，尤其是一些相互矛盾的语义，如果是联机同时构建，在试图建立与已有语义矛盾的关系时，系统会提示不能进行如此操作，并给出原因。但将本体合并时则将矛盾的地方留了下来，只能经过查找显示后人工修改。

2. KAON API

KAON API 可用来访问本体中的实体。例如，在下列针对概念的接口 Concept、针对属性的接口 Property、针对实例的接口 Instance 中分别包含了对本体中概念、属性和实例的访问。通过使用这些 API，可以对本体演化起到一定的帮助作用。

（1）演化日志：负责跟踪本体在演化过程中的变化，以便在适当的时候进行可逆操作，进一步而言，还可以利用演化日志对分布的本体进行演化。

（2）修改可逆性：为本体演化提供取消（undo）和再次实施（redo）操作，可以使已经执行了修改操作的本体回溯到对实施修改操作之前的状态。

(3) 演化策略：负责确保对本体进行变化操作后本体仍保持一致的状态，并预防非法操作。此外，演化策略还允许本体工程师定制本体的演化过程。

(4) 演化图示：为本体工程师提供对本体演化过程中本体局部的修改展示。

(5) 本体包含：与依赖演化(dependant evolution)相关，负责管理多个本体的演化去重处理。

(6) 修改改变：通过一组工具发现本体中存在的问题，并为解决发现的问题提供决策信息。

(7) 使用日志：负责跟踪终端用户在与基于本体的应用交互时产生的新的需求，以便使得本体能够立即演化，以适应新的需要。

3. RDF API

RDF API 提供了使用 RDF 模型的程序，包括模块化、RDF 解析器、RDF 序列化器(serializer)等处理组件。RDF API 允许使用 RDF 知识库，为 KAON API 提供了最初的存储机制，而且可被 RDF Server 连接使用，从而实现多用户对 RDF 知识库的处理和使用。一个显著的特点是支持模型的包含功能，允许每个模型都包含其他模型。RDF API 性能良好，已经用于 AGROVOC（本体论的测试，这是一个包含 32000 多个概念支持 21 种语言的 RDF 文件）。RDF API 还包含一个 RDF 解析器，符合 RDF 标准。它支持 xml：base 指令，也支持模型包含指令，但不支持 rdf：aboutEach 和 rdf：aboutEachPrefix 指令。RDF API 的 RDF 序列化器可以编写 RDF 模型，同样支持 xml：base 指令，也支持模型包含指令。

11.3 Web 技术的演化

20 世纪 90 年代初，Berners-Lee 提出 HTML、HTTP 和万维网(World Wide Web, WWW)，为全世界的人们提供一个方便的信息交流和资源共享平台，将人们更好地联系在一起。由于应用的广泛需求，Web 技术飞速发展，Web 技术的演化路线图如图 11-4 所示。图中，横坐标表示社会连接语义，即人和人之间的连接程度；纵坐标表示信息连接语义，即信息之间的连接程度；带箭头的虚线表示 Web 技术的演化过程，包括 PC 时代、Web 1.0、Web 2.0、Web 3.0、Web 4.0。在云平台的基础设施上，通过跨媒体、分布式搜索高效地获取所需知识。

人类一直在围绕着 3 个世界建立"网"(Grids)，第一张网 Grids 1.0，即交通网；接着 Grids 2.0，即能源网；Grids 3.0，即信息网或互联网；Grids 4.0，即物联网；现在即将开始第五张网的建设：Grids 5.0，即智联网（参见 11.5.5 节）。这五张网把 3 个世界整合在一起，其中交通、信息、智联分别是物理、心理、虚拟 3 个世界自己的主网，而能源和物联分别是第一和第二、第二和第三世界之间的过渡，即人类通过 Grids 2.0 从物理世界获得物质和能源，借助 Grids 4.0 由人工世界（或称虚拟世界、智理世界）取得智源和知识。围绕上述五张网，人类社会已经进行了一系列的工业革命。第一次工业革命的核心是蒸汽机，第二次工业革命的核心是电动机，第三次工业革命的核心是计算机技术，第四次工业革命的核心是网络，特别是物联网技术。人类已开始步入稳定的第五次工业革命，即工业 5.0 之初始阶段，接下来就是虚实平行的智能机推动的智能时代。

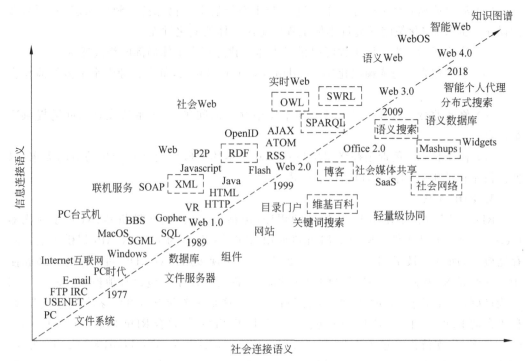

图 11-4　Web 技术的演化路线图

11.3.1　Web 1.0

Web 将互联网上高度分布的文档通过链接联系起来,形成一个类似于蜘蛛网的结构。文档是 Web 最核心的概念之一。它的外延非常广泛,除了包含文本信息外,还包含了音频、视频、图片、文件等网络资源。

Web 组织文档的方式称为超文本(hypertext),连接文档之间的链接称为超链接(hyperlink)。超文本是一种文本,与传统文本不同的是对文本的组织方式。传统文本采取的是一种线性的文本组织方式,而超文本的组织方式则是非线性的。超文本将文本中的相关内容通过链接组织在一起,这很贴近人类的思维模式,从而方便用户快速浏览文本中的相关内容。

Web 的基本架构可以分为客户端、服务器以及相关网络协议 3 个部分。服务器承担了很多烦琐的工作,包括对数据的加工和管理、应用程序的执行,动态网页的生成等。客户端主要通过浏览器来向服务器发出请求,服务器在对请求进行处理后,向浏览器返回处理结果和相关信息。浏览器负责解析服务器返回的信息,并以可视化的方式呈现给用户。支持 Web 正常运转的常见协议如下:

(1) 编址机制:URL 是 Web 上用于描述网页和其他资源地址的一种常见标识方法。URL 描述了文档的位置以及传输文档所采用的应用级协议,如 HTTP、FTP 等。

(2) 通信协议:HTTP 是 Web 中最常用的文档传输协议。HTTP 是一种基于请求-响应范式的、无状态的传输协议。它能将服务器中存储的超文本信息高效地传输到客户端的浏览器中去。

（3）超文本标记语言：Web 中的绝大部分文档都是采用 HTML 编写的。HTML 是一种简单、功能强大的标记语言，具有良好的可扩展性，并且与运行的平台无关。HTML 通常由浏览器负责解析，根据 HTML 描述的内容，浏览器可以将信息可视化地呈现给用户。此外，HTML 中还内嵌了对超链接的支持，在浏览器的支持下，用户可以快速地从一个文档跳转到另一个文档上。

11.3.2 Web 2.0

2003 年之后互联网走向 Web 2.0 时代。Web 2.0 是对 Web 1.0 的继承与创新，在使用方式、内容单元、内容创建、内容编辑、内容获取、内容管理、音乐等方面，Web 2.0 较 Web 1.0 有很大的改进（表 11-1）。

表 11-1　Web 2.0 与 Web 1.0 的功能比较

	Web 1.0	Web 2.0
时间	1993—2003 年	2003 年以后
使用方式	浏览网页	用户参与
内容单元	网页	博客
内容创建	网络程序员	任何人协同创建（维基百科）
内容编辑	单一信息源	混搭（mashup）
内容获取	屏幕抓取	网络内容分析
内容管理	目录（分类）	社会化书签
音乐	mp3.com	Napster

1. 博客

博客（blog）又称网络日志，由 Web log 缩写而来。博客的出发点是用户"织网"，发表新知识，链接其他用户的内容，博客网站对这些内容进行组织。博客是一种简易的个人信息发布方式，任何人都可以注册，完成个人网页的创建、发布和更新。

博客的模式充分利用网络的互动和更新即时的特点，让用户以最快的速度获取最有价值的信息与资源。用户可以发挥无限的表达力，即时记录和发布个人的生活故事和闪现的灵感。用户还可以文会友，结识和汇聚朋友，进行深度交流沟通。博客分为基本的博客、小组博客、家庭博客、协作式博客、公共社区博客和商业、企业、广告型的博客等。

博客大致可以分成两种形态：①个人创作；②将个人认为有趣的或有价值的内容推荐给读者。博客由于张贴内容的差异、现实身份的不同而有各种称谓，如政治博客、记者博客、新闻博客等。

2. 维基

维基（Wiki）是一种多人协作的写作工具。Wiki 站点可以由多人维护，每个人都可以发表自己的意见，或者对共同的主题进行扩展和探讨。Wiki 是一种超文本系统，这种超文本系统支持面向社区的协作式写作,同时也包括一组支持这种写作的辅助工具。可以对 Wiki 文本进行浏览、创建、更改,而且其运行代价远比 HTML 文本小。Wiki 的写作者自然构成一个社区,Wiki 系统为这个社区提供简单的交流工具。Wiki 具有使用方便及开放的特点,有助于在社区内共享知识。

Wiki 一词来源于夏威夷语的"wee kee wee kee",原本是"快点快点"的意思,这里特指维基百科。Wiki 著名的例子是维基百科(Wikipedia),Wales、Sanger 等于 2001 年 1 月 15 日开始创建。截至 2009 年初,维基百科在世界上拥有超过 250 种语言的版本,共有超过 6 万名的使用者贡献了超过 1000 万条条目。2008 年 4 月 4 日,维基百科条目数第一的英文维基百科(http://en.wikipedia.org)已有 231 万个条目。至 2018 年 9 月 7 日,达到 5 712 225 条目(content pages),45 808 771 页面(pages)。中文维基百科于 2002 年 10 月 24 日正式成立,截至 2008 年 4 月 4 日,中文维基百科已拥有 171 446 个条目。

百度百科(http://baike.baidu.com)开始于 2006 年 4 月。2010 年 1 月 10 日,百度百科收录的词条数为 1 955 936。截至 2018 年 9 月 7 日,百度百科收录 15 527 809 个词条。

3. 混搭

混搭(mashup)指整合互联网上多个资料来源或功能,以创造新服务的互联网应用程序。常见的混搭方式除了图片外,一般利用一组开放编程接口(open API)取得其他网站的资料或功能,如 Amazon、Google、Microsoft、Yahoo 等公司提供的地图、影音及新闻等服务。由于对于一般使用者来说,撰写程序调用这些功能并不容易,所以一些软件设计人员开始制作程序产生器,替使用者生成代码,然后网页制作者就可以很简单地以复制—粘贴的方式制作出混搭的网页。例如,一个用户要在自己的博客上加上一段视频,一种方便的做法就是将这段视频上传至 YouTube 或其他网站,然后取回嵌入码,再贴回自己的博客。

4. 社会化书签

社会化书签(social bookmark)又称网络收藏夹,是普通浏览器收藏夹的网络版,提供便捷、高效且易于使用的在线网址收藏、管理、分享功能。它可以让用户把喜爱的网站随时加入自己的网络书签中。人们可以用多个标签,而不是分类标识和整理自己的书签,并与他人共享。用户收藏的超链接可以供许多人在互联网上分享,因此也有人称之为网络书签。

社会化书签服务的核心价值在于分享。每个用户不仅能保存自己看到的信息,还能与他人分享自己的发现。每一个人的视野和视角是有限的,再加上空间和时间分割,一个人所能接触到的东西是片面的。知识分享可以大大降低所有参与用户获得信息的成本,使用户更加轻松地获得更多数量、更多角度的信息。保存用户在互联网上阅读到的有收藏价值的信息,并作必要的描述和注解,积累形成个人知识体系。人们通过知识分类,可以更快结交到具有相同兴趣和特定技能的人,形成交流社区,通过交流和分享互相增强知识,满足沟通、表达等社会性需要。社会化书签可以满足个人收藏、展示的性格需求。

Web 2.0 赢得了人们普遍的关注,软件开发者和最终用户使用 Web 的方式发生了变化。对于 Web 1.0 应用来说,用户和 Web 之间的交互方式仅限于内容的发布和获取,而对于 Web 2.0 应用来说,用户和 Web 之间的交互方式从内容的发布和获取已经扩展到对 Web 内容的参与创作、贡献以及丰富的交互。在 Web 2.0 中,用户的作用将越来越大,他们提供内容,并建立起不同内容之间的相互关系,还利用各种网络工具和服务创造新的价值。Web 2.0的特色可以概括为以下4点。

(1) 用户广泛参与。Web 2.0改变了过去用户只能从网站获取信息的模式,鼓励用户向网站提供新内容,对网站的建设和维护做出直接贡献。当前,很多 Web 2.0 应用都支持用户直接向网站中发布新的内容,如博客、Wiki等。

(2) 新的应用开发模式。Web 2.0 倡导了一种新的应用开发模式,即由用户通过重用并组合 Web 上的不同组件创建新的应用。当前流行的混搭就是这样一类技术,它可以让用户利用网站提供的 API 和服务进行二次开发。

(3) 利用集体智慧。Web 应用的创建和内容的丰富将不再仅依赖于开发人员的智慧,用户的知识也会对应用构建产生直接影响,集体智慧将扮演越来越重要的角色。Wiki 是这类应用的典型代表,它的目的是依赖大众的智慧完善 Wiki 网站的内容建设。因此,它又被看作是一种人类知识的网络系统。

(4) 具有社会性特点。社会性是人类的根本属性。人存在各种各样的社会性需求,如交友、聊天互动等。当前,Web 2.0 应用也越来越具有社会性特点。例如,Facebook 这类社交网站的主要功能就是提供向好友推荐、邀请好友加入服务等。社会性为网站带来了更丰富的内容,对用户产生了巨大的吸引力。

11.3.3 Web 3.0

Radar 网络公司的 Spivack 认为,互联网(Internet)的发展以十年为一个周期。在互联网的头十年,发展重心放在互联网的后端,即基础架构上。编程人员开发出我们用来生成网页的协议和代码语言。在第二个十年,重心转移到前端,Web 2.0 时代就此拉开帷幕。人们使用网页作为创建其他应用的平台。开发聚合应用,并且尝试让互联网体验更具互动性的诸多方法。目前我们正处于 Web 3.0,重心会重新转移到后端。编程人员会完善互联网的基础架构,以支持 Web 3.0 浏览器的高级功能。一旦这个阶段告一段落,我们将迈入 Web 4.0 时代(图 11-4),重心又将回到前端,我们会看到成千上万的新程序使用 Web 3.0 作为基础。

Web 3.0 最本质的特征在于语义的精确性。实质上,Web 3.0 是语义网系统,实现更加智能化的人与人和人与机器的交流功能,是一系列应用的集成。它的主要特点是:

(1) 网站内的信息可以直接和其他网站相关信息进行交互,能通过第三方信息平台同时对多家网站的信息进行整合使用。

(2) 用户在互联网上拥有自己的数据,并能在不同网站上使用。

(3) 完全基于 Web,用浏览器就可以实现复杂的系统程序才具有的功能。

Web 3.0 将互联网本身转化为一个泛型数据库,具有跨浏览器、超浏览器的内容投递和请求机制,运用人工智能技术进行推理,运用 3D 技术搭建网站,甚至虚拟世界。Web 3.0 会为用户带来更丰富、相关度更高的体验。Web 3.0 的软件基础将是一组应用编程接口(API),让开发人员可以开发能充分利用某一组资源的应用程序。

BBN 技术公司的 Hebeler 等人给出了语义网的主要组件和相关工具。如图 11-5 所示,语义网的核心组件包括语义网陈述、统一资源标识符(URI)、语义网语言、本体陈述和实例数据,形成了相互关联的语义信息。工具可以分为 4 类:构造工具用于语义网应用程序的构建和演化,询问工具用于语义网上的资源探查(explore),推理机负责为语义网添加推理功能,规则引擎可以扩展语义网的功能。语义框架最终将这些工具打包成一个集成套件。

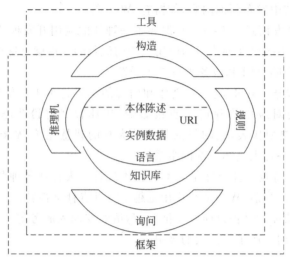

图 11-5 语义网的主要组件和相关工具

11.3.4 互联的社会

在 Web 进入第三个十年之际,如何保障互联网上的开放、安全、信任、隐私,以使社会得以互联? Tim Berners-Lee 在"Three challenges for the web"一文中谈到几个问题:大公司控制了个人数据,但却建立了不能互联的数据孤岛,数据的集中导致包括政府在内的组织滥用这些数据,虚假信息和广告泛滥、误导网民。

在数据开放方面,Tim 推动了英国政府和美国政府开放政府数据。目前已经有数以百万计的各国政府数据被开放出来,涵盖经济的各个领域,并催生了数以百计的创业公司。此举对于世界经济未来可能具有极大的促进作用。

Tim 也在推动包括大公司在内的各种组织开放数据。在 2009 年 TED 的演讲"未来的万维网"(the next web) 中,他提出了"Raw data now!"的口号,互联数据才得以释放数据的最大价值。他多次向脸书(Facebook)等社交媒体呼吁数据开放,并积极参与到分布式社交网络(distributed social network)的研究和开发中,如 Crosscloud 和 Solid 系统。更关键的是,Tim 提出了数据是基本人权。

Tim 是网络中立(net neurtality)的坚定捍卫者。他认为,平等和自由的信息获取权是基本人权之一,不应该被互联网服务提供商(ISP)或其他组织以商业理由伤害。他也严厉批评了美国新任总统特朗普在此问题上的立场。2013 年,他发起了平价互联网联盟(Alliance for Affordable Internet,A4AI),致力于提升发展中国家的网络访问速度,让更多的人获得网络接入。

Tim 发起和参与了很多隐私保护的研究项目。他提出了信息可追责性(information

accountability)的概念,并在近十年中在法律、社交媒体、数据库等多种系统中实践。Theory and Practice of Accountable Systems(TPAS)项目致力于建立可追责的数据系统,建立了 AIR 策略语言。Transparent Accountable Data Mining Initiative(TAMI)项目致力于在数据挖掘中保护隐私、提高透明性。Private Information Retrieval(PIR)则致力于在信息检索中进行隐私保护。

2009 年,Tim 创立了万维网基金会(world wide web foundation),用 Web 促进人类社会进步,推动开放、自由、互联。

Tim 一直秉持一个理念:"一个群体是否能够发展取决于在人和人之间创造正确的联系","如果我们成功,创造性就将在更大的和更多样化的群体中出现。这些高级思维活动原来只发生在一个人的头脑中,而现在将出现更大的、更相互联系的人群中"。这个梦想一旦实现,Web 就可以发展为一种"社会机器"(social machine),人类提供灵感和创造,而机器提供推理和日常管理。互联的社会可能会引导我们走向"全球性大脑"。

Tim Berners-Lee 是一位伟大的思想家。他总是从全人类的角度去思考技术问题。普通的设计师从"用户"的角度思考问题,伟大的设计师从"人"的角度思考,而 Tim 是从"人类"(humanity)的角度去设计。Tim 是当今人类神经系统的总设计师。他的哲学思考以"设计问题"(design issues)的名义发布并指导着 Web 社区。他的工作在推动历史的进程。他领先于大多数的工业领袖至少十年在进行布局和推动。他又善于组织和影响,对于学术界和欧美政府的最高层,他都能施加影响,并能一步步地推进和具体实施。

Tim 说过,Web 从来不仅是技术的发明,更多的是一种社会的创造。无论是 HTTP,还是网页排名(PageRank),无论是维基,还是脸书,人的因素都是主导因素。开放、交流、合作,新一代的 Web 的技术必然还是要以人的需要、长处、局限、价值为出发点。技术只是一小部分,社会模式的变迁才是最根本的。

在 2012 年伦敦奥运会开幕式上,Tim 打出了"为所有人"(this is for everyone)的口号。允许人自由地以他自己选择的方式发布信息,允许他们自己相互链接,没人需要先请示任何人添加一个链接,而奇迹会在这互联的过程中产生。一个互联全人类的文档、知识和社会的网络,是人类文明迈向下一步不可缺少的,也是 Tim 毕生的信念和矢志不渝为之奋斗的目标。

11.4 Web 挖掘

Google 于 2008 年报告指出,互联网上的 Web 文档已超过 1 万亿个。Web 已经成为各类信息资源的聚集地。在这些海量的、异构的 Web 信息资源中,蕴涵着具有巨大潜在价值的知识。人们迫切需要能够从 Web 上快速、有效地发现资源和知识的工具,提高在 Web 上检索信息、利用信息的效率。

Web 知识发现已经引起学术界、工业界、社会学界的广泛关注,也是语义网和 Web 科学发展的重要基础。Web 挖掘是指从大量 Web 文档的集合 C 中发现隐含的模式 p。如果将 C 看作输入,将 p 看作输出,那么 Web 挖掘的过程就是从输入到输出的一个映射 $\xi: C \rightarrow p$。

Web 知识发现(挖掘)是从知识发现发展而来,但是 Web 知识发现与传统的知识发现相比有许多独特之处。首先,Web 挖掘的对象是海量、异构、分布的 Web 文档。我们认为以 Web 作为中间件对数据库进行挖掘,以及对 Web 服务器上的日志、用户信息等数据展开的挖掘工作仍属于传统数据挖掘的范畴。其次,Web 在逻辑上是一个由文档结点和超链构成的图,因此 Web 挖掘得到的模式可能是关于 Web 内容的,也可能是关于 Web 结构的。此外,由于 Web 文档本身是半结构化或无结构的,且缺乏机器可理解的语义,而数据挖掘的对象局限于数据库中的结构化数据,并利用关系表格等存储结构发现知识,因此有些数据挖掘技术并不适用于 Web 挖掘,即使可用,也需要建立在对 Web 文档进行预处理的基础之上。这样,开发新的 Web 挖掘技术以及对 Web 文档进行预处理以得到关于文档的特征表示,便成为 Web 挖掘的研究重点。

逻辑上,我们可以把 Web 看作是位于物理网络上的一个有向图 $G=(N,E)$,其中结点集 N 对应 Web 上的所有文档,而有向边集 E 对应结点之间的超链。对结点集作进一步划分,$N=\{N_l,N_{nl}\}$。所有的非叶结点 N_{nl} 是 HTML 文档,其中除了包括文本外,还包含标记,以指定文档的属性和内部结构,或者嵌入了超链,以表示文档间的结构关系。叶结点 N_l 可以是 HTML 文档,也可以是其他格式的文档,如 PostScript 等文本文件,以及图形、音频等媒体文件。如图 11-6 所示,N 中的每个结点都有一个 URL,其中包含了关于结点所位于的 Web 站点和目录路径的结构信息。

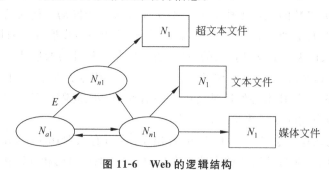

图 11-6 Web 的逻辑结构

Web 上信息的多样性决定了 Web 知识发现的多样性。按照处理对象的不同,一般将 Web 知识发现分为三大类:Web 内容发现(Web content discovery)、Web 结构发现(Web structure discovery)、Web 使用发现(Web usage discovery)。Web 知识发现也称为 Web 挖掘。Web 挖掘任务的分类如图 11-7 所示。

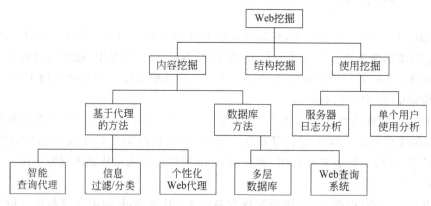

图 11-7 Web 挖掘任务的分类

11.4.1 Web 内容挖掘

Web 内容挖掘是指对 Web 上大量文档集合的内容进行总结、分类、聚类、关联分析，以及利用 Web 文档进行趋势预测等，是从 Web 文档内容或其描述中抽取知识的过程。Web 上的数据既有文本数据，也有声音、图像、图形、视频数据等多媒体数据；既有无结构的自由文本，也有用 HTML 标记的半结构的数据和来自数据库的结构化数据。根据处理的内容可以将 Web 内容挖掘分为两个部分，即 Web 文本挖掘和多媒体挖掘。Web 文本挖掘和通常意义上的平面文本挖掘的功能和方法相似，但是有其自己的特点。Web 文本挖掘的对象除了平面的无结构的自由文本外，还包含半结构化的 HTML 文本。Web 文本挖掘是以计算语言学、统计数理分析为理论基础，结合机器学习和信息检索技术，从大量的文本数据中发现和提取隐含的、事先未知的知识，最终形成用户可理解的、有价值的信息和知识的过程。

文本摘要是指从文档中抽取关键信息，用简洁的形式对文档内容进行摘要或解释。这样，用户不需要浏览全文，就可以了解文档或文档集合的总体内容。文本摘要在有些场合十分有用，例如，搜索引擎在向用户返回查询结果时，通常需要给出文档的摘要。目前，绝大部分搜索引擎采用的方法都是简单地截取文档的前几行。

文本分类是指按照预先定义的主题类别，为文档集合中的每个文档确定一个类别。这样，用户不但能够方便地浏览文档，而且可以通过限制搜索范围使文档的查找更容易。目前，Yahoo 通过人工对 Web 上的文档进行分类，这大大影响了索引的页面数目（Yahoo 索引的覆盖范围远远小于 Alta-vista 等搜索引擎）。利用文本分类技术可以对大量文档进行快速、有效的自动分类。目前，文本分类的算法有很多种，比较常用的有 TFIDF 和 Naive Bayes 等方法。

文本聚类与分类的不同之处在于，聚类没有预先定义好的主题类别，它的目标是将文档集分成若干类，要求同一类内文档内容的相似度尽可能大，而不同类间的相似度尽可能小。Hearst 等的研究已经证明了"聚类假设"，即与用户查询相关的文档通常会聚类得比较靠近，而远离与用户查询不相关的文档。因此，可以利用文本聚类技术将搜索引擎的检索结果划分为若干类，用户只需要考虑那些相关的类，大大减小了需要浏览结果的数量。目前有多种文本聚类算法，大致可以分为两种类型：以 G-HAC 等算法为代表的层次凝聚法；以 k 均值等算法为代表的平面划分法。

关联分析是指从文档集合中找出不同词语之间的关系。Brin 提出了一种从大量文档中发现一对词语出现模式的算法，并用来在 Web 上寻找作者和书名的出现模式，从而发现了数千本在 Amazon 网站上找不到的新书籍。Wang 等人以 Web 上的电影介绍作为测试文档，通过使用 OEM 模型从这些半结构化的页面中抽取词语项，进而得到一些关于电影名称、导演、演员、编剧的出现模式。

分布分析与趋势预测是指通过对 Web 文档的分析，得到特定数据在某个历史时刻的情况或将来的取值趋势。Feldman 等人使用多种分布模型对路透社的两万多篇新闻进行了挖掘，得到主题、国家、组织、人、股票交易之间的相对分布情况，揭示了一些有趣的趋势。Wvthrich 等通过分析 Web 上出版的权威性经济文章，对每天的股票市场指数进行预测，取得了良好的效果。需要说明的是，Web 上的文本发现和通常的文本发现的功能和方法比较类似，但是 Web 文档中的标记（如<Title>、<Heading>等）蕴涵了额外的信息，我们可以利用这些信息提高 Web 文本发现的性能。

11.4.2 Web 结构挖掘

Web 结构包括页面内部的结构以及页面之间的结构。Web 组织结构、Web 文档结构及其链接关系中蕴藏着大量潜在的、有价值的信息。Web 结构挖掘主要是从 Web 组织结构和链接关系中推导信息、知识。通常的 Web 搜索引擎等工具仅将 Web 看作是一个平面文档的集合，而忽略了其中的结构信息。Web 结构挖掘的目的在于揭示蕴涵在这些文档结构信息中的有用模式。

文档之间的超链接反映了文档之间的某种联系，如包含、从属等。超链中的标记文本（anchor）对链宿页面也起到了概括作用，这种概括在一定程度上比链宿页面作者所作的概括（页面的标题）更客观、准确。1998 年，Brin 和 Page 在第七届国际万维网大会上提出 PageRank 算法，通过综合考虑页面的引用次数和链源页面的重要性判断链宿页面的重要性，从而设计出能够查询与用户请求相关的"权威"页面的搜索引擎，创立了搜索引擎 Google 公司。

在互联网上，如果一个网页被很多其他网页所链接，说明它受到普遍的承认和信赖，那么它的排名就高，这就是 PageRank 的核心思想。当然，Google 的 PageRank 算法实际上要复杂得多。Google 的两个创始人 Page 和 Brin 把这个问题变成了一个二维矩阵相乘的问题，并且用迭代的方法解决了这个问题。他们先假定所有网页的排名是相同的，并且根据这个初始值算出各个网页的第一次迭代排名，然后再根据第一次迭代排名算出第二次的排名。他们二人从理论上证明了不论初始值如何选取，这种算法都保证了网页排名的估计值能收敛到它们的真实值。值得一提的是，这种算法是完全没有任何人工干预的。PageRank 于 2001 年 9 月被授予美国专利。

在第九届年度 ACM-SIAM 离散算法研讨会上，Jon Kleinberg 提出 HITS 算法。该算法的研究工作启发了 PageRank 算法的诞生。HITS 算法的主要思想是网页的重要程度是与所查询的主题相关的。HITS 算法是基于主题衡量网页的重要程度，相对不同主题，同一网页的重要程度也是不同的。例如，Google 对于主题"搜索引擎"和主题"智能科学"的重要程度是不同的。HITS 算法使用了两个重要的概念：权威网页（authority）和中心网页（hub）。例如，Google、Baidu、Yahoo、bing、sogou、soso 等搜索引擎相对于主题"搜索引擎"来说就是权威网页，因为这些网页会被大量的超链接指向。这个页面链接了这些权威网页，则这个页面可以称为主题"搜索引擎"的中心网页。HITS 算法发现，在很多情况下，同一主题下的权威网页之间并不存在相互的链接。所以，权威网页通常都是通过中心网页发生关联的。HITS 算法描述了权威网页和中心网页之间的一种依赖关系：一个好的中心网页应该指向很多好的权威性网页，而一个好的权威性网页应该被很多好的中心性网页所指向。

每个 Web 页面并不都是原子对象，其内部有或多或少的结构。Spertus 对 Web 页面的内部结构做了研究，提出了一些启发式规则，并用于寻找与给定的页面集合 $\{P_1, \cdots,$

P_n}相关的其他页面。Web 页面的 URL 可能会反映页面的类型，也可能会反映页面之间的目录结构关系。Spertus 提出了与 Web 页面 URL 有关的启发式规则，并用于寻找个人主页，或者寻找改变了位置的 Web 页面的位置。

11.4.3 Web 使用挖掘

Web 使用挖掘是指通过挖掘 Web 日志记录，发现用户访问 Web 页面的模式。通过分析和探讨 Web 日志记录中的规律，可以识别电子客户的潜在客户，增强对最终用户的因特网信息服务的质量和交付，并改进 Web 服务器系统的性能。

Web 服务器的 Weblog 项通常保存了对 Web 页面的每一次访问的 Web 日志项，它包括了请求的 URL、发出请求的 IP 地址和时间戳。Weblog 数据库提供了有关 Web 动态的丰富信息。因此，研究复杂的 Weblog 挖掘技术是十分重要的。Chen 和 Mannila 等人在 20 世纪 90 年代末期提出了将数据挖掘运用于 Web 日志领域，从用户的日志中挖掘出用户的访问行为。经过几年的发展，如今在 Web 使用挖掘上已经取得进展和应用。

目前在 Web 使用挖掘中，主要的研究热点集中在日志数据预处理、模式分析算法的研究(如关联规则算法、聚类算法)、网页推荐模型、网站个性化服务与自适应网站的构建、结果可视化研究等。Chen 提出最大向前引用路径(maximal forward reference)，将用户会话分割到事务层面，在事务的基础上进行用户访问模式的挖掘。IBM Watson 实验室采用 Chen 的思想构建了日志挖掘系统 SpcedTracer，该系统首先重建用户访问路径识别用户会话，在此基础上进行数据挖掘。

Perkowitz 等人提出自适应网站(adaptive Web site)的概念，指出用户理想的网站是自适应的，从网站的主页开始。不同用户在浏览网站时，整个网站的内容像是专门根据他的兴趣而定制的一样。目前，对网站个性化服务的探索仍然是 Web 使用挖掘的一个热点研究方向，国外已经出现不少的原型系统，如 PageGather、Personal、WebWatcher、WebPersonalizer、Websift 等。

WUM 是一个被较多人熟知的系统，主要用于分析用户的浏览行为，并提出一种类似于 SQL 的数据挖掘语言 MINT，根据用户要求挖掘满足要求的结果。WUM 主要包括两个模块：聚合服务和 MINT 处理器。聚合服务主要将采集来的用户日志组成事务，再将事务转换为序列。MINT 处理器主要是从聚合数据中抽取出用户感兴趣的、有用的模式与信息。WebMiner 系统提出了一种 Web 挖掘的体系结构，用聚类的方法将 Web 日志划分为不同的事务，并采用关联规则和序列模式对结果进行分析。Webtrend 是一个具有商业应用价值的日志挖掘系统，能够统计每个页面用户访问的频度以及时间分布，还能统计出有关联关系的页面。

随着 Web 使用挖掘技术的不断成熟，在数据采集、数据预处理、模式发现、模式分析等方面不断有新的改进算法被提出。由于 Weblog 数据提供了访问的用户信息、访问的 Web 页面信息，因此 Weblog 信息可以与 Web 内容和 Web 链接结构挖掘集成起来，用于 Web 页面的等级划分、Web 文档的分类和多层次 Web 信息库的构造。

11.4.4 互联网信息可信度问题

信息可信度(information credibility)是信息或信息源被信任的程度,通常利用计算技术从互联网上挖掘佐证,对信息可信度进行评估。

Web 2.0时代的来临极大地降低了在网络上发布信息的门槛,"用户贡献的内容"(User Generated Content,UGC)大量涌现,各种垃圾、虚假、错误、过时的信息开始泛滥,网络信息的质量令人担忧。不可信的信息带来的后果包括用户受骗,浪费用户时间,影响社会稳定等。

"信"不等于"真","真"是客观的,"信"是主观的,"可信"只是说"值得信任",但并不代表经过了实地考察或实验验证,所以不是"真"。研究"可信信息(credible information)"的目标是对互联网信息进行去粗取精、去伪存真的计算,挑选出可信的信息,对可信信息进行搜索和管理。

信息可信度评估的对象包括信息,也包括信息源。信息又包括文本信息和多媒体信息。文本信息有主观和客观两种。客观信息包括词条、新闻等,如新闻"张国荣2010年11月在北京开演唱会",可以根据张国荣已经去世,去世了的人不能唱歌,推断此信息不可信。主观信息包括评论、排名等,如"中国第一美女是范冰冰?",没有客观事实作评估依据,只能根据大量网友的评论计算这条"主观信息"的可信程度。

多媒体信息有图片(如周正龙的华南虎照片的真伪鉴别)、语音(某段录音是不是剪辑而成)、视频(是不是剪辑合成的?是虚拟的,还是现实的?)、地图(地址常常变动导致地图信息的可信度问题较为突出)。

信息源包括网站、个人、机构等。对信息源可信度的评估主要是根据信息源发布的信息是否可信判断信息源的可信度。有时,尽管信息源并未发布信息,也可以根据用户对信息源信誉的网络评论直接推断信息源的可信度。

信息可信度研究内容包括以下6个方面:①作者分析:作者意图发现、对作者和出版者名誉的评估;②面向各种媒体的可信度评估:新闻的可信度、UGC的可信度评价、在线广告的可信度、Web垃圾(spam)检测、多媒体内容的可信度、社会网络中的可信度评估;③时空分析:Web可信度的时间、空间特征分析,估计信息的时间、出处和有效性;④用户研究:信息可信度评估中的社会学和心理学、信息可信度评估中的用户研究;⑤可信信息搜索:Web搜索结果的可信度、Web上可信内容的搜索模型;⑥面向可信度评估的Web内容分析。

11.4.5 案例:反恐作战数据挖掘

美军非常重视数据挖掘技术在反恐作战中的应用。恐怖分子通常以小组为单位分散行动,并尽量采用不容易被识别的活动方式,以防止被发现。然而,数据挖掘技术能够辨别非显而易见的关联情况并提供与对敌作战有关的情报,因而特别适用于反恐作战。对于在伊拉克和阿富汗街道上巡逻的美军小分队来说,数据挖掘意义重大。在通过网络实现与庞大数据库的连接后,他们就能在电话号码和E-mail地址等少量孤立信息中找出有价值的东西。如果能近实时地完成上述操作，他们将实现以"非常规"优势对抗"非常规"敌人的目的。

美国特种作战司令部负责实施的高密级情报项目"A 级威胁(Able danger)"计划就是应用数据挖掘技术的典型事例。2005 年 12 月，原美国参联会主席休·谢尔顿将军首次对该项目发表公开评论，并证实早在"9·11"事件之前"A 级威胁"项目就已确立。谢尔顿建议他的继任者组建一个小组，充分利用因特网，努力搜寻追捕本·拉登的途径或是其资金来源之类的信息。基于试验的目的，从全军挑选了一批真正的计算机精英组成了"A 级威胁"小组。

一位"A 级威胁"小组成员于 2005 年 9 月在参议院司法委员会的一次听证会上称，"A 级威胁"小组成员对基地组织恐怖分子网络实施了数据挖掘和分析，并且整个过程中不断与特种作战司令部和其他机构进行协调。"A 级威胁"小组使用"结点分析法"对开放源信息分类筛选，以确定基地组织内部的薄弱环节、关键结点及关联情况。"A 级威胁"小组从一个宽泛的对象总体中搜寻特定组成员(如基地组织)，不断对这个总体进行细化区分，直到组成员得到确定。

由于数据挖掘注重确认事件规律和发现模式特征，因而，在满足全球反恐作战的各种复杂情报需求方面(例如，找出恐怖分子关联及潜在威胁方面的线索)，其重要作用日益显著。

11.4.6 案例：微博博主特征行为数据挖掘

随着社交网络在互联网、移动互联网上的快速发展，社交网络用户的大量个人信息在互联网上公开，原本碎片化的信息在大数据环境下被整合，并由此形成了社交网络的大数据环境。针对社交网络大数据的统计分析和数据挖掘方法成为商业应用或科学研究重要工具之一。与此同时，大数据的挖掘能力也威胁到用户的个人隐私保护。

按照隐私内容，社交网络的隐私及保护问题可分为三类：一是用户基本属性、身份及社会关系信息，包括真实姓名、性别、年龄、所属机构、好友关系以及社会影响力等，这些信息可用来在现实生活中对社交网络用户进行定位；二是用户的行为属性，包括发帖、转发、评论关注的时间和频率等，反映了用户在现实生活中的作息规律、行为轨迹并进一步构成了用户的行为特征；三是用户的精神特征属性，此类信息可通过用户言论的潜在语义分析进行计算，包括用户人格特征、价值观取向、自我认知状态以及社会需求等，带有强烈的个人色彩，反映了用户内在的心理状态。

上述三类用户隐私的社交网络大数据的挖掘工作对应"知著、见微、晓意"这三个维度。知著是指从整体上认识客观世界，快速计算大数据的宏观特征与结构，是整体认识客观世界快速而又有效的方法；见微是指在宏观结构指导下有针对性地研究有代表性的微观数据，这里并不需要对每一个微观都进行计算；晓意是指大数据语言内容的含义，是语义的理解与认知，属于自然语言理解的范畴。

1. 宏观特征大数据挖掘

针对用户的基本社会属性，采用面向用户群体的宏观特征分析，结合 1700 万新浪微博具有真实身份的用户数据对"微博生态系统"——一个包含微博用户、用户发帖以及用户其他活动行为的有机整体——进行深度分析,包括基本统计特征分析、数字化特征分析以及文本特征分析,进而充分掌握新浪微博用户的各种宏观信息,据此构建用户影响力模型,并对用户意图做深入研究。

讨论在宏观角度下对微博隐私挖掘的分析结果,其中重点包括微博数据基本统计信息、数值特征分析、用户倾向性分析等。从隐私保护的角度看,宏观特征反映的是一个国家在线社交网络的总体特点。从国家安全的角度看,超大规模人群的各类统计数据存在宏观战略安全的隐患。

分析所用的数据集采集自新浪,经过大量筛选处理,清洗后的数据规模为1700万(摒除大量机器自动生成的僵尸用户及休眠用户)。数据集中包含多个字段,如微博ID、性别、昵称、生日、地区、自我介绍、发微博数、粉丝数、关注数、博客地址、教育经历以及认证等级。

在基本统计特征分析中,着重研究地理分析、性别分析、教育和年龄分析3个指标,从中获得了以下问题的答案:哪些地区拥有最大的用户密度?男性用户与女性用户之间有什么关系?用户的受教育程度与年龄分布如何?

2. 微博用户行为特征模型研究

旨在从个人的微博内容与行为矩阵建立个性与行为模型。网络平台中,用户通常会产生丰富的行为,如登录、单击等。具体到微博平台的主要行为又可体现为登录、上传照片、发布微博、评论等。微博用户行为是指一个用户在某一特定的时间段内在微博平台上进行社交或其他自主活动时发生的行为,包括发送原创微博、转发微博、关注微博用户、被微博用户关注、账号登录、账号退出、发表评论、赞同微博。我们定义的微博用户行为是一种用户微观行为。用户个体行为特征的模式分析恰恰暴露了大量的个人隐私信息,如个人作息与活动规律(如夜生活的频度、出差的频度等);若结合地域分布,则还可以明确每个人的行踪;甚至可以通过工作日与休息日的活动模式对比挖掘出是否是上班族,是否是有钱有闲的阶层,从另外的角度发现个人的工作状态与经济状况。

针对用户的行为信息,从微观层面入手,从社交网络用户的行为中提取特定的行为模式。研究表明,微博用户的群体行为表现出两段阶梯幂率分布的规律。但由于用户行为记录的不规律性与随意性,加上其受制于用户本人的习惯、生活、学习或工作等客观因素,个体行为的研究目前还主要是限于写作风格和文本特征,对其中某个客观因素的研究,以及简单的统计研究等。通过行为矩阵模型,用于描述微博用户的行为活动通过行为矩阵分析法加深对用户行为的理解,对于好友推荐、身份推理、群体分析以及精准营销等领域的研究和应用都有深刻的意义。

3. 微博博主的价值观自动评估方法

通过基于社交网络的价值观自动评估方法(Automatic Estimation of Schwartz Value, AESV),可以根据人们社交网络上的发言或转发对人的价值观自动进行评估,并且能够适应不同的社会背景,包括语言和时间的变化。

价值观是人们对生活中不同事物重要性的理解,对个人或组织行为及态度起着很大的支配作用。施瓦兹提出的价值观模型在82个国家的大规模验证试验中被证实具有较高的普遍适用性。而且经过上百项研究的验证,价值观和行为选择间具有很强的关系,因此可以作为对个人或组织行为选择进行推测的重要依据,并应用于商业或政治的各个领域。个人价值观的计算将暴露个人隐私中更深层次的精神世界,如精神是否健康、价值观是否存在偏颇等。

施瓦兹价值观从人生存的基本需求出发,定义了 10 种价值种类,即享乐、仁爱、普世、权力、成就、传统、遵从、安全、自我定向以及刺激,每种价值类下都包含若干具体价值。现有的研究工作已证明价值优先级不同导致个人言论的主题和用词存在很大差异,张华平等人据此提出了 AESV 模型。该模型包含以下 3 个步骤:生成价值向量空间的特征索引、计算动态价值观向量以及评估个人价值观优先级。

价值观作为个性中表明社会需求和欲望的一个重要方面,在电子商务、社交网络、组织行为分析以及舆情监控和预测等多个领域得到广泛应用。传统的价值观评估采用基于量表的调查问卷方式,时间和经济成本较高。张华平等人利用价值观和词语运用之间的语言学联系,根据用户发表在社交网络上的公开言论自动对其进行价值观评估,从而掌握用户的行为偏好及社会需求。

社交网络中大量公开的个人数据为上述 3 种分析提供了相对便利的条件。张华平等人以新浪微博为例,通过数据抓取、模型分析以及实例研究等方法,展现社交网络环境下如何通过大数据挖掘手段获取用户的社会属性、行为模式以及心理状态等个人隐私信息。这些方法在创造商业及研究价值的同时,也在一定程度上透露了用户的隐私,并带来了一系列消极体验。在今后的社交网络研究工作中,需要更多地考虑到隐私业务应用、隐私监管策略、用户隐私安全策略等问题,从而推动社交网络正常发展。

11.5 集体智能

集体智能(collective intelligence)也称为集体智慧或群体智能,是一种共享的或者集体的智能,它是从许多个体的合作与竞争中涌现出来的,并没有集中的控制机制。集体智能在细菌、动物、人类以及计算机网络中形成,并以多种形式的协商一致的决策模式出现。

集体智能的规模有大有小,可能有个体集体智能、人际集体智能、成组集体智能、活动集体智能、组织集体智能、网络集体智能、相邻集体智能、社团集体智能、城市集体智能、省级集体智能、国家集体智能、区域集体智能、国际组织集体智能、全人类集体智能等,这些都是在特定范围内的群体所反映出来的智慧。

集体智能的形式可以是多种多样的,有对话型集体智能、结构型集体智能、基于学习的进化型集体智能、基于通信的信息型集体智能、思维型集体智能、群流型集体智能、统计型集体智能、相关型集体智能。

Tapscott 等人认为,集体智能是大规模协作,为了实现集体智能,需要存在四项原则,即开放、对等、共享以及全球行动。开放就是要放松对资源的控制,通过合作让别人分享想法和申请特许经营,这将使产品获得显著改善,并得到严格检验。对等是利用自组织的一种形式,对于某些任务来说,它可以比等级制度工作得更有效率。越来越多的公司已经开始意识到,通过限制其所有的知识产权,导致他们关闭了所有可能的机会。而分享一些则使得他们可以扩大其市场,并且能够更快地推出产品。通信技术的进步已经促使全球性公司、全球一体化的公司将没有地域限制,而有全球性的联系,使他们能够获得新的市场、理念和技术。

11.5.1 社群智能

互联网和社会网络服务(social network service)正在快速增长。各种内嵌传感器的移动手机大量涌现,全球定位系统(GPS)接收器在日常交通工具中逐步普及,静态传感设施(如 Wi-Fi、监控摄像头等)在城市大面积部署,人类日常行为的轨迹和物理世界的动态变化情况正以前所未有的规模、深度和广度被捕获成为数字世界。我们把收集来的各种数字轨迹形象地称为"数字脚印"(digital footprints)。通过对这些数字脚印进行分析和处理,一个新兴的研究领域——"社群智能"(social and community intelligence)正在逐步形成。

社群智能的研究目的在于从大量的数字脚印中挖掘和理解个人和群体活动模式、大规模人类活动和城市动态规律,把这些信息用于各种创新性的服务,包括社会关系管理、人类健康改善、公共安全维护、城市资源管理和环境资源保护等。下面以"智慧校园"为例,说明社群智能给我们的工作和生活带来的影响。在大学校园里,学生 A 经常会遇到一些困扰:当他想去打球时,不知道谁有时间能陪他去玩;要去上自习时,不知道在哪个教学楼里可以找到空位。另外,作为人口密集场所,当严重流感(如 H1N1)来袭时,如何寻求有效办法限制其传播?当确定 B 患上某疑似病例后,需要及时地把最近接触过 B 的人找到。在现有条件下,获取这些有关个人活动情境、空间动态、人际交互的信息还没有较好的技术解决方案,须依赖耗时且易出错的人工查询来完成。例如,A 需要通过电话或网上通信方式和多个朋友联系,确定谁可以一起去打球。社群智能的出现将改变这一切。上面提到的问题都可以通过分析来自校园的静态传感设施和移动电话感知数据(蓝牙,加速度传感器等)以及发布在社会万维网(Web)上的人与人之间的关系信息解决。以流感防控问题为例,记录谁和 B 接触过、接触时的距离以及时间长短、社会关系(如亲戚、朋友或陌生人)等是非常重要的,这些信息可以通过分析移动电话感知数据得到。

社群智能是在社会计算(social computing)、城市计算(urban computing)和现实世界挖掘(reality mining)等相关领域发展基础上提出来的。从宏观角度讲,它隶属于社会感知计算(socially-aware computing)范畴。社会感知计算是通过人类生活空间逐步大规模部署的多种类传感设备,实时感知识别社会个体行为,分析挖掘群体社会交互特征和规律,辅助个体社会行为,支持社群的互动、沟通和协作。社群智能主要侧重于智能信息挖掘,具体功能包括:①多数据源融合,即要实现多个多模态、异构数据源的融合。综合利用 3 类数据源:互联网与万维网应用、静态传感设施(static sensing infrastructure)、移动及可携带(wearable)感知设备,挖掘"智能"信息;②分层次智能信息提取,利用数据挖掘和机器学习等技术从大规模感知数据中提取多层次的智能信息:在个体(individual)级别识别个人情境(context)信息,在群体(group)级别提取群体活动及人际交互信息,在社会(social or community)级别挖掘人类行为模式、社会及城市动态变化规律等信息。

社群智能为开发一系列创新性的应用提供了可能。从用户角度看,它可以开发各种社会关系网络服务促进人与人之间的交流。从社会和城市管理角度看,它可以实时感知现实世界的变化情况,为城市管理、公共卫生、环境监测等多个领域提供智能决策支持。

11.5.2 集体智能系统

集体智能系统一般是复杂的大系统,甚至是复杂的巨系统。20世纪90年代,钱学森提出了开放的复杂巨系统(Open Complex Giant System,OCGS)的概念,并提出从定性到定量的综合集成法作为处理开放的复杂巨系统的方法论,着眼于人的智慧与计算机的高性能两者结合,以思维科学(认知科学)与人工智能为基础,用信息技术和网络技术构建综合集成研讨厅(hall for workshop of metasynthetic engineering)的体系,以可操作平台的方式处理与开放的复杂巨系统相联系的复杂问题。随着互联网的广泛普及,这种综合集成研讨厅就可以是以互联网为基础的集体智能系统。

20世纪90年代以来,多Agent系统迅速发展,为构建大型复杂系统提供良好的技术途径。史忠植等人将智能Agent技术和网格结构有机结合起来,研制了Agent网格智能平台(Agent Grid Intelligence Platform,AGrIP)。AGrIP由底层集成平台MAGE、中间软件层和应用层构成(图11-8)。该软件创建协同工作环境,提供知识共享和互操作,成为开发大规模复杂的集成智能系统良好的工具。AGrIP主要的功能特点如下。

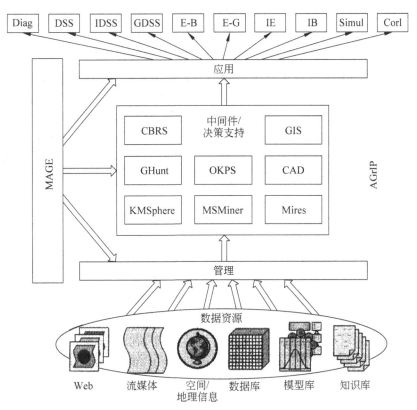

图 11-8 Agent 网格智能平台

(1) 开放性:面向服务 AGrIP 提供开放式平台,而不是一个工具集,使得任何一个应用都可以把"智能"嵌入到它的核心功能中,或者嵌入到任何一个分析工具和 Agent 网格的接口中,提供使用系统工具和外部应用的无缝集成模式。

(2) 自主性：Agent 是一个粒度大、智能性高、具有自主性的软件实体。

(3) 协同性：AGrIP 支持多组织群体协同完成一个任务，系统中角色动态化、流程柔性化、表单多样化，具有面向服务的、灵活的数据接口，提供协同工作的环境。

(4) 可复用：AGrIP 为软件复用提供了有效途径，利用粒度大、功能强的可视化 Agent 开发环境 VAStudio 开发应用系统，可以提高应用软件的开发效率，支持应用系统集成，可伸缩性好，提高软件可靠性，有效缩短开发时间及降低成本。

(5) 分布性：AGrIP 分布式计算平台构建在 Java RMI 之上，隐藏底层实现细节，呈现给用户的是统一的分布式计算环境。

(6) 智能性：AGrIP 提供多种智能软件，包括多策略知识挖掘软件 MSMiner、专家系统工具 OKPS、知识管理系统 KMSpher、案例推理工具 CBRS、多媒体信息检索软件 MIRES 等，全面支持智能应用系统的开发。

11.5.3 全球脑

人脑是由神经网络（硬件）和心智系统（软件）构成的智能系统。互联网已成为人们共享全球信息的基础设施。在互联网的基础上通过全球心智模型（World Wide Mind，WWM）就可实现全球脑（World Wide Brain，WWB）。

全球心智模型如图 11-9 所示，它由心智模型（CAM）和万维网构成。CAM 分为记忆、意识、高级认知功能 3 个层次。在 CAM 中，按照信息记忆的持续时间长短，记忆包含 3 种类型：长时记忆、短时记忆和工作记忆。记忆的功能是保存各种类型的信息。长时记忆中保存抽象的知识，如概念、行为、事件等；短时记忆存储当前世界（环境）的知识或信念，以及系统拟实现的目标或子目标；工作记忆存储了一组从感知器获得的信息，如照相机拍摄的视觉信息、从 GPS 获得的特定信息。这些记忆的信息用于支持 CAM 的认知活动。

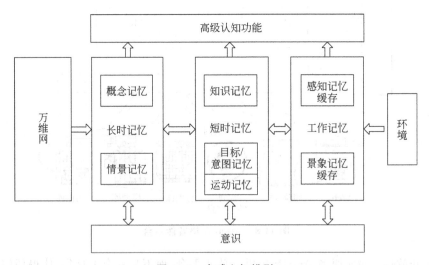

图 11-9　全球心智模型

意识是采用有限状态自动机建模，它对应于人的心理状态，如快乐、愤怒、伤心等。为了模拟人类决策过程的心智状态,CAM 中利用状态的效用函数,赋予每个状态执行的优先值。

高级认知功能部分包括事件检测、行动规划等。这些高级认知功能的执行由 CAM 的记忆与意识的组件提供了基本的认知动作,通过服务动作序列实现。

互联网通过语义互联,计算机能读懂网页的内容,在理解的基础上支持用户的互操作。这种互操作性是通过语义保证的,而互操作的环境是异质、动态、开放、全球化的 Web。这样就可以通过互联网语义互联,将人脑扩展成为全球脑,拥有全球丰富的信息和知识资源,为科学决策提供强大的支持。

11.5.4 互联网大脑(云脑)

互联网极大地增强了人类的智慧,丰富了人类的知识。而智慧和知识恰恰与大脑的关系最密切。从 21 世纪开始,随着人工智能、物联网、大数据、云计算、机器人、虚拟现实、工业互联网等科学技术的蓬勃发展,互联网类脑架构也逐步清晰起来。

2008 年开始,科学院研究团队在中国科技论文在线发表论文《互联网进化规律的发现与分析》,第一次提出"互联网正在向着与人类大脑高度相似的方向进化,它将具备自己的视觉、听觉、触觉、运动神经系统,也会拥有自己的神经元网络、记忆神经系统、中枢神经系统、自主神经系统"。并由此绘制互联网大脑架构,如图 11-10 所示。2015 年,研究团队基于互联网大脑架构将智慧城市与脑科学进行结合,形成城市云脑体系。

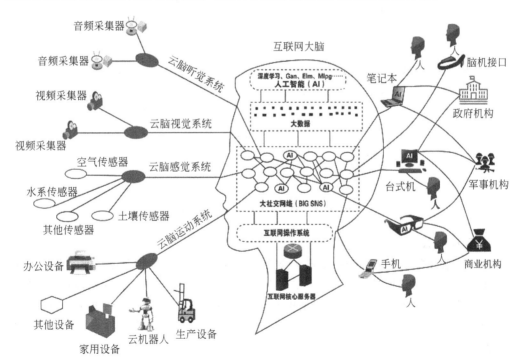

图 11-10 互联网大脑架构

互联网大脑(云脑)理论的核心架构包括互联网中枢神经系统、视觉神经系统、听觉神经系统、躯体感觉神经系统、运动神经系统、类脑神经元网络和云反射弧。下面介绍类脑神经元网络和云反射弧。

1. 类脑神经元网络

互联网的类脑神经元网络是由社交网络发育而成的,一直以来,社交网络被认为是互联网上人与人的交互社区。但随着物联网、云计算、大数据等新现象的出现,社交网络的形态也必将发生改变。当物联网、工业4.0、工业互联网与社交网络融合时,每一栋大楼、每一辆汽车、每一个景区、每一个商场、每一个电器都会在SNS网站上开设账号,自动地发布自己实时的信息,并与其他"人"和"物"进行交互。社交网络的定义将不再仅仅是人与人的社交,而是人与人、人与物、物与物的范围更大的社交网络,可以称为"大社交网络"(Big SNS),如图11-11所示。

大社交网络是互联网类脑神经元的重要基础,世界范围的个人用户、企业、政府机构、路灯、车辆、工场,都要以互联网神经元的方式加入到互联网(城市)云脑神经元网络中,这些互联网神经元的互动、聚合、链接将使互联网或智慧城市真正变得更智慧,它也是云反射弧能够正常运转的基础。

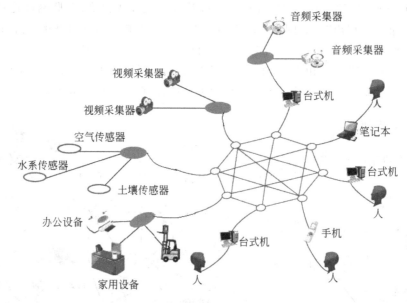

图11-11 类脑神经元网络(大社交)

2. 云反射弧

神经反射现象是人类神经系统最重要的神经活动之一,也是生命体智能的重要体现。与人体的神经反射弧相对应,互联网云神经反射弧主要由如下3个方面构成:①云反射弧的感受器主要由联网的传感器(包括摄像头)组成;②云反射弧的效应器主要由联网的办公设备、智能制造、智能驾驶、智能医疗等组成;③云反射弧的中枢神经是互联网云脑的中枢神经系统(云计算+大数据+人工智能),边缘计算将加强云反射弧感受器和效应器的智能程度和反应速度。

云神经反射弧作为互联网与人工智能结合的产物,在互联网的未来发展中将起到非常重要的作用。从实践上看,有9种不同种类的云反射弧(图11-12),这些云反射弧的成熟依赖于互联网与人工智能技术的进一步结合。

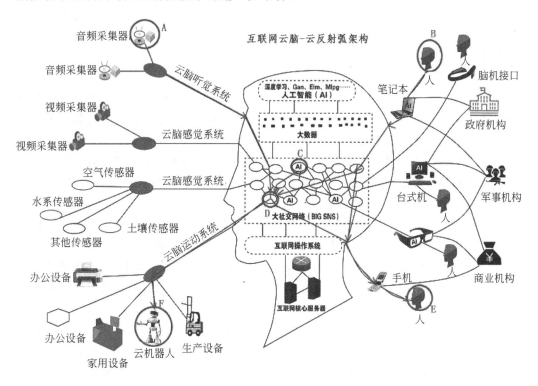

云反射弧的种类：A→D, A→F, A→E, C→D, C→F, D→E, B→D, B→E, B→F

图 11-12　云反射弧

云反射弧的建设反映出互联网和城市在提供各种智慧相关服务，处理各种问题过程中的种类和反应速度。云反射弧的种类越多，反应速度越快，其智慧程度也会越高。例如，包括安防云反射弧、金融云反射弧、交通云反射弧、能源云反射弧、教育云反射弧、医疗云反射弧、旅游云反射弧、零售云反射弧等。

2017 年 12 月 20 日，阿里的专家在阿里云云栖大会上介绍了阿里云人工智能"ET 大脑"。2016 年，阿里云发布了人工智能 ET，整合了阿里巴巴的语音、图像、人脸、自然语言理解等能力，被定位为全球首个类脑架构 AI。2017 年，阿里云将 ET 从单点的技能升级为具备全局智能的 ET 大脑。阿里云 ET 大脑将 AI 技术、云计算大数据能力与垂直领域行业知识相结合，基于类脑神经元网络物理架构及模糊认知反演理论，实现从单点智能到多体智能的技术跨越，打造出具备多维感知、全局洞察、实时决策、持续进化等类脑认知能力的超级智能体。

谷歌大脑成为包括视觉识别、语言翻译、文字识别、语音识别的互联网 AI 系统，谷歌无人驾驶汽车、谷歌眼镜也能通过使用谷歌大脑性能提升，可以更好地感知真实世界中的数据。

百度大脑包括语音识别、OCR、人脸识别、知识图谱、自然语言理解、用户画像等各种各样的能力，到 2017 年开放了 80 多项百度大脑的能力或 API，有 37 万多名开发者在使用百度大脑各种各样的能力。

讯飞超脑打造人工智能生态在万物互联和人工智能浪潮的推动下,面向教育、客服和医疗行业以及翻译、汽车、移动端和家庭等消费者场景,发布、升级产品和解决方案。

11.5.5 智联网

智联网(Internet of Minds,IoM)正是实现借助机器智能的联结协同人类社会中各种纷杂智能体的核心科技。只有在实现社会化的智能体知识互联之后,人工智能技术才能够形成真正的社会化生态系统。本节参考了中科院王飞跃等人的文献。

如果说互联网的实质是实现"虚连"或"被动联结",物联网的实质是"实连"或"在线联结",则智联网的实质是"真联"或"主动联结"。智联网是新智能时代的核心科技,只有在智联网建成之后,才可以宣告智能时代全面来临。

智联网的定义:智联网以互联网、物联网技术为前序基础科技,在此之上以知识自动化系统为核心系统,以知识计算为核心技术,以获取知识、表达知识、交换知识、关联知识为关键任务,进而建立包含人、机、物在内的智能实体之间语义层次的联结、实现各智能体所拥有的知识之间的互联互通;智联网的最终目的是支撑和完成需要大规模社会化协作的,特别是在复杂系统中需要的知识功能和知识服务。

智联网并非空中楼阁,它是建立在互联网(数据信息互联)和物联网(感知控制互联)基础上的,目标是"知识智能互联"的系统。智联网的目标是达成智能体群体之间的"协同知识自动化"和"协同认知智能",即以某种协同的方式进行从原始经验数据的主动采集、获取知识、交换知识、关联知识,到知识功能,如推理、策略、决策、规划、管控等的全自动化过程,因此智联网的实质是一种全新的、直接面向智能的复杂协同知识自动化系统。

1. 协同认知智能

以人体大脑以及神经系统作为比喻,互联网完成的是信息的互联互通,有如遍布人体的神经传导和连接;物联网完成了万物互联的信息采集和驱动控制,有如负责反射的脊髓神经系统,负责处理传感信息的传感系统,负责协调控制人体的小脑、脑干、中脑、脑中等系统,其功能即根据环境输入,协调和决定控制输出,属于反应智能(动物智能)。而智联网追求的是认知智能,即描述智能、预测智能、引导智能的合一体,完成对系统在知识层面的思考,自动、自觉地完成系统高级知识功能,如长短期规划、重大决策、策略制定、基于环境动态的适应、复杂系统状态分析、复杂系统管控等。智联网、物联网、互联网需要将高等(认知)、中等(反应)、低等(反射)智能通过某种机制统摄到一起,类似于人体就是3种智能的统一体,形成感知、认知、思维、行动一体化的大智能系统。

智联网智能最大的特征是实现海量智能体在知识层面的直接连通,即"协同智能"。互联网传输的是数据与信息,实现的是信息的协同。物联网传输的是传感和管控的数据,实现的是感知和控制的协同。智联网的智能互联交换的是知识本身,经过充分的交互,在知识的交换中完成复杂知识系统的建立、配置和优化;同时,海量的智能实体组成由知识联结的复杂系统,依据一定的运行规则和机制,如同人类社会一样,形成社会化的自组织、自运行、自优化、自适应、自协作的网络组织。

2. 智联网典型应用

智联网意味着向社会化的知识连通、智能整合的跃进;意味着从相对独立的简单知识系统,向基于知识联结的、整合为一的复杂知识系统的跃进;意味着从以"牛顿定律"为代表的精确物质系统,向以"默顿定律"为代表的自由意志系统的跃进。下面给出3个前沿应用示例。

(1) 信息物理社会系统(Cyber-Physical-Social Systems,CPSS):信息和物理系统被进一步融会贯通,形成了高级、复杂的信息物理系统(CPS)。CPS理念广泛应用于交通、能源、国防、制造、医疗、电力、农业等方面。作为CPS系统的设计者、制造者、管理者和使用者,人与CPS是紧密结合在一起的,需要人参与其中才能使系统更高效、安全、可靠地运行。在这其中,人与信息物理系统之间的运行模式有共融、协同、主导、辅助、监管等,催生了CPSS的诞生和发展。目前的解决途径与方法蕴涵在物理空间和虚拟空间Cyberspace融合的求解空间中。下一步,关键在于引入能提供社会信号的智能实体,构建专业和社会性的知识网络,认知和感知社会或企业等组织,通过CPSS实现智慧运营和管理。CPSS的知识蕴涵和隐匿在海量物理和社会智能实体内,对知识的获取和运用需要社会化的智能协作,因此必须借助智能和知识工程技术。也就是说,知识自动化和智联网将在CPSS中发挥核心的作用。

(2) 软件定义的流程与系统:在工程领域,越来越多的系统打破常规,并通过开放的软件定义的系统接口实现系统功能的灵活重构,使得未来工程系统成为智能实体的联合体,极大地改善了系统的扩展能力和灵活性。当代软件定义系统前沿的代表为软件定义网络(SDN)、敏捷虚拟企业(Agile Virtual Enterprise,AVE)和社会制造(众包)。知识自动化和智联网是软件定义流程与系统的核心:结合知识表示和知识工程,联结智能实体,构造和支撑各类针对特定领域和问题的软件定义的流程(Software-Defined Processes,SDP)和软件定义的系统(Software-Defined Systems,SDS)。通过SDP和SDS,使常识、经验、猜测、假定、希望、创新、想象等形式化和实质化,并使其组织、过程、功能等软件化,变为可操作、可计算、可试验的流程和系统,从而能够进一步落实复杂知识自动化系统的构想、设计、实施、运营、管理与控制。

(3) 工业智联网:网络化工控系统总体趋势是从简单的本地仪控,慢慢演化到远程智能的复杂系统管控。当前的工业物联网的注意力主要放在工业网络的精确性、确定性、自适应性、安全性等以工业用通信为中心的研发和应用上。但是,随着智能制造的广度和深度进一步发展,即将出现"软件定义工业""类工业领域""广义工业""社会制造""社会工业"等智能大工业新形态,而智联网将在该发展过程中起决定性作用。工业智联网的诞生将会以极高的效率整合各种工业和社会资源,减少工业过程中的浪费和消耗,解放工业生产力,并促进智能大工业的出现和高速发展。

在社会的各种行业和产业中,其应用还包括农业智联网、能源智联网、医疗智联网、教育智联网、各种社会管理和服务智联网等。

3. 核心问题和关键平台技术

智联网的核心问题:①知识的获取:一般性知识自动化系统从感性混杂数据中获取经验知识;②知识的协同表征和传递:智联网协同知识表征,人工语言系统的建立;③知识的关联和协同运行:从知识动力学的观点定义知识关联,以及基于知识关联的知识协同运行方式。

智联网的关键平台技术：虚实平行系统平台实现智联网的管控和知识空间的管控；基于互联网、物联网、区块链和平行网络的社会化通信计算基础平台，为分布式、自组织、自运行的安全智联网系统提供基础设施。

11.5.6 案例：智能网联汽车

智能网联汽车是指搭载先进的车载传感器、控制器、执行器等装置，并融合现代通信与网络技术，实现车与X(人、车、路、云端等)智能信息交换、共享，具备复杂环境感知、智能决策、协同控制等功能，可实现"安全、高效、舒适、节能"行驶，最终可实现替代人操作的新一代汽车。

智能网联标准体系中，智能控制主要指车辆行驶过程中横向(方向)控制和纵向(速度)控制及其组合对车辆行驶状态的调整和控制，涉及发动机、变速器、制动、底盘等多个系统。根据车辆智能控制的复杂程度、自动化水平和适应工况不同，又可分为辅助控制和自动控制两类。

辅助控制类标准覆盖车辆静止状态下的动力传动系统控制，车辆行驶状态下的横向(方向)控制和纵向(速度)控制，以及整车和系统层面的功能、性能要求和试验方法。

自动控制类标准则以城市道路、公路等不同道路条件以及交通拥堵、事故避让、倒车等不同工况下的应用场景为基础，提出车辆功能要求以及相应的评价方法和指标。

智能网联汽车技术的两条逻辑主线是"信息感知"和"决策控制"，其发展的核心是由系统进行信息感知、决策预警和智能控制，逐渐替代驾驶员的驾驶任务，并最终完全自主执行全部驾驶任务。

1. 信息感知

根据信息对驾驶行为的影响和相互关系，信息感知分为"驾驶相关类"和"非驾驶相关类"。驾驶相关类信息包括传感探测类和决策预警类，如图11-13所示。非驾驶相关类信息主要包括车载娱乐服务和车载互联网信息服务。

传感探测类又可根据信息获取方式进一步细分为依靠车辆自身传感器直接探测所获取的信息(自身探测)和车辆通过车载通信装置从外部其他结点接受的信息(信息交互)。

"智能化+网联化"相融合可以使车辆在自身传感器直接探测的基础上，通过与外部结点的信息交互，实现更加全面的环境感知，从而更好地支持车辆进行决策和控制。

2. 决策控制

根据车辆和驾驶员在车辆控制方面的作用和职责，决策控制分为"辅助控制类"和"自动控制类"，分别对应不同等级的决策控制，如图11-13所示。

辅助控制类主要指车辆利用各类电子技术辅助驾驶员进行车辆控制，如横向控制和纵向控制及其组合，可分为驾驶辅助(DA)和部分自动驾驶(PA)。

自动控制类则根据车辆自主控制以及替代人进行驾驶的场景和条件进一步细分为有条件自动驾驶(CA)、高度自动驾驶(HA)和完全自动驾驶(FA)。

相关《指南》中的具体目标如下：到2020年，初步建立能够支撑辅助驾驶及低级别自动驾驶的智能网联汽车标准体系；到2025年，系统形成能够支撑高级别自动驾驶的智能

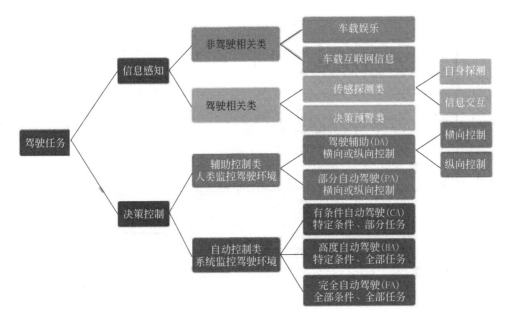

图 11-13　驾驶相关类信息

网联汽车标准体系。

（本节参考了工信部、国家标准委共同制定的《国家车联网产业标准体系建设指南》，2017 年 12 月）

11.5.7　案例：城市计算

城市计算是一个交叉学科，是计算机科学以城市为背景，与城市规划、交通、能源、环境、社会学和经济学等学科融合的新兴领域。具体而言，城市计算是一个通过不断获取、整合和分析城市中多源异构的大数据解决城市面临的挑战的过程。城市计算将无处不在的感知技术、高效的数据管理和强大的机器学习算法，以及新颖的可视化技术相结合，致力于提高人们的生活品质，保护环境和促进城市运转效率，帮助我们理解各种城市现象的本质，甚至预测城市的未来。

城市计算的基本框架如图 11-14 所示，包括城市感知及数据采集、数据管理、城市数据分析、服务提供 4 个环节：①在城市感知层面，可以通过车载 GPS 或用户的智能手机产生的轨迹数据不断感知司机在道路上的驾驶状态，也可以收集用户发布在社交媒体上的信息。②在数据管理层面，通过时空索引结构把司机产生的大规模轨迹和社交媒体数据高效地组织和管理起来，以供后续实时分析和挖掘。③在城市数据分析层面，当城市出现异常时，我们可以根据这些轨迹数据较准确地确定异常发生的空间范围和时间区间。因为当异常发生后，各条道路上的车流量以及人们选择的行车路线都会发生改变，所以我们可以有针对性地利用与这些地方及时间段相关联的（而不是全部）社交媒体分析异常出现的起因。④在服务提供层面，这些信息会被及时地传递到交通管理部门和周边通行的人群，以快速处理异常，并避免更多的人陷入混乱。

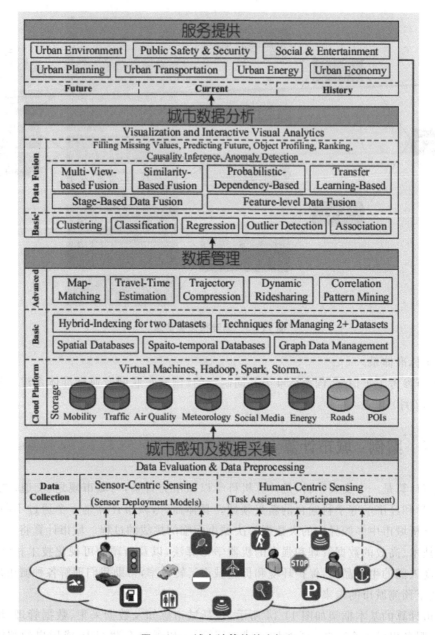

图 11-14 城市计算的基本框架

按照时效性，城市计算的服务可以分为厘清现状、预测未来、洞察历史 3 种类型。以空气污染为例，根据有限的空气质量监控站点，结合气象、交通等其他数据源计算整个城市任意角落的空气质量，此为厘清现状。对未来两天空气质量的估计，为预测未来。根据多年历史数据分析出污染物的来源和成因，为洞察历史。

按照服务的行业划分，城市计算涵盖城市交通和规划、城市环境、城市能源、城市商业、公共安全、教育、医疗、社交和娱乐等。

在服务提供层面，我们面临 3 个方面的挑战：融合行业知识和数据科学；系统对接；

培养数据科学家。针对这些挑战,需要具备4方面的知识:大数据、人工智能、云计算和行业知识。要让城市计算的技术落地,还需要搭建一个城市大数据平台。该平台可以基于传统的云计算平台搭建,但是,要增加对时空数据的有效管理机制(如时空索引、混合式索引以及这些索引与分布式系统的结合),以及针对时空数据特有的人工智能算法。基于这样的城市大数据平台,可以组合各个层面的模块快速搭建各种垂直应用,在保证平台可扩展性的前提下提供高效、稳定的服务。

(本节参考了郑宇的文章《城市计算:用大数据和AI驱动智能城市》[157])

11.6 小结

2016年,万维网的发明人蒂姆·伯纳斯-李(Tim Berners-Lee,也称Tim)获图灵奖。在过去近30年的工作里,他的贡献包括互联的文档(1989—1999年)、互联的知识(1999—2009年)、互联的社会(2009年至今)。

群体智能是指能够在网上把大家的智慧和计算机的智慧组合在一起,建立各种平台,完成各种行为。一些来自有关计算智能的方案开始在网络应用中出现,例如:

(1)推荐系统。推荐系统通过学习用户的偏好给出信息源、产品和服务的建议。

(2)舆情分析。互联网技术为舆情分析提供了全新的技术路线,通过对各种社会媒体的跟踪与挖掘,结合传统的舆论分析理论,可以有效地观察社会的状态,并能辅助决策,及时发出预警。

(3)基于内容的人际关系挖掘。互联网中蕴涵着大量公开的人名实体和人际关系信息。利用文本信息抽取技术可以自动抽取人名,识别重名,自动计算出人物之间的关系,进而找出关系描述词,形成一个互联网世界的社会关系网。微软亚洲研究院的"人立方"就是一个典型系统。

(4)情境感知服务。物联网技术可以将现实世界和信息世界进行覆盖与融合,为信息采集、传递和服务决策提供强有力的技术支撑。情境是指能够表征一个实体的活动的信息。情境信息包括与系统功能和用户行为密切相关的各种信息,如用户的基本资料、位置、时间、自然环境、计算环境等。通过情境信息可以对当前进行的活动给出一个综合判断。情境感知服务是指根据服务对象所处情境的变化为其提供准确的服务。情境感知服务可以广泛应用于现代服务的各个行业,如智能家居、智慧城市、智能交通、智能旅游等,为人类的生产、生活带来便利,实现智慧生活。

人工智能已经走到2.0时代——基于重大变化的信息新环境,发展新目标的新一代的人工智能。其中,信息新环境是指互联网与移动网的普及、传感网的渗透、大数据的涌现和网上社区的崛起等。新目标是指智能城市、智能经济、智能制造、智能医疗、智能家居、智能驾驶等从宏观到微观的智能化新领域。

随着感知技术和计算环境的成熟,各种大数据在城市里悄然而生,如交通流、气象数据、道路网、兴趣点、移动轨迹和社交媒体等。同时,人工智能(尤其是机器学习)算法的成熟也为数据分析提供了利器。大数据、云计算和人工智能的飞速发展推动了新型智慧城市的发展进程。城市计算通过对多源异构数据的整合、分析和挖掘,提取知识和智能,并结合行业知识创造"人-环境-城市"三赢的局面。城市计算强调用大数据和人工智能实实在在地解决城市面临的各种具体问题。它关系到人类未来的生活质量和可持续发展,也是我国未来人工智能发展的抓手和战略制高点。

习题

11.1 什么是本体?本体表示知识的特点是什么?

11.2 请举例说明 RDF 的格式。RDF Schema 的含义是什么?

11.3 OWL 有哪几种类型?请说明它与 XML、RDF 的关系。

11.4 设计本体的基本准则是什么?给出构建本体的基本步骤及其要点。

11.5 请构建从网页获取本体的系统。

11.6 请构建从关系数据库获取本体的系统。

11.7 什么是本体知识管理?本体知识管理的基本功能是什么?

11.8 试比较 Protégé 和 KAON 的异同和优缺点。

11.9 分别以 Cyc 和 e-Science 为例,说明构建大规模知识系统的途径。

11.10 请扼要说明搜索引擎的工作流程。

11.11 请给出 Web 技术演化过程,比较各种 Web 类型的主要特点。

11.12 试从方法论和技术途径说明如何实现集体智能系统。

11.13 请给出心智模型 CAM 的系统结构,说明各部分的主要功能。

11.14 如何构建全球脑?它的现实意义是什么?

11.15 互联网大脑与智联网有何区别和联系?

11.16 (思考题)Elsevier 的横向信息产品搜索。Elsevier 是一家居于领先地位的科技出版商。它的产品和众多竞争者一样,主要是按照传统的刊物订阅的形式组织的。这些刊物的在线可获得性目前尚未真正改变生产线的组织方式。虽然作者的个人论文可以在网络上在线获得,但只能以它们在刊物上登载的形式,而文集则是按照刊登论文的刊物组织的。Elsevier 的用户可以订阅在线内容,但这种订阅仍然按照传统生产线的方式,组织成一本本刊物或刊物合订本的形式。

这些传统刊物可以用纵向信息产品(vertical information product)一词描述:产品分成许多相互分离的门类(如生物类、化学类、医药类等),每个产品仅涉及其中一个门类的内容(其实往往只是一个门类中的一部分内容)。可是,随着各个学科(信息科学、生命科学、物理学等)的迅猛发展,这种不同杂志互不相干地分别覆盖不同学科的传统做法已经不再令人满意。Elsevier 的用户感兴趣的是跨越多个传统学科的主题领域。例如,一家制药公司可能要购买 Elsevier 的全部有关阿尔茨海默症(Alzheimer's disease)的科研资料,而不关心这些资料是来自生物学刊物医学刊物,还是化学刊物。这种情况下所需求的是所谓的横向信息产品,即 Elsevier 所拥有的关于给定主题的全部信息,这种信息跨越了相互分离的所有传统学科和刊物的边界。

当前,像 Elsevier 这样的大出版商很难提供这样的横向产品。由 Elsevier 出版的信息产品被分割封闭在不同的刊物内,每个刊物都有自己的一套索引系统,每套索引系统都是根据不同的物理标准、语法标准以及语义标准组织起来的。物理的和语法的壁垒是可以解决的。Elsevier 已经把许多产品的内容转译为允许跨杂志查询的 XML 格式。然而，语义的问题大部分还没有解决。当然，从多个刊物中搜索包含相同关键词的文章是可能的，但不太可能提供令人满意的结果，因为同一领域内或者不同领域间普遍存在同音词、同义词问题。我们需要的是用一个相容的概念集合为所有刊物建立索引，并据此搜索各个刊物的方法。

根据上述背景，查阅资料，撰写论文，并开发解决此类问题的原型系统。

11.17 （思考题）奥迪的数据整合。上面的问题本质上是一个数据整合问题。Elsevier 试图解决这一问题是为了顾客方便。但是，在各个公司内部，数据整合也是一个巨大的问题。事实上，它被普遍认为是大公司信息技术预算中最昂贵的开支项目。如奥迪公司这样规模的企业（雇员 51 000 人、每年缴税额 220 亿美元、汽车产量 700 000 辆），操作数千个数据库，常常对相同的信息多次重复存储，而且因为数据源没有相互连接而时有遗漏。现有处理方式依靠昂贵的手工代码生成和点对点的翻译脚本完成数据整合。

传统的中间件（middleware）固然能改进和简化整合过程，却需应对来自数据整合的根本挑战——基于预定含义（即数据语义）的信息共享。

使用本体作为语义数据模型可以将各不相同的数据源合理地融合为单一的信息整体。通过为数据和内容源创建本体，以及添加通用的领域知识，整合企业内各不相同的数据源的工作就可以在不干扰已有应用软件的情况下进行。本体被映射到数据源（域、记录、文件、文档），使得应用软件可以通过本体直接访问数据。

设计并开发解决该问题的原型系统。

11.18 （思考题）人寿保险公司的技能寻获。瑞士人寿保险公司在欧洲的人寿保险行业中居于领先地位，全球雇员 11 000 人，账面保险费约 140 亿美元，其子公司、分支机构、代办处和合作伙伴遍布约 50 个国家。

在所有公司中，关于行业惯例的知识、个人能力和雇员的技能都是应对知识密集型任务的最重要的资源。它们是公司成功凭借的真正底蕴。建立一个可以电子化访问的关于人的能力、经验和关键知识领域的信息库是建立企业知识管理的主要步骤之一。这样一个技能信息库可用于：搜寻拥有特定技能的人员、揭示技能差距和能力等级、指导作为职业生涯计划一部分的培训过程以及为公司的知识资本建立档案。

公司有如此巨大的国际化工作人员群体，分布在地理和文化上各不相同的地区，使得建立整个公司的技能信息库成为一项困难的任务。怎样列出数量繁多的各种技能？怎样组织它们，使得对它们的访问可以跨越地理和文化的疆界？怎样保证该信息库经常更新？

根据上述背景，查阅资料，撰写论文，并开发解决此类问题的原型系统。

11.19 （思考题）在线学习。万维网正在不断地改变着人类活动的许多方面，其中包括人们的学习。传统学习具有以下几个特点：①由教育者驱动；②线性获取知识；③时间和地区依赖。

结果，学习是面向大部分参与者而非个性化的，因而并不适合于每一个有天赋的学生的具体情况，尽管这种传统学习过程效率高并且在很多场合是有效的。互联网的出现为全新教育方式的实现铺平了一条道路。

人们已经可以在高等教育中看到这种变化。大学正逐步把活动重心转移到为学生提供更多的灵活性上。虚拟大学和在线课程只是这些活动中的一小部分，教育灵活性和新的教育方式同样在传统的校园内得以施行，虽然这些学校仍然要求学生到课堂上课，但对他们的限制减少了。渐渐地，学生就能够选择并且决定上课的内容和评估规程，确定学习的进度，采用最适合自己的学习方法。

我们同样期待在线学习会对企业员工的业务素质和个人的终生学习活动产生更大的影响。提高企业竞争力的一个重要机制是提高员工的技能。企业需要及时的、满足其特殊需求而且能够完美地融入日常工作方式的学习过程。传统的学习方式不能满足这些需要，而在线学习很有希望解决这个问题。

与传统教育不同，在线学习不受教师的驱动，学生能够以一种非预定的顺序获得学习资料，并通过选择学习资料自己编排课程。要想实现这种方式，必须给学习资料附加额外信息，以支持有效的索引和检索。

元数据的运用是解决上述问题的一种自然方式，并且长期被图书管理员或多或少地使用。在在线学习界(e-learning community)，像 IEEE LOM 这样的标准已经出台。它与学习资料的信息相关联，如教育和教学属性、访问权限和使用条件，以及与其他教育资源的关系等。虽然这些标准是有用的，但它们面临着与所有完全基于元数据的解决方案(XML 途径)一样的困扰——缺少语义。结果，组合来自不同作者的资料可能很困难，对检索的支持可能不是最佳的，并且学习资源的检索和组织必须人工完成，而不是个性化地自动 agent(personalized automated agent)实现。如果使用语义网技术，就能避免这些问题。

语义网的关键思想，即语义共享(本体)和机器可处理(machine-processable)的元数据，为满足在线学习的需求提供一条有希望的途径，它能支持学习资料的语义查询和概念化导航，并具有下列特点。

(1) 由学习者驱动。不同作者编著的学习资料能够与公认的本体相链接。学习者可以通过语义查询设计自己的个性化课程，并且可以根据实际问题的上下文检索学习资料。

(2) 灵活的资料获取。能够按照学习者的兴趣和需要以他们希望的顺序获得知识。尽管在一定条件下语义标注仍然会设置某些限制，但非线性获取方式在总体上是有保证的。

(3) 集成性。语义网能够为各个机构的商业过程提供一个统一的平台，并将学习活动集成到这些过程中。这个解决方案或许对商业公司来说极具价值。

根据上述背景，查阅资料，撰写论文，并开发解决此类问题的原型系统。

11.20 (思考题)警察局的多媒体收藏索引。在诸如伦敦警察局和国际刑警组织这样的警察机构中，有特殊部门专职负责艺术品和古玩盗窃的案件。这类盗窃案件的案犯往往难以追踪，即便成功追踪并追回被盗物品，怎样物归原主也是一个难题。虽然现在已经建立了被盗艺术品的国际数据库，但要在这些数据库中找到特定的物品仍然不容易，因为不同团体常常会提供不同的描述。一个举报盗窃案的博物馆也许会把一个物品描述为"宋代莲花瓷瓶"，而一位警官在报告一件寻获的物品时却很可能简单地输入"12.5英寸高有叶状装饰的浅绿色花瓶"。目前,需要人类专家鉴别失窃花瓶是否就是寻获的花瓶。

解决办法的一部分工作是开发受控的词汇库,如 Getty Trust 的《艺术与建筑分类辞典》(AAT),或 Iconclass 分类辞典,把它们扩展为成熟的本体,开发能够使用本体背景知识根据物理外观描述对各类物品进行自动鉴别的软件,并解决不同团体使用不同本体描述相同物品时出现的本体映射问题。

根据上述背景,查阅资料,撰写论文,并开发解决此类问题的原型系统。

11.21 (思考题)康富的在线采购。与现今所有汽车生产厂商一样,康富为了获得各种汽车零配件要与几百家供货商进行交互。近年来,在线采购已被认为是一种降低成本的重要潜在手段。例如,相互发送合同、订单、发票和财务转账等纸面过程可以变更为在软件应用程序之间进行数据交换的电子过程。同样,与一些固定供货商之间静态的、长期的合作关系可以变更为开放市场上竞争的、动态的、短期的合作关系。每当一个供货商提出了更好的价格,康富公司希望能够立刻与之交易,而不是被困锁在与另一个供货商之间的长期协议内。

这种在线采购是企业对企业(B2B)电子商务背后最主要的动力之一。B2B 电子商务的现有努力严重依赖于数据格式的预先标准化。也就是说,依赖于整个行业事先对数据格式及其预期语义达成一致。像 Rosetta Net 这样的组织是专门负责这种标准化工作的。从 Rosetta Net 的网站上可以看到:

Rosetta Net 是一个自筹资金的非营利组织。它是一个为信息技术、电子元件、半导体制造和电信等产业的大公司创建和实施全行业开放电子商务过程标准而工作的协会。这些标准形成一个通用的电子商务语言,以协调全球供应链中合作伙伴之间的过程。

由于这些数据格式是用 XML 规定的,单从文件本身读不出任何语义,合作伙伴必须在耗时而且昂贵的标准谈判中达成协议,然后通过手工编码将数据格式规定的语义写入代码中。

一个更有吸引力的途径是使用 RDF Schema 和 OWL 这样的格式,因为它们具有显式定义的形式语义。这将使产品描述"自带语义",从而开启远比现行方式更自由的在线 B2B 采购过程之门。

根据上述背景,查阅资料,撰写论文,并开发解决此类问题的原型系统。

11.22 (思考题)数码设备的可共用性。近年来,日常环境中数码设备经历了爆炸式的发展——PDA、手机、数码相机、笔记本电脑、公共场所的无线访问,汽车中的 GPS 设备,等等。在这一背景下,对这些设备之间的可共用性的需求正在变得越来越强烈。这些设备需求具有遍布各地和无线通信的特点,因而需要支持自动、特设配置的网络体系结构。

真正的特设配置网络的一项关键技术是服务发现,即描述、发布和找到其他服务的能力,这里的服务包括蜂窝电话、打印机、传感器等各种设备提供的功能。现有各种设备发现和能力描述机制(如 Sun 的 JINI、微软的 UPnP)基于特设表示模式,而且严重依赖于标准化(事先确定所有在通信或讨论中可能涉及的东西)。

比这种事先标准化更有吸引力的是"即兴可共用性",这是在"不曾排练过的"条件下的可共用性。也就是说,设备的设计不一定非要考虑到协作,可以在不同的时间由不同的厂商为了不同的目的生产出来,却仍然能够互相发现和利用对方的优势功能。"理解"其他设备并且推断其服务或功能是必要的,因为未来成熟的无所不在的计算场景将涉及数十乃至数百个设备,对这样的场景进行事先标准化是极其困难的。

与在线采购的场景相似,为了实现这种对功能"即兴"的相互理解,需要借助带有标准语义的本体。

根据上述背景,查阅资料,撰写论文,并开发解决此类问题的原型系统。

附录 A 人工智能编程语言 Python

目前常用的人工智能程序设计语言既包括 Prolog 等专用的逻辑编程语言，也包括 C++、Java 等通用型编程语言，本附录介绍了这些常用语言的特点和适用范围。

A.1 人工智能编程语言概述

人工智能是一个很广阔的领域，几乎所有的通用型编程语言都可以用于人工智能开发，但在开发难度和开发效率上会有优劣之分。针对不同的应用需求选择合适的编程语言，能够为开发人员节省时间及精力。

1. Python

Python 语言本身具有清晰、简洁的语法结构，更贴近自然语言，是人工智能领域中使用最广泛的编程语言之一，它可以无缝地与各种数据结构和常用的 AI 算法结合使用。Python 之所以适合 AI 项目，也基于 Python 拥有很多可以在 AI 中使用的库，如 NumPy 是一个定义了数值数组和矩阵类型和它们的基本运算的语言扩展，SciPy 是一种使用 NumPy 做高等数学、信号处理、优化、统计和许多其他科学任务的语言扩展，PyBrain 是 Python 的一个机器学习模块，它的目标是为机器学习任务提供灵活、易应、强大的机器学习算法。另外，Python 有大量的在线资源和成熟社区，所以学习曲线会比较缓和。

2. Java

Java 也是 AI 项目的一个很好的选择。它是一种面向对象的编程语言，专注于提供 AI 项目上所需的所有高级功能，它是可移植的，并且提供了内置的垃圾回收机制。另外，Java 社区也是一个加分项，完善丰富的社区生态可以帮助开发人员随时查询和解决遇到的问题。

对于 AI 项目来说，算法是灵魂，无论是搜索算法、自然语言处理算法，还是神经网络，Java 都可以提供一种简单的编码算法。另外，Java 的扩展性也是 AI 项目必备的功能之一。

3. LISP

LISP 因其出色的原型设计能力和对符号表达式的支持在 AI 领域占有

一席之地。作为一种为人工智能而设计的语言，LISP 是第一个声明式函数式程序设计语言，有别于命令式过程式的 C、Fortran 和面向对象的 Java、C♯ 等结构化程序设计语言。

LISP 语言因其可用性和符号结构而主要用于机器学习/ILP（inductive logic programming，归纳逻辑编程）子领域。著名的 AI 专家彼得·诺维奇（Peter Norvig）在其 *Artificial Intelligence：A Modern Approach* 一书中详细解释了为什么 LISP 是 AI 开发的顶级编程语言之一[23]。

4. Prolog

Prolog 与 LISP 在可用性方面旗鼓相当，据 *Prolog Programming for Artificial Intelligence*[35] 一文介绍，Prolog 是一种逻辑编程语言，主要是对一些基本机制进行编程，对于 AI 编程十分有效，如它提供模式匹配、自动回溯和基于树的数据结构化机制。结合这些机制可以为 AI 项目提供一个灵活的框架。

Prolog[26] 广泛应用于 AI 的专家系统，特别是医疗领域。

5. C++

C++ 是最快的计算机语言，它特别适用于对时间敏感的 AI 编程项目。C++ 能够提供更快的执行时间和响应时间（这就是为什么它经常用于搜索引擎和游戏）。此外，C++ 允许大规模的使用算法，并且在使用统计 AI 技术方面非常高效。另一个重要因素是由于继承和数据隐藏，在开发中 C++ 支持重用代码，因此既省时，又省钱。C++ 适用于机器学习和神经网络。

为 AI 项目选择编程语言，其实很大程度上都取决于应用领域，对编程语言的选择要从大局入手，不能只考虑部分功能。在这些编程语言中，Python 因为适用于大多数 AI 领域，所以渐有成为 AI 编程语言之首的趋势，而 LISP 和 Prolog 因其独特的功能，所以在部分 AI 项目中卓有成效，地位暂时难以撼动。Java 和 C++ 的自身优势将在 AI 项目中继续保持。

人工智能的第三次浪潮是科技巨头主导的面向应用的一次大整合，如"增强智能""群体智能""认知计算"等。以 AlphaGo 为代表的深度学习方法是人工智能第三次浪潮的重要驱动力，它的成功原因通常被归结于三点：大数据、超级计算能力和新的数学方法。

从业界需求看，在著名的国外招聘网站 indeed.com 搜索机器学习和数据科学相关职位对各种编程语言的需求，可以发现在人工智能的机器学习和数据科学等子领域尚未出现一枝独秀的情况，至少五六种语言呈现出百花齐放的态势，并且最近两年职位需求增长迅速，如图 A-1 所示。从图 A-1 可以看出，Python 处于领先地位，R、Java、C++ 系列紧随其后。

从开发者生态看，著名的开发者问答论坛 StackOverflow 将 Python 评为 2017 年开发者最喜欢的语言，并预测未来两年内 Python 将继续保持领先优势。StackOverflow 论坛编程语言热度趋势如图 A-2 所示。

结合院校编程语言教学情况看，Python 已经是数据分析和 AI 的第一语言，网络攻防的第一黑客语言，正在成为编程入门教学的第一语言，云计算系统管理的第一语言。Python 也早就成为 Web 开发、游戏脚本、计算机视觉、物联网管理和机器人开发的主流语言之一，随着 Python 用户可以预期的增长，它还有机会在多个领域登顶。

附录 A 人工智能编程语言 Python — 579

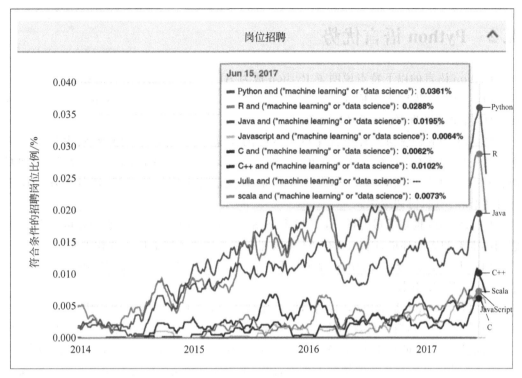

图 A-1 机器学习和数据科学相关职位对编程语言的需求

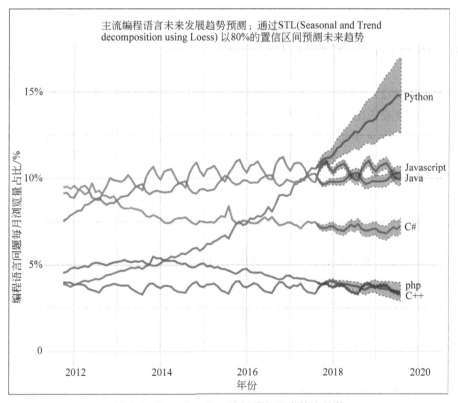

图 A-2 StackOverflow 论坛编程语言热度趋势

A.2　Python 语言优势

Python 语言的以下特点说明了 Python 成为 AI 领域首选编程语言的原因。

(1) Python 程序语法精练,具有很好的可读性,接近于伪代码。Python 致力于提高可读性,降低复杂性,便于理解和交流。

(2) Python 程序与多种语言保持了良好的互操作性,可以兼顾开发效率与执行效率。首先以高级语言进行整体设计开发,然后将最影响执行效率的部分以其他语言(如 C 语言)重写。人们也把 Python 称为胶水语言,让人能够很容易地入门,把各种基本程序元件拼装在一起,协调运作。

(3) Python 构建了最好的 AI 开发生态圈。真正使 Python 和其他语言区分开的是它们的框架和库的环境,Python 在 AI 领域拥有非常成熟和覆盖广泛的软件库。

(4) 开源且跨平台。Python 程序与平台无关,可以在 Windows 操作系统和几乎每一个 Linux、UNIX 版本上使用。

所以,Python 不是最简单的语言,但是比较简单,也不是执行速度最快的语言,但是比较快,达到了一种简单与效率的平衡。随着 AI 产业的从业人数不断跃升,其中真正的人工智能科班出身的科学家,甚至计算机程序设计专业人员的比例可能非常小,更多的 AI 技术人员来自各行各业的领域工程师,他们带着各自领域中的行业知识和数据资源涌入 Python 和 AI 大潮中,深刻地改变整个人工智能产业的整体格局和面貌。这些人群正是 Python 语言的目标用户。

A.3　Python 人工智能相关库

Github 上前 20 名 Python 人工智能和机器学习项目如图 A-3 所示。图中,雪花大小与贡献者的数量成正比。雪花形状适用于深度学习项目,圆圈适用于其他项目。

(1) TensorFlow 最初是由谷歌机器智能研究机构的 Goole Brain Team 的研究人员和工程师开发的。该系统旨在促进机器学习方面的研究,并使其快速、容易地从研究原型过渡到生产系统。

(2) Scikit-learn 是用于数据挖掘和数据分析的简单而高效的开源工具,基于 NumPy、SciPy 和 matplotlib 而构建,并以商业可用的 BSD 许可证发布,允许任何人在各种场景中使用。

(3) Keras 是一种高级神经网络的 API,用 Python 编写,能够在 TensorFlow、CNTK 或 Theano 上运行。

(4) PyTorch 可用于生成张量(Tensor)和动态神经网络(Dynamic neyral networks),并能在 Python 中利用 GPU 进行加速。

(5) Theano 允许定义、优化和评估涉及多维数数组的数学表达式。

(6) Gensim 是一个免费的 Python 库,具有可扩展的统计语义,用于分析语义结构的纯文本文档,检索语义相似的文档。

(7) Caffe 是一个深度学习框架,注重代码的表达形式、运算速度以及模块化程度。

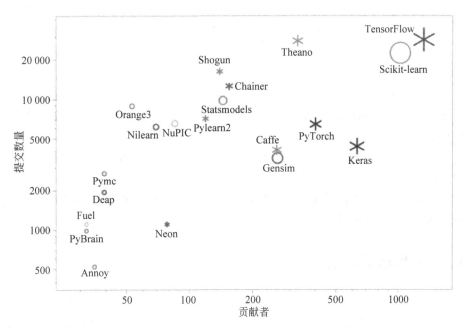

图 A-3　Github 上前 20 名 Python 人工智能和机器学习项目

它由伯克利视觉和学习中心（BVLC）与社区贡献者开发。

（8）Chainer 是一个基于 Python 的深度学习模型的独立开源框架。Chainer 提供灵活、直观和高性能的手段实施全方位的深度学习模型，包括最新的模型，如递归神经网络和变分自动编码器。

（9）Statsmodels 是一个 Python 模块，允许用户探索数据，估计统计模型并执行统计测试。描述统计、统计测试、绘图功能和结果统计的广泛列表适用于不同类型的数据和估算器。

（10）Shogun 是机器学习工具箱，它提供了广泛的统一和高效的机器学习方法。该工具箱可以无缝地组合多个数据表示、算法类和通用工具。

（11）Pylearn2 是一个机器学习库。其大部分功能都建立在 Theano 之上。这意味着可以使用数学表达式编写 Pylearn2 插件（如新模型、算法等），Theano 将为你优化和稳定这些表达式，并将它们编译为你选择的后端（CPU 或 GPU）。

（12）NuPIC 是一个开源项目，它基于被称为分层时间存储器（HTM）的新大脑皮层理论。部分 HTM 理论已经在应用中实施、测试和使用，而 HTM 理论的其他部分仍在开发中。

（13）Neon 是 Nervana 基于 Python 的深度学习库，它提供易用性，同时提供最高的性能。

（14）Nilearn 是一个 Python 模块，用于快速简单地统计学习神经成像数据。它利用 scikit-learn Python 工具箱进行多变量统计，并提供预测建模、分类、解码或连接分析等应用。

（15）Orange3 是适合编程新手和领域专家的开源机器学习和数据可视化工具，使用大型工具箱和交互式数据分析工作流程。

(16) Pymc 是一个 Python 模块,实现贝叶斯统计模型和拟合算法,包括马尔可夫链蒙特卡罗(Markov chain Monte Carlo)。其灵活性和可扩展性使其适用大量问题。

(17) Deap 是用于快速原型设计和测试思想的新型演化计算框架,它试图使算法明确,数据结构透明。它与多处理(Multiprocessing)和 SCOOP 等并行机制完美协调。

(18) Annoy(Approximate nearest neighbor oh yeah)是一个 C++ 库,它使用 Python 绑定搜索接近给定查询点的空间点。它还创建了大量的基于只读文件的数据结构,这些数据结构被映射到内存中,以便许多进程可以共享相同的数据。

(19) PyBrain 是 Python 的模块化机器学习库。其目标是为机器学习任务提供灵活、易于使用但仍然强大的算法,以及各种预定义环境来测试和比较你的算法。

(20) Fuel 是一个数据管道框架,它为你的机器学习模型提供所需数据。Fuel 被用于 Blocks 和 Pylearn2 神经网络库。

A.4 Python 语法简介

Python 支持交互式编程和脚本式编程。交互式编程不需要创建脚本文件,是通过 Python 解释器的交互模式来编写代码。脚本式编程通过脚本参数调用解释器开始执行脚本,直到脚本执行完毕。当脚本执行完成后,解释器不再有效。

1. 基本语法

Python 的语法比较简单,采用缩进方式,以 # 开头的语句是注释。

```
#print absolute value of an integer:
a = 100
if a > = 0:
    print(a)
else:
    print(-a)
```

2. 数据类型

Python 支持以下数据类型。

1) 整数

Python 可以处理任意大小的整数,当然包括负整数,在程序中的表示方法和数学上的写法一模一样,如 1,100,-8080,0 等。

2) 浮点数

浮点数也就是小数,之所以称为浮点数,是因为按照科学记数法表示时,一个浮点数的小数点位置是可变的,例如,1.23×10^9 和 12.3×10^8 是完全相等的。

整数和浮点数在计算机内部存储的方式是不同的,整数运算永远是精确的,而浮点数运算则可能会有四舍五入的误差。

3) 字符串

字符串是以单引号'或双引号"括起来的任意文本,如'abc'"xyz"等。

4) 布尔值

布尔值和布尔代数的表示完全一致,一个布尔值只有 True、False 两种值。

5) 空值

空值是 Python 里一个特殊的值,用 None 表示。

Python 支持多种数据类型,在计算机内部,可以把任何数据都看成一个"对象",而变量就是在程序中用来指向这些数据对象的,对变量赋值就是把数据和变量关联起来。

对变量赋值 x＝y 是把变量 x 指向真正的对象,该对象是变量 y 所指向的,随后对变量 y 的赋值不影响变量 x 的指向。

3. 数据容器

Python 有一系列的数据容器,可以将各种数据元素组成一个集合。

1) list

Python 内置的一种数据类型是列表(list)。list 是一种有序的集合,可以随时添加和删除其中的元素。

2) tuple

另一种有序列表叫元组(tuple)。tuple 和 list 非常类似,但是 tuple 一旦初始化,就不能修改。

3) dict

Python 内置了字典：dict 的支持,dict 的全称为 dictionary,在其他语言中也称之为 map,使用键-值(key-value)存储,具有极快的查找速度。

4) set

set 和 dict 类似,也是一组 Key 的集合,但不存储 value。由于 Key 不能重复,所以在 set 中没有重复的 Key。

4. 控制结构

Python 支持顺序、分支、循环控制结构的结构化程序设计。

Python 的循环有两种：一种是 for…in 循环,依次把 list 或 tuple 中的每个元素迭代出来,看例子：

```
names =['Michael', 'Bob', 'Tracy']
for name in names:
    print(name)
```

执行这段代码,会依次打印 names 的每一个元素：

```
Michael
Bob
Tracy
```

第二种循环是 while 循环,只要条件满足,就不断循环,条件不满足时退出循环。例如,要计算 100 以内所有奇数之和,可以用 while 循环实现。

```
sum = 0
n = 99
while n > 0:
    sum = sum + n
    n = n - 2
```

```
print(sum)
```

在循环内部变量 n 不断自减,直到变为 −1 时不再满足 while 条件,则循环退出。

5. 函数

基本上所有的高级语言都支持函数,Python 也不例外。Python 不但能非常灵活地定义函数,而且本身内置了很多有用的函数,可以直接调用。

要调用一个函数,需要知道函数的名称和参数,如求绝对值的函数 abs 只有一个参数。可以直接从 Python 的官方网站查看文档:

http://docs.python.org/3/library/functions.html#abs

也可以在交互式命令行通过 help(abs) 查看 abs 函数的帮助信息。

调用 abs 函数:

```
>>>abs(100)
100
>>>abs(-20)
20
>>>abs(12.34)
12.34
```

6. 对象

面向对象编程(Object Oriented Programming,OOP)是一种程序设计思想。OOP 把对象作为程序的基本单元,一个对象包含了数据和操作数据的函数。

在 Python 中,所有数据类型都可以视为对象,当然也可以自定义对象。自定义的对象数据类型就是面向对象中的类(class)的概念。

本附录参考了阿里云云栖社区、github、indeed.com、StackOverflaw 以及廖雪峰 Python 教程网站的内容与数据。

附录 B 手写体识别案例

来源于谷歌的 TensorFlow 是目前 Python 编程领域最热门的深度学习框架。Google 不仅是大数据和云计算的领导者，在机器学习和深度学习上也有很好的实践和积累，在 2015 年年底开源了内部使用的深度学习框架 TensorFlow。

与 Caffe、Theano、Torch、MXNet 等框架相比，TensorFlow 在 Github 上 Fork 数和 Star 数都是最多的，而且在图形分类、音频处理、推荐系统和自然语言处理等场景下都有丰富的应用。最近流行的 Keras 框架底层默认使用 TensorFlow，著名的斯坦福 CS231n 课程使用 TensorFlow 作为授课和作业的编程语言，国内外多本 TensorFlow 书籍已经在筹备或者发售中，AlphaGo 开发团队 Deepmind 也计划将神经网络应用迁移到 TensorFlow 中，这无不印证了 TensorFlow 在业界的流行程度。

TensorFlow 的流行让深度学习门槛变得越来越低，只要有 Python 和机器学习基础，入门和使用神经网络模型就会变得非常简单。TensorFlow 支持 Python 和 C++ 两种编程语言，再复杂的多层神经网络模型都可以用 Python 实现，如果业务使用其他编程也不用担心，使用跨语言的 gRPC 或者 HTTP 服务也可以访问使用 TensorFlow 训练好的智能模型。

那使用 Python 如何编写 TensorFlow 应用呢？从入门到应用究竟有多难呢？

下面介绍一个神经网络中的经典示例——MNIST 手写体识别。这个任务相当于是机器学习中的 HelloWorld 程序。本节以 TensorFlow 源码中自带的手写数字识别 Example 为例，引出 TensorFlow 中的几个主要概念，并结合 Example 源码一步步分析该模型的实现过程。

什么是 TensorFlow？这里引入 TensorFlow 中文社区首页中的两段描述：

TensorFlow™ 是一个基于数据流图（data flow graphs）用于数值计算的开源软件库。结点（nodes）在图中表示数学操作，图中的边（edges）则表示在结点间相互联系的多维数据数组，即张量（tensor）。它灵活的架构让你可以在多种平台上展开计算，例如，台式计算机中的一个或多个 CPU（或 GPU）、服务器、移动设备等。TensorFlow 最初由 Google 大脑小组(隶属于 Google 机器智能研究机构)的研究员和工程师们开发,用于机器学习和深度神经网络方面的研究,但这个系统的通用性使其也可广泛用于其他计算领域。

数据流图用"结点"和"边"的有向图描述数学计算。"结点"一般用来表示施加的数学操作,但也可以表示数据输入(feed in)的起点/输出(push out)的终点,或者是读取/写入持久变量(persistent variable)的终点。"边"表示"结点"之间的输入/输出关系。这些数据"边"可以输运"规模可动态调整"的多维数据数组,即"张量"。张量从图中流过的直观图像是这个工具取名为 TensorFlow 的原因。一旦输入端的所有张量都准备好了,结点将被分配到各种计算设备异步并行地执行运算。

B.1 MNIST 数据集

MNIST 是一个简单的图片数据集(数据集下载地址 http://yann.lecun.com/exdb/mnist/),包含了大量的数字手写体图片。MNIST 数据集是含标注信息的。图 B-1 为代表 5,0,4 和 1 的图片示例。

由于 MNIST 数据集是 TensorFlow 的示例数据,所以不必下载。只需要下面两行代码,即可实现数据集的读取工作。

图 B-1 代表 5,0,4 和 1 的图片示例

```
from tensorflow.examples.tutorials.mnist import input_data
mnist = input_data.read_data_sets("MNIST_data/", one_hot=True)
```

MNIST 数据集一共包含 3 个部分:训练数据集(55 000 份,mnist.train)、测试数据集(10 000 份,mnist.test)和验证数据集(5000 份,mnist.validation)。一般来说,训练数据集用来训练模型;验证数据集可以检验训练出来的模型的正确性和是否过拟合;测试数据集是不可见的(相当于一个黑盒),但我们最终的目的是使得训练出来的模型在测试数据集上的效果(这里是准确性)达到最佳。

MNIST 中的一个数据样本包含两块:手写体图片和对应的 label。这里我们用 xs 和 ys 分别代表图片和对应的 label,训练数据集和测试数据集都有 xs 和 ys,我们使用 mnist.train.images 和 mnist.train.labels 表示训练数据集中图片数据和对应的 label 数据。

一张图片可以用 28×28 的像素点矩阵表示,也可以用一个同大小的二维矩阵表示,如图 B-2 所示。

但是,这里我们可以先简单地使用一个长度为 28×28=784 的一维数组表示图像,因为下面仅使用 softmax 回归对图片进行识别分类(尽管这样做会损失图片的二维空间信息,所以实际上最好的计算机视觉算法是会利用图片的二维信息的)。

所以,MNIST 的训练数据集可以视为一个形状为 55000×784 位的 tensor,也就是一个多维数组,第一维表示图片的索引,第二维表示图片中像素的索引(tensor 中的像素值在 0~1)。训练数据集如图 B-3 所示。

MNIST 中的数字手写体图片的 label 值在 1~9 之间,是图片表示的真实数字。这里用 One-hot vector 表述 label 值,vector 的长度为 label 值的数目,vector 中有且只有一位

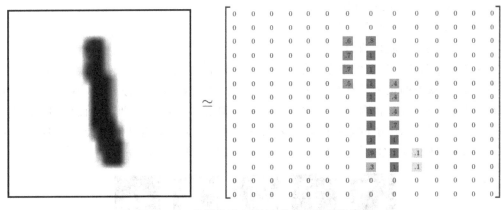

图 B-2　一张图片用 28×28 的像素点矩阵表示

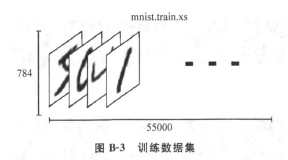

图 B-3　训练数据集

为1,其他为0。为了方便,我们表示某个数字时在 vector 中对应的索引位置设置1,其他位置元素为0。例如,用[0,0,0,1,0,0,0,0,0,0]表示3。所以,mnist.train.labels 是一个 55000×10 的二维数组。训练数据集上的标注如图 B-4 所示。

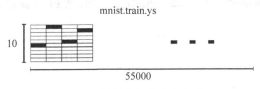

图 B-4　训练数据集上的标注

以上是 MNIST 数据集的描述及 TensorFlow 中的表示。下面介绍 Softmax 回归模型。

B.2　Softmax 回归模型

数字手写体图片的识别实际上可以转换成一个概率问题,如果知道一张图片表示9的概率为80%,而剩下的20%概率分布在8,6和其他数字上,那么从概率的角度上,可以大致推断该图片表示的是9。

Softmax 回归(regression)是一个简单的模型,很适合用来处理得到一个待分类对象在多个类别上的概率分布。所以,这个模型通常是很多高级模型的最后一步。

Softmax 回归大致分为两步。

步骤 1：将输入证据累加到某一类中。

步骤 2：将证据转换成概率。

为了利用图片中各个像素点的信息,我们将图片中的各个像素点的值与一定的权值相乘并累加,权值的正负是有意义的,如果是正的,那么表示对应像素值(不为 0)对表示该数字类别是正面的;否则,对应像素值(不为 0)对表示该数字类别起负面作用。图 B-5 是一个直观的例子,图中像素点的亮度表示影响的大小(越亮绝对值越大),图 B-5(a)表示正值分布(明亮区域的形状趋向于数字形状),B-5(b)表示负值分布。

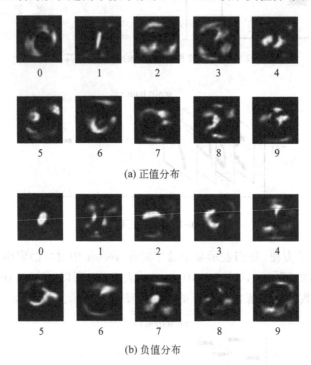

(a) 正值分布

(b) 负值分布

图 B-5　像素点对数字类别的权重

我们也需要加入一个额外的偏置量(bias),因为输入往往会带有一些无关的干扰量。因此,对于给定的输入图片 x,它代表的是数字 i 的证据可以表示为

$$\text{evidence}_i = \sum_j W_{i,j} x_j + b_i$$

其中, $W_{i,j}$ 代表权重; b_i 代表数字 i 类的偏置量; j 代表给定图片 x 的像素索引用于像素求和。然后用 softmax 函数可以把这些证据转换成概率 y。

$$y = \text{softmax}(\text{evidence})$$

这里的 softmax 可以看成是一个激励(activation)函数或者链接(link)函数,把我们定义的线性函数的输出转换成我们想要的格式,也就是关于 10 个数字类的概率分布。因此,给定一张图片,它对于每一个数字的吻合度可以被 softmax 函数转换成为一个概率值。softmax 函数可以定义为

$$\text{softmax}(x) = \text{normalize}(\exp(x))$$

展开等式右边的子式,可以得到

$$\text{softmax}(x)_i = \frac{\exp(x_i)}{\sum_j \exp(x_j)}$$

但是,更多的时候是把 softmax 模型函数定义为前一种形式:把输入值当成幂指数求值,再正则化这些结果值。这个幂运算表示,更大的证据对应更大的假设模型 (hypothesis) 里的乘数权重值。反之,拥有更少的证据意味着在假设模型里拥有更小的乘数系数。假设模型里的权值不可以是 0 值或者负值。Softmax 会正则化这些权重值,使它们的总和等于 1,以此构造一个有效的概率分布。

softmax 回归模型可以用图 B-6 解释。对于输入的 x_1, x_2, x_3 加权求和,再分别加上一个偏置量,最后再输入到 softmax 函数中。

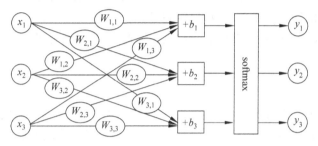

图 B-6　softmax 函数的计算过程

如果将这个过程公式化,将得到

$$\begin{bmatrix} y_1 \\ y_2 \\ y_3 \end{bmatrix} = \text{softmax} \begin{bmatrix} W_{1,1}x_1 + W_{1,2}x_2 + W_{1,3}x_3 + b_1 \\ W_{2,1}x_1 + W_{2,2}x_2 + W_{2,3}x_3 + b_2 \\ W_{3,1}x_1 + W_{3,2}x_2 + W_{3,3}x_3 + b_3 \end{bmatrix}$$

也可以用向量表示这个计算过程:用矩阵乘法和向量相加。这有助于提高计算效率。

$$\begin{bmatrix} y_1 \\ y_2 \\ y_3 \end{bmatrix} = \text{softmax} \left(\begin{bmatrix} W_{1,1} & W_{1,2} & W_{1,3} \\ W_{2,1} & W_{2,2} & W_{2,3} \\ W_{3,1} & W_{3,2} & W_{3,3} \end{bmatrix} \cdot \begin{bmatrix} x_1 \\ x_2 \\ x_3 \end{bmatrix} + \begin{bmatrix} b_1 \\ b_2 \\ b_3 \end{bmatrix} \right)$$

进一步,可以写成更加紧凑的方式:

$$y = \text{softmax}(Wx + b)$$

B.3　Softmax 回归的程序实现

为了用 Python 实现高效的数值计算,我们通常会使用函数库,如 NumPy,会把类似矩阵乘法这样的复杂运算使用其他外部语言实现。但从外部计算切换回 Python 的每一个操作仍然是一个很大的开销。如果用 GPU 进行外部计算,这样的开销会更大。用分布式的计算方式也会花费更多的资源用来传输数据。

TensorFlow 也把复杂的计算放在 Python 之外完成,但是为了避免前面说的那些开销,它做了进一步完善。TensorFlow 不单独地运行单一的复杂计算,而是让我们可以先用图描述一系列可交互的计算操作,然后全部一起在 Python 之外运行。(这样类似的运行方式可以在不少的机器学习库中看到。)

使用 TensorFlow 之前,首先导入它:

```
import tensorflow as tf
```

利用一些符号变量描述交互计算的过程,创建如下。

```
x =tf.placeholder(tf.float32, [None, 784])
```

x 不是一个特定的值,而是一个占位符(placeholder),我们在 TensorFlow 运行计算时输入这个值。我们希望能够输入任意数量的 MNIST 图像,每一张图展平成 784 维的向量。我们用二维的浮点数张量表示这些图,这个张量的形状是[None,784](这里的 None 表示此张量的第一个维度可以是任何长度)。

使用 Variable(变量)表示模型中的权值和偏置,这些参数是可变的。具体如下。

```
W =tf.Variable(tf.zeros([784, 10]))
b =tf.Variable(tf.zeros([10]))
```

这里的 W 和 b 均被初始化为 0 值矩阵。W 的维数为 784×10,是因为我们需要将一个 784 维的像素值经过相应的权值之乘转换为 10 个类别上的证据值;b 是十个类别上累加的偏置值。

实现 softmax 回归模型仅需要如下代码:

```
y =tf.nn.softmax(tf.matmul(x, W) +b)
```

其中,matmul 函数实现了 x 和 W 的乘积,这里的 x 为二维矩阵,所以放在前面。可以看出,在 TensorFlow 中实现 softmax 回归模型很简单。

B.4 模型的训练

在机器学习中,通常需要选择一个代价函数(或者损失函数),指示训练模型的好坏。这里使用交叉熵函数(cross-entropy)作为代价函数,交叉熵是一个源于信息论中信息压缩领域的概念,但是现在已经应用在多个领域。它的定义如下。

$$H_{y'}(y) = -\sum_i y'_i \log(y_i)$$

y 是我们预测的概率分布;y' 是实际的分布(我们输入的 one-hot vector)。比较粗糙的理解是,交叉熵用来衡量我们的预测用于描述真相的低效性。

为了实现交叉熵函数,需要先设置一个占位符在存放图片的正确 label 值,

```
y_ =tf.placeholder(tf.float32, [None, 10])
```

然后得到交叉熵,即

$$-\sum y' \log(y)$$

计算交叉熵:

```
cross_entropy =-tf.reduce_sum(y_ * tf.log(y))
```

注意,以上的交叉熵不局限于一张图片,而是整个可用的数据集。

接下来以代价函数最小化为目标训练模型,以得到相应的参数值(即权值和偏置)。TensorFlow 知道你的计算目标,它会自动利用反向传播算法得到相应的参数调整,并满足代价函数最小化的要求。然后,可以选择一个优化算法决定如何最小化代价函数。具体代码如下:

```
train_step = tf.train.GradientDescentOptimizer(0.01).minimize(cross_entropy)
```

这里使用了一个学习率为 0.01 的梯度下降算法来最小化代价函数。梯度下降是一个简单的计算方式,即使得变量值朝着减小代价函数值的方向变化。TensorFlow 也提供了许多其他的优化算法,仅需要一行代码即可实现调用。

TensorFlow 提供了以上简单抽象的函数调用功能,你不需要关心其底层实现,可以更加专心于整个计算流程。在模型训练之前,还需要对所有的参数进行初始化。

```
init = tf.initialize_all_variables()
```

可以在一个 Session 里面运行模型,并且进行初始化。

```
sess = tf.Session()
sess.run(init)
```

接下来进行模型的训练。

```
for i in range(1000):
    batch_xs, batch_ys = mnist.train.next_batch(100)
    sess.run(train_step, feed_dict={x: batch_xs, y_: batch_ys})
```

在每一次的循环中,我们都取训练数据中的 100 个随机数据,这种操作称为批处理(batch)。然后,每次运行 train_step 时,将之前选择的数据填充至所设置的占位符中,作为模型的输入。

以上过程称为随机梯度下降,这里使用它是非常合适的。因为它既能保证运行效率,也能一定程度上保证程序运行的正确性(理论上,我们应该在每一次循环过程中利用所有的训练数据得到正确的梯度下降方向,但这样将非常耗时)。

B.5 模型的评价

怎样评价训练出来的模型? 显然,可以用图片预测类别的准确率。

首先,利用 tf.argmax() 函数得到预测和实际的图片 label 值,再用一个 tf.equal() 函数判断预测值和真实值是否一致。代码如下。

```
correct_prediction = tf.equal(tf.argmax(y,1), tf.argmax(y_,1))
```

correct_prediction 是一个布尔值的列表,如 [True, False, True, True]。可以使用 tf.cast() 函数将其转换为 [1, 0, 1, 1],以方便准确率的计算(以上的准确率为 0.75)。

```
accuracy = tf.reduce_mean(tf.cast(correct_prediction, "float"))
```

最后，获取模型在测试集上的准确率，代码如下。

```
print(sess.run(accuracy, feed_dict={x: mnist.test.images, y_: mnist.test.labels}))
```

Softmax 回归模型由于模型较简单，所以在测试集上的准确率在 91% 左右，这个结果并不算太好。通过一些简单的优化，准确率可以达到 97%，目前最好模型的准确率为 99.7%。

B.6 完整代码及运行结果

利用 Softmax 模型实现手写体识别的完整代码如下。

```
import tensorflow as tf
from tensorflow.examples.tutorials.mnist import input_data

mnist = input_data.read_data_sets("MNIST_data/", one_hot=True)
print("Download Done!")

x = tf.placeholder(tf.float32, [None, 784])

#paras
W = tf.Variable(tf.zeros([784, 10]))
b = tf.Variable(tf.zeros([10]))

y = tf.nn.softmax(tf.matmul(x, W) +b)
y_ = tf.placeholder(tf.float32, [None, 10])

#loss func
cross_entropy = -tf.reduce_sum(y_ * tf.log(y))

train_step = tf.train.GradientDescentOptimizer(0.01).minimize(cross_entropy)

#init
init = tf.initialize_all_variables()

sess = tf.Session()
sess.run(init)

#train
for i in range(1000):
    batch_xs, batch_ys = mnist.train.next_batch(100)
    sess.run(train_step, feed_dict={x: batch_xs, y_: batch_ys})
```

```
correct_prediction =tf.equal(tf.arg_max(y, 1), tf.arg_max(y_, 1))
accuracy =tf.reduce_mean(tf.cast(correct_prediction, "float"))

print("Accuarcy on Test-dataset: ", sess.run(accuracy, feed_dict={x: mnist.
test.images, y_: mnist.test.labels}))
```

运行结果如图 B-7 所示。

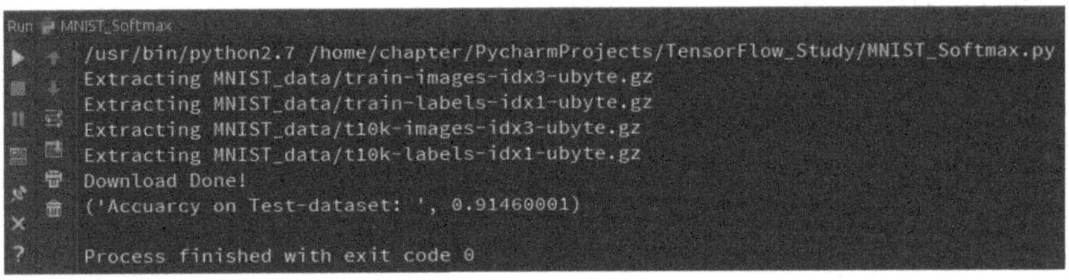

```
Run  MNIST_Softmax
     /usr/bin/python2.7 /home/chapter/PycharmProjects/TensorFlow_Study/MNIST_Softmax.py
     Extracting MNIST_data/train-images-idx3-ubyte.gz
     Extracting MNIST_data/train-labels-idx1-ubyte.gz
     Extracting MNIST_data/t10k-images-idx3-ubyte.gz
     Extracting MNIST_data/t10k-labels-idx1-ubyte.gz
     Download Done!
     ('Accuarcy on Test-dataset: ', 0.91460001)

     Process finished with exit code 0
```

图 B-7　运行结果

本附录参考了 Tensorflow 中文社区以及 Tensorflow 在线文档的内容。

参考文献

[1] Edward A. Feigenbaum. Some Challenges and Grand Challenges for Computational Intelligence[J]. Journal of the ACM, 2003, 50(1): 32-40.

[2] Jim Gray. What Next? A Dozen Information-Technology Research Goals[J]. Journal of the ACM, 2003, 50(1): 41-57.

[3] Butler Lampson. Getting Computers to Understand[J]. Journal of the ACM, 2003, 50(1): 70-72.

[4] John McCarthy. Problems and Projections in CS for the Next 49 Years[J]. Journal of the ACM, 2003, 50(1): 73-79.

[5] Raj Reddy. Three Open Problems in AI[J]. Journal of the ACM, 2003, 50(1): 83-86.

[6] 中国计算机学会. 中国计算机科学技术发展报告2006[R]. 北京: 清华大学出版社, 2007.11(中国计算机学会文集): 305-317.

[7] 吴朝晖. 混合智能: 概念、模型及新进展[J]. 中国计算机学会通讯, 2017, 13(3): 49-55.

[8] 贲可荣, 孙宁. 计算机科学中的待解问题综述[J]. 计算机工程与科学, 2005, 27(10): 3-5.

[9] 李航. 人工智能的未来——记忆、知识、语言[J]. 中国计算机学会通讯, 2018, 14(3): 34-38.

[10] 贲可荣. 九宫图之算法研究[J]. 计算机时代, 1990(2): 41-44.

[11] 贲可荣, 陈火旺. 计算机求解魔方算法[J]. 计算技术与自动化, 1992, 11(3): 31-37.

[12] 何智勇, 贲可荣. 基于OpenGL的魔方自动求解算法与实现[J]. 哈尔滨工业大学学报, 2004, 36(7): 893-895.

[13] 贲可荣, 陈火旺. Solve the Chinese AoMu in Computer Era[C]. Proceedings of thre Changsha International CASE Symposium '95(CICS'95), 1995, 09: 278-281.

[14] 王麒, 贲可荣. Solution and Realization of Chinese AoMu by Computer[C]. The 4th International Conference on Games Research and Development, CyberGames 2008: 127-133.

[15] Andrew Ilachinski. 人工战争: 基于多Agent的作战仿真[M]. 张志祥, 高春蓉, 郭福亮, 等译. 北京: 电子工业出版社, 2010.

[16] 贲可荣, 张彦铎. 人工智能[M]. 2版. 北京: 清华大学出版社, 2013.

[17] 贲可荣, 毛新军, 张彦铎, 等. 人工智能实践教程[M]. 北京: 机械工业出版社, 2016.

[18] 贲可荣, 袁景凌, 高志华. 离散数学[M]. 2版. 北京: 清华大学出版社, 2011.

[19] 贲可荣, 袁景凌, 高志华. 离散数学解题指导[M]. 2版. 北京: 清华大学出版社, 2016.

[20] Fabio Bellifemine, Giovanni Caire, Dominic P A Greenwood. 基于JADE的多Agent系统开发[M]. 程志锋, 张蕾, 陈佳俊, 等译. 北京: 国防工业出版社, 2013.

[21] 毛新军. 面向主体软件工程——模型、方法学与语言[M]. 2版. 北京: 清华大学出版社, 2015.

[22] 高阳, 安波, 陈小平, 毛新军. 多智能体系统及应用[M]. 北京: 清华大学出版社, 2015.

[23] Stuart J Russell, Peter Norvig. 人工智能: 一种现代的方法[M]. 3版. 殷建平, 祝恩, 刘越, 等译. 北京: 清华大学出版社, 2013.

[24] 史忠植. 高级人工智能[M]. 3版. 北京: 科学出版社, 2011.

[25] 蔡自兴, 等. 人工智能及其应用[M]. 5版. 北京: 清华大学出版社, 2016.

[26] 雷英杰, 邢清华, 孙金萍 等. Visual PROLOG编程、环境及接口[M]. 北京: 国防工业出版社, 2004.

[27] Grigoris Antoniou, Frank van Harmelen. 语义网基础教程[M]. 陈小平, 等译. 北京: 机械工业出版社, 2008.

[28] Rolf Pfeifer, Josh Bongard. 身体的智能——智能科学新视角[M]. 俞文伟, 陈卫东, 等译. 北京: 科学出版社, 2009.

[29] George F Luger. 人工智能: 复杂问题求解的结构和策略[M]. 6版. 郭茂祖, 等译. 北京: 机械工业出版社, 2010.

[30] Nils J Nilsson. The Quest for Artificial Intelligence: A History of Ideas and Achievements[M]. Cambridge University Press. 2010.

[31] David L Poole, Alan K Mackworth. Artificial Intelligence: Foundations of Computational Agents[M]. Cambridge University Press, 2010.

[32] Simon Haykin. 神经网络与机器学习[M]. 3版. 申富饶, 徐烨, 郑俊, 等译. 北京: 机械工业出版社, 2011.

[33] Ray Kurzweil. 奇点临近——2045年当计算机智能超越人类[M]. 李庆诚, 董振华, 田源, 等译. 北京: 机械工业出版社, 2011.

[34] Nils J Nilsson. Artificial Intelligence—A New Synthesis, Morgan Kaufmann[M]. 北京: 机械工业出版社, 1999.

[35] Ivan Bratko. Prolog Programming for Artificial Intelligence[M]. 4th ed. Pearson Education Canada, 2011.

[36] 孙红, 徐立萍, 胡春燕. 智能信息处理导论[M]. 北京: 清华大学出版社, 2013.

[37] 彼得·W. 辛格. 机器人战争: 机器人技术革命与21世纪的战争[M]. 李水生, 侯松山, 等译. 北京: 军事科学出版社, 2013.

[38] 魏瑞轩, 李学仁. 先进无人机系统及作战运用[M]. 北京: 国防工业出版社, 2014.

[39] 陈强. 水下无人航行器[M]. 北京: 国防工业出版社, 2014.

[40] 陈文伟. 决策支持系统及其开发[M]. 4版. 北京: 清华大学出版社, 2014.

[41] David L Poole, Alan K Mackworth. 人工智能: 计算agent基础[M]. 董红斌, 等译. 北京: 机械工业出版社, 2015.

[42] Martin T Hagan, Howard B Demuth, Mark Hudson Beale, et al. 神经网络设计[M]. 2版. 章毅, 等译, 北京: 机械工业出版社, 2018.

[43] 史忠植. 心智计算[M]. 北京: 清华大学出版社, 2015.

[44] 丁世飞. 人工智能[M]. 2版. 北京: 清华大学出版社, 2015.

[45] 陈洪辉, 陈涛, 罗爱民, 等. 指挥控制信息精准服务[M]. 北京: 国防工业出版社, 2015.

[46] Nick Bostrom. 超级智能: 路线图、危险性与应对策略[M]. 张体伟, 张玉清, 译. 北京: 中信出版社, 2015.

[47] 祁瑞华. 基于机器学习算法的分类知识发现及其在文本分析中的应用[M]. 北京: 清华大学出版社, 2015.

[48] 周昌乐. 智能科学技术导论[M]. 北京: 机械工业出版社, 2015.

[49] 比尔·耶讷. 无人机改变现代战争[M]. 丁文锐, 刘春辉, 译. 北京: 海洋出版社, 2016.

[50] Tshilidzi Marwala. 基于计算智能的军事冲突建模[M]. 北京: 国防工业出版社, 2016.

[51] 中国科学技术协会. 2014—2015指挥与控制学科发展报告[R]. 北京: 中国科学技术出版社, 2016.

[52] 周志华. 机器学习[M]. 北京: 清华大学出版社, 2016.

[53] 王超, 龙飞, 张国, 等. 人工智能及其军事应用[M]. 北京: 国防工业出版社, 2016.

[54] Work R O, Brimley S, Scharre P. 20YY: 机器人时代的战争[M]. 邹辉, 等译. 北京: 国防工业出版社, 2016.

[55] Ray Kurzweil. 机器之心[M]. 胡晓姣, 等译. 北京: 中信出版集团, 2016.

[56] Ray Kurzweil.人工智能的未来[M].盛杨燕,译.杭州:浙江人民出版社,2016.
[57] Jerry Kaplan.人工智能时代[M].李盼,译.杭州:浙江人民出版社,2016.
[58] Tony Thorne MBE.奇点来临[M].赵俐,译.北京:人民邮电出版社,2016.
[59] 刘贞报.基于机器学习的物体自动理解技术[M].北京:科学出版社,2016.
[60] Michael Negnevitsky.人工智能:智能系统指南[M].陈薇,等译.北京:机械工业出版社,2016.
[61] 韦康博.智能机器人——从深蓝到AlphaGo[M].北京:人民邮电出版社,2017.
[62] 沈艳.仿生机器鱼原理及应用[M].北京:电子工业出版社,2017.
[63] 周志杰,陈玉旺,胡昌华,等.证据推理、置信规则库与复杂系统建模[M].北京:科学出版社,2017.
[64] 陈杰,方浩,辛斌.多智能体系统的协同群集运动控制[M].北京:科学出版社,2017.
[65] 何昌其.桌面战争——美国兵棋发展应用及案例研究[M].北京:航空工业出版社,2017.
[66] 张静,唐杰.下一代搜索引擎的焦点:知识图谱[J].中国计算机学会通讯,2013,9(4):64-68.
[67] 段楠.从图谱搜索看搜索技术的发展趋势[J].中国计算机学会通讯,2013,9(8):74-78.
[68] 廖振,黄亚楼,刘杰.精彩纷呈的网络搜索日志挖掘[J].中国计算机学会通讯,2014,10(5):25-30.
[69] 张华平,孙梦姝,张瑞琦,李蕾.微博博主的特征与行为大数据挖掘[J].中国计算机学会通讯,2014,10(6):36-43.
[70] 杨海钦,吕荣聪,金国庆.面向大数据的在线学习算法[J].中国计算机学会通讯,2014,10(11):36-40.
[71] 安波,史忠植.多智能体系统研究的历史、现状及挑战[J].中国计算机学会通讯,2014,10(9):8-14.
[72] 胡裕靖,高阳.扑克游戏中的不完美信息博弈[J].中国计算机学会通讯,2014,10(9):37-42.
[73] 赵耀,韦世奎,王树徽,等.跨媒体时代的知识表达——感知、关联及一致性表示[J].中国计算机学会通讯,2014,10(7):8-13.
[74] 徐振兴,陈岭.地理标注照片挖掘[J].中国计算机学会通讯,2014,10(5):31-36.
[75] 章毅,郭泉,张蕾,吕建成.深度网络和认知计算[J].中国计算机学会通讯,2014,10(2):26-32.
[76] 周明,赵东岩.多智能自然语言处理[J].中国计算机学会通讯,2015,11(3):6-8.
[77] 赵军.从问答系统看知识智能[J].中国计算机学会通讯,2015,11(3):16-22.
[78] 刘树杰,董力,张家俊,等.深度学习在自然语言处理中的应用[J].中国计算机学会通讯,2015,11(3):9-16.
[79] Tuukka Ruotsalo,Giulio Jacucci,Petri Myllymäki,et al.交互式搜索意图理解:超越传统搜索的信息发现[J].刘奕群,译.中国计算机学会通讯,2015,11(3):82-91.
[80] 都大龙,余轶南,罗恒,等.基于深度学习的图像识别进展:百度的若干实践[J].中国计算机学会通讯,2015,11(4):32-40.
[81] 王涛,查红彬.计算机视觉前沿与深度学习[J].中国计算机学会通讯,2015,11(4):6-7.
[82] 山世光,阚美娜,李绍欣,等.深度学习在人脸分析与识别中的应用[J].中国计算机学会通讯,2015,11(4):15-21.
[83] 王晓刚,孙祎,汤晓鸥.从统一子空间分析到联合深度学习:人脸识别的十年历程[J].中国计算机学会通讯,2015,11(4):8-15.
[84] 刘挺.人机对话浪潮:语音助手、聊天机器人、机器伴侣[J].中国计算机学会通讯,2015,11(10):54-56.
[85] 王飞跃.X5.0:平行时代的平行智能体系[J].中国计算机学会通讯,2015,11(5):10-14.
[86] 白硕.自然语言处理与人工智能[J].中国计算机学会通讯,2015,11(5):26-28.

[87] 胡郁.从感知智能到认知智能[J].中国计算机学会通讯,2015,11(5):22-25.
[88] 魏思,凌震华,杜俊,等.语音信号与信息处理中的深度学习[J].中国计算机学会通讯,2015,11(8):22-32.
[89] 王晓刚.图像识别中的深度学习[J].中国计算机学会通讯,2015,11(8):15-23.
[90] 毛新军.自主机器人软件技术[J].中国计算机学会通讯,2015,11(9):62-68.
[91] 许珺,陈娱,徐敏政.空间网络的数据挖掘和应用[J].中国计算机学会通讯,2015,11(11):40-49.
[92] 洪小文.人工智能时代:聚合智能、自适应智能、隐形智能和增强智能[J].中国计算机学会通讯,2015,11(12):44-48.
[93] 陈松灿,高阳,等.中国机器学习白皮书[J].中国人工智能学会,2015.
[94] 李文哲.知识图谱的应用[J].中国人工智能学会通讯,2015,5(12):1-6.
[95] 漆桂林.知识图谱中的推理技术[J].中国人工智能学会通讯,2016,6(6):35-39.
[96] 鲁扬扬,李戈,金芝.基于深度学习技术的知识图谱构建技术研究[J].中国人工智能学会通讯,2016,6(6):16-21.
[97] 李涓子,侯磊.知识图谱研究综述[J].中国人工智能学会通讯,2016,6(12):38-43.
[98] 邱锡鹏.深度学习在自然语言处理研究上的进展[J].中国人工智能学会通讯,2016,6(1):34-38.
[99] 杨强.自学习的人工智能[J].中国人工智能学会通讯,2016,6(5):5-7.
[100] 杨铭.深度学习发展的新趋势[J].中国人工智能学会通讯,2016,6(6):12-15.
[101] 钱超,俞扬.演化学习研究进展[J].中国人工智能学会通讯,2016,6(8):7-12.
[102] 郝宇,朱小燕,黄民烈.从图灵测试到智能信息获取[J].中国人工智能学会通讯,2016,6(1):1-5.
[103] 黄萱菁.如何评价智能问答系统[J].中国人工智能学会通讯,2016,6(1):22-25.
[104] 张伟男,刘挺.聊天机器人技术的研究进展[J].中国人工智能学会通讯,2016,6(1):17-21.
[105] 雷欣,李理.深度学习:推动NLP领域发展的新引擎[J].中国人工智能学会通讯,2016,6(2):49-54.
[106] 胡郁.从"能听会说"到"能理解会思考"——以语音和语言为入口的认知革命[J].中国人工智能学会通讯,2016,6(5):10-15.
[107] 秦兵,唐都钰,袁建华.文本情感分析:让机器读懂人类情感[J].中国人工智能学会通讯,2016,6(6):40-45.
[108] 车万翔,刘挺.深度学习浪潮中的自然语言处理技术[J].中国人工智能学会通讯,2016,6(7):12-15.
[109] 刘康,王炳宁,何世柱,赵军.机器阅读理解初探[J].中国人工智能学会通讯,2016,6(7):22-29.
[110] 熊辰炎.当搜索引擎遇见知识图谱[J].中国人工智能学会通讯,2016,6(7):43-47.
[111] 张牧宇,刘铭,朱海潮,秦兵.篇章语义分析:让机器读懂文章[J].中国人工智能学会通讯,2016,6(7):36-42.
[112] 刘洋.基于深度学习的机器翻译研究进展[J].中国人工智能学会通讯,2016,6(2):28-32.
[113] 谭铁牛.人工智能发展的思考[J].中国人工智能学会通讯,2017,7(1):6-7.
[114] 孙茂松.当巧妇遇到"大米"——机器翻译启示录[J].中国人工智能学会通讯,2017,7(2):24-30.
[115] 刘铁岩.迎接深度学习的"大"挑战(上)[J].中国人工智能学会通讯,2017,7(3):48-55.
[116] 刘铁岩.迎接深度学习的"大"挑战(下)[J].中国人工智能学会通讯,2017,7(4):28-40.
[117] 白硕.NLP与知识图谱的对接[J].中国人工智能学会通讯,2017,7(4):1-6.
[118] 王亮.深度学习与视觉计算[J].中国人工智能学会通讯,2017,7(4):41-56.
[119] 唐珂.从演化计算到演化智能[J].中国人工智能学会通讯,2017,7(5):57-61.

[120] 章毅.一张图看懂BP算法[J].中国人工智能学会通讯,2017,7(5):62-65.

[121] 李修全.新一轮人工智能发展的三大特征及其展望[J].中国人工智能学会通讯,2017,7(5):47-49.

[122] 徐贵宝.拥抱人工智能2.0新时代[J].中国人工智能学会通讯,2017,7(5):50-56.

[123] 黄学东.语音识别和人工智能进展回顾[J].中国人工智能学会通讯,2017,7(6):1-7.

[124] 周明.深度学习在自然语言处理领域的最新进展[J].中国人工智能学会通讯,2017,7(6):168-173.

[125] 于海斌.机器人智能技术与测评体系发展[J].中国人工智能学会通讯,2017,7(6):32-37.

[126] 罗杰波.计算机视觉:下一步是什么[J].中国人工智能学会通讯,2017,7(6):80-84.

[127] 梁家恩,刘升平.智能语音技术与产业应用展望[J].中国人工智能学会通讯,2017,7(7):33-36.

[128] 许静芳,刘明荣.搜狗搜索:从搜索到问答[J].中国人工智能学会通讯,2017,7(7):47-55.

[129] 何向南.深度学习与推荐系统[J].中国人工智能学会通讯,2017,7(7):2-12.

[130] 刘挺.自然语言处理的十个发展趋势[J].中国人工智能学会通讯,2017,7(8):64-67.

[131] 张志华.机器学习的发展历程及启示[J].中国计算机学会通讯,2016,12(11):55-60.

[132] 吴信东,陈欢欢,刘均,等.大数据知识工程基础理论及其应用研究[J].中国计算机学会通讯,2016,12(11):68-72.

[133] 邹磊.知识图谱的数据应用和研究动态[J].中国计算机学会通讯,2017,13(8):49-54.

[134] 汤道生.让AI服务于人[J].中国计算机学会通讯,2017,13(12):50-53.

[135] 马少平.AlphaGo Zero:将革命进行到底[J].中国计算机学会通讯,2017,13(11):76-77.

[136] 杨强.人工智能的下一个技术风口与商业风口[J].中国计算机学会通讯,2017,13(5):44-47.

[137] 马维英.信息流的未来与人工智能的机会[J].中国计算机学会通讯,2017,13(6):54-58.

[138] 应行仁.什么是机器学习[J].中国计算机学会通讯,2017,13(4):42-45.

[139] 应行仁.为什么机器能学习[J].中国计算机学会通讯,2017,13(5):60-63.

[140] 应行仁.机器学习的认知模式[J].中国计算机学会通讯,2017,13(6):46-49.

[141] 李飞飞.追求视觉智能:对超越目标识别的探索[J].中国计算机学会通讯,2017,13(12):27-32.

[142] 陈熙霖.从对象识别到场景理解[J].中国计算机学会通讯,2017,13(12):33-39.

[143] 邓亚峰.计算机视觉大规模应用的必经之路[J].中国计算机学会通讯,2017,13(4):46-50.

[144] 周志华.机器学习:发展与未来[J].中国计算机学会通讯,2017,13(1):44-51.

[145] 刘挺,车万翔.自然语言处理中的知识获取问题[J].中国计算机学会通讯,2017,13(5):54-59.

[146] 车万翔,张宇.任务型与问答型对话系统中的语言理解技术[J].中国计算机学会通讯,2017,13(9):10-13.

[147] 武威,周明.聊天机器人的技术及展望[J].中国计算机学会通讯,2017,13(9):14-19.

[148] 黄民烈,朱小燕.人机对话中的情绪感知与表达[J].中国计算机学会通讯,2017,13(9):20-24.

[149] 胡云华.对话式交互与个性化推荐[J].中国计算机学会通讯,2017,13(9):25-29.

[150] 俞凯.对话智能与认知型口语交互界面[J].中国计算机学会通讯,2017,13(9):30-34.

[151] 张伟男,车万翔.对话系统评价技术进展及展望[J].中国计算机学会通讯,2017,13(9):35-39.

[152] 沈向洋(Harry Shum).理解自然语言:表述、对话和意境[J].中国计算机学会通讯,2017,13(12):14-19.

[153] David Lorge Parnas.人工智能的真正风险[J].胡欣宇,译.中国计算机学会通讯,2017,13(11):82-89.

[154] 鲍捷.Web:为所有人——记图灵奖得主Tim Berners-Lee的伟大贡献[J].中国计算机学会通讯,2017,13(6):66-72.

[155] 孙毓忠,张进东,邝倍靖,等.超大规模虚拟化系统中的数据挖掘技术[J].中国计算机学会通讯,2017,13(6):38-45.

[156] 杨得年.以数据挖掘为本之社群心理疾病侦测与治疗[J].中国计算机学会通讯,2017,13(4):15-21.

[157] 郑宇,城市计算:用大数据和 AI 驱动智能城市[J].中国计算机学会通讯,2018,14(1):10-17.

[158] 万小军.机器写作:让计算机掌握文字创作的本领[J].中国计算机学会通讯,2018,14(2):72-75.

[159] 王海峰,李莹,吴甜,等.大规模知识图谱研究及应用[J].中国计算机学会通讯,2018,14(1):47-53.

[160] 周志华.关于强人工智能[J].中国计算机学会通讯,2018,14(1):45-46.

[161] 毛新军,董孟高,齐治昌,尹俊文.开放环境下自适应软件系统的运行机制与构造技术[J].计算机学报,2015,38(9):1893-1906.

[162] 王飞跃,杨柳青,胡晓娅,程翔,韩双双,杨坚.平行网络与网络软件化:一种新颖的网络架构[J].中国科学(信息科学),2017,47(7):811-831.

[163] 胡裕靖,高阳,安波.不完美信息扩展式博弈中在线虚拟遗憾最小化[J].计算机研究与发展.2014,51(10):2160-2170.

[164] 田永鸿,陈熙霖,熊红凯,等. Towards human-like and transhuman perception in AI 2.0: a review[J]. Frontiers of Information Technology & Electronic Engineering, 2017, 18(1):58-67.

[165] 彭宇新,朱文武,赵耀,等. Cross-media analysis and reasoning: advances and directions[J]. Frontiers of Information Technology & Electronic Engineering, 2017, 18(1):44-57.

[166] 庄越挺,吴飞,陈纯,等. Challenges and opportunities: from big data to knowledge in AI 2.0[J]. Frontiers of Information Technology & Electronic Engineering, 2017, 18(1):3-14.

[167] Silver D, Schrittwieser J, Simonyan K, et al. Mastering the game of Go without human knowledge[J]. Nature, 2017, 550(7676):354-359.

[168] 刘佳,陈增强,刘忠信.多智能体系统及其协同控制研究进展[J].智能系统学报,2010,5(1):1-9.

[169] Do M B, Kambhampati S. Sapa: A Multi-objective Metric Temporal Planner[J]. Journal of Artificial Intelligence Research, 2011, 20(20):155-194.

[170] Eyerich P, Mattmüller R, Röger G. Using the context-enhanced additive heuristic for temporal and numeric planning[M]. Towards Service Robots for Everyday Environments. Springer, Berlin, Heidelberg, 2012:49-64.

[171] Coles A J, Coles A, Fox M, et al. Forward-Chaining Partial-Order Planning[C]. ICAPS. 2010:42-49.

[172] 贲可荣.中国象棋程序的设计与实现[J].电脑爱好者,1993(6):28-30.

[173] 贲可荣,王献昌,陈火旺.有关知道逻辑和"知道"问题的探讨[J].计算机工程与科学,1993,15(1):71-75.

[174] 贲可荣,陈火旺.命题时态逻辑相继式演算系统[J].中国科学,A辑,1994,24(10):1092-1098.

[175] 贲可荣,陈火旺.PTL证明器的实现技术[J].国防科技大学学报,1994,16(1):53-59.

[176] 贲可荣,陈火旺.命题时态逻辑定理证明新方法[J].软件学报,1994,5(7):21-28.

[177] 俞立军,贲可荣.基于神经网络的软件可靠性模型的实现与分析[J].计算技术与自动化,2002,21(3):1-4.

[178] Ben Kerong, Yu Lijun, Zhang Zhixiang, SOFTWARE RELIABILITY MODELING METHOD BASED ON NEURAL NETWORKS[C]. ICRMS'2004 Xi'an China, Aug. 26-29, 2004.

[179] 单朝龙,马伟明,贲可荣. BP 神经网络的应用探讨及其实现技术[J]. 海军工程大学学报,2000,12(4):16-22.

[180] 张薇,贲可荣. 自主 Agent 的协议规则[C]. 上海:上海科技文献出版社,1998.

[181] 贲可荣,李一梅. 人工智能在决策支持系统中的应用[J]. 海军工程学院学报,1997(3):48-53.

[182] 马良荔,贲可荣. 使用多 Agent 模型求解 N-难题的新方法[J]. 海军工程学院学报,1996(4):7-15.

[183] 肖刚,贲可荣. NIM 问题算法及实现[J]. 计算机应用研究,1997,14(5):216-217.

[184] 马良荔,贲可荣. Agent 的模型及其设计[J]. 南京大学学报,1995,31(计算机专辑):186-192.

[185] Linke Zhang, Ben Kerong. Identification of the Acoustic Fault Sources of Underwater Vehicles Based on Modular Structure Variable RBF Network[C]. International Symposium on Neural Networks(ISNN2005),LNCS 3498, pp. 567-573,2005.

[186] 魏娜,贲可荣. RBF Network Based on Fuzzy Clustering Algorithm for Acoustic Fault Identification of Underwater Vehicles[C]. The 11th Joint International Computer Conference (JICC2005) November 10-12,2005, Chongqing, China:1277-1279.

[187] 赵翀,贲可荣. 元启发搜索技术在测试数据产生中应用研究[J]. 计算机与数字工程,2006,34(5):78-81.

[188] 陈振兴,贲可荣. 机器学习在软件预测与评估中的应用[J]. 计算机科学,2006,33(8.增刊):245-248.

[189] 庞云福,贲可荣,张秀山. 基于视频的英文字符识别系统设计[J]. 计算机科学,2006,33(8.增刊):249-251.

[190] 吴荣华,张辉,贲可荣. 基于 Agent 技术的遗留系统演化研究[J]. 舰船电子工程,2006,26(4):7-9.

[191] 罗云锋,贲可荣. 基于 BBNs 的软件故障预测方法[J]. 电子学报,2006,34(12A):2380-2384.

[192] 魏娜,贲可荣,潘杰,张秀山. 基于神经网络多分类器组合模型的 OCR 应用研究[J]. 武汉理工大学学报(交通科学与工程版),2007,31(6):1110-1112,1116.

[193] 张辉,贲可荣. 基于描述逻辑的对抗知识表示及推理研究[J]. 哈尔滨工业大学学报,39(Supl) Jun. 2007:127-130.

[194] 张辉,贲可荣. 语义 Web 知识标记语言及其逻辑推理研究[J]. 计算机科学,2007,34(11A):124-126.

[195] 罗云锋,贲可荣. BNs-based Software Modules Fault-proneness Ranking Model[C]. Proceedings of the Seventh International Conference on Reliability, Maintainability and Safety, August 22-26,2007:609-613.

[196] 涂松,贲可荣,徐荣武,田立业. 采用 SOM 和 RBF 神经网络优化的水下航行器噪声源识别[J]. 计算机工程与科学,2007,29(10):112-114/138.

[197] 陈振兴,米磊,贲可荣. 软件密集型装备故障诊断与维护支持系统[J]. 计算机科学,2007,34(9A):304-306.

[198] Tian Liye, Ben Kerong. Acoustic Fault Identification of Underwater Vehicles Based on SOM/OMRBF[C]. 2008 International Congress on Image and Signal Processing, Vol. 4, IEEE Computer Society, Sanya, Hainan, China:14-18.

[199] Tu Song, Ben Kerong. Combination of SOM and RBF based on Incremental Learning for Acoustic Fault Identification of Underwater Vehicles[C]. 2008 International Congress on Image and Signal Processing, Vol. 4, IEEE Computer Society, Sanya, Hainan, China:38-42.

[200] 张辉,贲可荣. Ontology and Agent-Based Information Processing in NCW[C]. IEEE International

Workshop on Semantic Computing and Systems (WSCS 2008):27-32.

[201] 米磊,贲可荣. 一种基于规约的故障定位方法[J]. 计算机科学,35(11 专刊)2008:137-139/171.

[202] Gao Zhihua, Ben Kerong, Cui lilin. Underwater Vehicle Noise Source Recognition Using Structure Dynamic, Adjustable SVM[C]. The International Workshop on Cyber Physical and Social Computing (CPSC2009), Brisbane, Australia, 7 -10 July, 2009:423-427.

[203] 张辉,贲可荣,王洪波. 基于 Agent 的 Web 服务集成模型与集成算法[J]. 计算机工程与应用. 2009,45(21):171-174.

[204] 高春蓉,贲可荣. A Bayesian-Based Decision-Making Process for IDM-T[C]. Proceedings of the 2009 International Conference on Artificial Intelligence and Computational Intelligence Vol(IV)(AICI 2009), Shanghai China, IEEE Computer Society:197-200.

[205] 罗云锋,贲可荣. 软件故障静态预测方法综述[J]. 计算机科学与探索,2009,3(5):449-459.

[206] Ruipeng Luan, Kerong Ben, Linke Cui. Acoustic Fault Identification of Underwater Vehicles Based on NSOM-PNN[C]. Proceedings of the 2009 International Conference on Artificial Intelligence and Computational Intelligence, IEEE computer society,2009, Volume 2:384-388.

[207] Gao Zhihua, Ben Kerong, Cui lilin. Noise Source Recognition Based on Two-level Architecture Neural Network Ensemble for Incremental Learning[C]. The 8th International conference on Dependable, Autonomic and Secure Computing(DASC2009), ChengDu, China:587-590.

[208] ZHANG Hui, BEN Ke-rong. Agent-based Web Services Integration Model[C]. 1st International Conference on Information Science and Engineering (ICISE 2009), Nanjing, China, 2009:2842-2845.

[209] 高春蓉,贲可荣. 基于移动 Agent 的特种无线网络管理仿真建模[J]. 计算机工程与科学,2010,32(5):21-25.

[210] 罗云锋,普杰,贲可荣. 软件模块故障倾向预测方法研究[J]. 武汉大学学报(信息科学版),2010,35(5):562-565.

[211] 栾瑞鹏,贲可荣. 一种基于改进型双曲正切-S 算子的 BP 神经网络钢的大气腐蚀影响因子评估模型[J]. 中国腐蚀与防护学报,2010,30(3):227-230.

[212] Luo Yunfeng, Ben Kerong. Metrics Selection for Fault-proneness Prediction of Software Modules [C]. 2010 International Conference on Computer Design and Applications (ICCDA 2010), v2, June 25-27, 2010, Qinhuangdao, China, IEEE Computer Society:191-195.

[213] Liu Yu, Ben Kerong. Knowledge Representation of Software Faults Based on Open Bug Repository[C]. 2010 International Conference on Computer Design and Applications (ICCDA 2010) Institute of Electrical and Electronics Engineers, Inc. June 25-27, 2010, Qinhuangdao, Hebei, China, V2-93-96.

[214] 高志华,贲可荣,章林柯. 可增量学习的水下航行器噪声源识别中聚类算法研究[J]. 计算机工程与科学,2010,32(9):53-56,.

[215] 米磊,贲可荣. A Method of Probe Refinement for Fault Diagnosis[C]. 3rd International Conference on Advanced Computer Theory and Engineering (ICACTE 2010), Chendu, China, August20-22, 2010:154-158.

[216] MI L, BEN K R. A Method of Probe Refinement for Fault Diagnosis[C]. 3rd International Conference on Advanced Computer Theory and Engineering (ICACTE 2010):154-158.

[217] MA Zhe, BEN Kerong. Research on Maintainability Evaluation of Service-Oriented Software [C]. Proceedings of 2010 3rd IEEE International Conference on Computer Science and Information Technology, July 9-11,2010, Chengdu, China, Vol4:510-513.

[218] Luo Yunfeng, Ben Kerong, Mi Lei. Software Metrics Reduction for Fault-proneness Prediction of Software Modules[C]. IFIP International Conference on Network and Parallel Computing (NPC 2010), LNCS 6289, September 13-15, 2010, Zhengzhou, China, Springer：432-441.

[219] 罗云锋,贲可荣.有限标注数据下的软件故障倾向预测方法[J].武汉理工大学学报,2010,32(20)：178-183.

[220] 罗云锋,贲可荣,米磊.基于直推置信机的软件模块故障倾向排序模型[J].计算机科学.2010,37(11专刊)：76-82.

[221] 柳玉,贲可荣.基于VSM的软件故障案例相似性匹配算法研究[J].武汉理工大学学报,2010,32(20)：189-193.

[222] Liu Yu, Ben Kerong, Wu Feng. Research on Environment-oriented Fault Representation for Software-Intensive Equipment [C]. 2010 2nd International Symposium on Information Engineering and Electronic Commerce (IEEC 2010), 23-25 July 2010, Ternopil, Ukraine：183-186.

[223] Gao Zhihua, Ben Kerong. An Adaptive FCM Probabilistic Neural Networks with Confidence Criteria[C]. 2010 The 3rd International Conference on Computational Intelligence and Industrial Application,2010/12/4：252-255.

[224] Mi Lei, Ben Kerong. An Input-Aware Method of Trace-Based Fault Diagnosis[C]. Proceedings of 2010 International Conference on Computational Intelligence and Software Engineering (CiSE 2010). Wuhan, China, December 10-12, 2010：1-4.

[225] MA Zhe, BEN Ke-rong. A Semantic Service Composition Method Based on Fuzzy Colored Petri Net Model[C]. Communications in Computer and Information Science. Berlin Heidelberg：Springer-Verlag, 2011：386-389.

[226] 柳玉,贲可荣,马喆.基于知网的软件故障案例语义表示方法[J].海军航空工程学院学报,2011,26(3)：341-346.

[227] Chunrong GAO, Kerong BEN, An Agent-Based Cognitive Networks Node Model[C]. System Simulation Technology & Application (Volume 13), 13th Chinese Conference on System Simulation Technology & Application,August 3-7,2011 Huangshan, China：250-255, Scientific Research Publishing, Inc, USA.

[228] 柳玉,贲可荣.案例推理的故障诊断技术研究综述[J].计算机科学与探索,2011,5(10)：865-879.

[229] 高志华,贲可荣,章林柯.一种基于直推置信的遗传优化概率神经网络[J].南京大学学报(自然科学),2012,48(1)：48-54.

[230] 高志华,贲可荣,基于多分类支持向量数据描述的噪声源识别研究[J].计算机科学,2012,39(11)：233-236.

[231] 柳玉,贲可荣.故障案例的聚类检索及相关性评估方法[J].计算机科学与探索,2012,6(6)：545-556.

[232] 郑笛,王俊,贲可荣. Research of QoC-aware Service Adaptation in Pervasive Environment [C]. Intelligent Computing Technology, 8th International Conference, Huangshan, China,July 2012, Springer,LNCS7389,2012,284-292.

[233] 郑笛,王俊,贲可荣. Agent-based Quality Management Middleware for Context-Aware Pervasive Applications[C]. Advances on Grid and Pervasive Computing, 7th International Conference, Hong Kong,China, May 2012,Springer, LNCS7296,2012, 221-230.

[234] 郑笛,王俊,贲可荣. Evaluation of Quality Measure Factors for the Middleware based Context-

Aware Applications[C]. 2012 IEEE/ACIS 11th International Conference on Computer and Information Science,30May-1 June 2012,Shanghai,China:403-410.

[235] 柳玉,贲可荣.基于综合相关性的故障案例库维护方法[J].计算机集成制造系统.2012,18(5):1038-1045.

[236] 柳玉,贲可荣.基于属性重要度的案例特征权重确定方法[J].计算机集成制造系统.2012,18(6):1230-1235.

[237] Gao Zhihua, Ben Kerong. Label Samples Using TC-SVDD, Advances in Intelligent Systems and Computing[C]. Proceedings of the 8th International Conference on Intelligent Systems and Knowledge Engineering(ISKE2013),Springer Verlag,355-362.

[238] Gao Zhihua, Ben Kerong. New Method for Automatically Labeling Samples Based on Support Vector Data Description[C]. 2014 International Conference on Computer Science and Software Engineering, October 18-19,2014,Hangzhou,China,DEStech Publications,Inc.:136-140.

[239] 高志华,贲可荣.基于主动学习和自学习的噪声源识别方法[J].计算机工程与应用,2015,51(1):115-118.

[240] Yiwei Lei, Kerong Ben, Zhiyong He. A Model Driven Agent-Oriented Self-Adaptive Software Development Method[C]. 2015 12th International Conference on Fuzzy Systems and Knowledge Discovery (FSKD15),2287-2291.

[241] 贲可荣.人工智能技术催生智能化战争[J].舰船知识,2016年第5期,p1(风向标).

[242] 贲可荣.人工智能对未来海战的影响[J].舰船知识,2016年第7期:20-27(总第442期).

[243] 张献,贲可荣.深度学习方法在软件分析中的应用[J].计算机工程与科学,2017,39(12):2260-2268.

[244] 张彦铎,姜兴渭,黄文虎.多传感器信息融合及在故障智能诊断中的应用研究[J].传感器技术,1999,18(2):18-22.

[245] 张彦铎,姜兴渭,黄文虎.航天器故障诊断软件平台中诊断平台的研究和实现[J].哈尔滨工业大学学报,1999,31(6):67-69.

[246] 张彦铎,姜兴渭,黄文虎.故障诊断系统中的分布式计算的研究和实现[J].微处理机,2000,第1期,31-34.

[247] 张彦铎,姜兴渭,黄文虎.从信息融合角度对机器人足球的再认识[J].机器人技术与应用,2001,第1期,33-35.

[248] 张彦铎.传感器故障诊断中的数据关联方法与应用研究[J].传感器技术,2001-5:27-30.

[249] Zhang Yanduo, Yao Feng. Decentralized algorithm of Kalman Filtering[J]. Journal of Harbin Institute of Technology, 2001,8(3):290-292.

[250] 张彦铎.航天器故障诊断中关联结果与专家知识的融合方法研究[J].哈尔滨工业大学学报,2002,34(1).

[251] 张彦铎.基于信息融合的空间站自主故障诊断技术研究[J].计算机工程与应用;2002,38(2):58-60.

[252] Zhang Yanduo, Lu Tongwei. Development of Robot Soccer Simulation Match System Based on Artificial Life[C]. Proceedings of 2002 FIRA Robot World Congress,May 2002:208-211.

[253] 张彦铎,闵锋.基于人工神经网络的强化学习在机器人足球中的应用[J].哈尔滨工业大学学报,2004,36(7):859-861.

[254] 张彦铎,鲁统伟.基于航迹关联的足球机器人视觉系统的改进[J].哈尔滨工业大学学报,2004,36(7):908-910.

[255] 张彦铎,吴华.基于情感计算的多机器人舞蹈系统设计[J].哈尔滨工业大学学报,2004,36(7):

972-974.

[256] 张彦铎,刘乐元.基于多传感器多目标跟踪的机器人足球视觉系统[J].哈尔滨工业大学学报 2005,37(7):909-911.

[257] 张彦铎,田晖.改进的粒子群优化算法在机器人足球中的应用[J].哈尔滨工业大学学报,2005, 37(7):905-908.

[258] 徐国庆,张彦铎,王海晖,欧青军.乐音旋律识别研究[J].武汉工程大学学报,2007,29(2):60-62,67.

[259] 徐国庆,张彦铎,王海晖,欧青军.参数化粒子系统设计及其应用[J].武汉工程大学学报,2007, 29(4):74-76.

[260] 孔伟,张彦铎.基于遗传算法的自主机器人避障方法研究[J].武汉工程大学学报,2008,30(3): 110-113.

[261] 徐国庆,张彦铎,王海晖.基于多分辨分解的乐音水印算法实现[J].武汉工程大学学报 2008,30 (2):91-93.

[262] 张彦铎,陈灯,彭丽.NET Remoting 在分布式建模与仿真环境中的应用[J].计算机与数字工程 2009,37(12):67-69,150.

[263] 陈婷婷,张彦铎.机器人足球仿真比赛平台中网络通信问题研究[J].武汉工程大学学报,2009, 31(3):70-73.

[264] 刘渝,张彦铎,鲁统伟.OCR 中一种基于最小二乘法的连通域去噪方法[J].武汉工程大学学报 2011,33(1):84-87.

[265] 张彦铎,李松,龙韵闽.虚拟样机中模型库关联关系的研究[J].武汉工程大学学报,2011,33(4): 69-72.

[266] 张彦铎,彭丽,闵锋.基于条件事件代数的机器人足球比赛态势评估[J].华中科技大学学报(自然科学版),2011,39(增刊Ⅱ):268-270.

[267] 李明,刘玮,张彦铎.基于改进合同网协议的多 Agent 动态任务分配[J].山东大学学报(工学版),2016,46(2):51-63.

[268] 刘敦浩,张彦铎,等.动态环境下自适应阈值分割方法[J].计算机应用,2016,36(S2):152-156.

[269] 张彦铎,袁博,李迅.基于改进 ICP 算法的室内环境三维地图创建研究[J].华中师范大学学报自然科学版,2017,51(2):264-272.

[270] 周华兵,朱国家,张彦铎.基于兴趣域检测的空间金字塔匹配图像分类[J].计算机工程与应用, 2018,54(3):206-211.